Peter Gummert
Karl-August Reckling

MECHANIK

Peter Gummert

Karl-August Reckling

MECHANIK

3., verbesserte Auflage

Mit 368 Abbildungen

1. Auflage 1986
2., durchgesehene Auflage 1987
3., verbesserte Auflage 1994

Der Verlag Vieweg ist ein Unternehmen der Verlagsgruppe Bertelsmann International.

Satz: Vieweg, Braunschweig

Gedruckt auf säurefreiem Papier

ISBN 978-3-322-90155-2   ISBN 978-3-322-90154-5 (eBook)
DOI 10.1007/978-3-322-90154-5

Vorwort

Im Vorwort eines Buches ist es üblich und sinnvoll, etwas über das Ziel sowie über die Auswahl und den Aufbau seines Inhalts zu sagen.

Eines der Ziele ist zweifellos, den Stoff „Mechanik" so aufzubereiten, daß er „begreifbar" wird. Hiermit sind im besonderen beim Studium der Mechanik erfahrungsgemäß Schwierigkeiten verbunden, die überwunden werden müssen und auch können. Eine geeignete Methodenauswahl, eine entsprechende Systematik sowie ein didaktischer Aufbau des Stoffes sind dabei von entscheidender Bedeutung. Es stellt sich also die Frage, ob man in der systematischen Darstellung mit dem leichter Einsehbaren, dem gegebenenfalls Anschaulicheren und dem dadurch zwangsläufig Speziellen beginnt und dann − auf induktivem Wege − zum Allgemeinen gelangt; oder ob man einige wenige allgemeingültige Aussagen zum Ausgangspunkt nimmt und daraus die Vielzahl der Spezialfälle − auf deduktivem Wege − unter Zuhilfenahme mathematischer Methoden ableitet. Berücksichtigt man hierbei die in einem gewissen Gegensatz zur historischen Vorgehensweise stehende Lösungsstrategie mechanischer Probleme durch

- Bildung eines mechanischen Modells (Abbildung der technischen Realität auf ein mathematisch-physikalisches Ideal-System),
- Mathematische Beschreibung des mechanischen Modells,
- Lösung des mathematischen Problems mit mathematischen Methoden,
- Lösung des mechanischen Problems durch Übertragung der mathematischen Lösung unter Berücksichtigung der physikalischen Vorgaben (Anpassung an Rand- und Anfangsbedingungen, experimentelle Kontrolle usw.),
- Lösung des technischen Problems einschließlich der Konsequenzen für die Realisierung der gestellten technischen Aufgabe

und geht von dem heutigen Stand der Ingenieurwissenschaften und deren Entwicklung aus, so spricht vieles für die deduktive Methode − sie ist dann auch die Grundlage für dieses Buch. Dem Einwand, daß darunter Anschauung und Plausibilität leiden, wird durch zahlreiche Beispiele mit Lösungen in jedem Kapitel begegnet.

Diese sind Anwendungen der Mechanik in allen ihren Bereichen. Insofern ist auch der allgemeine Titel „Mechanik" gewählt worden, der damit bewußt nicht von einer „Technischen Mechanik", „Allgemeinen Mechanik" oder „Theoretischen Mechanik" abgrenzen soll. Im Gegenteil − durch eine weitgehend übergeordnete Darstellung, durch eine geschlossene mathematische Schreibweise, durch einen axiomatischen Aufbau und durch eine von vornherein kontinuumsmechanische Sicht soll die Mechanik als Ganzes systematisch erfaßt und die Gemeinsamkeiten aller ihrer Teilgebiete und der in ihnen verwendeten Methoden beschrieben werden. Gestützt wird diese Auffassung durch das Echo der Studierenden aller Fachrichtungen auf Vorlesungen der Verfasser zur Mechanik an der Technischen Universität Berlin. Insofern darf von einem bereits erfolgreich erprobten Konzept gesprochen werden. Offenbar kann einem Lernenden der Wunsch, sich alles „vorstellen" zu wollen, auch im Wege stehen − und dies besonders dann, wenn bei komplexeren Problemen die so dringend benötigte Vorstellungskraft oder die Plausibilitätserklärung ohnehin versagt. Hier ist dann eine formale, mathematische Ableitung oder

Berechnung unter Verwendung einer Vektor- und Tensorrechnung in koordinaten-invarianter, symbolischer Schreibweise von großem Vorteil — abgesehen von der damit verbundenen Ästhetik.

Hierzu schreibt G. HAMEL schon im Vorwort zu seiner „Elementaren Mechanik" aus dem Jahre 1912 über die Notwendigkeit z.B. der symbolischen Vektorrechnung:

„... Für Leser, welche in der Vektorrechnung noch wenig bewandert sind, ist eine Skizze dieses überaus bequemen Hilfsmittels angeschlossen. Ich bediene mich, abgesehen von einer geringfügigen Modifikation, der Bezeichnungsweise Heuns ... (gemeint ist eine symbolische Schreibweise; die Verfasser) ... die mir für die Mechanik die zweckmäßigste zu sein scheint, weil sie in Druck, Schrift und Sprache gleich einfach und anschaulich ist. Ich konnte auf die Vektorrechnung nicht verzichten, weil Geschwindigkeit und Beschleunigung, Kraft und Momente Vektoren sind. Aber die Vektorrechnung ist nur soweit verwendet, als es nötig war."

Dieses Zitat trifft in sinngemäßer Erweiterung auch auf die im folgenden verwendete Tensorrechnung zu, die sich zum Erreichen der genannten Ziele als sehr nützlich erweist.

Darüber, ob die Mechanik von vornherein aus kontinuumsmechanischer Sicht betrachtet werden sollte, schreibt G. HAMEL: „... zunächst die Grundlagen einer allgemeinen Mechanik: strenge Ableitung des Schwerpunktsatzes und des Momentensatzes für beliebige Systeme auf Grund der Mechanik des Volumenelementes. Nicht also aus der sogenannten Punktmechanik, die überhaupt (...) aus diesem Buche verbannt ist. Daß unsere Lehrbücher sonst noch immer die Punktmechanik traktieren, ist ein seltsamer Anachronismus: Punktmechanik paßte ausgezeichnet ins 18. Jahrhundert, aber nicht mehr in unsere Zeit, für die weder das Planetenproblem die einzige eines Mathematikers würdige Aufgabe der Mechanik ist, noch auch das Molekel die Quintessenz einer naturwissenschaftlichen Weltanschauung. Man wende mir auch nicht ein, daß die Ableitung der beiden Hauptsätze der Mechanik durch die Auflösung des Körpers in diskrete Punkte leichter wird: die in diesem Buche angestellten Überlegungen sind doch alle dann nötig, wenn man sich der sogenannten Mechanik der Kontinua zuwendet, d.h. der Mechanik deformierbarer Medien. Man hat bei dem üblichen Lehrgang nur die intellektuelle Unreinlichkeit mit in Kauf zu nehmen, daß man Sätze, die für Punktsysteme bewiesen sind, ohne weiteres auf Kontinua übertragen muß. Da ist es schon einfacher, man beschäftigt sich gleich mit stetig ausgedehnten Körpern und nennt das neue nötige Grundgesetz der Mechanik (...) offen und ehrlich."

Diesen auch heute noch uneingeschränkt gültigen Sätzen HAMELS haben die Verfasser nichts hinzuzufügen und insofern sehen sie dieses Buch auch als konsequente Fortführung der mit G. HAMEL, M. WEBER, W. KUCHARSKI und I. SZABÓ sowie R. TROSTEL verbundenen Entwicklung der „Berliner Schule" auf dem Gebiet der Mechanik, zu der auch die Bücher MECHANIK I bis III des zweiten Verfassers gehören.

Der Leser wird dadurch beim Studium des Buches eine stärkere Mathematisierung in der Darstellung des Stoffes feststellen als sie in vielen anderen Lehrbüchern zur Mechanik noch üblich ist. Die Verfasser meinen, daß dies der stetig wachsenden Bedeutung der Angewandten Mathematik und ihrer Numerischen Methoden angemessen ist und dem Leser bei der späteren Anwendung solcher Methoden helfen wird.

Auf der Basis dieses Konzepts enthält die vorliegende „Mechanik" folgende Inhalte: Nach einem kurzen Abriß der geschichtlichen Entwicklung der Mechanik folgen im ersten Kapitel eine Übersicht über die wichtigsten benötigten mathematischen Hilfsmittel und

Methoden (Infinitesimalrechnung, Vektoralgebra, Vektoranalysis und Tensoralgebra) sowie eine Definition der Grundbegriffe und Grundgrößen der Mechanik.
Im zweiten Kapitel ist die Geometrie der Bewegungen – die sog. Kinematik – als Anwendung der Vektor- und Tensorrechnung auf diese Grundgrößen dargestellt.
Das dritte Kapitel klärt den Spannungsbegriff bzw. die Größen Kraft und Moment.
In einem kurzen, vierten Kapitel werden die Axiome der Mechanik dargelegt.
Hieraus ergeben sich dann folgerichtig vier Spezialfälle, nämlich die

- Statik starrer Systeme
- Statik deformierbarer Systeme
- Kinetik starrer Systeme
- Kinetik deformierbarer Systeme (Elastokinetik, Fluidmechanik)

die in dieser Reihenfolge dann die Inhalte der Kapitel 5, 6, 7 und 8 bilden.
Im Kapitel 9 wird eine Einführung in die Variationsrechnung und ihre Anwendung auf die Analytische Mechanik (Energieprinzipien) gegeben. Dann werden nochmals in obiger Reihenfolge die entsprechenden Fälle der Statik und Kinetik bei starren und deformierbaren Körpern untersucht.

Am Schluß des Buches findet der Leser neben dem Stichwortverzeichnis eine größere Auswahl verschiedener Bücher zur Mechanik und Mathematik, von denen einige zur Vertiefung, Ergänzung oder zum Weiterstudium empfohlen werden.

An dieser Stelle sei allen Mitarbeitern herzlich gedankt. Insbesondere die Herren Dr. rer. nat. S. IMER, Dr.-Ing. W. JARZAB, Dr.-Ing. R. HARTMANN und Dipl.-Ing. G. SILBER waren uns durch wertvolle Diskussionsbeiträge und Anregungen beim Abfassen des Buches und beim Lesen der Korrekturen eine sehr große Hilfe. Frau K. JUST danken wir vielmals für die sorgfältige und zügige Erstellung der Reinschrift des Manuskriptes und Frau M. HECK für die Anfertigung der zahlreichen Abbildungen.

Dem Verlag gilt unsere Anerkennung für die Berücksichtigung unserer Wünsche, die gute Zusammenarbeit und die sorgfältige Ausführung dieses Buches.

Berlin, März 1985   *P. Gummert* und *K.-A. Reckling*

Vorwort zur 3. Auflage:

Mit tiefer Trauer habe ich durch den Tod von K.-A. RECKLING ein Jahr nach dem Erscheinen der 1. Auflage dieses Buches meinen besten Kollegen und einen guten Freund verloren. Sein Wirken und sein Name wird in diesem Buch weiterleben – dieses um so mehr, als das Buch in die Standardwerke des Verlages eingereiht und aufgrund seiner Verbreitung mit dem vorliegenden Exemplar in die dritte Auflage gegangen ist.

Ich danke allen, die an diesem Erfolg ihren Anteil haben und wünsche den Lesern Freude und Erfolg mit diesem Buch.

Berlin, Oktober 1993   *P. Gummert*

Inhaltsverzeichnis

Verzeichnis der verwendeten Symbole

A. Allgemeine Notation

$\left.\begin{array}{l} a,\ b,\ c,\ \dots \\ A, B, C, \dots \\ \alpha,\ \beta,\ \gamma,\ \dots \end{array}\right\}$ Skalare, Tensoren 0. Stufe, Größen $\gtrless 0$

$\left.\begin{array}{l} \mathbf{a},\ \mathbf{b},\ \mathbf{c},\ \dots \\ \mathbf{A}, \mathbf{B}, \mathbf{C} \\ \boldsymbol{\omega},\ \boldsymbol{\sigma}_n,\ \mathbf{z} \end{array}\right\}$ Vektoren, Tensoren 1. Stufe, Pfeilvektoren

$\left.\begin{array}{l} \underline{a},\ \underline{b},\ \underline{c},\ \underline{x},\ \underline{y} \end{array}\right\}$ Elemente des (verallgemeinerten) Vektorraumes

$\mathbb{A},\ \mathbb{B},\ \mathbb{C},\ \dots$ Tensoren, Tensoren 2. Stufe

$\mathscr{A},\ \mathscr{B},\ \mathscr{C},\ \dots$ Mengen, Räume, Gebiet

$[L]$ Dimension der Größe L, z.B. $[L] = m$, $[K] = N$

$[e_i] = [e_1, e_2, e_3]$ Basis (hier: dreidimensional)

(x_1, x_2, x_3) Koordinaten bzgl. einer vereinbarten Basis

$|\mathbf{a}|$ Betrag von $\mathbf{a}$ $\mathbf{a} = \pm\,|\mathbf{a}|\,\mathbf{e}_a = a\,\mathbf{e}_a$

$a\,b$ algebraisches Produkt von Skalaren

$\left.\begin{array}{l} \mathbf{a} \cdot \mathbf{b} \\ \mathbf{a} \times \mathbf{b} \\ \mathbf{a}\,\mathbf{b} \\ (\mathbf{a}, \mathbf{b}, \mathbf{c}) \end{array}\right.$ $\left.\begin{array}{l}\text{skalares} \\ \text{vektorielles} \\ \text{dyadisches} \\ \text{Spat-}\end{array}\right\}$ Produkt von Vektoren

$\left.\begin{array}{l} \mathbb{A} \cdot \mathbb{B} \\ \mathbb{A} \times \mathbb{B} \\ \mathbb{A}\,\mathbb{B} \\ \mathbb{A} \cdot\cdot\, \mathbb{B} \end{array}\right.$ $\left.\begin{array}{l}\text{einfach-skalares} \\ \text{vektorielles} \\ \text{dyadisches} \\ \text{doppelt-skalares}\end{array}\right\}$ Produkt von Tensoren 2. Stufe

$\boxtimes$ beliebiges Produkt (algebraisch, skalar, vektoriell, dyadisch usw.)

$\dfrac{d}{d\alpha}\,(\cdot),\ (\cdot)',\ (\cdot)^{\textstyle\cdot}$ vollständige (LEIBNIZ-) Ableitung nach α

$\dfrac{\partial}{\partial\alpha}\,(\cdot)$ partielle Ableitung

$\dfrac{D}{D\alpha}(\cdot)$ konvektive Ableitung

$\dfrac{d_r}{d\alpha}(\cdot)$ Relativ- oder Größenableitung

$\dfrac{d_s}{d\alpha}(\cdot)$ System- oder Richtungsableitung

$\delta(\cdot)$ Variations-Operator

$\nabla(\cdot)$ NABLA-Operator

$\Delta(\cdot)$ LAPLACE-Operator

grad $(\cdot)$ Gradient von $(\cdot)$

div $(\cdot)$ Divergenz von $(\cdot)$

rot $(\cdot)$ Rotation von $(\cdot)$

$\dfrac{d^n}{d\alpha^n}$, $\dfrac{\partial^n}{\partial\alpha^n}$, $\dfrac{d_r^n}{d\alpha^n}$, ...   entsprechende n-fache Ableitungen

B. Spezielle Notation

x_1 , x_2 , x_3 , ...   Raumkoordinaten

$x, y, z, \ldots$ Ort

t Zeit

ρ Dichte

m Masse

s Linie, Bogenlänge

A Fläche

V Volumen

p Druck

F, P, K Kraftgrößen

$E, G, \nu, \ldots$ Materialkonstanten

S_α statisches Moment bzgl. der α-Achse

I_α, $I_{\alpha\alpha}$	Flächenträgheitsmoment bzgl. der α-Achse
$I_{\alpha\beta}$	Flächen-Deviationsmoment bzgl. der α- und β-Achse
$\Theta_{\alpha\alpha}$	Massenträgheitsmoment bzgl. der α-Achse
$\Theta_{\alpha\beta}$	Massen-Deviationsmoment bzgl. der α- und β-Achse
σ_x, σ_y, σ_z σ_{11}, σ_{22}, σ_{33}	Normalspannungen
τ_{xy}, τ_{xz}, τ_{yz} σ_{12}, σ_{13}, σ_{23}	Tangentialspannungen
σ_I, σ_{II}, σ_{III}	Haupt-Normalspannungen
α, β, γ	Winkel
ξ, η, ζ	Koordinaten
$f(x)$; $f(x, t)$; $f(\mathbf{x}, t)$ $\varphi(z)$, $\psi(z)$	Funktionen (Hydromechanik: φ: Potentialfunktion $\quad$ ψ: Stromfunktion)
z	komplexe Zahl
$\bar{z}$	konjugiert komplexe Zahl
Re z Im z	Realteil Imaginärteil $\}$ von z
A^a, A	äußere Energie, Arbeit der äußeren Lasten
A^i	innere Energie
E	kinetische Energie
U	potentielle Energie
W	Formänderungsenergie
W^*	Ergänzungsenergie
Z	Energiefunktional (beliebige Energieform)
A^*	Ergänzungsarbeit
B	Arbeit der Massenbeschleunigungen
P	Impulsleistung
V	potentielle Gesamtenergie (elastisches Potential)
$L = E - U$	LAGRANGEsche Funktion

H	HAMILTONsche Funktion (Wirkung)
$K = E - V$	erweiterte LAGRANGEsche Funktion (kinetisches Gesamtpotential)
G	erweiterte HAMILTONsche Funktion (elasto-kinetische Wirkung)
$\mathbf{e}_\alpha$	Einheitsvektor in α-Richtung
$\mathbf{r}$	Ortsvektor
$\mathbf{u}$	Verschiebungsvektor
$\mathbf{n}, \mathbf{m}$	Normalen-Einheitsvektoren
$\mathbf{t}$	Tangenten-Einheitsvektor
$\mathbf{v}$	Geschwindigkeitsvektor
$\boldsymbol{\omega}$	Winkelgeschwindigkeitsvektor
$\mathbf{a}$	Beschleunigungsvektor
$\boldsymbol{\sigma}_\mathbf{n}$	Spannungsvektor bzgl. eines Flächenelementes mit dem Stellungsvektor $\mathbf{n}$
$\mathbf{f}$	Kraftdichte
$\mathbf{F}, \mathbf{P}, \mathbf{K}, \mathbf{G}$	Kraftvektoren
$\mathbf{M}_P$	Momentenvektor bzgl. Punkt P
$\mathbf{I}$	Impulsvektor
$\mathbf{D}_P$	Drallvektor bzgl. Punkt P
$\mathbf{q}$	Streckenlastvektor
$\mathbf{F}_s = (N, Q_2, Q_3)$	Schnittkraftvektor (Koordinaten: Normalkraft, Querkräfte)
$\mathbf{M}_s = (M_T, M_2, M_3)$	Schnittmomentenvektor (Koordinaten: Torsionsmoment, Biegemomente)
$\mathbb{E}$	Einheitstensor
$\mathbb{S}$	Spannungstensor (EULER oder CAUCHY)
$\mathbb{H}$	Verschiebungsgradient
$\mathbb{D}$	Deformator (infinitesimaler Verzerrungstensor)
$\mathbb{W}$	Drehgeschwindigkeitstensor
$\mathbb{Q}$	Drehtensor (Versor)

Θ	Massenträgheitstensor .
$\mathrm{Sp}\,\mathbb{T} = T_I$	Spur eines Tensors 2. Stufe (1. Invariante des Tensors $\mathbb{T}$)
T_{II}	2. Invariante von $\mathbb{T}$
T_{III}	3. Invariante von $\mathbb{T}$
δ_{ij}	Distributions-Symbol (KRONECKER) (vgl. S. 49)
ϵ_{ijk}	Permutations-Symbol (LEVI) (vgl. S. 53)
$\mathscr{R}$	Menge der reellen Zahlen
$\mathscr{C}$	Menge der komplexen Zahlen
$\mathscr{V}_n$	Vektorraum der Dimension n
$\mathscr{G}$	Gebiet
$\mathscr{B}$	Bereich
$\mathscr{K}$	Körper
$\in$	Element aus
$\subset$	Untermenge von

1 Grundlagen

1.1 Einführung

1.1.1 Ursprung, Aufgaben und Forschungsmethoden der Mechanik

Die Naturwissenschaften, zu denen die Mechanik als Teilgebiet der Physik gehört, haben die Aufgabe, die Zustände, in denen sich die uns umgebende Außenwelt befindet, und die Änderungen dieser Zustände zu untersuchen. Sie haben die gesetzlichen Zusammenhänge des Naturgeschehens zu ergründen. Die Kenntnis der Naturgesetze erlaubt dann nicht nur die Voraussage, wie sich bestimmte Zustände unter vorgegebenen Bedingungen verändern, sondern sie bietet auch die Möglichkeit, bestimmte beabsichtigte Zustände hervorzurufen bzw. nicht gewünschte Zustände zu vermeiden. Insofern ist also die Naturwissenschaft unerläßliche Voraussetzung für die Ausübung jeder Technik, soweit diese nicht nur Handwerk oder reiner Empirismus sein will. Technik ohne Naturwissenschaft ist heute also undenkbar, aber auch umgekehrt wirkt die Technik immer wieder auf die Naturwissenschaft zurück.

Die einfachsten Zustandsänderungen sind solche, bei denen die Körper ihre physikalische (und chemische) Beschaffenheit beibehalten und nur ihren Ort und ihren Bewegungszustand sowie ihre Gestalt verändern. Solchen Zustandsänderungen begegnet man ständig und es ist daher auch nicht verwunderlich, daß sich die Menschen darüber zuerst Gedanken gemacht und dafür Gesetze aufzustellen versucht haben. Daher ist die Mechanik, die sich mit allen diesen Erscheinungen befaßt, der älteste Teil der Physik. Dennoch ist die Mechanik als Wissenschaft kaum älter als 300 Jahre, wenn man — etwas willkürlich — das Jahr 1638 als Geburtsjahr dieser Wissenschaft rechnet, in dem GALILEI (1564–1642) die Gesetze der Fallbewegung mitgeteilt hat. Mit dieser im heutigen Sinne wissenschaftlichen Leistung ersten Ranges war eine neue Epoche der Naturwissenschaft angebrochen, in der theoretische und empirische Methoden immer stärker miteinander verknüpft wurden.

> *Aufgabe der Mechanik* ist es also, Gesetze aufzustellen und anzuwenden, nach denen die materiellen Körper ihre Position im Raum und ihre Gestalt mit der Zeit verändern, d.h. nach denen sie sich bewegen und verformen. Diese Aufgabe schließt die Behandlung der Fälle mit ein, in denen sich die Körper in Ruhe befinden.

Welches sind nun die *Methoden*, diese Aufgabe der Mechanik zu erfüllen? Da die Grundlage allen Naturerkennens die durch unsere Sinneswahrnehmung vermittelte Erfahrung ist, muß auch die Mechanik sich auf Beobachtungen und Experimente stützen; sie ist also auch eine empirische Wissenschaft. Doch Empirie ist keineswegs ihre alleinige Quelle. Erfahrung kann vielmehr nur das Material liefern, mit dem erst der Mensch durch ordnende und verbindende Denkarbeit die Wissenschaft aufbaut. Erst durch Systematisierung der

Vorgänge mit Methoden, die nicht Gegenstand unserer Erfahrung, sondern unserer Gedanken sind, folgt Erkenntnis — das ermöglicht eine gesetzmäßige Beschreibung von Naturvorgängen.

Der erste formgebende Akt des Denkens ist das Ordnen, indem man vergleicht und eine Vielzahl von Vorstellungen unter gleichzeitiger Bildung von Begriffen und Definitionen einem gemeinschaftlichen Oberbegriff unterordnet bzw. mehrere ähnliche Erscheinungen zu einer Klasse zusammenfaßt. Dieses Prinzip des Klassifizierens ist allen Naturwissenschaften gemeinsam.

Bei der Untersuchung eines speziellen Naturvorganges sollte man nun nicht versuchen, von Anfang an die gesamte Problematik wirklich erfassen und einordnen zu wollen. Naturvorgänge sind meist von mehreren störenden Einflüssen begleitet, die für die jeweils interessierende Fragestellung — also für die Klasse, deren Gesetz gesucht wird — unwesentlich sind oder als unwesentlich erachtet werden können. Die Untersuchung des Vorganges in seiner Gesamtheit würde, beispielsweise durch seine Komplexität, i.a. nicht zu Gesetzen führen. Man muß also zunächst Unwesentliches, Zufälliges und Störendes fortlassen. Ohne dieses *Prinzip des „Idealisierens"* oder einer *„Modellbildung"* würden als Ganzes fast alle Naturerscheinungen unverständlich oder zumindest analytisch unbeschreibbar bleiben. Man führt bei dieser Modellbildung gewissermaßen ein Gedankenexperiment aus; ein Beispiel hierfür wäre die Idealisierung eines Körpers zu einem „starren" Körper, bei dem dann seine Deformationsmöglichkeit von vornherein ausgeschlossen (gedacht) wird.

Ist eine Wissenschaft noch in ihren Anfängen oder soll noch wenig Bekanntes erforscht werden, so ist eine *induktiv-synthetische Forschungsmethode* (induktiv = vom Speziellen zum Allgemeinen) am Platze, die, von den vorgegebenen Beobachtungstatsachen ausgehend, beständig abwägend und abändernd die Erscheinung zu deuten versucht. In einem gewissen Gegensatz dazu steht die *deduktiv-analytische Methode* (vom Allgemeinen zum Speziellen), die eine Wissenschaft auf wenigen, grundlegenden Prinzipien, die man auch *Axiome* nennt, aufbaut. Diese Axiome werden in Übereinstimmung mit der Beobachtung und Erfahrung vorgegeben und lassen sich selbst nicht ableiten. Die deduktive Methode besteht dann darin, daß die Gesetze der Mechanik auf logischem Wege z.B. mit Hilfe der Mathematik aus diesen Axiomen abgeleitet werden. Der Prüfstein für die „Richtigkeit" der Axiome und der aus ihnen abgeleiteten Gesetze ist schließlich das Experiment, das zeigen muß, ob diese mit der Wirklichkeit übereinstimmen. Da das Gebäude der Klassischen Mechanik, die im folgenden dargestellt wird, im wesentlichen bereits errichtet ist, soll hier die zweite, also die deduktive Methode verfolgt werden.

Es wird sich zeigen, daß man sich auf diesem Wege weitgehend der exakten Sprache und der Schlußverfahren der *Mathematik* bedienen muß, die es erst ermöglicht hat, die Mechanik zu einem für die technischen Anwendungen so überaus wertvollen Instrument zu machen. Es ist daher notwendig, in einem ersten Kapitel eine kurze Übersicht über diejenigen Teilgebiete der Mathematik zu geben, die für die Lösung von Problemen der Mechanik unabdingbar sind. Dieses mathematische Rüstzeug wird meist ohne Beweise — gewissermaßen als „Formelsammlung" — gebracht, auf die dann immer wieder zurückgegriffen werden kann. Die ausführliche Darstellung und Beweisführung bleibt der mathematischen Literatur vorbehalten.

Wenn man sich schließlich nicht damit begnügen will, nur das Gesetz für den jeweils „idealisierten" oder „herausgeschnittenen" Teil der Gesamterscheinung aufzustellen, sondern wieder das Ganze kennenlernen will, muß man anschließend in Gedanken die aus den verschiedenen Quellen gefundenen Gesetze für die einzelnen Teile bzw. Klassen des Gesamtvorganges wieder zusammensetzen. So kann man einen letzten Schritt auf das Ziel — Aufstellung eines Naturgesetzes — hin tun und die Frage stellen: Warum geht der beobachtete und in der angegebenen Weise „bereinigte" Vorgang immer wieder so und nicht anders vor sich? Durch welche andere Klasse von Erscheinungen ist die beobachtete Klasse bedingt oder begrenzt? Und schließlich: Wie lautet das Gesetz für diese Klasse? Die Elemente einer Klasse werden dabei natürlich voneinander verschieden sein. Ein Gesetz muß aber für alle Elemente einer Klasse gemeinsam gelten, es ist also für sie typisch. Dadurch fällt als zusätzliche Aufgabe an, das Typische einer Klasse von Erscheinungen aufzufinden.

Speziell in der Mechanik hat man es, wie gesagt, mit Bewegungen und Verformungen verschiedenster Art zu tun. Diese Phänomene werden — unter Beschränkung auf das Wesentliche — in Klassen geteilt und das Typische dieser Klassen wird gesucht. Als typisch für jede Klasse solcher mechanischen Phänomene wird sich demzufolge ein bestimmter *Bewegungszustand* (Gleichgewichts- oder Nicht-Gleichgewichts-Zustand) oder ein bestimmtes *Deformationsverhalten* (starr, deformierbar) eines Körpers unter Einwirkung von Kräften (Belastungen, Beanspruchungen) anbieten. Genau diese Klassen bilden dementsprechend auch die folgenden Kapitel dieses Buches.

1.1.2 Klassifizierung der Mechanik

Die Körper, die als Objekt mechanischer Untersuchungen in Frage kommen, weisen unter dem Einfluß der Belastungen, denen sie unterworfen werden, ein ganz unterschiedliches Verhalten hinsichtlich ihres Bewegungs- und Verformungszustandes auf. Sie bedürfen dabei von Fall zu Fall verschiedener Untersuchungsmethoden. Unter diesem Gesichtspunkt ist eine Einteilung nach der Verformbarkeit der Körper sinnvoll. Man kann die Probleme der Mechanik aber auch nach der jeweiligen Aufgabenstellung einteilen. Die Begriffe „*Körper*", „*Bewegung*" und „*Verformung*" werden später noch präzisiert. Hier genügt zunächst eine anschauliche Vorstellung von diesen Grundelementen der Mechanik.

Die Körper werden dabei als sogenannte „*Kontinua*" behandelt. Die Konzeption des Kontinuums stellt wiederum eine Idealisierung dar, die das physikalische Geschehen gewissermaßen nur „*im makroskopischen Mittel*" richtig beschreiben kann, ohne auf atomare und molekulare Erscheinungen eingehen zu können. In einem solchen Kontinuum sind alle physikalischen Eigenschaften „im Kleinen", d.h. beim Grenzübergang eines kleinen Raumbereiches auf einen „Konvergenzpunkt" stetig über den Raum verteilt. Obwohl diese Hypothese in krassem Widerspruch zur Atom- und Quantenphysik steht, stellt die auf ihr aufgebaute *Kontinuumsmechanik,* die hier im folgenden ausschließlich betrieben werden soll, ein außerordentlich wertvolles Hilfsmittel zur Behandlung einer großen Zahl von Ingenieurproblemen dar. Die sich auf dieser Vorstellung des Kontinuums aufbauende Mechanik ist eine der wichtigsten Grundlagenwissenschaften für den Naturwissenschaftler und Ingenieur.

1.1.3 Einteilung nach der Verformbarkeit der Körper

Man kann das Verformungsverhalten der Körper grundsätzlich zunächst in zwei Klassen einordnen — in die nicht-deformierbaren (starren) Körper und in die deformierbaren Körper. In dem einen Falle wird also von vornherein keine Verformung, im anderen

Tabelle 1.1

Kontinuumsmechanik
Deformationsverhalten:
keine Deformation
kleine Deformation
große Deformation
Körper:
Starrkörper
Festkörper (Solid)
Fluide (inkompressible Flüssigkeiten u. Gase)
Gase (kompressible)
Gebiet:
Stereomechanik
Festkörpermechanik
Festigkeitslehre
Fluidmechanik
Gasdynamik
Materialverhalten:
elastisch
plastisch
Newton-viskos
nicht-Newton-viskos
Teilgebiete:
Elastomechanik
Plastomechanik
Viskoelastomechanik
Rheologie
Schwingungslehre
Elastokinetik
Elastostatik
Plastokinetik
Plastostatik
Viskoelastostatik
Viskoelastokinetik

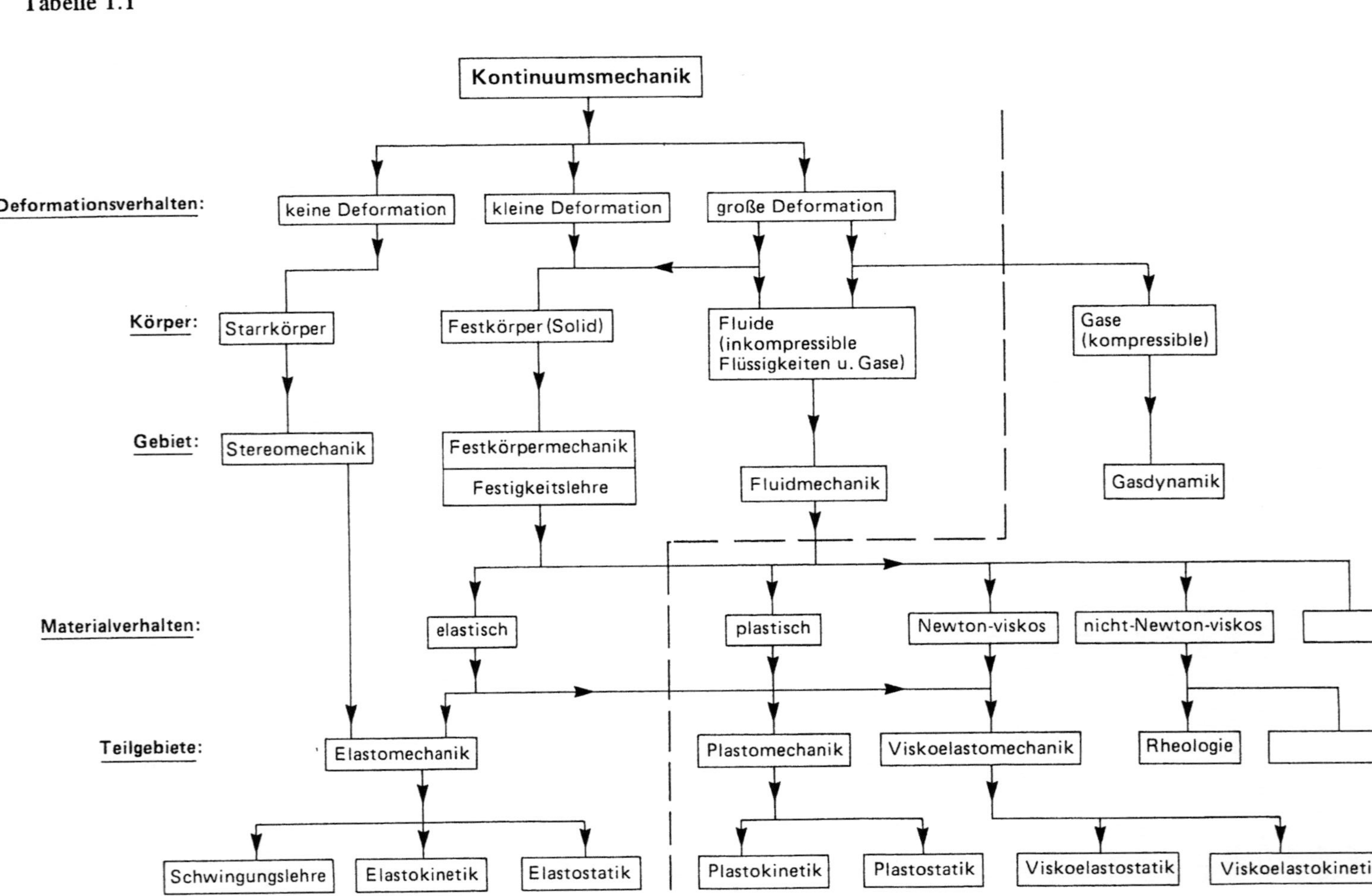

Falle eine mehr oder weniger große Verformung unterstellt. Die so definierte Klasse der deformierbaren Körper läßt weitere Unter-Klassifizierungen nach großen und kleinen Deformationen zu. Was dabei groß und klein ist, beurteilt man nach der Änderung der Entfernung zweier materieller Punkte voneinander vor und nach der Deformation bzw. im Verhältnis zu den geometrischen Abmessungen des Körpers. Man kommt von daher zu folgender Strukturierung (Tabelle 1.1).

a) *Mechanik der starren Körper (Stereomechanik)*, bei welcher die Gestalt der Körper — auch unter der Einwirkung von Kräften — als unveränderlich angenommen wird. Der Begriff des starren Körpers ist eine *Idealisierung,* die in der Natur nie völlig verwirklicht ist, die sich jedoch als sehr zweckmäßig erwiesen hat, weil zur Kennzeichnung seiner Lage im Raum nur wenige Koordinaten genügen.

Wann die Idealisierung eines festen Körpers, bei dem die Gestaltänderungen innerhalb kleiner Grenzen liegen, zum starren Körper zulässig ist, kann durch keine feste Regel angegeben werden. Es wird u. a. von einer sinnvollen Verhältnismäßigkeit und von der geforderten Rechengenauigkeit abhängen, wo die Grenze zu ziehen ist. In vielen Fällen (Maschinenteile, Stahl- und Betonbauten) ist diese Idealisierung sicherlich zulässig. Auch z. B. ein während des „schiefen Wurfes" zu beschreibender Tennisball ist im Sinne dieser Verhältnismäßigkeit (sehr kleine Deformation im Verhältnis zur Abmessung der Bahnkurve) längs seines Fluges sicherlich als „starr" anzusehen. Dagegen ist bei der Beschreibung des Schlages mit dem Tennisschläger eben dieser gleiche Ball als mit „großen Deformationen" verformbar anzusehen, wenn die Realität unter Berücksichtigung des Materials des Balles richtig wiedergegeben werden soll. Im ersten Fall gehört der Ball in die beschriebene Gruppe a), im zweiten Fall in die Gruppe der

b) *Mechanik der deformierbaren Körper.* Zweckmäßigerweise wird, wie bereits erwähnt, diese Klasse noch unterteilt in die großen und die kleinen Deformationen (geometrisch-kinematisches Kriterium). Jeder dieser Teilmengen lassen sich nun nach dem Materialverhalten der Körper weiterhin bestimmte physikalisch-stoffliche Kriterien zuordnen, so daß weitere spezielle Klassen entstehen. So haben die meist in der Technik verwendeten Werkstoffe bis zu einer bestimmten Belastung die Eigenschaft, daß die aus ihnen gefertigten Bauteile ihre Gestalt unter der Einwirkung der Belastung zunächst verändern, jedoch nach vollständiger Entlastung praktisch wieder ihre ursprüngliche Form annehmen. Man spricht dann von elastischen Körpern und untersucht ihr mechanisches Verhalten in der *Elastomechanik* bzw. *Elastizitätslehre.*

Dabei kann wiederum der Zusammenhang zwischen Belastung und Verformung der Körper mit guter Näherung linear oder nichtlinear sein. Erstere nennt man dann auch HOOKE*sche Körper* oder Körper aus Material mit HOOKEschem Verhalten. In der Elastomechanik setzt man meistens solch HOOKEsches Verhalten voraus.

Bei Überschreiten einer bestimmten Belastung nehmen die Körper dagegen ihre ursprüngliche Form nach Entlastung nicht wieder an. Solches Verhalten nennt man plastisch. Mit ihm befaßt man sich in der *Plastomechanik* bzw. *Plastizitätslehre.*

Die beiden Gebiete Elastomechanik und Plastomechanik überschneiden und durchdringen sich gegenseitig, da die gerade für den Ingenieur bedeutsamen Werkstoffe sich je nach Größe der Belastung nahezu rein elastisch oder mehr oder weniger plastisch verhalten. Dabei ist der elastische Anteil an den Deformationen z. B. für den Maschinenbauer oder den Bauingenieur im Betriebsbereich seiner Maschinen oder Bauwerke zunächst von primärem Interesse. Andererseits will er aber auch wissen, wie sich seine Konstruktionen nach Über-

schreiten der sogenannten „Elastizitätsgrenze" verhalten, um Rückschlüsse auf deren
Sicherheit ziehen zu können. Alle diese Fragen werden in der *Festigkeitslehre* behandelt,
wobei elastische und plastische Verformungen dieselbe Größenordnung haben.

Dagegen wird z.B. bei Walz- oder Schmiedevorgängen meist nur das plastische Verhalten der Werkstoffe interessieren, da bei den sogenannten Umformvorgängen die plastischen Verformungen sehr viel größer als die elastischen sind. Dann können also die letzteren
gegenüber den plastischen Deformationen vernachlässigt werden — man kommt so zu einer
Plastomechanik der Umformtechnik (vgl. z.B. [46], [47]).

In der *Mechanik der flüssigen und gasförmigen Medien* werden schließlich solche
Stoffe untersucht, die einer Gestaltänderung nur sehr geringen Widerstand entgegensetzen.
In der Mechanik *idealer Flüssigkeiten* wird sogar angenommen, daß der Widerstand ganz
verschwindet, während er in der Mechanik *zäher Flüssigkeiten* berücksichtigt wird. Solange
man solche Medien näherungsweise als unzusammendrückbar (inkompressibel) annehmen
kann, solange sie also ihr Volumen praktisch nicht verändern, unterscheidet sich das mechanische Verhalten von Flüssigkeiten und Gasen nicht grundsätzlich, sondern nur in der
Größenordnung voneinander; man untersucht es in der Hydro- und Aeromechanik. Für
diese Gebiete ist auch die zusammenfassende Bezeichnung *Fluidmechanik* üblich.

Während die idealisierende Annahme der Inkompressibilität für Flüssigkeiten praktisch
stets erfüllt ist, reichen die unter dieser Annahme abgeleiteten Gesetze nicht mehr aus, wenn
die Volumenänderungen von Gasen eine gewisse Größenordnung überschreiten. Dies tritt
immer dann ein, wenn Gase mit großen Geschwindigkeiten — z.B. durch Düsen — strömen
oder wenn sich in ihnen Körper — z.B. Raketen und Flugzeuge — mit großer Geschwindigkeit bewegen. Dann hat man die Kompressibilität des Gases oder der Luft zu berücksichtigen,
was in der Mechanik *kompressibler Gase,* der sogenannten *Gasdynamik,* geschieht.

Der in Tabelle 1.1 gestrichelt eingezeichnete Kasten umschließt diejenigen Gebiete,
die im folgenden behandelt werden.

1.1.4 Einteilung nach dem Bewegungszustand (bzw. nach der Aufgabenstellung)

In den vorstehend genannten Gruppen können die zu lösenden Aufgaben ganz verschiedener Art sein. Unter diesem Gesichtspunkt ist auch eine Einteilung nach der Aufgabenstellung, die sich am jeweiligen Bewegungszustand orientiert, sinnvoll.

In der Mechanik als der Lehre von den Bewegungen und Verformungen bezeichnet
man die Disziplin, welche sich nur mit der Beschreibung der Bewegungen befaßt ohne
Berücksichtigung der einwirkenden Ursachen, die die Körper zu einer bestimmten Bewegung veranlassen, als *Kinematik* (von griech.: bewegen). Man beschreibt in diesem Gebiet
z.B. die Bewegung eines rollenden Rades, der Pleuelstange eines Schubkurbeltriebes oder
eines Getriebeteiles. Man hat es eigentlich mit einem eigenen Wissenszweig zu tun, der als
Geometrie der Bewegungen eher der Mathematik zuzuordnen ist. Da diese Disziplin als
unerläßliches Hilfsmittel für die Behandlung mechanischer Probleme immer wieder herangezogen werden muß, wird sie vorab im Kapitel 2 behandelt.

Die *Kinetik* untersucht den Zusammenhang zwischen den auf die Körper wirkenden
Belastungen und den durch sie hervorgerufenen Bewegungen. Der Kinetik kommt eine
Zentralstellung in der Mechanik zu. Zu ihr gehören alle Untersuchungen über die Bewegung
von Maschinen und Fahrzeugen, strömenden Flüssigkeiten, Schwingungen und vieles
andere mehr.

Die *Statik* dagegen ist die *Lehre vom Gleichgewicht*. Sie untersucht die Bedingungen, unter denen die unter der Einwirkung von Kräften stehenden Körper sich in Ruhe befinden. Da man es auch hier mit Kräften zu tun hat und die Ruhe nur ein spezieller Bewegungszustand ist, kann man die Statik und die Kinetik auch unter einem gemeinsamen Oberbegriff — der *Dynamik* (von griech.: Kraft) — zusammenfassen.

Die genannten Einteilungen sind in ihrer gegenseitigen Abhängigkeit und Unterordnung mehr oder weniger Konventionssache. Es genügt hier also zunächst eine Einteilung der Mechanik in die Kinematik und die Dynamik. Letztere ist dabei unterteilt in die Statik und die Kinetik.

Diese Unterscheidungen gelten auch für die unter Abschnitt 1.1.3 aufgeführte Einteilung. Man spricht also z.B. von Statik bzw. Kinetik starrer Körper, von Hydrodynamik und von Elastostatik bzw. Elastokinetik.

1.1.5 Zur geschichtlichen Entwicklung der Mechanik

Um aufzuzeigen, daß der mit den Hilfsmitteln der modernen Mathematik heute geschlossen nachzuvollziehende Aufbau der Mechanik nicht selbstverständlich war, ist es sicher nützlich, sich einen kurzen historischen Überblick über ihre Entwicklung bis zu ihrem heutigen Stand zu verschaffen. Mehr über die Geschichte der exakten Wissenschaften und speziell der Mechanik findet sich z.B. in den Büchern von DIJKSTERHUIS [11], MACH [50], MASON [54], SZABÓ [79], TIMOSHENKO [83] sowie in den historischen Bemerkungen bei SZABÓ [77] und [78] und RECKLING [67].

Obwohl seit dem Altertum bis ins späte Mittelalter hinein die Physik praktisch nur aus der Mechanik und Astronomie bestand, ist in diesen langen Zeiträumen nichts entstanden, was für die Entwicklung der Mechanik zu ihrer modernen Form wirklich bedeutungsvoll war. Versuche zur Erklärung mechanischer Phänomene sind durchaus vorhanden, aber sie bauen meist auf unhaltbaren Hypothesen auf.

Erst mit der Renaissance werden dann im 16. und vor allem im 17. Jahrhundert in vergleichsweise stürmischer Entwicklung die tastenden Versuche früherer Jahrtausende durch ein im heutigen Sinne wissenschaftliches Vorgehen abgelöst. Zum ersten Mal werden aus Experimenten mit begleitenden mathematischen Überlegungen eine Reihe von Gesetzen der Mechanik gefunden, die auch heute noch gültig sind. Allerdings muß dazu gesagt werden, daß sie nur je für ein ganz bestimmtes Teilproblem gelten. Man konnte noch nicht erklären, warum das gefundene Gesetz so und nicht anders lautete. Es fehlte noch das übergeordnete Gesetz, mit dem man alle Einzelerscheinungen beschreiben konnte.

Ohne Anspruch auf Vollständigkeit seien hier nur einige besonders herausragende Beispiele solcher mit Scharfsinn, Beobachtungsgabe und Fleiß zustandegebrachten bedeutenden wissenschaftlichen Leistungen aus dieser Periode erwähnt: Zu Anfang des 17. Jahrhundert veröffentlichte JOHANNES KEPLER (1571–1630) seine berühmten drei Gesetze der *Planetenbewegung*. GALILEO GALILEI (1564–1642) gab im Jahre 1638 die Gesetze des *freien Falls* und des *schiefen Wurfs* im luftleeren Raum bekannt. Sein Schüler EVANGELISTA TORRICELLI gab 1644 das Gesetz der Ausflußgeschwindigkeit einer idealen Flüssigkeit aus einem Gefäß an. CHRISTIAN HUYGENS (1629–1695) veröffentlichte in der 2. Hälfte des 17. Jahrhunderts in verschiedenen Arbeiten das Gesetz der „*Zentripetalbeschleunigung*" bei Kreisbewegungen und den „*Erhaltungssatz der mechanischen Energie*

im Schwerefeld der Erde", mit dessen Hilfe er die Lage des sog. "Schwingungsmittel-
punktes" eines "physischen Pendels" berechnen konnte.

Der große Vollender dieser Periode der Grundlegung der Mechanik war dann
ISAAC NEWTON (1643–1727), der in seinem im Jahr 1687 erschienenen Werk "Philo-
sophiae naturalis principia mathematica" alles bis dahin Erreichte zusammenfaßte und
seine berühmten *drei Grundaxiome der Mechanik* darlegte, von denen das Hauptaxiom
("lex secunda": Kraft gleich Masse mal Beschleunigung) allgemein bekannt ist. Sämtliche
vorher mit Hilfe von Experimenten aufgefundenen Gesetze konnten mit diesem Hauptaxiom erklärt werden. Eine seiner größten Leistungen war es auch, daß er als erster er-
kannte, daß für die irdischen Körper und die Himmelskörper das gleiche, allgemeine
Gravitations-Gesetz gilt.

Zu erwähnen ist aus dieser Periode noch ROBERT HOOKE (1635–1703), der 1679
aus Experimenten mit Stahlfedern das erste Stoffgesetz für das elastische Verformungs-
gesetz für Federn aufstellte, das gleichzeitig als Modell für elastisches Werkstoffverhalten
(sog. HOOKEsches Verhalten) gilt. Es bildet die Grundlage der Elastomechanik.

Im Zeitalter der Aufklärung erfolgte dann der Aufbau der Klassischen Mechanik
auf der Basis der NEWTONschen "Prinzipia". LEONHARD EULER (1707–1783) wandte
die NEWTONsche "lex secunda" auf ein Massenelement eines ausgedehnten Körpers an
und stellte das für die Kontinuumsmechanik grundlegende *"Schnittprinzip"* auf. Im
Jahre 1775 stellte er die Bewegungsgleichungen für ausgedehnte Körper auf, die später in
Kapitel 4 als die beiden Grundaxiome der Mechanik formuliert und für alle späteren Untersuchungen verwendet werden. Die Kontinuumsmechanik wurde auf feste Körper sowie
auf Fluide und Gase angewendet.

Daneben wurde eine *Analytische Mechanik* aufgebaut, die es gestattet, mit möglichst allgemein gültigen sogenannten Prinzipien mechanische Probleme mit geringstmög-
lichem Aufwand im Sinne einer "Ökonomie des Denkens" zu behandeln (Kapitel 9).

In Tabelle 1.2 ist die Entwicklung der Klassischen Mechanik chronologisch in ihren
wichtigsten Schritten dargestellt.

Selbstverständlich hörte diese Entwicklung nicht in der Mitte des vorigen Jahrhunderts
auf, sondern ist auch heute noch in vollem Gange. Dabei ist die Klassische Mechanik um
die Quantenmechanik, die Spezielle Relativitätstheorie und die *Rationale Mechanik* erweitert
worden. Damit sind dann auch Vorgänge im atomaren Strukturbereich, bei Geschwindigkeiten in der Größenordnung der Lichtgeschwindigkeit und übergeordnete thermo-mechanische Prozesse und Phänomene bei unterschiedlichen Stoffklassen erklärbar und beschreibbar. Für die Anwendungen im Ingenieurwesen ist aber die Klassische Mechanik in den
meisten Fällen ausreichend.

Tabelle 1.2 Wichtige Daten aus der Periode der Grundlegung der Klassischen Mechanik

1514	*Kopernikus*	Vorläufige Schrift über heliozentrisches Weltsystem
1543	*Kopernikus*	Hauptwerk über heliozentrisches Weltsystem
1576	*Brahe*	errichtet Großsternwarten in Dänemark
1586	*Stevin*	Schrift über Hydrostatik
1608	*Stevin*	erklärt Gleichgewicht auf schiefer Ebene und verwendet Kräfte-parallelogramm

Tabelle 1.2 (Fortsetzung)

1609	*Kepler*	veröffentlicht seine beiden ersten Gesetze
1610	*Galilei*	entdeckt Jupitermonde
1619	*Kepler*	gibt sein 3. Gesetz bekannt
1620	*Bacon*	erörtert Methoden der Naturforschung
1632	*Galilei*	veröffentlicht Streitgespräch für kopernikanisches Weltsystem (von 1633–1822 auf Index)
1638	*Galilei*	„Discorsi" über Mechanik (z.B. freier Fall, schiefer Wurf, Trägheitsgesetz)
1641	*v. Guericke*	erfindet Luftpumpe
1643	*Torricelli*	entdeckt Prinzip der barometrischen Druckmessung
1644	*Torricelli*	Schrift über Gleichgewichtsprinzip für Körpersystem und Ausflußgeschwindigkeit aus Gefäß
1644	*Descartes*	Schrift über mechanistische Weltanschauung mit Erhaltungssatz des Impulses
1654	*v. Guericke*	Experimente mit „Magdeburger Halbkugeln"
1657	*Huygens*	konstruiert Pendeluhr
1659	*Huygens*	ermittelt Zentripetalbeschleunigung bei Kreisbewegung
1659	*Hooke*	postuliert Gravitationsgesetz
1666	*Newton*	leitet Zentripetalkraft und Gravitationsgesetz her (unveröffentlicht)
1670	*Newton*	begründet „Fluxionsrechnung" (1704 veröffentlicht)
1673	*Huygens*	Schrift über Energiesatz im Schwerefeld, Schwingungsmittelpunkt des physischen Pendels, Gesetze des elastischen Stoßes
1675	*Huygens*	konstruiert Uhr mit Federunruhe
1679	*Hooke*	findet aus Experimenten das Federgesetz
1684	*Leibniz*	gibt seine Infinitesimalrechnung bekannt
1687	*Newton*	vollendet die Periode der Grundlegung der Mechanik mit den in seinen „Principia" enthaltenen drei dynamischen Grundaxiomen, dem Gravitationsgesetz und verschiedenen Einzelproblemen
1717	*Johann Bernoulli*	formuliert das Prinzip der virtuellen Arbeiten
1736	*Euler*	Schrift über analytische Mechanik
1738	*Daniel Bernoulli*	begründet die Hydrodynamik
1743	*D'Alembert*	gibt das nach ihm benannte Prinzip bekannt
1744	*Euler*	Werk über Variationsrechnung. Darin wird elastische Linie behandelt.
1752	*Euler*	Impulssatz für Massenelement, Schnittprinzip
1755	*Euler*	stellt Bewegungsgleichungen für ideale Flüssigkeiten auf
1759	*Euler*	Knicktheorie des Stabes
1785	*Euler*	Allgemeine Bewegungsgleichungen für ausgedehnte Körper
1788	*Lagrange*	Werk über analytische Mechanik mit D'Alembertschem Prinzip in Lagrangescher Fassung und „Lagrangeschen Gleichungen"
1822	*Cauchy*	stellt allgemeine Spannungstheorie auf
1835	*Hamilton*	gibt das nach ihm benannte Integralprinzip bekannt

1.2 Grundbegriffe und Grundgrößen der Mechanik

1.2.1 Allgemeines

Aufgabe der Mechanik ist es, physikalische Vorgänge zu beschreiben. Da die Physik im wesentlichen aus den Gebieten

Mechanik	Materialtheorie
Thermodynamik	Relativitätstheorie
Elektrodynamik	Quantenmechanik
Optik	Atomphysik

besteht und für alle Gebiete gemeinsame, übergeordnete Zusammenhänge bestehen, müssen hier die mechanischen Größen von denen der anderen Gebiete (z.B. der Thermodynamik) entkoppelt werden. Das geschieht einerseits durch die Verabredung, nur Klassische Mechanik zu betreiben und andererseits durch Einführung von Axiomen, Sätzen, Theorien und Hypothesen, die sich nur auf mechanische Vorgänge, also auf die Beschreibung von Bewegungen der Körper unter dem Einfluß von Kräften beziehen. Damit sind zwangsläufig die einzuführenden Grundgrößen der Mechanik i.a. unmodifiziert auch Grundgrößen der Physik. Die Umkehrung gilt jedoch nicht, denn für die weiteren Gebiete der Physik (z.B. Thermodynamik) sind sicherlich zusätzliche Größen (z.B. Wärmemenge Q, Temperatur T) zu formulieren, die man durch die Entkopplung in der Klassischen Mechanik nicht berücksichtigt (Wärmemenge Q) oder speziell vorgibt (Temperatur T = const.). Derart verbleiben für die Klassische Mechanik nur wenige Grundbegriffe wie

—   Raum, Zeit, Körper, Lage, Bewegung, Freiheitsgrad, Materie, Belastung, Beanspruchung

mit noch weniger Grundgrößen wie

—   Raum, Zeit, Masse (Dichte) und Spannung.

Aus den Grundgrößen werden dann weitere mechanische Größen wie Kraft, Moment, Geschwindigkeit, Beschleunigung usw. induktiv oder deduktiv gebildet. Dabei müssen diese Größen meßbar und/oder berechenbar sein.

Die *Größen* der Mechanik können dabei von verschiedenem Charakter sein. Für die Festlegung mancher Größen genügt die Angabe einer einzigen Zahl (Wert) und die Zuweisung der Einheit (Maßstab, Dimension), also

$$\text{Größe} = \text{Zahl} \cdot \text{Einheit}$$

z.B. $l = 10 \text{ m} = 10 \text{ m} \; \dfrac{10^2 \text{ cm}}{1 \text{ m}} = 10^3 \text{ cm}$

oder $t = 600 \text{ s} = 600 \text{ s} \cdot \dfrac{1 \text{ min}}{60 \text{ s}} = 10 \text{ min}$

Derartige Größen nennt man *Skalare* oder *Tensoren 0. Stufe.*

Für die Festlegung anderer mechanischer Größen ist neben dem Produkt aus Zahl und Einheit, also der Größe (!), auch die Richtung und der Richtungssinn wesentlich. Derartige Größen nennt man *Vektoren* oder *Tensoren 1. Stufe.*

Weiterhin gibt es auch Größen, die jeweils drei Richtungen zugeordnet sind. Sie sind also von der nächsthöheren Stufe und heißen demzufolge *Tensoren 2. Stufe.*

Die Definitionen und die Algebra dieser Größen werden in 1.3 dargestellt.

Hier seien zunächst die Grundgrößen und Grundbegriffe behandelt.

Als *Einheiten* werden dabei, der vereinbarten Vereinheitlichung entsprechend, die Einheiten der internationalen Norm ISO bzw. der Norm DIN 1301 Teil 1 und 2 mit den Basiseinheiten und den abgeleiteten Einheiten verwendet:

	Größe	Basiseinheit		Dimension
Basiseinheit	Länge Masse Zeit	m kg s	(Meter) (Kilogramm) (Sekunde)	$[L]$ $[M]$ $[T]$
abgeleitete Einheiten (z.B.)	Fläche Kraft Arbeit Leistung	m^2 N J W	(Quadratmeter) (Newton) (Joule) (Watt)	$[L^2]$ $[M \cdot L \cdot T^{-2}]$ $[M \cdot L^2 \cdot T^{-2}]$ $[M \cdot L^2 \cdot T^{-3}]$
	u. a. m.			$[M^p \cdot L^q \cdot T^r]$

1.2.2 Raum

Der Raum wird zunächst als der drei-dimensionale Raum $\mathscr{R}_3$ der Anschauung definiert. Dieser ist dann der EUKLIDische Raum, d.h. es gelten für jeden Punkt dieses Raumes die Aussagen der EUKLID*ischen Geometrie.*

Der Raum ist unabhängig vom jeweiligen mechanischen Vorgang (Prozeß) und vom jeweiligen Beobachter des Prozesses.

Der Raum hat von vornherein keinen ausgezeichneten Punkt und keine ausgezeichnete Richtung. Daher sind alle Punkte des Raumes gleichberechtigt — die Mannigfaltigkeit dieser Raumpunkte bildet den Raum.

Mit der Festlegung eines Raumpunktes 0 als Bezugspunkt (0 = Null oder o = origo (lat.) = Ursprung) wird der Raum vermeßbar, d.h. man kann jedem Punkt des Raumes eine Menge reeller Zahlen (Dimension 3 $\stackrel{\wedge}{=}$ 3 reelle Zahlen, Zahlen-Tripel) zuordnen. Jedem dieser Zahlen-Tripel ist genau ein Punkt des Raumes zugeordnet.

In Umkehrung gilt jedoch, daß zu einem Punkt des Raumes verschiedene Zahlen-Tripel gehören können, und zwar auch dann, wenn der gleiche Ursprung 0 gewählt wird. Der Grund dafür liegt in der Wahl der jeweiligen *Basis* oder in der Möglichkeit, verschiedene *Koordinatensysteme* für die Vermessung des Raumes verwenden zu können. Erst die Festlegung einer Basis oder die Wahl eines Koordinatensystems macht die Zuordnung von Raumpunkt und Zahlen-Tripel eindeutig.

Als Koordinatensysteme kommen raumfeste oder mitbewegte, geradlinige oder krummlinige Systeme — und zwar i.a. je nach Aufgabenstellung — zur Anwendung. Die Zahlen eines Tripels eines Raumpunktes im jeweiligen Koordinatensystem heißen dann *Koordinaten des Punktes.*

Beispiele sind:

1. *Kartesisches Koordinatensystem:*

   orthogonal, geradlinig, rechtssinnig
   Koordinaten: x, y, z
   Raumpunkt P (x, y, z)
   Bild (1-1)

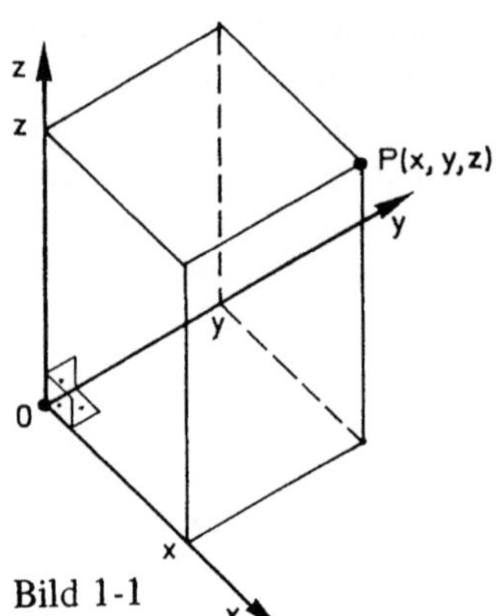

Bild 1-1

2. *Schiefwinkliges Koordinatensystem:*

   nichtorthogonal, geradlinig, rechtssinnig
   Koordinaten x_1, x_2, x_3
   Raumpunkt $P(x_1, x_2, x_3)$
   Bild (1-2)

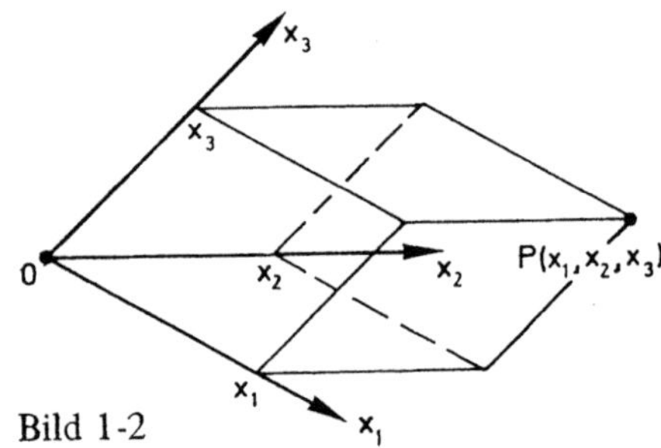

Bild 1-2

3. *Zylinderkoordinatensystem:*

   orthogonal, krummlinig
   Koordinaten r, φ, z
   Raumpunkt $P(r, \varphi, z)$
   Bild (1-3)

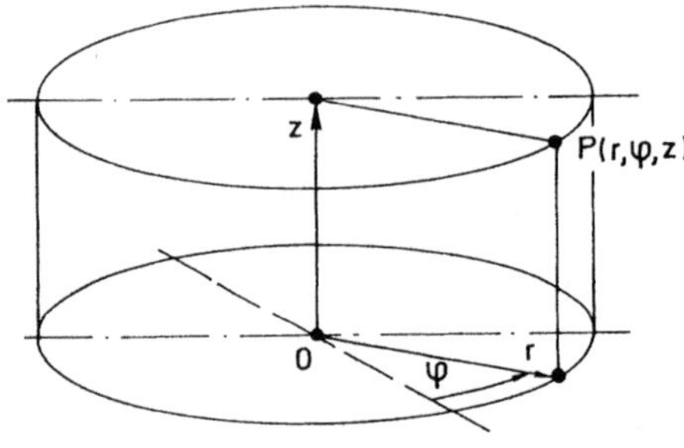

Bild 1-3

4. *Kugelkoordinatensystem:*

   orthogonal, krummlinig
   Koordinaten r, ϑ, ψ
   Raumpunkt $P(r, \vartheta, \psi)$
   Bild (1-4)

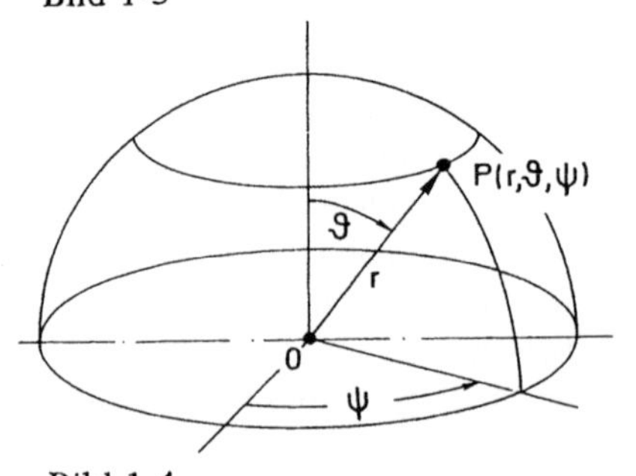

Bild 1-4

Es ist offensichtlich, daß derart weitere Koordinatensysteme mit jeweils drei Koordinaten für einen Punkt P im $\mathscr{R}_3$ verabredbar sind. Die Wahl des Systems wird durch die jeweilige Problemstellung bestimmt — es gibt also keine falsche oder richtige, sondern nur eine geeignete oder ungeeignete Wahl eines solchen Systems.

Im Gegensatz dazu ist der Begriff „Basis" unmittelbar mit dem Begriff der „linearen Unabhängigkeit innerhalb von Vektorräumen" verknüpft und bedarf daher der folgenden grundlegenden Behandlung:

Wenn anfangs der „Raum" primär als der drei-dimensionale EUKLIDische Raum $\mathscr{R}_3$ der Anschauung definiert worden ist, so ist damit gesagt, daß es auch andere „Räume" als $\mathscr{R}_3$ gibt. Der Begriff hat also eine Erweiterung erfahren. Dazu betrachtet man z.B.

1. die Menge der reellen Zahlen $\mathscr{R}$
2. die Menge der komplexen Zahlen $\mathscr{C}$
3. die Menge der Polynome $\mathscr{P}_N(x)$

$$\text{mit} \quad \mathscr{P}_N(x) := \left\{ \sum_{i=0}^{N} a_i\, x^i \mid a_i \in \mathscr{R} \right\}$$

4. die Menge der im abgeschlossenen Intervall $[a, b]$ definierten, reellen, stetigen Funktionen $\mathscr{C}^{\circ}[a, b]$ mit

$$\mathscr{C}^{\circ}[a, b] := \{ f(x) \mid x \in [a, b] \in \mathscr{R} \}$$

Bei aller Unterschiedlichkeit der Elemente dieser Mengen ist doch allen gemeinsam, daß jeweils eine Addition und eine Multiplikation mit einem skalaren Parameter λ derart existiert, daß das Ergebnis der Addition, also die Summe — sowie das Ergebnis der Multiplikation mit λ, also das Produkt, wieder jeweils Elemente der ursprünglichen Menge sind, also aus dieser Menge *nicht* herausführen, wobei neben diesen beiden Axiomen für die Elemente noch weitere bestimmte Rechenregeln gelten.

Allen Mengen 1 ... 4 und allen möglichen anderen Mengen ist also gemeinsam, daß sie Teilmengen einer übergeordneten (mächtigeren) Menge, des sog. Vektorraumes, sind. Es gilt dann

---

Def. 1.1:
Ein *Vektorraum* $\mathscr{V}$ ist eine Menge, die folgende Eigenschaft hat:
1. Je zwei Elementen $\underline{a}_1$, $\underline{a}_2 \in \mathscr{V}$ ist genau ein Element $\underline{a}_1 + \underline{a}_2 = \underline{b}$ (Summe) zugeordnet, wobei wieder $\underline{b} \in \mathscr{V}$ ist.
2. Jedem Element $\underline{a} \in \mathscr{V}$ und $\lambda \in \mathscr{R}$ ist genau ein Element

   $\lambda\, \underline{a} = \underline{c}$

   (Produkt) zugeordnet, wobei wieder $\underline{c} \in \mathscr{V}$ ist.
3. Für die Elemente von $\mathscr{V}$ gelten (die nachstehenden) Rechenregeln.
Die Elemente von $\mathscr{V}$ heißen *Vektoren*.

Bei „Addition" und „Multiplikation" der Elemente gelten folgende Rechenregeln:

Sind $\underline{a}, \underline{b}, \underline{c} \in \mathscr{V}$ und $\lambda, \mu \in \mathscr{R}$, so gilt

$$
\begin{array}{rll}
\underline{a} + \underline{b} &= \underline{b} + \underline{a} & (1.1) \\
(\underline{a} + \underline{b}) + \underline{c} &= \underline{a} + (\underline{b} + \underline{c}) = \underline{a} + \underline{b} + \underline{c} & (1.2) \\
\underline{a} + \underline{0} &= \underline{a}\ (\underline{0} = \text{Null-Element}) & (1.3) \\
\underline{a} + (-\underline{a}) &= \underline{0}\ (-\underline{a} = \text{Invers-Element, Negativ-Element}) & (1.4) \\
\lambda\,(\mu\,\underline{a}) &= (\lambda\,\mu)\,\underline{a} = \lambda\,\mu\,\underline{a} = \underline{a}\,\mu\,\lambda & (1.5) \\
1\,\underline{a} &= \underline{a}\ (\text{Eins-Element}) & (1.6) \\
\lambda\,(\underline{a} + \underline{b}) &= \lambda\,\underline{a} + \lambda\,\underline{b} & (1.7) \\
(\lambda + \mu)\,\underline{a} &= \lambda\,\underline{a} + \mu\,\underline{a} & (1.8)
\end{array}
$$

Man überzeugt sich durch Ausrechnen mit Hilfe der Definition 1.1, bei geeigneter (herkömmlicher) Definition der Summe nach Def. 1.1.1 sowie des Produktes nach Def. 1.1.2, daß die Mengen 1. bis 4. den Rechenregeln (1.1) bis (1.8) genügen, so daß sämtliche Mengen 1. bis 4. die Struktur eines Vektorraumes haben. Nun ist der Vektorraum aber nicht auf die vier Beispiele beschränkt, sondern enthält z.B. auch die „Vektoren im engeren Sinne" (EUKLIDische- oder Pfeilvektoren, Tensoren 1. Stufe) des Raumes $\mathscr{R}_3$.

Ist derart P ein Raumpunkt im EUKLIDischen Raum der Anschauung und ist Q ein weiterer Punkt des Raumes, so ist auch die „gerichtete Verbindung" von P zu Q (mit einer noch zu präzisierenden Definition der Richtung, des Richtungssinnes und der Strecke (Abstandsmessung)) Element eines solchen EUKLIDischen Vektorraumes. Man definiert also (vgl. Bild 1-5)

$$\mathscr{V}_3 := \{\overrightarrow{PQ} \mid P, Q \text{ Raumpunkte}\}$$

und bezeichnet die Elemente als (Pfeil-)*Vektoren*. Ist speziell P = 0 ein raumfester Punkt und ist Q = P, so ist auch $\overrightarrow{OP}$ ein nach Größe, Richtung und Richtungssinn festgelegtes Element des EUKLIDischen Vektorraumes. Man definiert also speziell (vgl. Bild 1-5)

$$\mathscr{R}_3 := \{\overrightarrow{OP} \mid O, P \text{ Raumpunkte}; O \text{ fest}\}$$

Die Elemente von $\mathscr{R}_3$ heißen *Ortsvektoren*.

Damit wird jeder Raumpunkt P auch durch einen solchen Ortsvektor — ohne ein bestimmtes Koordinatensystem — beschreibbar, somit ist auch $\mathscr{R}_3$ ein Vektorraum.

Zur *Notation* sei vereinbart, daß diese Vektoren als Buchstaben in „Fettdruck", also

$$\mathbf{a}, \mathbf{b}, \mathbf{c} \text{ usw.}$$

gekennzeichnet werden. Andere verwendete Möglichkeiten sind

$$\mathfrak{a}, \underline{a}, \vec{a} \text{ usw.}$$

Somit wird geschrieben (z.B.)

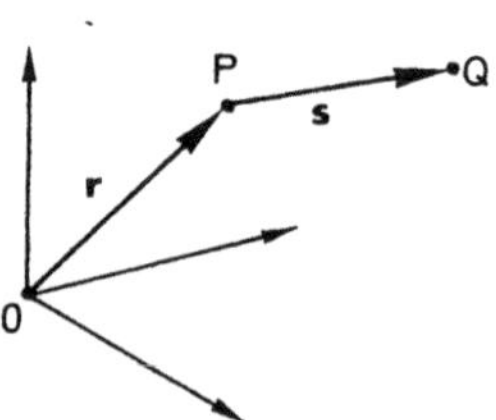

$$\overrightarrow{OP} = \mathbf{r}; \qquad \overrightarrow{PQ} = \mathbf{s}.$$

Für die Addition und Multiplikation mit einem Skalar stehen mit (1.1)...(1.8) bereits die notwendigen Rechenregeln fest, da $\mathscr{V}_3$ ein drei-dimensionaler Vektorraum sein soll.

Da die Elemente von $\mathscr{V}_3$ in der Mechanik von besonderer Bedeutung sind, wird in der Vektoralgebra und Vektoranalysis im Kap. 1.3.5 sowie 1.3.6 noch gesondert auf sie eingegangen.

Für die Vektorräume $\mathscr{V}$ lassen sich noch folgende Zusammenhänge formulieren:

Def. 1.2:
Sind $\underline{x}_1, \underline{x}_2, \ldots, \underline{x}_i, \ldots, \underline{x}_n \in \mathscr{V}$, so heiße ein weiterer Vektor $\underline{y} \in \mathscr{V}$, der sich in der Form

$$\underline{y} = a_1 \underline{x}_1 + a_2 \underline{x}_2 + \ldots + a_n \underline{x}_n$$

darstellen läßt, eine *Linearkombination der Vektoren* $\underline{x}_i$.

---

sowie

Def. 1.3:
Die n Vektoren $\underline{x}_1, \ldots, \underline{x}_i, \ldots, \underline{x}_n \in \mathscr{V}$ heißen *linear unabhängig,* wenn der Nullvektor (Nullelement von $\mathscr{V}$, vgl. (1.3)) nur als triviale Linearkombination aller $\underline{x}_i$ darstellbar ist, d.h. wenn gilt

$$a_1 \underline{x}_1 + a_2 \underline{x}_2 + \ldots + a_i \underline{x}_i + \ldots + a_n \underline{x}_n = \underline{0}$$

für und nur für alle

$$a_1 = a_2 = \ldots = a_i = \ldots = a_n = 0 .$$

Ist dagegen dabei mindestens einer der Koeffizienten $a_i \neq 0$, so heißen die Vektoren $\underline{x}_1, \ldots, \underline{x}_i, \ldots, \underline{x}_n$ *linear abhängig.*

---

und schließlich

Def. 1.4:
Sind n Vektoren $\underline{x}_1, \ldots, \underline{x}_i, \ldots, \underline{x}_n \in \mathscr{V}$ linear unabhängig und führt jedes beliebige weitere Element $\underline{y} \in \mathscr{V}$ zu einer linearen Abhängigkeit der Vektoren $\underline{x}_1, \ldots, \underline{x}_n, \underline{y}$ — so ist n die *Dimension des Vektorraumes* $\mathscr{V}$

$$\dim \mathscr{V} = n .$$

Das durch diese Eigenschaft ausgezeichnete System von Vektoren

$$[\underline{x}_1, \ldots, \underline{x}_i, \ldots, \underline{x}_n]$$

mit $\underline{x}_i \in \mathscr{V}$ ist die *Basis des Vektorraumes* $\mathscr{V}$.

Derart führt jede Linearkombination $\underline{y}$ nach Def. 1.2 auf eine lineare Abhängigkeit der Vektoren $\underline{x}_1, \ldots, \underline{x}_n, \underline{y}$. Für die oben erwähnten Beispiele gilt also:

1. Reelle Zahlen $\mathscr{R}$
   - $\dim \mathscr{R} = 1$
   - Basis in $\mathscr{R}$: $[1]$
   - jede weitere reelle Zahl (z.B. 5) ist linear abhängig, da gemäß Def. 1.3

   $$a_1 \, 1 + a_2 \, 5 = 0$$

   auch für $a_1/a_2 = -5$; $a_1 \neq 0$, $a_2 \neq 0$ erreichbar ist.

2. Komplexe Zahlen $\mathscr{C}$
    - dim $\mathscr{C}$ = 2
    - Basis in $\mathscr{C}$: $[1, j]$ mit $j = \sqrt{-1}$, da sich jedes $z \in \mathscr{C}$ in der Form $z = \lambda_1 \, 1 + \lambda_2 \, j$
      mit $\lambda_1, \lambda_2 \in \mathscr{R}$ schreiben läßt.

3. Polynome $\mathscr{P}_N(x) = \displaystyle\sum_{i=0}^{N} a_i \, x^i$

    - dim $\mathscr{P}_N$ = N + 1
    - Basis in $\mathscr{P}_N$: $[1, x, x^2, x^3, \ldots, x^N]$

4. Funktionenklasse C^0 [a, b]
    - dim C^0 = unendlich dimensional

5. (Pfeil-)Vektoren $\mathscr{V}_3$
    - dim $\mathscr{V}_3$ = 3
    - Basis in $\mathscr{V}_3$: $[\mathbf{b}_1, \mathbf{b}_2, \mathbf{b}_3]$
      (z.B. orthonormales Dreibein!); denn

      $$a_1 \, \mathbf{b}_1 + a_2 \, \mathbf{b}_2 + a_3 \, \mathbf{b}_3 = \mathbf{0}$$

      ist nur erreichbar für

      $$a_1 = a_2 = a_3 = 0 \, ,$$

      und jeder weitere Vektor $\mathbf{b} \in \mathscr{V}_3$ ist linear abhängig, also

      $$\mathbf{b} = b_1 \, \mathbf{b}_1 + b_2 \, \mathbf{b}_2 + b_3 \, \mathbf{b}_3 \, .$$

      Der Nullvektor

      $$\alpha_1 \, \mathbf{b}_1 + \alpha_2 \, \mathbf{b}_2 + \alpha_3 \, \mathbf{b}_3 + \beta \, \mathbf{b} = \mathbf{0}$$

      ist erzeugbar wegen (1.7)

      $$\mathbf{b}_1 \, (\alpha_1 + \beta b_1) + \mathbf{b}_2 \, (\alpha_2 + \beta b_2) + \mathbf{b}_3 \, (\alpha_3 + \beta b_3) = \mathbf{0}$$

      durch

      $$\alpha_i = -\beta \, b_i \quad \text{für alle} \quad i = 1, 2, 3 \, .$$

      Da nach Voraussetzung $\beta \neq 0$ und mindestens eine der drei Zahlen $b_i \neq 0$ ist,
      ist auch mindestens ein

      $$\alpha_i \neq 0 \, .$$

      Somit sind die Vektoren $\mathbf{b}_1, \mathbf{b}_2, \mathbf{b}_3, \mathbf{b}$ linear abhängig bzw. $\mathbf{b}$ läßt sich ein-
      deutig aus einer Linearkombination der Basis-Vektoren $\mathbf{b}_1, \mathbf{b}_2, \mathbf{b}_3$ erzeugen.

Damit wird jedes Element aus $\mathscr{V}_3$, also jeder *Vektor* $\mathbf{v}$ *darstellbar als Linearkombination*
(vgl. Def. 1.2)

$$\mathbf{v} = v_1 \, \mathbf{e}_1 + v_2 \, \mathbf{e}_2 + v_3 \, \mathbf{e}_3 = \sum_{i=1}^{3} v_i \, \mathbf{e}_i \qquad (1.9)$$

der (i.a. normierten) Vektoren (Einheitsvektoren) der gewählten *Basis* e_i

$$[e_1, e_2, e_3] \in \mathscr{V}_3$$

und der Angabe des wegen

$$\dim \mathscr{V}_3 = 3$$

zur Basis gehörenden Zahlen-Tripels bzw. der *drei Koordinaten* bezüglich der Basis

$$v_1, v_2, v_3 \in \mathscr{R}.$$

Die drei in (1.9) enthaltenen anteiligen Vektoren

$$v_1\, e_1, \; v_2\, e_2, \; v_3\, e_3$$

am Vektor v heißen auch *Komponenten* des Vektors v. Der gleiche Vektor hat bei verschiedener Basis verschiedene Koordinaten. Zwei verschiedene Vektoren haben in der gleichen Basis stets verschiedene Koordinaten. Daher gehört das Zahlentripel (Koordinaten) stets (nur) zur gewählten Basis. Mit Hilfe einer Basis ergibt sich also ein umkehrbar eindeutiger Zusammenhang zwischen Vektoren und ihren Koordinaten bzgl. dieser Basis. Diese Beziehung nennt man ein *Koordinatensystem*.

Als Basis wählt man i.a. die den drei Achsen eines Koordinatensystems zugehörigen Einheitsvektoren. Diese Wahl ist jedoch nicht zwingend. Für die aufgezeigten Koordinatensysteme bieten sich also an:

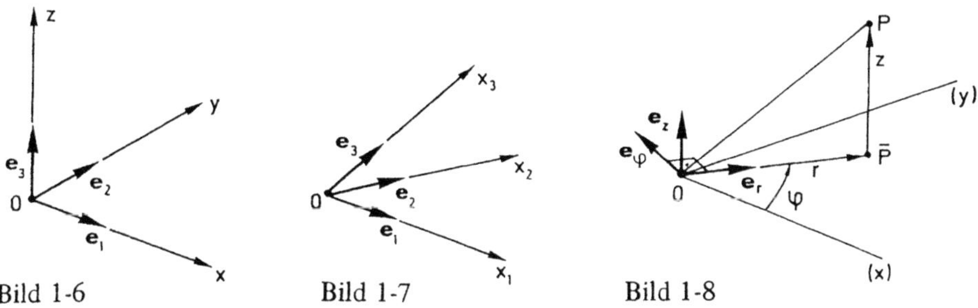

Bild 1-6   Bild 1-7   Bild 1-8

Ist man sich über die Wahl der Basis, die sich i.ü. immer finden läßt, im klaren, so kann man vereinbaren, die Basis bei der Darstellung von Tensoren 1. (oder auch höherer) Stufe nicht (mehr) mitzuschreiben. Daraus resultieren die vielfältigen Schreibweisen für Vektoren. So z.B.

1. $v = v$ Symbolische Darstellung.

2. $= v_1\, e_1 + v_2\, e_2 + v_3\, e_3$ Komponenten-Darstellung.

3. $= \displaystyle\sum_{i=1}^{3} v_i\, e_i$ Komponenten-Darstellung; Summenschreibweise.

4. $= (v_1, v_2, v_3)$ Zeilen-Vektor-Darstellung zur Basis $[e_1, e_2, e_3]$.

5. $= \begin{pmatrix} v_1 \\ v_2 \\ v_3 \end{pmatrix}$ Spalten-Vektor-Darstellung zur Basis $[e_1, e_2, e_3]$.

6. $= v_i\, e_i\,; \ i = 1, 2, 3$ Komponenten-Darstellung und EINSTEINsche Summenkonvention $\hat{=}$ Indexschreibweise.

7. $= v_i\,; \ i = 1, 2, 3$ Koordinaten-Darstellung und Summenkonvention zur Basis $[e_1, e_2, e_3]$ $\hat{=}$ Ricci-Kalkül.

Alle Schreibweisen bezeichnen denselben Vektor $v \in \mathcal{V}_3$ in verschiedenen Konventionen. Es ist i. a. nur eine Frage der Zweckmäßigkeit oder Handlichkeit (Kurzschrift), welche Schreibweise man wählt. Anfänglich tut man sicher gut daran, die Basis mitzuschreiben. Daher werden auch hier zunächst die Notationen 1., 2. und 3. vorherrschen.

Mit diesen Definitionen und Darstellungen ist die Beschreibung von Raum- und Körperpunkten sowie von Größen, die sich selbst als Elemente der Vektorräume darstellen (Wege, Geschwindigkeiten, Kräfte), grundsätzlich bereitgestellt. Der Raum und die zu untersuchenden physikalischen Vorgänge hierin werden dadurch meßbar bzw. quantitativ berechenbar.

1.2.3 Zeit

Für die Festlegung eines Körpers sowie für die Beschreibung seines Bewegungszustandes ist neben einem räumlichen Rahmen gemäß 1.2.2 auch ein zeitliches Bezugssystem notwendig.

Es wird dementsprechend eine skalare Größe t definiert, die man Zeit nennt. Zeit kann nur einsinnig zunehmen, also das Zeitinkrement dt ist positiv semidefinit ($dt \geqslant 0$). Die Zeit t kann alle Werte von der entferntesten Vergangenheit ($t \to -\infty$) bis zur Gegenwart ($t > 0$) annehmen. Der Nullpunkt der jeweils ablaufenden Zeit kann beliebig festgesetzt werden. (Indifferenz-Prinzip der Zeit)

Die die Vorgänge beschreibenden physikalischen Größen können von der Lage im Raum, also von x und von der Zeit t abhängen — und zwar explizit in der Form

$$f(x, t)\,; \ x \in \mathcal{V}\,; \ t \in \mathcal{R}$$

oder implizit in der Form

$$g(x(t))\,; \ x \in \mathcal{V}\,; \ t \in \mathcal{R}\,.$$

Dabei können f und g Tensoren beliebiger Stufe (Skalare, Vektoren, Tensoren) sein. Die Darstellung von Größen in der expliziten Form $f(x, t)$ führt auf die sog. EULER*sche Betrachtungsweise* — die in der impliziten Form $g(x(t)) = g(t)$ auf die sog. LAGRANGEsche Betrachtungsweise (s. 1.3.7, S. 63 f.).

1.2.4 Körper

Grenzt man im dreidimensionalen Raum $\mathcal{R}_3$ eine zusammenhängende Punktmenge ab, so entsteht zunächst als Mannigfaltigkeit von Raumpunkten P ein Gebiet $\mathcal{G}$. Ordnet man nun jedem Punkt $P \in \mathcal{G}$ (also kontinuierlich) Materie zu, so wird aus dem Raumpunkt P ein materieller Punkt X und aus dem Gebiet $\mathcal{G}$ ein Körper $\mathcal{K}$ als Mannigfaltigkeit aller X mit dem Volumen V in den Grenzen des Gebietes, die somit zu den Grenzen A(V) (Oberfläche) des Körpers werden (vgl. Bild 1-9).

Das Gebiet ist zwar notwendigerweise zusammenhängend und beschränkt, aber nicht einfach-zusammenhängend, d.h. der Körper kann Hohlräume aufweisen, die nicht mit Materie erfüllt sind und deshalb außerhalb der Grenzen des Körpers liegen.

Mit Hilfe dieser Begriffe läßt sich also definieren:

> **Def. 1.5:**
> Ein Körper $\mathscr{K}$ ist ein kontinuierlich mit Materie erfülltes Gebiet $\mathscr{G}$. Jeder Punkt des Körpers ist ein materieller Punkt X.

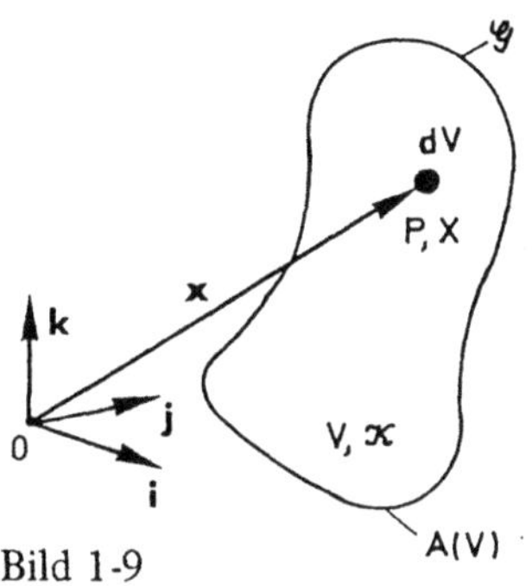

Bild 1-9

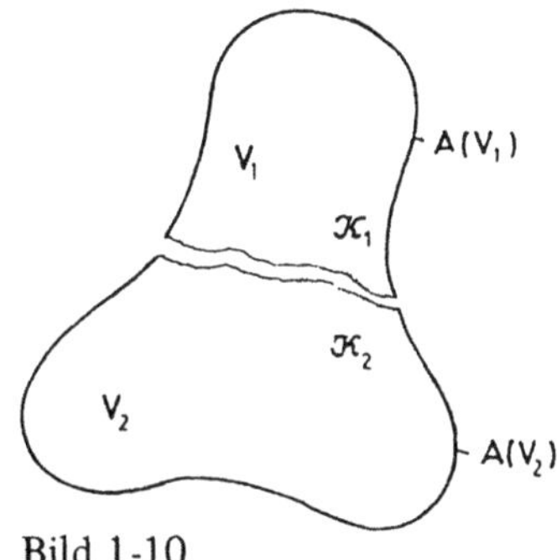

Bild 1-10

Daraus folgt, daß jedem materiellen Punkt X ein Raumpunkt P zugeordnet ist – daß dagegen aber nicht jeder Raumpunkt ein materieller Punkt ist. Da entsprechend 1.2.2 jedem Raumpunkt genau ein Element des Vektorraumes zugeordnet werden kann, ist auch jedem materiellen Punkt X genau ein Vektor $\mathbf{x} = \overrightarrow{OX}$ (Ortsvektor) zugeordnet (vgl. Bild 1-9).

Weiter folgt, daß ein materieller Punkt X zu einer Zeit nicht an mehreren Stellen P des Raumes sein kann und daß an einer Stelle P des Raumes zu einer Zeit nicht mehrere materielle Punkte X sein können (Kontinuum, Stetigkeit).

Ein Körper $\mathscr{K}$ läßt sich in beliebige Teil-Körper $\mathscr{K}_i$ zerlegen, wobei gilt (Bild 1-10):

$$\mathscr{K}_1 \cup \mathscr{K}_2 = \mathscr{K} \quad \text{und} \quad \mathscr{K}_1 \cap \mathscr{K}_2 = \phi$$
$$V_1 + V_2 = V \quad \text{aber} \quad A(V_1) + A(V_2) \geqslant A(V).$$

1.2.5 Masse

Die Materieeigenschaft entsprechend 1.2.4 wird durch eine Feldgröße, die eine skalare Funktion des Ortes und der Zeit sein kann, repräsentiert. Sie ist ein Maß dafür, daß Materie von Ort zu Ort und/oder mit der Zeit mehr oder weniger „dicht gepackt" sein kann. Man nennt sie daher *Materiedichte* oder kurz:

Dichte: $\rho = \rho(X) = \rho(\mathbf{x}, t) > 0$.

Sie ist stets > 0, da Körper definitionsgemäß Materie enthalten.

Jedem X bei **x** kann nun zu allen Zeiten t ein Wert ρ (**x**, t) zugeordnet werden. Nimmt man an, daß ρ eine mindestens einmal integrierbare Funktion ist, dann gilt

Def. 1.6:

$$m := \int_{V(t)} \rho\,(\mathbf{x}, t)\,dV;\ \text{Masse}$$

Der Wert dieses Integrals wird als *Masse* des Körpers $\mathscr{K}$ mit dem Volumen V definiert. Die Masse ist wegen $\rho \in \mathscr{R}$ auch eine positive reelle Zahl, also ein positiver Skalar oder Tensor 0. Stufe. Masse ist damit die materielle Eigenschaft des Körpers.

Da das Volumen eines Körpers nach 1.2.4 die Vereinigung aller Volumina der Teilkörper ist, gilt auch

$$m := \int_V \rho\,(\mathbf{x}, t)\,dV = \int_{V_1} \rho\,(\mathbf{x}, t)\,dV + \int_{V_2} \rho\,(\mathbf{x}, t)\,dV = m_1 + m_2\ .$$

Also

1.   Jedem Teilkörper $\mathscr{K}_i$ ist eine Teilmasse m_i zugeordnet.

2.   Die Gesamtmasse des Körpers ist die Summe der Teilmassen: $m = \sum_i m_i$.

3.   Ist die Masse stetig verteilt, so kann man auch in Umkehrung schreiben $\dfrac{dm}{dV} = \rho\,(\mathbf{x}, t)$.

Da zu jeder Zeit nach Def. 1.6 die Masse eindeutig für jedes Volumen berechenbar ist (Identitätsprinzip der Masse), folgt weiter

Satz 1.1:
Die Masse eines Körpers $\mathscr{K}$ ist stets zeitlich konstant.

$$m = \int_V \rho\,(\mathbf{x}, t)\,dV = \text{const}$$

$$\dot{m} := \frac{dm}{dt} = 0 \tag{1.10}$$

Satz von der Erhaltung der Masse.

Dieser Satz gilt auch dann, wenn V = V (t) ist.

1.2.6 Lage, Bewegung

Als Aufgabe der Mechanik war die Beschreibung der Bewegungen von Körpern formuliert worden, ohne daß zunächst die Begriffe im einzelnen definiert wurden. Nachdem der Begriff „Körper" und seine Eigenschaften eine erste Klärung erfahren haben, verbleibt noch der Begriff „Bewegung".

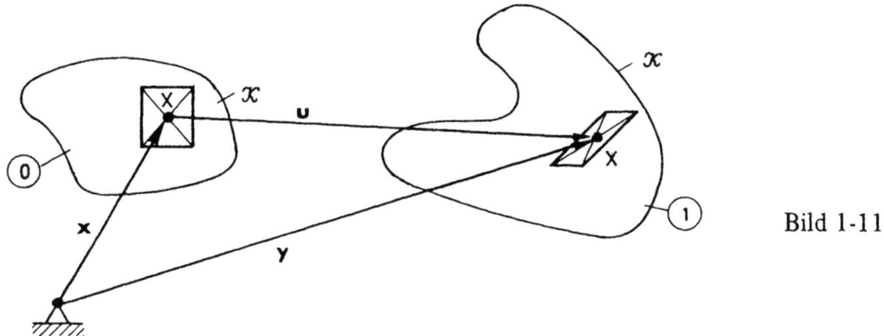

Bild 1-11

Dazu betrachtet man einen Körper $\varkappa$ in einer Bezugskonfiguration ⓪, d.h. in einer beliebigen zeitlichen und räumlichen Ausgangsform (Bild 1-11). Der materielle Punkt X befindet sich bei **x**. Nun verfolgt man die materiellen Punkte des Körpers $\varkappa$, damit also das Verhalten von X. Nach Ablauf des zu beschreibenden physikalischen Vorgangs ist der Körper $\varkappa$ in die Konfiguration ① übergegangen. Der (gleiche) materielle Punkt X findet sich nun an einer anderen Stelle des Raumes wieder — nämlich nicht mehr bei **x**, sondern bei **y**.

Man bezeichnet

> **y**(**x**) als *Lage*

des materiellen Punktes X. Ist **y** zusätzlich Funktion der Zeit, also sind die beiden Konfigurationen zu verschiedenen Zeiten vom Körper eingenommen worden, so bezeichnet man

> **y**(**x**, t) als *Bewegung*

des materiellen Punktes X.

Durch eine derartige Auffassung von der Bewegung eines materiellen Körpers sind gleichzeitig alle drei Bewegungsarten, mit der man sich den Übergang des Körpers von der „Bezugskonfiguration" ⓪ auf die „Momentankonfiguration" ① erklären kann, erfaßt — nämlich (vgl. Bild 1-12)

1. Translation (reine Verschiebung)
2. Rotation (reine Drehung)
3. Deformation (reine Verformung)

In diesem Sinne ist Bewegung die Summe aus Translation, Rotation und Deformation. Ist der Körper nicht deformierbar, so entfällt der Anteil nach 3. an der Bewegung. Man benutzt diese Tatsache zur Idealisierung eines starren Körpers (vgl. Kap. 1.1).

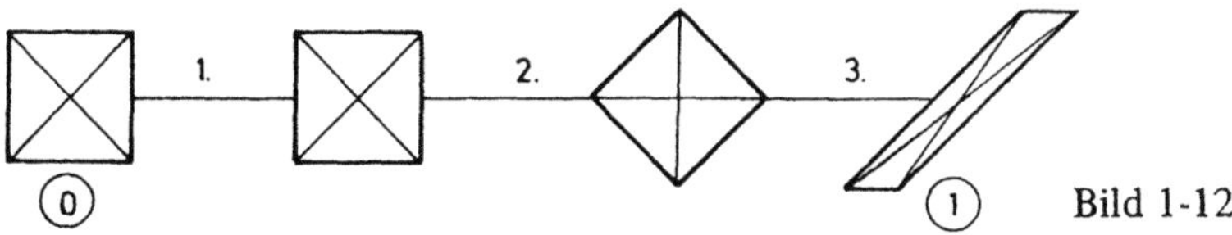

Bild 1-12

1.2.7 Freiheitsgrade

Der vorstehend definierte Bewegungszustand (1.2.6) eines Körpers (1.2.4) ist bekannt,
wenn zu jeder Zeit t die Lage y aller seiner Punkte X bei x − also die Vektorfunktion

$$y(x, t) \quad \text{oder} \quad y(x(t))$$

berechenbar oder bekannt ist. Als Basis (1.2.2) für y kann dabei grundsätzlich jedes
ruhende oder mitbewegte System mit der Dimension 3 gewählt werden.

Ist die Basis festgelegt, dann ist die Aufgabenstellung auf die Bestimmung der Koordinaten bezüglich dieser Basis zurückgeführt. Da für die Bestimmung der Lage eines Punktes
(z.B. von X) drei Koordinaten notwendig und hinreichend sind, heißt das, *ein materieller
Punkt im Raum hat drei unabhängige Bewegungsmöglichkeiten.*
Dabei gelte

Def. 1.7:
Ein *Freiheitsgrad* ist eine unabhängige Bewegungsmöglichkeit, d.h. die Möglichkeit (Freiheit), die Lage im Raum bei fortschreitender Bewegung um eine gewisse
Zahl voneinander unabhängiger Koordinaten ändern zu können.
Die Zahl der unabhängigen Koordinaten, die zur eindeutigen Festlegung der Lage
zu jeder Zeit (also der Bewegung) notwendig sind, ist damit die *Zahl der Freiheitsgrade.*

Demnach hat ein Punkt drei Freiheitsgrade. Es sind sämtlich Translations-Freiheitsgrade,
weil ein Punkt keine Rotation um sich selbst haben kann. Ein Körper dagegen kann sich
nicht nur translatorisch, sondern auch oder nur (unabhängig davon) rotatorisch bewegen,
also zusätzlich bis zu drei Drehungen um die drei Basis-Richtungen aufweisen. Ist der
Körper im übrigen starr (keine Deformation), dann ist „sechs" die Gesamtzahl der möglichen Freiheitsgrade. Ist er dagegen deformierbar, so hat jeder materielle Punkt zusätzlich
eine deformative Verschiebung, womit die Zahl der Freiheitsgrade bis ins Unendliche ($\rightarrow \infty$)
steigen kann (Kontinuum).

Man kommt derart zu folgender Auflistung:

Tabelle 1.3: *Freiheitsgrade* (Zahl g)

Bewegung:	in der Ebene			im Raum		
	Transl.	Rotat.	Deform.	Transl.	Rotat.	Deform.
Punkt	2	0	0	3	0	0
starrer Körper	2	1	0	3	3	0
Kontinuum	∞			∞		

Die Angaben in Tabelle 1.3 sind stets als maximal mögliche Freiheitsgrade zu verstehen;
denn nach unten hin läßt sich durch Bindungen (Fesselungen) die Zahl der Freiheitsgrade
beliebig einschränken. So kann ein starrer Körper durch Fixierungen in allen drei Richtungen und Verhinderung aller drei Rotationen in seinen sechs Freiheitsgraden schließlich

derart eingeschränkt sein, daß er überhaupt keine Bewegungsmöglichkeit mehr hat ($f = 0$).
Dieser Körper ist dann zwangsweise in Ruhe. Es wird sich zeigen, daß es sogar sinnvoll ist,
die Betrachtung über unabhängige Bewegungsmöglichkeiten auch auf Fälle mit negativen
Freiheitsgraden ($f < 0$) auszudehnen. Solche Systeme weisen dann mehr Bindungen auf
als zur zwangsweisen Ruhe notwendig sind. Man kann also die Zahl der Freiheitsgrade f
aus der maximalen möglichen Zahl g und der Zahl der Bindungen b stets ermitteln durch

$$f = g - b \gtreqless 0 \qquad (1.11)$$

wobei g aus Tabelle 1.3 entnommen werden kann.

Da f stets die Zahl der unabhängigen Bewegungsmöglichkeiten als Freiheitsgrade
angibt, ist es notwendig, daß eine zunächst für ein Problem beliebige Zahl von verwendeten
Koordinaten z stets die Relation

$$z \geqslant f$$

erfüllt. Dabei heißt

$$z > f \, ,$$

daß mehr Koordinaten angegeben werden, als unbedingt zur Beschreibung des Problems
notwendig und hinreichend sind. Das heißt weiter, daß nicht alle in z enthaltenen Koordi-
natenangaben voneinander unabhängig sind. Dementsprechend müssen einige der z Koordinaten durch eine Beziehung miteinander verknüpft sein — und zwar

$$z - f = k \geqslant 0 \qquad (1.12)$$

wobei k die Zahl der sog. *kinematischen Beziehungen* angibt.

Satz 1.2:
Wird ein System mit z Koordinaten beschrieben und hat das System f
Freiheitsgrade, so sind stets noch

$$z - f = k$$

kinematische Beziehungen angebbar.

Gl. (1.12) kann mit (1.11) auch geschrieben werden als

$$z + b - g = k \qquad (1.13)$$

Beispiel: Ein materieller Punkt bewege sich längs einer Kurve $y\,(x)$ wie in Bild 1-13. Wieviel
Freiheitsgrade hat das System und wieviel kinematische Beziehungen gibt es?

Lösung:
Die Beschreibung von X erfolge mit Hilfe des Vektors $\mathbf{r} \in \mathscr{V}_3$ im kartesischen Koordinatensystem
x, y, z mit der Basis $\mathbf{i}, \mathbf{j}, \mathbf{k}$.

Also ist

$$\mathbf{r}(t) = x(t)\,\mathbf{i} + y(t)\,\mathbf{j} + z(t)\,\mathbf{k} \,; \qquad z = 3$$

Die maximal möglichen Freiheitsgrade (Punkt im Raum) sind nach Tabelle 1.3:

$$g = 3$$

Bindungen liegen dadurch vor, daß der Punkt sich nicht frei im Raum und nicht frei in der Ebene (x-y-Ebene), sondern sich nur eindimensional längs der Kurve y (x) bewegen kann, also daß er zwei Bindungen hat:

$$b = 2$$

Daraus folgt nach (1.11)

$$f = g - b = 1$$

und nach (1.13) bzw. (1.12)

$$k = z + b - g = 3 + 2 - 3 = 2 \quad \text{bzw.}$$
$$k = z - f = 3 - 1 = 2$$

Das „System" hat also nur einen Freiheitsgrad und es muß zwischen x (t), y (t) und z (t) noch zwei kinematische Beziehungen geben. Diese sind

$$z(t) = 0$$

und

$$y(t) = y(x(t)) \,,$$

also gilt hier trivialerweise die Aussage, daß der Punkt X zu allen Zeiten nie eine z-Koordinate hat und sich nur längs der Bahnkurve y (x) (Abhängigkeit des y vom x) bewegen kann. Es ist wegen f = 1 nur eine Angabe hinreichend, also z.B. x (t), der Punkt X ist zu allen Zeiten damit eindeutig festgelegt (vgl. Bild 1-13).

1.3 Mathematische Grundlagen der Mechanik

1.3.1 Funktion, Definition und Eigenschaften

> **Def. 1.8:**
> Ist x eine reelle unabhängige Veränderliche (unabhängige Variable) mit $x \in \mathcal{R}$ und ist einem x mindestens ein weiteres Element $y \in \mathcal{R}$ durch die Vorschrift f zugeordnet, so heißt y = f (x) *reelle Funktion* (abhängige Variable, Funktion).

Die Funktion kann derart auch nur für bestimmte Intervalle [a, b] von x erklärt sein. Solche Intervalle sind:

$$
\begin{array}{lll}
(a, b) & := \{x \in \mathcal{R} \mid a < x < b\} & \text{beschränkt und offen} \\
[a, b) & := \{x \in \mathcal{R} \mid a \leqslant x < b\} & \text{beschränkt und halboffen} \\
[a, b] & := \{x \in \mathcal{R} \mid a \leqslant x \leqslant b\} & \text{beschränkt und abgeschlossen} \\
(a, \infty) & := \{x \in \mathcal{R} \mid a < x < \infty\} & \text{unbeschränkt und offen} \\
[-\infty, b] & := \{x \in \mathcal{R} \mid -\infty \leqslant x \leqslant b\} & \text{unbeschränkt und abgeschlossen}
\end{array}
$$

usw.

Bei den reellen Funktionen wird der unabhängigen Variablen $x \in \mathscr{R}$, also einem Skalar, die abhängige Variable $y \in \mathscr{R}$, also eine weitere skalare Größe über eine Vorschrift f zugeordnet — man nennt das auch: *skalarwertige Skalarfunktion* und schreibt f: $\mathscr{R} \to \mathscr{R}$. Die Def. 1.8 ist aber analog auch übertragbar, wenn einer der beiden oder beide Variablen nicht aus $\mathscr{R}$, sondern beliebig aus $\mathscr{V}$ sind. So sei z.B.

1. $\mathbf{r}$ aus $\mathscr{V}_3$ und t aus $\mathscr{R}$, dann ist $\mathbf{r} = \mathbf{f}(t)$ eine *vektorwertige Skalarfunktion*, d.h. beispielsweise für ein Intervall $t_0 \leqslant t \leqslant t_1 \in \mathscr{R}$ wird jedem t (es gibt innerhalb eines Intervalls keine Lücken) mindestens ein $\mathbf{r} \in \mathscr{V}_3$ zugeordnet, also f: $\mathscr{R} \to \mathscr{V}_3$

2. $\mathbf{r}$ aus $\mathscr{V}_3$ und $\mathbf{x}$ aus $\mathscr{V}_3$, dann ist $\mathbf{r} = \mathbf{f}(\mathbf{x})$ eine *vektorwertige Vektorfunktion*, d.h. jedem $\mathbf{x} \in \mathscr{V}_3$ wird mindestens ein $\mathbf{r} \in \mathscr{V}_3$ zugeordnet. Da $\mathbf{x}$ bezüglich einer Basis die Darstellung

$$\mathbf{x} = x_1 \, \mathbf{e}_1 + x_2 \, \mathbf{e}_2 + x_3 \, \mathbf{e}_3$$

und $\mathbf{r}$ die Darstellung

$$\mathbf{r} = u \, \mathbf{e}_1 + v \, \mathbf{e}_2 + w \, \mathbf{e}_3$$

hat und ansonsten die Zuordnungsvorschrift $\mathbf{f}$ unter Beachtung von $\mathbf{f}$: $\mathscr{V}_3 \to \mathscr{V}_3$ beliebig ist, läßt sich

$$\mathbf{r} = \mathbf{f}(\mathbf{x})$$

auch als die Angabe dreier reeller Funktionen der drei reellen Variablen bezüglich der gemeinsamen Basis auffassen, also

$$u = f_1(x_1, x_2, x_3), \qquad v = f_2(x_1, x_2, x_3), \qquad w = f_3(x_1, x_2, x_3).$$

Vollständig ausgeschrieben heißt das schließlich

$$\begin{aligned}
\mathbf{r} = \mathbf{f}(\mathbf{x}) &= f_1(x_1, x_2, x_3) \, \mathbf{e}_1 + f_2(x_i) \, \mathbf{e}_2 + f_3(x_i) \, \mathbf{e}_3 \\
&= u(x_1, x_2, x_3) \, \mathbf{e}_1 + v(x_i) \, \mathbf{e}_2 + w(x_i) \, \mathbf{e}_3 \\
&= u(\mathbf{x}) \, \mathbf{e}_1 + v(\mathbf{x}) \, \mathbf{e}_2 + w(\mathbf{x}) \, \mathbf{e}_3 \\
&= \mathbf{r}(\mathbf{x}).
\end{aligned}$$

Die Koordinaten von $\mathbf{r}$ zur Basis sind dabei also skalarwertige Vektorfunktionen bzw. reelle Funktionen mehrerer reeller Variablen.

In der weiteren Verallgemeinerung müssen schließlich die reellen Variablen (x_1, x_2, x_3) nicht alle Koordinaten ein und desselben Elementes $\mathbf{x} \in \mathscr{V}$ sein, sondern sie können auch aus verschiedenen Vektorräumen sein. So ist z.B. die Bewegung gemäß Definition

$$\mathbf{y} = \mathbf{y}(\mathbf{x}, t)$$

eine vektorwertige Funktion des Vektors $\mathbf{x} \in \mathscr{V}_3$ und der Zeit $t \in \mathscr{R}$. Bei definierter Basis gilt dann auch

$$\mathbf{y} = \mathbf{y}(x_1, x_2, x_3, t),$$

folglich ist $\mathbf{y}$ Funktion der vier reellen Variablen x_1, x_2, x_3 und t.

Als Eigenschaft einer Funktion führt man u.a. die Eigenschaft der *Stetigkeit* ein.

Es soll gelten:

Def. 1.9:
Eine Funktion $f(x)$ heißt bei $x = x_0$ *stetig*, wenn $\lim\limits_{x \to x_0} f(x) = f(x_0)$ gilt.

Das schließt ein, daß die Funktion gemäß Def. 1.8 bei $x = x_0$ erklärt ist und daß eine Funktion, wenn der Grenzwert $\lim\limits_{x \to x_0} f(x) = f(x_0)$ existiert, für $x_0 \in \mathscr{R}$ nicht gegen verschiedene Grenzwerte streben kann. Man kann daher Stetigkeit vollständig auch so definieren:

Def. 1.9a:
Eine Funktion ist an der Stelle x_0 ihres Definitionsbereiches (Def. 1.8) stetig, wenn es zu jeder positiven Zahl ϵ eine positive Zahl $\delta(\epsilon)$ gibt, so daß gilt $|f(x) - f(x_0)| < \epsilon$ für alle x, sofern $|x - x_0| < \delta(\epsilon)$ ist.

Hieraus geht hervor, daß eine Funktion unstetig bei x_0 ist, wenn entweder der Grenzwert $\lim\limits_{x \to x_0} f(x)$ nicht existiert oder aber wenn der Grenzwert existiert, jedoch $\lim\limits_{x \to x_0} f(x) \neq f(x_0)$ ist.

Strenger noch als die Bedingung der Stetigkeit ist die Bedingung, daß auch der Grenzwert für den Bruch aus abhängiger und unabhängiger Variablen existiert. Dann gilt

---

Def. 1.10:
Existiert für $x_0 \in \mathscr{R}$ der Grenzwert

$$\lim\limits_{x \to x_0} \frac{f(x) - f(x_0)}{x - x_0} = f'(x_0),$$

so heißt $f(x)$ an der Stelle x_0 *differenzierbar*.

---

bzw. entsprechend dazu

Def. 1.10a:
Eine Funktion heißt bei $x = x_0$ differenzierbar, wenn es zu jedem positiven ϵ ein positives $\delta(\epsilon)$ gibt, so daß gilt:

$$\left| \frac{f(x) - f(x_0)}{x - x_0} - f'(x_0) \right| < \epsilon \quad \text{für alle} \quad |x - x_0| < \delta(\epsilon).$$

Daraus folgt weiter: Ist eine Funktion an einer Stelle *differenzierbar*, so ist sie auch an dieser Stelle *stetig*. Die Umkehrung gilt nicht: Funktionen können an einer Stelle stetig — dort aber nicht differenzierbar sein. Jedoch gilt bei vollständiger Verneinung als weitere Aussage: Ist eine Funktion bei $x = x_0$ *unstetig*, so ist sie dort auch *nicht differenzierbar*.

1.3.2 Integral und Differential einer Funktion einer Variablen

Ist $f(x)$ eine Funktion und $[a, b]$ ein abgeschlossenes Intervall, in dem $f(x)$ erklärt und stückweise stetig ist (vgl. 1.3.1), so läßt sich (vgl. Bild 1-14) die „Fläche unter der Funktion" $f(x)$ im Intervall $[a, b]$ (zunächst näherungsweise) dadurch bestimmen, daß man das Intervall in n Teilintervalle, die nicht notwendigerweise gleich sind, einteilt. Das Intervall i hat die Breite Δx_i. Wählt man für jedes Intervall eine geeignete Zwischenstelle ξ_i, dann ist anschaulich klar, daß gilt:

$$F_n = \sum_{i=1}^{n} f(\xi_i)\, \Delta x_i \ .$$

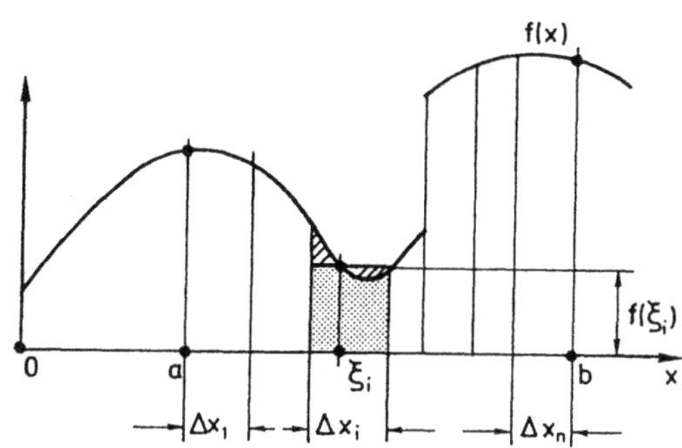

Bild 1-14

Die Näherung ist desto genauer, je kleiner Δx_i und je größer n gewählt wird. Da der Grenzwert für $n \to \infty$ und $\Delta x_i \to 0$ gegen die Fläche unter der Funktion $f(x)$ im Intervall $[a, b]$ geht, der Grenzwert also existiert, gilt

---

Def. 1.11:

$$\lim_{n \to \infty} F_n = \lim_{\Delta x_i \to 0} \sum_i f(\xi_i)\, \Delta x_i = \int_a^b f(x)\, dx := F \ . \tag{1.14}$$

Gl. (1.14) ist eine mögliche Definition des Integrals einer Funktion $f(x)$ im Intervall $[a, b]$. Zieht man die Definition 1.9 der Stetigkeit einer Funktion hinzu, so wird mit Bild 1-15 deutlich, daß gelten muß:

Satz 1.3:

Ist $f(x)$ eine im Intervall $[a, b]$ stetige Funktion, so gibt es eine Stelle

$$a \leqslant \hat{x} \leqslant b$$

derart, daß gilt (vgl. Bild 1-15)

$$\int_a^b f(x)\, dx = F = (b - a)\, f(\hat{x}) \ .$$

Mittelwertsatz der Integralrechnung.

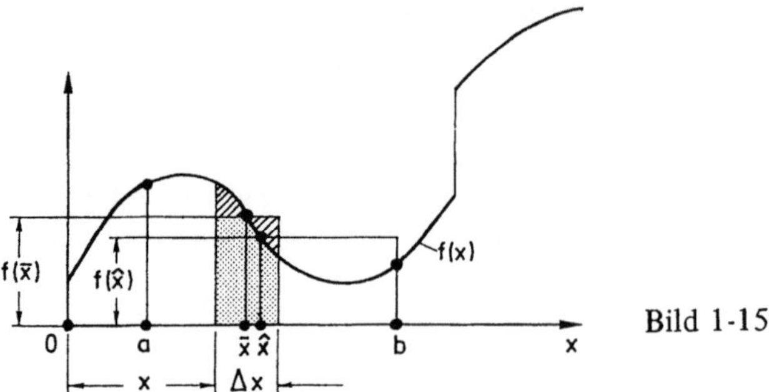

Bild 1-15

Die „Fläche F unter der Kurve" f (x) in [a, b] ist gleich der Fläche eines Rechtecks mit der Intervallänge (b − a) und der Funktionswerthöhe an der Stelle $\hat{x}$.

Da die Aussage dieses Satzes unabhängig von der Größe des Intervalls (b − a) und von der Lage der Grenzen a bzw. b bei jeweils nur anderem Zwischenwert $\hat{x}$ gilt, läßt sich auch (gemäß Bild 1-15) ersetzen

$$a \stackrel{\wedge}{=} x; \quad b \stackrel{\wedge}{=} x + \Delta x; \quad b - a \stackrel{\wedge}{=} \Delta x; \quad x \leqslant \bar{x} \leqslant x + \Delta x; \quad \bar{x} \stackrel{\wedge}{=} \hat{x}$$

und man erhält aufgrund der Additivität der Flächen einerseits

$$\int\limits_a^b f(x)\, dx \stackrel{\wedge}{=} \int\limits_x^{x+\Delta x} f(\xi)\, d\xi = \int\limits_a^{x+\Delta x} f(\xi)\, d\xi - \int\limits_a^x f(\xi)\, d\xi .$$

Mit $F(x) := \int\limits_a^x f(\xi)\, d\xi$ (vgl. (1.14)) folgt hieraus

$$\int\limits_x^{x+\Delta x} f(\xi)\, d\xi = F(x + \Delta x) - F(x) .$$

Andererseits gilt nach Satz 1.3 für $a \stackrel{\wedge}{=} x$ und $b \stackrel{\wedge}{=} x + \Delta x$

$$\Delta F = f(\bar{x})\, \Delta x$$

Nun ist aber

$$\Delta F = F(x + \Delta x) - F(x)$$

und somit

$$F(x + \Delta x) - F(x) = f(\bar{x})\, \Delta x .$$

Das liefert nach Division durch $\Delta x \neq 0$ den *Differenzenquotienten* (vgl. Def. 1.10)

$$\frac{F(x + \Delta x) - F(x)}{\Delta x} = f(\bar{x}) \qquad\qquad (1.15)$$

Um von der i.a. nicht bekannten Lage $\hat{x}$ bzw. $\bar{x}$ unabhängig zu sein, wird der Grenzwert $\Delta x \to 0$ gebildet. Hierbei strebt dann $\bar{x} \to x$. Da $f(x)$ stetig ist, der Grenzwert $\lim f(\bar{x})$ also existiert, folgt derart der sog. *Differentialquotient*

$$\lim_{\Delta x \to 0} \frac{F(x + \Delta x) - F(x)}{\Delta x} = \lim_{\Delta x \to 0} \frac{\Delta F}{\Delta x} = \lim_{\bar{x} \to x} f(\bar{x}) = \frac{dF}{dx} = F'(x) = f(x) \quad (1.16)$$

Gl. (1.16) sagt aus, was unter der Differentiation einer Funktion $F(x)$, die nach Def. 1.10 differenzierbar ist, verstanden werden soll. Gleichzeitig gewinnt man aus Vergleich von (1.16) mit (1.14) den

Satz 1.4:
Die Differentiation ist die Umkehrung der Integration (oder umgekehrt).
Hauptsatz der Differential- und Integralrechnung.

Da nach (1.14) $F(x)$ die Stammfunktion zu $f(x)$ in der Form

$$F(x) = \int_a^x f(\xi) \, d\xi$$

ist, unterscheiden sich alle bestimmten Integrale mit veränderter unterer Grenze a_1 statt a, also

$$F_1(x) = \int_{a_1}^x f(\xi) \, d\xi = \int_{a_1}^a f(\xi) \, d\xi + \int_a^x f(\xi) \, d\xi$$

$$F_1(x) = C_1 + F(x) \quad\quad\quad (1.17)$$

nur um eine Konstante C_1 (vgl. Bild 1-16).

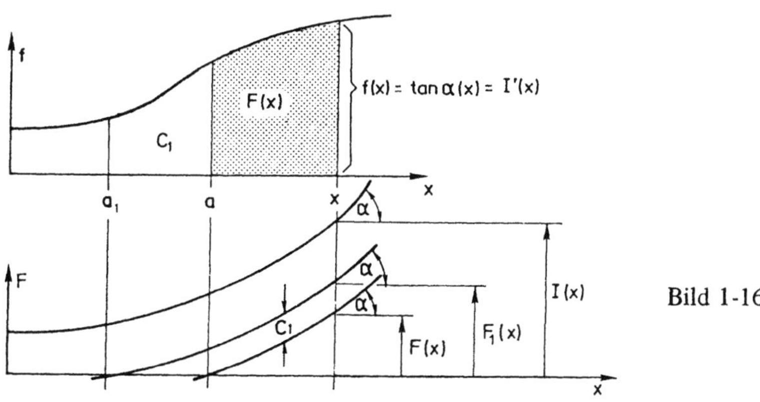

Bild 1-16

Die Gesamtheit aller sich nur um eine willkürliche Konstante $C \; (\gtrless 0)$ unterscheidenden Integralfunktionen wird *unbestimmtes Integral*

$$I(x) = \int_a^x f(\xi) \, d\xi + C = F(x) + C = \int f(x) \, dx + C \qquad (1.18)$$

genannt, wobei meist die letzte — nicht strenge — Schreibweise benutzt wird.

Die *geometrische Deutung* dieses Tatbestandes ist (vgl. Bild 1-16): Alle Integralfunktionen $I(x)$ sind voneinander nur durch eine additive Konstante unterschieden, d.h. die Kurven $I(x)$ sind parallel zur Ordinatenachse verschoben. Die Differentiation von (1.18) liefert dann wieder den gleichen Anstieg aller $I(x)$

$$I'(x) = F'(x) = f(x) = \tan \alpha \, (x) \qquad (1.19)$$

sowie die Aussage des Satzes 1.4 in Form von

$$\frac{d}{dx} \int_a^x f(\xi) \, d\xi = \frac{d}{dx} \int f(x) \, dx = f(x) \qquad (1.20)$$

mit beliebigem a, wobei auch hier meist die letzte — nicht strenge — Schreibweise benutzt wird.

Es sei vereinbart, daß sich Gleichung (1.16) auch in „differentieller" Form schreiben läßt, so daß wegen

$$F'(x) = \frac{dF}{dx} = f(x)$$

auch gelten soll:

$$dF = f(x) \, dx = F'(x) \, dx \qquad (1.21)$$

Man nennt dF das totale Differential der Funktion F (LEIBNIZ-Differential). Das ist eine Notations-Vereinbarung; denn streng genommen ist nur der Differenzenquotient (1.15) nach

$$\Delta F = F(x + \Delta x) - F(x) = f(\bar{x}) \, \Delta x \qquad (1.22)$$

explizit auflösbar. Bei anschließender Bildung des Grenzwertes gehe Δx in dx, F in dF und $f(\bar{x})$ wegen $\lim\limits_{\Delta x \to 0} f(\bar{x}) = f(x)$ in $f(x)$ über. Insofern ist (1.21) durch (1.22) aus Vereinfachungsgründen gerechtfertigt und wird zukünftig verwendet.

1.3.3 Integral und Differential einer Funktion mehrerer Variablen

Ersetzt man die reelle Variable x bzw. ξ durch zwei oder mehrere reelle Variable $(x_1, x_2, \ldots, x_i, \ldots, x_n)$, also beispielsweise durch Punkte auf einer Fläche, im Raum (oder noch höherer Dimension; vgl. 1.2.1) und läßt man zu, daß $f(x)$ bzw. $F(x)$ neben skalarwertigen Funktionen auch vektorwertige Funktionen v (oder noch höherer Stufe, Tensorfeld n-ter Stufe, vgl. 1.2.1) sein können, so lassen sich die vorstehenden Überlegungen für skalarwertige Skalarfunktionen auch auf Oberflächen- und Volumenintegrale (u.a.) sowie auf Vektor- und Tensorfelder weitgehend übertragen. Anders gesagt — die in 1.3.2 skalarwertigen Funktionen f und F sowie die skalaren Variablen x können auch durch Tensoren höherer Stufe ersetzt werden. Sei dementsprechend z.B.

$$v = v(x_1, x_2, \ldots, x_i, \ldots, x_n)$$

eine vektorwertige Funktion von n reellen Variablen x_i, so folgt bei Übertragung der Aussagen aus Kap. 1.3.2, daß zwangsläufig mehrere Ableitungen der Funktion v nach ihren Variablen — nämlich genau eine nach jeder ihrer Veränderlichen — erklärt werden können. Zum Unterschied zu der Differentiation nach einer Variablen gemäß 1.3.2 (Gl. (1.16)) macht man diese Tatsache durch Einführung von *partiellen Ableitungen*, also Differentiation nach jeweils einer Variablen bei Festhalten der anderen Variablen deutlich. Es gelte demnach:

Def. 1.12:

$$\frac{\partial v}{\partial x_1}, \frac{\partial v}{\partial x_2}, \ldots, \frac{\partial v}{\partial x_i}, \ldots, \frac{\partial v}{\partial x_n}$$

sind partielle Ableitungen von v nach x_i, wobei für jede Ableitung analog zu (1.16) gilt

$$\lim_{\Delta x_i \to 0} \frac{v(x_1, x_2, \ldots, x_i + \Delta x_i, \ldots, x_n) - v(x_1, x_2, \ldots, x_i, \ldots, x_n)}{\Delta x_i} = \frac{\partial v}{\partial x_i}$$

Dabei kann man $v(x_1, x_2, \ldots, x_i + \Delta x_i, \ldots, x_n)$ interpretieren als den (vektorwertigen) Funktionswert von v bei Fortschreiten in x_i-Richtung um den Betrag Δx_i. Der Grenzübergang des derart gebildeten Differenzenquotienten für die spezielle Variable x_i mit $\Delta x_i \to 0$ bilde dann die (erste) partielle Ableitung von v nach x_i.

Wegen der fehlenden Eindeutigkeit schließen sich Bezeichnungen wie $\frac{dF}{dx} = F'(x)$ o.ä. aus oder müssen gesondert vereinbart werden.

Analog zum totalen Differential einer Funktion mit einer Variablen läßt sich nun unter Beachtung von (1.21) ebenfalls über die ersten Ableitungen von v — jedoch hier als Summe aller Ableitungen nach allen unabhängigen Variablen — ein vollständiges Differential von v definieren. Dann gilt

---

Def. 1.13:

Ist $v = v(x_1, \ldots, x_i, \ldots, x_n)$ mit $x_i \in \mathscr{R}$ und $v \in \mathscr{V}$, so ist

$$dv := \frac{\partial v}{\partial x_1} dx_1 + \ldots + \frac{\partial v}{\partial x_i} dx_i + \ldots + \frac{\partial v}{\partial x_n} dx_n = \sum_{i=1}^{n} \frac{\partial v}{\partial x_i} dx_i$$

das *vollständige Differential von* v.

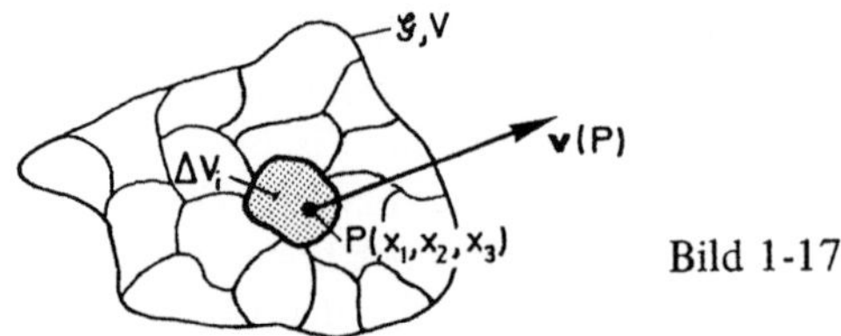

Bild 1-17

Ebenfalls in Übertragung von 1.3.2 (erster Absatz) läßt sich auch das *Integral einer Funktion mehrerer Variablen* (z.B. n = 3) bilden: Ist $v \in \mathscr{V}$ eine tensorwertige Funktion n-ter Stufe der z.B. drei Variablen $x_1, x_2, x_3 \in \mathscr{R}$ (also des Punktes $P(x_1, x_2, x_3)$) im abgeschlossenen „Intervall" von x_1, x_2, x_3 (also im Volumen V), so läßt sich (vgl. Bild 1-17) die Größe v über das Volumen (zunächst näherungsweise) aufsummieren, indem man das Intervall (Volumen) in n Teilintervalle, die nicht notwendigerweise gleich sind, einteilt. Das i-te Teilvolumen habe die Größe ΔV_i. Wählt man für jedes Intervall (Teilvolumen) einen geeigneten Punkt P_i an der Stelle ξ_i, so gilt wieder

$$V_n = \sum_{i=1}^{n} v(P_i) \, \Delta V_i \, ,$$

(nur V_n ist jetzt keine Fläche „unter" der Kurve mehr). Die Näherung ist desto genauer, je kleiner ΔV_i und je größer n gewählt wird. Beim Grenzübergang geht P_i in P bei $\bar{x}$ über, und es wird

---

Def. 1.14:
$$V := \lim_{n \to \infty \atop \Delta V_i \to 0} V_n = \lim_{n \to \infty} \Sigma \, v(P_i) \, \Delta V_i = \int_{(V)} v(P) \, dV = \int_{(V)} v(x) \, dV \qquad (1.23)$$

Gl. (1.23) ist das Volumen-Integral der Größe v mit dem Ergebnis **V**. Benutzt man zur Interpretation des Ausdruckes (1.23) die Vereinbarung (1.21), wonach statt

$$\Delta V = \Delta x_1 \, \Delta x_2 \, \Delta x_3$$

und anschließendem Grenzübergang auch

$$dV = dx_1 \, dx_2 \, dx_3$$

bei gleichzeitigem Übergang von P_i nach P geschrieben werden kann, dann sagt (1.23) aus: Ist $\mathscr{G}$ ein Gebiet mit dem Volumen V, so wird jeder Stelle $P \in \mathscr{G}$ mit dem infinitesimalen Volumen dV die Größe v an dieser Stelle zugeordnet und das entstehende Produkt über das gesamte Volumen V summiert. (Volumenintegral der Größe v). Das Ergebnis **V** ist wieder ein Tensor n-ter Stufe, wenn v ein Tensor n-ter Stufe (n = 0, 1, 2) war. Explizit hängt **V** nicht mehr von x_1, x_2 und x_3 bzw. von x ab. Implizit ist die Größe **V** abhängig vom Verlauf v(x) und von den Intervallgrenzen — also vom Volumen V des Gebietes $\mathscr{G}$.

Wegen $dV = dx_1 \, dx_2 \, dx_3$ läßt sich (1.23) auch schreiben als

---

$$V = \int_V v(x) \, dV = \int_{x_3} \int_{x_2} \int_{x_1} v(x_1, x_2, x_3) \, dx_1 \, dx_2 \, dx_3 \qquad (1.24)$$

---

also als dreifaches Integral über alle drei Variablen. Jedes der drei Integrale wird dabei behandelt wie das Integral über eine reelle Variable (vgl. (1.14)), d.h. die jeweils anderen Variablen werden bei der Integration konstant gehalten. Die Grenzen der einzelnen Integrale können dabei noch von den jeweils anderen Veränderlichen abhängen.

Ferner gelte in Entsprechung zu Satz 1.3 auch für Funktionen mehrerer Variablen ein definierter „Mittelwert", und zwar in der Form

---

Def. 1.15:

Ist $\mathbf{v}(\mathbf{x})$ eine im Volumen V stetige Funktion, so gibt es einen Wert $\bar{\mathbf{v}}$ derart, daß gilt

$$V\,\bar{\mathbf{v}} := \mathbf{V} = \int \mathbf{v}(\mathbf{x})\,dV\ .$$

Das Volumenintegral aller $\mathbf{v}$ über V (vgl. (1.23)) ergibt den gleichen Wert $\mathbf{V}$ wie das Produkt aus dem Gesamtvolumen V und dem „mittleren" Funktionswert $\bar{\mathbf{v}}$. Dabei ist i.a. $\bar{\mathbf{v}} \neq \mathbf{v}(\bar{\mathbf{x}})$, da das Vektorfeld $\mathbf{v}(\mathbf{x}, t)$ zwar definitionsgemäß einen „Mittelwert" $\bar{\mathbf{v}}$ besitzt, dieser aber nicht notwendigerweise mit dem Funktionswert $\mathbf{v}(\bar{\mathbf{x}})$ an einer geeigneten Zwischenstelle $\bar{\mathbf{x}}$ (Mittelpunkt) innerhalb des Feldes, in dem $\mathbf{v}$ erklärt wurde, identisch ist.

Analog zu (1.22) ist dann auch wegen der Beliebigkeit von V ($V \triangleq \Delta V$)

$$\Delta \mathbf{V} = \Delta V\,\bar{\mathbf{v}} \tag{1.25}$$

und damit

$$\frac{\Delta \mathbf{V}}{\Delta V} = \bar{\mathbf{v}}\ .$$

Bildung des Grenzübergangs $\Delta V \to 0$ und damit $\bar{\mathbf{v}} \to \mathbf{v}$ ergibt entsprechend (1.16)

$$\lim_{\Delta V \to 0} \frac{\Delta \mathbf{V}}{\Delta V} = \frac{d\mathbf{V}}{dV} = \mathbf{v}(\mathbf{x}) \tag{1.26}$$

also die Umkehrung von (1.23).

Da es Aufgabe der Mechanik ist, die Körper und deren Bewegungen unter dem Einfluß von Bewegungsursachen zu untersuchen und da die Körper entsprechend der Def. 1.5 im Kapitel 1.2.4 über das Volumen sowie die Masse nach Def. 1.6 über ein Volumenintegral definiert sind, kommt den Volumenintegralen besondere Bedeutung zu.

Da jedes Volumen V auch eine Oberfläche $A(V)$ und jedes Teilvolumen V_1 von V auch eine Schnittfläche $A_s(V_1)$ hat, werden die Gleichungen (1.23) bis (1.26) auch für zwei-dimensionale Probleme, also für Funktionen von zwei Variablen (x_1, x_2) bereitzustellen sein. Man erhält in völliger Analogie zu (1.23)

$$\mathbf{A} = \lim_{\substack{n \to \infty \\ \Delta A_i \to 0}} \Sigma\,\mathbf{a}(P_i)\,\Delta A_i = \int_A \mathbf{a}(P)\,dA = \int_A \mathbf{a}(\mathbf{x})\,dA \tag{1.27}$$

und zu (1.24)

$$A = \int\limits_A a\,(x)\,dA = \int\limits_{x_2} \int\limits_{x_1} a\,(x_1\,,\,x_2)\,dx_1\,dx_2 \qquad (1.28)$$

sowie zu (1.25) für jedes A

$$A = A\,\bar{a} \qquad (1.29)$$

und damit zu Def. 1.15 für $A \stackrel{\wedge}{=} \Delta A$

$$\lim_{\Delta A \to 0} \frac{\Delta A}{\Delta A} = \frac{dA}{dA} = a\,(x) \qquad (1.30)$$

1.3.4 Mittelpunkte

Faßt man der Bedeutung wegen die Ergebnisse der Kapitel 1.3.2 sowie 1.3.3 zusammen und führt dabei als übergeordnete Bezeichnungen ein

$$\varphi\,(x) = \text{Tensorfeld der Stufe } n$$
$$n = \begin{cases} 0,\ \varphi = s, & \text{Skalar} \\ 1,\ \varphi = v, & \text{Vektor} \\ 2,\ \varphi = \mathbb{T}, & \text{Tensor} \end{cases}$$

$$\Phi = \text{Tensorfeld der Stufe } l$$
$$l = \begin{cases} 0,\ \Phi = s, & \text{Skalar} \\ 1,\ \Phi = v, & \text{Vektor} \\ 2,\ \Phi = \mathbb{T}, & \text{Tensor} \end{cases}$$

und

$$\alpha = \text{Variable der Dimension } k$$
$$k = \begin{cases} 1,\ \alpha = x,\ \text{Linie} \\ 2,\ \alpha = A,\ x_1 \wedge x_2\,,\ \text{Fläche} \\ 3,\ \alpha = V,\ x_1 \wedge x_2 \wedge x_3\,,\ \text{Volumen}, \end{cases}$$

so gilt

$$\int\limits_\alpha \varphi\,(x)\,d\alpha = \overset{(k\text{-mal})}{\int\limits_{x_k} \ldots \int\limits_{x_1}} \varphi\,(x_1\,,\,\ldots,\,x_k)\,dx_1\,,\,\ldots,\,dx_k\,, \qquad (1.31)$$

$$\Phi = \int\limits_\alpha \varphi\,(x)\,d\alpha \quad (l = n)\,, \qquad (1.32)$$

$$\Phi = \int_{\alpha} \varphi(x) \, d\alpha = \alpha \, \overline{\varphi} , \qquad\qquad (1.33)$$

$$\frac{d\Phi}{d\alpha} = \varphi(x) . \qquad\qquad (1.34)$$

Für den speziellen Fall $n = 0$ und $\varphi(x) = 1$ können diese Gleichungen auch dazu benutzt werden, Flächen ($\alpha = A$) oder Volumina ($\alpha = V$) von Körpern zu berechnen. Für $n = 0$, $\alpha = V(t)$ und $\varphi(x, t) = \rho(x, t)$ gehen die Gleichungen (1.32) und (1.34) in die bereits bekannten Beziehungen (vgl. Def. 1.6 u.f.) für die Masse m über:

$$\Phi = m = \int_{V(t)} \rho(x, t) \, dV; \qquad \frac{dm}{dV} = \rho(x, t) \qquad\qquad (1.35)$$

Ist dagegen speziell $\varphi(x) = x$, so geht in (1.33) auch $\overline{\varphi} \to \overline{x}$ über, d.h. der Mittelwert $\overline{\varphi}$ über α wird zum Mittelpunkt $\overline{x}$ von α, wobei $\overline{x}$ nicht notwendigerweise in α enthalten sein muß. Dieser ist in Anwendung von (1.33) auf Linien, Flächen und Volumina als Linien-, Flächen- oder Volumen- bzw. als Massenmittelpunkt und Schwerpunkt von besonderem Interesse. Man kann daher (1.33) auch unmittelbar als Definitionsgleichung für den *Mittelpunkt* von α auffassen. Man setzt also:

$$n = 1 \quad \text{und} \quad \varphi(x) = x \qquad (\text{vgl. } 1.2.2)$$

Dann wird nach (1.33)

$$\int_{\alpha} x \, d\alpha = \alpha \, \overline{x} = \alpha \, x_{M\alpha}$$

und es folgt:

Def. 1.16:
Jedes abgeschlossene Intervall der Variablen α (Strecke, Fläche, Volumen, Masse) hat einen *Mittelpunkt* M_α, dessen *Lage* $x_{M\alpha}$ gegeben ist durch

$$x_{M\alpha} = \frac{1}{\alpha} \int_{\alpha} x \, d\alpha$$

So folgt z.B. für $\alpha = A$ die Lage des *Flächen-Mittelpunkts* aus

$$x_{MA} = \frac{1}{A} \int_{A} x \, dA \qquad\qquad (1.36)$$

und für $\alpha = V$ die Lage des *Volumen-Mittelpunkts* aus

$$x_{MV} = \frac{1}{V} \int\limits_{V} x \, dV \qquad\qquad (1.37)$$

Gl. (1.37) besagt z.B.: Ordne jedem Punkt P aus V, also jedem infinitesimalen dV seine Lage x zu (vgl. Bild 1-18) und summiere die entstehenden Größen über das gesamte Volumen V (Intervall) nach (1.23) bzw. (1.24) auf. Nach Division des Integrals durch das Volumen V entsteht ein spezieller Tensor 1. Stufe, nämlich genau der Vektor x_{MV} zum Mittelpunkt des Volumens V. Dabei darf offenbar der Bezugspunkt (Nullpunkt) beliebig gewählt werden — als Ergebnis erhält man stets den gleichen Punkt M_V.

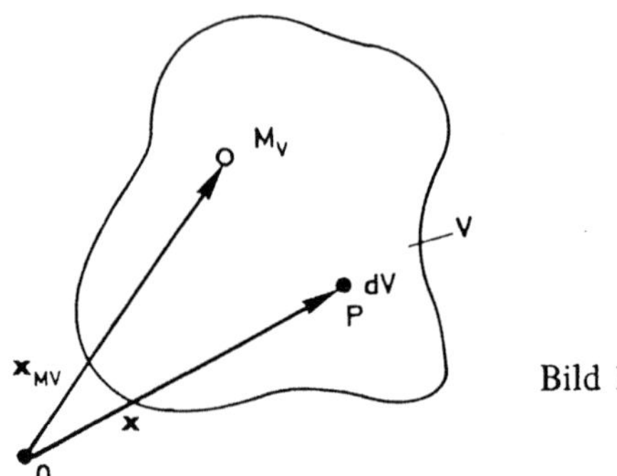

Bild 1-18

Kombiniert man nun weiter Def. 1.16 mit (1.35) und setzt $\alpha = m$ mit m nach (1.35), so folgt mit

$$d\alpha = dm$$

die *Lage des Massen-Mittelpunktes* M_M

$$x_{MM} = \frac{1}{m} \int\limits_{m} x \, dm \qquad\qquad (1.38)$$

M_M muß nicht mit M_V übereinstimmen, denn aus Def. 1.6 folgt *nur* für $\rho(x) = \rho_0 = \text{const}$

$$m = \int dm = \int \rho(x, t) \, dV = \rho_0 \int dV = \rho_0 \, V$$

und damit aus (1.38)

$$x_{MM} = \frac{1}{m} \int x \, dm = \frac{1}{\rho_0 V} \int \rho_0 x \, dV = \frac{1}{V} \int x \, dV = x_{MV},$$

also die Gleichheit beider Mittelpunkte ist nur für konstante Dichte im gesamten Körper gewährleistet.

Für $\rho = \rho(\mathbf{x}, t)$ wird direkt aus (1.33) mit Def. 1.6, wobei $\varphi(\mathbf{x}) = \rho(\mathbf{x}, t)\,\mathbf{x}$ und $\alpha = V$ gesetzt wird,

$$\int\limits_{V(t)} \rho(\mathbf{x}, t)\,\mathbf{x}\,dV = \int \mathbf{x}\,dm = m\,\mathbf{x}_{MM} \ ,$$

woraus wieder (1.38), jedoch über andere Zuweisungen für α und φ, folgt:

$$\boxed{\begin{aligned}
&\mathbf{x}_{MM} = \frac{1}{m} \int\limits_{V(t)} \mathbf{x}\,\rho(\mathbf{x}, t)\,dV \\[2mm]
&\text{mit } m \text{ nach (1.35)} \\[2mm]
&m = \int\limits_{V(t)} \rho(\mathbf{x}, t)\,dV
\end{aligned}} \tag{1.39}$$

Die in den Gleichungen (1.37) u.f. auftretenden Mehrfachintegrale werden je nach der Integrationsvariablen als

$$\left.\begin{aligned}
\int\limits_{A} \mathbf{x}\,dA &= \\[3mm]
\int\limits_{V} \mathbf{x}\,dV &= \\[3mm]
\int\limits_{m} \mathbf{x}\,dm &=
\end{aligned}\right\} \text{Moment ersten Grades} \left\{\begin{aligned} &\text{der Fläche} \\[3mm] &\text{des Volumens} \\[3mm] &\text{der Masse} \end{aligned}\right.$$

bezeichnet. Rein formal läßt sich dementsprechend auch ein

$$\left.\begin{aligned}
\int\limits_{A} \mathbf{x}^2\,dA &= \\[3mm]
\int\limits_{V} \mathbf{x}^2\,dV &= \\[3mm]
\int\limits_{m} \mathbf{x}^2\,dm &=
\end{aligned}\right\} \text{Moment zweiten Grades} \left\{\begin{aligned} &\text{der Fläche} \\[3mm] &\text{des Volumens} \\[3mm] &\text{der Masse} \end{aligned}\right.$$

bilden. Es wird sich zeigen, daß diese geometrischen Momente von großer Bedeutung sind. So verschwinden jeweils sämtliche geometrischen Momente ersten Grades, wenn man als

Ursprung für $\mathbf{x}$, also als Bezugspunkt O den Mittelpunkt M wählt. Man benutzt diese Tatsache, um die Mehrfachintegrale

$$\int\limits_{\alpha} \mathbf{x}\,d\alpha$$

von vornherein lösen, d.h. a priori Null setzen zu können. Der Beweis hierfür folgt unmittelbar aus Def. 1.15. Danach ist

$$\int\limits_{\alpha} \mathbf{x}\,d\alpha = \alpha\,\mathbf{x}_{M\alpha}\;.$$

Wenn nun alle $\mathbf{x}$ nicht von einem Punkt O, sondern vom Mittelpunkt M_{α} ausgehen (vgl. Bild 1-18), so ist auch das Ergebnis $\mathbf{x}_{M\alpha}$ der Vektor von dem Bezugspunkt M_{α} zum Mittelpunkt M_{α}, also der Nullvektor $\mathbf{0}$. Derart folgt weiter

$$\int\limits_{\alpha} \mathbf{x}\,d\alpha = \mathbf{0}\;,\text{ wenn nur } O = M_{\alpha}\text{ ist.} \tag{1.40}$$

Diese Aussage gilt für alle $\alpha\;(\stackrel{\wedge}{=} s,\,A,\,V,\,m)$.

Beispiel: Für eine Rechteck-Pyramide gemäß Bild 1-19 berechne man
a) das Volumen V
b) die Lage des Volumen-Mittelpunktes M_V

Lösung zu
a) Aus (1.31) und (1.32) folgt für $n = 0$, $\varphi = 1$

$$V = \int\limits_{V} 1\,dV = \int\limits_{z}\int\limits_{y}\int\limits_{x} dx\,dy\,dz\;.$$

Die Integration über x und y läßt sich wegen der konstanten Grenzen zu

$$\int\!\int dx\,dy = A\,(z)$$

zusammenfassen, so daß gilt:

$$V = \int\limits_{V} dV = \int\limits_{z=0}^{h} A\,(z)\,dz$$

Da nach dem Strahlensatz

$$\frac{a\,(z)}{a} = \frac{h-z}{h}\quad\text{sowie}\quad \frac{b\,(z)}{b} = \frac{h-z}{h}$$

ist, wird

$$a\,(z)\,b\,(z) = A\,(z) = \frac{a\,b}{h^2}\,(h-z)^2\;.$$

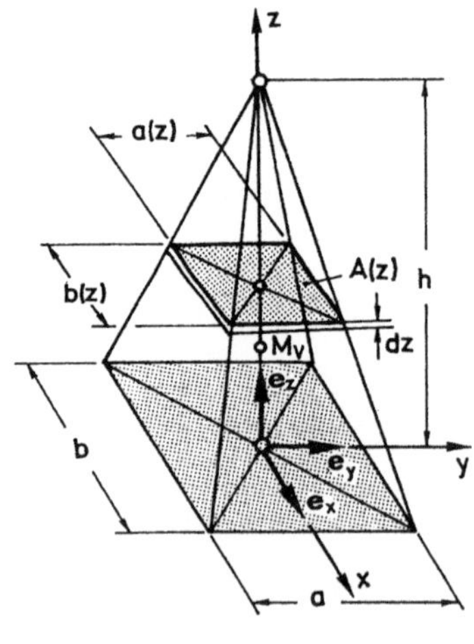

Bild 1-19

Dann folgt

$$V = \int_0^h \frac{ab}{h^2} (h - z)^2 \, dz$$

und somit

$$V = \frac{-ab}{h^2} \frac{(h - z)^3}{3} \Bigg|_0^h = \frac{ab}{h^2} \cdot \frac{h^3}{3} = \frac{1}{3} abh \; .$$

b) Aus Def. 1.15 folgt für $\alpha = V$

$$x_{MV} = \frac{1}{V} \int_V x \, dV \; .$$

Setzt man wieder $dV = A\,(z)\,dz$, so wird bei Wahl des Koordinatenursprungs als Bezugspunkt, also $x = z\,e_z$, für jedes dV in der Basis e_x, e_y, e_z

$$x_{MV} = \frac{1}{V} \int_0^h z\,e_z\,A\,(z)\,dz = \frac{1}{V} \int_0^h e_z \frac{ab}{h^2} (h - z)^2 \, z \, dz \; .$$

Nach Integration und Einsetzen der Grenzen sowie V nach a) wird

$$x_{MV} = \frac{3\,ab}{h^2\,abh} \cdot \frac{h^4}{12} e_z = \frac{h}{4} e_z \; .$$

Der Einheitsvektor e_z ist nach Größe und Richtung unveränderlich, darf also wie eine Konstante bei der Integration behandelt werden.

Das Ergebnis ist offensichtlich. Der Vektor zum Volumenmittelpunkt hat in der Basis e_x, e_y, e_z die Darstellung

$$x_{MV} = 0\,e_x + 0\,e_y + \frac{h}{4} e_z \; .$$

Der Volumenmittelpunkt liegt also auf dem Lot von der Pyramidenspitze in der Entfernung $h/4$ von der Grundfläche.

Hier sei der Vollständigkeit wegen auch das Volumenmoment ersten Grades angegeben, also

$$\int x \, dV = \frac{abh^2}{12} e_z = \frac{abh}{3} x_{MV} \; .$$

Hätte man den Bezugspunkt O bewußt oder zufällig in den Volumen-Mittelpunkt M_V hineingelegt, so wäre für das Volumenmoment der Nullvektor als Ergebnis herausgekommen. Wie gesagt, man benutzt diese Tatsache, um Mehrfachintegrale, in diesem Falle also das Volumenintegral $\int x \, dV$ von vornherein zu lösen — da dann mit $x_{MV} = 0$ auch das Volumenmoment verschwindet und damit das Mehrfachintegral den Wert 0 hat.

1.3.5 TAYLOR-Entwicklungen

A. *Für Funktionen einer (reellen) Variablen:*

Sei $f\,(x)$ eine Funktion der Variablen x und im offenen Intervall (a, b) gemäß Def. 1.10 $\quad$ k-mal differenzierbar und ist weiter $x_0 \in (a, b)$ ein bestimmter Wert der unabhängigen Variablen x, so gilt

Satz 1.5:

Der Funktionswert f an der Stelle x läßt sich bei Kenntnis der Funktion und ihrer k Ableitungen an der Stelle x_0 aus

$$f(x) = f(x_0) + f'(x_0)(x - x_0) + \frac{1}{2!} f''(x_0)(x - x_0)^2 + \dots$$

$$\dots + \frac{1}{(k-1)!} f^{(k-1)}(x_0)(x - x_0)^{k-1} + R_k(x) \tag{1.41}$$

approximativ entwickeln; TAYLOR-*Entwicklung*.

Diese Approximation ist i.a. desto genauer, je mehr Glieder in der TAYLORschen-Reihe mitgenommen werden. Bricht man nach einem Glied (z.B. dem $(k-1)$-Glied) ab, so verbleibt ein *Restglied* $R_k(x)$, das den Fehler zwischen dem exakten und dem approximierten Funktionswert von $f(x)$ darstellt. Dieses Restglied ist angebbar: Denn ist ϑ eine Zahl, wobei $0 < \vartheta < 1$ gilt, so ist

$$x_0 + (x - x_0)\,\vartheta$$

eine Stelle zwischen x_0 und x, unabhängig davon, ob $x_0 > x$ oder $x_0 < x$ ist. Für das Restglied folgt dann

$$R_k(x) = \frac{1}{k!}(x - x_0)^k\, f^{(k)}(x_0 + (x - x_0)\,\vartheta) \tag{1.42}$$

Neben dieser Entwicklung des Funktionswertes $f(x)$ bei beliebiger Entfernung des Wertes x vom Wert x_0 läßt sich auch eine Aussage über das Verhalten von $f(x)$ bei unmittelbarer (infinitesimaler) Nachbarschaft von x und x_0 gewinnen. Dazu setzt man zunächst $x - x_0 = \Delta x$ bzw. $x = x_0 + \Delta x$ und erhält nach Umstellung des Terms $f(x_0)$ aus (1.41)

$$f(x_0 + \Delta x) - f(x_0) = f'(x_0)\,\Delta x + \frac{1}{2!} f''(x_0)(\Delta x)^2 + \dots$$

$$+ \frac{1}{(k-1)!} f^{(k-1)}(x_0)(\Delta x)^{k-1} + R_k(x) \; .$$

Das Restglied (1.42) nimmt den Ausdruck

$$R_k(x_0 + \Delta x) = \frac{1}{k!}(\Delta x)^k\, f^{(k)}(x_0 + \Delta x\,\vartheta)$$

an.

Dividiert man nun die Gleichung durch Δx, so wird

$$\frac{f(x_0 + \Delta x) - f(x_0)}{\Delta x} = f'(x_0) + \frac{1}{2!} f''(x_0)\,\Delta x + \dots$$

$$+ \frac{1}{(k-1)!} f^{(k-1)}(x_0)(\Delta x)^{k-2} + \frac{1}{\Delta x} R_k(x) \; .$$

Beim Grenzübergang $\Delta x \to 0$ verschwinden auf der rechten Seite alle Terme, die noch ein Δx enthalten, einschließlich des Restgliedes, da i.ü. die Ableitungen bis $f^{(k)}$ nach Voraussetzung existieren und endlich sind. Es verbleibt lediglich $f'(x_0)$, also nur die erste Ableitung. Somit gilt

$$\lim_{\Delta x \to 0} \frac{f(x_0 + \Delta x) - f(x_0)}{\Delta x} = \frac{df(x_0)}{dx} = f'(x_0) \qquad (1.43)$$

Das ist gleichbedeutend mit der Vereinbarung (1.21). Es gilt also

Satz 1.6:
Seien zwei Stellen x und $\tilde{x}$ infinitesimal benachbart, gelte also $\tilde{x} = x + dx$, so folgt für die Funktionswerte $f(\tilde{x})$ und $f(x)$

$f(\tilde{x}) = f(x + dx) = f(x) + df$,

wobei wegen (1.43) $df = f'(x)\,dx$, also auch

$f(\tilde{x}) = f(x) + f'(x)\,dx$

ist. $\qquad (1.44)$

Die Aussagen (1.44) stellen keine Näherungen dar, sondern sind exakt, obwohl sie nach Grenzübergang aus der TAYLOR-Approximation gewonnen worden sind. Im übrigen sind sie, wie nach (1.21) vereinbart, in (nicht strenger) differentieller Schreibweise notiert.

B. *Für Funktionen mehrerer* (n) *Variablen*

Analog zu den Überlegungen in **A.**, jedoch hier für n reelle Variable, also z.B. für n-dimensionale Vektoren $x = (x_1, x_2, \ldots, x_n)$ bei sonst gleichen Voraussetzungen (k-mal partiell differenzierbares $f(x)$) gilt

$$f(x + \Delta x) = f(x) + \left(\Delta x \frac{\partial}{\partial x}\right) f(x) + \frac{1}{2!}\left(\Delta x \frac{\partial}{\partial x}\right)^2 f(x) + \ldots$$
$$+ \frac{1}{(k-1)!}\left(\Delta x \frac{\partial}{\partial x}\right)^{k-1} f(x) + R_k(x, \Delta x) \qquad (1.45)$$

wobei auch entsprechend (1.42)

$$R_k(x, \Delta x) = \frac{1}{k!}\left(\Delta x \frac{\partial}{\partial x}\right)^k f(x + \vartheta \Delta x) \qquad (1.46)$$

ist. Der Ausdruck $\left(\Delta x \frac{\partial}{\partial x}\right) f(x)$ ist dabei als ein Produkt mit gleichzeitiger Differentiationsvorschrift für die nachstehende Funktion zu verstehen. So bedeutet bei orthonormierter (kartesischer) Basis

$$\left(\Delta x \frac{\partial}{\partial x}\right) f(x) = (\Delta x_1, \Delta x_2, \ldots, \Delta x_n)\left(\frac{\partial}{\partial x_1}, \frac{\partial}{\partial x_2}, \ldots, \frac{\partial}{\partial x_n}\right) f(x)$$

$$= \Delta x_1 \frac{\partial f(x)}{\partial x_1} + \Delta x_2 \frac{\partial f(x)}{\partial x_2} + \ldots + \Delta x_n \frac{\partial f(x)}{\partial x_n}$$

und für i-fache Anwendung der Operation ist

$$\left(\Delta x \frac{\partial}{\partial x}\right)^i f(x) = \left(\Delta x_1 \frac{\partial}{\partial x_1} + \Delta x_2 \frac{\partial}{\partial x_2} + \ldots + \Delta x_n \frac{\partial}{\partial x_n}\right)^i f(x) .$$

Für hinreichend kleines Δx kann hier die Reihe nach dem ersten Glied abgebrochen werden, da das verbleibende Restglied R_k nach (1.46) für

$$\Delta x_1 = \Delta x_2 = \ldots = \Delta x_n \to 0 ,$$

also auch für

$$|\Delta x| := \sqrt{\Delta x_1^2 + \Delta x_2^2 + \ldots + \Delta x_n^2} \to 0$$

wegen der Endlichkeit der k partiellen Ableitungen und wegen $|\Delta x|^k$ mit der Ordnung k gegen Null geht. Man erhält in Übereinstimmung mit Def. 1.13 und analog zu (1.44) in differentieller Schreibweise

$$\boxed{\begin{aligned} f(x + dx) &= f(x) + df(x) \\ &= f(x) + \left(\frac{\partial f}{\partial x_1} dx_1 + \frac{\partial f}{\partial x_2} dx_2 + \ldots + \frac{\partial f}{\partial x_n} dx_n\right) \\ &= f(x) + \sum_{i=1}^{n} \frac{\partial f(x)}{\partial x_i} dx_i \end{aligned}} \tag{1.47}$$

Damit können auch n-dimensionale Vektorfunktionen für hinreichend kleine Nachbarschaft (differentieller Abstand) ihrer n Variablen berechnet werden.

Beispiel: In der Ebene x, y (n = 2) ist die skalarwertige Vektorfunktion

$$f(z) = f(x, y) = C\, e^{2x^2 y}$$

gegeben. Unter der Voraussetzung, daß die vier Punkte A, B, C und D (vgl. Bild 1-20) infinitesimal benachbart sind, berechne man die Funktionswerte f an diesen Stellen über die TAYLOR-Reihe.

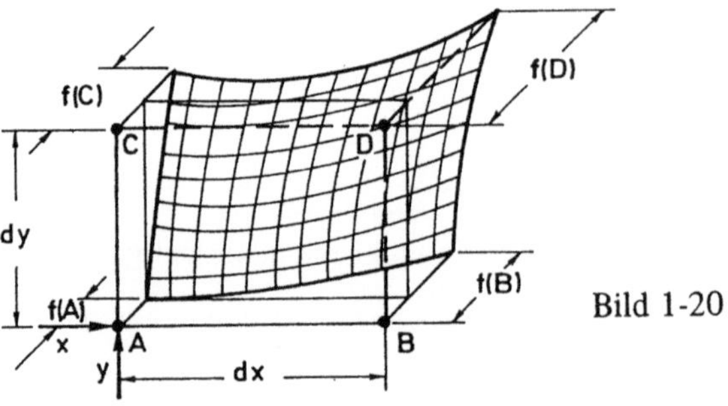

Bild 1-20

Lösung:

Für $A = A(x, y)$ ist $f(A) = f(x, y) = C e^{2x^2 y}$

Für $B = B(x + dx, y)$ ist $f(B) = f(x + dx, y)$ und wegen (1.47) sowie $y = const$ folgt

$$f(B) = f(x + dx, y) = f(x, y) + \frac{\partial f}{\partial x} dx + 0 = C e^{2x^2 y} (1 + 4 xy \, dx)$$

Für $C = C(x, y + dy)$ ist $f(C) = f(x, y + dy)$, also

$$f(C) = f(x, y + dy) = f(x, y) + \frac{\partial f}{\partial y} dy + 0 = C e^{2x^2 y} (1 + 2 x^2 \, dy)$$

Für $D = D(x + dx, y + dy)$ ist $f(D) = f(x + dx, y + dy)$, also

$$f(D) = f(x, y) + \frac{\partial f}{\partial x} dx + \frac{\partial f}{\partial y} dy = C e^{2x^2 y} (1 + 4 xy \, dx + 2 x^2 \, dy) \, .$$

1.3.6 Vektoralgebra

Im Kap. 1.2.2 sind die Pfeil-Vektoren als Grundbegriffe in die Mechanik eingeführt worden. Sie sind die Elemente des dreidimensionalen Vektorraumes $\mathcal{V}_3$. Ein derartiges Element ist durch Größe, Richtung und Richtungssinn (Pfeil) festgelegt. Zur Kennzeichnung dieser Vektoren ist Fettdruck — Notation vereinbart worden (vgl. Bild 1-21).

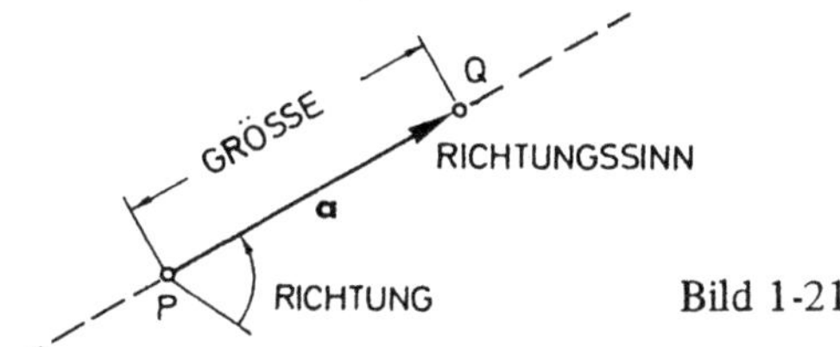

Bild 1-21

Da $\mathcal{V}_3$ die Eigenschaften des Vektorraumes $\mathcal{V}$ hat (vgl. Def. 1.1), zu dem auch die reellen Zahlen $\mathcal{R}$, die komplexen Zahlen $\mathcal{C}$ u.a.m. (vgl. Kap. 1.2.2) gehören, gelten die Axiome sowie die Rechenregeln für den Vektorraum $\mathcal{V}$ auch für die Elemente von $\mathcal{V}_3$, also für die (Pfeil-)Vektoren. Somit gelten die Axiome gemäß Def. 1.1, wonach eine Summe zweier Vektoren sowie ein Produkt eines Vektors mit einer reellen Zahl zu jeweils einem neuen Vektor führen, in folgender Form:

A. Summe von Vektoren

Sind a, b, c, ... $\in \mathcal{V}_3$ und $\lambda, \mu, ... \in \mathcal{R}$, so gilt wegen der freien Verschieblichkeit der Vektoren — sofern Größe, Richtung und Richtungssinn nicht verändert werden —, also für *freie Vektoren* nach Def. 1.1, 1. (Bild 1-22)

$$\boxed{a + b = c} \qquad (1.48)$$

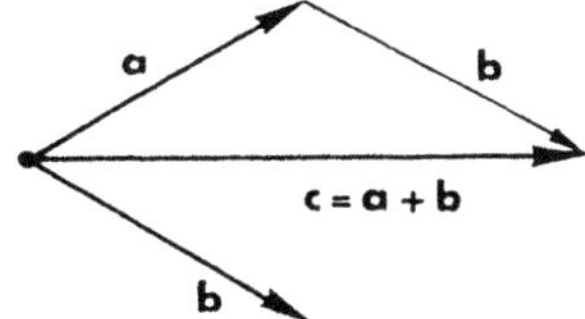

Bild 1-22

und nach Def. 1.1, 2. (Bild 1-23)

$$\lambda\,d = e,\ \lambda\,d = e,\ d \parallel e \qquad\qquad (1.49)$$

wobei λ beliebig aus $\mathscr{R}$ (also positiv oder negativ) sein kann. Weiter gilt nach den Rechen-regeln 1.1...1.8 für Vektorräume $\mathscr{V}$ in Anwendung auf $\mathscr{V}_3$:

Aus (1.1) folgt (vgl. Bild 1-22)

$$a + b = b + a = c \qquad\qquad (1.50)$$

Aus (1.2) folgt (vgl. Bild 1-24)

$$(a + b) + c = a + (b + c) = a + b + c = d \qquad\qquad (1.51)$$

Dabei ist (1.51) auch auf abzählbar viele Vektoren erweiterbar, also gilt auch (vgl. Bild 1-25)

$$\underbrace{\underbrace{(((a_1 + a_2)}_{b_2} + a_3) + \ldots a_n)}_{b_3} = a_1 + a_2 \ldots + a_n = \sum_{i=1}^{n} a_i = b_n \qquad\qquad (1.52)$$

Mit (1.3) wird das Null-Element, hier also der *Null-Vektor,* definiert. Es ist der Vektor, der keine Größe, keine Richtung und keine Orientierung hat bzw. in jeder Basis die Koordinaten Null hat.

Mit (1.4) wird das Negativ-Element festgelegt: Ist **a** ein Vektor, so ist

$$a + (-a) = a - a = 0 \qquad\qquad (1.53)$$

Bild 1-23

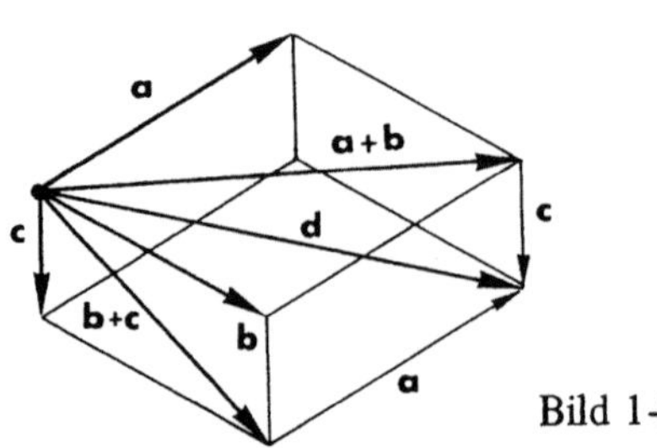

Bild 1-24

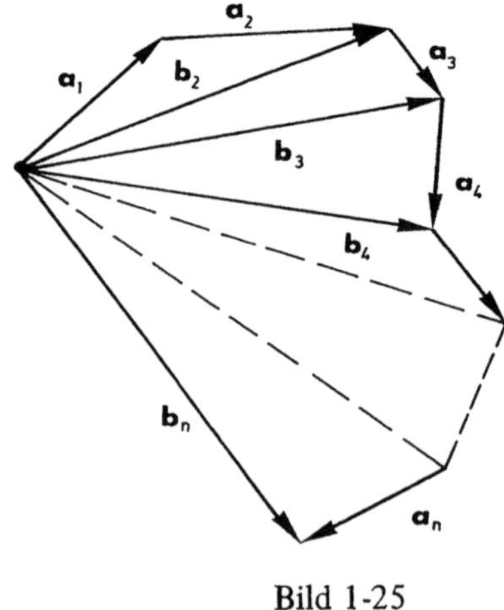

Bild 1-25

Damit ist gleichzeitig die Subtraktion zweier (oder mehrerer) Vektoren erklärt (vgl. Bild 1-26) durch

$$\mathbf{b} - \mathbf{a} = \mathbf{b} + (-\mathbf{a}) = \mathbf{c} \neq \mathbf{d} = \mathbf{b} + \mathbf{a} \tag{1.54}$$

Aus (1.5) folgt die Vertauschbarkeit der reellen Faktoren bei Produkten mit Vektoren sowohl untereinander als auch rechts- und linksseitig bezüglich des Vektors **a** (Assoziativ-Gesetz)

$$\lambda\,(\mu\,\mathbf{a}) = (\lambda\mu)\,\mathbf{a} = (\mu\lambda)\,\mathbf{a} = \lambda\mu\,\mathbf{a} = \mathbf{a}\,\lambda\mu = \mathbf{a}\mu\lambda \tag{1.55}$$

Gl. (1.6) definiert ein *Eins-Element,* also die identische Abbildung eines Vektors **a** auf sich selbst

$$1\,\mathbf{a} = 1 \cdot \mathbf{a} = \mathbf{a} \cdot 1 = \mathbf{a} \tag{1.56}$$

Aus (1.7) folgt als *Distributiv-Gesetz* für Vektorsummen, also (Bild 1-27)

$$\lambda\,(\mathbf{a} + \mathbf{b}) = \lambda\,\mathbf{a} + \lambda\,\mathbf{b} = \mathbf{c} \tag{1.57}$$

Schließlich folgt aus (1.8) die Distribution für Skalarsummen, also (Bild 1-28)

$$(\lambda + \mu)\,\mathbf{a} = \lambda\,\mathbf{a} + \mu\,\mathbf{a} \tag{1.58}$$

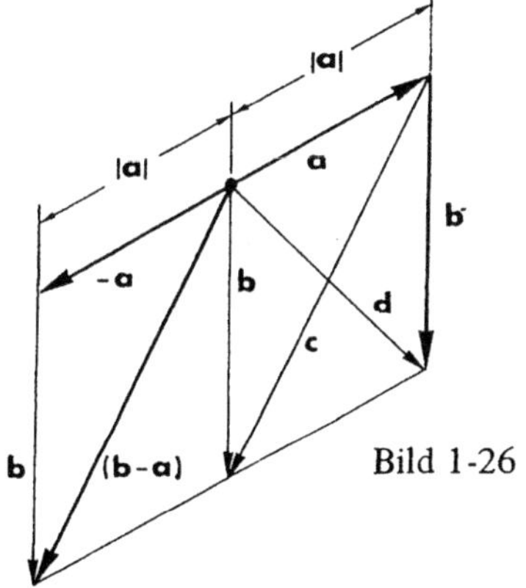

Bild 1-26

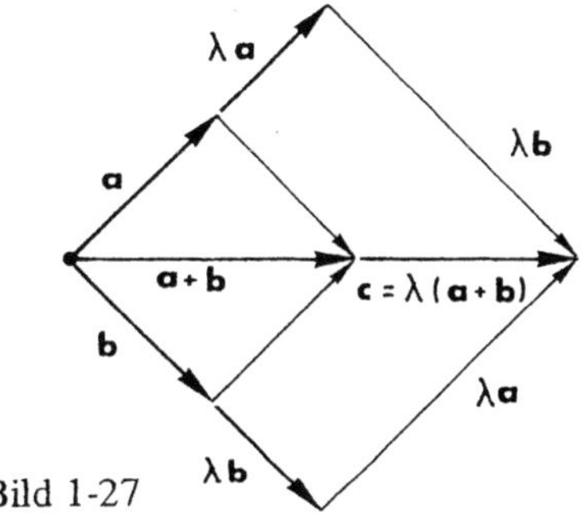

Bild 1-27

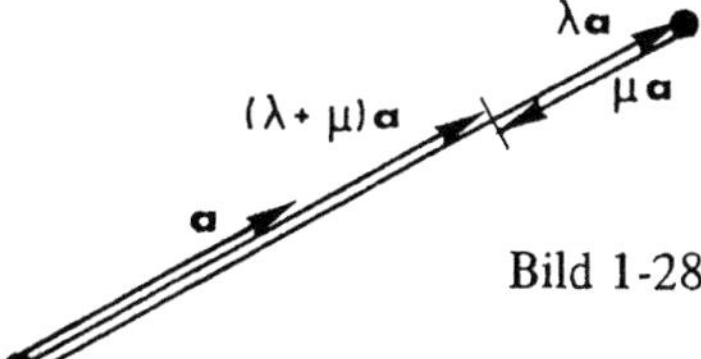

Bild 1-28

Sämtliche vorstehenden Rechenregeln der Vektoralgebra gelten unabhängig von der Darstellung der Vektoren (vgl. 1.2.2), d.h. damit auch unabhängig vom Koordinatensystem, also von der Basis und von den zu ihr gehörenden Koordinaten der Vektoren. Die hier vorliegende *symbolische Vektoralgebra ist also systeminvariant.*

Mit der speziellen Wahl einer bestimmten Darstellung von Vektoren folgen auch spezielle Formen der Rechenregeln. Dabei kann die Darstellung der Vektoren auch von der Wahl des Systems abhängen. So sind u.a. folgende Darstellungen für einen Vektor $\mathbf{a} \neq 0$ möglich und üblich (Bild 1-29):

$$
\begin{aligned}
&1. \qquad \mathbf{a} = |\mathbf{a}|\, \mathbf{a}^0 \\
&\quad \text{mit} \quad |\mathbf{a}^0| = 1 \quad \text{(Einheitsvektor)} \\
&\quad \text{und} \quad |\mathbf{a}| > 0 \quad \text{(Betrag)}
\end{aligned}
\tag{1.59}
$$

oder

$$
\begin{aligned}
&2. \qquad \mathbf{a} = a\, \mathbf{e}_a \\
&\quad \text{mit} \quad |\mathbf{e}_a| = 1 \quad \text{(Einheitsvektor)} \\
&\quad \text{und} \quad a = \pm |\mathbf{a}| \gtrless 0 \quad \text{(Größe)} \qquad \text{(normierte Darstellung)}
\end{aligned}
\tag{1.60}
$$

oder (vgl. 1.2.2) (Bild 1-30)

$$
\begin{aligned}
&3. \qquad \mathbf{a} = a_1\, \mathbf{e}_1 + a_2\, \mathbf{e}_2 + a_3\, \mathbf{e}_3 \\
&\quad \text{mit} \quad |\mathbf{e}_1| = |\mathbf{e}_2| = |\mathbf{e}_3| = 1 \quad \text{(normierte Einheitsvektoren)} \\
&\quad \text{und} \quad [\mathbf{e}_1, \mathbf{e}_2, \mathbf{e}_3] \quad \text{(vollständige drei-dimensionale Basis der 3 linear} \\
&\qquad\qquad\qquad\qquad\qquad \text{unabhängigen Vektoren } \mathbf{e}_1, \mathbf{e}_2, \mathbf{e}_3) \\
&\qquad \mathbf{e}_1 \perp \mathbf{e}_2 \perp \mathbf{e}_3 \quad \text{(orthogonale Basis)} \\
&\qquad a_1, a_2, a_3 \gtrless 0 \quad \text{(Koordinaten)} \\
&\qquad \text{(kartesische Darstellung)}
\end{aligned}
\tag{1.61}
$$

oder andere orthogonale oder schiefwinklige, geradlinige bzw. krummlinige, feste bzw. mitbewegte, normierte oder nicht normierte Systeme und damit andere Darstellungen für $\mathbf{a}$.

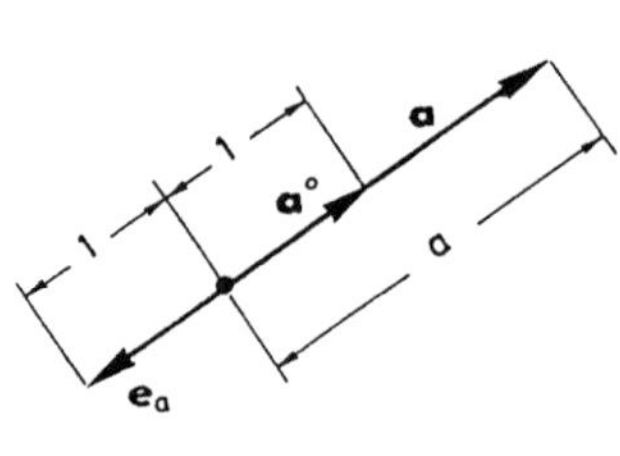

Bild 1-29

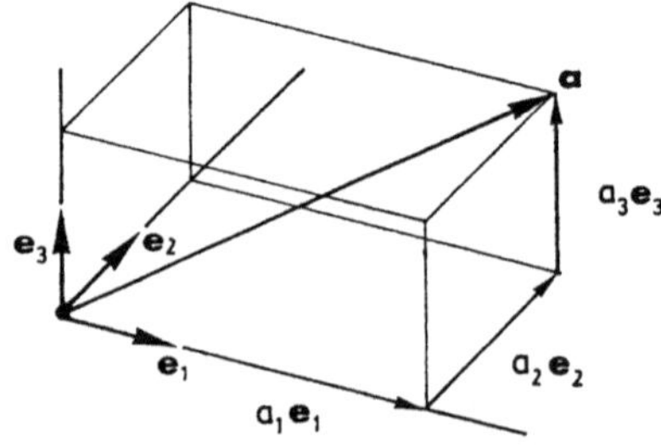

Bild 1-30

Daß daraus spezielle Rechenregeln folgen, wird deutlich, wenn man z.B. die Summe von zwei Vektoren **a** und **b** in normierter und kartesischer Darstellung vergleicht. So ist

$a + b = c$	
in normierter Darstellung	in kartesischer Darstellung
$\mathbf{a} = a\,\mathbf{e_a}$ $\mathbf{b} = b\,\mathbf{e_b}$ $\mathbf{a} + \mathbf{b} = \mathbf{c} = c\,\mathbf{e_c}$ $\qquad = a\,\mathbf{e_a} + b\,\mathbf{e_b}$ mit $c = c\,(a, b, \sphericalangle\, a, b)$ $\mathbf{e_c} = \mathbf{e_c}\,(a, b, \mathbf{e_a}, \mathbf{e_b})$	$\mathbf{a} = \Sigma\, a_i\,\mathbf{e_i}$ $\mathbf{b} = \Sigma\, b_i\,\mathbf{e_i}$ $\mathbf{a} + \mathbf{b} = \mathbf{c} = \Sigma\, a_i\,\mathbf{e_i} + \Sigma\, b_i\,\mathbf{e_i}$ $\qquad = \Sigma\, (a_i + b_i)\,\mathbf{e_i}$ (1.62) $\qquad = \Sigma\, c_i\,\mathbf{e_i}$ $\qquad = c_1\,\mathbf{e_1} + c_2\,\mathbf{e_2} + c_3\,\mathbf{e_3}$ mit $\qquad c_i = a_i + b_i$

Für $\mathbf{a} = \mathbf{b}$ folgt

$a = b$	
in normierter Darstellung	in kartesischer Darstellung
$\mathbf{a} = a\,\mathbf{e_a} = \mathbf{b} = b\,\mathbf{e_b}$ also folgt $\mathbf{e_a} = \mathbf{e_b}$ $a = b$	$\mathbf{a} = \Sigma\, a_i\,\mathbf{e_i} = \mathbf{b} = \Sigma\, b_i\,\mathbf{e_i}$ also folgt $a_i = b_i$ (1.63) $a_1 = b_1,\ a_2 = b_2,\ a_3 = b_3$

B. Produkte von Vektoren

Über die obigen Rechenregeln hinaus sind auch Produkte der Vektoren miteinander definiert.

Sind **a**, **b**, **c** … Elemente von $\mathcal{V}_3$ (Vektoren)
und s, λ, μ … Elemente von $\mathcal{R}$ (Skalare),

so sind die folgenden Produkte von Bedeutung:

B.1 Das Skalarprodukt, definiert durch

> **Def. 1.17:**
> *Skalarprodukt* (lies: a Punkt b)
> $$\mathbf{a} \cdot \mathbf{b} = \mathbf{b} \cdot \mathbf{a} := |a|\,|b|\,\cos(\sphericalangle\, a, b) = s\,. \qquad (1.64)$$

Zwei Vektoren **a** und **b**, die den Winkel $(\sphericalangle\, a, b) = \alpha$ (vgl. Bild 1-31) miteinander einschließen, werden skalar miteinander multipliziert, indem man die Beträge der Vektoren und den cosinus des eingeschlossenen Winkels miteinander multipliziert. Das Produkt ist kommutativ, das Ergebnis ein Skalar s. Je nach der Größe des Winkels (spitz oder

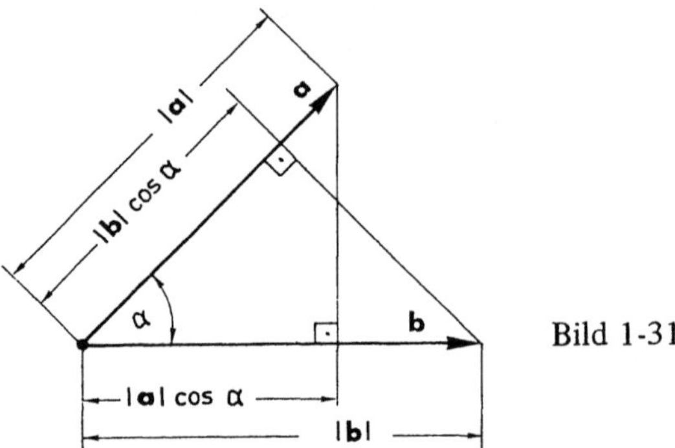

Bild 1-31

stumpf) ist das Ergebnis positiv oder negativ. Bild 1-31 zeigt auch, daß das Skalarprodukt als Multiplikation des Betrages des einen Vektors mit der Größe der Projektion des zweiten Vektors auf die Richtung des ersten Vektors ist. Dabei spielt die Reihenfolge keine Rolle. Im übrigen erkennt man hieran, daß über Def. 1.17 das Skalarprodukt willkürlich eingeführt worden ist. Aus dem Skalarprodukt folgt weiter:

Ist $\mathbf{a} \in \mathscr{V}_3$ und $\neq 0$, so ist

$$\mathbf{a} \cdot \mathbf{a} =: \mathbf{a}^2 = |\mathbf{a}|^2 = a^2 \tag{1.65}$$

Das Quadrat eines Vektors, definiert als das Skalarprodukt eines Vektors mit sich selbst, ist gleich dem Quadrat seines Betrages und auch dem Quadrat seiner Größe (vgl. (1.59) bzw. (1.60)). In diesem Falle — aber nur in diesem — ist das Skalarprodukt mit dem algebraischen Produkt reeller Zahlen identisch.

    Damit folgt auch

$$a = \pm \sqrt{\mathbf{a} \cdot \mathbf{a}}; \quad |\mathbf{a}| = + \sqrt{\mathbf{a} \cdot \mathbf{a}} \tag{1.66}$$

Ist also $\mathbf{a}$ gegeben, so läßt sich (1.66) zur Bestimmung des Betrages $|\mathbf{a}|$ und der Größe a von $\mathbf{a}$ benutzen. Je nach Darstellung von $\mathbf{a}$ folgt in Anwendung von (1.64) auch:

Ist $\mathbf{a} = a\,\mathbf{e}_a$, so wird

$$\mathbf{a} \cdot \mathbf{a} = a\,\mathbf{e}_a \cdot a\,\mathbf{e}_a = a^2\,\mathbf{e}_a \cdot \mathbf{e}_a = a^2\,\mathbf{e}_a^2$$

und

$$\mathbf{e}_a \cdot \mathbf{e}_a = \mathbf{e}_a^2 = 1 \cdot 1 \cdot \cos(0) = 1 ,$$

also

$$a^2 \equiv a^2 ;$$

oder ist in einer normierten, ansonsten zunächst beliebigen Basis $\mathbf{g}_i$

$$\mathbf{a} = a_1\,\mathbf{g}_1 + a_2\,\mathbf{g}_2 + a_3\,\mathbf{g}_3 ,$$

so wird

$$\begin{aligned}
\mathbf{a} \cdot \mathbf{a} = \mathbf{a}^2 &= (a_1\,\mathbf{g}_1 + a_2\,\mathbf{g}_2 + a_3\,\mathbf{g}_3) \cdot (a_1\,\mathbf{g}_1 + a_2\,\mathbf{g}_2 + a_3\,\mathbf{g}_3) \\
&= a_1^2\,\mathbf{g}_1 \cdot \mathbf{g}_1 + a_1\,a_2\,\mathbf{g}_1 \cdot \mathbf{g}_2 + a_1\,a_3\,\mathbf{g}_1 \cdot \mathbf{g}_3 + \\
&\quad\ a_2\,a_1\,\mathbf{g}_2 \cdot \mathbf{g}_1 + a_2^2\,\mathbf{g}_2 \cdot \mathbf{g}_2 + a_2\,a_3\,\mathbf{g}_2 \cdot \mathbf{g}_3 + \\
&\quad\ a_3\,a_1\,\mathbf{g}_3 \cdot \mathbf{g}_1 + a_3\,a_2\,\mathbf{g}_3 \cdot \mathbf{g}_2 + a_3^2\,\mathbf{g}_3 \cdot \mathbf{g}_3
\end{aligned}$$

Ist die Basis normiert, aber *nicht orthogonal,* so ist $|\mathbf{g}_i| = 1$ und für das Produkt $\mathbf{g}_i \cdot \mathbf{g}_j$ gilt nach (1.64)

$$\mathbf{g}_i \cdot \mathbf{g}_j = g_{ij} = \begin{cases} = \cos(\sphericalangle\,\mathbf{g}_i, \mathbf{g}_j), & \text{für } i \neq j \\ = 1 & \text{für } i = j \end{cases} \tag{1.67}$$

Die Werte g_{ij} heißen auch Metrik-Koeffizienten der Basis $\mathbf{g}_i$. Es sind derart die cos-Werte der jeweils zwischen den Einheitsvektoren eingeschlossenen Winkel $(\sphericalangle\,\mathbf{g}_i, \mathbf{g}_j)$ für alle i und j. In einer solchen Basis nimmt nun mit (1.67) $\mathbf{a}^2$ die Form an:

$$\begin{aligned}
\mathbf{a} \cdot \mathbf{a} = \mathbf{a}^2 &= a_1^2 + a_1\,a_2\,g_{12} + a_1\,a_3\,g_{13} + \\
&\quad\ a_2\,a_1\,g_{21} + a_2^2 + a_2\,a_3\,g_{23} + \\
&\quad\ a_3\,a_1\,g_{31} + a_3\,a_2\,g_{32} + a_3^2 \\
&= \sum_i \sum_j a_i\,a_j\,g_{ij}
\end{aligned} \tag{1.68}$$

Ist dagegen speziell $[\mathbf{e}_1, \mathbf{e}_2, \mathbf{e}_3]$ eine orthonormierte Basis, also $\mathbf{e}_i \perp \mathbf{e}_j\ (i \neq j)$ und $|\mathbf{e}_i| = 1$, dann — aber nur dann — gilt

$$\mathbf{e}_i \cdot \mathbf{e}_j = \delta_{ij} = \begin{cases} = 0, & \text{wenn } i \neq j \\ = 1, & \text{wenn } i = j \end{cases} \tag{1.69}$$

Hiermit folgt aus (1.68)

$$\mathbf{a} \cdot \mathbf{a} = \mathbf{a}^2 = a_1^2 + a_2^2 + a_3^2 \quad \text{bzw.} \quad a = \sqrt{a_1^2 + a_2^2 + a_3^2} \tag{1.70}$$

Das Ergebnis kann als „räumlicher" Satz von PYTHAGORAS der drei Koordinaten von $\mathbf{a}$ im kartesischen Koordinatensystem aufgefaßt werden (Bild 1-32). Man liest ab

$$a_1^2 + a_2^2 = b^2 \quad \text{und} \quad b^2 + a_3^2 = a^2, \quad \text{also wie in (1.70)}$$

$$a = \sqrt{a_1^2 + a_2^2 + a_3^2}\,.$$

Sind $\mathbf{a}$ und $\mathbf{b}$ *verschiedene* Vektoren in kartesischer Darstellung in *gleicher* orthonormierter Basis, so ist

$$\mathbf{a} = a_1\,\mathbf{e}_1 + a_2\,\mathbf{e}_2 + a_3\,\mathbf{e}_3 = \sum_i a_i\,\mathbf{e}_i\,; \quad \mathbf{b} = b_1\,\mathbf{e}_1 + b_2\,\mathbf{e}_2 + b_3\,\mathbf{e}_3 = \sum_j b_j\,\mathbf{e}_j$$

und damit

$$\mathbf{a} \cdot \mathbf{b} = \sum_{i,j} (a_i \, \mathbf{e}_i \cdot b_j \, \mathbf{e}_j) = \sum_{i,j} a_i \, b_j \, \mathbf{e}_i \cdot \mathbf{e}_j \ .$$

Mit (1.69) wird

$$\mathbf{e}_i \cdot \mathbf{e}_j = \delta_{ij} \ .$$

Da nach (1.69) $\delta_{ij} = 0$ für $i \ne j$ ist, wird ein von Null verschiedenes Ergebnis nur erzeugt, wenn $i = j$ ist.

$$\sum_{i,j} a_i \, b_j \, \delta_{ij} = \sum_i a_i \, b_i$$

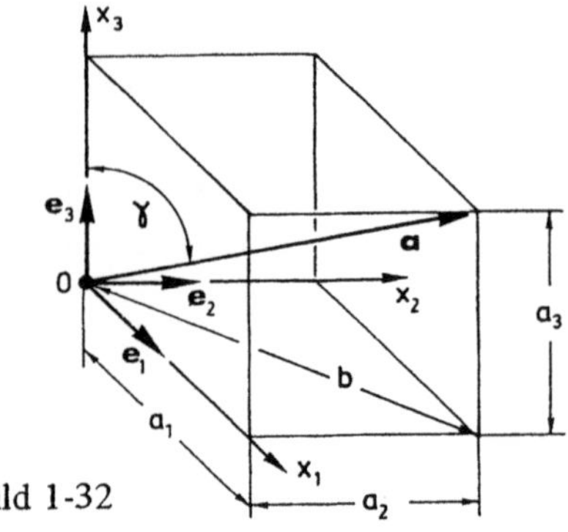

Bild 1-32

und das Skalarprodukt zweier Vektoren in einer orthonormierten Basis ist auch schreibbar als

$$\mathbf{a} \cdot \mathbf{b} = \sum_{i,j} a_i \, b_j \, \delta_{ij} = \sum_i a_i \, b_i = a_1 \, b_1 + a_2 \, b_2 + a_3 \, b_3 \qquad (1.71)$$

Ist speziell ein Skalarprodukt zweier Vektoren 0, also

$$\mathbf{a} \cdot \mathbf{b} = 0, \text{ so ist}$$
1. entweder $\mathbf{a}$ oder/und $\mathbf{b} = 0$
2. oder $\quad \mathbf{a} \perp \mathbf{b}$.
$$\qquad (1.72)$$

Der Beweis folgt aus (1.64), da dann $\cos (\pi/2) = 0$ ist. Man kann das als Kriterium für die *Orthogonalität* zweier Vektoren benutzen (dabei wird für $\mathbf{b} = 0$ (oder $\mathbf{a} = 0$) definiert, daß $\mathbf{a} \perp 0$ für alle $\mathbf{a}$ ist).

Schließlich kann man die Def. 1.17 auch zur Berechnung des eingeschlossenen Winkels zwischen zwei gegebenen Vektoren $\mathbf{a}$ und $\mathbf{b}$ benutzen: Ist $|\mathbf{a}| \ne 0$ und $|\mathbf{b}| \ne 0$, so gilt nach (1.64) basisinvariant

$$\cos (\sphericalangle \, \mathbf{a}, \mathbf{b}) = \frac{\mathbf{a} \cdot \mathbf{b}}{|\mathbf{a}| \ |\mathbf{b}|} \qquad (1.73)$$

So ist beispielsweise der Winkel γ in Bild 1-32 zwischen dem Vektor $\mathbf{a}$ und der x_3-Achse mit dem Einheitsvektor $\mathbf{e}_3$ der orthonormierten Basis:

$$\cos \gamma = \frac{\mathbf{a} \cdot \mathbf{e}_3}{|\mathbf{a}| \ |\mathbf{e}_3|} = \frac{\mathbf{a} \cdot \mathbf{e}_3}{\sqrt{a_1^2 + a_2^2 + a_3^2}} \qquad (1.74)$$

da $|\mathbf{e}_3| = 1$ und $|\mathbf{a}|$ nach (1.70) folgt.

Das Produkt

$$\mathbf{a} \cdot \mathbf{e}_3 = \sum_i a_i \mathbf{e}_i \cdot \mathbf{e}_3 = \sum_i a_i \delta_{i3}$$

ist wegen $\delta_{33} = 1$ und $\delta_{i3} = 0$ für $i \neq 3$, also nur für $i = 3$

$$\mathbf{a} \cdot \mathbf{e}_3 = \sum_i a_i \delta_{i3} = \Sigma\, a_3 \delta_{33} = a_3 \; .$$

Somit folgt

$$\cos \gamma = \frac{a_3}{|\mathbf{a}|} = \frac{a_3}{\sqrt{a_1^2 + a_2^2 + a_3^2}} \tag{1.75}$$

Für die anderen Winkel gilt entsprechend

$$\cos (\sphericalangle\, \mathbf{a}, \mathbf{e}_j) = \frac{a_j}{|\mathbf{a}|} \tag{1.76}$$

und damit ist auch

$$\cos^2 (\sphericalangle\, \mathbf{a}, \mathbf{e}_j) = \frac{a_j^2}{|\mathbf{a}^2|}$$

und

$$\cos^2 (\sphericalangle\, \mathbf{a}, \mathbf{e}_1) + \cos^2 (\sphericalangle\, \mathbf{a}, \mathbf{e}_2) + \cos^2 (\sphericalangle\, \mathbf{a}, \mathbf{e}_3) = \frac{1}{|\mathbf{a}|^2} (a_1^2 + a_2^2 + a_3^2) = 1 \tag{1.77}$$

Für mögliche Skalarprodukte mehrerer Vektoren gelten gemäß Def. 1.17, Gl. (1.64) die Umformungen

$$\begin{aligned}
(\mathbf{a} + \mathbf{b}) \cdot \mathbf{c} &= \mathbf{a} \cdot \mathbf{c} + \mathbf{b} \cdot \mathbf{c} \\
(\lambda\, \mathbf{a}) \cdot \mathbf{b} &= \mathbf{a} \cdot (\lambda\, \mathbf{b}) = \lambda\,(\mathbf{a} \cdot \mathbf{b}) \\
(\mathbf{a} + \mathbf{b})^2 &= \mathbf{a}^2 + 2\,\mathbf{a} \cdot \mathbf{b} + \mathbf{b}^2 \\
(\mathbf{a} + \mathbf{b}) \cdot (\mathbf{c} + \mathbf{d}) &= \mathbf{a} \cdot \mathbf{c} + \mathbf{a} \cdot \mathbf{d} + \mathbf{b} \cdot \mathbf{c} + \mathbf{b} \cdot \mathbf{d} \\
&= (\mathbf{a} + \mathbf{b}) \cdot \mathbf{c} + (\mathbf{a} + \mathbf{b}) \cdot \mathbf{d} \\
&= \mathbf{a} \cdot (\mathbf{c} + \mathbf{d}) + \mathbf{b} \cdot (\mathbf{c} + \mathbf{d})
\end{aligned} \tag{1.78}$$

B.2 Das Vektorprodukt, definiert durch

Def. 1.18:
Vektorprodukt (lies: a Kreuz b)

$$\mathbf{a} \times \mathbf{b} := \mathbf{c} = |\mathbf{a}|\,|\mathbf{b}| \sin (\sphericalangle\, \mathbf{a}, \mathbf{b})\, \mathbf{e}_c$$

mit

$$|\mathbf{c}| = |\mathbf{a}|\,|\mathbf{b}|\, |\sin (\sphericalangle\, \mathbf{a}, \mathbf{b})| \quad \text{(Größe)} \tag{1.79}$$

$\mathbf{c} \perp \mathbf{a}, \; \mathbf{c} \perp \mathbf{b}$ (Richtung)

$\mathbf{a}, \mathbf{b}, \mathbf{e}_c = $ Rechtssystem (Richtungssinn)

Das Vektorprodukt (Kreuzprodukt) zweier Vektoren **a** und **b** ergibt einen neuen Vektor **c**, der (vgl. Bild 1-33)

1.   senkrecht auf beiden erzeugenden Vektoren **a** und **b** steht,

2.   mit diesen in der Reihenfolge der Multiplikation ein Rechtssystem bildet (vgl. Bild 1-33) und

3.   den Betrag $|a| \, |b| \, |\sin (\sphericalangle \, a, b)|$ haben soll, wobei wieder $(\sphericalangle \, a, b) = \alpha$ der Winkel zwischen **a** und **b** ist.

   Der Betrag läßt sich (vgl. Bild 1-33) auch als Flächeninhalt A des von **a** und **b** aufgespannten Parallelogramms auffassen; denn es ist

$$A = |b| \, (|a| \, \sin \alpha) = |a| \, (|b| \, \sin \alpha) = |c| \, ,$$

   wobei $|c|$ nicht die Dimension von A (Flächeneinheit), sondern die einer Längeneinheit haben soll.

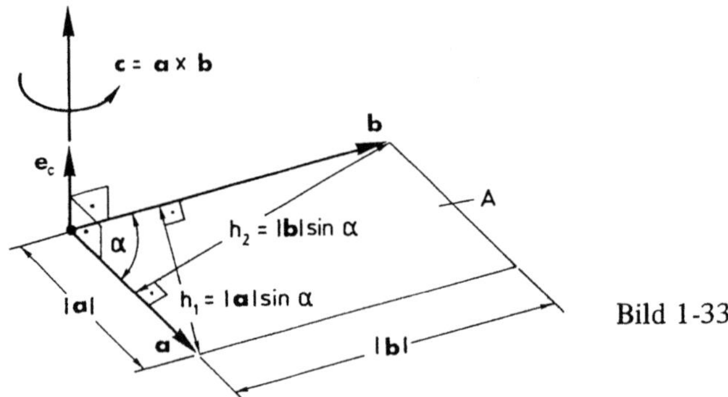

Bild 1-33

Die *Rechengesetze* von (1.79) sind:

$$
\begin{aligned}
&a \times b = - b \times a \quad (\textit{nicht} \text{ kommutativ}) \\
&\lambda \, (a \times b) = (\lambda \, a) \times b = a \times (\lambda \, b) = \lambda \, a \times b \\
&(a + b) \times c = a \times c + b \times c \\
&a \times (b + c) = a \times b + a \times c
\end{aligned}
\qquad (1.80)
$$

Sonderfälle von (1.79) sind:

$$a \times a = 0, \quad \text{da} \ (\sphericalangle \, a, a) = 0 \qquad (1.81)$$

Ist $a \times b = 0$, so folgt, daß entweder **a** oder **b** der Nullvektor oder aber $a \parallel b$ ist, die beiden Vektoren also kollinear sind:

$$a \times b = 0 \begin{cases} a, \, b = 0 \\ a \parallel b \quad \text{(kollinear)} \end{cases} \qquad (1.82)$$

Ist $a \times x = 0$ für alle **x**, so folgt $a = 0$.

Der Winkel zwischen zwei Vektoren kann wegen

$$|a \times b| = |a| \, |b| \, |\sin (\sphericalangle \, a, b)|$$

auch aus (vgl. (1.73))

$$\sin (\sphericalangle \, a, b) = \frac{|a \times b|}{|a| \, |b|} \tag{1.83}$$

berechnet werden. Da (1.83) immer positiv ist, bedeutet dies, daß $(\sphericalangle \, a, b)$ immer der kleinere der beiden möglichen eingeschlossenen Winkel zwischen beiden Vektoren ist. Wieder sind obige Beziehungen (1.79) bis (1.83) systeminvariant.

Wählt man zusätzlich eine bestimmte Darstellung für a, b usw., so folgen wieder spezielle Ausdrücke für obige Definition und Gleichungen. So gilt für eine *Orthonormalbasis*, die selbst ein Rechtssystem in der Reihenfolge e_1, e_2, e_3 sein soll:

$$e_1 \times e_1 = e_2 \times e_2 = e_3 \times e_3 = 0$$
$$e_1 \times e_2 = e_3 \qquad e_2 \times e_1 = - e_3$$
$$e_2 \times e_3 = e_1 \qquad e_3 \times e_2 = - e_1$$
$$e_3 \times e_1 = e_2 \qquad e_1 \times e_3 = - e_2$$

und zwar dies wegen (1.79) und $|e_i| = 1$ sowie $e_i \perp e_j$ $(i \neq j)$. Das läßt sich wieder verkürzt schreiben, nämlich

$$e_i \times e_j = \begin{cases} 0 & \text{für} \quad i = j \\ e_k & \text{für} \quad i \neq j; \ i, j, k \ \text{zyklisch} \\ - e_k & \text{für} \quad i \neq j; \ i, j, k \ \text{antizyklisch.} \end{cases} \tag{1.84}$$

Das vektorielle Produkt zweier Vektoren in der Darstellung über eine Orthonormalbasis

$$a = a_1 \, e_1 + a_2 \, e_2 + a_3 \, e_3 = \sum_i a_i \, e_i, \quad b = \sum_j b_j \, e_j$$

wird wegen (1.80) und (1.84):

$$a \times b = \sum_{i,j} a_i \, b_j \, (e_i \times e_j)$$

$$= \sum_{i,j,k} (a_i \, b_j - a_j \, b_i) \, e_k \quad \text{für} \ (i \neq j \neq k)$$

$$= (a_2 \, b_3 - a_3 \, b_2) \, e_1 \tag{1.85}$$
$$+ (a_3 \, b_1 - a_1 \, b_3) \, e_2 \ .$$
$$+ (a_1 \, b_2 - a_2 \, b_1) \, e_3 \ .$$

Die *Komponentensumme* läßt sich schließlich noch schreiben als

$$a \times b = \begin{vmatrix} e_1 & e_2 & e_3 \\ a_1 & a_2 & a_3 \\ b_1 & b_2 & b_3 \end{vmatrix} = \det(a \times b) = c \tag{1.86}$$

wobei (1.86) jedoch nur für die Darstellung der Vektoren in einer gleichen Orthonormal-basis gilt.

Die in (1.86) enthaltene *Determinante dritter Ordnung* ist eine Abkürzung für eine Rechenvorschrift, wobei zunächst für eine Determinante zweiter Ordnung gilt:

$$\begin{vmatrix} a_1 & a_2 \\ b_1 & b_2 \end{vmatrix} = a_1 b_2 - a_2 b_1 \tag{1.87}$$

und dementsprechend für die Determinante dritter Ordnung die Rechenvorschrift gilt:

$$\begin{vmatrix} a_1 & a_2 & a_3 \\ b_1 & b_2 & b_3 \\ c_1 & c_2 & c_3 \end{vmatrix} = a_1 \begin{vmatrix} b_2 & b_3 \\ c_2 & c_3 \end{vmatrix} - a_2 \begin{vmatrix} b_1 & b_3 \\ c_1 & c_3 \end{vmatrix} + a_3 \begin{vmatrix} b_1 & b_2 \\ c_1 & c_2 \end{vmatrix} \tag{1.88}$$

Der Vergleich von (1.85) mit (1.86) und (1.88) zeigt, daß (1.86) eine zutreffende Schreib-weise für (1.85) ist.

B.3 Das Spatprodukt wird als gemischtes Produkt (oder Spatprodukt) dreier Vektoren

$a, b, c \in \mathscr{V}_3$ definiert durch

Def. 1.19:
Ist $a, b, c \in \mathscr{V}_3$, so sei

$(a, b, c) := a \cdot (b \times c) \in \mathscr{R}$

das *Spatprodukt* der drei Vektoren.

Wegen der Vertauschbarkeit der Faktoren innerhalb des Skalarproduktes gilt die Identität

$$a \cdot (b \times c) = (b \times c) \cdot a \tag{1.89}$$

Weiterhin folgt (vgl. Bild 1-34) wegen (1.79):

$$|b \times c| = A_{bc} .$$

Nun ist das Volumen des von den drei Vektoren a, b, c gebildeten Parallelepipeds (Spates) einerseits

$$V = h \, A_{bc} .$$

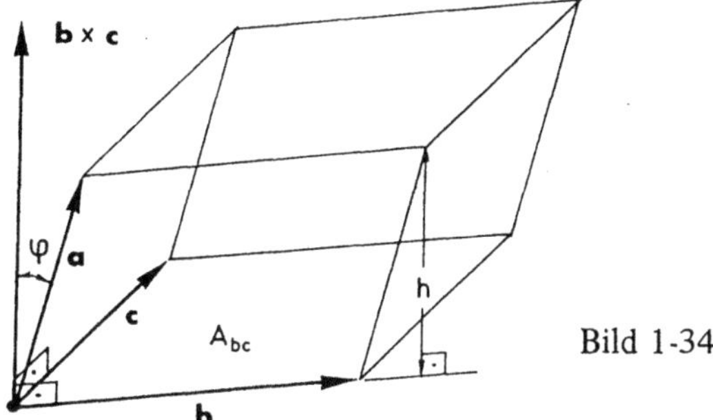

Bild 1-34

Andererseits ist

$$h = |\,a\,|\cos\varphi \quad \text{und somit} \quad V = h\,A_{bc} = |\,a\,|\cos\varphi\,|\,b \times c\,|\,.$$

Das ist aber genau die Definition 1.17 (vgl. Gl. (1.64)) des Skalarproduktes zwischen dem Vektor a und dem Vektor $b \times c$, also

$$V = a \cdot (b \times c) \in \mathscr{R}. \tag{1.90}$$

Das Spatprodukt der Vektoren (a, b, c) ergibt das Volumen des von diesen drei Vektoren gebildeten Parallelepipeds. Da die Reihenfolge für die Bildung des Volumens beliebig ist, gilt auch die zyklische Vertauschung

$$a \cdot (b \times c) = b \cdot (c \times a) = c \cdot (a \times b)$$
$$(a, b, c) = (b, c, a) = (c, a, b)\,,$$

und schließlich wegen (1.89) auch

$$a \cdot (b \times c) = (a, b, c) = (a \times b) \cdot c\,. \tag{1.91}$$

Wird die Reihenfolge des Vektorproduktes vertauscht, so wird die Reihenfolge antizyklisch, die drei Vektoren bilden ein Links-System und das Produkt erhält infolge (1.80) ein negatives Vorzeichen. Zusammenfassend gelten also die *Identitäten:*

$$\begin{aligned}
(a, b, c) = V = a \cdot (b \times c) &= b \cdot (c \times a) \\
&= c \cdot (a \times b) = (b \times c) \cdot a \\
&= (c \times a) \cdot b = (a \times b) \cdot c \\
&= -a \cdot (c \times b) = -b \cdot (a \times c) \\
&= -c \cdot (b \times a) = -(c \times b) \cdot a\,.
\end{aligned} \tag{1.92}$$

Gemäß der Rechenregeln für die Elemente des EUKLIDischen Vektorraumes gilt u.a. außerdem

$$\lambda\,(a, b, c) = (\lambda\,a, b, c) = (a, \lambda\,b, c) = (a, b, \lambda\,c) \tag{1.93}$$

und

$$(a, b, c + d) = (a, b, c) + (a, b, d) \tag{1.94}$$

Spezialfälle des Spatproduktes:

a)   Ist $[e_1, e_2, e_3]$ eine Orthonormalbasis, so ist

$$(e_1, e_2, e_3) = V = 1$$

und

$$(e_1, e_3, e_2) = - V = - 1 .$$

b)   Sind zwei der drei Faktoren gleich, so gilt stets

$$(a, a, b) = (a, b, a) = (b, a, a) = 0 .$$

c)   Ist

$$(a, b, c) = 0 ,$$

so liegt entweder der Fall b) vor oder aber einer der Faktoren ist der Nullvektor, oder aber für den Fall $a \neq b \neq c$ und $a, b, c \neq 0$ folgt, daß die drei Vektoren in einer Ebene liegen — also *komplanar* sind:

$$(a, b, c) = 0 \ \text{für} \ a, b, c \neq 0$$
$$\text{heißt} \ a, b, c \ \text{komplanar.} \tag{1.95}$$

Im Falle (1.95) ist — den Definitionen 1.2 und 1.3 in 1.2.2 über lineare Abhängigkeit entsprechend — einer der drei Vektoren durch die beiden anderen darstellbar; denn er liegt in der Ebene der beiden anderen Vektoren und ist derart eine Linearkombination dieser beiden.

Bei der Darstellung der Vektoren in einer Orthonormalbasis $[e_1, e_2, e_3]$

$$a = (a_1, a_2, a_3) = \sum_i a_i\, e_i , \quad b = (b_1, b_2, b_3) = \sum_i b_i\, e_i , \quad c = (c_1, c_2, c_3) = \sum_i c_i\, e_i$$

folgt wegen (1.86)

$$b \times c = \begin{vmatrix} e_1 & e_2 & e_3 \\ b_1 & b_2 & b_3 \\ c_1 & c_2 & c_3 \end{vmatrix}$$

und somit nach Def. 1.19

$$(a, b, c) = a \cdot (b \times c) = (a_1\, e_1 + a_2\, e_2 + a_3\, e_3) \cdot \begin{vmatrix} e_1 & e_2 & e_3 \\ b_1 & b_2 & b_3 \\ c_1 & c_2 & c_3 \end{vmatrix} .$$

Berücksichtigt man wieder (1.69), so folgt als Berechnungsvorschrift des Spatproduktes dreier Vektoren in orthonormierter Darstellung:

$$(a, b, c) = \begin{vmatrix} a_1 & a_2 & a_3 \\ b_1 & b_2 & b_3 \\ c_1 & c_2 & c_3 \end{vmatrix} = \begin{matrix} a_1\, (b_2\, c_3 - b_3\, c_2) \\ + a_2\, (b_3\, c_1 - b_1\, c_3) \\ + a_3\, (b_1\, c_2 - b_2\, c_1) \end{matrix} \tag{1.96}$$

B.4 Doppeltes Vektorprodukt. Als weitere Kombination dreier Vektoren $a, b, c \in \mathcal{V}_3$ ist den Definitionen von Punkt- und Kreuz-Produkt zweier Vektoren entsprechend noch ein doppeltes Vektorprodukt möglich und sinnvoll, nämlich

$$a \times (b \times c) = \lambda_1 \, b + \lambda_2 \, c \in \mathcal{V}_3 \; . \tag{1.97}$$

Es ist unmittelbar einleuchtend, daß gemäß der Definition des Kreuzproduktes der Ergebnisvektor sowohl senkrecht zu a als auch zu $(b \times c)$ ist. Da $b \times c$ wiederum $\perp$ zu b und zu c ist, liegt der Ergebnisvektor in der von b und c aufgespannten Ebene (vgl. Bild 1-35) und muß daher die Darstellung nach (1.97) haben. Die Parameter $\lambda_1, \lambda_2 \in \mathcal{R}$ lassen sich durch Ausrechnen obigen Doppel-Kreuz-Produktes z.B. zunächst in einer orthonormierten Basis bestimmen. Danach ist (vgl. (1.85) bis (1.88))

$$a \times (b \times c) = \begin{vmatrix} e_1 & e_2 & e_3 \\ a_1 & a_2 & a_3 \\ b_2 c_3 - b_3 c_2 & b_3 c_1 - b_1 c_3 & b_1 c_2 - b_2 c_1 \end{vmatrix}$$

$$= \; e_1 \left[a_2 (b_1 c_2 - b_2 c_1) - a_3 (b_3 c_1 - b_1 c_3) \right]$$
$$+ \; e_2 \left[a_3 (b_2 c_3 - b_3 c_2) - a_1 (b_1 c_2 - b_2 c_1) \right]$$
$$+ \; e_3 \left[a_1 (b_3 c_1 - b_1 c_3) - a_2 (b_2 c_3 - b_3 c_2) \right] \; .$$

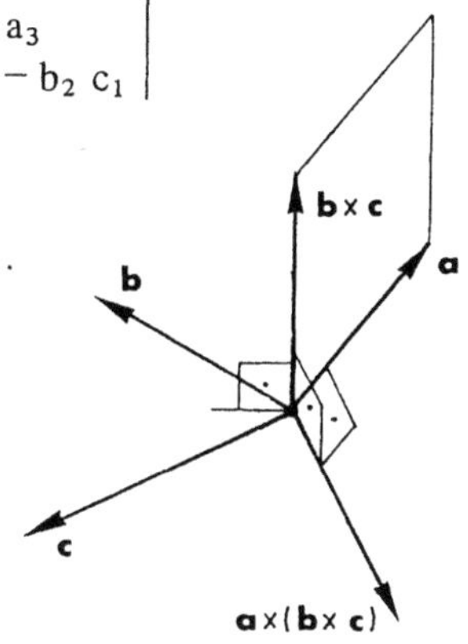

Bild 1-35

Das läßt sich durch Umordnen der Glieder wie folgt schreiben:

$$a \times (b \times c) = \; e_1 \left[b_1 (a_1 c_1 + a_2 c_2 + a_3 c_3) - c_1 (a_1 b_1 + a_2 b_2 + a_3 b_3) \right]$$
$$+ \; e_2 \left[b_2 (a_1 c_1 + a_2 c_2 + a_3 c_3) - c_2 (a_1 b_1 + a_2 b_2 + a_3 b_3) \right]$$
$$+ \; e_3 \left[b_3 (a_1 c_1 + a_2 c_2 + a_3 c_3) - c_3 (a_1 b_1 + a_2 b_2 + a_3 b_3) \right] \; .$$

Das ist wiederum als das Ergebnis von Skalarmultiplikationen erkennbar, und zwar

$$a \times (b \times c) = \; e_1 \left[b_1 (a \cdot c) - c_1 (a \cdot b) \right]$$
$$+ \; e_2 \left[b_2 (a \cdot c) - c_2 (a \cdot b) \right]$$
$$+ \; e_3 \left[b_3 (a \cdot c) - c_3 (a \cdot b) \right]$$

und schließlich ergibt sich spaltenweise zusammengefaßt

$$a \times (b \times c) = b \, (a \cdot c) - c \, (a \cdot b) \; . \tag{1.98}$$

Gl. (1.98) wird auch als *Entwicklungssatz* bezeichnet und ist in dieser Form wieder basisinvariant.

Wie bei Kreuzprodukten allgemein, gilt das Assoziativgesetz nicht, also

$$a \times (b \times c) \neq (a \times b) \times c \; .$$

Abschließend sei der Vollständigkeit halber ausdrücklich darauf hingewiesen, daß eine Vektor-Division in der Vektoralgebra nicht erklärt ist.

1.3.7 Vektoranalysis

Integration und Differentiation sind Prozesse, die − wie in 1.3.2 und 1.3.3 gezeigt − grundsätzlich nicht auf skalare Funktionen beschränkt, sondern auch auf Vektoren und Tensoren übertragbar sind; d.h. kurz: Tensorielle Größen (Tensorfelder) beliebiger Stufe sind unter den erläuterten Bedingungen integrierbar und in Umkehrung auch differenzierbar. Demzufolge stellt sich die Frage nach einer Vektor-Analysis (ggf. auch Tensor-Analysis), wobei hier allerdings nur auf einige der wichtigsten Zusammenhänge im Hinblick auf die Behandlung der folgenden mechanischen Probleme eingegangen werden soll.

Dabei sind die untersuchten, vektorwertigen Funktionen im Sinne der definierten Bewegung und im Sinne von Def. 1.8 bis 1.10 stets stückweise stetig und differenzierbar. Die unabhängige Variable kann (vgl. 1.3.1) dabei selbst ein Vektor (Ort $\underline{x} \in \mathcal{V}_3$) oder ein Skalar (Zeit t, Parameter $\lambda \in \mathcal{R}$) oder auch beides sein, d.h.

$$f: \mathcal{V}_3 \rightarrow \mathcal{V}_3 \quad \text{bzw.} \quad f: \mathcal{R} \rightarrow \mathcal{V}_3 \;.$$

Bei bestimmten Darstellungen von Vektoren in bestimmten Basissystemen ist außerdem von Bedeutung, ob die Basis und/oder ihr Ursprung fest oder ob diese selbst noch bewegt ist. Fragt man z.B. nach der zeitlichen Änderung einer vektoriellen Größe in Form einer Ableitung dieser Größe nach der Zeit, so ist im Falle des festen Bezugssystems die Änderung unmittelbar und *absolut* durch die Ableitung gegeben, während sie im Falle eines mitbewegten Bezugssystems zunächst nur mittelbar, nämlich *relativ* zu diesem System und erst durch Hinzunahme der Änderung des Bezugssystems während dieser Zeit auch absolut angegeben werden kann (vgl. hierzu Kap. 2).

Das Ergebnis dieser einfachen Überlegungen ist im Grunde naheliegend und einsichtig und läßt darüber hinaus zumindest erkennen, daß es sinnvollerweise mehrere, verschiedene Ableitungsmöglichkeiten einer tensoriellen Größe geben muß. Diese seien hier definiert:

Ist $z \in \mathcal{V}_3$ und $x \in \mathcal{R}$ und ist $z(x)$ nach 1.3.1 eine Funktion mit $z(x): \mathcal{R} \rightarrow \mathcal{V}_3$, so gilt

---

Def. 1.20:

$$z' := \frac{dz}{dx} = \lim_{\Delta x \to 0} \frac{z(x + \Delta x) - z(x)}{\Delta x} \;.$$

Ist der beliebige Skalar x speziell x = t (vgl. 1.2.3), so kennzeichnet man eine Zeitableitung durch

---

Def. 1.21:

$$\dot{z} := \frac{dz}{dt} = \lim_{\Delta t \to 0} \frac{z(t + \Delta t) - z(t)}{\Delta t} \;.$$

Ist $z = \sum\limits_i z_i\, e_i$ in einer festen Basis e_i und ist $z_i = z_i\,(t)$, so gilt:

$$\dot{z}\,(t) = \frac{dz}{dt} = \frac{d}{dt}\left(\sum_i z_i\,(t)\,e_i\right) = \sum_i \frac{dz_i}{dt}\,e_i$$

$$= \sum_i \dot{z}_i\,e_i = \dot{z}_1\,e_1 + \dot{z}_2\,e_2 + \dot{z}_3\,e_3\ ,\qquad\qquad (1.99)$$

$$\text{wobei}\quad \dot{z}_i = \lim_{\Delta t \to 0}\frac{z_i\,(t + \Delta t) - z_i\,(t)}{\Delta t} = \lim_{\Delta t \to 0}\frac{\Delta z_i}{\Delta t} = \frac{dz_i}{dt}$$

Gl. (1.99) gilt nur für eine feste Basis und ist Ausdruck dafür, daß sich der Vektor $z\,(t)$ bei Änderung um Δt von $P\,(t)$ nach $P\,(t + \Delta t)$ (vgl. Bild 1-36) um

$$\begin{aligned}
\Delta z &= z\,(t + \Delta t) - z\,(t)\\
&= [z_1\,(t + \Delta t) - z_1\,(t)]\,e_1\\
&\quad + [z_2\,(t + \Delta t) - z_2\,(t)]\,e_2\\
&\quad + [z_3\,(t + \Delta t) - z_3\,(t)]\,e_3\\
&= \Delta z_1\,e_1 + \Delta z_2\,e_2 + \Delta z_3\,e_3 = \sum_i \Delta z_i\,e_i
\end{aligned}$$

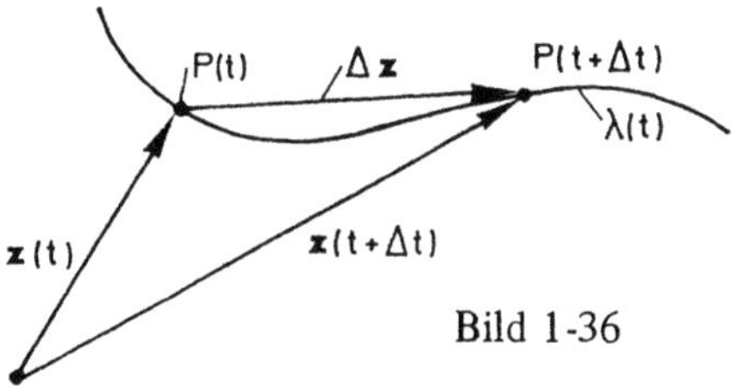

Bild 1-36

ändert, wobei die auf Δt bezogene, mit Δz gleichgerichtete Änderung $\Delta z/\Delta t$ des Vektors $z\,(t)$ mit $\Delta t \to 0$ einem Grenzwert (1.99) zustrebt. Dieser heiße, sofern er existiert, Ableitung $\dot{z}\,(t)$ des Vektors $z\,(t)$ nach t. Man folgert also

> **Satz 1.7:**
> Die *Ableitung eines Vektors nach einem Skalar* (Parameter) ist im Falle einer festen Basis die Vektorsumme der Ableitungen seiner Koordinaten.

Ist wieder $z = \sum\limits_i z_i\, e_i$ in einer festen Basis e_i, aber ist

$$z_i = f_i\,(\lambda),\ i = 1, 2, 3\ \text{ mit }\ \lambda = \lambda\,(t)$$

eine eindeutige Parameterdarstellung aller drei Koordinaten z_i über die drei skalaren Funktionen f_i des Parameters λ, so gilt für die Ableitung von

$$z\,(t) = \sum_i z_i\,e_i = \sum_i f_i\,(\lambda)\,e_i = f\,(\lambda\,(t))$$

nach t in Form einer „Kettenregel":

$$\dot{z}\,(t) = \frac{dz}{dt} = \frac{dz}{d\lambda}\,\frac{d\lambda}{dt} = \frac{df\,(\lambda)}{d\lambda}\,\frac{d\lambda}{dt} = \frac{d}{d\lambda}\,[f\,(\lambda)]\,\dot{\lambda} = z'\,(\lambda)\,\dot{\lambda}\qquad (1.100)$$

wobei z' die Ableitung gemäß Def. 1.20 nach λ ist. Gl. (1.100) berücksichtigt damit anschaulich (vgl. Bild 1-36), daß sich der Punkt P entlang einer Raumkurve, die sich allein durch einen Parameter λ beschreiben läßt, bewegt und daß der Vektor z sich längs dieser – und nur dieser – Raumkurve ändert. λ heißt generalisierte Koordinate und (1.100) beschreibt die Ableitung des Vektorfeldes nach dem Skalar t mit der ersten Parameterableitung $z'(\lambda)$. Jede weitere Differentiation von z nach t muß nun die Kettenregel (1.100) und die Produktenregel berücksichtigen: Da in (1.100)

$$\dot{z} = \frac{d}{d\lambda}(z)\,\dot{\lambda} = \frac{df(\lambda)}{d\lambda}\,\dot{\lambda}$$

ist, wird

$$\ddot{z} = \frac{d^2 z}{dt^2} = \frac{d\dot{z}}{dt} = \frac{d}{d\lambda}\left(\frac{df(\lambda)}{d\lambda}\right)\dot{\lambda}\,\frac{d\lambda}{dt} + \frac{df(\lambda)}{d\lambda}\,\frac{d}{dt}\,\dot{\lambda}$$

$$\ddot{z} = \frac{d^2 f}{d\lambda^2}\,\dot{\lambda}^2 + \frac{df}{d\lambda}\,\ddot{\lambda} = z''\,\dot{\lambda}^2 + z'\,\ddot{\lambda} \tag{1.101}$$

Höhere Ableitungen bildet man entsprechend.

Ist im Gegensatz zur Annahme der vorstehenden Ableitungen das *System nicht fest*, sondern selbst bewegt, dann muß bei der vollständigen Änderung des Vektors z nicht nur die relative Änderung von z gegenüber dem System, sondern eben auch die Systemänderung selbst berücksichtigt werden. Da sich beide Teilprozesse additiv zum Gesamtprozeß zusammensetzen lassen, gilt demnach formal

$$\dot{z} = \frac{dz}{dt} = \frac{d_r\,z}{dt} + \frac{d_s\,z}{dt} \tag{1.102}$$

wobei

$$\frac{dz}{dt} = \text{\textit{die absolute Änderung,}}$$

$$\frac{d_r\,z}{dt} = \text{\textit{die relative Änderung,}}$$

$$\frac{d_s\,z}{dt} = \text{\textit{die Änderung durch die Bewegung des Bezugssystems}}$$

von z mit t ist.

Sei beispielsweise $z(t)$ dargestellt in der mitbewegten Basis $e_i(t)$ (Bild 1-37), also

$$z(t) = z_1(t)\,e_1(t) + z_2\,e_2(t) + z_3\,e_3(t) = \sum_i z_i(t)\,e_i(t)\,,$$

so ist wieder wie in (1.99)

$$\dot{z} = \frac{d}{dt}\left(\sum_i z_i(t)\,e_i(t)\right) \tag{1.103}$$

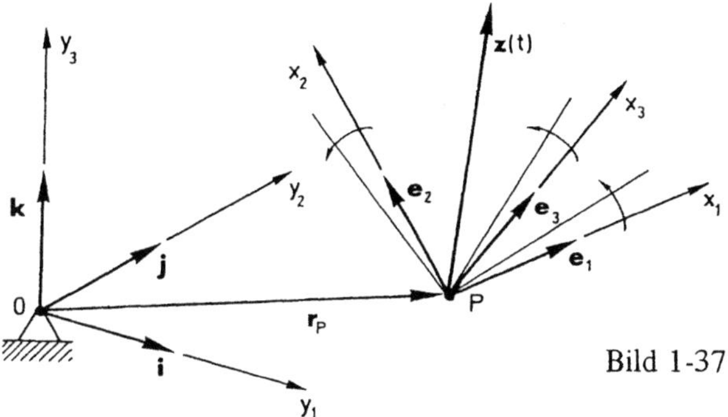

was aber hier nach Beachtung der Produktenregel

$$\dot{z} = \sum_i \dot{z}_i(t)\, e_i(t) + \sum_i z_i(t)\, \dot{e}_i(t) \qquad\qquad (1.104)$$

ergibt, wobei wieder

$$\dot{z}_i = \lim_{\Delta t \to 0} \frac{z_i(t + \Delta t) - z_i(t)}{\Delta t}$$

ist, aber hier zusätzlich gemäß Def. 1.21

$$\dot{e}_i = \lim_{\Delta t \to 0} \frac{e_i(t + \Delta t) - e_i(t)}{\Delta t}$$

gilt.

Aus dem Vergleich von (1.104) mit (1.102) sowie mit Bild 1-37 folgt sofort, daß der erste Term von (1.104) die relative zeitliche Änderung von z im bewegten Basissystem $e_i(t)$ bei P ist, d.h.

$$\frac{d_r z}{dt} = \sum_i \dot{z}_i(t)\, e_i(t) \qquad\qquad (1.105)$$

Ein im Punkt P mit dem bewegten Bezugssystem $[e_1, e_2, e_3]$ verbundener Beobachter würde als zeitliche Änderung des Vektors z nur diesen Term verifizieren. Ein bei O feststehender Beobachter würde darüber hinaus auch die Bewegung des Systems $[e_i]$ um den Punkt P registrieren und diese auf sein ruhendes System $[i, j, k]$ beziehen (Bild 1-37). Letzterer erhält zusätzlich den Term des bewegten Systems, also ist nach (1.104)

$$\frac{d_s z}{dt} = \sum_i z_i(t)\, \dot{e}_i(t) \qquad\qquad (1.106)$$

Beide Anteile zusammen ergeben wieder (1.104).

Da die Basis in $\mathscr{V}_3$ drei linear unabhängige Vektoren $\mathbf{e}_i$ sind, die ohne Beschränkung der Allgemeinheit stets gleich lang, also z.B. $|\mathbf{e}_i| = 1$ und z.B. stets orthogonal sind, so daß also (vgl. (1.69))

$$\mathbf{e}_i \cdot \mathbf{e}_j = \delta_{ij}$$

gilt, und wenn P darüber hinaus fest ist, tritt eine zeitliche Änderung (Bewegung) der Basis weder durch Translation noch durch Deformation ein. Dann verbleibt nur die Möglichkeit der Rotation der Basis.

Nun ist speziell für $i = j$ nach (1.69)

$$\mathbf{e}_i \cdot \mathbf{e}_i = \mathbf{e}_i^2 = \delta_{ii} = 1$$

und die zeitliche Differentiation dieser Gleichung ergibt

$$2\,\mathbf{e}_i \cdot \dot{\mathbf{e}}_i = 0 \ .$$

Für die Ableitung des Einheitsvektors $\mathbf{e}_i$ in (1.106) nach der Zeit ergibt sich damit nach (1.72)

$$\dot{\mathbf{e}}_i \perp \mathbf{e}_i \ .$$

Da nun jedes Vektorprodukt mit $\mathbf{e}_i$ als Faktor einen Vektor senkrecht zu $\mathbf{e}_i$ erzeugt, ist auch $\dot{\mathbf{e}}_i$ als ein solches Vektorprodukt z.B. in der Form

$$\boxed{\dot{\mathbf{e}}_i = \boldsymbol{\omega} \times \mathbf{e}_i} \qquad\qquad (1.107)$$

darstellbar. Der darin enthaltene Vektor $\boldsymbol{\omega}$ heißt der *Vektor der Winkelgeschwindigkeit des Systems*. Er kann für jedes Basissystem ein anderer Vektor sein und ist daher für jedes System gesondert zu bestimmen (Kap. 2) — jedoch gibt es für jedes stets orthonormierte, bewegte System („starre" Drehung der Basis) nur *einen* derartigen Vektor $\boldsymbol{\omega}$, was man ebenfalls aus $\mathbf{e}_i \cdot \mathbf{e}_j = \delta_{ij}$ mit beliebigem i, j bei zeitlicher Ableitung dieser Gleichung sowie unter Verwendung von (1.84) und (1.92) beweist:

$$\begin{aligned}
(\mathbf{e}_i \cdot \mathbf{e}_j)^{\cdot} = 0 &= \dot{\mathbf{e}}_i \cdot \mathbf{e}_j + \mathbf{e}_i \cdot \dot{\mathbf{e}}_j \\
&= (\boldsymbol{\omega}_i \times \mathbf{e}_i) \cdot \mathbf{e}_j + \mathbf{e}_i \cdot (\boldsymbol{\omega}_j \times \mathbf{e}_j) \\
&= \boldsymbol{\omega}_i \cdot (\mathbf{e}_i \times \mathbf{e}_j) + \boldsymbol{\omega}_j \cdot (\mathbf{e}_j \times \mathbf{e}_i) \\
&= \boldsymbol{\omega}_i \cdot \mathbf{e}_k - \boldsymbol{\omega}_j \cdot \mathbf{e}_k = (\boldsymbol{\omega}_i - \boldsymbol{\omega}_j) \cdot \mathbf{e}_k = 0 \ .
\end{aligned}$$

Also für *alle* i, j, k ist

$$\boldsymbol{\omega}_i = \boldsymbol{\omega}_j = \boldsymbol{\omega}_k = \boldsymbol{\omega} \ .$$

Man definiert also

Def. 1.22:
Zu jeder stets orthogonalen mitbewegten Basis gehört genau *ein* Vektor $\boldsymbol{\omega}$, der die Drehung dieser (starren) Basis beschreibt. Der Vektor $\boldsymbol{\omega}$ heißt der Vektor der Winkelgeschwindigkeit.

Infolgedessen kann (1.106) auch als der Anteil an der zeitlichen Änderung von $\mathbf{z}(t)$ angesehen werden, der durch die Drehung des bewegten Bezugssystems, in dem der Vektor $\mathbf{z}$

dargestellt ist, zustandekommt. Man nennt daher (1.106) auch die *System-* oder *Richtungs-ableitung* von z, zumal in (1.106) die Größen z_i (t) und damit auch die Größe des Vektors z selber, nämlich

$$|z| = \sqrt{z_1^2 + z_2^2 + z_3^2} = \sqrt{\sum_i z_i^2}$$

dabei konstant bleiben. Entsprechend enthält (1.105) nur die Änderung der Größe von z, nämlich mit $\Sigma \dot{z}_i$ die zeitliche Änderung aller drei Koordinaten bei unveränderter Basis e_i (t). Man kann daher (1.105) konsequenterweise als *Relativ-* oder *Größenableitung* von z deuten.

Die beiden Begriffe Größenableitung und Richtungsableitung verdeutlichen auch insofern den Prozeß der Ableitung eines Vektors nach einem Skalar, als ein Vektor stets durch Größe und Richtung bestimmt ist und daher eine Änderung des Vektors vorliegt, wenn er entweder seine Größe und/oder seine Richtung ändert. Dabei ist es unerheblich, ob sich der Vektor selbst oder das Bezugssystem, in dem er dargestellt ist, bewegt. Zusammenfassend gilt also

---

Satz 1.8:

Die *absolute Änderung eines Vektors* mit einem Skalar (x, t, λ ...) im bewegten System ist die Ableitung nach seinen Komponenten und als solche *additiv aus Relativ-* oder *Größenableitung und System-* oder *Richtungsableitung* bezüglich des raumfesten Systems zusammengesetzt:

$$\frac{d}{dt} z = \frac{d_r}{dt} z + \frac{d_s}{dt} z .$$

Für den Fall, daß das Bezugssystem in Form der Basis fest ist, entfällt die Systemableitung und es verbleibt allein die Größenableitung. Das heißt z.B., daß Gleichung (1.104) für diesen Fall wieder in (1.99) übergehen müßte, was man wegen $\dot{e}_i = \omega \times e_i = 0$ und $\omega = 0$ auch sofort verifiziert.

Anmerkung: Im Kapitel 2 (Kinematik) wird sich zeigen, daß die Systemableitung eine passive Transformation in Form eines Vektorproduktes ist, da man jede Drehung als Kreuzprodukt zweier Vektoren darstellen kann. Damit wird die Differentiationsvorschrift (1.106) durch eine geeignete Multiplikation ersetzt.

Man kann die Frage nach der Ableitung eines Tensorfeldes beliebiger Stufe nach einem skalaren Parameter (z.B. der Zeit) im ruhenden bzw. bewegten System auch auf die Einführung zweier unterschiedlicher Koordinaten zurückführen — und zwar auf die LAGRANGEschen oder materiellen Koordinaten einerseits und auf die EULERschen oder räumlichen Koordinaten andererseits.

Dazu geht man zurück auf 1.2.6: Dort war X ein materieller Punkt, der (Bild 1-11) die Lage x zur Zeit t_0 in der Referenzkonfiguration und die Lage y zur Zeit t in der Momentankonfiguration hat. X hat dann den Platz x zur Zeit t_0 und den Platz y zur Zeit t im Raum. Die Bewegung von X in der Zeit t_0 bis t wird dann beschrieben durch

$$y = y (x, t; t_0) .$$

Die Lage in der Bezugskonfiguration von X ist speziell wegen $t = t_0$

$$y = y(x, t_0 ; t_0) = x \, .$$

Da die Beziehungen umkehrbar eindeutig (eineindeutig) sein sollen (vgl. 1.2.4) gilt auch

$$x = x(y, t; t_0) \, ;$$

denn der Punkt, der sich zur Zeit t bei y befindet, hat zur Zeit t_0 die Lage x. Wählt man nun ein geeignetes Bezugssystem, z.B. eine „starre" Orthonormalbasis $|e_i| = 1$ mit $e_i \cdot e_j = \delta_{ij}$ bei festem Ursprung, so ist

$$x = (x_1, x_2, x_3) = \sum_i x_i\, e_i \quad \text{und} \quad y = (y_1, y_2, y_3) = \sum_j y_j\, e_j \, .$$

Die x_i heißen dann materielle oder LAGRANGEsche Koordinaten. Die y_i heißen dann räumliche oder EULERsche Koordinaten.

Auf obiges Problem (vgl. Bild 1-37) übertragen, findet man die materiellen Koordinaten x_i als Koordinaten bezüglich der Basis e_1, e_2, e_3 für $r_p = 0$ (ohne Beschränkung der Allgemeinheit (o.B.d.A)) und die räumlichen Koordinaten y_i als die Koordinaten bezüglich der Basis i, j, k wieder.

Ist eine tensorielle Größe als Funktion der materiellen Koordinaten und der Zeit gegeben, wobei man i.a. wieder auf die Notation der Referenzzeit t_0 verzichtet, ist also

$$z = z(x_i, t) = z(x, t) \, ,$$

so liegt eine *materielle Betrachtungsweise* (LAGRANGEsche Betrachtungsweise) vor, indem der Wert von z für den materiellen Punkt X, der sich in der Bezugskonfiguration bei x befindet, zur Zeit t angegeben wird. Ist dagegen die tensorielle Größe als Funktion der räumlichen Koordinaten und der Zeit gegeben durch

$$z = z(y_i, t) = z(y, t) \, ,$$

so liefert das den Wert von z an der Stelle y zur Zeit t. Nun führt man ein

---

Def. 1.23:
Die Ableitung von $z(y, t)$ nach der Zeit t, also

$$\frac{\partial z}{\partial t} := \frac{\partial}{\partial t}\, [z(y, t)]$$

heiße *lokale* Ableitung

---

und

Def. 1.24:
Die Ableitung von $z(x, t)$ nach der Zeit t, also

$$\frac{dz}{dt} = \dot{z} := \frac{\partial}{\partial t}\, [z(x, t)]$$

heiße *materielle* Ableitung (vgl. Def. 1.21).

Über die Kettenregel (vgl. (1.100)) und mit Hilfe von Def. 1.12 und 1.13 läßt sich zunächst ein formaler Zusammenhang zwischen lokaler und materieller Ableitung gewinnen, und zwar ist

$$\frac{d}{dt} z(x, t) = \dot{z} = \sum_{k=1}^{3} \frac{\partial z(y, t)}{\partial y_k} \frac{\partial y_k}{\partial t} + \frac{\partial}{\partial t} z(y, t)$$

was sich gemäß Def. 1.23 und 1.24 kurz als

$$\frac{d}{dt} z = \sum_k \frac{\partial z}{\partial y_k} \frac{\partial y_k}{\partial t} + \frac{\partial}{\partial t} z \qquad (1.108)$$

schreiben läßt. Links steht die materielle Ableitung nach Def. 1.24 und als zweiten Term der rechten Seite findet man gemäß Def. 1.23 wieder die lokale Ableitung. Der erste Term der rechten Seite werde nun benannt gemäß

Def. 1.25:
Die Ableitung von $z(y, t)$ nach der Zeit t bei Verwendung der Kettenregel, also

$$\frac{Dz}{Dt} = \sum_k \frac{\partial z}{\partial y_k} \frac{\partial y_k}{\partial t}$$

heiße *konvektive* Ableitung.

Damit gilt

Satz 1.9:
Die *materielle* oder auch *substantielle Ableitung* einer Funktion $z(x, t)$ ist die *Summe aus konvektiver und lokaler Ableitung* (vgl. (1.108)).

Man beachte daher: Selbst für den Fall, daß die Feldgröße $z(x)$ nicht explizit von der Zeit abhängt (stationäre Feldgröße), also wenn die lokale Ableitung verschwindet, ist die materielle gleich der konvektiven Ableitung und daher i.a. nicht Null. Der mit dem materiellen Punkt X mitbewegte Beobachter würde also dennoch eine zeitliche Änderung von z (materielle Ableitung) feststellen, weil er sich zu verschiedenen Zeiten an verschiedenen Orten befindet und z i.a. an verschiedenen Orten auch verschiedene Werte annimmt.

Schließlich müssen folgerichtig neben den Ableitungen der Feldgröße $z(x, t)$ nach t auch Ableitungen nach dem Ort x bzw. y und damit nach deren Koordinaten, also nach x_i bzw. y_i definiert werden (vgl. z.B. (1.108), erster Term der rechten Seite). Prinzipiell gilt dabei für eine skalare, reelle Variable die Ableitung nach Def. 1.20.

Wird jedoch nach allen drei Koordinaten von z.B. x, also nach allen materiellen Koordinaten abgeleitet und dabei jeder Ableitung die jeweilige Richtung zugeordnet, so sei folgender Operator eingeführt:

Def. 1.26:
Ist $z(x, t)$ und ist $x = (x_1, x_2, x_3)$ in einer kartesischen Orthonormalbasis
$[e_1, e_2, e_3]$, so ist

$$\nabla := \sum_i e_i \frac{\partial}{\partial x_i} = e_1 \frac{\partial}{\partial x_1} + e_2 \frac{\partial}{\partial x_2} + e_3 \frac{\partial}{\partial x_3}$$

der NABLA-*Operator*.

Der NABLA-Operator hat in anderen Bezugssystemen andere Darstellungen — er gilt also
in der Form nach Def. 1.26 nur für eine kartesische Basis.

Wird demnach statt eines kartesischen Bezugssystems (x, y, z) mit der Basis
$[e_1, e_2, e_3]$

a)   ein *Zylinderkoordinatensystem* (vgl. 1.2.2) mit den krummlinigen Koordinaten
(r, φ, z) in der orthonormalen Basis $[e_r, e_\varphi, e_z]$ gewählt, so gilt als Folge von
Def. 1.26

$$\nabla := e_r \frac{\partial}{\partial r} + e_\varphi \frac{1}{r} \frac{\partial}{\partial \varphi} + e_z \frac{\partial}{\partial z}$$

b)   ein *Kugelkoordinatensystem* (vgl. 1.2.2) mit den krummlinigen Koordinaten (ρ, ϑ, ψ)
in der orthonormalen Basis $[e_\rho, e_\vartheta, e_\psi]$ gewählt, so gilt als Folge von Def. 1.26

$$\nabla := e_\rho \frac{\partial}{\partial \rho} + e_\vartheta \frac{1}{\rho \sin \psi} \frac{\partial}{\partial \vartheta} + e_\psi \frac{1}{\rho} \frac{\partial}{\partial \psi} .$$

In Anwendung des NABLA-Operators auf die nachfolgende Funktion wird ∇ jeweils hinsichtlich der Vektoralgebra wie ein Vektor und hinsichtlich der Vektoranalysis wie ein
Differentialoperator (symbolischer Vektoroperator) mit der in Def. 1.25 enthaltenen Vorschrift behandelt. Ist also z eine *skalarwertige Vektorfunktion* $z(x)\colon \mathcal{V}_3 \to \mathcal{R}$, so ist mit
$x = (x_1, x_2, x_3)$

$$\nabla z = \sum_i e_i \frac{\partial}{\partial x_i} (z) = \frac{\partial z}{\partial x_1} e_1 + \frac{\partial z}{\partial x_2} e_2 + \frac{\partial z}{\partial x_3} e_3 = \operatorname{grad} z \qquad (1.109)$$

Man nennt die Anwendung des NABLA-Operators auf ein Skalar auch „*Gradient*" (grad)
von z. Das Ergebnis $\nabla z = \operatorname{grad} z$ ist ein Vektor ($\in \mathcal{V}_3$).
Ist z dagegen eine *vektorwertige Vektorfunktion* $z(x)\colon \mathcal{V}_3 \to \mathcal{V}_3$, so gibt es zwei
Möglichkeiten einer Produktbildung (vgl. (1.64) bzw. (1.79)):
Entweder es ist

$$\nabla \cdot z = \sum_i e_i \frac{\partial}{\partial x_i} \cdot \left(\sum_j z_j e_j \right) = \sum_{i,j} \frac{\partial z_j}{\partial x_i} \delta_{ij}$$

$$= \sum_i \frac{\partial z_i}{\partial x_i} = \frac{\partial z_1}{\partial x_1} + \frac{\partial z_2}{\partial x_2} + \frac{\partial z_3}{\partial x_3} = \operatorname{div} z$$

$$(1.110)$$

Man nennt die Anwendung des NABLA-Operators auf eine vektorielle Funktion bei gleichzeitiger Skalarmultiplikation auch „*Divergenz*" (div) von z. Das Ergebnis $\nabla \cdot z = \text{div } z$ ist ein Skalar ($\in \mathscr{R}$).

Oder aber (vgl. auch (1.85)) es ist

$$
\begin{aligned}
\nabla \times z &= \sum_i e_i \frac{\partial}{\partial x_i} \times \left(\sum_j z_j e_j \right) = \sum_{i,j} \frac{\partial z_j}{\partial x_i} e_i \times e_j \\
&= \sum_{i,j,k} e_k \left(\frac{\partial z_j}{\partial x_i} - \frac{\partial z_i}{\partial x_j} \right) \quad \text{mit } i \neq j \neq \underline{k} \\
&= e_1 \left(\frac{\partial z_3}{\partial x_2} - \frac{\partial z_2}{\partial x_3} \right) + e_2 \left(\frac{\partial z_1}{\partial x_3} - \frac{\partial z_3}{\partial x_1} \right) + e_3 \left(\frac{\partial z_2}{\partial x_1} - \frac{\partial z_1}{\partial x_2} \right) \\
&= \text{rot } z
\end{aligned}
\tag{1.111}
$$

Man nennt die Anwendung des NABLA-Operators auf eine vektorielle Funktion bei gleichzeitiger Vektormultiplikation auch „*Rotation*" (rot) von z. Das Ergebnis $\nabla \times z = \text{rot } z$ ist wieder ein Vektor ($\in \mathscr{V}_3$).

Der NABLA-Operator kann unter Beachtung der Rechenregeln für Vektorräume auch mehrfach angewendet werden: So ist

$$
\begin{aligned}
&1. \quad \nabla \cdot (\nabla z) = \text{div grad } z = \nabla \cdot \nabla z = \nabla^2 z = \Delta z \in \mathscr{R}, \\
&\qquad \text{dabei heißt } \nabla^2 = \Delta \text{ der LAPLACE-Operator} \\[4pt]
&2. \quad \nabla \times \nabla z = \text{rot grad } z \equiv 0 \qquad \in \mathscr{V}_3 \\
&\qquad \text{(wegen der Vertauschbarkeit der Ableitungen } \frac{\partial^2}{\partial x_i \, \partial x_j} = \frac{\partial^2}{\partial x_j \, \partial x_i}) \\[4pt]
&3. \quad \nabla \times (\nabla \times z) = \text{rot rot } z \qquad \in \mathscr{V}_3 \\[4pt]
&4. \quad \nabla \cdot (\nabla \times z) = \text{div rot } z \equiv 0 \qquad \in \mathscr{R} \\
&\qquad \text{(wegen der Vertauschbarkeit der Ableitungen)}
\end{aligned}
\tag{1.112}
$$

u.a.

Die Anwendung von ∇ auf Produkte von Funktionen zieht neben der Beachtung der Differentiationsvorschrift und der Rechenregeln der Vektoralgebra auch die Produktenregel nach sich, und zwar unabhängig davon, ob es sich um Skalare oder Vektoren handelt, so ist z.B.

$$
\begin{aligned}
\nabla \cdot (z\, z) &= \nabla \cdot (\overset{\downarrow}{z}\, z) + \nabla \cdot (z\, \overset{\downarrow}{z}) \\
&= (\nabla z) \cdot z + z\,(\nabla \cdot z) \\
&= \text{grad } z \cdot z + z \text{ div } z
\end{aligned}
\tag{1.113}
$$

Andere Fälle gemäß (1.109), (1.110), (1.111) und (1.112) werden entsprechend behandelt. Eine Zusammenstellung der wichtigsten Rechenregeln und einige Beispiele finden sich z.B. in [81] und [5].

Mit Hilfe des NABLA-Operators lassen sich nun auch weitere Zusammenhänge zwischen physikalischen Größen in mathematischer Kurzform beschreiben:

1.   So ist z.B. die materielle Ableitung für eine *tensorielle Größe 0. Stufe,* also für den Skalar z, nach (1.108)

$$\frac{d}{dt} z = \sum_k \frac{\partial z}{\partial y_k} \frac{\partial y_k}{\partial t} + \frac{\partial z}{\partial t} \qquad (1.114)$$

Da über $k = 1, 2, 3$ summiert wird, ist die *konvektive Ableitung* (d.h. der erste Term der rechten Seite) als Produkt der Ortsableitung von z nach y_k und der Ableitung aller Koordinaten y_k des Vektors y nach t darstellbar durch

$$\sum_k \frac{\partial z}{\partial y_k} \frac{\partial y_k}{\partial t} = \sum_k \frac{\partial z}{\partial y_k} e_k \cdot \sum_j \frac{\partial y_j}{\partial t} e_j \qquad (1.115)$$

was man durch Ausrechnen nach (1.71) wegen $e_k \cdot e_j = \delta_{kj} = 1$ für $k = j$ beweist.

    Damit ist die konvektive Ableitung ein Skalarprodukt aus den beiden Vektoren

$$1. \quad \sum_k \frac{\partial z}{\partial y_k} e_k = \nabla z = \mathrm{grad}\, z \qquad (1.116)$$

— dargestellt im räumlichen Bezugssystem mit y_k in der festen Orthonormalbasis $[e_1, e_2, e_3]$ — und

$$2. \quad \sum_j \frac{\partial y_j}{\partial t} e_j = \sum_j \dot{y}_j e_j = \dot{y} \qquad (1.117)$$

wobei wegen der festen Orthonormalbasis die totale Ableitung von y gleich der Größenableitung als Ableitung der Koordinaten ist (vgl. (1.99) bzw. (1.105) und (1.106)). Somit wird unter Verwendung des NABLA-Operators aus (1.114) mit (1.116) und (1.117)

$$\frac{d}{dt} z = \dot{z} = \nabla z \cdot \dot{y} + \frac{\partial z}{\partial t} \qquad (1.118)$$

Derart läßt sich — wie bereits oben behauptet — die konvektive Ableitung von z als Produkt zweier Vektoren darstellen. Dabei ist der eine Vektor der Gradient der abzuleitenden Größe z und der andere der Vektor der Zeitableitungen der EULER-Koordinaten bezüglich der festen Basis.

2.   Ist z eine *tensorielle Größe beliebiger Stufe* und als Feldgröße abhängig von X, so läßt sich ein Zusammenhang zwischen der Änderung der Größe z in einem abgeschlossenen

Volumen V und dem „*Ausfluß*" dieser Größe über die geschlossene Oberfläche A (V) des Volumens V in folgender Form (hier ohne Beweis) angeben (Bild 1-38):

Satz 1.10: *(GAUSSscher Integralsatz)*

Ist $z \in \mathcal{V}_3$ und n der Normaleneinheitsvektor eines infinitesimalen Flächenstückes auf einer stückweise glatten, geschlossenen Fläche A (V) sowie V das von A (V) begrenzte Volumen, so gilt

$$\oint_{A(V)} n \cdot z \, dA = \int_V \nabla \cdot z \, dV = \int_V \operatorname{div} z \, dV \, .$$

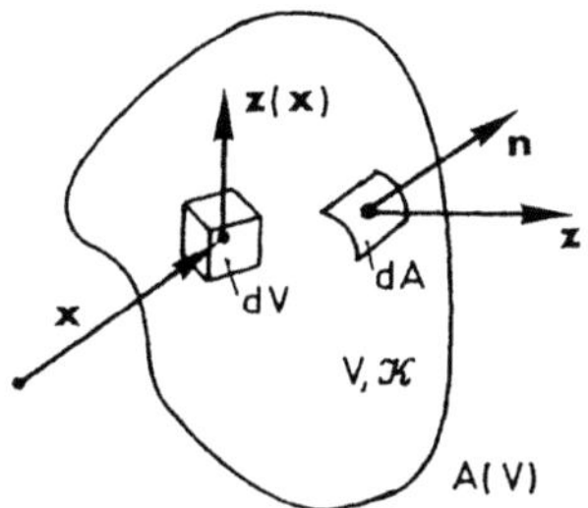

Bild 1-38

D.h. der skalare, nach außen gerichtete Fluß des Feldes z durch die Oberfläche A (V) von V ist gleich dem Integral der Divergenz von z über das von A (V) begrenzte Volumen V.

Bezogen auf die Aussagen über Mehrfachintegrale längs Linien, Flächen und Volumina (vgl. 1.3.3 und 1.3.4 ff.) bietet dieser Satz die Möglichkeit, Flächenintegrale in Volumenintegrale und umgekehrt zu überführen.

Anmerkung: Zur Gültigkeit des Satzes ist notwendig, daß z in V und auf A erklärt und stetig ist und die partiellen Ableitungen von z für $\nabla \cdot z$ existieren.

3. Neben dem GAUSSschen Integralsatz, der für die Aufgabenstellung, mechanische Größen für volumenintegrierte Gebiete (Körper) zu formulieren und in Beziehung zu setzen, von zentraler Bedeutung ist, sind weitere Integralsätze formulierbar:
So gilt für $z \in \mathcal{V}_3$, eine Fläche A, den Normaleneinheitsvektor n auf A und für s (A) als eine geschlossene Randkurve um A der

---

Satz 1.11: *(STOKESscher Integralsatz)*

$$\oint_{s(A)} z \cdot ds = \int_A (\nabla \times z) \cdot n \, dA = \int_A (\operatorname{rot} z) \cdot n \, dA .$$

So gilt für $z \in \mathscr{R}$, ein Volumen V, den Normaleneinheitsvektor **n** auf A (V) und für A (V) als die geschlossene Oberfläche von V der

---

Satz 1.12: *(GREENscher Integralsatz)*

$$\oint_{A(V)} \mathbf{n}\, z\, dA = \int_V \nabla z\, dV = \int_V \mathrm{grad}\, z\, dV \,.$$

Damit gelten auch folgende *Spezialfälle obiger Sätze:*
Ist $z = \nabla z$, so folgt wegen (1.112)

$$\oint_{A(V)} \nabla z \cdot \mathbf{n}\, dA = \oint_{A(V)} \mathrm{grad}\, z \cdot \mathbf{n}\, dA = \int_V \nabla \cdot \nabla z\, dV = \int_V \Delta z\, dV \,.$$

Ist $z = \nabla \times \mathbf{w}$, so folgt

$$\oint_A (\nabla \times \mathbf{w}) \cdot \mathbf{n}\, dA = \oint_A (\mathrm{rot}\, \mathbf{w}) \cdot \mathbf{n}\, dA = \int_V \nabla \cdot (\nabla \times \mathbf{w})\, dV = \int_V \mathrm{div}\, \mathrm{rot}\, \mathbf{w}\, dV = 0 \,.$$

Man kann die Spezialfälle auch von vornherein in die Aussage des GAUSSschen Satzes 1.10 mit hineinnehmen, indem man vereinbart, daß die Operationen

$$\left.\begin{array}{ll} (1.109) & \mathrm{grad}\, z = \nabla z \\ (1.110) & \mathrm{div}\, z = \nabla \cdot z \\ \text{und} \quad (1.111) & \mathrm{rot}\, z = \nabla \times z \end{array}\right\} = \nabla \otimes Z$$

unter der übergeordneten Operation $\nabla \otimes Z$ zusammengefaßt werden, wobei Z eine tensorielle Größe der jeweiligen Stufe ist. Das jeweilige Produktzeichen „$\otimes$" ist dabei durch das algebraische (1.109), das skalare (1.110) oder das vektorielle Produkt (1.111) mit dem NABLA-Operator gemäß Definition erklärt.

Mit dieser Vereinbarung nimmt der GAUSSsche Satz 1.10, verbunden mit den speziellen Aussagen des GREENschen Satzes 1.12, die Form an

---

Satz 1.13:
Ist $Z \in \mathscr{V}$ eine tensorielle Größe der Stufe 0, 1, 2 und ist **n** der Normaleneinheitsvektor auf der Oberfläche A (V) eines durch diese Fläche begrenzten Volumens V, so gilt

$$\oint_{A(V)} \mathbf{n} \otimes Z\, dA = \int_V \nabla \otimes Z\, dV \,.$$

Man überzeugt sich durch Einsetzen der jeweiligen Operation und bei entsprechendem Z von der Richtigkeit des Satzes 1.13 im Vergleich zu den vorstehenden Sätzen 1.10 und 1.12 sowie den angegebenen Spezialfällen. (Literatur: vgl. z.B. [81])

1.3.8 Tensoralgebra

Es war zunächst nur eine Behauptung in 1.2.1, daß es neben Skalaren und Vektoren, also neben tensoriellen Größen 0. Stufe und 1. Stufe auch solche 2. und höherer Stufe (kurz: Tensoren) gibt und daß diese zur Kennzeichnung mechanischer Größen sinnvoll und notwendig sind.

Bereits in 1.2.2 hatte sich gezeigt, daß der Begriff „Raum" eine Erweiterung im Sinne eines Vektorraumes $\mathscr{V} = \mathscr{V}_n$ erfahren hat, dem gemäß Def. 1.4 eine Dimension

$$n = \dim \mathscr{V}_n$$

und eine Basis aus n linear unabhängigen Vektoren

$$[\mathbf{b}_1, \mathbf{b}_2, ..., \mathbf{b}_n]$$

zugeordnet werden kann und in dem bestimmte Rechenregeln für die Elemente $Z \in \mathscr{V}_n$ (vgl. (1.1) bis (1.8)) gelten. Derart waren die Skalare mit $Z \in \mathscr{R}$, der Dimension $n = 1$ und der Basis $[1]$ genauso Elemente des übergeordneten Vektorraumes $\mathscr{V}_n$ wie die Vektoren im engeren Sinne (Pfeilvektoren), also die $Z \in \mathscr{V}_3$ mit $n = 3$ und der Basis $[\mathbf{g}_1, \mathbf{g}_2, \mathbf{g}_3]$. Für beide gelten die (entsprechenden) Axiome der Addition und der Multiplikation mit einem Parameter sowie die aufgeführten Rechenregeln. Es ergibt sich allein schon von daher formal die Frage nach den Elementen des Vektorraumes nächsthöherer Stufe. Auch die Dimension dieses Vektorraumes läßt sich bereits feststellen; denn wegen $n = 1 = 3^0$ im Falle tensorieller Größen 0. Stufe und wegen $n = 3 = 3^1$ im Falle tensorieller Größen 1. Stufe ist offenbar

$$n = 9 = 3^2 = \dim \mathscr{V}_9 \tag{1.119}$$

die Dimension des Vektorraumes der Tensoren 2. Stufe (höhere Stufen entsprechend).

In 1.3.6 war mit Gl. (1.109) weiter festgestellt worden, daß die Differentiation eines Skalars $z(\mathbf{x})$ nach einem Vektor $\mathbf{x}$ einen neuen Vektor, nämlich $\operatorname{grad} z = \nabla z = \mathbf{w}(z, \mathbf{x})$ ergibt. Man kann verallgemeinern, indem man feststellt: die Differentiation eines Tensorfeldes n-ter Stufe (in (1.109) also $z(\mathbf{x})$ mit $n = 0$) ergibt ein Tensorfeld (n + 1)-ter Stufe (in (1.109) also $\mathbf{w}(z; \mathbf{x})$ mit $n = 1$)!

So führen Ableitungen von Vektorfeldern ($n = 1$), deren Bedeutung aus den vorangegangenen Kapiteln bereits deutlich geworden ist, zwangsläufig auf Tensorfelder ($n = 2$). Das unterstreicht die Notwendigkeit, derartige Tensoren als Elemente von $\mathscr{V}_9$ einzuführen und wenigstens einige Grundlagen für eine Algebra dieser Größen kennenzulernen.

Anmerkung: Ein Beispiel hierzu ist der bereits in (1.108) enthaltene Term der konvektiven Ableitung für alle k, nämlich

$$\sum_k \frac{\partial z}{\partial y_k} \mathbf{e}_k .$$

Dieser ist also die Ableitung des Vektorfeldes $\mathbf{z}$ nach $\mathbf{y}$ oder wegen Def. 1.26 für $\mathbf{y}$ im kartesischen System, also wegen

$$\nabla = \mathbf{e}_1 \frac{\partial}{\partial y_1} + \mathbf{e}_2 \frac{\partial}{\partial y_2} + \mathbf{e}_3 \frac{\partial}{\partial y_3} = \sum_k \frac{\partial}{\partial y_k} \mathbf{e}_k$$

auch schreibbar als

$$\sum_k \frac{\partial z}{\partial y_k}\, e_k = \left(\sum_k e_k\, \frac{\partial}{\partial y_k}\right) z \equiv \frac{\partial z}{\partial y} \equiv \nabla z \equiv \text{grad } z\,.$$

Man erkennt an diesen Ausdrücken – insbesondere am Term ∇z, bei dem es sich weder um ein Skalarprodukt mit der Stufe 0, noch um ein Kreuzprodukt mit der Stufe 1 handelt – daß eine neue Größe entstanden ist, bei der alle drei „Komponenten" von ∇ auf alle drei Komponenten von z anzuwenden sind und dementsprechend ein neun-dimensionales Gebilde – eben ein Tensor 2. Stufe – entsteht.

Dazu ist es notwendig, zunächst einen Tensor $\mathbb{T}$ zu definieren. Das geschieht i.a. entweder

— über seine *Transformationseigenschaften,* d.h. es wird ein Operator definiert, der angewendet auf Vektoren $\in \mathscr{V}_3$ andere Elemente $\in \mathscr{V}_3$ nach bestimmter Vorschrift liefert oder aber

— über seine *Abbildungseigenschaften,* d.h. es werden Linearformen von skalaren Funktionen mit zwei und mehr Vektoren als Argument gebildet, die für bestimmte Eigenschaften dieser Funktionen multilineare Abbildungen oder Tensoren n-ter Stufe heißen.

Hier sei aber wegen der vorstehenden, ohnehin notwendigen Ausführungen über Vektorräume, über deren Eigenschaften und Rechenregeln eine *rein operative Einführung des Tensorbegriffs* vorgenommen. Bedenkt man dazu die Willkürlichkeit der bisher mit den Definitionen 1.17 und 1.18 eingeführten Produkte zwischen Vektoren, so läßt sich sicher auch ein weiteres Produkt, z.B. wie folgt definieren:

Man erkennt, daß diese Definitionen in den Definitionen 1.1 des Vektorraums enthalten sind und daher die Tensoren $\mathbb{T} \in \mathscr{V}$ Elemente des Vektorraumes sind. Für die Dimension dieses Raumes ergibt sich (vgl. (1.119)) dim $\mathscr{V} = 9$.

Def. 1.27:
Seien x, y sowie z beliebige Vektoren $\in \mathscr{V}_3$, so heiße $x\,y$ *dyadisches Produkt* zwischen x und y.
Wenn dabei für beliebige $\lambda, \mu \in \mathscr{R}$

$$(\lambda\, x + \mu\, y)\, z = (\lambda\, x)\, z + (\mu\, y)\, z \tag{1.120a}$$

bzw.

$$z\,(\lambda\, x + \mu\, y) = z\,(\lambda\, x) + z\,(\mu\, y) \tag{1.120b}$$

sowie

$$(\lambda\, x)\, y = x\,(\lambda\, y) = \lambda\, x\, y \tag{1.121}$$

gilt, dann ist

$$\mathbb{T} = x\, y \text{ ein } \textit{Tensor 2. Stufe.}$$

Anmerkung: Die Definition für *Tensoren höherer Stufe* ist entsprechend, wobei

$$x_1\, x_2\, x_3 \ldots x_n$$

das n-fache dyadische Produkt und mit den entsprechenden Rechenregeln gemäß Def. 1.27

$$\mathbb{T}^{(n)} = x_1\, x_2 \dots x_n$$

ein Tensor n-ter Stufe ist.

Sind beide Vektoren x und y aus einem dreidimensionalen Vektorraum mit der Basis $[g_1, g_2, g_3]$, so folgt aus Def. 1.27 und (1.121)

$$\mathbb{T} = x\,y = \left(\sum_i x_i\, g_i\right)\left(\sum_j y_j\, g_j\right)$$
$$= \sum_i \sum_j x_i y_j\, g_i\, g_j = \sum_{i,j} t_{ij}\, g_i\, g_j \tag{1.122}$$

Die neun Zahlen $t_{ij} = x_i\, y_j$ nennt man Komponenten (richtiger: Koordinaten) des Tensors $\mathbb{T}$ im vorliegenden Koordinatensystem. Man kann sie in einer quadratischen 3×3-Matrix $\|t_{ij}\|$ zusammenfassen.

Durch $g_i\, g_j$ wird wegen $i = 1, 2, 3$ und $j = 1, 2, 3$ eine $3^2 = 9$-dimensionale Basis definiert, in der der Tensor $\mathbb{T}$ die Darstellung nach (1.122) hat. Für die Schreibweise gilt wie in Kap. 1.2.2 entweder die symbolische Notation $\mathbb{T}$ oder die Index-Notation t_{ij} unter Angabe der Basis und der Summenzeichen (keine EINSTEINsche Summenkonvention) wie in (1.122) oder auch eine gemischte Matrizenschreibweise in der Form

$$\mathbb{T} = \begin{pmatrix} t_{11} & t_{12} & t_{13} \\ t_{21} & t_{22} & t_{23} \\ t_{31} & t_{32} & t_{33} \end{pmatrix} g_i\, g_j \tag{1.123}$$

Aus (1.123) wird deutlich, daß jedem der neun Komponenten t_{ij} genau ein Basiselement $g_i\, g_j$ zugeordnet ist.

Der spezielle Tensor mit $t_{ij} = \delta_{ij}$ (s. Gl. (1.69)) in der ursprünglichen Orthonormalbasis $[e_1, e_2, e_3]$, heiße *Einheitstensor*

$$\mathbb{E} = \sum_{i,j} \delta_{ij}\, e_i\, e_j = \begin{pmatrix} 1 & 0 & 0 \\ 0 & 1 & 0 \\ 0 & 0 & 1 \end{pmatrix} e_i\, e_j \tag{1.124}$$

Der Tensor, der sich bei Vertauschung der beiden erzeugenden Vektoren x und y ergibt, heiße der zu $\mathbb{T}$ transponierte Tensor $\mathbb{T}^T$, also gelte

Def. 1.28:
Ist $\mathbb{T}$ ein Tensor gemäß Def. 1.27

$$\mathbb{T} = x\,y = \sum_{i,j} t_{ij}\, g_i\, g_j\,, \quad \text{so ist}$$

$$\mathbb{T}^T = y\,x = \sum_{i,j} t_{ji}\, g_i\, g_j \quad \text{*der zu $\mathbb{T}$ transponierte Tensor $\mathbb{T}^T$.*}$$

Daraus folgt unmittelbar, daß i.a.

$$\mathbb{T} \neq \mathbb{T}^{T}, \quad \text{aber} \quad \mathbb{T} = \mathbb{T}^{T^{T}}$$

ist.

Ist als Spezialfall

$$\mathbb{T} = \mathbb{T}^{T}, \quad \text{so ist } \mathbb{T} \text{ } symmetrisch \tag{1.125}$$

und es gilt dann

$$\mathbf{x}\,\mathbf{y} = \mathbf{y}\,\mathbf{x} \quad \text{bzw.} \quad t_{ij} = t_{ji} \tag{1.126}$$

Ist dagegen bei Vertauschung der beiden erzeugenden Vektoren $\mathbf{x}$ und $\mathbf{y}$

$$\mathbf{x}\,\mathbf{y} = -\,\mathbf{y}\,\mathbf{x} \quad \text{bzw.} \quad t_{ij} = -\,t_{ji} \tag{1.127}$$

gilt also

$$\mathbb{T} = -\,\mathbb{T}^{T}, \quad \text{so ist } \mathbb{T} \text{ } antimetrisch. \tag{1.128}$$

Da sich jeder Tensor $\mathbb{T}$ schreiben läßt als

$$\mathbb{T} = \frac{1}{2}\,\mathbb{T} + \frac{1}{2}\,\mathbb{T} + \frac{1}{2}\,\mathbb{T}^{T} - \frac{1}{2}\,\mathbb{T}^{T}\,,$$

ist auch

$$\mathbb{T} = \frac{1}{2}\,(\,\mathbb{T} + \mathbb{T}^{T}) + \frac{1}{2}\,(\,\mathbb{T} - \mathbb{T}^{T})\,.$$

Der erste Term ist symmetrisch, der zweite Term entsprechend antimetrisch. Damit *läßt sich jeder Tensor* $\mathbb{T}$ über seinen transponierten Tensor $\mathbb{T}^{T}$ additiv *in einen symmetrischen und einen antimetrischen Tensor* zerlegen, d.h. es gilt

$$\mathbb{T} = \frac{1}{2}\,(\,\mathbb{T} + \mathbb{T}^{T}) + \frac{1}{2}\,(\,\mathbb{T} - \mathbb{T}^{T}) = \mathbb{T}^{s} + \mathbb{T}^{a} \tag{1.129}$$

Für die Rechenregeln der Addition und der Multiplikation mit einem Skalar gelten (1.120) und (1.121) bzw. (1.1) bis (1.8) entsprechend, da die Elemente $\mathbb{T}$ einen Vektorraum bilden.

Nun sind noch die Multiplikationen der Tensoren mit den Vektoren sowie die der Tensoren mit den Tensoren (2. Stufe) zu definieren. Diese Definitionen sind wie in der Vektoralgebra willkürlich, können durch weitere Produkte ergänzt werden und sind wegen der Kombinationsmöglichkeit der Tensoren 1. und 2. Stufe zu Produkten sowie wegen der Nicht-Vertauschbarkeit der erzeugenden Vektoren (vgl. Def. 1.28) zahlreicher als in der Vektoralgebra. So soll zunächst für die Produkte zwischen Tensoren 1. und 2. Stufe gelten:

Def. 1.29:
Ist $\mathbb{T} := x\,y$ ein Tensor 2. Stufe ($T^{(2)}$) und sind $x,\,y$ sowie $a,\,b,\,c,\,\dots$ Vektoren (Tensoren 1. Stufe, $T^{(1)}$), so sei

$$a \cdot \mathbb{T} = a \cdot (x\,y) := (a \cdot x)\,y \,\hat{=}\, T^{(1)} \tag{1.130}$$

das *linke Skalarprodukt*

$$\mathbb{T} \cdot a = (x\,y) \cdot a := x\,(y \cdot a) \,\hat{=}\, T^{(1)} \tag{1.131}$$

das *rechte Skalarprodukt*

$$a \times \mathbb{T} = a \times (x\,y) := (a \times x)\,y \,\hat{=}\, T^{(2)} \tag{1.132}$$

das *linke Vektorprodukt*

$$\mathbb{T} \times a = (x\,y) \times a = x\,(y \times a) \,\hat{=}\, T^{(2)} \tag{1.133}$$

das *rechte Vektorprodukt*

Die Produkte (1.130) bis (1.133) sind i.a. alle voneinander verschieden.

Weiter soll für Produkte von Tensoren 2. Stufe untereinander gelten:

Def. 1.30:
Ist $\mathbb{T} := x\,y$ und $\mathbb{S} := v\,w$ ein weiterer Tensor 2. Stufe ($T^{(2)}$), so sind folgende Operationen erklärt:

$$\begin{aligned} \mathbb{S} \cdot \mathbb{T} := \; & (v\,w) \cdot (x\,y) = v\,[(w \cdot x)\,y] \\ = \; & (w \cdot x)\,v\,y \,\hat{=}\, T^{(2)} \end{aligned} \tag{1.134}$$

$$\begin{aligned} \mathbb{T} \cdot \mathbb{S} := \; & (x\,y) \cdot (v\,w) = x\,[(y \cdot v)\,w] \\ = \; & (y \cdot v)\,x\,w \,\hat{=}\, T^{(2)} \end{aligned} \tag{1.135}$$

$$\begin{aligned} \mathbb{S} \times \mathbb{T} := \; & (v\,w) \times (x\,y) \\ = \; & v\,[w \times x]\,y \,\hat{=}\, T^{(3)} \end{aligned} \tag{1.136}$$

$$\begin{aligned} \mathbb{T} \times \mathbb{S} := \; & (x\,y) \times (v\,w) \\ = \; & x\,[y \times v]\,y \,\hat{=}\, T^{(3)} \end{aligned} \tag{1.137}$$

$$\begin{aligned} \mathbb{T} \cdot\cdot \, \mathbb{S} := \; & \mathbb{S} \cdot\cdot \, \mathbb{T} := (x\,y) \cdot\cdot \, (v\,w) \\ := \; & (x \cdot w)\,(y \cdot v) \,\hat{=}\, T^{(0)} \end{aligned} \tag{1.138}$$

(1.138) heißt *Doppel-Skalar-Produkt*. Es ist stets kommutativ in seinen Faktoren und ist ein Tensor 0. Stufe – also ein Skalar.

Aus (1.134) folgt als Spezialfall: Ist $\mathbb{E}$ der Einheitstensor nach (1.124) und ist

$$\mathbb{S} \cdot \mathbb{T} = \mathbb{E} \Rightarrow \mathbb{S} = \mathbb{T}^{-1} \tag{1.139}$$

so heißt $\mathbb{T}^{-1}$ der *inverse Tensor* zu $\mathbb{T}$.

Mittels dieser Begriffe, Definitionen und Rechenregeln (1.120 bis 1.139) ergeben sich dann, wie man durch Ausrechnung beweist, u.a. die folgenden Zusammenhänge

$$
\begin{aligned}
&\mathbb{E} \cdot a = a \cdot \mathbb{E} = a \\
&\mathbb{E} \cdot \mathbb{T} = \mathbb{T} \cdot \mathbb{E} = \mathbb{T} \\
&e_i \cdot \mathbb{T} \cdot e_j = t_{ij} \\
&\mathbb{E} \cdot \mathbb{E} = \mathbb{E}^2 = \mathbb{E} \\
&\mathbb{E} \cdot\cdot \mathbb{E} = \sum_i \delta_{ii} = 3 \\
&\mathbb{T} \cdot\cdot \mathbb{T} = \mathbb{E} \cdot\cdot (\mathbb{T} \cdot \mathbb{T}) = \mathbb{E} \cdot\cdot \mathbb{T}^2 \\
&(a \cdot \mathbb{T})^T = \mathbb{T}^T \cdot a^T = \mathbb{T}^T \cdot a = a \cdot \mathbb{T} \\
&(\mathbb{S} \cdot \mathbb{T})^T = \mathbb{T}^T \cdot \mathbb{S}^T, \dots
\end{aligned}
\tag{1.140}
$$

Bei einem Vektor $v \in \mathscr{V}_3$ ist seine Größe (Länge) der einzige, vom jeweiligen Basissystem unabhängige Wert. Dementsprechend hat der Vektor ($3^0 \stackrel{\triangle}{=}$) eine *Invariante* $|v| = \sqrt{v \cdot v}$. Bei einem Tensor 2. Stufe $\mathbb{T} \in \mathscr{V}_9$ sind genau drei derartige, von der jeweiligen Basis unabhängige Größen vorhanden, d.h. der Tensor 2. Stufe hat ($3^1 \stackrel{\triangle}{=}$) drei Invarianten. Diese ergeben sich mit (1.138) und (1.140) zu

Def. 1.31

$$
\begin{aligned}
T_I &:= \mathbb{E} \cdot\cdot \mathbb{T} = \mathrm{Sp}\,\mathbb{T} \quad (\text{Spur von } \mathbb{T}) \\
T_{II} &:= \tfrac{1}{2}[(\mathbb{E} \cdot\cdot \mathbb{T})^2 + (\mathbb{T} \cdot\cdot \mathbb{T})^2] = \tfrac{1}{2}[(\mathbb{E} \cdot\cdot \mathbb{T})^2 + \mathbb{E} \cdot\cdot (\mathbb{T} \cdot \mathbb{T})] \\
&= \tfrac{1}{2}[(\mathrm{Sp}\,\mathbb{T})^2 - \mathrm{Sp}\,(\mathbb{T}^2)] \\
T_{III} &:= \det \mathbb{T} = \begin{vmatrix} t_{11} & t_{12} & t_{13} \\ t_{21} & t_{22} & t_{23} \\ t_{31} & t_{32} & t_{33} \end{vmatrix}
\end{aligned}
$$

Wegen der Darstellung der Tensoren in der sich aus $[e_i]$ ergebenden Basis mit den Elementen $e_i e_j$ in der Form $\mathbb{T} = \Sigma\, t_{ij}\, e_i e_j$ lassen sich die Invarianten aus den Koordinaten berechnen. So ist z.B.

$$
\begin{aligned}
\mathbb{E} \cdot\cdot \mathbb{T} &= \mathrm{Sp}\,\mathbb{T} = \sum_{i,j} \delta_{ij}\, e_i e_j \cdot\cdot \sum_{k,l} t_{kl}\, e_k e_l \\
&= \sum_{i,j,k,l} \delta_{ij}\, t_{kl}\, (e_i e_j \cdot\cdot e_k e_l) = \sum_{i,j,k,l} \delta_{ij}\, t_{kl}\, (e_j \cdot e_k)(e_i \cdot e_l) \\
&= \sum_{i,j,k,l} \delta_{ij}\, \delta_{jk}\, \delta_{il}\, t_{kl}
\end{aligned}
$$

Mit $\delta_{mn} = 1$ für $n = m$ und $\delta_{mn} = 0$ für $n \neq m$ ist, wird daraus $\delta_{ij}\delta_{jk}\delta_{il} = 1$ nur für $i = j = k = l$. Also folgt

$$
\mathbb{E} \cdot\cdot \mathbb{T} = T_I = \sum_i t_{ii} = t_{11} + t_{22} + t_{33}
$$

Die anderen Invarianten errechnen sich in dieser Darstellung gemäß Def. 1.31 entsprechend. Es sind stets Skalare.

Jeder zweistufige symmetrische Tensor $\mathbb{T} = \mathbb{T}^T$ besitzt drei reelle Hauptwerte t_I, t_{II}, t_{III} derart, daß statt der Darstellung gemäß (1.123) in einer beliebigen Basis $e_i\,e_j$, also

$$\mathbb{T} = \begin{pmatrix} t_{11} & t_{12} & t_{13} \\ t_{12} & t_{22} & t_{23} \\ t_{13} & t_{23} & t_{33} \end{pmatrix} e_i\,e_j$$

auch gilt

$$\mathbb{T} = \begin{pmatrix} t_I & 0 & 0 \\ 0 & t_{II} & 0 \\ 0 & 0 & t_{III} \end{pmatrix} n_i\,n_j \qquad (1.141a)$$

Diese Darstellung wird Haupt-Achsen-Darstellung des Tensors $\mathbb{T}$ genannt. Die Vektoren n_i sind dabei wieder drei zueinander orthogonale Einheitsvektoren (Eigenvektoren), die sich aus der Gleichung

$$n_i \cdot (\mathbb{T} - t\,\mathbb{E}) = 0 \qquad (1.141b)$$

berechnen lassen, wobei für $i = 1, 2, 3$ die Hauptwerte $t = t_I, t_{II}, t_{III}$ eingesetzt werden. Die Hauptwerte (reelle Eigenwerte des Tensors) wiederum erhält man als die drei Lösungen der kubischen Gleichung

$$t^3 - T_I\,t^2 + T_{II}\,t - T_{III} = 0 \;\Rightarrow\; t_I, t_{II}, t_{III} \qquad (1.141c)$$

wobei T_I, T_{II}, T_{III} die nach Def. 1.31 eingeführten Invarianten des Tensors $\mathbb{T}$ sind.

Ist $\mathcal{V}_3$ ein dreidimensionaler Vektorraum mit der Basis $[e_1, e_2, e_3]$ und ist $[\hat{e}_1, \hat{e}_2, \hat{e}_3]$ eine weitere Basis von $\mathcal{V}_3$, dann muß sich — der Definition einer Basis folgend — jeder Vektor $\hat{e}_i$ als Linearkombination der Basisvektoren e_i gemäß Def. 1.2 und Def. 1.4 darstellen lassen, also durch

$$\hat{e}_i = \alpha_{1i}\,e_1 + \alpha_{2i}\,e_2 + \alpha_{3i}\,e_3 = \sum_j \alpha_{ji}\,e_j \qquad (1.142)$$

Andererseits muß auch jeder Basisvektor e_j als Linearkombination der Basisvektoren $\hat{e}_k$ darstellbar sein durch

$$e_j = \hat{\alpha}_{1j}\,\hat{e}_1 + \hat{\alpha}_{2j}\,\hat{e}_2 + \hat{\alpha}_{3j}\,\hat{e}_3 = \sum_k \hat{\alpha}_{kj}\,\hat{e}_k \qquad (1.143)$$

Setzt man (1.143) in (1.142), so folgt

$$\hat{e}_i = \sum_{j,\,k} \alpha_{ji}\,\hat{\alpha}_{kj}\,\hat{e}_k \qquad (1.144)$$

Da nun die $\hat{e}_k$ eine Basis bilden, ist $\hat{e}_i$ *nicht* durch die übrigen Basisvektoren $\hat{e}_k$ darstellbar (linear unabhängig), d.h. für $k \neq i$ muß $\alpha_{ji} \hat{\alpha}_{kj} = 0$ und nur für $k = i$ muß $\alpha_{ji} \hat{\alpha}_{kj} = 1$ sein, also mit (1.69) gilt

$$\alpha_{ji} \cdot \hat{\alpha}_{kj} = \delta_{ik} \qquad (1.145)$$

Ist speziell

$$\hat{\alpha}_{kj} = \alpha_{jk} \qquad (1.146)$$

und somit nach (1.145) auch

$$\alpha_{ji}\,\alpha_{jk} = \delta_{ik} \qquad (1.147)$$

so beschreiben die α_{ij} eine *orthogonale Transformation*. Sie gestattet einen Übergang von der orthonormierten Basis $[e_i]$ auf eine entsprechende Basis $[\hat{e}_i]$ und umgekehrt. Derart folgt also neben (1.142) aus (1.143)

$$e_i = \sum_j \hat{\alpha}_{ji}\,\hat{e}_j = \sum_j \alpha_{ij}\,\hat{e}_j \qquad (1.148)$$

sowie aus (1.144) die Identität

$$\hat{e}_i = \sum_{j,\,k} \alpha_{ji}\,\alpha_{jk}\,\hat{e}_k \equiv \sum_k \delta_{ik}\,\hat{e}_k = \hat{e}_i \; .$$

Damit lassen sich neben dem Übergang von einer Basis zur anderen auch die Komponenten-Transformationen für ein und denselben Vektor v in verschiedenen Bezugssystemen $[e_i]$ und $[\hat{e}_i]$ angeben; denn es gilt einerseits

$$v = \sum_i v_i\,e_i = \sum_j \hat{v}_j\,\hat{e}_j \qquad (1.149)$$

andererseits ist mit (1.142)

$$v = \sum_j \hat{v}_j\,\hat{e}_j = \sum_j \hat{v}_j \left(\sum_i \alpha_{ij}\,e_i \right) = \sum_i \left(\sum_j \hat{v}_j\,\alpha_{ij} \right) e_i = \sum_i v_i\,e_i \; ,$$

also folgt

$$v_i = \sum_j \hat{v}_j\,\alpha_{ij} \qquad (1.150)$$

In Umkehrung gilt mit (1.148)

$$\mathbf{v} = \sum_i v_i \, \mathbf{e}_i = \sum_i v_i \left(\sum_j \alpha_{ij} \, \hat{\mathbf{e}}_j \right) = \sum_j \left(\sum_i v_i \, \alpha_{ij} \right) \hat{\mathbf{e}}_j = \sum_j \hat{v}_j \, \hat{\mathbf{e}}_j$$

und daher

$$\hat{v}_j = \sum_i v_i \, \alpha_{ij} \qquad\qquad (1.151)$$

Die orthogonale Transformation gestattet gleichermaßen auch einen Übergang für Tensoren (2. Stufe) von einem Bezugssystem auf das andere. Demnach wird aus (1.122)

$$\mathbb{T} = \mathbf{x}\,\mathbf{y} = \sum_{i,j} x_i \, y_j \, \mathbf{e}_i \, \mathbf{e}_j = \sum_{i,j} t_{ij} \, \mathbf{e}_i \, \mathbf{e}_j$$

mit (1.148)

$$\mathbb{T} = \sum_{i,j} \sum_{k,l} x_i \, y_j \, (\alpha_{ik} \, \hat{\mathbf{e}}_k)(\alpha_{jl} \, \hat{\mathbf{e}}_l) = \sum_{i,j,k,l} t_{ij} \, \alpha_{ik} \, \alpha_{jl} \, \hat{\mathbf{e}}_k \, \hat{\mathbf{e}}_l = \sum_{k,l} \hat{t}_{kl} \, \hat{\mathbf{e}}_k \, \hat{\mathbf{e}}_l \,.$$

Durch Vergleich folgt hieraus

$$\hat{t}_{kl} = \sum_{i,j} t_{ij} \, \alpha_{ik} \, \alpha_{jl} \qquad\qquad (1.152)$$

d.h. der Tensor bleibt in beiden Systemen der gleiche — seine Komponenten t_{ij} bezüglich der (vektoriellen) Ausgangsbasis $[\mathbf{e}_i]$ transformieren sich bei orthogonaler Transformation auf die Komponenten $\hat{t}_{kl}$ bezüglich der Basis $[\hat{\mathbf{e}}_i]$ nach (1.152).

Gl. (1.152) benutzt man auch, um einen Tensor zu definieren bzw. als Kriterium dafür, ob ein Tensor vorliegt.

2 Kinematik

2.1 Allgemeines

Nach der in 1.1.4 erfolgten begrifflichen Definition bezeichnet man in der Mechanik diejenige Disziplin, die sich nur mit der Beschreibung der Bewegungen befaßt, als *Kinematik.* Hierbei bleiben die veranlassenden oder verändernden Ursachen dieser Bewegungen unberücksichtigt. Die Kinematik ist somit eine Geometrie der Bewegungen eines materiellen Punktes X oder einer materiellen Punktmenge, die als Körper $\mathscr{K}$ definiert ist (vgl. Def. 1.5 aus 1.2.4). Weiter war nach 1.2.6 vereinbart worden, den Platz von X im Raum als Lage und die sukzessive zeitliche Aufeinanderfolge von Lagen als Bewegung zu bezeichnen (Bild 2-1a). Die Gesamtheit aller Lagen der materiellen Punkte X eines Körpers $\mathscr{K}$ zu einer Zeit t heiße *Konfiguration* von $\mathscr{K}$. Vergleicht man die augenblickliche Konfiguration eines Körpers mit einer beliebigen Bezugskonfiguration (z.B. mit der zur Zeit t_0), so sind beide Konfigurationen um die Translation, Rotation und Deformation des Körpers, die er in der Zeit $(t - t_0)$ erfahren hat, verschieden (vgl. Bild 2-1b). Somit ist die Bewegung die Summe aus Translation, Rotation und Deformation und die Beschreibung von Translation, Rotation und Deformation dann definitionsgemäß die Kinematik.

Da nach 1.2.7 ein Punkt keine Rotation und keine Deformation — also nur eine Translation — und ein starrer Körper keine Deformation — sondern eben nur eine Translation und eine Rotation (Starrkörper-Bewegung) erfährt, lassen sich die einzelnen Anteile an der Bewegung durch eine Aufteilung der Kinematik in eine Kinematik des materiellen Punktes, des starren Körpers und schließlich des deformierbaren Körpers geeignet voneinander trennen. Notwendig ist eine solche Trennung insbesondere im Hinblick auf eine allgemeingültige Darstellung der Kinematik jedoch nicht — sie wird hier nur wegen der besseren Anschaulichkeit vorgenommen. Dabei werden im übrigen die in 1.2 und 1.3 definierten Größen und Begriffe verwendet.

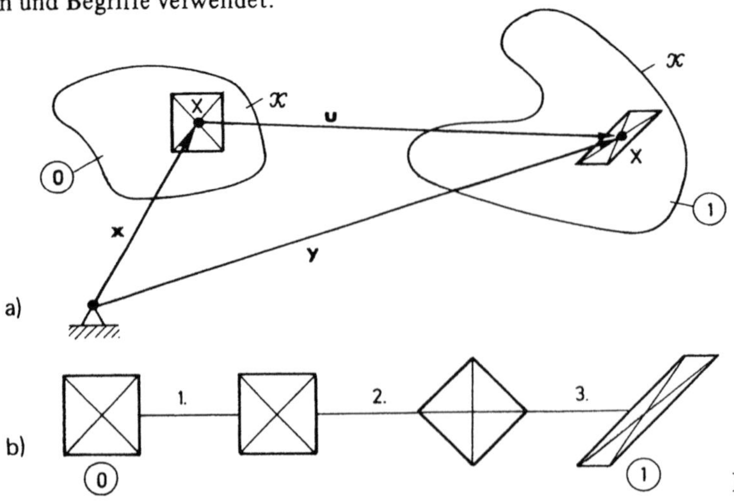

Bild 2-1

2.2 Kinematik des materiellen Punktes

2.2.1 Ortsvektor und Verschiebungsvektor

Die allgemeine räumliche Bewegung eines materiellen Punktes X ist eine zeitliche Folge von Lagen des Punktes X im Raum. X nimmt dabei kontinuierlich zu verschiedenen Zeiten die Raumpunkte P_i (t) ein (vgl. Bild 2-2). Die Verbindung aller dieser Raumpunkte P_i ist die Bahn S des Punktes X. Die Lage von X zur Zeit t sei der Punkt P_i. Nun kann man nach 1.2.2 die Lage eines jeden Punktes im Raum durch die Angabe eines Vektors $\in \mathcal{V}_3$ beschreiben – das gilt dann auch für die Lage von X zur Zeit t, also für P_i.

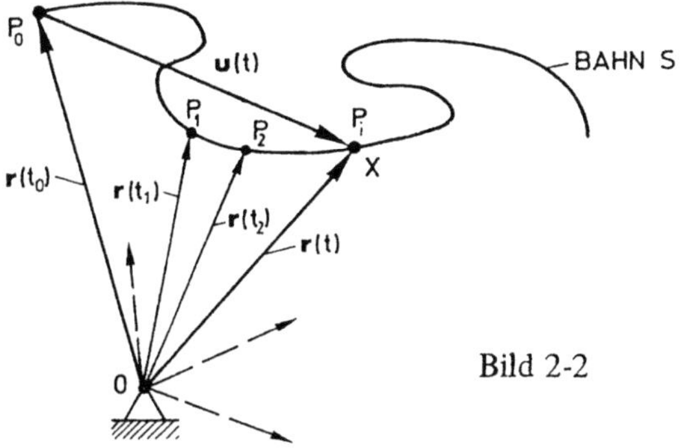

Bild 2-2

Der Vektor ist aber nur eindeutig festgelegt durch die Angabe eines Bezugssystems. Solche Systeme sind bezüglich des Raumes in 1.2.2 und bezüglich der Zeit in 1.2.3 prinzipiell untersucht worden. Hier bleibt nur festzustellen, daß es solche Systeme gibt, daß eines von ihnen notwendig ist – aber daß im Sinne der Allgemeingültigkeit der folgenden Aussagen zunächst bewußt offenbleibt, welches System im einzelnen gewählt wird. Lediglich der Eindeutigkeit der anschließenden Definitionen wegen sei der Ursprung O des Systems der Ausgangspunkt für den Vektor zum materiellen Punkt X und dieser Ursprung O sei *raumfest* (vgl. Bild 2-2). Damit ist $\overrightarrow{OP_i} = \overrightarrow{OX}$ gemäß 1.2.2 ein *Ortsvektor* $r \in \mathcal{V}_3$ und wegen der Bewegung von X bzw. P_i (t) eine Funktion der Zeit t, d.h. es gelte

Def. 2.1:
Ist O ein raumfester Punkt und X ein beliebiger materieller Punkt nach Def. 1.5, der längs einer Raumkurve S (Bahn von X) eine Bewegung (vgl. 1.2.6) mit $X = P_i$ zur Zeit t ausführt, so ist

$$r(t) = r(X, t) := \overrightarrow{OX} = \overrightarrow{OP_i}(t) \qquad (2.1)$$

der *Ortsvektor* von X.

Der Orstvektor $r(t)$ ist damit eine vektorwertige Skalarfunktion der Zeit. Im Vergleich zu Kap. 1.2.6 ersetzt er den Vektor $y(t)$, während der dortige Vektor $x = y(t_0)$ als Lage des Punktes X zur Zeit $t = t_0$ (Bezugslage) hier durch den Vektor $r(t_0)$ repräsentiert wird.

Da man hier nur *einen* materiellen Punkt X verfolgt, erübrigt sich das Mitschreiben des Argumentes X in den vektoriellen Funktionen **r** und **u** (vgl. (2.1)).

Im Sinne der Addition von Vektoren (Gl. (1.48)) läßt sich **r**(t) (vgl. Bild 2-2) auch als Summe von zwei Vektoren

$$\mathbf{r}(t) = \mathbf{r}(t_0) + \mathbf{u}(t) \tag{2.2}$$

auffassen. Da **u**(t) die „Verschiebung" des materiellen Punktes X von P_0 nach P_i(t) während der Zeit $t - t_0$ darstellt, nennt man auch

$$\mathbf{u}(t, t_0) = \mathbf{u}(t) := \overrightarrow{P_0 P_i}(t) = \mathbf{r}(t) - \mathbf{r}(t_0) \tag{2.3}$$

den *Verschiebungsvektor* von X. Auch dieser ist eine vektorwertige Skalarfunktion von t oder von der Zeitdifferenz $t - t_0$.

2.2.2 Geschwindigkeit

War nun X zur Zeit t bei P_i(t), so hat der Punkt X längs S nach dem Zeitintervall Δt den Raumpunkt P_i(t + Δt) erreicht (Bild 2-3). Die neue Lage wird durch den Ortsvektor **r**(t + Δt) bzw. durch den Vektor **r**(t_0) und den Verschiebungsvektor **u**(t + Δ beschrieben. Die vektorielle Änderung von X während Δt ist

$$\Delta \mathbf{r} = \mathbf{r}(t + \Delta t) - \mathbf{r}(t) \tag{2.4}$$

bzw. auch wegen (2.3)

$$\Delta \mathbf{u} = \mathbf{u}(t + \Delta t) - \mathbf{u}(t) = [\mathbf{r}(t + \Delta t) - \mathbf{r}(t_0)] - [\mathbf{r}(t) - \mathbf{r}(t_0)]$$

$$\Delta \mathbf{u} = \mathbf{r}(t + \Delta t) - \mathbf{r}(t) = \Delta \mathbf{r} \tag{2.5}$$

Bildet man nach Division durch Δt den Grenzwert für $\Delta t \to 0$, so entsteht nach Def. 1.21 eine Ableitung des Ortsvektors **r**(t) nach der Zeit t. Diese ist wegen
r = **r**(x, t) = **r**(**r**(t_0), t) = **r**(t) nach Def. 1.24 die materielle Ableitung (LAGRANGE*sche Betrachtungsweise*, vgl. 1.3.7).

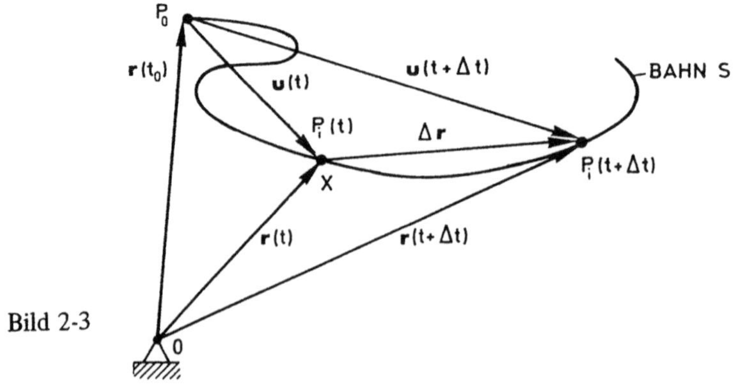

Bild 2-3

Nun gelte:

Def. 2.2:

Ist $r(t)$ der *Ortsvektor* zum materiellen Punkt X zur Zeit t, dann ist die materielle Zeitableitung

$$v := \lim_{\Delta t \to 0} \frac{\Delta r}{\Delta t} = \frac{dr}{dt} = \dot{r}(t)$$

die *Geschwindigkeit* von X zur Zeit t.

Da $r, \Delta r \in \mathcal{V}_3$, ist auch $v \in \mathcal{V}_3$, d.h. die Geschwindigkeit ist ein Vektor; denn allgemein gilt nach 1.3.7, daß ein Tensor m-ter Stufe abgeleitet nach einem Tensor n-ter Stufe einen Tensor (m + n)-ter Stufe ergibt. Hier ist also m = 1 (Vektor) und n = 0 (Skalar), also m + n = 1 (Vektor).

Nach Def. 1.12 und Vereinbarung (1.21) geht für $\Delta t \to 0$ der Quotient $\Delta r/\Delta t$ in den Differentialquotienten $dr/dt = v$ und dabei der Sehnenvektor Δr in den Tangentenvektor dr über (Bild 2-4). Damit ist die Richtung der Geschwindigkeit v genau die Tangentenrichtung in P_i an die Bahn S. Man erhält also derart (vgl. Bild 2-4)

Satz 2.1:

Die *Geschwindigkeit* v eines materiellen Punktes X auf der Bahnkurve S *tangiert stets die Bahnkurve* im Raumpunkt P_i von X.

Damit ist auch die Richtung von v bekannt. Der Betrag von v ergibt sich nach Def. 2.2 und aus (1.66) zu

$$|v| = |v(t)| = \left| \frac{dr}{dt} \right| = |\dot{r}| = +\sqrt{v \cdot v} \tag{2.6}$$

Der Skalar $v(t) = ds/dt$ heißt *Größe der Bahngeschwindigkeit,* da nach (2.6) und (1.21) $|dr| = |v|\, dt = |ds|$ gleich dem Betrag des Bogenelementes ds der Bahnkoordinate s(t) (vgl. Bild 2-4) ist. $v(t) = \pm|v|$ kann positiv oder negativ sein, je nach Bewegung von X in Richtung wachsender oder abnehmender Bogenlänge s.

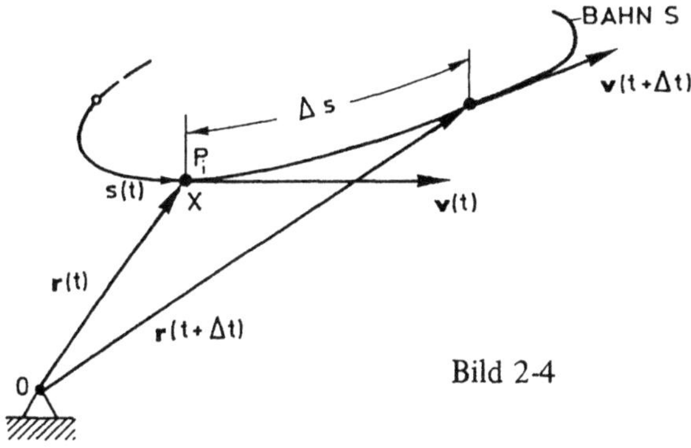

Bild 2-4

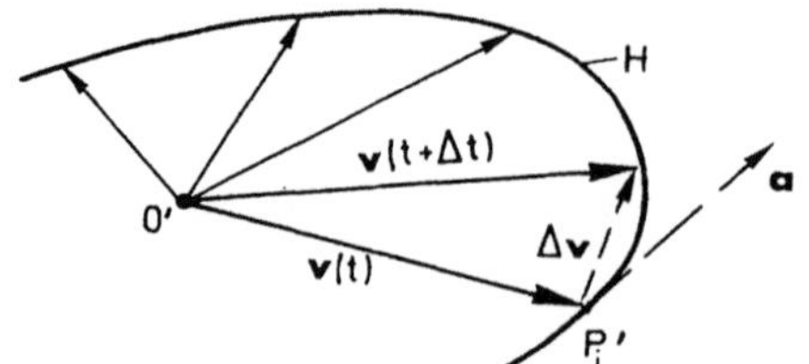

Bild 2-5

Manchmal ist es zweckmäßig, den zeitlichen Verlauf von $v(t)$ dadurch zu veranschaulichen, daß man die Geschwindigkeitsvektoren von der Bahnkurve gelöst nach Größe
und Richtung von einem gemeinsamen festen Punkt O' aus darstellt, wie das in Bild 2-5
für die Geschwindigkeiten $v(t)$ und $v(t + \Delta t)$ geschehen ist. Die „Pfeilspitzen" $P'_i(t)$
aller Geschwindigkeitsvektoren beschreiben dann eine Kurve H, die man i.a. „Hodograph",
richtiger „Tachograph" nennt.

Da nach Gl. (2.2) $r(t) = r(t_0) + u(t)$ und $r(t_0)$ ein bestimmter Vektor zur Zeit t_0,
jedoch keine zeitabhängige Funktion von t ist, folgt bei Anwendung von Def. 2.2 auf (2.2)
auch

$$v = \dot{r}(t) = \frac{d}{dt}[r(t_0) + u(t)] = \frac{du}{dt} = \dot{u}(t) \qquad (2.7)$$

Die Geschwindigkeit v ist daher auch gleich der materiellen Ableitung des Verschiebungsvektors u nach der Zeit.

2.2.3 Beschleunigung

In 2.2.2 wurde deutlich, daß sich die Geschwindigkeit v nach Größe und/oder
Richtung mit der Zeit ändern kann (vgl. Bild 2-5). Daher liegt es nahe, auch diese zeitliche
Änderung der Geschwindigkeit als mechanische Größe einzuführen.

Dazu wird zunächst vorausgesetzt, daß $v(t)$ mindestens noch einmal und damit $r(t)$
mindestens zweimal nach der Zeit differenzierbar ist. Damit wird neben der stetigen (kon-
tinuierlichen) Lageveränderung (Bewegung) und der differenzierbaren Lageveränderung
(Geschwindigkeit) auch die Differenzierbarkeit der Geschwindigkeit gefordert.

Dann gelte bei nochmaliger Anwendung der materiellen Zeitableitung auf den
Vektor $r(t)$ bzw. bei einmaliger Anwendung auf $v(t)$

Def. 2.3:
Ist $r(t)$ der Ortsvektor und $v(t)$ die Geschwindigkeit (Def. 2.2) des materiellen
Punktes X zur Zeit t, dann ist die materielle Zeitableitung

$$a := \lim_{\Delta t \to 0} \frac{\Delta v}{\Delta t} = \frac{dv}{dt} = \frac{d}{dt}v(t) = \dot{v} = \frac{d}{dt}\left(\frac{dr}{dt}\right) = \frac{d^2 r}{dt^2} = \ddot{r}$$

die *Beschleunigung* von X zur Zeit t.

Wegen (2.7) gilt i.ü. nach Def. 2.3 auch wieder

$$a := \ddot{r} = \ddot{u} \qquad (2.8)$$

Bei gleicher Argumentation wie im Falle der Geschwindigkeit ist auch die Beschleunigung ein Vektor (vgl. Def. 2.2). Man könnte sich in Bild 2-5 den Zuwachs der Geschwindigkeit zwischen den Zeitpunkten t und $t + \Delta t$ als Δv kenntlich machen (gestrichelt in Bild 2-5) und erhält dann mit O', P_i', $v(t)$ und Δv eine zu Bild 2-3 mit O, P_i, $r(t)$ und $\Delta r = \Delta u$ völlig analoge Darstellung. Damit hat die Beschleunigung auch die gleiche Richtung wie Δv im Grenzfall $\Delta t \to 0$ — also die Richtung der Tangente an die Tachographen-Kurve H im Punkte P_i' (vgl. a in Bild 2-5).

Im allgemeinen tangiert aber damit a nicht die Bahnkurve S. Das wäre nur zu erwarten, wenn alle Geschwindigkeitsvektoren die gleiche Richtung haben — dann muß auch die Änderung der Geschwindigkeit, also die Beschleunigung, in die Richtung der Geschwindigkeitsvektoren und damit in die Richtung der Bahntangente fallen. In allen anderen Fällen ergibt sich ein Zustand gemäß Bild 2-6, wobei die Beschleunigung, wie noch zu zeigen ist, stets ins Innere des von der Bahnkurve konvex umschlossenen Gebietes und somit wie in Bild 2-6 eingezeichnet gerichtet ist.

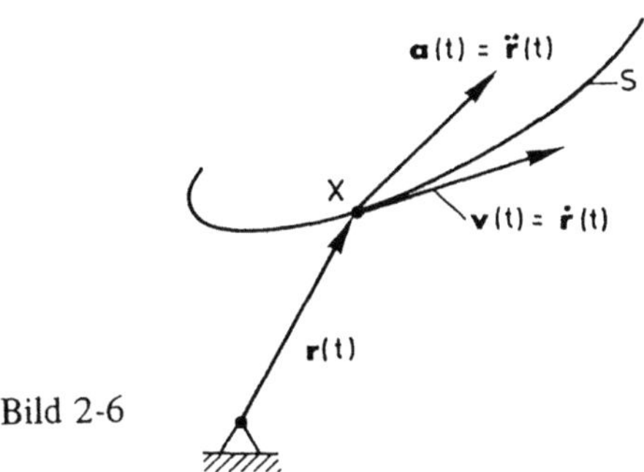

Bild 2-6

Sonderfälle dieser allgemeinen räumlichen Bewegung sind u.a.:

—   Ist die Größe von v eine Konstante, also $v = \text{const}$, so heißt die Bewegung *gleichförmig*.

—   Ist die Richtung von v unverändert, ist also nach (1.59) $v/|v| = \text{const}$, so heißt die Bewegung *geradlinig*.

In beiden Fällen ist die Beschleunigung $a \neq 0$, da sich bei der gleichförmigen Bewegung noch die Richtung von v und bei der geradlinigen Bewegung noch die Größe von v ändern kann und diese zeitliche Änderung eben die Beschleunigung a ist. Lediglich bei der gleichförmigen und geradlinigen Bewegung ist v nach Größe und Richtung konstant und daher der Beschleunigungsvektor der Nullvektor.

Anmerkung: Wie die erste und zweite Zeitableitung des Ortsvektors könnte man auch die höheren Ableitungen als kinematische Größen in die Mechanik einführen — so finden sich z.B. in einigen Abhandlungen auch noch die dritten Ableitungen $\dddot{r} = \ddot{v} = \dot{a} = s(t)$. Sie werden dort als „Ruck" definiert. Da sie aber von geringerer physikalisch-technischer Bedeutung sind, bleiben sie hier unberücksichtigt.

Nach dem Hauptsatz der Differential- und Integralrechnung (vgl. Satz 1.4) ist offensichtlich, daß bei Umkehrung der Differentiation in eine Integration die Geschwindigkeit aus der Beschleunigung in der Form folgt:

$$v(t) = \int a(t)\,dt + C_1 \tag{2.9}$$

wobei C_1 wegen der unbestimmten Integration über t (vgl. (1.17), (1.18) sowie Bild 1-16) eine zunächst willkürliche, vektorielle Konstante ist, die bei Anpassung der Lösung von (2.9) an die gegebene Anfangsbedingung (z.B. $v(0) = v_0$) bei vorgegebenem v_0 bestimmt werden kann.

Desgleichen läßt sich in Umkehrung von Def. 2.1 auch schreiben:

$$r(t) = \int v(t)\, dt + C_2 \qquad\qquad (2.10)$$

wobei C_2 aus einer zweiten, gegebenen Anfangsbedingung, z.B. aus der bekannten Anfangslage $r(0) = r_0$, bestimmt werden kann. Setzt man (2.9) in (2.10) ein, so folgt auch

$$r(t) = \int [\int a(t)\, dt + C_1]\, dt + C_2$$

$$r(t) = \int [\int a\, dt]\, dt + C_1 t + C_2 \qquad\qquad (2.11)$$

Man überzeugt sich durch Differentiation von (2.9), (2.10) und (2.11) nach t gemäß (1.19), daß wieder die Ausgangsgleichungen nach Def. 2.2 und Def. 2.3 folgen.

2.2.4 Darstellungen von Geschwindigkeit und Beschleunigung in verschiedenen Bezugssystemen

Unabhängig von der Wahl eines bestimmten Systems gelten stets die Definitionen 2.2 und 2.3. Die in ihnen enthaltenen Ableitungen sind die materiellen (bzw. substantiellen) Ableitungen einer vektorwertigen Funktion $r(t)$ nach der unabhängigen skalaren Größe t (vgl. 1.3.7).

Erst mit der Wahl spezieller Bezugssysteme ergeben sich unter Beachtung der übrigen Aussagen von 1.3.7 auch spezielle Darstellungen von Geschwindigkeit und Beschleunigung in diesen verschiedenen Bezugsrahmen. Erst dann ist zu unterscheiden, ob das jeweilige System ursprungsfest oder körperfest bzw. ruhend oder mitbewegt, geradlinig oder krummlinig usw. ist. Beachtet man dies durch die Verwendung der entsprechenden Ableitungen gemäß 1.3.7, so ist keine weitere prinzipielle Unterscheidung zwischen Absolut- und Relativkinematik, Punkt- oder Körperkinematik und LAGRANGEscher bzw. EULERscher Kinematik notwendig. Das soll für folgende Fälle exemplarisch verifiziert werden:

Fall	Ursprung	System	Koordinatensystem	Bemerkung
A	fest	fest	kartesisch	orthogonal, geradlinig
B	fest	bewegt	Zylinder	orthogonal, krummlinig
C	fest	bewegt	Kugel	orthogonal, krummlinig
D	bewegt	bewegt	natürlich	orthogonal, krummlinig

Fall A. *Raumfestes, orthonormales Bezugssystem (kartesisches Koordinatensystem)*

Ist $[i, j, k]$ die raumfeste Basis gemäß Bild 1-6, so gilt als Darstellung des Ortsvektors

$$r(t) = x(t)\, i + y(t)\, j + z(t)\, k \qquad\qquad (2.12)$$

Hierfür ist nach Satz 1.7 aus 1.3.7 die Ableitung eines Vektors nach einem Skalar in einer raumfesten Basis gleich der Vektorsumme der Ableitungen seiner Koordinaten.

Nach Satz 1.8 gilt entsprechend, daß die Systemableitung hier Null ist, weil die starre Basis nicht rotiert, also der nach Def. 1.22 eingeführte Winkelgeschwindigkeitsvektor $\boldsymbol{\omega}$ der Nullvektor ist. Damit werden Absolut- und Relativableitung (Größenableitung) identisch.

Somit wird nach (1.99) für die zeitliche Ableitung von $\mathbf{r}(t)$, d.h. nach Def. 2.2 für die Darstellung der *Geschwindigkeit* $\mathbf{v}$ im kartesischen Bezugssystem:

$$\mathbf{v} = \dot{\mathbf{r}} = \frac{d}{dt}\,\mathbf{r} = \dot{x}\,\mathbf{i} + \dot{y}\,\mathbf{j} + \dot{z}\,\mathbf{k} \qquad (2.13)$$

Für die *Größe von* $\mathbf{v}$ folgt mit (1.70)

$$v = \pm\sqrt{\dot{x}^2 + \dot{y}^2 + \dot{z}^2} \qquad (2.14)$$

Für die Richtungen gegenüber den drei Achsen gilt (1.76), also

$$\cos(\sphericalangle\,\mathbf{v},\mathbf{i}) = \frac{1}{v}\,(\mathbf{v}\cdot\mathbf{i}) = \frac{\dot{x}}{v}\,; \quad \text{usw.} \qquad (2.15)$$

Für die *Beschleunigung* gilt in diesem System, wieder mit Satz 1.7, dann die Darstellung

$$\mathbf{a} = \ddot{\mathbf{r}} = \frac{d^2}{dt^2}\,\mathbf{r} = \ddot{x}\,\mathbf{i} + \ddot{y}\,\mathbf{j} + \ddot{z}\,\mathbf{k}$$
$$a = \pm\sqrt{\ddot{x}^2 + \ddot{y}^2 + \ddot{z}^2}\,; \quad \cos(\sphericalangle\,\mathbf{a},\mathbf{i}) = \frac{\ddot{x}}{a}\,; \quad \text{usw.} \qquad (2.16)$$

Bei der Umkehrung der Differentiationsprozesse in Integrationsprozesse entsprechend den Gleichungen (2.9) bis (2.11) dürfen wegen der raumfesten Basis, also $\mathbf{i} \neq \mathbf{i}(t)$ usw., die Einheitsvektoren bezüglich der Zeit wie Konstanten behandelt, also aus dem Integral herausgezogen werden. So gilt beispielsweise nach (2.9) mit (2.16)

$$\mathbf{v}_1(t) = \int \mathbf{a}\,dt + \mathbf{C}_1 = \int [\,\ddot{x}\,\mathbf{i} + \ddot{y}\,\mathbf{j} + \ddot{z}\,\mathbf{k}\,]\,dt + \mathbf{C}_1$$
$$= [\,\mathbf{i}\int\ddot{x}\,dt + \mathbf{j}\int\ddot{y}\,dt + \mathbf{k}\int\ddot{z}\,dt\,] + \mathbf{C}_1$$

$$\mathbf{v}_1(t) = [\,\dot{x}\,\mathbf{i} + \dot{y}\,\mathbf{j} + \dot{z}\,\mathbf{k}\,] + \mathbf{C}_1 = \mathbf{v} + \mathbf{C}_1 \qquad (2.17)$$

Das ist bis auf die Integrationskonstante wieder die Darstellung von $\mathbf{v}$ nach (2.13) (vgl. hierzu (1.17) und (1.18)).

Fall B. *Ursprungsfestes, mitbewegtes Bezugssystem (Zylinderkoordinaten)*

Für die Anwendung ist diese Darstellung oft vorteilhafter als die Darstellung im kartesischen Koordinatensystem. Hierbei wird nämlich (Bild 2-7) der Ortsvektor $\mathbf{r}(t)$ unmittelbar durch seine Größe und seine Richtung in der orthonormierten Basis

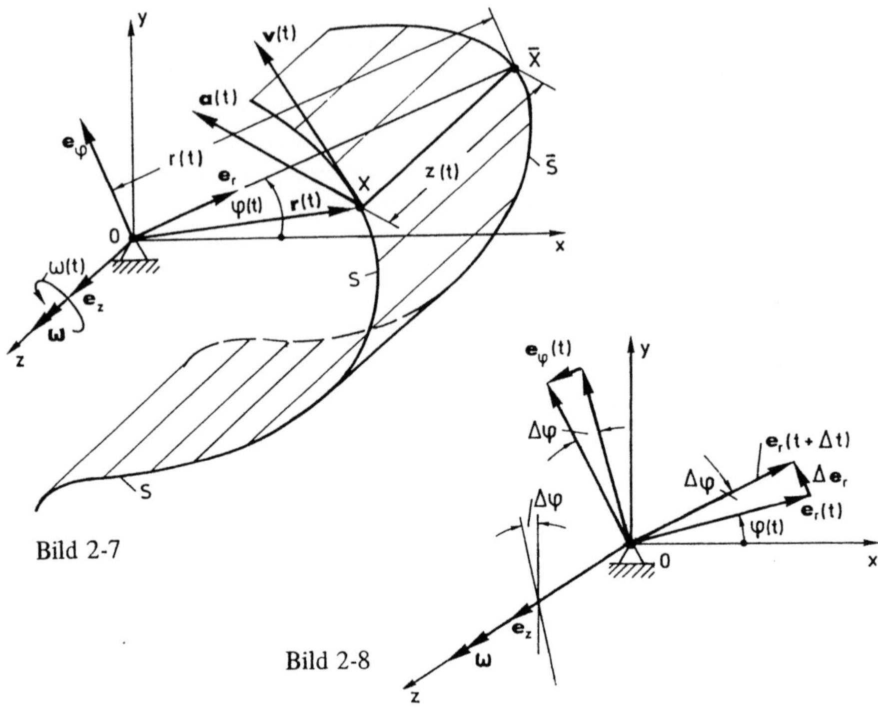

Bild 2-7

Bild 2-8

$[\mathbf{e}_r,\ \mathbf{e}_\varphi,\ \mathbf{e}_z]$, die auch den Richtungssinn (Rechtssystem, vgl. (1.84)) festlegt, dargestellt.
Dies wird erreicht, indem man diese Basis während der Bewegung von X längs der Bahn-
kurve S so mitführt, daß der Einheitsvektor $\mathbf{e}_z$ raumfest bleibt, während $\mathbf{e}_r$ stets in
Richtung der Projektion $\overline{X}$ des Punktes X auf die zum Vektor $\mathbf{e}_z$ senkrecht stehende
Ebene weist. Bei der Bewegung des Punktes X längs S beschreibt seine Projektion $\overline{X}$
eine ebene Kurve $\overline{S}$, die *Bahnkurve* von $\overline{X}$. Der Vektor $\overrightarrow{OX}$ vom raumfesten Ursprung
zum jeweiligen Bahnkurvenpunkt X ist damit zeitabhängig — somit hängt auch $\mathbf{e}_r$ —
sofern sich X nicht zufällig parallel zu $\mathbf{e}_z$ bewegt — von der Zeit ab. Weil nun
$[\mathbf{e}_r,\ \mathbf{e}_\varphi,\ \mathbf{e}_z]$ zu jedem Zeitpunkt eine Orthonormalbasis bilden sollen, folgt weiter, daß
der Vektor $\mathbf{e}_\varphi$ zu allen Zeiten ebenfalls in der Projektionsebene liegt und wegen
$\mathbf{e}_r(t) \cdot \mathbf{e}_\varphi = 0$ für jedes t eine Funktion der Zeit ist.

Da andererseits $\mathbf{e}_z$ raumfest ist und bleibt, besteht die Bewegung der Basis nur in
einer Rotation um die z-Achse (Bild 2-7) mit einer Winkelgeschwindigkeit, deren Größe
der zeitlichen Änderung des Winkels $\varphi(t)$, also $d\varphi/dt = \dot{\varphi}(t)$ entspricht. Der nach Def. 1.22
definierte *Systemwinkelgeschwindigkeitsvektor* hat also in diesem Falle (Zylinderkoordinatensystem) die Größe $\dot{\varphi}$ und die Richtung $\mathbf{e}_z$, also gilt hier

$$\boldsymbol{\omega} = \omega(t)\,\mathbf{e}_z = \dot{\varphi}(t)\,\mathbf{e}_z \qquad (2.18)$$

$\boldsymbol{\omega}$ ist mit dem üblichen Symbol (Pfeil mit Doppelspitze) in Bild 2-7 bzw. Bild 2-8 eingetragen.

Physikalisch stellt $\boldsymbol{\omega}$ die gerichtete Drehung des Bezugssystems $[\mathbf{e}_r(t),\ \mathbf{e}_\varphi(t),\ \mathbf{e}_z]$
dar, mit der das System bei festem Ursprung während der Bewegung des materiellen
Punktes X mitzuführen ist *(ursprungsfestes, mitbewegtes System)*.

Mit Hilfe dieser Begriffe läßt sich nun zunächst der Ortsvektor nach (2.1) in die Form

$$\mathbf{r}(t) = r(t)\,\mathbf{e}_r(t) + z(t)\,\mathbf{e}_z \qquad (2.19)$$

bringen.

Anmerkung: Beschreibt X eine ebene Bewegung (z.B. in der x-y-Ebene), so ist $z \equiv 0$ für alle t und der Ortsvektor hat die „normierte" Darstellung $\mathbf{r}(t) = r(t)\,\mathbf{e}_r(t)$, ist also unmittelbar aus Größe und Richtung zusammengesetzt. Die den beiden Freiheitsgraden von X zugehörigen, hinreichenden Koordinaten $r(t)$, $\varphi(t)$ heißen *Polarkoordinaten* bezüglich der Basis $\mathbf{e}_r(t)$, $\mathbf{e}_\varphi(t)$.

Die *Geschwindigkeit* ergibt sich aus der zeitlichen Ableitung des Ortsvektors (2.19), wobei — weil die Basis nicht fest ist — Gleichung (2.19) entsprechend (1.104) (bzw. nach der Produktenregel) differenziert werden muß, zu

$$\mathbf{v} = \frac{d}{dt}(\mathbf{r}(t)) = \frac{d}{dt}[r(t)\,\mathbf{e}_r(t) + z(t)\,\mathbf{e}_z] = \dot{r}\,\mathbf{e}_r + r\,\dot{\mathbf{e}}_r + \dot{z}\,\mathbf{e}_z + 0$$

$$\mathbf{v} = (\dot{r}\,\mathbf{e}_r + \dot{z}\,\mathbf{e}_z) + r\,\dot{\mathbf{e}}_r \qquad (2.20)$$

Die erste Klammer von (2.20) ist nach (1.105) die Relativ- oder Größenableitung von $\mathbf{r}(t)$. Sie ist die Relativgeschwindigkeit von X gegenüber dem System und enthält nur die Ableitungen der Größen $r(t)$ und $z(t)$ der beiden Vektor-Komponenten von (2.19), nämlich $\dot{r}\,\mathbf{e}_r$ und $\dot{z}\,\mathbf{e}_z$.

Als *Größenableitung oder Relativgeschwindigkeit* folgt also

$$\frac{d_r\,\mathbf{r}}{dt} = \dot{r}\,\mathbf{e}_r + \dot{z}\,\mathbf{e}_z \qquad (2.21)$$

Ein mit der Basis mitbewegter Beobachter nimmt (2.21) als einzige Geschwindigkeit wahr. Ein ruhender Beobachter bemerkt darüber hinaus noch die Bewegung des Systems. Diese ist eine und nur eine Drehung der Basis um den Nullpunkt bei sonst unveränderten Größen. Daher muß sich diese durch die Winkelgeschwindigkeit $\boldsymbol{\omega}$ bzw. wegen des zweiten Terms in (2.20) durch $\dot{\mathbf{e}}_r$ ausdrücken lassen. Es folgt also nach (1.106) in diesem Falle als Richtungsableitung oder Systemgeschwindigkeit

$$\frac{d_s\,\mathbf{r}}{dt} = r\,\dot{\mathbf{e}}_r \qquad (2.22)$$

Die Summe der beiden Ausdrücke (2.21) und (2.22) ist nach Satz 1.8 wieder die Gesamtableitung, in diesem Falle also die (Absolut-)Geschwindigkeit (2.20).

Nachdem nun $\boldsymbol{\omega}$ im vorliegenden Fall bekannt ist, läßt sich auch über die Differentiationsregel (1.107) die Ableitung $\dot{\mathbf{e}}_i$ sofort angeben. Danach war

$$\dot{\mathbf{e}}_i = \boldsymbol{\omega} \times \mathbf{e}_i \qquad (2.23)$$

Mit dem speziellen $\boldsymbol{\omega}$ nach (2.18) und mit (1.84) wird im vorliegenden Fall

$$
\begin{aligned}
\dot{\mathbf{e}}_r &= \boldsymbol{\omega} \times \mathbf{e}_r = \dot{\varphi}\,\mathbf{e}_z \times \mathbf{e}_r = \dot{\varphi}\,\mathbf{e}_\varphi \;, \\
\dot{\mathbf{e}}_\varphi &= \boldsymbol{\omega} \times \mathbf{e}_\varphi = \dot{\varphi}\,\mathbf{e}_z \times \mathbf{e}_\varphi = -\,\dot{\varphi}\,\mathbf{e}_r \;, \\
\dot{\mathbf{e}}_z &= \boldsymbol{\omega} \times \mathbf{e}_z = \dot{\varphi}\,\mathbf{e}_z \times \mathbf{e}_z = 0
\end{aligned}
\qquad (2.24)
$$

Anmerkung: Der Zusammenhang zwischen $\boldsymbol{\omega}$ und $\dot{\mathbf{e}}_r$ läßt sich auch auf andere Weise herstellen: So könnte man z.B. die Differentiationsregel für $\dot{\mathbf{e}}_r$ nach Def. 1.21 anwenden:

$$
\dot{\mathbf{e}}_r = \lim_{\Delta t \to 0} \frac{\mathbf{e}_r\,(t + \Delta t) - \mathbf{e}_r\,(t)}{\Delta t} = \lim_{\Delta t \to 0} \frac{\Delta \mathbf{e}_r}{\Delta t} \;.
$$

Nun ist (Bild 2-8)

$$
\Delta \mathbf{e}_r = |\mathbf{e}_r|\, 2 \sin \frac{\Delta \varphi}{2}\, \mathbf{e}_\varphi \cong |\mathbf{e}_r|\, \Delta \varphi\, \mathbf{e}_\varphi \;.
$$

Für $\sin \Delta\varphi/2$ brauchte hierbei wegen des nachfolgenden Grenzübergangs nur das erste Glied der Reihenentwicklung, also $\Delta\varphi/2$ mitgenommen zu werden.

Wegen $|\mathbf{e}_r| = 1$ sowie (2.18) folgt

$$
\dot{\mathbf{e}}_r = \lim_{\Delta t \to 0} \frac{\Delta \mathbf{e}_r}{\Delta t} = \lim_{\Delta t \to 0} \frac{\Delta \varphi}{\Delta t}\, \mathbf{e}_\varphi = \frac{d\varphi}{dt}\, \mathbf{e}_\varphi = \dot{\varphi}\, \mathbf{e}_\varphi = \omega\, \mathbf{e}_\varphi \;,
$$

also wieder (2.24).

Man könnte $\dot{\mathbf{e}}_r$ auch bilden, indem man $\mathbf{e}_r$ und $\mathbf{e}_\varphi$ wieder in kartesischen Koordinaten darstellt:

$$
\begin{aligned}
\mathbf{e}_r &= (\mathbf{e}_r \cdot \mathbf{i})\, \mathbf{i} + (\mathbf{e}_r \cdot \mathbf{j})\, \mathbf{j} = \cos \varphi\, \mathbf{i} + \sin \varphi\, \mathbf{j} \\
\mathbf{e}_\varphi &= (\mathbf{e}_\varphi \cdot \mathbf{i})\, \mathbf{i} + (\mathbf{e}_\varphi \cdot \mathbf{j})\, \mathbf{j} = -\sin \varphi\, \mathbf{i} + \cos \varphi\, \mathbf{j}
\end{aligned}
$$

Wegen der raumfesten Basis $\mathbf{i}, \mathbf{j}$ hat man nur die Größenableitung nach (1.105) zu bilden, um die gesamte Zeitableitung zu erhalten. Es wird

$$
\dot{\mathbf{e}}_r = \frac{d}{dt}\, \mathbf{e}_r = (-\sin \varphi)\, \dot{\varphi}\, \mathbf{i} + (\cos \varphi)\, \dot{\varphi}\, \mathbf{j} = \dot{\varphi}\, (-\sin \varphi\, \mathbf{i} + \cos \varphi\, \mathbf{j}) = \dot{\varphi}\, \mathbf{e}_\varphi \;.
$$

Der in Klammern stehende Ausdruck ist aus Vergleich mit vorstehenden Gleichungen für $\mathbf{e}_r$ und $\mathbf{e}_\varphi$ genau der Vektor $\mathbf{e}_\varphi$, d.h. es folgt wieder (2.24).

Diese beiden Herleitungen sind jedoch mit den Nachteilen gegenüber dem ersten Weg von Gl. (2.23) zu (2.24) behaftet, daß man eine Grenzwertbildung verbunden mit einer Reihenentwicklung für jeden abzuleitenden Einheitsvektor $\mathbf{e}_i$ durchführen muß bzw. daß man neben dem zu untersuchenden mitbewegten System $[\mathbf{e}_r, \mathbf{e}_\varphi, \mathbf{e}_z]$ zusätzlich noch ein raumfestes System $[\mathbf{i}, \mathbf{j}, \mathbf{k}]$ zur Darstellung der Vektoren des mitbewegten Systems benötigt.

Unabhängig von der Herleitung der Gleichung (2.24) könnte man (1.84), hier in der Form

$$
\mathbf{e}_\varphi = \mathbf{e}_z \times \mathbf{e}_r
$$

heranziehen und wegen (1.80), nämlich

$$
\lambda\,(\mathbf{a} \times \mathbf{b}) = (\lambda\, \mathbf{a}) \times \mathbf{b}
$$

schreiben:

$$
\dot{\mathbf{e}}_r = \omega\, \mathbf{e}_\varphi = \omega\,(\mathbf{e}_z \times \mathbf{e}_r) = (\omega\, \mathbf{e}_z) \times \mathbf{e}_r \;.
$$

Der erste Vektor des Kreuzproduktes $\omega\, \mathbf{e}_z$ ist nach (2.18) genau der eingeführte Vektor der Winkelgeschwindigkeit ω als Vektor der Systemrotation der mitbewegten Basis $[\mathbf{e}_r, \mathbf{e}_\varphi, \mathbf{e}_z]$. So folgt schließlich $\dot{\mathbf{e}}_r$ (und entsprechend für $\dot{\mathbf{e}}_\varphi$ und $\dot{\mathbf{e}}_z$) aus der speziellen Aussage (2.24) wieder die allgemeine Aussage (2.23), also

$$\dot{\mathbf{e}}_r = \omega \times \mathbf{e}_r; \quad \dot{\mathbf{e}}_\varphi = \omega \times \mathbf{e}_\varphi; \quad \dot{\mathbf{e}}_z = 0 .$$

Bei dieser Herleitung würde aber offenbleiben, ob (2.23) nur für die bei der Ableitung verwendeten Zylinderkoordinatensysteme oder für alle Systeme gilt.

Mit (2.22) kann, wie in der Anmerkung nach Satz 1.8 zunächst behauptet wurde, die Systemableitung durch ein Vektorprodukt, die Differentiation also durch eine Multiplikation, ersetzt werden. Aus (2.22) wird derart mit (2.24) und (1.80)

$$\frac{d_s\, \mathbf{r}}{dt} = r\, \dot{\mathbf{e}}_r = r\, (\omega \times \mathbf{e}_r) = \omega \times (r\, \mathbf{e}_r) \tag{2.25}$$

Nun ist nach (2.19)

$$r\, \mathbf{e}_r = \mathbf{r} - z\, \mathbf{e}_z .$$

Dies in (2.25) eingesetzt, ergibt mit (1.80)

$$\frac{d_s\, \mathbf{r}}{dt} = \omega \times (\mathbf{r} - z\, \mathbf{e}_z) = \omega \times \mathbf{r} - \omega \times z\, \mathbf{e}_z .$$

Da nach (2.18) ω und $\mathbf{e}_z$ kollinear sind, verschwindet nach (1.82) das zweite Produkt und es folgt

$$\frac{d_s\, \mathbf{r}}{dt} = r\, \dot{\mathbf{e}}_r = \omega \times \mathbf{r} \tag{2.26}$$

Faßt man zusammen, so gilt: Ist $\mathbf{r}\,(t)$ der Ortsvektor zu X in einer ursprungsfesten mit ω mitbewegten Basis, so folgt für die *Geschwindigkeit von* X

$$\mathbf{v} = \dot{\mathbf{r}} = \frac{d_r\, \mathbf{r}}{dt} + \omega \times \mathbf{r} \tag{2.27}$$

Das ist wegen (2.26) zunächst nur für Zylinderkoordinaten bewiesen. Da aber (2.23) allgemein gilt, ist auch (2.27) allgemein zu beweisen, was losgelöst von speziellen Bezugssystemen (Fall A, B, C, D) im Anschluß an die Abhandlung dieser Spezialfälle für beliebig bewegte Systeme gezeigt werden wird (2.2.5).

Hier ist speziell nun wegen (2.19) sowie mit (2.21) und (2.26) unter Verwendung von (2.24)

$$\mathbf{v} = \dot{\mathbf{r}} = (\dot{r}\, \mathbf{e}_r + \dot{z}\, \mathbf{e}_z) + r\, \dot{\varphi}\, \mathbf{e}_\varphi \tag{2.28}$$

Die Komponenten von **v** sind dabei (vgl. Bild 2-9)

$\dot{r}\,\mathbf{e}_r \quad \hat{=} \quad$ Radial-Geschwindigkeit,

$r\,\dot{\varphi}\,\mathbf{e}_\varphi \quad \hat{=} \quad$ Tangential-Geschwindigkeit,

$\dot{z}\,\mathbf{e}_z \quad \hat{=} \quad$ Axial-Geschwindigkeit,

wobei sich die Bezeichnungen an den Parameterlinien
r, φ, z = const. der verwendeten
Zylinderkoordinaten orientieren.

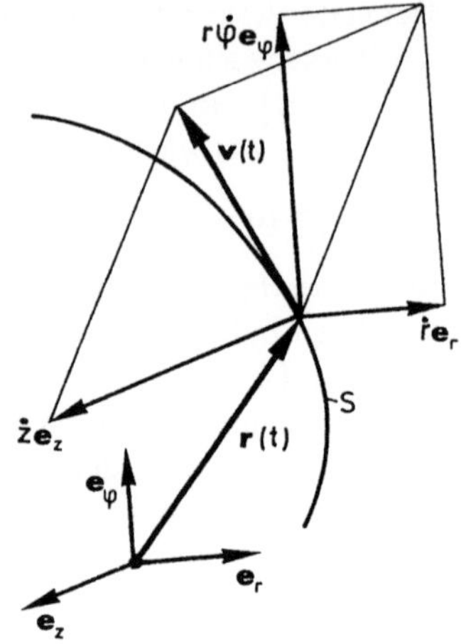

Bild 2-9

Für die nachfolgend zu berechnende Beschleunigung darf es nun als Vorteil gelten,
daß die für die Ableitung von **r**(t) entwickelten Ableitungsvorschriften (s. Satz 2.2) in
voller Allgemeinheit auch auf die *höheren Ableitungen* von **r** und damit auch auf die Ableitungen von **v** übertragen werden können. Begründung dafür ist, daß Satz 1.8 für alle
Vektorfelder **z** bei Ableitung nach einem Skalar gilt und daß bei der zeitlichen Änderung $\dot{\mathbf{z}}$
eines Vektors **z**, der in einer derart mitbewegten Basis dargestellt ist, neben seiner Relativableitung stets noch die Änderung dieses Vektors durch die Systembewegung (Basis-
Drehung mit $\boldsymbol{\omega}$) hinzukommt. Dabei ist wegen der Allgemeingültigkeit von (2.23), d.h.
$\dot{\mathbf{e}}_i = \boldsymbol{\omega} \times \mathbf{e}_i$, der Anteil infolge der Basisdrehung stets durch das Kreuzprodukt $\boldsymbol{\omega} \times \mathbf{z}$ in
der Gesamtableitung von **z** gegeben. Gl. (2.27) läßt sich also verallgemeinern zu

---

Satz 2.2:
Ist **z**(t) ein differenzierbares Vektorfeld in einer mit $\boldsymbol{\omega}$ mitbewegten, ursprungsfesten Basis, so folgt für die Ableitung von **z** nach einem Skalar t

$$\dot{\mathbf{z}} = \frac{d\mathbf{z}}{dt} = \frac{d_r\,\mathbf{z}}{dt} + \boldsymbol{\omega} \times \mathbf{z} \, . \tag{2.29}$$

Hinsichtlich der Allgemeingültigkeit dieses Satzes, d.h. seiner Unabhängigkeit vom
speziellen Bezugssystem, sei wiederum auf 2.2.5 verwiesen.

Weiter läßt sich auch die Beschleunigung **a** nach Def. 2.3 und Satz 2.2, wobei **z** = **v**
ist, sofort in der Form angeben:

$$\mathbf{a} = \dot{\mathbf{v}} = \frac{d_r\,\mathbf{v}}{dt} + \boldsymbol{\omega} \times \mathbf{v} \tag{2.30}$$

Setzt man $\mathbf{v}$ nach (2.27) hierin ein und differenziert unter Beachtung der Produktenregel, so entsteht

$$\mathbf{a} = \frac{d_r}{dt}\left[\frac{d_r\,\mathbf{r}}{dt} + \boldsymbol{\omega}\times\mathbf{r}\right] + \boldsymbol{\omega}\times\left[\frac{d_r\,\mathbf{r}}{dt} + \boldsymbol{\omega}\times\mathbf{r}\right]$$

$$= \frac{d_r^2\,\mathbf{r}}{dt^2} + \frac{d_r}{dt}(\boldsymbol{\omega}\times\mathbf{r}) + \boldsymbol{\omega}\times\frac{d_r\,\mathbf{r}}{dt} + \boldsymbol{\omega}\times(\boldsymbol{\omega}\times\mathbf{r})\,,$$

d.h. die *allgemeine Beschleunigung* in symbolischer Schreibweise *bei mitbewegter, ursprungsfester Basis*

$$\mathbf{a} = \frac{d_r^2\,\mathbf{r}}{dt^2} + \frac{d_r\,\boldsymbol{\omega}}{dt}\times\mathbf{r} + 2\,\boldsymbol{\omega}\times\frac{d_r\,\mathbf{r}}{dt} + \boldsymbol{\omega}\times(\boldsymbol{\omega}\times\mathbf{r}) \qquad (2.31)$$

Faßt man die Ergebnisse nach (2.27) und (2.31) zusammen, so gilt

Satz 2.3:

Ist $\mathbf{r}\,(t)$ der Ortsvektor zu X in einer ursprungsfesten, mit $\boldsymbol{\omega}$ mitbewegten Basis, so ist die *Geschwindigkeit* von X

$$\mathbf{v} = \dot{\mathbf{r}} = \frac{d_r\,\mathbf{r}}{dt} + \boldsymbol{\omega}\times\mathbf{r}$$

und die *Beschleunigung* von X

$$\mathbf{a} = \frac{d_r^2\,\mathbf{r}}{dt^2} + \frac{d_r\,\boldsymbol{\omega}}{dt}\times\mathbf{r} + 2\,\boldsymbol{\omega}\times\frac{d_r\,\mathbf{r}}{dt} + \boldsymbol{\omega}\times(\boldsymbol{\omega}\times\mathbf{r}).$$

Für $\boldsymbol{\omega} = 0$ geht (2.31) über in

$$\mathbf{a} = \frac{d_r^2\,\mathbf{r}}{dt^2} = \frac{d^2\,\mathbf{r}}{dt^2}\,,$$

also wieder in die Aussage (2.16) für eine raumfeste Basis ($\boldsymbol{\omega} = 0$).

Schließlich kann man in (2.31) die spezielle Darstellung des Ortsvektors in *Zylinderkoordinaten* nach (2.19) einsetzen und erhält gliedweise mit

$$\frac{d_r^2\,\mathbf{r}}{dt^2} = \frac{d_r^2}{dt^2}\,(r\,\mathbf{e}_r + z\,\mathbf{e}_z) = \ddot{r}\,\mathbf{e}_r + \ddot{z}\,\mathbf{e}_z\,,$$

$$\frac{d_r\,\boldsymbol{\omega}}{dt}\times\mathbf{r} = \frac{d_r\,(\dot{\varphi}\,\mathbf{e}_z)}{dt}\times(r\,\mathbf{e}_r + z\,\mathbf{e}_z) = \ddot{\varphi}\,\mathbf{e}_z\times(r\,\mathbf{e}_r + z\,\mathbf{e}_z) = r\,\ddot{\varphi}\,\mathbf{e}_z\times\mathbf{e}_r = r\,\ddot{\varphi}\,\mathbf{e}_\varphi\,,$$

$$2\,\boldsymbol{\omega}\times\frac{d_r\,\mathbf{r}}{dt} = 2\,\dot{\varphi}\,\mathbf{e}_z\times(\dot{r}\,\mathbf{e}_r + \dot{z}\,\mathbf{e}_z) = 2\,\dot{r}\,\dot{\varphi}\,\mathbf{e}_\varphi\,,$$

$$\boldsymbol{\omega}\times(\boldsymbol{\omega}\times\mathbf{r}) = \dot{\varphi}\,\mathbf{e}_z\times[\dot{\varphi}\,\mathbf{e}_z\times(r\,\mathbf{e}_r + z\,\mathbf{e}_z)] = \dot{\varphi}\,\mathbf{e}_z\times r\,\dot{\varphi}\,\mathbf{e}_\varphi = -\,r\,\dot{\varphi}^2\,\mathbf{e}_r$$

zusammenfassend die Beziehung

$$\mathbf{a} = (\ddot{r} - r\,\dot{\varphi}^2)\,\mathbf{e}_r + (r\,\ddot{\varphi} + 2\,\dot{r}\,\dot{\varphi})\,\mathbf{e}_\varphi + \ddot{z}\,\mathbf{e}_z \qquad (2.32)$$

Die einzelnen Komponenten sind aus (2.32) ablesbar: So ist

$$e_r\,(\ddot{r} - r\,\dot{\varphi}^2) \;\;\hat{=}\;\; \text{Radial-Beschleunigung,}$$
$$e_\varphi\,(r\,\ddot{\varphi} + 2\,\dot{r}\,\dot{\varphi}) \;\hat{=}\; \text{Tangential-Beschleunigung,}$$
$$\ddot{z}\,e_z \;\hat{=}\; \text{Axial-Beschleunigung.}$$

Eine grafische Darstellung von **a** wäre völlig analog zu Bild 2-9.

Anmerkung: Als Kontrolle von (2.32) könnte die gliedweise Ableitung unter Berücksichtigung der Produktenregel des bereits in Koordinaten-Darstellung vorliegenden Ergebnisses für die Geschwindigkeit nach (2.28) dienen, wobei die entstehenden Ableitungen der Basisvektoren wiederum durch (2.24) ausgedrückt werden. Verfolgt man diesen (speziellen) Weg, so ergibt sich aus (2.28), also aus

$$\mathbf{v} = \dot{r}\,(t)\,e_r\,(t) + r\,(t)\,\dot{\varphi}\,(t)\,e_\varphi\,(t) + \dot{z}\,(t)\,e_z$$

die Beschleunigung

$$\mathbf{a} = \frac{d}{dt}\,\mathbf{v} = (\ddot{r}\,e_r + \dot{r}\,\dot{e}_r) + (\dot{r}\,\dot{\varphi}\,e_\varphi + r\,\ddot{\varphi}\,e_\varphi + r\,\dot{\varphi}\,\dot{e}_\varphi) + (\ddot{z}\,e_z)$$
$$= (\ddot{r}\,e_r + \dot{r}\,\dot{\varphi}\,e_\varphi) + (\dot{r}\,\dot{\varphi}\,e_\varphi + r\,\ddot{\varphi}\,e_\varphi - r\,\dot{\varphi}\,\dot{\varphi}\,e_r) + (\ddot{z}\,e_z)$$

und daraus nach Umordnung wieder (2.32).

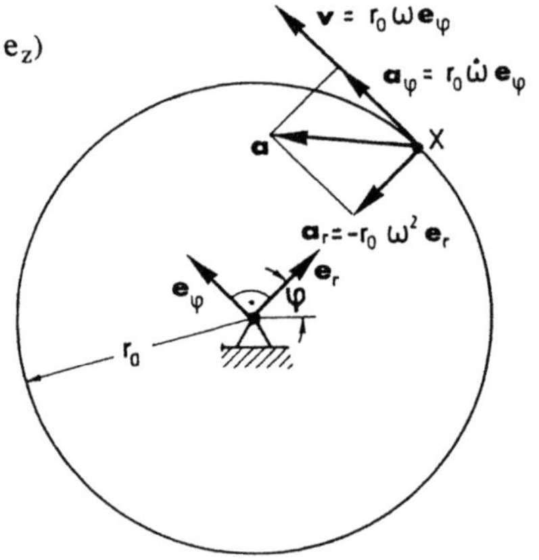

Bild 2-10

Für den *Spezialfall der Kreisbewegung* (vgl. Bild 2-10) folgt aus (2.28) bzw. aus (2.32) wegen $r = r_0 = \text{const}$ und $z = 0 = \text{const}$, also bei Polarkoordinatendarstellung des *Ortsvektors*

$$\mathbf{r}\,(t) = r_0\,e_r\,(t) \tag{2.33}$$

die *Geschwindigkeit* zu

$$\mathbf{v}\,(t) = r_0\,\dot{\varphi}\,e_\varphi = r_0\,\omega\,(t)\,e_\varphi \tag{2.34}$$

und die *Beschleunigung* zu

$$\mathbf{a}\,(t) = -\,r_0\,\dot{\varphi}^2\,e_r + r_0\,\ddot{\varphi}\,e_\varphi = -\,r_0\,\omega^2\,(t)\,e_r + r_0\,\dot{\omega}\,(t)\,e_\varphi \tag{2.35}$$

Die Geschwindigkeit besitzt also eine „normierte" Darstellung in Umfangsrichtung und ist demnach auch wieder tangential zur Bahn, die hier ein Kreis in der Ebene e_r, e_φ ist (vgl. Satz 2.1).

Die Beschleunigung setzt sich aus zwei Komponenten, der Tangentialbeschleunigung $a_\varphi = r_0\,\dot\omega\,e_\varphi$ und der Radialbeschleunigung $a_r = -r_0\,\omega^2\,e_r$ zusammen, die vektoriell (geometrisch) addiert die Gesamtbeschleunigung a ergeben.

a ist wieder ins Innere des von der Bahnkurve konvex umschlossenen Gebietes gerichtet. Sie zeigt weder zum Mittelpunkt des Kreises noch — und vor allem: sie weist nicht (nie!) nach außen. Daraus folgt: es gibt keine Zentrifugalbeschleunigung — es gibt nur eine *Zentripetalbeschleunigung!* Diese ist die radiale Komponente von a nach Gleichung (2.35), also $(-r_0\,\omega^2(t)\,e_r)$ und diese Komponente ist zum Kreis-Mittelpunkt, also nach innen gerichtet (vgl. hierzu auch Fall D).

Fall C. *Ursprungsfestes, mitbewegtes Bezugssystem (Kugelkoordinaten)*

Wieder liege ein ursprungsfestes, mitbewegtes Koordinatensystem vor. Hier sind die Koordinaten jedoch r, ϑ, ψ und die Basis ist $[e_r, e_\vartheta, e_\psi]$ (Bild 2-11, 2-12).
Die Richtung von e_r ist die Richtung des mit X mitgeführten Strahles OX. Da sich X längs einer Bahnkurve S bewegt, gilt wieder $e_r = e_r(t)$.
Die Richtung von e_ϑ ist die Richtung der Tangente in X an den Längenkreis AP für ψ.
Wegen der Drehung von e_ϑ ist somit $e_\vartheta = e_\vartheta(t)$.

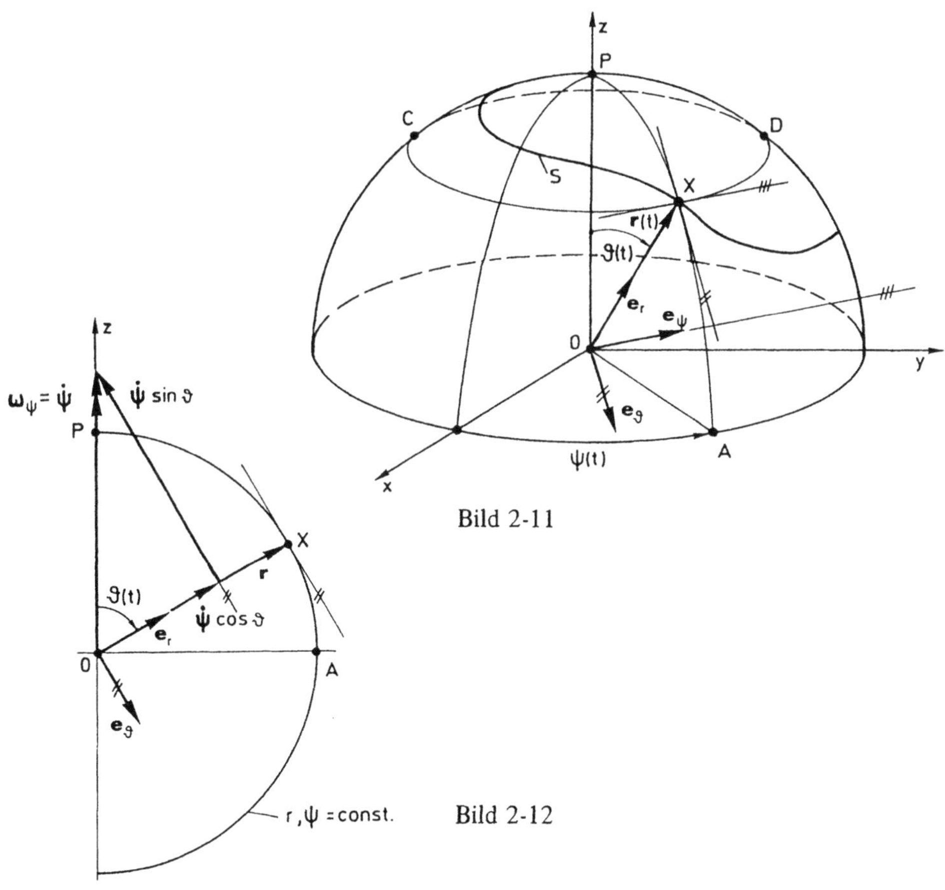

Bild 2-11

Bild 2-12

Die Richtung von e_ψ ist die Richtung der Tangente in X an den Breitenkreis CD für ϑ.
Wegen der Drehung von e_ψ ist somit $e_\psi = e_\psi(t)$.

e_r, e_ϑ und e_ψ sind also zueinander orthogonal, bilden ein Rechtssystem und sind sämtlich mitbewegt.

In Anwendung der allgemeinen Aussagen des vorigen Abschnitts und unter Vermeidung der Einführung zusätzlicher raumfester (kartesischer) Systeme zur Berechnung der zeitlichen Ableitung der Einheitsvektoren gelten wieder die Sätze 2.2 und 2.3. Nur die Darstellung in Kugelkoordinaten ändert sich insofern, als der Ortsvektor $r(t)$ hier die Form (vgl. Bild 2-11)

$$r(t) = r(t)\, e_r(t) \tag{2.36}$$

hat und der Systemwinkelgeschwindigkeitsvektor ω sich hier durch die zeitliche Änderung der *beiden* Winkel $\vartheta(t)$ und $\psi(t)$ in anderer Form als im Fall B darstellt (Bild 2-12). Da sich aber die Basis nicht nur wie im Falle B um die z-Achse, sondern sowohl um die e_ψ-Achse mit der einen Winkelgeschwindigkeit $d\vartheta/dt = \dot\vartheta$, also

$$\omega_\psi = \dot\vartheta\, e_\psi = \dot{\boldsymbol{\vartheta}}$$

als auch um die z-Achse mit der Winkelgeschwindigkeit

$$\omega_z = \dot\psi\, e_z = \dot{\boldsymbol{\psi}}$$

dreht, ist die Systemwinkelgeschwindigkeit ω im Sinne einer Additivität der anteiligen Winkelgeschwindigkeiten als Summe der beiden Größen $\dot{\boldsymbol{\vartheta}}$ und $\dot{\boldsymbol{\psi}}$ darstellbar. Es gilt demnach

$$\omega = \omega_\psi + \omega_z = \dot{\boldsymbol{\vartheta}} + \dot{\boldsymbol{\psi}} \tag{2.37}$$

Dieser Vektor wird nun in der Basis $[e_r, e_\vartheta, e_\psi]$ dargestellt, wobei die Komponenten durch Projektion der Vektoren auf die drei Basisrichtungen berechnet werden, d.h. durch

$$\omega = (\omega \cdot e_r)\, e_r + (\omega \cdot e_\vartheta)\, e_\vartheta + (\omega \cdot e_\psi)\, e_\psi \tag{2.38}$$

Da nun $\dot{\boldsymbol{\vartheta}} \parallel e_\psi$, also senkrecht zu e_r und e_ϑ ist und $\dot{\boldsymbol{\psi}}$ die Richtung von e_z hat, also senkrecht zu e_ψ ist, folgt aus (2.38) durch Ausmultiplikation

$$\omega \cdot e_r = (\dot{\boldsymbol{\vartheta}} + \dot{\boldsymbol{\psi}}) \cdot e_r = \dot{\boldsymbol{\psi}} \cdot e_r = \dot\psi \cos\vartheta$$
$$\omega \cdot e_\vartheta = (\dot{\boldsymbol{\vartheta}} + \dot{\boldsymbol{\psi}}) \cdot e_\vartheta = \dot{\boldsymbol{\psi}} \cdot e_\vartheta = -\dot\psi \sin\vartheta$$
$$\omega \cdot e_\psi = (\dot{\boldsymbol{\vartheta}} + \dot{\boldsymbol{\psi}}) \cdot e_\psi = \dot{\boldsymbol{\vartheta}} \cdot e_\psi = \dot\vartheta.$$

Somit hat ω bezüglich Kugelkoordinaten die Darstellung

$$\omega = (\dot\psi \cos\vartheta)\, e_r - (\dot\psi \sin\vartheta)\, e_\vartheta + \dot\vartheta\, e_\psi \tag{2.39}$$

Mit dem Ortsvektor (2.36) und der Systemdrehung ω nach (2.39) dargestellt in der Basis $[e_r, e_\vartheta, e_\psi]$ können nun die Geschwindigkeit und Beschleunigung nach Satz 2.3 bzw. aus (2.27) und (2.31) durch Einsetzen von (2.36) und (2.39) berechnet werden.

Man erhält mit (2.36) und den Kreuzprodukten nach (1.86) die *Geschwindigkeit*

$$
\begin{aligned}
\mathbf{v} &= \frac{d_r\,\mathbf{r}}{dt} + \boldsymbol{\omega} \times \mathbf{r} = \dot{r}\,\mathbf{e}_r +
\begin{vmatrix}
\mathbf{e}_r & \mathbf{e}_\vartheta & \mathbf{e}_\psi \\
\dot\psi\cos\vartheta & -\dot\psi\sin\vartheta & \dot\vartheta \\
r(t) & 0 & 0
\end{vmatrix} \\[2mm]
&= \dot{r}\,\mathbf{e}_r + r\,\dot\vartheta\,\mathbf{e}_\vartheta + r\,\dot\psi\sin\vartheta\,\mathbf{e}_\psi
\end{aligned}
\tag{2.40}
$$

sowie mit (2.30) und (2.31) zunächst

$$
\mathbf{a} = \frac{d_r\,\mathbf{v}}{dt} + \boldsymbol{\omega}\times\mathbf{v} = \frac{d_r^2\,\mathbf{r}}{dt^2} + \frac{d_r\,\boldsymbol{\omega}}{dt}\times\mathbf{r} + 2\,\boldsymbol{\omega}\times\frac{d_r\,\mathbf{r}}{dt} + \boldsymbol{\omega}\times(\boldsymbol{\omega}\times\mathbf{r})\,,
$$

wobei mit (2.40)

$$
\frac{d_r\,\mathbf{v}}{dt} = \ddot{r}\,\mathbf{e}_r + (\dot{r}\,\dot\vartheta + r\,\ddot\vartheta)\,\mathbf{e}_\vartheta + (\dot{r}\,\dot\psi\sin\vartheta + r\,\ddot\psi\sin\vartheta + r\,\dot\vartheta\,\dot\psi\cos\vartheta)\,\mathbf{e}_\psi
$$

und

$$
\boldsymbol{\omega}\times\mathbf{v} =
\begin{vmatrix}
\mathbf{e}_r & \mathbf{e}_\vartheta & \mathbf{e}_\psi \\
\dot\psi\cos\vartheta & -\dot\psi\sin\vartheta & \dot\vartheta \\
\dot{r} & r\,\dot\vartheta & r\,\dot\psi\sin\vartheta
\end{vmatrix}
$$

sich zusammenfassend die *Beschleunigung* ergibt:

$$
\begin{aligned}
\mathbf{a} =\ & (\ddot{r} - r\,\dot\vartheta^2 - r\,\dot\psi^2\sin^2\vartheta)\,\mathbf{e}_r \\
& + (2\,\dot{r}\,\dot\vartheta + r\,\ddot\vartheta - r\,\dot\psi^2\sin\vartheta\cos\vartheta)\,\mathbf{e}_\vartheta \\
& + (r\,\ddot\psi\sin\vartheta + 2\,\dot{r}\,\dot\psi\sin\vartheta + 2\,r\,\dot\vartheta\,\dot\psi\cos\vartheta)\,\mathbf{e}_\psi
\end{aligned}
\tag{2.41}
$$

Man sieht, daß sich die relativ komplexen Ausdrücke für $\mathbf{v}$ und $\mathbf{a}$ auf diese Weise durch eine einfache Multiplikation ergeben. $\dfrac{d_r\,\mathbf{v}}{dt}$ stellt die Relativbeschleunigung zum System, $\boldsymbol{\omega}\times\mathbf{v}$ die Systembeschleunigung durch doppelte Rotation von $\vartheta\,(t)$ und $\psi\,(t)$ dar. (2.41) ist schließlich die Gesamt- oder Absolutbeschleunigung von X, dargestellt in der geforderten Basis.

Da mit (2.39) auch der Winkelgeschwindigkeitsvektor bekannt ist, kann man die bei der hier verwendeten Methode nicht benötigten zeitlichen Ableitungen der Einheitsvektoren nachträglich über die Gleichung (2.23) angeben.

$$
\begin{aligned}
\dot{\mathbf{e}}_r &= \boldsymbol{\omega}\times\mathbf{e}_r =
\begin{vmatrix}
\mathbf{e}_r & \mathbf{e}_\vartheta & \mathbf{e}_\psi \\
\dot\psi\cos\vartheta & -\dot\psi\sin\vartheta & \dot\vartheta \\
1 & 0 & 0
\end{vmatrix}
= 0 + \dot\vartheta\,\mathbf{e}_\vartheta + \dot\psi\sin\vartheta\,\mathbf{e}_\psi\,, \\[3mm]
\dot{\mathbf{e}}_\vartheta &= \boldsymbol{\omega}\times\mathbf{e}_\vartheta =
\begin{vmatrix}
\mathbf{e}_r & \mathbf{e}_\vartheta & \mathbf{e}_\psi \\
\dot\psi\cos\vartheta & -\dot\psi\sin\vartheta & \dot\vartheta \\
0 & 1 & 0
\end{vmatrix}
= -\dot\vartheta\,\mathbf{e}_r + 0 + \dot\psi\cos\vartheta\,\mathbf{e}_\psi\,, \\[3mm]
\dot{\mathbf{e}}_\psi &= \boldsymbol{\omega}\times\mathbf{e}_\psi =
\begin{vmatrix}
\mathbf{e}_r & \mathbf{e}_\vartheta & \mathbf{e}_\psi \\
\dot\psi\cos\vartheta & -\dot\psi\sin\vartheta & \dot\vartheta \\
0 & 0 & 1
\end{vmatrix}
= -\dot\psi\sin\vartheta\,\mathbf{e}_r - \dot\psi\cos\vartheta\,\mathbf{e}_\vartheta + 0
\end{aligned}
\tag{2.42}
$$

Die Berechnung der zeitlichen Ableitungen der Einheitsvektoren e_i erfolgt somit nicht über eine Differentiation gemäß (1.104), also eine Grenzwertbildung von e_i unter Zuhilfenahme einer Plausibilitätsbetrachtung wie in der Anmerkung S. 90 über das Verhalten von Δe_i, sondern über eine vektorielle Multiplikation mit dem Systemwinkelgeschwindigkeitsvektor in der Form $\dot{e}_i = \omega \times e_i$ nach (2.24).

Für andere mitbewegte Basis-Systeme gilt entsprechendes, wobei wie in (2.37), (2.38) und (2.39) der jeweilige ω-Vektor bestimmt und in diesem System dargestellt werden muß. Geschwindigkeit und Beschleunigung ergeben sich dann stets nach den Gleichungen (2.30) bzw. (2.31).

Fall D. *Vollständig mitbewegtes Bezugssystem (natürliche Koordinaten, begleitendes Dreibein)*

Hier ist weder das System noch dessen Ursprung O raumfest. Der Nullpunkt des Koordinatensystems sei nämlich mit dem Punkt X verbunden, dessen Bewegung, Geschwindigkeit und Beschleunigung es zu beschreiben gilt.
Bewegt sich X längs der Bahnkurve S (Bild 2-13), so wird auch das Koordinatensystem entlang der Raumkurve als „begleitendes Dreibein" mitgeführt. Dabei bleibt zunächst offen, welche Richtung die drei Basisvektoren haben. Es werde lediglich gefordert, daß sie eine orthogonale, normierte Basis bilden, d.h. es sei

$$\boxed{[e_T\,(t),\ e_N\,(t),\ e_B\,(t)]\quad \text{mit}\quad |e_T| = |e_N| = |e_B| = 1} \qquad (2.43)$$

In jedem neuen Raumpunkt P (t), den X erreicht, wird nun die Richtung der Basisvektoren und damit die Basis selbst durch eine analytische „Konstruktion" neu bestimmt. Damit ändern sämtliche Basisvektoren bei gleicher Größe nach (2.43) ständig ihre Richtung.

Das jeweils „mitgeführte" Basissystem nennt man das *„natürliche Koordinatensystem"*, wenn zur Festlegung der Einheitsvektoren folgendes vereinbart wird:

1.   Der Vektor e_T sei der Tangenten-Einheitsvektor. Ist s (t) die Bogenlänge, die X entlang der Bahnkurve von einem beliebigen, ansonsten festen Punkt P_0 aus (vgl. Bild 2-13) durchlaufen hat, so ist

$$r\,(t) = r\,(s)\quad \text{mit}\quad s = s\,(t)$$

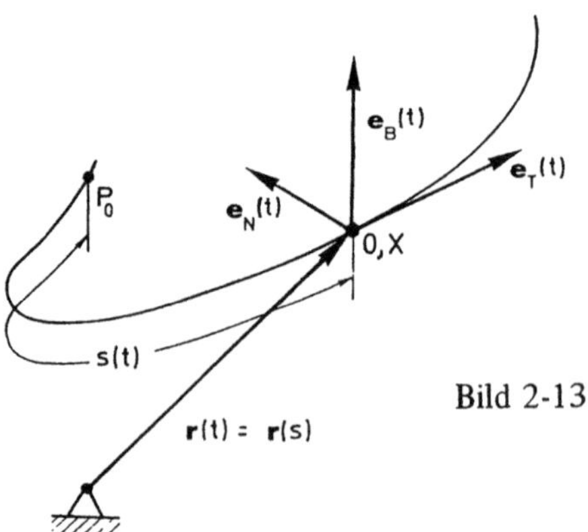

Bild 2-13

eine Parameterdarstellung der Bahnkurve S. Dann gelte

> **Def. 2.4:**
>
> $$e_T := \frac{dr(s)}{ds} = r'(s) \quad \text{mit} \quad |e_T| = 1 \quad \text{sei der } \textit{Tangenten-Einheitsvektor.}$$

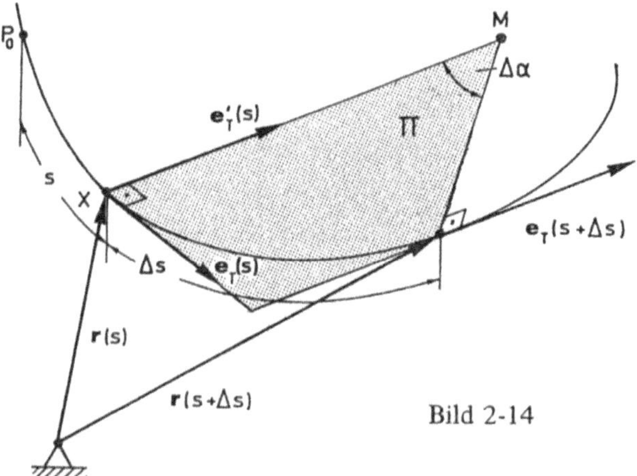

Bild 2-14

Die Ableitung erfolgt nach Def. 1.20 mit s als reeller, skalarer Variablen. Wegen $|\Delta r| = \Delta s$ (vgl. Bild 2-14) ist dabei der Betrag von e_T

$$|e_T| = \lim_{\Delta s \to 0} \frac{|\Delta r|}{\Delta s} = \lim \frac{\Delta s}{\Delta s} = \frac{ds}{ds} = 1 \qquad (2.44)$$

d.h. $r'(s)$ nach Def. 2.4 braucht nicht noch auf „1" normiert zu werden. Damit liegt der erste Einheitsvektor des begleitenden Dreibeins fest.

2. Der Vektor e_N stehe senkrecht zu e_T. Damit gilt

$$e_N \cdot e_T = 0 \, .$$

Nun ist diese Forderung aber offensichtlich noch nicht hinreichend für die eindeutige Festlegung von e_N. Daher fordert man zusätzlich:
e_N liege in der von zwei differentiell benachbarten Tangenten-Einheitsvektoren $e_T(s)$ und $e_T(s + \Delta s)$ mit $\Delta s \to 0$ aufgespannten Ebene Π, der sog. *Tangenten- oder Schmiegungsebene*. Wegen

$$e_T \cdot e_T = e_T^2 = 1 \qquad (2.45)$$

ist

$$\frac{d}{ds}(e_T^2) = 2\,e_T \cdot \frac{de_T}{ds} = 0 \qquad (2.46)$$

Also gilt für den Vektor e_T'

$$\frac{de_T}{ds} = e_T' = \lim_{\Delta s \to 0} \frac{e_T(s + \Delta s) - e_T(s)}{\Delta s} = \lim_{\Delta s \to 0} \frac{\Delta e_T}{\Delta s} \tag{2.47}$$

und damit wegen (2.46)

$$e_T' \cdot e_T = 0 , \qquad e_T' \perp e_T \tag{2.48}$$

Da nach (2.47) $e_T' = \lim\limits_{\Delta s \to 0} \dfrac{\Delta e_T}{\Delta s}$ die Richtung von Δe_T für $\Delta s \to 0$ hat, und Δe_T nach Voraussetzung in der Ebene Π liegt, liegt auch e_T' in der Schmiegungsebene Π. Damit erfüllt e_T' beide Voraussetzungen, die an e_N gestellt waren und unterscheidet sich von diesem nur durch seinen Betrag. Da nach (2.43) $|e_N| = 1$ sein soll, muß e_T' noch durch seinen Betrag dividiert werden. Damit folgt

Def. 2.5:
Ist $e_T = r'(s)$ der Tangenten-Einheitsvektor nach Def. 2.4, so ist

$$e_N = \frac{e_T'}{|e_T'|} = \frac{\dfrac{de_T}{ds}}{\left|\dfrac{de_T}{ds}\right|} = \frac{\dfrac{d}{ds}\left(\dfrac{dr}{ds}\right)}{\left|\dfrac{d}{ds}\left(\dfrac{dr}{ds}\right)\right|} = \frac{r''}{|r''|} \quad \text{der } \textit{Hauptnormaleneinheitsvektor.}$$

Dabei ist (vgl. Bild 2-15) der Betrag von r'', also

$$|r''| = \left|\frac{de_T}{ds}\right| = \lim_{\Delta s \to 0} \frac{2 \sin \dfrac{\Delta \alpha}{2}}{\Delta s} = \lim_{\Delta s \to 0} \frac{\Delta \alpha}{\Delta s} = \frac{d\alpha}{ds} = \frac{1}{R} \tag{2.49}$$

wobei $k = \dfrac{d\alpha}{ds} = \dfrac{1}{R}$ die Krümmung mit R als Hauptkrümmungsradius der Bahn an der Stelle $s(t)$ bzw. zur Zeit t ist. Damit ist nach Def. 2.5

$$e_N(s) = R(s)\, e_T'(s) = R(s)\, r''(s) \perp e_T(s) \tag{2.50}$$

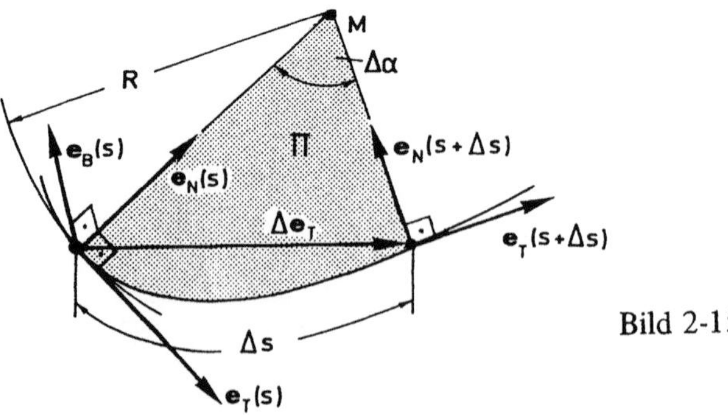

Bild 2-15

Somit liegt jeweils der zweite Basisvektor des natürlichen Koordinatensystems fest. Er ist senkrecht zum Tangentenvektor, zeigt also in Normalenrichtung zum augenblicklichen Krümmungsmittelpunkt M der Raumkurve (vgl. Bild 2-15). Er bildet zusammen mit e_T die augenblickliche Schmiegungsebene Π.

3.   Der dritte Vektor, der nach Voraussetzung senkrecht zu e_T und zu e_N sein soll und die Länge 1 hat, ergibt sich dann zwangsläufig aus

---

Def. 2.6:
Ist $e_T = r'$ und $e_N = Rr''$ nach Def. 2.4 bzw. 2.5 mit (2.50), so ist

$$e_B := e_T \times e_N \perp \Pi \quad \text{der } \textit{Binormalen-Vektor.}$$

Damit ist das begleitende Dreibein analytisch konstruiert.

In diesem Bezugssystem sind nun Geschwindigkeit und Beschleunigung des Punktes X anzugeben. Da Def. 2.2 für die Geschwindigkeit verlangt, daß der Ortsvektor r nach der Zeit abzuleiten ist und hier

$$r(t) = r(s(t))$$

als Parameterdarstellung vorliegt, ist die Differentiation nach (1.100), d.h. nach der Kettenregel durchzuführen. Es folgt

$$v(t) = \frac{d}{dt}\, r(t) = \frac{dr}{ds}\,\frac{ds}{dt} = r'\,\dot{s}\ .$$

Nun ist $\dot{s} = v$ die Größe von v und $r' = e_T$ nach Def. 2.4; somit hat die Geschwindigkeit im natürlichen Basissystem die Darstellung

---

$$v(t) = r'\,\dot{s} = v(t)\, e_T(t) \qquad (2.51)$$

Nur im natürlichen System hat die Geschwindigkeit stets eine „normierte" Darstellung, bestehend aus der Größe $v(t)$ und der Richtung e_T. Im übrigen ist das abermals ein Beweis dafür, daß die Geschwindigkeit die Bahnkurve stets tangiert (vgl. Bild 2-16).

Da nun eine bewegte Basis vorliegt, muß sich die Geschwindigkeit auch wieder nach (2.27), also z.B. in der Form

$$v = \frac{d_r\,\rho}{dt} + \omega \times \rho$$

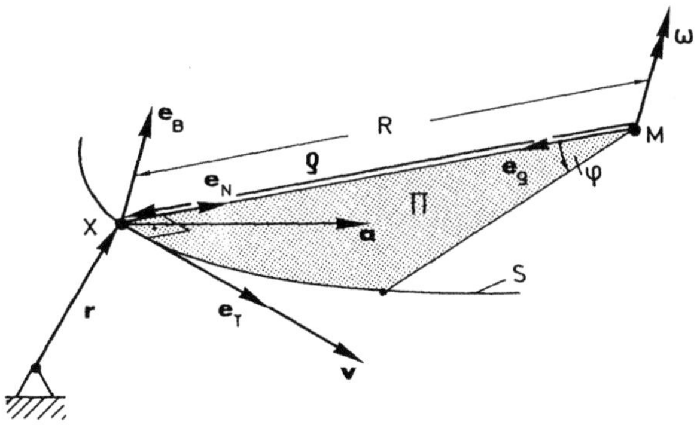

Bild 2-16

mit (Bild 2-16)

$$\boldsymbol{\rho} = \overrightarrow{MX} = \rho\, e_\rho = -\,R\, e_N \tag{2.52}$$

darstellen lassen. Die Frage ist zunächst nur, mit welchem $\boldsymbol{\omega}$ das Basissystem rotiert. Da die Bewegung von X in jedem Augenblick als eine Rotation um M auf einer Kreisbahn $R = \text{const}$ aufzufassen ist, muß gelten

$$\boldsymbol{\omega} \parallel e_B \quad \text{und} \quad \omega = \dot{\varphi}\, ;$$

also ist hier

$$\boldsymbol{\omega} = \dot{\varphi}\, e_B \tag{2.53}$$

Da andererseits bei $R = \text{const}$ wegen (2.52)

$$\frac{d_r\, \boldsymbol{\rho}}{dt} = \frac{d_r}{dt}\,(-\,R\, e_N) = 0$$

ist, folgt in jedem Moment

$$v = \boldsymbol{\omega} \times \boldsymbol{\rho} = \dot{\varphi}\, e_B \times (-\,R\, e_N) = -\,R\,\dot{\varphi}\, e_B \times e_N = R\,\dot{\varphi}\, e_T \tag{2.54}$$

Das entspricht wieder (2.51), wobei $v = R\,\dot{\varphi}$ die (momentane) Umfangsgeschwindigkeit von X auf der (momentanen) Kreisbahn mit R als Radius und M als (momentanem) Mittelpunkt (vgl. (2.34)) ist.

M als „augenblicklich fester" Punkt, um den sich die momentane Bewegung von X als reine Rotation (vgl. (2.54))

$$v = \boldsymbol{\omega} \times \boldsymbol{\rho} \tag{2.55}$$

mit der Winkelgeschwindigkeit $\boldsymbol{\omega}$ und dem Radiusvektor $\boldsymbol{\rho}$ darstellen läßt, heißt *Momentanzentrum*.

Schließlich ergibt sich für die Beschleunigung a in natürlichen Koordinaten nach Ableitungsvorschrift (1.101) aus (2.51) mit (2.50)

$$a = \frac{d^2 r}{dt^2} = \ddot{r} = \dot{v} = \frac{d}{dt}\,[v(t)\, e_T(t)] = \left(\frac{d}{dt}\,v\right) e_T + v\left(\frac{d}{ds}\, e_T\right)\frac{ds}{dt}$$

$$a = \dot{v}\, e_T + \frac{v^2}{R}\, e_N \tag{2.56}$$

Danach hat die Beschleunigung stets nur zwei Komponenten, nämlich die Tangentialbeschleunigung $a_t = \dot{v}\, e_T$ und die Normalbeschleunigung $a_n = \frac{v^2}{R}\, e_N$. Die Beschleunigung hat keine Komponente in Richtung der Binormalen e_B und liegt daher in der Schmiegungsebene. Da stets $\frac{v^2}{R} > 0$ ist, weist der Vektor a_n der Normalbeschleunigung stets nach der

konkaven Seite der Bahnkurve bzw. ist nach der Orientierung von e_N stets zum Krümmungsmittelpunkt M gerichtet. Das ist eine verallgemeinerte Aussage von (2.35), wonach also
nicht nur für die Kreisbewegung, sondern für jede beliebige, räumliche Bewegung längs einer
Bahnkurve bewiesen wurde, daß die Beschleunigung immer eine Zentripetalbeschleunigung —
nie eine Zentrifugalbeschleunigung ist. Unabhängig von a_t, das im Gegensatz dazu positiv
oder negativ sein kann und damit angibt, ob in Richtung der Bahnkurve beschleunigt oder
verzögert wird, ist damit auch der Gesamtbeschleunigungsvektor a nach (2.56) stets zur
konkaven Seite der Bahnkurve hin gerichtet (vgl. Bild 2-16).

Durch die einfache normierte Darstellung für die Beschleunigung und wegen der
Mitnahme des Bezugssystems „vor Ort" findet das natürliche Basissystem beispielsweise
im Verkehrswesen (Straßen- und Eisenbahnbau, Flug- und Schiffstechnik) Anwendung.

2.2.5 Verallgemeinerte Darstellung von Geschwindigkeit und Beschleunigung

Es hat sich im vorangegangenen Abschnitt gezeigt, daß für alle Bezugssysteme offenbar
eine übergeordnete Darstellung der Geschwindigkeit nach (2.27) und der Beschleunigung
nach (2.31) existiert, die aus der allgemeinen Ableitungsvorschrift für Vektoren nach
Satz 2.2 resultiert, wonach gilt:

$$\dot{z} = \frac{dz}{dt} = \frac{d_r z}{dt} + \omega \times z \qquad\qquad (2.57)$$

Dabei war

$$\frac{d_r z}{dt} \qquad \text{die} \left\{ \begin{array}{l} \text{Relativ-} \\ \text{Größen-} \end{array} \right\} \text{ableitung}$$

und

$$\frac{d_s z}{dt} = \omega \times z \quad \text{die} \left\{ \begin{array}{l} \text{System-} \\ \text{Richtungs-} \end{array} \right\} \text{ableitung} .$$

Dieser Zusammenhang ist jedoch exemplarisch ermittelt worden und bedarf daher eines
allgemeinen Nachweises.
Dazu seien wieder zwei Bezugssysteme wie in 1.3.6 und 1.3.7 betrachtet, wovon wieder
das eine raumfest $[e_i]$ und das andere $[e_i^*]$ bewegt ist (Bild 2-17).
Beide Bezugssysteme seien o.B.d.A. orthonormierte (kartesische) Systeme.

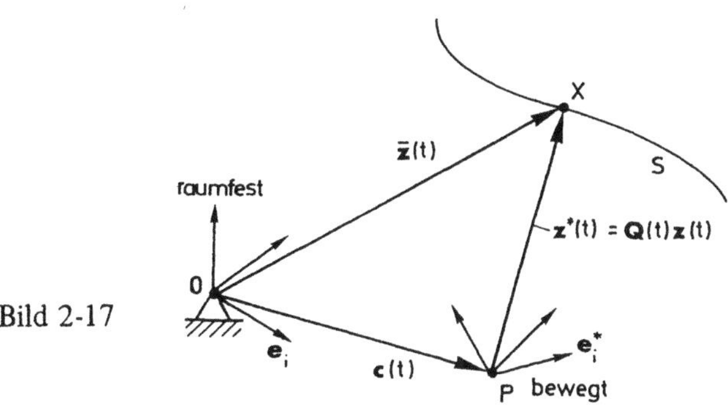

Bild 2-17

Wird nun der zeitabhängige Ort des Punktes X in jedem System durch den jeweiligen Null-
punktvektor beschrieben, so ist der Punkt X zu jeder Zeit im raumfesten System durch
den Ortsvektor

$$\overrightarrow{OX} = \overline{z}\,(t)$$

und im bewegten System

— entweder durch den Vektor, dargestellt im bewegten System,

$$(\overrightarrow{PX})_P = z^*\,(t)$$

— oder durch den Vektor, dargestellt im festen System,

$$(\overrightarrow{PX})_O = z\,(t)$$

festgelegt. Dabei unterscheiden sich $z\,(t)$ und $z^*\,(t)$ noch durch die Drehung, die die bewegte Basis $[e_i^*]$ gegenüber der raumfesten Basis $[e_i]$ ausführt (Basis-Rotation). Die Vektoren $\overline{z}\,(t)$ und $z^*\,(t)$ unterscheiden sich noch durch die Translation, die der Punkt P und
damit die bewegte Basis gegenüber dem festen System ausführt (Basis-Translation), d.h.
es gilt

$$\overline{z}\,(t) = c\,(t) + z^*\,(t) \tag{2.58}$$

Damit ist die allgemein mögliche Bewegung der bewegten Basis gegenüber der raumfesten
in die beiden Anteile der reinen Translation $(z = z^*)$ und der reinen Rotation $(c = 0)$ aufgeteilt.
Nun sei nach obiger Vereinbarung die Darstellung der Vektoren $\overline{z}$ bzw. z im raumfesten
und z^* im bewegten System vorgenommen, dann gilt

$$\overline{z} = \sum_i \overline{z}_i\, e_i \;, \quad z = \sum_i z_i\, e_i \;, \quad z^* = \sum_i z_i\, e_i^* \tag{2.59}$$

Zunächst soll die mitbewegte Basis $[e_i^*\,(t)]$ auf die raumfeste Basis $[e_i]$ durch eine orthogonale Transformation nach (1.142) bzw. (1.148) zurückgerechnet werden. Danach folgt
für (2.59)

$$e_i^* = \sum_j \alpha_{ji}\,(t)\, e_j \;, \quad z^* = \sum_{i,\,j} \alpha_{ji}\,(t)\, z_i\, e_j \tag{2.60}$$

Das läßt sich wegen $\delta_{ik} = 1$ für $i = k$ und (1.131) auch schreiben als

$$z^* = \sum_{i,\,j} \alpha_{ji}\,(t)\, z_i\, e_j = \sum_{i,\,j,\,k} \alpha_{ji}\, z_k\, e_j\, \delta_{ik} = \sum_{i,\,j,\,k} \alpha_{ji}\, z_k\, e_j\,(e_i \cdot e_k)$$

$$z^* = \sum_{i,\,j} \alpha_{ji}\,(t)\, e_j\, e_i \cdot \left(\sum_k z_k\, e_k\right) \tag{2.61}$$

Der erste Term des Rechts-Skalar-Produktes ist ein Tensor 2. Stufe $\mathbb{Q}(t)$ mit den Koordinaten $\alpha_{ji}(t)$, d.h. mit den neun Faktoren der orthogonalen Transformation (vgl. (1.147))

$$\mathbb{Q}(t) := \sum \alpha_{ji}(t)\, e_j\, e_i \qquad\qquad (2.62)$$

Der zweite Term in (2.61) ist der Vektor z im festen System $[e_i]$. So gilt in symbolischer Schreibweise statt (2.61) auch

$$z^*(t) = \mathbb{Q}(t) \cdot z(t) \qquad\qquad (2.63)$$

$\mathbb{Q}(t)$ ist der *Drehtensor (Versor)*, der die Drehung des bewegten Systems gegenüber dem raumfesten System zu jeder Zeit t, dargestellt im raumfesten System, angibt. Er ist damit auch der Tensor, der den Vektor z auf z^* (und umgekehrt) unter Berücksichtigung der Verdrehungen der beiden Bezugssysteme zu allen Zeiten t abbildet. Mit dieser Abbildung ist $\mathbb{Q}(t)$ nicht nur eine reine Koordinaten-Transformation, wie sie z.B. von der Gl. (1.151) beschrieben worden war, sondern der Operator für die Basis-Transformation für alle t. Nach (2.58) folgt für den Zusammenhang der jeweiligen Ursprungsvektoren $\bar{z}$ und z (Bild 2-17) zum Punkt X

$$\bar{z}(t) = c(t) + \mathbb{Q}(t) \cdot z(t) \qquad\qquad (2.64)$$

Nun war nach (1.146) für eine orthogonale Transformation

$$\hat{\alpha}_{kj} = \alpha_{jk},$$

was nach (1.147) zur Folge hatte:

$$\sum_{i,j} \alpha_{ji}(t)\, \alpha_{jk}(t) = \delta_{ik} \qquad\qquad (2.65)$$

Damit ist erstens gezeigt, daß von den neun Komponenten von $\mathbb{Q}$ nur drei voneinander unabhängig sind. Für ein spezielles $[e_i^*]$-System (vgl. 7.8.1) nennt man diese drei Größen EULER*sche Winkel*. Zweitens ist wegen (2.61), (2.62) und Def. 1.30, d.h. mit

$$\mathbb{Q}(t) = \sum_{i,j} \alpha_{ij}(t)\, e_i\, e_j \quad \text{und} \quad \mathbb{Q}^T(t) = \sum_{k,l} \alpha_{kl}(t)\, e_l\, e_k\,,$$

$$\mathbb{Q}(t) \cdot \mathbb{Q}^T(t) = \sum \alpha_{ij}\, \alpha_{kl}\, \delta_{jl}\, e_i\, e_k = \sum \alpha_{ij}\, \alpha_{kj}\, e_i\, e_k = \sum \delta_{ik}\, e_i\, e_k = \mathbb{E}\,.$$

Somit ergibt sich

$$\mathbb{Q}(t) \cdot \mathbb{Q}^T(t) = \mathbb{E} = \mathbb{Q}^T(t) \cdot \mathbb{Q}(t) \qquad\qquad (2.66)$$

Das ist ein Spezialfall der stets gültigen Beziehung (1.139), wonach gilt

$$\mathbb{T} \cdot \mathbb{T}^{-1} = \mathbb{E}\,.$$

Also ist hier $\mathbb{Q}^{-1} = \mathbb{Q}^T$. Tensoren mit dieser Eigenschaft (vgl. (2.66)) nennt man *ortho-gonale Tensoren*. Der Grund dafür ist offensichtlich: Die Abbildungen mit $\mathbb{Q}$ nach (2.62) sind reine Rotationen der orthogonalen Basis unter Erhalt der Orthogonalität der Basis-vektoren (starre Drehung). Die mit derartigen Tensoren erfolgten Transformationen heißen passive Transformationen, weil bei Multiplikation mit $\mathbb{Q}$ bzw. $\mathbb{Q}^T$ keine neuen Vektoren erzeugt, sondern nur Drehungen bzw. Rückdrehungen des gleichen Vektors in unterschied-lichen Basissystemen beschrieben werden.

Nun ist wegen (2.66), also

$$\mathbb{Q}(t) \cdot \mathbb{Q}^T(t) = \mathbb{E}$$

auch die Umkehrung der Abbildung (2.63) möglich; denn die Links-Skalar-Multiplikation von (2.63) mit $\mathbb{Q}^T(t)$ ergibt wegen

$$\mathbb{Q}^T(t) \cdot z^* = \mathbb{Q}^T \cdot \mathbb{Q} \cdot z(t) = \mathbb{E} \cdot z(t) = z(t) \,,$$

die Rücktransformation

$$z(t) = \mathbb{Q}^T(t) \cdot z^*(t) \qquad\qquad (2.67)$$

Um eine generelle Aussage über die Beziehungen der zeitlichen Ableitungen von $z, \bar{z}, z^*$, also der Geschwindigkeiten untereinander machen zu können, wird zunächst (2.66) nach der Zeit abgeleitet, danach ist

$$\mathbb{Q}(t) \cdot \mathbb{Q}^T(t) = \mathbb{E}$$

$$\frac{d}{dt}[\mathbb{Q}(t) \cdot \mathbb{Q}^T(t)] = \dot{\mathbb{Q}} \cdot \mathbb{Q}^T + \mathbb{Q} \cdot \dot{\mathbb{Q}}^T = \dot{\mathbb{E}} = 0 \,.$$

Der zweite Term läßt sich zum transponierten des ersten umformen, so daß gilt

$$\dot{\mathbb{Q}} \cdot \mathbb{Q}^T + (\dot{\mathbb{Q}} \cdot \mathbb{Q}^T)^T = 0 \,.$$

Mit der Abkürzung $\mathbb{W}$ wird dann

$$\mathbb{W} = \dot{\mathbb{Q}} \cdot \mathbb{Q}^T = -(\dot{\mathbb{Q}} \cdot \mathbb{Q}^T)^T = -\mathbb{W}^T \qquad\qquad (2.68)$$

wobei $\mathbb{W}$ der *Drehgeschwindigkeitstensor (SPIN-Tensor)* des bewegten Systems gegenüber dem raumfesten System ist. Wegen (2.68) und (1.128) ist

$$\mathbb{W} = -\mathbb{W}^T \quad \text{ein antimetrischer Tensor} \,. \qquad\qquad (2.69)$$

Jeder antimetrische Tensor hat nun nach (1.127) zwangsläufig folgende Komponenten-matrix

$$W_{ij} = \begin{pmatrix} 0 & W_{12} & W_{13} \\ -W_{12} & 0 & W_{23} \\ -W_{13} & -W_{23} & 0 \end{pmatrix} \qquad\qquad (2.70)$$

Nennt man nun $W_{12} = -\omega_3$, $W_{13} = \omega_2$ und $W_{23} = -\omega_1$, so sind ω_1, ω_2, ω_3 die Koordinaten des Winkelgeschwindigkeitsvektors $\boldsymbol{\omega}$ des bewegten gegenüber dem raumfesten System und es gilt, wie man durch Ausrechnen nach (1.131) bestätigt, der Zusammenhang

$$\mathbf{W} \cdot \mathbf{z} = \boldsymbol{\omega} \times \mathbf{z} \tag{2.71}$$

Diese Tatsache kann nun für die Ableitung von $\mathbf{z}^*$ nach t genutzt werden: Aus (2.63) folgt bei Ableitung nach der Zeit

$$\frac{d}{dt} \mathbf{z}^* = (\mathbf{z}^*)^{\cdot} = \dot{\mathbf{Q}} \cdot \mathbf{z} + \mathbf{Q} \cdot \dot{\mathbf{z}} \tag{2.72}$$

Wegen (2.63), also $\mathbf{Q} \cdot \mathbf{z} = \mathbf{z}^*$, ist

$$\mathbf{Q} \cdot \dot{\mathbf{z}} = \dot{\mathbf{z}}^* \tag{2.73}$$

und für $\dot{\mathbf{Q}} \cdot \mathbf{z}$ folgt mit (2.68) nach Rechts-Skalar-Multiplikation mit $\mathbf{Q}(t)$ aus

$$\mathbf{W} = \dot{\mathbf{Q}} \cdot \mathbf{Q}^T$$

$$\mathbf{W} \cdot \mathbf{Q} = \dot{\mathbf{Q}} \cdot \mathbf{Q}^T \cdot \mathbf{Q} = \dot{\mathbf{Q}} \tag{2.74}$$

Gln. (2.74) und (2.73) in (2.72) eingesetzt, ergibt mit (2.71) und $\mathbf{z} = \mathbf{z}^*$

$$\begin{aligned}
(\mathbf{z}^*)^{\cdot} &= \dot{\mathbf{z}}^* + (\mathbf{W} \cdot \mathbf{Q}) \cdot \mathbf{z} = \dot{\mathbf{z}}^* + \mathbf{W} \cdot (\mathbf{Q} \cdot \mathbf{z}) \\
&= \dot{\mathbf{z}}^* + \mathbf{W} \cdot \mathbf{z}^* = \dot{\mathbf{z}}^* + \boldsymbol{\omega} \times \mathbf{z}^*
\end{aligned} \tag{2.75}$$

Nach (2.57) sollte nun allgemein gelten

$$(\mathbf{z}^*)^{\cdot} = \frac{d_r \mathbf{z}^*}{dt} + \boldsymbol{\omega} \times \mathbf{z}^* \,.$$

Der Vergleich mit (2.75) zeigt, daß tatsächlich die Systemableitung das Kreuzprodukt

$$\frac{d_s \mathbf{z}^*}{dt} = \boldsymbol{\omega} \times \mathbf{z}^*$$

ist und daß die Größenableitung $\dot{\mathbf{z}}^*$ wegen der zeitlichen Ableitung von $\mathbf{z}$ bezogen auf das mitbewegte (*)-System, die zeitliche Relativableitung gegenüber dem bewegten System, also

$$\frac{d_r \mathbf{z}}{dt} = \dot{\mathbf{z}}^*$$

ist.

Gl. (2.75) gilt für alle Vektorfelder $z^*(t)$. Das ist damit Beweis für den allgemeinen Satz 2.2 sowie für den speziellen Satz 2.3.

Dann gilt für das Geschwindigkeitsfeld, also für die Ableitung des Ortsvektors $\bar{z}(t) = r(t)$ nach der Zeit nach (2.64)

$$\dot{\bar{z}}(t) = c(t) + \mathbb{Q}(t) \cdot z(t) ,$$

wobei nach (2.63)

$$\mathbb{Q}(t) \cdot z(t) = z^*(t)$$

ist, also

$$v(t) = \dot{\bar{z}} = [c(t) + z^*(t)]^{\cdot} = \dot{c}(t) + (z^*(t))^{\cdot} = \dot{r}(t) .$$

Da $c(t)$ ein Ortsvektor ist, ist auch $\dot{c} = v_P(t)$ die (absolute) Geschwindigkeit des Ursprungs P. Mit (2.75) wird dann schließlich

$$v(t) = \dot{r} = v_P(t) + \dot{z}^* + \omega \times z^* \qquad (2.76)$$

Damit läßt sich der Satz 2.2 für die Geschwindigkeit eines materiellen Punktes X bei Darstellung des Ortsvektors $r = \bar{z}$ nach (2.58) in einem nun völlig beliebig bewegten Bezugssystem noch allgemeiner fassen durch

Satz 2.4:
Die *Geschwindigkeit* $v(t)$ eines materiellen Punktes setzt sich bezüglich einer beliebig bewegten Basis aus der

1. *Translationsgeschwindigkeit* des Ursprungs der bewegten Basis $\dot{c}(t) = v_P(t)$,
2. *Relativgeschwindigkeit* des Punktes gegenüber der bewegten Basis $\dot{z}^*(t) = v_{rel}(t)$,
3. *Rotationsgeschwindigkeit* $\omega \times z^*$ als zeitliche Richtungsableitung des Vektors z^* bei der Systemdrehung mit der Winkelgeschwindigkeit ω

zusammen.

Die Anteile 1. und 3. faßt man üblicherweise zur *Führungsgeschwindigkeit* bzw. *Systemgeschwindigkeit* zusammen, d.h.

$$v_F = v_P + \omega \times z^* \qquad (2.77)$$

Sie ist damit die Geschwindigkeit, die der materielle Punkt X durch die beliebige Bewegung der Basis zusätzlich zu der Relativgeschwindigkeit von X gegenüber dem Ursprung der Basis P hat.

Zur Veranschaulichung des Vektors $\omega \times z^*$ vgl. die späteren Erläuterungen zu (2.84).

Für die übrigen Zeitableitungen lassen sich noch folgende Zusammenhänge herleiten:
Wegen (2.64) ist

$$\dot{r} = v = \dot{\overline{z}} = v_P + \mathbb{Q} \cdot \dot{z} + \dot{\mathbb{Q}} \cdot z \,,$$

also

$$\mathbb{Q} \cdot \dot{z} = (v - v_P) - \dot{\mathbb{Q}} \cdot z \,.$$

Links-Skalar-Multiplikation mit $\mathbb{Q}^T$ ergibt wegen (2.66) und (2.74)

$$\mathbb{Q}^T \cdot \mathbb{Q} \cdot \dot{z} = \dot{z} = \mathbb{Q}^T \cdot (v - v_P) - \mathbb{Q}^T \cdot \mathbb{W} \cdot \mathbb{Q} \cdot z \,.$$

Nach (2.63) und (2.58) ist

$$\mathbb{Q} \cdot z = z^* = r - c = r - r_P \,,$$

und es folgt schließlich unter Verwendung von (2.71)

$$\dot{z} = \mathbb{Q}^T (v - v_P) - \mathbb{Q}^T \cdot \mathbb{W} \cdot (r - r_P)$$

$$\boxed{\dot{z} = \mathbb{Q}^T \cdot [(v - v_P) - \omega \times (r - r_P)]} \qquad (2.78)$$

Oder aus (2.76) folgt

$$\dot{z}^* = (v - v_P) - \omega \times z^*$$

$$\boxed{\dot{z}^* = (v - v_P) - \omega \times (r - r_P)} \qquad (2.79)$$

Ist der Ursprung des (∗)-Systems fest, so ist $r_P = c = $ const und $v_P = 0$. Die Gleichungen vereinfachen sich entsprechend. Ist der Ursprung fest und mit dem raumfesten Ursprung O identisch, so ist auch $r_P = c = 0$ und es folgt wieder der spezielle Satz 2.3.

Für die Beschleunigung a ist (2.75) bzw. (2.76) noch einmal unter Beachtung von Satz 2.2 nach der Zeit abzuleiten. Danach ist

$$[\dot{z}^*]^{\cdot} = \ddot{z}^* + \omega \times \dot{z}^*$$

und aus (2.76) folgt

$$a = \dot{v} = \ddot{r} = \dot{v}_P + [\dot{z}^*]^{\cdot} + [\omega \times z^*]^{\cdot}$$
$$= a_P + \ddot{z}^* + \omega \times \dot{z}^* + \dot{\omega} \times z^* + \omega \times (z^*)^{\cdot}$$
$$= a_P + \ddot{z}^* + \omega \times \dot{z}^* + \dot{\omega} \times z^* + \omega \times [\dot{z}^* + (\omega \times z^*)]$$

$$\boxed{a = a_P + \ddot{z}^* + 2\,\omega \times \dot{z}^* + \dot{\omega} \times z^* + \omega \times (\omega \times z^*)} \qquad (2.80)$$

Beachtet man, daß hier eine beliebige Bewegung des mitbewegten Bezugssystems einschließlich einer Translation des Ursprungs mit $r_P(t)$, $v_P(t)$ und $a_P(t) \neq 0$ zugrundegelegt worden ist, so ist (2.80) mit (2.31) identisch, wenn man $z^* = \overline{z} = r$ und im Falle einer ursprungsfesten Basis $r_P = v_P = a_P = 0$ setzt. Das war zu beweisen.

Analog zu Satz (2.4) läßt sich also formulieren:

Satz 2.5:

Die *Beschleunigung* $a(t)$ eines materiellen Punktes setzt sich bezüglich einer beliebig bewegten Basis aus der

1. *Translationsbeschleunigung* des Ursprungs des bewegten Systems $\ddot{c} = a_P(t)$,
2. *Relativbeschleunigung* $\ddot{z}^* = a_{rel}$ des Punktes gegenüber der bewegten Basis,
3. CORIOLIS-*Beschleunigung*[1] $2\,\omega \times \dot{z}^* = 2\,\omega \times v_{rel}$,
4. *Rotationsbeschleunigung* $\dot{\omega} \times z^*$,
5. *Zentripetalbeschleunigung* $\omega \times (\omega \times z^*)$

zusammen.

Die Anteile 1., 4. und 5. faßt man üblicherweise zur *Führungsbeschleunigung* bzw. *Systembeschleunigung*

$$a_F = a_P + \dot{\omega} \times z^* + \omega \times (\omega \times z) \qquad (2.81)$$

zusammen. Sie ist die Beschleunigung, die der Punkt X zusätzlich dadurch hat, daß das System, in dem er dargestellt wird, selbst beschleunigt ist — oder mit anderen Worten: Sie ist die Beschleunigung desjenigen Punktes im (∗)-System, den der relativ zu diesem System „geführte" Punkt X gerade einnimmt.

Zur Veranschaulichung dieser Anteile vgl. die an Satz 2.8 anschließenden späteren Bemerkungen.

Die Sätze 2.4 und 2.5 enthalten die allgemeine Darstellung von Geschwindigkeit und Beschleunigung für jede Art von Bezugssystemen.

2.3 Kinematik des starren Körpers

2.3.1 Allgemeines

Da meist der Bewegungszustand ausgedehnter Körper und nicht nur der einzelner Punkte zu untersuchen ist, erhebt sich als nächstes die Frage, ob und inwieweit die vorstehende Kinematik des materiellen Punktes auf die Kinematik des starren Körpers (vgl. letzter Absatz von 2.1) übertragbar ist.

Der Definition des starren Körpers entsprechend wird von einer Deformation des Körpers abgesehen. Damit hat der starre Körper noch sechs Freiheitsgrade (vgl. 1.2.7), die es zu beschreiben gilt.

Da ein Punkt drei Freiheitsgrade hat, könnte man von daher auf den Gedanken kommen, den starren Körper mit seinen sechs Freiheitsgraden durch die Angabe zweier Ortsvektoren r_1 und r_2 zu zwei beliebigen Punkten A und B des Körpers, also durch $2 \cdot 3 = 6$ skalare Größen zu beschreiben (vgl. Bild 2-18). Dem widerspricht jedoch die

---

[1] nach dem franz. Mathematiker CORIOLIS, der im Anfang des 19. Jahrhunderts auf diesen Term aufmerksam machte.

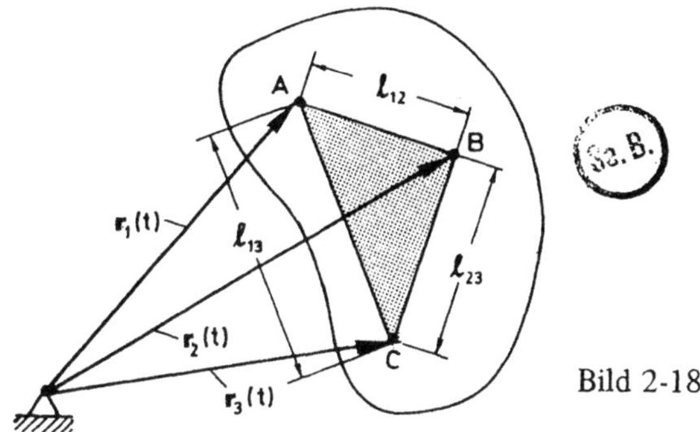

Bild 2-18

Tatsache, daß nicht alle sechs Koordinaten der beiden Ortsvektoren unabhängig voneinander sind; denn aus der Starrheit des Körpers folgt, daß der Abstand $l_{12} = |\mathbf{r}_2 - \mathbf{r}_1|$ der beiden Punkte A und B stets konstant ist und bleibt. Demnach führt die Darstellung über zwei Ortsvektoren nur auf $2 \cdot 3 - 1 = 5$ unabhängige Größen. Das ist für eine Bewegung mit sechs Freiheitsgraden nicht hinreichend. Auf diese Weise könnte der Körper noch eine Rotation um die durch die Punkte A und B verlaufende Achse ausführen, die durch die Angabe von $\mathbf{r}_1$ und $\mathbf{r}_2$ nicht beschreibbar ist.

Erweitert man jedoch diese Überlegung auf die Angabe von drei Ortsvektoren $\mathbf{r}_1$, $\mathbf{r}_2$ und $\mathbf{r}_3$ zu drei Punkten A, B und C des starren Körpers und berücksichtigt dabei, daß dann jeweils die drei Abstände $l_{ij} = |\mathbf{r}_j - \mathbf{r}_i| = $ const für i oder j = 1, 2, 3 sind, so stehen mit den jeweils drei Koordinaten für jeden Ortsvektor, abzüglich der drei konstanten Längenbeziehungen l_{ij} insgesamt $3 \cdot 3 - 3 = 6$ unabhängige Lagekoordinaten für die Beschreibung der allgemeinen Bewegung des starren Körpers zur Verfügung. Diese Zahl ist notwendig und hinreichend. Zusammenfassend gilt daher:

Die beliebige Bewegung eines freien, starren Körpers wird durch die Angabe der Ortsvektoren zu drei Punkten des Körpers, die nicht auf einer Geraden liegen, beschrieben. Nach Bild 2-18 bedeutet dies, daß man nur die Bewegung des „starren" Dreiecks ABC zu beschreiben braucht, um die Bewegung des gesamten starren Körpers beschrieben zu haben. Wenn dem aber für alle Fälle so ist, dann kann man auch weiter folgern, daß die Lage des starren Dreiecks ABC stets durch die Angabe der Lage eines seiner drei Eckpunkte (z.B. von A durch $\mathbf{r}_A$) und zusätzlich durch den momentanen Stellungsvektor $\mathbf{n}(t)$ des Dreiecks eindeutig bestimmt ist (Bild 2-19). Das bedeutet wiederum, daß die Bewegung des starren Körpers durch die *Translation* $\mathbf{r}_A(t)$ oder $\mathbf{u}_A(t)$ des Punktes A verbunden mit einer Parallelverschiebung des Dreiecks ABC nach $A'B'C'$ (vgl. Bild 2-19) sowie durch eine zusätzliche *Rotation* des Dreiecks (bzw. des starren Körpers) um eine durch A' gehende Achse, die sog. *Momentanachse* — die ihre Stellung mit t ändert und daher als augenblickliche Drehachse aufzufassen ist — dargestellt werden kann. Verbunden ist damit die Verdrehung des Stellungsvektors $\mathbf{n}'(t) \rightarrow \mathbf{n}(t)$ beim Übergang der Punkte B' nach B und C' nach C.

Da dabei die Beträge aller Vektoren zwischen zwei materiellen Punkten des starren Körpers (z.B. $|\mathbf{s}'| = |\mathbf{s}|$) eben wegen dieser Starrheit konstant sind und auch alle Winkeländerungen (pro Zeiteinheit) für einen solchen starren Körper gleich groß sind, ist diese Verdrehung der Vektoren s eine reine Rotation des starren Körpers um die durch den Punkt A gehende Momentanachse (m) mit einem (u.U. von A abhängigen) Winkelge-

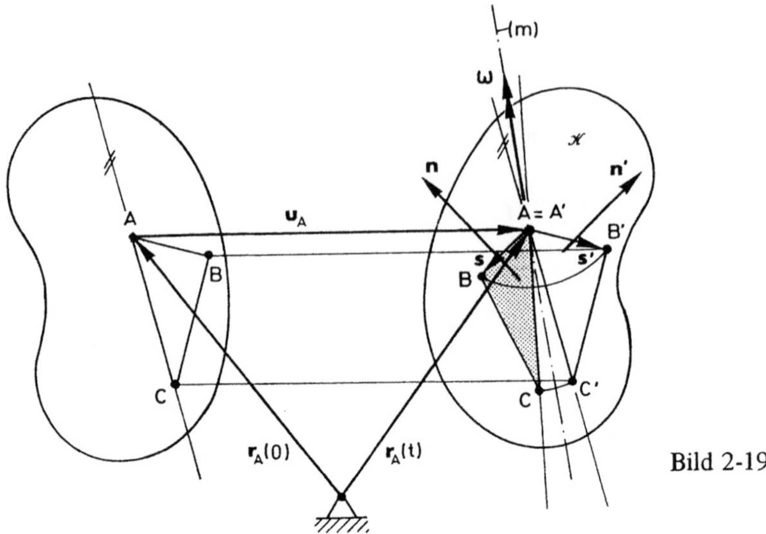

Bild 2-19

schwindigkeitsvektor $\boldsymbol{\omega}$ (t) in Richtung der Momentanachse. Die drei Koordinaten von
z.B. $\mathbf{r}_A$ (t) sowie die drei des Winkelgeschwindigkeitsvektors $\boldsymbol{\omega}$ (t) sind dann die sechs
unabhängigen Größen zur eindeutigen Bestimmung der Bewegung des starren Körpers
mit seinen sechs Freiheitsgraden. Diese Erkenntnisse lassen sich zusammenfassen zu dem

<table>
<tr><td>

Satz 2.6:
Die beliebige Bewegung eines starren Körpers ist additiv aus der *Translation*
einer seiner Punkte A und der (reinen) *Rotation* des starren Körpers um die
durch diesen Punkt A gehende *Momentanachse* (m) beschreibbar.

</td></tr>
</table>

2.3.2 Geschwindigkeit

Vergleicht man die Aussage des Satzes 2.6 mit der des vorangegangenen Satzes 2.4
für die Kinematik eines materiellen Punktes im bewegten Bezugssystem, so folgt über-
raschenderweise, daß die Aussage des Satzes 2.6 für starre Körper genau der des Satzes 2.4
für materielle Punkte entspricht, wenn dort $\dot{z}^* = v_{rel} = 0$ gesetzt wird.
Offenbar kann man also das dortige bewegte Bezugssystem (∗-System nach Bild 2-17) mit
dem starren Körper dieses Kapitels und die dortige Translation des Ursprungs P mit der
Bewegung des Bezugspunktes A auf $\mathcal{K}$ identifizieren. Dann gelten nach Bild 2-20 folgende
Entsprechungen:

$$P \stackrel{\wedge}{=} A; \quad \bar{z}(t) \stackrel{\wedge}{=} r(t); \quad c(t) \stackrel{\wedge}{=} r_A(t); \quad z^*(t) \stackrel{\wedge}{=} s(t) \, .$$

Da für den starren Körper $|s| = $ const ist, also die Relativableitung nach der Zeit bzw. die
Relativgeschwindigkeit von X gegenüber A verschwindet, gilt nach (2.76)

$$\frac{d_r z^*}{dt} = \dot{z}^* = \frac{d_r s}{dt} = 0 \tag{2.82}$$

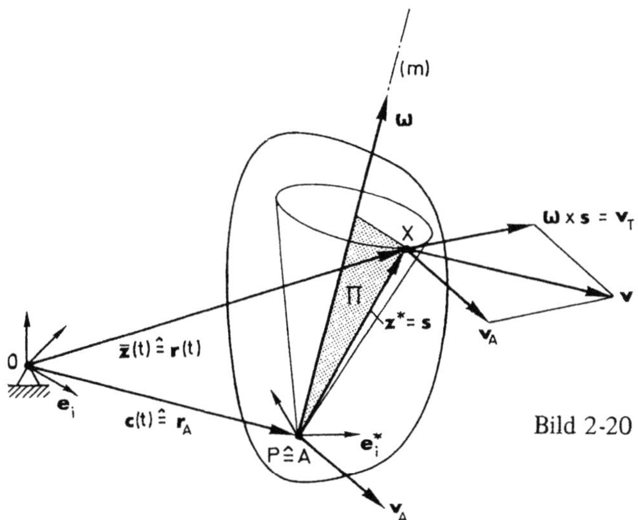

Die hiermit spezialisierte Aussage (2.76) bzw. (2.79), wonach nun
$\dot{z}^* = (v - v_A) - \omega \times (r - r_A) = 0$ ist, liefert unmittelbar die Geschwindigkeit eines jeden
Punktes X des starren Körpers

$$v(t) = v_A(t) + \omega(t) \times s(t) \tag{2.83}$$

Gleichung (2.83) nennt man EULER*sche Geschwindigkeitsformel.* Sie enthält mit den
Koordinaten von v_A und ω die sechs notwendigen und hinreichenden Bestimmungsgrößen für die allgemeine Bewegung des (freien) starren Körpers. Es ist infolgedessen nicht
notwendig, für den starren Körper eine neue, gesonderte Kinematik zu entwickeln, sondern
diese kann als Spezialfall der allgemeinen Kinematik des materiellen Punktes nach 2.2.5
aufgefaßt werden.

Die in (2.83) auftretenden zwei Anteile der Geschwindigkeit von v lassen auch eine
anschauliche Deutung zu: Danach setzt sich die Geschwindigkeit des materiellen Punktes X
zur Zeit t aus der Translationsgeschwindigkeit v_A des körpereigenen Bezugspunktes A
und aus der Rotation des starren Körpers mit dem Winkelgeschwindigkeitsvektor ω um
die durch A gehende und in Richtung von ω weisende Momentanachse (m) zusammen
(Bild 2-20). Dabei steht der Vektor $\omega \times s$ senkrecht auf der durch die Vektoren ω und s
aufgespannte Ebene Π und tangiert daher die Kreisbahn, die der Punkt X um die Momentanachse zur Zeit t beschreibt.
Daher ist $\omega \times s$ als der Vektor der ,,momentanen'' Umfangs- oder *Tangentialgeschwindigkeit*

$$v_T = \omega \times s \tag{2.84}$$

interpretierbar (Bild 2-20).

Diese Ergebnisse werden zusammengefaßt im

Satz 2.7:

Die Geschwindigkeit $\mathbf{v}$ aller materiellen Punkte X eines starren Körpers setzt sich aus der

1. *Translation* $\mathbf{v}_A$ eines beliebigen Punktes A des starren Körpers und

2. *Rotation* $\boldsymbol{\omega} \times \mathbf{s}$ von X um A in Form der „momentanen Tangentialgeschwindigkeit" um die Momentanachse (m) zusammen (vgl. Gleichung (2.83), Bild 2-20).

Dabei ist der Winkelgeschwindigkeitsvektor $\boldsymbol{\omega}$ ein freier Vektor, der sich bei einem Wechsel des Bezugspunktes A nicht ändert. Diese Aussage ist implizit bereits in den zum Satz 2.6 führenden Überlegungen enthalten, soll aber noch für die allgemeine Bewegung des starren Körpers wie folgt bestätigt werden (Bild 2-21):

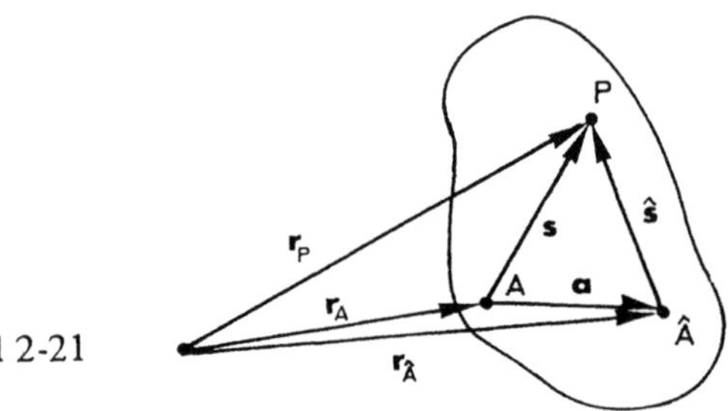

Bild 2-21

Sind A und $\hat{A}$ zwei Punkte des Körpers, die beide als Bezugspunkt für die Berechnung der Geschwindigkeit von P nach (2.83) herangezogen werden sollen, so gilt für A als Bezugspunkt

$$\mathbf{v}_P = \mathbf{v}_A + \boldsymbol{\omega} \times \mathbf{s}$$

sowie für $\hat{A}$ als Bezugspunkt

$$\mathbf{v}_P = \mathbf{v}_{\hat{A}} + \hat{\boldsymbol{\omega}} \times \hat{\mathbf{s}} .$$

Da nun aber auch nach (2.83) $\mathbf{v}_{\hat{A}} = \mathbf{v}_A + \boldsymbol{\omega} \times \mathbf{a}$ gelten muß, wird

$$\mathbf{v}_P = \mathbf{v}_A + \boldsymbol{\omega} \times \mathbf{s} = (\mathbf{v}_A + \boldsymbol{\omega} \times \mathbf{a}) + \hat{\boldsymbol{\omega}} \times \hat{\mathbf{s}} ,$$

woraus nach Subtraktion von $\mathbf{v}_A$ und wegen $\mathbf{s} = \mathbf{a} + \hat{\mathbf{s}}$ folgt:

$$\boldsymbol{\omega} \times \mathbf{s} = \boldsymbol{\omega} \times (\mathbf{a} + \hat{\mathbf{s}}) = \boldsymbol{\omega} \times \mathbf{a} + \hat{\boldsymbol{\omega}} \times \hat{\mathbf{s}}$$

$$\boldsymbol{\omega} \times \hat{\mathbf{s}} = \hat{\boldsymbol{\omega}} \times \hat{\mathbf{s}} . \tag{a}$$

Die Lösung dieser Gleichung ist *nicht* zwangsläufig

$$\hat{\boldsymbol{\omega}} = \boldsymbol{\omega} ,$$

sondern zunächst nur

$$\hat{\boldsymbol{\omega}} = \boldsymbol{\omega} + \lambda \hat{\mathbf{s}} \tag{b}$$

mit $\lambda \in \mathscr{R}$, wie man durch Einsetzen in (a) nachweist. Da nun beide Punkte A und $\hat{A}$ gleichberechtigt sind, läßt sich obige Rechnung wiederholen, wobei nach (2.83) auch $\mathbf{v}_A = \mathbf{v}_{\hat{A}} + \overset{\wedge}{\boldsymbol{\omega}} \times (-\mathbf{a})$ eingesetzt werden kann. Man erhält dann — statt (a) — die Relation

$$\boldsymbol{\omega} \times \mathbf{s} = \overset{\wedge}{\boldsymbol{\omega}} \times \mathbf{s} \tag{c}$$

mit der Lösung

$$\overset{\wedge}{\boldsymbol{\omega}} = \boldsymbol{\omega} + \mu\,\mathbf{s}, \tag{d}$$

wobei $\mu \in \mathscr{R}$ ist. Gilt aber einerseits (b), andererseits (d) und ist, wie vorausgesetzt, $\mathbf{s} \neq \overset{\wedge}{\mathbf{s}}$ sowie $\mathbf{s} \neq 0$, $\overset{\wedge}{\mathbf{s}} \neq 0$, so sind beide Gleichungen nur erfüllbar durch

$$\boldsymbol{\omega} = \overset{\wedge}{\boldsymbol{\omega}}\,.$$

Damit ist gezeigt, daß der *Winkelgeschwindigkeitsvektor eine Invariante,* d.h. von der Wahl des Bezugspunktes unabhängig ist. Im übrigen ist dagegen die Translationsgeschwindigkeit des Bezugspunktes, also $\mathbf{v}_A$ bzw. $\mathbf{v}_{\hat{A}}$ keine Invariante, da sie sich mit seiner Wahl ändert.

Gl. (2.83) enthält folgende wichtigen *Sonderfälle der ,,geführten" Bewegung des starren Körpers:*

1.   Ist die *Rotation* des Körpers vollständig durch Bindungen *verhindert,* so ist

$$\boldsymbol{\omega} = 0$$

und nach (2.83) gilt für alle Punkte

$$\boxed{\mathbf{v}(t) = \mathbf{v}_A(t) \tag{2.85}}$$

Damit beschreibt $\mathscr{K}$ eine *reine, räumliche Translation* mit drei noch verbleibenden Freiheitsgraden (vgl. Tabelle 1.3, S. 22). Die Bewegung wird durch die drei Angaben von $\mathbf{v}_A(t)$ und die Anfangsbedingungen $\mathbf{r}_A(0)$ (vgl. Bild 2-19), d.h. also durch die drei Koordinaten von $\mathbf{r}_A(t)$ für A stellvertretend für alle anderen Punkte $X \in \mathscr{K}$, die alle die gleiche Bewegung nach Größe und Richtung ausführen, vollständig beschrieben.

2.   Ist die *Translation* des Körpers bei festem A durch Bindungen *verhindert,* so ist

$$\mathbf{v}_A = 0$$

und nach (2.83) gilt (vgl. (2.55))

$$\boxed{\mathbf{v}(t) = \boldsymbol{\omega} \times (\mathbf{r} - \mathbf{r}_A) = \boldsymbol{\omega} \times \mathbf{s} \tag{2.86}}$$

Damit beschreibt $\mathscr{K}$ eine *reine, räumliche Rotation* mit drei noch verbleibenden Freiheitsgraden (vgl. Tabelle 1.3). A ist in diesem Falle für alle Zeiten das Momentanzentrum und damit ein Punkt auf der Momentanachse (Satz 2.6), die ihre Orientierung mit t ändert. Die Bewegung wird durch die drei Angaben von $\boldsymbol{\omega}(t)$ und die Anfangsbedingungen, d.h. also durch die drei Koordinaten von $\mathbf{r}(t)$ vollständig beschrieben. Einen starren Körper mit einer solchen Bewegung um einen raumfesten Punkt nennt man auch ,,*Kreisel".*

Anmerkung: Die Momentanachse beschreibt bei der „Kreiselbewegung" einen raumfesten Kegel mit der Spitze im Punkt A, den sog. *Rastpolkegel* oder *Spurkegel.* Vom Körper $\mathcal{K}$ aus gesehen, beschreibt die Momentanachse einen körperfesten Kegel mit seiner Spitze gleichfalls in A, den sog. *Gangpolkegel* oder *Rollkegel,* der zu jeder Zeit t die Momentanachse als Erzeugende mit dem Rastpolkegel gemeinsam hat und sich auf diesem bewegen kann.
Die Winkelgeschwindigkeit um die Momentanachse (m) folgt hier wie in (2.37) wegen der Additivität der ω-Vektoren zu

$$\omega = \sqrt{\omega_1^2 + \omega_2^2}\,,$$

wobei der Winkelgeschwindigkeitsvektor ω weder raumfest noch körperfest ist.

3. Ist die Translation in mindestens einer Richtung und die Rotation um zwei Achsen durch Bindungen verhindert, so liegt eine *ebene Bewegung* des starren Körpers vor. Das sei am Beispiel eines geführten Zylinders nach Bild 2-22 veranschaulicht, bei dem die Translation in (2)- und (3)-Richtung sowie die Rotation um die (1)- und (2)-Richtung durch Bindungen verhindert ist. Mit diesem Beispiel soll gleichzeitig die *Kinematik des rollenden Rades* behandelt werden.

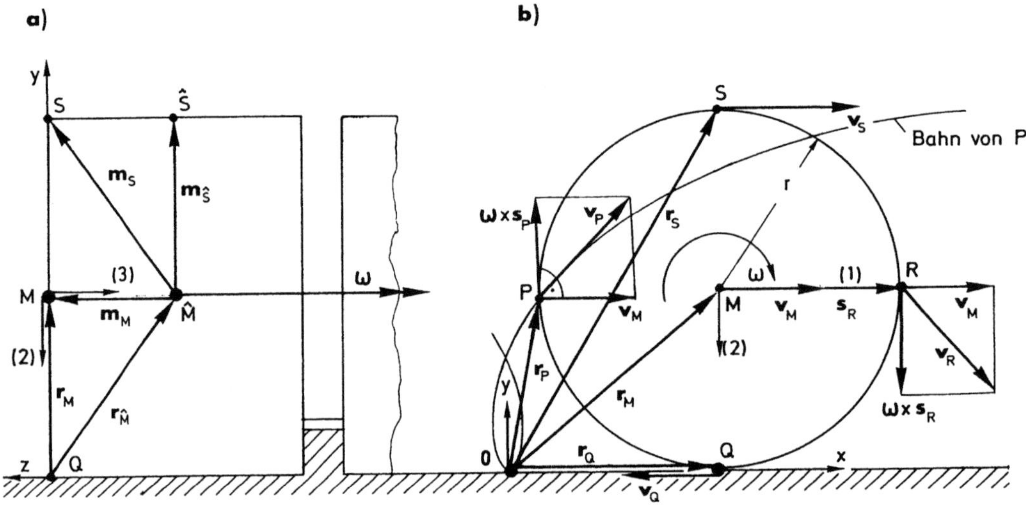

Bild 2-22

Nach (2.83) ist hier zwar wieder

$$v = v_A + \omega \times s\,,$$

aber alle Geschwindigkeitsvektoren v liegen in Ebenen, die parallel zur (1,2)-Ebene sind. Der Winkelgeschwindigkeitsvektor ω steht senkrecht zu diesen Ebenen, ist parallel zur (3)-Achse und bleibt es auch für alle Zeiten (Bild 2-22). Alle Punkte, die auf Verbindungslinien parallel zur (3)-Achse liegen, haben die gleiche Geschwindigkeit. So ist z.B. mit $A = \hat{M}$ für den Punkt S

$$v_S = v_{\hat{M}} + \omega \times m_S = v_{\hat{M}} + \omega \times (m_M + m_{\hat{S}})\,.$$

Da $\boldsymbol{\omega} \times m_M = 0$ wegen der Parallelität beider Vektoren zueinander ist, folgt

$$v_S = v_{\hat{M}} + \boldsymbol{\omega} \times m_{\hat{S}} = v_{\hat{S}} \, ,$$

d.h. S und $\hat{S}$ haben die gleiche Geschwindigkeit. Aus demselben Grunde haben die Punkte M und $\hat{M}$ die gleiche Geschwindigkeit, usw. Daher ist eine Ebene, z.B. die (1,2)-Ebene, repräsentativ für alle dazu parallelen Ebenen. Man braucht demnach auch nur diese weiter zu betrachten (Bild 2-22). Damit kann man auch alle möglichen Bezugspunkte A zweckmäßigerweise in diese Ebene legen und es gilt

$$\boldsymbol{\omega} \cdot s = \boldsymbol{\omega} \cdot v = 0 \, ; \quad \boldsymbol{\omega} \perp v, s \qquad (2.87)$$

Die ebene Bewegung des starren Körpers hat i.a. drei Freiheitsgrade, die durch die eine Komponente von $\boldsymbol{\omega}$ in (3)-Richtung und durch die „ebene" Geschwindigkeit, also die beiden Komponenten von v_A hinreichend beschrieben werden.

Die unabhängigen Bewegungsmöglichkeiten sind beim rollenden Rad nach Bild 2-22 bereits weiter eingeschränkt, da die Bewegung längs der ebenen, geraden Bahn OQ erfolgen soll und daher alle Punkte des starren Körpers auf der Geraden QS nur eine Komponente der Geschwindigkeit in (1)-Richtung haben. Wählt man also z.B. A = M, so hat auch $v_A = v_M$ nur eine Komponente

$$v_M = v_M(t)\, e_1 \qquad (2.88)$$

während für $\boldsymbol{\omega}$ nach wie vor gilt:

$$\boldsymbol{\omega} = \omega(t)\, e_3 \qquad (2.89)$$

Die Bewegung hat also zwei Freiheitsgrade, da $v_M(t)$ und $\omega(t)$ unabhängig voneinander sein können.

Nach (2.83) wird dann für einen beliebigen Punkt P auf dem Rad

$$v_P = v_M + \boldsymbol{\omega} \times s_P \qquad (2.90)$$

wobei wegen $\boldsymbol{\omega} \perp s_P$ aus Def. 1.18 (aus 1.3.6)

$$\boldsymbol{\omega} \times s_P = \omega\, s_P\, e_P \, ; \quad e_P \perp \boldsymbol{\omega}, s_P \qquad (2.91)$$

folgt mit e_P als Einheitsvektor in Umfangsrichtung des Rades bei P und somit $\boldsymbol{\omega} \times s_P$ als Umfangsgeschwindigkeit, die der Punkt allein hätte, wenn M fest wäre (vgl. Bild 2-22b). Bezüglich des (1)-, (2)-, (3)-Systems nimmt diese Umfangsgeschwindigkeit den Wert an:

$$\boldsymbol{\omega} \times s_P = \begin{vmatrix} e_1 & e_2 & e_3 \\ 0 & 0 & \omega(t) \\ s_1 & s_2 & 0 \end{vmatrix} = \omega(t)\,(s_1\, e_2 - s_2\, e_1) \, . \qquad (2.91a)$$

Nach (2.90) kommt dazu noch die Geschwindigkeit v_M, so daß die geometrische Summe dieser beiden Vektoren schließlich die Geschwindigkeit v_P von P ergibt (vgl. Bild 2-22). Mit (2.88) folgt

$$v_P = v_M\,(t)\,e_1 + \omega\,(t)\,(s_1\,e_2 - s_2\,e_1)$$

$$v_P = [v_M\,(t) - \omega\,(t)\,s_2]\,e_1 + \omega\,(t)\,s_1\,e_2 \qquad\qquad (2.92)$$

Man erkennt in (2.92) die beiden kinematischen Bestimmungsgrößen $v_M\,(t)$ für die Translation und $\omega\,(t)$ für die Rotation dieser Bewegung mit zwei Freiheitsgraden.

Da P nun jeder Punkt des Rades sein kann, ist die gesamte Geschwindigkeitsverteilung des Rades im Falle der ebenen Bewegung bestimmt. Jeder Punkt des Rades hat eine andere Geschwindigkeit nach Größe und/oder Richtung.
Beispielsweise ergibt sich für Punkte auf dem Umfang des Rades:

Für P = S, d.h. $s_1 = 0$, $s_2 = -r$ wird $v_S = (v_M + r\,\omega)\,e_1$,

für P = Q, d.h. $s_1 = 0$, $s_2 = r$ wird $v_Q = (v_M - r\,\omega)\,e_1$,

für P = R, d.h. $s_1 = r$, $s_2 = 0$ wird $v_R = v_M\,e_1 + \omega\,r\,e_2$

usw. (Bild 2-22 und 2-23).

Die Bahnkurve eines beliebigen Punktes P ist dann wieder die Kurve, die von den Geschwindigkeitsvektoren zu allen Zeiten tangiert wird. Nimmt also P nacheinander die Lagen von Q, P bis S an und berechnet man hierfür die Geschwindigkeiten (s. o.), so ist die Verbindungslinie, die durch diese v tangiert wird, die Bahnkurve von P (Bild 2-22).

Die Bahnen sind *Zykloiden*. Die Bahn von M ist die spezielle Bahnkurve einer Geraden durch M parallel zu OQ.

Schließlich kann man die verschiedenen Geschwindigkeiten aller Punkte des starren Rades in einer augenblicklichen Tachographen-Verteilung grafisch darstellen. Das ist in Bild 2-23 geschehen. Es fällt auf, daß

1.   die Geschwindigkeitsverteilungen sämtlich linear sind. Der Grund dafür liegt in (2.91), wonach die Umfangsgeschwindigkeit $\boldsymbol{\omega} \times s = \omega\,s\,e_P$ ist, d.h. sie hängt bei nur einem augenblicklichen Wert von ω, der für alle Radpunkte gleich ist, nur linear vom Abstand s des Punktes P zum Bezugspunkt (z.B. Mittelpunkt M) ab;

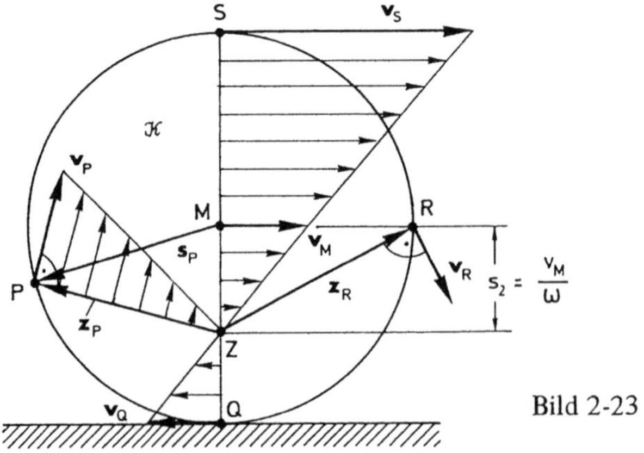

Bild 2-23

2. es offenbar einen Punkt Z (Bild 2-23) gibt, der im Augenblick keine Geschwindigkeit hat, d.h. für den gilt:

$$\mathbf{v}_Z = \mathbf{0} \, .$$

Gibt es aber einen solchen Punkt Z, so kann man diesen statt M als Bezugspunkt A für Gl. (2.83) wählen, denn an die Wahl von A waren keine weiteren Bedingungen gestellt.

Dann geht aber wegen $\mathbf{v}_Z = \mathbf{0}$ die Aussage (2.83) über in

$$\mathbf{v} = \mathbf{v}_Z + \boldsymbol{\omega} \times \mathbf{z} = \boldsymbol{\omega} \times \mathbf{z} \tag{2.93}$$

wobei nun $\mathbf{z}$ der Vektor von Z zum jeweiligen Punkt P auf dem starren Körper (Bild 2-23) ist.

Läßt sich die Geschwindigkeit aller Punkte P wie nach (2.93) nur als Kreuzprodukt $\boldsymbol{\omega} \times \mathbf{z}$ darstellen, dann liegt momentan eine reine Rotation um Z vor. Da Z selber in Ruhe ist, folgt nach (2.55), daß Z das *Momentanzentrum der Bewegung* ist. Derart kann auch jede ebene Bewegung eines starren Körpers als momentane Rotation um das Momentanzentrum Z mit dem einfachen Ergebnis für alle $\mathbf{v}$ nach (2.93) aufgefaßt werden. Z ist der Durchstoßungspunkt der Momentanachse (vgl. Satz 2.6) durch die Bewegungsebene. Da schließlich jeder Ergebnisvektor eines Kreuzproduktes orthogonal zu beiden erzeugenden Vektoren dieses Produktes ist, folgt neben $\mathbf{v} \cdot \boldsymbol{\omega} = 0$ (vgl. (2.87)) auch

$$\mathbf{v} \cdot \mathbf{z} = 0, \quad \text{also} \quad \mathbf{v} \perp \mathbf{z} \tag{2.94}$$

d.h. die Geschwindigkeit $\mathbf{v}$ eines jeden Punktes P auf $\mathscr{K}$ ist stets senkrecht zum jeweiligen Vektor $\mathbf{z}$ vom Momentanzentrum Z zum Punkt P (Bild 2-23).

Diese Aussagen werden zusammengefaßt zum

Satz 2.8:

Jede ebene, ansonsten beliebige Bewegung eines starren Körpers $\mathscr{K}$ läßt sich in jedem Moment als reine Rotation um einen momentan in Ruhe befindlichen Punkt Z darstellen. Z heißt *Momentanzentrum.*

Die *Geschwindigkeiten* $\mathbf{v}$ aller Punkte $P \in \mathscr{K}$ sind dann darstellbar als

$$\mathbf{v}_P = \boldsymbol{\omega} \times \mathbf{z} \, ,$$

wobei $\boldsymbol{\omega}\,(t)$ die augenblickliche Winkelgeschwindigkeit des starren Körpers und $\mathbf{z}$ der Abstandsvektor des Punktes P von Z ist.

Die Geschwindigkeitsvektoren $\mathbf{v}$ sind dann stets orthogonal zu den jeweiligen Abstandsvektoren $\mathbf{z}$. Die sich derart ergebene Geschwindigkeitsverteilung im starren Körper ist linear.

Auch in der Umkehrung sind die Aussagen des Satzes geeignet, das jeweilige Momentanzentrum Z aufzufinden, wenn wenigstens die Richtungen der Geschwindigkeiten von zwei Punkten des starren Körpers bekannt sind und diese Geschwindigkeitsrichtungen nicht parallel sind. Der Schnittpunkt der beiden Senkrechten zu den Geschwindigkeitsrichtungen in den beiden Körperpunkten gibt die Lage des Momentanzentrums an.

Sind die vorgegebenen Richtungen parallel, so müssen auch die Größen der beiden Geschwindigkeiten, d.h. beide Geschwindigkeitsvektoren vorgegeben sein (Bild 2-23).

Die Möglichkeit, die allgemeine ebene Bewegung eines starren Körpers durch eine reine Rotation mit ω um das Momentanzentrum Z nach (2.93) darzustellen, darf jedoch nicht als ebene Bewegung mit einem Freiheitsgrad verstanden werden; denn die Lage des Momentanzentrums wechselt selbst auch und damit ist die Bewegung erst vollständig bestimmt, wenn auch die Translation des Momentanzentrums und damit dessen Lage zusätzlich zur Rotation um dieses eindeutig bestimmt ist.

Für das Beispiel des Rades nach Bild 2-22 mit seinen zwei Freiheitsgraden (vgl. (2.92)) wird unmittelbar deutlich, daß die Lage des Momentanzentrums analytisch nur bei Angabe beider Bestimmungsstücke, also z.B. von v_M (t) *und* ω (t), bestimmbar ist. Man erhält aus (2.92), wenn man P durch Z ersetzt und $v_Z = 0$ berücksichtigt,

$$\mathbf{v}_z = 0 = (v_M - \omega\, s_2)\, \mathbf{e}_1 + \omega\, s_1\, \mathbf{e}_2 \ .$$

Da ein Vektor nur dann gleich dem Nullvektor ist, wenn seine sämtlichen Koordinaten gleich Null sind, folgt

$$v_M = \omega\, s_2 \quad \text{und} \quad \omega\, s_1 = 0 \ ,$$

also

$$s_2 = \frac{v_M}{\omega}\,; \qquad s_1 = 0 \tag{2.95}$$

Das sind die beiden Koordinaten für Z bezogen auf den Mittelpunkt M, von dem aus die Koordinaten s gezählt worden waren. Da $s_1 = 0$ ist, heißt das, daß Z immer auf der Geraden MQ, und zwar im Abstand v_M/ω von M aus liegt (vgl. Bild 2-23).
Ist speziell v_M (t) = 0, so ist auch $s_2 = s_1 = 0$ und das Momentanzentrum Z liegt in M. Der Körper führt dann nur eine Rotation um M = Z aus — das Rad rutscht durch und M bleibt auf der Stelle (Bild 2-24a).
Ist speziell $\omega = 0$, so geht $s_2 \to \infty$ und das Momentanzentrum Z liegt im Unendlichen. Der Körper führt dann eine reine Translation $v_P = v_M = v_S = v_R$ aus — das Rad gleitet ohne Drehung entlang der Unterlage. Demzufolge liegt der Schnittpunkt aller Senkrechten zu den Geschwindigkeitsrichtungen, d.h. das Momentanzentrum, im Unendlichen (Bild 2-24b).

Zwischen diesen beiden Extremfällen der Rotation (Bild 2-24a) und der Translation (Bild 2-24b) liegen alle möglichen Kombinationen der kinematischen Vorgaben für positives v_M und ω nach (2.95). Damit liegen auch sämtliche möglichen Momentanzentren für diese Kombinationen zwischen M und $+\infty$. Einer dieser beliebigen Fälle, nämlich

$$s_1 = 0, \ s_2 = \frac{v_M}{\omega} < r$$

war die Lösung des Problems nach Bild 2-23.
Letztlich ist noch zu klären, welche Art der Bewegung vorliegt, wenn genau

$$s_1 = 0, \qquad s_2 = \frac{v_M}{\omega} = r \tag{2.96}$$

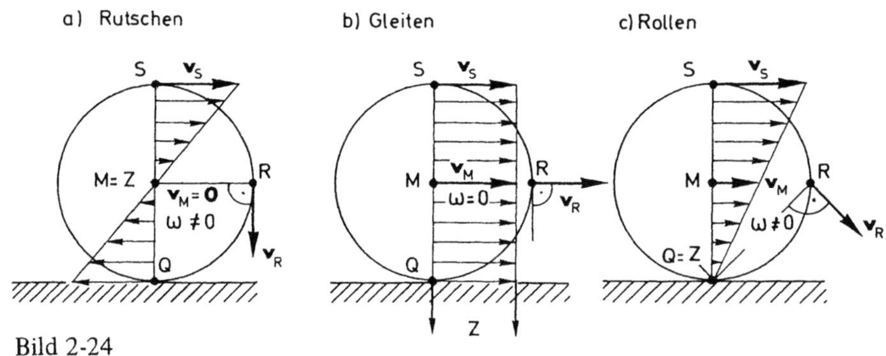

Bild 2-24

ist. Offenbar besteht dann zwischen den beiden kinematischen Größen v_M und ω die kinematische Beziehung (vgl. Kap. 1.2.7) nach (2.96)

$$v_M = r\,\omega \tag{2.97}$$

Das System hat nun nur noch *eine* unabhängige Bewegungsmöglichkeit — da v_M und ω über (2.97) voneinander abhängig sind — also nur noch *einen* Freiheitsgrad. Das Momentanzentrum liegt nach (2.96) stets an der Stelle, an der sich im Augenblick der Körperpunkt Q (Bild 2-22, 2-23, 2-24c) befindet, also stets im Berührungspunkt des Körpers $\mathcal{K}$ mit der Unterlage. Eine solche Bewegung eines starren Körpers nennt man *(reines) Rollen.*

Die Geschwindigkeitsverteilung **v** für die Punkte auf der Strecke QMS ist in Bild 2-24c dargestellt. Wieder gilt (2.83) für beliebiges A und $s = \overrightarrow{AP}$, d.h.

$$v_P = v_A + \omega \times s\,,$$

und (2.93) gilt hier für Z = Q, d.h.

$$v_P = \omega \times z$$

mit $z = \overrightarrow{QP}$. Im übrigen vergleiche man mit Satz 2.8.

Die Bahnkurve des Momentanzentrums Z im Falle des Rollens im raumfesten System nennt man die *Spurkurve.* In obigen Beispielen ist das die Gerade OQ, also der geometrische Ort, der die Unterlage (Schiene, Zahnstange o.ä.) beschreibt. Den geometrischen Ort von Z im körperfesten System bezeichnet man als *Rollkurve.* Im Falle des reinen Rollens ist das in obigen Beispielen gerade der Umfangskreis des Rades. Die ebene Bewegung des starren Körpers ist damit auch als das *Abrollen der Rollkurve auf der Spurkurve* zu verstehen.

Spurkurve und Rollkurve sind bei dieser ebenen Bewegung Spezialfälle des Spurkegels und des Rollkegels der räumlichen Rotation (vgl. obige Anmerkung), bei denen die Kegel zu Zylindern und der „Spurzylinder" noch weiter zur Geraden entartet sind.

Beispiel für die ebene Bewegung eines Systems aus drei starren Körpern: Der in Bild 2-25 skizzierte Viergelenkmechanismus besteht aus drei Stäben, die gelenkig bei A und D gelagert und bei B und C gelenkig miteinander verbunden sind. Das System besteht damit aus drei starren Körpern, die eine ebene Bewegung ausführen sollen. Wo liegen die Momentanzentren?

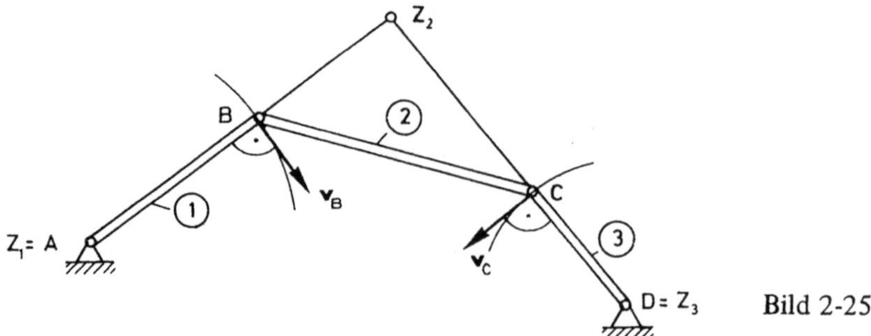

Bild 2-25

Lösung:

Die drei starren Stäbe haben je ein Momentanzentrum. Da die Stäbe ① und ③ beide reine Rotationen um ihre jeweiligen Lager A bzw. D ausführen und A bzw. D in Ruhe sind, ist A für Stab ① = Z_1 und D für Stab ③ = Z_3 nach Satz 2.8 das jeweilige Momentanzentrum. Für Stab ② gilt weiter: Da der Punkt B sowohl zu Stab ① als auch zu Stab ② gehört und die Richtung der Geschwindigkeit von B aus der Rotation von Stab ① um A bekannt ist, muß Z_2 auf der Senkrechten zu v_B in B bzw. in Verlängerung von AB zu finden sein. Für den Punkt C gilt sinngemäß das gleiche, wenn B durch C und A durch D ersetzt wird. Der Schnittpunkt der Verlängerungen AB und CD ist der Punkt Z_2. Das ist das Momentanzentrum für Stab ②.

2.3.3 Die Bewegungsschraube

Nach (2.83) läßt sich die Bewegung des starren Körpers durch die Translationsgeschwindigkeit v_A eines beliebigen Bezugspunktes A und die invariante Winkelgeschwindigkeit ω darstellen. (Für die Invarianz von ω vgl. die Bemerkungen zu Satz 2.7 im vorhergehenden Abschnitt.) Beide sind im allgemeinen nicht parallel zueinander. Die Transformationsformel (2.83) kann so angewandt werden, daß man den Bezugspunkt $A = A_z$ (vgl. Bild 2-26) genau so wählt, daß ω und $v_z = v_A + \omega \times c_z$ parallel sind. Nimmt man ohne Einschränkung der Allgemeinheit $c_z \perp \omega$ an, so erfordert die Bedingung der Parallelität von ω und v_z

$$\omega \times v_z = \omega \times (v_A + \omega \times c_z) = 0$$

bzw. mit dem Entwicklungssatz Gl. (1.98)

$$\omega \times v_A + (\omega \cdot c_z)\,\omega - \omega^2\, c_z = 0 \, .$$

Das mittlere Glied wird Null wegen $\omega \perp c_z$

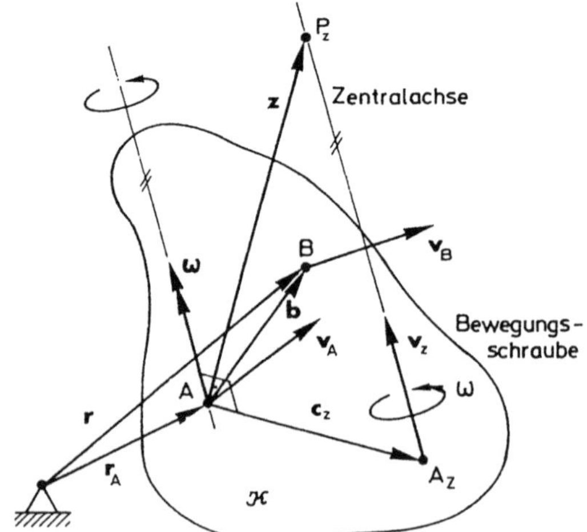

Bild 2-26

Die allgemeine Bewegung des starren Körpers läßt sich also auf eine sogenannte *Bewegungsschraube* reduzieren. Der Körper dreht sich in dem betrachteten Augenblick mit ω um die sogenannte *Zentralachse* und bewegt sich gleichzeitig mit v_z in ihrer Richtung, führt also eine Schraubenbewegung aus. Die Zentralachse hat danach den Abstandsvektor

$$c_z = \frac{\omega \times v_A}{\omega^2} \qquad\qquad (2.98)$$

von einem beliebigen Bezugspunkt A, für den ω und v_A bekannt sind. Dabei ändert sich ihre Lage bei fortschreitender Bewegung im allgemeinen mit der Zeit.

Sie ist also ein spezieller Fall der Momentanachse nach Satz 2.6, bei dem die Vektoren v_A und ω parallel sind.

Die Größe von v_z erhält man, indem man v_A auf die Richtung von ω projiziert und einen Einheitsvektor $\omega_0 = \omega/|\omega|$ so definiert, daß er in Richtung von ω weist. Dann wird

$$v_z = |v_A| \cos \psi \; \omega_0 = \frac{|v_A| \, |\omega| \cos \psi}{|\omega|} \; \frac{\omega}{|\omega|} \; .$$

Mit dem skalaren Produkt $v_A \cdot \omega = |v_A| \, |\omega| \cos \psi$ folgt die Geschwindigkeit der Bewegungsschraube

$$v_z = \frac{v_A \cdot \omega}{\omega^2} \; \omega = p \, \omega \qquad\qquad (2.99)$$

die sich nur durch den sogenannten *Parameter* p der *Bewegungsschraube* von der Winkelgeschwindigkeit ω unterscheidet.

Die Gleichung der Zentralachse der Bewegungsschraube (vgl. auch Bild 2-26) lautet

$$z = c_z + \omega \, t \qquad\qquad (2.100)$$

Hier sei schon auf die Analogie zur sogenannten *Kraftschraube* (vgl. Abschnitt 3.6) hingewiesen.

Neben ω sind auch das skalare Produkt $v_A \cdot \omega$ in (2.99) und damit v_z und p Invarianten. Das erkennt man, wenn man die Geschwindigkeit für den Punkt $B \in \mathscr{K}$ in Bild 2-26 nach (2.83), also

$$v_B = v_A + \omega \times b$$

mit ω skalar multipliziert. Man erhält so

$$v_B \cdot \omega = v_A \cdot \omega + (\omega \times b) \cdot \omega = v_A \cdot \omega \; .$$

Die Bewegungsschraube degeneriert, falls

$$v_A \cdot \omega = 0$$

ist, also in folgenden Fällen, die auch die Sonderfälle 1 bis 3 des vorigen Abschnitts sind:

$$\omega = 0, \quad v_A \neq 0 \qquad \text{Sonderfall 1, reine Translation}$$
$$v_A = 0, \quad \omega \neq 0 \qquad \text{Sonderfall 2, reine Rotation}$$
$$v_A \perp \omega \qquad\qquad \text{Sonderfall 3, ebene Bewegung, vgl. (2.87).}$$

Beim rollenden Rad nach Bild 2-24c geht die Bewegungsschraube durch Q = Z und besteht nur aus ω.

Momentandrehungen starrer Körper um mehrere Achsen durch einen Punkt lassen sich vektoriell zu einer resultierenden Drehung addieren. Ein Beispiel möge dies veranschaulichen:

Beispiel: Ein Zapfen soll nach Bild 2-27 auf einem Kugellager laufen, ohne daß er gegenüber den Kugeln und diese gegenüber der Lagerschale gleiten. Beide Körper müssen sich dann um den raumfesten Punkt O drehen. Die Zapfendrehung ω_z läßt sich vektoriell zusammensetzen aus der Drehung ω_r des Zapfens gegenüber den – vorübergehend als raumfest angenommenen – Kugeln um die Momentanachse M_r und der Drehung ω_k der Kugeln um ihre Momentanachse M_k, also aus

$$\omega_z = \omega_k + \omega_r \,.$$

Aus der Bedingung, daß der Berührungspunkt B als Punkt des Zapfens und der Kugeln die Geschwindigkeit

$$v_B = \omega_z \times r_B = \omega_k \times r_B$$

haben muß, folgt nicht etwa $\omega_z = \omega_k$, sondern

$$|v_B| = |\omega_z|\,|r_B|\sin\alpha = |\omega_k|\,|r_B|\sin\beta$$

und daraus

$$|\omega_z| = |\omega_k|\,\frac{\sin\beta}{\sin\alpha}\,.$$

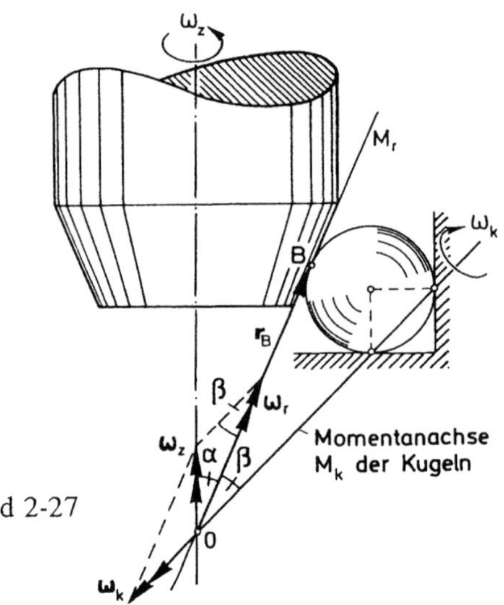

Bild 2-27

2.3.4 Beschleunigung

Nachdem im vorangegangenen Abschnitt nachgewiesen worden ist, daß die Bewegung des starren Körpers als Sonderfall in der allgemeinen Kinematik nach 2.2.5 enthalten ist, geht man zur Berechnung der Beschleunigungen aller Punkte X eines starren Körpers $\mathscr{K}$ zweckmäßigerweise gleich von der allgemeinen Form nach Satz 2.5 bzw. Gl. (2.81) aus. Diese Beziehung geht unter Beachtung der Eigenschaft eines starren Körpers, wonach die Abstände zwischen zwei Punkten des Körpers und damit die Größe aller Verbindungsvektoren s zweier Körperpunkte konstant bleiben müssen, also mit Gl. (2.82), über in die Gleichung

$$\frac{d_r z^*}{dt} = \dot{z}^* = \frac{d_r s}{dt} = 0 \tag{2.101}$$

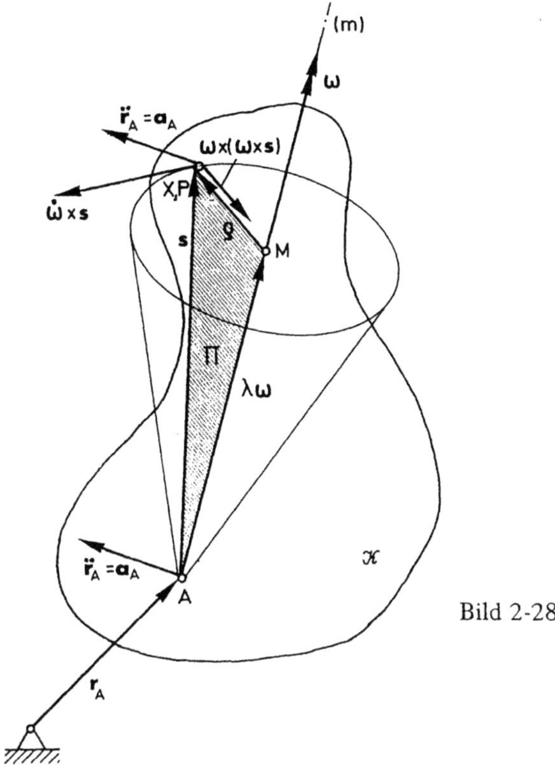

Bild 2-28

Damit ist auch wieder Satz 2.6 erfüllt, wonach die gesamte Bewegung eines starren Körpers aus der Rotation des Körpers und der Translation eines seiner Punkte (Bezugspunkt) superponierbar ist. Ist also (Bild 2-20 und 2-28) A der Bezugspunkt und X der jeweilige materielle Punkt, dessen Beschleunigung es zu berechnen gilt, so ist zunächst nach (2.80)

$$a = a_A + \ddot{z}^* + 2\,\omega \times \dot{z}^* + \dot{\omega} \times z^* + \omega \times (\omega \times z^*)\,,$$

jedoch ist wegen (2.101) $\dot{z}^* = 0$ und somit auch $\ddot{z}^* = 0$. Demnach folgt für den starren Körper mit $z^* \triangleq s$

$$a = a_A + \dot{\omega} \times s + \omega \times (\omega \times s) \tag{2.102}$$

Damit gilt

Satz 2.9:
Die *Beschleunigung eines Punktes* P auf einem starren Körper besteht additiv aus drei Anteilen, nämlich (vgl. Bild 2-28) dem
1. Vektor a_A, also der Beschleunigung des Bezugspunktes A,
2. Vektor $\dot{\omega} \times s$, also der Beschleunigung von P allein infolge der Winkelbeschleunigung des starren Körpers bei Rotation um die Momentanachse durch A und
3. Vektor $\omega \times (\omega \times s)$, also der Zentripetalbeschleunigung von P infolge der Rotation des starren Körpers um die Momentanachse (m) durch A.

Gegenüber der Aussage des Satzes 2.5 fehlt im Falle des starren Körpers die CORIOLIS-beschleunigung

$$2\,\boldsymbol{\omega}\times\dot{\mathbf{z}}^* = 2\,\boldsymbol{\omega}\times\frac{d_r\,s}{dt}$$

sowie die Relativbeschleunigung

$$\ddot{\mathbf{z}}^* = \mathbf{a}_{rel} = \frac{d_r^2\,s}{dt^2}\,.$$

Es verbleiben genau die drei Terme, die man in der allgemeinen Kinematik (Satz 2.5) zur *Führungsbeschleunigung* (2.81) zusammenfaßt.

Da sich der starre Körper mit dem Winkelgeschwindigkeitsvektor $\boldsymbol{\omega}$ mitdreht, hat die in Satz 2.9 unter 2. auftretende Winkelbeschleunigung $\dot{\boldsymbol{\omega}}$ in einem körperfesten und daher ebenfalls mit $\boldsymbol{\omega}$ rotierenden System nach Satz 2.3 bzw. (2.57) die Darstellung

$$\dot{\boldsymbol{\omega}} = \frac{d_r\,\boldsymbol{\omega}}{dt} + \boldsymbol{\omega}\times\boldsymbol{\omega} = \frac{d_r\,\boldsymbol{\omega}}{dt}$$

und damit keine Systemableitung. Bleibt der $\boldsymbol{\omega}$-Vektor, wie z.B. für die ebene Bewegung und die Drehung um eine raumfeste Achse, sich ständig parallel, so ist nach (2.89) $\boldsymbol{\omega} = \omega\,(t)\,\mathbf{e}_3$ und für die Winkelbeschleunigung wird $\dot{\boldsymbol{\omega}} = \dfrac{d_r\,\boldsymbol{\omega}}{dt} = \dot{\omega}\,\mathbf{e}_3 \parallel \boldsymbol{\omega}$, also parallel zur Winkelgeschwindigkeit. Der Term $\dot{\boldsymbol{\omega}}\times s$ läßt dann aufgrund derselben Überlegungen, die zu (2.84) führten, die anschauliche Deutung der zur Ebene Π (Bild 2-28) senkrechten Umfangs- oder Tangentialbeschleunigung zu.

Der in Satz 2.9 unter 3. auftretende Anteil läßt sich mit $s = \overrightarrow{AP} = \overrightarrow{AM} + \overrightarrow{MP} = \lambda\,\boldsymbol{\omega} + \rho$ (Bild 2-28) und wegen $\boldsymbol{\omega}\perp\rho$ in die Form bringen

$$\boldsymbol{\omega}\times(\boldsymbol{\omega}\times s) = \boldsymbol{\omega}\times[\boldsymbol{\omega}\times(\lambda\,\boldsymbol{\omega}+\rho)] = \boldsymbol{\omega}\times(\boldsymbol{\omega}\times\rho) = (\boldsymbol{\omega}\cdot\rho)\,\boldsymbol{\omega} - \omega^2\,\rho = -\omega^2\,\rho\,.$$

Dieser in der Ebene Π liegende Beschleunigungsanteil ist auf den Mittelpunkt M des Kreises gerichtet, auf dem sich P zur Zeit t — also „momentan" — um die Momentanachse (m) bewegt. Er ist wieder die *Zentripetalbeschleunigung*.

Mit der Angabe der drei skalaren Größen von $\mathbf{a}_A$ bei beliebigem A und der Angabe der drei Koordinaten von $\boldsymbol{\omega}$ ist die Beschleunigung $\mathbf{a}$ eines jeden materiellen Punktes auf $\mathscr{K}$ eindeutig bestimmt.

Für die nun notwendig werdende zweimalige Integration des Beschleunigungsvektors $\mathbf{a}(t)$ zum Lagevektor $\mathbf{r}(t)$ müssen dabei entsprechend auch zwei vektorielle Anfangsbedingungen, d.h. z.B. die Anfangslage und die Anfangsgeschwindigkeit vorgegeben sein, um auch die Lage zu jeder Zeit eindeutig angeben zu können. Es liegt im Wesen der Differentialrechnung, daß in Umkehrung des obigen Prozesses, also bei Ableitung des Ortsvektors $\mathbf{r}(t)$ zur Geschwindigkeit $\mathbf{v}(t)$ und nochmaliger zeitlicher Ableitung zur Beschleunigung $\mathbf{a}(t)$ keine zusätzlichen Bedingungen (z.B. Anfangsbedingungen) benötigt werden (vgl. dazu (1.18) mit (1.19)).

Die Sonderfälle der reinen Translation ($\boldsymbol{\omega} = 0$) und reinen Rotation $\mathbf{v}_A = 0$ und der ebenen Bewegung ergeben sich entsprechend 2.3.2:

So wird für die

1. *Translation* des starren Körpers:

$$a = a_A \qquad (2.103)$$

d.h. alle Punkte haben die gleiche Beschleunigung nach Größe und Richtung.

2. *Rotation* des starren Körpers um die Momentanachse durch A:

$$a = \dot{\omega} \times s + \omega \times (\omega \times s) \qquad (2.104)$$

d.h. alle Punkte haben eine i.a. verschiedene, momentane Tangential- und eine Zentripetalbeschleunigung.

3. *Ebene Bewegung* des starren Körpers:

$$a = a_A + \dot{\omega} \times s + \omega \times (\omega \times s) \qquad (2.105)$$

d.h. wie (2.102), wobei aber der Winkelgeschwindigkeitsvektor sich zu allen Zeiten parallel bleibt (er dreht sich auch bezüglich des raumfesten Systems nicht). Dann gilt speziell für A = M wieder (Bild 2-22, (2.88) bis (2.90), (2.92))

$$v_M = v_M(t)\, e_1\,; \quad \omega = \omega(t)\, e_3\,; \quad s = s_1\, e_1 + s_2\, e_2$$
$$v_P = v_M + \omega \times s = (v_M - \omega s_2)\, e_1 + \omega s_1 e_2$$

und zusätzlich wird für die Beschleunigung nach (2.105) mit dem Entwicklungssatz für das doppelte Vektorprodukt nach (1.98) für einen beliebigen Punkt P

$$a_P = a_M(t) + \dot{\omega} \times s + \omega(\omega \cdot s) - s\, \omega^2 \qquad (2.106)$$

Nun ist

$$\dot{\omega} = \frac{d_r\, \omega}{dt} = \dot{\omega}\, e_3\,, \quad \dot{\omega} \times s = \dot{\omega}\, e_3 \times (s_1\, e_1 + s_2\, e_2) = \dot{\omega}\, (s_1\, e_2 - s_2\, e_1)$$

und $\omega \cdot s = 0$ (o.B.d.A., vgl. (2.87)),

sowie wegen der ebenen Bewegung

$$a_M = a_{M1}\, e_1 + a_{M2}\, e_2\ .$$

Also wird

$$a_P = (a_{M1} - \dot{\omega}\, s_2 - \omega^2 s_1)\, e_1 + (a_{M2} + \dot{\omega}\, s_1 - \omega^2 s_2)\, e_2 \qquad (2.107)$$

Statt M kann natürlich auch jeder andere Bezugspunkt A gewählt werden. Für die speziellen Punkte Q, S, R usw. nach Bild 2-22 müssen wieder die speziellen Koordinaten s_1 und s_2 dieser Punkte eingesetzt werden.

Mit (2.83) bzw. Satz 2.7 für die Geschwindigkeit und mit (2.102) bzw. Satz 2.9 für die Beschleunigung sind die notwendigen und hinreichenden Gleichungen innerhalb der

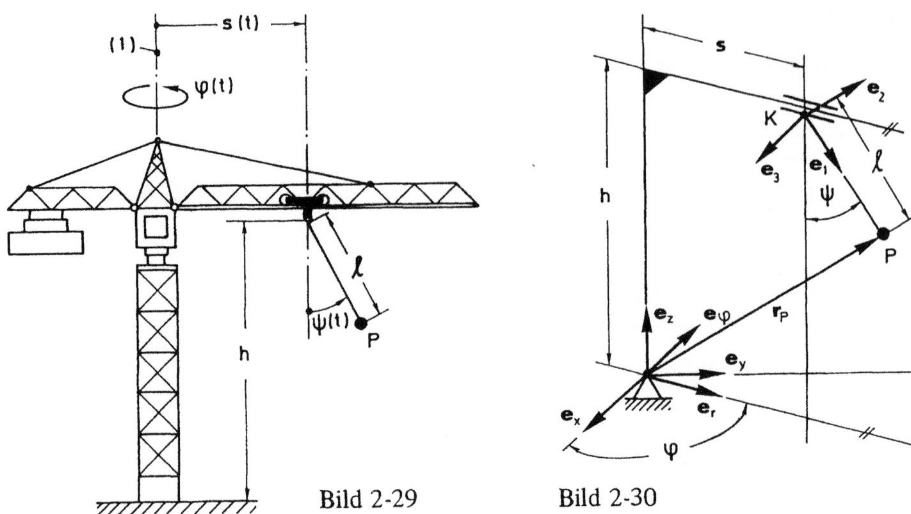

Bild 2-29   Bild 2-30

Kinematik für alle materiellen Punkte des starren Körpers bereitgestellt. Dagegen bleibt
die Lösung der Frage, wodurch die Bewegung überhaupt zustandekommt bzw. geändert
wird, dem späteren Kapitel „Kinetik starrer Systeme" vorbehalten (Kap. 7).

Beispiel 1: Der skizzierte Baukran nach Bild 2-29 dreht sich um die Achse (1) mit der Winkelgeschwindigkeit $\dot\varphi$ (t). Die an der Laufkatze hängende Last P pendelt zudem in der vertikalen Aus-
legerebene mit $\dot\psi$ (t) und die Bewegung der Laufkatze wird durch s (t) beschrieben. Man ermittle die
Geschwindigkeit und Beschleunigung der Last P.

Lösung:

Bezüglich der ursprungsfesten, mit dem Baukran mitbewegten (körperfesten) Zylinderkoordinaten-
Basis $[e_r, e_\varphi, e_z]$ gilt für den Ortsvektor von P nach Bild 2-30

$$\mathbf{r}_P = (s + l \sin\psi)\,\mathbf{e}_r + (h - l \cos\psi)\,\mathbf{e}_z\ .$$

Diese Basis dreht sich (nur) mit dem Baukran — also um den Winkel φ (t) — mit, d.h. die Systemwinkelgeschwindigkeit ist

$$\boldsymbol{\omega}_s = \dot\varphi\,\mathbf{e}_z\ .$$

Für die Geschwindigkeit gilt Satz 2.2 (2.27) bzw. Satz 2.4

$$\mathbf{v}_P = \frac{d_r\,\mathbf{r}_P}{dt} + \boldsymbol{\omega}_s \times \mathbf{r}_P\ .$$

Nun ist wegen l = const und h = const

$$\frac{d_r\,\mathbf{r}_P}{dt} = (s + l \sin\psi)^{\boldsymbol{\cdot}}\,\mathbf{e}_r + (h - l \cos\psi)^{\boldsymbol{\cdot}}\,\mathbf{e}_z = (\dot s + \dot\psi\,l \cos\psi)\,\mathbf{e}_r + (\dot\psi\,l \sin\psi)\,\mathbf{e}_z$$

und

$$\boldsymbol{\omega}_s \times \mathbf{r}_P = \begin{vmatrix} \mathbf{e}_r & \mathbf{e}_\varphi & \mathbf{e}_z \\ 0 & 0 & \dot\varphi \\ (s + l \sin\psi) & 0 & (h - l \cos\psi) \end{vmatrix} = \dot\varphi\,(s + l \sin\psi)\,\mathbf{e}_\varphi\ .$$

Damit wird

$$\mathbf{v}_P = \frac{d_r\,\mathbf{r}_P}{dt} + \boldsymbol{\omega}_s \times \mathbf{r}_P = (\dot s + \dot\psi\,l \cos\psi)\,\mathbf{e}_r + (s + l \sin\psi)\,\dot\varphi\,\mathbf{e}_\varphi + (\dot\psi\,l \sin\psi)\,\mathbf{e}_z\ .$$

Für die Beschleunigung gilt entsprechend Satz 2,5, (2.80) bzw. (2.31) oder (2.30)

$$\mathbf{a}_P = \frac{d^2\,\mathbf{r}_P}{dt^2} + \frac{d_r\,\boldsymbol{\omega}_s}{dt} \times \mathbf{r}_P + 2\,\boldsymbol{\omega}_s \times \frac{d_r\,\mathbf{r}_P}{dt} + \boldsymbol{\omega}_s \times (\boldsymbol{\omega}_s \times \mathbf{r}_P) = \frac{d_r\,\mathbf{v}_P}{dt} + \boldsymbol{\omega}_s \times \mathbf{v}_P$$

$$= [\ddot{s} + \ddot{\psi}\,l\cos\psi - \dot{\psi}^2\,l\sin\psi - \dot{\varphi}^2\,(s + l\sin\psi)]\,\mathbf{e}_r$$

$$+ [2\,(\dot{s} + \dot{\psi}\,l\cos\psi)\,\dot{\varphi} + (s + l\sin\psi)\,\ddot{\varphi}]\,\mathbf{e}_\varphi + [l\,(\ddot{\psi}\sin\psi + \dot{\psi}^2\cos\psi)]\,\mathbf{e}_z\,.$$

Ebenso hätte man die raumfeste Basis $[\mathbf{e}_x, \mathbf{e}_y, \mathbf{e}_z]$ verwenden können. Diese führt keine Drehungen aus, damit ist $\boldsymbol{\omega}_s = \mathbf{0}$ und die Richtungsableitungen sind von vornherein gleich Null. Jedoch ist die Aufstellung des Ortsvektors dann wegen der Räumlichkeit des Problems erheblich erschwert und die Größenableitungen werden dann wesentlich komplizierter als oben.

Schließlich hätte man auch ein mit der Laufkatze mitbewegtes Basissystem $[\mathbf{e}_1, \mathbf{e}_2, \mathbf{e}_3]$ bei K einführen können. Dessen Rotation setzt sich aus der Drehung des Kranes $\dot{\varphi}$ und der Drehung der Last P um K mit $\dot{\psi}$ zusammen (vgl. 2.24, Fall C). Die Systemwinkelgeschwindigkeit $\boldsymbol{\omega}_s$ enthält dann beide Komponenten, dafür ist der Vektor $\overrightarrow{KP} = \boldsymbol{l}$ dann besonders einfach, nämlich als $\boldsymbol{l}\,(t) = l\,\mathbf{e}_1(t)$ zu bestimmen. Wegen der Bewegung des Ursprungs K dieses Systems erfolgt die Bestimmung der Geschwindigkeit und Beschleunigung nach Satz 2.4 und Satz 2.5.

Natürlich sind alle Ergebnisse in allen drei Systemen äquivalent, d.h. sie führen nach Umrechnung der jeweiligen Bezugssysteme auf das gleiche Ergebnis.

Beispiel 2: Durch die nach Bild 2-31 skizzierte Anordnung (Korbverseilmaschine) werden Drahtseile in einem Arbeitsgang verdrillt und auf der Spule (3) aufgewickelt. Hierzu dreht sich die gesamte Anordnung mit ω_1 um die raumfeste Achse (1) und die Spule (3) mit ω_2 relativ zur Spulenachse (2). Man berechne die Geschwindigkeit $\mathbf{v}_P$ eines beliebigen Punktes P auf der Anlaufkante X der Spule (3).

Lösung:
Zweckmäßigerweise wählt man eine körperfeste Basis $[\mathbf{e}_1, \mathbf{e}_2, \mathbf{e}_3]$, die mit dem Korb K, und eine körperfeste Basis $[\mathbf{e}_1^s, \mathbf{e}_2^s, \mathbf{e}_3^s]$, die mit der Spule S verbunden ist. Der Ursprung beider Systeme sei der Mittelpunkt M der Anordnung. Dann ist

$$\boldsymbol{\omega}_1 = \omega_1\,\mathbf{e}_1 \quad \text{und} \quad \boldsymbol{\omega}_2 = \omega_2\,\mathbf{e}_2$$

und

$$\mathbf{p} = l\,\mathbf{e}_2^s + a\,\mathbf{e}_3^s\,, \quad l = \text{const},\ a = \text{const}$$

bzw.

$$\mathbf{p} = a\sin\varphi_2\,\mathbf{e}_1 + l\,\mathbf{e}_2 + a\cos\varphi_2\,\mathbf{e}_3\,.$$

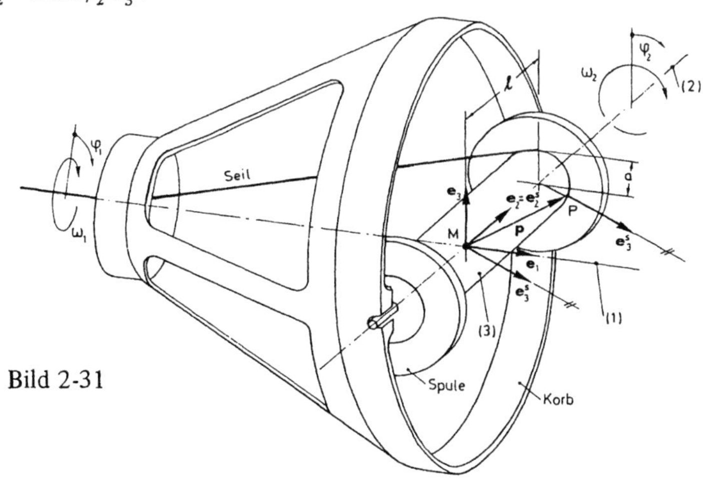

a)   Für die Geschwindigkeit erhält man im Basissystem $[e_1, e_2, e_3]$

$$v_p = \frac{d_r\,p}{dt} + \omega_K \times p \,.$$

Mit

$$\frac{d_r\,p}{dt} = a\,\omega_2\,\cos\varphi_2\,e_1 - a\,\omega_2\,\sin\varphi_2\,e_3$$

und wegen $\omega_K = \omega_1\,e_1$ mit

$$\omega_K \times p = \begin{vmatrix} e_1 & e_2 & e_3 \\ \omega_1 & 0 & 0 \\ a\sin\varphi_2 & l & a\cos\varphi_2 \end{vmatrix} = -a\,\omega_1\,\cos\varphi_2\,e_2 + l\,\omega_1\,e_3$$

folgt

$$v_p = a\,\omega_2\,\cos\varphi_2\,e_1 - a\,\omega_1\,\cos\varphi_2\,e_2 + (l\,\omega_1 - a\,\omega_2\,\sin\varphi_2)\,e_3 \,.$$

b)   Im Basissystem $[e_1^s, e_2^s, e_3^s]$ erhält man für die Geschwindigkeit

$$v_p = \frac{d_r\,p}{dt} + \omega_s \times p$$

mit

$$\omega_s = \omega_1\,e_1 + \omega_2\,e_2 = \omega_1\,\cos\varphi_2\,e_1^s + \omega_2\,e_2^s + \omega_1\,\sin\varphi_2\,e_3^s \,.$$

Wegen $\dfrac{d_r\,p}{dt} = 0$ (da l und a jeweils konstant sind) und mit

$$\omega_s \times p = \begin{vmatrix} e_1^s & e_2^s & e_3^s \\ \omega_1\cos\varphi_2 & \omega_2 & \omega_1\sin\varphi_2 \\ 0 & l & a \end{vmatrix}$$

$$= (a\,\omega_2 - l\,\omega_1\,\sin\varphi_2)\,e_1^s - a\,\omega_1\,\cos\varphi_2\,e_2^s + \omega_1\,l\,\cos\varphi_2\,e_3^s$$

folgt schließlich

$$v_p = (a\,\omega_2 - l\,\omega_1\,\sin\varphi_2)\,e_1^s - a\,\omega_1\,\cos\varphi_2\,e_2^s + \omega_1\,l\,\cos\varphi_2\,e_3^s \,.$$

Vgl. die Diskussion zu Beispiel 1! Beide Ergebnisse sind äquivalent und nach Umrechnung der Basissysteme ineinander identisch.

2.4 Kinematik des deformierbaren Körpers

Die Bewegung eines deformierbaren Körpers setzt sich gemäß 1.2.6 aus drei Anteilen zusammen: Translation, Rotation und Deformation. Durch die gegenüber den vorstehenden Abschnitten noch hinzukommende Deformation sind weder die Abstandsvektoren s zwischen jeweils zwei materiellen Punkten des Körpers *größeninvariant,* also müssen Aussagen wie z.B. (2.101) aufgegeben werden, noch gibt es, wie beim starren Körper, einen *einzigen* Winkelgeschwindigkeitsvektor ω, der *die* Drehung des deformierbaren Körpers beschreibt. Da man — selbst wenn die Bewegung *eines* materiellen Punktes auf $\mathcal{K}$ bekannt wäre — daraus noch nicht auf die Bewegung eines anderen Punktes auf $\mathcal{K}$ schließen kann, wird für *jeden* materiellen Punkt $X \in \mathcal{K}$ ein hinreichender Satz von Lagekoordinaten zur eindeutigen Beschreibung der Bewegung von X benötigt. Dies bedeutet für den gesamten

Körper, daß unendlich viele Angaben zur Festlegung aller Punkte X zu allen Zeiten t notwendig sind. Das hatte ja bereits in 1.2.7 (vgl. Tabelle 1.3) dazu geführt, für einen freien, deformierbaren Körper die Zahl der Freiheitsgrade mit ∞ anzugeben.

Eine geschlossene Darstellung der Kinematik des deformierbaren Körpers unter Angabe einiger, allein zeitabhängiger Vektoren, wie z.B. in 2.2, ist damit nicht zu erwarten. Nach 1.2.6 gehört nämlich (Bild 2-32) zu *jedem* materiellen Punkt X ein spezieller Lagevektor x zur Zeit t_0 bzw. ein Vektor y zur Zeit t, d.h.

$$y = y(x, t) \quad \text{bzw.} \quad u = u(x, t) \tag{2.108}$$

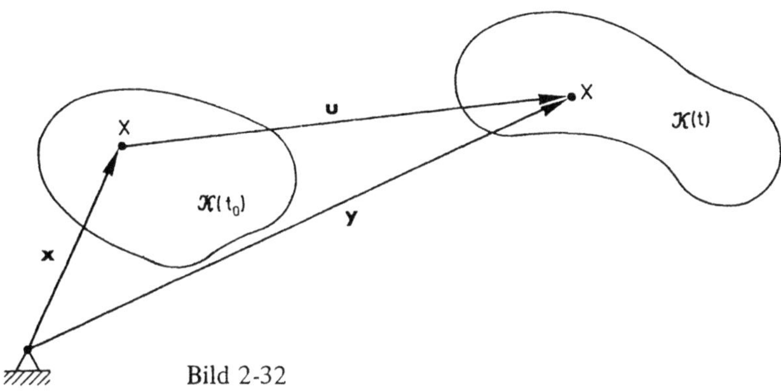

$y(x, t)$ hieß *Bewegung des Punktes* X in der Zeit t_0 bis t von x nach y. $u(x, t)$ hieß *Verschiebungsvektor des Punktes* X von der Lage x zur Lage y. Damit enthält der Verschiebungsvektor u sowohl die Feldeigenschaft, d.h. jedem Punkt X bei x ist ein Verschiebungsvektor $u(x, t)$ zugeordnet, als auch die vollständige Bewegung, d.h. die Translation, Rotation und Deformation des Körpers $ℋ$.

Diese Tatsache benutzt man nun, um die Deformation des Körpers für jeden Punkt X zu bestimmen, indem man von der gesamten Bewegung die Translation und Rotation abspaltet. Diese Aufspaltung kann auf verschiedene Weise erfolgen.

Beispielsweise könnte man die Verschiebung eines materiellen Punktes (des infinitesimalen Volumenelementes) aus der Starrkörperverschiebung des Elementes und der eigentlichen Deformation des Elementes zusammensetzen. Die Starrkörperverschiebung, bestehend aus Translation und Rotation, wäre dabei aus 2.3.2 entnehmbar; denn wenn nach (2.83) für einen starren Körper

$$v = v_A + \omega \times s = \frac{dr}{dt} = \frac{dr_A}{dt} + \frac{d\varphi}{dt} \times s$$

gilt, dann gilt für die differentielle Verschiebung eines jeden starren Elementes *(Starr-Element-Verschiebung)* auch

$$dr = dr_A + d\varphi \times s \tag{2.109}$$

was man durch Bildung des Differenzenquotienten, Multiplikation mit Δt und anschließender Grenzwertbildung oder kurz durch Anwendung von (1.21) beweist. Dabei ist $d\mathbf{r}_A$ die
Translation eines Bezugspunktes A (z.B. die eines benachbarten Elementes) und $d\boldsymbol{\varphi}$ die
dem Winkelgeschwindigkeitsvektor $\boldsymbol{\omega}$ entsprechende, gerichtete, differentielle Verdrehung
(Rotation) des jeweils betrachteten Elementes.
Der Anteil an $d\mathbf{u}$, der über dieses $d\mathbf{r}$ nach (2.109) hinausgeht, wäre dann die Deformation
des Elementes.

Hier soll die Aufspaltung der Bewegung in ihre drei Anteile und damit die Berechnung
der Deformation auf andere Art erfolgen: Dabei wird zunächst nur die Translation eliminiert.
Das geschieht durch Zerlegung des Verschiebungsvektors gemäß Bild 2-33

$$\mathbf{u} = \mathbf{c} + \hat{\mathbf{u}} \qquad\qquad (2.110)$$

wobei $\mathbf{c}$ der Verschiebungsvektor von X bei rein translatorischer (Starr-)Körperbewegung
aus der Konfiguration ⓪ in die Zwischenkonfiguration ⓩ ist. Da ⓩ aus ⓪ durch
eine starre Parallelverschiebung des Körpers hervorgeht, sind alle Verschiebungen $\mathbf{c}$ dann
nach Größe und Richtung gleich, d.h. $\mathbf{c}$ ist keine Funktion des jeweils betrachteten
Punktes X bei $\mathbf{x}$, sondern nur eine Funktion der Zeit, also $\mathbf{c} = \mathbf{c}(t)$. $\hat{\mathbf{u}}$ enthält dann
noch die Starrkörper-Rotation und die Deformation.

Nun ist das Ziel, schließlich ein Maß für die Deformation des Körpers zu erhalten.
Dafür ist die Angabe aller $\mathbf{y}$-Vektoren — und damit aller momentanen Lagen der materiellen
Punkte im Raum sicherlich unzweckmäßig, zumal $\mathbf{y}$ eben außerdem noch die Starrkörper-
Bewegung enthält. Besser als diese Absolut-Beschreibung der momentanen Konfiguration ①
ist daher sicherlich die Beschreibung der verformten Konfiguration ① gegenüber der unverformten Konfiguration ⓪ bzw. ⓩ, also die relative Änderung beider Konfigurationen
zueinander. Daraus folgt, daß nicht $\mathbf{y}$ oder $\mathbf{u}$ selber, sondern die Änderungen von $\mathbf{y}$
oder $\mathbf{u}$ sinnvolle Maße für das Deformationsverhalten des Körpers sind. Man bildet also
die gerichtete, örtliche Änderung von $\mathbf{u}$ (die zeitliche Änderung von $\mathbf{u}$ wäre nach Gl. (2.2)
und (2.5) wieder die Geschwindigkeit) in Form von

$$\mathbb{H} := \nabla\mathbf{u} \qquad\qquad (2.111)$$

wobei ∇ der NABLA-Operator nach Def. 1.25 aus 1.3.7 ist. Das Ergebnis $\mathbb{H}$ als Gradient
des Verschiebungsvektors $\mathbf{u}$ ist ein Tensor 2. Stufe. Setzt man (2.110) in (2.111) ein und

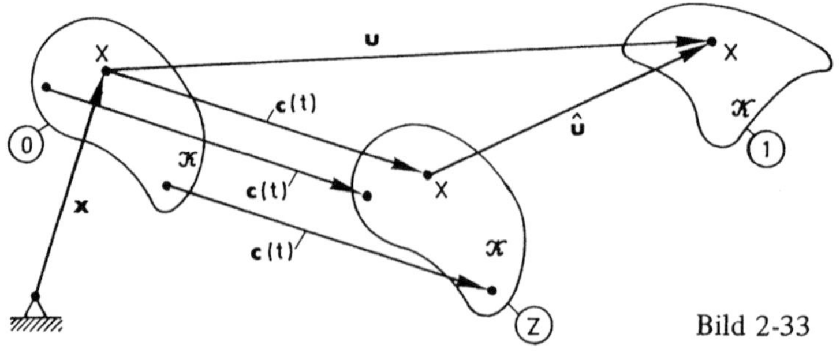

Bild 2-33

berücksichtigt die obige Überlegung, wonach c nur eine Funktion der Zeit ist und daher örtlich abgeleitet Null wird, so folgt

$$\mathbb{H} = \nabla\, u = \nabla\,(c + \hat{u}) = \nabla\, c + \nabla\,\hat{u} = \nabla\,\hat{u} \tag{2.112}$$

Wenn aber (2.112) ausweist, daß $\nabla\, u = \nabla\,\hat{u}$ ist, so ist $\mathbb{H}$ unabhängig von c und damit von der Starrkörper-Translation. Mit anderen Worten: Bei Anwendung der Operation (2.111) liefert der Vergleich der beiden Konfigurationen ⓪ und ① das gleiche Ergebnis wie der Vergleich der beiden Konfigurationen Ⓩ und ① . Damit ist die (die beiden Konfigurationen ⓪ und Ⓩ unterscheidende) Starrkörper-Translation bereits eliminiert.

Es verbleibt somit die Aufgabe, eine Trennung der noch in $\hat{u}$ enthaltenen Anteile der Rotation und Deformation vorzunehmen. Das gelingt durch Zerlegung des Tensors $\mathbb{H}$ in einen symmetrischen und antimetrischen Anteil nach (1.129). Danach ist jeder Tensor 2. Stufe zunächst zerlegbar gemäß

$$\mathbb{H} = \frac{1}{2}\,(\mathbb{H} + \mathbb{H}^{T}) + \frac{1}{2}\,(\mathbb{H} - \mathbb{H}^{T}) \tag{2.113}$$

Nach (1.129) ist die in (2.113) auftretende Tensordifferenz gemäß (1.128) antimetrisch, also

$$\mathbb{V} := \frac{1}{2}\,(\mathbb{H} - \mathbb{H}^{T}) = -\,\mathbb{V}^{T} \tag{2.114}$$

während die in (2.113) auftretende Tensorsumme nach (1.125) symmetrisch ist, also

$$\mathbb{D} := \frac{1}{2}\,(\mathbb{H} + \mathbb{H}^{T}) = \mathbb{D}^{T} \tag{2.115}$$

Wie mit (2.70) und (2.71) bereits gezeigt wurde, läßt sich jedem antimetrischen Tensor (so auch $\mathbb{V}$) ein Vektor ω derart zuordnen, daß jede skalare Abbildung eines Vektors mit $\mathbb{V}$ auch als Kreuzprodukt mit diesem Vektor ω darstellbar ist. Weiter weiß man aus 2.2.5, daß genau hiermit Starrkörper-Drehungen beschrieben werden. Daraus folgt also, daß der bei der Zerlegung von $\mathbb{H}$ auftretende antimetrische Tensor $\mathbb{V}$ ein Maß für die in $\mathbb{H}$ enthaltene Rotation ist. Da nun die Translation bereits in $\mathbb{H}$ eliminiert worden war, muß folglich der Tensor $\mathbb{D}$ das gesuchte Maß für die Deformation sein. Faßt man alle Ergebnisse dieser Überlegungen zusammen, so gilt mit der

Def. 2.7:
Ist $u\,(x, t)$ der Verschiebungsvektor, so ist

$$\mathbb{H} := \nabla\, u$$

der *Verschiebungsgradient* (Tensor 2. Stufe).

der

Satz 2.10:

Ist $\mathbb{H}$ der Verschiebungsgradient gemäß Def. 2.7, so ist der antimetrische
Anteil $\mathbf{V}$ an $\mathbb{H}$ ein Maß für die Rotation und der symmetrische Anteil $\mathbb{D}$ an $\mathbb{H}$
ein Maß für die Deformation eines deformierbaren Körpers.
Der symmetrische Tensor 2. Stufe, der die Deformation beschreibt, also

$$\mathbb{D} := \frac{1}{2}\,[\mathbb{H}+\mathbb{H}^{T}] = \frac{1}{2}\,[\nabla\mathbf{u} + \mathbf{u}\,\nabla]$$

heißt der *Deformator* oder *infinitesimaler Verzerrungstensor*.

Anmerkung: Dabei erfüllen im Sinne eines infinitesimalen Verzerrungstensors die in $\mathbb{D}$ enthaltenen Verschiebungsableitungen $\nabla\mathbf{u}$ die Bedingung:

$$\nabla\mathbf{u}\cdot\mathbf{u}\,\nabla \ll \nabla\mathbf{u},\,\mathbf{u}\,\nabla$$

bzw.

$$\mathbb{H}\cdot\mathbb{H}^{T} \ll \mathbb{H},\,\mathbb{H}^{T}\,,$$

d.h. die Verschiebungsableitungen sind so klein, daß ihre quadratischen Formen gegenüber den linearen
Formen vernachlässigbar sind (*geometrische Linearisierung*). Ist diese Bedingung nicht gegeben, so ist
der nach Satz 2.10 erklärte Deformator nicht der maßgebliche Verzerrungstensor, sondern muß durch
den die quadratischen Terme enthaltenden sog. GREEN*schen Verzerrungstensor* ersetzt werden
(s. z.B. [16], [89]).

Für die technischen Anwendungen ist in den meisten Fällen der (geometrisch linearisierte) Deformator nach Satz 2.10 als Maß für die Deformation eines Körpers hinreichend.
Deshalb werde er im Rahmen dieser Abhandlung ausschließlich verwendet. Dazu soll der
Tensor zunächst noch näher untersucht werden. Nach (2.115) ist also

$$\mathbb{D} := \frac{1}{2}\,(\mathbb{H}+\mathbb{H}^{T})$$

und nach (2.111) ist dabei

$$\mathbb{H} := \nabla\mathbf{u}, \quad \mathbb{H}^{T} = \mathbf{u}\,\nabla\,.$$

Setzt man das ineinander ein, so folgt, wie bereits im Satz 2.10 enthalten,

$$\mathbb{D} = \frac{1}{2}\,(\nabla\mathbf{u} + \mathbf{u}\,\nabla) \tag{2.116}$$

Dabei braucht offenbar $\mathbb{D}$ nicht mit $\hat{\mathbf{u}}$ (vgl. (2.110)), sondern kann mit dem ursprünglichen Verschiebungsvektor $\mathbf{u}$ gebildet werden. Der Grund dafür liegt darin, daß $\mathbb{D}$ nur
die Gradienten von $\hat{\mathbf{u}}$ bzw. $\mathbf{u}$ enthält, diese Gradienten aber wegen (2.112) gerade gleich
sind.
$\mathbb{D}$ ist der Ableitung entsprechend symmetrisch, also gilt

$$\mathbb{D} = \mathbb{D}^{T} \quad \text{bzw.} \quad D_{ij} = D_{ji} \tag{2.117}$$

Die Komponenten von $\mathbb{D}$ in kartesischer Darstellung, also die Größen D_{ij} heißen *Verzerrungen*. Diese berechnen sich aus (2.116) mit (1.122) wie folgt:

$$\mathbb{D} = \sum_{i,j} D_{ij}\, e_i\, e_j$$

$$= \frac{1}{2}\left[\left(\sum_i e_i\, \frac{\partial}{\partial x_i}\, \sum_j u_j\, e_j\right) + \left(\sum_i u_i\, e_i\, \sum_j e_j\, \frac{\partial}{\partial x_j}\right)\right]$$

$$= \frac{1}{2}\left[\sum_{i,j} \frac{\partial u_j}{\partial x_i}\, e_i\, e_j + \sum_{i,j} \frac{\partial u_i}{\partial x_j}\, e_i\, e_j\right] = \frac{1}{2} \sum_{i,j} \left(\frac{\partial u_j}{\partial x_i} + \frac{\partial u_i}{\partial x_j}\right) e_i\, e_j \;.$$

Ein Vergleich der Koordinaten bezüglich der Basis $e_i\, e_j$ ergibt demnach die Verzerrungen

$$D_{ij} = \frac{1}{2}\left(\frac{\partial u_j}{\partial x_i} + \frac{\partial u_i}{\partial x_j}\right) \qquad\qquad (2.118)$$

Wegen der Symmetrie bzw. der Summanden-Vertauschung in (2.118) sind das also sechs Verzerrungen. Die sechs Gleichungen (2.118) heißen *Verschiebungs-Verzerrungsgleichungen*, da sie die drei Verschiebungen u_1, u_2, u_3 von u mit den sechs Verzerrungen D_{ij} von $\mathbb{D}$ miteinander verknüpfen.

Für $i = j$ ergibt sich aus (2.118)

$$D_{ii} = \frac{\partial u_i}{\partial x_i} = \epsilon_{ii} \qquad\qquad (2.119)$$

Diese Größen ϵ_{ii} sind die *Dehnungen*. Sie geben für $i = 1, 2, 3$ die Änderungen der drei Seitenlängen dx_i eines Quaders an, wenn dieser mit seinen Mantellinien jeweils parallel zum Achsensystem (1,2,3-System) liegt (vgl. Bild 2-34).

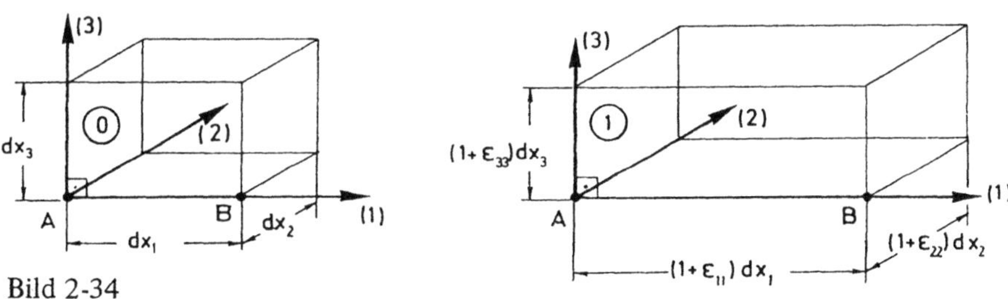

Bild 2-34

Die Seite AB hatte z.B. in der Bezugskonfiguration ⓪ die Länge dx_1 vor der Deformation. Sie hat nun in der Momentankonfiguration ① die veränderte Länge $(1 + \epsilon_{11})\, dx_1$ auf Grund der Deformation. Für die anderen Seiten gilt entsprechendes. Ausgedrückt durch die Verschiebungen u_i, wobei diese nach (2.108) sämtlich Funktionen des Ortes, also Funktionen der drei Ortsvariablen x_i und ggf. der Zeit t sind, gilt nach (2.119)

$$\epsilon_{11} = D_{11} = \frac{\partial u_1\,(x_1,\,x_2,\,x_3,\,t)}{\partial x_1}\,,$$

$$\epsilon_{22} = D_{22} = \frac{\partial u_2\,(x_1,\,x_2,\,x_3,\,t)}{\partial x_2}\,, \qquad (2.120)$$

$$\epsilon_{33} = D_{33} = \frac{\partial u_3\,(x_1,\,x_2,\,x_3,\,t)}{\partial x_3}$$

Jeder Punkt X im Körper erfährt eine andere Dehnung, da nach (2.120) $u_i\,(x_i,\,t)$ an jeder anderen Stelle x_i i.a. einen anderen Wert u_i hat.

Für $i \neq j$ ergibt sich aus (2.118)

$$D_{ij} = \frac{1}{2}\left(\frac{\partial u_i}{\partial x_j} + \frac{\partial u_j}{\partial x_i}\right) = \frac{1}{2}\,\gamma_{ij} = \epsilon_{ij} \qquad (2.121)$$

Die Größen γ_{ij} sind die *Gleitungen*. Sie geben für i oder j = 1, 2, 3 die Winkelverzerrungen des ursprünglich orthogonalen Elementes (Quader) an (vgl. Bild 2-35).

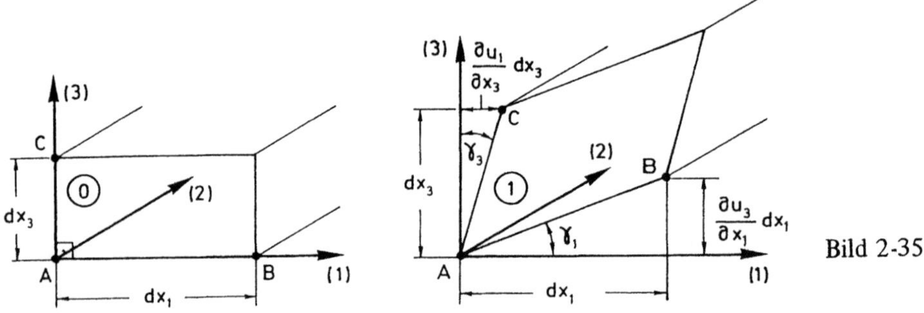

Hatte demnach in der Bezugskonfiguration ⓪ das Element z.B. bei A in der (1,3)-Ebene einen rechten Winkel, so hat es in der Momentankonfiguration ① einen Winkel, der um

$$\gamma_1 + \gamma_3 = \gamma_{13}$$

kleiner als der rechte Winkel ist. γ_{13} ist demnach die Winkelverzerrung auf Grund der Deformation in der (1,3)-Ebene. Nach (2.121) muß für diese gelten

$$\gamma_{13} = 2\,D_{13} = 2\,\epsilon_{13} = \frac{\partial u_1}{\partial x_3} + \frac{\partial u_3}{\partial x_1}\,.$$

Das wird auch anschaulich aus Bild 2-35 klar, wenn man annimmt, daß die Winkel klein genug sind, um den Tangens eines Winkels durch den Winkel selbst ersetzen zu können (vgl. obige Anmerkung über die geometrische Linearisierung). Dann gilt nämlich auch nach Bild 2-35

$$\gamma_{13} = \gamma_1 + \gamma_3 \cong \tan\gamma_1 + \tan\gamma_3 = \frac{\partial u_3}{\partial x_1} + \frac{\partial u_1}{\partial x_3}\,,$$

also wieder obiges Ergebnis.

Für die drei Ebenen lassen sich so auch *drei Winkelverzerrungen bzw. Gleitungen* angeben.
Nach (2.121) ist also

$$
\begin{aligned}
\gamma_{12} &= \frac{\partial u_1}{\partial x_2} + \frac{\partial u_2}{\partial x_1} = 2\,D_{12} = 2\,\epsilon_{12}\ , \\[2mm]
\gamma_{23} &= \frac{\partial u_2}{\partial x_3} + \frac{\partial u_3}{\partial x_2} = 2\,D_{23} = 2\,\epsilon_{23}\ , \\[2mm]
\gamma_{13} &= \frac{\partial u_1}{\partial x_3} + \frac{\partial u_3}{\partial x_1} = 2\,D_{13} = 2\,\epsilon_{13}
\end{aligned}
\tag{2.122}
$$

Man kann unter Benutzung der unter (1.123) vereinbarten Tensorenschreibweise den
infinitesimalen Verzerrungstensor mit seinen sechs verschiedenen Koordinaten bezüglich
der kartesischen Basis $\mathbf{e}_i\,\mathbf{e}_j$ damit schließlich auch schreiben als

$$
\begin{aligned}
\mathbb{D} &= \sum_{i,j} D_{ij}\,\mathbf{e}_i\,\mathbf{e}_j =
\begin{pmatrix}
\epsilon_{11} & \epsilon_{12} & \epsilon_{13} \\
\epsilon_{12} & \epsilon_{22} & \epsilon_{23} \\
\epsilon_{13} & \epsilon_{23} & \epsilon_{33}
\end{pmatrix}
\mathbf{e}_i\,\mathbf{e}_j \\[3mm]
&= \frac{1}{2}
\begin{pmatrix}
2\,\epsilon_{11} & \gamma_{12} & \gamma_{13} \\
\gamma_{12} & 2\,\epsilon_{22} & \gamma_{23} \\
\gamma_{13} & \gamma_{23} & 2\,\epsilon_{33}
\end{pmatrix}
\mathbf{e}_i\,\mathbf{e}_j
\end{aligned}
\tag{2.123}
$$

wobei jeweils nach (2.118) gilt:

$$
\epsilon_{ij} = \frac{1}{2}\left(\frac{\partial u_i}{\partial x_j} + \frac{\partial u_j}{\partial x_i}\right) = D_{ij} \quad \text{und} \quad \gamma_{ij} = 2\,\epsilon_{ij}\ .
$$

Anmerkung: Die Berechnung der Verzerrungen ϵ_{ij} aus den Verschiebungen u_i durch Differentiationsprozesse nach (2.116) bzw. (2.118) ist stets eindeutig. Bei Umkehrung des Berechnungsweges
jedoch, also bei Bestimmung der drei Verschiebungen u_i aus den sechs Verzerrungen ϵ_{ij} über Integrationsprozesse, ist zu beachten, daß die partielle Integration immer nur bis auf Funktionen der nicht
integrierten Variablen bestimmt ist. Es treten also in diesem Falle zusätzliche Integrabilitätsbedingungen
hinzu. Physikalisch bedeutet dies, daß die Verzerrungen durch gewisse Bedingungen miteinander verknüpft sein müssen, wenn sich der Körper aus den einzelnen deformierten Elementen (vgl. Bild 2-34
und 2-35) wieder „lückenlos" zusammensetzen lassen soll – deshalb nennt man diese Bedingungen auch
Verträglichkeits(Kompatibilitäts)-Bedingungen.

Da der Deformationsprozeß eines Körpers mit der Angabe der Verzerrungen vollständig beschrieben ist, muß es schließlich auch möglich sein, damit die *Änderung des
Volumens* des Körpers bei der Verformung anzugeben. Dazu kann man z.B. anschaulich
aus Bild 2-34 entnehmen, daß das Volumen in der undeformierten Konfiguration ⓪ die
Größe

$$
dV_0 = dx_1\ dx_2\ dx_3
$$

hatte, während es in der deformierten Konfiguration ① die Größe

$$
\begin{aligned}
dV_1 &= (1 + \epsilon_{11})\,dx_1 \cdot (1 + \epsilon_{22})\,dx_2 \cdot (1 + \epsilon_{33})\,dx_3 \\
&= (1 + \epsilon_{11})(1 + \epsilon_{22})(1 + \epsilon_{33})\,dx_1\ dx_2\ dx_3 \\
&= (1 + \epsilon_{11})(1 + \epsilon_{22})(1 + \epsilon_{33})\,dV_0
\end{aligned}
$$

hat. Die Differenz beider Volumina bezogen auf das Ausgangsvolumen dV_0 ist dann ein
Maß für die Volumenänderung (Volumen-Dilatation) bei der Deformation.
Damit ergibt sich für diese *Volumendilatation* e

$$e = \frac{dV_1 - dV_0}{dV_0} = \frac{dV_1}{dV_0} - 1 = (1 + \epsilon_{11})(1 + \epsilon_{22})(1 + \epsilon_{33}) - 1 \qquad (2.124)$$

Da die Verzerrungen so klein sein sollten, daß die quadratischen Terme gegenüber den
linearen und dementsprechend auch die kubischen gegenüber den quadratischen Termen
vernachlässigbar sind, folgt nach Ausmultiplikation der Klammern in (2.124) bei Vernachlässigung dieser von höherer Ordnung kleinen Glieder

$$e \cong \epsilon_{11} + \epsilon_{22} + \epsilon_{33} = \sum_i \epsilon_{ii} = \sum_i D_{ii} = D_I \qquad (2.125)$$

Die Volumendilatation wird somit durch die Summe der drei Dehnungen (im Rahmen der
Voraussetzungen) beschrieben. Nun sind die drei Dehnungen aber gerade die Diagonal-
komponenten des Deformators und nach (1.141) u. f. ist wiederum die Summe der Diago-
nalkomponenten gerade die Spur eines Tensors — woraus also schließlich folgt, daß die
Volumendilatation die Spur (oder erste Invariante) D_I *des Deformators* $\mathbb{D}$ ist. Damit gilt
also auch mit (1.138), (1.140) und (1.110)

$$e = D_I = \mathbb{E} \cdot\cdot \, \mathbb{D} = \mathrm{Sp} \, \mathbb{D} = \mathbb{E} \cdot\cdot \, \frac{1}{2}(\nabla u + u \nabla)$$

$$= \frac{1}{2} [\, \mathbb{E} \cdot (\nabla \cdot u) + \mathbb{E} \cdot (u \cdot \nabla)\,] \qquad (2.126)$$

$$= \frac{1}{2}(\nabla \cdot u + u \cdot \nabla) = \nabla \cdot u = \mathrm{div} \, u$$

Da i.a. D_I nicht verschwindet, ist also auch nicht zu erwarten, daß die Deformation bei
konstantem Volumen des Körpers stattfindet. Wenn sich aber das Volumen i.a. ändert,
andererseits nach Satz 1.1 die Masse sich nicht ändert, folgt daraus, daß die Dichte ρ, wie
bereits in 1.2.5 postuliert, eine veränderliche Zustandsgröße in der Form $dm/dV = \rho\,(x, t)$
ist. Man sagt daher: Die Materialien deformierbarer Körper sind (mehr oder weniger) *kompressibel.* Insofern gelten die vorstehenden Gleichungen (2.115) bis (2.126) unabhängig
vom Werkstoffverhalten für alle deformierbaren Körper bei kleinen Verzerrungen bzw.
Verschiebungsableitungen.

Der Spezialfall konstanten Volumens bei konstanter Masse während der Deformation
heißt *isochorer* (volumenerhaltender) Prozeß — die Stoffe, die sich derart verhalten, heißen
inkompressible Stoffe. Für diese gilt dann in Spezialisierung von (2.126)

$$e_{ink} = 0 = \mathbb{E} \cdot\cdot \, \mathbb{D} = \sum_i \epsilon_{ii} = \mathrm{div} \, u \qquad (2.127)$$

Mit den Verschiebungs-Verzerrungsgleichungen (2.118) sind neben der Kinematik des starren Körpers (Kap. 2.3) auch die notwendigen Gleichungen für die Kinematik des deformierbaren Körpers bereitgestellt. Dagegen bleibt auch hier die Antwort auf die Frage, wodurch die Deformation bewirkt und beeinflußt wird (Ursachen der Deformation), den späteren Kapiteln „Statik deformierbarer Systeme" (Kap. 6) und „Kinetik deformierbarer Systeme" (Kap. 8) vorbehalten.

3 Grundlagen der Dynamik

3.1 Spannungsvektor

Mit dem vorigen Kapitel ist die Möglichkeit geschaffen, die Bewegungen von Körpern bei unterschiedlichem Deformationsverhalten zu beschreiben. Dabei wird die Bewegung von vornherein als möglich und vorhanden vorausgesetzt. Im folgenden soll es darum gehen, auch die Ursachen dieser Bewegungen zu untersuchen und zu beschreiben.

Dabei zeigt zunächst die Erfahrung, daß ohne eine solche Ursache auch keine Bewegung stattfindet. So setzt sich z.B. ein in Ruhe befindlicher Körper nicht von sich aus, also ohne Einwirkung einer Ursache in Bewegung. Auch eine Deformation als spezielle Bewegung eines Körpers findet offenbar nur statt, wenn eine Einwirkung von außen, z.B. in Form einer Belastung vorhanden ist. Es muß also auf den Körper ein bestimmter, gerichteter „Druck" ausgeübt werden, damit er eine Bewegung (Translation, Rotation, Deformation) ausführt. Weiterhin ist ein in Größe und/oder Richtung anderer „Druck" erforderlich, um die einmal eingeleitete Bewegung in ihrer Größe und Richtung zu verändern oder wieder den Zustand der Ruhe herbeizuführen. Dabei können solche „Drücke" offenbar i.a. über die Oberfläche des Körpers übertragen werden. Weiter weiß man aus Erfahrung, daß mit solchen „Drücken" auf die Oberfläche des Körpers (Belastung) zwangsläufig auch „Drücke" im Innern des Körpers (Beanspruchungen) verbunden sind.

Faßt man diese empirischen Tatsachen infolge Beobachtungen zusammen und verallgemeinert gleichzeitig dadurch, daß man den Begriff „Druck" durch einen allgemeineren ersetzt, so kommt man zu dem umfassenderen Begriff der „Spannung", die wegen der beobachteten Richtungseigenschaften vektoriellen Charakter hat, die flächenhaft verteilt am und im Körper wirkt und damit als (mindestens) eine Ursache für die Bewegung von Körpern angesehen werden kann. Wenn nun aber die Spannung als Ursache die Bewegung als Wirkung nach sich zieht, so darf in Umkehrung nicht geschlossen werden, daß dort, wo keine Bewegung (Translation, Rotation oder Deformation) sichtbar wird, auch keine verursachende Spannung wirkt. Die Bewegung könnte nämlich durch Maßnahmen, wie z.B. durch geeignete Bindungen, steife Konstruktion, unnachgiebiges Material, starrer Körper usw., in ihrer sicht- und meßbaren Auswirkung eingeschränkt bzw. verhindert sein. Insofern darf die Spannung als Ursache und die Bewegung als (mögliche) Wirkung angesehen werden. Da die Spannung offenbar ein Vektor ist, sie von Ort zu Ort (ggf. auch mit der Zeit) verschieden angenommen werden muß und sie stets auf eine Fläche am jeweiligen Ort bezogen ist, folgt (Bild 3-1):

Def. 3.1:

Ist X ein Punkt des Körpers $\mathcal{K}$ bei $\mathbf{r}$ und dA ein infinitesimales Flächenstück bei X mit dem Stellungsvektor $\mathbf{n}$ (Normaleneinheitsvektors, vgl. Satz 1.9), so ist

$\sigma_n(\mathbf{r}, t)$ der *Spannungsvektor*

bei X bezogen auf dA.

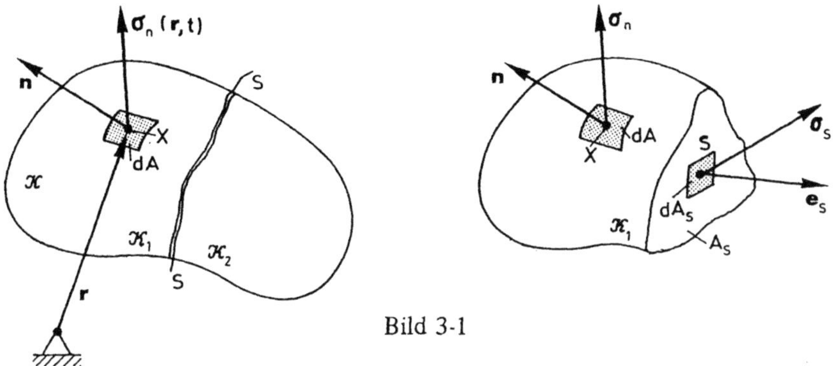

Bild 3-1

Neben der begrifflichen Definition des Spannungsvektors wird mit Def. 3.1 auch postuliert, daß der Spannungsvektor der Richtung der Fläche zugeordnet ist. Würde also an gleicher Stelle X die Flächennormale $\mathbf{n}'$ einen anderen Winkel als $\mathbf{n}$ im Raum haben, so wäre das Ergebnis statt $\boldsymbol{\sigma}_n$ auch ein anderer Spannungsvektor $\boldsymbol{\sigma}_{n'}$. Außerdem wird damit postuliert, daß der Spannungsvektor $\boldsymbol{\sigma}_n$ auch dann noch existiert und sinnvoll ist, wenn das Flächenstück ΔA, dem er zugeordnet ist, infinitesimal klein wird, also nach Vereinbarung (1.21), ΔA bei Grenzwertbildung in dA übergeht. Für die hier zugrundegelegte kontinuumsmechanische Vorstellung von Körpern (vgl. 1.2.4, 1.2.5) und wegen der stets eindeutigen Zuordnung von Stellungsvektoren $\mathbf{n}$ zu jeder geschlossenen (glatten) Fläche ist eine solche Darstellung dann immer möglich.

Die Definition 3.1 gilt auch für das Innere von $\mathcal{K}$. Dabei wird auf Grund der Bindung des Spannungsvektors an eine Fläche zweckmäßigerweise ein (gedachter) Schnitt s–s (Bild 3-1) durch den Körper gelegt und zunächst einer der beiden entstehenden Teilkörper, also z.B. $\mathcal{K}_1$, betrachtet. In der Schnittfläche A_s ist dA_s dann ein Flächenelement mit seinem Stellungsvektor $\mathbf{e}_s$. Definitionsgemäß ist dann $\boldsymbol{\sigma}_s$ der zugehörige Spannungsvektor. Auch er hängt von der jeweiligen Stelle S und der Lage des Stellungsvektors $\mathbf{e}_s$ ab. Er ist, wie auch $\boldsymbol{\sigma}_n$, i.a. nicht parallel zu seinem Stellungsvektor.

Durch das „Schneiden" des Körpers sind dabei die „verborgenen" *inneren* Spannungen zu „sichtbaren" *äußeren* Spannungen geworden. Man bedient sich dieser *Methode des „Freischneidens"* also stets, wenn es darum geht, innere Größen festzustellen und zu bestimmen. Abgesehen von diesem methodischem Unterschied ist qualitativ kein Unterschied zwischen den Oberflächen-Spannungen $\boldsymbol{\sigma}_n$ und den Schnittflächen-Spannungen $\boldsymbol{\sigma}_s$; denn durch das Freischneiden werden ja die gleichen, inneren Spannungen von $\mathcal{K}$ bei S zu äußeren (Oberflächen-)Spannungen von $\mathcal{K}_1$ bei S.

Als nächstes sei auch der zweite, durch den Schnitt entstandene Teilkörper $\mathcal{K}_2$ im Vergleich zu $\mathcal{K}_1$ betrachtet (Bild 3-2). Dort entsteht durch den Schnitt eine Schnittfläche A_s' mit Flächenelementen dA_s'. Der Stellungsvektor $\mathbf{e}_s'$ für dA_s' muß die gleiche Richtung wie $\mathbf{e}_s$ für dA_s haben. Da die Größe beider Einheitsvektoren ohnehin gleich ist, verbleibt als Unterschied zwischen $\mathbf{e}_s$ und $\mathbf{e}_s'$ nur der Richtungssinn, d.h. es gilt

$$\mathbf{e}_s' = -\,\mathbf{e}_s$$

als Ausdruck entgegengesetzt gleicher Vektoren.

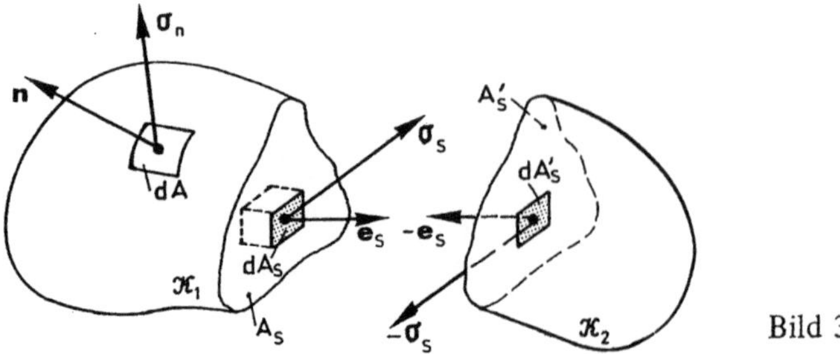

Bild 3-2

Jedem Spannungsvektor σ ist sein Stellungsvektor zugeordnet, also σ_s zu e_s und σ_s' zu e_s'. Nun sollen auch die Spannungsvektoren gegenüberliegender Flächenelemente zweier Teilkörper entgegengesetzt gleiche Vektoren sein, d.h. es soll gelten

$$\sigma_S' = \sigma_{2 \to 1} \overset{!}{=} -\sigma_{1 \to 2} = -\sigma_S \qquad (3.1)$$

Das stimmt auch mit der Erfahrung überein, daß der „Druck", den man auf einen Körper ausübt, in gleicher Größe und Richtung auf einen selbst zurückwirkt, daß also beide „Drücke" entgegengesetzt gleich sind.

Diese von NEWTON als "lex tertia" erstmals ausgesprochene Grundtatsache sei hier eingeführt als

---

Hilfsaxiom (Satz 3.1):
Die jeweils gegenüberliegenden Flächenelementen zugeordneten Spannungsvektoren $\sigma_{2 \to 1}$ und $\sigma_{1 \to 2}$ sind entgegengesetzt gleiche Vektoren, d.h. es gilt (3.1).

Satz über actio = reactio;
oder *Satz der Wechselwirkung*;
oder *Reaktionsprinzip*;
oder *drittes NEWTONsche Grundgesetz.*

Die Aussage des Reaktionsprinzips läßt sich auch so begründen, daß nach dem Zerschneiden des Körpers $\mathcal{K}$ an jedem der entstehenden Teilkörper in der Schnittfläche Spannungsvektoren angreifen müssen, die die Wirkung des jeweils abgeschnittenen Teilkörpers repräsentieren, d.h. die auf den verbleibenden Teilkörper $\mathcal{K}_1$ die gleiche Wirkung ausüben, wie sie vorher der nicht abgetrennte Teilkörper $\mathcal{K}_2$ über die spätere Schnittfläche A_s übertragen hat (und umgekehrt). Beim Wiederzusammensetzen der beiden Teile zum Gesamtkörper darf nun kein „Gewinn" oder „Verlust" an Spannung übrigbleiben, wenn der nachträglich zusammengesetzte Körper wieder der ursprüngliche Körper $\mathcal{K}$ sein soll. Daraus folgt, daß die Summe der beiden, jeweils gegenüberliegenden Spannungsvektoren Null sein muß:

$$\sigma_s + \sigma_s' = 0 \, ,$$

was wieder die Aussage nach Satz 3.1 darstellt.

Anmerkung: Mit den später zu (3.45) führenden Überlegungen wird sich herausstellen, daß man das Reaktionsprinzip aus der allgemeinen Kräftebilanz herleiten kann und es danach kein eigenständiges und zusätzliches Axiom ist (daher: Hilfsaxiom).

Es wird sich zeigen, daß neben dem Spannungsvektor keine weitere dynamische Grundgröße eingeführt werden muß, da sich alle ansonsten benötigten dynamischen Grössen aus dem Spannungsvektor sowie aus den bekannten kinematischen Größen von Kapitel 2 definieren und ableiten lassen. Das unterstreicht die Bedeutung des Spannungsvektors und veranlaßt zunächst zu einer genaueren Untersuchung des allgemeinen Spannungszustandes.

3.2 Allgemeiner Spannungszustand

Nach Abschnitt 3.1 braucht hier zwischen äußeren und inneren Spannungen nicht unterschieden zu werden. Solch ein Unterschied ist i.a. auch problematisch, da mit jeder Realisierung der inneren Spannungen ein Freischneiden verbunden wäre — und bei jedem Freischneiden die inneren Größen zwangsläufig zu äußeren Größen werden. Da dem so ist, stellen auch die zu einem beliebig aus dem Körper herausgeschnittenen rechtwinkligen Element mit seinen sechs infinitesimalen Schnittflächen zugehörenden sechs Spannungsvektoren den allgemeinen Spannungszustand an dieser Stelle im Körper dar. Man denke sich also das z.B. in Bild 3-2 markierte Element aus dem Körper herausgeschnitten und die Bindungswirkungen auf dieses Element auf Grund des umgebenden Körpers nun durch die möglichen sechs Spannungsvektoren repräsentiert.

Nimmt man o.B.d.A. an, daß das Element orthogonal ist und orientiert eine rechtwinklige Basis $[e_i]$ nach den drei Kantenrichtungen, so entsteht schließlich ein Element nach Bild 3-3, wobei der Übersichtlichkeit wegen nur die drei den positiven Flächennormalen zugeordneten Spannungsvektoren σ_1, σ_2 und σ_3 eingetragen sind. Da ihre Größe und Richtung unbekannt sind, werden sie zunächst beliebig angenommen. Als Konvention wird nun zweckmäßigerweise eingeführt, daß sie als Zugspannungen positiv sein sollen. Bestätigt sich in der Rechnung das (+)-Zeichen, so sind es Zugspannungen — anderenfalls sind es Druckspannungen.

Der verbleibende Restkörper, aus dem das Element herausgeschnitten worden ist, braucht nun nicht weiter betrachtet zu werden, weil die an ihm angreifenden Spannungen (Bild 3-4) nach dem Reaktionsprinzip die entgegengesetzt gleichen Vektoren zu den obigen Spannungsvektoren sind. Im Gegensatz dazu fallen jedoch die paarweise diametralen Spannungsvektoren

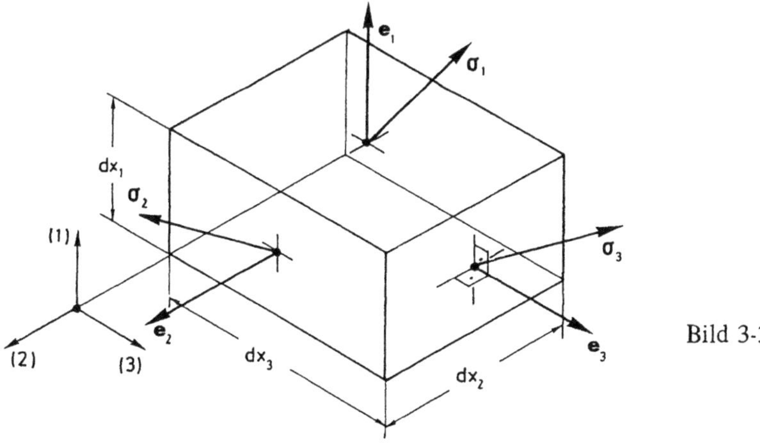

Bild 3-3

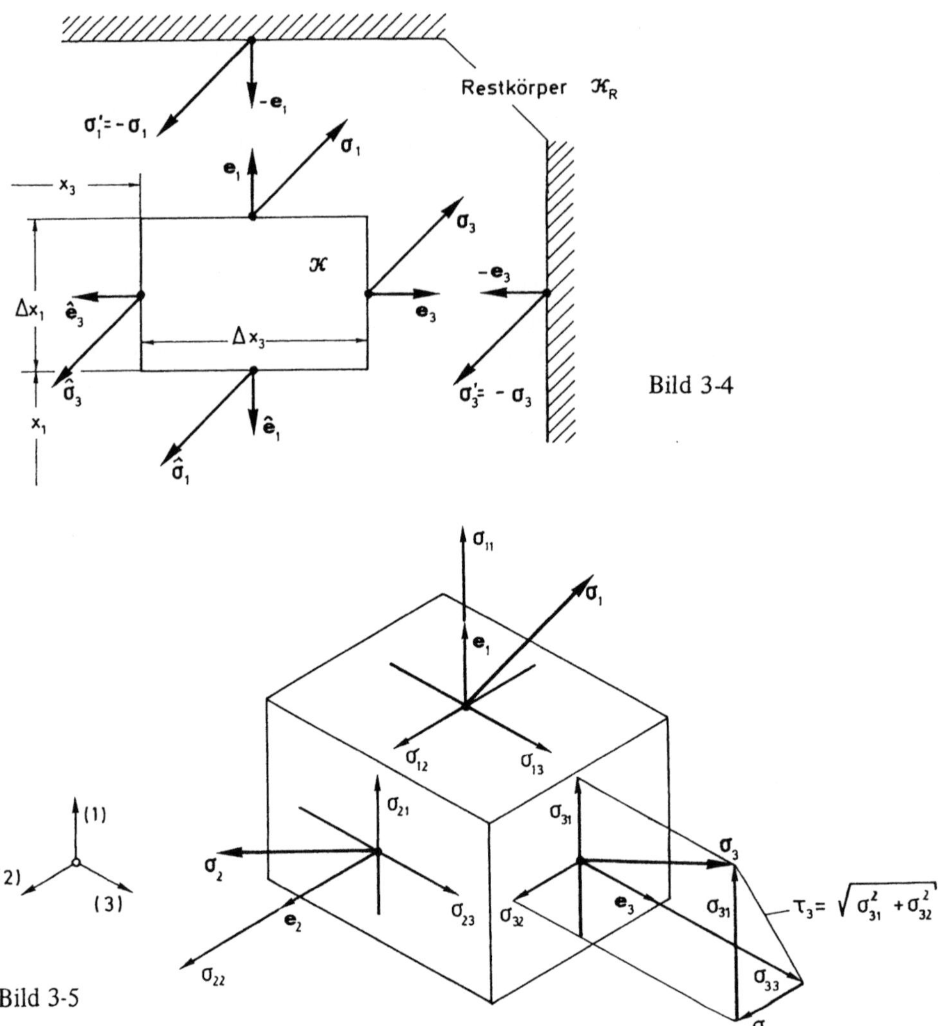

σ und $\hat{\sigma}$ (Bild 3-4, dort σ_1 und $\hat{\sigma}_1$) nicht unter das Reaktionsprinzip, weil diese jeweils Spannungsvektoren an verschiedenen Orten sind. So ist z.B. mit Def. 3.1

$$\hat{\sigma}_1 = \hat{\sigma}_1 (x_1, x_2, x_3), \quad \text{aber} \quad \sigma_1 = \sigma_1 (x_1 + \Delta x_1, x_2, x_3).$$

Damit sind $\hat{\sigma}_1$ und σ_1 i.a. nicht entgegengesetzt gleich, sondern können z.B. über die TAYLORsche Reihe (1.3.5, **B**, S. 41) ineinander überführt werden.

Da nun jeder Vektor in einer Basis als Linearkombination von drei Komponenten darstellbar ist, gilt das auch für die Spannungsvektoren. Als Basis sei dafür das bereits in Bild 3-3 verwendete Orthonormalsystem zugrundegelegt. Damit wird jeder der Spannungsvektoren σ_i ($i = 1, 2, 3$) zerlegt (vgl. Bild 3-5) in die drei Richtungen $j = 1, 2, 3$. Es entstehen dabei für die drei Vektoren jeweils drei Komponenten, insgesamt also neun Koordinaten σ_{ij} bezüglich der Basis $[e_i]$.

Es ist somit

$$\begin{aligned}
\sigma_1 &= \sigma_{11}e_1 + \sigma_{12}e_2 + \sigma_{13}e_3, \\
\sigma_2 &= \sigma_{21}e_1 + \sigma_{22}e_2 + \sigma_{23}e_3, \\
\sigma_3 &= \sigma_{31}e_1 + \sigma_{32}e_2 + \sigma_{33}e_3
\end{aligned} \tag{3.2}$$

oder abgekürzt

$$\sigma_i = \sum_j \sigma_{ij}e_j \quad \text{mit } i = 1, 2, 3 \tag{3.3}$$

Dabei sind offensichtlich die drei Spannungen σ_{ii} mit gleichem Index der jeweiligen Normalenrichtung e_i zugeordnet. Man nennt daher diese Spannungen σ_{ii} auch *Normalspannungen* ($\sigma_{11}, \sigma_{22}, \sigma_{33}$).

Weitere jeweils zwei Spannungen (σ_{ij}, σ_{ik}) liegen in einer Schnittfläche mit dem Stellungsvektor e_i — sie tangieren also die jeweilige Schnittfläche und heißen daher *Tangentialspannungen* ($\sigma_{12}, \sigma_{13}; \sigma_{21}, \sigma_{23}; \sigma_{31}, \sigma_{32}$). Auch ihre geometrische Summe

$$\tau_i = \sqrt{\sigma_{ij}^2 + \sigma_{ik}^2} \quad (i \neq j \neq k)$$

liegt in dieser Tangentialebene mit dem Stellungsvektor e_i. Die beiden jeweils einer Schnittfläche zugeordneten Tangentialspannungen σ_{ij} und σ_{ik} unterscheiden sich jedoch durch ihre Richtungen, denn die eine weist in j-Richtung — die andere in k-Richtung. Damit ist der jeweils erste Index ein Hinweis auf die zugehörige Flächennormale, der jeweils zweite Index ein Hinweis auf die Richtung der Spannung. Es sei vereinbart, daß sie in den in Bild 3-5 eingezeichneten Richtungen positiv gerechnet werden.

Damit sind alle neun Spannungsgrößen eindeutig der Basis $[e_i]$ zugeordnet. Sie stellen den *allgemeinen Spannungszustand am materiellen Punkt* X des Körpers dar. Man faßt sie in einer quadratischen Matrix, der *Spannungsmatrix*

$$(\sigma_{ij}) = \begin{pmatrix} \sigma_{11} & \sigma_{12} & \sigma_{13} \\ \sigma_{21} & \sigma_{22} & \sigma_{23} \\ \sigma_{31} & \sigma_{32} & \sigma_{33} \end{pmatrix} \tag{3.4}$$

zusammen. Dabei stehen die Koordinaten eines jeweiligen Spannungsvektors σ_i in der i-ten Zeile (vgl. (3.2)).

Die Normalspannungen σ_{ii} sind die drei Spannungsgrößen auf der Diagonalen der Matrix.
Die Tangentialspannungen σ_{ij} sind die Spannungen in der Zeile i und der Spalte j mit $i \neq j$.

Anmerkung: In vielen Lehrbüchern der Mechanik und in der ingenieurwissenschaftlichen Literatur werden die Spannungsgrößen vielfach auch auf eine kartesische (x, y, z)-Basis bezogen, wobei die Tangentialspannungen als Schubspannungen bezeichnet und durch τ gekennzeichnet werden. Die Spannungsmatrix wird dann in der Form geschrieben:

$$\begin{pmatrix} \sigma_x & \tau_{xy} & \tau_{xz} \\ \tau_{yx} & \sigma_y & \tau_{yz} \\ \tau_{zx} & \tau_{zy} & \sigma_z \end{pmatrix}$$

Wegen i = 1, 2, 3 und j = 1, 2, 3 kann man den neun Spannungsgrößen auch die
$3 \cdot 3 = 9$ Basiselemente $e_i\, e_j$, m.a.W. der Spannungsmatrix σ_{ij} kann man die Basis $e_i\, e_j$
nach (1.123) zuordnen. Dann gelte

Def. 3.2:

Ist X ein materieller Punkt des Körpers $\mathcal{K}$ an der Stelle $r(t)$, so ist der dortige
Spannungszustand durch den *Spannungs-Tensor*

$$S(X, t) := \sum_{i,j} \sigma_{ij}\, e_i\, e_j = \begin{pmatrix} \sigma_{11} & \sigma_{12} & \sigma_{13} \\ \sigma_{21} & \sigma_{22} & \sigma_{23} \\ \sigma_{31} & \sigma_{32} & \sigma_{33} \end{pmatrix} e_i\, e_j$$

(Tensor 2. Stufe) beschrieben.

Ordnet man dem Spannungstensor S nun die Richtung einer Fläche ($\Delta A \to 0$, s.o.) in Form
des Normaleneinheitsvektors n dieser Fläche zu, so entsteht bei Skalarmultiplikation nach
(1.130) der dieser Fläche zugeordnete *Spannungsvektor*

$$\sigma_n = n \cdot S \tag{3.5}$$

Da das für beliebige Stellungsvektoren gilt, muß das auch für die drei Einheitsvektoren e_i
nach (3.2) und (3.3) bzw. Bild 3-5 gelten. Dafür wird aus (3.5) mit (1.130)

$$e_i \cdot S = e_i \cdot \sum_{j,k} \sigma_{kj}\, e_k\, e_j = \sum_{j,k} \sigma_{kj}\, (e_i \cdot e_k)\, e_j = \sum_{j,k} \sigma_{kj}\, \delta_{ik}\, e_j$$

$$e_i \cdot S = \sum_{j} \sigma_{ij}\, e_j = \sigma_i \tag{3.6}$$

Also entsteht, wie behauptet, durch Links-Skalar-Multiplikation des Spannungstensors mit
dem jeweiligen Einheitsvektor e_i wieder der zugehörige Spannungsvektor σ_i nach (3.3).
Man bildet also derart den Spannungszustand auf die Fläche mit der Richtung e_i ab.

Für eine beliebige Richtung n (Bild 3-6)
wird bei Verwendung des gleichen Basissystems e_i, d.h. mit

$$n = \sum_{i} n_i\, e_i, \quad |n| = 1,$$

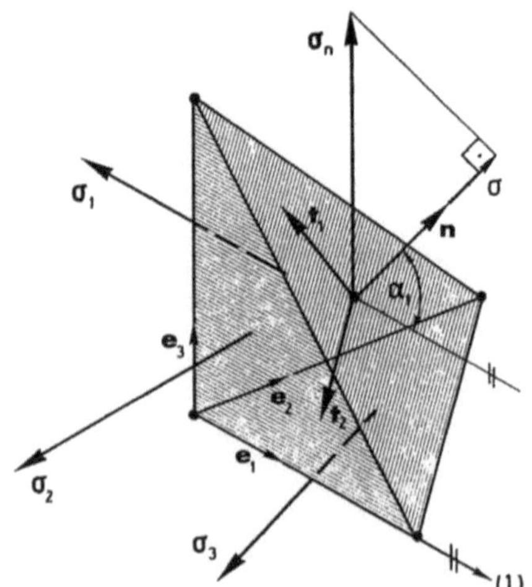

Bild 3-6

der *Spannungsvektor* $\boldsymbol{\sigma}_n$ *bei willkürlicher Schnittflächen-Stellung* $\mathbf{n}$

$$\boldsymbol{\sigma}_n = \mathbf{n} \cdot \mathbb{S} = \sum_i n_i \mathbf{e}_i \cdot \sum_{j,k} \sigma_{kj} \mathbf{e}_k \mathbf{e}_j$$

$$= \sum_{i,j,k} n_i \sigma_{kj} \delta_{ik} \mathbf{e}_j = \sum_{i,j} n_i \sigma_{ij} \mathbf{e}_j = \sum_i n_i \sum_j \sigma_{ij} \mathbf{e}_j = \sum_i n_i \boldsymbol{\sigma}_i$$

oder vollständig ausgeschrieben:

$$\boxed{\begin{aligned}
\boldsymbol{\sigma}_n &= \sum_i n_i \boldsymbol{\sigma}_i = n_1\,\boldsymbol{\sigma}_1 + n_2\,\boldsymbol{\sigma}_2 + n_3\,\boldsymbol{\sigma}_3 \\[2mm]
&= (n_1\,\sigma_{11} + n_2\,\sigma_{21} + n_3\,\sigma_{31})\,\mathbf{e}_1 \\
&\quad + (n_1\,\sigma_{12} + n_2\,\sigma_{22} + n_3\,\sigma_{32})\,\mathbf{e}_2 \\
&\quad + (n_1\,\sigma_{13} + n_2\,\sigma_{23} + n_3\,\sigma_{33})\,\mathbf{e}_3
\end{aligned}}$$

$$(3.7)$$

Man erkennt, daß bei gegebenem Spannungszustand $\mathbb{S}$ bzw. bei festem $\boldsymbol{\sigma}_1, \boldsymbol{\sigma}_2, \boldsymbol{\sigma}_3$ für jeweils andere Schnittflächen-Stellungen und der damit verbundenen, veränderlichen Cosinuswerte der Winkel α_i zwischen $\mathbf{n}$ und $\mathbf{e}_i$ gemäß

$$n_i = \mathbf{n} \cdot \mathbf{e}_i = \cos \alpha_i$$

(z.B. in Bild 3-6: α_1 aus $\cos\alpha_1 = \mathbf{n} \cdot \mathbf{e}_1$) wegen (3.7) auch andere Spannungsvektoren $\boldsymbol{\sigma}_n$ folgen. Damit wird Definition 3.1 bestätigt, wonach dem Spannungsvektor stets der Stellungsvektor seiner Bezugsfläche zugeordnet ist. Es sei in diesem Zusammenhang noch einmal darauf hingewiesen, daß dabei $\mathbf{n}$ der Stellungsvektor eines Oberflächenelementes des Körpers, wie $\mathbf{n}$ in Bild 3-1, aber auch der Stellungsvektor eines beliebigen Schnittflächenelementes innerhalb des Körpers, wie $\mathbf{e}_s$ in Bild 3-2, sein kann.

Entsprechend der Definition der Normalspannungen und Tangentialspannungen als Komponenten des Spannungsvektors kann damit nun auch der Normalspannungsanteil σ und der Tangentialspannungsanteil τ am Spannungsvektor $\boldsymbol{\sigma}_n$ beliebiger Schnittrichtung angegeben werden: Nach Bild 3-6 ist die *Projektion von* $\boldsymbol{\sigma}_n$ *auf* $\mathbf{n}$

$$\boxed{\sigma = \boldsymbol{\sigma}_n \cdot \mathbf{n}} \qquad\qquad (3.8)$$

woraus mit (3.7) folgt

$$\sigma = n_1\,(\boldsymbol{\sigma}_1 \cdot \mathbf{n}) + n_2\,(\boldsymbol{\sigma}_2 \cdot \mathbf{n}) + n_3\,(\boldsymbol{\sigma}_3 \cdot \mathbf{n})\ .$$

Durch Ausmultiplikation dieser Skalarprodukte oder unmittelbar wegen (3.5), d.h.

$$\sigma = \boldsymbol{\sigma}_n \cdot \mathbf{n} = (\mathbf{n} \cdot \mathbb{S}) \cdot \mathbf{n},$$

ergibt sich

$$\sigma = \sum_{i,j} n_i \sigma_{ij} \mathbf{e}_j \cdot \sum_k n_k \mathbf{e}_k,$$

d.h. der *Normalspannungsanteil* von $\boldsymbol{\sigma}_n$

$$\begin{aligned}
\sigma = \sum_{i,j,k} n_i\, n_k\, \sigma_{ij}\, \delta_{jk} = \sum_{i,j} n_i\, n_j\, \sigma_{ij} = \\
= n_1^2\, \sigma_{11} + n_2^2\, \sigma_{22} + n_3^2\, \sigma_{33} \\
+ n_1\, n_2\, \sigma_{12} + n_1\, n_3\, \sigma_{13} + n_2\, n_3\, \sigma_{23} \\
+ n_2\, n_1\, \sigma_{21} + n_3\, n_1\, \sigma_{31} + n_3\, n_2\, \sigma_{32}
\end{aligned} \tag{3.9}$$

Entsprechend folgen die *Tangentialspannungsanteile* τ_k in Richtung von $\mathbf{t}_k = (t_{k1}, t_{k2}, t_{k3})$, wobei nach Bild 3-6 $k = 1$ oder 2 ist, zu

$$\begin{aligned}
\tau_k = \boldsymbol{\sigma}_n \cdot \mathbf{t}_k = (\mathbf{n} \cdot \mathbb{S}) \cdot \mathbf{t}_k = \sum_{i,j} n_i\, t_{kj}\, \sigma_{ij} \\
= n_1\, t_{k1}\, \sigma_{11} + n_2\, t_{k2}\, \sigma_{22} + n_3\, t_{k3}\, \sigma_{33} \\
+ n_1\, t_{k2}\, \sigma_{12} + n_1\, t_{k3}\, \sigma_{13} + n_2\, t_{k3}\, \sigma_{23} \\
+ n_2\, t_{k1}\, \sigma_{21} + n_3\, t_{k1}\, \sigma_{31} + n_3\, t_{k2}\, \sigma_{32}
\end{aligned} \tag{3.10}$$

Aus der Tatsache, daß der Spannungsvektor $\boldsymbol{\sigma}_n$ für jeweils anderes $\mathbf{n}$ auch eine andere Größe und Richtung hat, folgen zunächst zwei bedeutsame Fragestellungen, nämlich

1. Für welche Schnittrichtung, d.h. für welches spezielle $\mathbf{m}$ unter allen $\mathbf{n}$, nehmen der Normalspannungsanteil σ_m oder der davon zunächst zu unterscheidende Betrag von $\boldsymbol{\sigma}_m$ Extremwerte an? Diese Fragestellung ist in der Bemessung von Bau- und Maschinenteilen von besonderer Bedeutung, die man natürlich nach diesen größten Spannungen bemessen muß, um ihre Funktionsfähigkeit sicherzustellen.

2. Gibt es unter allen Schnittrichtungen $\mathbf{n}$ auch eine Richtung $\mathbf{m}$, bei der der Spannungsvektor $\boldsymbol{\sigma}_m$ genau in Richtung von $\mathbf{m}$ fällt? D.h. für $\boldsymbol{\sigma}_m$ müßte dann gelten:

$$\boldsymbol{\sigma}_m = \sigma_m\, \mathbf{m}\,.$$

Die erste Fragestellung führt offensichtlich auf ein *Extremalproblem mit Nebenbedingung*, denn unter allen Lösungen sind nur die zugelassen, die zusätzlich die Bedingung $|\mathbf{m}| = 1$, also

$$m_1^2 + m_2^2 + m_3^2 = 1$$

erfüllen. Da die $m_i = \mathbf{m} \cdot \mathbf{e}_i$ die cosinus-Werte (Skalarprodukte) der Winkel α_i zwischen dem Stellungsvektor $\mathbf{m}$ und den Einheitsvektoren $\mathbf{e}_i$ sind (Bild 3-6), bedeutet die Extremalaufgabe die Ableitung der Spannungen ((3.9) und (3.10)) nach diesen Winkeln α_i und die Berechnung spezieller Winkel α_{mi} durch Nullsetzen dieser Ableitungen wegen des Extremalcharakters.

   Die zweite Fragestellung dagegen führt auf ein sog. *Eigenwertproblem*, da die vorgegebenen Bedingungen — d.h. alle Spannungen seien Normalspannungen und die zugehörigen Tangentialspannungen seien dementsprechend Null — nur für bestimmte, diskrete Werte (Eigenwerte) der gesuchten Richtungen von $\mathbf{m}$ (neben der trivialen Lösung $\sigma_m = 0$ bei dann beliebigem $\mathbf{m}$) erfüllbar sind.

Verfolgt man beide Probleme, so stellt man im Falle gleicher zugeordneter Tangentialspannungen $\sigma_{ij} = \sigma_{ji}$ und den damit vorliegenden reellen Eigenwerten für die Spannungen σ_m schließlich fest, daß sie auf die gleichen Bestimmungsgleichungen für σ_m und m hinauslaufen. Damit führen die beiden zunächst so unterschiedlichen Fragestellungen auf dasselbe Problem mit derselben Lösung — lediglich mit unterschiedlichen Methoden. Dann braucht im weiteren auch nur eines der beiden Probleme weiterverfolgt zu werden, z.B. das *Eigenwertproblem*:

$$\boxed{\sigma_m = \sigma_m \, m} \qquad (3.11)$$

Nun ist nach (3.5) immer $\sigma_n = n \cdot \mathbb{S}$, also auch im speziellen Fall $\sigma_m = m \cdot \mathbb{S}$.
Setzt man hierin (3.11) ein, so erhält man $\sigma_m = \sigma_m \, m = m \cdot \mathbb{S}$ bzw. $m \cdot \mathbb{S} - m \, \sigma_m = 0$.
Klammert man den Vektor m aus, so folgt mit (1.124) und (1.141) die *Eigenwertgleichung*

$$\boxed{m \cdot (\mathbb{S} - \sigma_m \, \mathbb{E}) = 0} \qquad (3.12)$$

Das zu (3.12) gehörende Gleichungssystem gilt es nun zu lösen: Mit

$$m = \sum_i m_i \, e_i$$

und

$$\mathbb{S} - \sigma_m \, \mathbb{E} = \sum_{j,\,k} (\sigma_{jk} - \delta_{jk} \, \sigma_m) \, e_j \, e_k$$

wird dabei zunächst für das Gleichungssystem gemäß (3.12)

$$\boxed{\sum_{i,\,k} m_i (\sigma_{ik} - \delta_{ik} \, \sigma_m) \, e_k = 0} \qquad (3.13)$$

und damit komponentenweise

$$\boxed{\begin{aligned}
(\sigma_{11} - \sigma_m) \, m_1 + \sigma_{21} m_2 + \sigma_{31} m_3 &= 0, \\
\sigma_{12} m_1 + (\sigma_{22} - \sigma_m) \, m_2 + \sigma_{32} m_3 &= 0, \\
\sigma_{13} m_1 + \sigma_{23} m_2 + (\sigma_{33} - \sigma_m) \, m_3 &= 0
\end{aligned}} \qquad (3.14)$$

Dieses lineare, homogene Gleichungssystem für die noch unbekannten Koordinaten m_i des gesuchten, speziellen Stellungsvektors m hat nur dann nicht-triviale Lösungen, wenn seine Koeffizienten-Determinante Null ist; also muß sein

$$\boxed{\begin{vmatrix}
\sigma_{11} - \sigma_m & \sigma_{21} & \sigma_{31} \\
\sigma_{12} & \sigma_{22} - \sigma_m & \sigma_{32} \\
\sigma_{13} & \sigma_{23} & \sigma_{33} - \sigma_m
\end{vmatrix} = 0} \qquad (3.15)$$

Das ergibt eine *kubische Gleichung* für die ebenfalls noch gesuchten Normalspannungen σ_m vgl. auch (1.141c).

Durch Auflösen von (3.15) folgt schließlich

$$
\begin{aligned}
&\sigma_m^3 - (\sigma_{11} + \sigma_{22} + \sigma_{33})\,\sigma_m^2 \\
&+ (\sigma_{11}\sigma_{22} + \sigma_{11}\sigma_{33} + \sigma_{22}\sigma_{33} - \sigma_{12}\sigma_{21} - \sigma_{13}\sigma_{31} - \sigma_{23}\sigma_{32})\,\sigma_m \\
&- \{\sigma_{11}\sigma_{22}\sigma_{33} - [\sigma_{11}\sigma_{23}\sigma_{32} + \sigma_{22}\sigma_{13}\sigma_{31} + \sigma_{33}\sigma_{12}\sigma_{21}] \\
&+ \sigma_{12}\sigma_{23}\sigma_{31} + \sigma_{13}\sigma_{21}\sigma_{32}\} = 0 \ .
\end{aligned}
\tag{3.16}
$$

Ist der Spannungszustand σ_{ij} bezüglich einer beliebigen orthonormierten Basis berechnet oder gegeben, so können aus (3.16) die zugehörigen Extremalwerte der Spannung σ_m berechnet werden. Da eine kubische Gleichung vorliegt, werden dabei drei Spannungen σ_m berechnet, die ihrer Größe nach mit

$$\sigma_I \geqslant \sigma_{II} \geqslant \sigma_{III}$$

bezeichnet werden. Diese Spannungen heißen *Haupt-Normal-Spannungen* (kurz: *Hauptspannungen*). Sind die drei Hauptspannungen $\sigma_I, \sigma_{II}, \sigma_{III}$ berechnet, kann schließlich das Gleichungssystem (3.14) dazu benutzt werden, die ebenfalls drei (je eine für jede Hauptspannung) Hauptrichtungen m_H, d.h.

$$m_I, m_{II}, m_{III}$$

mit den jeweiligen Koordinaten m_{Hi} nach (3.11) bzw. (3.14) zu berechnen. Die drei Hauptrichtungen sind dabei stets orthogonal bzw. bei gleichen Hauptspannungswerten orthonormalisierbar. Sie sind die drei Richtungen, bezüglich deren

1. *nur Normalspannungen* in Form der Hauptspannungen $\sigma_I, \sigma_{II}, \sigma_{III}$ auftreten,
2. diese Hauptspannungen die *Extremwerte* aller möglichen Spannungen in diesem Punkte bei allen Schnittflächenrichtungen sind und
3. die Tangentialspannungen verschwinden.

Der Spannungstensor hat somit neben der Darstellung nach Def. 3.2 auch eine sog. *Hauptachsendarstellung* (vgl. (1.141a))

$$
\mathbb{S} = \begin{pmatrix} \sigma_I & 0 & 0 \\ 0 & \sigma_{II} & 0 \\ 0 & 0 & \sigma_{III} \end{pmatrix} m_i\,m_j
\tag{3.17}
$$

mit den Hauptrichtungsvektoren m_I, m_{II}, m_{III} als Basiselemente und den Hauptspannungen als Koordinaten bezüglich der damit gebildeten Basis.

Über die unter anderen Schnittwinkeln vorhandenen Tangentialspannungen kann noch ausgesagt werden, daß das Maximum vom Betrage nach wegen $\sigma_I \geqslant \sigma_{II} \geqslant \sigma_{III}$

$$|\max \tau| = \tfrac{1}{2}\,|\sigma_I - \sigma_{III}|$$

ist und diese maximalen Tangentialspannungen unter $\pi/4 = 45°$ gegenüber der obigen Hauptrichtung m_I bzw. m_{III} auftreten. Sämtliche Aussagen dieses Kapitels gelten für jeden Punkt des Körpers (Kontinuum).

3.3 Ebener Spannungszustand

Der *ebene* Spannungszustand ist ein Spezialfall des allgemeinen räumlichen Spannungszustandes nach 3.2. Wie in den vorstehenden Kapiteln ist dabei der Begriff „eben" eine Reduzierung auf zwei-dimensionale Probleme, d.h. die zu einer Ebene senkrechten Komponenten sollen verschwinden. Ist die x-y-Ebene diese repräsentative Ebene, so dürfen alle z-Koordinaten der Spannungsgrößen Null gesetzt werden. Der Spannungsvektor hat im Vergleich zu (3.2) dann nur noch zwei Komponenten. Da auch nur noch zwei verschiedene Stellungsvektoren e_x und e_y zu unterscheiden sind, gibt es nur noch zwei Spannungsvektoren σ_x und σ_y (Bild 3-7). Nach (3.2) wird

$$\boldsymbol{\sigma}_x = \sigma_{11}\,e_1 + \sigma_{12}\,e_2 = \sigma_{xx}\,e_x + \sigma_{xy}\,e_y$$

$$\boldsymbol{\sigma}_y = \sigma_{21}\,e_1 + \sigma_{22}\,e_2 = \sigma_{yx}\,e_x + \sigma_{yy}\,e_y$$

(3.18)

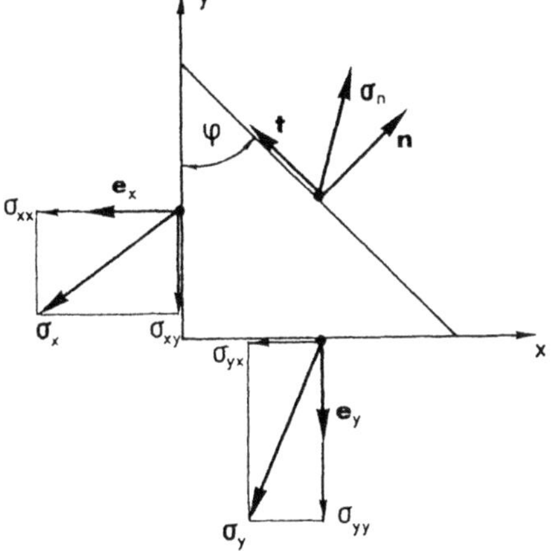

Bild 3-7

Der *Spannungstensor* hat entsprechend keine Koordinaten in (3)-Richtung. In Matrixschreibweise nimmt er die Form an:

$$\mathbb{S} = \sum_{i,j} \sigma_{ij}\,e_i\,e_j = \begin{pmatrix} \sigma_{xx} & \sigma_{xy} & 0 \\ \sigma_{yx} & \sigma_{yy} & 0 \\ 0 & 0 & 0 \end{pmatrix} e_i\,e_j$$

(3.19)

Auch der Spannungsvektor σ_n, der zu jeder unter einem beliebigen Winkel φ liegenden Schnittfläche ($\Delta A_n \to 0$) mit dem Stellungsvektor n (vgl. Bild 3-7) zugeordnet ist, liegt nun in der x-y-Ebene und hat nach (3.7) die spezielle Form

$$\boldsymbol{\sigma}_n = \mathbf{n} \cdot \mathbb{S} = n_x\,\boldsymbol{\sigma}_x + n_y\,\boldsymbol{\sigma}_y$$

$$= (n_x\,\sigma_{xx} + n_y\,\sigma_{yx})\,e_x + (n_x\,\sigma_{xy} + n_y\,\sigma_{yy})\,e_y$$

(3.20)

Die Koordinaten des Stellungsvektors n und des (jetzt einzigen) Tangential-Einheitsvektors t (Bild 3-7) in der Basis $[e_i]$ sind dann zweckmäßigerweise durch den Schnittwinkel φ auszudrücken.

Man erhält

$$n_x = \cos\varphi; \quad n_y = \sin\varphi; \quad n_z = 0$$
$$t_x = -\sin\varphi; \quad t_y = \cos\varphi; \quad t_z = 0$$
(3.21)

Aus (3.9) folgt damit für den *Normalspannungsanteil* von $\boldsymbol{\sigma}_n$ nach (3.21)

$$\sigma = n_1^2\,\sigma_{11} + n_2^2\,\sigma_{22} + n_1 n_2\,\sigma_{12} + n_2 n_1\,\sigma_{21}$$
$$= \sigma_{xx}\cos^2\varphi + \sigma_{yy}\sin^2\varphi + (\sigma_{xy} + \sigma_{yx})\sin\varphi\cos\varphi$$
(3.22)

und für den *Tangentialspannungsanteil* von $\boldsymbol{\sigma}_n$ nach (3.10) mit (3.21)

$$\tau = n_1 t_1\,\sigma_{11} + n_2 t_2\,\sigma_{22} + n_1 t_2\,\sigma_{12} + n_2 t_1\,\sigma_{21}$$
$$= (\sigma_{yy} - \sigma_{xx})\sin\varphi\cos\varphi + \sigma_{xy}\cos^2\varphi - \sigma_{yx}\sin^2\varphi$$
(3.23)

Mit den Additionstheoremen

$$2\sin\varphi\cos\varphi = \sin 2\varphi, \quad 2\cos^2\varphi = 1 + \cos 2\varphi, \quad 2\sin^2\varphi = 1 - \cos 2\varphi$$

folgt daraus

$$\sigma = \frac{1}{2}(\sigma_{xx} + \sigma_{yy}) + \frac{1}{2}(\sigma_{xx} - \sigma_{yy})\cos 2\varphi + \frac{1}{2}(\sigma_{xy} + \sigma_{yx})\sin 2\varphi$$
$$\tau = \frac{1}{2}(\sigma_{xy} - \sigma_{yx}) + \frac{1}{2}(\sigma_{xy} + \sigma_{yx})\cos 2\varphi - \frac{1}{2}(\sigma_{xx} - \sigma_{yy})\sin 2\varphi$$
(3.24)

Schließlich sei der für die späteren Untersuchungen bedeutsame *Sonderfall* von (3.24) untersucht, bei dem die beiden einander zugeordneten Tangentialspannungen σ_{xy} und σ_{yx} gleich sind, also $\sigma_{xy} = \sigma_{yx}$ gilt. Für diesen Fall folgt aus (3.24)

$$\sigma = \frac{1}{2}(\sigma_{xx} + \sigma_{yy}) + \frac{1}{2}(\sigma_{xx} - \sigma_{yy})\cos 2\varphi + \sigma_{xy}\sin 2\varphi$$
$$\tau = \sigma_{xy}\cos 2\varphi - \frac{1}{2}(\sigma_{xx} - \sigma_{yy})\sin 2\varphi$$
(3.25)

Durch Quadrieren und Addieren beider Gleichungen folgt die Gleichung eines Kreises, den man als MOHR*schen Spannungskreis*[1] bezeichnet. Dafür gilt

$$\left[\sigma - \frac{1}{2}(\sigma_{xx} + \sigma_{yy})\right]^2 + \tau^2 = \left[\frac{1}{2}(\sigma_{xx} - \sigma_{yy})\right]^2 + \sigma_{xy}^2$$
(3.26)

Sind demnach die beiden Normalspannungen σ_{xx} und σ_{yy} sowie die Tangentialspannungen $\sigma_{xy} = \sigma_{yx}$ für die orthogonalen Basisachsen (Bild 3-7) gegeben, so lassen sich alle Kombinationen von σ und τ, die der Schnittfläche mit dem Stellungsvektor $\mathbf{n}$ zugeordnet sind, für

---

[1] Nach Otto MOHR, der diese Konstruktion im Jahre 1882 bekanntgab.

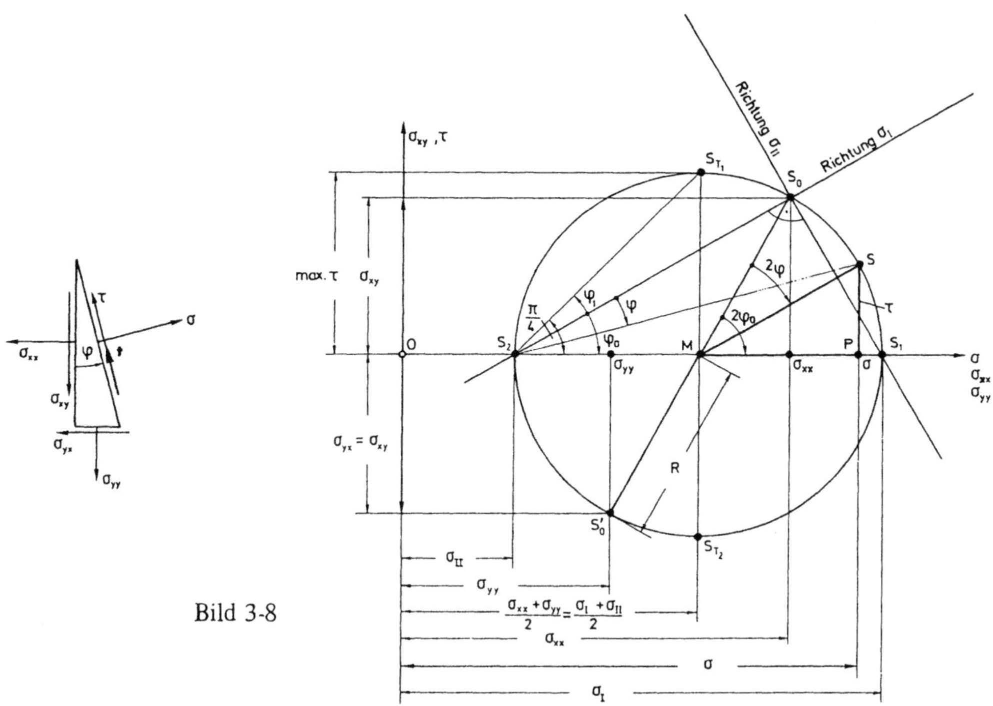

Bild 3-8

alle Schnittwinkel φ in diesem MOHRschen Kreis darstellen. Der Kreis stellt somit den geometrischen Ort aller *Spannungsbildpunkte* S dar, dessen Koordinaten den Wert σ auf der Abszisse und den Wert τ auf der Ordinate haben.

Die Konstruktion des Kreises verläuft dann wie folgt (Bild 3-8):

1. Auf der Normalspannungsachse (σ) werden σ_{xx} und σ_{yy} abgetragen.

2. Auf dem Lot zur σ-Achse wird die Tangentialspannung $\sigma_{xy} = \sigma_{yx}$ in σ_{xx} positiv und in σ_{yy} negativ abgetragen. Man erhält die beiden Spannungsbildpunkte S_0 und S_0'.

3. Die Verbindung der beiden Punkte S_0 und S_0' schneidet die σ-Achse in M, dem Mittelpunkt des MOHRschen Spannungskreises.

4. Um M wird mit $MS_0 = R$ als Radius ein Kreis geschlagen. Dies ist der MOHRsche Spannungskreis.

5. Für jeden Winkel φ, angetragen in S_2 an $S_2 S_0$ bzw. für jeden Winkel 2φ, angetragen in M an MS_0 jeweils im Uhrzeigersinn, ist das Ergebnis S der Spannungsbildpunkt. Seine Koordinaten σ bzw. τ sind die Normal- bzw. Tangentialspannung des Spannungsvektors σ_n auf der Schnittfläche unter dem Winkel φ.

Die Übereinstimmung dieser Konstruktion mit Gl. (3.26) ist evident, wenn man die Quadrate der Seiten des Dreiecks MSP bildet.

In Bild 3-8 sind die vorgegebenen Spannungen mit positiven Werten nach der vereinbarten Vorzeichenfestsetzung von Bild 3-7 eingetragen. Die Konstruktion verläuft für jede andere Kombination von Spannungsrichtungen entsprechend, wobei die Winkel φ nach Bild 3-7 positiv von der Senkrechten aus entgegen dem Uhrzeigersinn zu rechnen sind.

Alle anderen charakteristischen Größen des Spannungszustandes lassen sich gleichfalls unmittelbar aus dem Spannungskreis ablesen, wie die nachfolgende Diskussion zeigt.

So sind auch die Hauptspannungen σ_I, σ_{II} und σ_{III} nach (3.16) berechenbar und nach Größe und Richtung im MOHRschen Spannungskreis wiederfindbar: Zunächst folgt aus (3.16) wegen des ebenen Spannungszustandes, für den alle (3)-Koordinaten verschwinden,

$$\sigma_m^3 - (\sigma_{xx} + \sigma_{yy})\, \sigma_m^2 + (\sigma_{xx}\, \sigma_{yy} - \sigma_{xy}^2)\, \sigma_m = 0 \qquad (3.27)$$

Hierfür ist eine Lösung

$$\sigma_{m_1} = \sigma_{III} = 0 \qquad (3.28)$$

Schließt man zunächst diese Lösung aus, so entsteht aus (3.27) nach Division durch σ_m die quadratische Gleichung

$$\sigma_m^2 - (\sigma_{xx} + \sigma_{yy})\, \sigma_m + (\sigma_{xx}\, \sigma_{yy} - \sigma_{xy}^2) = 0$$

mit den beiden weiteren Lösungen

$$\sigma_{m_{2,3}} = \left\{ \begin{array}{c} \sigma_I \\ \sigma_{II} \end{array} \right\} = \frac{\sigma_{xx} + \sigma_{yy}}{2} \pm \sqrt{\left(\frac{\sigma_{xx} - \sigma_{yy}}{2}\right)^2 + \sigma_{xy}^2} \qquad (3.29)$$

Damit sind die *drei Hauptspannungen* σ_I, σ_{II} und $\sigma_{III} = 0$ gefunden. Da definitionsgemäß die Hauptspannungen die extremalen Normalspannungen sind, findet man ihre Größen nach (3.29) als die Strecken $OS_2 \triangleq \sigma_{II}$ und $OS_1 \triangleq \sigma_I$ im MOHRschen Spannungskreis nach Bild 3-8.

Auch die Winkel, unter denen das Flächenelement geschnitten werden müßte, um als Spannungsvektor $\boldsymbol{\sigma}_n$ nur einen Normalspannungsvektor $\boldsymbol{\sigma}_m$ zu erhalten, d.h. die Winkel der Hauptspannungsrichtungen, erhält man aus (3.25) für $\tau = 0$, also für die vier Schnittflächen eines rechteckigen Elements aus

$$\tan 2\varphi_0 = \tan(2\varphi_0 + n\pi) = \frac{2\sigma_{xy}}{\sigma_{xx} - \sigma_{yy}}\,; \qquad (n = 0, 1, 2, 3) \qquad (3.30)$$

Die Winkel $2\varphi_0$ und $2\varphi_0 + \pi$ finden sich in der Konstruktion nach Bild 3-8 als $\sphericalangle S_0 M S_1$ und $\sphericalangle S_0 M S_2$ wieder. S_1 und S_2 sind die zugehörigen Spannungsbildpunkte für σ_I und σ_{II}. Wegen der Beziehung zwischen Zentriwinkeln und Peripheriewinkeln sind die jeweils halben Winkel, also φ_0 und $\varphi_0 + \pi/2$, auch bei S_2 zu finden.

Schließlich können mit der Richtung der Geraden $S_2 S_0$ für σ_I und der Geraden $S_1 S_0$ für σ_{II} sowie natürlich mit der zur Zeichenebene senkrechten (3)-Richtung auch die drei Hauptspannungsrichtungen angegeben werden. Wie ausgeführt, müssen diese drei Richtungen zueinander senkrecht sein, wovon man sich wegen des rechten Winkels bei S_0 (THALES-Kreis) und der ohnehin zur x-y-Ebene senkrechten (3)-Richtung sofort überzeugt.

Die Winkel φ_1, für welche die *Tangentialspannungen* Extremalwerte annehmen, erhält man aus (3.25) durch Differentiation und Nullsetzen, also aus

$$\frac{d\tau}{d\varphi} = -2\sigma_{xy} \sin 2\varphi - (\sigma_{xx} - \sigma_{yy}) \cos 2\varphi = 0$$

zu

$$\tan 2\varphi_1 = \tan(2\varphi_1 + n\pi) = -\frac{\sigma_{xx} - \sigma_{yy}}{2\sigma_{xy}} \;; \quad n = 0, 1, 2, 3 \tag{3.31}$$

Wegen (3.30) folgt aus (3.31)

$$\tan 2\varphi_1 = -\frac{1}{\tan(2\varphi_0 + n\pi)} = -\cot(2\varphi_0 + n\pi) = \tan\left(2\varphi_0 + \frac{2n+1}{2}\pi\right)$$

$$\tan 2\varphi_1 = \tan\left\{2\left(\varphi_0 + \frac{2n+1}{4}\pi\right)\right\} \;; \quad (n = 0, 1, 2, 3) \tag{3.32}$$

Es gibt also wieder vier Winkel für die vier Schnittflächen eines rechteckigen Elements

$$\varphi_1 = \varphi_0 + \frac{2n+1}{4}\pi; \quad (n = 0, 1, 2, 3) \tag{3.32a}$$

für die die Tangentialspannungen ihre Extremalwerte, die *Haupt-Tangentialspannungen*, annehmen. Die Größe dieser Spannungen ist gleich dem Radius des MOHRschen Spannungskreises, also

$$\tau_{max} = \pm\sqrt{\left(\frac{\sigma_{xx} - \sigma_{yy}}{2}\right)^2 + \sigma_{xy}^2} = \frac{\sigma_I - \sigma_{II}}{2} \tag{3.33}$$

Die Schnittflächen, in denen die maximalen Tangentialspannungen auftreten, sind wieder um $\pi/4 \cong 45°$ gegenüber den Haupt-Spannungsrichtungen gedreht und durch die beiden Spannungsbildpunkte S_{T1} und S_{T2} im MOHRschen Kreis festgelegt.

Man kann also alle Beziehungen (3.25) bis (3.33) aus dem MOHRschen Spannungskreis nach Bild 3-8 ablesen.

Zur Veranschaulichung sind in Bild 3-9 noch einmal verschiedene Zustände für verschiedene Schnittwinkel φ und die ihnen zugehörigen Spannungsgrößen in Verbindung mit dem MOHRschen Kreis dargestellt: Die jeweils drei Skizzen der Teilbilder a) bis d) zeigen die Orientierung des Elementes, alle am Element auftretenden Spannungen und den zugehörigen MOHRschen Kreis. In Bild 3-9a ist noch einmal der vorgegebene Spannungszustand, für $\varphi = 0$ und in Bild 3-9b für $\varphi \neq 0$ sowie in Bild 3-9c der Hauptspannungszustand und in Bild 3-9d der zum Spannungsbildpunkt S_{T2} gehörige Haupt-Tangentialspannungszustand dargestellt.

Mit Bild 3-9 wird besonders anschaulich, wie sich ein in einem bestimmten Punkt des Kontinuums wirkender Spannungszustand je nach der Orientierung der elementaren Schnittflächen anders darstellt.

Sonderfälle des allgemeinen Spannungszustandes nach (3.2) bzw. des ebenen Zustandes nach (3.18) sind:

1. Der zweiachsige Spannungszustand (Bild 3-10a)

Hierbei ist die Spannungsmatrix (3.19) nur mit Normalspannungen σ_{xx} in (1)- und σ_{yy} in (2)-Richtung besetzt, die Tangentialspannungen sind (anders als beim ebenen Spannungszustand) $\sigma_{xy} = \sigma_{yx} = 0$.

a)
φ = 0
σ_xx
σ_xy
σ_yy
τ
σ_xx
φ = 0
S_0
σ_xy
0
M
σ_yy
σ

b)
φ + π/2
τ
σ
σ
τ
σ_xx
φ
(S)
(S')
σ'
σ_xy
σ_yy
τ
σ
2φ
φ
S
τ
0
M
σ
σ'
2φ + π

c)
(S_2)
φ_0 + π/2
(S_1)
φ_0
σ_I
σ_I
σ_xx
(τ = 0)
σ_II
σ_xy
σ_yy
τ
S
S_2
φ_0
S_1
0
M
2φ_0
σ
σ_II
2φ_0 + π
σ_I

d)
φ_0 + 3π/4
(S_T1)
σ_T
max. τ
(S_T2)
σ_T
max. τ
φ_0 + π/4
σ_xx
σ_xy
σ_yy
τ
S_T1
S
σ_T
φ_0
M
0
σ
φ_0 + 3π/4
φ_0 + π/4
max. τ
S_T2

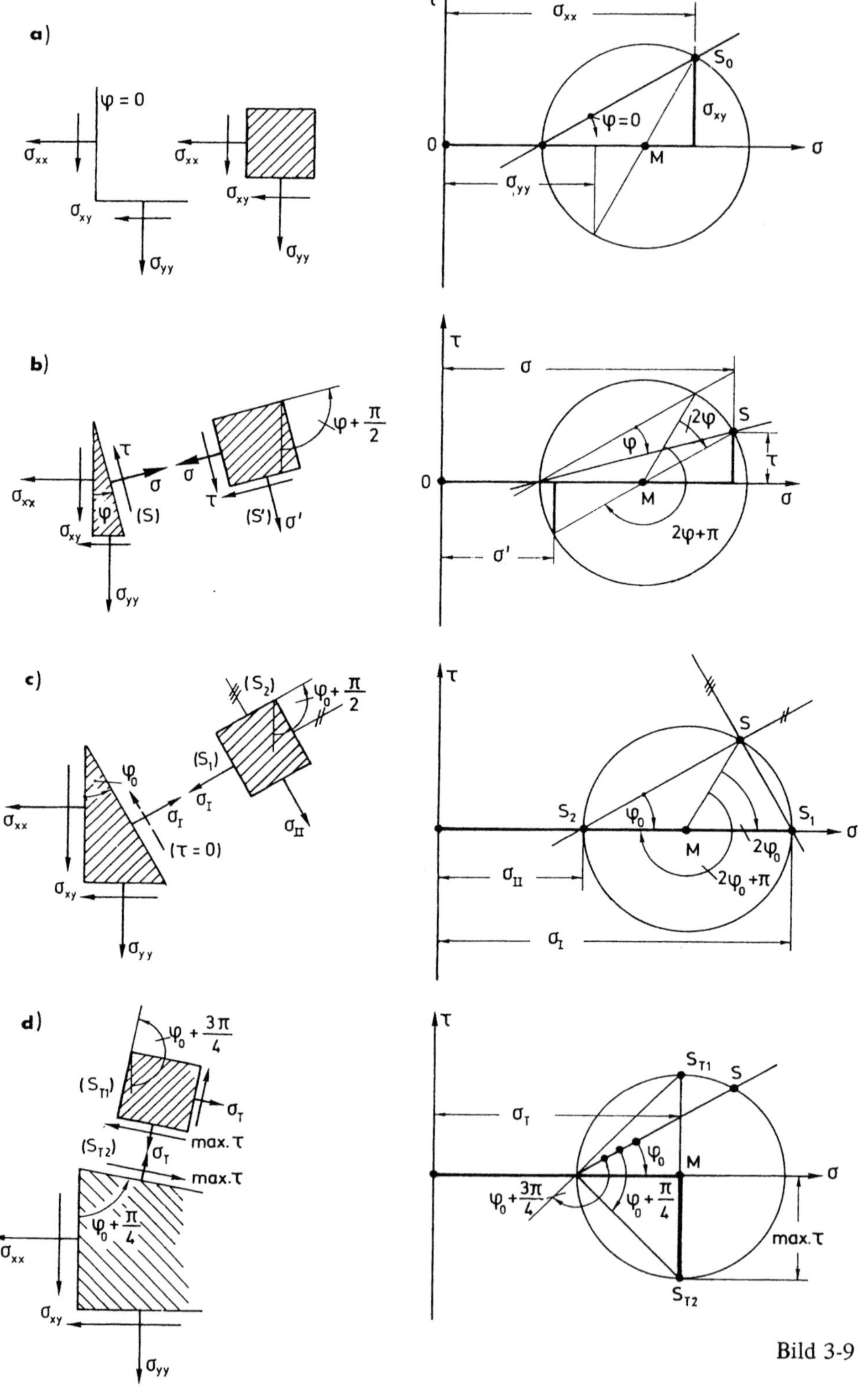

Bild 3-9

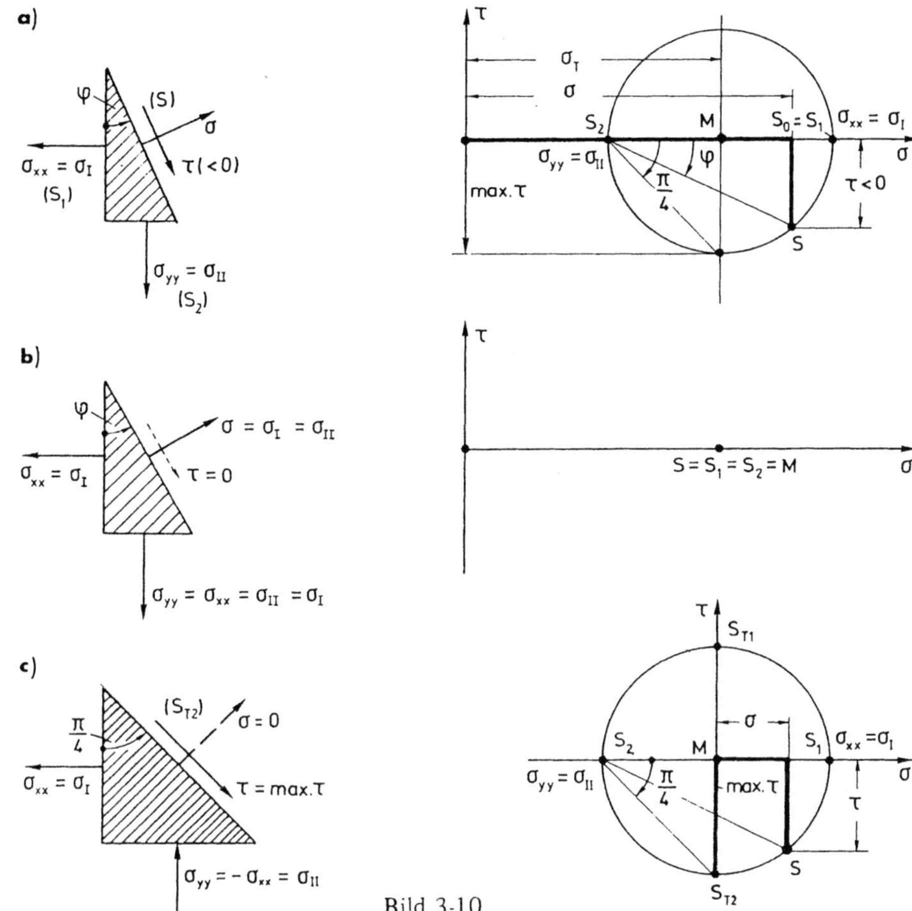

Bild 3-10

Der zugehörige MOHRsche Spannungskreis ist in Bild 3-10a dargestellt. Der Winkel φ ist nun positiv und im Uhrzeigersinn von der σ-Achse abzutragen, weil hier $\varphi_0 = 0$ ist und S_0 in S_1 übergeht bzw. in diesem Falle die Spannungen σ_{xx} und σ_{yy} die Hauptspannungen σ_I und σ_{II} sind.

Die Tangentialspannungen nach (3.25) sind für positive $\varphi < \pi/2$ negativ, für $\frac{\pi}{2} < \varphi < \pi$ sind sie positiv, falls $\sigma_{xx} > \sigma_{yy}$ ist, usw. Ihre Maximalwerte sind nach (3.33) für $\sigma_{xy} = 0$

$$\tau_{max} = \pm \frac{1}{2} |\sigma_{xx} - \sigma_{yy}| = \pm \frac{1}{2} |\sigma_I - \sigma_{II}| .$$

Diese Werte treten in den vier Schnittebenen auf, die nach (3.32a) unter den Winkeln

$$\varphi_T = \frac{2n + 1}{4} \pi; \quad (n = 0, 1, 2, 3)$$

gegen die Vertikale entgegen dem Uhrzeigersinn geneigt sind.

Die Normalspannungen für Schnittflächen unter diesen Winkeln sind wieder alle gleich, nämlich

$$\sigma_T = \frac{1}{2}\,(\sigma_{xx} + \sigma_{yy}) = \frac{1}{2}\,(\sigma_I + \sigma_{II})$$

bei gleichem Vorzeichen (hier: positiv $\hat{=}$ Zug).

2. Der hydrostatische Spannungszustand (Bild 3-10b)

Hierbei ist wieder $\sigma_{xy} = \sigma_{yx} = 0$, aber zusätzlich $\sigma_{xx} = \sigma_{yy} = \sigma$. Der Kreis schrumpft zum Punkt. Das bedeutet, daß in allen Richtungen der Ebene x–y der gleiche Spannungszustand herrscht und dieser nicht von der Orientierung der Schnittfläche abhängt.

3. Der reine Tangentialspannungszustand (Bild 3-10c)

Hierbei ist wieder $\sigma_{xy} = \sigma_{yx} = 0$, aber es gilt $\sigma_{xx} = -\sigma_{yy}$. Damit wirkt in der einen Richtung eine Zugspannung in der orthogonalen Richtung dazu eine betragsmäßig gleiche Druckspannung. Der MOHRsche Spannungskreis hat dann die zentrale Mittelpunktslage mit $M = 0$. Unter den Winkeln

$$\varphi = \frac{2n + 1}{4}\,\pi \qquad (n = 0, 1, 2, 3)$$

gegenüber der Vertikalen wird die *Normalspannung* Null, während die *Tangentialspannungen* für die gleichen Schnittflächen ihre Maximalwerte

$$|\tau_{max}| = \pm \frac{1}{2}\,|(\sigma_{xx} - \sigma_{yy})| = \pm \frac{1}{2}\,|\sigma_{xx} + \sigma_{xx}| = |\sigma_{xx}|$$

annehmen.

Mit den vorstehenden Gleichungen sind die Spannungsgrößen untereinander in Beziehung gesetzt. Die Einführung einer Spannungsgröße (z.B. des Spannungsvektors nach Def. 3.1 oder des Spannungstensors nach Def. 3.2) ergab sich aus der Notwendigkeit, eine Größe für die Ursache der Bewegungen bereitzustellen. Dabei bleibt jedoch zunächst weiter offen, wie diese Größe „Spannung" mit der „Bewegung" eines Körpers zusammenhängt. Auch bleibt in Umkehrung offen, wie bei gegebener Bewegung bzw. bei vorliegenden äußeren Belastungen diese Spannungsgrößen im Innern des Körpers zu bestimmen sind. Dies sei in den folgenden Kapiteln weiterverfolgt, wozu man zunächst aus der Spannung als Grundgröße zweckmäßigerweise zwei abgeleitete mechanische Größen einführt.

3.4 Kraftdichte – Kraft

Mit (3.1) und (3.2) sind die über die Oberfläche (Schnittfläche, Berührungsfläche) einwirkenden Spannungen als eine Ursache der Bewegung angesehen und eingeführt worden. Damit stellt sich als nächstes die Frage, ob dies die einzige Ursache ist oder ob auch andere Bewegungsursachen denkbar wären.

Dabei zeigt zunächst wieder die Erfahrung, daß eine Wirkung auf Körper auch dann erzielt werden kann, wenn keine materielle Verbindung oder Berührung zu diesen Körpern oder der Körper untereinander besteht. So wird beispielsweise eine Kompaßnadel auch ohne direkte Einwirkung auf ihre Oberfläche und ohne eine materielle Verbindung bewegt, und so wird der Bewegungszustand von Planeten von der Sonne permanent beeinflußt, verändert und verursacht, ohne daß eine gemeinsame Berührungsfläche oder eine materielle Verbindung (die man zu zwei Schnittflächen zerschneiden könnte) besteht.

Auch ein Körper, den man auf der Erde „losläßt", setzt sich genau dann in Bewegung, wenn man ihn von seinen flächenhaften Bindungen, die man über seine Oberfläche durch „Festhalten" bewirkt hatte, befreit.

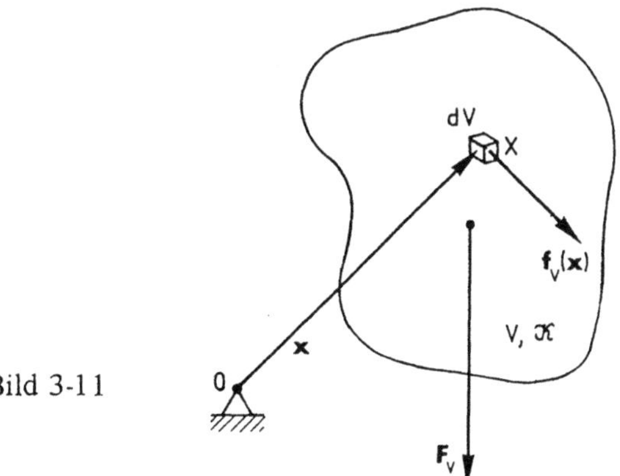

Bild 3-11

Offenbar ist all diesen Phänomenen gemeinsam, daß es neben den flächenhaften Nahwirkungen auf Körper in Form von Spannungen auch volumenhafte Fernwirkungen auf Körper durch Magnetfelder, Gravitationsfelder, Schwerefelder usw. – kurz durch *volumenhafte Kraftfelder (Volumenkräfte)* gibt, die als zweite Bewegungsursache angesehen werden.

Die Volumenkräfte werden dabei stets auf das Volumen des betrachteten Körpers bezogen. Ist also ΔV ein Teilvolumen von $\mathcal{X}$ nach Bild 3-11 und wird der Grenzübergang $\Delta V \rightarrow 0$ gebildet, so geht mit Vereinbarung (1.21) wieder ΔV in dV über. Für jedes dieser dV wird analog zur Massendichte (vgl. 1.2.5) eine *Volumenkraftdichte* f_V an der Stelle x von X eingeführt. Daraus ergibt sich die

---

Def. 3.3:
Jedem infinitesimalen Volumen dV eines materiellen Punktes $X \in \mathcal{X}$ bei x ist in einem Kraftfeld eine auf dV bezogene Kraftdichte, die sog. *Volumenkraftdichte* $f_V(x)$ zugeordnet. Die vom Kraftfeld auf dV ausgeübte Wirkung ist die *infinitesimale Volumenkraft*

$$d\mathbf{F}_V = \mathbf{f}_V \, dV.$$

Die vom Kraftfeld auf das gesamte Volumen V des Körpers ausgeübte Wirkung ist dann analog zu Def. 1.6 die Integration über V, also die *Volumenkraft*

$$\mathbf{F}_V := \int_V \mathbf{f}_V \, dV.$$

Ist z.B.

$$\mathbf{f}_V = \rho \, \mathbf{g} \qquad\qquad (3.34)$$

---

mit ρ nach 1.2.5 und **g** als Vektor der Erdgravitation (mit der Größe g und der Richtung
zum Erdmittelpunkt), so ist die *Volumenkraft auf* dV

$$\rho\,\mathbf{g}\,dV = d\mathbf{F}_V \qquad\qquad (3.35)$$

und die *Volumenkraft für den gesamten Körper* $\mathscr{K}$

$$\mathbf{F}_V = \int_V d\mathbf{F}_V = \int_V \rho\,\mathbf{g}\,dV = \mathbf{g}\int_V \rho\,dV = \mathbf{g}\,m = \mathbf{G} \qquad\qquad (3.36)$$

Dabei kann **g** als nach Größe und Richtung konstant bzw. als vom jeweils betrachteten
Volumenelement dV unabhängig aus dem Integral herausgezogen werden. Das verbleibende
Volumenintegral ist nach Def. 1.6 gerade die Masse m des Körpers. Das Produkt ist schließlich das Gewicht **G** des Körpers. Es ist identisch mit dem Ergebnis der über den Körper integrierten Volumenkraft im Schwerefeld. Dementsprechend ist $\mathbf{f}_V = \rho\,\mathbf{g}$ die Volumenkraftdichte des Schwerefeldes der Erde. Andere Felder unterscheiden sich daher auch nur durch
die Angabe einer anderen Volumenkraftdichte $\mathbf{f}_V$. Im Gegensatz zu den Grundgrößen
„Spannungen" der vorigen Kapitel sind diese „Volumenkraftdichten" damit auch in allen
nachfolgenden Rechnungen keine unbekannten Größen der Mechanik. Es muß eben $\mathbf{f}_V$ bekannt und damit vorgegeben sein, in welchem Feld sich der Körper, dessen Bewegung es zu beschreiben gilt, befindet und ob die Wirkung dieses Kraftfeldes (Gravitation, Schwere, Ma-
gnetismus, Elektrostatik usw.) auf die Bewegung des Körpers mitberücksichtigt werden soll
oder nicht. Da i.ü. magnetische und elektrostatische Felder nicht Gegenstand dieser Betrachtungen sind, kann man sich hier auf die Gravitation und innerhalb dieser auf die Wirkung des
Schwerefeldes der Erde, also $\mathbf{f}_V = \rho\,\mathbf{g}$ beschränken.

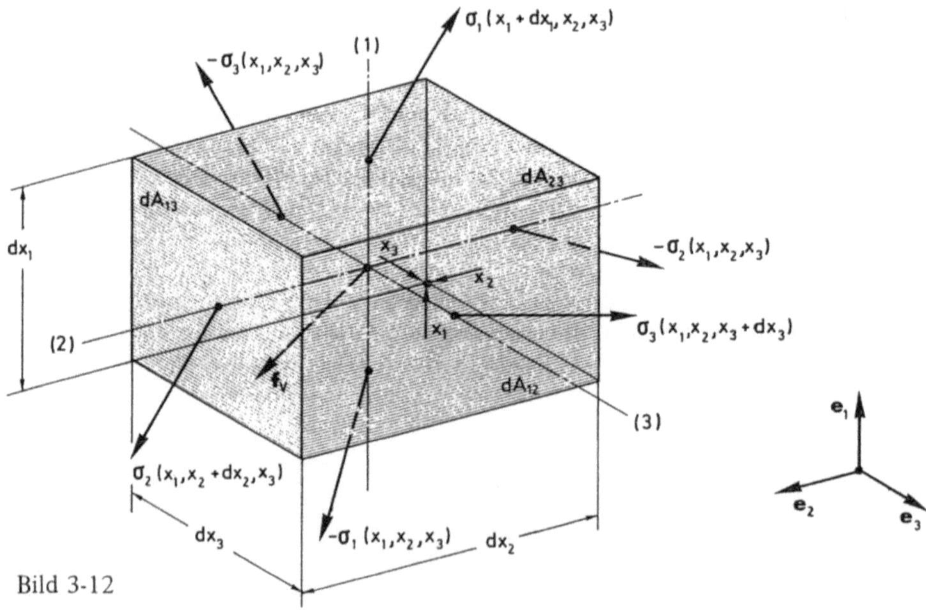

Bild 3-12

Zusammenfassend ist also festzustellen: Mit der Grundgröße Spannung $\mathbf{S}$ oder $\boldsymbol{\sigma}$ als *Flächenkraftdichte* und der vorgegebenen Größe $\mathbf{f}_V$ als *Volumenkraftdichte* sind die beiden ,,Bewegungsursachen" definiert und beschrieben. Andere, wie z.B. eine denkbare *Volumenmomentendichte*, werden in der Klassischen Kontinuumsmechanik nicht berücksichtigt.

Für einen materiellen Punkt mit dem infinitesimalen Volumen dV ergibt sich somit schließlich ein Zustand nach Bild 3-12, der durch die sechs Spannungsvektoren $\boldsymbol{\sigma}_i$ (wie in Bild 3-2) und die Volumenkraftdichte $\mathbf{f}_V$ (wie in Bild 3-11) gekennzeichnet ist.

Die Vorzeichen der Spannungsvektoren ergeben sich aus dem Richtungssinn der zugeordneten Stellungsvektoren der Schnittflächen im Vergleich mit dem eingeführten Rechtssystem $[\mathbf{e}_i]$ (Bild 3-12). Dabei war vereinbart worden, daß sie als Spannungen positiv gerechnet werden, wenn sie vom Körper weg nach außen gerichtet sind — also Zugspannungen sind.

Ordnet man den Flächenkraftdichten (Spannungen) $\boldsymbol{\sigma}_i$ ihre jeweils zugehörigen Flächenelemente

$$dA_{jk} = dx_j\, dx_k \quad (i \neq j \neq k)$$

in der Form $\boldsymbol{\sigma}_i\, dx_j\, dx_k$

und der Volumenkraftdichte $\mathbf{f}_V$ ihr zugehöriges Volumenelement $dV = dx_i\, dx_j\, dx_k$ $(i \neq j \neq k)$ in der Form $\mathbf{f}_V\, dx_i\, dx_j\, dx_k$ zu, so entstehen sechs differentielle Flächenkräfte $d\mathbf{F}_A$ und eine differentielle Volumenkraft $d\mathbf{F}_V$, die dann — vektoriell addiert — den vollständigen Kräftezustand des differentiellen Elementes (abgekürzt: $d\mathbf{F}$) darstellen:

$$
\begin{aligned}
&\boldsymbol{\sigma}_1\,(x_1 + dx_1,\, x_2,\, x_3)\, dx_2\, dx_3 - \boldsymbol{\sigma}_1\,(x_1,\, x_2,\, x_3)\, dx_2\, dx_3 \\
&+ \boldsymbol{\sigma}_2\,(x_1,\, x_2 + dx_2,\, x_3)\, dx_1\, dx_3 - \boldsymbol{\sigma}_2\,(x_1,\, x_2,\, x_3)\, dx_1\, dx_3 \\
&+ \boldsymbol{\sigma}_3\,(x_1,\, x_2,\, x_3 + dx_3)\, dx_1\, dx_2 - \boldsymbol{\sigma}_3\,(x_1,\, x_2,\, x_3)\, dx_1\, dx_2 \\
&+ \mathbf{f}_V\, dx_1\, dx_2\, dx_3 = d\mathbf{F}_A + d\mathbf{F}_V = d\mathbf{F}
\end{aligned}
\qquad (3.37)
$$

Die dabei paarweise auftretenden, gegenüberliegenden Spannungsvektoren

$$\boldsymbol{\sigma}_i\,(x_i + dx_i,\, dx_j,\, dx_k) \quad \text{und} \quad \boldsymbol{\sigma}_i\,(x_i,\, x_j,\, x_k)$$

lassen sich noch durch eine TAYLOR-Entwicklung (nach 1.3.5, **B**, S. 41) für Funktionen mehrerer (hier: drei) Variablen in Beziehung setzen. Da die Entwicklung nur für einen hinreichend kleinen Abstand ($\Delta x_i \to 0$ bzw. dx_i) der beiden Spannungsvektoren durchzuführen ist, ist damit das erste Glied der TAYLOR-Reihe hinreichend und es darf unmittelbar die Aussage nach (1.47) verwendet werden. Dabei ist der Spannungsvektor $\boldsymbol{\sigma}_i$ nur in x_i-Richtung zu entwickeln, das wegen i = 1 *oder* 2 *oder* 3 die Verwendung von (1.47) *ohne* Summenzeichen gestattet. Daher gilt

$$\boldsymbol{\sigma}_i\,(x_i + dx_i,\, x_j,\, x_k) = \boldsymbol{\sigma}_i\,(x_i,\, x_j,\, x_k) + \frac{\partial \boldsymbol{\sigma}_i}{\partial x_i}\, dx_i\,; \quad i = 1, 2, 3 \qquad (3.38)$$

Setzt man (3.38) für alle i in (3.37) ein, so stellt man fest, daß sich die Spannungsvektoren $\boldsymbol{\sigma}_i$ paarweise zu Null addieren und nur der jeweilige Zuwachsterm nach (3.38) in der differentiellen Kräftebilanz nach (3.37) verbleibt. Man erhält damit

$$\left(\frac{\partial \boldsymbol{\sigma}_1}{\partial x_1}\, dx_1\right) dx_2\, dx_3 + \left(\frac{\partial \boldsymbol{\sigma}_2}{\partial x_2}\, dx_2\right) dx_1\, dx_3 + \left(\frac{\partial \boldsymbol{\sigma}_3}{\partial x_3}\, dx_3\right) dx_1\, dx_2 + \mathbf{f}_V\, dx_1\, dx_2\, dx_3$$

$$\left(\frac{\partial \boldsymbol{\sigma}_1}{\partial x_1} + \frac{\partial \boldsymbol{\sigma}_2}{\partial x_2} + \frac{\partial \boldsymbol{\sigma}_3}{\partial x_3} + \mathbf{f}_V\right) dx_1\, dx_2\, dx_3 = \left(\sum_i \frac{\partial \boldsymbol{\sigma}_i}{\partial x_i} + \mathbf{f}_V\right) dV$$

$$= \mathbf{f}\, dV = d\mathbf{F}_A + d\mathbf{F}_V = d\mathbf{F} \tag{3.39}$$

$\mathbf{f}$ ist die aus der Volumenkraftdichte $\mathbf{f}_V$ und der örtlichen Spannungsvektoren-Änderung $\sum \partial \boldsymbol{\sigma}_i/\partial x_i$ zusammengesetzte *Kraftdichte*. $d\mathbf{F}$ ist die auf das (differentielle) Element dV wirkende resultierende (differentielle) Kraft, die als Summe der obigen beiden Anteile, also aus Flächenkraftanteil und Volumenkraftanteil zusammengesetzt werden kann.

Soll statt der drei Spannungsvektoren $\boldsymbol{\sigma}_i$ (vgl. (3.2) bzw. (3.3)) auf die Flächenelemente dA_{jk} der Spannungstensor $\mathbb{S}$ (x) am Ort $\mathbf{x}$ des Elementes dV in der Gl. (3.39) stehen, so setzt man zweckmäßigerweise nach (3.6) wieder $\boldsymbol{\sigma}_i = \mathbf{e}_i \cdot \mathbb{S}$ und bildet

$$\sum_i \frac{\partial}{\partial x_i}\, \boldsymbol{\sigma}_i = \sum_i \frac{\partial}{\partial x_i}\, (\mathbf{e}_i \cdot \mathbb{S}).$$

Da $[\mathbf{e}_i]$ o.B.d.A. eine feste, orthonormierte Basis sein soll, ist der vorstehende Ausdruck auch zu schreiben als

$$\sum_i \frac{\partial}{\partial x_i}\, (\mathbf{e}_i \cdot \mathbb{S}) = \sum_i \left(\mathbf{e}_i \frac{\partial}{\partial x_i}\right) \cdot \mathbb{S} = \nabla \cdot \mathbb{S} \tag{3.40}$$

denn nach Def. (1.26) ist die gerichtete Ortsableitung $\sum \mathbf{e}_i\, \partial/\partial x_i$ gerade der NABLA-Operator, der hier wegen des Skalarproduktes mit dem Spannungstensor $\mathbb{S}$ nach (1.110) auf die Divergenz von $\mathbb{S}$ in (3.40) führt. Statt (3.39) gilt dann auch

$$(\nabla \cdot \mathbb{S} + \mathbf{f}_V)\, dV = \mathbf{f}\, dV = d\mathbf{F} \tag{3.41}$$

mit der Kraftdichte

$$\mathbf{f} = \nabla \cdot \mathbb{S} + \mathbf{f}_V \tag{3.42}$$

Die Kraftdichte $\mathbf{f}$ als die auf das Volumen des Elementes bezogene Kraft ist wegen $\mathbb{S}$ (r) und $\mathbf{f}_V$ (r) (Bild 3-13) eine vektorwertige Vektorfunktion, d.h. es ist $\mathbf{f} = \mathbf{f}(\mathbf{r})$ (bei zeitab-

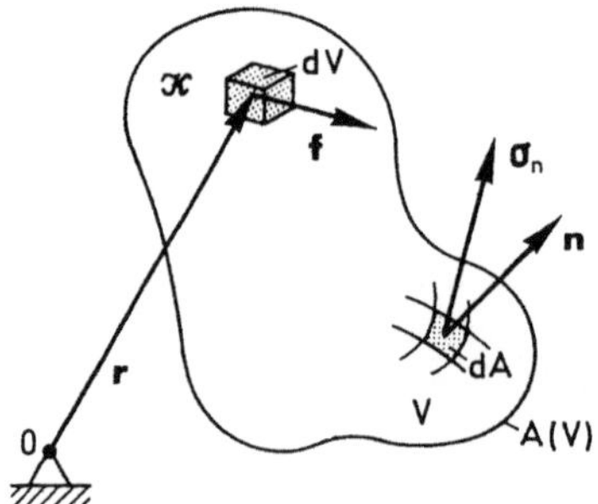

Bild 3-13

hängiger Spannung und/oder zeitabhängiger Volumenkraftdichte evtl. zusätzlich auch eine Funktion der Zeit). Sie ist damit als Feldgröße in jedem materiellen Punkt X des Körpers i. a. verschieden, da zumindest $\mathbb{S}$ in jedem Punkt des Körpers i. a. verschieden ist.

Mit der Kräftebilanz (3.41) bzw. (3.42) ist der Spannungszustand an einem beliebigen Element $dV \in \mathscr{K}$ hinreichend beschrieben. Will man nun eine entsprechende Aussage für den gesamten Körper $\mathscr{K}$ erreichen, so müssen die für ein Element gefundenen Beziehungen über alle Elemente des Körpers aufsummiert werden, d. h. es muß jedem dV bei $\mathbf{r}$ sein $\mathbf{f}(\mathbf{r})$ nach (3.39) oder (3.41) zugeordnet und dann über das Gesamtvolumen V integriert werden (vgl. Bild 3-13). Man erhält so aus (3.39) bzw. (3.41) zunächst einmal die Integrale

$$\int\limits_V \left[\sum \frac{\partial \boldsymbol{\sigma}_i}{\partial x_i} + \mathbf{f}_V \right] dV = \int\limits_V [\nabla \cdot \mathbb{S} + \mathbf{f}_V] \, dV = \int\limits_V \mathbf{f} \, dV = \int\limits_V d\mathbf{F} \, . \tag{3.43}$$

Verfolgt man nun z.B. das zweite Integral weiter, indem man eine Trennung der Integrandensumme vornimmt, d.h.

$$\int\limits_V [\nabla \cdot \mathbb{S} + \mathbf{f}_V] \, dV = \int\limits_V (\nabla \cdot \mathbb{S}) \, dV + \int\limits_V \mathbf{f}_V \, dV \, ,$$

so ist mit dem Integral der rechten Seite eine Form entstanden, die die Anwendung des GAUSSschen Satzes 1.10 aus 1.3.7 in der verallgemeinerten Form nach Satz 1.13 zuläßt. Danach gilt unter den dort formulierten Voraussetzungen und nach Bild 3-13

$$\int\limits_V \nabla \cdot \mathbb{S} \, dV = \oint\limits_{A(V)} \mathbf{n} \cdot \mathbb{S} \, dA \, .$$

Nun ist nach (3.5) $\mathbf{n} \cdot \mathbb{S} = \boldsymbol{\sigma}_n$, also folgt

$$\int\limits_V \nabla \cdot \mathbb{S} \, dV = \oint\limits_{A(V)} \boldsymbol{\sigma}_n \, dA \, . \tag{3.44}$$

Anmerkung: Man hätte auch das erste Glied von (3.43), also $\int\limits_V \sum \frac{\partial \boldsymbol{\sigma}_i}{\partial x_i} dV$ umformen können:
Denn für Vektoren gilt der GAUSSsche Satz auch in der speziellen Form

$$\int\limits_V \frac{\partial s}{\partial x_i} dV = \oint\limits_{A(V)} s \, n_i \, dA$$

und damit bei dreimaliger Anwendung auf die Spannungsvektoren

$$\int\limits_V \sum \frac{\partial \boldsymbol{\sigma}_i}{\partial x_i} dV = \oint\limits_{A(V)} \sum_i \boldsymbol{\sigma}_i \, n_i \, dA \, .$$

Nun ist aber nach (3.7) $\boldsymbol{\sigma}_n = \sum_i \boldsymbol{\sigma}_i \, n_i$ und damit folgt

$$\int\limits_V \sum \frac{\partial \boldsymbol{\sigma}_i}{\partial x_i} dV = \oint\limits_{A(V)} \boldsymbol{\sigma}_n \, dA \, ,$$

also wieder (3.44).

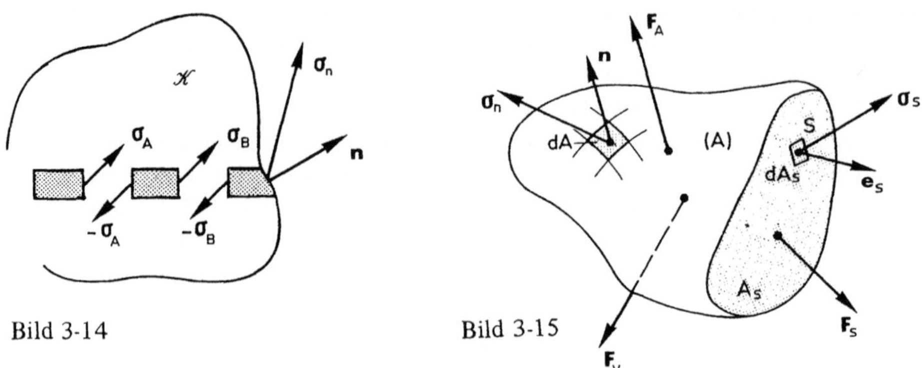

Bild 3-14   Bild 3-15

Mit der Integration wird offensichtlich bewirkt, daß sich beim „Zusammensetzen" der
Volumenelemente zum Gesamtkörper $\mathcal{K}$ (Bild 3-14) die Spannungsvektoren der einander
berührenden Elementflächen (σ_A, σ_B) im Innern des Körpers in Übereinstimmung mit dem
Reaktionsprinzip (Satz 3.1) gegenseitig aufheben und schließlich nur die derart „nicht-
kompensierten" Spannungen am Rand des Körpers (Oberflächenspannungen) übrigbleiben.
Mit den Begriffen nach Abschnitt 3.1 heißt das: Die inneren Spannungen haben sich gegenseitig auf und nur die äußeren Spannungen bleiben übrig (Bild 3-14).

Damit ist auch — wie in der Anmerkung zu Satz 3.1 in Aussicht gestellt wurde — gezeigt, daß das Reaktionsprinzip nach Satz 3.1, das zunächst als ein Hilfsaxiom eingeführt
wurde, nicht als besonderes, zusätzliches Axiom benötigt wird, sondern daß es aus der
Kräftebilanz (3.39) ableitbar ist.

Setzt man (3.44) in (3.43) ein, so ergibt sich schließlich die *Kräftebilanz für den
Körper $\mathcal{K}$*

$$\oint_{A(V)} \sigma_n \, dA + \int_V f_V \, dV = \int_V f \, dV = \int_V dF = F_A + F_V = F^a \qquad (3.45)$$

$$\underbrace{\phantom{\oint_{A(V)} \sigma_n \, dA}}_{F_A} \quad \underbrace{}_{F_V}$$

Danach ist das Integral der Spannungen über die Oberfläche des Körpers gleich der *Flächenkraft* F_A, das Integral der Volumenkraftdichte über das Volumen gleich der *Volumenkraft*
F_V nach Def. 3.3 und die Summe aller dieser Kräfte ist die *resultierende, äußere Kraft* F^a.
(Der Begriff *äußere* Kraft ist durch die obige Interpretation der Integration im Zusammenhang mit Bild 3-14 bereits erläutert.)

Die Kraft ist hier also eine abgeleitete Größe. Man könnte dementsprechend (3.45)
auch als Definitionsgleichung für Kräfte im allgemeinen und für die äußeren Kräfte im besonderen auffassen.

Ist neben f_V auch σ_n bekannt, so läßt sich die resultierende äußere Kraft aus (3.45)
eindeutig bestimmen. Das gilt auch für beliebige Teilkörper $\mathcal{K}_i$ aus $\mathcal{K}$ (z.B. Bild 3-15), wobei die entstehende Schnittfläche A_s mit zur Oberfläche $A(V_i)$ des Teilkörpers, die innere
Spannung auf A_s zur äußeren Spannung σ_s und das Integral von σ_s über die Schnittfläche
dann mit zur äußeren Kraft F^a wird. Je nach Bereichsgrenzen und Schnittführung kann

man so selbst bestimmen, was jeweils zu den äußeren Kräften gehören soll und was nicht!
(vgl. Beispiel 1 am Ende von 3.5).

Sind umgekehrt die äußeren Kräfte bekannt, so kann man nach (3.45) – unter
Abzug der (immer vorgegebenen) Volumenkräfte F_V – die Kräfte F_A auf die Oberfläche
und damit auch auf die Schnittfläche, also F_s bestimmen. F_s nennt man die *Schnittlast*
(Bild 3-15).

Weiter läßt sich jedoch aus der Schnittlast F_s und damit aus (3.45), also wegen

$$F_A = \oint_A \sigma_n \, dA \quad \text{bzw.} \quad F_s = \int_{A_s} \sigma_s \, dA_s \tag{3.46}$$

die Spannung σ_s nicht ohne weiteres berechnen. Mit der Vorgabe von F_s ist nämlich σ_s
nach (3.46) *nicht eindeutig* bestimmt. Denn genauso wie es mehrere Funktionen $f(x)$ gibt,
die über ein Intervall $[a, b]$ integriert den gleichen Integralwert (Fläche) einschließen, so
gibt es auch viele Verteilungen σ_s über A_s, die über die Schnittfläche integriert einen bestimmten gleichen Wert F_s ergeben. Insofern führt der Prozeß der Gleichungen (3.46),
von rechts nach links durchlaufen, stets zu eindeutigen Ergebnissen. Von links nach rechts
durchlaufen, ist die Spannungsverteilung von σ_s über A_s jedoch (zunächst) nicht eindeutig.

Anmerkung: Das ist auch einer der Gründe dafür, warum hier die *Spannung als Grundgröße* und
die Kraft als abgeleitete Größe eingeführt worden ist – und nicht umgekehrt, wie sonst üblich, die Kraft
als Grundgröße verwendet wird.

Die nach (3.45) abgeleiteten Einzelkräfte sind einerseits für die weiteren Untersuchungen sehr hilfreiche Größen – aber andererseits sind sie als solche nur gedankliche
Idealisierungen bzw. *Rechengrößen ohne physikalische Realität.*

So hat z.B. ein Körper $\mathcal{K}$ im Erdfeld ein *Gewicht* G – und zwar, weil *jedes* seiner
Volumenelemente eine Kraftwirkung im Erdfeld erfährt und die Summe aller dieser Volumenkräfte sich nach (3.36) zu einem Wert zusammensetzt, den man G nennt, jedoch
nicht dadurch, daß in *einem* seiner Punkte das gesamte Gewicht G konzentriert als Einzelkraft angreift. Außerdem geht bei der Integration die Kenntnis über die Lage dieses Angriffspunktes der Einzelkraft, die für jedes Volumenelement noch bestand (nämlich bei X) verloren.

Weiter ist z.B. der Schnittspannungsvektor σ_s in Bild 3-15 dem materiellen Punkt S
eindeutig zugeordnet, während die Einzelkraft-Resultierende F_s nach (3.46) und Bild 3-15
zunächst nicht mehr einem materiellen Punkt auf A_s als ihrem Angriffspunkt zugeordnet
werden kann, weil dieser zunächst nicht bekannt und u.U. gar kein materieller Punkt ist.
Da entsprechendes für die Volumenkräfte gilt, kann man sich das am Beispiel der Gewichtskraft im „*Schwerpunkt*" einer Hohlkugel klarmachen.

Anmerkung: Daß der Kraft in der Kontinuumsmechanik nur bedingt eine Realität zukommt, ist
ein weiterer Grund für die Verwendung der Spannung als Grundgröße.

Um nun auch die Wirkung von Einzelkräften in Abhängigkeit von ihren Angriffspunk-
ten beschreiben bzw. diese Angriffspunkte bestimmen zu können, wird aus der Grundgröße
Spannung und aus der vorgegebenen Volumenkraftdichte eine zweite, abgeleitete Größe in
die Dynamik eingeführt:

3.5 Momentendichte – Moment

Den Ausführungen am Ende des letzten Abschnitts entsprechend, ist die Untersuchung der Kraftwirkungen auf ein Element bzw. nach Integration auf den gesamten Körper $\mathscr{K}$ notwendig, aber nicht hinreichend. Denn neben dieser Kraftwirkung selbst ist offenbar auch ihre Verteilung über den Körper, also die Zuordnung der Lage (Stelle) von Bedeutung für den Bewegungszustand.

So weiß man aus Erfahrung, daß es z.B. bei einer Wippe nicht nur auf das Gewicht der beteiligten Personen, sondern insbesondere darauf ankommt, wo die Personen auf dieser Wippe placiert werden. Auch ein Billard-Ball hat einen anderen Bewegungszustand bei sonst gleicher Stoßkraft je nachdem, ob er über, in oder unter bzw. rechts oder links seiner Mitte getroffen worden ist.

Ausgehend vom allgemeinen Kraftdichtezustand des Abschnitts 3.5 (Gl. (3.37), Bild 3-12), wiederholt man deshalb quasi die vorstehende Rechnung, jedoch mit dem Zusatz, jedem Flächenelement nicht nur seinen Spannungsvektor σ_i (r), sondern auch seine Lage r und jedem Volumenelement nicht nur seine Volumenkraftdichte f_V (r), sondern auch seine Stelle r zuzuordnen. Diese Zuordnung geschieht dabei unter Beibehaltung des Vektorcharakters beider Größen durch ein Vektorprodukt. Beachtet man wegen der hinreichend kleinen Abmessungen des Elementes bzw. wegen der erfolgten Grenzwertbildung noch, daß von höherer Ordnung kleine Terme wegen (1.46) und (1.47) nicht zu berücksichtigen sind, so ergibt sich (Bild 3-12, Bild 3-16) zunächst mit i = 1 *oder* 2 *oder* 3 für die beiden den Schnittflächen $dA_{jk} = dx_j\, dx_k$ (j, k $\neq$ i) zugeordneten Spannungsvektoren σ_i :

$$[\mathbf{r}\,(x_i + dx_i, x_j, x_k) \times \boldsymbol{\sigma}_i\,(x_i + dx_i, x_j, x_k)\, dx_j\, dx_k]$$
$$+ [\mathbf{r}\,(x_i, x_j, x_k) \times (-\boldsymbol{\sigma}_i\,(x_i, x_j, x_k))\, dx_j\, dx_k].$$

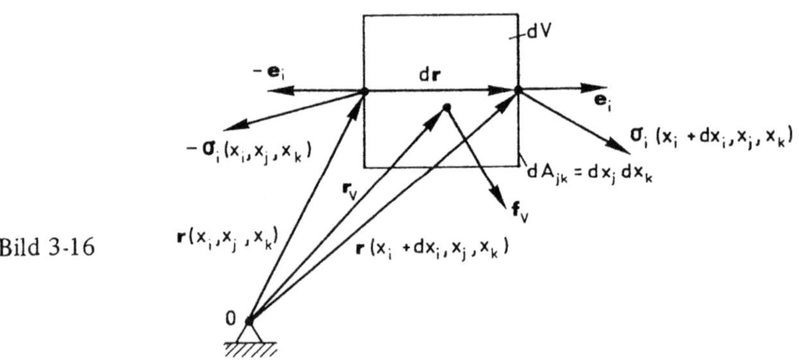

Bild 3-16

Nun ist nach (1.47)

$$\mathbf{r}\,(x_i + dx_i, x_j, x_k) = \mathbf{r}\,(x_i, x_j, x_k) + \frac{\partial \mathbf{r}}{\partial x_i}\, dx_i = \mathbf{r} + d\mathbf{r}$$

und ebenfalls nach (1.47) bzw. (3.38)

$$\boldsymbol{\sigma}_i\,(x_i + dx_i, x_j, x_k) = \boldsymbol{\sigma}_i\,(x_i, x_j, x_k) + \frac{\partial \boldsymbol{\sigma}_i}{\partial x_i}\, dx_i = \boldsymbol{\sigma}_i + d\boldsymbol{\sigma}_i \ .$$

Die Argumente können weggelassen werden, da alle Größen jetzt an der Stelle (x_i, x_j, x_k) zu nehmen sind. Setzt man das in obige Beziehung ein, so wird

$$[(\mathbf{r} + d\mathbf{r}) \times (\boldsymbol{\sigma}_i + d\boldsymbol{\sigma}_i) - \mathbf{r} \times \boldsymbol{\sigma}_i]\, dx_j\, dx_k$$
$$= [\mathbf{r} \times \boldsymbol{\sigma}_i + d\mathbf{r} \times \boldsymbol{\sigma}_i + \mathbf{r} \times d\boldsymbol{\sigma}_i + d\mathbf{r} \times d\boldsymbol{\sigma}_i - \mathbf{r} \times \boldsymbol{\sigma}_i]\, dx_j\, dx_k \qquad \text{(a)}$$
$$= [d\mathbf{r} \times \boldsymbol{\sigma}_i + \mathbf{r} \times d\boldsymbol{\sigma}_i]\, dx_j\, dx_k \, ,$$

wobei das im Zuwachs quadratische Glied $d\mathbf{r} \times d\boldsymbol{\sigma}_i$ von höherer Ordnung klein ist.

Für jedes i tritt nun ein solcher Ausdruck (a) auf. Für die Volumenkraft gilt zusätzlich entsprechend

$$\mathbf{r}_V \times \mathbf{f}_V\, dV = \left(\mathbf{r} + \frac{d\mathbf{r}}{2}\right) \times \mathbf{f}_V\, dV = \mathbf{r} \times \mathbf{f}_V\, dV, \qquad \text{(b)}$$

wobei wieder der von höherer Ordnung kleine Term unberücksichtigt bleibt.

Damit ergibt sich aus (a) und (b) für den allgemeinen Kraftzustand des Elementes dV unter Zuordnung der jeweiligen Lage $\mathbf{r}$ und abgekürzt mit $d\mathbf{M}_O$ der Ausdruck

$$\boxed{\begin{aligned}
&[\mathbf{r} \times d\boldsymbol{\sigma}_1 + d\mathbf{r} \times \boldsymbol{\sigma}_1]\, dx_2\, dx_3 + [\mathbf{r} \times d\boldsymbol{\sigma}_2 + d\mathbf{r} \times \boldsymbol{\sigma}_2]\, dx_1\, dx_3 \\
&+ [\mathbf{r} \times d\boldsymbol{\sigma}_3 + d\mathbf{r} \times \boldsymbol{\sigma}_3]\, dx_1\, dx_2 + \mathbf{r} \times \mathbf{f}_V\, dV = d\mathbf{M}_O
\end{aligned}} \qquad (3.47)$$

Setzt man wieder

$$d\boldsymbol{\sigma}_i = \frac{\partial \boldsymbol{\sigma}_i}{\partial x_i}\, dx_i \quad \text{und} \quad d\mathbf{r} = \frac{\partial \mathbf{r}}{\partial x_i}\, dx_i$$

und klammert alle Differentiale sowie $\mathbf{r}$ und $d\mathbf{r}$ aus, so wird

$$\boxed{\begin{aligned}
&\left\{\left[\mathbf{r} \times \left(\frac{\partial \boldsymbol{\sigma}_1}{\partial x_1} + \frac{\partial \boldsymbol{\sigma}_2}{\partial x_2} + \frac{\partial \boldsymbol{\sigma}_3}{\partial x_3}\right)\right]\right. \\
&\left.+ \left[\frac{\partial \mathbf{r}}{\partial x_1} \times \boldsymbol{\sigma}_1 + \frac{\partial \mathbf{r}}{\partial x_2} \times \boldsymbol{\sigma}_2 + \frac{\partial \mathbf{r}}{\partial x_3} \times \boldsymbol{\sigma}_3 + \mathbf{r} \times \mathbf{f}_V\right]\right\} dV \\
&= \left[\mathbf{r} \times \sum_i \frac{\partial \boldsymbol{\sigma}_i}{\partial x_i} + \sum_i \frac{\partial \mathbf{r}}{\partial x_i} \times \boldsymbol{\sigma}_i + \mathbf{r} \times \mathbf{f}_V\right] dV = \mathbf{m}_O\, dV = d\mathbf{M}_O
\end{aligned}} \qquad (3.48)$$

Der in eckigen Klammern stehende Ausdruck enthält die mit $\mathbf{r}$ vektoriell multiplizierte Kraftdichte $\mathbf{f}$, aber darüber hinaus noch einen weiteren Term, d.h. es liegt mit (3.48) keine nur mit $\mathbf{r}$ gekreuzte Gleichung (3.39) vor. Das wird im weiteren noch von Bedeutung sein. Im übrigen ist die Gleichung (3.48) aber analog zu (3.39). Damit ist auch der in eckigen Klammern stehende Ausdruck eine zur Kraftdichte analoge Größe und heiße *Momentendichte* $\mathbf{m}_O$. Die infinitesimale Größe $\mathbf{m}_O\, dV$ heiße dementsprechend (differentielles) *Moment bezüglich* O (vgl. Bild 3-16).

Mit der Momentenbilanz sind auch die Verhältnisse für ein beliebiges Element $dV \in \mathscr{K}$ beschrieben. Um wieder eine Aussage für den gesamten Körper $\mathscr{K}$ zu erreichen, wird jedem dV bei $\mathbf{r}$ sein $\mathbf{m}_O(\mathbf{r})$ nach (3.48) zugeordnet und dann über das Volumen V von $\mathscr{K}$ integriert (analog zu Bild 3-13 mit $\mathbf{m}_O$ statt $\mathbf{f}$).

Man erhält zunächst die Integrale

$$\int\limits_V \left(\mathbf{r} \times \sum_i \frac{\partial \boldsymbol{\sigma}_i}{\partial x_i} + \sum_i \frac{\partial \mathbf{r}}{\partial x_i} \times \boldsymbol{\sigma}_i \right) dV + \int\limits_V \mathbf{r} \times \mathbf{f}_V \, dV = \int\limits_V \mathbf{m}_O \, dV = \int\limits_V d\mathbf{M}_O \qquad (3.49)$$

Wieder soll das erste Volumenintegral in ein Oberflächenintegral über A(V) umgeformt werden. Das ist hier aber wegen der Produktform der Integranden im Vergleich zur Normalform des GAUSSschen Satzes (Satz 1.10) zunächst nicht möglich. Man erkennt aber, daß der Integrand aus zwei Termen besteht, die offenbar gerade das Ergebnis der Ableitung eines Produktes nach der Produktenregel sind, wobei der Spannungsvektor $\boldsymbol{\sigma}_i$ jeweils nur nach x_i abgeleitet ist. Es gilt nämlich

$$\mathbf{r} \times \sum_i \frac{\partial \boldsymbol{\sigma}_i}{\partial x_i} + \sum_i \frac{\partial \mathbf{r}}{\partial x_i} \times \boldsymbol{\sigma}_i = \sum_i \frac{\partial}{\partial x_i} (\mathbf{r} \times \boldsymbol{\sigma}_i) \; .$$

Damit kann (3.49) auch geschrieben werden als

$$\int\limits_V \sum_i \frac{\partial}{\partial x_i} (\mathbf{r} \times \boldsymbol{\sigma}_i) \, dV + \int\limits_V \mathbf{r} \times \mathbf{f}_V \, dV = \int\limits_V \mathbf{m}_O \, dV = \int\limits_V d\mathbf{M}_O \qquad (3.50)$$

Jetzt läßt sich wegen des GAUSSschen Satzes in der im Anschluß an (3.44) verwendeten Form

$$\int\limits_V \frac{\partial s}{\partial x_i} \, dV = \oint\limits_{A(V)} s \, n_i \, dA$$

das erste Integral wieder in ein Oberflächenintegral umformen. Es folgt aus (3.50)

$$\oint\limits_{A(V)} (\mathbf{r} \times \sum_i \boldsymbol{\sigma}_i) \, n_i \, dA + \int\limits_V \mathbf{r} \times \mathbf{f}_V \, dV = \int\limits_V d\mathbf{M}_O$$

bzw. mit $\Sigma \, \boldsymbol{\sigma}_i \, n_i = \boldsymbol{\sigma}_n$ nach (3.7) schließlich das *äußere Moment bezüglich des Punktes* O

$$\underbrace{\oint\limits_{A(V)} \mathbf{r} \times \boldsymbol{\sigma}_n \, dA}_{\mathbf{M}_{AO}} + \underbrace{\int\limits_V \mathbf{r} \times \mathbf{f}_V \, dV}_{\mathbf{M}_{VO}} = \mathbf{M}_A + \mathbf{M}_V = \mathbf{M}_O^a \qquad (3.51)$$

Völlig analog zu (3.45) ist so eine Definitionsgleichung für das äußere Moment entstanden. Wieder ist durch die Integration nur der Oberflächenanteil an den Momenten der Spannungen übriggeblieben, was die Bezeichnung „äußeres" Moment rechtfertigt. Da die linke Seite von (3.51) noch den Vektor $\mathbf{r}$ enthält, ist das Moment i.a. abhängig vom Bezugspunkt (i.d.F. der Punkt O). Andere Bezugspunkte Q ergeben i.a. einen anderen Wert für $\mathbf{M}_Q^a$, also ist der jeweilige Bezugspunkt zweckmäßigerweise (z.B. als Index) mit anzugeben.

Ist der Oberflächenspannungsvektor $\boldsymbol{\sigma}_n$ an jeder Stelle $\mathbf{r}$ bekannt und $\mathbf{f}_V$ gegeben, läßt sich nach (3.51) das äußere Moment stets eindeutig bestimmen. Für die Umkehrung, also bei Vorgabe des Momentes, gilt wieder das im vorigen Abschnitt Gesagte, wonach zwar die Aufteilung des Gesamtmomentes $\mathbf{M}_O^a$ in das *Flächenmoment* [1]) $\mathbf{M}_{AO}$ und das *Volumenmoment* [1]) $\mathbf{M}_{VO}$ gelingt – die Spannungen jedoch ohne weitere Annahme nicht eindeutig berechenbar sind.

Anmerkung: Der dritte Grund für die Einführung der Spannungen als Grundgröße ist die Tatsache, daß *beide* mechanischen Größen $\mathbf{F}^a$ und $\mathbf{M}_O^a$ aus den Spannungsvektoren $\boldsymbol{\sigma}_n$ auf $A(V)$ *allein* berechnet werden können und damit nicht von vornherein zwei Grundgrößen, nämlich $\mathbf{F}^a$ und $\mathbf{M}_O^a$, eingeführt werden müssen.

Schließlich sei noch auf eine Besonderheit der Momente hingewiesen, die im Zusammenhang mit der Tatsache steht, daß die Momentengleichung (3.51) nicht durch vektorielle Multiplikation mit dem Vektor $\mathbf{r}$ aus (3.45) hervorgeht. Sind nämlich die Spannungen so beschaffen oder verteilt, daß

$$\mathbf{M}_{AO} = \oint \mathbf{r} \times \boldsymbol{\sigma}_n \, dA = \mathbf{r}_F \times \oint \boldsymbol{\sigma}_n \, dA$$

gilt, dann ist wegen $\oint \boldsymbol{\sigma}_n \, dA = \mathbf{F}_A$ auch

$$\oint \mathbf{r} \times \boldsymbol{\sigma}_n \, dA = \mathbf{r}_F \times \mathbf{F}_A = \mathbf{M}_{AO} \,,$$

d.h. die Momente um O sind dann die Momente der Einzelkräfte. Alle Einzelkräfte, deren Kreuzprodukt $\mathbf{r}_F \times \mathbf{F}_A$ nicht verschwindet, haben also ein Moment bezüglich des Anfangspunktes O des Vektors $\mathbf{r}_F$ zum Angriffspunkt von $\mathbf{F}_A$.

Jedoch nicht alle Momente $\mathbf{M}_{AO}$ bezüglich O sind Momente von Einzelkräften; denn für diejenigen $\boldsymbol{\sigma}_n$, die obige Voraussetzung nicht erfüllen, kann $\mathbf{r}$ *nicht* vor das Integral gezogen werden, sondern muß mit aufintegriert werden. Damit ist das Ergebnis dann von $\mathbf{r}$ unabhängig, d.h. auch die entstehenden Momente sind von $\mathbf{r}$ und damit vom Bezugspunkt unabhängig. Sie bilden deshalb die sog. *freien Momente* $\mathbf{M}$ (ohne Index als Ausdruck der Bezugspunktinvarianz).

Man kann also zusammenfassend die Summe der äußeren Flächenmomente bezüglich des Bezugspunktes O in zwei Gruppen einteilen:

1. In die *Summe der K freien Momente* $\mathbf{M}_k$ und
2. in die *Summe der Momente der N Einzelkräfte* $\mathbf{F}_{An}$.

(Zu dieser Summierung vgl. auch Satz 3.2 des folgenden Abschnitts.) Das *Flächenmoment bezüglich des Bezugspunktes* O ist dann

$$\mathbf{M}_{AO} = \sum_{k=1}^{K} \mathbf{M}_k + \sum_{n=1}^{N} \mathbf{r}_{Fn} \times \mathbf{F}_{An} = \mathbf{M} + \mathbf{r}_F \times \mathbf{F}_A \qquad (3.52)$$

Dabei ist $\mathbf{r}_{Fn}$ der Vektor vom Bezugspunkt O zum Angriffspunkt der Einzelkraft $\mathbf{F}_{An}$, während $\mathbf{r}_F$ der Vektor zum Angriffspunkt von $\mathbf{F}_A = \Sigma \mathbf{F}_{An}$ ist.

---

[1]) Sie sind nicht zu verwechseln mit den Momenten der Fläche und des Volumens nach (1.39).

Für die *Volumenmomente* $\mathbf{M_{VO}}$ ergibt sich im Prinzip das gleiche. Falls die Volumenkraftdichte die der Erdgravitation, falls also $\mathbf{f_V} = \rho\,\mathbf{g}$ ist, so folgt als Volumenmoment

$$\mathbf{M_{VO}} = \int_V \mathbf{r} \times \mathbf{f_V}\,dV = \int_V \mathbf{r} \times \rho\,\mathbf{g}\,dV = \mathbf{r_V} \times \mathbf{g} \int_V \rho\,dV$$

$$= \mathbf{r_V} \times \mathbf{g} \int_m dm = \mathbf{r_V} \times m\,\mathbf{g} = \mathbf{r_V} \times \mathbf{G} = \mathbf{r_V} \times \mathbf{F_V}.$$

Hierbei wurde $\mathbf{g}$ als gleich für alle Volumenmomente angenommen, so daß $\mathbf{g}$ aus dem Integral herausgenommen werden konnte. (Die Tatsache, daß alle Vektoren $\mathbf{g}$ zum Erdmittelpunkt gerichtet sind und damit — streng genommen — nicht für alle Volumenelemente genau
parallel sind, braucht wegen der extremen Größenunterschiede zwischen Erde und Körper
nicht berücksichtigt zu werden.)

Wegen der Konstanz der Erdbeschleunigung für alle dm ist dann das Volumenmoment
$\mathbf{M_{VO}}$ das Moment der Einzelkraft $\mathbf{F_V} = \mathbf{G}$. Es gehört damit in die Gruppe der äußeren Momente der Einzelkräfte. Statt (3.52) gilt dann zunächst

$$\mathbf{M_O^a} = \mathbf{M_{AO}} + \mathbf{M_{VO}} = \sum_{k=1}^{K} \mathbf{M_k} + \sum_{n=1}^{N} \mathbf{r_{Fn}} \times \mathbf{F_{An}} + \mathbf{r_V} \times \mathbf{F_V}$$

und damit wird die *Gesamtheit aller äußeren Momente* bezüglich des Punktes O

$$\mathbf{M_O^a} = \sum_{k=1}^{K} \mathbf{M_k} + \sum_{n=1}^{N} \mathbf{r_{Fn}} \times \mathbf{F_n^a} = \mathbf{M^a} + \mathbf{r_F} \times \mathbf{F^a} \qquad (3.53)$$

Dabei ist $\mathbf{r_{Fn}}$ der jeweilige Vektor vom Bezugspunkt O zum Angriffspunkt der äußeren
Kraft $\mathbf{F_n^a}$. Diese kann eine Flächenkraft $\mathbf{F_A}$ oder die (spezielle) Volumenkraft $\mathbf{F_V}$ (= $\mathbf{G}$)
sein. $\mathbf{F^a} = \Sigma\,\mathbf{F_n^a}$ ist die Resultierende aller äußeren Kräfte, $\mathbf{r_F}$ ist der Vektor vom Bezugspunkt O zum Angriffspunkt dieser Resultierenden und $\mathbf{M^a}$ ist die Resultierende der freien,
äußeren Momente (vgl. Beispiel 2).

Anmerkung: Das freie Moment wird vielfach als sog. *Kräftepaar* gedeutet, das aus zwei parallelen,
entgegengesetzt gerichteten Kräften $\mathbf{F}$ und $-\mathbf{F}$ besteht, die im senkrechten Abstand h voneinander wirken. Diese Kräftegruppe hat die Resultierende Null sowie ein freies Moment — das Moment des Kräfte-
paares — vom Betrag $|\mathbf{F}|\,h$ und mit dem Momentenvektor $\mathbf{M}$ senkrecht auf der Ebene der Kräftegruppe.
Auch dieses Moment ist bezugspunktinvariant, so daß das Kräftepaar unter Beibehaltung seines Betrages
und der Richtung seines Moments beliebig verschoben und gedreht werden kann (vgl. Beispiel 2c).

Beispiel 1 (Kap. 3.4): Für die skizzierte Anordnung (Bild 3-17a) eines ruhenden Systems, bestehend aus drei Körpern, bestimme man durch geeignete Wahl der Bereichsgrenzen (Freimachen) die
Gruppe der jeweiligen äußeren Kräfte $\mathbf{F_n^a}$.

Lösung:

Das Freimachen (Schneiden) des Systems ist die Wahl einer geeigneten Bereichsgrenze um oder durch
das System. Interessiert man sich beispielsweise nur für die vom Tisch und den Lasten auf den Erdboden
ausgeübten Kräfte, so wird zweckmäßigerweise ein Schnitt nach Bild 3-17b geführt. Damit werden die
,,Auflager''-Kräfte $\mathbf{F_R}$ und $\mathbf{F_L}$ zu äußeren Kräften. Unterstellt man von vornherein, daß nur senkrechte
Kräfte in z-Richtung übertragen werden, dann hat man die Richtung der Kräfte als bekannt vorausgesetzt

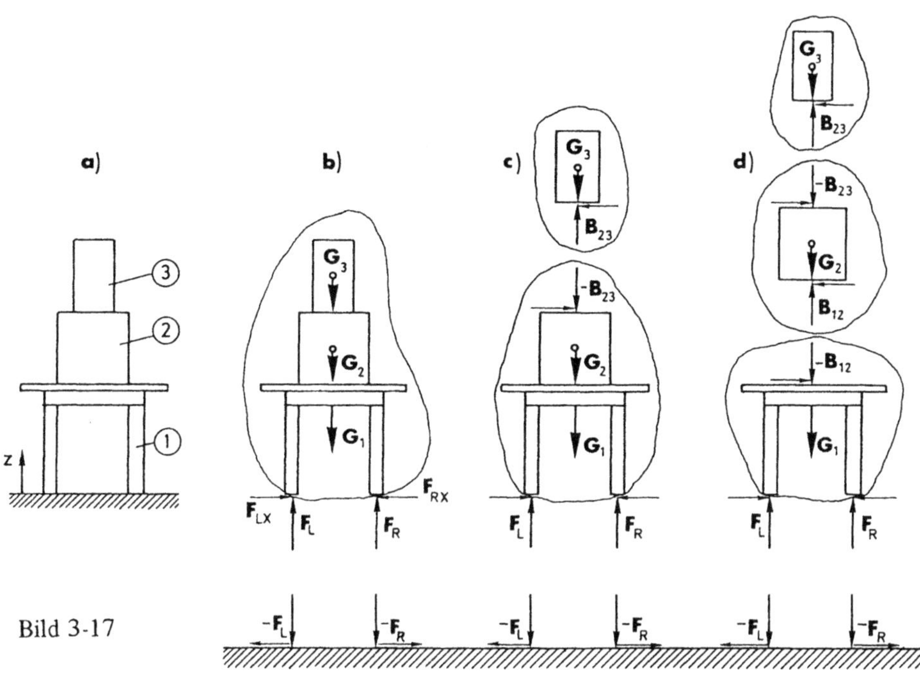

Bild 3-17

und erhält dementsprechend dort auch nur die beiden senkrechten Kräfte F_R und F_L. Trifft man diese Voraussetzung wegen der Allgemeingültigkeit nicht, so müssen jeweils beliebig gerichtete Kräfte F_L' und F_R' an den Schnittflächen eingetragen werden, die man sich in zwei Anteile F_{LX} und F_L bzw. F_{RX} und F_R zerlegt denken kann. Da die drei Volumenkräfte G_1, G_2, G_3 „wegen der Fernwirkung immer über die Bereichsgrenzen hinausgehen", sind sie auch äußere Kräfte. Alle anderen Kräfte zwischen dem Tisch und den Lasten bleiben „innere" Kräfte. Sinngemäß läßt sich das dann auch auf die Freimachungsskizzen 3-17c und 3-17d übertragen. Man erhält so folgende Gruppen der äußeren Kräfte:

3-17b: ① + ② + ③ : $\quad F_n^a = G_1, G_2, G_3, F_L, F_R,$

3-17c: ① + ② : $\quad F_n^a = G_1, G_2, F_L, F_R, -B_{23},$

$\qquad$ ③ : $\quad F_n^a = B_{23}, G_3,$

3-17d: ① : $\quad F_n^a = G_1, F_L, F_R, -B_{12},$

$\qquad$ ② : $\quad F_n^a = G_2, B_{12}, -B_{23},$

$\qquad$ ③ : $\quad F_n^a = B_{23}, G_3.$

Durch geeignete Wahl der Bereichsgrenzen kann man also derart jeweils selbst festlegen, welche der wirkenden Kräfte äußere Kräfte sind und welche nicht. Wenn die Zahl der späteren Bestimmungsgleichungen für die Kräfte jeweils ausreicht, kann man damit auch gezielt die unbekannten Kräfte nach Größe (und Richtung) bestimmen.

Beispiel 2 (Kap. 3.5): An einem Körper $\mathcal{K}$ (Wasserrad) nach Bild 3-18 greifen die äußeren Kräfte F_1 bei A und $F_2 = -F_1$ bei B als Flächenkräfte und das Gewicht G bei M an (vgl. Beispiel 1). Man berechne

a) die Resultierende als Summe der äußeren Kräfte,

b) die Summe der äußeren Momente M^a um den Punkt P und Punkt Q.

c) Welches Moment ist bezugspunktinvariant, also ein freies Moment M?

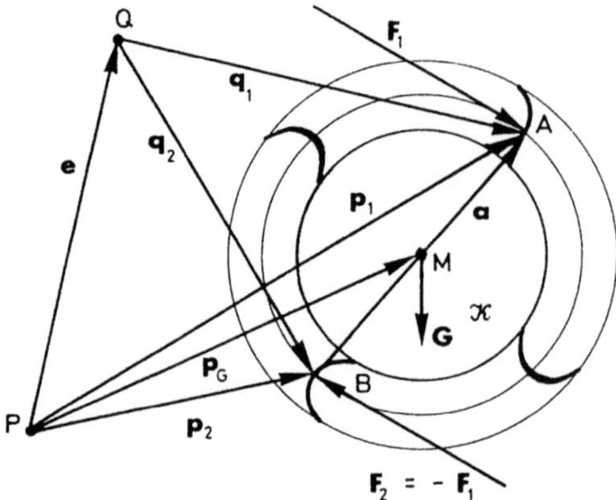

Bild 3-18

Lösung:

a) Die Resultierende ist als Summe der äußeren Kräfte die Vektorsumme der beiden Flächenkräfte $\mathbf{F}_1$
und $\mathbf{F}_2$ und der Volumenkraft $\mathbf{G}$. Nach (1.52) sowie (1.53) gilt also

$$\mathbf{F}^a = \sum_{n=1}^{N} \mathbf{F}_n = \mathbf{F}_1 + \mathbf{F}_2 + \mathbf{G} = \mathbf{F}_1 + (-\mathbf{F}_1) + \mathbf{G} = \mathbf{G}\,.$$

b) Es liegen drei Einzelkräfte vor. Bezüglich des Punktes P ist nach (3.51) und (3.52) zunächst

$$\mathbf{M}_P^a = \mathbf{M}_A + \mathbf{M}_V = \mathbf{p}_1 \times \mathbf{F}_1 + \mathbf{p}_2 \times \mathbf{F}_2 + \mathbf{p}_G \times \mathbf{G}.$$

Wegen $\mathbf{F}_2 = -\mathbf{F}_1$ ist weiter

$$\mathbf{M}_P^a = (\mathbf{p}_1 - \mathbf{p}_2) \times \mathbf{F}_1 + \mathbf{p}_G \times \mathbf{G} = \mathbf{a} \times \mathbf{F}_1 + \mathbf{p}_G \times \mathbf{G}\,.$$

Bezüglich des Bezugspunktes Q ist dagegen

$$\mathbf{M}_Q^a = \mathbf{q}_1 \times \mathbf{F}_1 + \mathbf{q}_2 \times \mathbf{F}_2 + \mathbf{q}_G \times \mathbf{G} = (\mathbf{q}_1 - \mathbf{q}_2) \times \mathbf{F}_1 + \mathbf{q}_G \times \mathbf{G} = \mathbf{a} \times \mathbf{F}_1 + \mathbf{q}_G \times \mathbf{G}\,.$$

c) Wie man sieht, ist das Moment der beiden Kräfte $\mathbf{F}_1$ und $\mathbf{F}_2 = -\mathbf{F}_1$, also $\mathbf{M}_A = \mathbf{a} \times \mathbf{F}_1$ bezüglich
beider Bezugspunkte P oder Q gleich. Es ist also unabhängig vom gewählten Bezugspunkt und daher
ein freies Moment $\mathbf{M}_A = \mathbf{M}$ (hier in Form eines *Kräftepaares*). Im Gegensatz dazu ist das Moment
der Gewichtskraft als Volumenmoment $\mathbf{M}_V = \mathbf{r}_V \times \mathbf{G}$ wegen $\mathbf{r}_V = \mathbf{p}_G$ bzgl. P bzw. $\mathbf{r}_V = \mathbf{q}_G$ bzgl.
Q und $\mathbf{p}_G \neq \mathbf{q}_G$ als Moment einer Einzelkraft bezugspunktabhängig. Nach (3.53) ist hier also

$$\mathbf{M}_P^a = \mathbf{M} + \mathbf{p}_G \times \mathbf{G}\,; \qquad \mathbf{M}_Q^a = \mathbf{M} + \mathbf{q}_G \times \mathbf{G}$$

und wegen $\mathbf{p}_G - \mathbf{q}_G = \mathbf{e}$ damit

$$\mathbf{M}_P^a = \mathbf{M}_Q^a + \mathbf{e} \times \mathbf{G}$$

Man sieht, daß nur die Gewichtskraft für einen Unterschied zwischen $\mathbf{M}_P^a$ und $\mathbf{M}_Q^a$ verantwortlich
ist und die Größe dieses Unterschiedes von $\mathbf{e}$ abhängt.

3.6 Systeme von Kräften und Momenten

Die vorstehenden Abschnitte 3.1 bis 3.5 haben deutlich gemacht, daß die Realität
für das materielle Kontinuum (Körper) durch die Flächenkraftdichte (Spannungen) und
die Volumenkraftdichte als primäre Größen wiedergegeben wird. Andere Größen, wie die
Einzelkraft und das Einzelmoment sind lediglich abgeleitete Rechengrößen. Sie haben nur

im Sinne einer Idealisierung auch physikalische Realität. Ihre Existenz ist mit dem Begriff „Angriffspunkt" und „Bezugspunkt" verbunden. Weil jedoch Kraft und Moment aus Integration der Dichte-Feldgrößen ρ, $\mathbf{f}_v$, $\boldsymbol{\sigma}_n$ über den Körper bzw. je nach Wahl auch über beliebige Teilkörper hervorgegangen sind, sind diese idealisierten Rechengrößen für die gesuchte Beschreibung der Bewegungen von ausgedehnten (finiten) Körpern sehr hilfreich. Deshalb werde im folgenden eine Untersuchung von Kräfte- und Momentengruppen, wie sie idealisiert bei ingenieurwissenschaftlichen Problemen auftreten, vorgenommen.

Dabei gilt zunächst nach (3.4) und (3.5) sowie wegen der Vektoralgebra 1.3.6 grundsätzlich:

Satz 3.2:
Kräfte und Momente sind Vektoren. Sie können (nach 1.3.6) addiert (subtrahiert) und multipliziert werden. Die Summen heißen *Resultierende*.

Satz 3.3:
Ein aus *mehreren Kräften* $\mathbf{F}_n$ *mit gemeinsamem Angriffspunkt* P bestehendes Kräftesystem ist gleichwertig einer einzigen resultierenden Kraft (Resultierende)

$$\mathbf{F} = \sum_{n=1}^{N} \mathbf{F}_n, \quad \text{wobei} \quad \mathbf{M}_P \equiv 0 \ \text{ist}$$

Da sich das Moment einer Einzelkraft bei Wechsel des Bezugspunktes ändert, ändert sich bei gleichem Bezugspunkt auch das Moment einer Einzelkraft, wenn diese beliebig im Raum verschoben wird. Daraus folgt:

Eine Kraft ist *kein* freier Vektor, sondern sie darf bei gleicher Wirkung nur so im Raum verschoben werden, daß ihr Kreuzprodukt $\mathbf{r} \times \mathbf{F} = \mathbf{M}_O$ invariant bleibt. Das ist nach Bild 3-19 wegen $\mathbf{r} = \mathbf{r}_O + \mathbf{a}$ und $\mathbf{a} \parallel \mathbf{F}$, also wegen

$$(\mathbf{r}_O + \mathbf{a}) \times \mathbf{F} = \mathbf{r}_O \times \mathbf{F} = \mathbf{r} \times \mathbf{F} = \mathbf{M}_O$$

nur für alle Punkte gültig, die auf einer Linie in Richtung der Kraft (Wirkungslinie) liegen:

Satz 3.4:
Die Kraft ist ein *linienflüchtiger Vektor.* Sie darf bei gleicher, äußerer Wirkung nur längs ihrer Wirkungslinie verschoben werden *(Verschiebungssatz)*.

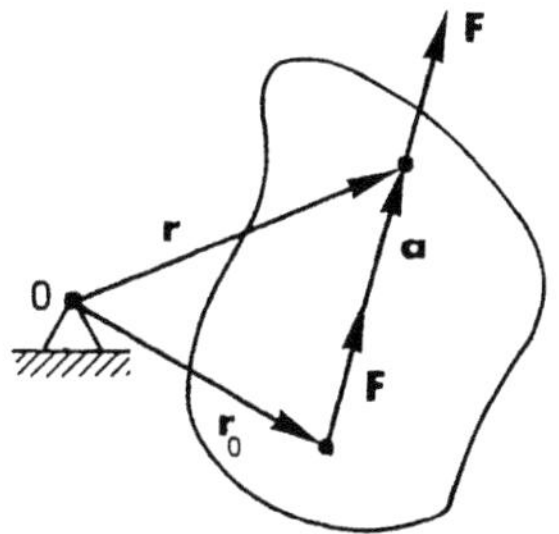

Bild 3-19

Daraus folgt weiter:

> **Satz 3.5:**
> Satz 3.3 gilt auch dann, wenn sich nur die Wirkungslinien aller Kräfte F_i in einem
> Punkt schneiden.

Anmerkung: Verschiebungssatz 3.4 und Satz 3.5 gelten, wenn die Kräfte auf *starre* Körper wirken. Sie gelten auch für *deformierbare* Körper, wenn man nicht deren inneren Spannungszustand untersuchen will.

> **Satz 3.6:**
> Momente sind entweder freie Momente $\mathbf{M}$ oder Momente $\mathbf{r} \times \mathbf{F}$ von Einzel-
> kräften. Die freien Momente $\mathbf{M}$ sind nicht vom Bezugspunkt abhängig. Sie sind
> als solche *freie Vektoren* und können bei gleicher Wirkung beliebig im Raum ver-
> schoben werden.
> Die Momente der Einzelkräfte sind bezugspunktabhängig. Sie sind *gebundene*
> *Vektoren*. Für jede beteiligte Einzelkraft gilt Satz 3.4.

Soll eine Kraft $\mathbf{F}$ *nicht* längs ihrer Wirkungslinie, sondern beliebig (z.B. von A nach O) unter Beibehaltung ihrer Richtung um $\mathbf{v}$ verschoben werden, so gilt (Bild 3-20) als Wirkung von $\mathbf{F}$ bei A:

$$\mathbf{F}^a = \mathbf{F} \quad \text{und} \quad \mathbf{M}_O^a = -\mathbf{v} \times \mathbf{F} = -(\mathbf{v} \times \mathbf{F}) = \mathbf{r} \times \mathbf{F}.$$

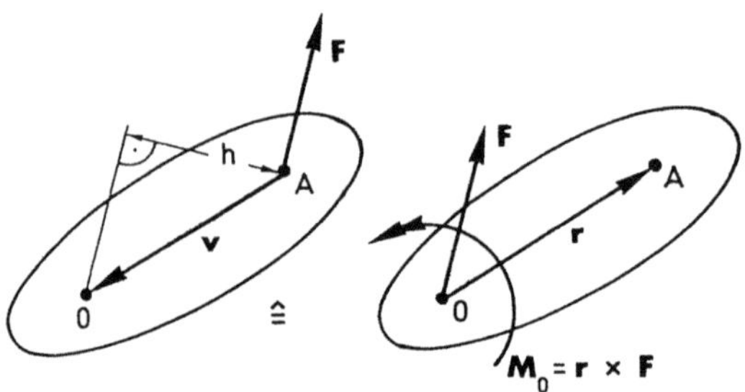

Bild 3-20

Dieselbe Wirkung muß vorliegen, wenn $\mathbf{F}$ nach O verschoben ist. Also sind beide Systeme äquivalent, wenn neben $\mathbf{F}$ bei O nun auch zusätzlich ein Moment um O von der Größe $\mathbf{M}_O = -(\mathbf{v} \times \mathbf{F}) = \mathbf{r} \times \mathbf{F}$ wirkt, d.h. es gilt der

> **Satz 3.7:**
> Wird eine Kraft beliebig parallel zu sich selbst um $\mathbf{v}$ verschoben, so ist neben
> dieser Verschiebung ein *Versetzungsmoment*
>
> $$\mathbf{M}_O = \mathbf{r} \times \mathbf{F} \quad \text{mit} \quad \mathbf{r} = -\mathbf{v}$$
>
> mit der Größe (Bild 3-20)
>
> $$\mathbf{M}_O = h \cdot F$$
>
> hinzuzufügen, damit die Systeme äquivalent sind.

Diese Aussagen sind nun auch geeignet, um allgemeine räumliche oder ebene Kräftesysteme in ein äquivalentes, möglichst einfaches System zu transformieren (*Reduktion von Systemen*):

Dazu kann man nach Bild 3-21 eine einzige in P_n angreifende Kraft F_n in einen beliebigen Punkt O verschieben, indem man den zu der aus den Vektoren r_n und F_n aufgespannten Fläche senkrecht stehenden Momentenvektor $M_n = r_n \times F_n$ des Versetzungsmomentes hinzufügt. Bei beliebig vielen Kräften kann dieses Verfahren wiederholt und die nach O versetzten Kräfte F_n entsprechend Satz 3.2 zu einer Resultierenden (z.B. in kartesischer Darstellung)

$$R = \sum_{n=1}^{N} F_n = \sum_{n=1}^{N} (X_n e_1 + Y_n e_2 + Z_n e_3) = (R_x, R_y, R_z) \qquad (3.54)$$

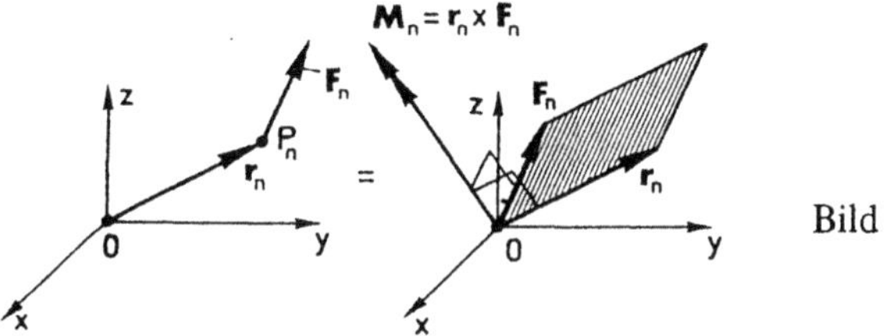

Bild 3-21

und alle Versetzungsmomente M_n sowie die ggf. vorhandenen freien Momente M_k entsprechend Satz 3.6 zum resultierenden Momentenvektor

$$M_O = \sum_{n=1}^{N} r_n \times F_n + \sum_{k=1}^{K} M_k = \sum_{n=1}^{N} \begin{vmatrix} e_1 & e_2 & e_3 \\ x_n & y_n & z_n \\ X_n & Y_n & Z_n \end{vmatrix} + \sum_{k=1}^{K} M_k$$

$$= \sum_{n=1}^{N} ((y_n Z_n - z_n Y_n),(z_n X_n - x_n Z_n),(x_n Y_n - y_n X_n)) \qquad (3.55)$$

$$+ \sum_{k=1}^{K} (M_{kx}, M_{ky}, M_{kz}) = (M_{xO}, M_{yO}, M_{zO})$$

zusammengesetzt werden. Dabei ist zwar jeweils M_n senkrecht zu F_n, jedoch ist M_O im allgemeinen nicht senkrecht zu R. Also gilt

Satz 3.8:
Ein räumliches Kräftesystem läßt sich immer auf eine Einzelkraft R und ein Moment M_O zurückführen. Die Wahl des Bezugspunktes O ist dabei willkürlich, wobei die Wahl von O nicht die Kraft R, jedoch das Moment M_O beeinflußt.

Es liegt nahe, für das allgemeine räumliche Kräftesystem nach einer Möglichkeit zu suchen, um das nun auf den Punkt O reduzierte System noch weiter zu vereinfachen. In Bild 3-22 ist ein nach diesen Überlegungen auf den Punkt O reduziertes, aus R und M_O bestehendes System dargestellt.

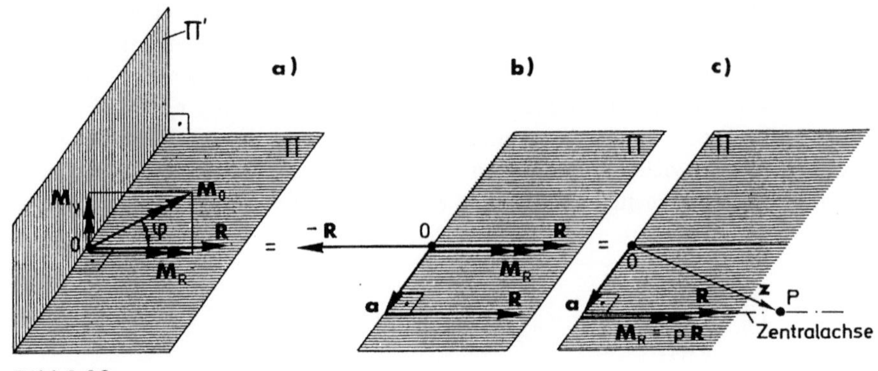

Bild 3-22

Man kann $\mathbf{M_O}$ in eine in $\mathbf{R}$-Richtung weisende Komponente $\mathbf{M_R}$ und in eine dazu senkrechte Komponente $\mathbf{M_v}$ zerlegen. Ein Einheitsvektor $\mathbf{R^o} = \mathbf{R}/|\mathbf{R}|$ wird so definiert, daß er in Richtung von $\mathbf{R}$ weist. Damit wird die Komponente $\mathbf{M_R}$, wenn man mit $|\mathbf{R}|/|\mathbf{R}|$ multipliziert,

$$\mathbf{M_R} = |\mathbf{M_O}|\cos\varphi\,\mathbf{R^o} = \frac{|\mathbf{M_O}|}{|\mathbf{R}|}\,|\mathbf{R}|\cos\varphi\,\frac{\mathbf{R}}{|\mathbf{R}|}\,.$$

Dafür kann man mit dem Skalarprodukt $\mathbf{R}\cdot\mathbf{M_O} = |\mathbf{M_O}|\,|\mathbf{R}|\cos\varphi$

$$\mathbf{M_R} = \frac{\mathbf{R}\cdot\mathbf{M_O}}{\mathbf{R}^2}\,\mathbf{R}$$

schreiben bzw. mit der Abkürzung p

$$\boxed{\mathbf{M_R} = p\,\mathbf{R} \quad \text{mit} \quad p = \frac{\mathbf{R}\cdot\mathbf{M_O}}{\mathbf{R}^2} \in \mathscr{R}} \qquad (3.56)$$

Die in Richtung von $\mathbf{R}$ fallende Komponente $\mathbf{M_R}$ ist also nur um den skalaren Faktor p von $\mathbf{R}$ unterschieden. Die Projektion des Momentenvektors $\mathbf{M_O}$ auf die Richtung von $\mathbf{R}$ wird auch bezeichnet als das Moment bezüglich der Achse von $\mathbf{R}$ bzw. als das um diese Achse drehende Moment. Die zu $\mathbf{R}$ senkrechte Komponente $\mathbf{M_v}$ des Momentenvektors $\mathbf{M_O}$ kann man als Momentenvektor eines in der Ebene Π (die $\mathbf{R}$ enthält und auf der $\mathbf{M_v}$ senkrecht steht) wirkenden Kräftepaares vom Betrag $|\mathbf{M_v}| = |\mathbf{R}|\,|\mathbf{a}|$ auffassen (Bild 3-22b) und dieses nach Satz 3.7 mit $\mathbf{R}$ so zusammensetzen, daß eine um den Abstand

$$\boxed{|\mathbf{a}| = \frac{|\mathbf{M_v}|}{|\mathbf{R}|} = \frac{|\mathbf{M_O}|\sin\varphi}{|\mathbf{R}|} = \frac{|\mathbf{R}\times\mathbf{M_O}|}{\mathbf{R}^2}} \qquad (3.57)$$

parallel verschobene Einzelkraft $\mathbf{R}$ übrigbleibt. Der Vektor $\mathbf{M_R}$ kann schließlich als freier Vektor eines in der Ebene Π' wirkenden Kräftepaares beliebig parallel verschoben werden, also z.B. in die neue Wirkungslinie von $\mathbf{R}$, die man *Zentralachse* z nennt. Dieses auf die Zentralachse reduzierte, aus der Resultierenden $\mathbf{R}$ und einem zu ihr parallelen Momentenvektor $\mathbf{M_R} = p\mathbf{R}$ bestehende „System" nennt man eine „*Kraftschraube*" oder „*Dyname*". Den Proportionalitätsfaktor p nennt man den „Parameter der Kraftschraube". Der Name rührt daher, daß dieses Gebilde eine Verschiebung und Drehung — also eine Schraubung —

des Körpers zu bewirken sucht, an dem es angreift. Jede noch so komplizierte Gruppe von Kräften bzw. Spannungen läßt sich demnach stets auf eine Dyname zurückführen. Für das ebene Kräftesystem, für das $M_R = 0$ und damit $p = 0$ ist, bleibt neben R nur $M_v \perp R$.

Die *Gleichung der Zentralachse* lautet

$$z = a + R z \qquad\qquad (3.58)$$

wenn man durch den Vektor a den vom Punkt 0 zur Zentralachse weisenden und auf ihr senkrecht stehenden Vektor im kürzesten Abstand der Zentralachse von 0 darstellt (Bild 3-22c). Nach (3.57) ist der Betrag dieses Vektors gleich der Strecke a. Da R und M_O mit a eine Rechtsschraubung ergeben, ist der Vektor $a = R \times M_O/R^2$. Somit läßt sich bei vorgegebenen R und M_O nach (3.58) jeder Punkt P auf der Zentralachse

$$z = \frac{R \times M_O}{R^2} + R z \qquad\qquad (3.59)$$

mit Hilfe des variablen Faktors z angeben.

Hier sei auf die *formale Analogie* hingewiesen, die *zwischen Kraft- und Bewegungsschraube* besteht. Die in den Gleichungen auftretenden Größen haben dabei natürlich jeweils eine andere Bedeutung: In 2.3.3 war gezeigt worden, daß die allgemeine Bewegung des starren Körpers durch die Bewegungsschraube darzustellen ist, indem man den invarianten Winkelgeschwindigkeitsvektor ω um den durch Gl. (2.98) gegebenen Abstand c_z parallel verschiebt, wobei die ursprünglich auf den Bezugspunkt A bezogene Translationsgeschwindigkeit v_A in die mit der Wirkungslinie von ω zusammenfallende Geschwindigkeit $v_z = v_A + \omega \times c_z = p\,\omega$ geändert wird (vgl. (2.99)). Die analogen Größen sind in Tabelle 3.1 zusammengestellt.

Tabelle 3.1

	Bewegungsschraube	Kraftschraube (Dyname)
vgl. Bild	2-26	3-22
invariante mechanische Größe	ω	R
veränderliche mechanische Größe	v	M
willkürlicher Bezugspunkt	A	0
auf Zentralachse bezogene veränderliche Größe	$v_z = p\,\omega$	$M_R = pR$
Parameter $\quad p =$	$\dfrac{v_A \cdot \omega}{\omega^2}$	$\dfrac{R \cdot M_O}{R^2}$
nach Gleichung	(2.99)	(3.56)
Abstand der Zentralachse vom Bezugspunkt	$c_z = \dfrac{\omega \times v_A}{\omega^2}$	$a = \dfrac{R \times M_O}{R^2}$
nach Gleichung	(2.98)	(3.59)
Gleichung der Zentralachse	$z = c_z + \omega\,t$	$z = a + R z$
nach Gleichung	(2.100)	(3.58)

Beispiel: Längs der Kanten eines Quaders wirken nach Bild 3-23 drei Kräfte

$$\mathbf{F}_1 = (1, 0, 0) \qquad \mathbf{F}_2 = (0, 2, 0) \qquad \mathbf{F}_3 = (0, 0, 1)$$

in den Punkten

$$\mathbf{r}_1 = (0, 0, 2) \qquad \mathbf{r}_2 = (3, 0, 0) \qquad \mathbf{r}_3 = (0, 2, 0) .$$

Man bestimme Kraftschraube und Zentralachse.

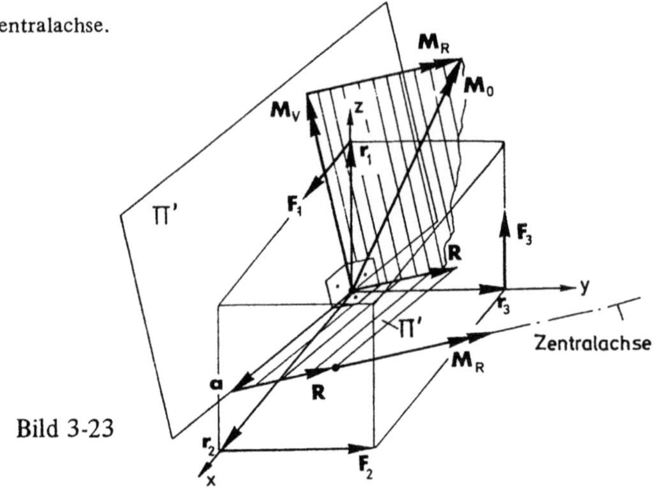

Bild 3-23

Lösung:

Das auf O reduzierte System besteht aus $\mathbf{R} = (1, 2, 1)$ und dem Moment

$$\mathbf{M}_O = \begin{vmatrix} \mathbf{i} & \mathbf{j} & \mathbf{k} \\ 0 & 0 & 2 \\ 1 & 0 & 0 \end{vmatrix} + \begin{vmatrix} \mathbf{i} & \mathbf{j} & \mathbf{k} \\ 3 & 0 & 0 \\ 0 & 2 & 0 \end{vmatrix} + \begin{vmatrix} \mathbf{i} & \mathbf{j} & \mathbf{k} \\ 0 & 2 & 0 \\ 0 & 0 & 1 \end{vmatrix} = 2\mathbf{i} + 2\mathbf{j} + 6\mathbf{k} = (2, 2, 6).$$

Der Parameter der Kraftschraube ist nach Gl. (3.56)

$$p = \frac{\mathbf{R} \cdot \mathbf{M}_O}{\mathbf{R}^2} = \frac{2 + 4 + 6}{6} = 2 \quad \text{und demnach wird } \mathbf{M}_R = p\mathbf{R} = (2, 4, 2).$$

Mit

$$\mathbf{R} \times \mathbf{M}_O = \begin{vmatrix} \mathbf{i} & \mathbf{j} & \mathbf{k} \\ 1 & 2 & 1 \\ 2 & 2 & 6 \end{vmatrix} = 10\mathbf{i} - 4\mathbf{j} - 2\mathbf{k}$$

wird der Abstand der Zentralachse vom Nullpunkt nach Gl. (3.57)

$$\mathbf{a} = \frac{\mathbf{R} \times \mathbf{M}_O}{\mathbf{R}^2} = \frac{1}{6}(10, -4, -2) = \left(\frac{5}{3}, -\frac{2}{3}, -\frac{1}{3} \right) .$$

Damit ist die Zentralachse, in die wir die Resultierende $\mathbf{R}$ und die Momentenkomponente $\mathbf{M}_R = p\mathbf{R}$ verschieben können, bestimmt. Wir kontrollieren die Rechnung, indem wir uns aus

$$\mathbf{M}_V = \mathbf{a} \times \mathbf{R} = \begin{vmatrix} \mathbf{i} & \mathbf{j} & \mathbf{k} \\ \dfrac{5}{3} & -\dfrac{2}{3} & -\dfrac{1}{3} \\ 1 & 2 & 1 \end{vmatrix} = (0, -2, 4)$$

die zu $\mathbf{R}$ senkrechte Komponente, das Versetzungsmoment $\mathbf{M}_V$, berechnen. Es muß $\mathbf{M}_O = \mathbf{M}_V + \mathbf{M}_R = (2, 2, 6)$ sein, wovon man sich durch Vergleich mit obigem Ergebnis überzeugt.

Für ein allgemeines, aber *ebenes System* führt die Reduktion als Sonderfall des räumlichen Systems auf folgende Beziehungen: Wenn man jede Kraft F_n in den beliebigen Punkt O verschiebt und dabei gleichzeitig jeweils das entsprechende Versetzungsmoment hinzufügt, kann man die F_n zu einer Resultierenden

$$R = \sum_{n=1}^{N} F_n = (\Sigma X_n, \Sigma Y_n)$$

und die bei der Verschiebung der F_n in den Bezugspunkt O hinzuzufügenden Versetzungsmomente zu einem resultierenden Versetzungsmoment

$$M_{OF} = \sum_{n=1}^{N} r_n \times F_n$$

zusammensetzen. Sind in dem System noch k freie Momente enthalten, dann wird für das resultierende Moment

$$M_O = \sum_{n} r_n \times F_n + \sum_{k} M_k.$$

Im ebenen Fall kann auch die algebraische Summe aller Momente eingesetzt werden. Bei dieser Reduktion können nun folgende Fälle auftreten:

a) Wenn $R \neq 0$, $M_O \neq 0$ ist, also im allgemeinen in Bild 3-24 dargestellten Fall, kann man nach Satz 3.7 die Resultierende R parallel um den Betrag $h = |M_O| / |R|$ verschieben, so daß das gesamte Kräftesystem einer einzigen Resultierenden wie in Bild 3-24 äquivalent ist.

b) Wenn $R \neq 0$, $M_O = 0$ ist, liegt bereits das am weitesten reduzierte System vor. Man hat dann den schon reduzierten Fall a).

c) Wenn $R = 0$, $M_O \neq 0$ ist, kann man das System, das einem Kräftepaar äquivalent ist, nicht weiter reduzieren.

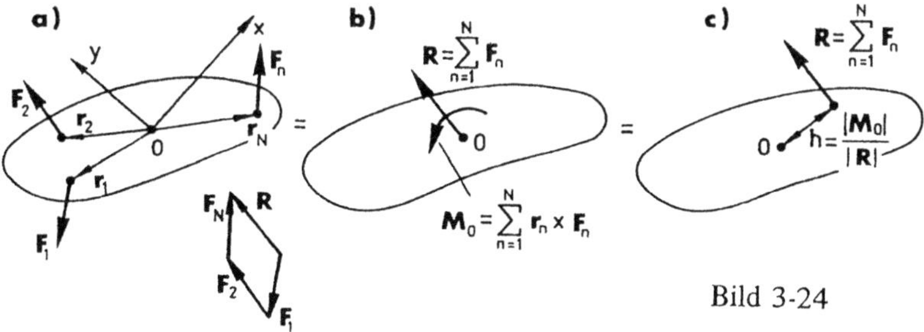

Bild 3-24

3.7 Impuls

Um den Kraftzustand nach 3.4 und den Momentenzustand nach 3.5 mit dem Bewegungszustand eines Körpers in Beziehung setzen zu können, müssen nun noch dynamische Bewegungsgrößen definiert werden.

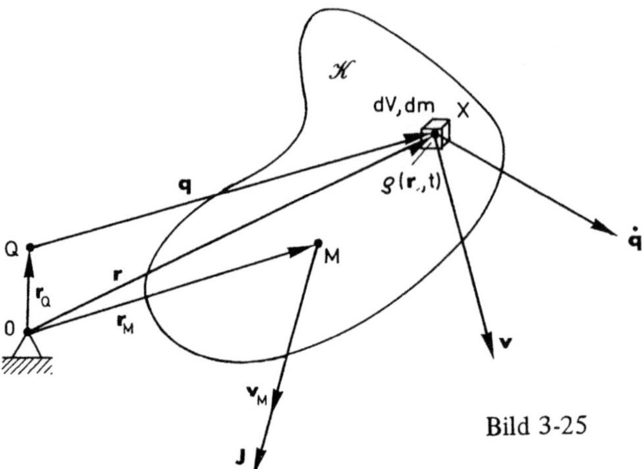

Bild 3-25

Da die Kräfte und Momente über den Körper integrierte Größen sind, müssen auch
die Bewegungsgrößen solche über den gesamten Körper aufintegrierte kinetische Größen
sein. Lediglich statt der Kraft- bzw. Momentendichte werden dabei die aus Kap. 2.2 bekannten kinematischen Größen, also z.B. die Geschwindigkeit $\mathbf{v}$ verwendet. Ordnet man
derart zunächst jedem Volumenelement dV von X seine Dichte $\rho\,(\mathbf{r}, t)$ (vgl. Bild 3-25) zu,
so erhält man nach 1.2.5 die Masse dm des Elementes.

Diesem Massenelement dm wird nun seine Geschwindigkeit $\dot{\mathbf{r}} = \mathbf{v}$ zugeordnet. Macht
man das für jedes X aus $\mathcal{K}$ und summiert alle erhaltenen Produkte $\mathbf{v}$ dm über den Körper $\mathcal{K}$
mit seiner Masse m, so erhält man

Def. 3.4:
Ordnet man jedem Massenelement dm eines Körpers $\mathcal{K}$ an der Stelle $\mathbf{r}$ und zur
Zeit t seine Geschwindigkeit $\mathbf{v}(t) = \dot{\mathbf{r}}\,(t)$ zu und integriert über alle Massenelemente
dieses Körpers, so heißt

$$\mathbf{I} := \int_m \mathbf{v}\,(\mathbf{r}, t)\,dm = \int_V \mathbf{v}\,(\mathbf{r}, t)\,\rho\,(\mathbf{r}, t)\,dV$$

der *Impuls* $\mathbf{I}$ *des Körpers.*

Da $\mathbf{v}$ ein Vektorfeld $\mathbf{v}(\mathbf{r}, t)$ ist, ist nach Def. 1.15, Abs. 1.3 auch der Impuls $\mathbf{I}$ ein Vektor.
Da die Geschwindigkeit nach Def. 2.2 die zeitliche Ableitung des Ortsvektors ist und nach
dem Satz 1.1 von der Erhaltung der Masse diese immer konstant, also $dm/dt = 0$ ist, gilt
auch

$$\mathbf{I} = \int_m \mathbf{v}\,dm = \int_m \dot{\mathbf{r}}\,dm = \int_m \frac{d\mathbf{r}}{dt}\,dm = \frac{d}{dt} \int_m \mathbf{r}\,dm \qquad (3.60)$$

Damit können hier also die Integration über m und die Differentiation nach der Zeit in der
Reihenfolge vertauscht werden. So ist der Impuls nicht nur das Integral über alle den mate-

riellen Punkten zugeordneten Geschwindigkeiten, sondern auch die zeitliche Ableitung des Massenmomentes ersten Grades (vgl. (1.39)).

Nun definiert andererseits (1.38) den Massenmittelpunkt in der Form

$$m\,\mathbf{r}_M = \int\limits_m \mathbf{r}\,dm,$$

also läßt sich das Integral in (3.60) stets durch das Produkt $m\,\mathbf{r}_M$ ersetzen, womit für (3.60) auch folgt

$$\mathbf{I} = \int\limits_m \mathbf{v}\,dm = \frac{d}{dt}\int\limits_m \mathbf{r}\,dm = \frac{d}{dt}(m\,\mathbf{r}_M) = \dot{m}\,\mathbf{r}_M + m\,\dot{\mathbf{r}}_M = m\,\dot{\mathbf{r}}_M = m\,\mathbf{v}_M \qquad (3.61)$$

Wieder ist wegen Satz 1.1 $dm/dt = \dot{m} = 0$ und so verbleibt nur das Produkt aus Gesamtmasse m des Körpers und aus der zeitlichen Ableitung des Ortsvektors zum Massenmittelpunkt $\dot{\mathbf{r}}_M$, also der Geschwindigkeit dieses und nur dieses Massenmittelpunktes M. Damit läßt sich auch formulieren: Der Impuls $\mathbf{I}$ eines Körpers $\mathscr{K}$ ist das Produkt aus der Masse des Körpers und der Geschwindigkeit $\mathbf{v}_M$ des Massenmittelpunktes. Der Impulsvektor hat demzufolge stets die Richtung der Geschwindigkeit des Massenmittelpunktes. Die Größen $\mathbf{r}_M$, $\mathbf{v}_M$ sowie der Impulsvektor $\mathbf{I}$ sind in Bild 3-25 dargestellt.

Anmerkung: Die Aussage (3.61) gilt immer und unabhängig davon, ob der Körper starr oder deformierbar ist.

Weiter beachte man, daß (3.61) nur die Massenmittelpunkt-Geschwindigkeit enthält und daher $m\,\mathbf{v}_M$ nicht mit der Aussage $m\,\mathbf{v}$ gleichgesetzt werden darf. Nur für die reine Translation des starren Körpers ist $\mathbf{v}$ nach Größe und Richtung eine Feldkonstante, also unabhängig von dem jeweils betrachteten Punkt X und ist damit aus dem Integral nach Def. 3.4 herausziehbar. Nur dann entsteht aus (3.60)

$$\mathbf{I} := \int\limits_m \mathbf{v}\,dm = m\,\mathbf{v}.$$

Beispiel: Für den schlanken prismatischen starren Stab (Bild 3-26) der Länge l, der Fläche A und der Masse m berechne man bei gegebenem $\varphi(t)$ in der Ebene den Impuls-Vektor $\mathbf{I}$.

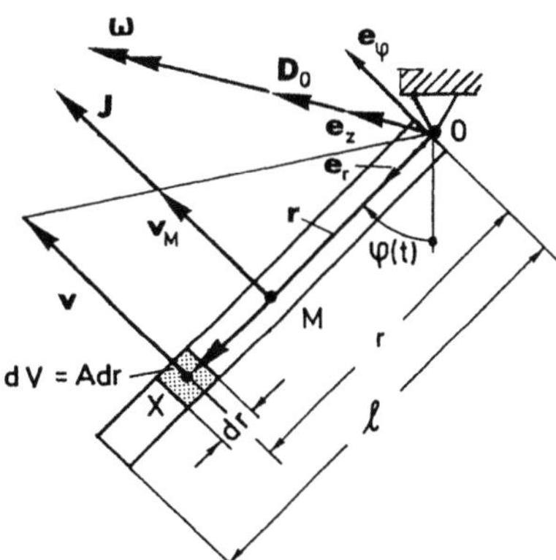

Bild 3-26

Lösung:

Wählt man zweckmäßigerweise ein Zylinder-Koordinaten-System und ein beliebiges Massenelement X
von der Größe $dm = \rho\, dV = \rho\, A\, dr$, so ist

$$\mathbf{r} = r\,\mathbf{e}_r\,(t)$$
$$\mathbf{v} = \dot{\mathbf{r}} = (r\,\mathbf{e}_r)^{\cdot} = r\,\dot{\mathbf{e}}_r = r\,\boldsymbol{\omega}\times\mathbf{e}_r = r\,\dot{\varphi}\,\mathbf{e}_\varphi$$

und

$$\mathbf{I} = \int\limits_m \mathbf{v}\,dm = \int\limits_m r\,\dot{\varphi}\,\mathbf{e}_\varphi\,dm.$$

Nun sind für alle Punkte der Masse $\dot{\varphi}$ (starrer Körper) und $\mathbf{e}_\varphi$ (schlanker Stab) gleich, also gilt

$$\mathbf{I} = \dot{\varphi}\,\mathbf{e}_\varphi \int\limits_m r\,dm = \dot{\varphi}\,\mathbf{e}_\varphi \int\limits_0^l r\,\rho\,A\,dr\;.$$

Ist auch $\rho = \mathrm{const}$ und $A = m/(\rho\, l) = \mathrm{const}$ (prismatischer Stab), so ist schließlich

$$\mathbf{I} = \dot{\varphi}\,\rho\,A\,\mathbf{e}_\varphi \int\limits_0^l r\,dr = \dot{\varphi}\,\rho\,A\,\mathbf{e}_\varphi \left.\frac{r^2}{2}\right|_0^l = \frac{1}{2}\,\rho\,A\,l^2\,\dot{\varphi}\,\mathbf{e}_\varphi = \frac{1}{2}\,m\,l\,\dot{\varphi}\,\mathbf{e}_\varphi.$$

Die Aussage (3.61) läßt sich verifizieren, wenn man den Massenmittelpunkt von m nach (1.38) bestimmt,
also

$$\mathbf{r}_M = \frac{l}{2}\,\mathbf{e}_r,$$

daraus die Geschwindigkeit

$$\mathbf{v}_M = \dot{\mathbf{r}}_M = \frac{l}{2}\,\dot{\mathbf{e}}_r = \frac{l}{2}\,\dot{\varphi}\,\mathbf{e}_\varphi$$

berechnet und das Produkt mit der Masse m des Stabes, also $\mathbf{I}$ bildet. Es wird so

$$\mathbf{I} = m\,\frac{l}{2}\,\dot{\varphi}\,\mathbf{e}_\varphi\;.$$

Das ist wieder das Ergebnis, das sich oben bei Berechnung des Dreifach-Integrals (Massenintegral) ergeben
hatte.

3.8 Drall (Drehimpuls, Impulsmoment)

Neben der Integration der Kraftdichte über das Volumen zur Kraft war es notwendig,
auch die *Lage* der Kraftdichte zu berücksichtigen. Man kam so über das Vektorprodukt des
Lagevektors und der Kraftdichte zur Momentendichte, deren Integration über das Gesamtvolumen des Körpers zum Momentenbegriff bezüglich eines Bezugspunktes führte.

Dieser Dualismus bleibe auch für die Bewegungsgrößen konsequent erhalten. Wird
also jedem Volumenelement dV neben seiner Dichte ρ und seiner Geschwindigkeit (wie in
3.7) auch die jeweilige Lage zugeordnet, so gilt für einen beliebigen Bezugspunkt Q (vgl.
3.5) nach Bild 3-25:

Def. 3.5:

Ordnet man jedem Massenelement dm eines Körpers $\mathscr{K}$ an der Stelle $\mathbf{q}$ und zur Zeit t bezüglich eines beliebigen Bezugspunktes Q diese Lage $\mathbf{q}$ und die zeitliche Ableitung $\dot{\mathbf{q}}(t)$ zu und integriert über alle Massenelemente dieses Körpers, so heißt

$$\mathbf{D}_Q := \int_m \mathbf{q} \times \dot{\mathbf{q}}\, dm = \int_V \mathbf{q} \times \dot{\mathbf{q}}\, \rho\, dV$$

der *Drall (Drehimpuls oder Impulsmoment)* $\mathbf{D}$ des Körpers $\mathscr{K}$ bezüglich Q.

Da $\mathbf{q}$ und $\dot{\mathbf{q}}$ jeweils Vektorfelder sind, ist auch $\mathbf{D}_Q$ ein Vektor. Weil Q beliebig bewegt, also $\mathbf{q}$ i.a. kein Ortsvektor ist, ist auch $\dot{\mathbf{q}}$ nicht die Geschwindigkeit des materiellen Punktes X. Wenn jedoch speziell Q raumfest gewählt, d.h. Q zu O wird, dann geht $\mathbf{q}$ in $\mathbf{r}$ und $\dot{\mathbf{q}}$ in $\mathbf{v}$ über (vgl. Bild 3-25). Man erhält dann nach Def. 3.5 den *Drall von $\mathscr{K}$ bezüglich des raumfesten Punktes* O

$$\mathbf{D}_O = \int_m \mathbf{r} \times \dot{\mathbf{r}}\, dm = \int_m \mathbf{r} \times \mathbf{v}\, dm \qquad (3.62)$$

Umformungen bei völliger Allgemeingültigkeit, wie in (3.61) für den Impuls, sind hierfür nicht möglich. Je nach Bewegungsart und Deformationsmodus ist der Drehimpuls über die Def. 3.5 für die speziellen Fälle aufzubereiten.

Hier sei zunächst nur die Umrechnung des Drehimpulses bezüglich der beiden Bezugspunkte Q und O (Bild 3-25) durchgeführt:

Danach ist

$$\mathbf{q} = \mathbf{r} - \mathbf{r}_Q\,; \quad \dot{\mathbf{q}} = (\mathbf{r} - \mathbf{r}_Q)^{\cdot} = \mathbf{v} - \mathbf{v}_Q\,.$$

Nach Def. 3.5 folgt so mit Def. 3.4 und (1.39)

$$\mathbf{D}_Q = \int_m \mathbf{q} \times \dot{\mathbf{q}}\, dm = \int_m (\mathbf{r} - \mathbf{r}_Q) \times (\mathbf{v} - \mathbf{v}_Q)\, dm$$

$$= \int_m \mathbf{r} \times \mathbf{v}\, dm - \int_m \mathbf{r} \times \mathbf{v}_Q\, dm - \int_m \mathbf{r}_Q \times \mathbf{v}\, dm + \int_m \mathbf{r}_Q \times \mathbf{v}_Q\, dm$$

$$= \mathbf{D}_O - \left(\int_m \mathbf{r}\, dm \right) \times \mathbf{v}_Q - \mathbf{r}_Q \times \int_m \mathbf{v}\, dm + \mathbf{r}_Q \times \mathbf{v}_Q\, m$$

$$= \mathbf{D}_O - m\,\mathbf{r}_M \times \mathbf{v}_Q - \mathbf{r}_Q \times \mathbf{I} + m\,\mathbf{r}_Q \times \mathbf{v}_Q\,,$$

$$\mathbf{D}_Q = \mathbf{D}_O - \mathbf{r}_Q \times \mathbf{I} - (\mathbf{r}_M - \mathbf{r}_Q) \times m\,\mathbf{v}_Q \qquad (3.63)$$

Beispiel: Für den in Abs. 3.7 untersuchten Körper (Stabpendel) berechne man den Drehimpuls bezüglich des Aufhängepunktes (Bild 3-26).

Lösung:

Da der Aufhängepunkt ein fester Punkt ist, gilt nach (3.62)

$$\mathbf{D}_O = \int_m \mathbf{r} \times \mathbf{v}\, dm.$$

Nun ist nach Bild 3-26

$$\mathbf{r} = r\,\mathbf{e}_r; \quad \mathbf{v} = r\dot{\varphi}\,\mathbf{e}_\varphi.$$

Somit wird

$$\mathbf{D}_O = \int_m (r\,\mathbf{e}_r \times r\dot{\varphi}\,\mathbf{e}_\varphi)\, dm = \int_m r^2\,\dot{\varphi}\,\mathbf{e}_z\, dm.$$

$\dot{\varphi}$ und $\mathbf{e}_z$ sind bezüglich der Integrationsvariablen invariant, also wird mit $dm = \rho\, dV = \rho\, A\, dr$

$$\mathbf{D}_O = \dot{\varphi}\,\mathbf{e}_z \int_m r^2\, dm = \dot{\varphi}\rho A\,\mathbf{e}_z \int_{r=0}^{l} r^2\, dr$$

$$= \dot{\varphi}\rho A\,\mathbf{e}_z \left.\frac{r^3}{3}\right|_0^l = \frac{1}{3}\rho A l^3\,\dot{\varphi}\,\mathbf{e}_z = \frac{1}{3}m l^2\,\dot{\varphi}\,\mathbf{e}_z = \frac{1}{3}m l^2\,\boldsymbol{\omega}.$$

Der Drall bezüglich des festen Punktes hat also die Richtung des Winkelgeschwindigkeitsvektors $\boldsymbol{\omega}$, steht somit senkrecht zur Bewegungsebene des Stabpendels. Die Größe des Drallvektors

$$D_O = \frac{1}{3}m l^2\,\dot{\varphi}$$

ist hier jedoch durch den Abstand des Massenmittelpunktes $l/2$ und durch dessen Geschwindigkeit $l\dot{\varphi}/2$ nicht interpretierbar.

Man erkennt aus dem Vergleich von (3.62) mit (3.51) bzw. (3.60) mit (3.45) den besagten Dualismus zwischen Drall und Moment einerseits bzw. Impuls und Kraft andererseits. Es ergibt sich also zusammenfassend folgende Gegenüberstellung:

Kraftgröße	Bewegungsgröße	
Kraft: $\displaystyle\oint \boldsymbol{\sigma}_n\, dA + \int \mathbf{f}_v\, dV = \int \mathbf{f}\, dV = \mathbf{F}^a$	$\displaystyle\int_v \mathbf{v}\,\rho\, dV =: \mathbf{I}$ *Impuls*	(3.64)
Moment: $\displaystyle\oint \mathbf{r} \times \boldsymbol{\sigma}_n\, dA + \int \mathbf{r} \times \mathbf{f}_v\, dV = \mathbf{M}_O^a$	$\displaystyle\int \mathbf{r} \times \mathbf{v}\,\rho\, dV =: \mathbf{D}_O$ *Drall*	

Gleichzeitig wird deutlich, daß sich aus der geometrischen und dynamischen Grundgröße, also aus

dem Ortsvektor: $\qquad \mathbf{r} = \mathbf{r}(\mathbf{x}, t)$ und

dem Spannungsvektor: $\boldsymbol{\sigma} = \boldsymbol{\sigma}(\mathbf{x}, t)$ sowie

mit der vorgegebenen Volumenkraftdichte $\mathbf{f}_v(\mathbf{x}, t)$ beide Kraftgrößen, d.h. die Kraft und das Moment sowie beide Bewegungsgrößen, d.h. der Impuls und der Drall durch formal analoge Prozesse ableiten. Da alle vier Größen nach Kenntnis der Verhältnisse am Element aus Integrationsprozessen über das Gesamtvolumen gewonnen worden sind, beschreiben sie bereits das Verhalten von endlich ausgedehnten Körpern beliebiger Beschaffenheit. Für die gestellte Aufgabe der Beschreibung von Bewegungen von Körpern unter der Einwirkung von Ursachen (Kräften und Momenten) verbleibt somit nur noch die Notwendigkeit, die Kraftgrößen und die Bewegungsgrößen miteinander in Beziehung zu setzen.

4 Die Axiome der Mechanik

4.1 Allgemeines

Axiome sind analytisch formulierte Grundgleichungen oder verbal formulierte Grundtatsachen, die empirisch gesichert sind. Sie sind also beweisbar, aber nicht ableitbar. Dabei wird der Beweis durch die ständige Erfahrung oder durch das jederzeit durchführbare Experiment erbracht (*Empirie*). Dementsprechend gelten sie solange, bis ein empirischer Gegenbeweis geliefert wird. Da sie Grundtatsachen sind, lassen sie sich selbst aus keiner anderen Beziehung folgern — während aber alle anderen Aussagen sich aus ihnen ableiten lassen müssen.

Ist ein Wissensgebiet wie das der Mechanik weitgehend vollständig untersucht und ist kein Gegenbeweis gegen die anfänglichen *Hypothesen* erbracht worden, so sind die derart gesicherten Hypothesen zu Axiomen geworden und es verbleibt die Aufgabe, unabhängig von der historischen Entwicklung dieses Gebietes und der chronologischen Folge der einzelnen Erkenntnisse die so entstandene Wissenschaft nun zu ordnen und systematisieren, indem möglichst allgemeine Beziehungen zu Grundtatsachen erklärt werden und alle anderen Erkenntnisse als Folge dieser Grundtatsachen darstellbar sind. Dabei ist es zudem sicherlich im Sinne einer Ökonomie und Vollkommenheit dieser Wissenschaft, wenn sie bei umfassender Aussage mit einer möglichst geringen Zahl von Axiomen auskommt.

Es zeigt sich dabei, daß man in der Klassischen Mechanik mit zwei Axiomen auskommt. Diese Tatsache ist bereits seit langem bekannt (bei G. HAMEL [27] sind die dort formal vorhandenen neun Axiomsgruppen im Prinzip auf zwei Axiomsgruppen reduzierbar). Nur welche der Erkenntnisse man als Axiome und welche man dementsprechend als abgeleitete Sätze und Gesetze auffaßt, ist unterschiedlich. So findet sich bei G. HAMEL und in vielen späteren Werken zur Mechanik die Auffassung, daß das NEWTONsche Grundgesetz und das als BOLTZMANN-Gesetz bezeichnete Axiom über die (Zitat:) „Symmetrie der Spannungsdyade ($\hat{=}$ Spannungstensor)" die beiden grundlegenden Axiome der Mechanik sind, aus denen dann die weiteren Sätze, z.B. der „Momenten-Satz" ableitbar sind (Zitat: „Wir dürfen deshalb das einfache Axiom der Symmetrie der Spannungsdyade aussprechen, weil sich bis jetzt alle Erfahrungstatsachen in ungezwungener Weise mit dem Momentensatz haben in Einklang bringen lassen"!). Auch bereits in einer Arbeit von EULER aus dem Jahre 1775 über die Bewegung starrer Körper finden sich zwei „Fundamentalformeln" (vgl. [79]).

Hier soll insofern anders vorgegangen werden, als zwar an der Zahl der Axiome, also *zwei*, festgehalten werden soll; diese sollen — begründet durch den mit (3.64) erkannten Dualismus zwischen Kraftgrößen (Kraft und Moment) und Bewegungsgrößen (Impuls und Drehimpuls) sowie durch die unmittelbaren Vorteile für die Anwendungen — aber die Verbindung zwischen genau diesen Kraft- und Bewegungsgrößen herstellen.

4.2 Das erste Axiom der Mechanik (AXIOM I)

Da es im Wesen des Axiomes liegt, daß es nicht ableitbar ist, wird aus der Menge der empirisch gesicherten Tatsachen ein Gesetz als Grundtatsache postuliert. Da es gilt, Bewegungen und Körpern unter Einwirkung von Ursachen (Kraft) zu beschreiben, wird in einem ersten Axiom diese Kraftgröße mit einer der Bewegungsgrößen in Beziehung gesetzt. Dabei zeigt sich, wenn die realen Verhältnisse richtig und allgemeingültig wiedergegeben werden sollen, daß diese Beziehung die zeitliche Ableitung der zur Kraftgröße $\mathbf{F}$ formal äquivalenten Bewegungsgröße $\mathbf{I}$ enthält. Somit wird postuliert:

AXIOM I:

Ist nach (3.45) die *Summe der* auf einen Körper $\mathscr{K}$ wirkenden *äußeren Kräfte*

$$\mathbf{F}^a = \oint_A \boldsymbol{\sigma}_n \, dA + \int_V \mathbf{f}_V \, dV$$

und ist nach Def. 3.4 der *Impuls des Körpers*

$$\mathbf{I} := \int_V \mathbf{v} \rho \, dV = \int_m \mathbf{v} \, dm \ ,$$

so gilt als *AXIOM I der Mechanik (IMPULSSATZ):*

$$\mathbf{F}^a \overset{!}{=} \dot{\mathbf{I}} = \frac{d}{dt} \mathbf{I} \ . \tag{4.1}$$

D.h.: Für einen beliebigen Körper $\mathscr{K}$ ist die *Summe der äußeren Kräfte* $\mathbf{F}^a$ *gleich der zeitlichen Ableitung des Impulses.*

Als *erste Folgerung aus dem AXIOM I* läßt sich durch die Umformung für den Impuls nach (3.60) unter der Voraussetzung der Massenerhaltung in der Klassischen Mechanik (vgl. Satz 1.1 in 1.2.5) auch folgende Aussage gewinnen:

$$\dot{\mathbf{I}} := \frac{d}{dt} \int_m \mathbf{v} \, dm = \int_m \frac{d}{dt} (\mathbf{v}) \, dm = \int_m \mathbf{a} \, dm$$

bzw.

$$\dot{\mathbf{I}} := \frac{d}{dt} \int_m \dot{\mathbf{r}} \, dm = \int_m \frac{d}{dt} (\dot{\mathbf{r}}) \, dm = \int_m \ddot{\mathbf{r}} \, dm \tag{4.2}$$

Also ist nach (4.1) auch

$$\mathbf{F}^a = \dot{\mathbf{I}} = \int_m \ddot{\mathbf{r}} \, dm = \int_m \mathbf{a} \, dm \tag{4.3}$$

d.h.: die Summe der äußeren Kräfte für einen beliebigen Körper $\mathscr{K}$ ist das Integral aller jedem materiellen Punkt zugeordneten Beschleunigungen über die Gesamtmasse. In dieser Form entspricht das erste Axiom dem zweiten NEWTONschen Gesetz für einen endlichen ausgedehnten Körper.

Da jeder materielle Punkt eines Körpers i.a. eine andere Beschleunigung **a** hat, ist (4.3) nicht gleichzusetzen mit der Aussage: Kraft = Masse · Beschleunigung (vgl. hierzu Anmerkung unter 3.7).

Weitere Folgerungen aus dem ersten Axiom folgen nach Abhandlung des zweiten Axioms und je nach Aufgabenstellung als abgeleitete Integralsätze in den entsprechenden Kapiteln 5 bis 8.

4.3   Das zweite Axiom der Mechanik (AXIOM II)

Da in Abschnitt 3.5 gezeigt worden ist, daß die Kraft allein nicht hinreichend ist, um alle Ursachen der Bewegung zu beschreiben, also damit stets zwei Kraftgrößen, nämlich die Kraft und das Moment benötigt werden, und andererseits das erste Axiom nur die Kräfte enthält, ist es notwendig, ein zweites Axiom zu formulieren. Dieses sollte dann folglich die Momente (allein oder zusätzlich zu den Kräften) enthalten. Entsprechendes läßt sich wegen des dualistischen Prinzips auch für die Bewegungsgrößen folgern. Denn die mit dem allgemeinen Bewegungszustand neben der möglichen Deformation immer verbundene Translation und Rotation muß nicht nur in der Kinematik (vgl. z.B. Satz 2.2, (2.27) oder (2.75)), sondern auch in der Kinetik trennbar und damit berechenbar sein. Da das AXIOM I die Geschwindigkeit und damit additiv Translation und Rotation enthält, wird eine zweite Aussage notwendig, die (allein oder zusätzlich zum Impuls) dann die Trennung von Translation und Rotation für die Berechnung ermöglicht. Genau diesen Forderungen entspricht das zweite Axiom, wenn man postuliert:

AXIOM II:
Ist nach (3.51) die *Summe der* auf einen Körper $\mathcal{K}$ wirkenden *äußeren Momente* bezüglich eines festen Bezugspunktes O

$$\mathbf{M}_O^a := \oint_A \mathbf{r} \times \boldsymbol{\sigma}_n \, dA + \int_V \mathbf{r} \times \mathbf{f}_V \, dV,$$

und ist nach Definition 3.5 bzw. (3.62) der *Drehimpuls des Körpers* $\mathcal{K}$ bezüglich des gleichen Bezugspunktes 0

$$\mathbf{D}_O := \int_V (\mathbf{r} \times \mathbf{v})\rho \, dV = \int_m \mathbf{r} \times \mathbf{v} \, dm,$$

so gilt als *AXIOM II der Mechanik (DREHIMPULS-SATZ)*

$$\mathbf{M}_O^a \overset{!}{=} \dot{\mathbf{D}}_O = \frac{d}{dt} \mathbf{D}_O \, , \tag{4.4}$$

d.h.: Für einen beliebigen Körper $\mathcal{K}$ ist die *Summe der äußeren Momente* $\mathbf{M}_O^a$ bezüglich eines raumfesten Bezugspunktes *gleich der zeitlichen Ableitung des Dralls* $\dot{\mathbf{D}}_O$ (Drehimpuls) bezüglich des gleichen Bezugspunktes.

Man kommt so zu zwei Axiomen, die die gesamte Mechanik beherrschen. Sie sind überdies zueinander völlig analog.

Dementsprechend läßt sich auch eine zu (4.2) bzw. (4.3) analoge Form des Drehimpuls-Satzes angeben. Da bei allen Massenintegralen wegen der Erhaltung der Masse (Satz 1.1) die zeitliche Differentiation mit der Integration vertauscht werden darf, ist hier mit der Produktregel

$$\dot{D}_O = \frac{d}{dt} \int_m [r \times v]\, dm = \int_m \frac{d}{dt} (r \times v)\, dm$$

$$= \int_m \left[\left(\frac{dr}{dt} \times v \right) + \left(r \times \frac{dv}{dt} \right) \right] dm = \int_m (v \times v + r \times a)\, dm$$

$$\dot{D}_O := \int_m r \times a\, dm = \int_m r \times \ddot{r}\, dm \tag{4.5}$$

Bei Vergleich mit (4.2) wird die Analogie deutlich. Damit folgt für das AXIOM II

$$M_O^a = \dot{D}_O = \int_m r \times \ddot{r}\, dm = \int_m r \times a\, dm \tag{4.6}$$

d.h.: ordnet man jedem Massenelement seine Beschleunigung a und seine Lage r in der Form $r \times a$ zu, so ist das Integral über die Gesamtmasse aller dieser Zuordnungen $r \times a$ gleich der Summe der äußeren Momente bezogen auf den raumfesten Ursprung O von r. Auch dieses Axiom gilt für beliebige Körper, unabhängig von der Form, dem Deformationsverhalten und dem Bewegungszustand der Körper.

Wie für AXIOM I gelten auch für AXIOM II je nach Zustand der Körper spezielle, abgeleitete Formen, die in den entsprechenden Kapiteln 5 bis 8 jeweils entwickelt werden.

Mit dem AXIOM I und AXIOM II ist ein Gleichungssystem für die Berechnung des Bewegungszustandes eines oder mehrerer Körper bei Vorgabe der Kraftgrößen oder umgekehrt (Berechnung der Kraftgrößen bei Vorgabe des Bewegungszustandes) bereitgestellt. Das System ist hinreichend, wenn für das Deformationsverhalten der Körper zusätzliche Gleichungen (Materialgleichungen) zur Verfügung stehen. Für starre Körper ist die Formulierung solcher Materialgleichungen nicht möglich und auch nicht notwendig und somit sind die obigen beiden Axiome dann auch allein hinreichend.

4.4 Folgerungen aus den Axiomen

Während den Bewegungszuständen der Körper entsprechend die speziellen Formen und Aussagen der Axiome den späteren jeweiligen Kapiteln (5 bis 8) vorbehalten bleiben sollen, lassen sich einige generelle Aussagen nach Kenntnis der beiden Axiome bereits hier als Folge ableiten.

4.4.1 Die Aussage für ein Element

Weil die Axiome für jeden Körper gelten, sind sie auch für jeden beliebigen Teilkörper und schließlich damit auch für jedes Element dV aus $\mathscr{K}$ gültig. Also ausgehend von den beiden Axiomen in der Fassung (4.3) bzw. (4.6) für einen beliebigen Körper gilt zunächst

$$\oint_A \sigma_n \, dA + \int_V f_V \, dV = F^a = \dot{I} = \int_V \ddot{r} \, \rho \, dV$$

$$\oint_A r \times \sigma_n \, dA + \int_V r \times f_V \, dV = M_O^a = \dot{D}_O = \int_V r \times \ddot{r} \, \rho \, dV \qquad (4.7)$$

und man erhält unter Weglassung der Hilfsgrößen **F**, **M**, **I** und **D** und bei Rückführung der Oberflächenintegrale wieder in Volumenintegrale nach (3.44) bzw. (3.50) eine Form, die nur noch die Grundgrößen, also die Spannung und den Lagevektor enthält. Es folgt aus AXIOM I

$$\int_V (\nabla \cdot S + f_V) \, dV = \int_V \ddot{r} \, \rho \, dV \qquad (4.8)$$

und aus AXIOM II

$$\int_V \left[\sum_i \frac{\partial}{\partial x_i} (r \times \sigma_i) + r \times f_V \right] dV = \int_V r \times \ddot{r} \, \rho \, dV \qquad (4.9)$$

Nun ist nach (3.6)

$$\sigma_i = e_i \cdot S,$$

womit eine der Gl. (4.8) entsprechende Schreibweise von (4.9) folgt

$$\int_V \left[\sum_i \frac{\partial}{\partial x_i} (r \times (e_i \cdot S)) + r \times f_V \right] dV = \int_V r \times \ddot{r} \, \rho \, dV \qquad (4.10)$$

Die Ableitung des ersten in Klammern stehenden Integranden nach der Produktenregel ergibt

$$\sum_i \left(\frac{\partial}{\partial x_i} r \right) \times (e_i \cdot S) + r \times \sum_i \frac{\partial}{\partial x_i} (e_i \cdot S).$$

Nun ist die im ersten Term auftretende Ableitung des Ortsvektors **r** nach jeweils einer seiner Koordinaten x_i stets der zugehörige Einheitsvektor e_i, während der im zweiten Term stehende Ausdruck wieder nach (3.40) die Divergenz des Spannungstensors ist, also wird aus (4.10) zunächst

$$\int_V \left[\sum_i e_i \times (e_i \cdot S) + r \times (\nabla \cdot S) + r \times f_V \right] dV = \int_V r \times \rho \, \ddot{r} \, dV,$$

was sich bei Zusammenfassung der Glieder mit dem Vektor $\mathbf{r}$ als Faktor auch schreiben läßt als

$$\int\limits_V \left(\sum_i \mathbf{e}_i \times (\mathbf{e}_i \cdot \mathbb{S}) \right) dV + \int\limits_V \mathbf{r} \times (\nabla \cdot \mathbb{S} + \mathbf{f}_V - \rho\,\ddot{\mathbf{r}})\, dV = 0 \qquad (4.11)$$

Aus dem ersten Axiom in der Form (4.8) folgt nun nach Subtraktion der rechten Seite von der Kraftdichte (3.42) auf der linken Seite

$$\int\limits_V (\nabla \cdot \mathbb{S} + \mathbf{f}_V - \rho\,\ddot{\mathbf{r}})\, dV = 0 \qquad (4.12)$$

Vergleicht man diese Aussage mit der des zweiten Axioms nach (4.11), so erkennt man, daß der zweite Faktor im Kreuzprodukt des zweiten Termes von (4.11) genau die Aussage des ersten Axioms nach (4.12) darstellt und somit Null wird. Damit wird unabhängig von V auch das zweite Integral stets Null und für den verbleibenden ersten Term von (4.11) folgt

$$\int\limits_V \left[\sum_i \mathbf{e}_i \times (\mathbf{e}_i \cdot \mathbb{S}) \right] dV = 0 \qquad (4.13)$$

Da ein beliebiges Volumenelement dV gewählt werden kann und auch der Spannungszustand $\mathbb{S}$ für jedes Volumenelement i.a. ein anderer ist, jedoch stets (4.13) gelten soll, ist der Integrand selber Null, d.h.

$$\sum_i \mathbf{e}_i \times (\mathbf{e}_i \cdot \mathbb{S}) = 0 \qquad (4.14)$$

Nach Ausmultiplikation des Vektor- und Links-Skalarproduktes nach (1.130) wird

$$\sum_i \mathbf{e}_i \times \left(\mathbf{e}_i \cdot \sum_{j,k} \sigma_{jk}\,\mathbf{e}_j\,\mathbf{e}_k \right) = \sum_{i,k} \mathbf{e}_i \times (\sigma_{jk}\delta_{ij}\,\mathbf{e}_k) = \sum_{i,k} \mathbf{e}_i \times \sigma_{ik}\,\mathbf{e}_k = 0, \quad \text{also}$$

$$\sum_{i,k} \sigma_{ik}\,\mathbf{e}_i \times \mathbf{e}_k = 0 \qquad (4.15)$$

Wegen (1.84) ist für $i = k$, also $\mathbf{e}_i \times \mathbf{e}_i \equiv 0$, Gl. (4.15) identisch erfüllt; dagegen stellt für $i \neq k$ und dann $\mathbf{e}_i \times \mathbf{e}_k = \pm\, \mathbf{e}_j$ die Gl. (4.15) eine zusätzliche Aussage für die Spannungen σ_{ik} mit unterschiedlichem Index — also für die Tangentialspannungen dar.

Nun ist (4.15) eine Vektorgleichung, woraus folgt, daß alle drei Komponenten für sich Null sein müssen, daß also aus (4.15)

$$(\sigma_{12} - \sigma_{21})\,\mathbf{e}_3 + (\sigma_{23} - \sigma_{32})\,\mathbf{e}_1 + (\sigma_{31} - \sigma_{13})\,\mathbf{e}_2 = 0$$

folgt (Bild 4-1):

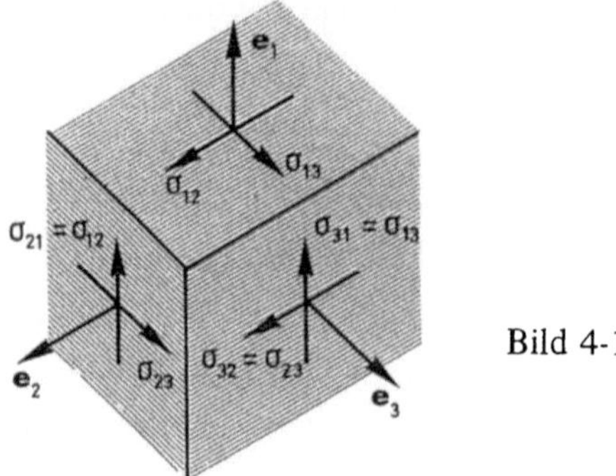

Bild 4-1

$$\sigma_{12} = \sigma_{21}; \quad \sigma_{23} = \sigma_{32}; \quad \sigma_{31} = \sigma_{13}$$

bzw. in Kurzform   (4.16)

$$\sigma_{ij} = \sigma_{ji} \quad \text{oder} \quad \mathbb{S} = \mathbb{S}^T .$$

Also gilt als eine Folgerung aus dem ersten und zweiten Axiom der Mechanik der

Satz 4.1:
Die den orthogonalen Flächenelementen bei X an der Stelle **r** zugeordneten
Tangentialspannungen σ_{ij} und σ_{ji} sind einander gleich;
oder
der *Spannungstensor* $\mathbb{S}$ (X) ist an jeder Stelle **r** von X *ein symmetrischer
Tensor*.

Man bezeichnet Satz 4.1 auch als den Satz von der Gleichheit der einander zugeordneten
Tangentialspannungen oder als *Satz von* BOLTZMANN. (Hier nicht als Axiom eingeführt,
vgl. 4.1.)
   Die Folgen des Satzes sind evident. So ist z.B. die Spannungsmatrix nach (3.4) bzw.
der Spannungstensor nach Def. 3.2 symmetrisch, enthält demzufolge nicht neun, sondern
nur *sechs verschiedene Koordinaten* σ_{ij}. Weiter folgt wegen (1.140)

$$(\mathbf{v} \cdot \mathbb{S})^T = \mathbb{S}^T \cdot \mathbf{v}^T = \mathbb{S}^T \cdot \mathbf{v}$$

mit Gl. (4.16), also $\mathbb{S} = \mathbb{S}^T$, daß

$$\mathbf{v} \cdot \mathbb{S} = (\mathbf{v} \cdot \mathbb{S})^T = \mathbb{S}^T \cdot \mathbf{v} = \mathbb{S} \cdot \mathbf{v} \tag{4.17}$$

gilt, d.h. bezüglich des Spannungstensors braucht nicht zwischen Rechts- und Linksskalar-
produkt unterschieden zu werden (z.B. (3.5), (3.6), (3.43), (3.44)). Das damit verbundene
Ergebnis, nach dem auch $\sigma_{xy} = \sigma_{yx}$ ist, hat auch Folgerungen bezüglich der Gln. (3.20) u.f.
In die Gleichungen des MOHRschen Spannungskreises (3.25) u.f. war dies als eine Annahme
im Sinne eines möglichen Sonderfalles bereits eingearbeitet worden. Dieser Sonderfall wird
mit Satz 4.1 so zum allgemeingültigen Fall.

Zusammenfassend ist somit für ein infinitesimales Volumenelement und damit für jeden materiellen Punkt X eines Körpers $\mathscr{K}$ folgendes feststellbar:

1. Das AXIOM I und das AXIOM II sind nicht nur für einen Körper, sondern auch für jeden materiellen Punkt des Körpers gültig.

2. Die Aussagen der beiden Axiome sind hierfür nicht identisch. Der gegenüber dem ersten Axiom im zweiten Axiom enthaltene Term (4.11) bzw. (4.14), der sich wegen (4.17) auch schreiben läßt als

$$\sum_i e_i \times (\mathbb{S} \cdot e_i) = 0,$$

führt auf die Gleichheit der einander zugeordneten Tangentialspannungen bzw. auf die Symmetrie des Spannungstensors (vgl. (4.16))

$$\mathbb{S} = \mathbb{S}^T.$$

3. Neben dieser wesentlichen zusätzlichen Aussage enthält das zweite Axiom noch einmal die Aussage des ersten Axioms, wonach (4.8) gilt:

$$\int_V (\nabla \cdot \mathbb{S} + f_V - \rho\, \ddot{r}\,)\, dV = 0.$$

Da auch diese Beziehung für alle dV bei X und unabhängig von der willkürlichen Wahl der Integrationsgrenze, also des gewählten Volumens V, gilt, ist das Integral für alle denkbaren V nur Null, wenn der Integrand selber Null ist.

Unabhängig von dieser Argumentation ist im Rahmen der hier erfolgten Vorgehensweise die in Klammern stehende Relation ohnehin die primäre Relation für das Volumenelement. Erst durch die anschließende Integration dieser Aussage für den Zustand am Element zum Zustand des finiten Körpers ist sie zum Integranden geworden. Also darf hier in Umkehrung dieser Vorgehensweise – unter Verzicht auf die Integration – sofort als kinetische Zustandsbeschreibung für das Element die Aussage postuliert werden

$$\nabla \cdot \mathbb{S} + f_V = f = \rho\, \ddot{r}.$$

Nach (3.42) aus 3.4 ist die linke Seite wieder die Kraftdichte f. Die rechte Seite enthält die Dichte ρ nach 1.2.5 und die Beschleunigung $\ddot{r}$ nach 2.2.3 des materiellen Punktes X bei r. Da damit nicht nur die zweifache zeitliche Ableitung $\ddot{q}$ eines beliebigen Vektors q, sondern die „echte" Beschleunigung des materiellen Punktes $\ddot{r} = a$ gefordert ist, muß $r(t)$ nach Def. 2.1 ein Ortsvektor und damit der Ursprung von $r(t)$ ein raumfester Punkt O sein, wenn die letzte Gleichung in der vorstehenden Form gelten soll.

Als Aussage des AXIOMS I und des AXIOMS II für jeden materiellen Punkt X des Körpers $\mathscr{K}$ gilt somit

$$\boxed{\begin{aligned} &\text{aus AXIOM I:}\quad \nabla \cdot \mathbb{S} + f_V = f = \rho\, \ddot{r} \\ &\text{aus AXIOM II:}\quad \mathbb{S} = \mathbb{S}^T \end{aligned}} \qquad (4.18)$$

bzw. als

> **Satz 4.2:**
> Für jeden materiellen Punkt X eines Körpers $\mathcal{K}$ gilt: die Summe aus der Divergenz des symmetrischen Spannungstensors $\mathbf{S}$ und der Volumenkraftdichte $\mathbf{f}_V$ ist gleich dem Produkt aus der Dichte ρ und der Beschleunigung $\ddot{\mathbf{r}}$ dieses Punktes X bzw. die Kraftdichte $\mathbf{f}$ in jedem Punkt X ist gleich Dichte ρ mal Beschleunigung $\ddot{\mathbf{r}}$ in diesem Punkt.

Da das für jeden materiellen Punkt gilt, stellt das Gleichungssystem (4.18) einen Satz von $2 \cdot 3 = 6$ skalaren Feldgleichungen dar, die in jedem Punkt X erfüllt sein müssen.

4.4.2 Die Aussage für einen beliebig bewegten Bezugspunkt

Anders als bei AXIOM I, das bezugspunktunabhängig ist, gilt das AXIOM II in der Fassung nach (4.4) nur für einen raumfesten Bezugspunkt O. Daher stellt sich die Frage, ob und in welcher Form der Drallsatz gilt, wenn statt eines raumfesten Bezugspunktes O ein beliebig bewegter Punkt Q als Bezugspunkt gewählt wird (Bild 4-2). Nach Def. 3.5 gilt nämlich dann für den Drall bezogen auf Q

$$\mathbf{D}_Q = \int_m \mathbf{q} \times \dot{\mathbf{q}} \, dm.$$

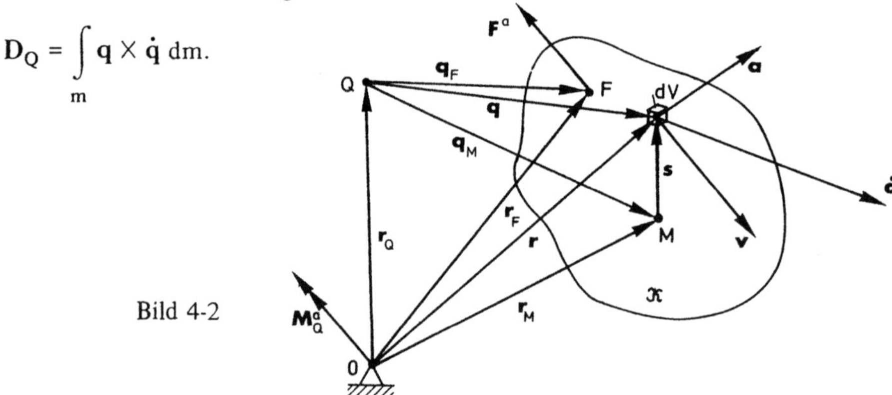

Bild 4-2

Auf den festen Punkt O umgerechnet, war für diesen Drall mit (3.63) bereits der Zusammenhang

$$\mathbf{D}_Q = \mathbf{D}_O - \mathbf{r}_Q \times \mathbf{I} - (\mathbf{r}_M - \mathbf{r}_Q) \times m\mathbf{v}_Q$$

ermittelt worden. Löst man nach $\mathbf{D}_O$ auf und bildet gemäß der Aussage des AXIOMS II die zeitliche Ableitung von $\mathbf{D}_O$, wobei die zeitliche Differentiation der Ortsvektoren $\mathbf{r}_i$ „echte" Geschwindigkeiten $\mathbf{v}_i$ sind, so erhält man

$$\dot{\mathbf{D}}_O = \dot{\mathbf{D}}_Q + (\mathbf{r}_Q \times \mathbf{I})^{\boldsymbol{\cdot}} + [(\mathbf{r}_M - \mathbf{r}_Q) \times m\,\mathbf{v}_Q]^{\boldsymbol{\cdot}}$$

$$= \dot{\mathbf{D}}_Q + (\mathbf{v}_Q \times \mathbf{I} + \mathbf{r}_Q \times \dot{\mathbf{I}}) + [(\mathbf{v}_M - \mathbf{v}_Q) \times m\,\mathbf{v}_Q + (\mathbf{r}_M - \mathbf{r}_Q) \times m\,\mathbf{a}_Q].$$

Ausmultiplikation und Umstellung von Kreuzprodukten ergibt mit der Beziehung nach Bild 4-2

$$\mathbf{r}_M - \mathbf{r}_Q = \mathbf{q}_M$$

$$\dot{\mathbf{D}}_O = \dot{\mathbf{D}}_Q + \mathbf{r}_Q \times \dot{\mathbf{I}} + \mathbf{v}_Q \times \mathbf{I} - \mathbf{v}_Q \times m\,\mathbf{v}_M - m(\mathbf{v}_Q \times \mathbf{v}_Q) + m\,\mathbf{q}_M \times \mathbf{a}_Q.$$

Nun ist nach AXIOM I $\dot{\mathbf{I}} = \mathbf{F}^a$ und nach (3.61) $\mathbf{I} = m\,\mathbf{v}_M$ sowie $\mathbf{v}_Q \times \mathbf{v}_Q = \mathbf{0}$. Setzt man diese Beziehungen ein, so verschwindet das dritte gegen das vierte Glied sowie der fünfte Term und es folgt wegen des zweiten Axioms (4.4)

$$\dot{\mathbf{D}}_O = \dot{\mathbf{D}}_Q + \mathbf{r}_Q \times \mathbf{F}^a + m\,\mathbf{q}_M \times \mathbf{a}_Q \stackrel{!}{=} \mathbf{M}_O^a \qquad (4.19)$$

Bringt man noch das Moment der Resultierenden bzw. die Momente der Einzelkräfte auf die andere Seite und berücksichtigt noch (3.53), wonach generell gilt

$$\mathbf{M}_O^a = \mathbf{M} + \mathbf{r}_F \times \mathbf{F}^a$$

mit $\mathbf{M}$ als freies Moment und $\mathbf{r}_F \times \mathbf{F}^a$ als Moment der resultierenden Einzelkraft bezüglich O, so wird (Bild 4-2)

$$\begin{aligned}\mathbf{M}_O^a - \mathbf{r}_Q \times \mathbf{F}^a &= \mathbf{M} + \mathbf{r}_F \times \mathbf{F}^a - \mathbf{r}_Q \times \mathbf{F}^a \\ &= \mathbf{M} + (\mathbf{r}_F - \mathbf{r}_Q) \times \mathbf{F}^a = \mathbf{M} + \mathbf{q}_F \times \mathbf{F}^a \end{aligned} \qquad (4.20)$$

Nun ist entsprechend zur Gl. (3.53)

$$\mathbf{M} + \mathbf{q}_F \times \mathbf{F}^a = \mathbf{M}_Q^a,$$

da die freien Momente ohnehin unabhängig vom Bezugspunkt sind und das Kreuzprodukt gerade das Moment der resultierenden Einzelkraft nun bezüglich Q darstellt. Damit folgt schließlich aus (4.19) als *Drallsatz bezüglich eines beliebig bewegten Punktes* Q:

$$\mathbf{M}_Q^a \stackrel{!}{=} \dot{\mathbf{D}}_Q + m\,\mathbf{q}_M \times \mathbf{a}_Q \qquad (4.21)$$

Hier ist die Summe der äußeren Momente um Q nicht gleich der zeitlichen Ableitung des Dralles um denselben Punkt, sondern es muß, offenbar wegen der beliebigen (beschleunigten) Bewegung von Q, noch ein Zusatzterm berücksichtigt werden, der die Masse m des Körpers, den Vektor $\mathbf{q}_M$ von Q zum Massenmittelpunkt und die Beschleunigung von Q selbst enthält. Wird Q fixiert, so ist $\mathbf{a}_Q = \mathbf{0}$ und (4.21) geht wieder in (4.4) mit festem Q = O über.

Die obige Ableitung hat den Vorteil, daß auch gemischte Formen für den Drallsatz, d.h. bei unterschiedlicher Wahl der Bezugspunkte für die Momente und für den Drall, sofort angegeben werden können. Denn werden z.B. die Momente auf O, der Drall jedoch auf Q bezogen, so gilt (4.19) mit der Änderung, daß man zweckmäßigerweise wegen des ersten Axioms $\mathbf{F}^a$ durch $\dot{\mathbf{I}}$ ersetzt. Man erhält zunächst

$$\dot{\mathbf{D}}_Q + \mathbf{r}_Q \times \dot{\mathbf{I}} + m\,\mathbf{q}_M \times \mathbf{a}_Q = \mathbf{M}_O^a.$$

Nun kann die zeitliche Impulsableitung wegen (3.61)

$$\mathbf{I} = m\,\mathbf{v}_M; \quad \dot{\mathbf{I}} = (m\,\mathbf{v}_M)^{\boldsymbol{\cdot}} = m\,\dot{\mathbf{v}}_M = m\,\mathbf{a}_M$$

auch noch eliminiert werden, so daß auch gilt

$$\mathbf{M}_O^a = \dot{\mathbf{D}}_Q + m\,(\mathbf{r}_Q \times \mathbf{a}_M + \mathbf{q}_M \times \mathbf{a}_Q) \qquad (4.22)$$

bzw. bei umgekehrter Wahl der Bezugspunkte

$$M_Q^a = \dot{D}_O - m\,(r_Q \times a_M) \qquad (4.23)$$

Da das AXIOM I von der Wahl des Bezugspunktes unabhängig ist, entfällt die Notwendigkeit einer jeweiligen Umrechnung. Damit stellen das AXIOM I in der Fassung (4.1) oder (4.3) einerseits *und* das AXIOM II in einer der Fassungen (4.4) oder (4.6) bzw. (4.21), (4.22) oder (4.23) andererseits das *grundlegende Gleichungssystem für die beliebige Bewegung beliebiger Körper* dar.

4.4.3 Die Aussage für den beliebig bewegten Massenmittelpunkt

Von grundlegendem Interesse ist schließlich noch die Aussage der beiden Axiome, wenn der zwar i.a. beliebig bewegte, aber innerhalb des Körpers ausgezeichnete Massenmittelpunkt M als Bezugspunkt gewählt wird.

Das ist damit ein Sonderfall des vorigen Abschnittes 4.4.2, wobei $r_Q = r_M$ ist (Bild 4-3). Zu diesem Zweck wird auch das erste Axiom noch einmal umgeformt. Aus (4.1) folgt unter Beachtung von (3.61) mit

$$F^a = \dot{I} = \frac{d}{dt}\int_m v\,dm = \frac{d}{dt}\,(m\,v_M)$$

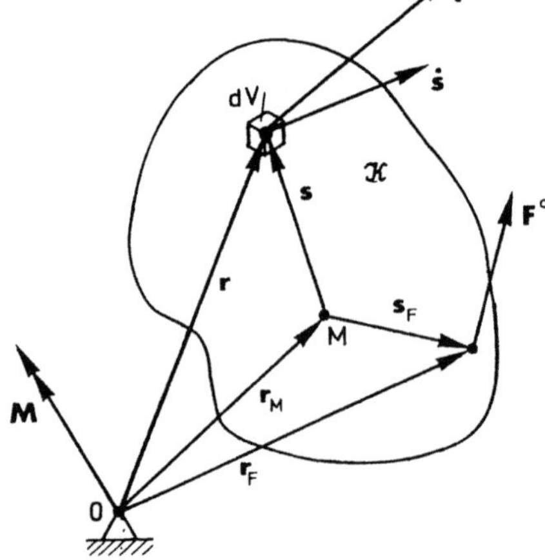

Bild 4-3

$$F^a = m\,\frac{d\,v_M}{dt} = m\,a_M \qquad (4.24)$$

Danach gilt also

Satz 4.3:
Die Summe der äußeren Kräfte ist gleich dem Produkt aus Masse und Beschleunigung des Massenmittelpunktes.
(Massen-Mittelpunkt-Satz)

(vgl. hierzu Anmerkung zu 3.7).

Daneben soll auch das zweite Axiom für diesen Bezugspunkt aufbereitet werden. Da der Massenmittelpunkt, wie gesagt, i.a. ein beliebig bewegter Punkt ist, muß die Form des zweiten Axioms in den Aussagen des vorigen Abschnittes 4.4.2 enthalten sein. So folgt für $Q = M$ (Bild 4-3) aus (3.63)

$$\mathbf{D}_M = \int_m \mathbf{s} \times \dot{\mathbf{s}}\, dm = \mathbf{D}_O - \mathbf{r}_M \times \mathbf{I} \tag{4.25}$$

bzw. aus (4.19) mit $\mathbf{q}_M = 0$

$$\dot{\mathbf{D}}_O = \dot{\mathbf{D}}_M + \mathbf{r}_M \times \mathbf{F}^a \tag{4.26}$$

Da nun wieder $\dot{\mathbf{D}}_O = \mathbf{M}_O^a$ und nach (3.53) $\mathbf{M}_O^a = \mathbf{M} + \mathbf{r}_F \times \mathbf{F}^a$ ist, folgt aus (4.26)

$$\dot{\mathbf{D}}_O = \dot{\mathbf{D}}_M + \mathbf{r}_M \times \mathbf{F}^a = \mathbf{M}_O^a = \mathbf{M} + \mathbf{r}_F \times \mathbf{F}^a$$

und somit schließlich

$$\dot{\mathbf{D}}_M = \mathbf{M} + (\mathbf{r}_F - \mathbf{r}_M) \times \mathbf{F}^a = \mathbf{M} + \mathbf{s}_F \times \mathbf{F}^a$$

$$\dot{\mathbf{D}}_M \overset{!}{=} \mathbf{M}_M^a \tag{4.27}$$

Für den Massenmittelpunkt M hat also das zweite Axiom die gleiche Form wie für den festen Punkt O und es gilt

Satz 4.4:
Die Summe der äußeren Momente ist gleich der zeitlichen Ableitung des Dralles, wenn für beide Größen der gleiche Bezugspunkt P in Form eines festen Punktes O oder des Massenmittelpunktes M gewählt wird:

$$\mathbf{M}_P^a \overset{!}{=} \dot{\mathbf{D}}_P \quad (\text{P = O oder M}).$$

Will man auch hier unterschiedliche Punkte als Bezugspunkte für Momente und Drehimpuls heranziehen, so wird zum Ersatz von (4.27) bzw. Satz 4.4 zunächst der Drall bezüglich Q gebildet (Bild 4-2):

$$\mathbf{D}_Q = \int_m \mathbf{q} \times \dot{\mathbf{q}}\, dm = \int_m [(\mathbf{q}_M + \mathbf{s}) \times (\mathbf{q}_M + \mathbf{s})^{\cdot}]\, dm$$

$$= \int_m [\mathbf{q}_M \times \dot{\mathbf{q}}_M + \mathbf{s} \times \dot{\mathbf{q}}_M + \mathbf{q}_M \times \dot{\mathbf{s}} + \mathbf{s} \times \dot{\mathbf{s}}]\, dm$$

$$= (\mathbf{q}_M \times \dot{\mathbf{q}}_M)\, m + \int_m \mathbf{s} \times \dot{\mathbf{s}}\, dm + \left(\int_m \mathbf{s}\, dm \right) \times \dot{\mathbf{q}}_M + \mathbf{q}_M \times \frac{d}{dt}\left(\int_m \mathbf{s}\, dm \right).$$

Die beiden letzten Integrale sind Null, da sie den Vektor des Massenmittelpunktes (1.40) vom Massenmittelpunkt aus definieren. Also mit (4.25) folgt

$$\mathbf{D}_Q = \mathbf{D}_M + m\,\mathbf{q}_M \times \dot{\mathbf{q}}_M \qquad\qquad (4.28)$$

Setzt man das in (4.21) ein, so erhält man

$$\mathbf{M}_Q^a = \dot{\mathbf{D}}_M + m\,\mathbf{q}_M \times \ddot{\mathbf{q}}_M + m\,\mathbf{q}_M \times \mathbf{a}_Q = \dot{\mathbf{D}}_M + m\,\mathbf{q}_M \times (\mathbf{q}_M + \mathbf{r}_Q)^{\cdot\cdot}.$$

Mit $\mathbf{q}_M + \mathbf{r}_Q = \mathbf{r}_M$ folgt schließlich

$$\mathbf{M}_Q^a = \dot{\mathbf{D}}_M + m\,\mathbf{q}_M \times \mathbf{a}_M \qquad\qquad (4.29)$$

Andere Formen sind entsprechend erzeugbar.

Mit dem Massenmittelpunktsatz (Satz 4.3) und dem Drallsatz (Satz 4.4) stehen auch in dieser Form zwei vektorielle Gleichungen, d.h. sechs skalare Gleichungen zur Berechnung der Bewegung des beliebigen Körpers zur Verfügung. Hat der Körper nur bis zu sechs Freiheitsgrade, d.h. ist er ein starrer Körper, sind diese sechs Gleichungen hinreichend. Ist er deformierbar, müssen zusätzliche Spannungs-Verzerrungs-Gleichungen (Materialgesetze) zur vollständigen Beschreibung seines Bewegungszustandes hinzukommen.

Beispiel: Für das nach Bild 4-4 skizzierte starre Stabpendel, das sich in der vertikalen Ebene bewegt (vgl. Beispiel zu 3.7 und 3.8) gebe man ein Gleichungssystem an, das den Bewegungszustand zu allen Zeiten t und alle übrigen Unbekannten zu berechnen gestattet.

Lösung:
Nach Freimachen des Systems an der Bereichsgrenze B ergibt sich das in Bild 4-4 skizzierte System. Die Volumenkräfte sind dabei bereits durch die Einzelkraft G ersetzt. Die unbekannte Lagerkraft L, die durch die Bereichswahl zur äußeren Kraft wird, ist in die beiden unbekannten Anteile L_r und L_φ zerlegt. Aus der Lösung des Beispiels zu 3.7 ist bekannt, daß

$$\mathbf{I} = \frac{1}{2}\,m\,l\,\dot{\varphi}\,\mathbf{e}_\varphi$$

und aus der Lösung des Beispiels zu 3.8 ist bekannt, daß

$$\mathbf{D}_O = \frac{1}{3}\,m\,l^2\,\dot{\varphi}\,\mathbf{e}_z$$

gilt. Dann folgt aus Axiom I

$$\mathbf{F}^a = \sum_i \mathbf{F}_i = \mathbf{G} + \mathbf{L} =$$

$$\dot{\mathbf{I}} = \frac{d}{dt}\left[\frac{1}{2}\,m\,l\,\dot{\varphi}\,\mathbf{e}_\varphi\right] = \frac{1}{2}\,m\,l\,[\ddot{\varphi}\,\mathbf{e}_\varphi - \dot{\varphi}^2\,\mathbf{e}_r],$$

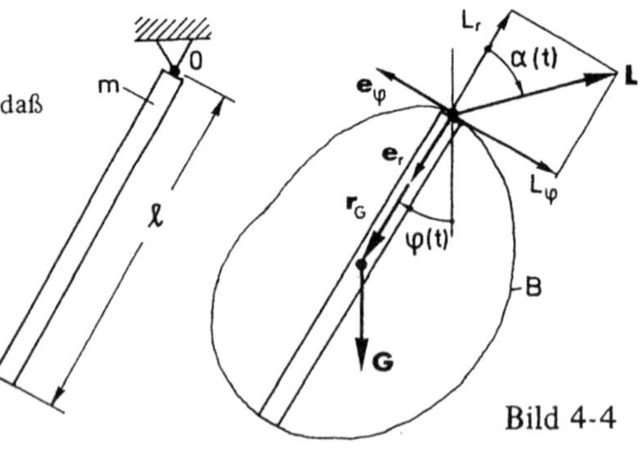

Bild 4-4

oder komponentenweise zerlegt:

$$G\cos\varphi - L_r = -\frac{1}{2}\,m\,l\,\dot{\varphi}^2, \qquad\qquad (a)$$

$$-G\sin\varphi - L_\varphi = \frac{1}{2}\,m\,l\,\ddot{\varphi}. \qquad\qquad (b)$$

Aus dem zweiten Axiom um den festen Punkt O folgt

$$\mathbf{M}_O^a = \mathbf{r}_G \times \mathbf{G} + 0 = -\frac{l}{2}\, mg \sin\varphi\, \mathbf{e}_z =$$

$$\dot{\mathbf{D}}_O = \frac{d}{dt}\left[\frac{1}{3}\, m l^2\, \dot\varphi\, \mathbf{e}_z\right] = \frac{1}{3}\, m l^2\, \ddot\varphi\, \mathbf{e}_z$$

bzw.

$$\ddot\varphi(t) + \frac{3}{2}\,\frac{g}{l}\,\sin\varphi(t) = 0. \tag{c}$$

Das sind drei skalare Gleichungen für die drei Unbekannten, nämlich die beiden Lagerkräfte L_r, L_φ und die unbekannte Rotationsbewegung um O mit $\varphi(t)$. Gelingt es, die Gleichung mit dem Ergebnis $\varphi(t)$ zu lösen, so folgt aus (a) die Komponente L_r und aus (b) die Komponente L_φ der Lagerkraft $\mathbf{L}$. Die resultierende Lagerkraft ist dann

$$L(t) = \sqrt{L_r^2(t) + L_\varphi^2(t)}$$

und die Richtung $\alpha(t)$ bestimmt sich aus

$$\tan\alpha(t) = \frac{L_\varphi(t)}{L_r(t)}\;.$$

Da $\varphi(t)$ zeitabhängig ist, sind auch die Lagerkräfte zeitabhängig.

Damit ist das Problem prinzipiell gelöst — daß jedoch eine explizite Lösung hier noch nicht angegeben wird, liegt am Charakter der Gleichung (c). Diese enthält nämlich neben der Unbekannten $\varphi(t)$ in der Form $\sin\varphi(t)$ auch noch die unbekannte zweite Ableitung von $\ddot\varphi(t)$ — ist also eine nichtlineare, gewöhnliche Differentialgleichung für die Unbekannte $\varphi(t)$, wofür an dieser Stelle noch keine Lösungsmöglichkeiten vorhanden sind.

5 Statik starrer Systeme

5.1 Grundlagen

In diesem Kapitel soll unter allen möglichen Fällen der Sonderfall behandelt werden, bei dem die Körper unter dem Einfluß von Spannungen und Volumenkraftdichten bzw. von Kräften und Momenten (Kap. 3) kein oder ein vernachlässigbar geringes Deformationsverhalten zeigen. Diese Fiktion des *starren Körpers* führt dazu, daß sein Bewegungsverhalten nur noch aus der Translation und aus der Rotation bestehen kann. Im Sinne einer Statik ist es nun, daß auch diese Bewegungsmöglichkeiten (Translation und Rotation) noch eingeschränkt sind, also damit jede Bewegung ausgeschlossen ist. Der starre Körper oder auch ein System solcher starrer Körper ist in der Statik demnach „in Ruhe".

Dabei kann diese „Ruhe" zwangsweise bewirkt sein, indem das System von vornherein so viele Bindungen hat, daß die Zahl seiner Freiheitsgrade (vgl. 1.2.7) auf Null eingeschränkt ist. So gesehen, kann man i.d.F. von einer kinematisch begründeten Ruhe sprechen (z.B. Stein in einer Mauer); vgl. auch Bild 5-1a. Es ist aber auch eine kinetisch bedingte Ruhe denkbar, bei der zwar das System noch Bewegungsmöglichkeiten hat, diese aber wegen einer speziellen Kräfte- und Momente-Konstellation nicht wahrnimmt, sondern in einer bestimmten Lage trotz der Einwirkung von Kräften und Momenten verharrt (z.B. Waage, Wippe; vgl. auch Bild 5-1b). Deshalb seien die Begriffe „kinematische und kinetische Ruhe" durch den Oberbegriff „Gleichgewicht" ersetzt. An ein solches Gleichgewicht wird im Sinne der ausgeschlossenen Bewegung nun (nur) die Forderung gestellt, daß jeder materielle Punkt X des Systems beschleunigungsfrei sein soll. Zusammenfassend gelte also

Def. 5.1:
Ein System von Körpern ist ein *statisches* System, wenn das System im *Gleichgewicht* ist.
Ein System ist im Gleichgewicht, wenn *alle* materiellen Punkte X des Systems *beschleunigungsfrei* sind.

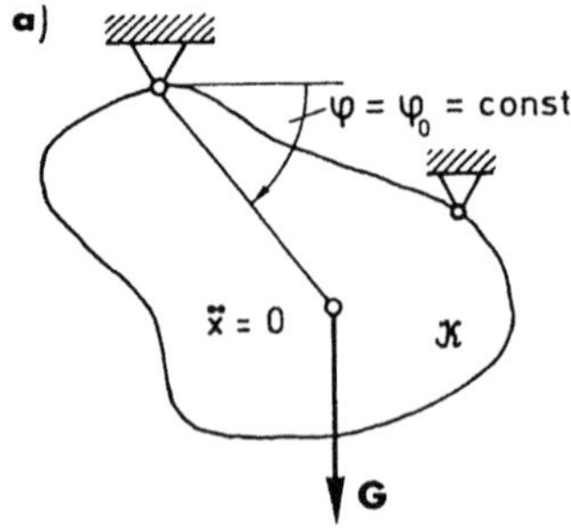

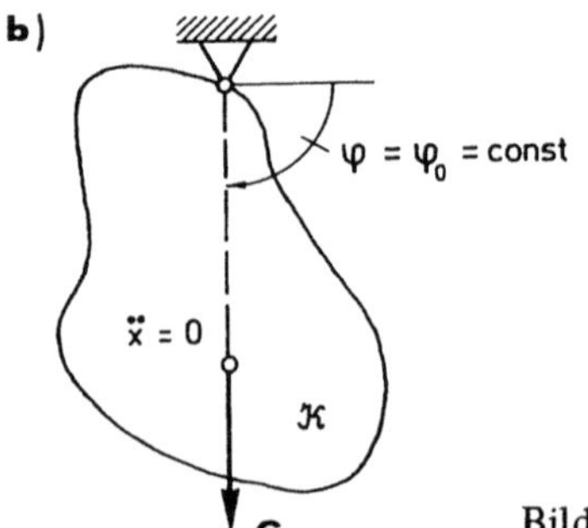

Bild 5-1

Da die Definition nur die Beschleunigungsfreiheit aller Punkte verlangt, sind Systeme, die sich mit konstanter Geschwindigkeit nach Größe und Richtung bewegen, in dem Sonderfall der Statik eingeschlossen. (Auch von daher ist der Begriff des Gleichgewichtes allgemeiner als der der Ruhe.)

Weiter gilt Def. 5.1 in dieser Form auch unabhängig von der Voraussetzung eines starren Körpers; denn sind die Deformationen zeitlos oder verlaufen sie mit geringer zeitlicher Änderung (quasi-statisch), so ist die Beschleunigungsfreiheit auch für deformierbare Körper eine sinnvolle Voraussetzung — demzufolge gibt es auch ein Gleichgewicht für verformbare Systeme, d.h. eine Statik deformierbarer Körper (vgl. Kap. 6).

Die zusätzliche Einschränkung auf den starren Körper dient also hier nur dazu, von der Wirkung der Kräfte und Momente auf den Bewegungszustand des Körpers unabhängig zu sein — denn unter der Einwirkung von verschiedenen, äquivalenten Kraftsystemen (vgl. 3.6) verhält sich der starre Körper stets gleich.

5.2 Gleichgewichtsbedingungen

Mit der Definition des Gleichgewichtes und der damit verbundenen Beschleunigungsfreiheit aller materiellen Punkte können nun unmittelbar aus den Axiomen des Kap. 4 die maßgeblichen Aussagen für statische Systeme gewonnen werden. So ist zunächst für ein Element des starren Körpers im Falle der Statik bzw. wegen der Beschleunigungsfreiheit

$$\ddot{\mathbf{r}} = \mathbf{a} = \mathbf{0} \quad \text{für alle X.} \tag{5.1}$$

Damit folgt aus dem Axiom I für das Element nach Gl. (4.18), daß die rechte Seite identisch verschwindet bzw. die Kraftdichte $\mathbf{f} = \mathbf{0}$ ist.

An der Aussage des zweiten Axioms über die Symmetrie des Spannungstensors (4.16) ändert sich durch die Forderung (5.1) nichts, also ist hier die vollständige Aussage beider Axiome für das Element statt (4.18)

$$\left. \begin{array}{l} \nabla \cdot \mathbb{S} + \mathbf{f}_V = \mathbf{f} = \mathbf{0} \\[1ex] \mathbb{S} = \mathbb{S}^T \end{array} \right\} \text{ für alle X} \tag{5.2}$$

bzw. es gilt

> **Satz 5.1:**
> In der Statik der Systeme gilt für jeden materiellen Punkt X, daß die Kraftdichte $\mathbf{f} = \mathbf{0}$ sein muß, wobei der in der Kraftdichte nach (5.2) enthaltene Spannungstensor $\mathbb{S}$ symmetrisch ist.

Sind, wie stets vorausgesetzt, die Volumenkräfte $\mathbf{f}_V$ bekannt, stellt (5.2) ein Gleichungssystem von sechs Gleichungen für die neun unbekannten Spannungen σ_{ij} bzw. unter Berücksichtigung der Symmetrie $\sigma_{ij} = \sigma_{ji}$ nach Satz 4.1 ein Gleichungssystem von drei Gleichungen für die dann sechs verschiedenen Spannungen dar. Letzteres sei unter Ausrechnung der in (5.2) enthaltenen Divergenz des Spannungstensors im kartesischen Koordinatensystem angegeben:

Wegen Def. 1.26 aus 1.3.7: $\displaystyle \nabla = \sum_i e_i \frac{\partial}{\partial x_i}$

wird nach (1.130)

$$\nabla \cdot \mathbb{S} = \sum_i e_i \frac{\partial}{\partial x_i} \cdot \sum_{j,k} \sigma_{jk} e_j e_k$$

$$\nabla \cdot \mathbb{S} = \sum_{i,k} \frac{\partial \sigma_{ik}}{\partial x_i} e_k \tag{5.3}$$

Wird auch f_V in die drei Richtungen e_k zerlegt, also

$$f_V = \sum_k f_{Vk} e_k \; ,$$

dann folgen unter Berücksichtigung der Spannungs-Symmetrie aus (5.2) die drei skalaren
Gleichungen (Bild 5-2)

$$\frac{\partial \sigma_{11}}{\partial x_1} + \frac{\partial \sigma_{12}}{\partial x_2} + \frac{\partial \sigma_{13}}{\partial x_3} + f_{V_1} = 0$$

$$\frac{\partial \sigma_{12}}{\partial x_1} + \frac{\partial \sigma_{22}}{\partial x_2} + \frac{\partial \sigma_{23}}{\partial x_3} + f_{V_2} = 0 \tag{5.4}$$

$$\frac{\partial \sigma_{13}}{\partial x_1} + \frac{\partial \sigma_{23}}{\partial x_2} + \frac{\partial \sigma_{33}}{\partial x_3} + f_{V_3} = 0$$

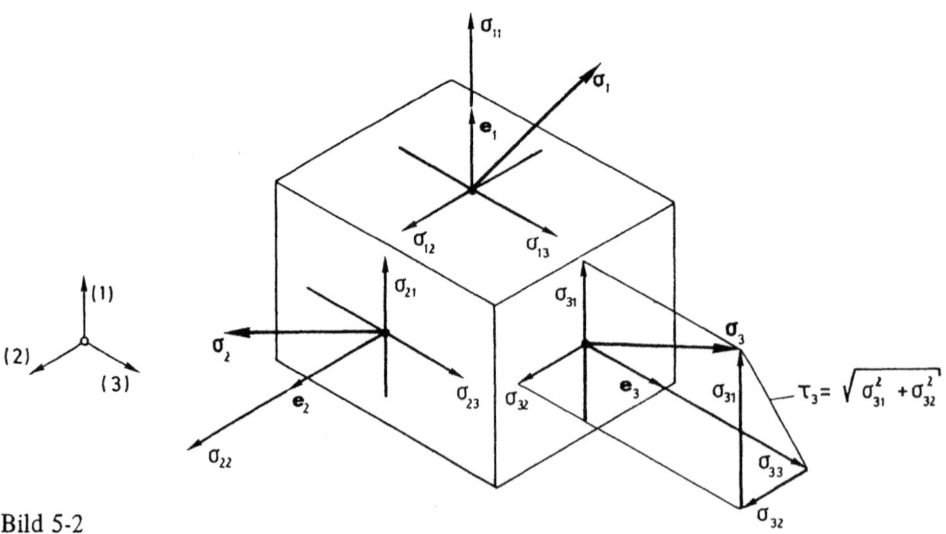

Bild 5-2

Diese Gleichungen nennt man die *Gleichgewichtsbedingungen am Element*. Sie stellen die drei notwendigen Bedingungen für die sechs Spannungen σ_{ij} in jedem materiellen Punkt dar, unter denen ein System im Gleichgewicht ist.

Es gibt Fälle, in denen dieser Satz von Gleichungen nach (5.4) auch hinreichend ist, um die Spannungen σ_{ij} bzw. $\mathbb{S}$ in jedem Punkt des Körpers zu bestimmen. Diese Fälle bilden dann die Klasse der „innerlich statisch bestimmten" Probleme. I.a. ist jedoch (5.4) wegen der größeren Zahl der Unbekannten gegenüber der der Gleichungen notwendig, aber nicht hinreichend, sondern muß noch durch weitere Gleichungen ergänzt werden (vgl. hierzu Kap. 6).

Um zu einer entsprechenden Gleichgewichtsaussage für den endlichen Körper zu gelangen, könnte man nun wieder (5.4) über das Gesamtvolumen V des Körpers integrieren. Da das aber im Rahmen dieser Abhandlung bereits im Kap. 3 in voller Allgemeinheit vollzogen ist, brauchen hier nur die entsprechenden Gleichungen von Kap. 4 mit der Gleichgewichtsdefinition 5.1 bzw. mit der Bedingung (5.1) über die Beschleunigungsfreiheit im Falle der Statik spezialisiert zu werden. Damit wird die Statik zum Spezialfall der allgemeinen Kinetik.

Aus dem AXIOM I der Mechanik folgt also im Falle des Gleichgewichtes, d.h. z.B. aus (4.3) mit (5.1)

$$\mathbf{F}^a = \left(\dot{\mathbf{I}} = \int_m \mathbf{a}\, dm \right) = 0 \tag{5.5}$$

bzw. der

Satz 5.2:
Ein starrer Körper ist im *Gleichgewicht*, wenn die *Summe der äußeren Kräfte* an diesem Körper *Null* ist.
(Notwendige Bedingung)

Für ein System aus mehreren Körpern gilt entsprechend

Satz 5.3:
Ein System von k starren Körpern ist im Gleichgewicht, wenn *jeder* der k starren Körper für sich im Gleichgewicht (s. Satz 5.2) ist.

Aus dem zusätzlich notwendigen zweiten Axiom (vgl. oben), z.B. in der Form (4.6), folgt mit (5.1)

$$\mathbf{M}_O^a = \left(\dot{\mathbf{D}}_O = \int_m \mathbf{r} \times \mathbf{a}\, dm \right) = 0. \tag{5.6}$$

Während die Aussage des zweiten Axioms in der Kinetik vom jeweils gewählten Bezugspunkt abhängig ist (vgl. 4.4.2 bzw. 4.4.3), braucht man diese Unterscheidung in der Statik nicht zu machen. Denn ist Q ein beliebiger und O ein fester Bezugspunkt, dann war nach (4.19) allgemein:

$$\mathbf{M}_O^a = \dot{\mathbf{D}}_O = \dot{\mathbf{D}}_Q + m\, \mathbf{q}_M \times \mathbf{a}_Q + \mathbf{r}_Q \times \mathbf{F}^a.$$

Speziell für die Statik ist nun nach (5.5) bzw. (5.6)

$$\mathbf{F}^a = 0 \quad \text{und} \quad \mathbf{M}_O^a = 0.$$

Also ist im Falle eines Gleichgewichts speziell:

$$\mathbf{M}_O^a = \dot{\mathbf{D}}_O = \dot{\mathbf{D}}_Q + m\,\mathbf{q}_M \times \mathbf{a}_Q + 0 = 0.$$

Nun ist weiter nach (4.21)

$$\mathbf{M}_Q^a = \dot{\mathbf{D}}_Q + m\,\mathbf{q}_M \times \mathbf{a}_Q,$$

wodurch bei Vergleich der rechten Seiten der beiden vorstehenden Gleichungen im Falle der
Statik folgt:

$$\mathbf{M}_O^a = \mathbf{M}_Q^a = 0 \qquad\qquad\qquad (5.7)$$

Damit läßt sich folgender Satz aussprechen:

> **Satz 5.4:**
> Ein starrer Körper ist im *Gleichgewicht*, wenn die *Summe der äußeren Momente*
> bezüglich eines beliebigen Bezugspunktes Q für diesen Körper *Null* ist.
> *(Notwendige Bedingung)*

Die beiden Sätze 5.2 und 5.4 zusammen ergeben wieder die *notwendige und hinreichende
Bedingung für das Gleichgewicht* eines Körpers. Für ein System von Körpern gilt nach wie
vor Satz 5.3. An den Bezugspunkt Q sind wegen (5.7) keinerlei Bedingungen geknüpft, so
daß die Eigenschaft des Gleichgewichtes vom Bezugspunkt unabhängig ist.

Anmerkung: In obigem Beweis für die Beziehung (5.7) ist verwendet worden, daß das Kreuzprodukt

$$\mathbf{r}_Q \times \mathbf{F}^a = 0$$

ist, weil die Resultierende $\mathbf{F}^a$ im Falle des Gleichgewichtes notwendigerweise Null sein muß. Das Ver-
schwinden des Kreuzproduktes wäre aber auch erreichbar für $\mathbf{r}_Q \| \mathbf{F}^a$ mit $\mathbf{r}_Q \neq \mathbf{0}$ und $\mathbf{F}^a \neq \mathbf{0}$ oder für
$\mathbf{r}_Q = \mathbf{0}$ und $\mathbf{F}^a \neq \mathbf{0}$. Die Spezialfälle $\mathbf{r}_Q = \mathbf{0}$ und $\mathbf{r}_Q \| \mathbf{F}^a$ muß man aber mit der Forderung nach einem
allgemeingültigen Beweis ohnehin ausschließen, da bei Vorliegen dieser speziellen Bedingungen immer
und auch im kinetischen Falle

$$\mathbf{M}_Q^a = \mathbf{M}_O^a$$

folgen würde.

Zusammenfassend erhält man also mit (3.54) und (3.55) als notwendige und hinreichende Bedingungen für das Gleichgewicht eines finiten starren Körpers die *Gleichgewichtsbedingungen:*

$$
\begin{aligned}
\mathbf{F}^a &= \sum_{n=1}^{N} \mathbf{F}_n = 0, \\[2mm]
\mathbf{M}^a &= \sum_{m=1}^{M} \mathbf{M}_m + \sum_{n=1}^{N} \mathbf{r}_n \times \mathbf{F}_n = 0
\end{aligned}
\qquad\qquad (5.8)
$$

Die Gleichungen sind bezugspunktinvariant. Die Resultierende $\mathbf{F}^a$ ist dabei die Summe aller (N) äußeren Kräfte $\mathbf{F}_n$ und das resultierende Moment $\mathbf{M}^a$ ist dabei die Summe der (M) freien Momente und der (N) Momente der Einzelkräfte (vgl. 3.4, 3.5 und 3.6). Damit stehen für jeden starren Körper $2 \cdot 3 = 6$ skalare Gleichungen zur Verfügung. Für ein System aus k starren Körpern folgen, Satz 5.3 entsprechend, 6 k Gleichungen.

Wählt man ein orthonormiertes, ansonsten beliebiges Basissystem, z.B. wieder $[\mathbf{i}, \mathbf{j}, \mathbf{k}]$, und stellt die äußeren Kräfte $\mathbf{F}_n$, die freien Momente $\mathbf{M}_m$ und die Momente der Einzelkräfte $\mathbf{r}_n \times \mathbf{F}_n$ in diesem dar, so erhält man zunächst wieder die Beziehungen (3.54) und (3.55), die hier aber wegen (5.8) den Nullvektor ergeben müssen. Es folgen so für jeden starren Körper aus

$$\mathbf{F}^a = \sum_1^N \mathbf{F}_n = \sum_1^N (X_n \mathbf{i} + Y_n \mathbf{j} + Z_n \mathbf{k}) = 0$$

$$\mathbf{M}^a = \sum_1^M \mathbf{M}_m + \sum_1^N \mathbf{r}_n \times \mathbf{F}_n = 0 = \sum_1^M \left(M_{mx} \mathbf{i} + M_{my} \mathbf{j} + M_{mz} \mathbf{k}\right) + \sum_1^N \begin{vmatrix} \mathbf{i} & \mathbf{j} & \mathbf{k} \\ x_n & y_n & z_n \\ X_n & Y_n & Z_n \end{vmatrix}$$

$$= \sum_1^M (M_{mx} \mathbf{i} + M_{my} \mathbf{j} + M_{mz} \mathbf{k})$$

$$+ \sum_1^N (y_n Z_n - z_n Y_n) \mathbf{i} + \sum_1^N (z_n X_n - x_n Z_n) \mathbf{j} + \sum_1^N (x_n Y_n - y_n X_n) \mathbf{k}$$

mit der Forderung, daß dann alle Koordinaten für sich Null sein müssen, schließlich die sechs skalaren Gleichungen

$$
\begin{aligned}
R_x &:= \sum_n X_n = 0 & &(1) \\[2mm]
R_y &:= \sum_n Y_n = 0 & &(2) \\[2mm]
R_z &:= \sum_n Z_n = 0 & &(3) \\[2mm]
M_x &:= \sum_m M_{mx} + \sum_n (y_n Z_n - z_n Y_n) = \sum_k M_{xk} = 0 & &(4) \\[2mm]
\dot{M}_y &:= \sum_m M_{my} + \sum_n (z_n X_n - x_n Z_n) = \sum_k M_{yk} = 0 & &(5) \\[2mm]
M_z &:= \sum_m M_{mz} + \sum_n (x_n Y_n - y_n X_n) = \sum_k M_{zk} = 0 & &(6)
\end{aligned}
\tag{5.9}
$$

bzw. in Form von

> **Satz 5.5:**
> Ein starrer Körper ist genau dann im *Gleichgewicht*, wenn die drei Koordinaten
> der resultierenden äußeren Kraft sowie die drei Koordinaten des resultierenden
> äußeren Momentes für sich *Null* sind (vgl. (5.9)).
> *(Notwendige und hinreichende Bedingung)*

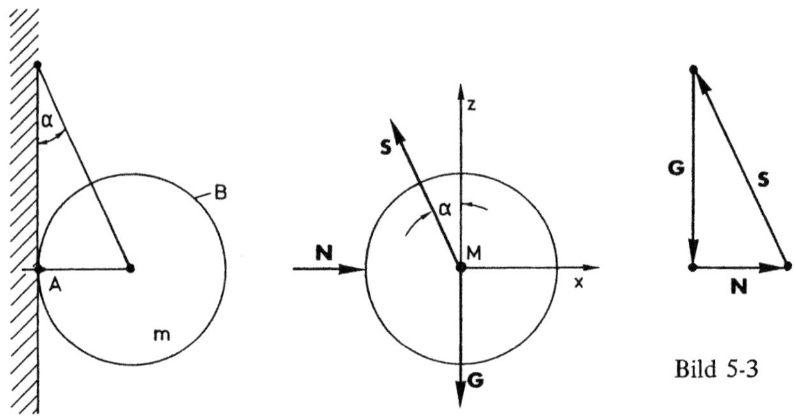

Bild 5-3

Beispiel 1: Ein Zylinder mit der Masse m sei nach Bild 5-3 mit einem Seil an eine vollkommen
glatte vertikale Wand gehängt. Man berechne den Gleichgewichtszustand.

Lösung:

Es handelt sich um ein ebenes Problem in der x-z-Ebene. Also ist (5.9), (2), (4) und (6) identisch erfüllt:

$$R_y = M_x = M_z \equiv 0 \ .$$

Es verbleiben die drei Gleichgewichtsbedingungen (5.9), (1), (3) und (5), also

$$R_x = \sum_n X_n = 0 \ ; \qquad R_z = \sum_n Z_n = 0 \ ; \qquad M_y = \sum_m M_{my} + \sum_n (z_n X_n - x_n Z_n) = 0 .$$

Da die Momente auf jeden Punkt bezogen werden können (vgl. (5.7)), können sie auch bezüglich des
Massenmittelpunktes M berechnet werden. Nach dem Freimachen des Körpers z.B. mit der Bereichsgrenze
B als Konturlinie des Zylinders, ergibt sich die entsprechende Freimachungs-Skizze, wobei wegen der beteiligten starren Körper auch das Seil starr ist, also die Richtung der Seilkraft mit dem Winkel α gegen die
Vertikale bekannt ist und bleibt. Wegen der Voraussetzung einer „glatten" Wand ist der Stützdruck in A
senkrecht zur Wand, also – wie man sagt – eine Normalkraft **N**. Die Volumenkraftdichte $f_V = \rho \, g$ sei bereits über das Volumen aufintegriert – das Ergebnis **G** (vgl. (3.36)) ist wegen (1.38) bereits in M (Massenmittelpunkt $\hat{=}$ Schwerpunkt) als Volumenkraftresultierende zusammengefaßt. Freie Momente liegen
nicht vor. Damit sind die Kräfte **G, N** und **S** die drei äußeren Kräfte. Da sie ein zentrales Kraftsystem
mit dem Schnittpunkt M bilden, wird die Momentenbedingung zweckmäßigerweise um M gebildet, da
dann $M_y \equiv 0$ sofort obige Gleichgewichtsbedingung identisch befriedigt (vgl. auch Satz 3.3). Somit verbleiben noch

$$R_x = \sum_1^3 X_n = N + 0 - S \sin \alpha = 0 \quad \text{und} \quad R_z = \sum_1^3 Z_n = 0 - G + S \cos \alpha = 0 \ ,$$

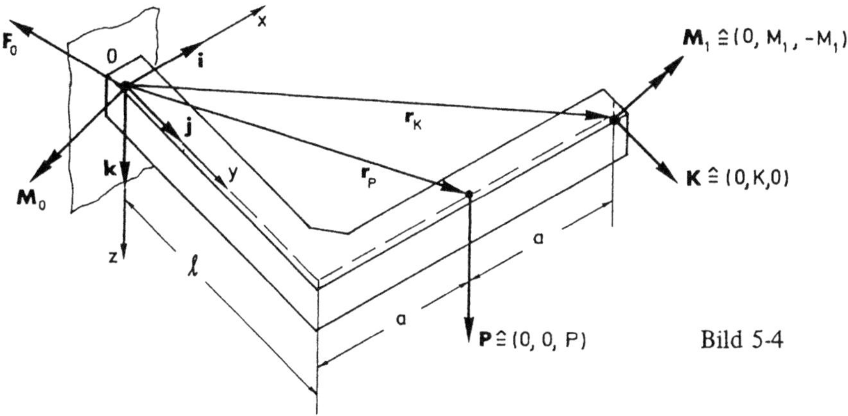

woraus folgt, daß die sog. Reaktionskräfte die Werte

$$S = \frac{G}{\cos \alpha} \quad \text{und} \quad N = S \sin \alpha = G \frac{\sin \alpha}{\cos \alpha} = G \tan \alpha$$

im Falle des Gleichgewichts annehmen.

Damit sind alle Kräfte S, N und G (ohnehin) nach Größe und Richtung bekannt. Da $M_M \equiv 0$ und $R = S + N + G = 0$ wegen (5.5) ist, folgt bei Darstellung der drei Kraftvektoren im Sinne eines resultierenden Nullvektors ein geschlossenes „*Krafteck*" (vgl. Bild 5-3).

Beispiel 2: Für das räumliche System nach Bild 5-4, das durch eine Einspannung bei 0 in Zwangsruhe bzw. nach Satz 3.8 durch eine entsprechende Lastgruppe (F_0, M_0) im Gleichgewicht gehalten wird, berechne man die Bindereaktionen bei 0, d.h. die Lastgruppe F_0 und M_0.

Lösung:

Nach (5.8) ist

$$F^a = \sum_n F_n = F_0 + P + K = 0, \quad \text{also} \quad F_0 = -(P + K)$$

bzw. nach (5.9) ist

$$\sum_n X_n = F_{0x} + 0 + 0 = 0; \quad F_{0x} = 0$$

$$\sum_n Y_n = F_{0y} + 0 + K = 0; \quad F_{0y} = -K$$

$$\sum_n Z_n = F_{0z} + P + 0 = 0; \quad F_{0z} = -P$$

also

$$\boxed{F_0 = -(P + K) = 0i - Kj - Pk} \tag{a}$$

Für die äußeren Momente z.B. um den Punkt O gilt wegen der freien Momente M_0, M_1 und der Momente der Einzelkräfte P, F_O und K

$$M^a = \sum_m M_m + \sum_n r_n \times F_n = 0 = M_0 + M_1 + r_P \times P + r_K \times K + r_F \times F_0 = 0.$$

Wegen $\mathbf{r}_F \equiv \mathbf{0}$ ist

$$\mathbf{M}_0 = - (\mathbf{M}_1 + \mathbf{r}_P \times \mathbf{P} + \mathbf{r}_K \times \mathbf{K}) \qquad \text{(b)}$$

Nun ist

$$\mathbf{r}_P \times \mathbf{P} = \begin{vmatrix} \mathbf{i} & \mathbf{j} & \mathbf{k} \\ a & l & 0 \\ 0 & 0 & P \end{vmatrix} = Pl\,\mathbf{i} - Pa\,\mathbf{j}$$

und

$$\mathbf{r}_K \times \mathbf{K} = \begin{vmatrix} \mathbf{i} & \mathbf{j} & \mathbf{k} \\ 2a & l & 0 \\ 0 & K & 0 \end{vmatrix} = 2\,Ka\,\mathbf{k}$$

bzw. nach (5.9) ist koordinatenweise

$$M_x = M_{0x} + M_{1x} + Pl = M_{0x} + Pl = 0 \ ; \quad M_{0x} = - Pl \ ,$$
$$M_y = M_{0y} + M_{1y} - Pa = 0 \ ; \quad M_{0y} = - M_1 + Pa \ ,$$
$$M_z = M_{0z} + M_{1z} + 2\,Ka = M_{0z} - M_1 + 2\,Ka = 0 \ ; \quad M_{0z} = M_1 - 2\,Ka \ .$$

Zusammenfassend wird somit für die gesuchte Lastgruppe in der Basis $[\mathbf{i}, \mathbf{j}, \mathbf{k}]$

$$\mathbf{F}_0 = (0, - K, - P) \ ,$$
$$\mathbf{M}_0 = (- Pl, \ - M_1 + Pa, \ M_1 - 2\,Ka) \qquad \text{(c)}$$

An der Stelle 0 muß also eine Kraft $\mathbf{F}_0$ und ein Moment $\mathbf{M}_0$ wirken, damit das System im Gleichgewicht ist, oder aber: Ist das System durch eine Einspannung bei 0 (zwangsweise) im Gleichgewicht, so ist die *„Auflagerkraft"* bei 0 gleich $\mathbf{F}_0$ und das *„Einspannmoment"* bei 0 gleich $\mathbf{M}_0$.

5.3 Auflager- und Bindungsreaktionen

Im Sinne der in den Gleichgewichtsbedingungen enthaltenen äußeren Lasten (Kräfte und Momente) ist der Körper stets freizumachen, d.h. es ist nach 3.4 und 3.5 eine Bereichsgrenze um den Körper derart zu legen, daß er von seinen angrenzenden Bindungen befreit wird und somit die dort auftretenden Bindungslasten (Binde- oder Bindungsreaktionen) zu äußeren Kräften bzw. Momenten werden (vgl. Beispiele zu 3.5, zu 5.2 und am Ende dieses Abschnittes).

Der Grund für diese Vorschrift liegt in der Tatsache, daß für jede Zahl f von Freiheitsgraden eines starren Körpers (vgl. 1.2.7), und zwar unabhängig von dieser Zahl f, stets sechs Gleichgewichtsbedingungen für jeden starren Körper notwendig und hinreichend erfüllt sein müssen. Hat f den Maximalwert, also ist f = 6 (vgl. Tabelle 1.3 in 1.2.7), so ist kein Freiheitsgrad eingeschränkt; der Körper hat also gar keine Bindungen und braucht daher auch nicht von diesen befreit zu werden. Die sechs Gleichungen werden i.d.F. dazu verbraucht, eine bestimmte Kraft- und Momentenkonstellation der auf ihn wirkenden Lasten (kinetisches Gleichgewicht) für eine bestimmte Lage (Gleichgewichtslage) auszurechnen oder bei gegebenen Lasten genau die durch die erforderlichen sechs Angaben festgelegte Gleichgewichtslage des Körpers zu bestimmen.

Ist f < 6, so sind die Bewegungsmöglichkeiten des starren Körpers eingeschränkt, wozu (6 − f) Bindungen für den Körper verbunden mit zusätzlichen entsprechenden Bindungsreaktionen auf den Körper notwendig sind. Da nach wie vor sechs Gleichgewichtsbedingungen zur Verfügung stehen, müssen und können diese jetzt dazu verwendet werden, die verbleibenden Freiheitsgrade f und die $(6 - f)$ Bindungslasten festzulegen. Dazu müssen aber die Bindungslasten in die Summe der äußeren Kräfte und Momente eingehen, wozu wiederum der starre Körper bzw. bei einem System aus solchen Körpern diese „freizumachen" sind (*Befreiungsprinzip*). Im Fall ebener Probleme reduziert sich in allen vorstehenden Aussagen dieses Kapitels die Zahl „sechs" auf „drei".

Nun läßt sich daraus und im Zusammenhang mit den Aussagen über Freiheitsgrade nach Abschnitt 1.2.7 weiter folgern: Ist danach g die maximal mögliche Zahl der Freiheitsgrade und b die Zahl der Bindungs-Reaktionen, so war nach (1.11)

$$f = g - b \gtrless 0.$$

Bei einem starren Körper ist dabei

$$g = \begin{cases} = 6 \text{ im Raum} \\ = 3 \text{ in der Ebene.} \end{cases}$$

Bei k starren Körpern ist entsprechend:

$$g = \begin{cases} = 6 \, k \text{ im Raum} \\ = 3 \, k \text{ in der Ebene.} \end{cases}$$

Damit entspricht die Zahl g im Falle des Gleichgewichts genau der Zahl z der vorliegenden Gleichgewichtsbedingungen.

Es gilt also auch

$$f = z - b \gtrless 0 \tag{5.10}$$

Das läßt folgende *Fallunterscheidung* zu:

a) Ist hiernach $f = 0$, so ist $z = b$, d.h. die Zahl z der Gleichgewichtsbedingungen reicht aus, um sämtliche Bindungsreaktionen b zu berechnen. Ein solches System heißt *statisch bestimmtes* System (z.B. Bild 5-1a).

b) Ist hiernach $f < 0$, so ist $z < b$, d.h. die Zahl z der Gleichgewichtsbedingungen reicht nicht aus, um alle Bindungsreaktionen b zu berechnen. Es fehlen dazu $(b - z)$ Gleichungen. Ein solches System heißt daher *(b − z)-fach statisch unbestimmtes System* (z.B. nach Bild 5-1a, wenn ein weiteres Auflager zur Fixierung des Körpers vorgesehen wird).

c) Ist hiernach $f > 0$, so ist $z > b$, d.h. es würden mehr Gleichgewichtsbedingungen zur Verfügung stehen als Bindungsreaktionen vorhanden sind. Das System ist somit überstimmt. Man könnte es von daher *statisch überbestimmt* nennen. Wegen der nun vorhandenen (positiven) Freiheitsgrade ist das System aber beweglich und daher, wenn überhaupt, nur für einige diskrete Lagen im Gleichgewicht. Man sagt daher, das System ist *kinematisch*. Der damit mögliche Bewegungszustand ist also nicht für alle Lagen ein Gleichgewichtszustand und muß unmittelbar aus den Bewegungsgleichungen, also aus den Axiomen nach Kap. 4 berechnet werden (z.B. Bild 5-1b).

Da der Fall c) bei voller Allgemeinheit kein Fall der Statik ist und der Fall b) nicht ohne zusätzliche Gleichungen neben den Gleichgewichtsbedingungen auskommt, werden dem Thema dieses Kapitels entsprechend nur Fälle nach a), also statisch bestimmte Systeme behandelt.

Dafür gilt nach obigen Ausführungen:

Def. 5.2:

Ist z die Zahl der insgesamt für ein System aus k starren Körpern formulierbaren Gleichgewichtsbedingungen und b die Zahl der insgesamt am System und zwischen den starren Körpern des Systems vorhandenen Bindereaktionen und ist

$z = b,$

so liegt ein *statisch bestimmtes System* vor.
Dabei ist für ein räumliches System $z = 6\,k$
und für ein ebenes System $z = 3\,k$.

---

und

Def. 5.3:

Ist dagegen
$z < b$, so liegt ein $(b - z)$-*fach statisch unbestimmtes System* vor (Behandlung in Kap. 6). Ist
$z > b$, so liegt ein *(z − b)-fach kinematisches System* vor (Behandlung in Kap. 7).

Anmerkung: Es sind Fälle denkbar, bei denen ein System die Gleichgewichtsbedingungen erfüllt und auch $z = b$ ist, also nach Def. 5.2 ein statisch bestimmtes System vorliegen sollte und dennoch die Bindereaktionen nicht oder nur in speziellen Lastfällen aus den Gleichgewichtsbedingungen bestimmbar sind. Man könnte derartige Systeme konsequenterweise als kinematisch unbestimmte oder unvollständig statisch bestimmte Systeme bezeichnen. Es zeigt sich, daß diese Fälle stets auf ein Gleichungssystem führen, bei dem zwar die Zahl der Gleichungen der Zahl der Unbekannten entspricht, dieses Gleichungssystem aber nicht lösbar ist, weil seine Koeffizientendeterminante verschwindet. Technisch bedeutet das, daß z.B. die Bindereaktionen ein zentrales Kraftsystem bilden, sich also die Wirkungslinien der Bindekräfte (Auflagerkräfte) in einem Punkt schneiden oder auch, daß z.B. sämtliche Wirkungslinien der Bindereaktionen zueinander parallel sind (vgl. Beispiele).

Die Zahl b als die Zahl der Bindereaktionen (Auflager-, Stütz-, Zwischen- oder Zwangsreaktionen) ist damit von entscheidender Bedeutung. Daher kommt auch der Art dieser Bindungsreaktionen bei der Anwendung des Befreiungsprinzips und der technischen Ausführung bei der Umsetzung des Systems in die Praxis besondere Bedeutung zu. In Tabelle 5.1 sind für den ebenen Fall die wichtigsten Stützungsarten mit Beispielen ihrer technischen Ausführung, dem üblichen Symbol, ihrer Bezeichnung und mit den von ihnen übertragbaren Bindungsreaktionen zusammengestellt. Dabei gilt auch hier grundsätzlich Satz 3.8 (Abschnitt 3.6), wonach ein allgemeines räumliches Kraftsystem immer auf eine Kraft (Vektor) und ein Moment (Vektor), also i.a. auf sechs Bindereaktionen zurückführbar ist. Im ebenen Fall sind das entsprechend eine Kraft in dieser Ebene (zwei Kraftbindungen) und ein Moment senkrecht zu dieser Ebene (eine Momentenbindung), also drei Bindungsreaktionen. Jede Maßnahme, die die Übertragbarkeit dieser sechs bzw. drei Bindungsreaktionen spezialisiert, führt somit zu einer geringeren Zahl b der übertragbaren Reaktionen bzw. jeder durch eine Bindung eingeschränkte Freiheitsgrad des starren Körpers führt zu einer Bindungsreaktion.

Die angegebenen Beziehungen gelten dabei sowohl am Rand des Systems (Auflagerreaktionen) als auch am Übergang von einem starren Körper zum nächsten (Zwischenreaktionen). Die für ebene Fälle dargestellten Verhältnisse lassen sich bei konsequenter Anwen-

Tabelle 5.1

NR.	BEISPIEL	BEZEICHNUNG	b	REAKTION	SYMBOL
1		ROLLENLAGER			
2		PENDEL STÜTZE	1	$\uparrow$ Y	
3		KREUZKOPF			
4		GELENKIGES SCHIEBESTÜCK			
5		HORIZ. PENDEL STÜTZE	1	$\rightarrow$ X	
6		MOMENTEN STÜTZE			
7		HÜLSENLAGER	1	$\circlearrowleft$ M_z	
8		GELENK			
9		ACHSENLAGER FESTLAGER			
10		SCHNEIDEN LAGER	2	$+$ $\begin{matrix} Y \\ X \end{matrix}$	
11		DOPPEL PENDEL STÜTZE			
12		VERTIKALE DOPPEL PENDEL STÜTZE	2	$\begin{matrix} Y \\ M_z \end{matrix}$	
13		SCHIEBESTÜCK	2	$\begin{matrix} X \\ M_z \end{matrix}$	
14		EINSPANNUNG			
15		FESTE STÜTZE	3	$\begin{matrix} Y \\ X \\ M_z \end{matrix}$	

dung auch auf räumliche Fälle übertragen. Die Zahl b steigt dann von b = 1 nach Nr. 1 bis b = 6 bei der räumlichen Einspannung analog zu Nr. 15 der Tabelle. Somit sind alle unter Def. 5.2 fallenden statisch bestimmten Systeme mit Hilfe der Gleichgewichtsbedingungen (5.8) bzw. in skalarer Form mit (5.9) berechenbar.

Zur Ökonomie der Lösung sei noch bemerkt, daß es manchmal zweckmäßiger ist, eine, zwei oder alle drei Kraftbedingungen nach (5.9) durch eine entsprechende Zahl von Momentenbedingungen bezüglich anderer Bezugspunkte zu ersetzen. Dabei kann die Zahl der Gleichgewichtsbedingungen natürlich nicht durch Hinzunahme immer neuer Momentenbedingungen um andere Punkte vergrößert werden — denn dann ließe sich ja jedes Gleichgewichtssystem zu einem statisch bestimmten System machen. Jedoch ist ein Austausch von Gleichgewichtsbedingungen statthaft und, wie gesagt, manchmal im Sinne rechnerischer

Vereinfachung auch sinnvoll. So kann z.B. im ebenen Falle (x-z-Ebene) neben den Gleichungen (1), (3) und (5) aus (5.9), also neben

$$R_x = \sum_n X_n = 0 \; ; \qquad R_z = \sum_n Z_n = 0$$

$$M_{yA} = \sum_k M_{yk} = 0 \ \text{um} \ A \tag{5.11}$$

auch z.B. (1) und zweimal (5) aus (5.9), also

$$R_x = \sum_n X_n = 0$$

$$M_{yA} = \sum_k M_{yk} = 0 \ \text{um} \ A \; ; \qquad M_{yB} = \sum_k M_{yk} = 0 \ \text{um} \ B \tag{5.12}$$

oder dreimal (5) aus (5.9), somit

$$M_{yA} = \sum_k M_{yk} = 0 \ \text{um} \ A$$

$$M_{yB} = \sum_k M_{yk} = 0 \ \text{um} \ B \tag{5.13}$$

$$M_{yC} = \sum_k M_{yk} = 0 \ \text{um} \ C$$

bei stets konstanter Zahl ($z = 3$) von Gleichgewichtsbedingungen verwendet werden (Bild 5-5). Beim Gleichungssatz (5.12) muß dann vorausgesetzt sein, daß die Koordinatendifferenz in x-Richtung der beiden Bezugspunkte A und B, also $x_B - x_A \neq 0$ ist. Beim Gleichungssatz (5.13) ist entsprechend zu fordern, daß die Bezugspunkte A, B und C nicht auf einer Geraden liegen. Diese Voraussetzungen stellen dann nämlich sicher, daß die jeweiligen, gegenüber (5.11) nicht verwendeten Gleichgewichtsbedingungen durch die ersetzten Bedingungen identisch miterfüllt werden.

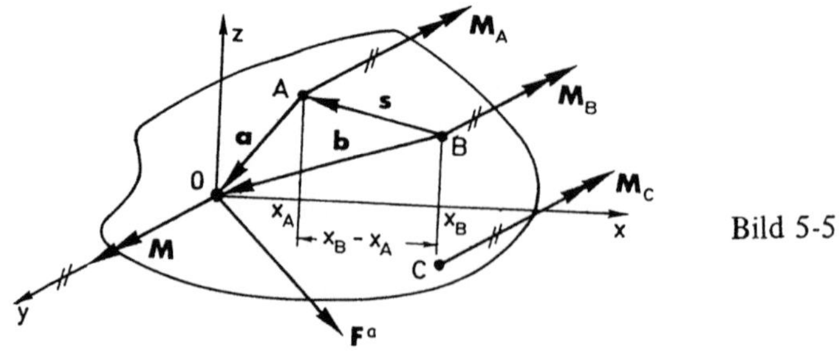

Bild 5-5

Man beweist diese Tatbestände durch Ausrechnung. So ist z.B. für (5.12) nach (5.8) mit Berücksichtigung der freien Momente $\mathbf{M} = \sum_m \mathbf{M}_m$, die bezugsinvariant sind,

$$\mathbf{M}_A = \mathbf{a} \times \mathbf{F}^a + \mathbf{M} = 0$$
$$\mathbf{M}_B = \mathbf{b} \times \mathbf{F}^a + \mathbf{M} = (\mathbf{a} + \mathbf{s}) \times \mathbf{F}^a + \mathbf{M} = \mathbf{a} \times \mathbf{F}^a + \mathbf{M} + \mathbf{s} \times \mathbf{F}^a = \mathbf{s} \times \mathbf{F}^a = 0$$

und

$$\mathbf{F}^a = \sum_n \mathbf{F}_n = 0.$$

Aus $\mathbf{M}_B = 0 = \mathbf{s} \times \mathbf{F}^a$ folgt zunächst die Miterfüllung von $\mathbf{F}^a = 0$, wenn $\mathbf{s} \neq 0$ und $\mathbf{s} \nparallel \mathbf{F}^a$ ist. Bei Verwendung von (5.9) bzw. (5.12) wird

$$|\mathbf{s} \times \mathbf{F}^a| = s_z \, \Sigma X_n - s_x \, \Sigma Z_n = 0.$$

Da $\Sigma X_n = 0$ ohnehin in (5.12) gefordert wird, ist $\Sigma Z_n = 0$ erfüllt, wenn nur

$$s_x = x_B - x_A \neq 0$$

ist. Das war obige Behauptung.
Für (5.13) folgt entsprechend

$$(x_B - x_A)(z_C - z_A) - (x_C - x_A)(z_B - z_A) \neq 0$$

oder auch

$$\frac{z_B - z_A}{x_B - x_A} \neq \frac{z_C - z_A}{x_C - x_A} \, ,$$

also die Forderung, daß A, B und C nicht auf einer Geraden liegen dürfen, wenn (5.13) mit seinen reinen Momentenbedingungen auch die beiden Kraftbedingungen nach (5.11) miterfüllen soll.

Beispiele: Man untersuche die folgenden ebenen Systeme mit dem Befreiungsprinzip auf ihre statische Bestimmtheit und berechne sämtliche Bindereaktionen, sofern dies nach Def. 5.3 möglich ist. Das Eigengewicht (Volumenkraft) des jeweiligen Tragwerkes a) ... g) sei vernachlässigbar (Bild 5-6a bis h).

Lösungen:

Aufgabe 1 (Bild 5-6a und i):

$$z = 3n = 3$$
$$b = 2 + 1 = 3$$

$b = z = 3$,	statisch bestimmt

Nach (5.11)

$$\Sigma X_n = 0 = A_x - F \cos \alpha$$
$$\Sigma Z_n = 0 = -A_z + F \sin \alpha - B_z$$
$$\Sigma M_A = 0 = B_z(a + b) - F \sin \alpha \, a$$

$A_x = F \cos \alpha \, ; \quad A_z = F \dfrac{b}{a+b} \sin \alpha \, ; \quad B_z = F \dfrac{a}{a+b} \sin \alpha$

Aufgabe 2 (Bild 5-6b und j):

$$z = 3n = 3$$
$$b = 3$$

$b = z = 3$,	kinematisch unbestimmt

da $A_z \parallel B_z \parallel C_z$ (vgl. Anmerkung zu Def. 5.2 und 5.3)

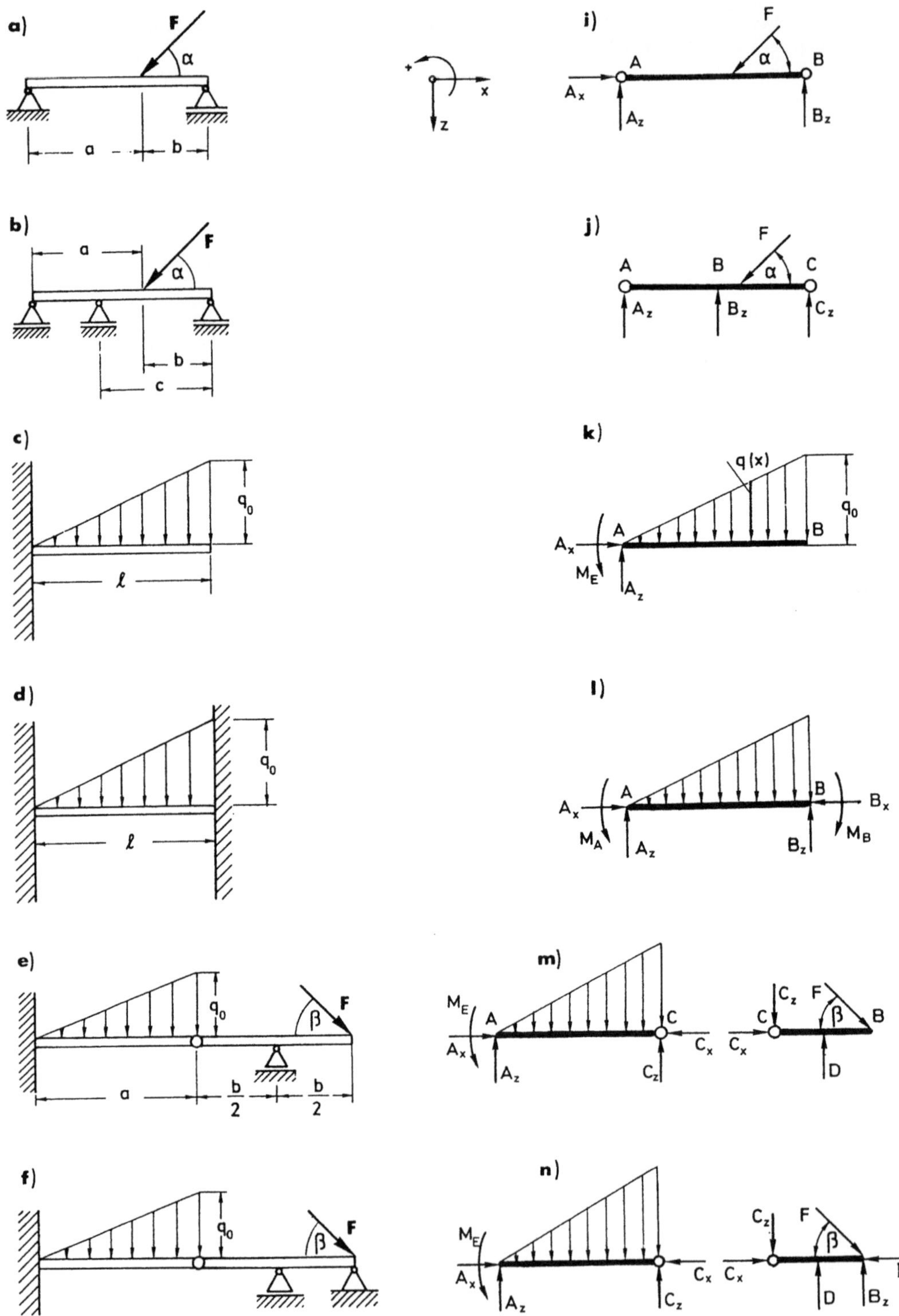

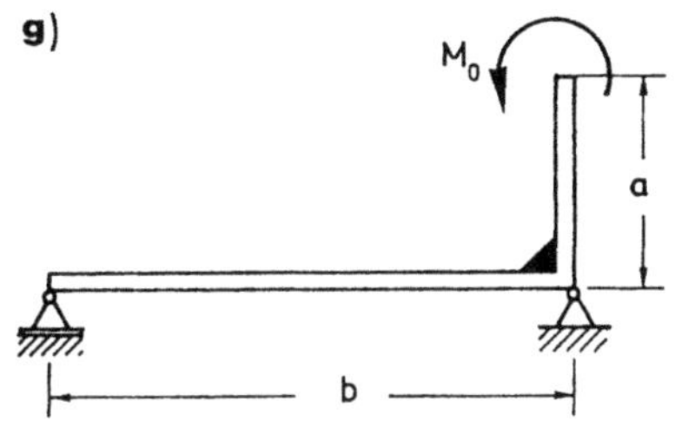

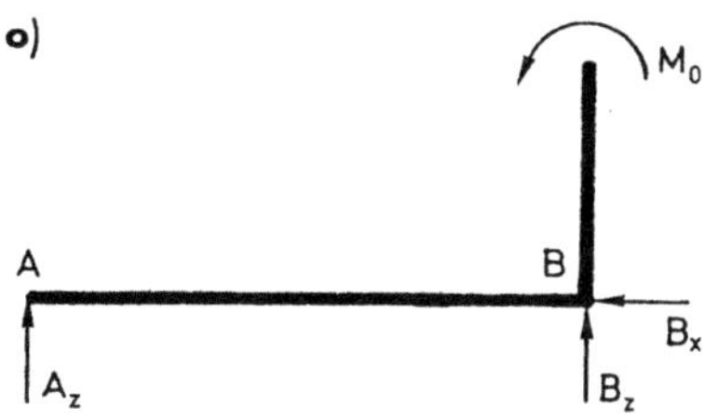

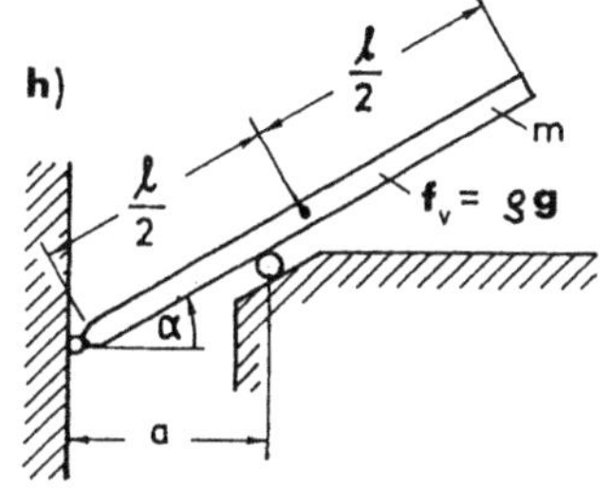

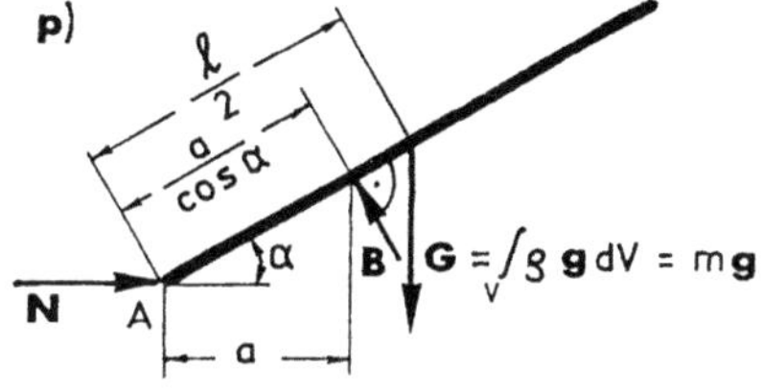

Bild 5-6

Nach (5.11)

$$\Sigma X_n = - F \cos\alpha \neq 0 \ (!)$$
$$\Sigma Z_n = 0 = - A_z - B_z - C_z + F \sin\alpha$$
$$\Sigma M_A = 0 = B_z (a + b - c) - F \sin\alpha \cdot a + C_z (a + b)$$

Hier liegt also kein Gleichgewicht vor.

Aufgabe 3 (Bild 5-6c und k):

$$z = 3 \, n \quad = 3$$
$$b = 3 + 0 = 3$$

$b = z = 3,$	statisch bestimmt

Die auf die Einheit der Länge x bezogene Druck-Last-Verteilung q (x) ist mit Gl. (3.45), also

$$\int\limits_A \boldsymbol{\sigma}_n \, dA = \int\limits_{x=0}^{l} [q\,(x)\, e_z] \, dx = e_z \int\limits_0^l q\,(x)\, dx$$

zur äußeren Kraft und mit (3.51), also

$$\int\limits_A r \times \boldsymbol{\sigma}_n \, dA = \int\limits_{x=0}^{l} [(x\, e_x) \times (q\,(x)\, e_z)] \, dx = - \int\limits_0^l x\, q\,(x)\, e_y \, dx$$

zum äußeren Moment aufzuintegrieren.

Nach (5.11) erhält man dann

$$\sum_n X_n = 0 = X \, ; \qquad \sum_n Z_n = 0 = - Z + \int\limits_0^l q\,(x)\, dx$$

$$\sum_n M_A = 0 = + M_E - \int\limits_0^l q\,(x)\, x\, dx$$

Das gilt für jede Streckenlast q (x). Für die spezielle „Dreieckslast" wird dann

$$X = 0; \quad Z = \int_0^l q\,(x)\,dx = \int_0^l q_0\,\frac{x}{l}\,dx = \frac{1}{2}\,q_0\,l$$

$$M_E = \int_0^l q\,(x)\,x\,dx = \int_0^l q_0\,\frac{x}{l}\,x\,dx = \frac{1}{3}\,q_0\,l^2$$

Die resultierende Belastungsschüttung ist also als Einzelkraft die „Fläche" der Streckenlast. Sie greift im Flächenmittelpunkt des Dreiecks, also bei 2/3 l vom Auflager an, d.h.

$$Z = \frac{1}{2}\,q_0\,l \quad \text{bzw.} \quad M_E = \left(\frac{1}{2}\,q_0\,l\right)\frac{2}{3}\,l = \frac{1}{3}\,q_0\,l^2.$$

Aufgabe 4 (Bild 5-6d und l):

$$z = 3n \quad = 3$$
$$b = 3 + 3 = 6$$

$$\boxed{b = 6 > z = 3, \quad \text{3-fach statisch unbestimmt}}$$

s. Abschnitt 6.4.6

Aufgabe 5 (Bild 5-6e und m):

$$z = 3n = 3 \cdot 2 = 6$$
$$b = 3 + 2 + 1 \; = 6$$

$$\boxed{b = z = 6, \quad \text{statisch bestimmt}}$$

Das System besteht aus zwei Körpern, ist also nach Satz 5.3 in zwei starre Körper AC und CB zu zerlegen.

    Punkt A nach Tabelle 5.1, Fall 14
    Punkt C nach Tabelle 5.1, Fall 8
    Punkt D nach Tabelle 5.1, Fall 1

Nach (5.11) wird für Teil AC

$$\sum X_n = 0 = A_x - C_x; \quad \sum Z_n = 0 = -A_z - C_z + \frac{1}{2}\,q_0\,a; \quad \sum M_A = 0 = M_E - \frac{1}{3}\,q_0\,a^2 + C_z\,a$$

und für Teil CB

$$\sum X_n = 0 = C_x + F\cos\beta; \quad \sum Z_n = 0 = C_z - D + F\sin\beta; \quad \sum M_D = 0 = C_z\,\frac{b}{2} - F\,\frac{b}{2}\sin\beta$$

mit den Ergebnissen

$$A_x = -F\cos\beta; \quad A_z = \frac{1}{2}\,q_0\,a - F\sin\beta; \quad M_E = \left(\frac{1}{3}\,q_0\,a - F\sin\beta\right)a$$

$$C_x = -F\cos\beta; \quad C_z = F\sin\beta; \quad D = 2\,F\sin\beta$$

Aufgabe 6 (Bild 5-6f und n):

Wie Aufgabe 5, jedoch Lagerung von Punkt B nach Tabelle 5.1, Fall 9.

$$z = 3n = 3 \cdot 2 \quad = 6$$
$$b = 3 + 2 + 1 + 2 = 8$$

$$\boxed{b = 8, z = 6, \quad \text{2-fach statisch unbestimmt}}$$

s. Abschnitt 6.4.6

Aufgabe 7 (Bild 5-6g und o):

$$z = 3n = 3$$
$$b = 1 + 2 = 3$$

$$\boxed{b = z = 3, \qquad \text{statisch bestimmt}}$$

Nach (5.11) wird mit $A_z = A$

$$\Sigma X_n = 0 = -B_x; \quad \Sigma Z_n = 0 = -A - B_z; \quad \Sigma M_B = 0 = -Ab + M_0$$

$$\boxed{A = \frac{M_0}{b}, \qquad B_z = -\frac{M_0}{b}, \qquad B_x = 0}$$

Das Ergebnis ist unabhängig von a, weil M_0 ein freies Moment ist.

Aufgabe 8 (Bild 5-6h und p):
Unter Voraussetzung einer völlig glatten Wand ist die Reaktionskraft bei A nach Fall 1, Tabelle 5.1 nur eine Normalkraft (vgl. auch Beispiel 1 zu 5.2), also eine Kraft in Richtung des eingeschränkten Freiheitsgrades senkrecht zur Wand. Für B gilt entsprechendes.

$$z = 3n = 3$$
$$b = 1 + 1 = 2$$

$$\boxed{b = 2 < z = 3, \qquad \text{kinematisch}}$$

Das System hat $|b - z| = 1$ Freiheitsgrad, ist also einfach kinematisch. Es ist daher auch nicht (zwangsweise) für alle α im Gleichgewicht, sondern ggf. nur für diskrete Lagen α_i. Die auch hier vorhandenen drei Gleichgewichtsbedingungen werden nun dazu benötigt, neben N und B auch die ggf. vorhandene Gleichgewichtslage zu bestimmen. Aus (5.11) folgt

$$\Sigma X_n = 0 = N - B \sin \alpha; \quad \Sigma Z_n = 0 = -B \cos \alpha + G; \quad \Sigma M_A = 0 = B \cdot \frac{a}{\cos \alpha} - G \frac{l}{2} \cos \alpha.$$

Daraus folgt

$$\boxed{B = \frac{G}{\cos \alpha_1}; \qquad N = B \sin \alpha_1 = G \tan \alpha_1}$$

und

$$0 = G \frac{a}{\cos^2 \alpha_1} - G \frac{l}{2} \cos \alpha_1,$$

also

$$\cos^3 \alpha_1 = \frac{2a}{l} \quad \text{bzw.} \quad \boxed{\cos \alpha_1 = \sqrt[3]{\frac{2a}{l}}}$$

als mögliche spezielle Gleichgewichtslage α_1. Der Wert von α_1, für den das System im Gleichgewicht ist, muß dann auch in die Gleichungen für B und N eingesetzt werden.

Für $a > l/2$ ist eine Gleichgewichtslage nicht möglich. Für $a = l/2$ ist $\alpha_1 = 0$, also die waagerechte Lage ist die Ruhelage. Für $a \to 0$ geht $\alpha_1 \to \pi/2$, d.h. der Stab könnte dann nur noch im senkrechten Stand im Gleichgewicht sein.

5.4 Schnittlasten

Mit den Beziehungen nach Abschnitt 5.3 sind bei gegebenen Lasten die Bindereaktionen für ein System von starren Körpern im statisch bestimmten Falle berechenbar — und damit alle äußeren Kräfte auf jeden der starren Körper bestimmt. Es liegt nun nahe, auch nach den inneren Lasten in einem derart gestützten Körper zu fragen. Daß solche prinzipiell existieren,

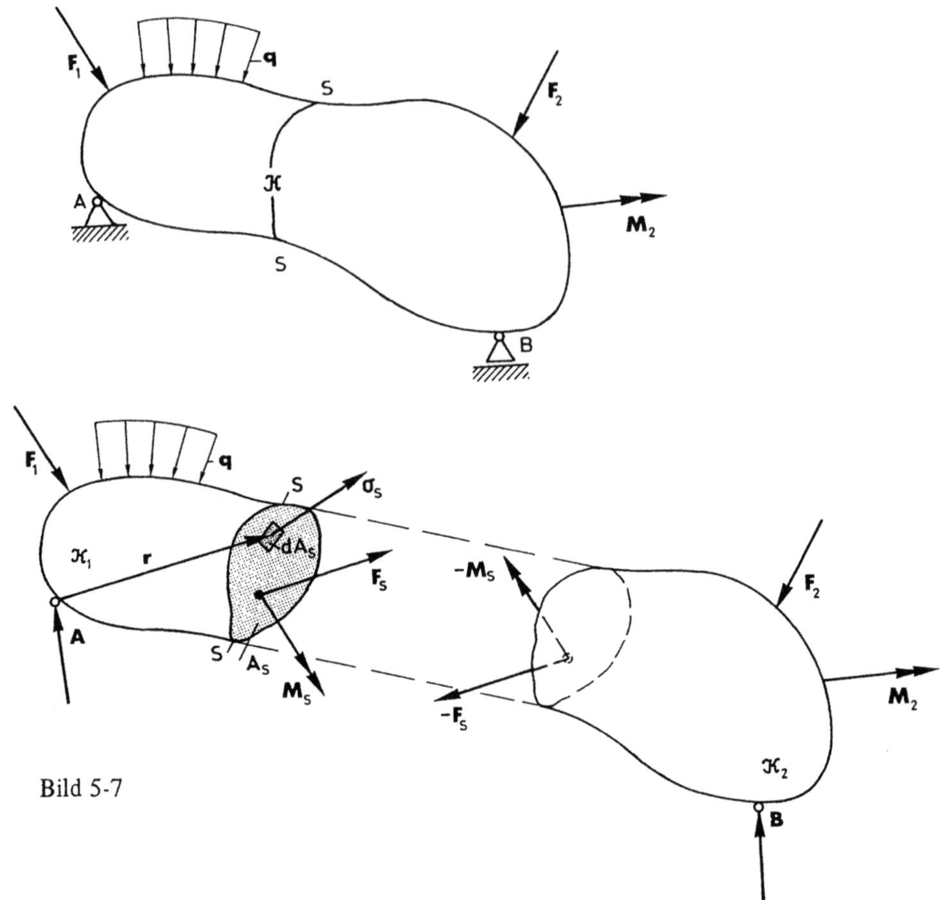

Bild 5-7

ist bereits in 3.4 festgestellt worden; denn jedem Element dA_s einer Schnittfläche A_s ist ein Spannungsvektor $\boldsymbol{\sigma}_s$ und eine entsprechende Lage $\mathbf{r}$ zugeordnet (vgl. Bild 5-7). Die Summation aller Vektoren $\boldsymbol{\sigma}_s$ über A_s ergibt nach (3.45) eine resultierende Schnittkraft $\mathbf{F}_s$ und die Summation aller Produkte $\mathbf{r} \times \boldsymbol{\sigma}_s$ aus den jeweiligen Vektoren $\mathbf{r}$ und den ihnen zugeordneten Spannungsvektoren $\boldsymbol{\sigma}_s$ über die Schnittfläche ergibt nach (3.51) einen resultierenden Schnittmomentenvektor $\mathbf{M}_s$. Beide Größen zusammen, d.h. $\mathbf{F}_s$ und $\mathbf{M}_s$, nennt man die *Schnittlasten.* Sie sind als die Resultierenden über eine Schnittfläche auch die an der Schnittstelle von einem Teilkörper $\mathscr{K}_1$ auf den anderen Teilkörper $\mathscr{K}_2$ übertragenden inneren Lasten. Wegen des Prinzips actio = reactio, das zunächst für die Spannungen $\boldsymbol{\sigma}_s$ gilt, aber bei Integration dieser Spannungen über die Schnittfläche damit auch für die Schnittlasten gültig ist, sind die Schnittlasten entgegengesetzt gleiche Vektoren. Die Bestimmung der Schnittlasten an einem „Schnittufer" (z.B. von $\mathscr{K}_1$ (Bild 5-7)) genügt dementsprechend, um auch die Schnittlasten des anderen Teilkörpers (z.B. von $\mathscr{K}_2$) zu kennen. Wenn nun aber die Schnittlasten die zwischen zwei Teilbereichen $\mathscr{K}_1$ und $\mathscr{K}_2$ übertragenen resultierenden Reaktionen im Innern des Körpers $\mathscr{K}$ darstellen, dann sind diese Schnittlasten als resultierender „Kraftfluß" bzw. „Momentenfluß" im Körper ein erstes rechnerisches *Maß für die Beanspruchung* dieses Körpers (Tragwerks). Der Kenntnis dieser Schnittgrößen kommt von daher eine wesentliche Bedeutung zu (vgl. 3.4).

Zur Bestimmung der Schnittlasten im Gleichgewichtsfall wird nun wieder, ausgehend von Def. 5.1, die Beschleunigungsfreiheit aller materiellen Punkte des Körpers und damit auch jeder seiner Teilbereiche gefordert. Man kommt derart in Erweiterung von Satz 5.3 zu

---

Satz 5.6:

Ein Körper $\mathscr{K}$ ist im Gleichgewicht, wenn jeder seiner Teilkörper $\mathscr{K}_i$ und $\mathscr{K}_j$ mit $\mathscr{K}_i \cup \mathscr{K}_j = \mathscr{K}$ im Gleichgewicht ist.

Da nach dem Schnitt des Körpers die Schnittgrößen bezüglich der Schnittfläche zu äußeren Größen werden (Bild 5-7), gehen die Schnittlasten somit in die prinzipiell unveränderten Gleichgewichtsbedingungen nach (5.8) mit ein und sind so i.a. berechenbar. Dabei steigt zwar die Zahl der unbekannten Rechengrößen um die jeweils drei skalaren Unbekannten von $\mathbf{F}_s$ und $\mathbf{M}_s$, also um sechs − aber auch die Zahl der nun vorhandenen Gleichgewichtsbedingungen steigt nach Satz 5.6 durch Anwendung auf jeden der Teilkörper $\mathscr{K}_i$ i.a. um die gleiche Zahl sechs.

Die Ausnahme von der Allgemeinheit bilden hier nur in sich geschlossene, nicht einfach zusammenhängende Tragwerke. So ist z.B. ein in sich geschlossener Stahlrohr-Rahmen durch *einen* Schnitt nicht in *zwei* Teilkörper zerlegbar − damit verbleibt für die Gleichgewichtsbedingungen nach wie vor die Zahl $6\,n = 6$. Die Zahl reicht damit nicht aus, um außer den vorhandenen Auflagerreaktionen im Fall statischer Bestimmtheit auch noch die sechs Schnittgrößen bestimmen zu können. Dieser Fall führt also auf ein äußerlich statisch bestimmtes, innerlich statisch unbestimmtes System. Es läßt sich also unter Beachtung dieser Überlegungen zusammenfassend formulieren:

Satz 5.7:

Liegt ein *äußerlich statisch bestimmtes System* von einfach zusammenhängenden Körpern vor, so ist das System *auch innerlich statisch bestimmt*, d.h. es lassen sich für jeden Schnitt des Systems die Schnittlasten aus den Gleichgewichtsbedingungen berechnen.

Völlig analog zur Zerlegung des Spannungsvektors in Kap. 3 wird nun zweckmäßigerweise auch die Schnittlasten-Gruppe in die Normalenrichtung und in zwei Tangentialrichtungen bezüglich der Schnittfläche zerlegt. Orientiert man gleichzeitig eine orthonormale Basis $[\mathbf{e}_1, \mathbf{e}_2, \mathbf{e}_3]$ in Korrespondenz zu diesen Richtungen, wofür sich bei beliebigen, räumlich gekrümmten Tragwerken das natürliche Basissystem $\mathbf{e}_1 = \mathbf{e}_T$, $\mathbf{e}_2 = \mathbf{e}_N$, $\mathbf{e}_3 = \mathbf{e}_B$ (vgl. 2.2.4D) anbietet, so wird nach Bild 5-8

$$\mathbf{F}_s = \sum_i F_{s_i}\,\mathbf{e}_i = N\,\mathbf{e}_1 + Q_2\,\mathbf{e}_2 + Q_3\,\mathbf{e}_3\,,$$

$$\mathbf{M}_s = \sum_i M_{s_i}\,\mathbf{e}_i = M_T\,\mathbf{e}_1 + M_2\,\mathbf{e}_2 + M_3\,\mathbf{e}_3 \qquad (5.14)$$

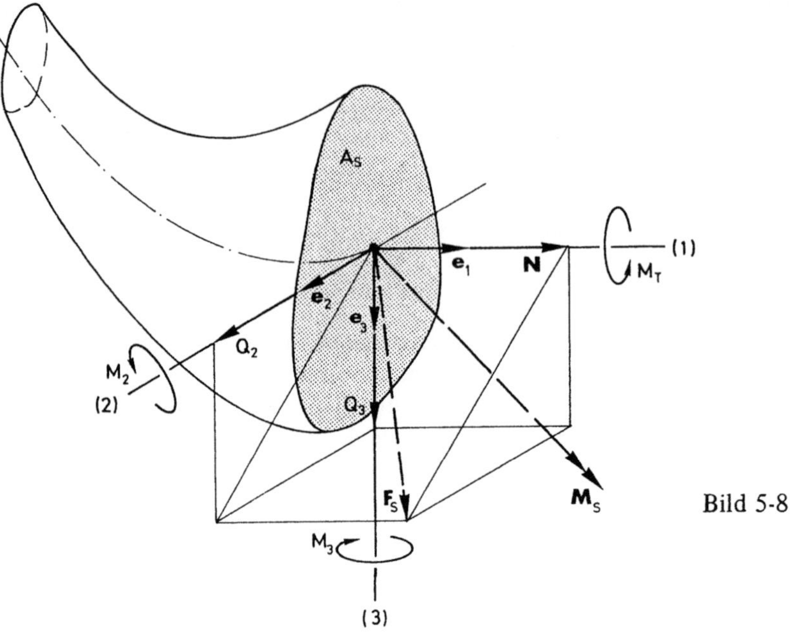

Bild 5-8

Man nennt nun die Koordinaten des Schnittkraftvektors F_s, also

   N : die *Normalkraft*

  Q_2, Q_3: die *Querkraft* in Richtung (2) bzw. (3)

und die Koordinaten des Schnittmomentenvektors M_s, also

   M_T: das *Torsionsmoment*

  M_2, M_3 : das *Biegemoment* in Richtung der oder um die (2)- bzw. (3)-Achse.

Im Sinne einer vergleichbaren Vorzeichenregelung für Schnittlasten empfiehlt es sich, dafür eine Vorzeichenkonvention, und zwar wie folgt einzuführen:

Def. 5.4:

Ist **n** der (nach außen zeigende) Stellungsvektor der Schnittfläche A_s und e_j der Vektor in Richtung der positiven Koordinate x_j, so heiße ein *Schnittufer* in seiner Orientierung

positiv, wenn $n = e_j$ und
negativ, wenn $n = -e_j$ ist.

Nun sei die Größe einer Schnittlast bzw. die Koordinate des Schnittlastenvektors dann positiv, wenn sie am positiven Schnittufer in positiver Koordinatenrichtung oder am negativen Schnittufer in negativer Koordinatenrichtung weist.

Die in Bild 5-8 enthaltenen Schnittlasten sind nach dieser Definition bei positivem Schnittufer sämtlich positiv. Da das Basissystem ein Rechts-System sein muß, ist die Positivregelung für die Momente auch bei zyklischer Drehung der Einheitsvektoren e_1 nach e_2, e_2 nach e_3 und e_3 nach e_1 nachvollziehbar. Die Regelung für die Schnittkräfte ist offensichtlich.

Mit dieser Vorzeichenkonvention erhält man stets ein eindeutiges Vorzeichen unter Erfüllung des actio-reactio-Prinzips für beide Teilkörper und einen gemeinsamen Standard zur besseren Vergleichsmöglichkeit verschiedener Rechnungen.

Bei der Berechnung der Schnittlasten aus den Gleichgewichtsbedingungen ist schließlich noch zu beachten, daß äußere Belastungen in Form von Einzelkräften und Einzelmomenten unstetig sind (Bild 5-9). So wird z.B. bei x = a eine Einzelkraft F_1, bei x = b eine weitere Einzelkraft F_2 und ein Moment M usw. im Sinne einer unstetigen Zunahme der äußeren Belastung eingeleitet. Natürlich ändert sich dadurch auch der Kraft- und Momentenfluß im Innern des Systems unstetig. Daraus leitet sich für die Berechnung der damit jeweils nur stückweise stetigen Schnittgrößen die Forderung ab, diese dann auch bereichsweise zu bestimmen. Man muß also daher in jedem Intervall

①: $0 < x < a$

②: $a < x < b$

③: $b < x < c$

④: $c < x < d$ usw.

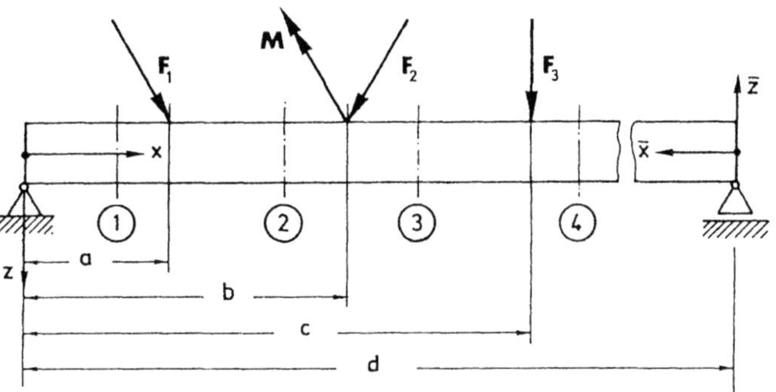

Bild 5-9

einen Schnitt führen, um die Schnittgrößen als Funktion des jeweiligen Ortes x der Lauflänge des Tragwerkes zu erhalten. Dabei sind die Intervalle in der Regel beschränkt und offen; denn an den Stellen x = a bzw. x = b usw. sind die Lastverhältnisse und die Schnittlasten unstetig oder singulär und daher nicht eindeutig. Für diese diskreten Stellen läßt sich jedoch von vornherein feststellen:

1. Wird an einer Stelle $x = x_i$ eine Einzelkraft $F_i = (F_{i1}, F_{i2}, F_{i3})$ eingeleitet, so hat an dieser Stelle die Funktion der Schnittkraft $F_s(x)$ rechnerisch einen „Sprung" um

$$\Delta F_s = (\Delta N, \Delta Q_2, \Delta Q_3) = - F_i = (-F_{i1}, -F_{i2}, -F_{i3}).$$

2. Wird an einer Stelle $x = x_i$ eine Einzelkraft $F_i = (F_{i1}, F_{i2}, F_{i3})$ eingeleitet, so hat an dieser Stelle die Funktion des Schnittmomentes $M_s(x)$ rechnerisch einen „Knick" (Sprung in der Steigung).

3. Wird an einer Stelle $x = x_i$ ein Einzelmoment $M_i = (M_{i1}, M_{i2}, M_{i3})$ eingeleitet, so hat an dieser Stelle die Funktion des Schnittmomentes $M_s(x)$ rechnerisch einen „Sprung" um

$$\Delta M_s = (\Delta M_T, \Delta M_2, \Delta M_3) = - M_i = (-M_{i1}, -M_{i2}, -M_{i3}).$$

Anmerkung: Der Begriff „rechnerisch" soll dabei wieder darauf hinweisen, daß mit der Einführung der Einzelkräfte und -momente eine zwar hilfreiche, aber unphysikalische Fiktion verbunden ist. In der Realität wird es keine „Sprünge" und „Knicke" geben, so daß man (auch) dort das Ersetzen der verteilten Spannungen und Volumenkräfte durch eine äquivalente Gruppe von Einzelkräften und -momenten rückgängig machen und wieder durch die wirkliche Beanspruchung in Form der (hier primären) physikalisch realen Spannungen ersetzen muß. Zur Auffindung dieser singulären Stellen, an denen die Methode der Einzellasten versagt, bleibt sie dennoch hilfreich.

Unabhängig von der Notwendigkeit, nun mehrere Schnitte legen zu müssen, bleibt die Berechnung der Schnittgrößen nach Satz 5.7 davon unberührt. Denn wird ein Körper durch n verschiedene Schnitte in $n + 1$ Teilbereiche zerlegt (im Beispiel $n = 4$ Schnitte, $n + 1 = 5$ Teile), so stehen für jeden Systemteil sechs Gleichgewichtsbedingungen, also insgesamt

$$z = 6(n + 1)$$

Gleichgewichtsbedingungen für die sechs Schnittgrößen je Schnitt, also für

$$s = 6n$$

Schnittgrößen sowie für die bei statisch bestimmter Lagerung eines Körpers vorhandenen sechs Auflager- und Bindereaktionen

$$b = 6$$

zur Verfügung. Wieder ist

$$s + b = 6(n + 1) = z$$

und damit die Aussage von Satz 5.7 bestätigt. Für ebene Probleme ist wieder die Zahl 6 durch 3 zu ersetzen. Somit lassen sich neben den Bindereaktionen auch die $6n$ (bzw. $3n$) Schnittlasten aus den Gleichgewichtsbedingungen nach (5.8) bzw. in skalarer Form nach (5.11) usw. bestimmen und die Funktionsverläufe dieser Schnittlasten über die Lauflänge x des Tragwerks (Zustandslinien) angeben.

Beispiel 1: Für das nach Bild 5-10a gegebene ebene Balken-Tragwerk bestimme man die Schnittlasten in Abhängigkeit von der Balken-Längsachse x.

Lösung:

Aus dem Beispiel nach Bild 5-6a folgt zunächst mit den Bezeichnungen nach Bild 5-10b

$$A_x = F \cos\alpha; \quad A_z = F \frac{b}{a + b} \sin\alpha; \quad B_z = F \frac{a}{a + b} \sin\alpha.$$

Es sind wegen der Unstetigkeit der Last bei $x = a$ zwei Bereiche zu unterscheiden, nämlich

$$\text{①}: 0 < x < a \quad \text{und} \quad \text{②}: a < x < a + b \quad \text{bzw.} \quad 0 < \bar{x} < b.$$

Da das Problem ein ebenes ist, ist zunächst in beiden Bereichen

$$Q_2 = M_T = M_3 = 0.$$

Man erhält mit $n = 2$

$$z = 3(n + 1) = 9 \text{ Gleichgewichtsbedingungen}$$

für die

$$s = 3n = 6 \text{ Schnittlasten,}$$

nämlich je drei für jeden Schnitt und drei Bedingungen für die damit bereits berechneten Auflagerkräfte.

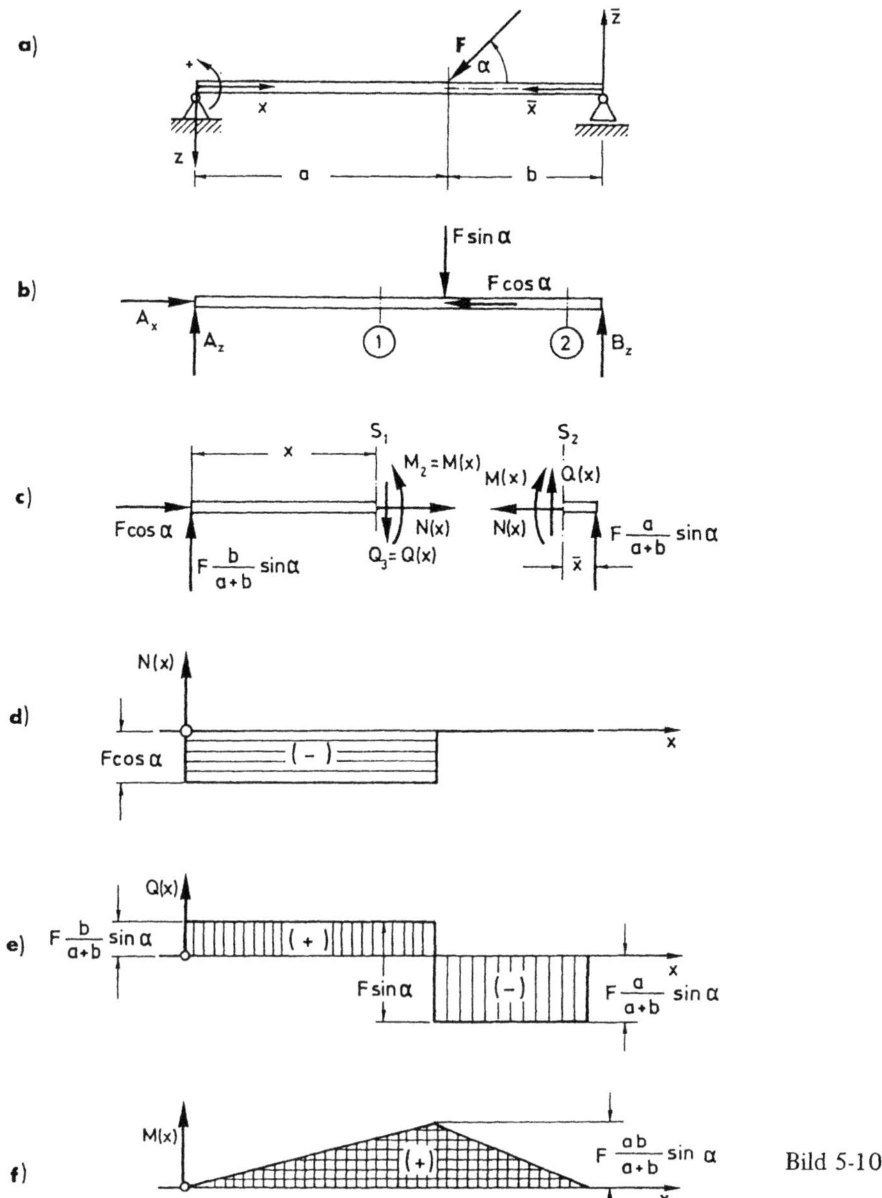

Bild 5-10

Es folgt aus Bild 5-10c mit (5.11) für

Bereich ① : positives Schnittufer (willkürlich)

$$\sum X_n = 0 = F \cos \alpha + N(x); \quad \sum Z_n = 0 = -F \frac{b}{a+b} \sin \alpha + Q(x)$$

$$\sum M_{s1} = 0 = M(x) - F \frac{bx}{a+b} \sin \alpha$$

und damit für $0 < x < a$

$$N(x) = -F\cos\alpha = \text{const} < 0; \quad Q(x) = F\,\frac{b}{a+b}\,\sin\alpha = \text{const} > 0$$

$$M(x) = F\,\frac{ab}{a+b}\left(\frac{x}{a}\right)\sin\alpha = f(x) > 0 \tag{1}$$

Bereich ②: negatives Schnittufer (willkürlich)

$$\sum X_n = 0 = 0 + N(x); \quad \sum Z_n = 0 = -F\,\frac{a}{a+b}\,\sin\alpha - Q(x)$$

$$\sum M_{s2} = 0 = -M(x) + F\,\frac{a\overline{x}}{a+b}\,\sin\alpha$$

Mit $\overline{x} = (a+b) - x$ folgt damit für $a < x < a + b$

$$N(x) = 0 = 0; \quad Q(x) = -F\,\frac{a}{a+b}\,\sin\alpha < 0$$

$$M(x) = F\,\frac{ab}{a+b}\left[1 - \frac{(x-a)}{b}\right]\sin\alpha > 0 \ . \tag{2}$$

Man erkennt aus den Darstellungen der Schnittlasten-Funktionsverläufe nach Bild 5-10d, e und f:

a) Normalkraft und Querkraft sind stückweise stetige Funktionen.

b) An der Stelle $x = a$ der Krafteinleitung „springt"

$$N \text{ um } \Delta N = +F\cos\alpha \quad \text{von } -F\cos\alpha \quad \text{auf } 0 \text{ und}$$

$$Q \text{ um } \Delta Q = -F\sin\alpha \quad \text{von } +F\,\frac{b}{a+b}\,\sin\alpha \quad \text{auf } -F\,\frac{a}{a+b}\,\sin\alpha \ .$$

c) An den Auflagern $x = 0$ und $x = a + b$ „springt"

$$N \text{ um } \Delta N = -F\cos\alpha \quad \text{von } 0 \qquad \text{auf } -F\cos\alpha$$

$$Q \text{ um } \Delta Q = +A_z \quad \text{von } 0 \qquad \text{auf } -A_z \quad \text{bzw.}$$

$$Q \text{ um } \Delta Q = +B_z \quad \text{von } -B_z \quad \text{auf } 0 \ .$$

d) N und Q sind bereichsweise konstant.

e) Das Biegemoment $M(x)$ ist stetig, da kein Moment eingeleitet wird.

f) An der Stelle $x = a$ hat die Momentenkurve einen „Knick", da dort eine (Quer)Kraft eingeleitet wird.

g) An den Auflagern $x = 0$ und $x = a + b$ hat $M(x)$ einen Knick gegenüber der gedachten Null-Wert-Fortsetzung, da dort eine (Quer)Kraft (Auflagerkraft) eingeleitet wird.

h) $M(x)$ ist eine *lineare* Funktion der Balkenlänge.

i) Die betragsmäßig maximale Beanspruchung des Tragwerks tritt
bezüglich der Normalkraft im Bereich ①
bezüglich der Querkraft im Bereich ② und
bezüglich des Biegemomentes im Übergang beider Bereiche, also bei $x = a$ auf. Das läßt bereits erste Rückschlüsse auf die Beanspruchung des Tragwerkes aufgrund des „Ableitens" der Kraft $\mathbf{F}$ bei $x = a$ über den Balken auf die beiden Auflager (Kraftfluß) und auf die besonders beanspruchten Stellen im Balken und somit auf die konstruktive Gestaltung des Tragwerkes zu.

Beispiel 2, 3, 4: Für die Systeme nach Bild 5-6c, e und g gebe man die Schnittlastenverläufe N, Q und M an.

Lösung:

Entsprechend dem Vorgehen von Beispiel 1 ergeben sich unter Verwendung der berechneten Auflager- und Bindereaktionen der Beispiele zu 5.3 die Schnittgrößenzustände nach Bild 5-11a, b und c.

a)
Beispiel 5-6c)
q_0
A
x
B
ℓ
z
$N = 0$
N
x
$Q = \dfrac{q_0 \ell}{2}\left[1 - \left(\dfrac{x}{\ell}\right)^2\right]$
$\dfrac{q_0 \ell}{2}$
(+)
x
$M = -\dfrac{q_0 \ell^2}{6}\left[2 - 3\left(\dfrac{x}{\ell}\right) + \left(\dfrac{x}{\ell}\right)^3\right]$
$-\dfrac{q_0 \ell^2}{3}$
(−)
x

b)
Beispiel 5-6e)
q_0
F
β
A
C
D
B
a
$\dfrac{b}{2}$
$\dfrac{b}{2}$
$N = F\cos\beta = -A_x = -C_x$
(+)
x
$Q = \dfrac{q_0 a}{2}\left[1 - \left(\dfrac{x}{a}\right)^2\right] - F\sin\beta$
für $0 \le x \le a$
x_0
A_z
(+)
(−)
$-C_z$
Fsinβ
(+)
Fsinβ
D
x
$M = Fa\sin\beta\left(1 - \dfrac{x}{a}\right) - \dfrac{q_0 a^2}{6}\left[2 - 3\left(\dfrac{x}{a}\right) + \left(\dfrac{x}{a}\right)^3\right]$
für $0 \le x \le a$
M_E
(+)
$M_C = 0$
$M_B = 0$
x_0
(−)
$M_D = -F\dfrac{b}{2}\sin\beta$
x

c)
Beispiel 5-6g)
M_0
$\bar{z}$
$\bar{x}$
a
A
B
b
$N = 0$
$N(\bar{x}) = 0$
N
x
$Q = A = \dfrac{M_0}{b}$
$Q(\bar{x}) = 0$
(+)
x
$M = M_0 \dfrac{x}{b}$
$\bar{x}$
M_0
(+)
(−)
M_0
x

5.4 Schnittlasten
225

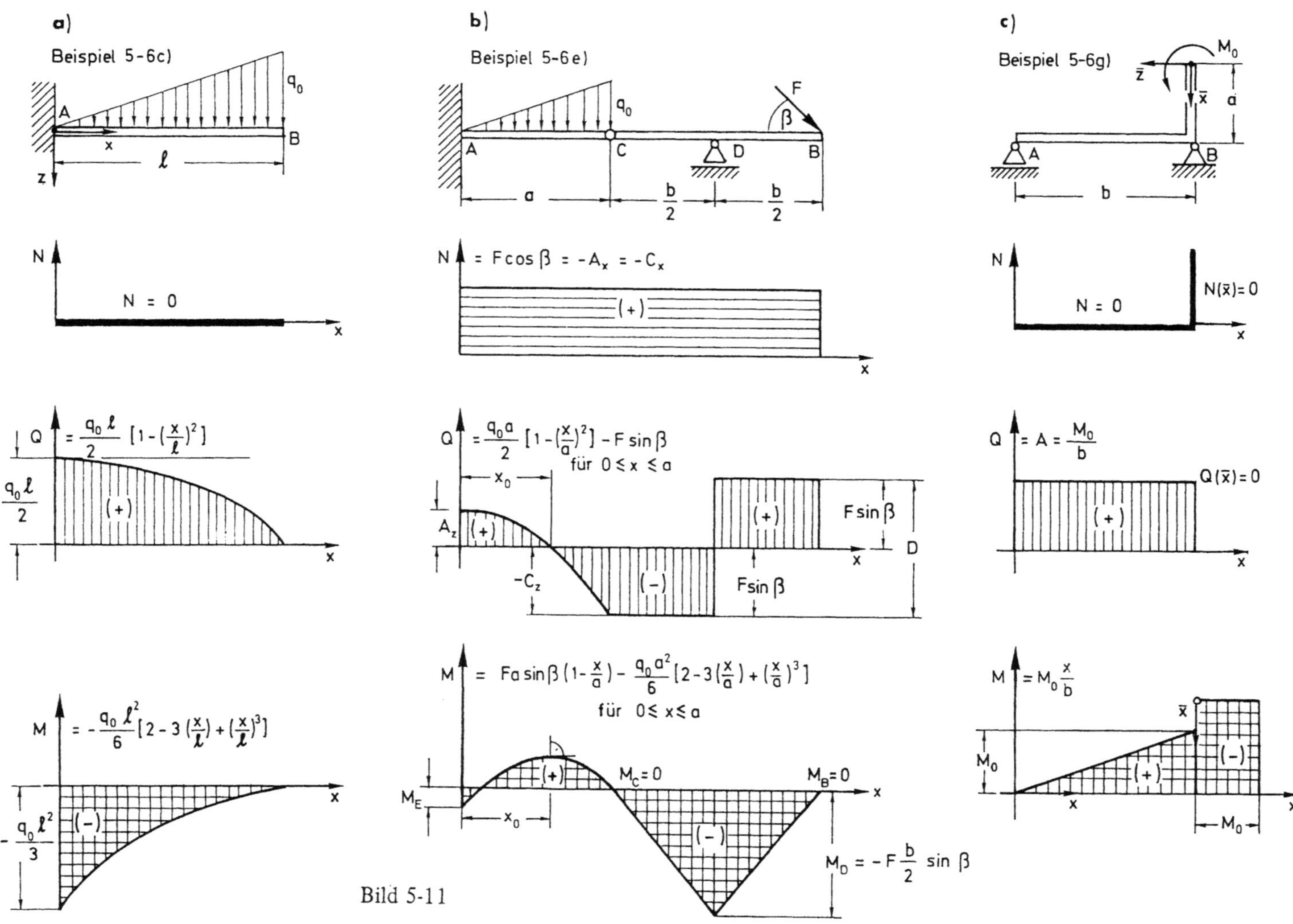

Bild 5-11

5.5 Äquivalenzbedingungen

Nach 5.4 sind die Schnittlasten die über eine Schnittfläche A_s integrierten Spannungs-vektoren $\boldsymbol{\sigma}_s$. Ohne Berücksichtigung der jeweiligen Lage von $\boldsymbol{\sigma}_s$ entsteht so nach (3.46) die Schnittkraft (Bild 5-12)

$$\mathbf{F}_s = \int\limits_{A_s} \boldsymbol{\sigma}_s \, dA \tag{5.15}$$

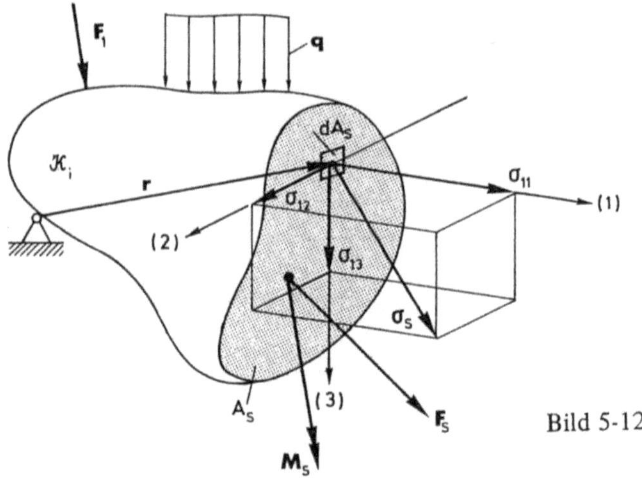

bzw. bei Berücksichtigung der jeweiligen Lage $\mathbf{r}$ von $\boldsymbol{\sigma}_s$ entsteht nach (3.51) das Schnitt-moment

$$\mathbf{M}_s = \int\limits_{A_s} \mathbf{r} \times \boldsymbol{\sigma}_s \, dA \tag{5.16}$$

Weiterhin wurde in Abs. 5.4 gezeigt, daß die Schnittgrößen $\mathbf{F}_s$ und $\mathbf{M}_s$ nicht nur wie in Kap. 3 aus der Integration des Schnitt-Spannungsvektors $\boldsymbol{\sigma}_s$ nach (5.15) und (5.16) folgen, sondern auch, ohne Kenntnis dieses Schnitt-Spannungszustandes, allein aus den Gleichge-wichtsbedingungen für den durch den Schnitt entstandenen Teilkörper $\mathcal{K}_i$ berechenbar sind. Für den Fall also, daß die Spannungen am Element nicht unmittelbar aus den Gleich-gewichtsbedingungen am Element, also nach Satz 5.1 mit

$$\nabla \cdot \mathbf{S} + \mathbf{f}_V = \mathbf{f} = 0$$

bestimmbar sind, kann diese Tatsache nun dazu verwendet werden, einen Zusammenhang zwischen den so berechneten Schnittlasten und den zu berechnenden Spannungen in inte-graler Form nach (5.15) und (5.16) anzugeben. Man benutzt dazu zweckmäßigerweise die Zerlegung des Spannungsvektors $\boldsymbol{\sigma}_s$ in die drei Richtungen einer Orthonormalbasis nach (3.3), wobei i die Richtung des Normalenvektors der Schnittfläche angibt

$$\boldsymbol{\sigma}_s\,(x_i) = \sum_{j=1}^{3} \sigma_{ij}\,e_j \qquad\qquad (5.17)$$

sowie die erfolgte Zerlegung der Schnittgrößen in derselben Basis nach (5.14), also

$$\mathbf{F}_s = \sum_{j} F_{sj}\,e_j = (N, Q_2, Q_3)$$

$$\mathbf{M}_s = \sum_{j} M_{sj}\,e_j = (M_T, M_2, M_3) \qquad\qquad (5.18)$$

Gl. (5.17) wird nun in (5.15) und (5.16) eingesetzt. Man erhält

$$N\,e_1 + Q_2\,e_2 + Q_3\,e_3 = \int_{A_s} (\sigma_{11}\,e_1 + \sigma_{12}\,e_2 + \sigma_{13}\,e_3)\,dA$$

$$M_T\,e_1 + M_2\,e_2 + M_3\,e_3 = \int_{A_s} \begin{vmatrix} e_1 & e_2 & e_3 \\ x & y & z \\ \sigma_{11} & \sigma_{12} & \sigma_{13} \end{vmatrix}\,dA\ .$$

Aus der Gleichheit der Vektoren folgt wegen der linearen Unabhängigkeit der Basis die Gleichheit der Koordinaten. So entstehen sechs skalare Gleichungen, die man *Äquivalenz-Bedingungen* nennt:

$$N = \int_{A_s} \sigma_{11}\,dA$$

$$Q_2 = \int_{A_s} \sigma_{12}\,dA;\quad Q_3 = \int_{A_s} \sigma_{13}\,dA$$

$$M_T = \int_{A_s} (y\,\sigma_{13} - z\,\sigma_{12})\,dA \qquad\qquad (5.19)$$

$$M_2 = -\int_{A_s} (x\,\sigma_{13} - z\,\sigma_{11})\,dA;\quad M_3 = \int_{A_s} (x\,\sigma_{12} - y\,\sigma_{11})\,dA\ .$$

Bei bekannten Schnittgrößen sind das sechs skalare Gleichungen für drei der sechs unbekannten Spannungsgrößen $\sigma_{ij} = \sigma_{ji}$ (vgl. (4.16)). Da die Spannungsgrößen hierbei Teil der Integranden der Gleichungen (5.19) sind, stellt (5.19) ein System von „Integralgleichungen" für diese Spannungen dar. (Vgl. hierzu die Ausführungen im Anschluß an Gl. (3.46) in 3.4.) Danach sind hieraus die Spannungen nicht unmittelbar und eindeutig berechenbar. Das wird erst bei zusätzlichen Annahmen über die Verteilung der Spannungen über die Schnittfläche, d.h. mit zusätzlichen Hypothesen im Sinne eines „Ansatzes für die Integralgleichungen" möglich. Da nun wiederum diese Hypothesen vom Materialverhalten des Körpers abhängen und in diesem Kapitel mit der Fiktion des Starr-Körpers ein nur spezielles Deformationsverhalten des Materials − nämlich keines − zugrundegelegt worden ist, bleibt die Lösung des Gleichungssystems den späteren Kapiteln über deformierbare Körper vorbehalten. Aber unabhängig von dieser Lösbarkeit des Gleichungssystems wird damit noch einmal die Bedeutung der Einzelkräfte und -momente im allgemeinen und der Schnittlasten im besonderen deutlich, wonach sie − i.a. im Gegensatz zu den Spannungen − zwar unmittelbar aus den Gleichgewichtsbedingungen bestimmbar sind, aber als solche die realen Verhältnisse im Körper − auch im Gegensatz zu den Spannungen − nicht richtig wiedergegeben und nur als Hilfsgrößen bei Hinzunahme weiterer Hypothesen zur Bestimmung dieser Spannungen verwendbar sind.

5.6 Schnittlasten-Differentialgleichungen

Wenn nun im vorigen Abschnitt eines der Ergebnisse war, daß der *eine* Spannungsvektor σ_S über die Schnittfläche integriert die *beiden* Schnittgrößen F_S und M_S ergibt und andererseits die Spannungen wegen der Gleichgewichtsbedingungen (5.4) am Element nicht unabhängig voneinander sind, so müssen auch zwischen den Schnittgrößen untereinander Beziehungen bestehen, die man entsprechend aus Gleichgewichtsbedingungen am endlichen Körper gewinnen kann. Dazu wird aus einem beliebig gekrümmten Balkentragwerk (Bild 5-13) gedanklich ein Stück der Länge Δs herausgeschnitten. An beiden „Endflächen" wirken dann die jeweiligen Schnittgrößen F_S und M_S, während auf die „Mantelflächen" die äußere Belastung in Form der beliebig gerichteten Spannungsvektoren σ_n einwirkt. Die

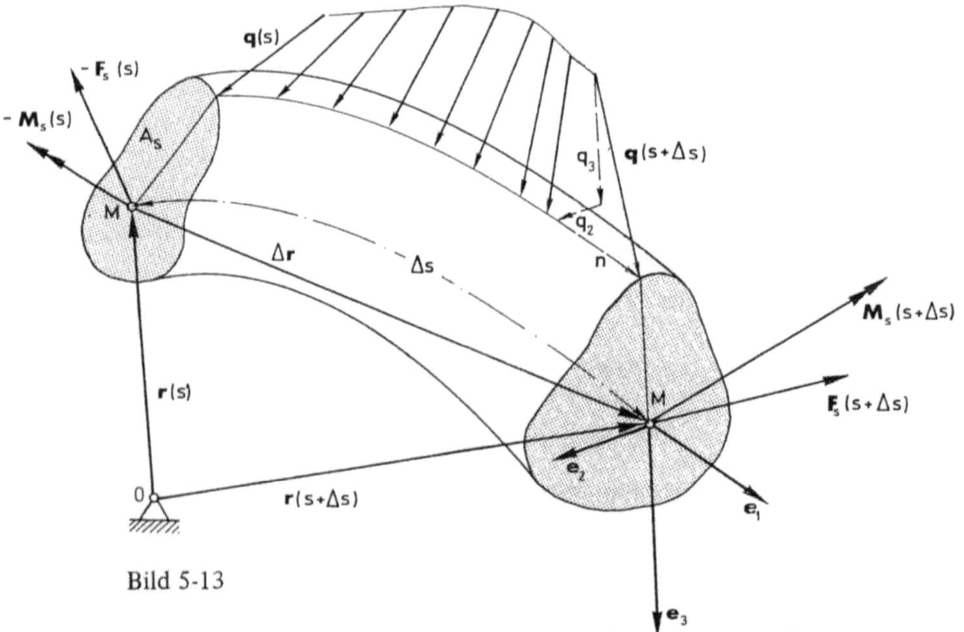

Bild 5-13

Mannigfaltigkeit aller Spannungsvektoren auf die (Mantel-)Oberfläche stellt praktisch eine beliebig verteilte Streckenlast oder „Schüttung" in verschiedenen Richtungen dar. Diese kann an jeder Stelle s in ihre Anteile gemäß der Basis zerlegt werden (Bild 5-13). Man erhält wieder

$$\mathbf{q}\,(s) = n\,\mathbf{e}_1 + q_2\,\mathbf{e}_2 + q_3\,\mathbf{e}_3 \left[\text{Kraft/Länge} = \frac{[K]}{[L]}\right].$$

Entsprechend wäre auch eine Momentenschüttung denkbar, von der jedoch i.a. nur der Torsionsanteil von Bedeutung ist. Allgemein sei also auch

$$\mathbf{m}\,(s) = m_T\,\mathbf{e}_1 + m_2\,\mathbf{e}_2 + m_3\,\mathbf{e}_3 \left[\text{Kraft} \cdot \text{Länge/Länge} = \frac{[K] \cdot [L]}{[L]}\right].$$

Das Basissystem liege dabei im *Flächenmittelpunkt* M der Schnittfläche A_s und sei zweckmäßigerweise das natürliche Basissystem nach 2.2.4D. Die Verbindungslinie aller jeweiligen Flächenmittelpunkte der Schnittflächen heiße *Balkenachse* MM. Läßt man nun $\Delta s \to 0$ gehen, so gelten alle Relationen für differentielle Balkenstücke der Länge ds, und die Schnittgrößen an den Endflächen lassen sich wieder aus dem Mittelwertsatz der Integralrechnung bzw. aus der TAYLOR-Reihe, und zwar durch Berücksichtigung nur des Termes erster Ableitung in Beziehung setzen (Terme höherer Ableitungen sind von höherer Ordnung klein und verschwinden schließlich mit dem Grenzübergang). Man erhält so aus den Gleichgewichtsbedingungen (5.8)

$$\Sigma\,\mathbf{F}_n = 0 = \mathbf{F}_S\,(s + ds) + (-\mathbf{F}_S\,(s)) + \mathbf{q}\,(s)\,ds = 0.$$

Mit

$$\mathbf{F}_S\,(s + ds) = \mathbf{F}_S\,(s) + \frac{d\mathbf{F}}{ds}\,ds$$

wird

$$\mathbf{F}_S\,(s) + \frac{d\mathbf{F}_S}{ds}\,ds - \mathbf{F}_S\,(s) = \frac{d\mathbf{F}_S}{ds}\,ds = -\,\mathbf{q}\,(s)\,ds, \quad \text{also schließlich}$$

$$\boxed{\frac{d\mathbf{F}_S}{ds} = -\,\mathbf{q}\,(s)} \tag{5.20}$$

Aus den Gleichgewichtsbedingungen für die Momente bezüglich des Punktes O nach (5.8) ergibt sich entsprechend

$$\Sigma\mathbf{M}_O = 0 = \mathbf{M}_S\,(s + ds) + (-\mathbf{M}_S\,(s)) + [\mathbf{r}\,(s) \times (-\mathbf{F}_S\,(s))] +$$
$$+ [\mathbf{r}\,(s + ds) \times \mathbf{F}_S\,(s + ds)] + [\mathbf{r}_q \times \mathbf{q}\,(s)\,ds] + \mathbf{m}\,(s)\,ds = 0.$$

Nun ist

$$\mathbf{M}_S\,(s + ds) = \mathbf{M}\,(s) + \frac{d\mathbf{M}\,(s)}{ds}\,ds$$

und

$$\mathbf{r}\,(s + ds) = \mathbf{r}\,(s) + \frac{d\mathbf{r}}{ds}\,ds.$$

Einsetzen dieser Beziehungen, Ausmultiplikation der Glieder und unter Berücksichtigung, daß mit dem Grenzübergang auch $r_q \to r$ geht, ergibt zunächst unter Weglassung des nun überall gleichen Argumentes s:

$$M_S + \frac{dM_S}{ds} ds - M_S - [r \times F_S] +$$

$$+ \left[r \times F_S + \frac{dr}{ds} ds \times F_S + r \times \frac{dF_S}{ds} ds + \frac{dr}{ds} ds \times \frac{dF_S}{ds} ds \right] + [r \times q\,ds] + m\,ds = 0.$$

Die finiten Terme M_S und $r \times F_S$ addieren sich zu Null. Der einzige von höherer Ordnung kleine Term $[(dr/ds)\,ds \times (dF/ds)\,ds]$ verschwindet gegenüber den verbleibenden infinitesimalen Termen erster Ordnung. Berücksichtigt man noch (5.20), so heben sich auch die Terme $r \times q\,ds$ auf und es verbleibt schließlich nur

$$\frac{dM_S}{ds} = - m - \frac{dr}{ds} \times F_S \tag{5.21}$$

Nun sollte die Basis zweckmäßigerweise das natürliche System sein. Dann ist nach Def. 2.4 aus 2.2.4

$$\frac{dr}{ds} = r'(s) = e_T(s) = e_1(s),$$

d.h. die Ableitung des Lagevektors nach der Bogenlänge s ist der Tangenteneinheitsvektor e_T und damit wieder der Normaleneinheitsvektor e_1 der Schnittfläche A_S. Somit wird aus (5.21)

$$\frac{dM_S}{ds} = - m(s) - e_1(s) \times F_S(s) \tag{5.22}$$

Bei der Ableitung der jeweils linken Seiten in (5.20) und (5.22) muß darauf geachtet werden, daß wegen des mitgeführten Bezugssystems auch wieder die Basis nach der Bogenlänge abzuleiten ist. So folgt zunächst formal für

$$\frac{dF_S(s)}{ds} = \frac{d}{ds}\left(\sum_i F_{S_i} e_i(s) \right) = \sum_i \frac{dF_{Si}}{ds} e_i(s) + \sum_i F_{Si} \frac{de_i(s)}{ds} \tag{5.23a}$$

und entsprechend

$$\frac{dM_S(s)}{ds} = \frac{d}{ds}\left(\sum_i M_{Si} e_i(s) \right) = \sum_i \frac{dM_{Si}}{ds} e_i(s) + \sum_i M_{Si} \frac{de_i(s)}{ds} \tag{5.23b}$$

Die jeweils zweiten Terme obiger Beziehungen sind wieder die Systemableitungen des natürlichen Basissystems bzw. die Richtungsableitungen der jeweiligen Schnittlast. Sie enthalten neben den Koordinaten der Schnittlasten bezüglich der natürlichen Basis die Ableitungen der Einheitsvektoren dieser Basis.

Für diese gilt nun wegen

$$\mathbf{e}_i \cdot \mathbf{e}_j = \delta_{ij}$$

und unter der verkürzenden Schreibweise $\mathrm{d}/\mathrm{ds}\,(\ ) = (\ )'$ nach Ableitung der vorstehenden Gleichung

$$
\begin{aligned}
\mathbf{e}_i' \cdot \mathbf{e}_j + \mathbf{e}_i \cdot \mathbf{e}_j' &= 0 \quad \text{für } i \neq j \\
\mathbf{e}_i \cdot \mathbf{e}_i' &= 0 \quad \text{für } i = j \ , \quad \text{d.h.} \quad \mathbf{e}_i \perp \mathbf{e}_i'
\end{aligned}
\tag{5.24}
$$

Andererseits muß sich jeder abgeleitete Vektor $\mathbf{e}_i'$ wieder als Linearkombination der (unabhängigen) Basisvektoren $\mathbf{e}_i$ darstellen lassen, also für $i \neq j \neq k$ gilt stets

$$\mathbf{e}_i' = (\mathbf{e}_i' \cdot \mathbf{e}_i)\,\mathbf{e}_i + (\mathbf{e}_i' \cdot \mathbf{e}_j)\,\mathbf{e}_j + (\mathbf{e}_i' \cdot \mathbf{e}_k)\,\mathbf{e}_k .$$

Setzt man (5.24) hierin ein, so verschwindet wegen der Orthogonalität von $\mathbf{e}_i'$ und $\mathbf{e}_i$ die $\mathbf{e}_i$-Komponente und es verbleibt

$$\mathbf{e}_i' = -(\mathbf{e}_i \cdot \mathbf{e}_j')\,\mathbf{e}_j - (\mathbf{e}_i \cdot \mathbf{e}_k')\,\mathbf{e}_k \tag{5.25}$$

Nun ist aus der Kinematik für das natürliche Basissystem mit der Beziehung (2.50) bekannt, daß

$$\mathbf{e}_T' \cdot \mathbf{e}_N = \mathbf{e}_1' \cdot \mathbf{e}_2 = \frac{1}{R}$$

gilt, wobei $1/R$ die Krümmung bzw. $R = 1/|\mathbf{r}''|$ der Hauptkrümmungsradius ist. Führt man eine dazu analoge, weitere differentialgeometrische Größe, nämlich die „*Windung*" in der Form

$$\frac{1}{W} = \mathbf{e}_N' \cdot \mathbf{e}_B = \mathbf{e}_2' \cdot \mathbf{e}_3 \tag{5.26}$$

ein, so wird wegen (5.24) und (2.50) speziell

$$\mathbf{e}_1 \cdot \mathbf{e}_3' = -\mathbf{e}_1' \cdot \mathbf{e}_3 = -\frac{1}{R}\,\mathbf{e}_2 \cdot \mathbf{e}_3 = 0$$

und die benötigten Einheitsvektoren-Ableitungen folgen somit aus (5.25) in Form der sog. FRENET*schen Gleichungen:*

$$
\begin{aligned}
\frac{\mathrm{d}}{\mathrm{ds}}\,(\mathbf{e}_1) &= \mathbf{e}_1' = \mathbf{e}_T' = \frac{1}{R}\,\mathbf{e}_N \\[2mm]
\frac{\mathrm{d}}{\mathrm{ds}}\,(\mathbf{e}_2) &= \mathbf{e}_2' = \mathbf{e}_N' = -\frac{1}{R}\,\mathbf{e}_T + \frac{1}{W}\,\mathbf{e}_B \\[2mm]
\frac{\mathrm{d}}{\mathrm{ds}}\,(\mathbf{e}_3) &= \mathbf{e}_3' = \mathbf{e}_B' = -\frac{1}{W}\,\mathbf{e}_N
\end{aligned}
\tag{5.27}
$$

Setzt man die Beziehungen (5.27) in die Gleichungen (5.23a, b) ein und berücksichtigt außerdem die Bezeichnungen F_{S_i} und M_{S_i} nach (5.18), so entstehen schließlich mit (5.20) die *Schnittlasten-Differentialgleichungen für die Kräfte*

$$\sum_i \frac{dF_{S_i}}{ds} e_i = -\sum_i q_i e_i - \sum_i F_{S_i} e_i',$$

d.h.

$$
\begin{aligned}
\frac{dN}{ds} &= -n + \frac{1}{R} Q_2 \\[2mm]
\frac{dQ_2}{ds} &= -q_2 - \frac{1}{R} N + \frac{1}{W} Q_3 \\[2mm]
\frac{dQ_3}{ds} &= -q_3 - \frac{1}{W} Q_2
\end{aligned}
\qquad (5.28a)
$$

sowie aus (5.23b) mit (5.22) die *Schnittlasten-Differentialgleichungen für die Momente*

$$\sum_i \frac{dM_{S_i}}{ds} e_i = -\sum_i m_i e_i - e_1 \times \sum_i F_{S_i} e_i - \sum M_{S_i} e_i'$$

d.h.

$$
\begin{aligned}
\frac{dM_T}{ds} &= -m_T & + \frac{1}{R} M_2 \\[2mm]
\frac{dM_2}{ds} &= -m_2 + Q_3 - \frac{1}{R} M_T + \frac{1}{W} M_3 \\[2mm]
\frac{dM_3}{ds} &= -m_3 - Q_2 & - \frac{1}{W} M_2
\end{aligned}
\qquad (5.28b)
$$

Sämtliche Größen in den Schnittlasten-Differentialgleichungen einschließlich der Größen R und W der Differential-Geometrie sind Funktionen der Bogenlänge s und gelten entsprechend an jeder Stelle s.

Ist das *Tragwerk eben gekrümmt*, d.h. bleibt es für alle s in einer Ebene (1, 2) und liegt auch die vorgegebene Belastung $\mathbf{q}$ und $\mathbf{m}$ in dieser Ebene, so ist $q_3 = m_2 = m_T = 0$ und die Windung ist $1/W = 0$, da nach (5.24) $e_2' \cdot e_3 = -e_2 \cdot e_3'$ und wegen des Ebenbleibens $e_3' = 0$ ist.

Die Differentialgleichungen (5.28) für die dann auch ebene Schnittlastengruppe $\mathbf{F}_S = (N, Q, 0)$ und $\mathbf{M}_S = (0, 0, M)$ vereinfachen sich dadurch zu

$$
\begin{aligned}
\frac{dN}{ds} &= -n + \frac{Q}{R} \; ; & \frac{dQ}{ds} &= -q - \frac{N}{R} \\[2mm]
\frac{dM}{ds} &= -m - Q \, .
\end{aligned}
\qquad (5.29)
$$

Liegt ein räumliches Problem für einen nicht-gekrümmten (geraden) Stab vor, so ist sowohl die Krümmung als auch die Windung $1/R = 1/W = 0$ und aus (5.28) folgt nach Umbenennung der Bogenkoordinate s in die Balken-Längskoordinate x

$$\frac{dN}{dx} = -n \qquad\qquad \frac{dM_T}{dx} = -m_T$$

$$\frac{dQ_y}{dx} = -q_y \qquad\qquad \frac{dM_y}{dx} = -m_y + Q_z \qquad\qquad (5.30)$$

$$\frac{dQ_z}{dx} = -q_z \qquad\qquad \frac{dM_z}{dx} = -m_z - Q_y$$

Wie anfänglich behauptet, sind also die Schnittlasten nicht unabhängig voneinander — sie müssen stets die jeweilig zwischen ihnen formulierten Schnittlasten-Differentialgleichungen an jeder Stelle s bzw. x erfüllen.

Diese Differentialgleichungen können nun dazu verwendet werden, unmittelbar aus den vorgegebenen Belastungen (Schüttungen $\mathbf{q}, \mathbf{m}$) die Schnittlasten N, Q_y, Q_z bzw. M_T, M_y, M_z zu berechnen oder die über die Gleichgewichtsbedingungen am geschnittenen System bestimmten Schnittlasten zu überprüfen.

Man verifiziert das am besten exemplarisch, weswegen im folgenden Abschnitt die grundlegenden Erkenntnisse dieses und der vorigen Abschnitte auf einfache, konkrete Tragwerksstrukturen Anwendung finden sollen.

5.7 Statik spezieller Systeme

5.7.1 Ebener, gerader Balken

Hierbei soll gemäß Bild 5-14 ein streng ebenes Problem in dem Sinne vorliegen, daß sowohl das Tragwerk eben ist und bleibt als auch die Belastungen in einer Ebene, der sog. Lastebene (x-z-Ebene) wirken sollen. Sind die Abmessungen in Längsrichtung (x-Achse) groß im Verhältnis zu den Querschnittsdimensionen, so spricht man von „*Balken*". Außerdem soll dieser Balken gerade $(s \mathrel{\hat=} x)$ sein. Im Gegensatz zu (5.30) ist dann (vgl. Bild 5-14)

$$\mathbf{q} = (n, 0, q) \quad \text{und}$$

$$\mathbf{m} = (0, m, 0).$$

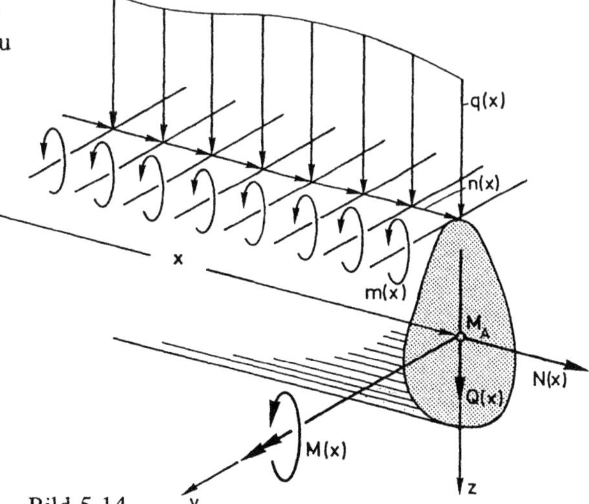

Bild 5-14

Für die Schnittlasten folgt damit entsprechend

$$\mathbf{F}_S = (N, 0, Q) \quad \text{und} \quad \mathbf{M}_S = (0, M, 0).$$

Aus (5.30) wird damit die spezielle Form

$$\frac{dN}{dx} = -n; \quad \frac{dQ}{dx} = -q; \quad \frac{dM}{dx} = -m + Q \tag{5.31}$$

bzw. auch

$$\frac{d^2 M}{dx^2} = \frac{d}{dx}[-m + Q] = -m' + \frac{dQ}{dx} = -m' - q$$

Dabei treten die „Momentenschüttungen" $m(x)$ in den seltensten Fällen auf und können daher i.a. auch noch Null gesetzt werden.

Gemäß (5.31) ist also die Ableitung der Querkraft $Q(x)$ nach der Balkenachse x gleich der negativen senkrechten Streckenlast $-q(x)$. Man überzeugt sich davon in den berechneten Beispielen nach Bild 5-10 bzw. 5-11. Entsprechendes gilt für die Ableitung der Normalkraft $N(x)$ nach der Balkenachse x. Das Ergebnis ist stets die negative Streckenlast in Normalenrichtung des Balkens (Balkenachse). Weiter ist bei i.a. fehlender Momentenschüttung $m(x)$ die Ableitung des Biegemomentes nach der Balkenlänge gleich der Querkraft. Nach (5.31) gilt auch, daß die zweifache Ableitung des Biegemomentes $M''(x)$ dann die negative Streckenbelastung $q(x)$ in z-Richtung ist.

Im Sinne der Aussagen der Analysis läßt sich aus (5.30) bzw. (5.31) weiter folgern:

1. In einem Punkt $x = x_0$, in dem $n(x)$ bzw. $q(x)$ durch Null geht, hat $N(x_0)$ bzw. $Q(x_0)$ ein Extremum.
2. In einem Punkt $x = x_0$, in dem $n(x_0)$ bzw. $q(x_0)$ unstetig ist, hat $N(x_0)$ bzw. $Q(x_0)$ einen Knick.
3. In einem Punkt $x = x_0$, in dem $n(x_0)$ bzw. $q(x_0)$ singulär ist, d.h. keinen endlichen Wert besitzt, hat $N(x_0)$ bzw. $Q(x_0)$ einen Sprung.
4. In einem Punkt $x = x_0$, in dem $Q(x)$ durch Null geht, hat $M(x_0)$ ein Extremum.
5. In einem Punkt $x = x_0$, in dem $Q(x_0)$ unstetig ist, hat $M(x_0)$ einen Knick.
6. In einem Punkt $x = x_0$, in dem $Q(x_0)$ singulär ist, hat $M(x_0)$ einen Sprung.

Dabei sind neben der Bedeutung dieser Aussagen für die Kurvendiskussion der Schnittlastenwerte und -verläufe die Punkte 1. und 4. wegen der Bestimmbarkeit der maximalen Schnittkräfte und -momente nach Größe und Lage von besonderer Wichtigkeit (vgl. obige Beispiele).

In Umkehrung der Differentiationsprozesse lassen sich auch die integralen Beziehungen, die dann aus (5.30) bzw. (5.31) folgen, dazu verwenden, die aus den Gleichgewichtsbedingungen berechneten Schnittlastenzustände nachzuprüfen oder aus der vorgegebenen Schüttungslast die Schnittlasten direkt zu bestimmen. So ist beispielsweise im ebenen Falle eines geraden Balkens nach (5.31) ohne Momentenschüttung

$$\frac{dQ}{dx} = -q(x); \quad \frac{dM}{dx} = Q(x).$$

Damit gilt dann

$$Q(x) = - \int_{x_0}^{x} q(\bar{x}) \, d\bar{x} + Q_0 \qquad (5.32)$$

und entsprechend auch

$$M(x) = \int_{x_0}^{x} Q(\bar{x}) \, d\bar{x} + M_0 = \int_{x_0}^{x} \left[- \int_{x_0}^{x} q(\bar{x}) \, d\bar{x} + Q_0 \right] d\bar{x} + M_0 \qquad (5.33)$$

Kennt man die Belastung $q(x)$, $\mathbf{F}$, $\mathbf{m}(x)$, $\mathbf{M}$ als Vorgabe an jeder Stelle x des Balkens, so läßt sich aus (5.32) unmittelbar der Querkraftverlauf $Q(x)$ und dann mit (5.33) aus diesem Querkraftverlauf auch die Momentenkurve $M(x)$ vollständig bestimmen. Die dabei auftretenden Integrationskonstanten Q_0 und M_0 können aus den formulierbaren Rand- und Übergangsbedingungen bestimmt werden. Diese Bedingungen sind dabei Beziehungen für die Querkraft und/oder für das Moment an bestimmten Stellen x_0, also $Q(x_0)$ und/oder $M(x_0)$ (Bild 5-14). Sie ergeben sich damit nicht aus der Geometrie *(geometrische Randbedingungen)*, sondern aus dem physikalisch-technischen Zustand des Tragwerks an diesen diskreten Stellen — daher nennt man sie *physikalische Rand- und Übergangsbedingungen*. Beispielsweise ist für den Fall nach Bild 5-11a sofort formulierbar

$$Q(l) = 0, \quad M(l) = 0$$

und für den Fall nach Bild 5-11c ist für den Bereich AB

$$M(0) = 0, \quad M(l) = 0.$$

Das Beispiel nach Bild 5-11b wird im folgenden Abschnitt 5.7.2 noch einmal eingehend behandelt werden. Bei dieser Methode müssen die Auflagerkräfte und Bindereaktionen *nicht vorher* gesondert berechnet werden, sondern sie ergeben sich aus den Schnittlasten an der entsprechenden Stelle (s. folgende Beispiele).

Die bestimmte Integration von (5.32) und (5.33) über die gesamte Balkenlänge, also von $x_0 = 0$ bis $x = l$ liefert speziell

$$Q(l) - Q(0) = - \int_{0}^{l} q(x) \, dx \quad \text{und} \quad M(l) - M(0) = \int_{0}^{l} Q(x) \, dx \qquad (5.34)$$

Das gestattet z.B. die Berechnung der Querkraftdifferenz der Balkenenden bzw. ermöglicht die Kontrolle der berechneten Querkraftverläufe.

So ist damit im Beispiel nach Bild 5-11c die Streckenlast $q(x) = 0$ im Bereich AB. Daraus folgt nach (5.34) mit der Vorzeichen-Konvention nach Bild 5-14

$$Q(0) = A = Q(l) = -B,$$

also die Gleichheit der Größe der Auflagerkräfte $|A| = |B|$ bei entgegengesetzter Richtung.

Im Beispiel nach Bild 5-11a ist $q(x) = q_0\, x/l$, also folgt nach (5.34)

$$Q(l) - Q(0) = -\int_0^l q_0\, \frac{x}{l}\, dx = -\frac{q_0 l}{2}\,.$$

Da $Q(l) = 0$ wegen des freien Endes des Balkens ist, folgt daraus

$$Q(0) = A = \frac{q_0 l}{2}$$

als Auflagerkraft in der Einspannung des Balkens und das, ohne diesen erneut freischneiden zu müssen. Das Freischneiden und die Erfüllung der Gleichgewichtsbedingungen ist bereits mit der Herleitung der Schnittlastendifferentialgleichung erfolgt.

Aus der zweiten Beziehung von (5.34) lassen sich entsprechende Folgerungen ziehen. So ist z.B. für $M(0) = M(l)$ das Integral

$$\int_0^l Q(x)\, dx = 0,$$

d.h. die Fläche unter der Querkraftkurve muß verschwinden, wenn die Momente an beiden Enden des Balkens gleich groß sind. Das ist z.B. für jeden nur an seinen Enden gelenkig gelagerten Balken ohne Momentenbelastung der Fall, wie z.B. im Beispiel von Bild 5-10: Nach Bild 5-10e ist die Fläche unter der $Q(x)$-Kurve Null. Aber auch im Beispiel nach Bild 5-11b gilt für den Balkenteil CB, daß $M_C = 0 = M_B$ ist. Somit wird

$$M(a) - M(a + b) = M_C - M_B = 0,$$

also auch

$$\int_a^{a+b} Q(x)\, dx = \int_a^{a+b/2} Q(x)\, dx + \int_{a+b/2}^{a+b} Q(x)\, dx = 0\,,$$

d.h. die positiven und negativen Flächenanteile unter der Querkraftkurve im Bereich CB sind gleich groß und heben sich daher gegeneinander auf (s. Bild 5-11b).

Zusammenfassend kann also der Satz ausgesprochen werden:

Satz 5.8:
Im ebenen Falle gerader Balken ohne Momentenschüttung ist die erste Ableitung der Querkraft $Q(x)$ und die zweite Ableitung des Biegemomentes $M(x)$ nach der Balkenlänge x gleich der negativen Streckenlast $q(x)$.
Die erste Ableitung des Biegemomentes $M(x)$ nach der Balkenachse x ist somit gleich der Querkraft $Q(x)$.
In Umkehrung ist die Querkraft $Q(x)$ durch einmalige, das Biegemoment durch zweimalige Integration aus der negativen Streckenlast $q(x)$ bestimmbar.

Im übrigen gelten natürlich alle Aussagen der vorangegangenen Abschnitte über statische Systeme (Gleichgewichtsbedingungen, statische Bestimmtheit, Schnittlasten und Äquivalenzbedingungen) auch für den Spezialfall des geraden Balkens bzw. für Systeme aus diesen. Die Aussage des Satzes 5.8 sei abschließend auf ein Beispiel angewendet.

Beispiel: Balken mit Dreiecksbelastung (Bild 5-15). Die spezifische Belastung ist eine lineare Funktion von x bzw. ξ nämlich $q(\xi) = q_0\xi/l$, wobei q_0 die Belastungsordinate am Balkenende $\xi = l$ bezeichnet.

Lösung:

Die Auflagerkräfte ermitteln wir aus den Momenten – Gleichgewichtsbedingungen am freigemachten Balken durch Integration zu

$$A = \frac{1}{l} \int_{\xi=0}^{l} \frac{q_0}{l} (l-\xi)\, \xi\, d\xi = \frac{q_0}{l^2}\left(\frac{l^3}{2} - \frac{l^3}{3}\right) = \frac{q_0 l}{6}$$

und zu

$$B = \frac{q_0 l}{2} - A = \frac{q_0 l}{3}.$$

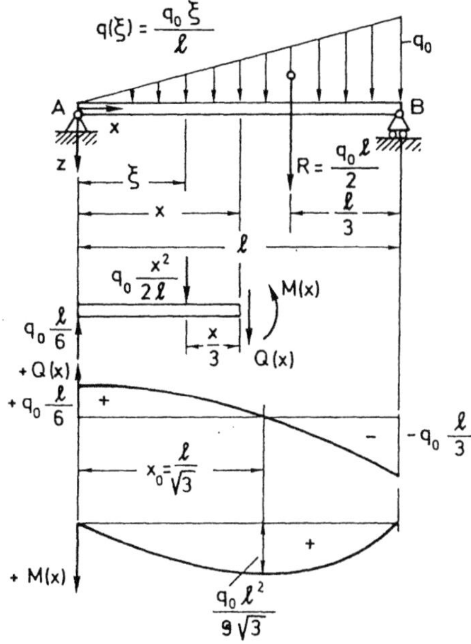

Bild 5-15

Für die Querkraft erhalten wir dann nach Gl. (5.32) mit $Q(x_0) = Q(0) = Q_0 = A$

$$Q(x) = \frac{1}{6} q_0 l - \frac{q_0}{l} \int_{\xi=0}^{x} \xi\, d\xi = \frac{1}{6} q_0 l - \frac{1}{2} q_0 \frac{x^2}{l} = \frac{q_0 l}{6}\left[1 - 3\left(\frac{x}{l}\right)^2\right],$$

also eine Parabel, deren Scheitelpunkt an der Stelle x = 0 liegt, wo $dQ/dx = - q_0 x/l = 0$ wird. Die Querkraft wird Null an der Stelle $x_0 = l/\sqrt{3} = 0{,}58\,l$. Dort hat das Biegemoment seinen Maximalwert. Wir errechnen für das Biegemoment nach (5.33) mit $M(x_0) = M(0) = M_0 = 0$

$$M(x) = M_0 + \int_{\xi=0}^{x} Q(\xi)\, d\xi = \frac{q_0 l}{6} \int_{\xi=0}^{x}\left[1 - 3\left(\frac{\xi}{l}\right)^2\right] d\xi = \frac{q_0 l^2}{6}\left[\left(\frac{x}{l}\right) - \left(\frac{x}{l}\right)^3\right].$$

Wir sehen nach Differentiation, daß tatsächlich $dM/dx = Q(x)$ erfüllt ist. Das maximale Biegemoment erhalten wir durch Einsetzen des Wertes $x_0 = l/\sqrt{3}$ in obige Gleichung zu
$M(l/\sqrt{3}) = M_{max} = q_0 l^2/(9\sqrt{3})$ (Bild 5-15).

Auf die Vorabberechnung der Auflagerkräfte A und B zur Bestimmung von Q_0 kann man dabei noch verzichten, wenn man die zweite physikalische Randbedingung, nämlich $M(l) = 0$ verwendet. Dann ist nach (5.34)

$$M(l) - M(0) = 0 = \int_{0}^{l} Q(x)\, dx = \int_{0}^{l}\left(Q_0 - \frac{1}{2} q_0 \frac{x^2}{l}\right) dx = Q_0 l - \frac{q_0 l^2}{6},$$

woraus wieder $Q_0 = q_0 l/6$ sowie $A = Q(0) = q_0 l/6$ und $B = - Q(l) = q_0 l/3$ folgen.

5.7.2 Gelenkträger (Gerberträger)

Der Gelenkträger nach Bild 5-16 besteht aus einem Kragträger AC, an dessen Ende C
ein zweiter Träger CD gelenkig angeschlossen ist. Wegen der sechs Auflager- und Bindungsreaktionen, also $b = 6$ und der $3n = 6$ Gleichgewichtsbedingungen ($n = 2$ starre Körper) ist
das System statisch bestimmt, also berechenbar (vgl. auch Bild 5-6e bzw. 5-11b). Als
Methode dafür steht nun entweder der elementare Weg über die Berechnung aller Auflager-
und Bindungsreaktionen sowie bereichsweise der Schnittlasten mit Hilfe der Gleichgewichtsbedingungen oder aber der Weg über die Schnittlasten-Differentialgleichung zur Verfügung.
Hier sei der letztere verfolgt. Dazu wird die Streckenlast $q(x)$ integriert, wobei wegen der
Unstetigkeit der Streckenlast bei C und der Unstetigkeit von Q bei B zweckmäßigerweise
der Gerberträger in die drei Bereiche

$$(I): \quad a < x < 3a \quad \text{mit} \quad q^I(x) = 0$$
$$(II): \quad 3a < x < 4a \quad \text{mit} \quad q^{II}(x) = 0$$
$$(III): \quad 4a < x < 6a \quad \text{mit} \quad q^{III}(x) = q_0$$

eingeteilt wird. Aus (5.32) folgt nun für die Querkraft in den jeweiligen Bereichen

$$(1) \quad Q^I(x) = -\int_0^x q^I(\bar{x})\, d\bar{x} + Q_0^I = Q_0^I$$

$$(2) \quad Q^{II}(x) = -\int_{3a}^x q^{II}(\bar{x})\, d\bar{x} + Q_0^{II} = Q_0^{II}$$

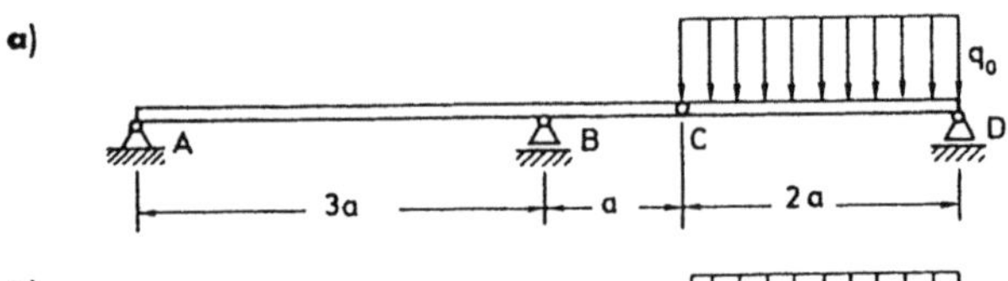

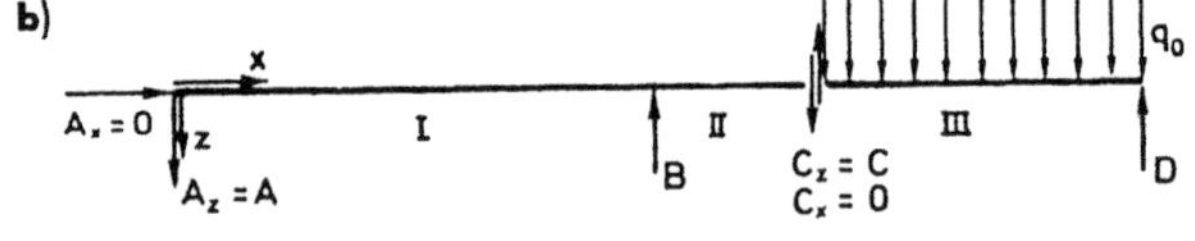

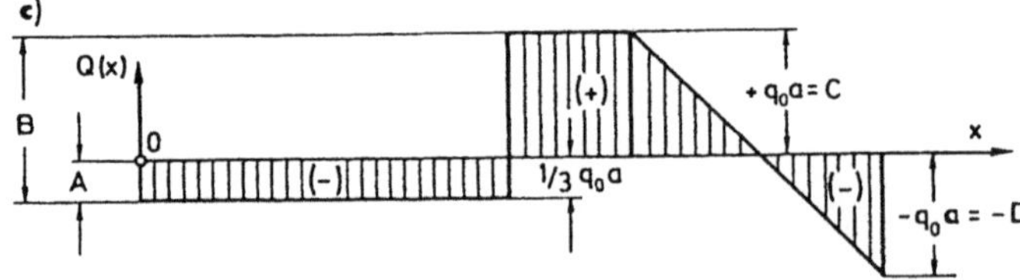

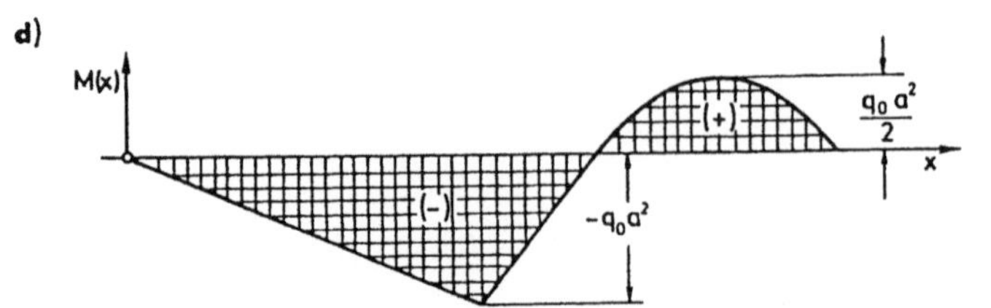

Bild 5-16

$$(3) \quad Q^{III}(x) = - \int_{4a}^{x} q^{III}(\bar{x})\,d\bar{x} + Q_0^{III} = - q_0(x - 4a) + Q_0^{III}$$

sowie aus (5.33) nach nochmaliger Integration das Moment in den jeweiligen Bereichen. Die sechs Integrationskonstanten Q_0^i und M_0^i werden nun im Anschluß an die Integration aus den Rand- und Übergangsbedingungen, die noch zu formulieren sind, bestimmt (vgl. Teil B dieser Aufgabe).

A. Soll die Konstante Q_0^{III} *sofort* bestimmt werden, dann muß eine Querkraft in diesem Bereich bekannt sein. Aus der Momentensumme des Balkens CD z.B. um C folgt für die Auflagerkraft bei D

$$D = q_0\,a = - Q^{III}(6a).$$

Also ist nach (3)

$$Q^{III}(6a) = - q_0\,2a + Q_0^{III} = - q_0\,a$$

mit dem Ergebnis für die Integrationskonstante $Q_0^{III} = q_0\,a$ und damit für die Querkraft in diesem Bereich

$$Q^{III}(x) = q_0\,a\left(5 - \frac{x}{a}\right). \tag{a}$$

Aus (2) folgt weiter

$$Q^{II}(x) = Q_0^{II} = \text{const}$$

mit der stetigen Übergangsbedingung (bei C wird keine Einzelkraft eingeleitet)

$$Q^{II}(4a) = Q_0^{II} = Q^{III}(4a) = q_0\,a.$$

Damit ist

$$Q^{II}(x) = q_0\,a. \tag{b}$$

Aus (1) folgt schließlich

$$Q^{I}(x) = Q_0^{I},$$

wobei Q_0^{I} jedoch nicht aus einer stetigen Übergangsbedingung zum Bereich II bestimmbar ist, da bei B eine Kraft, die außerdem noch unbekannt ist, eingeleitet wird. Aber aus (5.34) folgt wegen des Gelenkes bei C und des gelenkigen Auflagers bei A

$$\int_{0}^{4a} Q(x)\,dx = M(4a) - M(0) = 0 = \int_{0}^{3a} Q_0^{I}\,dx + \int_{3a}^{4a} Q_0^{II}\,dx = Q_0^{I} \cdot 3a + Q_0^{II}\,a.$$

Damit muß das Integral über die Querkraftkurve für den Balkenteil AC verschwinden, woraus mit (b) die Konstante Q_0^{I}

$$Q_0^{I} = - \frac{q_0\,a}{3}$$

folgt. Damit ist schließlich

$$Q^I(x) = -\frac{1}{3}\, q_0\, a. \tag{c}$$

Neben der Querkraftkurve $Q(x)$ nach (a), (b) und (c) für alle $0 \leqslant x \leqslant 6a$ sind damit auch sämtliche Auflagerkräfte und die Gelenkbindungskraft bei C bestimmt. Denn es ist (vgl. Bild 5-16):

$$
\begin{aligned}
-Q^I(0) &= +A = \frac{1}{3}\, q_0\, a \\
Q^{II}(3a) - Q^I(3a) &= B = q_0\, a + \frac{1}{3}\, q_0\, a = \frac{4}{3}\, q_0\, a \\
Q^{II}(4a) = Q^{III}(4a) &= C = q_0\, a \\
-Q^{III}(6a) &\qquad\;\; = D = q_0\, a
\end{aligned}
\tag{d}
$$

Für die Momente gilt Entsprechendes, wobei statt von (5.32) nun von (5.33) auszugehen ist und das Ergebnis für $Q(x)$ nach (a) bis (d) dabei Verwendung findet. Für den Bereich III wird

$$M^{III}(x) = \int_x Q^{III}(\bar{x})\, d\bar{x} + M_0^{III} = \frac{q_0\, a^2}{2}\left[10\left(\frac{x}{a}\right)-\left(\frac{x}{a}\right)^2\right] + M_0^{III}.$$

Wegen $M^{III}(4a) = M^{III}(6a) = 0$ folgt $M_0^{III} = -12\, q_0\, a^2$

und somit

$$M^{III}(x) = \frac{q_0\, a^2}{2}\left[-24 + 10\left(\frac{x}{a}\right)-\left(\frac{x}{a}\right)^2\right]. \tag{e}$$

Für den Bereich II gilt

$$M^{II}(x) = \int_x Q^{II}(\bar{x})\, d\bar{x} + M_0^{II} = q_0\, a^2\left(\frac{x}{a}\right) + M_0^{II}.$$

Wieder ist $M^{II}(4a) = 0$, d.h. $M_0^{II} = -4\, q_0\, a^2$ und

$$M^{II}(x) = \frac{q_0\, a^2}{2}\left[2\left(\frac{x}{a}\right)-8\right]. \tag{f}$$

Schließlich ist für den Bereich I

$$M^I(x) = \int_x Q^I(\bar{x})\, d\bar{x} + M_0^I = -\frac{q_0\, a^2}{3}\left(\frac{x}{a}\right) + M_0^I,$$

wobei wegen der Stetigkeit der Momentenkurve (bei B wird kein Moment, sondern eine Kraft eingeleitet – die Momentenkurve hat einen Knick, jedoch keinen Sprung) die Beziehung $M^I(3a) = M^{II}(3a)$ gilt, so daß also für M_0^I folgt:

$$M_0^I = M^{II}(3a) + q_0\, a^2 = 0.$$

Damit ist schließlich

$$M^I(x) = -\frac{1}{3}\, q_0\, a^2\left(\frac{x}{a}\right). \tag{g}$$

Für x = 0 ist $M^I(0) = 0$, was als Kontrolle dienen kann, da am Ende eines gelenkig gelagerten Balkens kein Moment aufgenommen werden kann. Die Ergebnisse a) bis g) sind in Bild 5-16c, d dargestellt.

B. Die zuletzt nur als Kontrolle verwendete Randbedingung $M^I(0) = 0$ hätte man auch von vornherein neben den verwendeten Rand- und Übergangsbedingungen zur Lösung heranziehen können. Dann stehen für die sechs unbekannten Integrationskonstanten, nämlich Q_0 und M_0 für jeden der drei Bereiche I, II, III insgesamt sechs Rand- und Übergangsbedingungen für das Verhalten der Querkraft oder des Biegemomentes an bestimmten Stellen x_0 zur Verfügung (physikalische Randbedingungen). Diese physikalischen Bedingungen sind in diesem Falle die von vornherein infolge der Bindungen an den Bereichsgrenzen auffindbaren Bedingungen:

1. $M^I(0) = 0$	3. $M^{III}(4a) = 0$	5. $M^I(3a) = M^{II}(3a)$
2. $M^{II}(4a) = 0$	4. $M^{III}(6a) = 0$	6. $Q^{II}(4a) = Q^{III}(4a)$

Damit sind sämtliche Integrationskonstanten Q_0^i und M_0^i bestimmbar. Man kann so auch wieder die einzige, oben verwendete Gleichgewichtsbedingung am Teilkörper CD zur Berechnung der Auflagerkraft D einsparen und somit das Problem konsequent allein durch Integration der Schnittlasten-Differentialgleichungen unter Anpassung an die physikalischen Rand- und Übergangsbedingungen lösen. Die Auflager- und Gelenkkräfte ergeben sich dann aus den Schnittlastenwerten an den Stellen der Auflager oder Bindungen. Die Gleichgewichtsbedingungen für das System oder für Teile des Systems können dann lediglich zur Kontrolle der Ergebnisse herangezogen werden.

5.7.3 Rahmen

Rahmen sind Tragwerke, die aus Balken zusammengesetzt sind, wobei die einzelnen Balken zueinander gewisse Winkel ($\neq 0$) einschließen. Die Balken können gelenkig oder steif miteinander verbunden sein. Zur Erfüllung der Bedingung der statischen Bestimmtheit des Systems sind den Ausführungen des Abschnittes 5.3 folgend nur gewisse Bindungskonstellationen zugelassen. So sind die nach Bild 5-17 skizzierten Tragwerke zwar sämtlich Beispiele für Rahmen, jedoch sind nur die Fälle c) und d) wegen $3n = b$ statisch bestimmt, während der Fall a) wegen $n = 1$, also $3n = 3$ und $b = 6$ dreifach statisch unbestimmt sowie der Fall b) wegen $n = 3$, also $3n = 9$ und $b = 2 + 2 + 2 + 2 = 8$ einfach kinematisch ist.

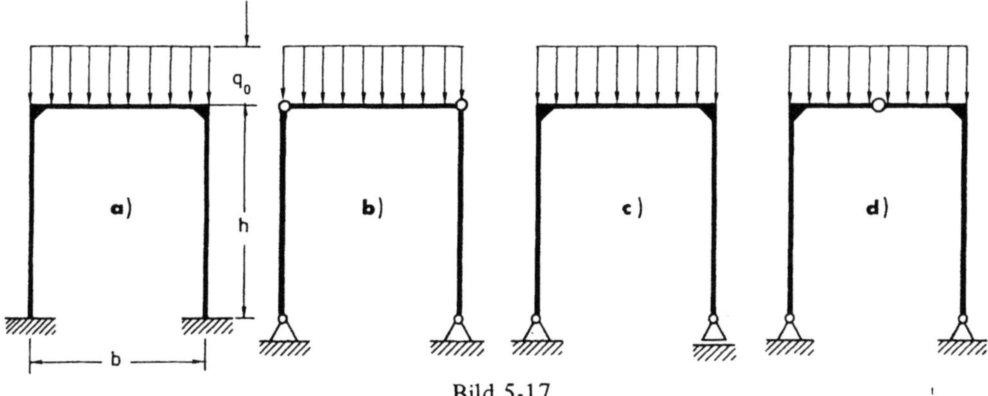

Bild 5-17

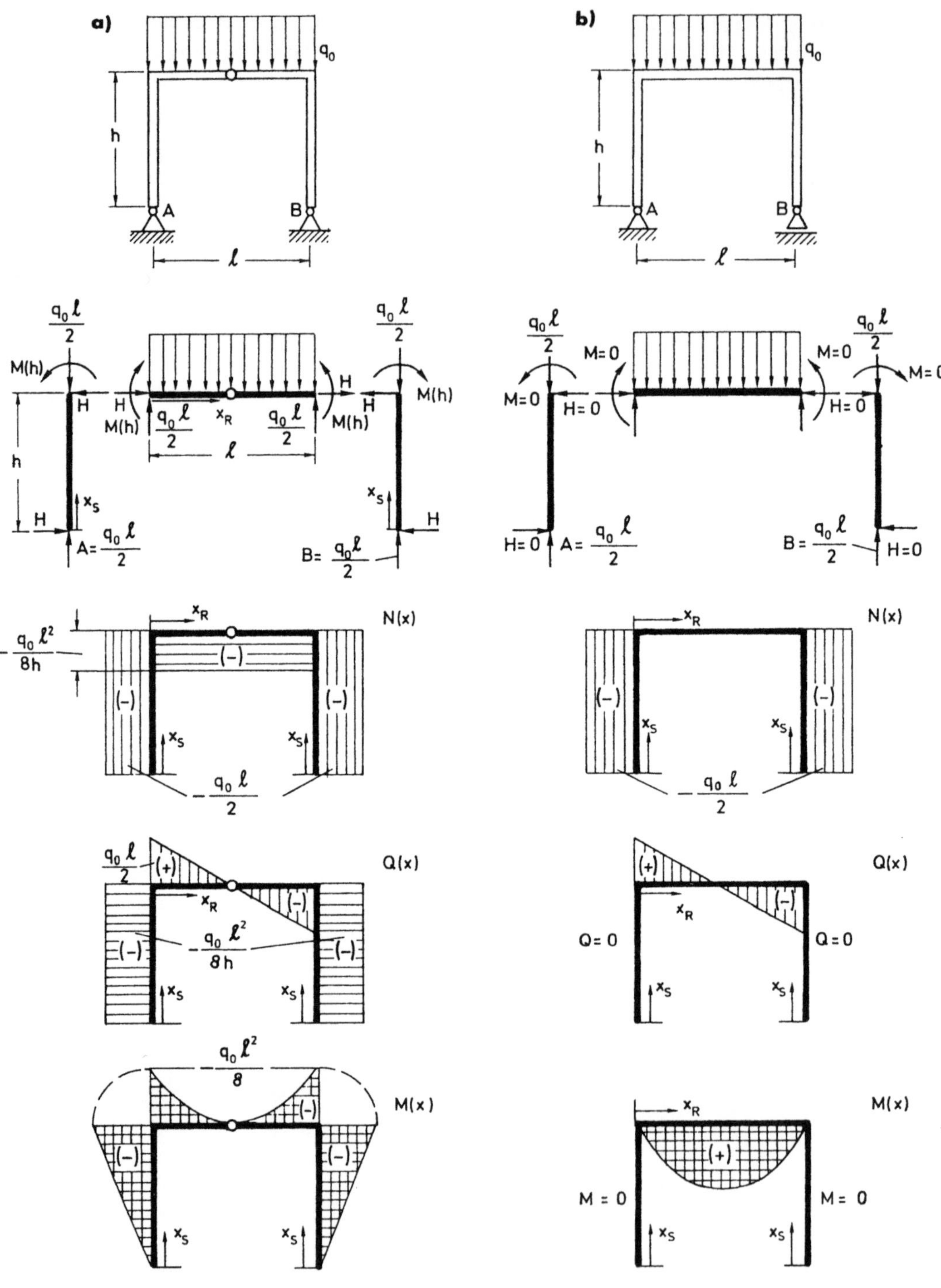

Bild 5-18

Wieder übertragen die Gelenke nur eine beliebig gerichtete Gelenkkraft, also zwei Komponenten einer Kraft, jedoch keine Momente. Im Gegensatz dazu sind die Ecken als „biegesteif" anzusehen. Sie übertragen alle drei möglichen ebenen Schnittlasten, also zwei Kraftkomponenten und ein Biegemoment (vgl. (5.31)). Durch die in den Beispielen an den Ecken rechtwinklig angeschlossenen Balken ist zusätzlich zu beachten, daß die Normalkraft in den senkrechten Balken (Stielen) zu Querkräften in den waagerechten Balken (Riegeln) und die Querkräfte in den Stielen zu Normalkräften in den Riegeln werden. Die Biegemomente bleiben für Stiel und Riegel Biegemomente (vgl. Bild 5-18).

Im übrigen verlaufen die Rechnungen wie in den vorstehenden Abschnitten, wonach wieder die Methode des Schneidens unter Anwendung der Gleichgewichtsbedingungen oder die Methode über die Schnittlasten-Differentialgleichungen zur Verfügung stehen.

Beispiel 1: Für den Rahmen nach Bild 5-17d erhält man mit den Bezeichnungen nach Bild 5-18a

$$A = B = \frac{q_0 l}{2}, \quad H_l = H_r = \frac{q_0 l^2}{8h} = H$$

sowie für die Schnittlasten im Stiel

$$N(x_s) = -A = -\frac{q_0 l}{2}; \quad Q(x_s) = -H = -\frac{q_0 l^2}{8h}; \quad M(x_s) = -Hx_s = -\frac{q_0 l^2}{8}\left(\frac{x_s}{h}\right)$$

und für die Schnittlasten im Riegel

$$N(x_R) = -H = -\frac{q_0 l^2}{8h}; \quad Q(x_R) = \frac{q_0 l}{2}\left(1 - 2\frac{x_R}{l}\right); \quad M(x_R) = -\frac{q_0 l^2}{8}\left[1 + 4\left(\frac{x_R}{l}\right)^2 - 4\left(\frac{x_R}{l}\right)\right].$$

Beispiel 2: Für den Rahmen nach Bild 5-17c erhält man mit den Bezeichnungen nach Bild 5-18b

$$A = B = \frac{q_0 l}{2}, \quad H_r = H_l = 0 = H$$

sowie für die Schnittlasten in den Stielen

$$N(x_s) = -A = -\frac{q_0 l}{2}; \quad Q(x_s) = 0; \quad M(x_s) = 0$$

und im Riegel

$$N(x_R) = 0; \quad Q(x_R) = \frac{q_0 l}{2}\left(1 - 2\frac{x_R}{l}\right); \quad M(x_R) = -\frac{q_0 l^2}{8}\left[4\left(\frac{x_R}{l}\right)^2 - 4\left(\frac{x_R}{l}\right)\right].$$

Es ist bemerkenswert, wie unterschiedlich sich beide Rahmen hinsichtlich ihrer Schnittlasten verhalten, d.h. auch wie verschieden sie beide nach Qualität und Quantität sowie nach Lage ihrer Extremwerte beansprucht werden, obwohl beide Rahmen die gleichen Abmessungen haben und mit der gleichen Streckenlast belastet sind.

5.7.4 Ebene Fachwerke

Brückenträger, Dachbinder, Kräne, Gerüste u.a.m. sind in der Regel technische Anwendungen von Tragwerken, die aus einer endlichen Zahl von Stäben zusammengesetzt sind (Bild 5-19). Dabei sind die Stäbe nur an ihren Enden miteinander verbunden. Diese Verbindungsstellen nennt man *Knoten*. Nimmt man nun idealisierend an, daß

1. die *Knoten reibungsfreie Gelenke* sind, so daß keine Momente von einem Stab auf die anschließenden Stäbe übertragen werden und

2. die *äußeren Kräfte* (Belastungen und Bindungen) *nur in den Knoten* angreifen,

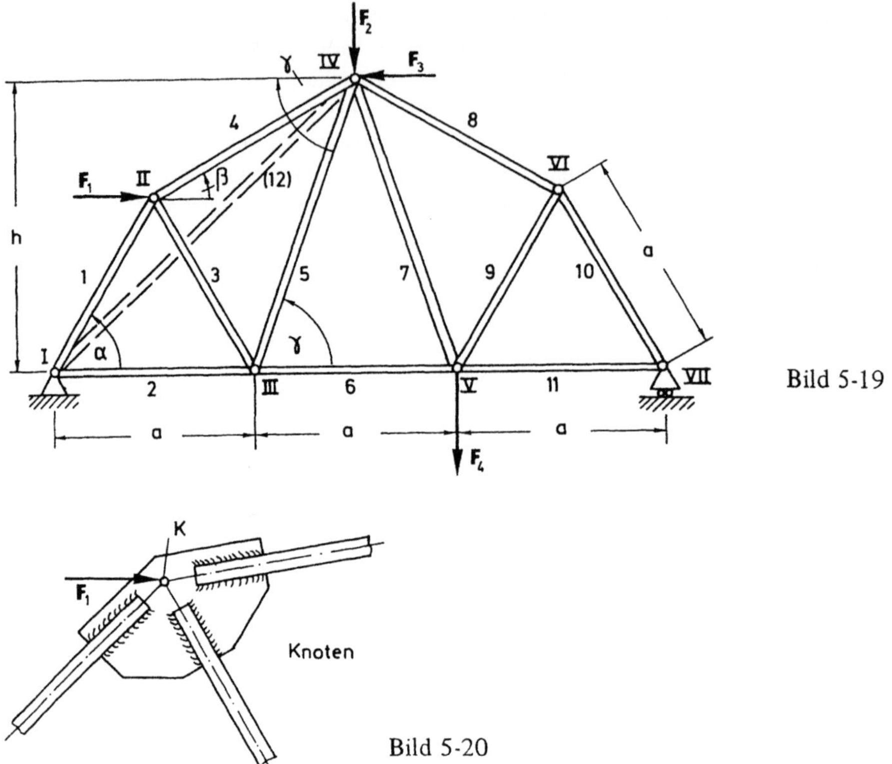

Bild 5-19

Bild 5-20

dann ist das Tragwerksystem ein *Fachwerk*. Liegen sämtliche Stäbe dabei in einer Ebene, die auch die Lastebene ist (s. 5.6.5), so ist das Tragwerk ein *ebenes* Fachwerk.

Die Voraussetzungen scheinen zunächst mit der technischen Realität im Widerspruch zu stehen, da i.a. die Fachwerkstäbe an ihren Enden mittels sog. Knotenbleche (z.B. entsprechend Bild 5-20) zusammengenietet oder -geschweißt werden, so daß eigentlich „eckensteife" Knoten (vgl. 5.7.3) verbunden mit der Übertragbarkeit von Biegemomenten vorliegen. Wenn man aber dafür sorgt, daß sich alle Stabachsen in einem Punkt, dem Knotenpunkt K schneiden, so ist der durch die idealisierende Annahme reibungsfreier Gelenke gemachte Fehler bei den meist aus schlanken Stäben bestehenden Fachwerken verhältnismäßig klein und somit ist das Ergebnis eine brauchbare Näherung für das reale Fachwerk.

Auch die zweite Annahme über den Angriff der äußeren Lasten nur in den Knoten läßt sich physikalisch begründen, wenn man sich klarmacht, daß z.B. das als Streckenlast über die Stablänge verteilte Eigengewicht der Stäbe klein gegenüber den Lasten und den übertragenen Schnittgrößen ist und somit i.a. ganz vernachlässigt oder auf die angrenzenden beiden Knoten jedes Stabes verteilt werden kann.

Mit der Gültigkeit der beiden Voraussetzungen ist nun als Folge verbunden, daß die Stäbe dann nur Kräfte und diese nur in ihrer Längsrichtung übertragen können. Das ist wie folgt beweisbar (Bild 5-21): Wenn nämlich die Stabenden wegen der Knotengelenke in K_1 und K_2 momentenfrei sind, dann können dort nur Kräfte S_1 und S_2 zunächst beliebiger Richtung wirken. Da auf den Stab nach Voraussetzung 2. zwischen K_1 und K_2 keine weitere Belastung oder Reaktionskraft einwirkt, ist die Freimachungsskizze nach Bild 5-21 die prinzipiell einzig mögliche. Aus dieser folgt dann aber über die Momenten-Gleichgewichts-bedingung z.B. um K_2 sofort

$$\Sigma M^a_{K_2} = 0 = s \times S_1 \, ,$$

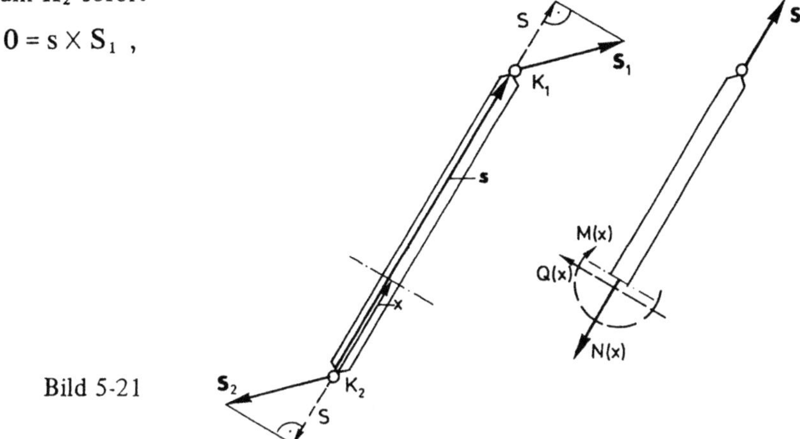

Bild 5-21

woraus wegen $s \neq 0$ und $S_1 \neq 0$ unmittelbar

$$s \parallel S_1 \parallel S_2 \tag{5.35a}$$

folgt. Also ist die Stabkraft stets parallel zur Stablängsachse. Aus der Kraft-Gleichgewichts-bedingung folgt dann auch noch wegen

$$\Sigma F_n = S_1 + S_2 = 0$$

$$S_1 = -S_2 \equiv S \tag{5.35b}$$

und aufgrund der bewiesenen Parallelität von S_1 und S_2

$$S_1 = S_2 = S \tag{5.35c}$$

Für die Schnittlasten in jedem Stab bedeutet das, daß für jeden Schnitt bei x aus Gleichge-wichtsgründen nur Normalkräfte übertragen werden, also

$$N(x) = S = const, \quad Q(x) = 0, \quad M(x) = 0 \tag{5.36}$$

Dabei sei $S > 0$, wenn Zug im Stab wirkt und $S < 0$, wenn der Stab ein Druckstab ist. Die bisherigen Überlegungen können zusammengefaßt werden im

Satz 5.9:
Liegt ein Tragwerk aus gelenkig angeschlossenen Stäben mit sämtlichen äußeren Lasten in den Knoten, also ein Fachwerk vor, so übertragen alle Stäbe des Fach-werkes nur konstante Kräfte in ihrer Längsrichtung, also konstante Normalkräfte N (Zug oder Druck) und sind im übrigen querkraft- und momentenfrei.

Ein solches Fachwerk ist als Tragkonstruktion natürlich nur dann brauchbar, wenn sich die Knoten für jede beliebige äußere Belastung nicht verschieben. Dabei wird von den durch die Längskräfte in den Stäben immer auftretenden, im Vergleich zu den Längsabmessungen der Einzelstäbe sehr geringen Deformationen (Verlängerungen, Verkürzungen), die ohnehin nicht Gegenstand dieses Kapitels sind, abgesehen. Es muß also neben der statischen Bestimmtheit zum Ziele der Berechenbarkeit des Systems auch die kinematische Bestimmtheit des Systems festgestellt werden. Diese kinematische Bestimmtheit als Ausdruck der Unverschieblichkeit der Knoten hängt dabei von der Bildungsweise des Fachwerks ab. So ist offensichtlich, daß z.B. bei Entnahme des Stabes 6 im Stabwerk nach Bild 5-19 zwar noch ein Fachwerk, aber dann kein unverschiebliches Fachwerk mehr vorliegt. Umgekehrt kann jedoch im gleichen Fachwerk ein weiterer Stab (z.B. Stab 12) hinzugefügt werden, ohne daß sich die Unverschieblichkeit des ursprünglichen Fachwerkes mit seinen $k = 7$ Knoten und $s = 11$ Stäben ändert. Offenbar gibt es für jedes Fachwerk eine Minimalzahl von Stäben bei gesicherter kinematischer Bestimmtheit, die nur durch „überzählige" Stäbe vergrößert werden kann. Auf diese Weise kommt man im einfachsten Fall zu einem Fachwerk aus drei Stäben mit drei Knoten (Dreiecks-Fachwerk; $k = s = 3$). Dieses läßt sich durch Hinzunahme immer neuer Dreiecke ausbauen, indem für jeden neuen Knoten $\hat{k} = k - 3$ zwei weitere Stäbe $\hat{s} = s - 3 = 2\hat{k}$ hinzugefügt werden müssen. Man erhält so ein *Dreiecks- oder einfaches Fachwerk* mit k Knoten und entsprechend s Stäben, wobei als Abzählbedingung für s aus den vorstehenden Gleichungen folgt

$$s = 2\hat{k} + 3 = 2k - 3 \qquad\qquad\qquad (5.37)$$

Für das spezielle Dreiecksfachwerk ist die Bedingung (5.37) notwendig und auch hinreichend für die Unverschieblichkeit der Knoten.

Für das allgemeine Fachwerk ist jedoch (5.37) nur notwendig, jedoch nicht hinreichend für die Unverschieblichkeit. Den obigen Ausführungen entsprechend können bzw. müssen dazu überzählige Stäbe eingebaut werden, so daß dann gilt

$$s \geqslant 2k - 3 \qquad\qquad\qquad (5.38)$$

Nimmt man nämlich den Stab 7 des Fachwerks von Bild 5-19, für das tatsächlich $s = 11 = 2 \cdot 7 - 3$ nach Gl. (5.37) erfüllt ist, heraus und setzt dafür den Stab 12 zwischen die Knoten I und IV ein, so wäre zwar dadurch die (notwendige) Bedingung nach (5.37) nicht verletzt, dennoch ließen sich dann die beiden durch die Stäbe 1, 2, 4, 5 bzw. die Stäbe 9, 10, 11 gebildeten Systemteile, die dann nur noch durch die Stäbe 6 und 8 miteinander verbunden sind, um endliche Winkel gegeneinander verschieben. Das Gebilde wird dadurch beliebig beweglich und als Tragwerk unbrauchbar. In diesem Falle wäre das Fachwerk aber auch nicht mehr im beschriebenen Sinne aus Dreiecken aufgebaut, sondern enthält ein kinematisches Gelenkviereck III, IV, V, VI. Würde man dagegen zwar Stab 7 fortnehmen und durch einen die Knoten II und V verbindenden Stab ersetzen, so wäre die Unverschieblichkeit des Fachwerkes wieder gesichert.

Zur Berechnung des Fachwerkes bei vorausgesetzter Unverschieblichkeit seiner Knoten ist nun die statische Bestimmtheit entscheidend. Da das Fachwerk in sich starr sein soll, kann man es zunächst als Ganzes wie eine starre Scheibe behandeln und in bekannter Weise $a = 3$ Auflagerkräfte aus den $3n = 3$ Gleichgewichtsbedingungen ermitteln. Das System ist damit äußerlich statisch bestimmt. (Ausnahmen s. Abs. 5.2 und 5.3). Sollte von vornherein $a > 3 = 3n$ sein, so ist das Fachwerk äußerlich statisch unbestimmt und nur für spezielle Stabanordnungen mit den folgenden Methoden berechenbar.

Zur Bestimmung der einzelnen Stabkräfte ist das Fachwerk nun als ein System von s Stäben (s starre Körper) aufzufassen, welches nach Satz 5.3 dann im Gleichgewicht ist, wenn jeder einzelne Stab für sich im Gleichgewicht ist. Man kann also das Fachwerk in seine s Stäbe (*Stabschnittverfahren*) zerlegen und für jeden dieser s Stäbe die in der Ebene vorhandenen drei Gleichgewichtsbedingungen, also insgesamt 3 s Gleichgewichtsbedingungen formulieren. Stehen diesen 3 s Gleichungen genau $a + b$ Unbekannte gegenüber, wobei a die Zahl der Auflagerreaktionen und b die Zahl der Bindungsreaktionen ist, so ist das System nach Def. 5.2 prinzipiell äußerlich und innerlich statisch bestimmt und damit berechenbar.

Die Zahl der Bindungsreaktionen kann man dabei stets ermitteln, da man weiß, daß in einem Gelenk mit *zwei* angeschlossenen Stäben genau *zwei* Kraftkomponenten und kein Moment (Tabelle 5.1, Fall 8) — und für jeden *weiteren* Stab am Gelenk wieder genau *zwei* weitere Kraftkomponenten übertragen werden, d.h. an jedem Knoten ist

$$b_K = 2(s-1) \quad \text{und ingesamt} \quad b = \sum_K b_K .$$

Im Beispiel nach Bild 5-19 wäre demnach $a = 3$ und in der Reihenfolge der Knoten (I, II, ... , VII)

$$b = \sum_1^7 b_K = 2 + 4 + 6 + 6 + 6 + 4 + 2 = 30,$$

also sind hier insgesamt $a + b = 33$ unbekannte Reaktionskräfte zu bestimmen. Dem stehen $3n = 3s = 33$ Gleichgewichtsbedingungen gegenüber, so daß das vorliegende Fachwerk äußerlich und innerlich statisch bestimmt ist.

Damit ist zunächst gezeigt, daß sich die Bestimmung der statischen Bestimmtheit auch im Falle der Fachwerke prinzipiell nicht anders darstellt als im Grundsatz nach Abschnitt 5.3. Jedoch berücksichtigt dieses Verfahren nicht die bereits mit (5.35) bewiesene Tatsache, daß die Stäbe nur Kräfte und zwar nur in Stablängsrichtung aufnehmen können. Demnach sind also die a Auflagerreaktionen und nach (5.36) nur die s Stabkräfte der s Stäbe (für jeden Stab nur die Größe der konstanten Normalkraft), d.h. also nur $a + s$ Unbekannte zu bestimmen.

Im Beispiel von Bild 5-19 mit 11 Stäben und 3 Auflagerreaktionen sind das also dann nicht mehr 33, sondern nur noch 14 zu berechnende Größen. Dieser Unterschied ist auch hinsichtlich der Ökonomie der Berechnungsverfahren bei komplexeren Systemen von großer Bedeutung, unabhängig davon, ob eine analytische oder eine numerische Berechnung vorgenommen wird.

Berücksichtigt man nun noch, daß die Momentenbedingungen für den Nachweis der Wirkungsrichtung der Stabkräfte (5.35a) bereits verbraucht sind, so können auch unmittelbar die k Knoten statt der s Stäbe freigeschnitten werden *(Knotenschnittverfahren)*. Da auch sie im Gleichgewicht sein müssen, wenn das Gesamtsystem ein statisches sein soll und die Momente dort identisch verschwinden, fallen somit 2k Gleichgewichtsbedingungen, nämlich für jeden Knoten nur $\Sigma X_k = 0$ und $\Sigma Y_k = 0$ an (vgl. Bild 5-20 und 5-22).

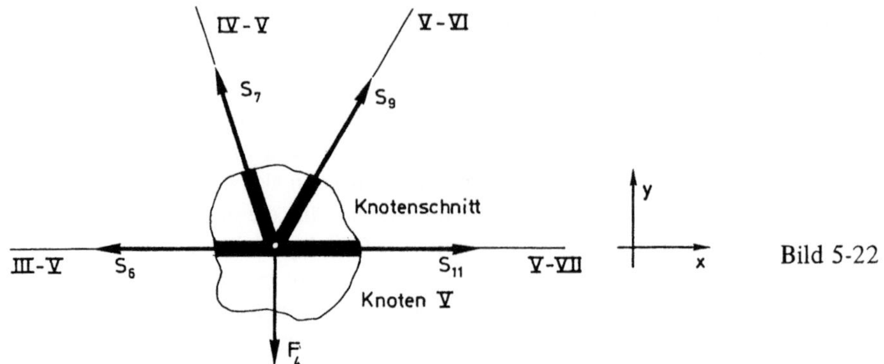

Da nach (5.37) für k = 3 auch s = k, aber für alle anderen k > 3 stets k < s ist, dezimiert sich also das zu lösende Gleichungssystem bei Anwendung des „Knotenschnittverfahrens" im Vergleich zum „Stabschnittverfahren" um das Verhältnis der 2k Knotengleichungen zu den 3s Stabgleichungen (im Beispiel also im Verhältnis 14 : 33!).

Die notwendige Bedingung für die innere statische Bestimmtheit eines Fachwerks ist daher statt a + b = 3s auch

$$a + s = 2k \tag{5.39}$$

Liegt ein äußerlich statisch bestimmtes System (a = 3) vor, so ist es demnach auch innerlich statisch bestimmt, wenn die Zahl der Stäbe die Bedingung

$$s = 2k - 3 \tag{5.40}$$

erfüllt. Diese Bedingung stimmt mit der Mindestbedingung (5.37) für die Zahl der Stäbe bei gleichzeitiger Unverschieblichkeit eines speziellen Dreiecks-Fachwerks überein. Ist dagegen

$$s > 2k - 3 \tag{5.41}$$

so sind „überzählige" Stäbe vorhanden und das Fachwerk ist innerlich statisch unbestimmt.

Wieder sind (5.39) und (5.40) nur notwendige, jedoch nicht hinreichende Bedingungen für die innere statische Bestimmtheit.

Die Gleichgewichtsbedingungen für jeden der k Knoten lauten nun vektoriell

$$\sum_{j=1}^{J} \mathbf{S}_{ij} = -\mathbf{F}_i, \tag{5.42}$$

wenn i = 1 ... k der jeweilige Knoten und j = 1 ... J der Zählindex für die an einem Knoten jeweils angreifenden Auflager-, Last- und Stabkräfte ist (vgl. Bild 5-22: i = 5; j = 1, 2, 3, 4, 5). Die k vektoriellen Gleichgewichtsbedingungen (5.42) stellen, jeweils in z.B. horizontaler und vertikaler Richtung zerlegt, ein System von 2k skalaren, inhomogenen, linearen Gleichungen für die S_{ij} dar. Dieses Gleichungssystem ist nur dann lösbar, wenn seine Koeffizientendeterminante von Null verschieden ist. Erst diese Bedingung zusammen mit Gleichung (5.39) bzw.

(5.40) ist die *notwendige und hinreichende* Bedingung für die innere statische Bestimmtheit des Systems. Es gilt also

---

Satz 5.10:

Das ebene, äußerlich statisch bestimmte, einfache Fachwerk ist unverschieblich und innerlich statisch bestimmt, falls es bei k Knoten aus s = 2k − 3 Stäben besteht und die Koeffizientendeterminante des Gleichungssystems für das Gleichgewicht der Knoten nicht verschwindet.

Die rechnerische Lösung sei am Beispiel nach Bild 5-19, für das die äußerliche statische Bestimmtheit mit a = 3 und die Erfüllung der notwendigen Bedingung (5.40) mit

$$s = 2k - 3 = 11 = 2 \cdot 7 - 3$$

bereits feststeht, erläutert:

Für jeden der k = 7 Knoten werden die beiden skalaren Gleichgewichtsbedingungen nach (5.42) aufgestellt, indem man nach Bild 5-22 Ringschnitte um die Knoten führt. Dabei werden die unbekannten Stabkräfte als Zugkräfte positiv, die unbekannten Auflagerkräfte i.a. willkürlich und die Lasten der Vorgabe entsprechend angesetzt. Man erhält für $i = 1, \ldots , k = 7$ die $2k = 14$ Gleichungen:

Gleichung Nr.	Knoten Nr.	Kräfte (Zahl)	Richtung									
1	1	4	x	$S_1 \cos\alpha + S_2 + 0$	$+ 0$	$+ 0$	$+ \ldots + 0$	$+ 0$	$+ A_x$	$+ 0$	$+ 0 =$	0
2	1	4	y	$S_1 \sin\alpha + 0 + 0$	$+ 0$	$+ 0$	$+ \ldots + 0$	$+ 0$	$+ 0$	$+ A_y$	$+ 0 =$	0
3	2	4	x	$-S_1 \cos\alpha + 0 + S_3 \cos\alpha$	$+ S_4 \cos\beta + 0$		$+ \ldots + 0$	$+ 0$	$+ 0$	$+ 0$	$+ 0 =$	$-F_1$
4	2	4	y	$-S_1 \sin\alpha + 0 - S_3 \sin\alpha$	$+ S_4 \sin\beta + 0$		$+ \ldots + 0$	$+ 0$	$+ 0$	$+ 0$	$+ 0 =$	0
5	3	4	x	$0 \quad -S_2 - S_3 \cos\alpha$	$+ 0$	$+ S_5 \cos\gamma$	$+ \ldots + 0$	$+ 0$	$+ 0$	$+ 0$	$+ 0 =$	0
6	3	4	y	$0 \quad + 0 + S_3 \sin\alpha$	$+ 0$	$+ S_5 \sin\gamma$	$+ \ldots + 0$	$+ 0$	$+ 0$	$+ 0$	$+ 0 =$	0
7	4	6	x	$0 \quad + 0 + 0$	$-S_4 \cos\beta$	$-S_5 \cos\gamma$	$+ \ldots + 0$	$+ 0$	$+ 0$	$+ 0$	$+ 0 =$	$+F_3$
8	4	6	y	$0 \quad + 0 + 0$	$-S_4 \sin\beta$	$-S_5 \sin\gamma$	$+ \ldots + 0$	$+ 0$	$+ 0$	$+ 0$	$+ 0 =$	$+F_2$
9	5	4	x	$0 \quad + 0 + 0$	$+ 0$	$+ 0$	$+ \ldots + 0$	$+ S_{11}$	$+ 0$	$+ 0$	$+ 0 =$	0
10	5	4	y	$0 \quad + 0 + 0$	$+ 0$	$+ 0$	$+ \ldots + 0$	$+ 0$	$+ 0$	$+ 0$	$+ 0 =$	$+F_4$
11	6	3	x	$0 \quad + 0 + 0$	$+ 0$	$+ 0$	$+ \ldots + S_{10} \cos\alpha$	$+ 0$	$+ 0$	$+ 0$	$+ 0 =$	0
12	6	3	y	$0 \quad + 0 + 0$	$+ 0$	$+ 0$	$+ \ldots - S_{10} \sin\alpha$	$+ 0$	$+ 0$	$+ 0$	$+ 0 =$	0
13	7	3	x	$0 \quad + 0 + 0$	$+ 0$	$+ 0$	$+ \ldots - S_{10} \cos\alpha$	$-S_{11}$	$+ 0$	$+ 0$	$+ 0 =$	0
14	7	3	y	$0 \quad + 0 + 0$	$+ 0$	$+ 0$	$+ \ldots + S_{10} \sin\alpha$	$+ 0$	$+ 0$	$+ 0$	$+ B =$	0

Aus dem vorstehenden Gleichungssystem können z.B. numerisch die 11 Stabkräfte sowie die 3 Auflagerkräfte A_x, A_y und B bestimmt werden, da neben der Erfüllung der notwendigen Bedingung (5.40) und der Gleichgewichtsbedingungen (5.42) die Koeffizientendeterminante verschieden von Null ist.

Neben dem Stabschnitt-Verfahren und dem Knotenschnitt-Verfahren, die bei Erfüllung der formulierten Voraussetzungen und Bedingungen mit jeweils mehr oder weniger Aufwand, aber stets und auch im Falle räumlicher Fachwerke (s. Anmerkung 2, S. 252) zum Ziele führen, sind eine Reihe von zusätzlichen Verfahren bekannt, die entweder eine analytische, numerische und/oder grafische Berechnung von Fachwerken gestatten.

Speziell für ebene Fachwerke war die Ermittlung der Stabkräfte nach dem grafischen Verfahren des CREMONA-*Plans* bis vor einigen Jahren üblicher Standard. Durch die Entwicklung der numerischen Verfahren und der elektronischen Rechner in letzter Zeit sind jedoch die grafischen Verfahren zunehmend durch die analytisch-numerischen Verfahren verdrängt worden. Aus diesem Grunde sei im Rahmen dieses Buches auf die Darstellung der grafischen Verfahren im allgemeinen und des CREMONA-Plans im besonderen verzichtet, zumal es Beispiele gibt, in denen das zeichnerische CREMONA-Verfahren ohnehin versagt (vgl. hierzu die einschlägigen Abhandlungen z.B. in [20], [69] und [41]).

Dagegen ist in Ergänzung des Knotenschnitt-Verfahrens, insbesondere dann, wenn gezielt einzelne Stäbe des Fachwerks berechnet werden sollen, das RITTER*sche Schnittverfahren* nach wie vor von Bedeutung. Das Verfahren beruht wieder auf Satz 5.3, wonach ein System im Gleichgewicht ist, wenn auch jedes seiner Teile im Gleichgewicht ist. Hier wird als Teil jedoch nicht ein einzelner Stab oder ein Knoten, sondern eines der beiden Teilfachwerke betrachtet, die sich durch einen Schnitt mit Trennung des ursprünglichen Fachwerkes in zwei Teile ergeben. Dabei muß der Schnitt so geführt werden, daß von ihm genau *drei, nicht durch einen Punkt hindurchgehende* Stäbe geschnitten werden (Bild 5-23). Durch diese Trennung werden drei Stabkräfte zu äußeren Kräften, die kein zentrales Kraftsystem bilden und daher über die drei für das ebene Restfachwerk formulierbaren Gleichgewichtsbedingungen berechenbar sind. Dazu müssen die Auflagerkräfte zuvor, also am ungeschnittenen Fachwerk, berechnet worden sein, was wiederum nur möglich ist, wenn das Fachwerk äußerlich statisch bestimmt ist. Das RITTER-Verfahren setzt damit also ein äußerlich und innerlich statisch bestimmtes Fachwerk voraus.

Nach Abs. 5.3 ist es mit der Gleichung (5.13) erlaubt, die Kraft-Gleichgewichtsbedingungen durch Momenten-Gleichgewichtsbedingungen zu ersetzen, wenn die Bezugspunkte der dann drei Momentengleichungen nicht auf einer Geraden liegen. Da die im Falle des RITTERschen Schnittes geschnittenen Stäbe nicht durch einen Punkt gehen, liegen auch die drei Schnittpunkte von jeweils zwei Stabachsen der geschnittenen Stäbe (endliche Schnittpunkte vorausgesetzt) nicht auf einer Geraden (RITTERsche Punkte). Setzt man nun bezüglich dieser drei Schnittpunkte die Momenten-Gleichgewichtsbedingungen an, so kann man aus jeder der drei Gleichungen genau eine der drei unbekannten Stabkräfte ermitteln.

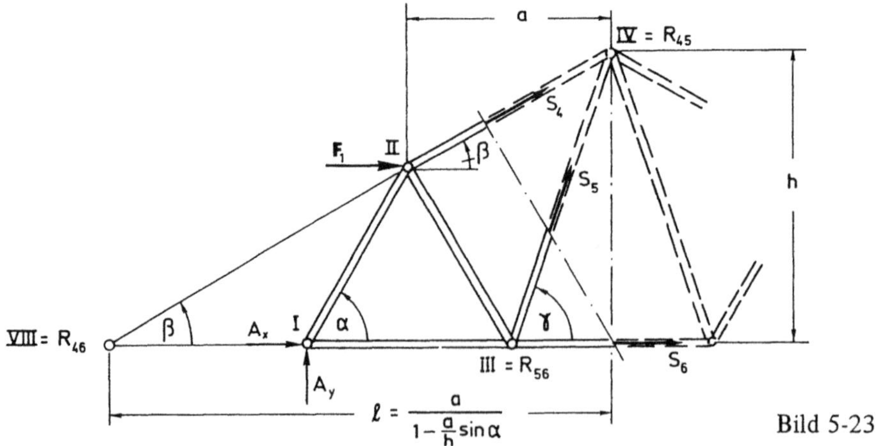

Bild 5-23

Dabei ist der Weg über die drei Momentenbedingungen nicht zwingend vorgeschrieben — man erspart sich aber gegenüber der Verwendung der Kraft-Gleichgewichtsbedingungen nach (5.11) die nochmalige Lösung eines dreifachen Gleichungssystems.

Beispiel: Für das Fachwerk nach Bild 5-19 sei das Verfahren zur Berechnung der Stabkräfte in den Stäben 4, 5 und 6 demonstriert (vgl. Bild 5-23):

Lösung:

Dazu wird zunächst der RITTER-Schnitt durch die drei Stäbe 4, 5 und 6 geführt. Dabei zerfällt das ebene Fachwerk in zwei Teilfachwerke, von welchen hier zweckmäßigerweise der linke Teil mit den Knoten I, II, III betrachtet wird. Durch den Schnitt werden S_4, S_5 und S_6 zu äußeren Kräften, die gemäß der Aufgabenstellung zu berechnen sind. Die Schnittpunkte der drei geschnittenen Stabachsen 4, 5, 6 sind die drei RITTER-Punkte R_{45}, R_{56} und R_{46}, wobei R_{56} mit dem Knoten III und R_{45} mit dem Knoten IV identisch ist und die Lage von R_{46} = VIII aus einer geometrischen Betrachtung mit

$$\tan \beta = \frac{h - a \sin \alpha}{a} = \frac{h}{l} \, , \ \text{also} \ l = \frac{a}{1 - \frac{a}{h} \sin \alpha} \ \text{mit} \ \alpha = \frac{\pi}{3} \ \text{folgt.}$$

Aus den drei Gleichgewichtsbedingungen für das verbleibende Teilsystem in Form der drei Momentenbedingungen jeweils um einen der drei RITTER-Punkte folgt nun mit den Bezeichnungen nach Bild 5-23 sofort:

$$M_{III} = 0 = S_4 \, a \left(\sin \alpha \cos \beta + \frac{1}{2} \sin \beta \right) + A_y \, a + F_1 \, a \sin \alpha$$

$$M_{IV} = 0 = S_6 \, h + A_x \, h - A_y \, \frac{3}{2} \, a + F_1 \, (h - a \sin \alpha)$$

$$M_{VIII} = 0 = S_5 \sin \gamma \left(l - \frac{a}{2} \right) + A_y \left(l - \frac{3}{2} \, a \right) - F_1 \, a \sin \alpha$$

mit β und γ aus

$$\tan \beta = \frac{h - a \sin \alpha}{a} \ \text{und} \ \tan \gamma = \frac{2h}{a} \, .$$

Man erkennt, daß ohne weitere Lösung eines Gleichungssystems jeweils eine der zu bestimmenden drei Stabkräfte aus jeweils einer obigen Gleichung folgt, da die Geometrie und die Lasten gegeben und die Auflagerkräfte vorab berechnet worden sind.

Anmerkung 1: Die Berechnungsverfahren sind auch noch bei äußerlich statisch unbestimmten Systemen anwendbar, wenn bestimmte Bildungsgesetze für die Fachwerke erfüllt sind. So ließe sich z.B. auch für jeden Stab, der dem Fachwerk zu seiner Unverschieblichkeit fehlt, eine weitere Auflagerreaktion hinzufügen.

Damit wird das System zwar äußerlich statisch unbestimmt, aber insgesamt wieder berechenbar. Man kann sich so z.B. im Fachwerk nach Bild 5-19 den Stab 6 entfernt und dafür das Rollenlager beim Knoten VII durch ein Festlager ersetzt denken. Dann ist a = 4 und s = 10, während die Zahl der Knoten mit k = 7 unverändert bleibt. Mit der Bedingung (5.39), d.h. hier

$$s = 10 = 2k - a = 2 \cdot 7 - 4$$

ist auch für das modifizierte Fachwerk die notwendige Bedingung für die innere statische Bestimmtheit erfüllt und das Fachwerk ist zudem noch unverschieblich, da die nun zwei starren Scheiben I–II–IV–III sowie IV–V–VII–VI mit den Gelenken bei I, IV und VII wieder einen statisch bestimmten Drei-Gelenk-Rahmen (s. Abs. 5.7.3, Bild 5-18a) bilden und jeweils für sich statisch bestimmte, einfache Fachwerke darstellen. In diesem und ähnlichen Fällen ist das Fachwerk also auch berechenbar, obwohl eine äußerliche Unbestimmtheit vorliegt und die Abzählbedingung für die Stäbe nach (5.38)

$$s \geqslant 2k - 3$$

mit s = 10 und k = 7 verletzt ist.

Anmerkung 2: Die Aussagen und Berechnungsverfahren gelten auch für räumliche Fachwerke, wenn man nur die notwendige Abzählbedingung ändert. Statt (5.37) gilt hier dann wegen $\hat{s} = s - 3 = 3\hat{k}$ (für jeden weiteren Knoten werden drei weitere Stäbe benötigt) und wegen $\hat{k} = k - 3$ die notwendige Bedingung

$$s = 3\hat{k} + 3 = 3k - 6.$$

Für jeden Knoten stehen nun wegen der Momentenfreiheit drei Gleichgewichtsbedingungen zur Verfügung, also insgesamt $3k$ Bedingungen, aus denen die s Stabkräfte und die $a = 6$ Auflagerreaktionen dann berechenbar sind, wenn

$$a + s = 3k$$

bzw.

$$s = 3k - 6$$

ist, was sinngemäß wieder mit der obigen Abzählbedingung für einfache Fachwerke übereinstimmt.

5.7.5 Seile und Ketten

Als weitere Anwendung in der Statik der Systeme seien die speziellen Tragwerkselemente untersucht, die ebenfalls keine Biegemomente und nur Normalkräfte übertragen können, wobei die einzig mögliche übertragbare Schnittlast noch dadurch eingeschränkt ist, daß sie nur eine Zugkraft (positive Normalkraft) sein kann. Derartige Tragwerke sind die Seile und Ketten. Sie bestehen quasi nur aus Gelenken, was man sich am Beispiel einer Kette am besten klarmachen kann. Im Sinne der Statik wird dabei wieder zunächst das Gleichgewicht solcher Systeme untersucht und im Sinne der starren Körper wird dabei die Deformation (Dehnung) des Seiles unberücksichtigt gelassen *(Idealseil)*. Als Belastung seien der Realität entsprechend nur lotrechte Streckenlasten $q(s)$ in negativer z-Richtung zugelassen (vgl. Bild 5-24).

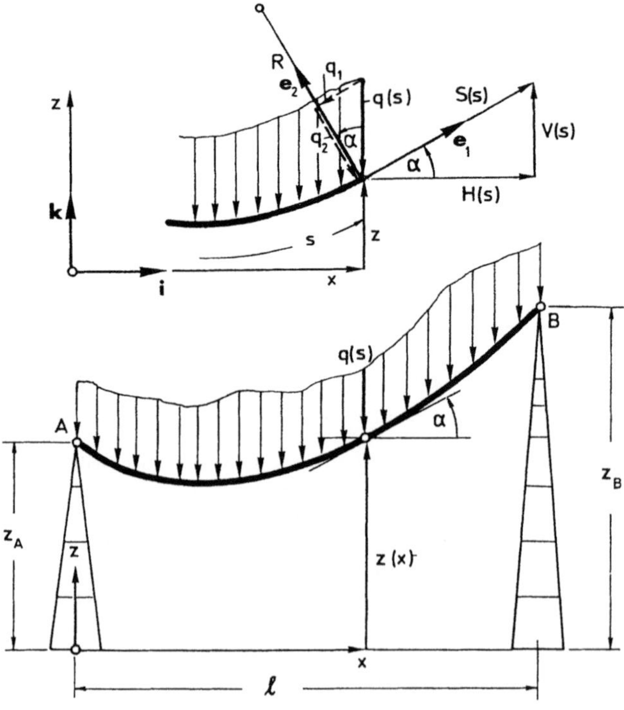

Bild 5-24

Im Unterschied zu den Tragwerken der vorigen Abschnitte ist im Falle des Seiles (Kette) die Geometrie von vornherein nicht bekannt. Daher ist neben den Schnittlasten, d.h. hier also neben der Normal- bzw. Seilkraft $N(s) = S(s)$, auch noch die Form der Seillinie $z(x)$, die sich unter der Belastung einstellen wird, zu bestimmen. Dabei ist offensichtlich, daß zwischen der Seillinie $z(x)$ und der Seilkraft $S(s)$ ein Zusammenhang besteht, da man entsprechend Bild 5-24 zwischen zwei Punkten A und B je nach der „Spannkraft" $S(A)$ und $S(B)$ verschiedene Seilformen $z(x)$ erzeugen kann. Sinngemäß gilt das auch für die Seillänge $s_{AB} = L$ und der sich daraus ergebenden Seillinie $z(x)$.

Nach Klärung dieser Voraussetzungen ist es nun möglich, die Seillinie $z(x)$ und die Seilkraft $S(s)$ bzw. $S(x)$ an jeder Stelle s bzw. x zu berechnen, da man mit den Schnittlasten-Differentialgleichungen (5.28) bzw. mit dem hier vorliegenden Fall eines *eben* gekrümmten Tragwerks in der speziellen Form (5.29) bereits über die Gleichungen verfügt, die die Gleichgewichtsbedingungen und die Schnittgrößen in Abhängigkeit von der Belastung miteinander in Beziehung setzen. Für eine „ebene" Schnittlastengruppe (vgl. 5.6) bezogen auf die natürliche Basis $[e_1, e_2, e_3]$, also $\mathbf{F}_s = (N, Q, 0)$ und $\mathbf{M}_s = (0, 0, M)$ und einer ebenen Belastung $\mathbf{q} = (-q_1, -q_2, 0)$ bzw. $\mathbf{m} = (0, 0, m)$ ist nach (5.29)

$$\frac{dN}{ds} = + q_1 + \frac{Q}{R}\,; \qquad \frac{dQ}{ds} = + q_2 - \frac{N}{R}$$

$$\frac{dM}{ds} = - m - Q \tag{5.43}$$

Da nun Seile keine Momente und keine Querkräfte übertragen können, ist grundsätzlich $Q \equiv 0$ und $M_T = M \equiv 0$ sowie durch die Vorgabe einer lotrechten Streckenlast hier speziell $m = 0$ und

$$\mathbf{q} = -[q_1(s)\, e_1 + q_2(s)\, e_2] = -q(s)\, \mathbf{k}\,.$$

Die vier Schnittlasten-Differentialgleichungen reduzieren sich dadurch mit $N(s) = S(s)$ (Normalkraft = Seilkraft) auf die zwei Gleichungen

$$\frac{dS}{ds} = q_1(s); \quad 0 = q_2(s) - \frac{S(s)}{R(s)} \tag{5.44}$$

Obwohl beide Gleichungen miteinander gekoppelt sind, kann man dennoch die erste Gleichung zur Berechnung der Seilkraftverhältnisse an einer beliebigen Stelle s bzw. x und die zweite Gleichung zur Bestimmung der Seillinie $z(x)$ verwenden. Dazu empfiehlt sich eine Zerlegung der Seilkraft S in ihren horizontalen Anteil $H(s)$ (Horizontalzug) und ihre vertikale Komponente $V(s)$ (Vertikalzug) (Bild 5-24). Danach ist wegen $S = \sqrt{S \cdot S}$ einerseits

$$S(s) = \sqrt{H^2 + V^2} = H\, \sqrt{1 + \left(\frac{V}{H}\right)^2} \tag{5.45}$$

und andererseits wegen der Geometrie

$$\tan \alpha(x) = z'(x) = \frac{V}{H} = \frac{q_1}{q_2} \tag{5.46}$$

woraus nach Einsetzen in (5.45) folgt:

$$S = H \sqrt{1 + z'^2} \qquad (5.47)$$

Aus der Differential-Geometrie ist nun bekannt, daß der Hauptkrümmungsradius R einer Kurve $z(x)$, wie er in (5.44) enthalten ist, stets aus

$$R = \frac{(1 + z'^2)^{\frac{3}{2}}}{z''} \qquad (5.48)$$

berechenbar ist. Mit (5.47) und (5.48) folgt somit aus der zweiten Gleichung (5.44):

$$\frac{S}{R} = S \frac{z''}{(1 + z'^2)^{3/2}} = H \frac{z''}{(1 + z'^2)} = q_2(s) \qquad (5.49)$$

Soll schließlich statt $q_2(s)$ die vorgegebene vertikale Streckenlast $q(s)$ in der Gleichung stehen, so ist das sofort wegen $\sqrt{q_1^2 + q_2^2} = q(s)$ und mit (5.46)

$$q_2 \left[1 + \left(\frac{q_1}{q_2}\right)^2\right]^{\frac{1}{2}} = q(s) = q_2 [1 + z'^2]^{\frac{1}{2}}$$

erreichbar. Aus (5.49) folgt so schließlich

$$z''(x) = \frac{q(s)}{S(s)} [1 + z'(x)^2] = \frac{q(s)}{H(s)} \sqrt{1 + z'(x)^2} \qquad (5.50)$$

Das ist eine *Differentialgleichung* (DGL) *für die Seillinie* $z(x)$ – d.h. läßt sich eine Funktion $z(x)$ derart finden, daß für alle $0 \leqslant x \leqslant l$ bzw. alle $0 \leqslant s \leqslant L$ die Gleichung (5.50) erfüllt ist, so ist $z(x)$ als Lösung der DGL die gesuchte Seillinie. Die DGL (5.50) heißt dabei *gewöhnliche* DGL, weil z nur von *einer* Variablen x abhängt. Sie heißt weiter *nichtlineare* DGL, weil $z(x)$ und die Ableitungen $z'(x)$, $z''(x)$ usw. nicht nur linear, sondern i.d.F. mit $(1 + z'^2)^{1/2}$ auch in Potenzen auftreten. Im übrigen ist die DGL von 2. Ordnung, da die höchste Ableitung von z in der Gleichung (5.50) die zweite Ableitung z'' ist. Genau wegen dieser zweiten Ableitung liegt mit der späteren Lösung $z(x)$ eine zweimalige unbestimmte Integration der DGL vor, die zur Folge hat, daß die Lösung nur bis auf zwei Integrationskonstanten bestimmt ist. (Bei einer DGL m-ter Ordnung wären es entsprechend m Integrationskonstanten.) Diese müssen dann durch die Forderung nach Erfüllung vorgegebener Bedingungen an $z(x)$ und $z'(x)$ bestimmt werden. Damit wird die mathematische Lösung an die physikalischen Gegebenheiten angepaßt. Ist die unabhängige Variable die Zeit t, so sind diese Bedingungen *Anfangsbedingungen* (s. z.B. 2.2.3) – ist sie, wie in diesem Kapitel, der Ort x, so sind diese Bedingungen *Randbedingungen*. Bei der Berechnung der Seillinie handelt es sich also um ein *Randwertproblem*, wobei nach Lösung der DGL (5.50) zwei Konstanten auftreten, die durch die Randbedingungen z.B. (vgl. Bild 5-24)

$$z(x = 0) = z_A; \quad z(x = l) = z_B$$

bestimmt werden können. Damit ist dann das Randwertproblem gelöst.

Bevor jedoch das Verfahren für spezielle Lastvorgaben $q(s)$ durchgeführt wird, werde noch die andere, bisher nicht betrachtete Schnittlasten-Differentialgleichung nach (5.44) untersucht, zumal über $H(s)$ in (5.50) noch keine Aussage getroffen worden ist. Danach gilt zusätzlich

$$\frac{dS}{ds} = q_1(s).$$

Um zugleich für die beiden Komponenten H und V von S eine Beziehung zu erhalten, wird die Größenableitung dS/ds wieder in eine Totalableitung des Vektors $\mathbf{S}$ überführt. Dabei ist mit (5.27)

$$\frac{d\mathbf{S}}{ds} = \frac{d}{ds}(S\,\mathbf{e}_1) = \frac{dS}{ds}\,\mathbf{e}_1 + S\,\frac{d\mathbf{e}_1}{ds} = \frac{dS}{ds}\,\mathbf{e}_1 + \frac{S}{R}\,\mathbf{e}_2,$$

wobei nach (5.44) $dS/ds = q_1$ und $S/R = q_2$ ist. Beide Streckenlasten zusammen ergeben die vorgegebene vertikale Belastung $q(s)\,\mathbf{k}$. Das ist wieder die Aussage nach (5.20):

$$\frac{d\mathbf{S}}{ds} = q_1\,\mathbf{e}_1 + q_2\,\mathbf{e}_2 = q(s)\,\mathbf{k}.$$

Wird hier nun S in die beiden Komponenten H und V zerlegt, d.h. im kartesischen System dargestellt, also

$$\mathbf{S} = H\,\mathbf{i} + V\,\mathbf{k},$$

so ergibt die Ableitung nach der Bogenlänge wegen der festen Basis $[\mathbf{i}, \mathbf{j}, \mathbf{k}]$

$$\frac{d}{ds}[H(s)\,\mathbf{i} + V(s)\,\mathbf{k}] = \frac{dH}{ds}\,\mathbf{i} + \frac{dV}{ds}\,\mathbf{k} = q(s)\,\mathbf{k}.$$

Komponentenweise verglichen folgt

$$\frac{dH(s)}{ds} = 0 \tag{5.51}$$

$$\frac{dV(s)}{ds} = q(s) \tag{5.52}$$

Das sind zwei weitere Differentialgleichungen für die beiden Anteile H und V an der Seilkraft S. Gl. (5.51) läßt sich sofort integrieren. Es folgt mit

$$H(s) = H = \text{const} \tag{5.53}$$

die Tatsache, daß der *Horizontalzug* in beliebig vertikal belasteten Seilen stets *konstant* ist. Dagegen ändert sich der Vertikalzug mit der Bogenlänge s um die Größe der Streckenlast $q(s)$. Wegen (5.53) vereinfacht sich (5.50) noch zu

$$z''(x) = \frac{q(s)}{H}\sqrt{1 + z'^2(x)} \tag{5.54}$$

Damit erfordert die Lösung von (5.54) neben den beiden Randbedingungen für die Integrationskonstanten immer noch eine dritte Vorgabe, beispielsweise in Form des konstanten Horizontalzuges H, der Gesamtseillänge L oder des maximalen Durchhanges (o.a.).

Ist $z(x)$ aus (5.54) bestimmt, so folgen daraus alle übrigen Größen, also aus (5.46)

$$V(x) = H\,z'(x) \tag{5.55}$$

und aus (5.47)

$$S(x) = H\sqrt{1 + z'^2} \tag{5.56}$$

Häufig ist statt der auf die Einheit der Bogenlänge s bezogenen Streckenlast $q^s(s) = q(s)$ die auf die horizontale Projektion x bezogene Streckenlast $q^x(x) = q(x)$ vorgegeben (vgl. Bild 5-25). Dann ist (5.54) auf dieses $q(x)$ umzurechnen, wobei gilt

$$q(s)\,ds = q(x)\,dx \tag{5.57}$$

oder auch

$$q(x) = q(s)\,\frac{ds}{dx} = q(s)\,\frac{\sqrt{dx^2 + dz^2}}{dx}$$

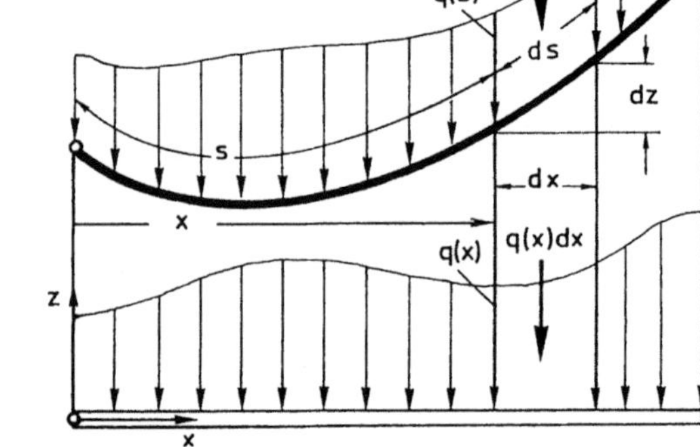

Bild 5-25

$$q(x) = q(s)\,\sqrt{1 + \left(\frac{dz}{dx}\right)^2} = q(s)\,\sqrt{1 + z'^2} \tag{5.58}$$

Der Ausdruck (5.58) findet sich in (5.54) als der Zahl der rechten Seite wieder, woraus also im Falle der Vorgabe der Projektions-Streckenlast $q(x)$ für die DGL der Seillinie folgt

$$z''(x) = \frac{q(s)}{H}\sqrt{1 + z'^2} = \frac{q(x)}{H} \tag{5.59}$$

mit $H = H(s) = H(x) = \text{const}$ nach (5.53). Gl. (5.52) geht wegen

$$\frac{dV}{ds} = \frac{dV}{dx}\cdot\frac{dx}{ds} = q(s) = q(x)\,\frac{dx}{ds}$$

dabei in

$$\frac{dV}{dx} = q(x) \tag{5.60}$$

über. $V(x)$ kann aber bei bekanntem H und $z'(x)$ auch wieder aus der unveränderten Gleichung (5.55) und $S(x)$ kann aus (5.56) bestimmt werden. Die zu berechnende Seillänge folgt wegen des für Gl. (5.58) bereits abgeleiteten Zusammenhanges

$$\frac{ds}{dx} = \sqrt{1 + z'^2} \tag{5.61}$$

aus der Integration dieser Gleichung zu

$$L = \int\limits_0^L ds = \int\limits_{x_A}^{x_B} \sqrt{1 + z'^2(x)}\, dx. \tag{5.62}$$

Damit sind die Gleichungen für Seile und Ketten bereitgestellt. Die Lösung der DGL werde für drei konkrete Probleme entwickelt:

Beispiel 1: *Seil mit gleichmäßiger Streckenlast* $q(x) = q_0$. In dieser Weise wird etwa das Seil einer „Hängebrücke" belastet, das in den Punkten A und B nach Bild 5-26 aufgehängt ist und an dem z.B. eine „Fahrbahn" mit konstanter Belastung $q(x) = q_0$ hängt. Bei Vorgabe der Spannweite l und des Durchhanges f sollen die Kräfte im Seil AB und die notwendige Seillänge L bestimmt werden. Vom Eigengewicht des Seiles selbst soll im Vergleich zur Belastung $q(x)$ abgesehen werden. Es liegt der Fall nach Gleichung (5.59) mit $q(x) = q_0$ vor, also gilt

$$z''(x) = \frac{q_0}{H} = \frac{1}{a} \quad \text{mit } a\,[L] = \text{const.} \tag{5.63}$$

Die zweimalige Integration dieser einfachen gewöhnlichen, nun linearen DGL zweiter Ordnung ergibt

$$z(x) = \frac{x^2}{2a} + C_1 x + C_2. \tag{5.64}$$

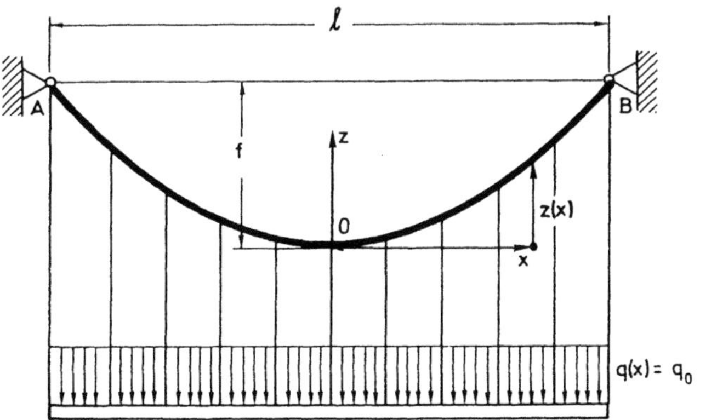

Bild 5-26

Für das nach Bild 5-26 gewählte Koordinatensystem, das die Symmetrie des Problems ausnutzt, sind folgende Randbedingungen zu erfüllen

$$z(0) = 0 \quad \text{und} \quad z'(0) = 0 \tag{5.65}$$

Das ergibt die Integrationskonstanten

$$z(0) = 0 = C_2 \quad \text{und} \quad z'(0) = C_1 = 0.$$

Somit lautet die angepaßte Lösung (5.64)

$$z(x) = \frac{x^2}{2a} = \frac{q_0}{2H}\, x^2 \tag{5.66}$$

wobei jedoch der Horizontalzug H noch nicht bekannt ist — dieser aber aus dem vorgegebenen Durchhang f mit

$$z\left(\frac{l}{2}\right) = z\left(-\frac{l}{2}\right) = f$$

berechnet werden kann. Danach ist

$$z\left(\pm\frac{l}{2}\right) = \frac{l^2}{8a} = \frac{q_0}{2H}\,\frac{l^2}{4} = f,$$

also

$$H = \frac{q_0\, l^2}{8f} \quad \text{bzw.} \quad a = \frac{l^2}{8f} \tag{5.67}$$

Somit folgt schließlich für die Seillinie

$$z(x) = 4f\left(\frac{x}{l}\right)^2 \tag{5.68}$$

und für die Seilkraft S (x) nach (5.56)

$$S(x) = H\sqrt{1 + z'^2} = \frac{q_0\, l^2}{8f}\sqrt{1 + \left[8\,\frac{f}{l}\left(\frac{x}{l}\right)\right]^2} \tag{5.69}$$

mit den beiden Anteilen H nach (5.67) und V aus (5.55), also

$$V(x) = H z'(x) = \frac{q_0\, l^2}{8f} \cdot \left[8\,\frac{f}{l}\left(\frac{x}{l}\right)\right] = q_0\, l\left(\frac{x}{l}\right) \tag{5.70}$$

Das Maximum der Seilkraft S und damit auch des Vertikalzuges V wird bei $x = \pm l/2$ in den Aufhängepunkten erreicht und nimmt den Wert

$$\max S = S\left(\pm\frac{l}{2}\right) = \frac{q_0\, l}{2}\sqrt{1 + \left(\frac{l}{4f}\right)^2} \quad \text{bzw.} \quad \max V = V\left(\pm\frac{l}{2}\right) = \pm\frac{q_0\, l}{2}$$

an. Das Minimum liegt bei $x = 0$ und ist

$$\min S = S(0) = H = \frac{q_0\, l^2}{8f} = q_0\, a.$$

Zur Berechnung der Seillänge wird nun (5.62) herangezogen. Um die dafür notwendige Integration über $\sqrt{1 + z'^2}$ durchführen zu können, führt man zweckmäßigerweise das Integral mit der Substitution $x = a\sinh u$ auf ein Grundintegral zurück.

Es ergibt sich mit $z' = x/a$ nach (5.66)

$$L = \int\limits_0^L ds = \int\limits_{-l/2}^{+l/2} \sqrt{1 + \left(\frac{x}{a}\right)^2}\, dx = a \int\limits_{u_A}^{u_B} \sqrt{1 + \sinh^2 u}\, \cosh u\, du$$

$$= a \int\limits_{u_A}^{u_B} \cosh^2 u\, du = \frac{a}{2}\left[u + \sinh u \cosh u\right]_{u_A}^{u_B} = \frac{a}{2}\left[\operatorname{ar\,sinh} \frac{x}{a} + \frac{x}{a}\sqrt{1 + \left(\frac{x}{a}\right)^2}\,\right]_{-l/2}^{+l/2}.$$

Für das *flach gespannte Seil*, d.h. $f \ll l$ bzw. $\dfrac{|x_A|}{a} = \dfrac{|x_B|}{a} = \dfrac{l}{2a} \ll 1$ können die Funktionen

$$\operatorname{ar\,sinh} \frac{x}{a} \approx \frac{x}{a} - \frac{1}{6}\left(\frac{x}{a}\right)^3 \quad \text{und} \quad \sqrt{1 + \left(\frac{x}{a}\right)^2} \approx 1 + \frac{1}{2}\left(\frac{x}{a}\right)^2$$

durch die ersten beiden Glieder ihrer Reihe mit ausreichender Genauigkeit ersetzt werden, so daß man für L näherungsweise erhält

$$L \approx \frac{a}{2}\left[\left(\frac{x}{a}\right) - \frac{1}{6}\left(\frac{x}{a}\right)^3 + \left(\frac{x}{a}\right) + \frac{1}{2}\left(\frac{x}{a}\right)^3\right]_{-l/2}^{+l/2} = l\left[1 + \frac{1}{24}\left(\frac{l}{a}\right)^2\right] = l\left[1 + \frac{8}{3}\left(\frac{f}{l}\right)^2\right].$$

Anmerkung: Damit die Lösungen mit den realen Verhältnissen übereinstimmen, muß vorausgesetzt sein, daß die Projektions-Streckenlast q (x) auch kontinuierlich das Tragseil AB belastet und nicht nur diskontinuierlich an einigen wenigen Stellen über die Hängeseile eingeleitet wird. M.a.W.: es muß eine genügend dichte Verteilung von Hängeseilen vorhanden sein.

Beispiel 2: *Seil mit gleichmäßiger Streckenlast* q (s) = q₀. In dieser Weise wird z.B. jedes Seil aufgrund seines Eigengewichtes belastet, da es bei konstantem Querschnitt und konstanter Dichte pro Längeneinheit seiner *Bogenlänge* stets das gleiche Gewicht hat. Hier ist also q (s) = q₀ = const (Bild 5-27). Damit ist die allgemeine nichtlineare DGL (5.54) mit dem speziellen q (s) = q₀ zu lösen. Als notwendige Zusatzbedingung sei wieder die Spannweite *l* und hier die gesamte Seillänge $s_{AB} = L$ vorgegeben.

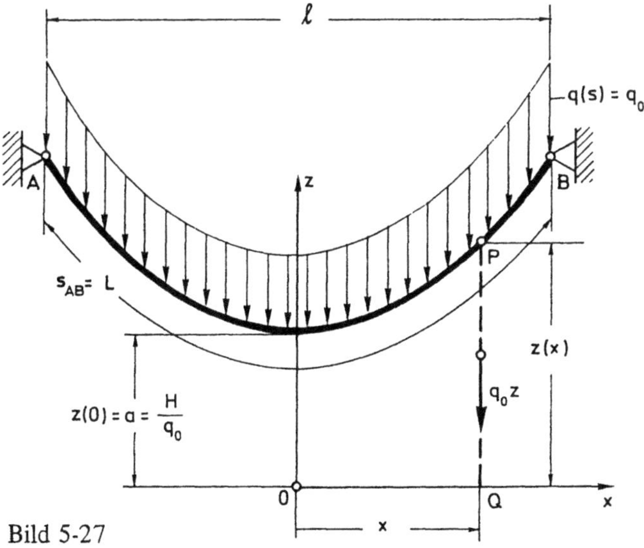

Bild 5-27

Die DGL der Seillinie (5.59) läßt sich geschlossen, d.h. nicht nur über das Probieren verschiedener Funktionen $z(x)$ im Sinne eines Ansatzes lösen, wenn man sie auf eine DGL erster Ordnung mit Hilfe der Substitution $z'(x) = p(x)$ zurückführt. Dann ist $z''(x) = p'(x) = dp/dx$ und aus (5.59) wird mit

$$a = \frac{H}{q(s)} = \frac{H}{q_0} = const$$

$$\frac{dp}{dx} = p'(x) = \frac{1}{a}\sqrt{1 + p^2(x)} \qquad\qquad (5.71)$$

Diese DGL läßt eine „Trennung der Variablen", nämlich der unabhängigen Variablen x von der abhängigen Variablen p zu. Man erhält durch Umstellen

$$\frac{dp}{\sqrt{1 + p^2}} = \frac{1}{a}\,dx,$$

was sich mit einer weiteren Substitution

$$p = \sinh u, \quad dp = \cosh u\,du$$

sofort integrieren läßt zu

$$\int \frac{\cosh u\,du}{\sqrt{1 + \sinh^2 u}} = \int \frac{\cosh u}{\cosh u}\,du = u = \frac{1}{a}(x - x_0).$$

Die erste Integrationskonstante heiße dabei $-x_0/a$. Damit ist $u(x)$ berechnet und für $p(x)$ folgt

$$p(x) = \sinh u = \sinh \frac{x - x_0}{a}.$$

Nun war $p(x) = z'(x)$, also ergibt eine zweite Integration mit der Integrationskonstanten z_0 die gesuchte Seillinie oder auch *Kettenlinie* $z(x)$, d.h.

$$z'(x) = \sinh \frac{x - x_0}{a}$$

$$z(x) - z_0 = a \cosh \frac{x - x_0}{a} \qquad\qquad (5.72)$$

Die übrigen Größen folgen wegen

$$\sqrt{1 + z'^2} = \sqrt{1 + \sinh^2 \left(\frac{x - x_0}{a}\right)} = \cosh \frac{x - x_0}{a}$$

aus (5.55) und (5.56) zu

$$V(x) = H z'(x) = H \sinh \frac{x - x_0}{a}$$

$$\qquad\qquad (5.73)$$

$$S(x) = H \sqrt{1 + z'^2} = H \cosh \frac{x - x_0}{a}$$

Dabei sind in der allgemeinen Lösung (5.72) für die Kettenlinie und somit auch in (5.73) a bzw. $H = q_0 a$ sowie x_0 und z_0 noch unbekannt, da die Lösung noch nicht den Randbedingungen angepaßt ist. Diese Anpassung kann nun auch dadurch erfolgen, daß man das Koordinatensystem (x, z) geeignet parallel verschiebt. Dies soll hier derart geschehen, daß die beiden Integrationskonstanten x_0 und z_0 gerade Null werden.

Dann ist mit

$$z_0 = x_0 = 0 \tag{5.74}$$

$$z(x) = a \cosh \frac{x}{a} \tag{5.75}$$

und der Ursprung des Koordinatensystems liegt dann wegen $\cosh 0 = 1$, also $z(0) = a$ und wegen $\cosh x/a > 1$ für $|x| > 0$ genau im Abstand a unter der tiefsten Stelle des Seiles (vgl. Bild 5-27). Für die Kräfte im Seil gilt statt (5.73) dann

$$V(x) = H \sinh \frac{x}{a}$$
$$S(x) = H \cosh \frac{x}{a} = \frac{H}{a} z(x) = q_0 z(x) \tag{5.76}$$

Die Kettenlinie und die Seilkräfte hängen jetzt nur noch vom Seilparameter $a = H/q_0$ ab. Ohne bereits jedoch a zu kennen, läßt sich aus der zweiten Gleichung von (5.76) $S(x) = q_0 z(x)$ die Aussage gewinnen, daß die Seilkraft $S(x)$ an jeder Stelle P des Seiles genau so groß wie das Gewicht $q_0 z(x)$ eines Seilstückes ist, das von dieser Stelle P mit $z(x)$ bis zur x-Achse bei $Q(z = 0)$ herabhängt (Bild 5-27). Man könnte sich demnach an jeder Stelle P das Seil über eine (reibungsfreie) Rolle umgelenkt und jeweils bis zur x-Achse verlängert denken — dann wäre das Seil (Kette) AP mit dem herabhängenden Seilstück PQ im — dann allerdings instabilen — Gleichgewicht.

Zur Bestimmung von a bzw. H wird schließlich die Seillänge berechnet. Mit (5.75) wird aus (5.61) bzw. (5.62)

$$s(x) = \int_0^x \sqrt{1 + z'^2} \, dx = \int_0^x \cosh \frac{x}{a} \, dx$$

$$s(x) = a \sinh \frac{x}{a} \tag{5.77}$$

Da die Gesamtlänge L sowie l bekannt sind, also mit (5.77)

$$2s\left(\frac{l}{2}\right) = L = 2a \sinh \frac{l}{2a}$$

gilt, läßt sich a daraus als Lösung der transzendenten Gleichung

$$\frac{L}{2a} = \frac{L}{l} \cdot \left(\frac{l}{2a}\right) = \sinh\left(\frac{l}{2a}\right)$$

z.B. grafisch bestimmen. Die linke Seite der Gleichung stellt eine Gerade in der Variablen $(l/2a)$ mit bekanntem Anstieg $L/l > 1$ dar, die, mit der Funktion $\sinh(l/2a)$ gleichen Argumentes zum Schnitt gebracht, die einzige Lösung $l/2a = \lambda > 0$ liefert (Bild 5-28). Damit ist schließlich

$$H = a q_0 = \frac{q_0 \, l}{2\lambda} \tag{5.78}$$

sowie nach (5.75)

$$z(x) = \frac{l}{2\lambda} \cosh\left(2\lambda \frac{x}{l}\right) \tag{5.79}$$

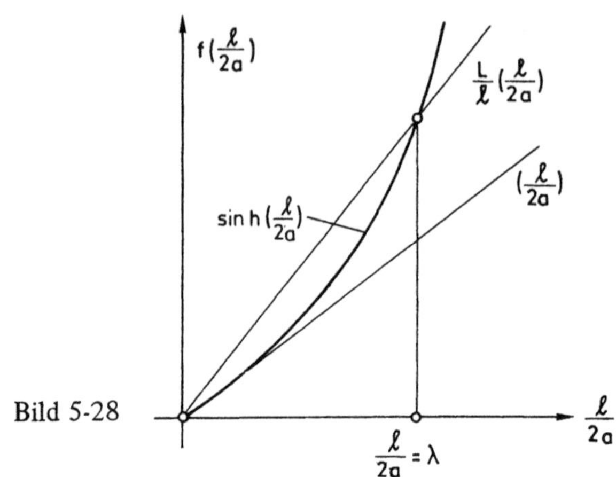

Bild 5-28

und nach (5.76)

$$V(x) = \frac{q_0\, l}{2\lambda} \sinh\left(2\lambda\,\frac{x}{l}\right); \qquad S(x) = \frac{q_0\, l}{2\lambda} \cosh\left(2\lambda\,\frac{x}{l}\right) \tag{5.80}$$

Für die Seilanordnungen mit kleinem Durchhang können die Hyperbelfunktionen wieder durch eine abgebrochene Reihenentwicklung ersetzt werden. Man erhält so für

$$z(x) \approx \frac{l}{2\lambda}\left[1 + \frac{1}{2!}\left(2\lambda\,\frac{x}{l}\right)^2 + \frac{1}{4!}\left(2\lambda\,\frac{x}{l}\right)^4 + \ldots\right]$$

bzw. für sehr flache Durchhänge mit $2\lambda\,x/l \ll 1$

$$z(x) \approx \frac{l}{2\lambda}\left[1 + 2\lambda^2\left(\frac{x}{l}\right)^2\right] \tag{5.81}$$

Diese Gleichung für die Seillinie stellt dann genau wieder die Parabel-Lösung des vorigen Problems (vgl. (5.66)) dar, wobei hier wegen $l/2\lambda = a$ natürlich eine um a verschobene Parabel resultiert, die genau der Verschiebung des hier verwendeten Koordinatensystems gegenüber dem des vorigen Problems entspricht. Daß beide Probleme trotz der unterschiedlichen Lastannahme q(x) = q_0 bzw. q(s) = q_0 auf die gleiche Lösung führen können, wird klar, wenn man bedenkt, daß für flach durchhängende Seile zwischen der Belastung je Einheit der Bogenlänge s und der Belastung je Einheit der Projektion der Bogenlänge auf die Horizontale x nur noch ein sehr geringer Unterschied besteht. Für sehr flachen Durchhang darf also die Kettenlinie (5.79) durch eine Parabel in Form von (5.66) bzw. (5.68) ersetzt werden.

Letztlich kann bei flach durchhängenden Seilen auch die in der obigen transzendenten Gleichung enthaltene sinh-Funktion durch ihre zweigliedrige Reihenentwicklung ersetzt werden. Man kommt so, ohne Lösung einer transzendenten Gleichung, zu einer näherungsweisen Bestimmung von λ. Danach ist

$$\frac{L}{l}\left(\frac{l}{2a}\right) = \sinh\left(\frac{l}{2a}\right) \approx \frac{l}{2a} + \frac{1}{6}\left(\frac{l}{2a}\right)^3 \text{ und somit } \quad \lambda = \frac{l}{2a} \approx \sqrt{6\left(\frac{L}{l} - 1\right)} > 0.$$

Beispiel 3: *Momentenfreier Bogenträger.* Als dritte und letzte Anwendung der Seile und Ketten sei ein Tragwerk untersucht, das wie diese nur senkrechte Belastungen und nur Normalkräfte in Längsrichtung und ebenso keine Querkräfte und keine Biegemomente überträgt, aber im Gegensatz zu den Seilen nur Druckkräfte als Normalkräfte aufnimmt. Also es sei $\mathbf{F}_S = (N < 0, 0, 0)$ und $\mathbf{M}_S = \mathbf{0}$. Wenn ein solches Tragwerk existiert und man seine „Kettenlinie" als Ausdruck einer nur aus Gelenken bestehenden Tragwerkslinie bestimmen kann, so ist damit ein momentenfreier und nur auf Druck beanspruchter Träger gefunden. Wenn im gesamten Träger nur Druck herrschen soll, muß dafür gesorgt sein, daß auch an seinen Rändern (Auflager) nur Druckkräfte aufgenommen werden. Man kommt so zu einem System

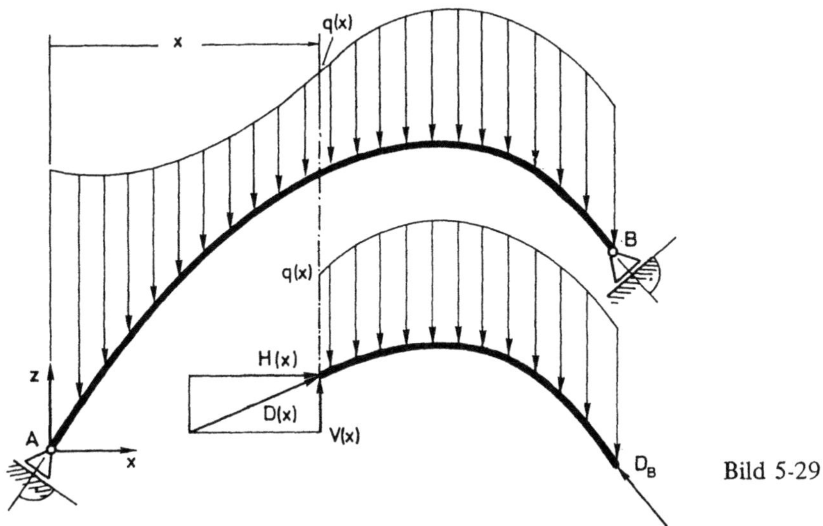

nach Bild 5-29. Es ist damit (vgl. Bild 5-24) offensichtlich, daß bis auf eine Vorzeichenumkehr der Schnitt-lasten alle Gleichungen von 5.7.5 gültig bleiben. So ist insbesondere wieder nach (5.50)

$$z''(x) = - \frac{q(s)}{H} \sqrt{1 + z'^2} \tag{5.82}$$

bzw. bei gegebener Horizontalprojektions-Belastung q(x) nach (5.59)

$$z''(x) = - \frac{q(x)}{H} \tag{5.83}$$

Die Lösungen dieser DGLen sind die Konturlinien momentenfreier Träger.

Da, wie sich zeigen wird, der Mechanismus der Lösung der DGLen (5.82) bzw. (5.83) i.d.F. unab-hängig vom Vorzeichen der rechten Seiten ist, hat man damit das Problem des momentenfreien Trägers auf das Problem der Seile und Ketten zurückgeführt. Momentenfreie Bogenträger sind daher Seile mit negativer Krümmung – also gewissermaßen an der x-Achse „gespiegelte" Seile! Das sei wieder an einer technischen Anwendung konkretisiert:

Der Bogenträger nach Bild 5-30 sei bis zur Gesamthöhe h durch eine homogene Schüttung der Dichte ρ (im Erdfeld) belastet (z.B. Erdreich, Wasser o.ä.). Das Trägergewicht selbst sei in dieser Be-lastung q(x) enthalten. Zu bestimmen ist die Form des Bogenträgers im Falle von Querkraft- und Mo-mentenfreiheit sowie die übertragene Druckkraft D(x), wobei die lichte Höhe des Bogens $z(0) = h_0$ sein soll. Zunächst ist gemäß der Vorgabe die Belastung pro Einheit der Breite

$$q(x) = \rho g [h - z(x)].$$

Damit nimmt die DGL (5.83) die Form an

$$z''(x) = - \frac{\rho g}{H} [h - z(x)] \tag{5.84}$$

Sie läßt sich auch schreiben als

$$z''(x) - \eta^2 z(x) = - \eta^2 h = \text{const} \quad \text{mit} \quad \eta^2 = \frac{\rho g}{H} = \text{const} \tag{5.85}$$

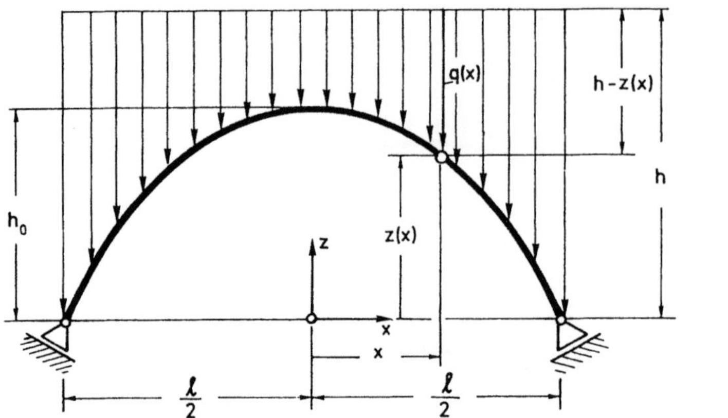

Bild 5-30

Diese sog. *lineare, inhomogene, gewöhnliche* Differentialgleichung zweiter Ordnung (vgl. hierzu später 6.10.3) ist nun am einfachsten durch Ansätze zu lösen, wobei man beim Aufsuchen einer möglichen Lösung davon ausgeht, daß die zweite Ableitung $z''(x)$ der gesuchten Funktion bis auf eine Konstante z_0 genauso beschaffen sein muß wie $z(x)$ selber, wenn für alle x die linke Seite der DGL gleich der rechten Seite, also gleich einer Konstanten sein soll. Diese Überlegung führt zwangsläufig auf die einzig mögliche Lösung

$$z(x) = A \cosh \eta (x - x_0) + z_0 \qquad\qquad (5.86)$$

mit den Konstanten A, x_0 und z_0. Man erhält nach zweimaligem Ableiten

$$z''(x) = A \eta^2 \cosh \eta (x - x_0).$$

Setzt man $z(x)$ und $z''(x)$ in (5.85) ein, so wird

$$A \eta^2 \cosh \eta (x - x_0) - \eta^2 [A \cosh \eta (x - x_0) + z_0] = -\eta^2 h \,,$$
$$\text{also} \quad -\eta^2 z_0 = -\eta^2 h \quad \text{bzw.} \quad z_0 = h \,.$$

Wie behauptet, erfüllt (5.86) mit $z_0 = h$ damit für alle x die DGL (5.85). Man kann zeigen, daß (5.86) die vollständige und damit einzige Lösung des vorliegenden Problems ist (vgl. 6.10.3).

Die beiden verbleibenden Konstanten A und x_0 sind die Integrationskonstanten der zweimaligen Integration der DGL (5.85). Sie lassen sich wieder aus den Randbedingungen des vorliegenden Problems bestimmen, wobei z.B. unter Ausnutzung der Symmetrie des Problems gilt:

$$z'(0) = 0 \quad \text{und} \quad z(0) = h_0 \qquad\qquad (5.87a)$$

oder auch

$$z\left(+\frac{l}{2}\right) = z\left(-\frac{l}{2}\right) \quad \text{und} \quad z(0) = h_0 \qquad\qquad (5.87b)$$

Paßt man (5.86) diesen Forderungen an, so ergibt sich übereinstimmend

$$x_0 = 0 \quad \text{und} \quad A = - (h - h_0) \qquad\qquad (5.88)$$

Somit folgt nach Anpassung an die Randbedingungen die Trägerlinie $z(x)$ aus (5.86) mit (5.88)

$$z(x) = h - (h - h_0) \cosh \eta x \qquad\qquad (5.89)$$

Wieder ist die in η nach (5.85) enthaltene Horizontalkraft noch unbekannt. Da aber nach erfolgter Anpassung noch eine Bedingung, nämlich $z\,(l/2) = 0$, nicht ausgenutzt ist, wird diese zur Bestimmung von η bzw. der Horizontalkraft H herangezogen (Man hätte diese Bedingung auch statt einer der Bedingungen (5.87) als Randvorgabe verwenden können — dann wäre entsprechend eine der Beziehungen in (5.87) noch nicht ausgenutzt). Danach ist

$$z\left(\frac{l}{2}\right) = 0 = h - (h - h_0)\cosh\left(\eta\,\frac{l}{2}\right).$$

Somit wird

$$\cosh\left(\eta\,\frac{l}{2}\right) = \frac{h}{h - h_0}$$

bzw. daraus und mit (5.85)

$$\eta = \frac{2}{l}\,\text{ar cosh}\,\frac{h}{h - h_0} = \sqrt{\frac{\rho g}{H}} \tag{5.90}$$

Für den Vertikaldruck folgt dann gemäß (5.55)

$$V = Hz'(x) = \frac{\rho g}{\eta^2}\,z'(x)$$

$$V(x) = -\frac{\rho g}{\eta}\,(h - h_0)\sinh \eta\,x \tag{5.91}$$

und für die resultierende Druckkraft D im Bogenträger an jeder Stelle x nach (5.56)

$$D = H\sqrt{1 + z'^2}$$

wird mit (5.90)

$$D(x) = \frac{\rho g}{\eta^2}\sqrt{1 + \eta^2\,(h - h_0)^2\sinh^2(\eta x)} \tag{5.92}$$

Da auch die sinh-Funktion für betragsmäßig steigendes x immer größer wird, liegen die Größtwerte der Druckkraft für $x = \pm\,l/2$ an den beiden Auflagern A und B. Hierfür gilt schließlich mit (5.90)

$$\max D = D\left(\pm\frac{l}{2}\right) = \frac{\rho g}{\eta^2}\sqrt{1 + \eta^2 h\,h_0\left(2 - \frac{h_0}{h}\right)}. \tag{5.93}$$

Wie eingangs erwartet, hat der momentenfreie Bogenträger mit (5.89) tatsächlich den Verlauf einer „auf den Kopf gestellten" Kettenlinie und überträgt nur eine Schnittlast, nämlich nur die Druckkraft (5.92) in Richtung seiner jeweiligen Umfangsrichtung (Bild 5-29).

Anmerkung: Die Bedeutung dieses Tragwerkes liegt nun darin, daß es Werkstoffe bzw. Bauelemente gibt, die nur auf Druck beanspruchbar sind und keine bzw. nur geringe Querkräfte und Momente übertragen können. Hierzu gehört u.a. unbewehrter Beton und jede Art von Mauerwerk. Das ist offenbar auch der Grund dafür, daß in historischen Bauten, die aus einzelnen Steinen errichtet worden sind, meist eine Kettenlinienform bei Kuppeln, Kreuzgängen, Kirchenschiffen und Gewölben wiederzufinden ist — diese Tatsache einer momentenfreien Tragkonstruktion ist also, ohne sie analytisch berechnet zu haben und zweifellos aufgrund von langjähriger Erfahrung bereits von alters her bekannt. Im übrigen nennt man daher die „umgedrehte" Kettenlinie noch heute die „Gewölbefunktion".

6 Statik deformierbarer Systeme

(elementare Festigkeitslehre, Elasto-Statik)

6.1 Grundgleichungen

Wie in Kap. 5 sollen die untersuchten Systeme im Sinne der Statik im Gleichgewicht sein. Im Gegensatz zu Kap. 5 sei jedoch hier die Restriktion der Starrheit der Körper aufgegeben, d.h. es werden nun Deformationen zugelassen. Sind diese Deformationen zeitunabhängig oder verlaufen sie mit nur geringer zeitlicher Änderung, so ist die für das Gleichgewicht nach Satz 5.1 zu fordernde Beschleunigungsfreiheit auch für derart deformierbare Körper eine sinnvolle Voraussetzung. Man kommt so zu Gleichgewichtsproblemen verformbarer Körper bzw. zur *Statik deformierbarer Systeme.* Ziel ist neben der Bestimmung der Bindereaktionen für jeden verhinderten Freiheitsgrad und neben der Berechnung der Schnittlasten nun auch die Bestimmung des Spannungszustandes an allen Stellen im Körper einschließlich der sich daraus ergebenden Folgerungen für die geometrische und physikalische Bemessung der Strukturen (Dimensionierung, Werkstoffwahl usw.). Die Statik der deformierbaren Systeme ist daher auch gleichbedeutend mit dem, was man i.a. als *Festigkeitslehre* bezeichnet.

Wegen der Statik sind die im vorigen Kapitel abgeleiteten Beziehungen weiterhin ohne Änderungen gültig. Das gilt sowohl für die aus den Axiomen der Mechanik abgeleiteten Gleichgewichtsbedingungen am Element nach (5.2) bzw. (5.4) oder auch nach Satz 5.1

$$
\nabla \cdot \mathbb{S} + f_V = f = 0 ; \qquad \mathbb{S} = \mathbb{S}^T
$$

bzw.

$$
\frac{\partial \sigma_{11}}{\partial x_1} + \frac{\partial \sigma_{12}}{\partial x_2} + \frac{\partial \sigma_{13}}{\partial x_3} + f_{V_1} = 0 \qquad (1)
$$

$$
\frac{\partial \sigma_{12}}{\partial x_1} + \frac{\partial \sigma_{22}}{\partial x_2} + \frac{\partial \sigma_{23}}{\partial x_3} + f_{V_2} = 0 \qquad (2)
$$

$$
\frac{\partial \sigma_{13}}{\partial x_1} + \frac{\partial \sigma_{23}}{\partial x_2} + \frac{\partial \sigma_{33}}{\partial x_3} + f_{V_3} = 0 \qquad (3)
$$

$$(6.1)$$

als auch für die integrierten Gleichgewichtsbedingungen des finiten Körpers bzw. eines Systems aus solchen Körpern nach (5.8) mit (3.45) und (3.51), also

$$
F^a = \sum_n F_n = \int_A \sigma_n \, dA + \int_V f_V \, dV = 0
$$

$$
M_O^a = \sum_m M_m + \sum_n r_n \times F_n = \int_A r \times \sigma_n \, dA + \int_V r \times f_V \, dV = 0
$$

$$(6.2)$$

bzw. in Form der Sätze 5.2, 5.3, 5.4 und 5.5.

Zu ergänzen ist dabei die Frage, ob die Gleichgewichtsbedingungen am unverformten oder am deformierten System angesetzt werden. Offensichtlich kann man beides mit der gleichen Berechtigung tun. Man sagt daher: Werden die *Gleichgewichtsbedingungen am unverformten System* erfüllt, so liegt eine *Theorie I. Ordnung* vor. Werden sie dagegen *am verformten System* angesetzt, so ist das eine *Theorie II. Ordnung.* Im Laufe dieses Kapitels werden beide Theorien und ihre Resultate untersucht werden, wobei zunächst ausschließlich eine Theorie I. Ordnung verfolgt wird.

Auch die Frage nach der statischen Bestimmtheit eines Systems sowie die Methode zu deren Beantwortung nach Def. 5.2 und 5.3 bleiben unverändert, wobei die Frage nach der Berechnung der Spannungen unter bestimmten Voraussetzungen allein aus (6.1) im Sinne einer „inneren statischen Bestimmtheit" zusätzlich an Bedeutung gewinnt. I.a. ist jedoch (6.1) wegen der größeren Zahl der Unbekannten (9 Spannungen) bei nur $2 \times 3 = 6$ Gleichungen bzw. bei Ausnutzung der Symmetrie des Spannungstensors für sechs Spannungen bei dann nur drei Gleichungen nicht hinreichend, so daß das Spannungsproblem für ein Kontinuum i.a. ein innerlich statisch unbestimmtes Problem darstellt.

Unverändert gegenüber Kap. 5 bleiben auch die *Schnittlastengleichungen*, also

— sowohl die *Äquivalenzbeziehungen* nach (5.15), (5.16) bzw. (5.19)

$$
\begin{aligned}
\mathbf{F}_S &= \int_{A_S} \boldsymbol{\sigma}_S \, dA = (N, Q_2, Q_3) \\
\mathbf{M}_S &= \int_{A_S} \mathbf{r} \times \boldsymbol{\sigma}_S \, dA = (M_T, M_2, M_3)
\end{aligned}
\tag{6.3}
$$

bzw. mit

$$
\boldsymbol{\sigma}_S = (\sigma_{11}, \sigma_{12}, \sigma_{13}) \quad \text{und} \quad \mathbf{r} = (x_1, x_2, x_3)
$$

$$
N = \int_{A_S} \sigma_{11} \, dA \tag{1}
$$

$$
Q_2 = \int_{A_S} \sigma_{12} \, dA \quad (2) \; ; \qquad Q_3 = \int_{A_S} \sigma_{13} \, dA \tag{3}
$$

$$
M_T = \int_{A_S} (x_2 \, \sigma_{13} - x_3 \, \sigma_{12}) \, dA \tag{4}
$$

$$
M_2 = -\int_{A_S} (x_1 \, \sigma_{13} - x_3 \, \sigma_{11}) \, dA \quad (5) \; ; \qquad M_3 = \int_{A_S} (x_1 \, \sigma_{12} - x_2 \, \sigma_{11}) \, dA \tag{6}
$$

$$
\tag{6.3a}
$$

— als auch die *Schnittlasten-Differentialgleichungen* nach (5.20) bzw. (5.22)

$$
\frac{d\mathbf{F}_S}{ds} = -\mathbf{q}(s) \; ; \qquad \frac{d\mathbf{M}_S}{ds} = -\mathbf{m}(s) - \mathbf{e}_1(s) \times \mathbf{F}_S(s) \tag{6.4}
$$

Die sechs skalaren Gleichungen (6.3) stellen den Zusammenhang zwischen den Schnittlasten und den Spannungen dar. Kennt man die Schnittlasten, so können unter gewissen Voraussetzungen und zusätzlichen Annahmen daraus die Spannungen ermittelt werden. Das Problem der „inneren statischen Unbestimmtheit" aber bleibt davon unberührt bestehen; denn mit (6.3) kämen zwar sechs Gleichungen hinzu, dafür würden aber auch die sechs Schnittlasten als sechs weitere Größen in das gesamte Gleichungssystem mit eingehen.

Entsprechendes gilt für den Gleichungssatz (6.4), wonach zwar die Schnittlasten unmittelbar mit der Belastung über sechs skalare Differentialgleichungen (vgl. (5.28)) gekoppelt sind, aber auch diese nicht die fehlenden Gleichungen sein können, da sie physikalisch die bereits mit (6.2) berücksichtigten, integrierten Gleichgewichtsbedingungen für einen Teilkörper bzw. für ein beliebiges Element aus einem Körper darstellen. So hatte sich bereits in Kap. 5 die Tatsache eines statisch unbestimmten Systems nicht dadurch geändert, daß die Äquivalenzbeziehungen oder die Schnittlasten-Differentialgleichungen mit zur Lösung des Problems herangezogen worden sind. Es wird also auch Ziel dieses Kapitels sein, die mit den Methoden der Statik der starren Körper nicht berechenbaren, äußerlich statisch unbestimmten Systeme nach Kap. 5 unter Hinzunahme der Deformationen des Systems nun bestimmbar zu machen.

Zusammenfassend kann also festgestellt werden, daß das Problem der Statik deformierbarer Körper sowie die statisch unbestimmten Probleme starrer Körper mit den Methoden der Statik starrer Körper aufgrund fehlender Gleichungen nicht lösbar sind, daß aber alle mit (6.1) bis (6.4) zusammengestellten Gleichungen des Kap. 5 uneingeschränkt und ohne Änderungen auch hier gültig sind.

Zusätzlich zu diesen Gleichungen müssen wegen der nun zugelassenen Deformation der Körper jetzt auch die Gleichungen der Verzerrungskinematik nach 2.2.1 und 2.4 Verwendung finden. Danach ist $\mathbf{u}(\mathbf{x}, t)$ der Verschiebungsvektor (vgl. (2.3)), $\mathbb{H}$ der Verschiebungsgradient (Def. 2.7 in 2.4) und $\mathbb{D}$ der infinitesimale Verzerrungstensor (Deformator) (Satz 2.10 in 2.4), wobei zwischen diesen Größen die Beziehungen nach (2.111), (2.115), (2.116) und (2.117) u. f. bestehen, die hier noch einmal zusammengestellt sind. Danach gilt

$$
\begin{array}{ll}
\mathbf{u} = \mathbf{u}(\mathbf{x}, t) & \text{Verschiebungsvektor} \\[4pt]
\mathbb{H} = \nabla \mathbf{u} & \text{Verschiebungsgradient} \\[4pt]
\mathbb{D} = \tfrac{1}{2}(\mathbb{H} + \mathbb{H}^T) = \tfrac{1}{2}(\nabla \mathbf{u} + \mathbf{u}\nabla) & \text{Deformator} \\[4pt]
\mathbb{D} = \mathbb{D}^T &
\end{array}
\qquad (6.5)
$$

Mit den drei skalaren Verschiebungsgrößen u_i des Verschiebungsvektors

$$
\mathbf{u} = \sum_{i=1}^{3} u_i(x_1, x_2, x_3; t)\, \mathbf{e}_i
\qquad (6.6)
$$

die ihrerseits noch von allen drei Ortsvariablen x_i und ggf. von der Zeit t abhängen, und mit den sechs skalaren Verzerrungsgrößen $D_{ij} = \epsilon_{ij}$ des symmetrischen Verzerrungstensors $\mathbb{D}$ nach (2.123)

$$\mathbb{D} = \sum_{i,\,j} D_{ij}\,e_i\,e_j = \begin{pmatrix} \epsilon_{11} & \epsilon_{12} & \epsilon_{13} \\ \epsilon_{12} & \epsilon_{22} & \epsilon_{23} \\ \epsilon_{13} & \epsilon_{23} & \epsilon_{33} \end{pmatrix} e_i\,e_j \qquad (6.7)$$

treten damit $3 + 6 = 9$ weitere skalare, unbekannte Größen in der Statik deformierbarer Kör-Körper auf. Mit den zu bestimmenden sechs Spannungen σ_{ij} des Spannungstensors $\mathbb{S} = \mathbb{S}^T$ sind das also insgesamt $3 + 6 + 6 = 15$ unbekannte Größen (3 Verschiebungen, 6 Verzerrungen, 6 Spannungen). Dem stehen bisher die verbleibenden drei *Gleichgewichtsbedingungen* (GGB) aus dem I. Axiom nach (6.1)

$$\nabla \cdot \mathbb{S} + f_V = 0 \qquad (6.8)$$

und die sechs Gleichungen aus dem Zusammenhang zwischen u und $\mathbb{D}$ nach (6.5) bzw. (2.118), den sog. *Verschiebungs-Verzerrungsgleichungen* (VVG)

$$e_i \cdot \mathbb{D} \cdot e_j = D_{ij} = \epsilon_{ij} = \frac{1}{2}\left(\frac{\partial u_i}{\partial x_j} + \frac{\partial u_j}{\partial x_i}\right) \qquad (6.9)$$

also neun Gleichungen gegenüber.

Anmerkung: Hierbei sind die Hilfsgrößen F_S und M_S, also die sechs Schnittlasten, für die mit (6.3) auch sechs zusätzliche Gleichungen zur Verfügung stehen, sowie der Tensor $\mathbb{H}$ mit seinen neun skalaren Komponenten H_{ij}, für die mit (6.5) $\mathbb{H} = \nabla u$ auch neun Bildungsgesetze angegeben sind, nicht mitgezählt, da sich, wie ausgeführt, durch deren Hinzunahme nichts an dem Fehlen von sechs skalaren Gleichungen ändert.

6.2 Materialgleichungen

Die fehlenden Gleichungen können nun aus dem Zusammenhang zwischen dem Beanspruchungszustand und dem Deformationszustand des Körpers gewonnen werden. Wenn nämlich im Gegensatz zu Kap. 5 hier Deformationen zugelassen sind, dann muß auch gesagt werden, welcher Art diese Deformationen sind bzw. aus welchem Material der Körper besteht und wie er sich unter der Einwirkung von Spannungen hinsichtlich der auftretenden Verzerrungen verhält.

Es werden somit Beziehungen zwischen den Spannungen und den Verschiebungen bzw. Verzerrungen zu formulieren sein, die als *Spannungs-Verzerrungs-Relation* oder als *Materialgleichung (Stoffgleichung)* bezeichnet werden. Da dabei die sechs verschiedenen Spannungen mit den sechs Verzerrungen verknüpft werden, sind genau sechs skalare Gleichungen, also die fehlende Zahl von Gleichungen, zu erwarten.

Zur Aufstellung dieser Beziehungen muß man die mechanischen Eigenschaften des Materials kennen. Für die Ingenieurpraxis begnügt man sich mit einer phänomenologischen Betrachtungsweise, bei der die Stoffeigenschaften aus experimentellen Beobachtungen des makroskopischen Verhaltens der festen (nicht starren!) Körper aus diesen Materialien ermittelt werden. Bei dieser analytisch-empirischen Untersuchungsweise behandelt man den Werkstoff als homogenes Kontinuum. Man kann die Beobachtungen systematisieren und kommt so zu Materialklassen, d.h. zu Gruppen von Stoffen, die sich jeweils qualitativ gleich

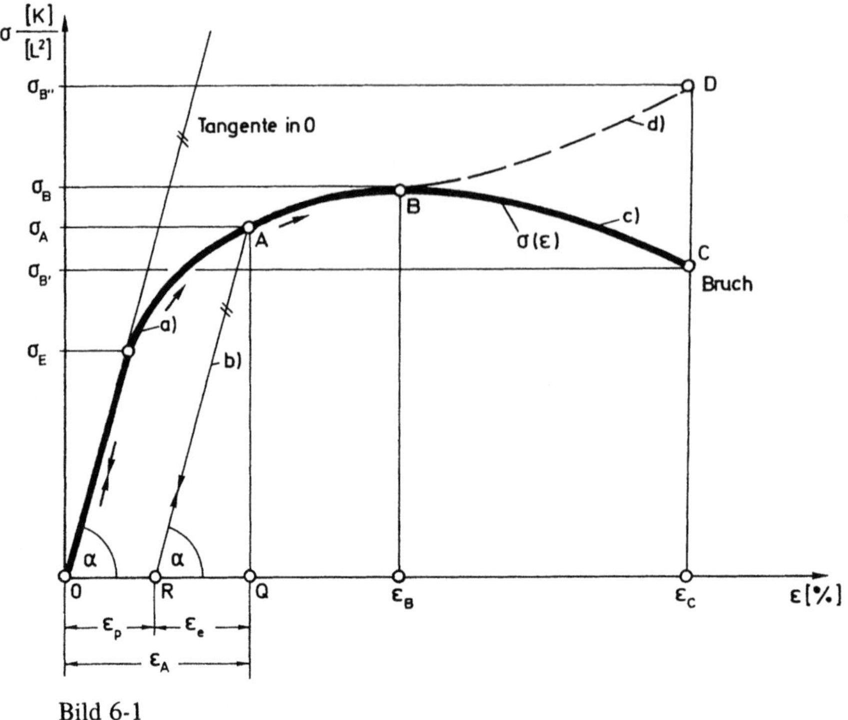

Bild 6-1

verhalten, die gleiche Phänomene beinhalten, von den gleichen Variablen abhängen und eine bestimmte Zahl von Materialparametern (Stoffkonstanten) aufweisen und sich nur quantitativ durch andere Werte dieser Materialkonstanten unterscheiden.

Dabei werden die Materialparameter aus Experimenten gewonnen, wobei in bestimmten Fällen der Zug- bzw. Druckversuch, also die Aufbringung einer einzigen Last in Längsrichtung (Normalkraft) eines Stabes (Probe) und die Messung der Verlängerung bzw. Verkürzung des Probestabes in Abhängigkeit dieser Last ausreichend ist. Das Ergebnis dieses Versuchs ist das Last-Weg- oder Spannungs-Dehnungs-Diagramm, wie es die Kurve a) in Bild 6-1 am Beispiel eines legierten Stahles schematisch zeigt. Wird danach vom unbelasteten Zustand 0 aus eine Spannung σ_{ij} (z.B. σ in Längsrichtung des Stabes) aufgebracht, so stellt sich eine bestimmte Verzerrung ϵ_{ij} (z.B. die Dehnung ϵ) ein. Bis zum Erreichen einer charakteristischen Spannung σ_E ist dabei die Zustandslinie $\sigma(\epsilon)$ eine Gerade, der Zusammenhang von σ und ϵ also linear (*physikalische Linearität*). Außerdem ist diese lineare Zustandsänderung im Bereich $0 \leqslant \sigma \leqslant \sigma_E$ *reversibel*, d.h. bei Entlastung erfolgen die Zustandsänderungen längs derselben Geraden wie bei der Belastung. Dieser Sachverhalt ist durch Pfeile in Bild 6-1 gekennzeichnet.

Ein solches Materialverhalten nennt man *linear elastisch*. Die Grenzspannung σ_E, bis zu der linear-elastisches Verhalten vorliegt, heißt *Elastizitätsgrenze* (oder auch *Proportionalitätsgrenze*). Wird statt Zug ($\sigma > 0$) Druck ($\sigma < 0$) aufgebracht, so sind i.a. bis auf die Vorzeichenumkehr alle materialspezifischen Verhältnisse identisch, also es gilt

$$\sigma(-\epsilon) = -\sigma(\epsilon) \quad \text{für} \quad -\sigma_E \leqslant \sigma \leqslant \sigma_E.$$

Der Anstieg der Geraden $\sigma(\epsilon)$ im elastischen Bereich, also die Konstante

$$C = E \; \frac{[K]}{[L]^2} \; \triangleq \; \text{arc tan } \alpha$$

wird *Elastizitätsmodul* genannt. Dieser ist eine der beiden Stoffkonstanten, durch die ein
linear-elastisches Material bestimmt ist.

Für praktisch alle Stahlsorten beträgt der E-Modul ca. $\quad E = 2,1 \cdot 10^7 \text{ N/cm}^2$

für Aluminium-Legierungen ca. $\qquad\qquad\qquad\quad E = 0,7 \cdot 10^7 \text{ N/cm}^2$

für Hölzer ca. $\qquad\qquad\qquad\qquad\qquad\qquad E = (0,8 \div 1,6) \, 10^6 \text{ N/cm}^2$

usw.

Wird bei der Belastung z.B. mit $\sigma = \sigma_A$ die Proportionalitätsgrenze, also die Spannung σ_E
überschritten, so folgt die Spannungs-Dehnungs-Kurve dem Kurvenast a) bis zum Punkte A
mit der zugeordneten Dehnung ϵ_A. Diese Zustandsänderung ist nun nicht mehr reversibel,
da bei Entlastung vom Punkt A aus der Kurvenast b) durchlaufen wird. Dieser ist annähernd
eine Gerade AR, die praktisch parallel zur ursprünglichen elastischen Geraden verläuft. Nach
völliger Entlastung bleibt im Punkte R ein um die reversible elastische Dehnung ϵ_e verringer-
tes ϵ_A, also mit ϵ_p eine bleibende Verformung übrig — das Material ist plastisch verformt,
weshalb man dieses Stoffverhalten als *plastisch* bezeichnet. Eine erneute Belastung folgt
wieder der Geraden RA, die nun die Zustandslinie für linear-elastisches Verhalten mit gleichem Anstieg $\alpha \sim E$ darstellt. Bei Überschreiten der Spannung σ_A tritt erneut, wie bei
nichterfolgter Zwischen-Entlastung, plastisches Verhalten ein. Ist dabei $\sigma_A = \sigma_F (\approx \sigma_E)$, so
nennt man das Material *ideal-plastisch* (unlegierter Stahl mit niedrigem Kohlenstoffgehalt,
Bild 6-2e). σ_F heißt dabei *Fließspannung*. Tritt dagegen mit $\sigma_A > \sigma_E$ die erneute Plastizie-

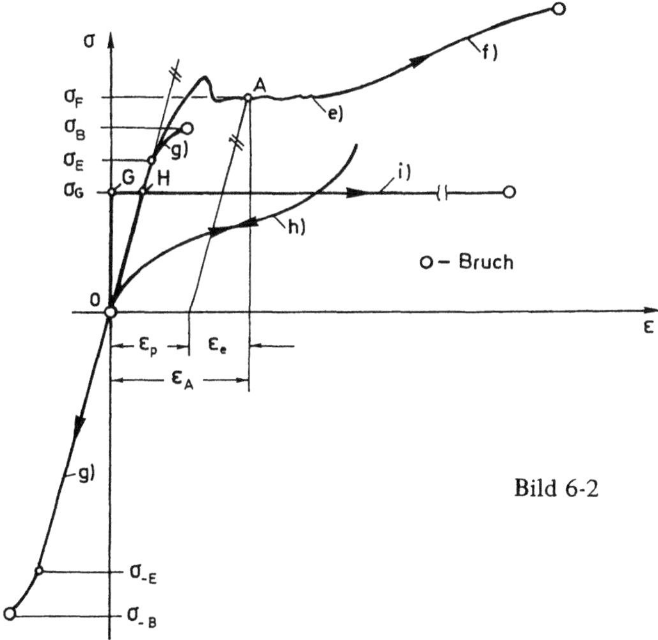

Bild 6-2

rung erst bei höherer Spannung ein, so ist durch den ersten Be- und Entlastungszyklus das
Material „fester" geworden — es ist *plastisch-verfestigend* (Bild 6-1 bzw. 6-2f). Wird schließlich bei der Belastung die Spannung σ_B erreicht, so folgt das Material dem fallenden Kurvenast c) in Bild 6-1, wenn man die Spannung auf den Anfangsquerschnitt des Stabes bezogen
hat. Nach Erreichen der Spannung σ_B würde also keine Laststeigerung mehr notwendig sein,
um eine immer höhere Dehnung zu bewirken. Das Material wird instabil und geht schließlich
bei C mit der Dehnung ϵ_C zu Bruch. Für die technischen Anwendungen stellt σ_B die Bruch-
spannung und ϵ_B entsprechend die Bruchdehnung dar. Ordnet man der jeweiligen Spannung
$\sigma > \sigma_E$ nicht die ursprüngliche Fläche, sondern die durch die erfolgende Einschnürung des
Stabes immer kleiner werdende jeweilige Fläche zu, so folgt der Vorgang $\sigma(\epsilon)$ dem Kurvenast d). Dabei tritt der Bruch dann bei Punkt D mit $\epsilon_C = \epsilon_D$ ein.

Anders als Stähle und Nichteisenmetalle zeigen die spröden Materialien (Gußeisen,
Beton) ein Verhalten nach Bild 6-2g. Auch hier ist ein linear-elastisches Verhalten in gewissen
Grenzen mit gleichem Elastizitätsmodul im Zug- und Druckbereich feststellbar. Jedoch stimmen σ_E und σ_{-E} betragsmäßig nicht mehr überein, der Fließ- bzw. Verfestigungsbereich
fällt praktisch ersatzlos fort und die Druckfestigkeit ist erheblich größer als die Zugfestig-
keit, d.h. $|\sigma_{-B}| > \sigma_B$.

Wieder anders tritt bei Elastomeren (Gummi) ein von vornherein physikalisch nicht-
lineares, aber reversibles Materialverhalten auf. Es liegt also ein *nichtlinear-elastischer* Stoff
vor, wie er durch die $\sigma(\epsilon)$-Kurve nach Bild 6-2h charakterisiert ist. Hier sind auch die Deformationen i.a. so groß, daß die geometrische Linearisierung der Verzerrungsmaße, wie sie
mit Einführung des infinitesimalen Verzerrungstensors $\mathbb{D}$ erfolgt ist, nicht oder nur bedingt
zulässig ist. Es ist also eine Nichtlinearität im doppelten Sinne (geometrisch und physikalisch)
zu konstatieren.

Bei Plastomeren (PVC, PU) tritt ähnlich wie bei plastischen Stoffen ein „Fließen",
d.h. eine zeitabhängige Deformation selbst bei konstanter Spannung auf, wie es mit dem
Kurvenast e) in Bild 6-2 für ideal-plastisches Verhalten bereits der Fall war. Jedoch ist dieses
„Fließen" nicht an das Erreichen einer bestimmten Fließspannung σ_F gebunden, sondern
findet bereits bei niedrigeren Spannungswerten σ_G (Bild 6-2i) mehr oder weniger ausgeprägt
in Abhängigkeit von der Zeit statt. Man nennt dieses Phänomen „*Kriechen*" und das Materialverhalten *viskos*. Auch hier kann wieder zwischen physikalisch linearem und nicht-
linearem Verhalten unterschieden werden. Folgt die Zustandslinie zunächst einer elastischen Geraden (z.B. OH in Bild 6-2) und erst anschließend mit der Zeit von H aus der Kurve
i), so liegt eine Kombination von elastischem und viskosem Stoffverhalten vor — das Material ist, wie man sagt, *viskoelastisch*. Auch andere Kombinationen zwischen elastischem,
plastischem und viskosem Verhalten, wie z.B. *visko-plastisch* oder *visko-elastisch-plastisch*
sind dementsprechend denkbar und durch das Verhalten von jeweils bestimmten konkreten
Werkstoffen innerhalb dieser Materialklassen bestätigt.

Im Rahmen der vorliegenden Abhandlung werde ausschließlich die Stoffklasse der *geometrisch und physikalisch linearen, elastischen Materialien* behandelt. Dabei hat die geometrische
Linearität zur Folge, daß der Deformator nach (6.7) mit seinen Komponenten nach (6.9) das
geeignete Verzerrungsmaß ist. Der physikalischen Linearität entsprechend besteht zwischen
den Spannungen und den Verzerrungen ein linearer analytischer Zusammenhang, und im Sinne
der Reversibilität braucht zwischen Be- und Entlastung nicht unterschieden zu werden.
Außerdem seien die Materialeigenschaften vom Ort und von der Richtung innerhalb des
Materials unabhängig — der Stoff sei somit *homogen* und *isotrop*. Eine Materialkonstante

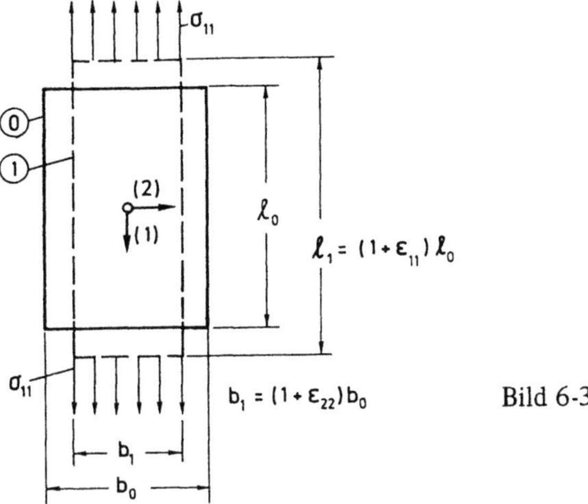

Bild 6-3

kann aus einem einachsigen Spannungs-Dehnungs-Versuch, d.h. bei Messung der Dehnung
(z.B. ε_{11}) nach Aufbringung der Spannung in (und nur in) Richtung der Längsachse des
Stabes (σ_{11}) experimentell quantitativ bestimmt werden. Darüber hinaus muß eine zweite
Materialkonstante mit der Forderung nach quantitativer Determinierung (Meßbarkeit) eingeführt werden. Dazu benutzt man zweckmäßigerweise die Beobachtung (vgl. Bild 6-3), daß
bei einem einachsigen Zugversuch ($\sigma_{11} > 0$) die Materialprobe nicht nur „länger" ($\varepsilon_{11} > 0$),
sondern gleichzeitig auch „schmaler" wird; d.h. Momentankonfiguration ① und Bezugskonfiguration ⓪ ein und desselben Probekörpers unterscheiden sich nicht in der Gestalt,
wohl aber in den Längen- und Breitenabmessungen. Die Längsdehnung ε_{11} ist bei bekannter
Spannung σ_{11} dabei aus dem einachsigen Zugversuch über den E-Modul bereits in Beziehung gesetzt; es gilt hierfür wegen der physikalischen Linearität

$$\sigma_{11} = E\,\varepsilon_{11} \tag{6.10}$$

Die dabei auftretende Querdehnung $\varepsilon_q = \varepsilon_{22} = \varepsilon_{33} < 0$ (die (2) und (3)-Achsen sind bei
symmetrischen Querschnitten gleichberechtigt) wird nun zu dieser Längsdehnung $\varepsilon_{11} > 0$
in Beziehung gesetzt. Danach sei

$$\frac{\varepsilon_{22}}{\varepsilon_{11}} = \frac{\varepsilon_{33}}{\varepsilon_{11}} = -\nu = \frac{b_1 - b_0}{l_1 - l_0}\,\frac{l_0}{b_0} \tag{6.11}$$

Diese Größe ν sei der zweite spezifische Stoffparameter. Sie ist ein Maß für die Querdehnung im Verhältnis zur Längsdehnung und heißt daher *Querkontraktionszahl*. Sie ist stets
nichtnegativ und kann für verschiedene Materialien nur innerhalb bestimmter Grenzen liegen. Man zeigt das, indem man auf die Aussagen des Abschnitt 2.4 zurückgreift, wonach
sich Stoffe bei der Deformation im Extremfall entweder vollständig kompressibel, also
$e = \varepsilon_{11} > 0$, oder inkompressibel, also $e = 0$, verhalten. Mit e als Volumendilatation nach
(2.124) als Maß für die Volumenänderung bei der Deformation gilt nun nach (2.125) auch

$$e = \varepsilon_{11} + \varepsilon_{22} + \varepsilon_{33} = D_I,$$

woraus mit (6.11) und $\epsilon_{11} > 0$ folgt

$$0 \leqslant e = \epsilon_{11} - \nu\epsilon_{11} - \nu\epsilon_{11} = (1 - 2\nu)\,\epsilon_{11} \leqslant \epsilon_{11},$$

d.h.

$$0 \leqslant (1 - 2\nu) \leqslant 1$$

bzw.

$$0 \leqslant \nu \leqslant \frac{1}{2} \tag{6.12}$$

Für konkrete Werkstoffe im elastischen Bereich findet man dann auch:

$$\text{St:} \quad \nu \approx 0.3$$
$$\text{Al:} \quad \nu \approx 0.35$$
$$\text{GG:} \quad \nu \approx 0.25$$
$$\text{Bn:} \quad \nu \approx 0.15$$

Für ein derart linear-elastisches Material soll nun die Materialgleichung, also die Spannungs-Verzerrungs-Relation aufgestellt werden. Diese muß unabhängig vom jeweils speziellen Spannungszustand immer gelten und nur im speziellen einachsigen Spannungsfall wieder auf die Beziehung (6.10) und (6.11) führen. Die Allgemeingültigkeit sichert man durch die dreiachsige Darstellung, d.h. durch die Verbindung des allgemeinen Spannungszustandes in Form des Spannungstensors $\mathbb{S}$ nach Def. 3.2 mit dem zulässigen Verzerrungstensor $\mathbb{D}$ nach Satz 2.10 bzw. (6.7). Für homogenes und isotropes Material ist nun die allgemeine Beziehung zwischen beiden Größen ein Polynom beliebigen Grades, also

$$\mathbb{S} = \sum_{i=0}^{N} \psi_i(D_I, D_{II}, D_{III})\,\mathbb{D}^i = \psi_0\,\mathbb{D}^0 + \psi_1\,\mathbb{D}^1 + \psi_2\,\mathbb{D}^2 + \dots \tag{6.13}$$

Dabei sind die Funktionen

$$\psi_i = \psi_i(D_I, D_{II}, D_{III})$$

die *Materialfunktionen*, die wegen der Forderung nach der Unabhängigkeit der Materialgleichung (6.13) vom jeweiligen Beobachter bzw. vom jeweiligen Basissystem und wegen der Isotropie nur Funktionen der drei vom Basissystem unabhängigen Invarianten D_I, D_{II}, D_{III} (s. (1.141)) des Tensors $\mathbb{D}$ sein können.

Da sich jede Potenz $\mathbb{D}^i$ eines Tensors zweiter Stufe für $i > 3$ als Linearkombination von $\mathbb{D}^0$, $\mathbb{D}$ und $\mathbb{D}^2$ ausdrücken läßt (Rekursion, keine Approximation), kann (6.13) auch geschrieben werden als

$$\mathbb{S} = \varphi_0\,\mathbb{D}^0 + \varphi_1\,\mathbb{D}^1 + \varphi_2\,\mathbb{D}^2 \tag{6.14}$$

Das Polynom vom Grade N in (6.13) ist also vollständig und exakt in ein Polynom vom Grade 2 nach (6.14) überführbar, wenn die Materialfunktionen ψ_i durch entsprechende Funktionen φ_i gleicher Argumente ersetzt werden.

Nun soll das Material geometrisch linear behandelt und gleichzeitig der Phänomeno-
logie des gleichen Verhaltens im Zug- und Druckbereich angepaßt werden. Das führt zwingend zur Vernachlässigung des quadratischen Termes $\mathbb{D}^2$ bzw. zu $\varphi_2 = 0$. Berücksichtigt
man noch $\mathbb{D}^0 = \mathbb{E}$, so gilt für ein geometrisch lineares, elastisches, homogenes und isotropes Material

$$\mathbb{S} = \varphi_0\, \mathbb{E} + \varphi_1\, \mathbb{D} \qquad\qquad (6.15)$$

Schließlich wird die physikalische Linearität, also der lineare Zusammenhang zwischen $\mathbb{S}$
und $\mathbb{D}$ in (6.15) gefordert: Soll danach $\mathbb{S}$ in $\mathbb{D}$ linear sein, so kann φ_1 wegen des Produktes
mit $\mathbb{D}$ nur eine Konstante φ_{10} sein. Entsprechend kann φ_0 als Materialfunktion der drei Invarianten von $\mathbb{D}$ nur noch linear in D_I sein, da D_{II} und D_{III} bereits vom Grade 2 bzw. 3 in
$\mathbb{D}$ sind. Also gilt

$$\varphi_1 = \varphi_{10} = \text{const}\; ; \qquad \varphi_0 = \varphi_0\,(D_I) = \varphi_{00}\, D_I = \varphi_{00}\, \text{Sp}\, \mathbb{D} \qquad (6.16)$$

Damit hat die *Materialgleichung* (6.15) *für vollständige lineare Elastizität* die Form

$$\mathbb{S} = \varphi_{00}(\text{Sp}\, \mathbb{D})\, \mathbb{E} + \varphi_{10}\, \mathbb{D} \qquad\qquad (6.17)$$

Im Falle des einachsigen Spannungszustandes, der phänomenologisch und empirisch-experi-
mentell zu den Beziehungen (6.10) und (6.11) mit den beiden Materialkonstanten E und ν
führte, muß nun (6.17) wieder in diese Gleichungen übergehen. Gleichzeitig wird mit (6.17)
bewiesen, daß linear-elastisches Material durch zwei Stoffgrößen φ_{00} und φ_{10} bzw. später
E und ν hinreichend beschrieben ist. Wegen des einachsigen Spannungszustandes ist

$$\mathbb{S} = \begin{pmatrix} \sigma_{11} & 0 & 0 \\ 0 & 0 & 0 \\ 0 & 0 & 0 \end{pmatrix} e_i e_j$$

und wegen des festgestellten, zugehörigen dreiachsigen Deformationszustandes bzw. wegen
(6.17) ist

$$\mathbb{D} = \begin{pmatrix} \epsilon_{11} & 0 & 0 \\ 0 & \epsilon_{22} & 0 \\ 0 & 0 & \epsilon_{33} \end{pmatrix} e_i e_j$$

sowie daraus folgend

$$\text{Sp}\, \mathbb{D} = \epsilon_{11} + \epsilon_{22} + \epsilon_{33} = (1 - 2\nu)\, \epsilon_{11}\,.$$

Für $i = j = 1$ muß nun aus (6.17) die Gl. (6.10) folgen, also

$$\sigma_{11} = \varphi_{00}(1 - 2\nu)\, \epsilon_{11} + \varphi_{10}\epsilon_{11} = E\epsilon_{11}$$

und für $i = j = 2$ bzw. $i = j = 3$ muß wegen (6.17) und (6.11) sein:

$$\sigma_{22} = \sigma_{33} = \varphi_{00}(1 - 2\nu)\, \epsilon_{11} - \varphi_{10}\nu\epsilon_{11} = 0.$$

Als Lösungen der beiden Gleichungen erhält man

$$\varphi_{10} = \frac{E}{1 + \nu} \qquad\qquad (6.18)$$

und

$$\varphi_{00} = \frac{\nu}{(1 + \nu)\,(1 - 2\nu)}\; E \tag{6.19}$$

Damit sind die Materialkonstanten φ_{10} und φ_{00} durch die beiden bereits quantitativ bestimmten Werkstoffwerte E und ν ersetzt.

Häufig führt man eine dritte Materialkonstante, den sog. *Schubmodul* G $[K]/[L]^2$ ein. Dieser ist aber nur eine aus E und ν abgeleitete Größe in der Form

$$G = \frac{E}{2\,(1 + \nu)} \tag{6.20}$$

wobei mit E und ν auch G bzw. mit E und G auch ν usw. festliegt.

Setzt man schließlich die determinierten Materialwerte φ_{10} und φ_{00} nach (6.18) und (6.19) bzw. (6.20) in (6.17) ein und berücksichtigt noch (2.125), wonach $e = D_I = Sp\,\mathbb{D}$ ist, so wird letztlich als linear-elastische Stoffgleichung im allgemein räumlichen Fall für homogenes, isotropes Material (*HOOKEsches Gesetz*)

$$\mathbb{S} = 2G \left[\mathbb{D} + \frac{\nu}{1 - 2\nu}\,(Sp\,\mathbb{D})\,\mathbb{E} \right] \tag{6.21}$$

Diese tensorielle Gleichung enthält sechs Komponentengleichungen, die man nach Rechts- und Links-Multiplikation mit e_i und e_j gewinnt. Es ergibt sich unter Berücksichtigung von (1.140), (2.122), (6.20) sowie wegen

$$e_i \cdot \mathbb{E} \cdot e_j = \delta_{ij}, \quad e_i \cdot \mathbb{T} \cdot e_j = T_{ij}$$

dann statt (6.21)

$$
\begin{aligned}
\sigma_{11} &= 2G \left[\epsilon_{11} + \frac{\nu}{1 - 2\nu}\,(\epsilon_{11} + \epsilon_{22} + \epsilon_{33}) \right] \\[2mm]
&= \frac{E}{(1 + \nu)\,(1 - 2\nu)}\,[(1 - \nu)\,\epsilon_{11} + \nu(\epsilon_{22} + \epsilon_{33})] \\[2mm]
\sigma_{22} &= 2G \left[\epsilon_{22} + \frac{\nu}{1 - 2\nu}\,(\epsilon_{11} + \epsilon_{22} + \epsilon_{33}) \right] \\[2mm]
&= \frac{E}{(1 + \nu)\,(1 - 2\nu)}\,[(1 - \nu)\,\epsilon_{22} + \nu(\epsilon_{11} + \epsilon_{33})] \\[2mm]
\sigma_{33} &= 2G \left[\epsilon_{33} + \frac{\nu}{1 - 2\nu}\,(\epsilon_{11} + \epsilon_{22} + \epsilon_{33}) \right] \\[2mm]
&= \frac{E}{(1 + \nu)\,(1 - 2\nu)}\,[(1 - \nu)\,\epsilon_{33} + \nu(\epsilon_{11} + \epsilon_{22})] \\[2mm]
\sigma_{12} &= 2G\,\epsilon_{12} = G\,\gamma_{12} = G\,\gamma_{21} = \sigma_{21} \\[2mm]
\sigma_{23} &= 2G\,\epsilon_{23} = G\,\gamma_{23} = G\,\gamma_{32} = \sigma_{32} \\[2mm]
\sigma_{31} &= 2G\,\epsilon_{31} = G\,\gamma_{31} = G\,\gamma_{13} = \sigma_{13}
\end{aligned}
\tag{6.22}
$$

Auch die inverse Form, also die verzerrungsexplizite Darstellung läßt sich aus (6.21) sofort gewinnen, wenn man zunächst die erste Invariante von $\mathbb{D}$, also $D_I = \mathrm{Sp}\,\mathbb{D}$ durch die erste Invariante von $\mathbb{S}$, also $S_I = \mathrm{Sp}\,\mathbb{S}$ ersetzt. Den Zusammenhang zwischen beiden Invarianten stellt man durch Doppel-Skalar-Multiplikation nach (1.140) der Materialgleichung (6.21) mit $\mathbb{E}$ her. Danach ist

$$\mathbb{E} \cdot\cdot \mathbb{S} = \mathrm{Sp}\,\mathbb{S} = 2G\left[\mathbb{E}\cdot\cdot\mathbb{D} + \frac{\nu}{1-2\nu}(\mathrm{Sp}\,\mathbb{D})\,\mathbb{E}\cdot\cdot\mathbb{E}\right]$$

$$= 2G\left[\mathrm{Sp}\,\mathbb{D} + \frac{\nu}{1-2\nu}(\mathrm{Sp}\,\mathbb{D})\,3\right] = 2G\,\frac{1+\nu}{1-2\nu}\,\mathrm{Sp}\,\mathbb{D}$$

bzw. mit (2.126)

$$\mathrm{Sp}\,\mathbb{D} = e = (1-2\nu)\,\frac{1}{E}\,\mathrm{Sp}\,\mathbb{S} \tag{6.23}$$

Setzt man dies in (6.21) ein und löst nach $\mathbb{D}$ auf, so gilt als *verzerrungsexplizites* HOOKE-sches Gesetz

$$\mathbb{D} = \frac{1}{2G}\left[\mathbb{S} - \frac{\nu}{1+\nu}(\mathrm{Sp}\,\mathbb{S})\,\mathbb{E}\right] \tag{6.24}$$

Gl. (6.24) läßt sich auch wieder in Form der sechs skalaren Gleichungen schreiben

$$\epsilon_{11} = \frac{1}{2G}\left[\sigma_{11} - \frac{\nu}{1+\nu}(\sigma_{11} + \sigma_{22} + \sigma_{33})\right]$$

$$= \frac{1}{E}[\sigma_{11} - \nu(\sigma_{22} + \sigma_{33})]$$

$$\epsilon_{22} = \frac{1}{2G}\left[\sigma_{22} - \frac{\nu}{1+\nu}(\sigma_{11} + \sigma_{22} + \sigma_{33})\right]$$

$$= \frac{1}{E}[\sigma_{22} - \nu(\sigma_{11} + \sigma_{33})]$$

$$\epsilon_{33} = \frac{1}{2G}\left[\sigma_{33} - \frac{\nu}{1+\nu}(\sigma_{11} + \sigma_{22} + \sigma_{33})\right]$$

$$= \frac{1}{E}[\sigma_{33} - \nu(\sigma_{11} + \sigma_{22})]$$

$$\epsilon_{12} = \frac{1}{2G}\sigma_{12} = \frac{\gamma_{12}}{2} = \frac{\gamma_{21}}{2}$$

$$\epsilon_{23} = \frac{1}{2G}\sigma_{23} = \frac{\gamma_{23}}{2} = \frac{\gamma_{32}}{2}$$

$$\epsilon_{31} = \frac{1}{2G}\sigma_{31} = \frac{\gamma_{31}}{2} = \frac{\gamma_{13}}{2}$$

$$\tag{6.25}$$

Unabhängig von der Form der Gleichungen sind (6.21) bzw. (6.22) oder (6.24) bzw. (6.25) die noch fehlenden sechs Gleichungen, die im Falle der Elastizität den Zusammenhang zwischen den sechs Verzerrungen $D_{ij} = \epsilon_{ij}$ und den sechs Spannungen σ_{ij} in Form der Materialgleichung (MG) herstellen. Liegt ein anderes als elastisches Materialverhalten vor, so werden nur diese sechs Gleichungen gegen die entsprechenden anderen Materialgleichungen ausgetauscht. Zusammen mit den stets gültigen sechs Verschiebungs-Verzerrungs-Gleichungen (VVG) nach (6.5) bzw. (6.9) und den drei verbleibenden Gleichgewichtsbedingungen (GGB) nach (6.8) bilden sie das hinreichende Gleichungssystem für die 15 unbekannten Größen mit 15 Gleichungen (sechs Spannungen σ_{ij}, sechs Verzerrungen ϵ_{ij} und drei Verschiebungen u_i). Damit ist das Problem der Statik deformierbarer Strukturen bzw. die Festigkeitslehre der Elastizität (Elasto-Statik) vollständig beschrieben und prinzipiell auch lösbar.

Jedoch ist für das Gleichungssystem, u.a. wegen der darin enthaltenen partiellen Differentialgleichungen eine allgemeine und geschlossene Lösung, die ohnehin die jeweiligen Randbedingungen erfüllen müßte, nicht angebbar. So wird von Fall zu Fall eine spezielle Lösung dieser Gleichungen bereitgestellt, die zunächst nur für jeweils eine bestimmte Struktur (Stab, Balken, Welle usw.) bzw. für eine spezielle Beanspruchung (Normalkraft, Biegemoment, Torsionsmoment usw.) gilt. Da jedoch die Elasto-Statik eine lineare Theorie ist und damit auch alle Gleichungen linear sind, lassen sich für komplexere Strukturen und/oder kombinierte Beanspruchungen die Einzelergebnisse jederzeit auch zu komplexeren Lösungen „superponieren", also zur Lösung des Gesamtproblems zusammensetzen. Das ist Gegenstand der folgenden Abschnitte.

Zu den durch äußere Belastungen hervorgerufenen Verzerrungen lassen sich auch noch, ebenfalls durch Superposition, die *thermischen Dehnungen* infolge der Temperatur T hinzufügen. Wird nämlich die Temperatur an einer Stelle des isotropen Kontinuums gegenüber einem Bezugswert T_0 (Ausgangswert, Umgebungswert) um den Betrag $\Delta T = T - T_0$ lokal verändert, so dehnt sich dort das Kontinuum nach allen Richtungen um das gleiche Maß ϵ_T, sofern diese Dehnungen ungehindert erfolgen können. Gleitungen sind dabei nicht festzustellen, so daß nur eine Volumenänderung, jedoch keine Gestaltänderung stattfindet. Diese Wärmedehnungen sind in erster Näherung proportional zu ΔT. Man erhält also neben den mechanischen Verzerrungen noch die thermischen Dehnungen zu

$$\epsilon_T = \epsilon_{11_T} = \epsilon_{22_T} = \epsilon_{33_T} = \alpha \Delta T$$

mit α als Proportionalitätskonstante bzw. als linearer Wärmeausdehnungskoeffizient. (Stahl: $\alpha \approx 1{,}25 \cdot 10^{-5}$ 1/grad). In der Materialgleichung (6.24) würden sich zusätzliche Dehnungen ϵ_{ii_T} wegen $\delta_{ii} = 1$ nur im Einheits-Tensor-Term wiederfinden, so daß für den Fall der Berücksichtigung von Temperaturänderungen ΔT die Gleichung (6.24) in

$$\mathbb{D} = \mathbb{D}_m + \mathbb{D}_{th} = \frac{1}{2G}\left[\mathbb{S} - \frac{\nu}{1+\nu}(\mathrm{Sp}\,\mathbb{S})\mathbb{E}\right] + \alpha\Delta T\,\mathbb{E}$$

$$\mathbb{D} = \frac{1}{2G}\left[\mathbb{S} - \left(\frac{\nu}{1+\nu}\mathrm{Sp}\,\mathbb{S} - 2G\,\alpha\,\Delta T\right)\mathbb{E}\right]$$

übergeht. In den skalaren Gleichungen (6.25) ändern sich entsprechend nur die ersten drei Dehnungsgleichungen, und zwar in

$$\epsilon_{ii} = \frac{1}{E}\left[\sigma_{ii} - \nu(\sigma_{jj} + \sigma_{kk}) + \alpha E\,\Delta T\right] \quad (i \neq j \neq k)\,,$$

während die Gleichungen

$$\epsilon_{ij} = \frac{1}{2G}\,\sigma_{ij} \quad (i \neq j)$$

unverändert bleiben. Mit der Wärmeausdehnung wird die Zahl der Stoffkonstanten von zwei (ν, E) auf drei (ν, E, α) erhöht.
Die Volumendilatation ändert sich dabei wegen

$$\mathrm{Sp}\ \mathbb{D} = e + e_T = \Sigma\,\epsilon_{ij} + e_T = \epsilon_{11} + \epsilon_{22} + \epsilon_{33} + 3\,\alpha\,\Delta T$$

um $e_T = +\,3\,\alpha\Delta T$. Für die Spur des Spannungstensors wird dann aus den vorstehenden Gln. analog zu (6.23)

$$\mathrm{Sp}\ \mathbb{S} = S_I = \Sigma\,\sigma_{ii} = \frac{E}{1 - 2\nu}\,(e - 3\,\alpha\Delta T).$$

6.3 Zug/Druck (elementare Stabtheorie)

6.3.1 Spannungen

Untersucht werden soll zunächst der gerade Stab beliebigen Querschnitts (Bild 6-4). Die äußere Belastung sei so beschaffen, daß im Tragwerk als einzige Schnittlast nur eine Normalkraft N ($N \gtrless 0$) wirkt. Dieser Belastungsfall mit dem Schnittlastenzustand

$$\mathbf{F_s} = (N, 0, 0) \quad \text{und} \quad \mathbf{M_s} = (0, 0, 0) = \mathbf{0}$$

wird als *reiner Zug/Druck* definiert, wobei das Schnittmoment auf den Flächenmittelpunkt der Schnittfläche bezogen ist. Ein solches Tragwerk ist nach Kap. 5 ein Stab (bzw. für nicht gerade Tragwerke und $N > 0$ ein Seil bzw. für $N < 0$ ein Gewölbeträger). Zu ermitteln sind die Spannungen σ_{ij}, die Verzerrungen ϵ_{ij} und die Verschiebungen u_i bei vorgegebener bzw. bereits berechneter Normalkraft N. Zur Verfügung stehen die Gleichgewichtsbedingungen (6.8) bzw. (5.4), die Verschiebungs-Verzerrungs-Gleichungen (6.5) bzw. (6.9) und das Ma-

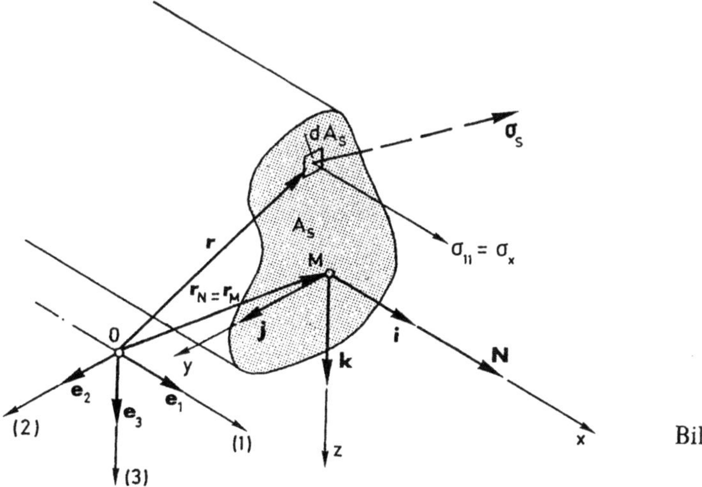

Bild 6-4

terialgesetz (6.21) bzw. (6.24). Als zusätzlicher Zusammenhang zwischen den Schnittlasten und den zu berechnenden Spannungen gelten, als Definitionsgleichungen der Schnittlasten, noch die Äquivalenzbedingungen (6.3), und zwar hier wegen $Q_2 = Q_3 = M_T = M_2 = M_3 = 0$ (reiner Zug/Druck) in der Form

$$N = \int_{A_S} \sigma_{11} \, dA \qquad (1)$$

$$Q_2 = \int_{A_S} \sigma_{12} \, dA = 0 \qquad (2) \; ; \qquad Q_3 = \int_{A_S} \sigma_{13} \, dA = 0 \qquad (3)$$

$$\qquad\qquad\qquad\qquad\qquad\qquad\qquad\qquad\qquad\qquad\qquad\qquad (6.26)$$

$$M_T = \int_{A_S} (x_2 \, \sigma_{13} - x_3 \, \sigma_{12}) \, dA = 0 \qquad (4)$$

$$M_2 = - \int_{A_S} (x_1 \, \sigma_{13} - x_3 \, \sigma_{11}) \, dA = 0 \quad (5) \; ; \qquad M_3 = \int_{A_S} (x_1 \, \sigma_{12} - x_2 \, \sigma_{11}) \, dA = 0 \quad (6)$$

Das Bezugssystem $[e_1, e_2, e_3]$ habe — was nachstehend gezeigt wird — dabei den Flächenmittelpunkt M als Ursprung und nur die (1)-Achse ist in ihrer Richtung durch die Normalenrichtung der Schnittfläche A_S festgelegt (Bild 6-4). Ein solches Bezugssystem heißt *Zentralachsensystem* (ZAS).

Wegen der Gleichung (1) von (6.26) liegt es nun nahe, den reinen Zug/Druck mit dem einachsigen Spannungszustand, bei dem also nur $\sigma_{11} \neq 0$ ist und alle anderen Spannungen $\sigma_{ij} = 0$ sind, zu identifizieren. Der Spannungszustand wird dann durch

$$\text{Zug/Druck:} \quad \mathbf{S} = \begin{pmatrix} \sigma_{11} & 0 & 0 \\ 0 & 0 & 0 \\ 0 & 0 & 0 \end{pmatrix} e_i \, e_j \qquad (6.27)$$

beschrieben. Damit sind die Bedingungen (6.26) (2), (3) und (4) identisch erfüllt und die einzige von Null verschiedene Spannung σ_{11} tritt zugleich in den Äquivalenzbedingungen (6.26) (1), (5) und (6) auf. Sie gilt es zu berechnen. Da die Spannung aber als Integrand in diesen Gleichungen auftritt und eine Integration solange nicht möglich ist, wie die Spannung noch unbekannt ist, wird ein Ansatz über die Verteilung der Spannung gemacht (vgl. 5.5). Erfüllt der Ansatz dann die Gleichungen einschließlich der Randbedingungen und gibt das Ergebnis schließlich die realen Verhältnisse, die man im Experiment ermittelt, richtig oder genau genug wieder, so wird der Ansatz von einer Hypothese zur Lösung des Problems.

In diesem Sinne führt man hier als Hypothese (*Hypothese von* NAVIER) ein, daß die einzig verbleibende Spannung σ_{11} konstant über die Schnittfläche, also

$$\sigma_{11} = \sigma_{11}(x_1) \qquad (6.28)$$

ist. So folgt aus (6.26), (5) und (6)

$$\int_{A_S} x_3 \sigma_{11} \, dA = \sigma_{11} \int_{A_S} x_3 \, dA = 0 \; ; \qquad \int_{A_S} x_2 \sigma_{11} \, dA = \sigma_{11} \int_{A_S} x_2 \, dA = 0.$$

Diese Bedingungen sind nun aber bereits erfüllt, da die dabei auftretenden Integrale nach (1.36) bzw. (1.40) gerade die Momente ersten Grades der Fläche bezüglich des Koordinatenursprungs darstellen und dieser im vorliegenden Fall mit dem Flächenmittelpunkt identisch ist.

Wegen der einzigen nun noch verbleibenden Beziehung (6.26), (1) wird mit (6.28) und der Umbenennung der allgemeinen Normalspannung σ_{11} in die spezielle Zug/Druckspannung σ_x

$$N = \int_{A_S} \sigma_{11}\, dA = \sigma_x \int_{A_S} dA = \sigma_x A_s \qquad (6.29)$$

oder auch

$$\sigma_x(x) = \frac{N}{A_s} \begin{cases} > 0 & \text{Zug} \\ < 0 & \text{Druck} \end{cases} \qquad (6.30)$$

Die Bedingung für die Einführung eines ZAS ist gleichbedeutend mit der Bedingung, daß die resultierende Spannung über die Schnittfläche, d.h. die Normalkraft N nach (6.29)

$$\mathbf{N} = N\mathbf{e}_1 = \sigma_x A_s \mathbf{e}_1 \qquad (6.31)$$

einen ausgezeichneten Angriffspunkt hat, wenn unter Erfüllung der Äquivalenzbedingungen (6.26) − (5) und (6) − im Falle des reinen Zug/Drucks die Gl. (6.28) stets gelten soll. Denn ist O ein beliebiger Bezugspunkt (Bild 6-4) und $\mathbf{r}_N$ der Vektor von O zu dem noch unbekannten Angriffspunkt von $\mathbf{N}$, so gilt zum einen

$$\mathbf{M}_O = \mathbf{r}_N \times \mathbf{N} = \mathbf{r}_N \times N\mathbf{e}_1 = N(\mathbf{r}_N \times \mathbf{e}_1)$$

und zum anderen wegen (6.3), (6.27) und (6.28)

$$\mathbf{M}_O = \int \mathbf{r} \times \boldsymbol{\sigma}\, dA = \int \mathbf{r} \times \sigma_x \mathbf{e}_1\, dA = \sigma_x \int \mathbf{r} \times \mathbf{e}_1\, dA.$$

Haben nun $\mathbf{r}$ und $\mathbf{r}_N$ noch Anteile in $\mathbf{e}_1$-Richtung, so entfallen diese bei der vektoriellen Multiplikation mit $\mathbf{e}_1$. Es können also o.B.d.A. die nur in der (2,3)-Ebene liegenden Anteile von $\mathbf{r}$ und $\mathbf{r}_N$ weiterverfolgt werden. Nach dem Gleichsetzen obiger Beziehungen folgt

$$N(\mathbf{r}_N \times \mathbf{e}_1) = \sigma_x \int \mathbf{r} \times \mathbf{e}_1\, dA.$$

Das gestattet die explizite Berechnung von $\mathbf{r}_N$ nach vektorieller Links-Multiplikation mit $\mathbf{e}_1$ und unter Beachtung des Entwicklungssatzes (1.98) aus 1.3.6. Danach ist nun wegen $\mathbf{r}, \mathbf{r}_N \perp \mathbf{e}_1$ (s.o.)

$$\mathbf{e}_1 \times (\mathbf{r} \times \mathbf{e}_1) = \mathbf{r}(\mathbf{e}_1 \cdot \mathbf{e}_1) - \mathbf{e}_1(\mathbf{r} \cdot \mathbf{e}_1) = \mathbf{r}$$

und

$$\mathbf{e}_1 \times (\mathbf{r}_N \times \mathbf{e}_1) = \mathbf{r}_N(\mathbf{e}_1 \cdot \mathbf{e}_1) - \mathbf{e}_1(\mathbf{r}_N \cdot \mathbf{e}_1) = \mathbf{r}_N,$$

wodurch

$$N\mathbf{e}_1 \times (\mathbf{r}_N \times \mathbf{e}_1) = N\mathbf{r}_N = \mathbf{e}_1 \times \sigma_x \int \mathbf{r} \times \mathbf{e}_1\, dA = \sigma_x \int \mathbf{r}\, dA$$

und schließlich mit (6.30) für r_N nach (1.36) folgt:

$$r_N = \frac{\sigma_x}{N} \int\limits_{A_S} r\, dA = \frac{1}{A_s} \int\limits_{A_S} r\, dA = r_M \tag{6.32}$$

Damit ist der Vektor r_N zum Angriffspunkt der Normalkraft N bei beliebigem Bezugspunkt O stets identisch mit dem Vektor zum Flächenmittelpunkt r_M der Schnittfläche, d.h. *die Normalkraft muß im Flächenmittelpunkt M angreifen,* wenn die Normalspannung σ_x nach (6.30) eine Konstante über die Schnittfläche sein soll und die Resultierende N aller Zug/Druckspannungen σ_x die einzige Schnittlast sein, also reiner Zug/Druck vorliegen soll.

Bei der Einleitung von Kräften in Zug/Druck-Stäben ist daher zu beachten, daß deren Wirkungslinie mit der Stabachse als Verbindungslinie aller Flächenmittelpunkte übereinstimmt (s. auch Abschnitt 5.7.4 über Fachwerke). Ist diese Voraussetzung erfüllt und kann die einzige Schnittlast N über die integrierten Gleichgewichtsbedingungen (6.2) oder die Schnittlasten-DGL (6.4) berechnet werden, so ist (6.30) die Lösung des Spannungsproblems für den reinen Zug/Druck.

Ergänzend sei bemerkt, daß die Gleichgewichtsbedingungen am Element bzw. im Feld nach (6.1), hier wegen $\sigma_{11} = \sigma_x$ und $\sigma_{ij} = 0$ für i, j $\neq$ 1 und bei fehlenden Volumenkräften die Form

$$\frac{\partial \sigma_{11}}{\partial x_1} = \frac{\partial \sigma_x}{\partial x} = 0 \tag{6.33}$$

annehmen. Diese sind mit der daraus folgenden Bedingung

$$\sigma_x \neq \sigma_x(x)$$

und unter Beachtung von (6.28) nur dann erfüllt, wenn σ_x = const ist. Aus (6.30) folgt dann, daß bei prismatischen Stäben mit A_s = const auch N = const und bei nicht prismatischen Stäben mit $A_s = A_s(x)$ wenigstens das Verhältnis $N(x)/A(x)$ = const sein muß. (Vgl. Beispiele zu 6.3.4.)

Ist diese Voraussetzung nicht erfüllt, so ist, streng genommen, (6.30) nicht die Lösung des Spannungsproblems, sondern stellt dann nur eine mehr oder minder zutreffende Näherung für die Längsspannung σ_x dar. Da N aus den Gleichgewichtsbedingungen (6.2) berechnet wird, sind in Umkehrung die Gleichgewichtsbedingungen dann in Form von (6.2) nur für die Normalkraft N, also wegen (6.3) nur für das Integral der Spannungen — nicht aber in Form von (6.1) für die Spannungen selbst erfüllt. Um auch formal auf diesen Umstand hinzuweisen, soll in der Gleichung für die Zug/Druckspannung (6.30) die x-Abhängigkeit der einzelnen Größen in eckige Klammern gesetzt werden.

So war z.B. in den Anwendungen des Kap. 5 die Normalkraft zumindest abschnittsweise für $x_0 < x < x_1$ konstant, woraus im Falle prismatischer Stäbe eine gute Näherung für σ_x in genügender Entfernung von den Sprungstellen der Normalkraft folgt. An den Stellen jedoch, an denen die Normalkraft singulär ist sowie in Fällen von Längsstreckenlasten $n(x) = - dN(x)/dx$ und bei stark veränderlichen Querschnitten $A_s(x)$ stellt (6.30) sicher nur eine grobe Näherungslösung des Problems dar. Hierzu sind die Voraussetzungen eines einachsigen Spannungszustandes nach (6.27) sowie die NAVIER-Hypothese (6.28) zu restriktiv, wobei man dann zumindest die erste Bedingung infolge des feststellbaren mehrachsigen Spannungszustandes aufgeben muß — oder anderenfalls sich aber mit der beschriebenen Erfüllung der Gleichgewichtsbedingungen lediglich im „Integralmittel" bei entsprechendem Fehler zufrieden geben muß.

Es sei also zusammenfassend festgestellt:

> **Def. 6.1:**
>
> Ist in einem Tragwerk die einzige Schnittlast die Normalkraft N und greift diese im Flächenmittelpunkt an, so liegt *reiner Zug/Druck* vor und das Tragwerk heiße *Stab*.

> **Satz 6.1:**
>
> Für einen prismatischen Stab (nach Def. 6.1) mit dem Querschnitt A_s und der konstanten Normalkraft N ist unter Erfüllung der Gleichgewichtsbedingungen in jedem Punkt des Stabes
>
> $$\sigma_x = \frac{N}{A_s} = \text{const.}$$
>
> Für nicht-prismatische Stäbe mit $A_s[x]$ oder nicht konstante Normalkräfte $N[x]$ ist
>
> $$\sigma_x[x] \cong \frac{N[x]}{A_s[x]}$$
>
> eine Näherung für die Zug/Druckspannung im Stab.

Im Bereich einer elementaren Stabtheorie ist damit der Spannungszustand für den Zug/Druck-Stab mit

$$\sigma_{11} = \sigma_x \quad \text{und} \quad \sigma_{22} = \sigma_{33} = \sigma_{12} = \sigma_{13} = \sigma_{23} = 0 \qquad (6.34)$$

gemäß (6.27) vollständig bestimmt.

Das Experiment und die Erfahrung zeigen, daß die hier getroffenen Voraussetzungen eines einachsigen Spannungszustandes und einer fehlenden Abhängigkeit des Spannungszustandes von den Querschnittskoordinaten (6.28) sowie das daraus folgende Ergebnis nach Satz 6.1 für die Spannungen zutreffend sind.

6.3.2 Verzerrungen

Bei nun bekanntem Spannungstensor $\mathbb{S}$ ist auch der Verzerrungszustand $\mathbb{D}$ sofort berechenbar. Es folgt so nach (6.25) im Falle linear-elastischer Stoffe

$$
\begin{aligned}
\epsilon_{11} &= \epsilon_x = \frac{1}{E}\sigma_{11} = \frac{1}{E}\sigma_x = \frac{N}{E\,A_s} \\[2ex]
\epsilon_{22} &= \epsilon_{33} = \epsilon_y = \epsilon_z = -\nu\epsilon_{11} = -\frac{\nu}{E}\sigma_x = -\nu\,\frac{N}{E\,A_s} \\[2ex]
\epsilon_{12} &= \epsilon_{13} = \epsilon_{23} = \epsilon_{21} = \epsilon_{23} = \epsilon_{31} = 0
\end{aligned}
\qquad (6.35)
$$

bzw. im Falle linear thermo-elastischer Stoffe

$$\epsilon_{11} = \frac{1}{E}\,\sigma_x + \alpha\,\Delta T = \frac{N}{E\,A_s} + \alpha\,\Delta T$$

$$\epsilon_{22} = \epsilon_{33} = -\frac{\nu}{E}\,\sigma_x + \alpha\,\Delta T = -\nu\,\frac{N}{E\,A_s} + \alpha\,\Delta T \qquad (6.36)$$

Der einachsige Spannungszustand ist also bei linear-elastischem Material stets mit einem drei-achsigen Verzerrungszustand $\epsilon_{ii} = D_{ii}$ (i = 1, 2, 3) gekoppelt:

$$\mathbb{S} = \begin{pmatrix} \sigma_x & 0 & 0 \\ 0 & 0 & 0 \\ 0 & 0 & 0 \end{pmatrix} e_i e_j \;; \quad \mathbb{D} = \begin{pmatrix} \epsilon_x & 0 & 0 \\ 0 & \epsilon_y & 0 \\ 0 & 0 & \epsilon_z \end{pmatrix} e_i e_j \qquad (6.37)$$

mit den Koordinaten nach (6.34), (6.35) bzw. (6.36). Wie die Spannung σ_x sind auch die Verzerrungen über die Querschnittsfläche in jedem Schnitt x konstant. Sind auch N und A konstant, so sind die Verzerrungen im gesamten Zug/Druck-Stab konstant. Wegen des Fehlens der Gleitungen ändert der Zug/Druck-Stab bei der Deformation seine Gestalt nicht, d.h. orthogonale Elemente bleiben orthogonal bzw. alle Ebenen in der unverformten Konfiguration gehen in dazu parallele Ebenen in der verformten Konfiguration über.

Die Volumendilatation beträgt

$$e = \mathrm{Sp}\,\mathbb{D} = \epsilon_x(1 - 2\nu) = \frac{N}{E\,A_s}\,(1 - 2\nu) \qquad (6.38)$$

bzw. bei Berücksichtigung thermo-elastischer Dehnungen

$$e = e + e_T = \frac{N}{E\,A_s}\,(1 - 2\nu) + 3\,\alpha\,\Delta T \qquad (6.38a)$$

6.3.3 Verschiebungen

Für den Verschiebungsvektor **u** nach (6.6) erhält man unter Berücksichtigung von (6.7) bzw. (6.9) aus (6.35):

$$\epsilon_{11} = \frac{\partial u_1}{\partial x_1} = \frac{\partial u}{\partial x} = \frac{1}{E}\,\sigma_x$$

$$\epsilon_{22} = \frac{\partial u_2}{\partial x_2} = \frac{\partial v}{\partial y} = -\frac{\nu}{E}\,\sigma_x \qquad (6.39)$$

$$\epsilon_{33} = \frac{\partial u_3}{\partial x_3} = \frac{\partial w}{\partial z} = -\frac{\nu}{E}\,\sigma_x$$

Da nun die rechten Seiten dieser Gleichungen Konstanten bzw. zumindest keine Funktionen der Querschnittsabmessungen y und z sind, ist das Gleichungssystem, wenn überhaupt, nur von x abhängig. Damit kann die partielle Differentiation durch eine gewöhnliche Differentiation ersetzt werden. Dann gilt auch mit (6.30)

$$\frac{du}{dx} = u' = \frac{1}{E}\,\sigma_x = \frac{N}{E\,A_s} \quad \text{bzw.} \quad u(x) = \int_{x_0}^{x} \frac{N\,[x]}{E\,A_s\,[x]}\,dx + u_0 \qquad (6.40a)$$

sowie entsprechend

$$v(x, y) = -\frac{\nu\,N}{E\,A_s}\,y + v_0\,(x) \; ; \qquad w(x, z) = -\frac{\nu\,N}{E\,A_s}\,z + w_0\,(x) \qquad (6.40b)$$

Man überzeugt sich durch Ableitung der Verschiebungen u, v, w nach ihren zugehörigen Koordinaten x, y, z und Vergleich mit (6.39) von der Gültigkeit der Lösungen. Ist der Stab prismatisch und homogen (A_s, ν, E = const) und die Normalkraft konstant, so kann (6.40a) noch integriert werden. Es folgt dann speziell

$$u(x) = \frac{N}{E\,A_s}\,x + u_0 \; ; \qquad v(y) = -\frac{\nu\,N}{E\,A_s}\,y + v_0 \; ; \qquad w(z) = -\frac{\nu\,N}{E\,A_s}\,z + w_0 \qquad (6.41)$$

Wie man aus Vergleich der Spannungen nach (6.30) mit den Verzerrungen nach (6.39) und den Verschiebungen nach (6.41) erkennt, hängt die Spannung nur von der Normalkraft N und der Querschnittsfläche A_s ab — während die Deformationen jedoch wegen der Stoffparameter E und ν noch zusätzlich vom Material abhängen. Da das Produkt E A_s dabei im Nenner von (6.35) und (6.41) steht, ist es ein Maß für die „Steifigkeit" des Stabes — daher wird E A_s *Längssteifigkeit* oder auch *Zugsteifigkeit* genannt.

Das Problem des reinen Zug/Drucks, das hier aus der Berechnung der einen Spannung σ_x, der drei Verzerrungen ϵ_x, ϵ_y, ϵ_z und der drei Verschiebungen u, v, w (7 Gleichungen, 7 Unbekannte) besteht, ist damit im Rahmen einer elementaren Stabtheorie (einachsiger Spannungszustand, NAVIER-Hypothese) gelöst.

Als Ergänzung mögen die folgenden Beispiele dienen.

6.3.4 Beispiele

Beispiel 1: Das nach Bild 6-5 skizzierte Tragwerk bestehe aus zwei, unter dem Winkel α gelenkig angeschlossenen Stäben. Es sei im Knoten C mit der vertikalen Kraft P belastet. Die elastischen Stäbe sollen nun so dimensioniert werden, daß in beiden eine vorgegebene Spannung zul σ betragsmäßig nicht überschritten wird. Außerdem sollen die Verzerrungen und Längenänderungen der beiden Stäbe und die Verschiebungen des Knotenpunktes C berechnet werden.

Lösung:
Das Knotenschnittverfahren für die beiden Fachwerkstäbe (Theorie I. Ordnung; Gleichgewichtsbedingungen am unverformten System) liefert (vgl. Bild 6-5)

$$S_1 = \frac{P}{\tan\alpha} \;\text{(Zug)} \quad S_2 = -\frac{P}{\sin\alpha} \;\text{(Druck)} \,.$$

In beiden Stäben soll betragsmäßig die gleiche zulässige Spannung zu $\sigma > 0$ nicht überschritten werden, also ist nach (6.30)

$$\text{zul } \sigma \geqq \frac{S_1}{A_1} = \frac{|S_2|}{A_2} \,,$$

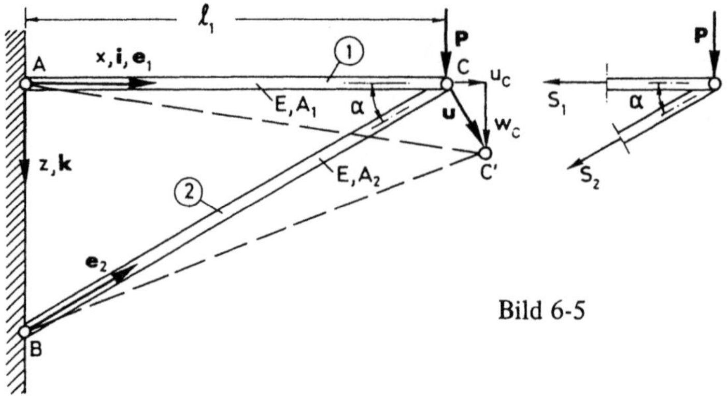

Bild 6-5

woraus die jeweiligen zulässigen Querschnittsflächen der Stäbe zu

$$A_1 \geqq \frac{S_1}{\text{zul}\,\sigma} = \frac{P}{\text{zul}\,\sigma\,\tan\alpha} \qquad \text{und} \qquad A_2 \geqq \frac{|S_2|}{\text{zul}\,\sigma} = \frac{P}{\text{zul}\,\sigma\,\sin\alpha}$$

folgen. Nach (6.35) folgt weiter

$$\epsilon_{x1} = \frac{N_1}{EA_{S1}} = \frac{S_1}{EA_1} = \frac{P}{EA_1\,\tan\alpha} \leqq \frac{\text{zul}\,\sigma}{E}, \qquad \epsilon_{x2} = \frac{N_2}{EA_{S2}} = \frac{S_2}{EA_2} = -\frac{P}{EA_2\,\sin\alpha} \geqq -\frac{\text{zul}\,\sigma}{E}$$

Die Querverzerrungen ϵ_y und ϵ_z sind jeweils wieder das $(-\nu)$-fache der Längsdehnungen ϵ_x.

Die Verlängerungen der beiden Stäbe ergeben sich aus den jeweiligen Längsverschiebungen $u_1(l_1)$ und $u_2(l_2)$ der Stäbe. Da N und A konstant sind, gilt (6.41), also wird mit $u_0 = u(0) = u_A = u_B = 0$

$$\Delta l_1 = u_1(l_1) = \frac{N_1}{EA_1}l_1 + u_A = \frac{Pl_1}{EA_1\,\tan\alpha} \leqq \frac{\text{zul}\,\sigma}{E}\,l_1$$

sowie mit $l_2 = l_1/\cos\alpha$

$$\Delta l_2 = u_2(l_2) = \frac{N_2}{EA_2}l_2 + u_B = -\frac{Pl_1}{EA_2\,\sin\alpha\,\cos\alpha} \geqq -\frac{\text{zul}\,\sigma}{E\,\cos\alpha}\,l_1\;.$$

Schließlich ergibt sich für die Verschiebung $\mathbf{u} = (u_c, 0, w_c)$ des Knotenpunktes von C nach C' wegen

$$\mathbf{u}\cdot\mathbf{i} = u_c \qquad \mathbf{u}\cdot\mathbf{e}_1 = \Delta l_1$$
$$\mathbf{u}\cdot\mathbf{k} = w_c \qquad \mathbf{u}\cdot\mathbf{e}_2 = \Delta l_2$$

und

$$\mathbf{u}\cdot\mathbf{e}_1 = \mathbf{u}\cdot\mathbf{i} = u_c = \Delta l_1$$

sowie

$$\mathbf{u}\cdot\mathbf{e}_2 = \mathbf{u}\cdot[\cos\alpha\,\mathbf{i} - \sin\alpha\,\mathbf{k}] = \Delta l_1\,\cos\alpha - w_c\,\sin\alpha = \Delta l_2$$

also

$$u_C = \Delta l_1 = \frac{Pl_1}{EA_1\,\tan\alpha} \leqq \frac{\text{zul}\,\sigma}{E}\,l_1$$

$$w_C = \frac{1}{\sin\alpha}\left[\Delta l_1\,\cos\alpha - \Delta l_2\right] = \frac{Pl_1}{E\,\sin^2\alpha}\left[\frac{\cos^2\alpha}{A_1} + \frac{1}{A_2\,\cos\alpha}\right] \leqq \frac{\text{zul}\,\sigma}{E}\left[\frac{1}{\tan\alpha} + \frac{1}{\sin\alpha\,\cos\alpha}\right]l_1$$

Man könnte nun die Rechnung wiederholen, indem man die Gleichgewichtsbedingungen am verformten System ansetzt, also die berechnete deformierte Lage ABC' des Tragwerks zugrundelegt (Theorie II. Ordnung). Da aber die Verlängerungen der Stäbe Δl_i die Größenordnung $\text{zul}\,\sigma/E \approx \sigma_F/E$ ($\approx 1\,\%_o$ für Stahl) haben, ist in diesem Falle praktisch kein Unterschied zwischen beiden Theorien feststellbar. Die oben gemachte Voraussetzung einer geometrisch linearisierten Theorie kleiner Verschiebungsableitungen (Verzerrungen) ist beim vorliegenden Beispiel gleichbedeutend mit der Tatsache, daß die Gleichgewichtsbedingungen am unverformten System angesetzt werden können.

Beispiel 2: An der nach Bild 6-6 skizzierten elastischen Pendelstütze greife bei $x = a$ eine Längskraft F_N an. Die Stütze sei im unbelasteten Zustand zwischen A und B spannungsfrei montiert worden. Zu berechnen sind die Verschiebung der Krafteinleitungsstelle, die Schnittlasten N für $x < a$ und $x > a$ sowie die Spannungen im Bauteil.

Lösung:

Wegen der beiden axialen Auflagerkräfte $A = N_1$
und $B = N_2$ und der einzigen Gleichgewichtsbedingung

$$\Sigma X_n = 0 \,(\Sigma Y \equiv 0,\ \Sigma M \equiv 0)$$

ist nach Def. 5.3 das System einfach statisch
unbestimmt.

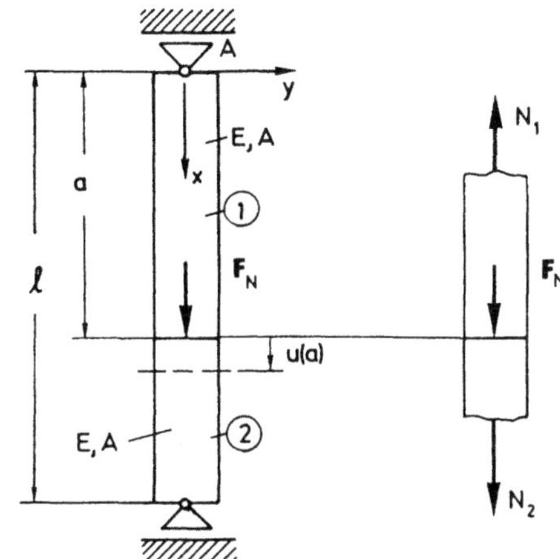

Bild 6-6

Die Gleichgewichtsbedingungen reichen also nicht aus, um das System zu berechnen. Derartige Probleme konnten daher in Kap. 5 mit Hinweis auf das vorliegende Kap. 6 nicht gelöst werden.

Da hier nun unter Hinzunahme der Deformationsgleichungen prinzipiell stets eine ausreichende Zahl von Gleichungen vorliegt (s. Ausführungen am Ende des Abschnitts 6.2), muß jetzt auch dieses Problem lösbar sein.

Danach ist nach (6.2)

$$\Sigma X_n = 0 = -N_1 + F_N + N_2 \tag{1}$$

sowie nach (6.41)

$$u(x) = \frac{N}{EA} x + u_0 \quad (N, A = \text{const}).$$

Für den Bereich ① mit $0 \leqslant x \leqslant a$ gilt wegen $u(0) = u_{01} = 0$

$$u_1(a) = \frac{N_1 a}{EA} \tag{2}$$

und für den Bereich ② mit $a \leqslant x \leqslant l$ gilt wegen $u(l) = 0$, also $u_{02} = -N_2 l/EA$

$$u_2(a) = \frac{N_2 a}{EA} - \frac{N_2 l}{EA} = -\frac{N_2}{EA}(l - a). \tag{3}$$

$u_1(a)$ stellt die Verlängerung des Stabteiles ① an der Stelle a und $u_2(a)$ die Stauchung des Stabteiles ② an der gleichen Stelle dar (s. Bild 6-6). Soll der Stab nun an der Übergangsstelle beider Bereiche zusammenbleiben, so ist als Übergangsbedingung zu fordern, daß beide Verschiebungen gleich groß sind, so daß gelten muß

$$u_1(a) = u_2(a). \tag{4}$$

Das sind insgesamt vier Gleichungen für die vier Unbekannten N_1, N_2 sowie u_1 und u_2.

Folglich ist dann wegen

$$u_1(a) = \frac{N_1 a}{EA} = u_2(a) = -\frac{N_2(l-a)}{EA}$$

die Lösung dieses statisch unbestimmten Problems:

$$u_1(a) = u_2(a) = \frac{F_N}{EA}(l-a)\frac{a}{l} \; ;$$

$$N_1 = \frac{F_N(l-a)}{l}; \quad N_2 = -\frac{F_N a}{l}$$

und

$$\sigma_{x_1} = \frac{F_N}{A}\frac{l-a}{l} > 0; \quad \text{Zug} \; ;$$

$$\sigma_{x_2} = -\frac{F_N}{A}\frac{a}{l} < 0; \quad \text{Druck}$$

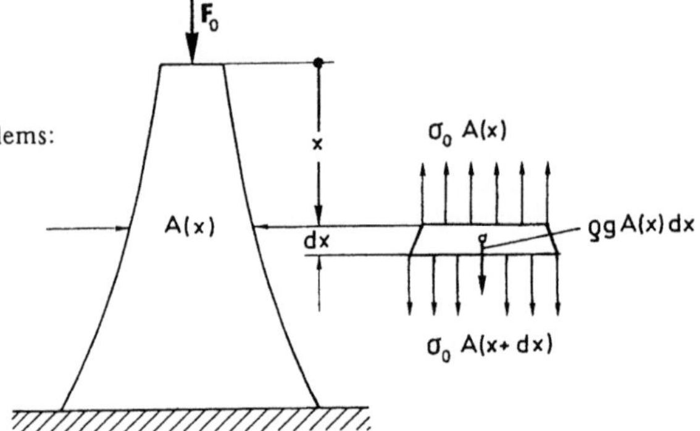

Bild 6-7

Beispiel 3: Eine Druckstütze nach Bild 6-7 unter der Last F_0 soll bei Berücksichtigung ihres Eigengewichts so dimensioniert werden, daß an jeder Stelle x ihrer Längsrichtung stets die gleiche Druckspannung $\sigma_0 < 0$ wirkt (Stütze gleicher Festigkeit).

Lösung:

Hier liegt ein äußerlich statisch bestimmtes Problem mit von vornherein vorgegebener Spannung $\sigma_x = \sigma_0 < 0$ vor, die in allen Schnitten x konstant sein soll. Zusätzlich ist das Eigengewicht in Form der Volumenkraft $\rho\,g$ zu berücksichtigen. Die GGB in x-Richtung liefert mit (6.30) $N[x] = \sigma_0 A[x]$ und für $dV = A(x)\,dx$

$$-\sigma_0 A(x) + \rho g A(x)\,dx + \sigma_0 A(x+dx) = 0 \,. \qquad (1)$$

Die Fläche A an der Stelle $(x + dx)$ beim Fortschreiten in x-Richtung ist wieder durch die Fläche $A(x)$ an der Stelle x sowie durch einen Zuwachs dA beschreibbar:

$$A(x+dx) = A(x) + dA \,.$$

Damit wird aus (1)

$$\rho g A(x)\,dx + \sigma_0 dA = 0 \,. \qquad (2)$$

Durch Trennung der unabhängigen Variablen x von der gesuchten abhängigen Variablen A läßt sich die Differentialgleichung 1. Ordnung sofort durch Integration lösen. Aus

$$\frac{dA}{A} = -\frac{\rho g}{\sigma_0}\,dx \qquad (3)$$

wird so

$$\int\frac{dA}{A} = \ln A = -\int\frac{\rho g}{\sigma_0}\,dx + C = -\frac{\rho g}{\sigma_0}x + C \,.$$

Delogarithmieren ergibt die gesuchte Flächenfunktion

$$A(x) = C\,e^{-\frac{\rho g}{\sigma_0}x} \,. \qquad (4)$$

Die Konstante kann aus der Randbedingung

$$\sigma_0 = \frac{-F_0}{A(0)} < 0 \quad \text{bzw.} \quad A(0) = \frac{F_0}{|\sigma_0|} \qquad (5)$$

bestimmt werden. Sie ergibt sich zu

$$C = A(0) = \frac{F_0}{|\sigma_0|} \; . \tag{6}$$

Somit ist die Druckstütze mit konstanter Druckspannung σ_0 beaufschlagt, wenn sie einen Querschnittsverlauf hat, der der Gleichung folgt:

$$A(x) = \frac{F_0}{|\sigma_0|} \, e^{-\frac{\rho g}{\sigma_0} x} \tag{7}$$

Da $\sigma_0 < 0$ ist, hat sie damit eine Konturlinie, wie sie qualitativ in Bild 6-7 dargestellt ist.

6.4 Biegung (elementare Balkentheorie)

6.4.1 Spannungen

Analog zu 6.3 werde hier nun ein (zunächst gerader) Träger beliebigen Querschnitts (Bild 6-8) untersucht. Hier sei jedoch die äußere Belastung so beschaffen, daß im Tragwerk als einzige Schnittlast nur das Biegemoment $\mathbf{M}_B$ (vgl. 5.4) auftritt. Diesen Belastungsfall mit dem Schnittlastenzustand

$$\mathbf{F}_S = 0 \quad \text{und} \quad \mathbf{M}_S = \mathbf{M}_B = (0, M_2, M_3)$$

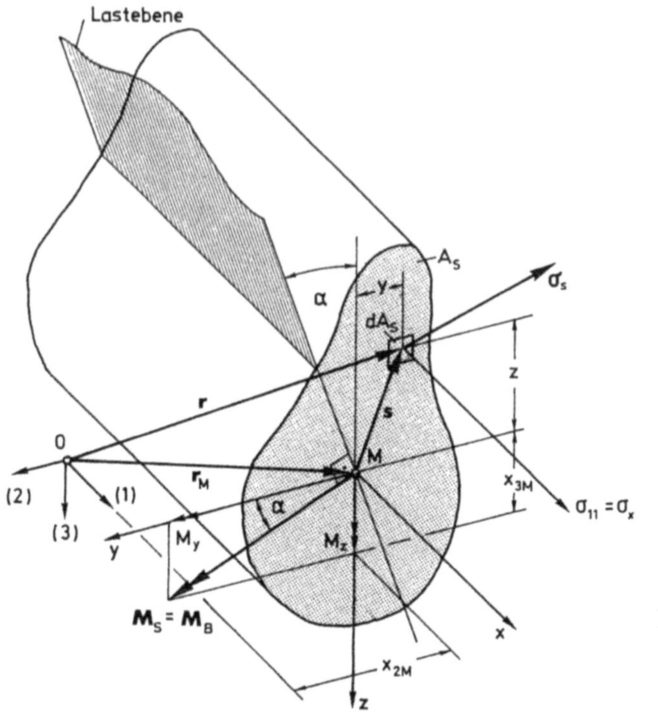

Bild 6-8

nennt man den Fall der *reinen Biegung*. Da alle Schnittkräfte dabei Null sind, kann das Biegemoment M_B nicht das Moment von Einzelkräften, sondern es muß zunächst ein freies Moment sein. Daher erübrigt sich hier — im Gegensatz zu 6.3 — auch zunächst die Wahl eines bestimmten Bezugspunktes für $M_S = M_B$. Das Tragwerk unter diesem Schnittlastenzustand stellt dann einen *Biege-Balken* dar. Zu berechnen sind wieder die Spannungen σ_{ij} sowie daraus dann die Verzerrungen ϵ_{ij} und die Verschiebungen u_i bei bekanntem Biegemoment M_B nach Kap. 5. Dazu stehen die notwendigen und hinreichenden Gleichungen (GGB, VVG und MG) nach Abs. 6.1 und 6.2 bereit. Sind die Biegemomente bereits berechnet, so sind dafür die integrierten Gleichgewichtsbedingungen bereits verwendet worden und als Verbindung der Spannungen zu den berechneten Schnittlasten $F_S = 0$ und $M_S = (0, M_2, M_3)$ bzw. $M_B = (M_2, M_3)$ (keine Torsion, reine Biegung) sind zusätzlich die Äquivalenzbedingungen (6.3) zu erfüllen. Wird eine Basis gewählt, die sich wieder dadurch auszeichnet, daß die (1)-Achse mit der Normalenrichtung der Schnittflächen zusammenfällt, aber ansonsten beliebig ist (s. (1), (2), (3)-System in Bild 6-8), so ist bei einer beliebigen Lastebene der reine Biegemomentenvektor stets orthogonal zu dieser Lastebene und die Zerlegung des Biegemomentenvektors bezüglich dieser Basis enthält keine (1)-Komponente (Torsionsmoment), sondern i. a. nur zwei Komponenten bezüglich der beliebigen (2) und (3)-Richtung. Diesen Zustand bezeichnet man mit reiner, *schiefer* Biegung ($M_2 \neq 0$, $M_3 \neq 0$). Ist nur eine der beiden Komponenten $M_i \neq 0$, so liegt speziell reine *gerade* Biegung bezüglich der i-Achse vor.

Für den allgemeineren Fall der schiefen Biegung nehmen die Äquivalenzbedingungen nach (6.3) hier wegen $N = Q_2 = Q_3 = M_T = 0$ die spezielle Form an:

$$
\begin{array}{lll}
N = \displaystyle\int_{A_S} \sigma_{11}\, dA & \equiv 0 & (1) \\[3ex]
Q_2 = \displaystyle\int_{A_S} \sigma_{12}\, dA & \equiv 0 & (2) \\[3ex]
Q_3 = \displaystyle\int_{A_S} \sigma_{13}\, dA & \equiv 0 & (3) \\[3ex]
M_T = \displaystyle\int_{A_S} (x_2\sigma_{13} - x_3\sigma_{12})\, dA & \equiv 0 & (4) \\[3ex]
M_2 = -\displaystyle\int_{A_S} (x_1\sigma_{13} - x_3\sigma_{11})\, dA & \neq 0 & (5) \\[3ex]
M_3 = \displaystyle\int_{A_S} (x_1\sigma_{12} - x_2\sigma_{11})\, dA & \neq 0 & (6)
\end{array}
\qquad (6.42)
$$

Die Bedingungen (2), (3) und (4) können sofort befriedigt werden, wenn man speziell $\sigma_{12} = \sigma_{13} = 0$ setzt. Da σ_{22}, σ_{33} und σ_{23} ohnehin nicht in den Äquivalenzbedingungen (6.3) für Balkentragwerke auftreten, liegt es nahe, auch die reine Biegung mit einem einachsigen Spannungszustand $\sigma_{11} \neq 0$ und $\sigma_{ij} = 0$ $(i, j \neq 1)$ zu identifizieren. Der Spannungszustand wird also auch hier durch

$$\text{reine, schiefe Biegung:} \quad \mathbf{S} = \begin{pmatrix} \sigma_{11} & 0 & 0 \\ 0 & 0 & 0 \\ 0 & 0 & 0 \end{pmatrix} \mathbf{e}_i \, \mathbf{e}_j \qquad (6.43)$$

beschrieben. Damit sind die Bedingungen (2), (3) und (4) als Ausdruck für querkraftfreie und torsionsmomentenfreie Biegung identisch erfüllt und aus (6.42) wird vereinfachend

$$N = \int_{A_S} \sigma_{11} \, dA = 0 \qquad (1)$$

$$M_2 = \int_{A_S} x_3 \sigma_{11} \, dA \neq 0 \qquad (5) \qquad\qquad (6.44)$$

$$M_3 = - \int_{A_S} x_2 \sigma_{11} \, dA \neq 0 \qquad (6)$$

Ob mit der Vorgabe eines einachsigen Spannungszustandes diese Gleichungen (6.44) überhaupt befriedigt werden können bzw. ob diese Annahme mit der Realität übereinstimmt, muß wieder der Vergleich zwischen Theorie und Experiment zeigen.

Zur Lösung von (6.44) wird nun wieder eine Hypothese benötigt, da die zu berechnende Spannung σ_{11} erneut in Form der hier drei integralen Gleichungen (6.44) auftritt (s. 6.3). Eine erneute Verwendung der Bedingung (6.28), d.h. $\sigma_{11} \neq \sigma_{11}(x_2, x_3)$ ist ausgeschlossen, da damit aus (1) wieder

$$N = \int_{A_S} \sigma_{11} \, dA = \sigma_{11} \int_{A_S} dA = \sigma_{11} A_s \neq 0$$

im Widerspruch zur Forderung $N = 0$ folgen würde. Dementsprechend wird hier die Biegespannungs-Hypothese von NAVIER verwendet, die eine lineare (nicht konstante) Spannungsverteilung über x_2 und x_3 ansatzweise zugrundelegt.

Anmerkung: Diese Hypothese ist für linear-elastisches Werkstoffverhalten wegen des HOOKEschen Gesetzes (6.25) ergebnisgleich mit der sog. BERNOULLI-Hypothese, wonach die Dehnungen ϵ_{11} linear über den Querschnitt verteilt sind, so daß die ursprünglich ebenen Querschnittsflächen auch nach der Deformation eben bleiben.

Statt (6.28) soll hier also gelten

$$\sigma_{11}(x_2, x_3) = A x_2 + B x_3 + C \qquad (6.45)$$

mit zunächst beliebigen Konstanten A (nicht mit der Fläche zu verwechseln!), B und C im Sinne der Gleichung einer Ebene. Die drei Konstanten werden nun so bestimmt, daß alle drei verbliebenen Gleichungen (6.44) befriedigt werden.

Dazu wird (6.45) zunächst in (6.44) (1) eingesetzt. Man erhält

$$N = \int\limits_{A_S} \sigma_{11}\, dA = \int\limits_{A_S} [A\,x_2 + B\,x_3 + C]\, dA = A \int\limits_{A_S} x_2\, dA + B \int\limits_{A_S} x_3\, dA + C \int\limits_{A_S} dA = 0 \; .$$

Das ist neben der trivialen Lösung ($A = B = C = 0$) für beliebige Querschnitte $A_S \neq 0$ und bei damit voneinander unabhängigen Termen nur erfüllbar, wenn jeder Ausdruck für sich verschwindet, also wegen

$$C \int\limits_{A_S} dA = C\,A_S = 0$$

auch

$$\boxed{\; A \int\limits_{A_S} x_2\, dA = B \int\limits_{A_S} x_3\, dA = C = 0 \;} \qquad\qquad (6.46)$$

ist.

Wie in 6.3 führen die beiden Integralterme auf die Momente der Fläche ersten Grades bzw. auf die Definition des Flächenmittelpunktes M der Schnittfläche A_S (vgl. 1.3.4):

$$A \int\limits_{A_S} x_2\, dA = A\,(x_{2M}\,A_S) \; ; \qquad B \int\limits_{A_S} x_3\, dA = B\,(x_{3M}\,A_S) \; .$$

Somit werden nach (6.46) diese Terme stets Null, wenn für $A_S \neq 0$, $A \neq 0$ und $B \neq 0$

$$x_{2M} = x_{3M} = 0$$

ist, also der Koordinatenursprung 0 mit dem Flächenmittelpunkt M zusammenfällt — d.h. bei Wahl eines *Zentralachsensystems* (ZAS) mit M als Ursprung. Legt man ein solches ZAS mit der x-Achse in Normalenrichtung und zunächst noch beliebigen, orthogonalen Achsen y statt x_2 und z statt x_3 (s. Bild 6-8) zugrunde, so ist damit die Biegung wegen Erfüllung von (6.46) normalkraftfrei und (6.44) ist erfüllt. Aus (6.44) (5) und (6) können nun auch die Konstanten A und B bestimmt werden. Es ergibt sich bei Einsetzen von (6.45) in diese verbleibenden Äquivalenzbedingungen der reinen Biegung:

$$M_y = \int\limits_{A_S} z\,\sigma_{11}\, dA = \int\limits_{A_S} z\,(Ay + Bz)\, dA = A \int\limits_{A_S} yz\, dA + B \int\limits_{A_S} z^2\, dA$$

$$M_z = - \int\limits_{A_S} y\,\sigma_{11}\, dA = - \int\limits_{A_S} y\,(Ay + Bz)\, dA = - A \int\limits_{A_S} y^2\, dA - B \int\limits_{A_S} y\,z\, dA \; .$$

Die entstehenden drei Integrale über die Balkenfläche an der Stelle x sind nun rein geometrische Größen. Sie hängen allein von der Form und den Abmessungen des Querschnitts ab und geben an, wie die Fläche in welchem Abstand vom Flächenmittelpunkt M verteilt ist. Sie stellen damit Momente zweiten Grades von Flächen (s. Abs. 1.3.4 im Anschluß an (1.39)) dar, und zwar nennt man (vgl. Bild 6-8):

Def. 6.2:

$$\int\limits_{A_S} y^2\, dA =: I_z \qquad \text{Flächenträgheitsmoment, axial bzgl. z}$$

$$\int\limits_{A_S} z^2\, dA =: I_y \qquad \text{Flächenträgheitsmoment, axial bzgl. y}$$

$$\int\limits_{A_S} yz\, dA =: I_{yz} \qquad \text{Flächendeviationsmoment, axial bzgl. y und z}$$

$$\int\limits_{A_S} s^2\, dA = \int\limits_{A_S} (y^2 + z^2)\, dA =: I_{pM} \qquad \text{Flächenträgheitsmoment, polar bzgl. M}$$

So ist beispielsweise I_z das Flächenträgheitsmoment bezüglich der z-Achse, weil sein Wert die Summe aller Flächenelemente dA bei gleichzeitiger Zuordnung ihrer quadratischen Abstände y^2 von der z-Achse darstellt. Entsprechendes gilt für I_y. Das Deviationsmoment enthält dagegen nicht den quadratischen Abstand von einer Achse, sondern das Produkt der Abstände von beiden Achsen. Vollständigerweise kann man auch mit dem quadratischen Abstand vom Flächenmittelpunkt, also mit $s^2 = y^2 + z^2$ ein Flächenträgheitsmoment bilden, das dann jedoch nicht auf eine der beiden Achsen, sondern eben auf den Ursprung bezogen ist – und daher nicht axiales – sondern polares Flächenträgheitsmoment (zweiter Ordnung) heißt. Der Bedeutung dieser Trägheitsmomente entsprechend, werden diese im folgenden Abschnitt 6.4.2 noch näher untersucht. Hier genügt es festzustellen, daß die Trägheitsmomente als Doppelintegrale über die Querschnittsfläche für jeden Balken berechenbare oder gegebene (tabellierte) Größen sind und mit diesen die obigen Biegeäquivalenzbedingungen nach den noch unbekannten Konstanten A und B des NAVIER-Ansatzes für die Spannung auflösbar sind. Es folgt so aus

$$\begin{aligned} M_y &= A\, I_{yz} + B\, I_y \\ M_z &= - A\, I_z - B\, I_{yz} \end{aligned} \qquad (6.47)$$

für die Konstante A

$$A = \frac{M_z I_y + M_y I_{yz}}{I_{yz}^2 - I_y I_z} \qquad (6.48)$$

und für die Konstante B

$$B = - \frac{M_y I_z + M_z I_{yz}}{I_{yz}^2 - I_y I_z} \qquad (6.49)$$

Damit sind alle drei Konstanten der Biegespannungs-Hypothese nach (6.45) bestimmt. Setzt man (6.46), (6.48) und (6.49) dort ein und berücksichtigt noch, daß die Größen M_y und M_z die beiden Anteile des Biegemomentes M_B bezüglich der beiden Querschnittsachsen des ZAS an der Stelle x sind und die Lastebene mit der z-Achse den Winkel α einschließt, also

$$M_y = M_B \cos\alpha \quad \text{und} \quad M_z = M_B \sin\alpha$$

ist (vgl. Bild 6-8), so wird aus (6.45) mit $\sigma_{11} = \sigma_x$ für die reine, schiefe Biegung

$$
\begin{aligned}
\sigma_x(y, z) &= \frac{1}{I_{yz}^2 - I_y I_z} \left[(M_z I_y + M_y I_{yz})\, y - (M_y I_z + M_z I_{yz})\, z \right] \\
&= \frac{M_B}{I_{yz}^2 - I_y I_z} \left[(\sin\alpha\, I_y + \cos\alpha\, I_{yz})\, y - (\cos\alpha\, I_z + \sin\alpha\, I_{yz})\, z \right]
\end{aligned}
\tag{6.50}
$$

Die Biegespannung ist damit wieder eine Normalspannung in Richtung der Balkenachse (x-Achse). Sie ist, dem Ansatz entsprechend, eine lineare Funktion der beiden Querschnittskoordinaten y und z des ZAS, wobei diese Koordinaten zwar orthogonal zu x sind und durch den Flächenmittelpunkt gehen müssen, im übrigen aber noch beliebig im Querschnitt liegen können.

Bei Wahl eines speziellen ZAS, das sich aus der Untersuchung der Verhältnisse für die Flächenträgheitsmomente im folgenden Abschnitt ergibt, läßt sich die zunächst noch unhandliche Gleichung (6.50) wesentlich vereinfachen (s. 6.4.2). Aber auch schon für den Fall, daß man ein ZAS genau so legt, daß z.B. die x-z-Ebene mit der Lastebene identisch bzw. senkrecht zu M_B ist und damit $\alpha = 0$ wird, geht (6.50) in die einfachere Form über:

$$
\sigma_x(y, z) = \frac{M_B}{I_{yz}^2 - I_y I_z} \left[I_{yz} y - I_z z \right]
\tag{6.51}
$$

Man spricht in diesem Falle dann wegen $M_B = M_B\, \mathbf{j}$ bzw. $M_y = M_B$ von gerader Biegung um die y-Achse. Alle übrigen Spannungen $\sigma_{ij}(i, j \neq 1)$ sind nach (6.43) Null. Damit ist das Spannungsproblem der reinen Biegung prinzipiell gelöst. Die Ergebnisse (6.50) bzw. (6.51) stimmen mit der Beobachtung (Experiment) für Balken mit linear-elastischem Material überein, wenn, wie gefordert, der Belastungsfall der reinen Biegung vorliegt. Dazu dürfen außer M_B keine anderen Schnittlasten vorhanden sein und wegen (5.31), also $dM_B(x)/dx = Q = 0$, muß, streng genommen, das Biegemoment $M_B = $ const über die Balkenlänge sein. Das bestätigt dann auch im nachhinein die Annahme eines einachsigen Spannungszustandes und die Biegespannungs-Hypothese, wonach die Biegespannungen linear über die Querschnittsfläche verteilt sind. (Weitere Folgerungen am Ende des folgenden Abschnitts.)

6.4.2 Momente ebener Flächen

Für eine ebene Fläche A in der Koordinaten-Ebene x_2 und x_3 (Bild 6-9) sind in 1.3.4 die *Momente ersten Grades der Fläche*

$$
\int_A x_2\, dA = A\, x_{2M}; \quad \int_A x_3\, dA = A\, x_{3M}
$$

sowie auch die *Momente zweiten Grades*, erweitert durch die Def. 6.2, in der Form der *axialen Flächenträgheitsmomente*

$$\int_A x_2^2\, dA = I_3; \qquad \int_A x_3^2\, dA = I_2,$$

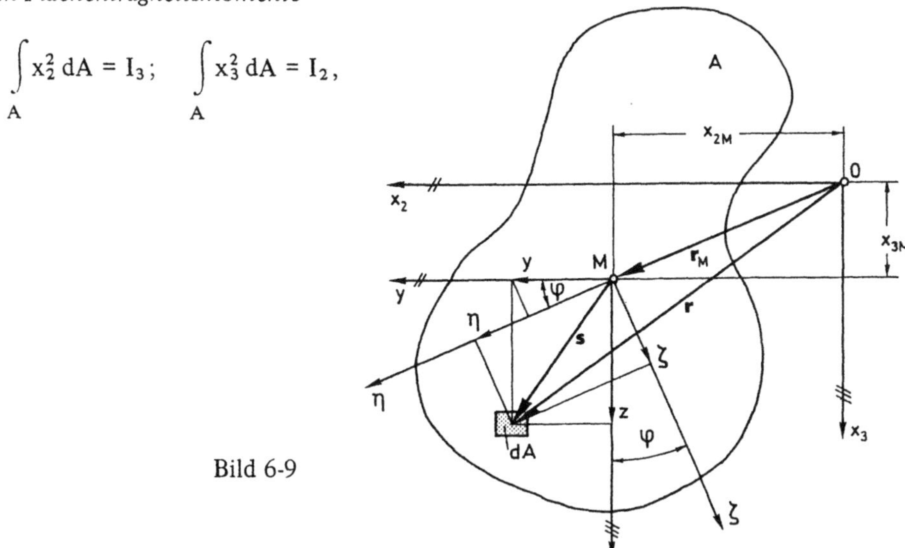

Bild 6-9

des *polaren Flächenträgheitsmomentes bezüglich des Punktes 0*

$$\int_A r^2\, dA = \int_A (x_2^2 + x_3^2)\, dA = \int_A x_2^2\, dA + \int_A x_3^2\, dA = I_2 + I_3 = I_{p0}$$

und des *Deviationsmomentes* bezüglich der beiden Achsen (2) und (3)

$$\int_A x_2 x_3\, dA = I_{23}$$

eingeführt worden.

Diese Beziehungen gelten für jedes willkürliche Koordinatensystem x_2, x_3, d.h. für jede Richtung dieser Achsen und für jede Lage des Ursprungs 0 in dieser Ebene.

Die Momente ersten Grades der Fläche definieren genau die Lage des Flächenmittelpunktes M der Fläche A. Wählt man diesen Flächenmittelpunkt als Ursprung eines orthogonalen Bezugssystems y, z, so liegt ein *Zentral-Achsensystem* (ZAS) vor, die Momente ersten Grades sind gleich Null und die Momente zweiten Grades nehmen die Werte I_y, I_z, I_{yz} und I_{pM} nach Def. 6.2 an (Bild 6-9).

Es werde nun untersucht, wie sich diese Werte der Momente zweiten Grades ändern, wenn sie auf ein geändertes Bezugssystem in der gleichen Ebene bezogen werden. Dabei kann die Änderung durch eine Parallelverschiebung (z.B. $x_2 \to y$; $x_3 \to z$) und/oder eine orthogonale Drehung (z.B. $y \to \eta$; $z \to \zeta$) erfolgen. Die durch Parallelverschiebung und Drehung entstehenden Veränderungen der Trägheitsmomente sind superponierbar und können daher unabhängig voneinander untersucht (und ggf. im nachhinein für $x_2 \to \eta$, $x_3 \to \zeta$ überlagert) werden.

A. *Parallelverschiebung des Bezugssystems* (Bild 6-9)

Wegen

$$x_2 = x_{2M} + y$$
$$x_3 = x_{3M} + z \tag{6.52}$$

wird

$$I_2 = \int\limits_A x_3^2\, dA = \int (x_{3M} + z)^2\, dA = \int x_{3M}^2\, dA + 2 \int x_{3M}\, z\, dA + \int z^2\, dA$$

$$I_2 = x_{3M}^2\, A + 2\, x_{3M} \int z\, dA + I_y \;; \qquad I_3 = x_{2M}^2\, A + 2\, x_{2M} \int y\, dA + I_z$$

und

$$I_{p0} = \int\limits_A (x_2^2 + x_3^2)\, dA = \int [(x_{2M} + y)^2 + (x_{3M} + z)^2]\, dA$$

$$= \int (x_{2M}^2 + x_{3M}^2)\, dA + 2 \left(x_{2M} \int y\, dA + x_{3M} \int z\, dA \right) + \int (y^2 + z^2)\, dA$$

$$I_{p0} = r_M^2\, A + 2 \left(x_{2M} \int y\, dA + x_{3M} \int z\, dA \right) + I_{pM}$$

sowie

$$I_{23} = \int\limits_A x_2\, x_3\, dA = \int [(x_{2M} + y)\, (x_{3M} + z)]\, dA$$

$$= \int x_{2M}\, x_{3M}\, dA + x_{2M} \int z\, dA + x_{3M} \int y\, dA + \int y\, z\, dA$$

$$I_{23} = x_{2M}\, x_{3M}\, A + x_{2M} \int z\, dA + x_{3M} \int y\, dA + I_{yz} \quad .$$

Ist das y-z-System nun ein Zentralachsensystem, so verschwinden die Momente ersten Grades und die Transformationsbeziehungen zwischen den Momenten zweiten Grades bei Parallelverschiebung der Bezugssysteme gehen in den sog. STEINERschen Satz über:

$$
\begin{aligned}
I_2 &= x_{3M}^2\, A + I_y \\
I_3 &= x_{2M}^2\, A + I_z \\
I_{p0} &= r_M^2\, A + I_{pM} \\
I_{23} &= x_{2M}\, x_{3M}\, A + I_{yz}
\end{aligned}
\tag{6.53}
$$

Das läßt sich zusammenfassen zu dem

> **Satz 6.2:**
> Das Moment zweiten Grades einer Fläche um eine beliebige Achse (bzw. um
> einen beliebigen Punkt) ist gleich der Summe aus dem entsprechenden Moment
> um die jeweiligen parallelen Zentralachsen und dem Produkt aus der Fläche
> mit dem quadratischen Abstand bzw. mit dem Produkt der Abstände von diesen
> Achsen (bzw. vom Flächenmittelpunkt) (*Satz von STEINER*).

Für die axialen sowie die polaren Flächenträgheitsmomente läßt sich wegen $x_{3M}^2 > 0$,
$x_{2M}^2 > 0$ und $r_M^2 > 0$ sowie $A > 0$ zusätzlich noch formulieren:

> **Satz 6.3:**
> Die axialen und polaren Trägheitsmomente bezüglich verschiedener paralleler Be-
> zugssysteme nehmen bezogen auf das Zentral-Achsensystem Minimalwerte an.

Für das Deviationsmoment gilt dieser Satz nicht, da wegen $x_{2M} \lessgtr 0$ und $x_{3M} \lessgtr 0$ das Produkt $x_{2M} x_{3M}$ nach (6.53) positiv, negativ und auch Null sein kann. Die gleiche Vorzeichen-
überlegung gilt auch für die Deviationsmomente selbst; während nämlich die axialen und
polaren Momente stets positiv sein müssen, können die Deviationsmomente auch negativ
oder Null werden.

B. *Drehung des Bezugssystems*

Bei Drehung des Systems um den Winkel φ (Bild 6-9) geht nun das ZAS (y, z) in das
ZAS (η, ζ) über und es gilt

$$\eta = y \cos\varphi + z \sin\varphi; \quad \zeta = z \cos\varphi - y \sin\varphi.$$

Setzt man diese Beziehungen in die nun mit η und ζ gebildeten Momente zweiten Grades
ein, so wird

$$I_\eta = \int_A \zeta^2 \, dA = I_y \cos^2\varphi + I_z \sin^2\varphi - 2\,I_{yz} \sin\varphi \cos\varphi$$

$$I_\zeta = \int \eta^2 \, dA = I_y \sin^2\varphi + I_z \cos^2\varphi + 2\,I_{yz} \sin\varphi \cos\varphi$$

$$I_{\eta\zeta} = \int \eta\zeta \, dA = I_{yz}(\cos^2\varphi - \sin^2\varphi) + (I_y - I_z) \sin\varphi \cos\varphi.$$

Das polare Trägheitsmoment bezogen auf den Ursprung M bleibt bei Drehung wegen

$$s^2 = y^2 + z^2 = \zeta^2 + \eta^2$$

unverändert; es ist also invariant gegenüber Drehungen und behält den Wert nach (6.53)
bei.

Die axialen Momente werden mit den trigonometrischen Beziehungen

$$2\cos^2\varphi = 1 + \cos 2\varphi, \qquad 2\sin^2\varphi = 1 - \cos 2\varphi, \qquad 2\sin\varphi\cos\varphi = \sin 2\varphi$$

auf die Form

$$I_\eta = \frac{1}{2}(I_y + I_z) + \frac{1}{2}(I_y - I_z)\cos 2\varphi - I_{yz}\sin 2\varphi$$

$$I_\zeta = \frac{1}{2}(I_y + I_z) + \frac{1}{2}(I_z - I_y)\cos 2\varphi + I_{yz}\sin 2\varphi \tag{6.54}$$

$$I_{\eta\zeta} = \frac{1}{2}(I_y - I_z)\sin 2\varphi + I_{yz}\cos 2\varphi$$

gebracht.

Damit sind die letzten beiden Gleichungen (6.54) analog zu (3.25) mit folgenden Entsprechungen:

$$I_y \mathrel{\hat=} \sigma_{yy}; \qquad I_z \mathrel{\hat=} \sigma_{xx}; \qquad I_{yz} \mathrel{\hat=} \sigma_{xy}; \qquad I_{\eta\zeta} \mathrel{\hat=} \tau; \qquad I_\zeta \mathrel{\hat=} \sigma.$$

Die zu I_η analoge Spannung kommt bei der Transformation des ebenen Spannungszustandes zwar zunächst nicht unmittelbar vor, da es für eine bestimmte Schnittrichtung φ nur eine Normalspannung σ gibt. Wenn man aber beachtet, daß die beiden axialen Trägheitsmomente auf zwei zueinander orthogonale Achsen bezogen sind, kann man durch Ersetzen von φ durch $\varphi^* = \varphi + \frac{\pi}{2}$, also durch eine Drehung der Schnittrichtung um $\frac{\pi}{2}$ auch ein zu I_y analoge Transformationsgleichung für die Normalspannung erhalten. Setzt man nämlich φ^* in die erste Gleichung von (3.25) anstelle von φ ein, so vertauschen sich wegen

$$\cos 2\varphi^* = \cos 2\left(\varphi + \frac{\pi}{2}\right) = -\cos 2\varphi \quad \text{und} \quad \sin 2\varphi^* = \sin 2\left(\varphi + \frac{\pi}{2}\right) = -\sin 2\varphi$$

die Vorzeichen in den beiden letzten Termen dieser Transformationsgleichung.

Durch Quadrieren und Addieren der zweiten und dritten Gleichung von (6.54) läßt sich dann auch, wie für (3.26), die Gleichung eines geometrischen Ortes angeben, auf dem sich für alle Drehungen φ die Verhältnisse für die Momente zweiten Grades wiederfinden. Das ist wegen (vgl. (3.26))

$$\left[I_\zeta - \frac{1}{2}(I_y + I_z)\right]^2 + I_{\eta\zeta}^2 = \left[\frac{1}{2}(I_z - I_y)\right]^2 + I_{yz}^2 \tag{6.55}$$

wieder die Gleichung eines Kreises, der in Analogie zu Bild 3-8 dann auch „*MOHR scher Trägheitskreis*" genannt wird (Bild 6-10). Man berechnet also für ein beliebiges ZAS nach Def. 6.2 die Momente zweiten Grades I_y, I_z und I_{yz} und konstruiert damit den Trägheitskreis. Die Konstruktion ist in Abschn. 3.3 im einzelnen beschrieben. Die Koordinaten der Punkte P bzw. P$'$, die sich aus Abtragung des Winkels 2φ an MP$_0$ in M ergeben, liefern die gesuchten Trägheitsmomente I_η, I_ζ und $I_{\eta\zeta}$ bezüglich des um den Winkel φ verdrehten Zentral-Achsensystems.

Auch alle übrigen Aussagen und Folgerungen, die in Kap. 3.3 für den ebenen Spannungszustand galten und am MOHR schen Kreis dargestellt worden sind, lassen sich auf die Momente der Flächen übertragen.

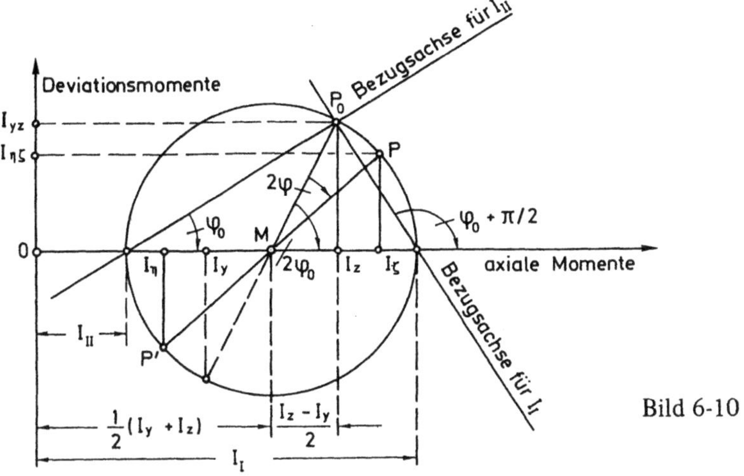

Bild 6-10

Das gilt insbesondere für die Hauptachsen-Transformation des Spannungstensors, bei
der es darum ging, unter Lösung der Gleichung (3.27) aus 3.3 die Extremwerte der Spannungen und die Richtungen, unter denen sie auftreten, zu bestimmen. Die Lösung des zugehörigen Eigenwertproblems führte auf die beiden, i. a. von Null verschiedenen Hauptnor-
malspannungen σ_I und σ_{II} ($\sigma_{III} = 0$) nach Gleichung (3.29) unter den orthogonalen Haupt-
spannungsrichtungen der Eigenvektoren **m**. Dies waren gleichzeitig die Schnittrichtungen,
unter denen keine Tangentialspannungen τ auftreten. Überträgt man das auf die Verhältnisse der Trägheitsmomente, so muß es unter allen Zentral-Achsensystemen mindestens
eines unter einem Winkel φ_0 geben, bei dem die axialen Trägheitsmomente Extremwerte
annehmen und die Deviationsmomente verschwinden. Dieses Achsensystem heiße (auch
hier) *Haupt-Achsensystem*. Da es außerdem noch ein Zentral-Achsensystem ist, sei es vollständigerweise *Haupt-Zentral-Achsensystem* (HZAS) genannt.

Man findet durch analoge Übertragung der Gleichung (3.29) oder durch Ableitung
von (6.54) und Nullsetzen (Extremalproblem) dann auch sofort (vgl. Bild 6-10) die *Haupt-
Axial-Trägheitsmomente*

$$I_I = \frac{1}{2}(I_y + I_z) + \sqrt{\left(\frac{I_z - I_y}{2}\right)^2 + I_{yz}^2} \;\hat{=}\; \text{Max}$$

$$I_{II} = \frac{1}{2}(I_y + I_z) - \sqrt{\left(\frac{I_z - I_y}{2}\right)^2 + I_{yz}^2} \;\hat{=}\; \text{Min} \tag{6.56}$$

unter den Winkeln (analog (3.30))

$$\tan 2\varphi_0 = \tan(2\varphi_0 + \pi) = \frac{2\,I_{yz}}{I_z - I_y} \tag{6.57}$$

Das sind die in Bild 6-10 eingetragenen orthogonalen Hauptrichtungen für I_I und I_{II}.

Da die Eigenwerte wegen des Charakters der Trägheitsmomente stets reell sind, lassen sich die erhaltenen Ergebnisse allgemeingültig formulieren als

---

Satz 6.4:

Für jeden beliebigen Querschnitt A läßt sich unter allen ZAS mindestens ein ZAS unter einem bestimmbaren Winkel φ_0 derart finden, daß die axialen Trägheitsmomente bezüglich dieses Bezugsystems Extremwerte (I_I, I_{II}) annehmen und das Deviationsmoment verschwindet ($I_{I\,II} = 0$). Dieses ausgezeichnete ZAS ist das *Haupt-Zentral-Achsensystem* (HZAS). Seine beiden Achsen heißen *Haupttragheitsachsen* (Y, Z).

Wählt man also dieses HZAS unter allen Bezugssystemen aus, so ist

$$
\begin{aligned}
I_Y &= I_I \quad (\text{oder } I_{II}) \\
I_Z &= I_{II} \quad (\text{oder } I_I) \\
I_{YZ} &= I_{I\,II} = 0
\end{aligned}
\tag{6.58}
$$

mit I_I, I_{II} nach (6.56).

Aus Satz 6.4 läßt sich nun weiter folgern: Da immer dann ein HZAS vorliegt, wenn $I_{YZ} = 0$ ist, ist für symmetrische Querschnitte (symmetrisch bezüglich einer Achse, z.B. der Z-Achse; Bild 6-11) wegen

$$
I_{YZ} = \underset{A = 2\,A_1}{\int} YZ\,dA = \underset{A_1}{\int} YZ\,dA + \underset{A_2 = A_1}{\int} (-Y)\,Z\,dA = 0
$$

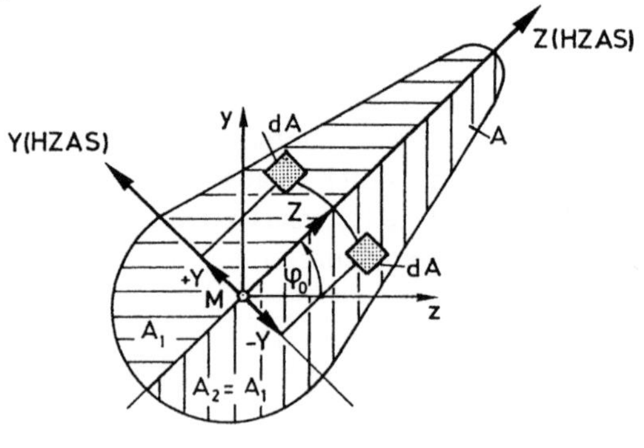

Bild 6-11

auch jede *Symmetrieachse* eine *Haupttragheitsachse*. Wegen der Orthogonalität der Hauptachsen ist auch die dazu senkrechte Richtung (z.B. die Y-Achse; Bild 6-11) eine Haupttragheitsachse. Also gilt der

---

Satz 6.5:

Jede Symmetrieachse eines Querschnitts und jede dazu senkrechte Achse im Querschnitt durch den Flächenmittelpunkt ist eine Haupttragheitsachse des Querschnitts (HZAS).

Sind in Umkehrung des Verfahrens die Hauptträgheitsmomente einer Fläche bekannt, so läßt sich die Änderung der Trägheitsmomente infolge der Drehung des Bezugssystems aus einem weiteren geometrischen Ort, der sog. „Trägheitsellipse" bestimmen. Dazu wird zunächst eine Hilfsgröße, der sog. *Trägheitsradius* i durch die Definition

$$I_Y = \int\limits_A z^2\, dA =: i_Y^2\, A; \qquad I_Z = \int\limits_A y^2\, dA =: i_Z^2\, A \qquad (6.59)$$

im Sinne des Mittelwertes des Integrals nach Def. 1.15 aus 1.3.3 eingeführt. Wendet man nun (6.58) auf die erste Transformationsgleichung von (6.54) an, die ja für alle ZAS, also auch für das HZAS gilt, so wird

$$I_\eta = \frac{1}{2}(I_Y + I_Z) + \frac{1}{2}(I_Y - I_Z)\cos 2\varphi = \frac{1}{2}(1 + \cos 2\varphi)\,I_Y + \frac{1}{2}(1 - \cos 2\varphi)\,I_Z$$

$$I_\eta = \cos^2\varphi\, I_Y + \sin^2\varphi\, I_Z \; .$$

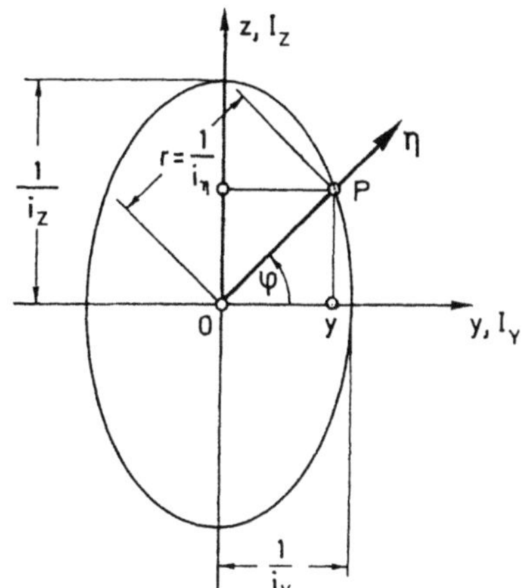

Bild 6-12

Unter Verwendung des Trägheitsradius nach (6.59) gilt auch

$$i_\eta^2 = \cos^2\varphi\, i_Y^2 + \sin^2\varphi\, i_Z^2 \qquad (6.60)$$

Dividiert man durch i_η^2 und setzt $\cos\varphi = y/r$ und $\sin\varphi = z/r$, so folgt aus (6.60)

$$\left(\frac{i_Y}{i_\eta r}\right)^2 y^2 + \left(\frac{i_Z}{i_\eta r}\right)^2 z^2 = 1 \qquad (6.61)$$

also die Gleichung einer Ellipse mit r als Länge des Polstrahls OP (Bild 6-12). Mit der Normierung $r = 1/i_\eta$ ergibt sich die sog. CULMANNsche *Trägheitsellipse*

$$\frac{y^2}{\left(\dfrac{1}{i_Y}\right)^2} + \frac{z^2}{\left(\dfrac{1}{i_Z}\right)^2} = 1 \qquad (6.62)$$

Diese läßt sich sofort darstellen, da ihre Hauptachsen

$$a = \frac{1}{i_Z} = \sqrt{\frac{A}{I_Z}} \quad \text{und} \quad b = \frac{1}{i_Y} = \sqrt{\frac{A}{I_Y}}$$

bekannt sind. Für jeden Winkel φ ist nun der Polstrahl $r = OP$ wegen

$$I_\eta = i_\eta^2 A = \frac{A}{r^2} \tag{6.63}$$

ein reziprokes Maß für das axiale Trägheitsmoment. Er kann der CULMANNschen oder Zentral-Ellipse entnommen werden. Damit sind die Zusammenhänge über die Momente der Flächen zweiten Grades bekannt. Sie werden nun dazu verwendet, um das Spannungs-Problem der reinen Biegung (Abs. 3.4.1) zu ergänzen:

6.4.3 Spannungen (Fortsetzung)

Da nun auch für beliebige Querschnitte immer ein HZAS existiert und auffindbar ist, wird dieses im weiteren zur Darstellung der Biegespannung $\sigma_x (y, z)$ nach (6.50) verwendet. Dafür ist mit den Bezeichnungen nach (6.58) $I_{YZ} = 0$, womit sich für die Konstante A nach (6.48)

$$A = -\frac{M_Z}{I_Z} \tag{6.64}$$

und die Konstante B nach (6.49)

$$B = +\frac{M_Y}{I_Y} \tag{6.65}$$

ergibt.

Gl. (6.45) bzw. (6.50) geht dann über in

$$\sigma_x (y, z) = \frac{M_Y}{I_Y} Z - \frac{M_Z}{I_Z} Y = M_B \left(\frac{\cos \alpha}{I_Y} Z - \frac{\sin \alpha}{I_Z} Y \right) \tag{6.66}$$

Ist die Lastebene schließlich parallel zu einer der Hauptzentralachsen (z.B. zur Z-Achse) bzw. hat der Schnittmomentenvektor M_S bzw. Biegemomentenvektor M_B nur eine Komponente in Richtung einer Hauptzentralachse (z.B. der Y-Achse), so folgt aus (6.51) mit $I_{YZ} = 0$ bzw. als Spezialfall von (6.66) mit $\alpha = 0$ für *gerade* Biegung (Bild 6-13)

$$\sigma_x(z) = \frac{M_Y}{I_Y} Z \tag{6.67}$$

Die Spannung hängt somit vom Biegemoment M_Y, vom axialen Flächenträgheitsmoment I_Y (Hauptträgheitsmoment) bezüglich der Y-Achse sowie linear von Z, also vom senkrech-

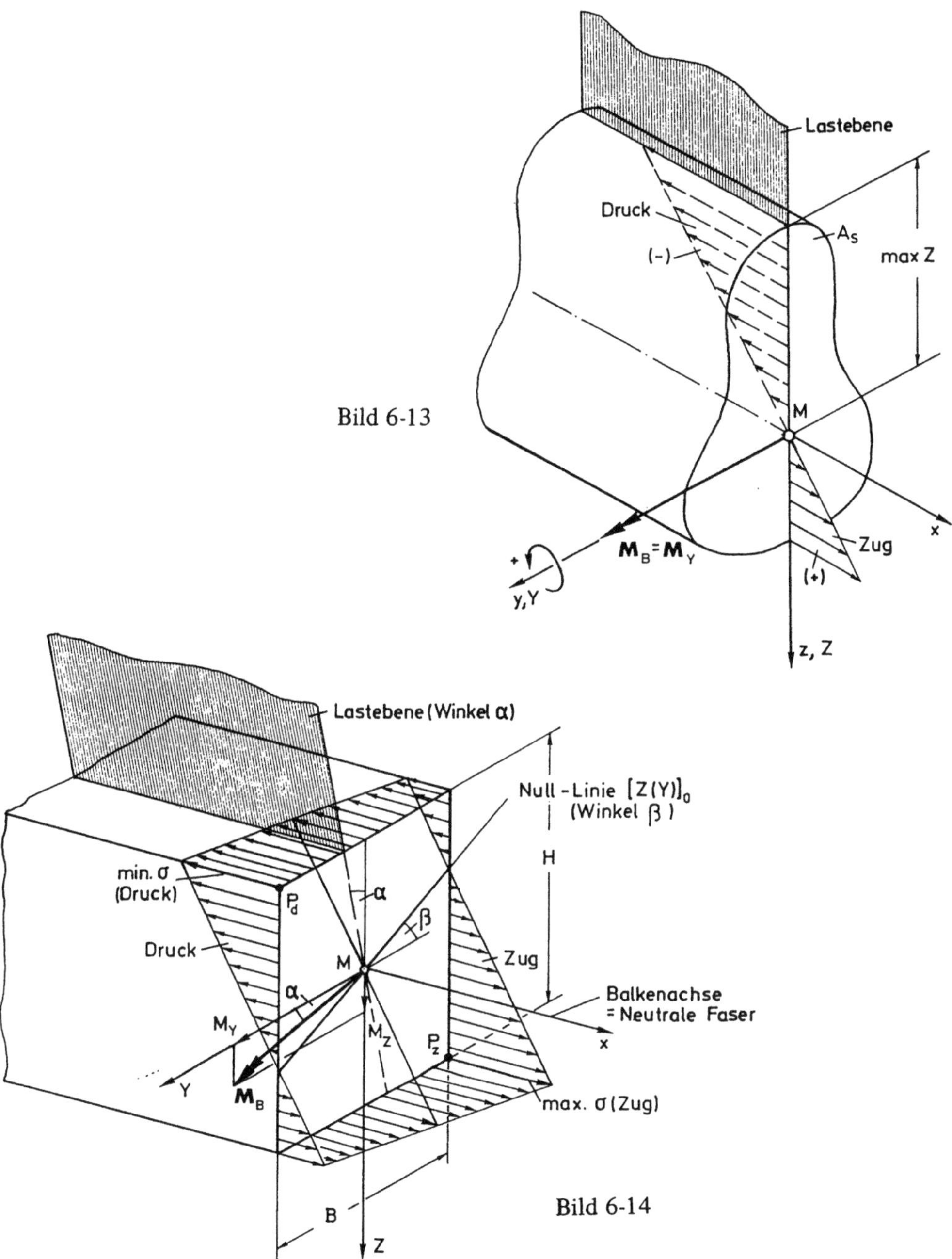

ten Abstand von der Y-Achse ab. Ist $M_Y > 0$ im Sinne der Vorzeichenkonvention für Schnittlasten nach Def. 5.4 in Abs. 5.4, so ist σ_x für positive Z eine Zugspannung – für negative Z entsprechend eine Druckspannung (Bild 6-13). Über die Breite Y ist bei gerader Biegung nach (6.67) σ_x für alle Y gleich groß. Hat der Biegemomentenvektor nur einen Anteil in Z-Richtung, so ist in (6.67) Y durch Z und umgekehrt zu ersetzen, wobei das negative Vorzeichen in (6.66) für die anderen Komponenten gemäß der Schnittlastenkonvention beachtet werden muß. Bei positivem Moment M_Z liegt hier für positive Y eine Druckspannung vor. Beide „geraden" Biegungsfälle überlagert, ergeben dann wieder den Fall der „schiefen" Biegung nach (6.66) (Bild 6-14).

Für die Beurteilung der Beanspruchung und Dimensionierung des Balkens ist weiterhin von Bedeutung, wie die sog. *Spannungs-Nullinie* im Querschnitt liegt, wie groß die maximalen Biegespannungen sind und wo diese auftreten.

Die Spannungs-Nullinie läßt sich durch Nullsetzen von (6.66) sofort bestimmen. Danach ist

$$0 = \frac{M_Y}{I_Y} Z - \frac{M_Z}{I_Z} Y = M_B \left(\frac{\cos \alpha}{I_Y} Z - \frac{\sin \alpha}{I_Z} Y \right) .$$

Somit folgt eine Geradengleichung durch den Flächenmittelpunkt in der Form (Bild 6-14)

$$[Z(Y)]_0 = \frac{M_Z}{M_Y} \frac{I_Y}{I_Z} Y \tag{6.68a}$$

bzw. der Winkel β, unter dem die Spannungs-Nullinie gegenüber der Y-Achse durch den Querschnitt verläuft, aus

$$\tan \beta = \frac{M_Z}{M_Y} \frac{I_Y}{I_Z} = \tan \alpha \frac{I_Y}{I_Z} \tag{6.68b}$$

(vgl. Bild 6-14). Wenn $I_Y \neq I_Z$ ist, so ist auch $\alpha \neq \beta$. Somit ist die Spannungs-Nullinie i. a. nicht senkrecht zur Lastebene. Nur für $I_Y = I_Z$ (z. B. bei doppelsymmetrischen Querschnitten) ist $\alpha = \beta$ und bei der geraden Biegung ist wegen $\alpha = 0$ auch $\beta = \alpha = 0$ – und damit ist die Spannungs-Nullinie identisch mit der Hauptträgheitsachse Y (Bild 6-13). Da bei der reinen Biegung die Spannungs-Nullinie damit immer durch den Querschnittsmittelpunkt geht, in dem auch das HZAS liegt, ist die Balkenachse (x-Achse) als Verbindungslinie aller Flächenmittelpunkte des Balkens stets spannungsfrei. Man formuliert diesen Sachverhalt auch durch die Aussage: *Bei der reinen Biegung ist die Balkenachse auch die neutrale Faser.*

Die extremalen Biegespannungen im jeweiligen Querschnitt $\max \sigma_x = \max \sigma_{Zug}$ und $\min \sigma_x = \max \sigma_{Druck}$ treten in denjenigen Punkten des Querschnittsrandes auf, die am weitesten von der Nullinie entfernt liegen. Werden die Koordinaten dieser Punkte mit $\max Z$ und $\min Z$ bzw. $\max Y$ und $\min Y$ bezeichnet, so gilt für die extremalen Biegespannungen

$$\max \sigma_x = \max \sigma_{Zug} = M_B \left[\frac{\cos \alpha}{I_Y} (\max Z) - \frac{\sin \alpha}{I_Z} (\min Y) \right] \tag{6.69a}$$

sowie

$$\min \sigma_x = \max \sigma_{Druck} = M_B \left[\frac{\cos \alpha}{I_Y} (\min Z) - \frac{\sin \alpha}{I_Z} (\max Y) \right] \tag{6.69b}$$

Die positiven Größen

$$W_{Y1} = \frac{I_Y}{\max Z} \quad \text{und} \quad W_{Y2} = -\frac{I_Y}{\min Z} \tag{6.70a}$$

und entsprechend

$$W_{Z1} = \frac{I_Z}{\max Y} \quad \text{und} \quad W_{Z2} = -\frac{I_Z}{\min Y} \tag{6.70b}$$

nennt man die *axialen Widerstandsmomente* des Querschnitts bezüglich der jeweiligen Achse und der Spannungs-Nullinie. Der Name erklärt sich aus der Antiproportionalität der Spannungen zu diesen spezifischen Querschnitts-Momenten-Größen. Aus (6.69) folgt mit (6.70)

$$\max \sigma_{Zug} = \left[\frac{M_Y}{W_{Y1}} + \frac{M_Z}{W_{Z2}} \right] = \sigma_{max} > 0$$

$$\max \sigma_{Druck} = -\left[\frac{M_Y}{W_{Y2}} + \frac{M_Z}{W_{Z1}} \right] = \sigma_{min} < 0 \tag{6.71}$$

Für den Fall nach Bild 6-14 ist wegen der Koordinaten der von der Spannungs-Nullinie am weitesten entfernten Punkte

$$P_z: \max Z = +\frac{H}{2}, \quad \min Y = -\frac{B}{2} \quad \text{und} \quad P_d: \min Z = -\frac{H}{2}, \quad \max Y = +\frac{B}{2}$$

und somit auch wegen $W_{i1} = W_{i2}$ (s. (6.70)) die maximale Zugspannung bei P_z

$$\max \sigma_{Zug} = M_B \left[\frac{\cos\alpha}{I_Y} \frac{H}{2} + \frac{\sin\alpha}{I_Z} \frac{B}{2} \right] = \frac{1}{2} \left[\frac{M_Y}{I_Y} H + \frac{M_Z}{I_Z} B \right]$$

$$= \frac{M_Y}{W_Y} + \frac{M_Z}{W_Z} \tag{6.72a}$$

und die maximale Druckspannung bei P_d

$$\max \sigma_{Druck} = -M_B \left[\frac{\cos\alpha}{I_Y} \frac{H}{2} + \frac{\sin\alpha}{I_Z} \frac{B}{2} \right]$$

$$= -\left[\frac{M_Y}{W_Y} + \frac{M_Z}{W_Z} \right] = -\max \sigma_{Zug} \tag{6.72b}$$

Da bei der Dimensionierung von Balken, Trägern, Unterzügen usw. die maximalen Spannungen entscheidend sind, kommt den Gleichungen (6.71) entsprechende Bedeutung zu. Die Widerstandsmomente sind deshalb auch in einschlägigen Büchern tabelliert, wobei häufig im Sinne einer „Rechnung zur sicheren Seite" hin nur das die größeren Spannungen ergebende, also das kleinere der beiden Widerstandsmomente nach (6.70) angegeben ist.

Für die gerade Biegung gehen die Gleichungen (6.71) wieder in eingliedrige Ausdrücke, also z.B. in

$$\max \sigma_x = \frac{|M_Y|}{W_Y} \qquad\qquad (6.72c)$$

über.

Damit ist der Spannungszustand für die reine Biegung nach (6.43) vollständig bestimmt. Für die Gültigkeit dieser Balkentheorie bleibt in Übereinstimmung mit Abschnitt 6.3 über Stäbe auch hier festzustellen, daß wegen der speziellen Form der Gleichgewichtsbedingungen am Element im einachsigen Falle nach (6.33) diese nur dann erfüllt sind, wenn $\sigma_x \neq \sigma_x(x)$, d.h. keine Funktion der Koordinate längs der Balkenachse ist. Um dies sicherzustellen, müßte die einzige Schnittlast M_B im Falle der Biegung auch konstant sein. Die letztlich mit (6.66), (6.67) und (6.71) berechneten Spannungen sind also strenge Lösungen nur im Falle reiner *und* konstanter Biegung $M_B \neq M_B(x)$. In allen anderen Fällen verzichtet man bei Anwendung der Gleichungen mit beliebigem $M_B = M_B[x]$ wieder auf die Erfüllung der GGB am Element (im Feld) und begnügt sich mit der Erfüllung der integrierten GGB am finiten, geschnittenen Teilsystem. Diese sind dazu verwendet worden, um das Biegemoment zu bestimmen. (Hinweis auf diesen Umstand wieder durch eckige Klammern für die x-Abhängigkeit in den vorstehenden Gleichungen). Entsprechendes gilt auch für eine ggf. vorliegende Änderung des Querschnitts $A_S(x)$ und die damit verbundene Abhängigkeit der Momente zweiten Grades $I_y(x)$, $I_z(x)$ und $I_{yz}(x)$ bzw. von $I_Y(x)$ und $I_Z(x)$ in den Gleichungen für die Biegespannung.

Man kann also zusammenfassend in Analogie zu Satz 6.1 formulieren:

Satz 6.6:

Für einen prismatischen Balken mit dem Querschnitt A_S und dem konstanten Biegemoment M_B (reine Biegung) ist unter Erfüllung der Gleichgewichtsbedingungen in jedem Punkt des Balkens die *Biegespannung*

$$\sigma_x(y,z) = M_B \left(\frac{\cos\alpha}{I_Y} Z - \frac{\sin\alpha}{I_Z} Y \right) = \frac{M_Y}{I_Y} Z - \frac{M_Z}{I_Z} Y \quad ,$$

wobei Y und Z die Hauptträgheitsachsen eines Haupt-Zentral-Achsensystems (HZAS), I_Y und I_Z die axialen Hauptträgheitsmomente sind und α den Winkel der Lastebene bezeichnet.

Für nicht-prismatische Balken mit $I[x]$ oder nicht-konstantes Biegemoment $M_B[x]$ ist

$$\sigma_x(x,y,z) \cong M_B[x] \left(\frac{\cos\alpha}{I_Y[x]} Z - \frac{\sin\alpha}{I_Z[x]} Y \right) = \frac{M_Y[x]}{I_Y[x]} Z - \frac{M_Z[x]}{I_Z[x]} Y$$

eine Näherung für die Biegespannung im Balken.

Zwei Beispiele sollen zunächst die Spannungsberechnung im Fall reiner Biegung ergänzen:

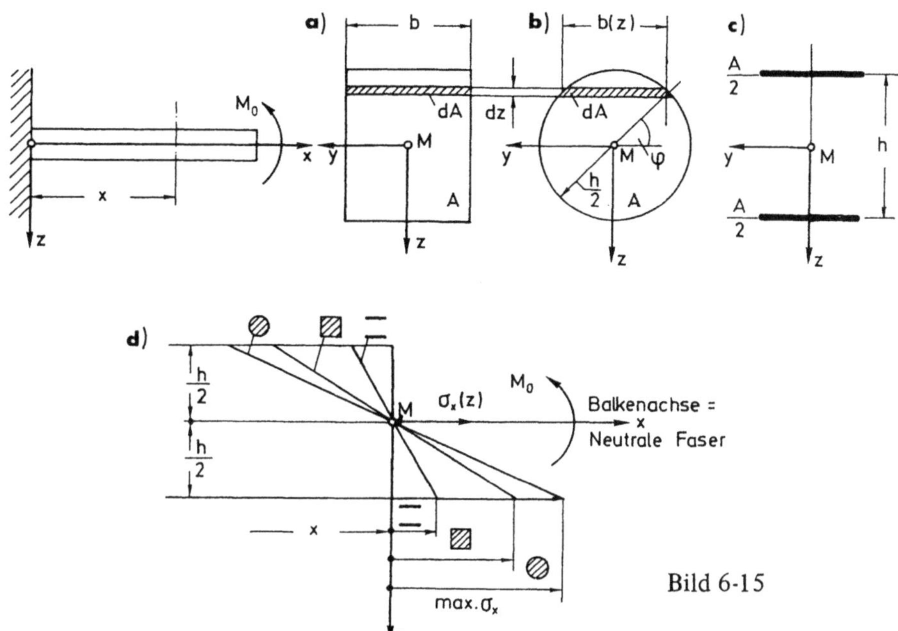

Beispiel 1: Der in Bild 6-15 skizzierte Balken sei durch ein Biegemoment M_0 in der Ebene x-z belastet. Man berechne und vergleiche die sich ergebenden Biegespannungen σ_x, wenn der Balken bei stets gleicher und jeweils konstanter Fläche A und Höhe h einen rechteckigen (a), einen kreisförmigen (b) und einen idealisierten sog. *Sandwich*-Querschnitt (c) hat.

Die Schnittlast ist unabhängig vom Querschnitt in allen Fällen $M(x) = M_0 =$ const. Andere Schnittlasten treten nicht auf – also liegt *konstante, reine* Biegung vor.

Da ein streng ebenes Problem in der x-z-Ebene vorliegt, ist die reine Biegung zusätzlich eine *gerade* Biegung ($M_B = M_y = M_0$).

Lösung:

Da das y-z-System im Flächenmittelpunkt M aller Querschnitte liegt, ist es ein Zentralachsensystem (ZAS). Da die z-Achse wegen der Symmetrie aller drei Querschnitte bezüglich z eine Hauptträgheitsachse und damit auch y eine solche ist, stellt das y-z-System ein Haupt-Zentral-Achsensystem (HZAS) dar. In diesem HZAS lassen sich nun die Biegespannungen berechnen, wenn das axiale Hauptträgheitsmoment I_y (I_z ist wegen $M_z = 0$ uninteressant, $I_{yz} = 0$) bestimmt ist. Dafür erhält man nach Def. 6.2

a) im Falle des *Rechteckquerschnitts*

$$I_y = \int z^2\, dA = \int_{-\frac{h}{2}}^{+\frac{h}{2}} z^2\, b\, dz = \frac{bh^3}{12} = \frac{Ah^2}{12}$$

$$W_y = \frac{I_y}{\max z} = \frac{\dfrac{bh^3}{12}}{\dfrac{h}{2}} = \frac{bh^2}{6} = \frac{Ah}{6}$$

b) im Falle des *Kreisquerschnitts* mit $z = h/2 \sin\varphi$, $dz = h/2 \cos\varphi\, d\varphi$, $dA = b\,(z)\,dz = h^2/2 \cos^2\varphi\, d\varphi$
und der Substitution $2\varphi = \psi$

$$I_{y\bullet} = \int z^2\, dA = 2 \int_{-\frac{\pi}{2}}^{+\frac{\pi}{2}} \left(\frac{h}{2}\right)^4 \sin^2\varphi \cos^2\varphi\, d\varphi = \frac{h^4}{32} \int_{-\frac{\pi}{2}}^{+\frac{\pi}{2}} \sin^2 2\varphi\, d\varphi = \frac{h^4}{64} \int_{-\pi}^{+\pi} \sin^2\psi\, d\psi$$

$$= \frac{h^4}{64} \left[-\frac{\sin 4\psi}{4} + \psi \right]_{-\pi}^{+\pi} = \frac{\pi h^4}{64} = \frac{Ah^2}{16} = \frac{3}{4} I_{y\blacksquare}$$

$$W_{y\bullet} = \frac{I_y}{\max z} = \frac{\dfrac{\pi h^4}{64}}{\dfrac{h}{2}} = \frac{\pi h^3}{32} = \frac{Ah}{8} = \frac{3}{4} W_{y\blacksquare}$$

c) im Falle des *Sandwich-Querschnitts*

$$I_{yS} = \int z^2\, dA \approx \frac{h^2}{4} \int dA = \frac{Ah^2}{4} = 3 I_{y\blacksquare} = 4 I_{y\bullet}$$

$$W_{yS} = \frac{I_y}{\max z} = \frac{\dfrac{Ah^2}{4}}{\dfrac{h}{2}} = \frac{Ah}{2} = 3 W_{y\blacksquare} = 4 W_{y\bullet}$$

Nach (6.67) bzw. (6.73) ist in allen drei Fällen

$$\sigma_x(z) = \frac{M_y}{I_y}\, z = \frac{M_0}{I_y}\, z; \quad \max \sigma_x = \frac{M_0}{W_y},$$

wobei hier auch z in allen Fällen vom gleichen Punkt, nämlich vom Flächenmittelpunkt als Ursprung
des HZAS aus zählt. Dementsprechend ist die y-Achse die Spannungs-Nullinie. Lediglich die unterschiedlichen axialen Trägheitsmomente und Widerstandsmomente sind für die unterschiedlichen Spannungswerte maßgebend (Bild 6-15d). Dafür folgt

a) $\quad \sigma_{x\blacksquare} = \dfrac{12\,M_0}{Ah^2}\, z; \quad \max \sigma_{x\blacksquare} = \dfrac{6\,M_0}{Ah}$

b) $\quad \sigma_{x\bullet} = \dfrac{16\,M_0}{Ah^2}\, z; \quad \max \sigma_{x\bullet} = \dfrac{8\,M_0}{Ah}$

c) $\quad \sigma_{xS} = \dfrac{4\,M_0}{Ah^2}\, z; \quad \max \sigma_{xS} = \dfrac{2\,M_0}{Ah}$

Nimmt man den Sandwich-Querschnitt als offenbar günstigste Konstruktion zum Maßstab, so treten
beim Rechteckquerschnitt die dreifachen, beim Kreisquerschnitt sogar die vierfachen Spannungen des
Sandwich-Querschnitts als Maximalspannungen in den Randfasern auf — und das, obwohl alle drei Balken gleich belastet ($M = M_0$) sind und die gleiche Materialfläche A bei gleicher Höhe h haben. Das unterstreicht die Bedeutung der Trägheitsmomente und damit der Geometrie bei der Beurteilung der Spannung im Falle der Biegung sowie die der Wahl einer geeigneten Querschnittsform zur Beherrschung des
Biegespannungs-Problems. Dabei ist offenbar ein Querschnitt dann geeignet, wenn bei gleichem Flächeninhalt „viel Fläche in großem Abstand" von der neutralen Faser, die hier wegen $z_0 = 0$ mit der Balkenachse zusammenfällt, angeordnet ist. Diese Erkenntnis führte auch zu speziellen Biege-Profilen in Form
von T- und I-Trägern. Ein derartiges Profil sei im folgenden Beispiel einer reinen, schiefen Biegung untersucht.

Beispiel 2: Für den doppeltsymmetrischen Träger (I-Träger) nach Bild 6-16 sind die maximalen (minimalen) Biegespannungen infolge des Biegemomentes M unter dem Winkel α (schiefe Biegung) zu berechnen und der Einfluß der Neigung der Lastebene auf die Größe der Spannung zu untersuchen.

Lösung:

Wegen der Symmetrie sind y und z Hauptträgheits-achsen, das Deviationsmoment I_{yz} verschwindet. Damit ist das y-z-System das HZAS. Da hier nun $I_y > I_z$ ist, wird auch nach (6.68b)

$$\tan\beta = \tan\alpha\,\frac{I_y}{I_z} > \tan\alpha,$$

d.h. die Spannungs-Nullinie liegt steiler als die Richtung des Momentenvektors. Die von ihr am weitesten entfernten Querschnittspunkte sind die Punkte

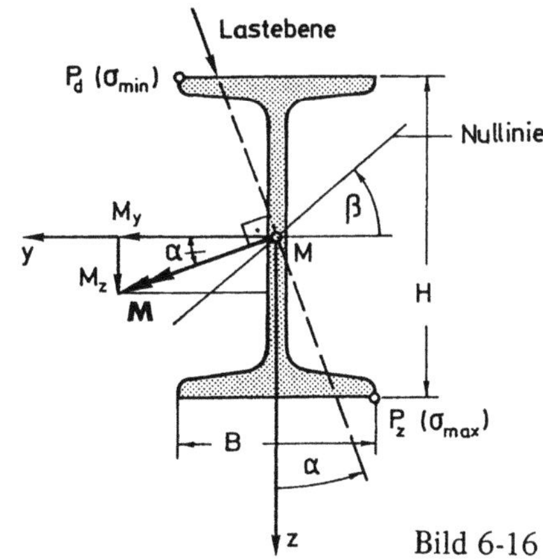

$$P_d = P_d\left(+\frac{B}{2},\ -\frac{H}{2}\right) \quad \text{und}$$

$$P_z = P_z\left(-\frac{B}{2},\ +\frac{H}{2}\right).$$

Dort treten die extremalen Spannungswerte auf. Da wegen der Symmetrie auch die Widerstandsmomente $W_1 = W_2$ (vgl. (6.70)) sind, folgt aus (6.71) unmittelbar

$$\left.\begin{array}{l} \max\sigma = \sigma_x\left(\dfrac{B}{2},\ -\dfrac{H}{2}\right) \\[2.5ex] \min\sigma = \sigma_x\left(-\dfrac{B}{2},\ +\dfrac{H}{2}\right) \end{array}\right\} = \pm\,M\left(\frac{\cos\alpha}{W_y} + \frac{\sin\alpha}{W_z}\right).$$

Zur Diskussion des Einflusses der Lastebenen-Neigung bringt man diese Gleichung zweckmäßigerweise in die Form

$$\begin{array}{l} \max\sigma \\ \min\sigma \end{array} = \pm\,\frac{M}{W_y}\left[\cos\alpha + \frac{W_y}{W_z}\sin\alpha\right].$$

Für einen Normalprofil-I-Träger mit einem üblichen Verhältnis von $W_y/W_z = 10$ bedeutet nun eine Neigung von nur $\alpha = 1°$ der Lastebene gegenüber der Vertikalen bereits die beträchtliche Spannungserhöhung $\Delta\sigma = W_y/W_z \sin\alpha$ um über 17 %. Die Spannungs-Nullinie dreht sich dabei aus der Horizontalen bei gerader Biegung um (vgl. (6.68b))

$$\tan\beta = \tan\alpha\left(\frac{I_y}{I_z}\right) = \tan\alpha\left(\frac{W_y}{W_z}\right)\frac{H}{B}$$

Für ein Abmessungsverhältnis $H/B = 2,5$ ist $\tan\beta = 25\,\tan\alpha$ und somit beträgt bei einer Abweichung von $\alpha = 1°$ bereits die Neigung der Nullinie gegenüber der Horizontalen $\beta = 23,5°$ (!).

6.4.4 Verzerrungen

Mit der Festlegung des Spannungszustandes nach (6.43) und der Berechnung der Biegespannung nach (6.66) bzw. nach Satz 6.6 ist auch der Verzerrungszustand bekannt. Denn unter der Voraussetzung eines linear-elastischen Materials liegt mit der Materialgleichung (6.24) der dafür notwendige Zusammenhang zwischen dem Spannungszustand $\mathbb{S}$ und dem Verzerrungszustand $\mathbb{D}$ vor. Wieder gehört zu dem einachsigen Spannungszustand der reinen Biegung mit $\sigma_{11} = \sigma_x$ — wobei hier für σ_x Gl. (6.66) gilt — ein dreiachsiger Verzerrungszustand (s. (6.37)) mit den drei Dehnungen (HZAS: x, y, z)

$$\epsilon_{11} = \epsilon_x = \frac{1}{E}\,\sigma_{11} = \frac{1}{E}\,\sigma_x = \frac{1}{E}\left(\frac{M_y}{I_y}\,z - \frac{M_z}{I_z}\,y\right)$$

$$\epsilon_{22} = \epsilon_{33} = -\nu\epsilon_{11} = -\frac{\nu}{E}\left(\frac{M_y}{I_y}\,z - \frac{M_z}{I_z}\,y\right) \tag{6.73a}$$

und der Volumendilatation

$$e = \mathrm{Sp}\,\mathbb{D} = \epsilon_{11} + \epsilon_{22} + \epsilon_{33} = (1 - 2\nu)\,\epsilon_{11} = \frac{1 - 2\nu}{E}\,\sigma_x \tag{6.73b}$$

Die drei Gleitungen ϵ_{ij} $(i \neq j)$ sind wegen $\sigma_{ij} = 0$ für $i \neq j$ gleich Null, also

$$\epsilon_{12} = \epsilon_{13} = \epsilon_{23} = \epsilon_{ij} = \frac{1}{2}\,\gamma_{ij} = 0 \quad (i \neq j) \tag{6.73c}$$

Für die gerade Biegung bezüglich einer der Hauptträgheitsachsen (z.B. Y) geht (6.73) in die eingliedrigen Terme

$$\epsilon_x = \frac{M_y}{E\,I_y}\,z; \quad \epsilon_y = \epsilon_z = -\nu\,\frac{M_y}{E\,I_y}\,z \tag{6.74}$$

über. Die Steifigkeit des Biegebalkens ist durch den Nenner von (6.74) gegeben, so daß allgemein das Produkt $E\,I_i$ die *Biegesteifigkeit* um die Achse (i) darstellt (vgl. EA als Längssteifigkeit des Zug/Druck-Stabes nach 6.3.2). Bei prismatischen, homogenen Balken ist die Biegesteifigkeit $E\,I_i$ eine Konstante.

6.4.5 Verschiebungen

Mit Hilfe der VVG nach (6.5) oder (6.9) sind damit auch die Verschiebungen bzw. wegen des Differential-Gleichungs-Charakters der VVG primär die Verschiebungsableitungen für die Biegung bestimmbar. So folgt wegen (6.73) aus (6.9) mit $\mathbf{u} = (u, v, w)$

$$\epsilon_x = \frac{\partial u}{\partial x} = \frac{1}{E}\left(\frac{M_y}{I_y}\,z - \frac{M_z}{I_z}\,y\right)$$

$$\epsilon_y = \frac{\partial v}{\partial y} = -\frac{\nu}{E}\left(\frac{M_y}{I_y}\,z - \frac{M_z}{I_z}\,y\right) \tag{6.75a}$$

$$\epsilon_z = \frac{\partial w}{\partial z} = -\frac{\nu}{E}\left(\frac{M_y}{I_y}\,z - \frac{M_z}{I_z}\,y\right)$$

sowie

$$\epsilon_{xy} = \frac{1}{2}\left(\frac{\partial u}{\partial y} + \frac{\partial v}{\partial x}\right) = 0$$

$$\epsilon_{yz} = \frac{1}{2}\left(\frac{\partial v}{\partial z} + \frac{\partial w}{\partial y}\right) = 0 \qquad (6.75b)$$

$$\epsilon_{xz} = \frac{1}{2}\left(\frac{\partial u}{\partial z} + \frac{\partial w}{\partial x}\right) = 0$$

Wenn danach insbesondere

$$\frac{\partial u}{\partial z} + \frac{\partial w}{\partial x} = 0$$

gelten soll, so ist auch unter nochmaliger Ableitung nach x

$$\frac{\partial^2 u}{\partial z\,\partial x} + \frac{\partial^2 w}{\partial x^2} = 0\ .$$

Unter Verwendung von (6.75a) für $\partial u/\partial x$ folgt hieraus

$$\frac{\partial^2 w}{\partial x^2} = -\frac{\partial}{\partial z}\left(\frac{\partial u}{\partial x}\right) = -\frac{\partial}{\partial z}\left[\frac{1}{E}\left(\frac{M_y}{I_y}z - \frac{M_z}{I_z}y\right)\right] = -\frac{1}{E\,I_y}M_y\ .$$

Dabei gilt diese Beziehung bei konstantem E unabhängig davon, ob M und I konstant oder veränderlich sind, denn — wenn überhaupt — sind diese Größen nur abhängig von der Balkenlängskoordinate x, nicht aber von z. Entsprechend erhält man aus

$$\frac{\partial u}{\partial y} + \frac{\partial v}{\partial x} = 0$$

$$\frac{\partial^2 v}{\partial x^2} = -\frac{\partial}{\partial y}\left(\frac{\partial u}{\partial x}\right) = -\frac{\partial}{\partial y}\left[\frac{1}{E}\left(\frac{M_y}{I_y}z - \frac{M_z}{I_z}y\right)\right] = +\frac{1}{E\,I_z}M_z\ \ .$$

Die partiellen DGLen für w und v gehen in gewöhnliche DGLen nur der einen Variablen x über, wenn man nicht das gesamte Verschiebungsfeld $\mathbf{u}(x, y, z)$ an jeder Stelle x, y, z des Balkens berechnet, sondern nur die Verschiebung der Balkenachse $\mathbf{u}_0(x)$ (Bild 6-17), d.h. die Lageänderung eines jeden Flächenmittelpunktes M an der Stelle x des Balkens in Form von $w_0(x)$ und $v_0(x)$ bestimmt. Dabei geht M bei schiefer Biegung unter Verschiebung um $\mathbf{u}_0(x)$ in M' über, während M bei gerader Biegung z.B. um die y-Achse unter Verschiebung um $w_0(x)$ in M'' übergeht und damit in der x-z-Ebene verbleibt. Die Größe $\mathbf{u}_0$ bzw. ihre Koordinaten v_0 und w_0 beschreiben so nur die Lageveränderung der Balkenachse aufgrund der Deformation und sind deshalb nicht von y und z, sondern nur noch von der Stelle x abhängig. Dann können die partiellen Ableitungen durch vollständige, also

$$\partial^2 w_0/\partial x^2 = w_0'' = w'' \quad \text{und} \quad \partial^2 v_0/\partial x^2 = v_0'' = v''$$

ersetzt werden.

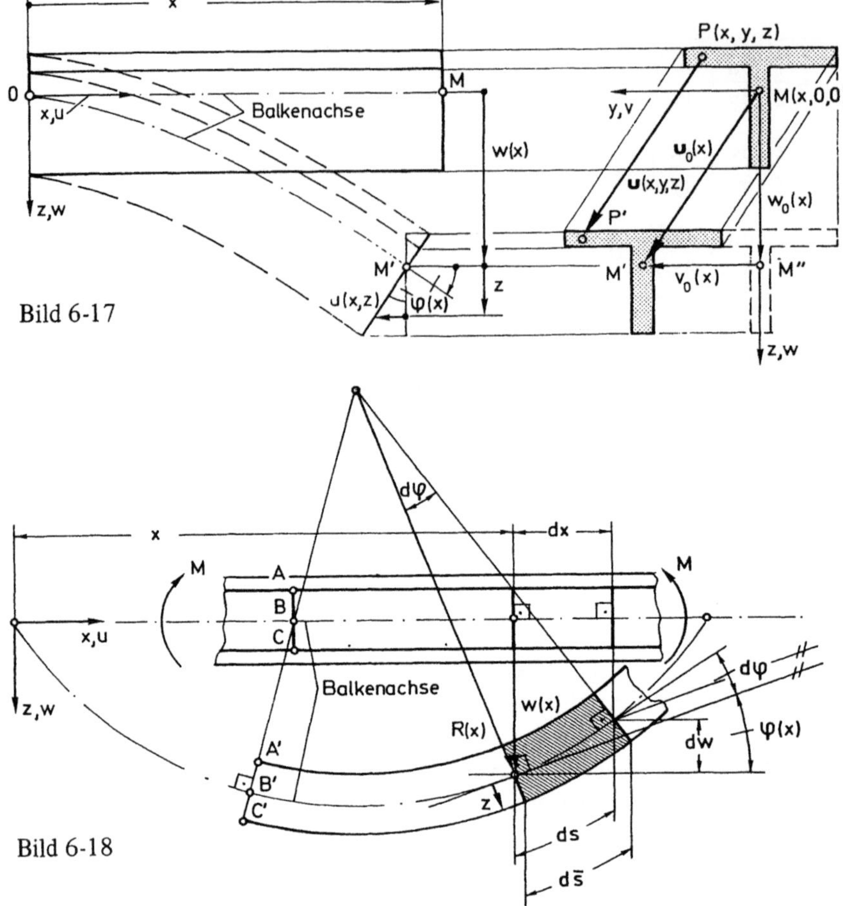

Man erhält als die sog. *„Differentialgleichungen der elastischen Linie"*

$$w''(x) = - \frac{M_y\,[x]}{EI_y\,[x]} \; ; \qquad v''(x) = + \frac{M_z\,[x]}{EI_z\,[x]} \qquad\qquad (6.76)$$

$v(x)$ und $w(x)$ sind die *Biegelinien*. Sie geben die Verformung der Balkenachse an, die die Verbindungslinie aller Flächenmittelpunkte ist und in der unverformten Konfiguration mit der x-Achse zusammenfällt. Da der geometrisch linearisierte Verzerrungstensor (Deformator) die Grundlage für die Ableitung der Gleichungen (6.76) bildet, gelten die DGLen der elastischen Linie (6.76) auch nur im Rahmen einer linearisierten Theorie, d.h. für kleine Verschiebungsableitungen mit hier $w'^2, v'^2 \ll 1$ (vgl. Satz 2.10 und die daran anschließende Anmerkung; Abs. 2.4).

Man kann die DGLen der elastischen Linie auch auf anschaulichem, jedoch komplizierterem Wege gewinnen, indem man sich anhand von Bild 6-18 (gerade Biegung um die y-Achse) klarmacht, daß sich zwei benachbarte Querschnitte $A(x)$ und $A(x + dx)$ bei der reinen, konstanten Biegung mit $M = const > 0$ um einen Winkel gegeneinander drehen.

Dabei folgt wegen Gl. (6.73c), nach der alle Gleitungen bei der Biegung an jeder Stelle des Balkens Null sind, daß auch alle rechten Winkel erhalten bleiben. So bleiben alle Punkte (ABC), die vor der Deformation auf einer Ebene gelegen haben, auch nach der Deformation auf einer Ebene ($A'B'C'$). Waren diese Ebenen vor der Deformation z.B. zur Balkenachse orthogonal, so sind sie es auch nach der Deformation. Geometrisch gesehen, ist also die Biegung nur eine Verdrehung der zur Balkenachse orthogonalen Schnittebenen gegeneinander um *einen* Winkel $d\varphi$. Man liest dann am Bild 6-18 ab:

$$1. \qquad \tan\varphi(x) = \frac{dw}{dx}; \qquad \varphi(x) = \arctan\left(\frac{dw}{dx}\right) \tag{1}$$

$$2. \qquad dx^2 + dw^2 = ds^2; \qquad ds = \pm\sqrt{1 + \left(\frac{dw}{dx}\right)^2}\; dx \tag{2}$$

$$3. \qquad ds = R\,d\varphi, \qquad\qquad d\bar{s} = (R + z)\,d\varphi$$

$$\epsilon_x = \frac{d\bar{s} - ds}{ds} = \frac{d\bar{s}}{ds} - 1 = \frac{z}{R(x)}\;. \tag{3}$$

Im Falle der vorliegenden geraden Biegung ist nun nach (6.75a)

$$\epsilon_x = \frac{M_y}{EI_y}\,z\;. \tag{4}$$

Aus Vergleich mit (3) folgt so einerseits

$$\frac{1}{R(x)} = \frac{M_y}{EI_y}\;, \tag{5}$$

andererseits ist wegen $ds = R\,d\varphi$ und (1) sowie (2)

$$\frac{1}{R(x)} = \frac{d\varphi}{ds} = \frac{d\varphi}{dx}\,\frac{dx}{ds} = \frac{d}{dx}\left[\arctan\left(\frac{dw}{dx}\right)\right]\frac{dx}{ds}$$

$$= -\frac{w''}{(1 + w'^2)}\cdot\frac{1}{\sqrt{1 + w'^2}} = -\frac{w''}{[1 + w'^2]^{3/2}} \tag{6}$$

Von beiden möglichen Vorzeichen in (2) bzw. (6) ist das der Schnittlastenkonvention entsprechende (−) Zeichen als Ausdruck einer negativen Krümmung $1/R$ bei positivem Biegemoment (Bild 6-18) im gewählten Basissystem (x, u), (z, w) zu nehmen. Man erhält so die DGL der elastischen Linie in der Form

$$\boxed{\frac{w''}{(1 + w'^2)^{\frac{3}{2}}} = -\frac{M_y[x]}{EI_y[x]} = -\frac{1}{R(x)}} \tag{6.77a}$$

sowie analog, nur mit anderer, positiver Krümmung

$$\boxed{\frac{v''}{(1 + v'^2)^{\frac{3}{2}}} = +\frac{M_z[x]}{EI_z[x]} = +\frac{1}{\bar{R}(x)}} \tag{6.77b}$$

Für diese nichtlinearen, gewöhnlichen DGLen 2. Ordnung läßt sich allgemein keine elementare Integrationsmöglichkeit angeben. Da aber ohnehin eine geometrische Linearisierung in den Verzerrungen vorgenommen worden ist, ist diese auch konsequenterweise hier durchzuhalten. Dabei werden also die Verschiebungsableitungen wieder als so klein vorausgesetzt, daß ihre Quadrate (hier gegenüber 1) vernachlässigbar sind. Die Gleichungen (6.77) gehen damit in die Gleichungen (6.76) über.

Für konstante reine Biegung prismatischer Balken ist jeweils M = const und I = const, womit auch die linke Seite von (6.77), also die Krümmung 1/R = const wird. Die ursprünglich geraden Balken gehen also bei der Deformation in diesem Falle in kreisförmige Balken über.

Eine einmalige Integration, die bei bekanntem Biegemoment für (6.76) im Gegensatz zu (6.77) sofort durchführbar ist, liefert den *Biegewinkel*

$$\varphi(x) = w'(x) = - \int \frac{M_y[x]}{EI_y[x]}\, dx + \varphi_0 \tag{6.78}$$

Eine nochmalige Integration ergibt die *Biegelinie*

$$w(x) = - \int \left[\int \frac{M_y[x]}{EI_y[x]}\, dx \right] dx + \varphi_0 x + w_0 \tag{6.79}$$

Die Integrationskonstanten φ_0 und w_0 werden unter Anpassung der Lösung an die Randbedingungen bzw. bei mehreren Bereichen für die Berechnung von $M_y[x]$ auch an die Übergangsbedingungen bestimmt. Bei schiefer Biegung ist das Verfahren für $v'(x)$ und $v(x)$ ausgehend von Gleichung (6.76) völlig analog zu wiederholen. Die Berechnungsverfahren zur Bestimmung der Biegelinie werden im folgenden Abschnitt 6.4.6 und unter Anwendung auf Beispiele in Abschnitt 6.4.7 noch ausführlich behandelt.

Damit ist neben dem Spannungs- und Verzerrungszustand auch der Verschiebungsvektor $\mathbf{u}_0 = (u_0, v(x), w(x))$ bestimmt, wobei von der Balkenachsen-Längs-Verschiebung, also dem x-Anteil u_0 des Vektors $\mathbf{u}_0$ bei $y = z = 0$ im Rahmen der geometrisch linearisierten Theorie und bei reiner Biegung abgesehen wird. Damit besteht $\mathbf{u}_0$ nur aus den Koordinaten v und w nach (6.79). Wegen der Einschränkung auf die Berechnung der elastischen Linie über die gewöhnlichen DGLen (6.76) sei noch einmal bemerkt, daß damit zunächst nur die Verschiebung $\mathbf{u}_0 = \mathbf{u}(x, 0, 0) = (0, v(x), w(x))$ der Balkenachse gemäß Bild 6-17 und 6-18, nicht jedoch das gesamte Verschiebungsfeld $\mathbf{u}(x, y, z)$ aller materiellen Balkenpunkte bestimmt ist. Diesem Umstand kann man aber im nachhinein abhelfen, indem man die mit der Linearität der Spannungen über die Querschnittskoordinaten y und z nach dem HOOKEschen Gesetz verbundene Linearität der Dehnungen (s. z.B. $\epsilon_x = z/R$) bzw. das Ebenbleiben der Querschnitte ausnutzt (Bild 6-17). Da von der Längsverschiebung der Balkenachse ($u_0 \approx 0$) ohnehin abgesehen wird, verbleibt damit

$$u(x, z) = \varphi(x)\, z = w'(x)\, z \quad \text{bzw.} \quad u(x, y) = \psi(x)\, y = v'(x)\, y \tag{6.80}$$

Ist also der Biegewinkel $\varphi(x)$ (bzw. $\psi(x)$) nach (6.78) berechnet, so ist damit auch die Längsverschiebung aller Balkenelemente mit (6.80)

$$u(x, y, z) = u_0 + u(x, z) + u(x, y)$$
$$= w'(x)\, z + v'(x)\, y \tag{6.81}$$

angebbar.

Anmerkung: Für die untergeordnete zusätzliche Verschiebung in y- und z-Richtung außerhalb der Balkenachse infolge der Querkontraktion $(\bar{v}, \bar{w})$ gilt bei gerader Biegung mit (6.74) noch

$$\epsilon_y = \epsilon_z = -\nu\epsilon_x = -\nu\,\frac{z}{R} = -\nu\,\frac{M_y}{EI_y}\,z$$

bzw. bei schiefer Biegung der vollständige Ausdruck nach (6.75a)

$$\epsilon_y = \epsilon_z = -\nu\epsilon_x = \frac{-\nu}{E}\left(\frac{M_y}{I_y}\,z - \frac{M_z}{I_z}\,y\right).$$

Wegen

$$\epsilon_y = \frac{\partial v}{\partial y} = \epsilon_z = \frac{\partial w}{\partial z}\,, \qquad \gamma_{yz} = 2\,\epsilon_{yz} = \frac{\partial v}{\partial z} + \frac{\partial w}{\partial y} = 0$$

und

$$v(x, y, z) = v(x, 0, 0) + \bar{v}(x, y, z) = v_0 + \bar{v}$$
$$w(x, y, z) = w(x, 0, 0) + \bar{w}(x, y, z) = w_0 + \bar{w}$$

ließen sich neben der Verschiebung der Balkenachse v_0 und w_0 aus (6.76) auch noch $\bar{v}$ und $\bar{w}$ bestimmen. Eine Bedeutung haben diese zusätzlichen Verschiebungen jedoch von der Größenordnung her nur für bestimmte extreme Querschnittsabmessungen, z.B. bei brettförmigen Balken (vgl. Abs. 6.9).

6.4.6 Biegelinien-Verfahren

Ausgehend von den linearisierten DGLen der elastischen Linie (6.76) für gerade Balken, wobei im weiteren konstante Biegesteifigkeit vorausgesetzt wird, und wegen der Analogie der Gleichungen nur eine der beiden, z.B.

$$w''(x) = -\frac{M_y[x]}{EI_y} \tag{6.82}$$

weiterverfolgt zu werden braucht, sollen nun Methoden zur Bestimmung der Biegelinie $w(x)$ und des Biegewinkels $w'(x)$ entwickelt werden. Dabei ist $w(x)$ naturgemäß eine stetige Funktion unabhängig von der Beschaffenheit der rechten Seite von Gl. (6.82), also vom Verlauf des Biegemomentes (konstante oder nicht-konstante Biegung) und des Querschnitts (prismatische oder nicht-prismatische Balken), da der Balken auch nach der Deformation keine „Sprünge" aufweisen darf. Auch für den Biegewinkel gilt dies mit der Einschränkung, daß nur an Stellen, an denen Balken durch Gelenke verbunden sind oder der Balken ohnehin diskontinuierlich seine Richtung ändert, „Knicke" auftreten dürfen, ansonsten aber auch $w'(x)$ stetig ist. Für die weiteren Überlegungen sei nun vorausgesetzt, daß $w(x)$ stetig und, über (6.82) hinaus, insgesamt mindestens viermal differenzierbar ist. Dann ist im folgenden auch $M[x] = M(x)$.

Die Notwendigkeit, überhaupt Verfahren entwickeln zu müssen, um (6.82) allgemein zu lösen und sich dabei nicht mit der elementaren Integration von (6.82) in Form der Resultate (6.78) und (6.79) zufrieden zu geben, ergibt sich aus der Tatsache, daß das Biegemoment $M_y(x)$ i. a. nicht primär bekannt — im Falle eines statisch unbestimmten Systems sogar — nicht unmittelbar berechenbar ist.

Leitet man jedoch (6.82) noch weitere zweimal ab, so gelingt (paradoxerweise) durch diese Differentiation auch die Integration der DGL vierter Ordnung zur Biegelinie $w(x)$. Dazu werden neben der Ableitung von (6.82) die Schnittlasten-Differentialgleichungen (5.30) aus 5.6 hinzugezogen, wonach

$$\frac{dM_y(x)}{dx} = M_y' = Q_z$$

und

$$\frac{d^2 M_y(x)}{dx} = \frac{dQ_z(x)}{dx} = M_y'' = Q_z' = -q_z(x)$$

im Falle momentenfreier Streckenlasten ($m_y(x) = 0$) ist. Dann folgt ausgehend von (6.82)

$$
\begin{array}{lll}
EI_y\, w''(x) \ = -M_y & (1) & \\
EI_y\, w'''(x) \ = -M_y' = -Q_z & (2) & (6.83) \\
EI_y\, w^{IV}(x) = -M_y'' = -Q_z' = +q_z(x) & (3) &
\end{array}
$$

Man erkennt, daß mit der zweimaligen Differentiation der Gleichungen zwar $w''(x)$ in $w^{IV}(x)$, aber damit auch das Biegemoment $M_y(x)$ in die vertikale Streckenlast $q_z(x)$ übergeht. Diese ist als Belastung für das Biege-Tragwerk i. a. vorgegeben. Somit stellt (6.83) (3) eine gewöhnliche DGL vierter Ordnung zur Berechnung der Biegelinie $w(x)$ dar — und zwar unabhängig davon, ob das Biegemoment M_y wie bei statisch bestimmten Systemen berechenbar oder wie bei statisch unbestimmten Systemen nicht unmittelbar bestimmbar ist.

Je nach Ausgangsgleichung (1), (2) oder (3) kommt man so zunächst zu drei Verfahren innerhalb der *Methode der Integration* der DGL (6.83). Und zwar:

1. Bei abschnittsweise bekannter *Streckenlast* läßt sich (6.83) (3) geschlossen durch Integration lösen. Man erhält nach dreimaliger Integration den Biegewinkel $w'(x) = \varphi(x)$ und nach viermaliger Integration die Biegelinie $w(x)$. Die je Abschnitt (Intervall) auftretenden vier Integrationskonstanten müssen wieder aus den Rand- und Übergangsbedingungen bestimmt werden. Wegen der vierten Ordnung der DGL sind die Rand- und Übergangsbedingungen nicht nur geometrischer Art, z.B.

$$w(x_1) = w_1, \quad w'(x_2) = \varphi_2 \qquad\qquad (6.84a)$$

sondern es können auch physikalische Bedingungen, also Bedingungen für die Querkraft nach (6.83), (2) an bestimmten Stellen x_3

$$EI_y\, w'''(x_3) = -Q_z(x_3) \qquad\qquad (6.84b)$$

und/oder Bedingungen für das Biegemoment nach (6.83), (1) an bestimmten Stellen x_4 in der Form

$$EI_y \, w''(x_4) = - M_y(x_4) \qquad (6.84c)$$

sein.

Die Zahl der insgesamt am System zur Verfügung stehenden Rand- und Übergangs-bedingungen nach (6.84) ist stets genau so groß, wie zur Bestimmung der bei n Inter-vallen auftretenden $4\,n$ Konstanten notwendig sind — und dies unabhängig davon, ob ein äußerlich statisch bestimmtes oder unbestimmtes System vorliegt (vgl. Bei-spiele in 6.4.7). D.h. dann auch, daß die Auflager- und Bindereaktionen vorab nicht bestimmt zu werden brauchen, sofern sie überhaupt vorab bestimmt werden können. So ergeben sich nach Lösung von (6.83), (3) unter Beachtung von Abs. 5.4 und Ein-setzen der entsprechenden Stelle x_A in (6.83), (2) die jeweiligen Bindungs-Kräfte bei x_A

$$EI_y \, w'''(x_A) = - Q(x_A) = A \qquad (6.85a)$$

bzw. bei Einsetzen der entsprechenden Stelle x_B in (6.83), (1) die jeweiligen Bin-dungs-Momente bei x_B

$$EI_y \, w''(x_B) = - M(x_B) = M_B \qquad (6.85b)$$

(vgl. hierzu Beispiele 2, 4 und 5 in 6.4.7).

2. Bei abschnittsweise bekannter *Querkraft* läßt sich auch (6.83), (2) geschlossen durch Integration lösen. Hier ergibt sich nach zweimaliger Integration der Biegewinkel $w'(x)$ und nach dreimaliger Integration die Biegelinie $w(x)$. Für n Intervalle am System tre-ten $3\,n$ Integrationskonstanten auf, die sich aus den geometrischen und ggf. den physi-kalischen Rand- oder Übergangsbedingungen, aber hier nur für die Momente nach (6.84c), bestimmen lassen. Im übrigen gelten die Ausführungen des Verfahrens nach 1., wobei mit der Bestimmung von $Q_z(x)$ dann auch die Auflagerkräfte nach (6.85a) bekannt sind (vgl. hierzu Beispiel 1 in 6.4.7).

3. Bei abschnittsweise bekanntem *Biegemoment* läßt sich auch (6.83), (1), wie bereits mit (6.78) und (6.79) formal durchgeführt, integrieren. Man erhält den Biegewinkel durch einmalige, die Biegelinie durch zweimalige Integration. Die $2\,n$ Konstanten sind hier allein aus der Kinematik (geometrische RB), also nach (6.84a) bestimmbar (vgl. hierzu Beipiele in 6.4.7).
Soll das Verfahren 3. (oder 2.) bei der Berechnung von statisch unbestimmten Syste-men herangezogen werden, so ist auch das möglich, wenn die in der Ausgangsschnitt-last M_y (bzw. Q_z) enthaltenen unbekannten Kräfte und Momente mit aufintegriert werden. Da in diesen Fällen dann genau so viele kinematische Bindungen mehr vor-handen sind, als zur Berechnung der unbekannten Integrationskonstanten benötigt werden, lassen sich diese „überzähligen" Rand- oder Übergangsbedingungen für die Bestimmung der statischen Unbestimmten verwenden (vgl. Beispiel 4 in 6.4.7).

4. *Superpositions-Methode* zur Berechnung statisch unbestimmter Balken-Systeme. Da in diesen Fällen allein die GGB nicht ausreichen, um alle unbekannten Lager- und

Bindereaktionen zu errechnen, müssen ohnehin Verformungsgleichungen, also Relationen zwischen der Belastung und der Deformation des Balkens (hier also w und ggf. v) zur Berechnung hinzugezogen werden (vgl. Abs. 6.1). Wie das Problem des statisch unbestimmten Stabes (Beispiel 2 in 6.3.4) erst dadurch lösbar wurde, daß neben den GGB auch noch die Deformationsbedingung für die Längsverschiebung ($\Sigma\, u_i\,(a) = 0$) mit berechenbarem u_1 und u_2 formuliert wurde, so sind auch hier die Berechnung der Durchbiegung $w(x)$ und des Biegewinkels $w'(x)$ und die damit formulierbaren Deformationsbedingungen für das Verhalten des Systems an bestimmten Stellen (z.B. $\Sigma\, w_i\,(a) = 0$; $\Sigma\, w_i'\,(b) = 0$) mit den GGB zu einem hinreichenden Satz von Gleichungen zur Lösung statisch unbestimmter Balken-Systeme kombinierbar. Man kommt so zu dem sog. „Superpositions-Verfahren".

Dabei werden genau so viele Bindungen vom System entfernt, wie es der Zahl $(b-z)=s$ nach Def. 5.3 in Abs. 5.3, also dem Grad der statischen Unbestimmtheit s entspricht. Jede der zugehörigen s Bindungen ist damit als eine *statisch Unbestimmte* gewählt.

Welche der b Bindungen zu den s statisch Unbestimmten erklärt werden, ist prinzipiell willkürlich und lediglich durch Vereinfachung oder Zweckmäßigkeit bestimmt. In Bild 6-19 ist beispielsweise ein System mit $b = 5$, $z = 3$ und $s = b - z = 2$, also ein 2-fach statisch unbestimmtes System dargestellt.

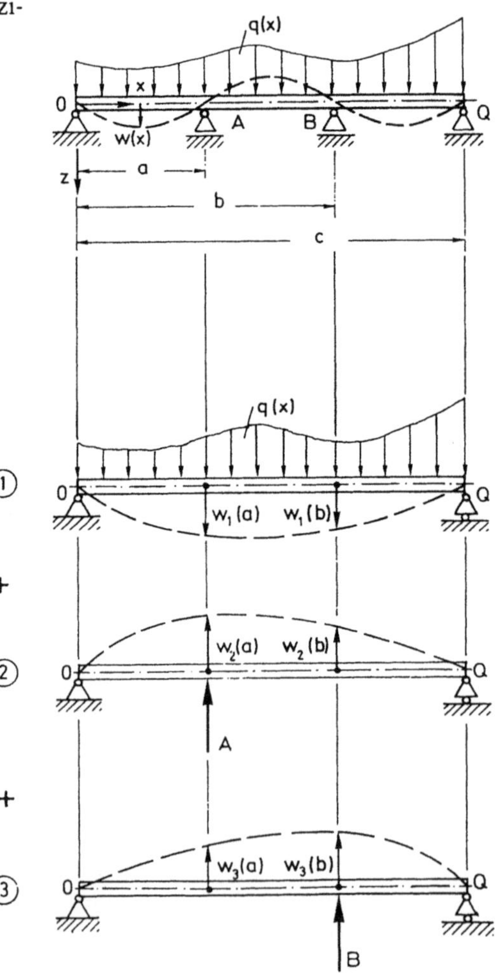

Bild 6-19

Es sind also s = 2 Bindungen zur Erzeugung eines dann statisch bestimmten Systems zu entfernen, wobei hier die Auflager bei A und bei B aus Zweckmäßigkeitsgründen gewählt wurden, um in Handbüchern tabellierte Fälle verwenden zu können. Damit sind die Auflagerkräfte A und B zu statisch Unbestimmten erklärt worden.

Es werden nun die verbleibenden statisch bestimmten Systeme OQ für die (s + 1) Fälle (im Beispiel s + 1 = 3) bei stets gleichen Lagerungsbedingungen einzeln berechnet, wobei ein Fall ((1)) mit der ursprünglichen äußeren Last (hier: Streckenlast $q(x)$) und die anderen Fälle ((2) und (3)) mit den statisch Unbestimmten A (Fall (2)) und B (Fall (3)) belastet sind. Berechnet wird jeweils die Durchbiegung $w_i(a)$ und $w_i(b)$ (ggf. auch der Biegewinkel) in allen (drei) Fällen mit zunächst unbekannten Kräften A und B.

Superponiert man nun die einzelnen Systeme wieder zum Gesamtsystem, so ist das wegen der Linearität der DGLen eine Addition aller (drei) Einzelfälle. Es entsteht aber bei dieser Addition das Ausgangssystem *nur* dann, wenn auch die Verformungen der Einzelsysteme zusammen wieder die Verformung des Gesamtsystems ergeben, also gilt allgemein

$$w(x) = \sum_{i=1}^{N} w_i(x) \qquad (6.86a)$$

(hier N = s + 1 = 3) und

$$w'(x) = \sum_{i=1}^{N} w_i'(x) \qquad (6.86b)$$

Da das für alle x gilt, muß es auch für die Stellen x_1 und x_2 gelten, an denen für das Ausgangssystem spezielle kinematische (geometrische) Bindungszustände vorgegeben sind, also

$$w(x_1) = w_0 \quad \text{und/oder} \quad w'(x_2) = \varphi_0 \qquad (6.87)$$

bekannt ist.

Im vorliegenden Fall nach Bild 6-19 sind das die Stellen $x_1 = a$ und $x_2 = b$, für die das Ausgangssystem keine Durchbiegungen hat, für die also in (6.87) $w(a) = w(b) = 0$ ist, so daß wegen (6.86) gilt:

$$w(x_1 = a) = 0 = \sum_{i}^{N} w_i(a) = w_1(a) + w_2(a) + w_3(a)$$

$$(6.88)$$

$$w(x_2 = b) = 0 = \sum_{i}^{N} w_i(b) = w_1(b) + w_2(b) + w_3(b)$$

Da $w_2(a)$ und $w_2(b)$ noch die Unbekannte A sowie $w_3(a)$ und $w_3(b)$ noch die Unbekannte B enthalten, sind die Gleichungen (6.88) zwei zusätzliche Verformungsgleichungen zu den drei Gleichgewichtsbedingungen, somit insgesamt fünf Gleichungen für die b = 5 Unbekannten. Das (zweifach) statisch unbestimmte Problem ist damit lösbar geworden, denn nun sind sämtliche Bindereaktionen und Schnittlasten berechenbar. Auch diese physikalischen Größen sind die Summe der (drei) superponierten Einzelfälle. Die Spannungen folgen dann wiederum aus den Schnittlasten, die Verzerrungen folgen aus den Spannungen über das HOOKEsche Gesetz oder über die VVG aus den Verschiebungen (vgl. 6.4.1–6.4.5). Die Verschiebungen sind hier gleichzeitig mit der Lösung des statisch unbestimmten Problems in Form der Gleichungen (6.86) berechnet worden (vgl. Beispiele 4 und 6 in 6.4.7).

5. MOHR*sches Verfahren.* Das letzte im Rahmen dieser Abhandlung vorgestellte Verfahren zur Bestimmung der Durchbiegungen oder Biegewinkel ist das sog. MOHRsche Verfahren. Es beruht als Methode auf der Analogie der DGL der elastischen Linie und der Schnittlasten-DGL. Es kommt durch zweimaliges Ansetzen der GGB i. a. ohne Integration aus — ist aber in dieser Form auf die Berechnung von äußerlich statisch bestimmtem System beschränkt. Das Prinzip des Verfahrens wird deutlich, wenn man sich das DGL-System (6.83) ergänzt um die Biegewinkel $w'(x)$ und Biegelinienfunktion $w(x)$ in der Form notiert:

$$
\begin{array}{llll}
E\,I_y\,w(x) & = & = -\,M_y^* & (1) \\
E\,I_y\,w'(x) & = & = -\,Q_z^* & (2) \\
E\,I_y\,w''(x) & = -\,M_y(x) & = +\,q_z^* & (3) \\
E\,I_y\,w'''(x) & = -\,Q_z(x) & & (4) \\
E\,I_y\,w^{IV}(x) & = +\,q_z(x) & & (5)
\end{array}
\qquad\qquad (6.89)
$$

$$\text{realer} \qquad \text{fiktiver} \quad \text{Balken}$$

Hat man danach aus der bekannten Streckenlast $q_z(x)$ als Belastung auf den (realen) Balken über die GGB am geschnittenen System die Schnittlasten $Q_z(x)$ und $M_y(x)$ bestimmt, so hat man damit, der ersten Spalte von (6.89) folgend, eigentlich eine Integration von w^{IV} über w''' zu $w''(x)$ vorgenommen. Wiederholt man nun die Bestimmung der Schnittlasten an einem (fiktiven) Balken, der mit dem negativen Biegemoment $M_y(x)$ als „Streckenlast" q_z^* belastet ist, so führt man mit einer zweiten Berechnung dieses Ersatzbalkens über die GGB wieder (eigentlich) eine Integration von w'' über w' zu $w(x)$ aus. Dann ist also die „Querkraft" Q_z^* des fiktiven Balkens die mit der Biegesteifigkeit multiplizierte negative Biegewinkelfunktion $w'(x)$ und das „Biegemoment" M_y^* des fiktiven Balkens die mit $E\,I_y$ multiplizierte negative Biegelinie $w(x)$ des ursprünglichen (realen) Balkens. Aus der Belastung des (realen) Balkens wird so durch zweimalige Anwendung des Schnittlasten-Berechnungsverfahrens mit Hilfe der GGB die zugehörige Biegelinie $w(x)$ und die Biegewinkel-Funktion $w'(x)$ bestimmbar:

$$
w'(x) = -\,\frac{Q_z^*(x)}{E\,I_y} \;;\qquad w(x) = -\,\frac{M_y^*(x)}{E\,I_y}
\qquad\qquad (6.90)
$$

Die bei den Integrationsverfahren notwendige Anpassung der Lösung an die Randbedingungen des (realen) Balkens ist natürlich auch hier notwendig. Sie erfolgt im Falle des MOHRschen-Verfahrens durch geeignete Wahl der Bindungen für den Ersatzbalken, wobei wegen der Relation (6.90) die physikalischen Randbedingungen (Q^*, M^*) des fiktiven Balkens genau den geometrischen Randbedingungen (w, w') des realen Balkens entsprechen. Man kommt so je nach Lagerung des realen Balkens zwangsweise zu folgender Lagerung des fiktiven Balkens (Tabelle 6.1):

Tabelle 6.1

	realer Balken		fiktiver Balken
Bindung	geom. R. B.	physikal. R. B.	Bindung
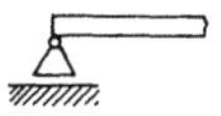 (gelenkiges Lager)	$w = 0$ $w' \neq 0$	$M^* = 0$ $Q^* \neq 0$	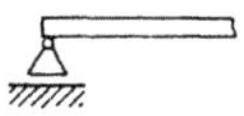 (gelenkiges Lager)
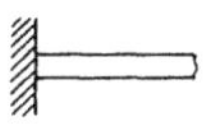 (Einspannung)	$w = 0$ $w' = 0$	$M^* = 0$ $Q^* = 0$	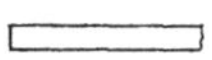 (freies Ende)
 (freies Ende)	$w \neq 0$ $w' \neq 0$	$M^* \neq 0$ $Q^* \neq 0$	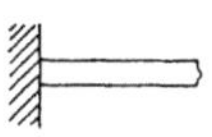 (Einspannung)
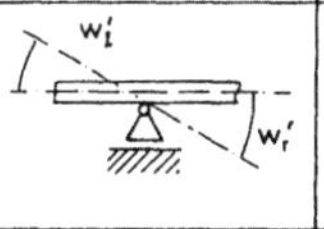 (Zwischenlager) w'_l, w'_r	$w = 0$ $w'_l = w'_r \neq 0$	$M^* = 0$ $Q^*_l = Q^*_r \neq 0$	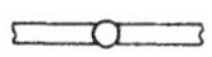 (Gelenk)
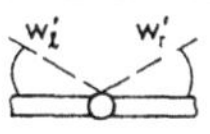 (Gelenk) w'_l, w'_r	$w \neq 0$ $w'_l \neq w'_r \neq 0$	$M^* \neq 0$ $Q^*_l \neq Q^*_r \neq 0$	 (gelenkiges Lager)

Die Tabelle enthält die wesentlichen Lagerungsfälle und macht damit das Prinzip zur Bestimmung der Ersatzbalkenlagerung exemplarisch deutlich. Dementsprechend kann man sie für andere mögliche Bindungen des wirklichen Balkens zusammen mit Tabelle 5.1 in 5.3 ergänzen.
Dieses analytische Verfahren nach MOHR eignet sich besonders zur Berechnung von Biegewinkeln und Durchbiegungen an diskreten Stellen. Beispielsweise ist so die Ermittlung des Zusammenhanges zwischen der jeweiligen Einzellast (A, B im Fall nach Bild 6-19) und der Durchbiegung $(w(a), w(b))$ unter diesen Lasten, wie er nach (6.88) zur Lösung des statisch unbestimmten Systems benötigt wird, an den jeweils statisch bestimmten Balken (Fall ② und ③) sofort angebbar. Dazu werden die beiden Balken i.d.F. bei gleicher Lagerung (s. Tabelle 6.1) mit dem Moment des wirklichen Balkens (Dreiecks-Last) belastet und nur die Biegemomente $M^*(a)$ und $M^*(b)$ an diesen Stellen des Ersatzbalkens berechnet. Diese (negativen) Momente sind dann nach (6.90) bis auf die Biegefestigkeit des (realen) Balkens die gesuchten Durchbiegungen $w(a)$ und $w(b)$ (s. Beispiel 3 in 6.4.7).

6.4.7 Beispiele

Beispiel 1: Der in Bild 6-20 skizzierte eingespannte Träger ist am freien Ende $x = l$ mit dem Moment M_0 belastet.

Man bestimme die Schnittlasten, den Biegewinkel und die Biegelinie für alle x (vgl. Beispiel 1 von 6.4.3).

Lösung:

Für das statisch bestimmte, ebene System mit reiner, konstanter, gerader Biegung ist wegen der Querkraftfreiheit nach (6.83) (2) (Verfahren nach 2. in 6.4.6)

$$EI_y\, w'''(x) = -Q_z(x) = 0\,,$$
$$EI_y\, w''(x) = C_1$$
$$EI_y\, w'(x) = C_1 x + C_2$$
$$EI_y\, w(x) = C_1\,\frac{x^2}{2} + C_2 x + C_3$$

Die geometrischen Randbedingungen (RB) lauten

$$w(0) = 0, \quad w'(0) = 0,$$

die physikalische RB ist

$$EI_y\, w''(l) = -M(l) = -M_0.$$

Damit ist nach Bestimmung der Konstanten unter Anpassung an die Randbedingungen

$$Q_z(x) = -EI_y\, w'''(x) = 0$$
$$M_y(x) = -EI_y\, w''(x) = M_0$$
$$w'(x) = -\frac{M_0\, l}{EI_y}\left(\frac{x}{l}\right)$$
$$w(x) = -\frac{M_0\, l^2}{2\,EI_y}\left(\frac{x}{l}\right)^2$$

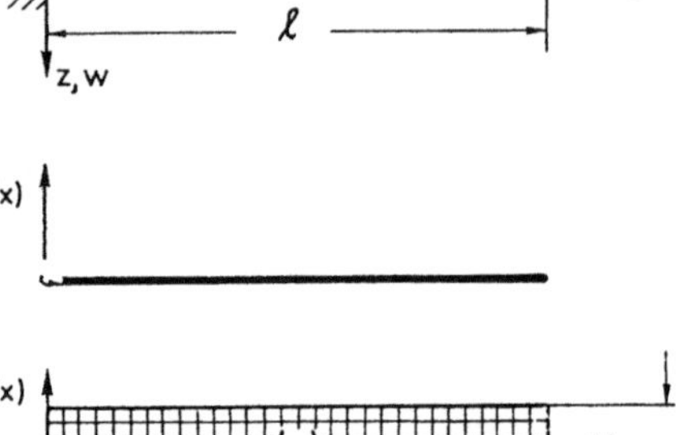

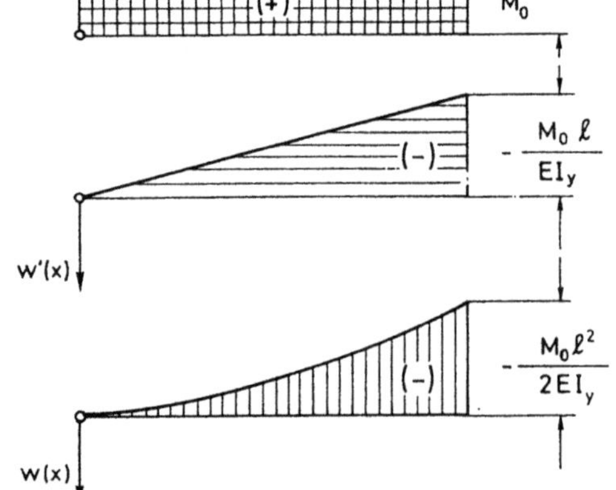

Bild 6-20

Die Ergebnisse sind in Bild 6-20 dargestellt. Der maximale Biegewinkel tritt bei $x = l$ mit

$$w'(l) = \max\varphi = -\frac{M_0\, l}{EI_y}$$

und die maximale Durchbiegung, ebenfalls bei $x = l$, mit

$$w(l) = f = -\frac{M_0\, l^2}{2\,EI_y}$$

auf.

Beispiel 2: Man berechne den gleichen Träger wie nach Bild 6-20, jedoch für den Fall, daß als Belastung nach Bild 6-21 eine konstante Streckenlast $q(x) = q_0$ wirkt.

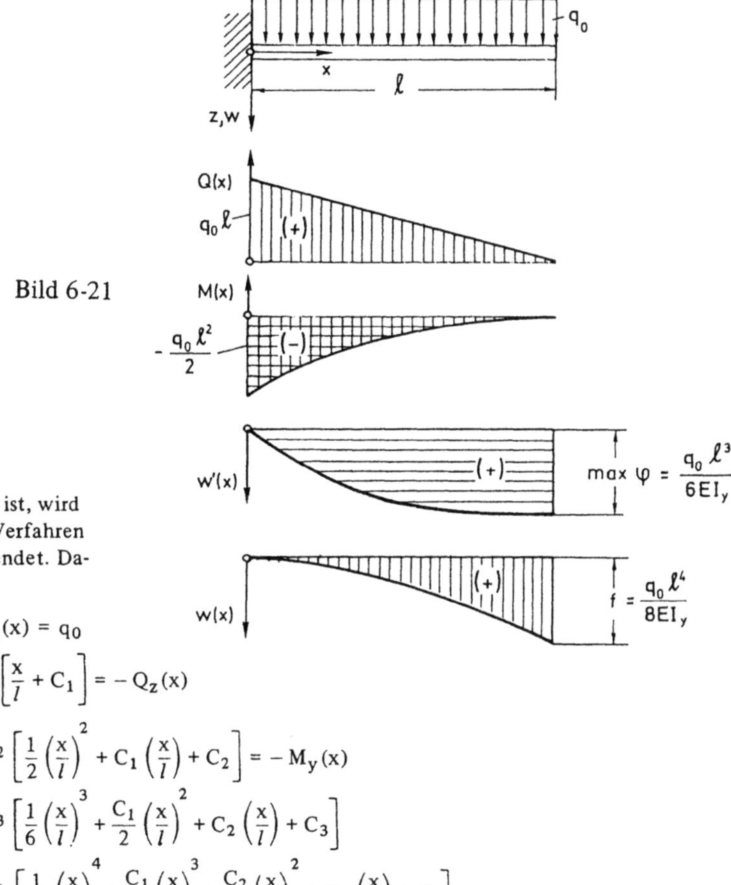

Lösung:

Da hier q (x) vorgegeben ist, wird zweckmäßigerweise das Verfahren nach 1. von 6.4.6 angewendet. Danach ist mit (6.83) (3)

$$EI_y\, w^{IV}(x) = + q_z(x) = q_0$$

$$EI_y\, w'''(x) = q_0 l\left[\frac{x}{l} + C_1\right] = -Q_z(x)$$

$$EI_y\, w''(x) = q_0 l^2\left[\frac{1}{2}\left(\frac{x}{l}\right)^2 + C_1\left(\frac{x}{l}\right) + C_2\right] = -M_y(x)$$

$$EI_y\, w'(x) = q_0 l^3\left[\frac{1}{6}\left(\frac{x}{l}\right)^3 + \frac{C_1}{2}\left(\frac{x}{l}\right)^2 + C_2\left(\frac{x}{l}\right) + C_3\right]$$

$$EI_y\, w(x) = q_0 l^4\left[\frac{1}{24}\left(\frac{x}{l}\right)^4 + \frac{C_1}{6}\left(\frac{x}{l}\right)^3 + \frac{C_2}{2}\left(\frac{x}{l}\right)^2 + C_3\left(\frac{x}{l}\right) + C_4\right]$$

Hier sind die geometrischen Randbedingungen wieder

$$w(0) = 0; \quad w'(0) = 0 \ ,$$

aber die physikalischen RB lauten hier

$$EI_y\, w''(l) = -M(l) = 0 \ ; \qquad EI_y\, w'''(l) = -Q(l) = 0 \ .$$

Daraus werden die vier Integrationskonstanten bestimmt. Man erhält als Ergebnisse

$$Q(x) = -EI_y\, w'''(x) = q_0 l\left[1 - \left(\frac{x}{l}\right)\right]$$

$$M(x) = -EI_y\, w''(x) = -\frac{q_0 l^2}{2}\left[1 - 2\left(\frac{x}{l}\right) + \left(\frac{x}{l}\right)^2\right]$$

$$w'(x) = +\frac{q_0 l^3}{6\,EI_y}\left[3\left(\frac{x}{l}\right) - 3\left(\frac{x}{l}\right)^2 + \left(\frac{x}{l}\right)^3\right] \ , \quad \max\varphi = w'(l) = +\frac{q_0 l^3}{6\,EI_y}$$

$$w(x) = \frac{q_0 l^4}{24\,EI_y}\left[6\left(\frac{x}{l}\right)^2 - 4\left(\frac{x}{l}\right)^3 + \left(\frac{x}{l}\right)^4\right] \ , \quad \max w = f = w(l) = +\frac{q_0 l^4}{8\,EI_y} \ .$$

Die qualitative Darstellung der Ergebnisse findet sich in Bild 6-21.

Die Spannungen sind dem Moment entsprechend nach einer quadratischen Parabel über die Balkenlänge x und wieder linear über die Höhe z verteilt. Der Maximalwert ist wegen

$$\max M = M(0) = \left| \frac{q_0\, l^2}{2} \right|$$

$$\max \sigma_x = \frac{q_0\, l^2}{2\, W_y}.$$

Beispiel 3: Man berechne den Biegewinkel $w'(l)$ und die Durchbiegung $f = w(l)$ im Beispiel nach Bild 6-20 mit Hilfe des analytischen Verfahrens nach MOHR.

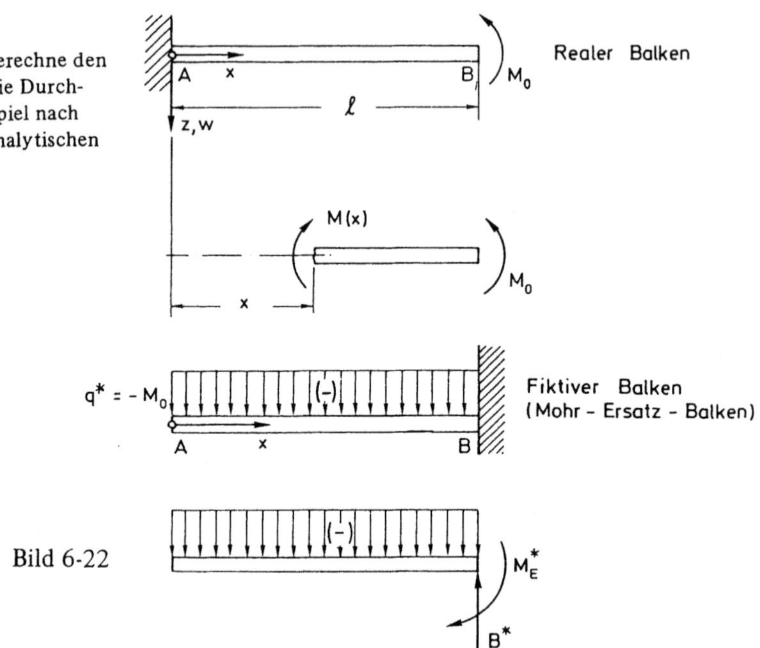

Bild 6-22

Lösung:

Hier werden nur die Gleichgewichtsbedingungen zur Bestimmung der Schnittlasten herangezogen — und zwar zunächst zur Bestimmung des Biegemomentes des wirklichen Balkens. Nach Bild 6-22 ist hierfür unter Beachtung der Festsetzungen von Abs. 5.4

$$M(x) = M_0 = \text{const.}$$

Dieses Moment stellt nun nach (6.89) die (negative) Belastung für einen fiktiven zweiten Träger dar, der gemäß Tabelle 6.1 als Ausdruck für die geometrischen RB des wirklichen Trägers zu lagern ist. Dabei geht in diesem Falle die Einspannung des realen in ein freies Ende des fiktiven Balkens und das freie Ende des realen Trägers in eine Einspannung des fiktiven Balkens über (Bild 6-22). Da nun nur die Endwerte bei $x = l$ des wirklichen Balkens gesucht sind, ist am MOHRschen Ersatzbalken auch nur die Querkraft (senkrechte Auflagerkraft $B^* = - Q^*(l)$) und das Biegemoment (Einspannmoment $M_E^* = - M^*(l)$) an der Stelle $x = l$, d.h. in der Einspannung zu berechnen. Diese ergeben sich erneut aus den Gleichgewichtsbedingungen mit $q^* = - M_0$ zu

$$B^* = q^* l = - M_0\, l = - Q^*(l) \quad \text{und} \quad M_E^* = \frac{q^*\, l^2}{2} = - \frac{M_0\, l^2}{2} = - M^*(l)\,.$$

Diese Werte sind dann bis auf die noch zu berücksichtigende Biegesteifigkeit EI_y nach Gl. (6.90) bereits die gesuchten Größen, nämlich

$$w'(l) = \max \varphi = - \frac{Q^*(l)}{EI_y} = - \frac{M_0\, l}{EI_y} \quad \text{und} \quad w(l) = f = - \frac{M^*(l)}{EI_y} = - \frac{M_0\, l^2}{2\, EI_y}\,.$$

(vgl. Beispiel 1)

Beispiel 4: Das einfach statisch unbestimmte System nach Bild 6-23 soll nach den Verfahren 1., 3. und 4. vollständig berechnet werden. Man vergleiche die Verfahren untereinander sowie deren Ergebnisse mit dem statisch bestimmten System gleicher Belastung und Geometrie nach Bild 6-20.

Lösung A. Verfahren nach 1., 6.4.6:

Ausgehend von (6.83) (3) ergibt die Integration der Streckenlast $q(x) = 0$:

$$EI\, w^{IV}(x) = q(x) \quad = 0$$

$$EI\, w'''(x) = -Q(x) = C_1$$

$$EI\, w''(x) = -M(x) = C_1 x + C_2$$

$$EI\, w'(x) = = C_1 \frac{x^2}{2} + C_2 x + C_3$$

$$EI\, w(x) = = C_1 \frac{x^3}{6} + C_2 \frac{x^2}{2} + C_3 x + C_4$$

Die geometrischen Randbedingungen sind hier

$$w(0) = 0, \quad w'(0) = 0, \quad w(l) = 0 \ .$$

Hinzu kommt die physikalische RB

$$EI\, w''(l) = -M(l) = -M_0 \ .$$

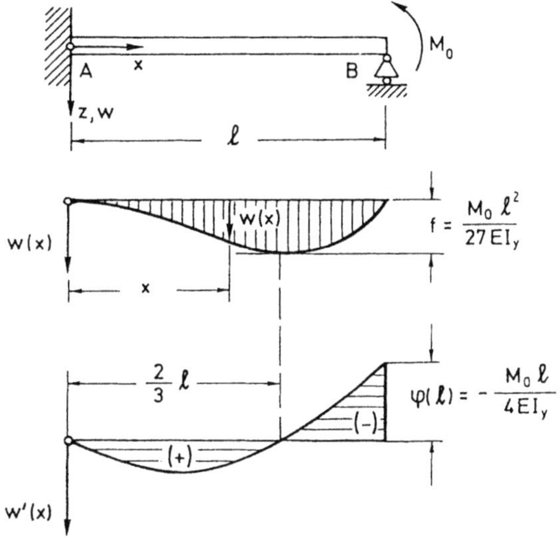

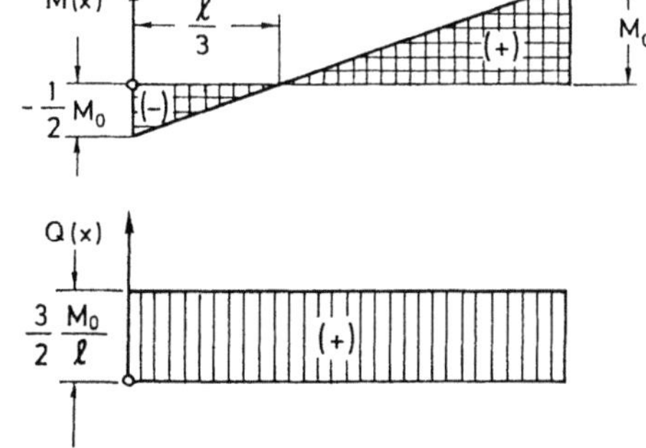

Bild 6-23

Die Auflagerkräfte und das Einspannmoment brauchen und können hier auch vorab nicht berechnet werden. Mit $w(l) = 0$ liegt eine Bedingung mehr als im Beispiel 1 des statisch bestimmten Systems vor. Dafür ist eben auch eine Unbekannte mehr (statisch Unbestimmte) zu ermitteln. Andere oder weitere Bedingungen als die obigen sind nicht formulierbar, da weder über $w'(l)$ noch über die unbekannte Auflagerkraft bei B und über sämtliche Auflagerreaktionen bei A Aussagen gemacht werden können. Das System ist also mit den (und nur den) formulierten vier Randbedingungen und den daraus folgenden vier Integrationskonstanten C_i eindeutig bestimmt.

Man erhält

$$C_1 = -\frac{3}{2}\frac{M_0}{l}; \quad C_2 = \frac{M_0}{2}; \quad C_3 = C_4 = 0$$

und damit

$$w(x) = \frac{1}{EI}\left[C_1\frac{x^3}{6} + C_2\frac{x^2}{2}\right] = \frac{M_0 l^2}{4\,EI}\left[\left(\frac{x}{l}\right)^2 - \left(\frac{x}{l}\right)^3\right]$$

$$w'(x) = \frac{M_0\,l}{2\,EI}\left[\left(\frac{x}{l}\right) - \frac{3}{2}\left(\frac{x}{l}\right)^2\right]$$

$$M(x) = -EI\,w''(x) = \frac{M_0}{2}\left[3\left(\frac{x}{l}\right) - 1\right]$$

$$Q(x) = -EI\,w'''(x) = \frac{3}{2}\frac{M_0}{l} = const$$

$$(q(x) = Q' = 0)\ (Kontrolle).$$

Die Ergebnisse sind in Bild 6-23 dargestellt. Die unbekannten Auflagerreaktionen folgen hier unmittelbar aus der berechneten Querkraftkurve zu

$$A = +Q(0) = \frac{3}{2}\frac{M_0}{l}; \quad B = -Q(l) = -\frac{3}{2}\frac{M_0}{l}; \quad M_A = -EI\,w''(0) = -\frac{M_0}{2}.$$

Damit ist das statisch unbestimmte System vollständig berechnet. Der bedeutsame Unterschied zu dem statisch bestimmten System nach Bild 6-20 hinsichtlich der Art und Größe der Beanspruchung und Verformung wird am besten deutlich, wenn man die Schnittlasten-Verläufe (Bild 6-20 und 6-23) vergleicht. Bemerkenswert ist die Verringerung des durchgängigen Momentes im Falle des statisch unbestimmten Systems – dafür liegt hier wegen $Q \neq 0$ keine reine Biegung mehr vor.

Lösung B. Verfahren nach 3., 6.4.6:

Ausgehend von (6.83), (1) wird hier das Biegemoment $M_y(x)$ integriert, wobei aber dieses nur in Abhängigkeit von der Belastung und den nicht berechenbaren Bindereaktionen dargestellt werden kann. Nach Bild 6-24 erhält man nach Schnitt des Balkens an der Stelle x in Abhängigkeit von der Größe

$$M(x) = M_0 + B(l - x) = -EI\,w''(x)\,. \tag{*}$$

Dabei ist B (genauso wie A, M_A am linken Balkenteil) unbekannt, aber natürlich konstant, so daß die Integration durchgeführt werden kann. Es wird

$$-EI\,w'(x) = M_0\,x - \frac{B}{2}(l-x)^2 + C_1$$

$$-EI\,w(x) = M_0\frac{x^2}{2} + \frac{B}{6}(l-x)^3 + C_1\,x + C_2$$

Da von der Momentenlinie ausgegangen worden ist, steht die physikalische RB: $M(l) = M_0$ hier nicht zur Bestimmung einer Integrationskonstanten zur Verfügung – sie ist bereits mit $M(x)$ nach (*) identisch erfüllt. Es verbleiben noch die drei geometrischen RB wie unter A., d.h.

$$w(0) = 0; \quad w'(0) = 0; \quad w(l) = 0\,.$$

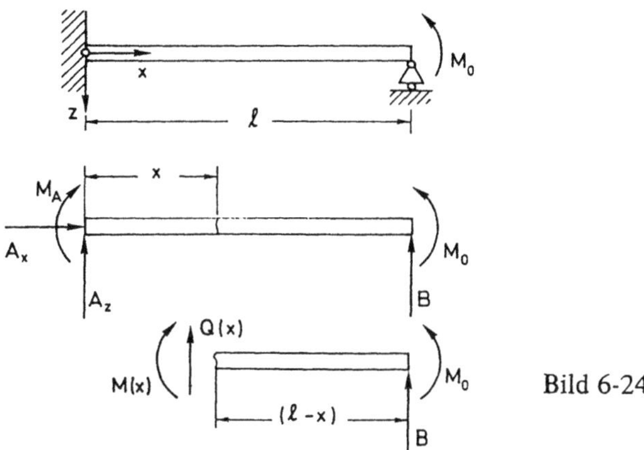

Bild 6-24

Diese sind nun hinreichend, um hier die beiden Integrationskonstanten C_1 und C_2 sowie die unbekannte Lagerkraft B zu bestimmen. Es folgt

$$B = -\frac{3}{2}\frac{M_0}{l}; \quad C_1 = \frac{B}{2}l^2 = -\frac{3}{4}M_0\,l; \quad C_2 = -\frac{B}{6}l^3 = +\frac{1}{4}M_0\,l^2.$$

Damit sind w (x), w' (x) sowie mit (*) auch M (x) und Q (x) = $-$ B = 3/2 M_0/l bestimmt. Die Ergebnisse sind selbstverständlich mit denen nach A. identisch (vgl. Bild 6-23).

Lösung C. Verfahren nach 4., 6.4.6

Hier soll das Superpositionsprinzip zur Anwendung kommen. Da das System (s = 1) einfach statisch unbestimmt ist, muß von den Bindungen eine (i.a. s Bindungen) entfernt werden, um das System statisch bestimmt werden zu lassen. Dazu könnte man z.B. das Auflager B oder A oder aber auch die „biegewinkel-verhindernde" Einspannung M_A bei A wählen. Je nach Wahl dieser gelösten Bindung wird damit dann B oder A bzw. M_A als statisch Unbestimmte eingeführt. Hier sei die Einspannung bei A durch ein Auflager bei A ersetzt. Damit ist das nun nicht mehr aufnehmbare Moment M_A als statisch Unbestimmte gewählt und das verbleibende, statisch bestimmte System wird nach den Ausführungen von 6.4.6 Nr. 4 einmal mit der vorgegebenen Last M_0 bei B (①) und zum anderen mit dem unbekannten Moment M_A bei A (②) belastet. Man erhält so die s + 1 (hier: 2) zu überlagernden Fälle nach Bild 6-25. Diese sind nun wegen ihrer statischen Bestimmtheit einzeln berechenbar. Aufgrund von (6.86) ergeben sie jedoch zusammengenommen das Ausgangssystem nur, wenn wieder dessen drei geometrische RB

$$w(0) = 0; \quad w(l) = 0; \quad w'(0) = 0$$

erfüllt sind. Die ersten beiden Bedingungen sind durch die Wahl der superponierten Einzelsysteme mit den beiden Auflagern bei A und B, also mit

$$w(0) = \sum_{i=1}^{2} w_i(0) = w_1(0) + w_2(0) = 0$$

$$w(l) = \sum_{i=1}^{2} w_i(l) = w_1(l) + w_2(l) = 0$$

identisch erfüllt. Somit verbleibt die Forderung, daß die Fälle ① und ② so zu superponieren sind, daß auch

$$w'(0) = \sum_{i=1}^{2} w_i'(0) = w_1'(0) + w_2'(0) = \varphi_1(0) + \varphi_2(0) = 0$$

ist. Damit reduziert sich die Berechnung des Systems auf die Bestimmung der beiden Biegewinkel φ_1 und φ_2 bei A infolge von M_0 und M_A. Die Summe der beiden muß Null sein, was die eine fehlende Gleichung des einfach statisch unbestimmten System darstellt.

Die beiden Biegewinkel bei A können nun zweckmäßigerweise mit dem Verfahren nach 5. (MOHR-sches Verfahren) bestimmt werden. Dabei ist der MOHR-Ersatzbalken wieder wegen Tabelle 6.1 ein Balken auf zwei gelenkigen Lagern, der im Fall ① mit der Momentenlinie $M_1(x) = M_0 \dfrac{x}{l}$ und im Fall ②

mit der Momentenlinie $M_2(x) = + M_A \left(1 - \dfrac{x}{l}\right)$

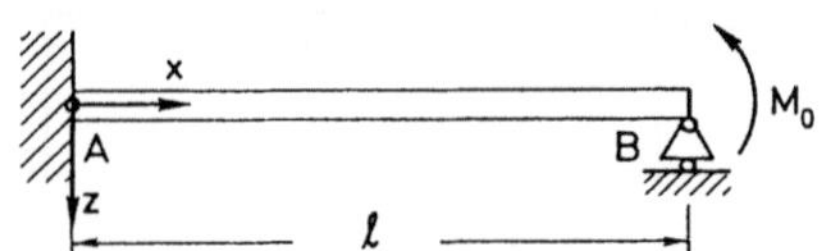

(s. Bild 6-25, Ⓜ) belastet ist. Zu berechnen
sind wegen $\varphi(0)$ am wirklichen Balken die
Querkräfte am fiktiven Balken bei A, d.h.
die Auflagerkräfte A_{z1}^* und A_{z2}^*.
Diese ergeben sich aus den Gleichgewichtsbedingungen am System Ⓜ sofort zu

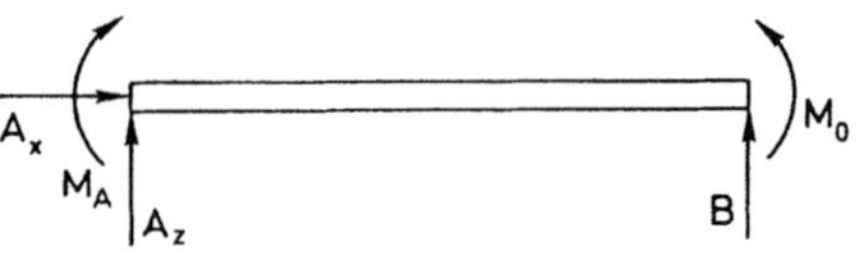

$$A_{z1}^* = \frac{M_0\, l}{6}\,; \quad A_{z2}^* = \frac{M_A\, l}{3}\,.$$

Somit ist

$$\varphi_1(0) = \frac{M_0\, l}{6\, EI}\,; \quad \varphi_2(0) = + \frac{M_A\, l}{3\, EI}$$

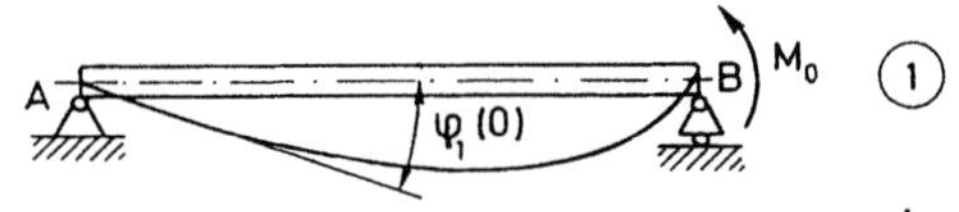

und nach obiger Forderung für die Summe
beider Winkel wird

$$\varphi_1(0) + \varphi_2(0) = 0$$

$$\text{d.h.:} \quad M_A = -\frac{M_0}{2}\,.$$

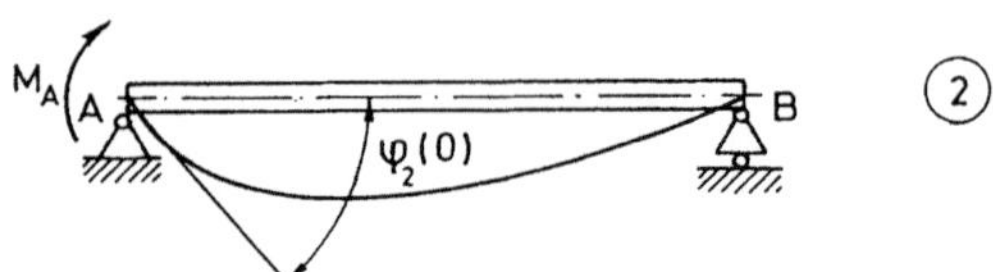

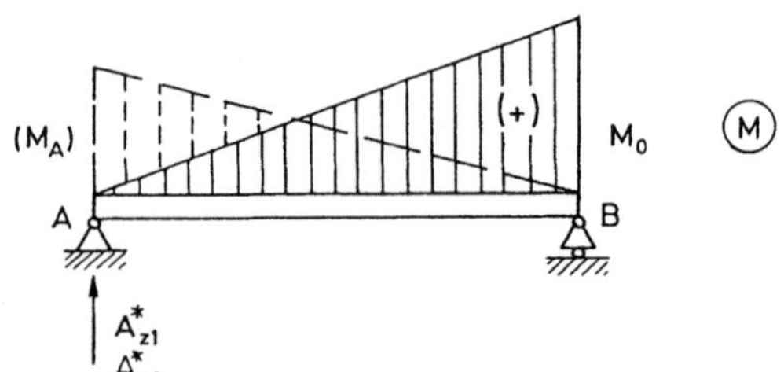

Bild 6-25

Die statisch Unbestimmte M_A ist hiermit berechnet. Die übrigen Größen folgen nun ebenfalls aus Superposition der Ergebnisse der berechenbaren Einzelfälle. So ist z. B.

$$M(x) = M_1(x) + M_2(x) = M_0 \frac{x}{l} + M_A \left(1 - \frac{x}{l}\right) = \frac{M_0}{2}\left[3\left(\frac{x}{l}\right) - 1\right]$$

$$A = A_1 + A_2 = \frac{M_0}{l} - \frac{M_A}{l} = \frac{3}{2}\frac{M_0}{l}$$

$$w(x) = w_1(x) + w_2(x) = \frac{1}{EI}[M_1^* + M_2^*] = \frac{M_0\, l^2}{4\, EI}\left[\left(\frac{x}{l}\right)^2 - \left(\frac{x}{l}\right)^3\right] \quad \text{usw.}$$

Man überzeugt sich durch Vergleich mit obigen Ergebnissen von deren Übereinstimmung.

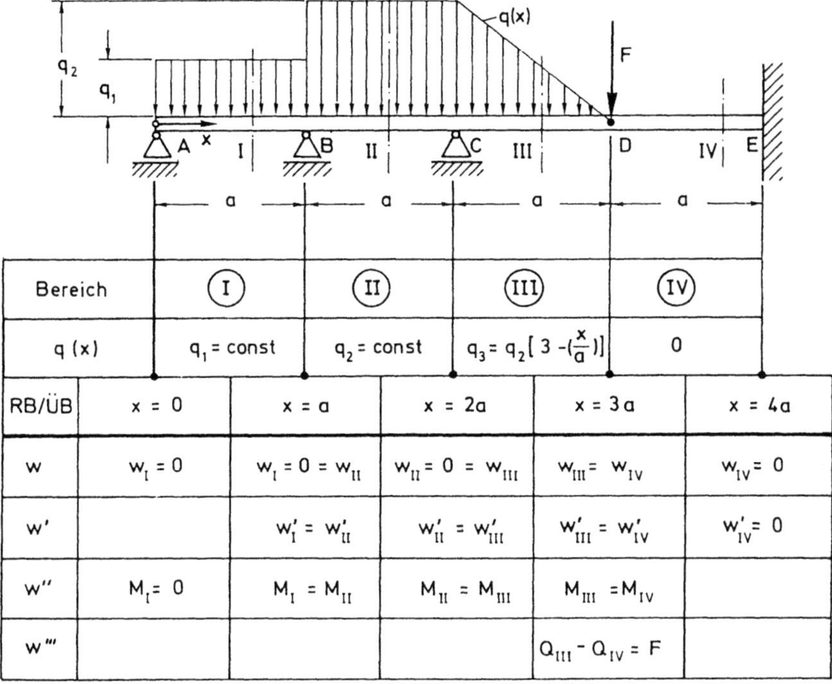

Bild 6-26

Beispiel 5: Der nach Bild 6-26 skizzierte Durchlaufträger auf vier Stützen ist durch eine Streckenlast q (x) und eine Einzelkraft F belastet. Das System soll nur durch Integration der gegebenen Streckenlast nach Verfahren 1. aus 6.4.6 (DGL der elastischen Linie) berechnet werden. Man gebe die Zahl der
vorzusehenden Integrationsbereiche und die dafür notwendigen Rand- und Übergangsbedingungen des
Systems an.

Lösung:

Wegen der Einzellast bei $x = 3a$, der bei $x = a$ singulären Streckenlast und der Änderung der Strecken-
lastfunktion bei $x = 2a$ und wegen der Auflager an den gleichen Stellen $x = a$ und $x = 2a$ sind vier
Integrationsbereiche

I:	$0 < x < a$	III:	$2a < x < 3a$
II:	$a < x < 2a$	IV:	$3a < x < 4a$

hinreichend. Da bei dem $b - z = 6 - 3 = 3$-fach statisch unbestimmten System nur die Belastung bekannt ist, soll von der Streckenlast q (x) in allen Bereichen ausgegangen werden. Somit ist die DGL in
der Form (6.83), (3) vierter Ordnung zu verwenden, die nach viermaliger Integration für jeden der vier
Bereiche auf $4 \cdot 4 = 16$ Integrationskonstanten führt. Zu ihrer Bestimmung müssen entsprechend
16 Rand- und Übergangsbedingungen formuliert werden.

In den Bereichen ist also je viermal zu integrieren

I:	$q(x) = q_1 = \text{const}$	III:	$q(x) = q_2 \left[3 - \left(\dfrac{x}{a} \right) \right]$
II:	$q(x) = q_2 = \text{const}$	IV:	$q(x) = 0$

Die Ergebnisse sind entsprechend wieder vollständige Polynome bis zur fünften Ordnung.

Die Rand- und Übergangsbedingungen können an dem System bei Zuordnung zur jeweiligen Stelle
direkt abgelesen werden (Bild 6-26).

So ist im Bereich I bei x = 0 nur bekannt, daß $w_I(0) = 0$ und das Moment $M_I = EI_y\,w''(0) = 0$ sein muß. Über den Biegewinkel $w'(0)$ und die Auflagerkraft $Q(0) = -EI_y\,w'''(0)$ kann vorab nichts ausgesagt werden. Entsprechend ist bei x = a die Durchbiegung $w(a) = 0$, d.h. sowohl am Ende des Bereiches I als auch am Anfang des Bereiches II muß w verschwinden. Das führt zu zwei Aussagen, nämlich $w_I(a) = w_{II}(a) = 0$. Über den Biegewinkel $w'(a)$ selbst ist vorab nichts bekannt, jedoch muß wegen der Forderung, daß der Balken nach der Deformation keinen Knick haben darf, der Biegewinkel dort für beide Bereiche gleich groß sein, also gilt als Übergangsbedingung $w'_I(a) = w'_{II}(a)$. Das gleiche gilt für das Moment, da an dieser Stelle kein Moment eingeleitet wird. Es muß also stetig sein, daher ist

$$M_I(a) = -EI_y\,w''_I(a) = -EI_y\,w''_{II}(a) = M_{II}(a)\,.$$

Das Verfahren wird für alle Bereichsgrenzen systematisch fortgeführt (Bild 6-26). Dabei werden die Grundsätze für die Schnittlasten nach Abs. 5.4 beachtet. So ist z.B. bei x = 3 a die mathematische Lösung noch der physikalischen Tatsache anzupassen, daß dort eine Einzelkraft F eingeleitet wird. Somit gilt neben den drei Übergangsbedingungen hier auch noch

$$Q_{IV} - Q_{III} = \Delta Q = [-EI_y\,w'''_{IV}(3\,a)] - [-EI_y\,w'''_{III}(3\,a)] = -F\,.$$

Man erhält unter Beachtung der Doppelbedingungen für w bei a und 2 a genau 16 formulierbare Bedingungen. Damit ist das Problem lösbar. Die unbekannten Schnittlasten, Spannungen und Auflagerkräfte ergeben sich nach erfolgter Lösung z.B. wieder aus der Ableitung der Biegelinie w(x). So ist beispielsweise das Einspannmoment bei E schließlich berechenbar aus $M_E = -EI_y\,w''(4\,a)$ usw.

Beispiel 6: Mit Hilfe des Superpositionsverfahrens (4. in 6.4.6) berechne man den einfach statisch unbestimmten Zwei-Gelenk-Rahmen nach Bild 6-27.

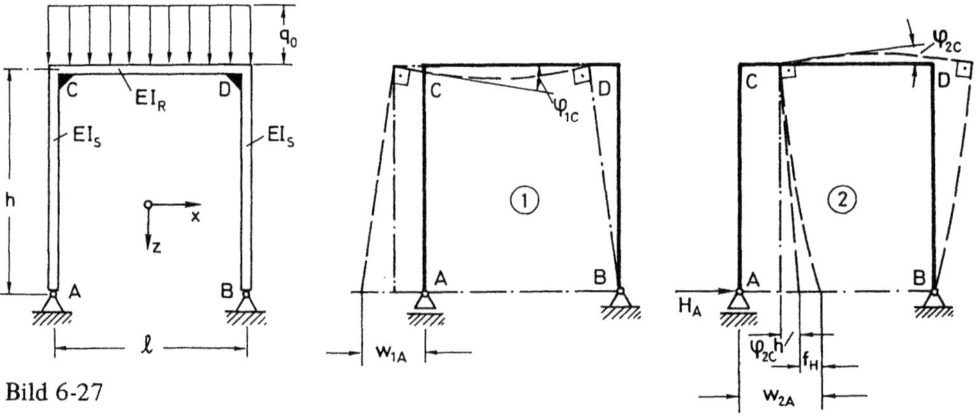

Bild 6-27

Lösung:

Als statisch Unbestimmte werde die horizontale Auflagerkraft H_A bei A gewählt. Das wird erreicht durch das Zulassen des entsprechenden Freiheitsgrades bei A in x-Richtung, d.h. Ersetzen des Festlagers durch ein Loslager.

Wegen der einfach statischen Unbestimmtheit erhält man hier zwei Superpositionsfälle, die wieder für sich statisch bestimmt sind. Der eine ist mit der Streckenlast $q(x) = q_0$, der andere mit der unbestimmten Größe H_A belastet.

Die Superposition erfolgt unter der notwendigen Bedingung

$$w_{1A} + w_{2A} = w_A = 0\,,$$

denn das Ausgangssystem hat bei A keine horizontale Verschiebung.

Die beiden Durchbiegungen w_{1A} und w_{2A} können dabei jeweils am statisch bestimmten Einzelsystem berechnet werden. Dazu bestimmt man zweckmäßigerweise zunächst die Biegewinkel φ_{1C} und φ_{2C} (vgl. Beispiel in 5.7.3, Bild 5-17c) unter Ausnutzung der Symmetriebedingung bzw. wegen $\Sigma X = 0 = H_A - H_B$, also $H_A = H_B$ in beiden Fällen.

Man erhält mit einem der oben beschriebenen Verfahren

$$\varphi_{1C} = \frac{q_0\, l^3}{24\, EI_R}\,; \quad \varphi_{2C} = \frac{-H_A\, l\, h}{2\, EI_R}$$

Die Durchbiegung bei A ist nun wegen des belastungsfreien Stiels im Fall ① (hier wirkt nur eine Normalkraft und die daraus folgende Stauchung des Stieles bleibe unberücksichtigt)

$$w_{1A} = 2\,\varphi_{1C}\, h = \frac{q_0\, l^3\, h}{12\, EI_R}\;.$$

Im Falle ② ist w_{2A} selbst superponiert aus der Verschiebung von A infolge des Biegewinkels φ_{2C} in C um $\varphi_{2C}\, h$ und der zusätzlichen Durchbiegung f_H des Stieles infolge H_A, also der Durchbiegung, die ein in C eingespannter und bei A mit H_A belasteter Balken der Länge h und der Biegesteifigkeit EI_S hätte. Für diesen folgt (z.B. nach Verfahren 5)

$$f_H = -\,\frac{H_A\, h^3}{3\, EI_S}\;.$$

Man erhält also zusammenfassend

$$w_A = w_{1A} + w_{2A} = \frac{q_0\, l^3\, h}{12\, EI_R} + 2\left(-\frac{H_A\, h^2\, l}{2\, EI_R} - \frac{H_A\, h^3}{3\, EI_S}\right) = \frac{q_0\, l^3\, h}{12\, EI_R} - H_A\, h^2 \left(\frac{l}{EI_R} + \frac{2\, h}{3\, EI_S}\right) = 0\;.$$

Daraus folgt die statisch Unbestimmte zu

$$H_A = \frac{q_0\, l^2}{4\, h\left(3 + 2\,\dfrac{h}{l}\,\dfrac{I_R}{I_S}\right)}\;.$$

Alles weitere ergibt sich dann in bekannter Weise.

6.5 Zug/Druck und Biegung (Biegung mit Längskräften)

Es liege nun eine Biegung mit zusätzlichen Normalkräften vor. Der Definition der Belastungsfälle entsprechend nach (5.14) aus 5.4 ist dann der Schnittkraftvektor mit

$$\mathbf{F}_s = (N, 0, 0)$$

und der Schnittmomentenvektor mit

$$\mathbf{M}_s = (0, M_y, M_z)$$

bzgl. des ZAS besetzt (Bild 6-28).

Damit stellt der Belastungsfall die Kombination von 6.3 (Zug/Druck) und 6.4 (reine, schiefe Biegung) dar, wobei wegen der Linearität des Problems die Kombination eine Addition ist. Dann folgt auch der Spannungszustand infolge der kombinierten Beanspruchung als Addition der Spannungszustände der jeweiligen Einzelfälle. In beiden Fällen war der Spannungszustand ein einachsiger Zustand mit $\sigma_x \neq 0$ nach (6.27) und (6.43), d.h.

$$\mathbb{S} = \mathbb{S}_N + \mathbb{S}_M = \begin{pmatrix} \sigma_{xN} + \sigma_{xM} & 0 & 0 \\ 0 & 0 & 0 \\ 0 & 0 & 0 \end{pmatrix} e_i\, e_j \qquad (6.91)$$

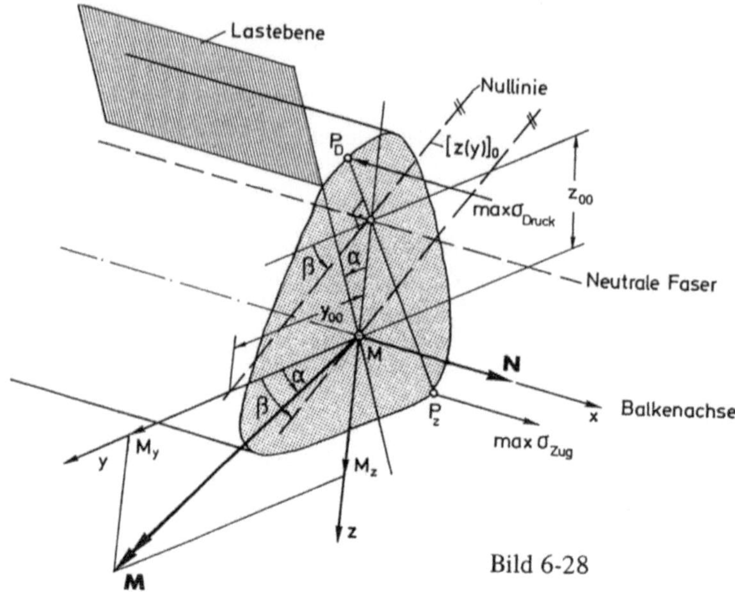

Bild 6-28

Dann ergibt auch die Addition der beiden Fälle einen Spannungstensor nach (6.91), wobei
die einzige, nicht verschwindende Koordinate σ_{11} die Summe der beiden Normalspannungen in der gleichen Richtung ist. Ist weiterhin das y-z-System im Flächenmittelpunkt ein
Haupt-Zentral-Achsensystem (HZAS), so gilt für die Biegung (6.66) und für den Zug/Druck
mit N im Flächenmittelpunkt (6.30). Dann ist die Spannungskomponente des Spannungstensors (6.91) im Fall der Biegung mit Längskräften:

$$\sigma_x(x, y, z) = \sigma_{xN} + \sigma_{xM} = \frac{N[x]}{A} + \frac{M_y[x]}{I_y} z - \frac{M_z[x]}{I_z} y \qquad (6.92)$$

Die x-Abhängigkeit der Schnittlasten sei im Rahmen der Gültigkeit der jeweiligen Theorien
als Näherung wieder zugelassen.

Die Gleichung der *Spannungs-Nullinie* lautet in diesem Falle wegen

$$\sigma_x = 0 = \frac{N}{A} + \frac{M_y}{I_y} z - \frac{M_z}{I_z} y$$

$$[z(y)]_0 = \frac{M_z}{M_y} \frac{I_y}{I_z} y - \frac{N}{M_y} \frac{I_y}{A} \qquad (6.93)$$

Sie hat den gleichen Anstieg wie im Falle der reinen, schiefen Biegung (vgl. (6.68))

$$\tan\beta = \left(\frac{z}{y}\right)_0 = \frac{M_z}{M_y} \frac{I_y}{I_z} = \tan\alpha\left(\frac{I_y}{I_z}\right)$$

mit α als Winkel der Lastebene und β als Winkel der Spannungs-Nullinie gegenüber der Hauptträgheitsachse y. Sie ist aber gegenüber dieser Nullinie der reinen Biegung um den Ordinatenabschnitt

$$[z\,(y = 0)]_0 = z_{00} = -\frac{N}{M_y}\,\frac{I_y}{A} \tag{6.94}$$

(parallel) verschoben – und zwar für positives N/M_y wegen $I_y/A > 0$ in negativer z-Richtung (Bild 6-28). Damit ist auch die Balkenachse (x-Achse) als Verbindung aller Flächenmittelpunkte M nun nicht mehr identisch mit der Neutralen Faser im Balken, sondern beide verlaufen zwar parallel, aber nach (6.94) im Abstand z_{00} voneinander. Die extremalen Spannungswerte max σ = max σ_{Zug} und min σ = max σ_{Druck} liegen wieder in den beiden Punkten am Rande des Querschnitts, die jeweils am weitesten von der Spannungs-Nullinie entfernt sind. Es sind dies die Punkte P_Z bzw. P_D in Bild 6-28.

Der gleiche Belastungsfall einer kombinierten Biege-Zug/Druck-Beanspruchung liegt auch dann vor, wenn von vornherein *nur* eine Normalkraft $\overline{N}$, diese aber nicht im Flächenmittelpunkt M, sondern in einem anderen Punkt A des Querschnitts (u.U. auch bei A' außerhalb des Querschnitts) (Bild 6-29) angreift. Reduziert man nämlich diese Normalkraft auf den Flächenmittelpunkt (N in M), so entsteht eine äquivalente Kräftegruppe nur dann, wenn neben $N = \overline{N}$ auch das Versetzungsmoment

$$M = s \times \overline{N} = s \times N$$

in M berücksichtigt wird.

Damit ist jede exentrische Längskraft-Belastung ($A \neq M$) äquivalent dem Belastungsfall der schiefen Biegung mit Zug/Druck und umgekehrt. Wegen $s = \overline{y}\,j + \overline{z}\,k$ gilt dann auch

$$M = M_y\,j + M_z\,k = s \times N = \begin{vmatrix} i & j & k \\ 0 & \overline{y} & \overline{z} \\ N & 0 & 0 \end{vmatrix} = +N\overline{z}\,j - N\overline{y}\,k\ ,$$

also

$$M_y = N\overline{z}\,, \qquad M_z = -N\overline{y}\,.$$

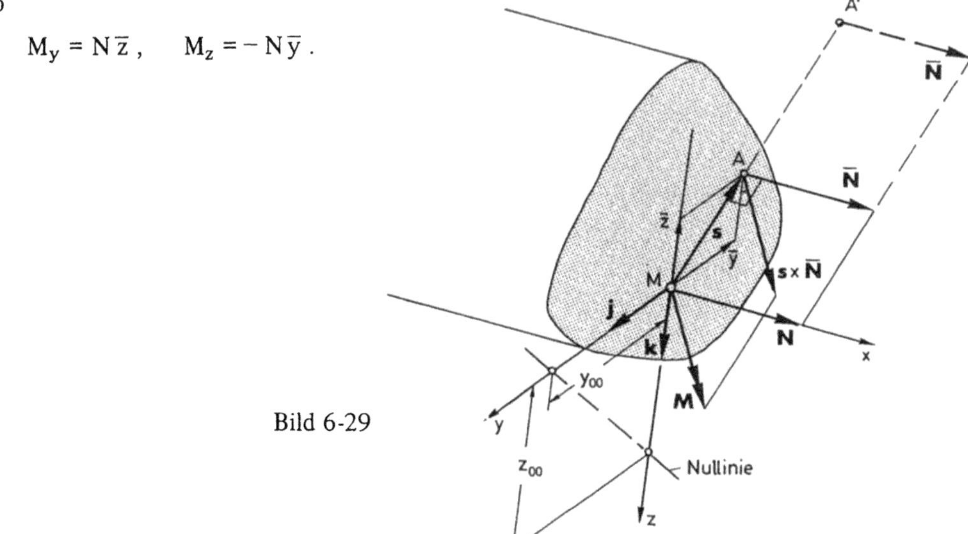

Bild 6-29

Mit Hilfe dieser Ausdrücke und bei Berücksichtigung von (6.59) für die Trägheitsradien $i^2 = I/A$ eines Querschnittes läßt sich (6.92) auch in die Form bringen:

$$\sigma_x(x, y, z) = \frac{N}{A}\left[1 + \frac{M_y}{N}\frac{A}{I_y}z - \frac{M_z}{N}\frac{A}{I_z}y\right]$$

$$\sigma_x(x, y, z) = \frac{N}{A}\left[1 + \frac{\bar{z}}{i_y^2}z + \frac{\bar{y}}{i_z^2}y\right] \tag{6.95}$$

Die Spannungs-Nullinie ($\sigma_x = 0$) wird dann durch die Gleichung

$$\frac{\bar{z}}{i_y^2}z + \frac{\bar{y}}{i_z^2}y = -1 \tag{6.96}$$

beschrieben. Für $y = 0$ ist wieder (vgl. (6.94))

$$[z(0)]_0 = z_{00} = -\frac{i_y^2}{\bar{z}} = -\frac{N}{M_y}\frac{I_y}{A}$$

und entsprechend gilt für $z = 0$

$$[y(0)]_0 = y_{00} = -\frac{i_z^2}{\bar{y}} = +\frac{N}{M_z}\frac{I_z}{A}.$$

Das sind die beiden Achsenabschnitte der Spannungs-Nullinie bezüglich des HZAS (Bild 6-28), womit sich statt (6.95) noch kürzer schreiben läßt,

$$\sigma_x(x, y, z) = \frac{N}{A}\left[1 - \frac{z}{z_{00}} - \frac{y}{y_{00}}\right]$$

und statt (6.96)

$$\frac{z}{z_{00}} + \frac{y}{y_{00}} = +1.$$

Durch geeignete Wahl von z_{00} und y_{00}, die in ihrer Größe wegen

$$z_{00} = -\frac{N}{M_y}\frac{I_y}{A} = \frac{N}{M\cos\alpha}i_y^2$$

durch die Geometrie $i_y^2 = I_y/A$ (Querschnittswahl) und durch die Belastung N/M sowie durch α (Lage des Querschnitts zur Lastebene) noch beeinflußbar sind, läßt sich die Spannungs-Nullinie auch nach außerhalb des Querschnitts verschieben (Bild 6-29). Man kommt so zu Spannungen gleichen Vorzeichens im gesamten Querschnitt. Das ist insbesondere dann von Bedeutung, wenn ein Tragwerk oder ein Material für ein solches vorliegt, das *nur* Zugspannungen oder *nur* Druckspannungen (Beton, Mauerwerk, Gußeisen) aufnehmen soll oder kann. Man kann so z.B. durch geeignete Vorspannung $N < 0$ im Verhältnis zur erwarteten Biegemomentenbeanspruchung M dafür sorgen, daß nirgends Zugspannungen auftreten und damit allein druckfeste Materialien einsetzbar sind (Prinzip des Spann-Betons).

Beispiel: Der nach Bild 6-30 skizzierte Turm aus Beton soll unter der an der Turmoberkante konzentrierten Windlast W in allen Punkten x und z seines kreisförmigen, veränderlichen Querschnitts nur unter Druckspannungen stehen. Wie groß müssen dazu die Vorspannkräfte S in den beiden Abspannseilen ($S > 0$) sein? (Vom Eigengewicht sei abgesehen.)

Lösung:

Die Schnittlasten sind aus den GGB berechenbar. Es ergibt sich

$$N(x) = -2\,S \sin\delta; \quad M_y(x) = -W(h-x); \quad M_z(x) = 0..$$

Damit ist

$$\bar{z} = \frac{M_y}{N} = \frac{W(h-x)}{2\,S \sin\delta}; \quad \bar{y} = 0$$

Wegen (vgl. Beispiel 1 in 6.4.3)

$$I_y(x) = I_z(x) = \frac{\pi\,r^4(x)}{4}$$

und $\quad A = \pi\,r^2(x)$

ist $\quad i_y^2 = i_z^2 = \frac{I}{A} = \frac{r^2(x)}{4}$.

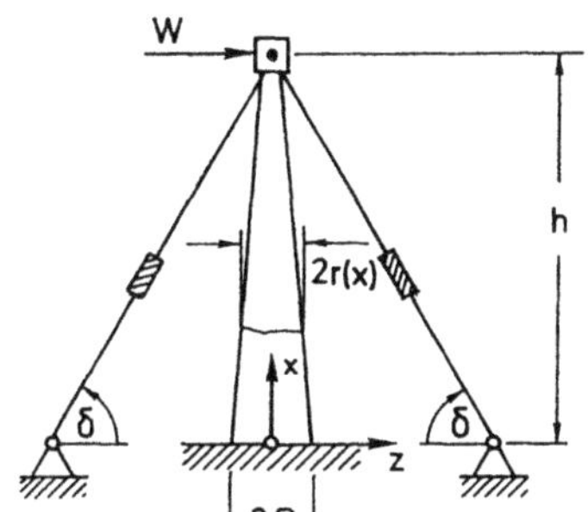
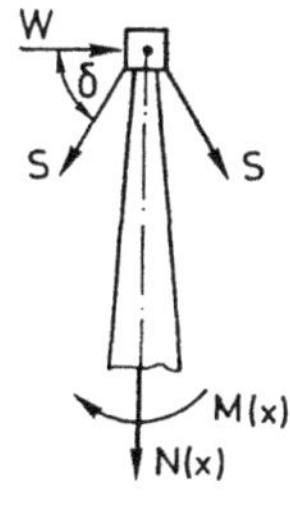

Dann folgt nach (6.95) für die Spannung

Bild 6-30

$$\sigma_x = -\frac{2\,S \sin\delta}{\pi\,r^2(x)} \left[1 + \frac{W(h-x)}{2\,S \sin\delta}\,\frac{4}{r^2(x)}\,z\right] \leqslant 0 .$$

Da diese Spannung für keinen Wert x und keinen Wert z positiv werden darf, also insbesondere auch nicht für $z = -\,|\max z| = -\,r(0) = -\,R$ und $x = 0$ (Stelle des maximalen Biegemomentes) bzw. da $z_{00} \leqslant -R$ sein soll, gilt

$$\frac{2\,S \sin\delta}{\pi\,R^2} \left[1 - \frac{W\,h}{2\,S \sin\delta}\,\frac{4}{R}\right] \geqslant 0 \quad \text{bzw. damit} \quad S \geqslant W\,\frac{h}{R}\,\frac{2}{\sin\delta} . \tag{*}$$

Können danach durch verstellbare Zuganker oder Spannschlösser diese Seilkräfte aufgebracht werden und versagt unter dieser Vorspannung weder das Seil noch der Turm (s. Abschnitt 6.12), so ist mit (*) sichergestellt, daß im gesamten Tragwerk (Turm) nur Druckspannungen (in den Seilen natürlich nur Zug) auftreten.

In Bild 6-31 sind die Spannungen infolge der reinen Biegung ($M, N = S = 0$), des reinen Druckes ($M = 0, N = -2\,S \sin\delta$) und die aus beiden Belastungsfällen resultierende (überlagerte) Spannung bei $x = 0$ unter Erfüllung der Bedingung (*) dargestellt.

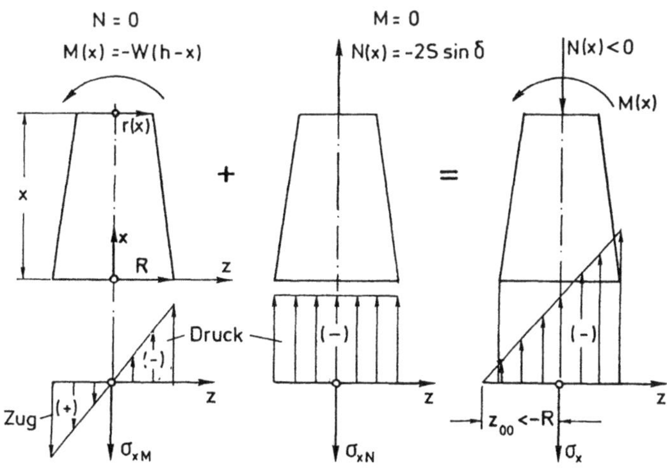

Bild 6-31

6.6 Schub (Biegung mit Querkräften)

6.6.1 Spannung

War der reine Zug/Druck die Beanspruchung infolge nur einer Normalkraft N und die reine Biegung die Beanspruchung infolge nur eines Biegemomentes M_B, so sei der Schub als die Beanspruchung infolge der Querkraft $Q = (Q_2, Q_3)$ definiert, bei dem der Schnittlastenzustand nach (5.14)

$$\mathbf{F}_s = (0, Q_2, Q_3) \quad \text{und} \quad \mathbf{M}_s = (0, M_2, M_3)$$

bzgl. eines ZAS ist.

Anders als in den verglichenen Fällen ist jedoch hier wegen der Schnittlasten-DGL (5.30) aus 5.6 ohne Streckenmomente m

$$\frac{dM_2}{dx} = Q_3; \quad \frac{dM_3}{dx} = -Q_2 .$$

Sollen Q_2 bzw. Q_3 im Sinne des Schubes verschieden von Null sein, so müssen auch M_3 bzw. M_2 Funktionen von x und als solche $\neq 0$ sein. Das Vorhandensein der Querkräfte im Balken setzt also auch die Existenz des Biegemomentes $M_B = (M_2, M_3)$ voraus. Insofern gibt es also in einem Balken *keinen Schub ohne Biegung* bzw. *keinen reinen Schub*. Für $M_B(x) = \text{const}$ ist $Q = 0$ und mit $M_T = N = 0$ liegt der Fall der reinen Biegung vor (s. 6.4). Für alle anderen $M_B = M_B(x)$ ist $Q \neq 0$ und es folgt der zu untersuchende Fall der Biegung mit Querkräften (Schub).

Anmerkung: Bereits in 6.4.3 war darauf hingewiesen worden, daß der Fall der reinen Biegung streng genommen nur für konstantes Biegemoment M_B vorliegt, zumal sonst auch die Gleichgewichtsbedingungen $\dfrac{\partial \sigma_{xx}}{\partial x} = \dfrac{\partial}{\partial x}\left[\dfrac{M}{I} z\right] = 0$ verletzt sind. Für x-abhängige Biegemomente stellen die Gleichungen in 6.4.3 nur eine Näherung dar, was durch $M_B = M_B[x]$ in diesen deutlich gemacht worden war. Ob und inwieweit diese Näherung zutreffend ist, kann nun nach Vorliegen der Ergebnisse dieses Abschnittes beantwortet werden.

Es soll nun wieder, soweit wie unter diesen veränderten Bedingungen möglich, dem Vorgehen der Abschnitte 6.3 und 6.4 gefolgt werden. Danach werden zunächst die Äquivalenzbedingungen (6.3) auf den vorliegenden Belastungsfall spezialisiert.

Dann ergibt sich analog zu (6.26) bzw. (6.42)

$$
\begin{array}{rll}
N = \displaystyle\int \sigma_{11}\, dA & \equiv 0 & (1) \\[2mm]
Q_2 = \displaystyle\int \sigma_{12}\, dA & \neq 0 & (2) \\[2mm]
Q_3 = \displaystyle\int \sigma_{13}\, dA & \neq 0 & (3) \\[2mm]
M_T = \displaystyle\int (x_2\, \sigma_{13} - x_3\, \sigma_{12})\, dA & \equiv 0 & (4) \\[2mm]
M_2 = -\displaystyle\int (x_1\, \sigma_{13} - x_3\, \sigma_{11})\, dA & \neq 0 & (5) \\[2mm]
M_3 = \displaystyle\int (x_1\, \sigma_{12} - x_2\, \sigma_{11})\, dA & \neq 0 & (6)
\end{array}
\qquad (6.97)
$$

Durch die Wahl eines Bezugssystems (x, y, z) im jeweiligen Flächenmittelpunkt des Querschnitts (ZAS) ist stets $x_1 = 0$, so daß (5) und (6) von (6.97) noch vereinfacht wird zu

$$M_2 = \int + z\,\sigma_x\,dA \neq 0 \qquad (5a)$$
$$M_3 = \int - y\,\sigma_x\,dA \neq 0 \qquad (6a)$$
$$(6.97a)$$

Das Problem des schiefen Schubes ist damit bis auf das Vorzeichen von (6) gegenüber (5) bezüglich der Achsen des ZAS völlig symmetrisch, so daß im folgenden nur der jeweils *gerade* Schub bezogen auf eine Zentralachse verfolgt und später durch Vertauschung der Achsen unter Berücksichtigung des Vorzeichenwechsels ergänzt werden kann. Das Problem reduziert sich damit zunächst auf die Lösung der Beziehungen ($\sigma_{12} = \tau_{xy}$, $\sigma_{13} = \tau_{xz}$)

$$N = \int_A \sigma_x\,dA = 0 \qquad (1)$$
$$Q_y = \int_A \tau_{xy}\,dA = -\frac{dM_z}{dx} = 0 \qquad (2)$$
$$Q_z = \int_A \tau_{xz}\,dA = \frac{dM_y}{dx} \neq 0 \qquad (3)$$
$$M_T = \int_A (y\,\tau_{xz} - z\,\tau_{xy})\,dA = 0 \qquad (4)$$
$$M_y = M_y(x) = \int_A \sigma_x\,z\,dA \neq 0 \qquad (5)$$
$$M_z = -\int_A \sigma_x\,y\,dA = \text{const} \qquad (6)$$
$$(6.98)$$

Das ist im Hinblick auf die Gleichungen (6.98) und die in ihnen nicht enthaltenen Spannungen erfüllbar durch

$$\sigma_y = \sigma_{22} = 0; \quad \tau_{xy} = \tau_{yz} = 0$$
$$\sigma_x \neq 0; \qquad \tau_{xz} \neq 0$$
$$(6.99)$$

Der Spannungszustand ist also durch einen speziellen, ebenen (zweiachsigen!) Zustand beschrieben, d.h. der Spannungstensor ist folgendermaßen besetzt

$$\mathbb{S}_Q = \begin{pmatrix} \sigma_x & (0) & \tau_{xz} \\ (0) & 0 & 0 \\ \tau_{xz} & 0 & 0 \end{pmatrix} e_i\,e_j \qquad (6.100)$$

wobei die eingeklammerten Komponenten bei Vervollständigung auf den „schiefen" Schub mit $\tau_{xy} \neq 0$ zusätzlich vorhanden sind.

Für die integralen Gleichungen (6.98) wird nun wieder ein Ansatz gemacht, der in Übereinstimmung mit 6.4 erneut eine lineare Spannungsverteilung von σ_x für die nach (5) und (6) vorhandene schiefe Biegung in Form einer Ebenen-Gleichung wie in (6.45) ist. Da aber M_y hier eine Funktion von x ist, muß (vgl. (6.65)) zumindest die Konstante B in (6.45) durch eine Funktion von x ersetzt werden. Mit anderen Bezeichnungen ist also hier anzusetzen

$$\sigma_x(x, y, z) = \overline{A}\,y + \overline{B}(x)\,z + \overline{C} \tag{6.101}$$

Mit diesem Ansatz wird aus (6.98), (1)

$$N = 0 = \int_A \sigma_x\,dA = \int_A (\overline{B}(x)\,z + \overline{A}\,y + \overline{C})\,dA = \overline{B}(x) \int_A z\,dA + \overline{A} \int_A y\,dA + \overline{C}\,A$$

Da bei Wahl von Zentralachsen x, y, z die statischen Momente der Flächen erster Ordnung stets Null sind, muß für beliebiges $\overline{B}(x)$ und $\overline{A}$ die Konstante $\overline{C}$ verschwinden, d.h.

$$\overline{C} = 0 \tag{6.102}$$

Aus (6.98), (6) folgt weiter mit (6.101)

$$M_z = const = - \int_A [\overline{B}(x)\,z + \overline{A}\,y]\,y\,dA = -\overline{B}(x) \int_A yz\,dA - \overline{A} \int_A y^2\,dA$$

$$= -\overline{B}(x)\,I_{yz} - \overline{A}\,I_z \;.$$

Wählt man unter allen ZAS auch hier wieder das HZAS (Y, Z) (s. 6.4.2), so ist das Deviationsmoment $\int yz\,dA = 0$ und die Konstante $\overline{A}$ folgt wie unter (6.64) zu

$$\overline{A} = - \frac{M_Z}{I_Z} \tag{6.103}$$

Gl. (6.101) in (5) von (6.98) eingesetzt, führt zu

$$M_y(x) = \int_A [\overline{B}(x)\,z + \overline{A}\,y]\,z\,dA = \overline{B}(x)\,I_y + \overline{A}\,I_{yz} \;.$$

Unabhängig vom bereits bestimmten $\overline{A}$ nach (6.103) ergibt sich mit Berücksichtigung des gewählten HZAS ($I_{yz} = 0$) entsprechend zu (6.65)

$$\overline{B}(x) = \frac{M_Y(x)}{I_Y} \tag{6.104}$$

Werden die gefundenen Bedingungen für $\overline{A}, \overline{B}$ und $\overline{C}$ in (6.101) eingesetzt, so folgt zunächst analog zur schiefen, reinen Biegung (vgl. (6.66))

$$\sigma_x = \frac{M_Y(x)}{I_Y} \, Z - \frac{M_Z}{I_Z} \, Y \qquad\qquad (6.105)$$

Jedoch liegt hier mit (6.100) kein einachsiger Spannungszustand vor, sondern σ_x ist mit τ_{xz} gekoppelt, wobei zur Bestimmung dieser Tangentialspannungen beim Schub (Schubspannungen) die noch nicht erfüllten Äquivalenzbedingungen (3) und (4) in (6.98) zur Verfügung stehen und bei einer „strengen" Theorie, für die die Gültigkeit des linearen Normalspannungs-Ansatzes noch zu bestätigen wäre, auch noch die VVG und die GGB in jedem Punkt des Feldes zu befriedigen sind. Letztere nehmen hier nach (6.1) mit (6.100) im Falle der Volumenkraftfreiheit die Form an

$$\frac{\partial \sigma_x}{\partial x} + \frac{\partial \tau_{xz}}{\partial z} = 0; \quad \frac{\partial \tau_{xz}}{\partial x} = 0 \qquad\qquad (6.106)$$

Da nun σ_x mit (6.105) festliegt, ist nach (6.106) τ_{xz} nicht mehr beliebig, sondern die Schubspannungen müssen die partielle DGL

$$\frac{\partial \tau_{xz}}{\partial z} = -\frac{\partial \sigma_x}{\partial x} = -\frac{\partial}{\partial x}\left[\frac{M_Y(x)}{I_Y} Z - \frac{M_Z}{I_Z} Y\right] = -\frac{\partial}{\partial x}\left[\frac{M_Y(x)}{I_Y} Z\right] = -\frac{Z}{I_Y}\frac{\partial M_Y(x)}{\partial x}$$

$$\frac{\partial \tau_{xz}}{\partial z} = -\frac{Z}{I_Y} Q_Z\,[x] \qquad\qquad (6.107)$$

neben der Äquivalenzbedingung (3) aus (6.98) erfüllen. Da Q_Z keine Funktion von Z sein kann, ist (6.107) Ausdruck dafür, daß $\frac{\partial \tau_{xz}}{\partial z}$ linear in Z bzw. τ_{xz} höchstens quadratisch in Z ist. Bei Erfüllung der zweiten Gleichgewichtsbedingung in (6.106) ohne Volumenkraftanteil käme noch hinzu, daß $\frac{\partial \tau_{xz}}{\partial x} = 0$ ist, also τ_{xz} und damit nach (3) auch Q_z nicht von x abhängig ist (konstanter Schub). Bleibt noch die Erfüllung der Äquivalenzbedingung (4), wonach wegen $\tau_{xy} = 0$ noch

$$M_T = 0 = \int_A y\, \tau_{xz}\, dA$$

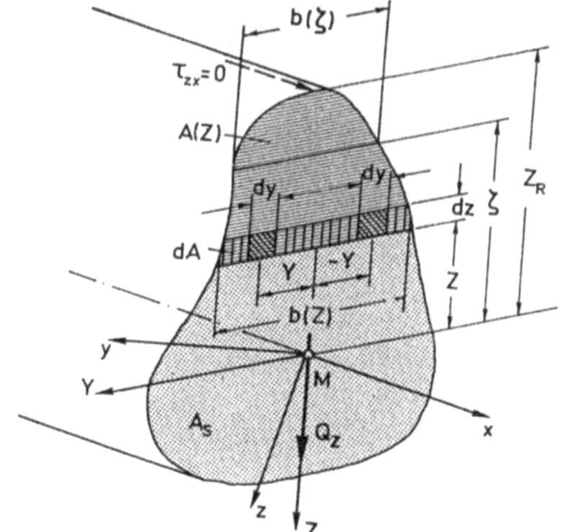

Bild 6-32

im Sinne eines *torsionsfreien* Schubes sein soll. Das läßt sich durch die in (6.107) enthaltene Tatsache erfüllen, wonach $\tau_{xz} = \tau_{xz}(x, z)$, jedoch keine Funktion der Breitenkoordinate y ist. Dann folgt

$$M_T = \int\limits_A \tau_{xz}(x, z)\, y\, dA = \int\limits_z \int\limits_y \tau_{xz}(x, z)\, y\, dy\, dz = \int\limits_z \left[\tau_{xz} \left(\int\limits_y y\, dy \right) \right] dz = 0 \,.$$

Da das Integral für alle noch zu bestimmenden $\tau_{xz} \neq 0$ verschwinden soll, muß $\int y\, dy = 0$ sein, was für z-symmetrische Querschnitte allgemein der Fall ist. Da Symmetrien bezüglich einer Achse diese Achse zur Hauptträgheitsachse werden lassen, ist z = Z, wie oben schon vorausgesetzt wurde (vgl. Bild 6-32).

Ist der Querschnitt nicht z-symmetrisch, so können die folgenden Beziehungen als Näherungslösung für die Schubspannungen gelten. Ob und inwieweit dies dann die Bedingung (6.98), (4) erfüllt, also ein torsionsfreier Schub vorliegt und/oder die GGB verletzt wird, muß von Fall zu Fall geprüft werden.

Somit verbleibt nur noch die Bedingung (3) in (6.98). Danach ist schließlich mit

$$\int\limits_y dy = b(z) \quad \text{(s. Bild 6-32)}$$

$$Q_Z[x] = \int\limits_A \tau_{xz}(x, z)\, dA = \int\limits_z \int\limits_y \tau_{xz}(x, z)\, dy\, dz = \int\limits_z \left[\tau_{xz}(x, z) \left(\int\limits_y dy \right) \right] dz$$

$$\boxed{Q_Z[x] = \int\limits_z \tau_{xz}(x, z)\, b(z)\, dz} \qquad\qquad (6.108)$$

Nun kann für τ_{xz} keine Verteilungsannahme, wie in den vorigen Kapiteln, in Form einer NAVIER-Hypothese gemacht werden, da über die Schubspannungen wegen (6.107) nicht mehr frei verfügt werden kann. Danach ist

$$\int \frac{\partial \tau_{xz}}{\partial z}\, dA = -\int \frac{Z}{I_y}\, Q_Z\, dA + C \,.$$

Die Konstante C ist aus einer Randbedingung bzw. bei bestimmter Integration von z = Z bis zu einer Stelle Z_R, für die die Schubspannung $\tau_{xz}(Z_R)$ bekannt ist, bestimmbar. Wegen $\tau_{xz} = \tau_{zx}$ und $\tau_{zx}(Z_R) = 0$ am äußeren, schubspannungsfreien Rand ist somit auch $\tau_{xz}(Z_R) = 0$, also gilt mit $|z| = |Z| \leqslant |\zeta| \leqslant |Z_R|$ und $dA = b(z)\, dz$ nach (6.107)

$$\int\limits_Z^{Z_R} \frac{\partial \tau_{xz}(x, z)}{\partial z}\, b(z)\, dz = - \int\limits_{A(z)} \frac{Q_Z}{I_Y}\, \zeta\, dA = - \int\limits_{\zeta = Z}^{Z_R} \frac{Q_Z}{I_Y}\, \zeta\, b(\zeta)\, d\zeta \,.$$

Die linke Seite läßt sich integrieren, wenn man nach der Produktenregel noch

$$\frac{\partial}{\partial z}[\tau_{xz}(x, z)\, b(z)] = \frac{\partial \tau_{xz}}{\partial z}\, b(z) + \tau_{xz}(x, z)\, b'(z)$$

berücksichtigt. Auf der rechten Seite sind Q_Z und I_Y aus dem Integral herausziehbar, da beide bereits über den Querschnitt integrierte, also von y und z unabhängige Größen sind. Somit folgt

$$[\tau_{xz}(x,z)\,b(z)]_Z^{Z_R} - \int\limits_Z^{Z_R} \tau_{xz}(x,z)\,b'(z)\,dz = -\frac{Q_z}{I_Y} \int\limits_Z^{Z_R} \zeta\,b(\zeta)\,d\zeta \ .$$

Man erhält wegen $\tau_{xz}(x, Z_R) = 0$ an der oberen Grenze schließlich

$$\tau_{xz}(x,Z)\,b(Z) + \int\limits_Z^{Z_R} \tau_{xz}\,b'(z)\,dz = \frac{Q_z}{I_Y} \int\limits_Z^{Z_R} \zeta\,dA = \frac{Q_z}{I_Y} \int\limits_Z^{Z_R} \zeta\,b(\zeta)\,d\zeta$$

Für *konstante Breite* $b(z) = b_0$ bzw. für einige spezielle symmetrische Querschnitte entfällt auch noch das zweite Integral, und mit der Abkürzung

$$S_Y(Z) := \int\limits_{A(Z)} \zeta\,dA = \int\limits_Z^{Z_R} \zeta\,b(\zeta)\,d\zeta \tag{6.109}$$

als „*statisches Moment* der zwischen der Stelle Z und dem Rand Z_R gelegenen Fläche bezogen auf die y-Achse" (vgl. Bild 6-32) wird schließlich

$$\tau_{xz}(x,Z) = \frac{Q_z[x]\,S_Y(Z)}{I_Y\,b(Z)} \tag{6.110}$$

Damit ist auch die (gemittelte) Schubspannung in einem entsprechenden HZAS an der Stelle $z \overset{\wedge}{=} Z$ bei geradem Schub $(Q = Q_z)$ bestimmt.

Für mit x veränderliche Querkraft $Q_z[x]$ sowie für Querschnitte, die die im Laufe der Ableitung gemachten Voraussetzungen nicht erfüllen, stellt (6.110) nur eine Näherung dar. Die Randbedingungen $\tau_{xz}(Z_R) = 0$ werden erfüllt, da

$$S_Y(Z_R) = \int\limits_{Z_R}^{Z_R} \zeta\,b(\zeta)\,d\zeta = 0$$

ist. Das gilt für den oberen Rand genauso wie für den unteren. Das Maximum der Schubspannungen bezüglich Z liegt dort, wo der Quotient

$$\frac{S_Y(Z)}{b(Z)} = \text{Max}$$

ein Maximum ist. Für $b = b_0 = $ const ist das wegen $S_Y(Z = 0) = $ Max die Stelle $Z = 0$, also die Y-Achse. Bei schiefem Schub ist neben Q_z auch noch Q_Y vorhanden. Nach den Ausführungen über die formale Symmetrie des Problems läßt sich die zugehörige Schubspannung aus (6.110) sofort durch Analogieschluß bei Berücksichtigung des doppelten Vorzeichenwechsels von (6.98), (6) zu (6.98), (5) und von $\frac{dM_y}{dx} = +Q_z$ zu $\frac{dM_z}{dx} = -Q_y$ angeben.

Als Gesamtergebnis für den Spannungszustand im Falle der Biegung mit Querkräften (schiefer Schub) unter den gemachten Voraussetzungen folgt also

$$\mathbf{S} = \begin{pmatrix} \sigma_x & \tau_{xy} & \tau_{xz} \\ \tau_{xy} & 0 & 0 \\ \tau_{xz} & 0 & 0 \end{pmatrix} e_i e_j$$

mit

$$\sigma_x(x, Y, Z) = \frac{M_Y(x)}{I_Y} Z - \frac{M_Z(x)}{I_Z} Y$$

$$\tau_{xz}(x, Z) = \frac{Q_Z[x]\, S_Y(Z)}{I_Y\, b(Z)} \qquad\qquad (6.111)$$

$$\tau_{xy}(x, Y) = \frac{Q_Y[x]\, S_Z(Y)}{I_Z\, h(Y)}$$

Die dabei auftretenden statischen Momente der über der Bestimmungsstelle Z bzw. Y bis zum Rand gelegenen Fläche sind definiert nach (6.109), d.h.

$$S_Y(Z) := \int\limits_{A(Z)} \zeta\, dA = \int\limits_{Z}^{Z_R} \zeta\, b(\zeta)\, d\zeta$$

bzw.   (6.111a)

$$S_Z(Y) := \int\limits_{A(Y)} \eta\, dA = \int\limits_{Y}^{Y_R} \eta\, h(\eta)\, d\eta$$

Dabei ist das Bezugssystem für alle Gleichungen das Haupt-Zentral-Achsensystem.

Für den nach Bild 6-33 skizzierten Rechteckquerschnitt werde zunächst (6.110) konkretisiert.

Dafür ist

$$I_Y = \int\limits_{A} z^2\, dA = \int\limits_{-\frac{h}{2}}^{+\frac{h}{2}} z^2\, b\, dz = \frac{b\, h^3}{12}$$

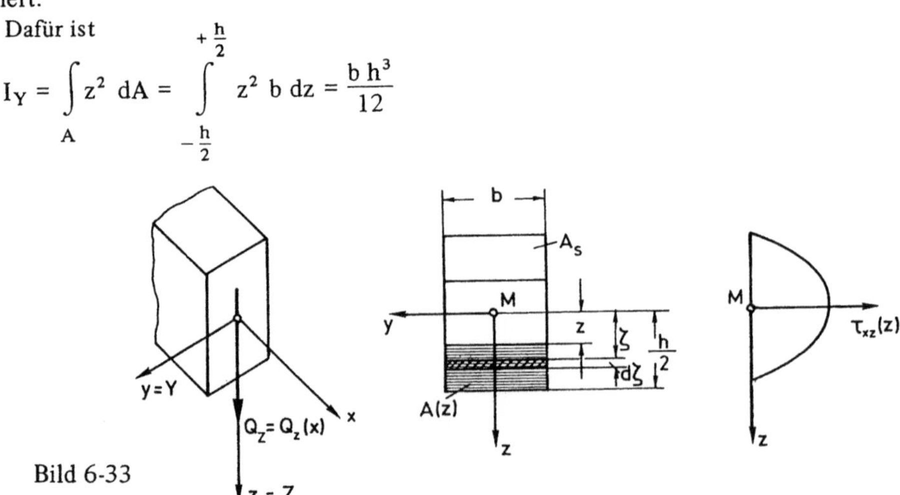

Bild 6-33

Für das statische Moment der nach Bild 6-33 schraffierten Randfläche ist

$$S_Y(z) = \int\limits_z^{z_R} \zeta \, dA = \int\limits_z^{\frac{h}{2}} \zeta \, b \, d\zeta$$

$$S_Y(z) = \frac{b}{2} \zeta^2 \, \bigg|_z^{\frac{h}{2}} = \frac{b}{2} \left[\left(\frac{h}{2}\right)^2 - z^2 \right] \tag{6.112}$$

Damit folgt für die Schubspannung an der Stelle x mit der Querkraft $Q_z = Q[x]$, also geradem Schub nach (6.110)

$$\tau_{xz}(x, z) = \frac{6 \, Q[x]}{b \, h^3} \left[\left(\frac{h}{2}\right)^2 - z^2 \right] \tag{6.113}$$

Das ist eine parabolische Verteilung über z, wie sie (vgl. (6.107)) die genaue Theorie unter Erfüllung der Gleichgewichtsbedingung (6.106) und bei konstanter Breite ($b'(z) = 0$) ausweist. $\tau_{xz}(z)$ ist in Bild 6-33 dargestellt. Das Maximum liegt bei $z = 0$ in der Balkenachse. Es beträgt

$$\max \tau_{xz} = \frac{6 \, Q[x]}{b \, h^3} \left(\frac{h}{2}\right)^2 = \frac{3 \, Q[x]}{2 \, b \, h} \ .$$

Es ist i.ü. damit um 50 % höher als der häufig angegebene Wert einer sog. „mittleren Schubspannung"

$$\tau_{xz} = \frac{Q}{A} = \frac{Q}{b \, h} \quad .$$

Anmerkung: Für den Rechteckquerschnitt hätte man (6.107) auch unmittelbar unter Anpassung an die Randbedingung $\tau_{xz} \left(\pm \frac{h}{2}\right) = 0$ mit dem Ergebnis nach (6.113) integrieren und die Torsionsfreiheit mit (6.98), (4) sowie die Erfüllung der Querkraftbedingung nach (6.98), (3) durch Einsetzen der gefundenen Schubspannung nachweisen können. Danach ist, wie gefordert,

$$M_T = 0 = + \int y \, \tau_{xz} \, dA = \int \tau_{xz} \, dz \int y \, dy = 0$$

und

$$Q_z = \int \tau_{xz} \, dA = \int \frac{6 \, Q_z}{b \, h^3} \left[\left(\frac{h}{2}\right)^2 - z^2 \right] b \, dz = \frac{6 \, Q_z}{h^3} \left[\left(\frac{h}{2}\right)^2 z - \frac{z^3}{3} \right]_{-\frac{h}{2}}^{+\frac{h}{2}} = Q_z \quad .$$

Für Querschnitte nicht konstanter Breite oder großer Breite im Verhältnis zur Höhe $\left(\frac{b}{h} > 1\right)$ ist eine zunehmend größere Abweichung des Ergebnisses nach (6.110) von einer exakten Berechnung festzustellen, da dann $b'(z) \neq 0$ ist bzw. die Aussage $\tau_{xz}(x, z) \neq \tau_{xz}(y)$, wonach die Tangentialspannung τ_{xz} keine Funktion der Breitenkoordinate y ist, nicht mehr zutrifft.

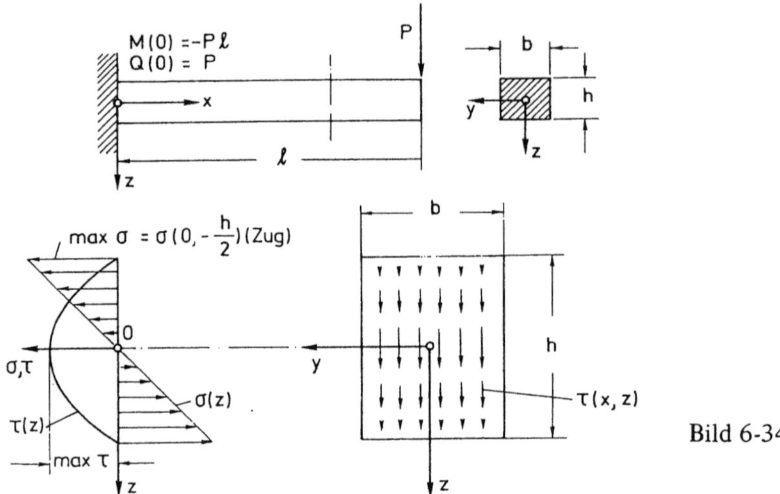

Bild 6-34

Nachdem eine Lösung für die Spannungen im Falle der Biegung mit Querkraft vorliegt, läßt sich nun auch der Fehler abschätzen, den man macht, wenn dafür die Gleichungen nach 6.4 für die reine Biegung (ohne Querkraft) verwendet werden. Dazu sei der Balken nach Bild 6-34 betrachtet, der mit einer konstanten Querkraft $Q_z = Q = P$ const (gerader, konstanter Schub) und dem Biegemoment $M_y(x) = M(x) = -P(l-x)$ beaufschlagt ist. Die maximalen Biegespannungen treten für $x = 0$ in der Einspannung auf. Sie betragen

$$|\max \sigma| = \left| \sigma_x\left(0, \pm \frac{h}{2}\right)\right| = \frac{|M|}{W_y} = \frac{6\,P\,l}{b\,h^2} \ .$$

Die Schubspannungen infolge der Querkraft sind von x unabhängig. Ihr Größtwert tritt hier in der neutralen Faser ($z = 0$) auf und beträgt (s.o.)

$$\max \tau = \tau_{xz}(x, 0) = \frac{3}{2}\frac{P}{b\,h} \ .$$

Setzt man ihre Größen ins Verhältnis (ihre Richtungen sind orthogonal zueinander), so folgt

$$\frac{\max \sigma}{\max \tau} = \frac{\dfrac{6\,P\,l}{b\,h^2}}{\dfrac{3}{2}\dfrac{P}{b\,h}} = 4\,\frac{l}{h} \ ,$$

d.h. das Verhältnis ihrer Werte ist proportional zum Längen-Höhen-Verhältnis der Balkenabmessungen. Für die normalerweise verwendeten schlanken Träger ($\frac{l}{h} \gg 1$) ist also die Schubspannung nur ein geringer Prozentsatz der Biegespannungen. Das rechtfertigt im nachhinein die Biegespannungsberechnung nach 6.4 unter Vernachlässigung der ggf. zusätzlichen Tangentialspannungen infolge einer Querkraft Q, die ihrerseits ein Maß für die Änderung des Biegemomentes mit der Balkenachse ist (dM/dx = Q; keine reine, konstante Biegung).

Die Bedeutung der im Querschnitt übertragenen Schubspannungen liegt daher i.a. auch nicht in ihrer Größenordnung, sondern in ihrer grundsätzlichen Existenz. Denn erst durch sie wird der Zusammenhang der einzelnen Längsfasern (x-y-Ebenen) des Balkens her-

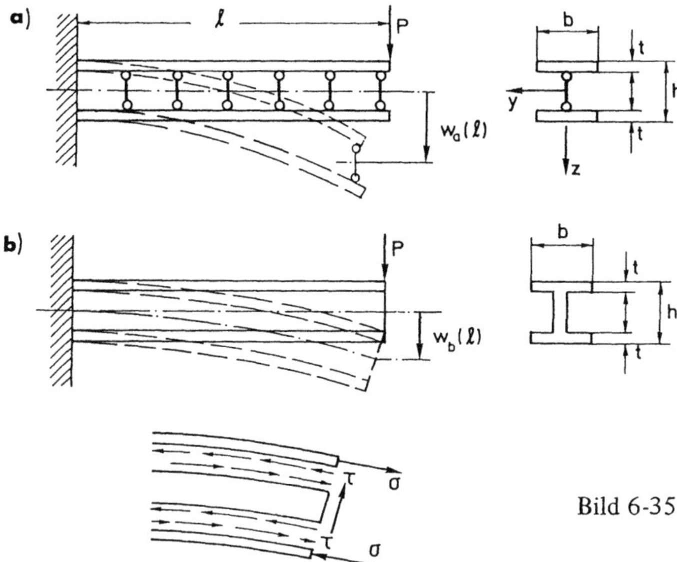

Bild 6-35

gestellt und eine entsprechend günstigere Normalspannungsverteilung ermöglicht. Das sei an einem vergleichenden Beispiel demonstriert.

Der vorstehend behandelte Kragträger ($l \gg h$) nach Bild 6-34 bestehe im Falle (a) nur aus den Gurten eines Sandwich-Trägers (Bild 6-35), die durch Stäbe gelenkig und damit querkraft- bzw. schubfrei miteinander verbunden sind. Im Vergleich dazu sei im Falle (b) nach Bild 6-35 ein Träger gleicher Breite b, Gurtdicke t, Höhe h und Länge l mit gleicher Last P untersucht, der in Form eines I-Profils (z.B. IPB DIN 1025) neben den zwei Gurten auch ihre „schubsteife" Verbindung durch den Steg enthält.

Da anhand des vorstehenden Beispieles festgestellt wurde, daß die die beiden Fälle unterscheidenden Tangentialspannungen für $l \gg h$ ohnehin klein gegenüber den Normalspannungen sind, liegt auf den ersten Blick die Vermutung nahe, daß dann aufgrund gleicher Last und gleicher Geometrie in beiden Fällen auch etwa gleichgroße Biegespannungen sowie Verformungen $w_a(l)$ und $w_b(l)$ zumindest gleicher Größenordnung auftreten müßten. Nun ist aber bei gleichem Maximalmoment $\max M = P l$ beider Fälle die Normalspannung im schubfreien Sandwich-Querschnitt, für den die Widerstandsmomente, anders als im Beispiel 1 von 6.4.3 (Bild 6-13), für jeden Teilquerschnitt b t bezogen auf dessen HZA einzusetzen sind,

$$\max \sigma_a = \frac{\max M}{\underline{W}} = \frac{P l}{2\,\frac{bt^2}{6}} \qquad \text{und im I-Profil} \qquad \max \sigma_b = \frac{\max M}{W_{\mathbf{I}}} = \frac{P l}{W_{\mathbf{I}}} \ .$$

Das Verhältnis beider Maximalspannungen wird damit durch das Verhältnis der Widerstandsmomente bestimmt, wobei man die quantitativen Werte für die Widerstandsmomente W sowie für b und t der DIN 1025 (IPB 100 bis IPB 1000) entnimmt. Es folgt

$$\frac{\max \sigma_a}{\max \sigma_b} = \frac{W_{\mathbf{I}}}{\frac{b\,t^2}{3}} \cong 27 \ldots 100 \ (!) \ .$$

Das bedeutet, daß der steglose Träger zwar schubfrei ist und damit keine Tangentialspannungen aufnimmt – die Normalspannungen aber bis zum hundertfachen größer als im
schubsteifen Träger sind, wobei im letzteren dabei nur geringe Schubspannungen im Verhältnis h/l gegenüber den Biegespannungen auftreten. Für die Verformungen w(l) wird
wegen

$$w(l) = \frac{P\,l^3}{3\,EI_y}$$

das Verhältnis beider Fälle bei gleichem Werkstoff durch das Verhältnis der beiden axialen
Trägheitsmomente I_y bestimmt. Somit ist (vgl. Bild 6-35) wieder für alle üblichen IPB-
Träger nach DIN 1025

$$\frac{w_a\,(l)}{w_b\,(l)} = \frac{I_\blacksquare}{2\,\dfrac{bt^3}{12}} \cong 270\ldots2700\ (!)\ .$$

Die Verformungen unter der Last P können sich damit bis zu drei Größenordnungen voneinander unterscheiden. Hiermit wird die eigentliche Bedeutung des Schubes und sein reduzierender Einfluß auf die Biegespannungen und Deformationen deutlich. Die dabei auftretenden Werte für die Schubspannungen sind hier solange klein gegenüber den reduzierten Biegespannungen, wie die Längenabmessungen nicht in die Größenordnung der Querabmessungen der Balken kommen. Für gedrungene Balken ($l \approx$ h, z.B. Kurbelwellenzapfen) sowie
für durch Schweißen, Nieten, Dübeln und Kleben gefügte Tragwerke ist auch ihre Größe
nicht mehr zu vernachlässigen. Diese kann im Rahmen der Gültigkeit der gemachten Voraussetzungen mehr oder weniger genau nach den vorstehenden Gleichungen berechnet oder abgeschätzt werden.

Für die in der Praxis häufig verwendeten *dünnwandigen* Querschnitte lassen sich dabei
die Gleichungen für die Schubspannungen (6.111) auch für ansonsten beliebige Querschnittsformen (vgl. Bild 6-36a) verwenden, wenn man beachtet, daß die Schubspannungen in
diesem Falle die Querschnittsränder tangieren müssen, da die Oberflächen (Mantelflächen)
schubspannungsfrei sind (Bild 6-36a). Definiert man also einen dünnwandigen ebenen Quer-

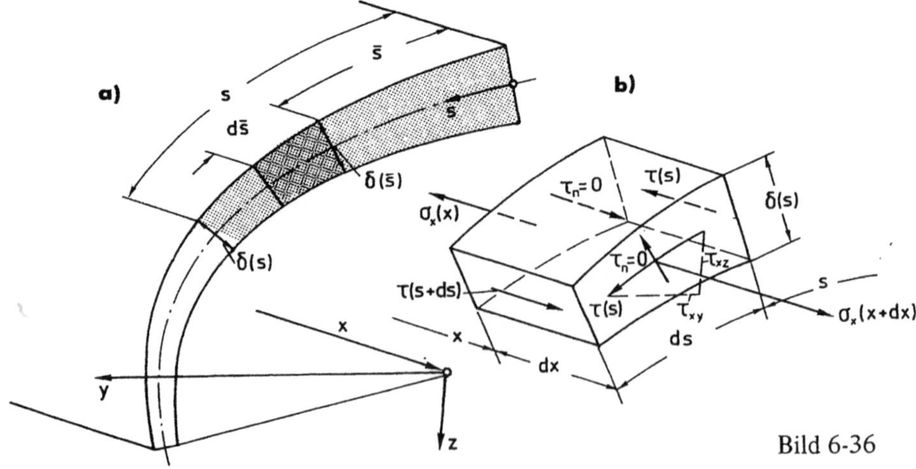

Bild 6-36

schnitt eines prismatischen Balkens mit $\delta \neq \delta(x)$ und $\delta(s) \ll s$ durch seine Mittellinie s, so treten nur Tangentialspannungen $\tau_t(s) = \tau(s)$ tangential zur Mittellinie und keine Schubspannungen $\tau_n(s) = 0$ quer dazu auf. Da die Wandstärke $\delta(s)$ nach Voraussetzung klein sein soll, können die verbleibenden Schubspannungen $\tau(s)$ als konstant über $\delta(s)$ angenommmen werden. Das Produkt $\tau(s)\,\delta(s) = t(s)$ bezeichnet man als *Schubfluß*. Es liegt damit quasi schiefer Schub $(\sigma_x, \tau_{xz}, \tau_{xy})$ vor, wobei jedoch die beiden Komponenten τ_{xz} und τ_{xy} zu der resultierenden Spannung $\tau(s)$ in Richtung der Mittellinie vereinigt worden sind. Die Gleichgewichtsbedingungen für die Kräfte in x-Richtung am Element (Bild 6-36b) ergeben hier

$$\frac{\partial}{\partial s}\left[\tau(s)\,\delta(s)\right]\,ds\,dx + \delta(s)\left[\frac{\partial \sigma_x}{\partial x}\right]\,dx\,ds = 0 \qquad (6.114)$$

Unter Verwendung des Schubflusses t(s), der für den jeweiligen Querschnitt i.ü. nur eine Funktion der Bogenlänge s ist, folgt dann mit $\frac{\partial t}{\partial s} = \frac{dt}{ds}$ und wegen (6.105)

$$\frac{dt(s)}{ds} = -\delta(s)\frac{\partial \sigma_x}{\partial x} = -\delta(s)\frac{\partial}{\partial x}\left[\frac{M_y(x)}{I_y}\,z - \frac{M_z(x)}{I_z}\,y\right]$$

$$= -\delta(s)\left[\frac{Q_z}{I_y}\,z + \frac{Q_y}{I_z}\,y\right].$$

Bei einem *offenen* Querschnitt wählt man den Ursprung s = 0 so, daß er mit einer freien Querschnittskante, für die $\tau = 0$ ist, übereinstimmt. Dann folgt nach Integration unter Erfüllung der Randbedingung $\tau(s = 0) = 0$,

$$t(s) = -\frac{Q_z}{I_y}\underbrace{\int_0^s z(\bar{s})\,\delta(\bar{s})\,d\bar{s}}_{S_y(s)} - \frac{Q_y}{I_z}\underbrace{\int_0^s y(\bar{s})\,\delta(\bar{s})\,d\bar{s}}_{S_z(s)}.$$

Die Integrale stellen erneut jeweils die statischen Momente der Restfläche (schraffierte Fläche in Bild 6-36a) bezogen auf je eine der Achsen dar. Also gilt

$$t(s) = -\left[\frac{Q_z}{I_y}\,S_y(s) + \frac{Q_y}{I_z}\,S_z(s)\right] \qquad (6.115)$$

Das ist bis auf die im Schubfluß integrierte Breite $\delta(s)$ des Querschnitts genau die Kombination der Schubspannungsgleichungen (6.111) für kompakte Querschnitte (vgl. folgendes Beispiel 1).

Liegt im Gegensatz dazu ein *geschlossener* dünnwandiger Querschnitt vor, so läßt sich von vornherein keine Stelle s = 0 finden, an der der „Rand"-Schubfluß aufgrund eines freien Randes verschwindet. Damit steht auch zunächst keine Randbedingung für die Bestimmung der bei der Integration von (6.114) zu (6.115) anfallenden Integrationskonstanten zur Verfügung. Ein „Aufschneiden" des Querschnitts ist nicht erlaubt, da dies zu einem anderen Schubfluß im Querschnitt führen würde. Daher wird der unbekannte Schubfluß t(0) an der willkürlich gewählten Stelle s = 0 zunächst als unbekannte Größe (Integrationskonstante) in der weiteren Rechnung mitgenommen und später aus der Bedingung der Torsionsfreiheit des Schubes bestimmt (vgl. folgendes Beispiel 2).

Beispiel 1: Man berechne die Schubspannungen in dem I-Träger nach Bild 6-35b, der aus drei dünnwandigen Querschnitten, nämlich zwei Gurten mit der „Breite" $\delta_G \ll B$ (Bild 6-37) und dem Steg mit der Breite $\delta_S \ll H$ besteht.

Lösung: Hier ist $Q_z = Q \;(= P)$ und $Q_y = 0$. Man erhält mit $B\,\delta_G = A_G$ (Gurtfläche) und $H\,\delta_S = A_S$ (Stegfläche) unter Vernachlässigung der von höherer Ordnung kleinen Glieder

— als axiales Trägheitsmoment

$$I_y = I_{yS} + I_{yG} \approx \frac{\delta_S\,H^3}{12} + 2\,\delta_G\,B\left(\frac{H}{2}\right)^2 = \frac{H^2}{12}\left[\delta_S\,H + 6\,\delta_G\,B\right] = \frac{H^2}{12}\left[A_S + 6\,A_G\right]$$

— als statisches Moment der oberen Restfläche bzgl. y (Schnitt 1-1) im Steg

$$S_y(z) = S_{yG} + S_{yS}(z) \approx -A_G\,\frac{H}{2} + \int\limits_{-\frac{H}{2}}^{z} \bar{z}\,\delta_S\,d\bar{z}$$

$$S_y(z) \approx \left. -A_G\,\frac{H}{2} + \delta_S\,\frac{\bar{z}^2}{2}\right|_{-\frac{H}{2}}^{z} = -\left\{ A_G\,\frac{H}{2} + \frac{\delta_S}{2}\left[\left(\frac{H}{2}\right)^2 - z^2\right]\right\}$$

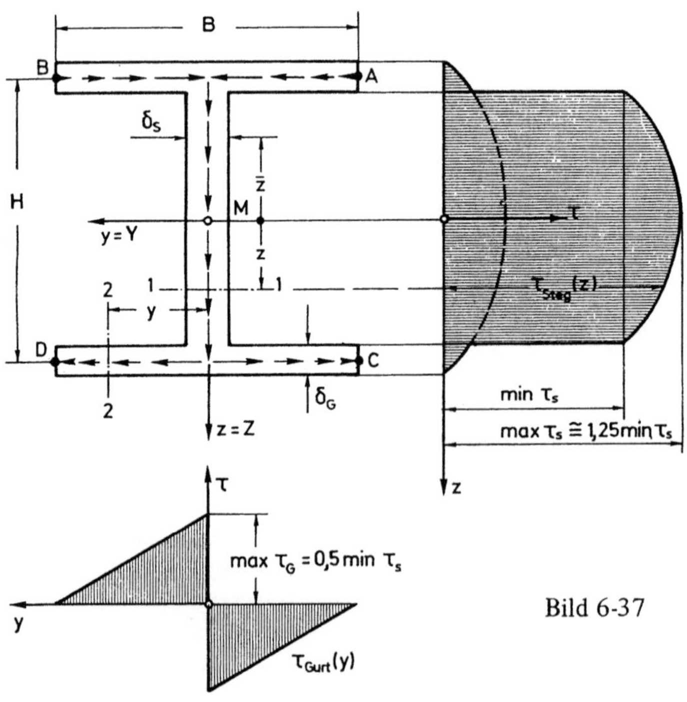

Bild 6-37

— als statisches Moment der Restfläche bzgl. y (Schnitt 2-2) im Gurt für $y \geqslant 0$ (Bild 6-37)

$$S_y(y) = S_{yG} + S_{yS}\left(\frac{H}{2}\right) + S_{yG}(y) \approx -A_G \frac{H}{2} + \int_{-\frac{H}{2}}^{+\frac{H}{2}} \bar{z}\,\delta_S\,d\bar{z} + \int_{-\frac{B}{2}}^{y} \frac{H}{2}\,\delta_G\,d\bar{z}$$

$$S_y(y) \approx -A_G \frac{H}{2} + \delta_S \frac{\bar{z}^2}{2}\Bigg|_{-\frac{H}{2}}^{+\frac{H}{2}} + \frac{H}{2}\,\delta_G\,\bar{z}\Bigg|_{-\frac{B}{2}}^{y} = -A_G \frac{H}{2} + 0 + \delta_G \frac{H}{2}\left(y + \frac{B}{2}\right)$$

Mit $A_G = B\,\delta_G$ wird daraus

$$S_y(y) \approx -\frac{H}{2}\,\delta_G\left(\frac{B}{2} - y\right) .$$

Damit werden die Schubspannungen nach (6.115) *im Steg* $(t(s) = \tau_S\,\delta_S)$

$$\tau_S(z) = Q\,\frac{\dfrac{\delta_S}{8}(H^2 - 4z^2) + A_G \dfrac{H}{2}}{\delta_S \dfrac{H^2}{12}(A_S + 6\,A_G)}$$

$$\boxed{\tau_S(z) = \frac{Q}{A_S}\,\frac{1 + \dfrac{A_S}{4\,A_G}\left[1 - \left(\dfrac{2z}{H}\right)^2\right]}{1 + \dfrac{A_S}{6\,A_G}}} \qquad\qquad (6.116)$$

mit

$$\max \tau_S = \tau_S(z = 0) = \frac{Q}{A_S}\,\frac{1 + \dfrac{A_S}{4\,A_G}}{1 + \dfrac{A_S}{6\,A_G}} \quad\text{und}\quad \min \tau_S = \tau_S\left(z = \pm\frac{H}{2}\right) = \frac{Q}{A_S}\,\frac{1}{1 + \dfrac{A_S}{6\,A_G}} .$$

Da A_S und A_G hier dieselbe Größenordnung haben, ist der Unterschied der beiden Extremwerte relativ gering. Er wird dann im wesentlichen durch den Zahlenfaktor $1/4$ bestimmt und beträgt daher $\approx 25\,\%$. Entsprechend ist die Schubspannung nach (6.115) *im Gurt* $(t(s) = \tau_G\,\delta_G)$

$$\tau_G(y) = Q\,\frac{\dfrac{H}{2}\,\delta_G\left(\dfrac{B}{2} - y\right)}{\delta_G \dfrac{H^2}{12}(A_S + 6\,A_G)}$$

$$\boxed{\tau_G(y) = \frac{Q}{A_S}\,\frac{\dfrac{A_S}{A_G}}{1 + \dfrac{A_S}{6\,A_G}}\,\frac{(B - 2y)}{2H}} \qquad\qquad (6.117)$$

Diese Spannung wächst also von Null am Rand $y = B/2$ linear bis zum Größtwert

$$\max \tau_G = \tau_G(y = 0) = \frac{Q}{A_S}\,\frac{\dfrac{A_S}{A_G}}{1 + \dfrac{A_S}{6\,A_G}}\cdot\frac{B}{2H}$$

an. Die Symmetrie des Problems bzgl. der z-Achse erfordert eine Umkehr des Vorzeichens in den Spannungen für jeweils die Gurtbereiche, in denen y und z verschiedenes Vorzeichen haben (sgn y $\neq$ sgn z). Dort ist der Schubfluß bei entsprechender Vertauschung der Vorzeichen in der Klammer von (6.117) negativ.

Ist wieder $A_S \approx A_G$ und $B \approx H$, so beträgt der Größtwert max τ_G die Hälfte der minimalen Steg-Schubspannungen. Die Sprungdifferenz bei y = 0 der Gurt-Schubspannungen $\Delta\tau_G$ (y = 0) = 2 max τ_G ist damit genauso groß wie die vom Steg an dieser Stelle eingeleiteten Stegschubspannungen min $\tau_S\left(z = \frac{H}{2}\right)$, so daß an den Übergangsstellen vom Gurt zum Steg ein stetiger Übergang gewährleistet ist. Die Spannungsverteilungen (6.116) und (6.117) sind in Bild 6-37 dargestellt. Man erkennt, wie der ,,Schubfluß'' an den Randpunkten A und B quasi ,,entspringt'', sich in den Gurten verstärkt und sich am Übergang zum Steg zum Schubfluß durch den Steg vereinigt. Er ,,fließt'' dann durch den Steg, nimmt im Flächenmittelpunkt M sein Maximum an, teilt sich wieder im Übergang zum unteren Gurt in zwei gleiche Anteile auf und ,,versiegt'' schließlich wieder in den Randpunkten C und D des Untergurtes. Damit wird gleichzeitig plausibel, daß der Schub torsionsfrei (M_T = 0) ist.

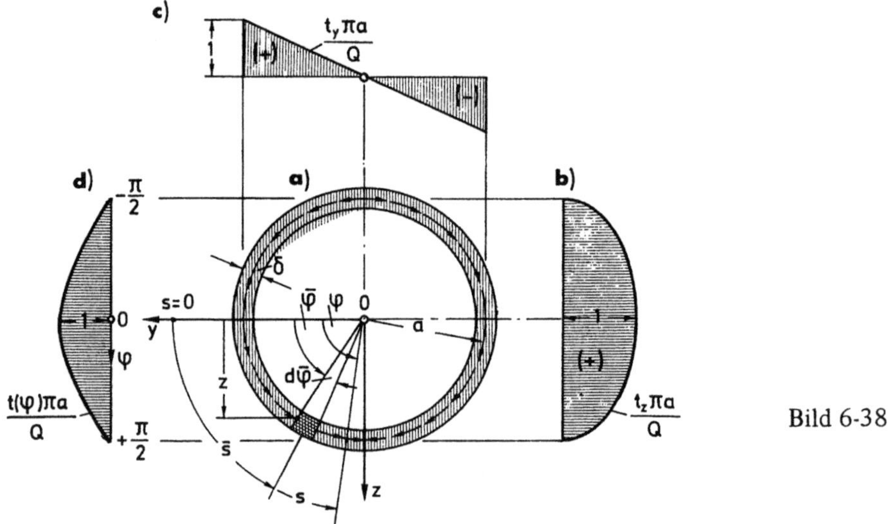

Bild 6-38

Beispiel 2: Für den gegebenen dünnwandigen Kreis-Ring-Querschnitt (Rohr) vom Radius a nach Bild 6-38 ist die Schubspannung infolge einer senkrechten Querkraft Q_z = Q zu bestimmen.

Lösung: Da nur Q_z vorliegt, ist nach (6.115) auch nur wieder I_y und S_y (s) bezüglich der y-Achse zu berechnen. Dafür gilt

$$I_y = \int_A z^2 \, dA = \int_A a^2 \sin^2 \varphi \, dA = 2 a^3 \delta \int_{-\frac{\pi}{2}}^{+\frac{\pi}{2}} \sin^2 \varphi \, d\varphi = \pi a^3 \delta$$

und als statisches Moment

$$S_y (s) = \int_0^s z(\overline{s}) \, \delta (\overline{s}) \, d\overline{s} = \int_0^\varphi a \sin \overline{\varphi} \, \delta \, a \, d\overline{\varphi}$$

$$S_y (s) = a^2 \delta \int_0^\varphi \sin \overline{\varphi} \, d\overline{\varphi} = a^2 \delta (- \cos \varphi) \Big|_0^\varphi = a^2 \delta (1 - \cos \varphi) \tag{1}$$

Dann folgt hier aus (6.115) unter Beachtung von $Q_y = 0$ und wegen des mit dem geschlossenen Querschnitts verbundenen, unbekannten Schubflusses $t(0)$ an der beliebigen Stelle $s = 0$ (s. o.)

$$t(s) = t(0) - \frac{Q}{I_y} S_y(s) \ .$$

Setzt man hierin das statische Moment nach (1) ein, so wird zunächst

$$t(s) = t(\varphi) = t(0) - \frac{Q}{I_y} [a^2 \delta (1 - \cos\varphi)] \ . \tag{2}$$

Die Konstante $t(0)$ wird nun aus der Bedingung bestimmt, daß *torsionsfreier* Schub ($M_T = 0$) vorliegt. Dazu wird die Äquivalenzbedingung (6.98), (4) wegen der den Rand tangierenden Schubspannungen in die Form

$$M_T = \int\limits_A \tau(s)\, a\, dA = \int\limits_{s=0}^{2\pi a} \tau(s)\, \delta(s)\, a\, ds = a \int\limits_{s=0}^{2\pi a} t(s)\, ds = a^2 \int\limits_0^{2\pi} t(\varphi)\, d\varphi = 0$$

gebracht.

Setzt man hierin $t(\varphi)$ nach (2) ein, so wird wegen $a \neq 0$

$$\int\limits_0^{2\pi} t(\varphi)\, d\varphi = \int\limits_0^{2\pi} t(0)\, d\varphi - \int\limits_0^{2\pi} \frac{Q}{I_y} a^2 \delta (1 - \cos\varphi)\, d\varphi = 0$$

$$= t(0)\, 2\pi - \frac{Q}{I_y} a^2 \delta (\varphi - \sin\varphi) \Bigg|_0^{2\pi} = t(0)\, 2\pi - \frac{Q}{I_y} a^2 \delta\, 2\pi = 0 \ .$$

Damit ergibt sich der unbekannte Schubfluß $t(0)$ an der beliebigen Anfangsstelle $s = 0$ zu

$$t(0) = \frac{Q}{I_y} a^2 \delta \tag{3}$$

und damit nach (2) schließlich

$$t(\varphi) = \frac{Q}{I_y} a^2 \delta \cos\varphi \ , \quad \text{bzw.} \quad \tau(\varphi) = \frac{Q}{I_y} a^2 \cos\varphi = \frac{Q}{\pi a \delta} \cos\varphi \ . \tag{4}$$

Das Vorzeichen von $\tau(\varphi)$ folgt damit dem Vorzeichen der Winkelfunktion $\cos\varphi$. Es ist also positiv für $-\frac{\pi}{2} < \varphi < \frac{\pi}{2}$ und negativ für $\frac{\pi}{2} < \varphi < \frac{3\pi}{2}$.

Der Maximalwert wird

$$\max \tau = \tau(\varphi = 0) = \frac{Q}{\pi a \delta} \ .$$

Er tritt wieder in Höhe des Flächenmittelpunktes auf und ist doppelt so groß wie die üblicherweise mit $\frac{Q}{A} = \frac{Q}{2\pi a \delta} = \tau_{mittel}$ gebildete „mittlere" Schubspannung (!).

Die normierte Verteilung des Schubflusses über die Querschnittskoordinaten y und z sowie über den Winkel φ ist im Bild 6-38 dargestellt. Es ist eine lineare Verteilung t_y über die Breite y, eine elliptische Verteilung t_z über die Höhe z und eine cos-Verteilung $t(\varphi)$ über φ. Der Schubfluß ist wieder symmetrisch zur z-Achse und der Schub ($Q_z \neq 0$) ist bedingungsgemäß torsionsfrei ($M_T = 0$).

Schließlich sei die Schubspannungsberechnung noch um eine Überlegung ergänzt, die sich aus der Forderung nach einem torsionsfreien Schub ergibt.

Bei kompakten Querschnitten war versucht worden, die Torsionsfreiheit durch Einarbeitung der Äquivalenzbedingung (6.98), (4) $M_T = 0$ in die Ableitung für $\tau(x, y, z)$ sicherzustellen. Dies gelang allgemein nur unter der Bedingung, daß $\tau \neq \tau(y)$ ist und daß z-symmetrische Querschnitte vorliegen. Sind diese Tatbestände nicht erfüllt, muß das Verschwinden des Torsionsmomentes von Fall zu Fall mit (6.98), (4) geprüft werden.

Bei dünnwandigen offenen Querschnitten ist bei der Ableitung der Gleichung (6.115) die Frage nach der Torsionsfreiheit des Schubes überhaupt nicht berücksichtigt und nur im nachhinein anhand des sich ergebenden Schubflusses beantwortet worden.

Man kann diesem unbefriedigenden Zustand abhelfen, indem man die Äquivalenzbedingung für das Torsionsmoment gesondert untersucht. Ist dabei $t(s) = \tau(s)\,\delta(s)$ wieder der Schubfluß an der Stelle s in Richtung t^0 (Tangenteneinheitsvektor; Bild 6-39) der Querschnittmittellinie, so ist entsprechend (6.98), (2) und (3), die Äquivalenz zwischen $t(s) = t(s)\,t^0$ und der Querkraft Q gegeben durch

$$\int_{s=0}^{s_0} [\tau(s)\,\delta(s)]\,t^0\,ds = \int_{s=0}^{s_0} t(s)\,t^0\,ds = Q$$

$$\boxed{\int_{s=0}^{s_0} \mathbf{t}(s)\,ds = Q} \qquad\qquad (6.118)$$

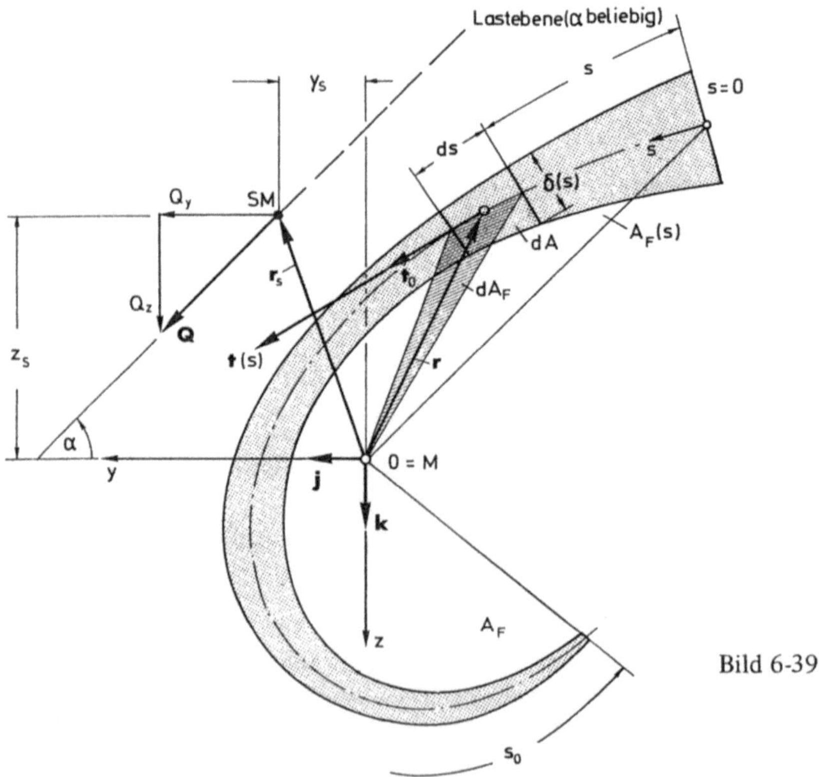

Bild 6-39

Für das zu untersuchende Torsionsmoment bezüglich des Ursprungs 0 des HZAS ergibt sich entsprechend zu (6.98), (4) (Bild 6-39)

$$\int\limits_{s=0}^{s_0} \mathbf{r} \times \mathbf{t}(s)\, ds = \mathbf{M}_T = \mathbf{r}_S \times \mathbf{Q} \qquad (6.119)$$

Dieses soll im Falle torsionsfreien Schubes Null sein, wobei $\mathbf{Q} \neq \mathbf{0}$ ist. Also folgt

$$\mathbf{r}_S \times \mathbf{Q} - \int \mathbf{r} \times \mathbf{t}(s)\, ds = \mathbf{0} \qquad (6.120)$$

Nun ist $\mathbf{t}(s) = t(s)\, \mathbf{t}^0$, somit wird

$$\mathbf{r} \times \mathbf{t}\, ds = \mathbf{r} \times t\, \mathbf{t}^0\, ds = t(\mathbf{r} \times \mathbf{t}^0\, ds)$$

$\mathbf{r}$ und $\mathbf{t}^0$ liegen in der y-z-Ebene, also ergibt das Kreuzprodukt beider Vektoren einen Vektor in positiver x-Richtung, d.h. $\lambda \mathbf{i}$. Dabei ist wegen $|\mathbf{t}^0| = 1$ die Größe $\lambda = |\mathbf{r}|\, ds$ gleich der doppelten Fläche dA_F, die vom Vektor $\mathbf{r}$ zwischen der Lage bei s und $s + ds$ überstrichen wird. Somit ist

$$\mathbf{r} \times \mathbf{t}^0\, ds = 2\, dA_F\, \mathbf{i}, \quad t(\mathbf{r} \times \mathbf{t}^0\, ds) = 2\, t\, dA_F\, \mathbf{i}$$

und aus (6.120) wird

$$\mathbf{r}_S \times \mathbf{Q} - \int\limits_{A_F} 2\, t(s)\, dA_F\, \mathbf{i} = \mathbf{0} \qquad (6.121)$$

Setzt man hierin (6.115) für $t(s)$ ein und zerlegt $\mathbf{Q}$ wieder in seine Komponenten Q_y und Q_z, so folgt

$$Q_z \left(y_S + \frac{2}{I_y} \int\limits_0^{s_0} S_y(s)\, dA_F \right) - Q_y \left(z_S - \frac{2}{I_z} \int\limits_0^{s_0} S_z(s)\, dA_F \right) = 0 \qquad (6.122)$$

Die Integration ist von $s = 0$ bis $s = s_0$ über die jeweils zwischen dem Ursprung und der Mittellinie des Querschnitts liegende Fläche dA_F, somit insgesamt über A_F zu erstrecken. Berücksichtigt man noch, daß

$$S_y(s) = \int\limits_0^s z(\bar{s})\, \delta(\bar{s})\, d\bar{s} \quad \text{und} \quad S_z(s) = \int\limits_0^s y(\bar{s})\, \delta(\bar{s})\, d\bar{s}$$

war, so läßt sich (6.122) noch partiell integrieren. Dabei nehmen die Integrale wegen

$$\int\limits_0^{s_0} S_y(s)\, dA_F = \int\limits_0^{s_0} d\,[S_y(s)\, A_F(s)] - \int\limits_0^{s_0} A_F(s)\, dS_y(s)$$

die Werte an

$$\int\limits_{0}^{s_0} S_y(s)\, dA_F = S_y(s)\, A_F(s)\,\Big|_{0}^{s_0} - \int\limits_{0}^{s_0} A_F(s)\, z(s)\, \delta(s)\, ds$$

$$= S_y(s_0)\, A_F - \int\limits_{0}^{s_0} A_F(s)\, z(s)\, \delta(s)\, ds\ .$$

$$\int\limits_{0}^{s_0} S_z(s)\, dA_F = S_z(s_0)\, A_F - \int\limits_{0}^{s_0} A_F(s)\, y(s)\, \delta(s)\, ds\ .$$

Da ein ZAS zugrundegelegt wurde, verschwinden diesbezüglich stets die statischen Momente des Gesamtquerschnitts. Da nun $S_y(s_0)$ und $S_z(s_0)$ genau diese Flächenmomente ersten Grades darstellen, sind sie beide Null. Setzt man schließlich das Ergebnis der Integration in (6.122) ein und berücksichtigt noch, daß (6.122) unabhängig vom jeweiligen Q_y und Q_z gelten soll, so wird

$$y_S = \frac{2}{I_y} \int\limits_{s=0}^{s_0} A_F(s)\, \delta(s)\, z(s)\, ds$$

$$z_S = -\frac{2}{I_z} \int\limits_{s=0}^{s_0} A_F(s)\, \delta(s)\, y(s)\, ds$$

$$(6.123)$$

Mit den beiden Koordinaten y_S und z_S wird nun genau ein Punkt SM in der y-z-Ebene festgelegt (Bild 6-39). Er heißt *„Schub-Mittelpunkt"*. Der Ableitung folgend ist er der Punkt, durch den die resultierende Querkraft $\mathbf{Q} = (Q_y, Q_z) \neq \mathbf{0}$ und damit die unter beliebigem α liegende Lastebene gehen muß, wenn torsionsfreier Schub bzw. Biegung mit Querkräften *ohne* zusätzliche Torsion vorliegen soll.

Liegen z-symmetrische Querschnitte vor, so verschwindet das Moment dritten Grades der Fläche in (6.123), d.h. die Integration ergibt stets $y_S = 0$. Also liegt der Schubmittelpunkt auf der Hauptachse z bzw. auf der Symmetrieachse. (Vgl.: Ableitung der Schubspannung für Kompaktquerschnitte im Falle geraden Schubes infolge Q_z). Analog gilt die Aussage für y-symmetrische Querschnitte mit $z_S = 0$. Entsprechend liegt der Schubmittelpunkt für doppeltsymmetrische Querschnitte bezüglich y und z im Schnittpunkt der Zentralachsen, d.h. im Flächenmittelpunkt O = M (vgl. obige Beispiele für I-Profil und Kreisring sowie die folgenden). Die Aussagen gelten für kompakte sowie für geschlossene und offene, jeweils dünnwandige Querschnitte. Für letztere sind sie aber insofern von besonderer Bedeutung, als diese Querschnitte sehr viel „torsionsweicher" als geschlossene oder volle Profile sind und sie daher „empfindlicher" auf ggf. zusätzliche Torsion reagieren (vgl. 6.7 bzw. (6.11).

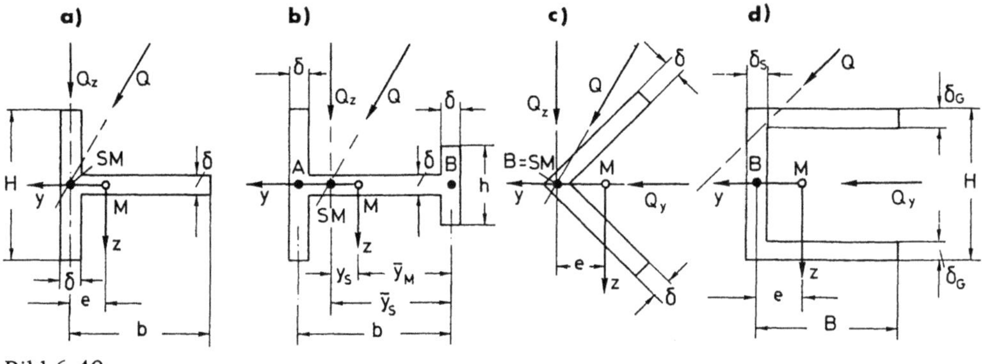

Bild 6-40

Beispiele: Für die in Bild 6-40 skizzierten Profile ist die Lage des jeweiligen Schubmittelpunktes SM gesucht. Man beachte dabei die Symmetrieaussage und vernachlässige im Falle a) und b) wegen $b \gg \delta$ den Einfluß der (waagerechten) Gurte.

Lösungen:

a) Da der Gurt wegen $b \gg \delta$ im Vergleich zum Steg praktisch keinen Schub aufnimmt, ist der Schubmittelpunkt des Gesamtprofils damit gleichbedeutend mit dem Schubmittelpunkt des Steges. Also folgt aus der Lage des Flächenmittelpunktes M

$$y_S = e \approx \frac{b}{2\left(\dfrac{H}{b} + 1\right)}; \quad z_S = 0 \,.$$

b) Da auch hier der Gurt wegen $b \gg \delta$ im Vergleich zu beiden Stegen nur einen vernachlässigbaren Schub aufnimmt, sind nur die beiden Stege zu berücksichtigen. Unter Ausnutzung der Symmetrie ist nun zunächst $z_S = 0$, d.h. der Schubmittelpunkt muß auf der Hauptachse y liegen. Da nun dA_F als Betrag des Kreuzproduktes $|\mathbf{r} \times \mathbf{t}^0|\,ds$ in Gl. (6.121) eingeführt worden ist und sich dieser Betrag (Fläche) nicht ändert, solange man den Bezugspunkt O in Bild 6-39 in Richtung von $\mathbf{t}_0$ verschiebt und sich andererseits an dem im Integranden von (6.123) enthaltenen Koordinatenabstand $z\,(s)$ (bzw. $y\,(s)$) nichts ändert, solange man den Bezugspunkt O in Richtung der Hauptachse verschiebt, führen beide Überlegungen zusammengenommen zu der Aussage, daß im Falle einer Symmetrie des Querschnitts jeder Punkt auf der Symmetrieachse (und nicht nur der Flächenmittelpunkt M) als Bezugspunkt für die Ermittlung der Flächenmomente dritter Ordnung nach (6.123) verwendet werden darf. Die errechneten Koordinaten $\bar{y}_S$, $\bar{z}_S$ des Schubmittelpunktes sind dann natürlich nicht mehr die Koordinaten im ZAS, sondern stellen nun die Entfernungen von dem jeweiligen Bezugspunkt dar.

Da hier die y-Achse eine solche Symmetrieachse ist, darf jeder Punkt auf ihr als Bezugspunkt verwendet werden, also auch der Punkt B (s. Bild 6-40b und 6-41). Beginnt man die Umfahrung bei $s_1 = 0$ und durchläuft wegen der Symmetrie den „halben" Querschnitt ($z \geqslant 0$) im mathematisch positiven Sinne, so ist $A_F(s_1) = A_F(s_2) = 0$ und es wird nach (6.123) bei nachträglicher Verdoppelung auf den Gesamtquerschnitt

$$\bar{y}_S = 2\left[\frac{2}{I_y}\int\limits_{s=0}^{s_0} (A_F\,\delta z)\,ds\right] = 2\left[\frac{2}{I_y}\int\limits_{s_3=0}^{\frac{H}{2}} (A_F\,\delta z)\,ds\right]$$

$$= 2\left[\frac{2}{I_y}\int\limits_{s_3=0}^{\frac{H}{2}} \left(\frac{1}{2}b\,s_3\,s_3\,\delta\right)ds_3\right] = \frac{2\delta}{I_y}\,b\,\frac{s_3^3}{3}\Bigg|_0^{\frac{H}{2}} = \frac{\delta\,b}{12\,I_y}\,H^3 \,.$$

Mit

$$I_y \approx \frac{\delta h^3}{12} + \frac{\delta H^3}{12} = \frac{\delta}{12}(h^3 + H^3)$$

wird so schließlich

$$\bar{y}_s = +\frac{\delta b H^3}{\delta(h^3 + H^3)} = \frac{b}{1 + \left(\dfrac{h}{H}\right)^3} \;;$$

$$\bar{z}_s = z_s = 0 \;.$$

Wegen

$$\bar{y}_s = \frac{b}{1 + \left(\dfrac{h}{H}\right)^3} > \frac{b}{1 + \left(\dfrac{h}{H}\right)} = \bar{y}_M$$

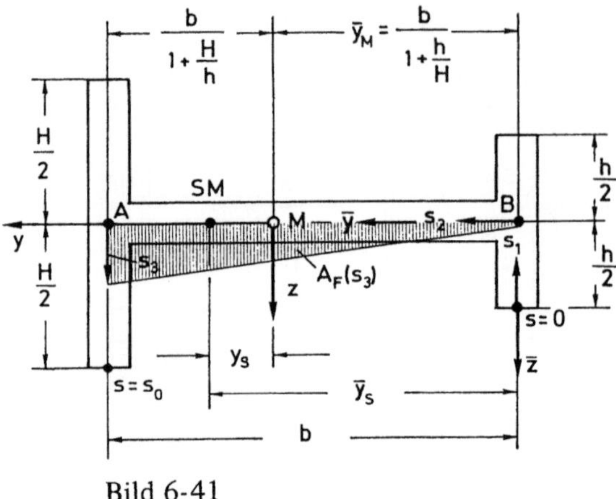

Bild 6-41

liegt der Schubmittelpunkt SM zwischen M und A (s. Bild 6-41). Für $h \to \delta$ und $\delta \ll H$ wird $\bar{y}_s = b$. Das ist wieder die Lösung für den Fall nach Bild 6-40a, die damit nicht nur eine Näherung bei vernachlässigbarem Gurt-Anteil, sondern offenbar die exakte Lösung ist.

c)   Der Fall nach Bild 6-40c läßt sich mit den Überlegungen aus b) nun sofort lösen: Da y eine Haupt- und Symmetrieachse ist, dürfen alle Punkte auf ihr als Bezugspunkte für die Momente dritten Grades nach (6.123) verwendet werden – damit auch der Punkt B. Zwischen ihm und der Mittellinie des Querschnitts liegt aber keine Fahrstrahl-Fläche A_F, also ist bezüglich B

$$\bar{y}_S = \bar{z}_S = 0$$

bzw. bezüglich M

$$y_S = e; \quad z_S = 0$$

wobei e aus der Geometrie des Querschnitts bekannt bzw. berechenbar ist (Tabellen in Handbüchern). Damit ist B gleichzeitig der gesuchte Schubmittelpunkt SM.

d)   Für das ⊔-Profil nach Bild 6-40d wird wegen der Symmetrie bezüglich der y-Achse aus Vereinfachungsgründen der Bezugspunkt B gewählt (Bild 6-42). Dann ist bei positiver Umfahrung des Gesamtquerschnittes

$$A(s_1) = \frac{1}{2}\frac{H}{2}s_1\;; \quad A(s_2) = A(s_1 = B) = \frac{1}{2}\frac{H}{2}B\;;$$

$$A(s_3) = A(s_2) + \frac{1}{2}\frac{H}{2}s_3 = \frac{1}{2}\frac{H}{2}(B + s_3)$$

sowie

$$z(s_1) = -\frac{H}{2}; \quad z(s_2) = -\frac{H}{2} + s_2; \quad z(s_3) = +\frac{H}{2}$$

$$\delta(s_1) = \delta_G; \quad \delta(s_2) = \delta_S; \quad \delta(s_3) = \delta_G$$

Damit wird aus (6.123)

$$\bar{z}_s = z_s = 0$$

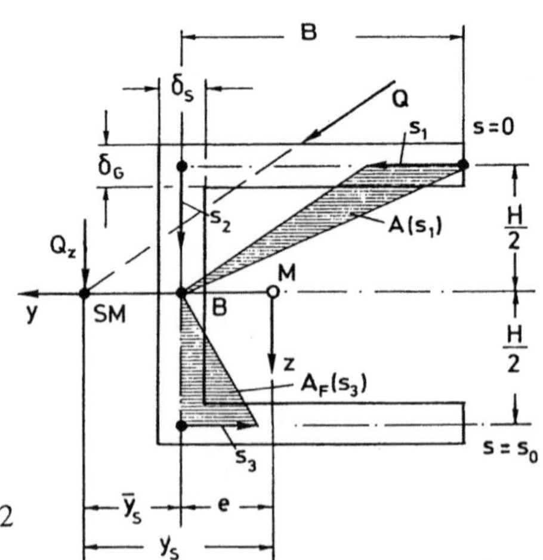

Bild 6-42

und

$$\overline{y}_s = \frac{2}{I_y}\left[\int\limits_{s_1=0}^{B} \frac{1}{2}\frac{H}{2}s_1\left(-\frac{H}{2}\right)\delta_G\,ds_1 + \int\limits_{s_2=0}^{H} \frac{1}{2}\frac{H}{2}B\left(s_2 - \frac{H}{2}\right)\delta_S\,ds_2\right.$$

$$\left. + \int\limits_{s_3=0}^{B} \frac{1}{2}\frac{H}{2}(B+s_3)\frac{H}{2}\delta_G\,ds_3\right]$$

$$\overline{y}_s = \frac{2}{I_y}\left[-\frac{H^2\,\delta_G}{8}\frac{B^2}{2} + \frac{H\,\delta_S\,B}{4}\left(\frac{H^2}{2} - \frac{H^2}{2}\right) + \frac{H^2\,\delta_G}{8}\left(B^2 + \frac{B^2}{2}\right)\right]$$

$$\overline{y}_s = +\frac{H^2\,B^2\,\delta_G}{4\,I_y}\qquad \text{bzw.}\qquad y_s = \overline{y}_s + e$$

(Bild 6-42). Nur wenn die Querkraft in diesem Falle durch den außerhalb (!) des Querschnitts bei $y_s = \overline{y}_s + e$ und $z_s = 0$ gelegenen Punkt SM geht, liegt torsionsfreie Querkraftbiegung vor.

6.6.2 Verzerrungen

Mit dem Spannungszustand nach 6.6.1 liegt über das Materialgesetz 6.2 auch der Verzerrungszustand fest. Wegen (6.111)

$$\mathbb{S} = \begin{pmatrix} \sigma_x & (\tau_{xy}) & \tau_{xz} \\ (\tau_{xy}) & 0 & 0 \\ \tau_{xz} & 0 & 0 \end{pmatrix} e_i\,e_j$$

ist hier bei elastischem Material nach (6.21)

$$\mathbb{D} = \begin{pmatrix} \epsilon_x & (\epsilon_{xy}) & \epsilon_{xz} \\ (\epsilon_{xy}) & \epsilon_y & 0 \\ \epsilon_{xz} & 0 & \epsilon_z \end{pmatrix} e_i\,e_j \qquad (6.124)$$

wobei die Koordinaten wegen (6.25) mit (6.111) die Ausdrücke annehmen:

$$\epsilon_x = \frac{\sigma_x}{E} = \frac{1}{E}\left(\frac{M_y[x]}{I_y}z - \frac{M_z[x]}{I_z}y\right)$$

$$\epsilon_y = \epsilon_z = -\nu\epsilon_x = -\nu\frac{\sigma_x}{E} = -\frac{\nu}{E}\left[\frac{M_y[x]}{I_y}z - \frac{M_z[x]}{I_z}y\right]$$

$$\epsilon_{xz} = \frac{\gamma_{xz}}{2} = \frac{\tau_{xz}}{2G} = \frac{1}{2G}\frac{Q_z\,S_y(z)}{I_y\,b(z)}$$

$$\epsilon_{xy} = \frac{\gamma_{xy}}{2} = \frac{\tau_{xy}}{2G} = \frac{1}{2G}\frac{Q_y\,S_z(y)}{I_z\,h(y)}$$

$$(6.125)$$

Neben den Dehnungen ϵ_{ii} treten hier auch die Gleitungen auf, und zwar bei geradem Schub Q_z nur γ_{xz} und bei schiefem Schub Q_y, Q_z zusätzlich auch γ_{xy}.

Da man die Gleitungen nach 2.4 (vgl. dort Bild 2-35) als Winkelverzerrungen ansehen kann, werden z.B. orthogonale Elemente des Balkens bei der Querkraftbiegung infolge der

Deformation in schiefwinklige Elemente überführt. Nur dort, wo die Schubspannungen Null sind, d.h. also an den Rändern des Balkens, für die das statische Moment $S_y(z_R)$ verschwindet, ist auch $\gamma_{xz}(z_R) = 0$ und die ursprünglich rechten Winkel bleiben dort als solche erhalten.

6.6.3 Verschiebungen

Ist nach Bild 6-43 ⓪ die undeformierte Konfiguration und ① die verzerrte Konfiguration infolge reiner Biegung (Abs. 6.4), so ist ② die deformierte Konfiguration bei (geradem) Schub. Die Querschnitte bleiben wegen $\gamma_{xz}(z) \neq 0$ nach (6.125) aus 6.6.2 nun nicht mehr eben und die Durchbiegung $w(x)$ (entsprechendes gilt für $v(x)$ im Falle schiefen Schubes) setzt sich aus der Biegelinie bei reiner Biegung $w_B(x)$

$$w_B(x) = \int_{x_0}^{x} dw_B \; ; \; (w_B(x_0) = 0)$$

und der zusätzlichen Schubdurchsenkung

$$w_S(x) = \int_{x_0}^{x} dw_S \; ; \; (w_S(x_0) = 0)$$

(Bild 6-43) der Balkenachse zusammen, also ist

$$w(x) = w_B(x) + w_S(x) \tag{6.126}$$

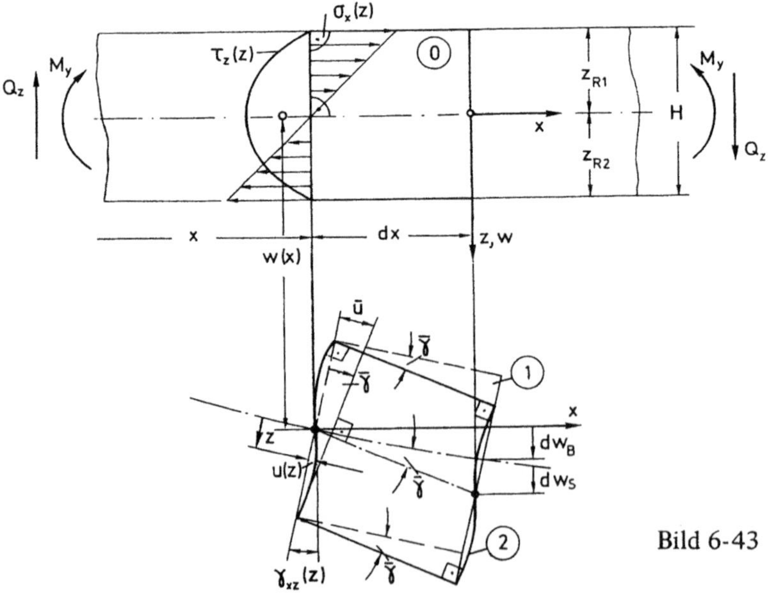

Bild 6-43

Es werde nun näherungsweise die Bestimmung der zusätzlichen Schubdurchsenkung im Rahmen der Voraussetzungen der bisherigen Schubtheorie vorgenommen. Dazu wird an der Stelle x der positiv gerechnete Abstand u(z) in einer zur Balkenachse senkrechten Querschnittsfläche mit und ohne Verwölbung (mit und ohne Schub) eingeführt. Nun ist u = u(z) und

$$\frac{du}{dz} = \tan \gamma\,(z) \approx \gamma_{xz}\,(z)\,,$$

da geometrisch linearisierte Verschiebungsableitungen vorausgesetzt sind. Die Integration über die gesamte Querschnittshöhe von z_{R1} bis z_{R2} liefert die Gesamtverschiebung $\bar{u}$, wobei mit (6.125) und dem Mittelwertsatz der Integralrechnung (Satz 1.3)

$$\bar{u} = \int_{z_{R1}}^{z_{R2}} \frac{du}{dz}\,dz = \int_{z_{R1}}^{z_{R2}} \gamma_{xz}(z)\,dz = \frac{1}{G} \int_{z_{R1}}^{z_{R2}} \tau_{xz}(z)\,dz = \bar{\gamma}H \tag{6.127}$$

folgt. Da $w_S(x)$ die zusätzliche Durchsenkung der Balkenachse (x, 0, 0) durch die zusätzliche Verschiebung $\bar{u}$ ist, gilt (s. auch Bild 6-43) für den *mittleren* Gleitwinkel $\bar{\gamma}$ an der Stelle x

$$\bar{\gamma} = \frac{\bar{u}}{H} = \frac{dw_S}{dx} \tag{6.128}$$

Zusammen mit (6.127) und τ_{xz} nach (6.111) wird so

$$\frac{dw_S}{dx} = \frac{\bar{u}}{H} = \frac{1}{GH} \int_{z_{R1}}^{z_{R2}} \tau_{xz}(z)\,dz = \frac{1}{GH} \int_{z_{R1}}^{z_{R2}} \frac{Q_z\,S_y(z)}{I_y\,b(z)}\,dz\,.$$

Unter anderer Aufspaltung und Vorziehen der nicht von z abhängigen Größen ist schließlich

$$\frac{dw_S}{dx} = w_S' = \frac{Q_z[x]}{GA} \underbrace{\frac{A}{H\,I_y} \int_{z_{R1}}^{z_{R2}} \frac{S_y(z)}{b(z)}\,dz}_{k_y}\,.$$

$$w_S' = \frac{k_y}{GA}\,Q_z[x] \tag{6.129}$$

Der dabei auftretende Ausdruck

$$k_y = \frac{A}{HI_y} \int_{z_{R1}}^{z_{R2}} \frac{S_y(z)}{b(z)}\,dz = \frac{A}{HI_y} \int_{z_{R1}}^{z_{R2}} \frac{1}{b(z)} \left[\int_z^{z_{R2}} \zeta\, b(\zeta)\, d\zeta \right] dz \tag{6.130}$$

ist ein rein geometrischer Wert für den Querschnitt. Er wird deshalb auch als „*Formwert*"
bezeichnet. Bezüglich der z-Achse läßt sich durch Analogie (h $\hat{=}$ b, $\zeta \hat{=} \eta$, y $\hat{=}$ z) ein zweiter
entsprechender Wert angeben. Die in (6.129) wieder im Nenner stehende Steifigkeit, hier
GA, wird konsequenterweise als „*Schub-Steifigkeit*" (vgl. EI und 6.4.4 und EA in 6.3.3)
bezeichnet.

Für prismatische Balken sind der Formwert k_y und die Schubfestigkeit Konstanten,
so daß dann mit (5.30) auch gilt:

$$w_S'' = \frac{d}{dx}\left(\frac{k_y}{GA}\,Q_z[x]\right)$$

$$w_S'' = \frac{k_y}{GA}\,\frac{dQ_z}{dx} = -\frac{k_y}{GA}\,q_z(x) \qquad\qquad (6.131)$$

Zusammen mit der Durchbiegung w_B der Balkenachse bei der immer vorhandenen Biegung
durch $M_B[x]$ gilt so nach (6.126) auch

$$w''(x) = w_B''(x) + w_S''(x)$$

$$w''(x) = -\left[\frac{M_y[x]}{EI_y} + \frac{k_y}{GA}\,q_z(x)\right] \qquad\qquad (6.132)$$

Anhang einer Anwendung werden die abgeleiteten Zusammenhänge wieder konkretisiert:

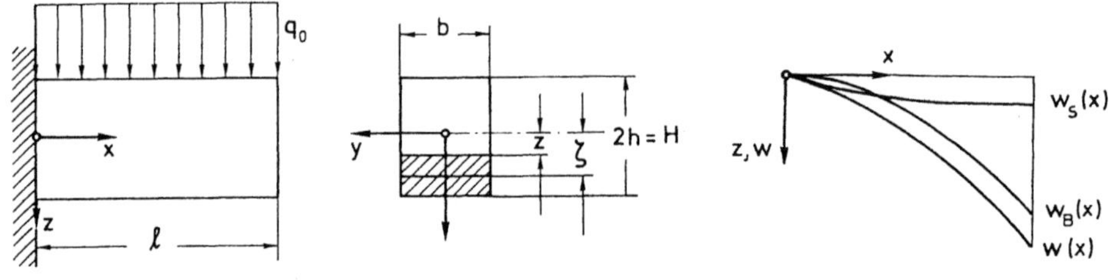

Bild 6-44

Dabei sei der in Bild 6-44 dargestellte Kragträger mit Rechteckquerschnitt zu untersuchen. Dafür ist zunächst nach (6.130)

$$k_y = \frac{A}{HI_y}\int\limits_{-h}^{+h}\frac{1}{b}\left[\int\limits_{z}^{h}\zeta\,b\,d\zeta\right]dz = \frac{2h\,b}{2h\,\dfrac{b\,(2h)^3}{12}}\int\limits_{-h}^{+h}\frac{1}{2}(h^2 - z^2)\,dz$$

$$k_y = \frac{3}{4h^3}\left(h^2 z - \frac{z^3}{3}\right)\Bigg|_{-h}^{+h} = 1 \qquad\qquad (6.133)$$

Für den Rechteckquerschnitt ergibt sich der Formfaktor zu 1. Auch für das I-Profil kann $k_y = 1$ gesetzt werden, da praktisch nur der rechteckige Steg den Schub übernimmt. Für den Kreisquerschnitt ergibt die Abschätzung $k_y = \frac{8}{9}$ usw. Wegen (6.131) folgt nun weiter

$$w_S'' = -\frac{k_y}{GA}\, q_z(x) = -\frac{1}{2Ghb}\, q_0$$

$$w_S' = -\frac{q_0}{2Ghb}\, x + C_1$$

$$w_S(x) = -\frac{q_0}{2Ghb}\, \frac{x^2}{2} + C_1\, x + C_2\,.$$

Die Randbedingungen sind (vgl. (6.129))

$$w_S(0) = 0; \quad Q(l) = GA\, w_S'(l) = 0\,.$$

Damit werden die Konstanten C_1 und C_2 bestimmt. Die *Schubdurchsenkung* $w_S(x)$ folgt dann zu

$$w_S(x) = -\frac{q_0\, l^2}{4Ghb}\left[\left(\frac{x}{l}\right)^2 - 2\left(\frac{x}{l}\right)\right] \tag{6.134}$$

mit dem Maximalwert am Balkenende

$$\max w_S(l) = \frac{q_0\, l^2}{4Ghb} \tag{6.135}$$

Um auch noch die Frage nach der Größenordnung der Schubdurchsenkung $w_S(x)$ im Verhältnis zur Durchbiegung $w_B(x)$ der reinen Biegung beantworten zu können, werden die Maximalverschiebungen bei $x = l$ ins Verhältnis gesetzt. Mit

$$\max w_B(l) = \frac{q_0\, l^4}{8EI_y} = \frac{q_0\, l^4}{8E\,\dfrac{b(2h)^3}{12}}$$

und unter Berücksichtigung von (6.20) aus 6.2, wonach $E = 2G(1 + \nu)$ ist, wird für dieses Verhältnis $(H = 2h)$

$$\frac{\max w_S}{\max w_B} = \frac{q_0\, l^2}{q_0\, l^4}\,\frac{8 \cdot 2G(1+\nu)}{12G}\,\frac{(2h)^3}{(4h)}$$

$$\frac{\max w_S}{\max w_B} = \frac{2}{3}(1+\nu)\left(\frac{2h}{l}\right)^2 = \frac{2}{3}(1+\nu)\left(\frac{H}{l}\right)^2 \tag{6.136}$$

Bei größtmöglichem $\nu = \frac{1}{2}$ verhalten sich die Durchbiegungen

$$\frac{\max w_S}{\max w_B} = \left(\frac{H}{l}\right)^2$$

zueinander wie das Quadrat des Verhältnisses von Trägerhöhe H zu Trägerlänge l. Die Spannungen

$$\frac{\max \tau}{\max \sigma} = \frac{1}{2}\left(\frac{H}{l}\right)$$

verhalten sich dagegen proportional zum linearen Höhen-Längen-Verhältnis.

Während also für schlanke Träger ($l \gg$ H) der Schub und die Schubdurchsenkung gegenüber der Biegebeanspruchung vernachlässigbar klein sind, kommen sie für kurze Träger $l \approx$ H in die gleiche Größenordnung und sind daher dann auch quantitativ von wesentlicher Bedeutung (vgl. obige Aussagen in Zusammenhang mit Bild 6-34).

6.7 Torsion (elementare Theorie)

6.7.1 Spannungen

Wie in den vorstehenden Abschnitten werden zunächst die Spannungen berechnet, wobei hier als maßgebliche Schnittlast das Torsionsmoment M_T vorhanden sein soll. Dieses ist als Balkenschnittlast der Anteil des Schnittmomentenvektors $\mathbf{M_S}$, der in Richtung der Balkenachse x_1 weist. Da dieser Anteil von den beiden Biegemomenten (M_{B2}, M_{B3}), die als reine Biegung in 6.4 bereits behandelt sind, unabhängig ist, kann hier die *biegefreie* Torsion untersucht werden. Da für einen nicht gekrümmten Balken nach (5.30) in 5.6 die Schnittlasten-Differentialgleichungen auch keine Kopplung des Torsionsmomentes mit den Schnittkräften N und Q enthalten, kann für derartige gerade Balken eine *reine Torsion*, also die durch den Schnittlastenzustand

$$\boxed{\begin{aligned}
\mathbf{F_S} &= (N, Q_2, Q_3) = (0, 0, 0) \\
\mathbf{M_S} &= (M_T, M_2, M_3) = (M_T, 0, 0)
\end{aligned} \qquad (6.137)}$$

definierte Beanspruchung zugrundegelegt werden. Im Rahmen der Gültigkeit aller bisherigen Lösungen kann wieder $M_T = M_T[x]$ sein. Dann lauten die Äquivalenzbedingungen nach (6.3a) bezüglich eines zunächst noch beliebigen Koordinatensystems mit dem Ursprung in der Schnittfläche für diesen Fall:

$$\boxed{\begin{aligned}
N &= \int \sigma_{11}\, dA & &\equiv 0 & (1) \\[4pt]
Q_2 &= \int \sigma_{12}\, dA & &\equiv 0 & (2) \\[4pt]
Q_3 &= \int \sigma_{13}\, dA & &\equiv 0 & (3) \\[4pt]
M_T &= \int [x_2\, \sigma_{13} - x_3\, \sigma_{12}]\, dA & &\neq 0 & (4) \\[4pt]
M_2 &= \int x_3\, \sigma_{11}\, dA & &\equiv 0 & (5) \\[4pt]
M_3 &= -\int x_2\, \sigma_{11}\, dA & &\equiv 0 & (6)
\end{aligned} \qquad\qquad (6.138)}$$

Die Gleichungen (5) und (6) können durch die Lösung σ_{11} = C = const bezüglich eines Zentralachsensystems befriedigt werden. Dann folgt aus (1), daß wegen N = 0 auch C = 0 und damit σ_{11} = 0 ist. Hier ist als Spannungszustand also ein *normalspannungsfreier* Zustand σ_{ii} = 0 und zusätzlich σ_{23} = 0 zu erwarten, d.h. mit $\sigma_{12} = \tau_{xy}$ und $\sigma_{13} = \tau_{xz}$ (Torsionsspannungen) wird

$$\mathbb{S} = \begin{pmatrix} 0 & \tau_{xy} & \tau_{xz} \\ \tau_{xy} & 0 & 0 \\ \tau_{xz} & 0 & 0 \end{pmatrix} e_i\, e_j \qquad (6.139)$$

Diese Spannungen gilt es nun zu bestimmen, wobei noch die drei nicht erfüllten Bedingungen aus (6.138)

$$\int \tau_{xy}\, dA = 0; \qquad \int \tau_{xz}\, dA = 0$$

und $\qquad\qquad\qquad\qquad\qquad\qquad\qquad\qquad\qquad\qquad\qquad$ (6.140)

$$\int (y\,\tau_{xz} - z\,\tau_{xy})\, dA = M_T\,[x] \neq 0$$

zur Verfügung stehen (Bild 6-45).

Zunächst seien die beiden unbekannten Spannungen $\tau_{xy}(y, z)$ und $\tau_{xz}(y, z)$ durch zwei neue Unbekannte, nämlich durch die Spannung $\tau\,(r, \varphi)$ und den Winkel ψ als Richtung der Spannungs-Resultierenden nach Bild 6-45 ausgedrückt, also

$$\tau_{xz}(y, z) = \tau \cos \psi$$
$$\tau_{xy}(y, z) = -\tau \sin \psi \qquad (6.141)$$

Wie beim Schub mit Axialsymmetrie wird hier nun zunächst eine Torsion für Zentralsymmetrie bezüglich M verfolgt. Das Problem sei also rotationssymmetrisch — womit man sich auf die Torsion rotationssymmetrischer Querschnitte, also Kreise und Kreisringe beschränkt

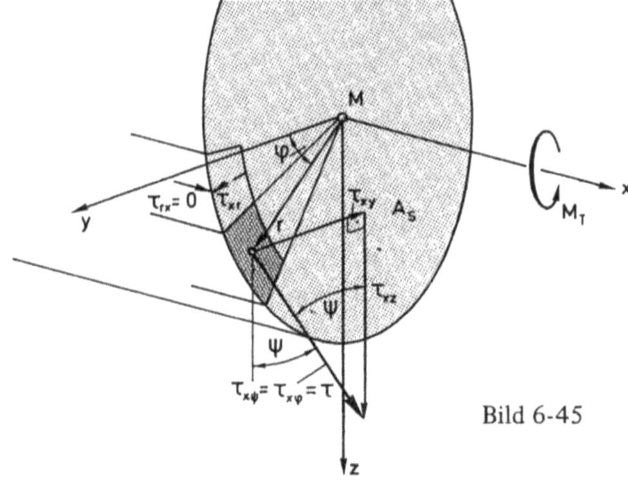

Bild 6-45

(Torsion von Wellen). Damit hängen alle Größen nicht mehr von φ, sondern nur noch von r ab. Dann ist auch

$$\tau = \tau\,(r) \tag{6.142}$$

Da nun die Mantelflächen des tordierten Balkens (Welle) schubspannungsfrei ($\tau_{rx} = 0$) sind, müssen auch die zugeordneten Schubspannungen in der Schnittfläche $\tau_{xr} = \tau_{rx} = 0$ sein (Bild 6-45). Also tangiert die resultierende Schubspannung τ als Summe aus τ_{xr} und $\tau_{x\psi}$ stets den Rand des Querschnitts bzw. der noch unbekannte Winkel ψ muß gleich dem Winkel φ sein. Damit ist nur noch die eine unbekannte Schubspannung $\tau_{x\psi} = \tau_{x\varphi} = \tau\,(r)$ zu bestimmen.

Mit (6.141) und $\psi = \varphi$ wird aus (6.140)

$$\int_A \tau_{xz}\,dA = \int_A \tau\cos\varphi\,dA = \int_r \tau\,(r)\left[\int_{\varphi=0}^{2\pi}\cos\varphi\,d\varphi\right]r\,dr = 0$$

$$\int_A \tau_{xy}\,dA = -\int_A \tau\sin\varphi\,dA = -\int_r \tau\,(r)\left[\int_{\varphi=0}^{2\pi}\sin\varphi\,d\varphi\right]r\,dr = 0\;,$$

womit die Äquivalenzbeziehungen nun auch für die Querkraft erfüllt sind und außerdem folgt aus

$$\int_A (y\,\tau_{xz} - z\,\tau_{xy})\,dA = \int [(r\cos\varphi)\,(\tau\cos\varphi) + (r\sin\varphi)\,(\tau\sin\varphi)]\,dA$$

$$\int_A r\,\tau\,(r)\,dA = M_T \tag{6.143}$$

als Bestimmungsgleichung für die Torsionsspannungen bei reiner Torsion. Die Integralgleichung (6.143) wird wieder durch einen Ansatz im Sinne einer Spannungshypothese (NAVIER-Hypothese) gelöst. Wegen (6.142) kann der Ansatz nur eine Funktion von r sein, also werde wieder ein lineares Polynom in r angesetzt:

$$\tau(x, r) = Ar + B \tag{6.144}$$

Dieses, in (6.143) eingesetzt, ergibt

$$M_T\,[x] = \int \tau\,(r)\,r\,dA = \int Ar^2\,dA + \int B\,r\,dA$$

$$= A\int r^2\,dA + B\int r\,dA\;.$$

$$\underbrace{A\;\;I_p}\;\; + \;\;\underbrace{B\;(r_M\,A)}$$

Da bereits ein ZAS zugrundegelegt worden ist, wird diesbezüglich $r_M = 0$ (Abstand vom Ursprung zum Flächenmittelpunkt) bei zunächst beliebigem B. Aus der Querkraftbedingung

(6.138), (2) und (3) $Q = \int \tau \, dA = 0$ bzw. aus der Zentral-Symmetrie des Problems folgt aber sofort $B = 0$. Das Integral $\int r^2 \, dA$ ist nach 6.4.2 das polare Trägheitsmoment des Wellenquerschnitts bezüglich des Ursprungs

$$I_p = \int_A r^2 \, dA = \int_A (y^2 + z^2) \, dA = I_y + I_z \qquad (6.145)$$

Damit liegt auch die „Konstante" A mit

$$A = \frac{M_T\,[x]}{I_p} \qquad (6.146)$$

fest. Diese, in den Ansatz nach (6.144) wieder eingesetzt, ergibt schließlich die Torsionsspannung infolge reiner Torsion bei rotationssymmetrischen Querschnitten

$$\tau(x, r) = \tau_{x\varphi} = \frac{M_T\,[x]}{I_p} \, r \qquad (6.147)$$

Sie ist linear über den Querschnitt verteilt, verschwindet im Flächenmittelpunkt $M\,(r = 0)$ und erreicht für $r = a$ (Bild 6-46) den Maximalwert

$$\max \tau = \tau(x, a) = \frac{M_T\,[x]}{I_p} \, a = \frac{M_T\,[x]}{W_p} \qquad (6.148)$$

Die Gleichung für die Tangentialspannung bei der Torsion (Torsionsspannung) ist damit völlig analog zur Biegespannung aufgebaut. Jeweils nur das maßgebliche Schnittmoment, das jeweilige Moment der Fläche zweiten Grades (I_p, I_y, I_z) und der Abstand vom HZAS (r, y, z) bestimmen die Größe der jeweiligen Spannung. Für die maximale Spannung ist $I_p/a = W_p$ wieder das Widerstandsmoment, hier folgerichtig als *polares Widerstandsmoment* bezeichnet. Da die Theorie streng nur für Kreisquerschnitt und Kreisringe gilt, können die Trägheitsmomente auch unmittelbar eingesetzt werden. Für den Vollkreisquerschnitt mit

$$I_p = \int_A r^2 \, dA = \int_{r=0}^{a} r^2 \, 2\pi r \, dr = \frac{\pi a^4}{2} \quad \text{und} \quad W_p = \frac{I_p}{a} = \frac{\pi a^3}{2}$$

ist also

$$\tau(x, r) = \frac{2}{\pi} \, \frac{M_T\,[x]}{a^4} \, r \qquad (6.147a)$$

und

$$\max \tau = \frac{2}{\pi} \, \frac{M_T\,[x]}{a^3} \qquad (6.148a)$$

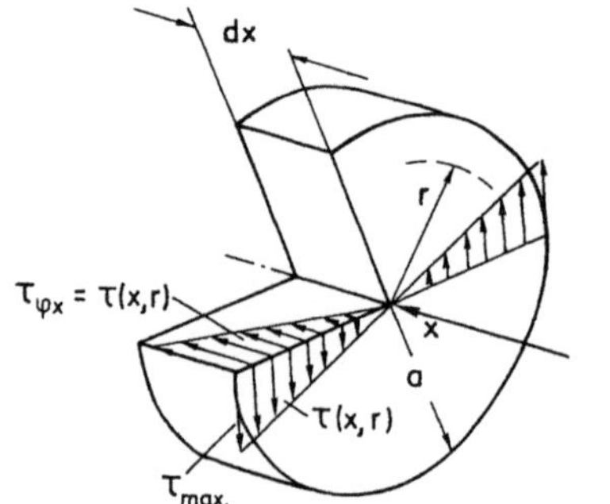

Bild 6-46

Aus der Zuordnung der entsprechenden Tangentialspannungen sind mit (6.147) $\tau = \tau_{x\varphi}$ auch die Tangentialspannungen $\tau_{\varphi x} = \tau_{x\varphi}$ in der x-φ-Ebene berechnet (s. Bild 6-46). Die ursprünglichen Spannungen τ_{xy} und τ_{xz} könnten wieder mit (6.141) und $\psi = \varphi$ durch Zerlegung bestimmt werden. Dem Wesen des Problems entspricht aber die Verwendung eines Zylinder-Koordinatensystems mit der Basis $[\mathbf{e}_r, \mathbf{e}_\varphi, \mathbf{e}_x] \triangleq [\mathbf{e}_i]$. In dieser stellt sich der mit (6.147) bereits vollständig bestimmte Spannungszustand als ein zweiachsiger Zustand in der Form

$$\mathbb{S} = \begin{pmatrix} 0 & 0 & 0 \\ 0 & 0 & \tau_{x\varphi} \\ 0 & \tau_{x\varphi} & 0 \end{pmatrix} \mathbf{e}_i\,\mathbf{e}_j \qquad\qquad (6.149)$$

mit $\tau_{x\varphi}$ nach (6.147) dar.

6.7.2 Verzerrungen

Die Verzerrungen folgen aus (6.149) über das Materialgesetz (6.24). Danach ist der Deformator in diesem Falle genauso besetzt wie der Spannungstensor. Also zu dem zweiachsigen Spannungszustand gehört hier auch ein zweiachsiger Deformationszustand. Es ist

$$\mathbb{D} = \frac{1}{2} \begin{pmatrix} 0 & 0 & 0 \\ 0 & 0 & \gamma_{\varphi x} \\ 0 & \gamma_{x\varphi} & 0 \end{pmatrix} \mathbf{e}_i\,\mathbf{e}_j \qquad\qquad (6.150)$$

wobei mit (6.25) und (6.147) die Koordinate

$$\gamma_{x\varphi} = \gamma_{\varphi x} = \gamma = \frac{1}{G}\tau_{x\varphi} = \frac{M_T\,[x]}{G I_p}\,r \qquad\qquad (6.150a)$$

ist. Es treten also nur Winkelverzerrungen auf – d.h. das Volumen bleibt bei der Deformation erhalten und nur die Gestalt wird dahingehend geändert, daß die Winkel in der x-φ-Ebene (und nur in dieser) unter Wahrung der Rotationssymmetrie geändert werden. Dabei verdrehen sich die Querschnitte der Welle quasi gegeneinander (vgl. Bild 6-47) – bleiben aber ebene Querschnitte. Die Punkte A' und B' liegen also in derselben Querschnittsfläche

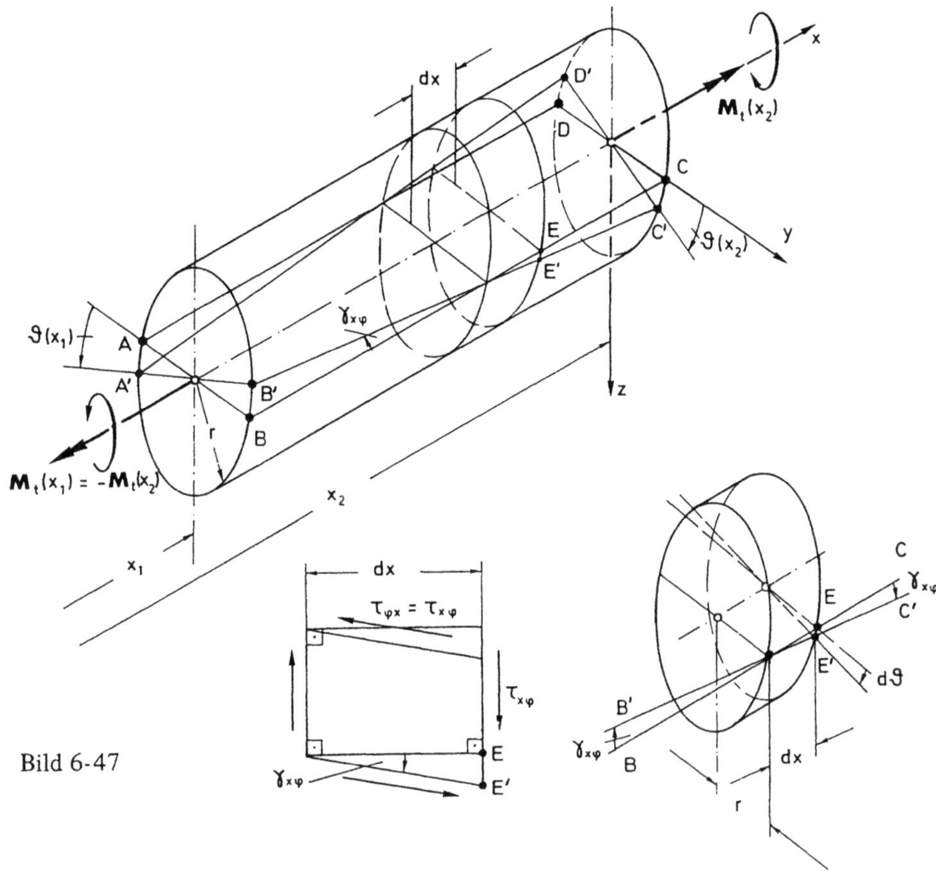

Bild 6-47

wie die Punkte A und B der unverformten Konfiguration. Die x-φ-Ebenen (ABCD) gehen in die Flächen (A'B'C'D') über. Ist, wie für die strenge Theorie gefordert, $m_T = 0$ und $M_T = $ const, so ist auch $\gamma_{x\varphi}$ keine Funktion der Längskoordinate x.

6.7.3 Verschiebungen

Für die Torsion wird nun üblicherweise keine Verschiebung u, v, w, sondern eine charakteristische Winkeländerung infolge der Belastung M_T angegeben. Als Winkel dafür bietet sich der nach Bild 6-47 für alle $0 \leqslant r \leqslant a$ gleiche, nur mit x veränderliche Winkel $\vartheta(x)$ als Maß für die Verdrehung der Querschnitte gegeneinander an. Er heißt Torsions- oder *Drillwinkel*. ϑ ist mit der Gleitung $\gamma_{x\varphi}$ verknüpft. Aus Bild 6-47 folgt für das Bogenstück $\widehat{EE'}$ als Zusammenhang

$$\gamma_{x\varphi}\, dx = r\, d\vartheta .$$

also auch

$$\gamma_{x\varphi} = r\, \frac{d\vartheta}{dx} = r\, \vartheta'(x) = r\, D(x) \qquad (6.151)$$

Die Ableitung des Drillwinkels $\vartheta'(x) = D(x)$ heißt *Drillung*. Da $\gamma_{x\varphi}$ mit (6.150a) berechnet ist, läßt sich auch die Drillung sofort angeben. Es folgt

$$D(x) = \vartheta'(x) = \frac{\gamma_{x\varphi}}{r} = \frac{\tau_{x\varphi}}{rG} = \frac{M_T[x]}{GI_p} \qquad (6.152)$$

Man erhält so wieder eine gewöhnliche DGL für die Verschiebung (hier: Drillung) wie in den Abschnitten 6.3, 6.4 und 6.6, wobei hier in völliger Analogie zu (6.40), (6.76) bzw. (6.129) wieder die maßgebliche Schnittlast im Zähler und die entsprechende Steifigkeit im Nenner der rechten Seite steht. Diese ist hier wegen der Tangentialspannung als Lösung des Spannungsproblems und wegen I_p als maßgeblichem Querschnittswert für die Torsion das Produkt GI_p (*Torsionssteifigkeit*).

Der Drillwinkel $\vartheta(x)$ selbst ist aus Integration der Gl. (6.152) berechenbar zu

$$\vartheta(x) = \int_x \frac{M_T[x]}{GI_p[x]}\, dx + \vartheta_0 \qquad (6.153)$$

Die Konstante ϑ_0 kann wieder aus einer Randbedingung (z. B. im Falle einer Einspannung bei $x = 0$ aus $\vartheta(x = 0) = 0$) bestimmt werden.

Ist $M_T = M_{T0} = $ const und die Welle prismatisch ($a = $ const, $I_p = \pi a^4/2$), so wird speziell mit obiger Randbedingung

$$\vartheta(x) = \frac{M_{T0}}{GI_p}\, x = \frac{2\,M_{T0}}{\pi a^4\, G}\, x \qquad (6.154)$$

Damit sind auch die Deformationen bestimmt. Werden die Ergebnisse dieses Abschnitts über die reine Torsion von Wellen zusammengefaßt, so läßt sich folgender Satz aussprechen:

Satz 6.7:
Für einen prismatischen Balken mit kreis- oder kreisringförmigem Querschnitt (Welle) und dem konstanten Torsionsmoment M_T *(reine Torsion)* ist unter Erfüllung der Gleichgewichtsbedingungen die

Torsionsspannung: $\quad \tau = \tau_{x\varphi} = \tau_{\varphi x} = \dfrac{M_T}{I_p}\, r$,

Gleitung: $\quad \gamma = \gamma_{x\varphi} = \gamma_{\varphi x} = \dfrac{M_T}{GI_p}\, r$,

Drillung: $\quad D(x) = \vartheta'(x) = \dfrac{M_T}{GI_p}$

Für nicht prismatische Wellen $I_p = I_p[x]$ und nicht konstantes Torsionsmoment $M_T = M_T[x]$ ist entsprechend

$$\tau \cong \frac{M_T[x]}{GI_p[x]}\, r, \quad \text{usw.}$$

wieder eine Näherung für die Torsion kreisförmiger Querschnitte.

Anmerkung: Der Bruch eines auf Verdrehung beanspruchten Stabes richtet sich nach seinem Werkstoffverhalten, nämlich danach, ob der Werkstoff durch Schub- oder Zugspannungen zerstört wird (Bild 6-48): Bei einem Torsionsstab aus zähem Werkstoff geht der Bruch nach erheblicher (plastischer) Verdrehung von den maximalen Schubspannungen am Rande aus, die Bruchfläche ist eine zur Stabachse senkrechte Querschnittsfläche (Versuch: Torsionsbruch eines dünnen Stahldrahtes, z.B. einer Büroklammer!). Bei einem Werkstoff, der in Längsrichtung wesentlich geringere Schubspannungen als in Querrichtung aufnehmen kann, geht der Bruch von Längsrissen an der Staboberfläche aus, die durch die in Längsrichtung wirkenden Schubspannungen verursacht werden (Versuch: Ein tordierter Holzstab splittert in Längsrichtung auf). Ein Stab aus sprödem Werkstoff wird dagegen nach sehr geringer (plastischer) Verdrehung durch die maximalen Zugspannungen zerstört, die Bruchfläche ist also etwa eine Schraubenfläche unter 45° gegen die Stabachse (Versuch: Bruch eines tordierten Kreidestückes; auch eine Welle aus Graugußeisen wird in dieser Weise zerstört).

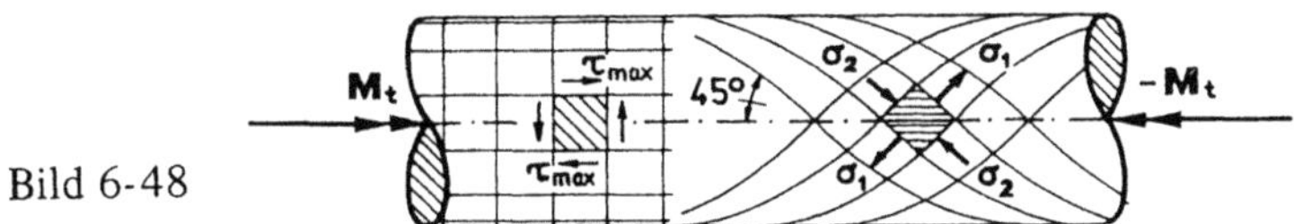

Bild 6-48

Die bisher abgeleiteten Formeln für Torsions-Spannungen und Verdrehungswinkel sind nur für kreis- oder kreisringförmige Querschnitte gültig. Alle anderen Querschnittsformen verwölben sich, was man durch einen Torsionsversuch mit einem Gummimodell von rechteckigem Querschnitt direkt sichtbar machen kann. Nur rotationssymmetrische Querschnitte zeigen keine solche Verwölbung und bleiben auch nach der exakten Theorie eben! Durch entsprechende Einspannung an den Enden kann man diese Verwölbung „behindern", wodurch dann zusätzliche Normalspannungen hervorgerufen werden. Man spricht dann von „*Wölbkrafttorsion*".

Da die vorstehenden Gleichungen auch für Kreisring- bzw. Rohrquerschnitte gelten, sei als Anwendung ein Vergleich zwischen Voll- und Hohlwellen bei gleicher Belastung M_T und gleicher Querschnittsfläche A (gleicher Materialverbrauch) vorgenommen:

Ist a_V der Radius einer Voll-Welle und a_R der Außenradius eines Rohrquerschnitts und ist

$$A = \pi a_V^2 = \pi(a_R^2 - b_R^2)$$

die in beiden Fällen gleiche Fläche des Querschnitts, so sind die polaren Trägheits- und Widerstandsmomente

$$I_{PV} = \frac{\pi}{2} a_V^4; \qquad I_{PR} = \frac{\pi}{2}(a_R^4 - b_R^4)$$

$$W_{PV} = \frac{\pi}{2} a_V^3; \qquad W_{PR} = \frac{\pi}{2}\left(a_R^3 - \frac{b_R}{a_R} b_R^3\right).$$

Das Verhältnis der Maximal-Torsionsspannungen beträgt

$$\frac{\max \tau_R}{\max \tau_V} = \frac{W_{PV}}{W_{PR}} = \frac{a_V^3}{a_R^3 - \dfrac{b_R}{a_R} b_R^3} < 1 \; .$$

Das Verhältnis der Steifigkeiten ist

$$\frac{GI_{PR}}{GI_{PV}} = \frac{a_R^4 - b_R^4}{a_V^4} > 1$$

und für das Verhältnis der Drillungen D folgt

$$\frac{D_R}{D_V} = \frac{a_V^4}{a_R^4 - b_R^4} < 1 \; .$$

Um auch quantitativ eine Vorstellung von diesen Verhältnissen zu bekommen, sind in Tabelle 6.2 für $a_V = 100$ mm und $a_R = 200$ mm bei gleicher Querschnittsfläche die Werte aufgelistet.

Tabelle 6.2

Querschnitt					
Fläche	A	cm^2	314,16		
Radius	a; b	mm	100	200; 173,2	
pol. Trägheitsmoment	I_p	cm^4	15 708	109 972	!
Widerstandsmoment	W_p	cm^3	1 571	5 500	
max. Schubspannungsverhältnis	$\dfrac{\tau_R}{\tau_V}$	./.	0,286		!
Steifigkeitsverhältnis	$\dfrac{GI_{pR}}{GI_{pV}}$	./.	7		!
Drillungsverhältnis	$\dfrac{D_R}{D_V}$	./.	$\dfrac{1}{7} = 0{,}143$		!

Die Werte zeigen deutlich die Überlegenheit des Rohrquerschnitts gegenüber dem Vollquerschnitt.

6.8 Zusammenstellung der Ergebnisse der elementaren Theorien

Aus Gründen der Übersichtlichkeit und der Verdeutlichung der Analogie der verschiedenen elementaren Theorien seien die wesentlichen Zusammenhänge noch einmal in Kurzform zusammengefaßt. Damit lassen sich die Einzelergebnisse dann auch im Falle kombinier-

Tabelle 6.3

Größe	Dimension	Belastungsfall			
		1. Zug/Druck	2. Biegung (gerade)	3. Schub (gerade)	4. Torsion
Schnittlast	$[F]$	N	M_y, M_z	Q_z, Q_y	M_T
Spannung	$\dfrac{[F]}{[L^2]}$	$\sigma_x = \dfrac{N}{A}$	$\sigma_x = \dfrac{M_y}{I_y}\, z$	$\tau_{xz} = \dfrac{Q_z\, S_y(z)}{I_y\, b}$	$\tau_{x\varphi} = \dfrac{M_T}{I_p}\, r$
max. Spannung	$\dfrac{[F]}{[L^2]}$	$\max \sigma = \dfrac{N}{A}$	$\max \sigma = \dfrac{M_y}{W_y}$	$\max \tau = \dfrac{Q_z\, S_y(0)}{I_y\, b}$ $\max \sigma = \dfrac{M_y}{W_y}$	$\max \tau = \dfrac{M_T}{W_p}$
maßgebliche Querschnittsgröße	$[L^2], [L^3], [L^4]$	A	I_y, W_y	$b, I_y, S_y\,(z)$	I_p, W_p (p = polar)
maßgebliche Steifigkeit	$\dfrac{[F]}{[L^2]}\, [L^n]$	EA	EI_{ax}	GA, k_y	GI_p
Verzerrungen ($\neq 0$)	$[./.]$	$\epsilon_x, \epsilon_y, \epsilon_z$	$\epsilon_x, \epsilon_y, \epsilon_z$	$\epsilon_x, \epsilon_y, \epsilon_z, \gamma_{xz}, \gamma_{xy}$	$\gamma_{x\varphi}$
Verformungen (Verschiebungen)	$[./.], [\tfrac{1}{L}]$	$u' = \dfrac{N}{EA}$	$w'' = -\dfrac{M_y}{EI_y}$	$w_s' = \dfrac{k_y\, Q_z}{GA}$	$\vartheta' = D = \dfrac{M_T}{GI_p}$

ter Beanspruchung aus mehreren Grundlastfällen sofort superponieren, wenn geometrische und physikalische Linearität der Probleme (wie hier vorausgesetzt) vorliegen.

Ist also der Schnittkraftvektor

$$\mathbf{F}_S = (N, Q_y, Q_z)$$

und der Schnittmomentenvektor

$$\mathbf{M}_S = (M_T, M_y, M_z)$$

aus den Gleichgewichtsbedingungen oder aus den Schnittlasten-Differentialgleichungen bestimmt, so können daraus jeweils die Spannungen $\mathbb{S}$, (getrennt nach Normalspannungen σ_{ii} und Tangentialspannungen σ_{ij}), die Verzerrungen $\mathbb{D}$ (getrennt nach Dehnungen ϵ_{ii} und Gleitungen $\epsilon_{ij} = 1/2\,\gamma_{ij}$) und die Verzerrungen $\mathbf{u} = (u, v, w)$ berechnet werden. Dabei heißt der Belastungsfall

1.	$N \neq 0$:	Zug/Druck
2.	$M_y, M_z \neq 0$:	Biegung
3.	$Q_y, Q_z \neq 0$:	Schub
4.	$M_T \neq 0$:	Torsion

Tritt jeweils nur ein Belastungsfall allein, also ohne die anderen auf, so liegt ein „reiner" Belastungsfall vor. Sind in Fall 2. und 3. beide Komponenten vorhanden, so liegt eine „schiefe" Beanspruchung vor — anderenfalls eine „gerade". Diese wird dabei i.a. an den Hauptachsen (Y, Z) orientiert. Jede der Lösungen ist an eine Reihe von Voraussetzungen gebunden, die den vorangegangenen Abschnitten im einzelnen zu entnehmen sind. Wegen Erfüllung der GGB in jedem Punkte des Feldes (Körpers) sind die Theorien jeweils streng nur für x-unabhängige Schnittlasten ($M \neq M[x]$; $Q \neq Q[x]$) usw. gültig. Für in Richtung der Balkenachse abhängige Schnittlasten und/oder nicht-prismatische Balken ($A = A(x)$, $I = I(x)$, $W = W(x)$ usw.) stellen sie nur (jedoch i.a. für die Praxis ausreichende) Näherungslösungen dar.

Im Falle 1. gelten die folgenden Gleichungen nur für ein ZAS mit N im Flächenmittelpunkt M.

Im Falle 2. gelten die folgenden Gleichungen nur für ein HZAS.

Im Falle 3. gelten die folgenden Gleichungen nur für ein HZAS und (streng genommen) nur für symmetrische Querschnitte konstanter Breite oder für dünnwandige Querschnitte.

Im Falle 4. gelten die folgenden Gleichungen für das HZAS des (doppelsymmetrischen) Kreis-(Ring-)Querschnittes.

Damit gelten die Zusammenhänge nach Tabelle 6.3.

6.9 Zug/Druck (erweiterte Theorie)

6.9.1 Membrantheorie

Die elementare Stabtheorie (Abs. 6.3) setzt einen einachsigen Spannungszustand mit einer (einzigen) Normalspannung $\sigma_{11} = \sigma_x$ in Längsrichtung des Stabes x voraus. Diese wird so bestimmt, daß nur Schnittkräfte in Längsrichtung, nicht aber in Querrichtung und keine Momente auftreten. Anwendungen solcher Tragwerke sind die Stäbe und die Seile. Man kann nun eine z.B. zweiachsige Verallgemeinerung dieses Problems unter Beibehaltung

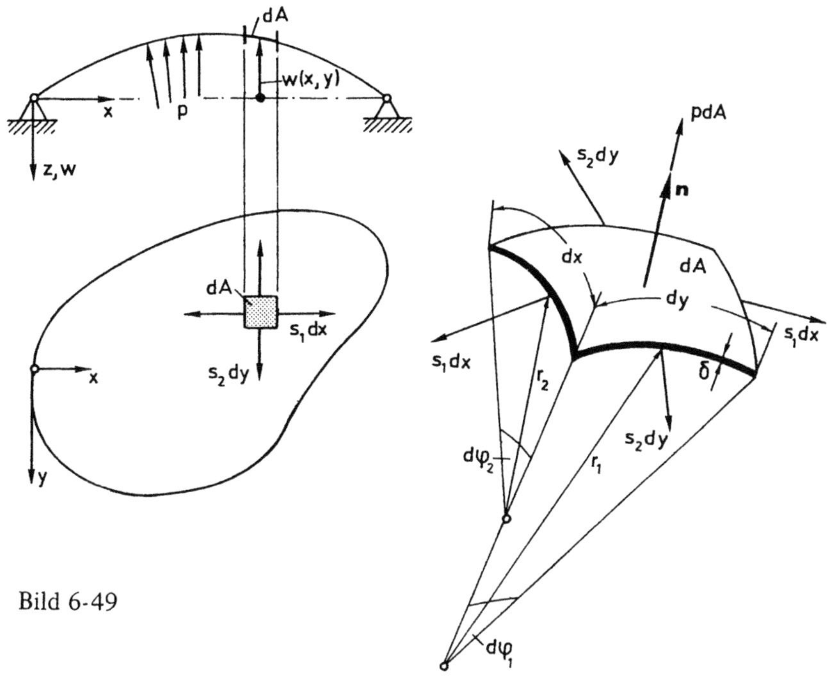

Bild 6-49

der Forderung nach reinem Zug/Druck vornehmen. Man kommt so zu Tragwerken, die man „*Membranen*" nennt. (Anwendungen hierfür sind die dünnwandigen Membranschalen, Zelt-dächer, aufblasbare Hallen, Ballonhüllen usw.). Sie haben folgerichtig keine Biege-, Schub- und Torsionssteifigkeit, da sie die zugehörigen Schnittlasten nicht übertragen können. Sie sind quasi „zweidimensionale Seile", wobei die „Seilkraft" S (vgl. 5.7.5) ggf. durch die auf die Membrandicke δ bezogene „Spannkraft" s_1, s_2 und die „Streckenlast" q durch den Innen- und/oder Außendruck p ersetzt wird (vgl. Bild 6-49). Die Spannkraft der ursprüng-lich ebenen Membran sei unabhängig von der Auslenkung w (x, y). Aus den Schnittlasten-Differentialgleichungen unter den obigen Voraussetzungen bzw. aus den Gleichgewichts-bedingungen in Richtung der äußeren Flächennormalen n am Element nach Bild 6-49 folgt

$$p \, dA - s_1 \, dx \, d\varphi_1 - s_2 \, dy \, d\varphi_2 = 0 \qquad (6.155)$$

Dann folgt mit den geometrischen Beziehungen

$$dx = r_2 \, d\varphi_2 \; ; \quad dy = r_1 \, d\varphi_1 \; ; \quad dA = dx \, dy$$

aus (6.155)

$$\frac{s_1}{r_1} + \frac{s_2}{r_2} = p \qquad (6.156)$$

Die sich unter der Belastung einstellende Form der Membran folgt für die nach Voraussetzung kleinen Auslenkungen $w(x, y)$, wobei die jeweilige Krümmung nach 6.4.5 bei kleinen Verschiebungsableitungen analog zu (6.77) durch $1/r_i = -\partial^2 w/\partial x_i^2$ gegeben ist, aus

$$\frac{s_1}{r_1} + \frac{s_2}{r_2} = -s_1 \frac{\partial^2 w(x, y)}{\partial x^2} - s_2 \frac{\partial^2 w(x, y)}{\partial y^2} = p.$$

Ist noch $s_1 = s_2 = s$ die in der gesamten Membran einheitliche Vorspannung, so folgt

$$\frac{\partial^2 w}{\partial x^2} + \frac{\partial^2 w}{\partial y^2} = \boldsymbol{\nabla} \cdot \boldsymbol{\nabla} w = \Delta w = -\frac{p}{s} \qquad (6.157)$$

Die doppelte Anwendung des NABLA-Operators ist dabei nach (1.112) der LAPLACE-Operator. Man erhält also — wieder wie in 5.7.5 für die Seillinie — eine Differentialgleichung 2. Ordnung für die Membranauslenkung, wobei hier wegen des zweidimensionalen Problems eine partielle DGL für $w(x, y)$ nach (6.157) die Folge ist. (6.157) heißt POISSONsche DGL. Sie hat beliebig viele Lösungen, wobei die zutreffende unter Anpassung an die Randbedingungen bestimmt werden kann. Ist die Form der Membran vorgegeben, so kann man in Umkehrung der obigen Vorgehensweise den Spannungszustand, der nach Voraussetzung ein ebener Normalspannungszustand (Membran-Spannungszustand)

$$\mathbf{S} = \begin{pmatrix} \sigma_{11} & 0 & 0 \\ 0 & \sigma_{22} & 0 \\ 0 & 0 & 0 \end{pmatrix} e_i\, e_j \qquad (6.158)$$

sein muß, ermitteln.

6.9.2 Rotationssymmetrische Membranschalen

Für die in der Anwendung häufig anzutreffenden rotationssymmetrischen Schalen z.B. als Druckbehälter für Flüssigkeiten und Gase in Form von Zylindern, Kugeln, Kegeln u.ä. werde 6.9.1 konkretisiert. Wegen der geringen Wandstärken im Verhältnis zu den äußeren Abmessungen (Durchmesser) ist dafür die Annahme einer biege- und schubweichen Struktur gerechtfertigt, so daß die Schale als Membran berechnet werden darf. Ist der Biege-Spannungszustand z.B. in Beton-Schalen oder Behälterböden nicht vernachlässigbar, so kann dieser gesondert berechnet und ggf. zu dem stets vorhandenen Membran-Spannungszustand superponiert werden.

Es seien also folgende Voraussetzungen erfüllt:

1.   die Schale sei eine Membran (s.o.);
2.   sie sei dünnwandig mit konstanter Wandstärke δ;
3.   die Form sei als rotationssymmetrisch vorgegeben;
4.   die Belastung sei flächenhaft und rotationssymmetrisch verteilt.

Dann liegt ein Spannungszustand nach (6.158) vor, dessen Koordinaten es zu bestimmen gilt.

Wird nun zweckmäßigerweise ein der Rotationssymmetrie angepaßtes Bezugssystem $[e_\varphi, e_\psi, e_z]$ nach Bild 6-50 eingeführt, so ist $\sigma_{11} = \sigma_\varphi$ und $\sigma_{22} = \sigma_\psi$ bzw. $s_1 = \sigma_\varphi \delta$ und $s_2 = \sigma_\psi \delta$ sowie $r_1 = r_\varphi$ und $r_2 = r_\psi$.

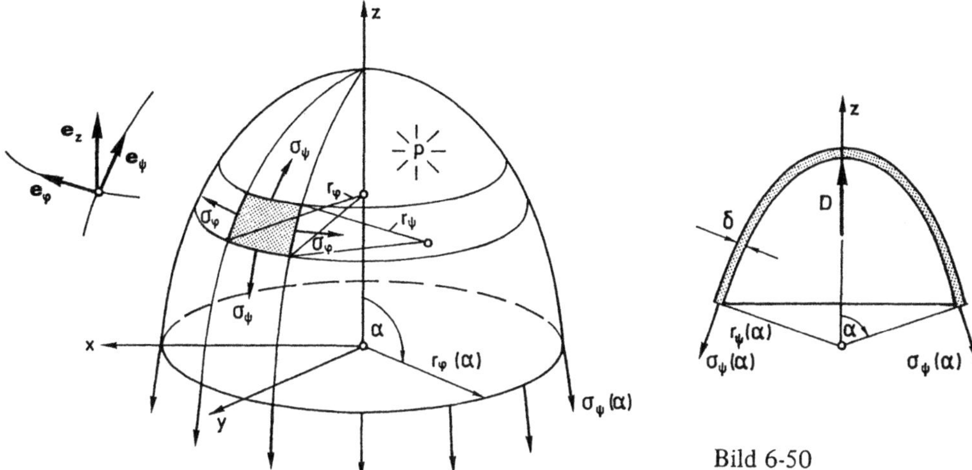

Bild 6-50

Hier gilt dann entsprechend (6.156):

$$\frac{\sigma_\varphi}{r_\varphi} + \frac{\sigma_\psi}{r_\psi} = \frac{p}{\delta} \qquad\qquad (6.159)$$

als Beziehung zwischen der Meridianspannung σ_ψ und der Umfangsspannung σ_φ in jedem Punkt der Membran.

Da (6.156) nur die GGB in Normalenrichtung berücksichtigt, kann eine zweite Gleichung durch einen Äquitorialschnitt unter dem Winkel α und Ansetzen der GGB in z-Richtung gewonnen werden. Ist D die Druckresultierende des auf den verbleibenden Schalenteil einwirkenden Druckes, so gilt

$$D - \sigma_\psi(\alpha)\, 2\,\pi\delta\,[r_\varphi(\alpha)\sin\alpha]\cos\left(\frac{\pi}{2} - \alpha\right) = 0.$$

Daraus läßt sich

$$\sigma_\psi(\alpha) = \frac{D}{2\,\pi\delta\,r_\varphi(\alpha)\sin^2\alpha} \qquad\qquad (6.160)$$

unmittelbar berechnen, sofern D bekannt ist. (6.159) liefert dann σ_φ. Damit ist der Membranspannungszustand (6.158) vollständig bestimmt, wenn die Meridiankurve stetig differenzierbar, d.h. $r_\varphi(\alpha) \neq 0$ ist.

Die Verzerrungen folgen im Falle HOOKEschen Materials wieder aus dem Materialgesetz (6.25) zu

$$\epsilon_\varphi = \frac{1}{E}\,[\sigma_\varphi - \nu\sigma_\psi]$$

$$\epsilon_\psi = \frac{1}{E}\,[\sigma_\psi - \nu\sigma_\varphi] \qquad\qquad (6.161)$$

Eine Verzerrung in Radialrichtung ist wegen δ = const ausgeschlossen bzw. vernachlässigbar. Die Verschiebung, wobei insbesondere die radiale Aufweitung Δr von Bedeutung ist, folgt wegen δ = const nach (6.41) zu

$$\Delta r_\psi = r_\psi \, \epsilon_\psi = \frac{r_\psi}{E} \left[\sigma_\psi - \nu \sigma_\varphi \right]; \qquad \Delta r_\varphi = r_\varphi \, \epsilon_\varphi = \frac{r_\varphi}{E} \left[\sigma_\varphi - \nu \sigma_\psi \right]. \qquad (6.162)$$

Für die Fälle eines zylindrischen und eines kugelförmigen, dünnwandigen Hochdruckbehälters mit dem Radius a und der Wandstärke δ unter dem Innendruck p ergibt sich speziell:

a)   *Zylinderschale (Membran)*
     Hier ist (vgl. Bild 6-51) speziell:

$$r_\varphi = a, \quad \frac{1}{r_\psi} = 0 \quad \text{und} \quad D = \int p \, dA = \pi a^2 p.$$

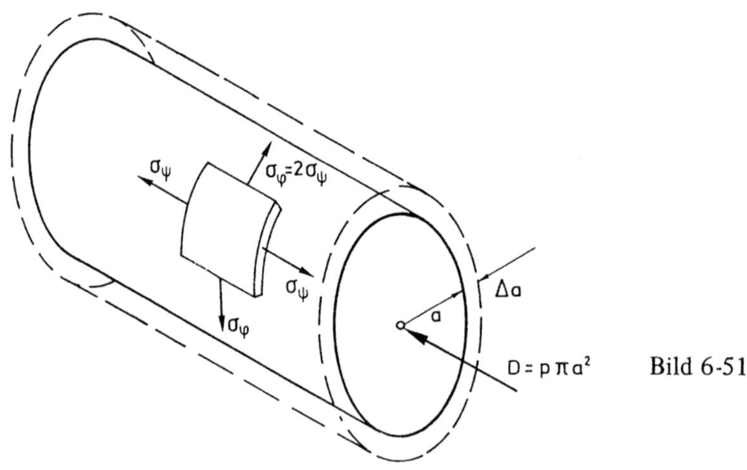

Bild 6-51

Somit folgt aus (6.160) mit $\alpha = \frac{\pi}{2}$

$$\sigma_\psi = \frac{\pi a^2 p}{2 \pi \delta a} = \frac{p\,a}{2\,\delta} \qquad (6.163)$$

und aus (6.159)

$$\sigma_\varphi = \frac{p\,a}{\delta} = 2\,\sigma_\psi \qquad (6.164)$$

Die Längsspannungen σ_ψ sind also nur halb so groß wie die Tangentialspannungen σ_φ (vgl. Bild 6-51).

Die Gleichungen (6.163) und (6.164) sind die sog. *Kesselformeln*. Sie sind wegen der Annahme $\delta \ll a$ bzw. wegen des zugrundegelegten ebenen Normalspannungszustandes nur für dünne Wandstärken gültig. Bei dickwandigen Behältern müßte auch die radiale Spannung

σ_r und deren Veränderung in radialer Richtung, also ein dreiachsiger Hauptnormalspannungszustand zugrundegelegt werden. Dabei würde sich zeigen, daß hier die Umfangsspannung σ_φ dann nicht mehr konstant über die Wandstärke, sondern eine Funktion $\sigma_\varphi(r)$ ist.

Für die Verzerrungen nach (6.161) folgt im Falle der dünnwandigen Zylinderschale

$$\epsilon_\varphi = \frac{pa}{E\delta}\left(1 - \frac{\nu}{2}\right) ; \qquad \epsilon_\psi = \frac{pa}{2\,E\delta}(1 - 2\nu) \tag{6.165}$$

und schließlich ist die Radiusaufweitung (vgl. (6.162))

$$\Delta a = a\,\epsilon_\varphi = \frac{pa^2}{E\delta}\left(1 - \frac{\nu}{2}\right) \tag{6.166}$$

b) *Kugelschale (Membran)*
Hier ist $r_\varphi = r_\psi = a$, $D = \pi a^2 p$.

Somit wird

$$\sigma_\varphi = \sigma_\psi = \sigma = \frac{pa}{2\delta} \tag{6.167}$$

und

$$\epsilon_\varphi = \epsilon_\psi = \frac{1}{E}\,\sigma(1 - \nu) = \frac{pa}{2\,E\delta}(1 - \nu)$$
$$\Delta a = a\,\epsilon = \frac{pa^2}{2\,E\delta}(1 - \nu) \tag{6.168}$$

6.10 Biegung (erweiterte Theorie)

6.10.1 Biegung gekrümmter Balken

Hier sei das Biegeproblem nach Abs. 6.5 dahingehend erweitert, daß die Balkenachse und damit der gesamte prismatische Balken nach Bild 6-52 von vornherein eine so starke Krümmung hat, daß der Krümmungsradius R dieselbe Größenordnung wie die Balkenhöhe H hat. Der Querschnitt sei i.ü. einfach z-symmetrisch und so belastet, daß neben der geraden Biegung $M_y \neq 0$ auch eine Normalkraft $N \neq 0$ zugelassen ist. Während die Biegung des geraden Balkens zu einer linearen Spannungsverteilung, einer linearen Dehnungsverteilung und wegen der Drehung der Querschnitte auch zu einer linearen Verschiebungsverteilung über die Höhe z führte, ist für den gekrümmten Balken eine derartige Geradlinigkeit aller drei Zustandsgrößen nicht zu erwarten. Man kann daher wieder nur eine dieser Zustandsgrößen ggf. als linear über die Höhe verteilt annehmen und damit die anderen Zustandsgrößen berechnen. Die Übereinstimmung mit den realen Verhältnissen entscheidet dann darüber, ob und welche Linearitäts-Hypothese die zutreffende ist.

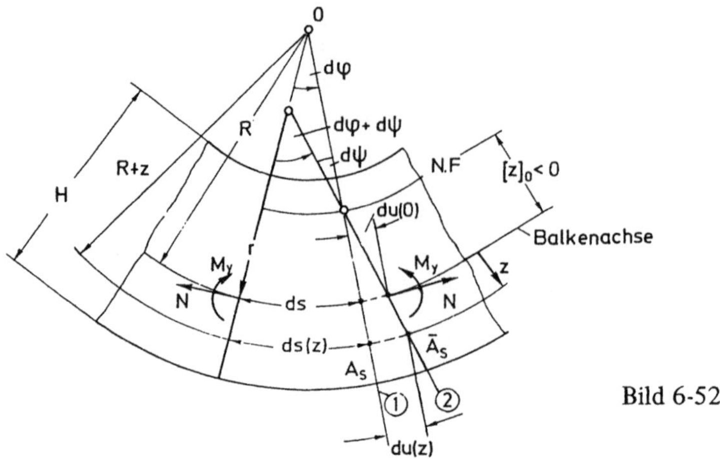

Bild 6-52

Es hat sich auf diese Weise gezeigt, daß nur der lineare Verschiebungsansatz zum Ziel führt. Die Querschnitte A_S bleiben also eben (vgl. Bild 6-52) — und zwar, weil die Längenänderungen der einzelnen Balkenfasern offenbar proportional zu ihrem Abstand von der Balkenachse sind. Dagegen sind weder die Dehnungen noch die Spannungen, wie sich zeigen wird, linear über z verteilt. Die undeformierte bzw. deformierte Konfiguration (① bzw. ②) stellt sich also gemäß Bild 6-52 dar, wobei A_S in $\bar{A}_S$ übergeht. Danach ist die Verschiebung des jeweiligen Flächenmittelpunktes auf der Balkenachse (z = 0) in deren Richtung

$$du(0) = \epsilon_0 \, ds = \epsilon_0 \, R \, d\varphi \qquad\qquad (6.169)$$

Für Punkte $z \neq 0$ der Schnittfläche gilt entsprechend

$$du(z) = du(0) + z \, d\psi = \epsilon_0 \, r \, d\varphi + z \, d\psi$$

Die auf das undeformierte, jedoch gekrümmte Element bei z von der Länge $ds(z) = (R + z) \, d\varphi$ bezogene Verzerrung ist dann

$$\epsilon_s(z) = \frac{du(z)}{ds(z)} = \frac{\epsilon_0 \, R \, d\varphi + z \, d\psi}{(R + z) \, d\varphi} = \epsilon_0 \, \frac{R}{R + z} + \frac{z}{R + z} \, \frac{d\psi}{d\varphi}$$

$$\epsilon_s(z) = \epsilon_0 + \left(\frac{d\psi}{d\varphi} - \epsilon_0 \right) \frac{z}{R + z} \qquad\qquad (6.170)$$

Damit wären die Verzerrungen bestimmt, wenn ϵ_0 und $d\psi/d\varphi$ bekannt wären. Dann ließen sich auch die Spannungen über das elastische Stoffgesetz bestimmen, wonach wegen des einachsigen Spannungzustandes bei der Biegung mit Längskräften gilt:

$$\sigma_s(z) = E \, \epsilon_s(z) = E \left[\epsilon_0 + \left(\frac{d\psi}{d\varphi} - \epsilon_0 \right) \frac{z}{R + z} \right] \qquad\qquad (6.171)$$

ist.

Zur Bestimmung der beiden noch unbekannten Größen ϵ_0 und $d\psi/d\varphi$ stehen nun die beiden Äquivalenzbedingungen aus (6.44)

$$M = \int \sigma_s(z)\, z\, dA \quad \text{und} \quad N = \int \sigma_s(z)\, dA$$

zur Verfügung. Mit (6.171) ist danach

$$N = \int_{A_S} \sigma_s(z)\, dA = E\left[\epsilon_0\, A_S + \left(\frac{d\psi}{d\varphi} - \epsilon_0\right) \int_{A_S} \frac{z}{R+z}\, dA\right]$$

$$M = \int_{A_S} \sigma_s(z)\, z\, dA = E\left[\epsilon_0 \int_{A_S} z\, dA + \left(\frac{d\psi}{d\varphi} - \epsilon_0\right) \int_{A_S} \frac{z^2}{R+z}\, dA\right] \tag{6.172}$$

Dabei ist gleich berücksichtigt worden, daß ϵ_0 und $d\psi/d\varphi$ nicht von z abhängen können, da ϵ_0 nur die Dehnung der Balkenachse $z = 0$ und $d\psi/d\varphi$ nur die Winkeländerung des Gesamtquerschnittes A_S mit Fortschreiten um den Winkel $\varphi \neq \varphi(z)$ darstellt.

Es treten dabei zwei neue Momente der Schnittfläche auf, die allein von der Geometrie, also von der Fläche und vom Krümmungsradius R der undeformierten Ausgangskonfiguration abhängen. Es wird demnach für das Integral in der ersten Gl. (6.172), dessen Wert i.a. negativ ist, geschrieben

$$\int_{A_S} \frac{z}{R+z}\, dA = -\kappa\, A_S \tag{6.173}$$

mit dem Zahlenfaktor $\kappa\,(A_S, R) > 0$. Für das zweite Integral wird

$$\int_{A_S} \frac{z^2}{R+z}\, dA = +\int_{A_S} \left(z - \frac{Rz}{R+z}\right) dA = \int_{A_S} z\, dA - R\int_{A_S} \frac{z}{R+z}\, dA\;.$$

Da z bereits eine Zentralachse ist, verschwindet das erste Integral und es wird

$$\int_{A_S} \frac{z^2}{R+z}\, dA = -R \int_{A_S} \frac{z}{R+z}\, dA = +\kappa\, R\, A_S \tag{6.174}$$

Dann folgt aus (6.172)

$$N = E\, A_S \left[\epsilon_0 - \left(\frac{d\psi}{d\varphi} - \epsilon_0\right)\kappa\right]$$

$$M = E\, A_S \left[\left(\frac{d\psi}{d\varphi} - \epsilon_0\right)\kappa\, R\right] \tag{6.175}$$

bzw. bei bekanntem N und M

$$\epsilon_0 = \frac{1}{E\,A_S}\left[N + \frac{M}{R}\right] \ll 1 \tag{6.176}$$

sowie nach Auflösung der zweiten Gl. (6.175)

$$\frac{d\psi}{d\varphi} - \epsilon_0 = \frac{M}{\kappa\,R\,E\,A_S} \tag{6.177}$$

Setzt man das schließlich in (6.171) ein, so folgt die hyperbolische *Spannungsverteilung*

$$\sigma_s(z) = \frac{N}{A_S} + \frac{M}{R\,A_S}\left[1 + \frac{1}{\kappa}\,\frac{z}{R+z}\right] \tag{6.178}$$

Für die Lage der *Spannungs-Nullinie* (neutrale Faser) wird aus $\sigma_S(z) = 0$

$$[z]_0 = -\frac{\kappa\,R\left(1 + R\,\frac{N}{M}\right)}{1 + \kappa\left(1 + R\,\frac{N}{M}\right)} \tag{6.179}$$

Bei reiner Biegung ($M \neq 0$, $N = 0$) vereinfachen sich (6.178) und (6.179) zu

$$\sigma_{sM}(z) = \frac{M}{R\,A_S}\left(1 + \frac{1}{\kappa}\,\frac{z}{R+z}\right) \quad \text{mit} \quad [z]_0 = -\frac{\kappa\,R}{1+\kappa}\;. \tag{6.180}$$

Die Nullinie fällt also hier auch für reine Biegung *nicht* mit der Balkenachse zusammen.

Für den geraden Balken, d.h. für $R \to \infty$ geht der Momentenanteil aus (6.178) bzw. (6.180)

$$\lim_{R \to \infty}\left[\frac{M}{R\,A_S}\left(1 + \frac{1}{\kappa}\,\frac{z}{R+z}\right)\right] = \lim_{R \to \infty}\left[M\,\frac{\kappa\,(R+z) + z}{\kappa\,R\,A_S\,(R+z)}\right]$$

mit (6.174) nach Zwischenrechnungen über in

$$\lim_{R \to \infty}\left[M\,\frac{\dfrac{z}{R+z}}{\displaystyle\int \frac{z^2}{R+z}\,dA}\right] = \lim_{R \to \infty}\frac{M\,z}{\left(1 + \dfrac{z}{R}\right)\displaystyle\int \frac{z^2}{1 + \dfrac{z}{R}}\,dA} = +\frac{M\,z}{\displaystyle\int z^2\,dA} = \frac{M}{I_y}\,z$$

und damit geht die gesamte Spannung wieder in die bekannte Gleichung (6.92) über:

$$\sigma_{xN,M} = \frac{N}{A} + \frac{M}{I_y}\,z\,.$$

Für die *Formänderung* des stark gekrümmten Balkens, die durch die Radiusänderung der Balkenachse, d.h. durch die Änderung der Krümmung $1/r$ gegenüber $1/R$ der undeformierten Ausgangslage beschrieben werden soll (vgl. Bild 6-52), gilt einerseits für $z = 0$

$$ds + du(0) = (d\varphi + d\psi)\,r$$

andererseits nach (6.169)

$$ds + du(0) = R\,d\varphi\,(1 + \epsilon_0).$$

Also ist

$$\left(1 + \frac{d\psi}{d\varphi}\right) r = R(1 + \epsilon_0) \tag{6.181}$$

Mit der Winkeländerung $d\psi/d\varphi$ nach (6.177) und dem nach (6.176) berechneten ϵ_0 ist zunächst

$$\left(1 + \epsilon_0 + \frac{M}{\kappa\,R\,EA_S}\right) r = R(1 + \epsilon_0).$$

Also folgt aus (6.181), wobei ϵ_0 wegen des Verhältnisses der Schnittlasten N, M im Vergleich zu der im Nenner stehenden Längssteifigkeit $E\,A_S$ ohnehin gegen 1 vernachlässigt werden darf,

$$\frac{1}{r} - \frac{1}{R} = + \frac{M}{\kappa\,R^2\,EA_S}\,\frac{1}{(1 + \epsilon_0)} \approx \frac{M}{\kappa\,R^2\,EA_S} \tag{6.182}$$

Damit ist auch die Deformation in Form der Krümmungsänderung berechnet. Da der letzte Term nicht mehr die Normalkraft enthält, wird also die Krümmung nur durch das Biegemoment, nicht dagegen durch die ggf. zusätzlich vorhandene Normalkraft geändert.

Für schwach gekrümmte Balken ($z \ll R$) erhält man mit (6.174)

$$\kappa = \frac{1}{R^2\,A_S} \int \frac{z^2}{1 + \dfrac{z}{R}}\,dA \approx \frac{1}{R^2}\,\frac{I_y}{A_S},$$

und aus (6.182)

$$\frac{1}{r} - \frac{1}{R} = \frac{M}{EI_y} \tag{6.183}$$

Für den geraden Balken geht diese Gleichung schließlich wegen $1/R = 0$ mit der Krümmung $1/r = -w'' = M_y/EI_y$ in die DGL der elastischen Linie (vgl. (6.77a)) über. Anwendungen für gekrümmte Balken sind beispielsweise Kranhaken, Bügel, Kettenglieder, Kolbenringe usw.

Beispiel: Der gekrümmte Balken (Haken) nach Bild 6-53 mit rechteckigem Querschnitt und $R = h = l/2$ soll hinsichtlich seiner Spannungsverteilung untersucht werden. Welchen Fehler enthält demgegenüber eine Biegespannungsberechnung für den geraden Balken?

Lösung:
Nach (6.173) wird

$$\kappa = -\frac{1}{A_S} \int_{A_S} \frac{z}{R+z}\, dA = -\frac{1}{bh} \int_{-\frac{h}{2}}^{+\frac{h}{2}} \frac{bz}{R+z}\, dz$$

und mit $R + z = \zeta$

$$\kappa = -\frac{1}{h} \int_{R-\frac{h}{2}}^{R+\frac{h}{2}} \frac{\zeta - R}{\zeta}\, d\zeta = -\frac{1}{h}\,[\zeta - R \ln \zeta]_{R-\frac{h}{2}}^{R+\frac{h}{2}}$$

$$= -\left[1 + \frac{R}{h} \ln \frac{\left(R - \frac{h}{2}\right)}{\left(R + \frac{h}{2}\right)}\right] \approx -[1 - 1.1] = +0.1 \ .$$

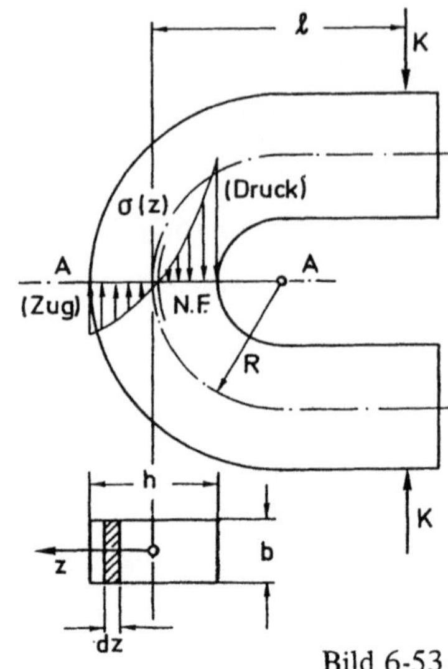

Bild 6-53

Im waagerecht liegenden Querschnitt $A - A$ ist $N = -K$ und $M = Kl = K\,2h$. Damit folgt als Spannung aus (6.178)

$$\sigma_{AA}(z) = K\left[-\frac{1}{bh} + \frac{l}{R\,bh}\left(1 + \frac{1}{\kappa}\frac{z}{R+z}\right)\right] \cong \frac{K}{bh}\left[2\left(1 + \frac{1}{0.1}\frac{z}{h+z}\right) - 1\right]$$

$$\sigma_{AA}\left(z = -\frac{h}{2}\right) \cong \frac{K}{bh}\ (-19) = -19\,\frac{K}{bh}$$

$$\sigma_{AA}\left(z = +\frac{h}{2}\right) \cong \frac{K}{bh}\ (+7.66) = +7.66\,\frac{K}{bh}$$

Die max. Druckspannungen bei $z = -h/2$ sind damit 2,5 mal so groß wie die max. Zugspannungen bei $z = +h/2$. Die Spannungsverteilung ist hyperbolisch (s. Bild 6-53). Gegenüber der maximalen Druckspannung des geraden Balkens bei gleichen Schnittlasten unter Anwendung der Gleichung (6.92) aus 6.5 würde sich ergeben

$$\max \sigma_d\left(z = -\frac{h}{2}\right) = \frac{N}{A} + \frac{M_y}{W_y} = -\frac{K}{bh} - \frac{Kl}{\dfrac{bh^2}{6}} = -\frac{K}{bh}\,(1 + 12) = -13\,\frac{K}{bh} \ .$$

Dieses Ergebnis liegt damit um den Faktor $19/13 \approx 1.46$ unter dem richtigen Wert und würde daher eine Abschätzung zur „unsicheren Seite" und eine falsche Grundlage für die Dimensionierung sein.

6.10.2 Biegung brettförmiger Balken

Es liege ein rechteckiger Querschnitt nach Bild 6-54 vor. Aus 6.4 ist bekannt, daß der Spannungszustand für reine Biegung dann mit

$$\sigma_x = \frac{M_y}{I_y}\,z; \quad \sigma_y = \sigma_z = \tau = 0$$

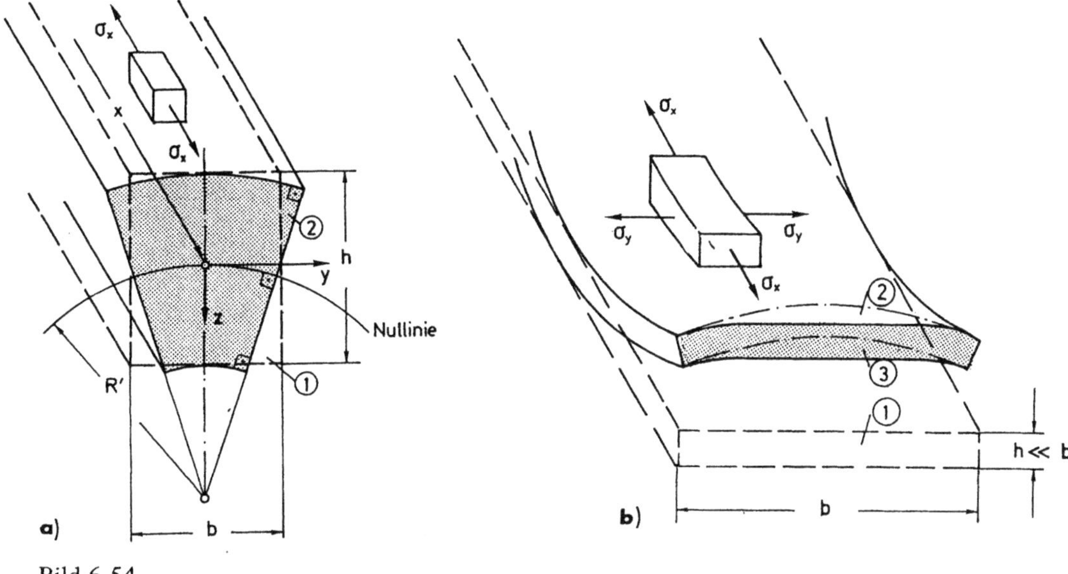

Bild 6-54

beschrieben ist (gerade Biegung bzgl. HZAS). Aus dem HOOKEschen Gesetz folgt nun neben

$$\epsilon_x = \frac{\sigma_x}{E} \quad \text{auch} \quad \epsilon_y = \epsilon_z = -\nu\epsilon_x = -\nu\,\frac{\sigma_x}{E} \neq 0 \;.$$

Andererseits ist nach (3) aus 6.4.5 $\epsilon_x = \dfrac{z}{R}$ und somit $\epsilon_y = \epsilon_z = -\nu\epsilon_x = -\nu\,\dfrac{z}{R} = -\dfrac{z}{R'}$.

Der Balken mit zunächst rechteckigem Querschnitt verformt sich also nach Bild 6-54a so, daß seine ursprünglichen, zur z-Achse parallelen, ebenen Kantenflächen zwar eben bleiben, sich jedoch schräg stellen — und dieses so, daß der Radius R' der Krümmungsradius in Querrichtung wird. Wegen des Fehlens jeglicher Tangentialspannungen treten keine Gleitungen auf und folglich bleiben dabei alle rechten Winkel erhalten. Die Krümmung erfolgt dabei im entgegengesetzten Sinne wie die der Schichten z = const in der x-z-Ebene, wobei für z = 0 der Krümmungsradius gerade R ist. (Man kann diesen Sachverhalt mit einem rechteckigen Radiergummi leicht nachprüfen).

Solange wie die Breite b die Größenordnung von h hat, werden also die Verhältnisse durch die elementare Balkentheorie (Abs. 6.4) richtig wiedergegeben. Ist jedoch b ≫ h, so ist eine andere deformierte Konfiguration festzustellen. Der Querschnitt verläßt dabei die undeformierte Konfiguration (Bild 6-54b ①), geht aber nicht in die oben beschriebene Form ②, sondern in die verformte Konfiguration ③ über, die keine Sattelfläche mehr ist und über den größten Teil der Breite offenbar als Ausdruck einer behinderten Querkontraktion keine Deformationen unter Schrägstellung der x-z-Ebenen aufweist. (Man kann auch diesen Sachverhalt durch Biegung eines Lineals um die „biegeweiche" Hauptachse nachprüfen).

Die Behinderung der Querkontraktion erfolgt dabei durch die zweite in der Ebene des Balkens (Platte) liegende Normalspannung σ_y (Bild 6-54b). Es liegt also kein einachsiger Spannungszustand, sondern ein zweiachsiger Haupt-Normalspannungs-Zustand

$$\mathbb{S} = \begin{pmatrix} \sigma_x & 0 & 0 \\ 0 & \sigma_y & 0 \\ 0 & 0 & 0 \end{pmatrix} e_i\, e_j$$

vor, wobei wegen der Behinderung der Querdehnung hier

$$\epsilon_y = 0 \qquad\qquad\qquad\qquad (6.184)$$

sein muß, woraus mit (6.25) im Falle HOOKEschen Materials

$$\epsilon_y = \frac{1}{E}\,[\sigma_y - \nu\sigma_x] = 0$$

für die Spannung σ_y in Querrichtung

$$\sigma_y = \nu\sigma_x \qquad\qquad\qquad\qquad (6.185)$$

folgt. Für den Zusammenhang zwischen den Verzerrungen ϵ_x und den Spannungen σ_x gilt dann auch nicht mehr $\sigma_x = E\epsilon_x$, sondern ebenfalls wegen (6.25) nun

$$\epsilon_x = \frac{1}{E}\,[\sigma_x - \nu\sigma_y]$$

$$\epsilon_x = \frac{1}{E}\,\sigma_x\,[1 - \nu^2] \qquad\qquad\qquad\qquad (6.186)$$

Da weiterhin $\epsilon_x = + z/R$ ist, folgt für die beiden Hauptspannungen

$$\sigma_x(z) = \frac{E}{1-\nu^2}\,\frac{z}{R} = E'\,\frac{z}{R}$$

$$\sigma_y(z) = \frac{\nu E}{1-\nu^2}\,\frac{z}{R} = \nu E'\,\frac{z}{R} \qquad\qquad\qquad\qquad (6.187)$$

in Abhängigkeit der Krümmung $1/R$ und dem „modifizierten Elastizitätsmodul"

$$E' = \frac{E}{1-\nu^2} > E \qquad\qquad\qquad\qquad (6.188)$$

Mit E' statt E liegt somit als Folge der Behinderung der Querkontraktion — scheinbar — eine Vergrößerung des Elastizitätsmoduls vor.

Die Spannungen sind damit materialabhängig, da auch nach der Elimination der Krümmung aus den Gln. (6.187), also mit

$$\sigma_x(z) = \frac{E}{1-\nu^2}\frac{z}{R} = \frac{E'}{E}\frac{M_y}{I_y} = \frac{1}{1-\nu^2}\frac{M_y}{I_y}$$

$$\sigma_y(z) = \nu\,\frac{E}{1-\nu^2}\frac{z}{R} = \nu\,\frac{E'}{E}\frac{M_y}{I_y} = \frac{\nu}{1-\nu^2}\frac{M_y}{I_y} \qquad (6.189)$$

noch der Materialparameter ν (0 ... 0.5) in den Spannungen auftritt.

6.10.3 Balken auf elastischer Unterlage

Ein durch Einzelkräfte, Einzelmomente und/oder Streckenlasten belasteter Balken, der über seine gesamte Länge auf einem nachgiebigen elastischen Untergrund nach Bild 6-55 ruht, stellt einen „Balken auf elastischer Unterlage" dar (Schiene). Der Balken wird dabei als in Längsrichtung x beliebig langer Durchlaufträger angesehen, auf den neben seiner äußeren Belastung (von oben) auch der kontinuierlich verteilte Bodendruck $q_B(x)$ als Reaktionsbelastung (von unten) wirkt.

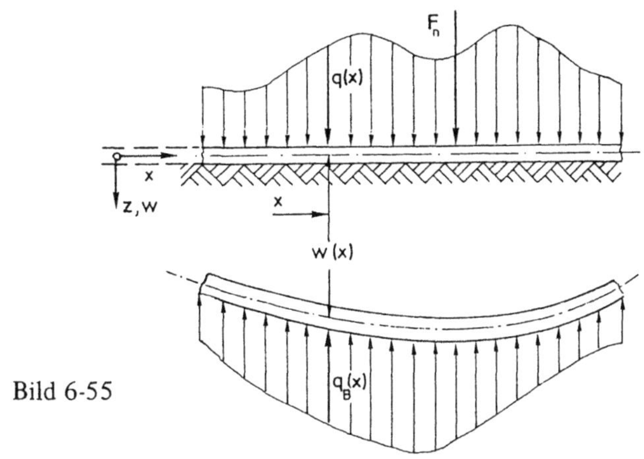

Bild 6-55

Da die Belastung stets additiv ist, gilt zunächst für die Gesamtbelastung

$$q_\Sigma(x) = q(x) - q_B(x) \qquad (6.190)$$

Nun soll die Nachgiebigkeit des Bodens (Unterlage) elastischen Charakter haben; also es soll an jeder Stelle x eine lineare Proportionalität zwischen dem Bodendruck $q_B(x)$ und der Auslenkung $w(x)$ bestehen, d.h.

$$q_B(x) = k\,w(x) \qquad (6.191)$$

k ist ein Proportionalitätsfaktor, den man *Balkenbettungsziffer* nennt. Letztere entspricht dem Elastizitätsmodul E im HOOKEschen Gesetz.

Setzt man (6.191) in (6.190) ein und verwendet wieder die DGL der elastischen Linie (6.83) aus 6.4.6, so wird wegen

$$E I_y\, w^{IV}(x) = -\,M_y(x)'' = -\,Q_z(x)' = +\,q_\Sigma(x) = q(x) - q_B(x)$$

$$E I_y\, w^{IV}(x) = q(x) - k\, w(x) \qquad\qquad (6.192)$$

bzw.

$$w^{IV}(x) + \frac{k}{E I_y}\, w(x) = \frac{q(x)}{E I_y} \qquad\qquad (6.193)$$

Das ist eine *lineare, gewöhnliche inhomogene* DGL *vierter Ordnung* mit konstanten Koeffizienten (k, E, I_y) für die unbekannte Durchsenkung w(x) des elastisch gebetteten Balkens. Ist q(x) = 0, also die Belastung z.B. durch Einzelkräfte F_n, nicht aber durch Streckenlasten gegeben, so ist die *homogene* DGL:

$$w^{IV}(x) + \frac{k}{E I_y}\, w(x) = 0 \qquad\qquad (6.193a)$$

Die Lösung der DGL wird in eine Lösung der homogenen und in eine Lösung der inhomogenen DGL zerlegt und anschließend zur Gesamtlösung superponiert (lineare DGL). Die Lösung der homogenen DGL heißt *homogene Lösung*, die der inhomogenen DGL heißt *partikuläre Lösung*. Die partikuläre Lösung ist abhängig vom Funktionscharakter q(x). Insofern kann sie jeweils nur von Fall zu Fall angegeben werden.

Die homogene DGL ist dagegen grundsätzlich und allgemein lösbar. Dazu wird (6.193a) mit

$$\frac{k}{E I_y} = 4\,\alpha^4 = \text{const} \qquad\qquad (6.193b)$$

in die Form

$$w^{IV} + 4\,\alpha^4\, w = 0 \qquad\qquad (6.194)$$

gebracht. Da die Lösung dieser Gleichung nur innerhalb der Funktionenklasse zu suchen ist, deren vierte Ableitung (w^{IV}) bis auf einen konstanten Faktor gleich der nicht abgeleiteten, gesuchten Funktion w(x) ist, kann von dem möglichen *Ansatz*

$$w(x) = e^{\lambda x}; \quad \lambda = \text{const}; \quad w \text{ normiert}^{1)} \qquad\qquad (6.195)$$

$^{1)}$ durch Division mit einer beliebigen Größe $w_0[L]$ dimensionslos gemacht.

ausgegangen werden. Dabei ist λ eine noch unbekannte Konstante. Ableiten und Einsetzen des Ansatzes in die DGL (6.194) liefert

$$\lambda^4 e^{\lambda x} + 4\,\alpha^4\, e^{\lambda x} = 0$$

$$(\lambda^4 + 4\,\alpha^4)\, e^{\lambda x} = 0,$$

was für alle x nur durch

$$\lambda^4 + 4\,\alpha^4 = 0 \qquad\qquad (6.196)$$

erfüllt werden kann. (6.196) heißt die *charakteristische Gleichung* des Problems. Sie gestattet die Bestimmung der unbekannten Größe λ, wobei hier vier Wurzeln (Lösungen) dieser algebraischen Gleichung vierten Grades folgen. Der *Grad* der charakteristischen Gleichung (hier: vier) korrespondiert also mit der *Ordnung* der DGL. Man erhält aus (6.196)

$$\lambda^4 = -4\,\alpha^4 \qquad \text{bzw.} \qquad \lambda = \pm\sqrt[4]{-4\,\alpha^4}$$

mit $\sqrt{-1} = i$ die vier Lösungen

$$\left.\begin{matrix}\lambda_1\\ \lambda_2\\ \lambda_3\\ \lambda_4\end{matrix}\right\} = \sqrt[4]{-1}\,\sqrt[4]{4}\,\sqrt[4]{\alpha^4} = \sqrt[4]{-1}\,\sqrt{2}\,\alpha = \left\{\begin{matrix}+\sqrt{i}\,\sqrt{2}\,\alpha\\ -\sqrt{i}\,\sqrt{2}\,\alpha\\ +\sqrt{-i}\,\sqrt{2}\,\alpha\\ -\sqrt{-i}\,\sqrt{2}\,\alpha\end{matrix}\right.$$

Das Argument der komplexen Zahl „-1" in der komplexen Zahlenebene ist $\varphi = \pi + 2n\pi$ für $n \in \mathcal{N}_0$ ($= 0, 1, 2, 3, 4 \ldots$). Da nun stets $e^{i\varphi} = \cos\varphi + i\sin\varphi$ gilt, ist

$$e^{(1+2n)\pi i} = \cos\left[(1+2n)\,\pi\right] + i\sin\left[(1+2n)\,\pi\right] = -1.$$

Somit folgt für die vier Lösungen auch

$$\sqrt[4]{-1} = e^{\frac{(1+2n)\pi}{4}i} = e^{i\frac{\pi}{4}}, e^{i\frac{3}{4}\pi}, e^{i\frac{5}{4}\pi}, e^{i\frac{7}{4}\pi},$$

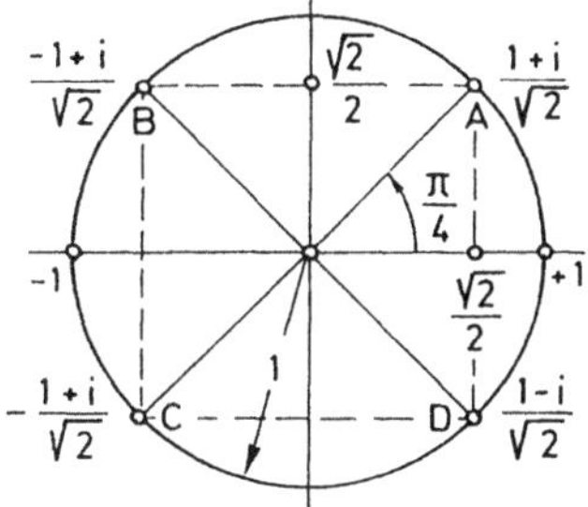

Bild 6-56

die sich auf dem Einheitskreis der komplexen Zahlenebene (Bild 6-56) durch die Punkte A, B, C, D darstellen lassen. Die vier Lösungen von λ sind demnach

$$\lambda_1 = \alpha(1+i);\ \lambda_2 = \alpha(-1+i);\ \lambda_3 = -\alpha(1+i);\ \lambda_4 = \alpha(1-i) \qquad (6.197)$$

Die vier Lösungen der DGL folgen damit nach (6.195) zu

$$w_j(x) = e^{\lambda_j x} \qquad (j = 1, 2, 3, 4) \qquad\qquad (6.198)$$

wobei für jedes j die DGL (6.194) mit dem jeweiligen λ_j nach (6.197) erfüllt wird (Grund-lösungen, Stammfunktion). In der Theorie der gewöhnlichen Differentialgleichungen wird nun gezeigt, wie die Gesamtlösung der DGL aus den voneinander unabhängigen Grundlösungen zu bilden ist. Danach gilt folgender Satz:

Satz 6.8:

Ist $L^m[x] = 0$ eine gewöhnliche lineare homogene Differentialgleichung m-ter Ordnung,

1. so ist die charakteristische Gleichung eine algebraische Gleichung vom Grade m mit m Wurzeln

   (hier: m = 4, d.h. $\lambda_1, \lambda_2, \lambda_3, \lambda_4$);

2. sind diese Wurzeln voneinander unabhängig (keine Mehrfach-Wurzeln), so stellt jede der m Wurzeln in Anwendung auf die Stammfunktion (Ansatz) eine Grund-lösung dar

   (hier: $w_1 = e^{\lambda_1 x}$, $w_2 = e^{\lambda_2 x}$, $w_3 = e^{\lambda_3 x}$, $w_4 = e^{\lambda_4 x}$);

3. so ist die allgemeine, vollständige Lösung der DGL (allgemeines Integral) die Linearkombination der m voneinander unabhängigen Grundlösungen, also

$$w(x) = \sum_{j=1}^{m} C_j w_j(x)$$

Mit „vollständiger" Lösung ist gleichzeitig gesagt, daß es bei gewöhnlichen DGLen nur diese und keine anderen Lösungen darüber hinaus gibt.

Anmerkung: Die lineare Unabhängigkeit der Grundlösungen wird i.a. zweckmäßigerweise über die sog. WRONSKIsche Determinante

$$\Delta(w_i) = \begin{vmatrix} w_1(x) & w_2(x) & w_3(x) & w_4(x) & \cdots \\ w_1'(x) & w_2'(x) & w_3'(x) & \cdot \\ w_1''(x) & w_2''(x) & \cdot & \cdot \\ w_1'''(x) & \cdot & \cdot & \cdot \\ \cdot & \cdot & \cdot & \cdot \end{vmatrix} \neq 0$$

abgefragt bzw. bestätigt.

Mit Satz 6.8 kann nun sofort die vollständige, allgemeine Lösung der DGL (6.194) als Linearkombination der vier unabhängigen Grundlösungen (6.198) angegeben werden:

$$w(x) = \sum_{1}^{4} C_j w_j(x) = \sum C_j e^{\lambda_j x}$$

$$w(x) = C_1 e^{\alpha(1+i)x} + C_2 e^{\alpha(-1+i)x} + C_3 e^{-\alpha(1+i)x} + C_4 e^{\alpha(1-i)x} \qquad (6.199)$$

Diese Lösung, bei der die Konstanten C_j noch komplex sein können, wird mit

$$e^{\pm i\alpha x} = \cos \alpha x \pm i \sin \alpha x$$

zunächst in die Form gebracht

$$w(x) = (\cos \alpha x + i \sin \alpha x)(C_1 e^{\alpha x} + C_2 e^{-\alpha x})$$
$$+ (\cos \alpha x - i \sin \alpha x)(C_3 e^{-\alpha x} + C_4 e^{\alpha x})$$

bzw.

$$w(x) = e^{\alpha x}[C_1(\cos \alpha x + i \sin \alpha x) + C_4(\cos \alpha x - i \sin \alpha x)]$$
$$+ e^{-\alpha x}[C_2(\cos \alpha x + i \sin \alpha x) + C_3(\cos \alpha x - i \sin \alpha x)]$$
$$= e^{\alpha x}[(C_1 + C_4) \cos \alpha x + i(C_1 - C_4) \sin \alpha x]$$
$$+ e^{-\alpha x}[(C_2 + C_3) \cos \alpha x + i(C_2 - C_3) \sin \alpha x] \ .$$

Da $w(x)$ reell ($\in \mathscr{R}$) ist, muß gelten

$$C_1 + C_4 = A_1 \in \mathscr{R}; \qquad C_2 + C_3 = A_3 \in \mathscr{R}$$
$$i(C_1 - C_4) = A_2 \in \mathscr{R}; \quad i(C_2 - C_3) = A_4 \in \mathscr{R}$$

Mit den vier, somit reellen Konstanten A_i folgt dann für die Lösung schließlich:

$$w(x) = e^{\alpha x}(A_1 \cos \alpha x + A_2 \sin \alpha x) + e^{-\alpha x}(A_3 \cos \alpha x + A_4 \sin \alpha x) \qquad (6.200)$$

Die vier willkürlichen, reellen Konstanten dieser allgemeinen vollständigen Lösung der homogenen DGL (6.194) können wieder durch Anpassung an die Randbedingungen bestimmt werden. Damit ist das Problem für $q(x) = 0$ gelöst.

Im Falle $q(x) \neq 0$ ist neben dieser homogenen Lösung eine partikuläre Lösung durch einen erneuten Ansatz $w_p(x)$ zu finden. Dabei wird $w_p(x)$ so gewählt, daß nach Einsetzen in die inhomogene DGL (6.193) diese gerade erfüllt wird, d.h. daß für alle x die linke Seite von (6.193) mit $L[w_p(x)]$ gleich der rechten Seite $q(x)$ ist. Es wird damit offensichtlich, daß $w_p(x)$ auf $q(x)$ speziell zugeschnitten ist, also je nach Vorgabe $q(x)$ nur von Fall zu Fall das spezielle $w_p(x)$ angegeben werden kann.

Beispiel: Die elastisch gebettete Schiene (Balken EI_y, Bettungsziffer k) sei bei $x = 0$ durch die Kraft $F = 2G$ (Achslast) nach Bild 6-57 belastet. Gesucht ist die Durchsenkung $w(x)$ sowie der Verlauf der Querkraft $Q(x)$ und des Biegemomentes $M(x)$.

Lösung:
Unter Ausnutzung der Symmetrie des Problems wird nur der „halbe" Balken ($x \geqslant 0$) unter der halben Last G betrachtet. Als Randbedingungen sind dann formulierbar

$$w'(0) = 0 \tag{1}$$
$$w(x \to \infty) = 0 \tag{2}$$
$$EI_y w'''(0) = -Q(0) = +G \tag{3}$$

(gesamter Querkraftsprung $\Delta Q = -2G$)

Da die Streckenlast $q(x) = 0$ ist, ist nur die homogene DGL nach (6.193a) zu lösen. Diese Lösung liegt mit (6.200) bereits allgemein vor. Sie ist damit nur noch den Randbedingungen anzupassen.

Aus (2) folgt wegen der Forderung, daß $w(x)$ für alle x endlich und für $x \to \infty$ Null sein soll, sowie wegen (6.193b), wonach

$$\alpha = \sqrt[4]{\frac{k}{4 EI_y}} > 0$$

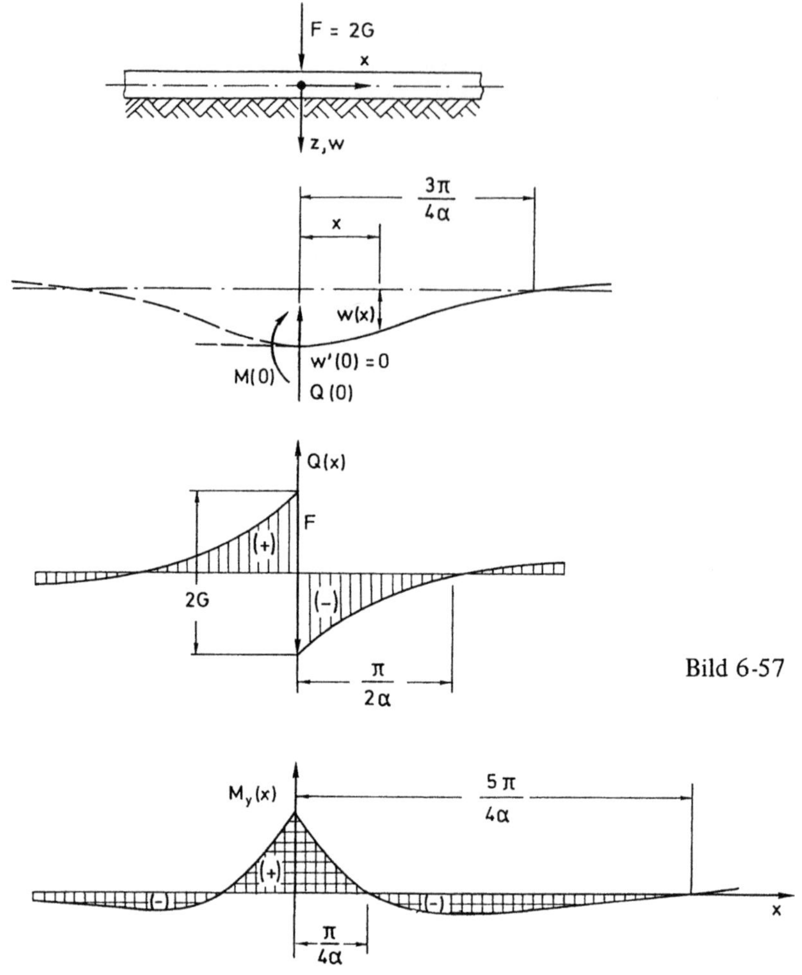

aus physikalischen Gründen sets positiv sein muß:

$$A_1 = A_2 = 0 \ . \tag{4}$$

Anderenfalls würde der Term $e^{+\alpha x}$ für $x \to \infty$ über alle Grenzen wachsen. Damit verbleibt nur noch

$$w(x) = e^{-\alpha x}(A_3 \cos \alpha x + A_4 \sin \alpha x)$$

$$w'(x) = \alpha e^{-\alpha x}[(A_4 - A_3) \cos \alpha x - (A_3 + A_4) \sin \alpha x] \ .$$

Wegen (1), also $w'(0) = 0$, folgt dann

$$A_3 = A_4 = A \ . \tag{5}$$

Nach weiterer Ableitung zur Erfüllung der Querkraftbedingung (physikalische RB) wird aus

$$w'(x) = -2A\alpha e^{-\alpha x} \sin \alpha x$$

$$w''(x) = 2A\alpha^2 e^{-\alpha x} (\sin \alpha x - \cos \alpha x)$$

$$w'''(x) = 4A\alpha^3 e^{-\alpha x} \cos \alpha x \ .$$

Aus (3), also

$$EI_y \, w'''(0) = G = EI_y \, 4 \, A \, \alpha^3$$

folgt schließlich für die verbliebene Konstante

$$A = \frac{G}{4 \, EI_y \, \alpha^3} = \frac{G \, \alpha}{k} = \frac{G}{\sqrt[4]{4 \, EI_y \, k^3}} \; . \tag{6}$$

Dann ist schließlich

$$w(x) = G \, \frac{\alpha}{k} \, e^{-\alpha x} (\cos \alpha x + \sin \alpha x) \tag{7}$$

mit $\max w = w(0) = A = \dfrac{G \, \alpha}{k}$ und

$$Q(x) = -EI_y \, w'''(x) = -G \, e^{-\alpha x} \cos \alpha x$$

$$M(x) = -EI_y \, w''(x) = \frac{G}{2 \alpha} \, e^{-\alpha x} (\cos \alpha x - \sin \alpha x) \; . \tag{8}$$

Die zugehörigen Verläufe sind in Bild 6-57 qualitativ aufgetragen. Für den linken Balkenteil $x \leqslant 0$ gelten sie nach Umkehr der x-Richtung (positiv nach links). Für die Nullstellen der Biegelinie ergibt sich:

$$\alpha x_n = \frac{(4 \, n - 1)}{4} \, \pi; \quad x_1 = \frac{3 \, \pi}{4 \, \alpha}; \quad x_2 = \frac{7 \, \pi}{4 \, \alpha}; \ldots$$

Für die Nullstellen der Querkraftkurve folgt

$$\alpha x_{Qn} = \frac{2 \, n - 1}{2} \, \pi; \quad x_{Q1} = \frac{\pi}{2 \, \alpha}; \quad x_{Q2} = \frac{3 \, \pi}{2 \, \alpha}; \ldots$$

Für die Nullstellen der Momentenkurve folgt

$$\alpha x_{Mn} = \frac{4 \, n - 3}{4} \, \pi; \quad x_{M1} = \frac{\pi}{4 \, \alpha}; \quad x_{M2} = \frac{5 \, \pi}{4 \, \alpha}; \ldots$$

Die Lösung ist streng nur gültig, wenn im Bereich negativer w, also für $x_1 < x < x_2$ auch „negative Bodendrücke" q_B zugelassen sind, d.h. vom Untergrund auf die Schiene auch Zugspannungen ausgeübt werden können (Schienennägel, Klebung o.ä.).

Für einen Balken endlicher Länge bleibt die Lösung prinzipiell bestehen – nur müssen die Konstanten A_i aus anderen Randbedingungen, z.B. aus der Bedingung eines freien Randes: $M(l) = Q(l) = 0$ bzw. $w''(l) = w'''(l) = 0$ bestimmt werden.

6.11 Torsion (erweiterte Theorie)

6.11.1 Torsion dünnwandiger geschlossener Querschnitte

Nachdem in einer elementaren Torsionstheorie zunächst nur die doppeltsymmetrischen Kreis- und Kreisringquerschnitte behandelt worden sind (vgl. 6.7), aber damit gleichzeitig die Bedeutung von geschlossenen Hohlprofilen (Kreisring) gegenüber kompakten Querschnitten (Vollkreis) deutlich wurde, ist eine Erweiterung der Torsion auf Hohlprofile beliebiger Querschnittsform erforderlich. Dabei gelingt diese Erweiterung zunächst am einfachsten für geschlossene (zweifach zusammenhängende) und dünnwandige Querschnitte ($\delta \ll |r|$) (vgl. Bild 6-58), wenn man folgende Voraussetzungen macht:

1. Die Umrißform des Querschnitts bleibe bei der Deformation erhalten.

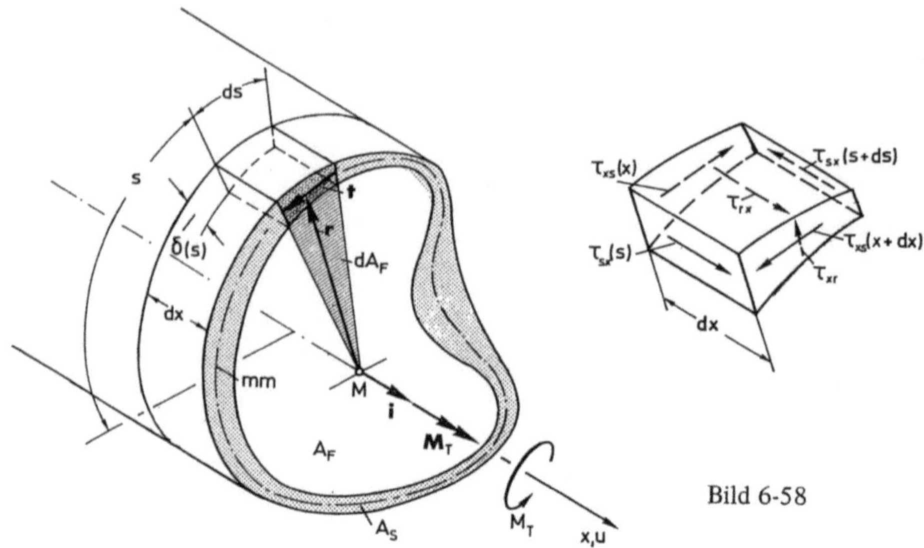

Bild 6-58

2. Die bei nicht-kreisförmigen Querschnitten zu erwartende Verschiebung u(s) der
    materiellen Punkte auf der Querschnittsfläche A_S in Richtung der Balkenlängsachse
    x – die sog. *Verwölbung* – sei unbehindert. Diese Voraussetzung ist gleichwertig mit
    der Bedingung der Normalspannungsfreiheit in x-Richtung, also $\sigma_{xx} = 0$. Ist diese
    Voraussetzung z.B. durch feste Einspannungen an den Enden des Balkens nicht er-
    füllt, so sind durch diese Behinderung der Deformation u in x-Richtung zusätzliche
    Normalspannungen σ_{xx} bzw. Normalkräfte N in Längsrichtung zwangsläufig die
    Folge.

3. Das Torsionsmoment sei an einer beliebigen Stelle $x = x_0$ eingeleitet und bleibe (zu-
    mindest abschnittsweise) konstant über x. Momentenschüttungen m_x sollen nicht vor-
    liegen.

Unter diesen Voraussetzungen gilt (vgl. auch Bild 6-58):

(1) Wegen der Gleichheit der einander zugeordneten Tangentialspannungen folgt aus
     $\tau_{rx} = 0$ auch $\tau_{xr} = 0$, d.h. die Torsionsspannungen sind nur die Spannungen τ_{xs}. Sie
     tangieren den Rand des Querschnitts und sind wegen der Voraussetzung kleiner Wand-
     stärken parallel zur Mittellinie mm des Materialquerschnitts, also

     $$\tau_{rx} = \tau_{xr} = 0 \; ; \qquad \tau_{xs} = \tau_{xs}(x, s) = \tau_{sx} = \tau_{sx}(x, s) \neq 0 \; .$$

     Wie in 6.6 werde daher wieder statt der Tangentialspannungen selbst der Schubfluß

     $$t_s(x, s) = \tau_{xs}(x, s)\, \delta(x, s) = t_x(x, s) = \tau_{sx}(x, s)\, \delta(x, s)$$

     verwendet.

(2) Aus der GGB in x-Richtung folgt dann wegen $\sigma_{xx} = 0$

     $$t_x(s, x)\, dx - t_x(s + ds, x)\, dx = 0 \; ,$$

was mit (1.47) übergeht in

$$- t_x(s, x)\, dx + \left[t_x(s, x) + \frac{\partial t_x}{\partial s}\, ds \right] dx = 0, \quad \text{also}$$

$$\frac{\partial t_x}{\partial s} = 0; \quad t_x = t_x(x) \neq t_x(s)$$

über den gesamten Umfang s zur Folge hat.

(3)   Aus der GGB in Umfangsrichtung s folgt dann entsprechend

$$- t_s(x, s)\, ds + t_s(x + dx, s)\, ds = 0, \quad \text{woraus sich mit (1.47)}$$

$$- t_s(x, s)\, ds + \left[t_s(x, s) + \frac{\partial t_s}{\partial x}\, dx \right] ds = 0, \quad \text{also}$$

$$\frac{\partial t_s}{\partial x} = 0; \quad t_s = t_s(s) \neq t_s(x)$$

über die gesamte Balkenlänge x ergibt

(4)   Da nach (1) $\tau_{xs} = \tau_{sx} = \tau$, also auch $t_x = t_s$ ist, führt (2) und (3) zusammen zur Aussage

$$t_x = t_s = t = \tau(s)\, \delta(s) = \text{const} \tag{6.201}$$

wonach der Schubfluß für alle Stellen des Balkens konstant ist. Das vorgegebene Torsionsmoment $M(x_0)$ ist nach Voraussetzung 3. auch die (einzige) Schnittlast M_T an jeder Stelle x. Nach der Äquivalenzbedingung (6.119) bzw. nach Bild 6-58 muß zwischen der maßgeblichen Schnittlast und den Spannungen der Zusammenhang bestehen:

$$M_T = \int\limits_{A_S} r \times \sigma_n\, dA = \int\limits_{s} r \times \tau(s)\, \delta(s)\, ds$$

$$M_T = \int\limits_{s} r \times t\, ds = \int\limits_{s} r \times t\, e_T\, ds \tag{6.202}$$

Da r und t in der Schnittebene liegen, ist wie in 6.6 (Bild 6-39) bzw. Gl. (6.121) für beliebige Querschnittsform

$$r \times t\, ds = r \times t\, e_T\, ds = t\, (r \times e_T\, ds)$$

$$r \times t\, ds = t\, (2\, dA_F\, i) \tag{6.203}$$

Mit $\mathbf{M_T} = M_T\,\mathbf{i}$ folgt aus Vergleich beider Seiten und unter Benutzung von (6.201), wonach $t = \mathrm{const}$ ist,

$$M_T = \int\limits_{A_F} 2\,t\,dA_F = 2\,t \int\limits_{A_F} dA_F = 2\,t\,A_F \tag{6.204}$$

Die bei der Integration auftretende Fläche ist dabei nicht der Materialquerschnitt A_S, sondern die vom „Fahrstrahl" r (Vektor vom Flächenmittelpunkt $M = 0$ bis zur Mittellinie des Materialquerschnitts mm) überstrichene Fläche A_F bei vollständiger Umfahrung des Querschnitts (Bild 6-58) — also damit die gesamte von der Mittellinie umschlossene Fläche. Damit folgt für den Schubfluß nach (6.204)

$$t = \tau(s)\,\delta(s) = \frac{M_T}{2\,A_F}$$

bzw. die sog. *erste* BREDT*sche*[1] *Formel* für die Torsionsspannung

$$\tau(s) = \frac{M_T}{2\,\delta(s)\,A_F} = \frac{M_T}{W_T} \tag{6.205}$$

Die Größe im Nenner $W_T = 2\,\delta(s)\,A_F$ ersetzt damit für dünnwandige, geschlossene Querschnitte das Widerstandsmoment W_p der kreisförmigen Querschnitte.

Für ein dünnwandiges Kreisrohr müßte also bei gleicher Aussage beider Theorien $W_T \approx W_p$ sein, wovon man sich wegen

$$W_p = \frac{I_p}{a} \approx \frac{a^2\,2\,\pi\,\delta\,a}{a} = 2\,\pi\,\delta\,a^2 \quad \text{und} \quad W_T = 2\,\delta\,A_F = 2\,\delta\,(\pi\,a^2)$$

sofort überzeugt.

Zur Berechnung der Deformation benutzt man die Tatsache, daß nur noch eine Tangentialspannung $\tau_{xs} = \tau_{sx} = \tau$ auftritt, woraus bei elastischem Materialgesetz auch nur eine Gleitung

$$\gamma_{xs} = \gamma_{sx} = \gamma(s) = \frac{1}{G}\,\tau(s) = \frac{\partial u}{\partial s} + \frac{\partial v}{\partial x} \tag{6.206}$$

folgt. Dabei ist u wieder die Verschiebung in x-Richtung und v entsprechend die Verschiebung in tangentialer (Umfangs-)Richtung (Bild 6-59). Die unverformte Konfiguration ⓪ geht dabei in die deformierte Konfiguration ① bzw. ② über, wobei in ① nur die nach obiger Voraussetzung unter Erhalt der Querschnittsform zugelassene ebene Drehung um die x-Achse mit der Verschiebung $d\mathbf{p}\,(P \to P')$ und in ② noch die zusätzliche Verschiebung $d\mathbf{u}$ aufgrund der zu erwartenden Verwölbung $(P' \to P'')$ dargestellt ist.

Während über die Größe der in (6.206) auftretenden unbehinderten Wölbverschiebung u nichts weiter ausgesagt werden kann, läßt sich für v wegen der nur zugelassenen ebenen

---

[1] nach R. BREDT, 1896

Drehung des gesamten Querschnitts noch ein Zusammenhang mit dem Torsions- bzw. Drillwinkel $\vartheta(x)$ herstellen. Danach ist für eine reine Drehung (vgl. Kinematik, Gl. (2.109) aus 2.4)

$$d\mathbf{p} = d\boldsymbol{\vartheta} \times \mathbf{r} \ .$$

Die Projektion auf die Tangentenrichtung $\mathbf{e}_T$ ist

$$dv = \mathbf{e}_T \cdot d\mathbf{p} \ .$$

Somit folgt

$$dv = \mathbf{e}_T \cdot (d\boldsymbol{\vartheta} \times \mathbf{r}) \ .$$

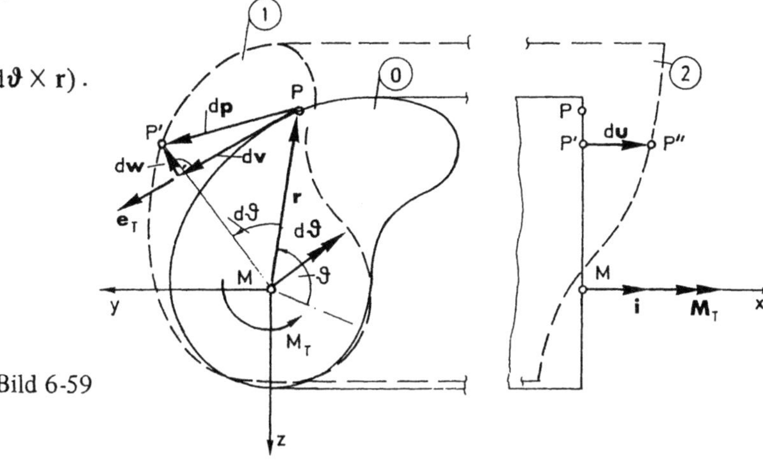

Bild 6-59

Der Spatproduktsatz (1.92) liefert dafür mit $d\boldsymbol{\vartheta} = d\vartheta\,\mathbf{i}$

$$dv = d\boldsymbol{\vartheta} \cdot (\mathbf{r} \times \mathbf{e}_T) = d\vartheta\,\mathbf{i} \cdot (\mathbf{r} \times \mathbf{e}_T)$$

oder auch unter Einführung der Drillung $D = d\vartheta\,(x)/dx = \vartheta'$ (s. 6.151))

$$dv = \left(\frac{d\vartheta}{dx}\,dx\right)\mathbf{i} \cdot (\mathbf{r} \times \mathbf{e}_T) = D\,dx\,\mathbf{i} \cdot (\mathbf{r} \times \mathbf{e}_T) \ .$$

Setzt man das in (6.206) ein, so wird

$$\gamma(s) = \frac{1}{G}\,\tau(s) = \frac{\partial u}{\partial s} + \frac{\partial v}{\partial x} = \frac{\partial u}{\partial s} + D\,[\mathbf{i} \cdot (\mathbf{r} \times \mathbf{e}_T)] \qquad (6.207)$$

Unter Auflösung nach der Verwölbung und Wiedereinführung des konstanten Schubflusses (6.201) folgt daraus

$$\frac{\partial u}{\partial s} = \frac{t}{G\,\delta(s)} - D\,[\mathbf{i} \cdot (\mathbf{r} \times \mathbf{e}_T)].$$

Die Integration über s von s = 0 zunächst bis zu einer beliebigen Stelle s_0 ergibt

$$\int_0^{s_0} \frac{\partial u}{\partial s}\,ds = \int_0^{s_0} \frac{t}{G\,\delta(s)}\,ds - \int_0^{s_0} D\,\mathbf{i} \cdot (\mathbf{r} \times \mathbf{e}_T)\,ds \ .$$

Dabei lassen sich wegen der Invarianz von der Bogenlänge s aus dem ersten Integral t und G und aus dem zweiten D und i vorziehen und man erhält

$$u(s_0) - u(0) = \frac{t}{G} \int_0^{s_0} \frac{ds}{\delta(s)} - D\, i \cdot \int_0^{s_0} (r \times e_T)\, ds \qquad (6.208)$$

Wieder tritt mit dem zweiten Integral eine Integration über die Mittellinienfläche (vgl. (6.203)

$$(r \times e_T)\, ds = 2\, dA_F\, i$$

auf. Damit folgt für die Verwölbung $u(s_0)$ (die Starrkörperverschiebung $u(0)$ sei Null gesetzt)

$$u(s_0) = \frac{t}{G} \int_0^{s_0} \frac{ds}{\delta(s)} - 2\, D\, A_F(s_0) \qquad (6.209)$$

Die darin noch unbekannte Drillung kann schließlich noch bestimmt werden, wenn man die Integration über einen gesamten Umlauf des Querschnitts wieder bis zum Ausgangspunkt $s = 0$ erstreckt (Umlaufintegral $\oint$). Da die Verwölbung für den Ausgangspunkt identisch ist, verschwindet bei einem Umlauf die linke Seite von (6.208) unabhängig von der Ausgangsgröße $u(0)$ und $A_F(s_0)$ geht wieder in A_F ($\neq A_S$) als die von der Mittellinie des Querschnitts eingeschlossene Gesamtfläche über. Aus (6.209) folgt dann

$$\frac{t}{G} \oint \frac{ds}{\delta(s)} = 2D\, A_F,$$

womit für die Drillung unter Verwendung von (6.205) als sog. *zweite* BREDT*sche Formel* folgt

$$D = \frac{d\vartheta}{dx} = \frac{t}{2G\, A_F} \oint \frac{ds}{\delta(s)} = \frac{M_T}{4G\, A_F^2} \oint \frac{ds}{\delta(s)} \qquad (6.210)$$

Aus ihr kann mit $D = \vartheta'$ auch der Drillwinkel berechnet werden. Ist $M_T = $ const und $A_F = $ const und der Balken z.B. bei $x = 0$ eingespannt ($\vartheta(0) = 0$), so ist $\vartheta(x) = Dx$ mit D nach (6.210). Ebenso kann aus (6.209) mit (6.210) die Verwölbung $u(s_0)$ an einer beliebigen Stelle s_0 des Querschnitts berechnet werden.

Will man auch hier eine Analogie der Deformationsgleichung zu der für Kreisring-Querschnitte (vgl. (6.152) aus 6.7), d.h. zu $D(x) = M_T/G\, I_p$ herstellen, so ist in (6.210) die geometrische Größe

$$\frac{4\, A_F^2}{\oint \dfrac{ds}{\delta(s)}} = I_T \qquad (6.211)$$

als der „*Torsionswiderstand*" I_T statt des polaren Flächenträgheitsmomentes I_p einzuführen. Damit nimmt (6.210) die analoge Form

$$D = \frac{M_T}{GI_T} \qquad (6.212)$$

an. Konsequenterweise ist das Produkt GI_T im Nenner von (6.212) wieder die (hier maßgebliche) „*Torsionssteifigkeit*" (vgl. 6.7.3). Für den Kreisringquerschnitt geringer und konstanter Wandstärke $\delta \ll a$ geht dann nach (6.211)

$$I_T = \frac{4\,[\pi\,a^2]^2}{\oint \dfrac{ds}{\delta}} = \frac{4\,\pi^2\,a^4\,\delta}{2\,\pi\,a} = 2\,\pi\,a^3\,\delta$$

auch wieder in das polare Trägheitsmoment $I_p = 2\pi\delta\,a^3$ über.

Weiter erhält man mit

$$t = \tau\,\delta\,; \qquad D = \frac{M_T}{GI_p} = \frac{\tau}{Ga}\,; \qquad A_F\,(s_0) = \frac{1}{2}\,s_0\,a$$

aus (6.209) die Verwölbung $u\,(s_0) = 0$ für jede beliebige Stelle s_0 des Querschnitts. Wie auch schon in 6.7.2 festgestellt wurde, sind daher Kreisring- und Kreisquerschnitte die einzigen Querschnitte, bei denen keine Verwölbung auftritt. Das rechtfertigt im nachhinein die gesonderte Behandlung der kreisförmigen Querschnitte in Abs. 6.7. Ein Beispiel hierzu findet sich im Anschluß an den folgenden Absatz in Verbindung mit der Torsion dünnwandiger *offener* Querschnitte.

6.11.2 Torsion dünnwandiger offener Querschnitte

Für dünnwandige offene Querschnitte mit unbehinderter Verwölbung kann man die im vorigen Absatz dargestellte Theorie unter gewissen, teilweise drastischen Restriktionen auch auf offene Querschnitte übertragen.

Dazu wird zunächst ein einziger schmaler Rechteckquerschnitt behandelt und dessen Ergebnisse später auf ggf komplexere, aus Rechtecken zusammengesetzte Profile durch Superposition erweitert. Der einzelne Rechteckquerschnitt selbst wird dabei, im Sinne einer einfachen Näherungslösung, in mehrere dünnwandige Hohlquerschnitte (Elementar-Querschnitte) nach Bild 6-60 aufgeteilt, womit für jeden dieser Hohlquerschnitte wieder die Resultate der Torsion dünnwandiger geschlossener Querschnitte gelten. Die dort verwendete Randbedingung, daß die Tangentialspannungen nur jeweils in Umfangsrichtung und wegen der Torsionsspannungsfreiheit am Rand keine Radialkomponente haben, ist

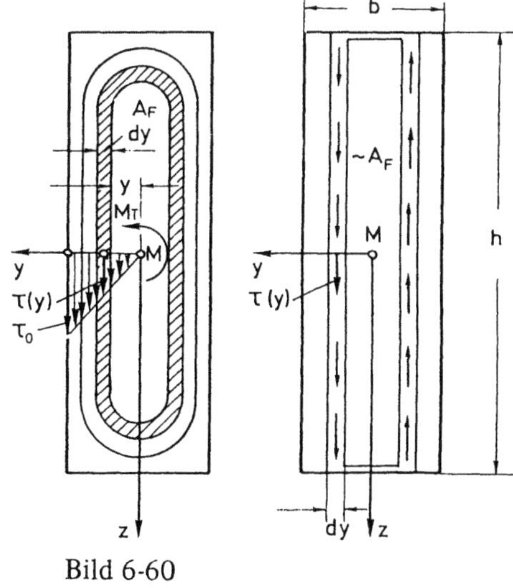

Bild 6-60

wegen der Dünnwandigkeit des Gesamtquerschnitts und der Querabmessungen der einzelnen Elementarquerschnitte auch hier erfüllt. Die Breite δ (s) von 6.11.1 wird also damit nur durch die „Breite" dy des Elementarquerschnitts ersetzt. Die Torsionsspannung ist dabei von Element zu Element veränderlich, somit ist in den senkrechten „Stegen" $\tau = \tau$ (y) und für den Schubfluß gilt dort

$$dt = \tau(y)\, dy \qquad (6.213)$$

Da mit diesen Voraussetzungen die BREDTschen Formeln für jeden Elementarquerschnitt gelten, ist (vgl. (6.205))

$$dM_T = 2\, A_F(y)\, \tau(y)\, dy \qquad (6.214)$$

der Anteil des schraffierten Teils am gesamten Torsionsmoment M_T, wobei $A_F(y)$ wieder die insgesamt vom jeweiligen Elementarquerschnitt umschlossene Fläche ist. Dann gilt nach Summation aller Teilflächen zum Gesamtquerschnitt auch

$$M_T = \int dM_T = \int_y 2\, A_F(y)\, \tau(y)\, dy \qquad (6.215)$$

Dies stellt in dem hier vorliegenden Fall die maßgebliche Äquivalenzbedingung zwischen der unbekannten Tangentialspannung $\tau(y)$ und dem Schnittlast-Torsionsmoment M_T dar. Diese Integralgleichung wird wieder durch eine Spannungs-Hypothese (NAVIER-Hypothese) in Form eines Ansatzes gelöst. Die exakte Theorie bzw. die Realität bestätigt die Zulässigkeit eines linearen Ansatzes in der Form

$$\tau(y) = C\, y + D \qquad (6.216)$$

$$M_T \approx 8\,\tau_0\,\frac{h}{b}\int\limits_{0}^{\frac{b}{2}} y^2\,dy = \frac{1}{3}\tau_0 b^2 h \tag{6.217}$$

woraus zunächst die Unbekannte τ_0 als die maximale *Torsionsspannung* $\tau(\pm\,b/2)$ folgt:

$$\tau_0 = \frac{3\,M_T}{b^2 h} \tag{6.218}$$

Vergleicht man dieses mit (6.205), so ist wegen $\tau = \dfrac{M_T}{W_T} = \dfrac{3\,M_T}{b^2 h}$ das Widerstandsmoment $W_T = \dfrac{b^2 h}{3}$.

Die *Torsionsspannung* $\tau(y)$ ist entsprechend (6.216a)

$$\tau(y) = 2\tau_0\,\frac{y}{b} \approx \frac{6\,M_T}{b^3 h}\,y \tag{6.218a}$$

Für die Drillung D gilt dann auch die zweite BREDTsche Formel, wobei zunächst der Torsionswiderstand nach (6.211) für einen Elementquerschnitt näherungsweise die Größe ($\delta \,\hat{=}\, dy$)

$$dI_T = \frac{4\,A_F^2(y)}{\dfrac{2\,h}{dy}} \approx \frac{4(2\,yh)^2}{\dfrac{2\,h}{dy}} = 8\,hy^2\,dy$$

hat, also für den Gesamtquerschnitt

$$I_T = \int dI_T \cong \int\limits_{y=0}^{\frac{b}{2}} 8\,hy^2\,dy = \frac{1}{3}\,b^3 h \tag{6.219}$$

ist. Damit ist nach (6.210) bzw. (6.212) die *Drillung*

$$D = \frac{M_T}{G I_T} = \frac{3\,M_T}{Ghb^3} \tag{6.220}$$

Für alle schmalen Rechtecke und für aus solchen zusammengesetzte Profile (T, L, U, I, J, $\square$ usw.) läßt sich mit (6.218) die Torsionsspannung und mit (6.220) die Drillung berechnen, wobei im Falle von zusammengesetzten Querschnitten ges I_T einfach aus der Summe der Torsionswiderstände der k beteiligten Rechtecke gemäß (6.219) in der Form

$$\text{ges}\,I_T = \sum_{k} \frac{1}{3}\,b_k^3 h_k \tag{6.221}$$

zu bilden ist.

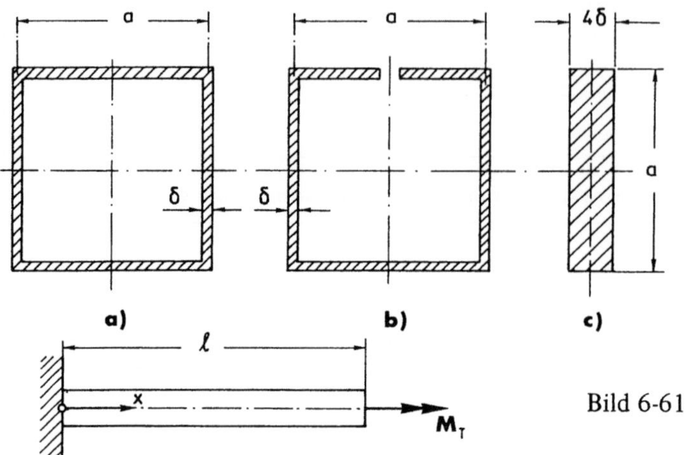

Beispiel: Die in Bild 6-61 dargestellten Profile, wobei 1) ein geschlossener Kastenträger sowie 2) der entsprechende offene Träger und 3) ein Rechteckquerschnitt gleicher Fläche $A = 4\,a\delta$ ist, sollen hinsichtlich ihrer maximalen Torsionsspannungen und ihrer Verdrillung D bzw. ihres maximalen Drillwinkels ϑ untersucht und verglichen werden. Die Belastung sei in allen Fällen das gleiche Torsionsmoment M_T bei $x = l$. Für $x = 0$ sei $\vartheta(0) = 0$ (z. B. Einspannung).

Lösung:

1) Hier liegt gemäß Abs. 6.11.1 ein geschlossener Querschnitt mit der Materialfläche $A_M = 4\,\delta a$ und mit der von der Mittellinie umschlossenen Gesamtfläche $A_F = a^2 \gg A_M$ vor. Dann ist nach der ersten BREDTschen Formel (6.205)

$$\max \tau_1 = \frac{M_T}{2\,\delta\,A_F} = \frac{M_T}{2\,\delta a^2}\;.$$

Der Torsionswiderstand wird hierfür nach (6.211)

$$I_T \approx \frac{4\,A_F^2}{\displaystyle\oint \frac{ds}{\delta(s)}} = \frac{4\,(a^2)^2}{\dfrac{a}{\delta} + \dfrac{a}{\delta} + \dfrac{a}{\delta} + \dfrac{a}{\delta}} = a^3\delta\;.$$

Also folgt nach der zweiten BREDTschen Formel (6.210) für die Drillung

$$D_1 = \frac{M_T}{G\,I_T} = \frac{M_T}{G\,a^3\delta} = \vartheta_1'$$

sowie, nach Integration mit der Randbedingung $\vartheta(0) = 0$, der maximale Drillwinkel

$$\vartheta_1(l) = \frac{M_T\,l}{G\,a^3\,\delta}\;.$$

2) Hier liegt gemäß Abs. 6.11.2 ein offenes Profil (einfach zusammenhängend) mit dem gleichen Materialquerschnitt $A_M \approx 4\,\delta a$ vor. Als grobe Näherung gilt dann für $\max \tau_2 = \tau_0$ unter Addition der fünf den Gesamtquerschnitt bildenden Rechtecke nach (6.218)

$$\max \tau_2 = \frac{3\,M_T}{\sum b^2 h} \approx \frac{3\,M_T}{\left(\delta^2\,\dfrac{a}{2} + \delta^2 a + \delta^2 a + \delta^2 a + \delta^2\,\dfrac{a}{2}\right)} = \frac{3\,M_T}{4\,a\,\delta^2}\;.$$

Der Torsionswiderstand ist nach (6.219)

$$I_{T2} \approx \sum \frac{1}{3} b_k^3 h_k = \frac{1}{3} (\delta^3 a + \delta^3 a + \delta^3 a + \delta^3 a) = \frac{4}{3} a \delta^3 .$$

Damit folgt für die Drillung nach (6.220)

$$D_2 \approx \frac{M_T}{GI_T} = \frac{3 M_T}{4 G a \delta^3} = \vartheta_2'(x)$$

sowie der maximale Drillwinkel

$$\vartheta_2(l) = \frac{3 M_T l}{4 G a \delta^3} .$$

3) Der Rechteckquerschnitt gleicher Materialfläche mit $A_M = 4 \delta a$ ist wieder als dünnwandiger offener Querschnitt nach 6.11.2 zu berechnen. Mit $b = 4 \delta$ und $h = a$ folgt aus (6.218) die maximale Torsionsspannung hier zu

$$\max \tau_3 = \frac{3 M_T}{b^2 h} = \frac{3 M_T}{(4 \delta)^2 a} = \frac{3 M_T}{16 a \delta^2} .$$

Der Torsionswiderstand wird nach (6.219)

$$I_{T3} = \frac{1}{3} b^3 h = \frac{1}{3} (4 \delta)^3 a = \frac{64}{3} a \delta^3$$

und dementsprechend folgt für die Drillung nach (6.220) bzw. den max. Drillwinkel

$$D_3 = \frac{M_T}{GI_T} = \frac{3 M_T}{64 G a \delta^3} = \vartheta_3'(x) \quad \text{bzw.} \quad \vartheta_3(l) = \frac{3 M_T l}{64 G a \delta^3} .$$

Um eine quantitative Vorstellung vom Verhältnis der einzelnen Größen zueinander zu bekommen, werden für einen geschlossenen und offenen Kastenträger mit den Abmessungen $a = 500$ mm und $\delta = 10$ mm sowie für das entsprechende Rechteck ($h = a$, $b = 4 \delta$) die Verhältnisse für τ, I_T und D bzw. ϑ in der folgenden Tabelle 6.4 gegenübergestellt:

Tabelle 6.4

$\dfrac{a}{\delta} = 50$	1.	2.	3.
max. τ	$\dfrac{M_T}{2 \delta a^2}$	$\dfrac{3 M_T}{4 a \delta^2}$	$\dfrac{3 M_T}{16 a \delta^2}$
$\dfrac{\tau}{\tau_1}$	1	$\dfrac{3}{2} \dfrac{a}{\delta} = 75$	$\dfrac{3}{8} \dfrac{a}{\delta} = 18{,}75$
I_T	$a^3 \delta$	$\dfrac{4}{3} a \delta^3$	$\dfrac{64}{3} a \delta^3$
$\dfrac{I_T}{I_{T1}}$	1	$\dfrac{4}{3} \left(\dfrac{\delta}{a}\right)^2 = 0{,}00053$	$\dfrac{64}{3} \left(\dfrac{\delta}{a}\right)^2 = 0{,}00853$
$\vartheta(l)$	$\dfrac{M_T l}{GI_{T1}}$	$\dfrac{M_T l}{GI_{T2}}$	$\dfrac{M_T l}{GI_{T3}}$
$\dfrac{\vartheta(l)}{\vartheta_1(l)}$	1	18 75	117

Damit wird deutlich, wie groß der Unterschied in der Spannung und noch eklatanter in
dem Torsionswiderstand bzw. in der damit berechneten Verdrillung − bei gleichem Materialverbrauch und bei gleicher Belastung − ist. So kann z.B. ein über die Balkenlänge verlaufen-
der Spalt (Riss, offene Schweißstellen, Luken bei Schiffskörpern) die Verdrillung sonst
gleicher Querschnitte um mehrere Größenordnungen (!) verändern. Damit ist die Bedeutung
und Überlegenheit geschlossener Querschnitte gegenüber offenen Querschnitten hinsichtlich
der Torsionsbeanspruchung aufgezeigt.

Für die Torsion aller nichtkreisförmigen Kompakt-Querschnitte und/oder für die Torsion der in ihrer freien Verwölbung behinderten Querschnitte ist jeweils eine gesonderte
Torsionstheorie zu verwenden. In einer Höheren Festigkeitslehre wird dafür die Theorie von
de SAINT-VENANT bei freier, unbehinderter Torsion und, im Falle der behinderten Verwölbung, eine entsprechende Theorie der ,,Wölbkraft-Torsion" bereitgestellt.

6.12 Elementare Energiemethoden der Elastostatik

6.12.1 Innere Energie, Formänderungsenergie

Unter der Einwirkung der äußeren Belastungen auf deformierbare Körper ist, wie die
Abschnitte 6.3 bis 6.11 gezeigt haben, eine Beanspruchung im Innern des Körpers in Form
von Spannungen $\mathbb{S}$ bzw. σ_{ij} und eine Deformation z.B. in Form der linearisierten Verzerrungen $\mathbb{D}$ bzw. ϵ_{ij} festzustellen, die im einzelnen in den jeweiligen Abschnitten berechnet
worden sind. Um diese Deformation herbeizuführen, muß nun eine bestimmte ,,Arbeit"
verrichtet werden, die mit der Deformation im Körper z.T. aufgespeichert und bei Entlastung auch wiedergewonnen werden kann und/oder z.T. irreversibel in thermische (o.a.)
Energie umgesetzt wird. Ist der Körper elastisch (z.B. HOOKEsches Material), so ist die zur
Deformation benötigte Arbeit der äußeren Belastung in Form einer ,,Energie" im Körper
aufgespeichert (elastische Feder), die mit der Entlastung dann vollständig wiedergewinnbar
ist. In allen anderen Fällen ist zwar auch die Summe aller Energien konstant (1. Hauptsatz
der Thermodynamik), jedoch geht dann ein Teil der verrichteten Arbeit für die mechanische
Energie (mech. Energiesatz) verloren.

Die Begriffe ,,Arbeit" und ,,Energie" sind nun unter Verwendung der bereits eingeführten Größen zu definieren. Dabei geht man von den Verzerrungen nach 2.4 in Form des
Verzerrungstensors $\mathbb{D}$ und von den Spannungen nach 3.2 in Form des Spannungstensors
$\mathbb{S}$ aus. In jedem Punkt X des Feldes (Körpers) wird nun (zur Zeit t) der dortige Spannungstensor mit dem dortigen Verzerrungstensor multiplikativ verknüpft. Das Ergebnis heiße
,,Energie", wobei, wegen des skalaren Charakters einer Energie, die multiplikative Verknüpfung ein Doppel-Skalarprodukt der beiden erzeugenden Tensoren $\mathbb{S}$ und $\mathbb{D}$ sein muß.

Ist also $\mathbb{S}$ der Spannungstensor in jedem materiellen Punkt X (zur Zeit t) und $\mathbb{D}$ der
infinitesimale Verzerrungstensor an derselben Stelle (zur selben Zeit) des Körpers $\mathscr{K}$ mit
dem Volumen V und besteht mit $\mathbb{S} = \mathbb{F}(\mathbb{D})$ als Materialgesetz bzw. mit $\mathbb{D} = \mathbb{G}(\mathbb{S})$ als in-
verses Materialgesetz eine eindeutige Zuordnung zwischen diesen Größen, so gelte

---

Def. 6.3

Das Doppel-Skalarprodukt

$$A^{is} := \mathbb{S} \,..\, \mathbb{D} \qquad\qquad\qquad (6.222)$$

ist die *spezifische (mechanische) innere Energie* (innere Energiedichte)

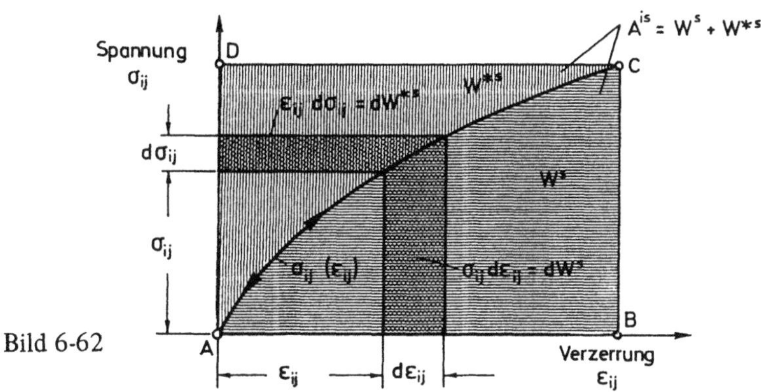

Bild 6-62

Wegen

$$\mathbb{S} \cdot\cdot \mathbb{D} = \int d(\mathbb{S}\cdot\cdot\mathbb{D}) = \int [\mathbb{S}\cdot\cdot d\mathbb{D} + \mathbb{D}\cdot\cdot d\mathbb{S}] = \int \mathbb{S}\cdot\cdot d\mathbb{D} + \int \mathbb{D}\cdot\cdot d\mathbb{S}$$

ist die spezifische innere Energie aufspaltbar in zwei Anteile. Nun gelte nach

---

Def. 6.4

Das Doppel-Skalarprodukt

$$W^s := \int_{\mathbb{D}} \mathbb{S}\cdot\cdot d\mathbb{D} = \int_{\mathbb{D}} \mathbb{F}(\mathbb{D})\cdot\cdot d\mathbb{D} \qquad (6.223)$$

ist die *spezifische Formänderungsenergie* (spezifische Verzerrungsenergie, Form-änderungs-Energiedichte). Sie stellt die *„innere" Arbeit der Spannungen an den Verzerrungen* bei Zustandsänderungen längs der Funktion $\mathbb{F}$ (Spannungs-Verzer-rungs-Kurve) dar (vgl. Bild 6-62)

---

und für den zweiten Anteil an der inneren Energiedichte gelte

---

Def. 6.5

Das Doppel-Skalarprodukt

$$W^{*s} := \int_{\mathbb{S}} \mathbb{D}\cdot\cdot d\mathbb{S} = \int_{\mathbb{S}} \mathbb{G}(\mathbb{S})\cdot\cdot d\mathbb{S} \qquad (6.224)$$

ist die *spezifische Ergänzungsenergie* (spezifische Spannungsenergie, Komplemen-tär-Energiedichte). Sie stellt die *„innere" Arbeit der Verzerrungen an den Span-nungen* bei Zustandsänderungen längs der Funktion $\mathbb{G}$ (inverse Spannungs-Ver-zerrungs-Kurve) dar (vgl. Bild 6-62).

Da alle spezifischen Energieformen an jeder Stelle im Körper $\mathscr{K}$ zu bilden und wegen $\mathbb{S}(X, t)$ und $\mathbb{D}(X, t)$ auch i.a. an jeder Stelle verschieden sind, wird nach Integration dieser Energie-Dichten über das Volumen (vgl. Kap. 1) eine Gesamt-Energie für $\mathscr{K}$ gebildet. Danach gelte:

Def. 6.3a:
Das Integral über V von $\mathcal{K}$ der spezifischen (mechanischen) inneren Energie, d.h.

$$A^i := \int\limits_V A^{is}\, dV = W + W^*$$

ist die *(mechanische) innere Energie* des Körpers $\mathcal{K}$.

Def. 6.4a:
Das Integral über V von $\mathcal{K}$ der spezifischen Formänderungsenergie, d.h.

$$W := \int\limits_V W^s\, dV$$

ist die *Formänderungsenergie* des Körpers $\mathcal{K}$.

Def. 6.5a:
Das Integral über V von $\mathcal{K}$ der spezifischen Ergänzungsenergie, d.h.

$$W^* := \int\limits_V W^{*s}\, dV$$

ist die *Ergänzungsenergie* des Körpers $\mathcal{K}$.   (6.225)

Dabei gelten diese Definitionen zunächst unabhängig von der jeweiligen Spannungs-Verzerrungs-Relation $\mathbb{S}\,(\mathbb{D})$ im Sinne des jeweils gültigen Materialgesetzes.

Mit $\mathbb{S} = \Sigma\, \sigma_{ij}\, e_i\, e_j$ nach 3.2 und $\mathbb{D} = \Sigma\, \epsilon_{ij}\, e_i\, e_j$ nach 2.4 ist dann auch (vgl. (1.138))

$$A^{is} = \mathbb{S} \mathbin{..} \mathbb{D} = \sum \sigma_{ij}\, e_i\, e_j \mathbin{..} \sum \epsilon_{kl}\, e_k\, e_l$$

$$= \sum \sigma_{ij}\, \epsilon_{kl}\, \delta_{il}\, \delta_{jk} = \sum_{i,\,j} \sigma_{ij}\, \epsilon_{ji} = W^s + W^{*s}$$

und entsprechend

$$dW^s = \mathbb{S} \mathbin{..} d\mathbb{D} = \sum_{i,\,j} \sigma_{ij}\, d\epsilon_{ji}$$

bzw.

$$dW^{*s} = \mathbb{D} \mathbin{..} d\mathbb{S} = \sum_{i,\,j} \epsilon_{ij}\, d\sigma_{ji} \; .$$

In Koordinaten-Schreibweise wird somit z.B. aus (6.222) für die innere Energie

$$A^{is} = \sum_{i,\,j} \sigma_{ij}\, \epsilon_{ji} = [\sigma_{11}\, \epsilon_{11} + \sigma_{22}\, \epsilon_{22} + \sigma_{33}\, \epsilon_{33} + \sigma_{12}\, \epsilon_{21} + \sigma_{23}\, \epsilon_{32} + \sigma_{31}\, \epsilon_{13}$$

$$+ \sigma_{21}\, \epsilon_{12} + \sigma_{32}\, \epsilon_{23} + \sigma_{23}\, \epsilon_{32}] \; .$$

Berücksichtigt man noch die Symmetrie der Tensoren $\mathbb{S}$ und $\mathbb{D}$, also $\sigma_{ij} = \sigma_{ji}$, $\epsilon_{ij} = \epsilon_{ji}$ sowie $2\,\epsilon_{ij} = \gamma_{ij}$, so wird

$$\boxed{\begin{aligned} A^{is} &= \left[\sigma_{11}\,\epsilon_{11} + \sigma_{22}\,\epsilon_{22} + \sigma_{33}\,\epsilon_{33} + \sigma_{12}\,\gamma_{12} + \sigma_{13}\,\gamma_{13} + \sigma_{23}\,\gamma_{23} \right] \\ &= \sum_{i,\,j} \sigma_{ij}\epsilon_{ij} \end{aligned}}$$

$$(6.226)$$

Die spezifische innere Energie ist damit die Summe der algebraischen Produkte der sechs verschiedenen Spannungen (nur) mit den sechs Verzerrungen gleicher Indices.

Sie stellt sich als Produkt aus aufgebrachter Spannung und erreichter Verzerrung jeweils als Fläche des Rechtecks (vgl. ABCD in Bild 6-62) dar.

Entsprechend gilt für die *spezifische Formänderungsenergie* nach (6.223)

$$\boxed{\begin{aligned} W^s &= \int dW^s = \int_{\epsilon_{ij}} \sum_{i,\,j} \sigma_{ij}\,(\epsilon_{ij})\,d\epsilon_{ji} \\ &= \int_{\epsilon_{ij}} \left[\sigma_{11}\,d\epsilon_{11} + \sigma_{22}\,d\epsilon_{22} + \sigma_{33}\,d\epsilon_{33} + \sigma_{12}\,d\gamma_{12} + \sigma_{13}\,d\gamma_{13} + \sigma_{23}\,d\gamma_{23} \right] \end{aligned}}$$

$$(6.227)$$

Sie ist als Integral über die Summe der algebraischen Produkte der Spannungen mit den infitesimalen Verzerrungen gleicher Indices, physikalisch gesehen, die Arbeit der Spannungen an den Verzerrungen (spez. Verzerrungsenergie) und, geometrisch gesehen, die Fläche *unter* der Spannungs-Verzerrungs-Kurve $\sigma_{ij}\,(\epsilon_{ij})$ (vgl. ABC in Bild 6-62). Für die Ergänzungsenergie gilt unter Vertauschung der Spannungen mit den Verzerrungen entsprechendes. Sie stellt die Fläche *über* der Spannungs-Verzerrungs-Kurve (vgl. ACD in Bild 6-62) dar.

Nun ist mit 6.2 als im Rahmen dieser Abhandlung verbindliches Materialgesetz das HOOKEsche Gesetz eines linear-elastischen Stoffes eingeführt worden. Neben der geometrischen Linearität der Verzerrungen ist damit auch eine physikalische Linearität zwischen der Spannung und der Verzerrung im Stoffgesetz zugrundegelegt. Notiert man diese Linearität prinzipiell und vereinfachend mit

$$\sigma_{ij}(\epsilon_{ij}) = C\,\epsilon_{ij} \qquad (C = \text{jeweils const})$$

(eigentlich: $\sigma_{ij} = A_{ijkl}\epsilon_{kl}$; eine strenge Ableitung findet sich im Kapitel 9), so ist einerseits

$$dW^s = \Sigma\,\sigma_{ij}d\epsilon_{ij} = \Sigma\,(C\,\epsilon_{ij})\,d\epsilon_{ij} = \Sigma\,C\,\epsilon_{ij}\,d\epsilon_{ij}$$

und andererseits

$$dW^{*s} = \Sigma\,\epsilon_{ij}d\sigma_{ij} = \Sigma\,\epsilon_{ij}d(C\,\epsilon_{ij}) = \Sigma\,C\,\epsilon_{ij}\,d\epsilon_{ij}$$

d.h. der Integrand der spezifischen Spannungsenergie ist gleich dem Integranden der spezifischen Verzerrungsenergie bzw. die beiden Flächen dW^s und dW^{*s} in Bild 6-62 sind bei physikalisch linearer Materialkennlinie $\sigma_{ij}(\epsilon_{ij})$ stets gleich. Bei gleichem, unverzerrten, spannungslosen Ausgangszustand 0 ist also dann

$$\begin{aligned} dW^s &= dW^{*s} \\ W^s &= W^{*s} \end{aligned} \qquad (6.228)$$

woraus wegen

$$dA^{is} = d(\Sigma\, \sigma_{ij}\epsilon_{ji}) = \underbrace{\Sigma\, \sigma_{ij}\, d\epsilon_{ji}}_{} + \underbrace{\Sigma\, \epsilon_{ji}\, d\sigma_{ij}}_{}$$

$$= \underbrace{dW^s \quad + \quad dW^{*s}}_{}$$

$$= 2 \quad dW^s$$

$$dW^s = \frac{1}{2}\, d(\Sigma\, \sigma_{ij}\, \epsilon_{ji}) = \frac{1}{2}\, dA^{is}$$

und damit

$$\begin{aligned} W^s &= \int dW^s = \frac{1}{2}\,[\mathbf{S}\,..\,\mathbf{D}] = \frac{1}{2}\,A^{is} = \frac{1}{2}\,\Sigma(\sigma_{ij}\epsilon_{ji}) \\ &= \frac{1}{2}\,[\sigma_{11}\epsilon_{11} + \sigma_{22}\epsilon_{22} + \sigma_{33}\epsilon_{33} + \sigma_{12}\gamma_{12} + \sigma_{13}\gamma_{13} + \sigma_{23}\gamma_{23}] \end{aligned} \qquad (6.229)$$

folgt. In der linearen Elasto-Statik ist also wegen (6.228) die Ergänzungsenergie gegenüber
der Formänderungsenergie entbehrlich. Die spezifische Formänderungsenergie ist in diesem
Falle wegen (6.229) die Hälfte der Summe aller sechs Produkte zwischen der Spannung σ_{ij}
und der finiten Verzerrung $\epsilon_{ij} = \epsilon_{ji}$, d.h. die halbe spezifische innere Energie. Da (6.229)
nur für lineare Elastizität gilt, kann man das zugehörige Materialgesetz auch einsetzen. So
folgt aus (6.229) mit (6.21), also mit

$$\mathbf{S} = 2G\left[\mathbf{D} + \frac{\nu}{1-2\nu}\,(\mathrm{Sp}\,\mathbf{D})\,\mathbf{E}\right]$$

$$W^s = \frac{1}{2}\,[\mathbf{S}\,..\,\mathbf{D}] = G\left[\mathbf{D}\,..\,\mathbf{D} + \frac{\nu}{1-2\nu}\,(\mathrm{Sp}\,\mathbf{D})\,(\mathbf{E}\,..\,\mathbf{D})\right]$$

Wegen

$$\mathbf{E}\,.'\,\mathbf{D} = \mathrm{Sp}\,\mathbf{D} = \Sigma\, D_{ii} = \Sigma\, \epsilon_{ii} = \epsilon_{11} + \epsilon_{22} + \epsilon_{33}$$

und

$$\mathbf{D}\,..\,\mathbf{D} = \Sigma\, D_{ij}D_{ji} = \Sigma\, \epsilon_{ij}\epsilon_{ji}$$

wird dann die *spezifische, elastische Formänderungsenergie*

$$\begin{aligned} W^s &= G\left[\mathbf{D}\,..\,\mathbf{D} + \frac{\nu}{1-2\nu}\,(\mathrm{Sp}\,\mathbf{D})^2\right] \\ &= G\left[\epsilon_{11}^2 + \epsilon_{22}^2 + \epsilon_{33}^2 + 2(\epsilon_{12}\epsilon_{21} + \epsilon_{13}\epsilon_{31} + \epsilon_{23}\epsilon_{32}) + \frac{\nu}{1-2\nu}\,(\epsilon_{11} + \epsilon_{22} + \epsilon_{33})^2\right] \end{aligned} \qquad (6.230)$$

bzw. in spannungsexpliziter Form gilt mit (6.24), also

$$\mathbb{D} = \frac{1}{2G}\left[\mathbb{S} - \frac{\nu}{1+\nu}(\mathrm{Sp}\,\mathbb{S})\,\mathbb{E}\right] \quad \text{auch}$$

$$W^s = \frac{1}{2}[\mathbb{S}\,..\,\mathbb{D}] = \frac{1}{4G}\left[\mathbb{S}\,..\,\mathbb{S} - \frac{\nu}{1+\nu}(\mathrm{Sp}\,\mathbb{S})(\mathbb{S}\,..\,\mathbb{E})\right],$$

woraus sich mit $\mathrm{Sp}\,\mathbb{S} = \mathbb{E}\,..\,\mathbb{S} = \mathbb{S}\,..\,\mathbb{E}$ und $\mathbb{S}\,..\,\mathbb{S} = \Sigma\,\sigma_{ij}\sigma_{ji}$ ergibt:

$$\boxed{\begin{aligned}
W^s &= \frac{1}{4G}\left[\mathbb{S}\,..\,\mathbb{S} - \frac{\nu}{1+\nu}(\mathrm{Sp}\,\mathbb{S})^2\right] \\[2mm]
&= \frac{1}{2E}\left[\sigma_{11}^2 + \sigma_{22}^2 + \sigma_{33}^2 - 2\nu(\sigma_{11}\sigma_{22} + \sigma_{22}\sigma_{33} + \sigma_{33}\sigma_{11})\right] \\[2mm]
&\quad + \frac{1}{2G}\left[\sigma_{12}\sigma_{21} + \sigma_{13}\sigma_{31} + \sigma_{23}\sigma_{32}\right]
\end{aligned}} \qquad (6.231)$$

Die spezifische Formänderungsenergie bzw. die Formänderungs-Energiedichte ist damit nach (6.230) eine quadratische Funktion der Verzerrungen bzw. nach (6.231) auch eine quadratische Funktion der Spannungen.

Anmerkung: Obwohl die Symmetrie der Tensoren $\mathbb{S}$ und $\mathbb{D}$ bereits feststeht, ist die korrekt ausgeschriebene Form der spezifischen Energie (im Gegensatz zu der in der Literatur meist anzutreffenden Schreibweise) stets die vorstehende Form (6.230) bzw. (6.231). Das wird im Hinblick auf die nachfolgenden Differentiationsprozesse dieser Gleichungen deutlich.

Bildet man nämlich die Ableitungen nach den Koordinaten ϵ_{ij} von $\mathbb{D}$ und berücksichtigt erst *anschließend* die Symmetrie, so wird (z.B. für $i \neq j$) nach (6.230)

$$W^s = 2G\,\Sigma\,\epsilon_{ij}\epsilon_{ji}\;; \qquad \frac{\partial W^s}{\partial \epsilon_{ij}} = 2G\,\epsilon_{ji} = 2G\,\epsilon_{ij}.$$

Führt man dagegen bereits in (6.230) die Symmetrie *vor* der Differentiation ein, so ist (z.B. ebenfalls für $i \neq j$)

$$W^s = 2G(\epsilon_{12}^2 + \epsilon_{13}^2 + \epsilon_{23}^2) = 2G\,\Sigma\,\epsilon_{ij}^2\;,$$

woraus nach Ableitung folgt

$$\frac{\partial W^s}{\partial \epsilon_{ij}} = 4G\,\epsilon_{ij}\;.$$

Beide Terme unterscheiden sich also durch den Faktor „2", woraus folgt, daß nur eine der beiden Formen – nämlich die erste – richtig sein kann. Außerdem ist nur dann auch eine Ableitung nach der entsprechend transponierten Größe ϵ_{ji} möglich, also

$$\frac{\partial W^s}{\partial \epsilon_{ji}} = 2G\,\epsilon_{ij} = \left(2G\,\epsilon_{ji} = \frac{\partial W^s}{\partial \epsilon_{ij}}\right).$$

Völlig analog gilt das für die spannungsexplizite Form (6.231). Für $i \neq j$ ist also

$$W^s = \frac{1}{2G}[\Sigma\,\sigma_{ij}\sigma_{ji}]\;; \qquad \frac{\partial W^s}{\partial \sigma_{ij}} = \frac{1}{2G}\,\sigma_{ji} = \frac{1}{2G}\,\sigma_{ij} = \frac{\partial W^s}{\partial \sigma_{ji}}$$

und *nicht*

$$W^s = \frac{1}{2G}[\Sigma\,\sigma_{ij}^2]\;; \qquad \frac{\partial W^s}{\partial \sigma_{ij}} = \frac{1}{2G}\,2\,\sigma_{ij} = \frac{\sigma_{ij}}{G}\;.$$

Bei Notation in symbolischer Schreibweise $(\mathbb{S}, \mathbb{D})$ tritt diese Diskrepanz übrigens nicht auf.

Führt man nun eine Differentiation der linear elastischen, spezifischen Formänderungsenergie nach den Verzerrungen aus, so folgt aus (6.230)

$$\frac{\partial W^s}{\partial \mathbb{D}} = \mathbb{S}^T = \mathbb{S} \quad \text{bzw.} \quad \frac{\partial W^s}{\partial \epsilon_{ji}} = \sigma_{ij} \qquad\qquad (6.232)$$

So ist beispielsweise für i = j = 1

$$\frac{\partial W^s}{\partial \epsilon_{11}} = G \left[2\,\epsilon_{11} + \frac{\nu}{1 - 2\nu}\, 2\,(\epsilon_{11} + \epsilon_{22} + \epsilon_{33}) \right] = 2G \left[\epsilon_{11} + \frac{\nu}{1 - 2\nu}\, e \right],$$

was wegen $2G(1 + \nu) = E$ und nach (6.22)

$$\frac{\partial W^s}{\partial \epsilon_{11}} = \frac{E}{(1 + \nu)\,(1 - 2\nu)} \left[(1 - \nu)\,\epsilon_{11} + \nu(\epsilon_{22} + \epsilon_{33}) \right] = \sigma_{11} \ ,$$

gerade die Normalspannung σ_{11} ergibt. Entsprechend ist z.B. für i = 1, j = 2

$$\frac{\partial W^s}{\partial \epsilon_{21}} = 2G\,\epsilon_{12} = \sigma_{12},$$

womit die Tangentialspannung σ_{12} folgt usw.

Analog hierzu gilt auch bei Ableitung der spezifischen Formänderungsenergie (6.231)
nach den Spannungen

$$\frac{\partial W^s}{\partial \mathbb{S}} = \mathbb{D}^T = \mathbb{D} \quad \text{bzw.} \quad \frac{\partial W^s}{\partial \sigma_{ji}} = \epsilon_{ij} \qquad\qquad (6.233)$$

womit beispielsweise für i = j = 1

$$\frac{\partial W^s}{\partial \sigma_{11}} = \frac{1}{2E} \left[2\,\sigma_{11} - 2\,\nu\,(\sigma_{22} + \sigma_{33}) \right] = \frac{1}{E} \left[\sigma_{11} - \nu\,(\sigma_{22} + \sigma_{33}) \right] = \epsilon_{11} \ ,$$

also die Dehnung in 1-Richtung und für $i = 1 \neq j = 2$

$$\frac{\partial W^s}{\partial \sigma_{21}} = \frac{1}{2G}\,(\sigma_{12}) = \epsilon_{12} = \frac{\gamma_{12}}{2} \ ,$$

also die Gleitung ϵ_{12} in der 1-2-Ebene folgt, usw. Faßt man die ermittelten Zusammenhänge
in drei Sätzen zusammen, so gilt:

Satz 6.9:
Ist $\mathbb{S}$ der Spannungstensor und $\mathbb{D}$ der infinitesimale Verzerrungstensor (Deformator) an jeder Stelle X eines materiellen Punktes im Körper $\mathcal{K}$ und ist dieser Körper
aus linear-elastischem Material (HOOKEscher Körper), so ergibt sich die *spezifische
Formänderungsenergie* zu

$$W^s = \frac{1}{2}\,(\mathbb{S} .. \mathbb{D}) = \frac{1}{2} \sum \sigma_{ij}\,\epsilon_{ji}.$$

Sie stellt das „*Potential*" für die Verzerrungen und die Spannungen dar;

Satz 6.10:
die Ableitung der spezifischen Formänderungsenergie W^s nach den Spannungen ergibt die Verzerrungen (*erweiterter 1. Satz von* CASTIGLIANO); (vgl. (6.233))

Satz 6.11:
die Ableitung der spezifischen Formänderungsenergie W^s nach den Verzerrungen ergibt die Spannungen (*erweiterter 2. Satz von* CASTIGLIANO); (vgl. (6.232))

Für die *Formänderungsenergie* des endlichen, linear elastischen Körpers mit dem Volumen V folgt dabei nach Def. 6.4a in der Form (6.227)

$$W = \int_V W^s \, dV = \frac{1}{2} \int_V \mathbb{S} \cdot\cdot \, \mathbb{D} \, dV = \frac{1}{2} \int_V \sum_{i,\,j} (\sigma_{ij}\,\epsilon_{ji}) \, dV \qquad (6.234)$$

Hierin können noch die verschiedenen Formen von W^s nach (6.229), (6.230) oder (6.231) wieder eingesetzt werden. Für die vier elementaren Belastungsfälle Zug/Druck nach 6.3, reine Biegung nach 6.4, Schub nach 6.6 und Torsion nach 6.7, deren Ergebnisse im Abschnitt 6.8 zusammengestellt worden sind, nimmt nun die spezifische Formänderungsenergie für linear-elastisches Material spezielle Ausdrücke an, die in den folgenden Absätzen angegeben werden sollen.

6.12.2 Zug/Druck

Hierbei war

$$\mathbb{S} = \begin{pmatrix} \sigma_x & 0 & 0 \\ 0 & 0 & 0 \\ 0 & 0 & 0 \end{pmatrix} e_i\,e_j; \qquad \mathbb{D} = \begin{pmatrix} \epsilon_x & 0 & 0 \\ 0 & \epsilon_y & 0 \\ 0 & 0 & \epsilon_z \end{pmatrix} e_i\,e_j$$

mit $\sigma_x = N/A$ als einachsiger Spannungszustand. Dementsprechend besteht die spezifische Formänderungsenergie lediglich aus einem eingliedrigen Ausdruck, für den in der Reihenfolge (6.229), (6.230) und (6.231) die Formen

$$W_N^s = \frac{1}{2}\,\sigma_x\,\epsilon_x = \frac{1}{2}\,E\,\epsilon_x^2 = \frac{1}{2\,E}\,\sigma_x^2 \qquad (6.235)$$

erzeugt werden können. Setzt man die Ergebnisse für die Zustandsgrößen nach 6.8 hierin ein, so wird mit $\sigma_x = N/A$; $\epsilon_x = N/EA = u'$ schließlich

$$W_N^s = \frac{N^2}{2\,EA^2} = \frac{1}{2}\,E\,u'^2 \qquad (6.236)$$

Für einen prismatischen Stab der Länge l ist dann wegen (6.234) die gesamte Formänderungsenergie

$$
\begin{aligned}
W_N &= \int_V W_N^s \, dV = \int_{x=0}^{l} W_N^s \, A \, dx \\[2mm]
&= \frac{1}{2\,EA} \int_0^l N^2[x] \, dx = \frac{EA}{2} \int_0^l u'^2[x] \, dx
\end{aligned}
\tag{6.237}
$$

Dabei ist die Formänderungsenergie im ersten Term durch die Schnittlast (N) und im zweiten Term durch die Verschiebung (u) ausgedrückt. Sind diese Größen berechnet, so ist die Formänderungsenergie allein durch ein Linienintegral, das sich über die gesamte Stabachse von $x = 0$ bis $x = l$ erstreckt, angebbar. Für $N = $ const bzw. $u' = $ const wird so z.B.

$$
W_{N_0} = \frac{N^2 l}{2\,EA} = \frac{EA\,l}{2} u'^2 .
$$

6.12.3 Biegung

Für die *reine Biegung* liegt ebenfalls ein einachsiger Spannungszustand und ein dreiachsiger Verzerrungszustand vor. Nur ist hier (vgl. 6.66))

$$
\sigma_x = \frac{M_y}{I_y} z - \frac{M_z}{I_z} y
$$

mit x, y, z als Haupt-Zentral-Achsensystem. Damit folgt aus (6.229) und (6.230) die spezifische Formänderungsenergie wieder zu

$$
W_M^s = \frac{1}{2} \sigma_x \epsilon_x = \frac{1}{2\,E} \sigma_x^2 = \frac{1}{2} E \epsilon_x^2 ,
$$

und nach Einsetzen der Zustandsgrößen unter Berücksichtigung von (6.66) wird

$$
W_M^s = \frac{1}{2\,E} \left[\frac{M_y}{I_y} z - \frac{M_z}{I_z} y \right]^2
$$

$$
\begin{aligned}
W_M^s &= \frac{1}{2\,E} \left[\frac{M_y^2}{I_y^2} z^2 - 2 \frac{M_y M_z}{I_y I_z} yz + \frac{M_z^2}{I_z^2} y^2 \right] \\[2mm]
&= \frac{E}{2} \left[w''^2 z^2 + 2 w'' v'' yz + v''^2 y^2 \right]
\end{aligned}
\tag{6.238}
$$

Für einen prismatischen Balken der Länge l ist dann

$$W_M = \int\limits_V W_M^s \, dV = \int\limits_x \int\limits_A W_M^s \, dA \, dx$$

$$= \frac{1}{2E} \int\limits_{x=0}^{l} \left[\frac{M_y^2}{I_y^2} \int\limits_A z^2 \, dA - 2\frac{M_y M_z}{I_y I_z} \int\limits_A yz \, dA + \frac{M_z^2}{I_z^2} \int\limits_A y^2 \, dA \right] dx \; .$$

Die Biegemomente und die axialen Flächenträgheitsmomente sind dabei nicht von y, z abhängig und können daher vor das Flächenintegral gezogen werden, wodurch die verbleibenden Integrale des ersten und dritten Terms die axialen Flächenträgheitsmomente darstellen und das zweite Integral das Deviationsmoment ist, das wegen des zugrundegelegten HZAS zwangsläufig verschwindet. Somit folgt

$$W_M = \frac{1}{2\,EI_y} \int\limits_{x=0}^{l} M_y^2[x] \, dx + \frac{1}{2\,EI_z} \int\limits_{x=0}^{l} M_z^2[x] \, dx \qquad (6.239)$$

bzw. bei Integration der zweiten Form von (6.238) läßt sich die Formänderungsenergie in verschiebungsexplizierter Form

$$W_M = \frac{EI_y}{2} \int\limits_{x=0}^{l} w''^2(x) \, dx + \frac{EI_z}{2} \int\limits_{x=0}^{l} v''^2(x) \, dx \qquad (6.239a)$$

angeben. Wie unter 6.12.2 enthalten die Energieausdrücke die jeweilige Steifigkeit (EA bzw. EI) und das Integral der quadratischen Schnittlast (N, M) bzw. der (zugeordneten) quadratischen Verschiebungsableitung (u', w'') über die Länge. Für gerade Biegung bleibt jeweils nur eines der beiden Integrale erhalten.

Bei *gerader Biegung mit Längskräften* ist wegen

$$\sigma_x = \frac{N}{A} + \frac{M_y}{I_y} z$$

$$W^s = \frac{\sigma_x^2}{2E} = \frac{1}{2E}\left(\frac{N}{A} + \frac{M_y}{I_y} z \right)^2 = \frac{1}{2E}\left[\frac{N^2}{A^2} + 2\frac{N}{A}\frac{M_y}{I_y} z + \frac{M_y^2}{I_y^2} z^2 \right] \; .$$

Die Integration über das Volumen zur Formänderungsenergie ergibt für den ersten Term wieder das Ergebnis (6.237) für den reinen Zug/Druck, für den letzten Term wieder das Ergebnis (6.239) für die reine (gerade) Biegung und das Integral über den „gemischten" Term

$$\int\limits_{x=0}^{l} \left[\int\limits_A \left(\frac{N}{A}\frac{M}{I_y} z \right) dA \right] dx = \int\limits_{x=0}^{l} \left[\frac{N}{A}\frac{M_y}{I_y} \int\limits_A z \, dA \right] dx = 0$$

wird wegen des statischen Momentes der Fläche, bezogen auf den Ursprung im Flächenmittelpunkt, zu Null. Dadurch ist auch hier, trotz des nichtlinearen Charakters der (quadratischen) Energieausdrücke, eine Superposition des reinen Zuges und der reinen Biegung zum Fall der Biegung mit Längskräften im Sinne einer Addition beider Fälle möglich $((6.237) + (6.239))$:

$$W_{N,M}^s = \frac{1}{2\,EA} \int\limits_{x=0}^{l} N^2\,[x]\,dx + \frac{1}{2\,EI_y} \int\limits_{x=0}^{l} M_y^2\,[x]\,dx \qquad (6.239b)$$

6.12.4 Schub

Liegt jeweils gerader Schub vor (hier Q_z) und wird der damit verbundene Biegeanteil in den Ergebnissen des vorigen Abschnitts bereits berücksichtigt, dann ist mit

$$\mathbb{S}_{Q,M} = \mathbb{S}_Q + \mathbb{S}_M$$

$$\mathbb{S}_Q = \begin{pmatrix} 0 & 0 & \tau_{xz} \\ 0 & 0 & 0 \\ \tau_{zx} & 0 & 0 \end{pmatrix} e_i\,e_j \quad \text{und} \quad \mathbb{D}_Q = \begin{pmatrix} 0 & 0 & \epsilon_{xz} \\ 0 & 0 & 0 \\ \epsilon_{zx} & 0 & 0 \end{pmatrix} e_i\,e_j$$

die spezifische Formänderungsenergie nach (6.229)

$$W_Q^s = \frac{1}{2}\,\mathbb{S}_Q \,..\, \mathbb{D}_Q = \frac{1}{2}(\tau_{xz}\epsilon_{xz} + \tau_{zx}\epsilon_{zx}) = \frac{1}{2}\,(\tau_{xz}\,2\epsilon_{xz}) = \frac{1}{2}\,\tau_{xz}\,\gamma_{xz},$$

also auch hier folgt trotz eines mehrachsigen Spannungszustandes ein eingliedriger Energieausdruck. Dann ist weiter nach (6.230) und (6.231)

$$W_Q^s = \frac{1}{2}\,\tau_{xz}\,\gamma_{xz} = \frac{\tau_{xz}^2}{2\,G} = \frac{1}{2}\,G\,\gamma_{xz}^2 \qquad (6.240)$$

Nun ist nach (6.110)

$$\tau_{xz} = \frac{Q_z[x]\,S_y(z)}{I_y\,b(z)}\,,$$

also wird

$$W_Q^s = \frac{1}{2\,G}\,\frac{Q_z^2[x]\,S_y^2(z)}{I_y^2\,b^2(z)} \qquad (6.241)$$

Führt man zur Abkürzung den dimensionslosen Querschnittsfaktor

$$\lambda = \frac{A}{I_y^2} \int\limits_{z_1}^{z_2} \frac{S_y^2(z)}{b(z)}\,dz$$

mit $z_1 = \min z$ und $z_2 = \max z$ des Querschnitts eines prismatischen Balkens mit der Höhe $H = z_2 - z_1$ und der Länge l ein, so ergibt die Integration der spezifischen Energie hier die Formänderungsenergie

$$W_Q = \frac{1}{2\,G} \int\limits_V \frac{Q_z^2 S_y^2}{I_y^2 b^2} \, dV = \frac{1}{2\,G} \int\limits_x \left[\int\limits_A \frac{Q_z^2 S_y^2}{I_y^2 b^2} \, dA \right] dx$$

$$= \frac{1}{2\,G} \int\limits_x \left[\frac{Q_z^2}{A} \frac{A}{I_y^2} \int\limits_{z_1}^{z_2} \frac{S_y^2(z)}{b^2(z)} \, b(z)\,dz \right] dx$$

$$W_Q = \frac{\lambda}{2\,GA} \int\limits_{x=0}^{l} Q_z^2\,[x] \, dx \tag{6.242}$$

Dadurch entsteht auch hier eine analoge Form für die Formänderungsenergie, wenn GA/λ die „modifizierte" Schubsteifigkeit ist. Als Integrand tritt wieder das Quadrat der maßgeblichen Schnittlast auf. Eine entsprechende Form mit der Verschiebungsableitung der Schubdurchsenkung w_s im Integranden läßt sich mit (6.129) erzeugen.

6.12.5 Torsion

Beschränkt man sich auf kreisförmige Querschnitte, so ist in der Basis $[e_x, e_r, e_\varphi]$

$$\mathbb{S} = \begin{pmatrix} 0 & 0 & \tau_{x\varphi} \\ 0 & 0 & 0 \\ \tau_{\varphi x} & 0 & 0 \end{pmatrix} e_i\,e_j \quad \text{und} \quad \mathbb{D} = \begin{pmatrix} 0 & 0 & \epsilon_{x\varphi} \\ 0 & 0 & 0 \\ \epsilon_{\varphi x} & 0 & 0 \end{pmatrix} e_i\,e_j \,.$$

Damit wird die spezifische Formänderungsenergie wie in 6.12.4

$$W_{M_T}^s = \frac{1}{2} \tau_{x\varphi} \gamma_{x\varphi} = \frac{\tau_{x\varphi}^2}{2\,G} = \frac{1}{2}\,G\,\gamma_{x\varphi}^2 \tag{6.243}$$

Wird hierin die berechnete Torsionsspannung (vgl. (6.147))

$$\tau_{x\varphi} = \frac{M_T\,[x]}{I_p}\,r$$

bzw. die Gleitung (6.152)

$$\gamma_{x\varphi} = \frac{\tau_{x\varphi}}{G} = r\,\vartheta'(x)$$

eingesetzt, so folgt

$$W_{M_T}^s = \frac{M_T^2\,[x]}{2\,G\,I_p^2}\,r^2 = \frac{1}{2}\,G\,r^2\,\vartheta'^2\,(x) \tag{6.244}$$

Für eine prismatische Welle der Länge l folgt dann für die Formänderungsenergie

$$W_{M_T} = \int_V W^s_{M_T} \, dV = \int_x \left[\int_A W^s_{M_T} \, dA \right] dx = \frac{1}{2G} \int_x \left[\int_A \frac{M_T^2}{I_p^2} r^2 \, dA \right] dx$$

$$= \frac{1}{2G} \int_x \left[\frac{M_T^2}{I_p^2} \int_A r^2 \, dA \right] dx = \frac{1}{2G I_p} \int_{x=0}^{l} M_T^2 [x] \, dx$$

bzw. auch

$$W_{M_T} = \frac{G}{2} \int_x \left[\int_A \vartheta'^2 r^2 \, dA \right] dx = \frac{G I_p}{2} \int_{x=0}^{l} \vartheta'^2 (x) \, dx,$$

also zusammengefaßt wird in vollständiger Analogie zu den anderen Belastungsfällen

$$W_{M_T} = \frac{1}{2G I_p} \int_{x=0}^{l} M_T^2 [x] \, dx = \frac{G I_p}{2} \int_{x=0}^{l} \vartheta'^2 (x) \, dx \qquad (6.245)$$

Treten alle elementaren Belastungsfälle kombiniert auf, so kann, wie bewiesen, auch hier trotz der quadratischen Energieausdrücke im Falle eines gemeinsam verwendeten HZAS superponiert werden. Damit gilt bei kombinierter Beanspruchung:

$$W = W_N + W_M + W_Q + W_{MT} = \frac{1}{2 EA} \int_x N^2 \, dx + \frac{1}{2 EI_y} \int_x M_y^2 \, dx$$

$$(6.246)$$

$$+ \frac{1}{2 EI_z} \int_x M_z^2 \, dx + \frac{\lambda}{2 GA} \int_x Q_z^2 \, dx + \frac{1}{2 GI_p} \int_x M_T^2 \, dx$$

Für schlanke Balken ($l \gg h$) kann der Schubanteil auch energetisch gegenüber dem Biegeanteil wieder vernachlässigt werden.

6.12.6 Energiesatz der Elastostatik

Nach (6.223) ist $dW^s = \mathbf{S} \, .. \, d\mathbb{D}$. Da nun (vgl. (6.5)) für den Deformator $\mathbb{D} = \frac{1}{2} [\nabla \mathbf{u} + \mathbf{u} \nabla]$ gilt, läßt sich die Formänderungsenergie auch durch die Verschiebungen $\mathbf{u}$ ausdrücken. Es kommt

$$dW^s = \mathbf{S} \, .. \, d\mathbb{D} = \mathbf{S} \, .. \, \frac{1}{2} d [\nabla \mathbf{u} + \mathbf{u} \nabla]$$

$$dW^s = \mathbf{S} \, .. \, \frac{1}{2} [\nabla \, d\mathbf{u} + d\mathbf{u} \nabla] \qquad (6.247)$$

Nun ist $\mathbf{S} = \mathbf{S}^T$ und nach (1.131), (1.138) und (1.140) kann das Doppel-Skalarprodukt mit dem dyadischen Produkt in der Klammer zu einem Einfach-Skalarprodukt für den symmetrischen Tensor $\mathbf{S}$ in der Form

$$\mathbf{S} \cdot \cdot \frac{1}{2}[\nabla \mathrm{d}u + \mathrm{d}u\,\nabla] = \frac{1}{2}\nabla \cdot (\mathbf{S}) \cdot \mathrm{d}u + \frac{1}{2}\mathrm{d}u \cdot (\mathbf{S}) \cdot \nabla$$

zusammengefaßt werden. Da die Reihenfolge

$$\mathbf{a} \cdot (\mathbf{S}) \cdot \mathbf{b} = \mathbf{b} \cdot (\mathbf{S}) \cdot \mathbf{a}$$

des skalaren Produktes für die Vektoren $\mathbf{a}$ und $\mathbf{b}$ außerhalb der Klammer für symmetrische $\mathbf{S}$ beliebig ist, gilt schließlich

$$\mathrm{d}W^s = \mathbf{S} \cdot \cdot \mathrm{d}\mathbb{D} = \nabla \cdot (\mathbf{S}) \cdot \mathrm{d}u$$

bzw.

$$\boxed{W^s = \int \mathrm{d}W^s = \int_{\mathbb{D}} \mathbf{S} \cdot \cdot \mathrm{d}\mathbb{D} = \int_u \nabla \cdot (\mathbf{S}) \cdot \mathrm{d}u} \qquad (6.248)$$

Da dabei von $\mathbf{S} \cdot \cdot \mathrm{d}\mathbb{D}$ und nicht von $\frac{1}{2}[\mathbf{S} \cdot \cdot \mathbb{D}]$ ausgegangen wurde, gilt diese Beziehung für geometrisch linearisierte Verzerrungen (Tensor $\mathbb{D}$) unabhängig davon, ob physikalisch linearisiertes, also linear elastisches Materialverhalten vorliegt. Die in (6.247) explizit enthaltene Anwendung des NABLA-Operators nur auf den Verschiebungsterm bleibt dabei auch in (6.248) erhalten, was durch die Einklammerung des Tensors $\mathbf{S}$, der damit *nicht* der NABLA-Operation zu unterwerfen ist, deutlich gemacht wird. Nach der Produktenregel gilt unter Verwendung dieser Notation

$$\nabla \cdot (\mathbf{S} \cdot \mathrm{d}u) = (\nabla \cdot \mathbf{S}) \cdot \mathrm{d}u + \nabla \cdot (\mathbf{S}) \cdot \mathrm{d}u,$$

wobei der letzte Term dieser Beziehung die spezifische Formänderungsenergie darstellt. Die gesamte Formänderungsenergie des Körpers mit dem Volumen V ist nun nach (6.225)

$$\boxed{\begin{aligned} W &= \int_V W^s\,\mathrm{d}V = \int_V \left[\int_u [\nabla \cdot (\mathbf{S}) \cdot \mathrm{d}u]\right]\mathrm{d}V \\[2mm] &= \int_V \left[\int_u \nabla \cdot (\mathbf{S} \cdot \mathrm{d}u)\right]\mathrm{d}V - \int_V \left[\int_u (\nabla \cdot \mathbf{S}) \cdot \mathrm{d}u\right]\mathrm{d}V \end{aligned}} \qquad (6.249)$$

Das erste Integral läßt sich mit dem GAUSSschen Integralsatz (Satz 1.10, Abs. 1.3.7) mit $z = (\mathbf{S} \cdot \mathrm{d}u)$ in ein Oberflächenintegral über $A(V)$ überführen, das zweite Integral ist wegen der Feld-Gleichgewichtsbedingung (vgl. (6.8))

$$\nabla \cdot \mathbf{S} + f_V = 0$$

im Falle der Statik (Elastostatik) durch die Volumenkraftdichte $\mathbf{f}_V$ ausdrückbar. Somit wird aus (6.249) auch

$$W = \int\limits_{A\,(V)} \int\limits_{\mathbf{u}} \mathbf{n} \cdot (\mathbb{S} \cdot d\mathbf{u})\, dA + \int\limits_{V} \int\limits_{\mathbf{u}} \mathbf{f}_V \cdot d\mathbf{u}\, dV.$$

Wegen der Symmetrie von $\mathbb{S}$ ist

$$\mathbf{n} \cdot (\mathbb{S} \cdot d\mathbf{u}) = (\mathbf{n} \cdot \mathbb{S}) \cdot d\mathbf{u},$$

womit wegen $\mathbf{n} \cdot \mathbb{S} = \boldsymbol{\sigma}_n$ (vgl. (3.5) aus 3.1) letztendlich folgt

$$W = \int\limits_{A\,(V)} \int\limits_{\mathbf{u}} \boldsymbol{\sigma}_n \cdot d\mathbf{u}\, dA + \int\limits_{V} \int\limits_{\mathbf{u}} \mathbf{f}_V \cdot d\mathbf{u}\, dV \qquad (6.250)$$

Das erste Integral stellt das Skalarprodukt der Spannungen auf der Oberfläche des Körpers mit den differentiellen Randverschiebungen $d\mathbf{u}$ — das zweite Integral das Skalarprodukt der Volumenkraftdichte im Innern des Körpers mit den zugehörigen infinitesimalen Verschiebungen $d\mathbf{u}$ dar.

Statt Gl. (6.234), bei der die Formänderungsenergie als Arbeit der Spannungen an den Verzerrungen (Verzerrungsenergie) in jedem Punkt des Körpers dargestellt ist, kann nun auch Gl. (6.250) verwendet werden, die als Arbeit der Flächenkraftdichten (Spannungen) auf der Oberfläche des Körpers und den Volumenkraftdichten im Innern des Körpers jeweils an den Verschiebungen interpretierbar ist.

Andererseits definiert man nun die Arbeit der äußeren Kräfte und Momente an den wirklichen (aktuellen) Verschiebungen ihrer Angriffspunkte A (Bild 6-63) in der Form

---

Def. 6.6:

Ist $\mathbf{F}_A + \mathbf{F}_V = \mathbf{F}^a = \int\limits_{A} \boldsymbol{\sigma}_n\, dA + \int\limits_{V} \mathbf{f}_V\, dV$ die äußere Kraft und $d\mathbf{u}_F$ die Verschiebung

(Wegelement) ihres Angriffspunktes entlang der Zustandsänderung von ① nach ② (Bild 6-63) und ist

$\mathbf{M}^a$ die Resultierende der freien äußeren Momente sowie

$d\boldsymbol{\varphi}$ die zugehörige Verdrehung (Winkelelement) entlang der Zustandsänderung von ① nach ②, so ist

$$A^a := \sum \int\limits_{①}^{②} \mathbf{F}^a \cdot d\mathbf{u}_F + \sum \int\limits_{①}^{②} \mathbf{M}^a \cdot d\boldsymbol{\varphi} = \int\limits_{①}^{②} dA_{12} \qquad (6.251)$$

die *Arbeit der äußeren Kräfte und Momente* zwischen den Stellen ① bei $\mathbf{r}_1$ und ② bei $\mathbf{r}_2$.

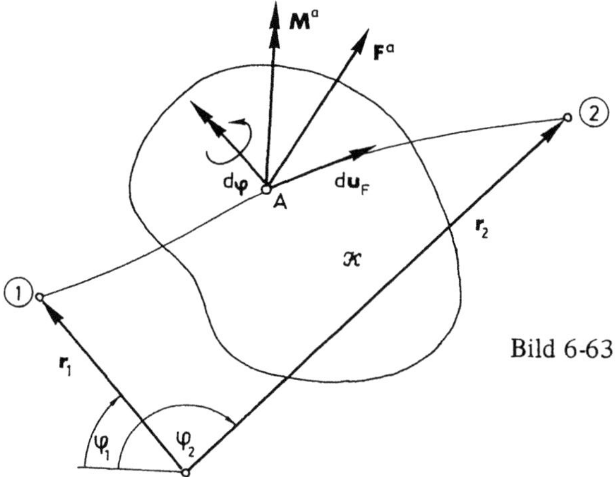

Bild 6-63

Sind mehrere äußere Kräfte bzw. freie Momente beteiligt, so ist die Summe aller integrierten Skalarprodukte zu bilden, was durch das Summenzeichen vor den Integralen in (6.251) gekennzeichnet ist. Hierbei ist der Zustand ① beispielsweise der unbelastete, unverzerrte Ausgangszustand und ② der nach dem Aufbringen der Belastung erreichte Endzustand der Deformation. Gilt nun (6.234) bzw. (6.250) für die Formänderungsenergie und (6.251) für die Arbeit der äußeren Kräfte und Momente, so kann als mechanische Energie-Bilanz folgender Satz ausgesprochen werden:

Satz 6.12:
(*Satz von der Erhaltung der mechanischen Energie im Falle des Gleichgewichts*)
In der Statik des deformierbaren Körpers ist die Arbeit der äußeren Kräfte und Momente gleich der Formänderungsenergie bzw. der Arbeit der Spannungen an den Verzerrungen (innere Arbeit)

$$W \overset{!}{=} A^a \tag{6.252}$$

Dieser Satz ist ein Spezialfall des 1. Hauptsatzes der Thermodynamik, wonach

---

$$A^a + Q^a = E + U \tag{6.253}$$

---

ist, wenn dabei die „Energie der Bewegung" E wegen des (statischen) Gleichgewichts und die von (nach) außen zu(ab)geführte „Wärme" Q^a wegen der rein mechanischen Energiebilanz (keine thermische bzw. adiabate Zustandsänderung) Null gesetzt werden und die „innere Energie" U hierbei durch die Formänderungsenergie W ersetzt wird. Im elastischen Falle ist W die einzige innere Energie, da bei der Arbeit der Spannungen an den Verzerrungen kein Anteil in thermische Energie umgesetzt wird und wegen der Reversibilität die gesamte Formänderungsenergie W als äußere Arbeit A^a wiedergewinnbar ist (reversibel adiabat bzw. isentrop).

Aus dem Energiesatz für Gleichgewichtssysteme nach Satz 6.12 folgt eine Verbindung der äußeren Belastungen (Kraft und Moment) zu den Spannungen bzw. den Schnittlasten.

Unter Hinzunahme der erweiterten Sätze von CASTIGLIANO, nach denen die Formänderungsenergie im Falle linear elastischen Materials das Potential für die Spannungen bzw. Verzerrungen darstellt, sind zusätzliche Methoden zur Berechnung elastostatischer Probleme zu erwarten. Dies wird im folgenden untersucht.

6.12.7 Sätze von MAXWELL und BETTI

Sei $\mathbf{B} = \Sigma B_j\, \mathbf{e}_j$ die verallgemeinerte äußere Belastung (Kraft $\mathbf{F}^a$ und Moment $\mathbf{M}^a$) und $\mathbf{u} = \Sigma u_j\, \mathbf{e}_j$ die verallgemeinerte Verschiebung, d.h. im Falle der Kraft $\mathbf{F}$ die Verschiebung des Kraftangriffspunktes von $\mathbf{F}$ bzw. im Falle des Momentes $\mathbf{M}$ die Winkelverdrehung an der Stelle des Momentes, und wird linear-elastisches Verhalten zugrundegelegt, so muß auch zwischen der verallgemeinerten Belastung $\mathbf{B}$ und der verallgemeinerten Verschiebung $\mathbf{u}$ jeweils eine lineare Beziehung bestehen. Ist nun α_{ik} die Verschiebung an der Stelle i infolge der normierten Belastung ($|B_k| = 1$) an der Stelle k, so gilt (Bild 6-64)

$$u_{ik} = \alpha_{ik}\, B_k \qquad\qquad (6.254)$$

α_{ik} heißt *Einflußzahl.* Das gilt für jede Richtung j ($= 1, 2, 3$). Besteht nun die verallgemeinerte Belastung aus n verschiedenen Belastungen an n verschiedenen Stellen, so ist wegen der Linearität des Problems die Gesamtverschiebung an der Stelle i infolge der n Belastungen in der Regel wieder superponierbar, womit folgt

$$\sum_{k=1}^{n} u_{ik} = u_{i1} + u_{i2} + u_{i3} \ldots u_{in} = u_i$$
$$= \alpha_{i1} B_1 + \alpha_{i2} B_2 + \ldots \alpha_{in} B_n = \sum_{k=1}^{n} \alpha_{ik} B_k \qquad (6.255)$$

Für die Arbeit der äußeren Belastung B_i gilt nach (6.251) unter Berücksichtigung der gleichen Richtung von u_i und B_i (skalares = algebraisches Produkt)

$$A^a = \int \mathbf{B} \cdot d\mathbf{u} = \int \sum_i B_i\, du_i\,,$$

woraus mit (6.255), also $u_i = \Sigma\, \alpha_{ik}\, B_k$.

$$A^a = \int \sum_{i,\,k} B_i\, d(\alpha_{ik}\, B_k)$$

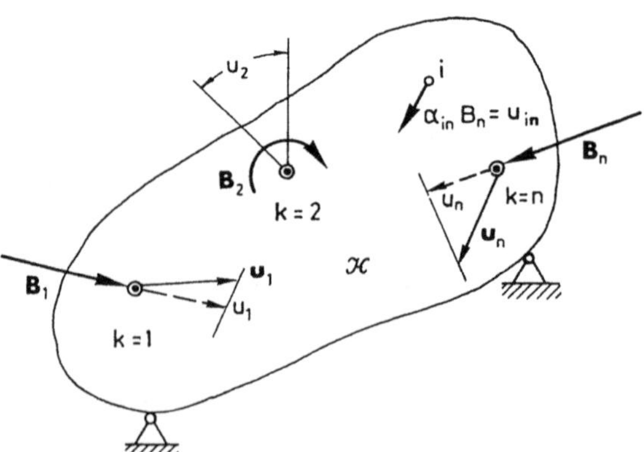

Bild 6-64

und entsprechend (6.229) schließlich folgt:

$$A^a = \frac{1}{2} \sum_{i,\,k} \alpha_{ik} B_i B_k \qquad (6.256)$$

Die Arbeit der äußeren Belastung ist nun nach Satz 6.12 gleich der Formänderungsenergie W, die demnach den Wert nach (6.256) annimmt. Als Potential muß W nach den Verzerrungen (vgl. (6.232)) und wegen (6.228), also $W^* = W$ im Falle linear elastischen Verhaltens auch nach den Spannungen bzw. nach der Belastung ableitbar sein. Man erhält demnach aus der Ableitung von W nach B_i

$$\frac{\partial W}{\partial B_i} = \sum_k \alpha_{ik} B_k \qquad (6.257)$$

und bei Ableitung nach B_k

$$\frac{\partial W}{\partial B_k} = \sum_i \alpha_{ik} B_i \qquad (6.257a)$$

Dann muß weiter auch der SCHWARZsche Vertauschungssatz bezüglich der Reihenfolge der Differentiation, hier in der Form

$$\frac{\partial^2 W}{\partial B_i \partial B_k} = \frac{\partial^2 W}{\partial B_k \partial B_i}$$

gelten. Die Ausrechnung ergibt, genauso wie die mögliche komplette Index-Vertauschung in (6.257a) und der anschließende Vergleich mit (6.257), die Beziehung

$$\alpha_{ik} = \alpha_{ki} \qquad (6.258)$$

die den *Reziprozitätssatz von* MAXWELL[1] darstellt. Dieser Satz sagt aus, daß in der Elastizität die Vertauschung der Einflußzahlen erlaubt ist und damit die Verschiebung an der Stelle i infolge der „Einheits"-Last an der Stelle k gleich der Verschiebung an der Stelle k infolge der „Einheits"-Last bei i ist. Dabei ist die Lage von i und k willkürlich. Dann sind auch die Arbeitsbeträge nach (6.256), also

$$\alpha_{ik} B_i B_k = \alpha_{ki} B_k B_i \qquad (6.259)$$

unabhängig von den Stellen i und k und unabhängig von der Reihenfolge der ggf. nacheinander aufgebrachten Lasten B_i und B_k einander gleich. Die Aussage (6.259) wird der *Reziprozitätssatz von* BETTI[2] genannt. Danach ist die Arbeit eines Kräftesystems i an den Verschiebungen eines Systems k genauso groß wie die Arbeit eines entsprechenden Kräftesystems k an den Verschiebungen des Systems i.

---

[1] MAXWELL, 1870
[2] BETTI, 1872

Diese Sätze lassen sich unmittelbar auf statisch bestimmte und unbestimmte, elastisch deformierbare Systeme anwenden, da mit (6.255) und den berechneten Einflußzahlen α_{ik} die Verschiebungen (Längsverschiebungen u, Durchbiegungen w, Biegewinkel φ u.a.) bereits vorliegen. So ist z.B. für den statisch bestimmten Balken nach Bild 6-65 die Durchbiegung infolge der Kraft K_1 an der Stelle i

$$w_1(x_i) = \alpha_{i1} K_1$$

und damit insgesamt

$$w(x_i) = \Sigma w_n = \sum_{n=1}^{N} \alpha_{in} K_n .$$

Die Koeffizienten α_{in} werden nun unter Anwendung des Satzes von MAXWELL

$$\alpha_{in} = \alpha_{ni}$$

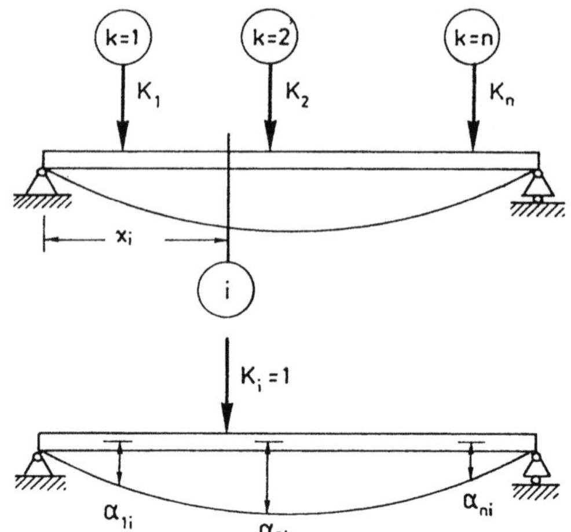

Bild 6-65

bestimmt, wobei nur die eine Durchbiegungslinie für die eine an der Stelle i angreifende Einzellast $K_i = 1$, also $\alpha_{ni}(x)$ zu berechnen ist. Setzt man hierin das zur Stelle n gehörende x_n ein, so folgen für alle n die Werte α_{ni}, die nach dem Reziprozitätssatz gleich den gesuchten Einflußziffern α_{in} sind. $\alpha_{in}(x)$ wird als Maß für die Durchbiegung bei i infolge der jeweils bei n wirkenden Einheits-Last (wandernde Einheits-Kraft) als „Einflußlinie für die Durchsenkung bei i" bezeichnet.

Bei m-fach statisch unbestimmten Systemen läßt sich im Sinne des Superpositionsverfahrens nach 6.4.6 Nr. 4 das System wieder in m + 1 statisch bestimmte Probleme aufteilen und die m zusätzlichen Unbekannten sind über die Einflußzahlen aus den bei der Überlagerung zusätzlich zu erfüllenden Randbedingungen (i.a. geometrische Randbedingungen) bestimmbar.

Beispiel: Für einen einfach statisch unbestimmten Balken nach Bild 6-66 mit zwei Einzellasten soll das Verfahren in den wesentlichen Schritten dargestellt werden:

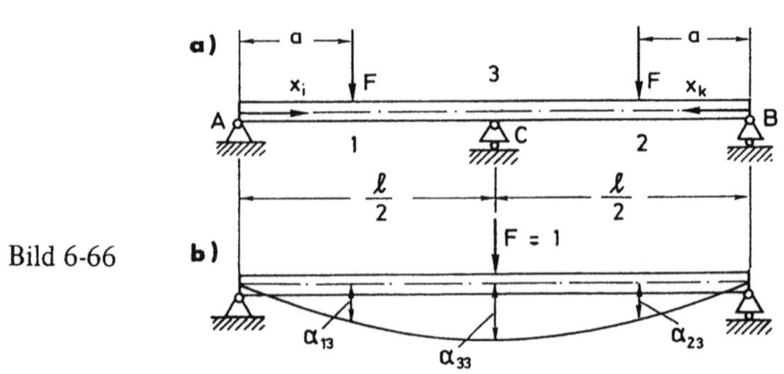

Bild 6-66

Lösung:
Wird die Mittelstütze bei C entfernt, so ist das System statisch bestimmt. Hierfür errechnet sich die Durchbiegung bei x_i infolge der Kraft $F = 1$ an der von B aus gerechneten Stelle x_k für alle $x_i < l - x_k$

$$\alpha_{ik} = \frac{x_i x_k}{6 \, EI_y l} \, (l^2 - x_i^2 - x_k^2)$$

Speziell für $i = 1$ und $k = 3$, also für $x_i = a$ und $x_k = l/2$, wird

$$\alpha_{13} = \frac{a}{48 \, EI_y} \, (3 \, l^2 - 4 \, a^2),$$

wobei wegen der Symmetrie des Tragwerks noch

$$\alpha_{13} = \alpha_{23}$$

ist. Die Durchbiegung an der Stelle $i = 3$ (in der Mitte) ist dann nach (6.255)

$$w_3 = \alpha_{31} F + \alpha_{32} F = 2 \, \alpha_{13} F = \frac{Fa}{24 \, EI_y} \, (3 \, l^2 - 4 \, a^2) \,.$$

Da mit der Superposition zusätzlich die noch nicht erfüllte geometrische Randbedingung $w_3 = 0$ zu realisieren ist, erhält man die Auflagerkraft C bei $k = 3$ dadurch, daß sie an ihrer Wirkungsstelle $i = 3$ die gleiche (negative) Durchbiegung erzeugen muß. Damit wird mit $x_i = x_k = l/2$

$$\alpha_{33} = \frac{l^2}{24 \, EI_y \, l} \, \frac{l^2}{2} = \frac{l^3}{48 \, EI_y}$$

und somit aus $w_3 = C \alpha_{33}$

$$C = \frac{w_3}{\alpha_{33}} = \frac{2 \, a}{l^3} \, (3 \, l^2 - 4 \cdot a^2) \, F$$

Die weitere Behandlung ist dann die eines statisch bestimmten Problems.

6.12.8 Sätze von CASTIGLIANO

Für linear elastisches Material gelten in jedem Punkt des Feldes die erweiterten Sätze von CASTIGLIANO (vgl. Satz 6.10 und 6.11), wonach die Ableitungen der spezifischen Formänderungsenergie nach den Spannungen die Verzerrungen und die Ableitungen nach den Verzerrungen die Spannungen ergeben.

Wird die spezifische Energie über den gesamten Körper $\mathscr{K}$ integriert und damit die Formänderungsenergie des elastischen Körpers gebildet, so ergibt sich primär (6.250). Wegen des Satzes von der Erhaltung der mechanischen Energie (Satz 6.12) und der darin enthaltenen Arbeit der äußeren Belastung $A^a = W$, sowie mit A^a nach (6.256), wonach

$$A^a = \frac{1}{2} \sum_{i,k} \alpha_{ik} B_i B_k$$

ist, wird

$$\frac{\partial A^a}{\partial B_i} = \sum_k \alpha_{ik} B_k = \frac{\partial W}{\partial B_i} \,.$$

Das hatte bereits zu den Gleichungen (6.257) geführt. Vergleicht man dieses Ergebnis mit (6.255), so ergibt sich

$$\frac{\partial W}{\partial B_i} = \sum_k \alpha_{ik} B_k = \sum_k u_{ik} = u_i \,.$$

Wird also die Formänderungsenergie als alleinige Funktion der Belastung dargestellt, so ist deren Ableitung nach einer der Lasten B_i die Verschiebung an der Stelle und in Richtung dieser Last. Das ist die spezielle Aussage für die Elastostatik:

Satz 6.13:

1. Satz von CASTIGLIANO: Ist W die Formänderungsenergie in der Form

$$W = \sum_{i,\,k} \frac{1}{2}\alpha_{ik} B_i B_k \,,$$

so folgt

$$\frac{\partial W}{\partial B_i} = u_i \qquad\qquad\qquad (6.260)$$

als Verschiebung unter B_i in Richtung von B_i.

Im einzelnen heißt das: Mit

$$A^a = W = \frac{1}{2}\sum_i B_i u_i = \frac{1}{2}(B_1 u_1 + B_2 u_2 + \dots B_n u_n)$$

$$= \frac{1}{2} B_1(\alpha_{11} B_1 + \alpha_{12} B_2 + \dots \alpha_{1n} B_n)$$

$$+ \frac{1}{2} B_2(\alpha_{21} B_1 + \alpha_{22} B_2 + \dots + \alpha_{2n} B_n) + \dots$$

$$+ \frac{1}{2} B_n(\alpha_{n1} B_1 + \alpha_{n2} B_2 + \dots + \alpha_{nn} B_n)$$

ist (z. B. für i = 2)

$$\frac{\partial W}{\partial B_2} = \frac{1}{2}\alpha_{12} B_1 + \left[\frac{1}{2}(\alpha_{21} B_1 + \alpha_{22} B_2 + \dots \alpha_{2n} B_n)\right] + \frac{1}{2}\alpha_{22} B_2 + \dots + \frac{1}{2}\alpha_{n2} B_n$$

$$= \alpha_{21} B_1 + \alpha_{22} B_2 + \dots + \alpha_{2n} B_n = u_2 \,.$$

Für die anderen i gilt entsprechendes. Ist B_i ein Moment, so ist u_i die zugehörige Verdrehung (Biegewinkel). Drückt man in $W = \frac{1}{2}\Sigma B_i u_i$ nicht die Verschiebung u_i durch die Lasten B_i, sondern B_i durch u_i aus, so folgt (formale Analogie oder durch Umrechnung aus (6.260))

$$W = \sum_{i,\,k} \frac{1}{2}\beta_{ik} u_i u_k$$

mit $\beta_{ik} = \alpha_{ik}^{-1}$. Der Ableitungsprozeß dieser Formänderungsenergie nach der Verschiebung u_i führt entsprechend zur Last B_i und damit zu

---

Satz 6.14:

2. *Satz von* CASTIGLIANO: Ist W die Formänderungsenergie in der Form

$$W = \frac{1}{2} \sum_{i,\,k} \beta_{ik} u_i u_k,$$

so folgt

$$\frac{\partial W}{\partial u_i} = B_i \qquad\qquad (6.261)$$

als Last bei u_i in Richtung von u_i.

Anmerkung: Für nichtelastisches Verhalten gilt der 1. Satz von CASTIGLIANO nicht mehr, sondern ist durch den Satz von ENGESSER zu ersetzen, wonach statt der Formänderungsenergie W die in Def. 6.5 angegebene Ergänzungsenergie W* nach den Belastungen abzuleiten ist. Der zweite Satz von CASTIGLIANO (Satz 6.14) gilt dagegen auch noch im nichtelastischen Falle.

Mit den in 6.12.2 bis 6.12.5 abgeleiteten Beziehungen zwischen der Formänderungsenergie W und den jeweiligen Schnittlasten der einzelnen Belastungsfälle können diese Sätze von CASTIGLIANO dazu benutzt werden, die Zustandsgrößen elastischer Systeme zu ermitteln. Man gewinnt von daher eine weitere Methode zur Berechnung von Festigkeitsproblemen in der Statik deformierbarer (elastischer) Systeme.

Das sei wieder an zwei Beispielen demonstriert:

Beispiel 1: Für den Kragträger nach Bild 6-67 soll eine Durchbiegung am freien Ende unter Berücksichtigung der Schubdurchsenkung berechnet werden.

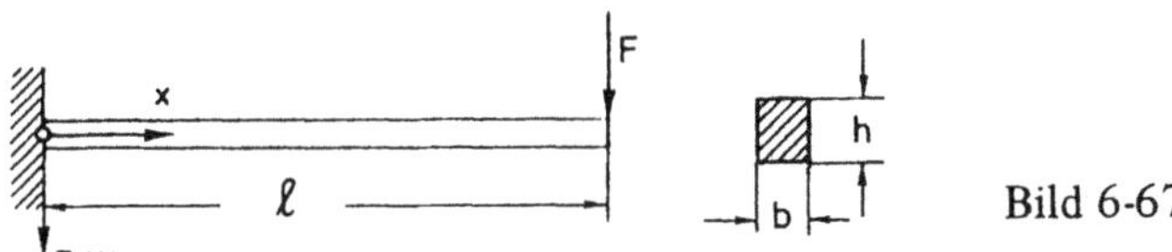

Bild 6-67

Lösung:
Aus (6.242) folgt für die Formänderungsenergie im Falle des Schubes mit $Q = F = \text{const}$

$$W_Q = \frac{\lambda}{2\,GA} \int_0^l Q^2\, dx = \frac{\lambda\, Q^2\, l}{2\,GA}$$

Dabei ist (vgl. 6.12.4) hier mit (6.112)

$$\lambda = \frac{A}{I_y^2} \int_{z_1}^{z_2} \frac{S_y^2(z)}{b}\, dz = \frac{bh}{\left(\dfrac{bh^3}{12}\right)^2} \int_{-h/2}^{+h/2} \frac{1}{b}\left\{\frac{b}{2}\left[\left(\frac{h}{2}\right)^2 - z^2\right]\right\}^2 dz = \frac{6}{5},$$

also wird

$$W_Q = \frac{6}{10}\,\frac{F^2\,l}{GA}\;.$$

Ebenso ist nach (6.239) die Energie im Falle der geraden Biegung mit $M_y = -F\,(l-x)$

$$W_M = \frac{1}{2\,EI_y}\int\limits_0^l M_y^2\,dx = \frac{1}{2\,EI_y}\int\limits_0^l F^2\,(l-x)^2\,dx = \frac{F^2\,l^3}{6\,EI_y}\;.$$

Die Superposition ergibt

$$W = W_Q + W_M = \left(\frac{6}{10}\,\frac{l}{GA} + \frac{l^3}{6\,EI_y}\right)F^2\;.$$

Dann ist nach (6.260)

$$w(l) = \frac{\partial W}{\partial F} = \left(\frac{6}{5}\,\frac{l}{GA} + \frac{l^3}{3\,EI_y}\right)F = w_S(l) + w_B(l)$$

die gesuchte Durchbiegung. Für das Verhältnis beider Durchsenkungen folgt

$$\frac{w_S(l)}{w_B(l)} = \frac{\dfrac{6}{5}\dfrac{l}{GA}}{\dfrac{1}{3}\dfrac{l^3}{EI_y}} = \frac{18}{5}\,\frac{EI_y}{GA\,l^2} = \frac{3}{5}\,(1+\nu)\left(\frac{h}{l}\right)^2$$

Der Vergleich mit der entsprechenden Berechnung in 6.6.3 (Bild 6-44), in dem die Schubdurchsenkung näherungsweise mit Hilfe des mittleren Gleitwinkels bestimmt wurde, ergibt eine Differenz von ca. 10 % zwischen beiden Ergebnissen.

Beispiel 2: Für den Träger nach Bild 6-68 soll ohne Berücksichtigung des Schubeinflusses die Durchbiegung $w(l/2)$ in der Trägermitte und der Biegewinkel an den Auflagern $w'(0)$ berechnet werden.

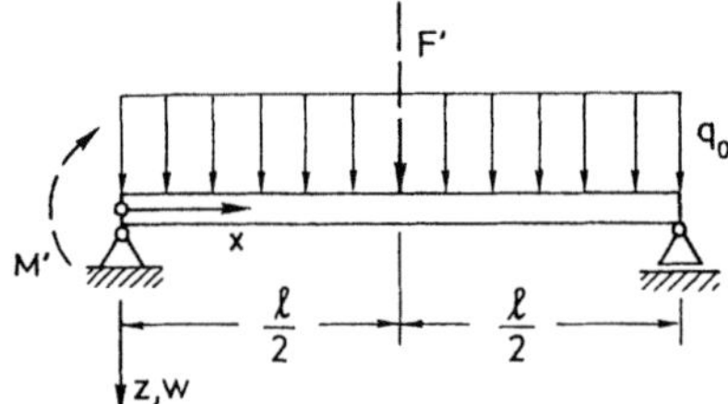

Bild 6-68

Lösung:
Da bei $x = l/2$ keine Einzelkraft angreift, ist der Satz von CASTIGLIANO zur Bestimmung der Durchbiegung an dieser Stelle nur dann brauchbar, wenn dort zunächst eine (fiktive) Einzelkraft F' angebracht wird, die Energie infolge von q_0 und F' berechnet, nach F' differenziert und anschließend wieder $F' = 0$ gesetzt wird. Man erhält wegen

$$M(x) = M_q + M_{F'} = \frac{q_0\,l^2}{2}\left[\frac{x}{l} - \left(\frac{x}{l}\right)^2\right] + F'\,\frac{x}{2}$$

und

$$W = \frac{1}{2\,EI}\int\limits_0^l M^2\,[x]\,dx$$

nach (6.260):

$$w\left(\frac{l}{2}\right) = \frac{\partial W}{\partial F'}\bigg|_{F'=0} = \frac{\partial}{\partial F'}\left[\frac{2}{2EI}\int_0^{\frac{l}{2}} M^2[x]\,dx\right] = \frac{1}{EI}\int_0^{\frac{l}{2}} \frac{\partial M^2[x]}{\partial F'}\bigg|_{F'=0} dx$$

$$= \frac{1}{EI}\int_0^{\frac{l}{2}} 2M[x]\frac{\partial M}{\partial F'}\bigg|_{F'=0} dx = \frac{2}{EI}\int_0^{\frac{l}{2}}\left\{\frac{q_0\,l^2}{2}\left[\frac{x}{l}-\left(\frac{x}{l}\right)^2\right]+F'\frac{x}{2}\right\}\frac{x}{2}\bigg|_{F'=0} dx$$

$$w\left(\frac{l}{2}\right) = \frac{2}{EI}\int_0^{\frac{l}{2}} \frac{q_0\,l^2}{2}\left(\frac{x^2}{2l}-\frac{x^3}{2l^2}\right)dx = \frac{5}{384}\frac{q_0\,l^4}{EI}\ .$$

Für die Berechnung des Biegewinkels bei x = 0 muß entsprechend ein fiktives Moment M' eingeführt werden. Die nach M' partiell abgeleitete Formänderungsenergie ergibt dann den Neigungswinkel, wobei wieder im nachhinein M' = 0 gesetzt wird.

$$M(x) = M_q + M_{M'} = \frac{q_0\,l^2}{2}\left[\left(\frac{x}{l}\right)-\left(\frac{x}{l}\right)^2\right] + M'\left[1-\left(\frac{x}{l}\right)\right]$$

$$\varphi(0) = \frac{\partial W}{\partial M'}\bigg|_{M'=0} = \frac{1}{2EI}\frac{\partial}{\partial M'}\int_0^l M^2\,dx\bigg|_{M'=0} = \frac{1}{2EI}\int_0^l 2M\frac{\partial M}{\partial M'}\bigg|_{M'=0} dx$$

$$= \frac{1}{2EI}\int_0^l q_0\,l^2\left[\left(\frac{x}{l}\right)-\left(\frac{x}{l}\right)^2\right]\left[1-\left(\frac{x}{l}\right)\right]dx$$

$$\varphi(0) = \frac{q_0\,l^3}{24\,EI}\ ; \quad \varphi(l) = -\frac{q_0\,l^3}{24\,EI}\ .$$

Die Methode läßt sich auf statisch unbestimmte Systeme anwenden. Die Formänderungsenergie wird dabei jeweils nach den m statisch Unbestimmten abgeleitet, was zur Folge hat, daß sich die dortigen Deformationen in Abhängigkeit von der statisch Unbestimmten ergeben. Da nun diese Deformationen unter den statisch Unbestimmten (i.a. geometrische Randbedingungen $w(x_u)$, $w'(x_u)$) bekannt sind, können die unbekannten Lager- oder Bindereaktionen sofort bestimmt werden.

In dem im vorigen Abschnitt berechneten, einfach statisch unbestimmten System nach Bild 6-66 ist W in Abhängigkeit von den beiden Einzelkräften F und z.B. der statisch Unbestimmten C auszudrücken. Das Ergebnis W(F, C) wird nun nach C partiell differenziert, d.h. es wird

$$\frac{\partial W(F, C)}{\partial C} = u_C = w\left(\frac{l}{2}\right)$$

gebildet, was nach dem 1. Satz von CASTIGLIANO die Durchbiegung unter der Kraft C in deren Richtung ergibt. Diese ist aber bekannt, da wegen des Auflagers bei C dort

$w(C) = w(l/2) = u_C = 0$ ist. Die verbleibende algebraische Gleichung liefert unmittelbar C in Abhängigkeit von den Lasten F

$$C = \frac{2a}{l^3} (3\,l^2 - 4\,a^2)\,F\,.$$

Wird statt C die Auflagerkraft B als statisch Unbestimmte gewählt, so ist $W = W(F, B)$ und

$$\frac{\partial W(F, B)}{\partial B} = u_B = w(l) = 0\,.$$

Das liefert entsprechend die Unbestimmte B usw.

6.12.9 Gestaltänderungsenergie, Beanspruchungshypothese, Vergleichsspannung

Die Gestaltänderungsenergie ist als Begriff für die Beurteilung der Beanspruchung eines einem allgemeinen Spannungszustand unterworfenen Bauteils von größter Bedeutung. Ist nämlich mit den oben beschriebenen Methoden der allgemeine Spannungszustand $\mathbb{S}$ an jeder Stelle des Bauteils berechnet, so kann die damit ebenfalls berechenbare spezifische Formänderungsenergie W^s grundsätzlich in zwei Anteile aufgespalten werden. Dabei ist ein Anteil derjenige, der zur Änderung des Volumens, also als *Volumenänderungsenergie* W^s_V benötigt wird. Der zweite Anteil ist dann der zur Gestaltänderung notwendige Anteil, also die *Gestaltänderungsenergie* W^s_G. Die Trennung der spezifischen Formänderungsenergie erfolgt dabei zweckmäßigerweise in spannungsexpliziter Form (Gl. (6.231)), wobei der Spannungstensor

$$\mathbb{S} = \begin{pmatrix} \sigma_{11} & \sigma_{12} & \sigma_{13} \\ \sigma_{12} & \sigma_{22} & \sigma_{23} \\ \sigma_{13} & \sigma_{23} & \sigma_{33} \end{pmatrix} e_i\,e_j$$

oder auch in Hauptachsendarstellung (vgl. (3.17) aus 3.2)

$$\mathbb{S} = \begin{pmatrix} \sigma_I & 0 & 0 \\ 0 & \sigma_{II} & 0 \\ 0 & 0 & \sigma_{III} \end{pmatrix} n_i\,n_j$$

in einen *Kugeltensor*

$$\mathbb{S}_0 := p\,\mathbb{E} \tag{6.262}$$

nach (1.124) und einen davon „abweichenden" Tensor (*Deviator*)

$$\hat{\mathbb{S}} := \mathbb{S} - \mathbb{S}_0 = \mathbb{S} - p\,\mathbb{E} \tag{6.263}$$

zerlegt wird. p heißt der *„hydrostatische"* Spannungszustand, wenn er ein Drittel der Spur des Spannungstensors $\mathbb{S}$ ist, also wenn gilt (vgl. 1.141))

$$p = \frac{1}{3}\,\mathrm{Sp}\,\mathbb{S} = \frac{1}{3}\,\mathbb{E}\,..\,\mathbb{S} = \frac{1}{3}(\sigma_I + \sigma_{II} + \sigma_{III}) = \frac{1}{3}(\sigma_{11} + \sigma_{22} + \sigma_{33}) \tag{6.264}$$

Aus (6.262) folgt nach Doppel-Skalar-Multiplikation mit $\mathbb{E}$

$$\mathbb{E} .. \mathbb{S}_0 = \mathbb{E} .. p\mathbb{E} = p\mathbb{E} .. \mathbb{E} = 3\,p,$$

also wegen $\mathbb{E} .. \mathbb{S}_0 = \mathrm{Sp}\,\mathbb{S}_0$ auch

$$3\,p = \mathrm{Sp}\,\mathbb{S}_0 = \mathrm{Sp}\,\mathbb{S} \tag{6.265}$$

Aus (6.263) kommt dann

$$\mathbb{E} .. \hat{\mathbb{S}} = \mathbb{E} .. \mathbb{S} - p\mathbb{E} .. \mathbb{E} = 0$$

d.h.

$$\mathrm{Sp}\,\hat{\mathbb{S}} = \mathbb{E} .. \hat{\mathbb{S}} = 0 \tag{6.266}$$

Der Deviator hat danach stets die Spur Null. Er hat in der Basis $[e_i]$ daher die Darstellung

$$\hat{\mathbb{S}} = \mathbb{S} - \frac{1}{3}(\mathrm{Sp}\,\mathbb{S})\,\mathbb{E} = \begin{pmatrix} \sigma_{11} - p & \sigma_{12} & \sigma_{13} \\ \sigma_{12} & \sigma_{22} - p & \sigma_{23} \\ \sigma_{13} & \sigma_{23} & \sigma_{33} - p \end{pmatrix} e_i\,e_j \tag{6.267}$$

mit p nach (6.264).

Für die spezifische Formänderungsenergie W^s gilt dann nach (6.231)

$$W^s = \frac{1}{4\,G}\left[\mathbb{S} .. \mathbb{S} - \frac{\nu}{1+\nu}(\mathrm{Sp}\,\mathbb{S})^2\right],$$

was mit (6.263), (6.265) und (6.266) übergeht in

$$W^s = \frac{1}{4\,G}\left[(\hat{\mathbb{S}} + p\,\mathbb{E}) .. (\hat{\mathbb{S}} + p\,\mathbb{E}) - \frac{\nu}{1+\nu}(\mathrm{Sp}\,\mathbb{S})^2\right]$$

$$= \frac{1}{4\,G}\left[\hat{\mathbb{S}} .. \hat{\mathbb{S}} + 2\,p\,\mathbb{E} .. \hat{\mathbb{S}} + p^2\,\mathbb{E} .. \mathbb{E} - \frac{\nu}{1+\nu}(\mathrm{Sp}\,\mathbb{S})^2\right]$$

$$= \frac{1}{4\,G}\left[\hat{\mathbb{S}} .. \hat{\mathbb{S}} + 3\,p^2 - \frac{\nu}{1+\nu}(3\,p)^2\right]$$

$$W^s = \frac{1}{4\,G}\left[\hat{\mathbb{S}} .. \hat{\mathbb{S}} + \frac{3(1-2\nu)}{1+\nu}\,p^2\right] = \frac{1}{2\,E}\left[(1+\nu)\,\hat{\mathbb{S}} .. \hat{\mathbb{S}} + 3(1-2\nu)\,p^2\right] \tag{6.268}$$

Da im Falle elastischer Materialien

$$\mathbb{S} = 2\,G\left[\mathbb{D} + \frac{\nu}{1-2\nu}(\mathrm{Sp}\,\mathbb{D})\,\mathbb{E}\right]$$

ist und die Volumenänderung e allein durch $e = \mathrm{Sp}\,\mathbb{D}$ (vgl. 2.4) gegeben ist, folgt nach Doppel-Skalar-Multiplikation mit $\mathbb{E}$

$$\mathbb{E} .. \mathbb{S} = \mathrm{Sp}\,\mathbb{S} = 3\,p = 2\,G\left[(\mathrm{Sp}\,\mathbb{D}) + \frac{3\,\nu}{1-2\nu}(\mathrm{Sp}\,\mathbb{D})\right] = \frac{E}{1-2\nu}(\mathrm{Sp}\,\mathbb{D}).$$

Damit wird Sp $\mathbb{D}$ durch p bestimmt bzw. der hydrostatische Spannungszustand ist im Falle kompressibler Medien allein maßgeblich für den Volumenänderungsanteil (Kugeltensor). Dann ist auch in (6.268) der zweite Term die *Volumenänderungsenergie*

$$\frac{1}{2\,E}\,3\,(1 - 2\,\nu)\,p^2 = W_V^s \tag{6.269}$$

und der verbleibende Anteil ist die *Gestaltänderungsenergie*

$$\frac{1}{2\,E}\,(1 + \nu)\,\hat{\mathbb{S}} \,.. \,\hat{\mathbb{S}} = W_G^s \tag{6.270}$$

Neben (6.270) sind nach Einsetzen der Relationen (6.267) und (6.265) verschiedene Darstellungen erzeugbar. So ist auch wegen

$$\frac{1}{2\,E}\,(1 + \nu)\,\hat{\mathbb{S}} \,.. \,\hat{\mathbb{S}} = \frac{1}{2\,E}\,(1 + \nu)\,[(\mathbb{S} - p\mathbb{E}) \,.. \,(\mathbb{S} - p\mathbb{E})]$$

$$W_G^s = \frac{1}{2\,E}\,(1 + \nu)\,[\mathbb{S} \,.. \,\mathbb{S} - 3\,p^2] \tag{6.271}$$

eine Form der Gestaltänderungsenergie, die im Gegensatz zu (6.270) nicht den Deviator, sondern den ursprünglichen allgemeinen Spannungszustand mit dem Tensor $\mathbb{S}$ enthält. Ausgeschrieben ergibt sich somit u. a.

$$W_V^s = \frac{(1 - 2\,\nu)}{6\,E}\,[\sigma_{11} + \sigma_{22} + \sigma_{33}]^2 = \frac{1 - 2\,\nu}{6\,E}\,[\sigma_I + \sigma_{II} + \sigma_{III}]^2 \tag{6.269a}$$

sowie

$$W_G^s = \frac{1}{2\,E}\,[\hat{\sigma}_I^2 + \hat{\sigma}_{II}^2 + \hat{\sigma}_{III}^2 - 2\,\nu(\hat{\sigma}_I\hat{\sigma}_{II} + \hat{\sigma}_I\hat{\sigma}_{III} + \hat{\sigma}_{II}\hat{\sigma}_{III})] \tag{6.270a}$$

$$= \frac{1}{12\,G}\,[(\sigma_I - \sigma_{II})^2 + (\sigma_{II} - \sigma_{III})^2 + (\sigma_{III} - \sigma_I)^2] \tag{6.271a}$$

Hier sind σ_I, σ_{II}, σ_{III} die Hauptspannungen des allgemeinen Spannungstensors $\mathbb{S}$.

Neben der Beurteilung der Beanspruchung mit Hilfe des Energieausdruckes W_G^s ist die Gestaltänderungsenergie auch ein Maß für die Spannungskonstellation σ_I, σ_{II}, σ_{III}, bei der örtlich der elastische Bereich im Bauteil verlassen wird, also eine Plastizierung (Fließen) oder ein viskoses Verhalten (Kriechen) auftritt. Die Gestaltänderungsenergie gibt damit auch die Grenze (*Fließgrenze*) für die Gültigkeit der im Kap. 6 zugrundegelegten Elastizität und der damit entwickelten Aussagen an.

Die Beurteilung der Beanspruchung eines Bauteils wie auch die Ermittlung der elastischen Grenze erfolgt nun derart, daß aus dem komplexen Spannungszustand die Gestaltänderungsenergie berechnet wird und diese mit den zulässigen Kennwerten der Konstruktion und des Materials des einachsigen Spannungszustandes ($\sigma_{zul}, \tau_{zul}, \sigma_F, \tau_F, \sigma_E$ usw.) verglichen wird. Man bildet quasi über die Gestaltänderungsenergie aus dem komplexen, mehrachsigen Spannungszustand eine *einachsige Vergleichsspannung* σ_v, die im Vergleich mit den zulässigen Kennwerten ein Maß für die Zulässigkeit der Beanspruchung oder im Vergleich untereinander eine Entscheidungsgrundlage für die Verbesserung (oder Verschlechterung) verschiedener Konstruktionen ein und desselben Bauteils darstellt. Ob dieses Vorgehen jeweils zulässig ist und ob dabei die Gestaltänderung tatsächlich das allein ausschlaggebende Kriterium darstellt, muß durch das Experiment geprüft und abgesichert werden. Unter allen denkbaren *„Beanspruchungs-Hypothesen"* hat sich dabei die der Gestaltänderungsenergie (HUBER, v. MISES) am besten bewährt. Man bildet dazu nach (6.271a) die Gestaltänderungsenergie für den speziellen einachsigen Spannungszustand, also

$$\sigma_I = \sigma_v, \quad \sigma_{II} = \sigma_{III} = 0\,.$$

und erhält

$$W_G^s = \frac{1}{12\,G}[\sigma_v^2 + \sigma_v^2] = \frac{\sigma_v^2}{6\,G}$$

bzw. als Vergleichsspannung mit (6.271a)

$$\boxed{\sigma_v = \sqrt{6\,G\,W_G^s} = \frac{1}{\sqrt{2}}\,\sqrt{(\sigma_I - \sigma_{II})^2 + (\sigma_{II} - \sigma_{III})^2 + (\sigma_{III} - \sigma_I)^2}} \qquad (6.272)$$

Diese ist damit die zugeordnete, einachsige Spannung, die dieselbe (energetische) Wirkung wie der allgemeine mehrachsige Spannungszustand $\mathbf{S}$ als Haupt-Normal-Spannungszustand erzeugt.

Bei den elementaren Belastungsfällen ist:

1. bei reinem Zug/Druck und reiner Biegung

$$\sigma_v = \sigma_x = \sigma_I$$

2. bei Querkraftbiegung (Schub) wegen

$$\sigma_{11}' = \sigma_x \quad \text{und} \quad \sigma_{13} = \tau$$

$$\sigma_v = \frac{1}{\sqrt{2}}\,\sqrt{(\sigma_I - \sigma_{II})^2 + \sigma_I^2 + \sigma_{II}^2} = \sqrt{\sigma_x^2 + 3\,\tau^2}$$

3. bei reiner Torsion wegen

$$\sigma_{23} = \tau, \quad \sigma_I = +\tau, \quad \sigma_{II} = -\tau$$

$$\sigma_v = \frac{1}{\sqrt{2}}\,\sqrt{6\,\tau^2} = \tau\,\sqrt{3}\,.$$

Entsprechendes gilt für kombinierte Beanspruchungen bis hin zum allgemeinen Spannungszustand. Setzt man $\sigma_v = \sigma_F$, so dient (6.272) zur Bestimmung derjenigen Spannungskonstellation $\sigma_I, \sigma_{II}, \sigma_{III}$, bei der das Bauteil an einzelnen Stellen zu fließen beginnt (v. MISES-Fließbedingung der Plastizität).

6.13 Stabilitätsprobleme der Elastostatik

6.13.1 Grundbegriffe

Nach Def. 5.1 liegt ein Gleichgewichtssystem dann vor, wenn alle materiellen Punkte des Systems beschleunigungsfrei sind. Dieses Gleichgewicht kann nun von verschiedener Art sein, wobei die einzelnen Gleichgewichtszustände durch die Wirkung einer am System momentan angebrachten Störung in folgender Weise zu charakterisieren sind:

— kehrt das System nach der Störung wieder in seine Ausgangs-Gleichgewichtslage zurück, so liegt *stabiles* Gleichgewicht vor;
— entfernt sich das System nach der Störung immer weiter von seiner Ausgangs-Gleichgewichtslage, so liegt *labiles* Gleichgewicht vor;
— bleibt das System nach der Störung in einer der Ausgangslage benachbarten Gleichgewichtslage, so liegt *indifferentes* Gleichgewicht vor.

Dabei gilt dies unabhängig vom Deformationsverhalten des Systems — also für einen starren Körper, z.B. für die Kugel auf einer konvexen, konkaven und ebenen Fläche nach Bild 6-69 genauso wie für ein deformierbares System, z.B. einen elastischen Stab. Wird nämlich die Kugel aus ihrer Gleichgewichtslage ⓪ durch eine Störung vorübergehend entfernt, so kehrt sie im ersten Fall in diese zurück (stabiles Gleichgewicht), im zweiten Fall entfernt sie sich immer weiter von dieser (labiles Gleichgewicht) und im dritten Fall verbleibt sie in der „gestörten" Lage, die damit die Ausgangslage als indifferente Gleichgewichtslage ausweist.

Im folgenden soll nun das Stabilitätsverhalten elastischer Systeme untersucht werden. Eine solche Stabilitätsuntersuchung ist insofern von Wichtigkeit, als viele elastische Systeme bei Erreichen einer bestimmten „*Stabilitätsgrenze*" ein plötzlich verändertes Verhalten zeigen — ein „Kollaps" des Bauteils oder damit oft des gesamten Systems ist dann die Folge. Unterhalb dieser Stabilitätsgrenze sind dabei die in diesem Kapitel berechneten Tragwerke (Stab, Balken, Welle usw.) sicherlich stabil, da sie nach Fortnahme einer Störung durch Längs-, Querkräfte oder Momente wieder in ihre deformierte Gleichgewichtslage und nach Fortnahme der Belastung sogar in ihre undeformierte Gleichgewichtslage zurückkehren. Bei Erreichen dieser „kritischen" Grenze ist jedoch ein „Knicken" des Stabes oder ein „Beulen" der Schale oder Platte festzustellen. Die ursprüngliche deformierte Gleichgewichtslage wird verlassen und das Bauteil verliert damit seine Eignung als tragendes Element (Kollaps), wobei dieser Umschlag nicht notwendigerweise mit dem Verlassen des elastischen Bereiches verbunden ist. Dieses für die Stabilitätsprobleme der Elastostatik typische Phänomen, das seine Anwendungen z.B. im Stahlbau, Leichtbau und in der Verkehrstechnik (Schiffbau, Flugzeugbau, Raumfahrttechnik) sowie bei bestimmten Maschinen- und Bauelementen (Ringe, Pleuel, Stößel, Ventile, Säule, Turm, Platte, Scheibe, Schale) hat, soll im folgenden am Beispiel eines zentrisch durch Druckkräfte belasteten geraden „Knick-Stabes" untersucht werden.

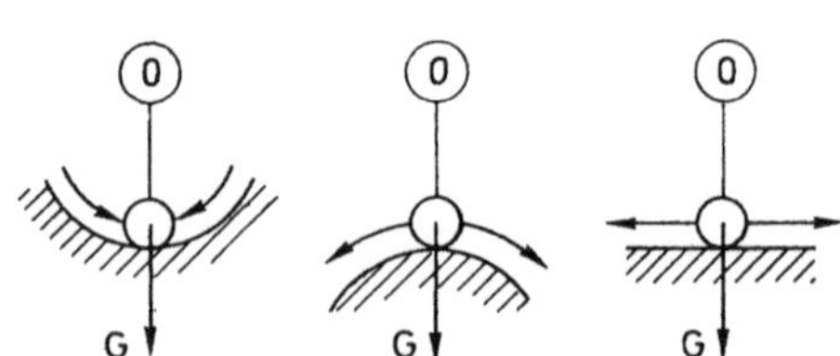

Bild 6-69

Grundsätzlich ist dabei allen Stabilitätsuntersuchungen gemeinsam, daß die Gleichgewichtsbedingungen nicht mehr am unverformten System angesetzt werden, d.h. also die Voraussetzungen für eine *Theorie I. Ordnung* entfallen und stattdessen die Gleichgewichtsbedingungen am verformten System, d.h. in der noch nicht bekannten, aber zu erwartenden, gestörten und geometrisch möglichen Lage des Systems angesetzt werden. Man spricht dann von einer *Theorie höherer Ordnung* (vgl. 6.1). Werden dabei die Deformationen (Verschiebungsableitungen) geometrisch linearisiert, so liegt eine Theorie II. Ordnung vor — werden dabei große Verformungen unterstellt, so ist das entsprechend eine Theorie III. Ordnung. Die Änderung der Geometrie der Belastung infolge der Deformation des Systems wird im Sinne einer „konservativen" Belastung dabei nicht berücksichtigt, d.h. die Belastungskräfte behalten ihre ursprüngliche Richtung bei.

Als Modell für die Stabilitätsuntersuchung eines solchen „Knick-Stabes" diene das aus zwei bei G gelenkig miteinander verbundenen, gleichlangen, starren Stäben bestehende System nach Bild 6-70, das durch eine zentrische Druckkraft F belastet ist. Das obere Gelenklager sei längsverschieblich, im Verbindungsgelenk G sei eine Drehfeder mit linearer Charakteristik so angebracht, daß das Federmoment Null ist, wenn das aus Stäben gebildete System gerade ist. Diese Anordnung kann als ein Modell eines elastischen Stabes von der Länge *l* angesehen werden, dessen Biegesteifigkeit hier an einer einzigen Stelle, nämlich im Gelenk G, konzentriert ist, wo das der doppelten Winkelauslenkung proportionale Moment $M = c\,2\,\alpha$ als „Rückstellmoment" bei evtl. Auslenkungen zur Wirkung kommt. Theoretisch könnte F jeden beliebigen Wert annehmen, ohne daß eine Deformation der Feder auftritt. Die Erfahrung zeigt jedoch, daß dies praktisch nur bis zu einem gewissen Grenzwert von F, der kritischen Last F_{krit}, der Fall ist. Für alle $F < F_{krit}$ kehrt das System nach einer kleinen Störung seiner ursprünglichen, geraden Gleichgewichtslage immer wieder in diese zurück, das System ist *stabil*.

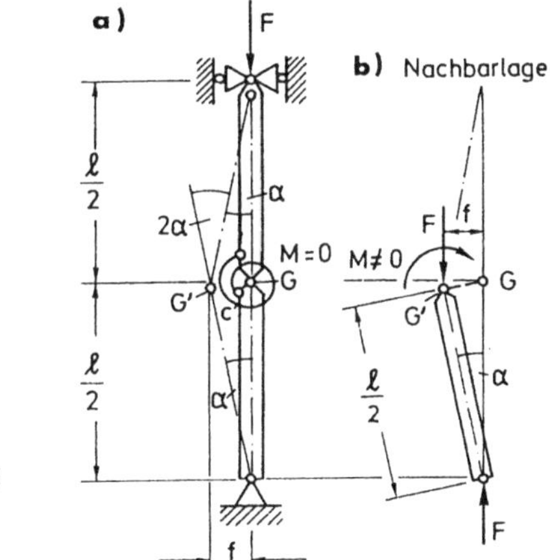

Bild 6-70

Wird die kritische Last $F = F_{krit}$ erreicht, so genügt eine sehr kleine Störung, um das System — ohne Änderung von F — in eine neue Gleichgewichtslage mit (in gewissem Umfang) beliebiger Auslenkung f zu überführen, die der ursprünglichen, dann aber nicht mehr stabilen Gleichgewichtslage benachbart ist. Bei allen Stabilitätsuntersuchungen kann man also die *Stabilitätsgrenze*, bzw. die *kritische Last*, grundsätzlich immer aus der Forderung

gewinnen, daß sich das System oder Bauteil unter der Wirkung von F_{krit} sowohl in der ursprünglichen als auch in einer ihr benachbarten Lage im Gleichgewicht befinden soll.
Eine wesentliche Vereinfachung für die Rechnung folgt daraus, daß man nur eine sehr kleine
— in der Grenze differentiell kleine — Verschiebung aus der Ausgangslage zu untersuchen
braucht (*Theorie II. Ordnung*). Angewandt auf das Modell, heißt das, daß eine durch den
kleinen Winkel α gekennzeichnete, der geraden Lage benachbarte Gleichgewichtslage aufgesucht werden muß. Diese kann nur dann bestehen, wenn das Momentengleichgewicht am
unteren Stab (Bild 6-70) mit M = Ff erfüllt ist, wenn also für kleine Winkel α

$$M = c\, 2\, \alpha = c\, 2 \arcsin \frac{f}{l/2} \approx c\, 2\, \frac{f}{l/2} = \frac{4\, cf}{l} = Ff$$

wird und damit F den Wert

$$F = F_{krit} = \frac{4\, c}{l} \qquad\qquad (6.273)$$

erreicht hat. Da sich hierbei die Auslenkung f heraushebt, ist in gewissen, durch die Näherung für kleine α gegebenen Grenzen jede beliebige, der geraden benachbarte Lage des Systems eine Gleichgewichtslage bei der Belastung $F = F_{krit}$. Das System ist im indifferenten
Gleichgewicht. Diese Unbestimmtheit von f hört aber auf, wenn man große Auslenkungen
untersucht, also genauer nach der „*Theorie III. Ordnung*" rechnet und dabei wenigstens die
beiden ersten Glieder der Reihenentwicklung für die arcsin-Funktion berücksichtigt, so daß

$$\alpha = \arcsin \frac{f}{l/2} \approx \frac{2\, f}{l} + \frac{1}{6}\left(\frac{2\, f}{l}\right)^{3}$$

wird. Gleichgewicht liegt dann vor, wenn

$$M = Ff = 2\, c\, \alpha \approx 4\, \frac{cf}{l}\left(1 + \frac{2\, f^2}{3\, l^2}\right), \quad \text{d.h.} \quad F = \frac{4\, c}{l}\left(1 + \frac{2\, f^2}{3\, l^2}\right) = F_{krit}\left(1 + \frac{2\, f^2}{3\, l^2}\right)$$

bzw. wenn

$$\frac{f}{l} = \pm\sqrt{\frac{3}{2}\left(\frac{F}{F_{krit}} - 1\right)} \qquad \text{(für } F \geqq F_{krit}\text{)} \qquad\qquad (6.274)$$

ist. Der Zusammenhang zwischen Auslenkung und Last wird am deutlichsten durch die Auftragung in einem „*Stabilitätsdiagramm*" nach Bild 6-71: Bis zum Erreichen des sogenannten *Verzweigungspunktes* des Gleichgewichtes, in dem $F = F_{krit}$ ist, ist die gerade Lage des
Systems die einzige mögliche — stabile — Gleichgewichtslage. Für $F < F_{krit}$ existiert nur die
Lösung f = 0; für $F = F_{krit}$ hat die Kurve nach (6.274) eine senkrechte Tangente im Verzweigungspunkt. Mit dem linearisierten Ansatz bleibt dabei die Auslenkung f unbestimmt
und es ergibt sich nur die Tangente nach Gl. (6.273). Das System verhält sich dann so, als ob
es im indifferenten Gleichgewicht wäre. Für $F \geqq F_{krit}$ ist nur die durch Gl. (6.274) gegebene
Gleichgewichtslage stabil, während die gerade Lage instabil ist, wie man nachweisen kann.
Die möglichen, stabilen Gleichgewichtslagen des Systems sind in Bild 6-71 durch dick ausgezogene Kurven gekennzeichnet.

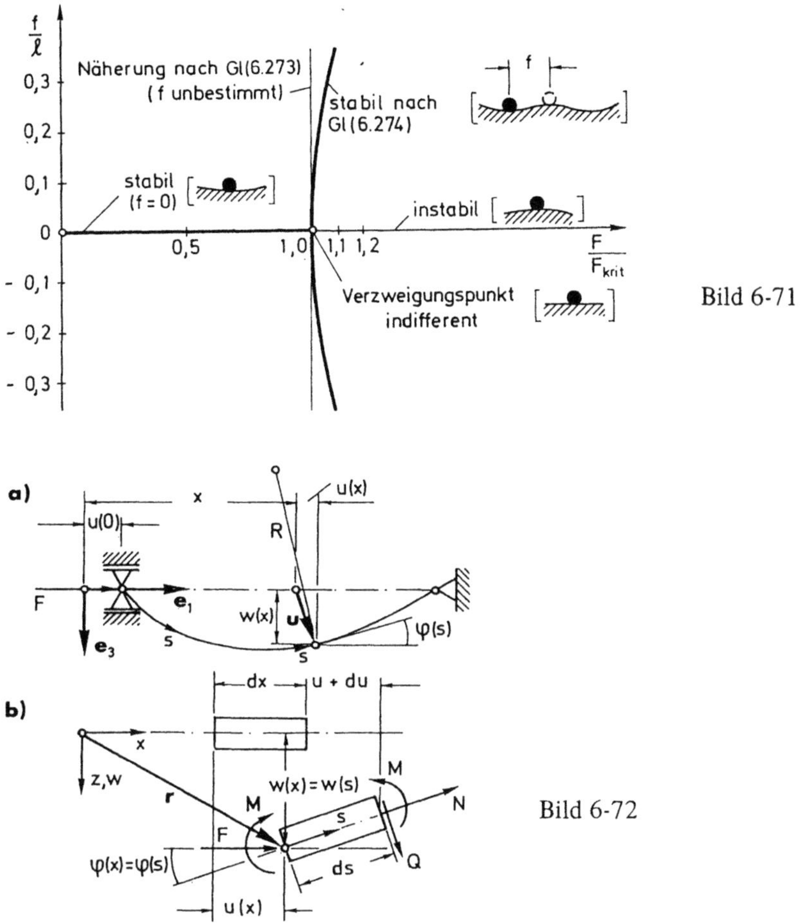

Bild 6-71

Bild 6-72

6.13.2 Differentialgleichung des Knickstabes

Man verfährt hier im Prinzip wie beim Modell nach Bild 6-70, indem man das Gleichgewicht für die ausgelenkte, durch w(x) gekennzeichnete Lage eines Knickstabes nach Bild 6-72 untersucht, der durch genau in seiner Stabachse wirkende Längskräfte F belastet sein soll. Nicht exakt in seiner Achse wirkende Belastungen und anfängliche Abweichungen von der geraden Form spielen zwar eine wichtige Rolle, wie noch in 6.13.4 gezeigt werden wird, sie ändern jedoch nichts an der Bedeutung einer „exakten" Theorie für die Stabilitätsuntersuchung.

Für eine weitgehend allgemeine Behandlung des Problems soll zunächst von einer „*Theorie III. Ordnung*" ausgegangen werden. Daher ist die folgende Untersuchung an einem verformten Element ds der ausgebogenen Stabachse nach Bild 6-72b durchzuführen. Dieses Element wird durch die Bogenlänge s, die krummlinige körperfeste Koordinate bis zum Flächenmittelpunkt des Stabes, festgelegt. Die Koordinate x wird längs der unverformten Stabachse bis zum Element dx in der unbelasteten und undeformierten Konfiguration gerechnet. Gesucht wird der Zusammenhang zwischen der Längskraft F, die ihre ursprüngliche

Richtung beibehalten soll, und den Verschiebungen des Elementes der Stabachse. Da verteilte Längsbelastungen in x-Richtung ausgeschlossen werden sollen, bleibt F für einen bestimmten Deformationszustand konstant längs s bzw. x. Der Schubeinfluß bleibe unberücksichtigt. Ferner wird ein symmetrischer Querschnitt angenommen und die Deformation wird nur in der Ebene des kleinsten I_y untersucht.

Die maßgebende Verformungsgröße ist die Verschiebung eines Punktes der Stabachse an der Stelle x des unbelasteten Stabes um den Vektor

$$\mathbf{u}(x) = u(x)\,\mathbf{e}_1 + w(x)\,\mathbf{e}_3 \tag{6.275}$$

Der Flächenmittelpunkt des Querschnitts der verformten Stabachse an der Stelle s wird also im unverformten ursprungsfesten (x, y)-System durch die Koordinaten des Vektors (6.275), also durch die Verschiebungen u(x) und w(x) (Bild 6-72) festgelegt.

Vor der Deformation hatte das Element der Stabachse die Länge dx, nach der Deformation hat es die Länge ds = Rdφ. Die Dehnung der Stabachse wird also

$$\epsilon = \frac{ds - dx}{dx} = \frac{ds}{dx} - 1 = R\,\frac{d\varphi}{dx} - 1 \quad \text{bzw.} \quad \frac{ds}{dx} = 1 + \epsilon \tag{6.276}$$

Nun gilt (vgl. auch Bild 6-72b)

$$\mathbf{r}(x) = (x + u(x))\,\mathbf{e}_1 + w(x)\,\mathbf{e}_3$$
$$\mathbf{r}'(x) = \frac{d\mathbf{r}}{dx} = (1 + u')\,\mathbf{e}_1 + w'\,\mathbf{e}_3 \tag{6.277}$$

Dann ist der Betrag hiervon

$$\left|\frac{d\mathbf{r}}{dx}\right| = \frac{ds}{dx} = \sqrt{(1 + u')^2 + w'^2} \tag{6.278}$$

so daß sich damit aus (6.276) für die Dehnung der Stabachse ergibt:

$$\epsilon(x) = \sqrt{(1 + u')^2 + w'^2} - 1 \tag{6.279}$$

Die Normalkraft ist wieder

$$N(x) = \sigma_x(x)\,A(x) = EA(x)\,\epsilon(x) \ .$$

Verwendet man noch (6.279), so erhält man

$$N(x) = EA(x)\,(\sqrt{(1 + u')^2 + w'^2} - 1). \tag{6.280}$$

Aus der Gleichgewichtsbedingung in s-Richtung am verformten Element folgt nun einerseits

$$F \cos\varphi(x) + N(x) = 0,$$

andererseits ist unter Verwendung von (6.277) und (6.278)

$$\cos\varphi = \frac{\mathbf{r}'}{|\mathbf{r}'|} \cdot \mathbf{e}_1 = \mathbf{e}_T \cdot \mathbf{e}_1 = \frac{1+u'}{\dfrac{ds}{dx}} = \frac{1+u'}{\sqrt{(1+u')^2 + w'^2}}\,.$$

Einsetzen unter Berücksichtigung von (6.280) ergibt die in $u(x)$ und $w(x)$ nichtlineare Differentialgleichung

$$\sqrt{(1+u')^2 + w'^2} - 1 + \frac{F(1+u')}{EA\sqrt{(1+u')^2 + w'^2}} = 0 \qquad (6.281)$$

Die fehlende zweite Gleichung erhält man aus dem Biegemoment an der Stelle s unter Verwendung der allgemeinen Gleichung (6.77) für die Biegung

$$M_y(x) = \frac{1}{R(x)} EI_y = EI_y \frac{d\varphi}{ds} = EI_y \frac{d\varphi}{dx}\frac{dx}{ds} \qquad (6.282)$$

Nun muß $\frac{1}{R}$ bzw. $d\varphi/ds$ noch durch die Verschiebungen u und w ausgedrückt werden. Dazu verwendet man entweder die Gleichung für die Krümmung

$$\frac{1}{R(x)} = \frac{|\mathbf{r}' \times \mathbf{r}''|}{|\mathbf{r}'|^3} = \frac{d\varphi}{ds} \qquad (6.283)$$

mit $\mathbf{r}(x)$ nach (6.277) und $|\mathbf{r}'|$ nach (6.278) oder man liest aus Bild 6-72b die Beziehung

$$\tan\varphi(s) = -\frac{dw}{dx+du} = -\frac{w'}{1+u'} = \tan\varphi(x) \qquad (6.284)$$

ab und erhält aus ihr

$$\varphi(x) = \arctan\left(-\frac{w'}{1+u'}\right) = \varphi(s)\,.$$

Durch Differentiation nach x erhält man

$$\frac{d\varphi}{dx} = -\frac{w''(1+u') - w'u''}{(1+u')^2 + w'^2} \neq \frac{d\varphi}{ds}\,. \qquad (6.285)$$

Daraus sowie mit (6.278) wird aus (6.282)

$$M_y(s) = EI_y \frac{d\varphi}{ds} = EI_y \frac{d\varphi}{dx}\frac{dx}{ds} = -EI_y \frac{w''(1+u') - w'u''}{[(1+u')^2 + w'^2]^{3/2}} \qquad (6.286)$$

Man erkennt, daß (6.286) für $u' = 0$ mit der Gleichung (6.77) der reinen Biegung übereinstimmt. Das Biegemoment ist hier speziell $M_y(x) = + Fw(x)$.

Einsetzen von (6.286) liefert eine zweite nichtlineare Differentialgleichung

$$\frac{w''(1 + u') - w'u''}{[(1 + u')^2 + w'^2]^{3/2}} + \frac{F}{EI_y}\, w = 0 \qquad (6.287)$$

Mit (6.281) und (6.287) hat man zwei nichtlineare, gekoppelte, gewöhnliche Differentialgleichungen für die Verschiebungen $u(x)$ und $w(x)$ in Abhängigkeit von der Längskraft F, deren Lösungen noch den Randbedingungen genügen müssen. Die Behandlung dieser komplizierten Randwertaufgabe geht über den Rahmen einer Einführung in die Stabilitätstheorie hinaus. Sie führt auf Abhängigkeiten, die ganz analog zu den Ergebnissen des einfachen Modells nach Bild 6-70 sind. Schon dort hatte sich gezeigt, daß man für eine Stabilitätsuntersuchung primär diejenige Last F_{krit} ermitteln muß, bei der das System seinen Verzweigungspunkt hat. Die nach Überschreiten dieser Last möglichen größeren – dann wieder stabilen – Auslenkungen sind für die Anwendungen nicht mehr von Interesse, da das System praktisch bereits bei Erreichen dieses Verzweigungspunktes versagt (horizontale Tangente an die F-w-Kurve).

Für praktische Stabilitätsuntersuchungen kommt man beim Knickstab also mit der Theorie II. Ordnung aus. Hierfür ist die Verschiebungsableitung bei dem kritischen, indifferenten Verzweigungszustand sehr klein, so daß man

$$w'^2(x) = \varphi^2(x) \ll 1, \quad u'^2(x) \ll 1 \text{ und } \sqrt{1 + 2u'} = 1 + u'$$

setzen kann. (6.281) geht dann über in

$$1 + u' - 1 + \frac{F}{EA} = 0,$$

und die Dehnung der Stabachse wird

$$u' = \frac{du}{dx} = \epsilon_x = -\frac{F}{EA} \qquad (6.288)$$

Von (6.287) bleibt nur die lineare Differentialgleichung für das Gleichgewicht im kritischen, indifferenten Zustand

$$\frac{d^2 w(x)}{dx^2} + \frac{F}{EI_y}\, w(x) = 0,$$

die man zweckmäßigerweise in folgende Form bringt:

$$w''(x) + \lambda^2 w(x) = 0 \quad \text{mit } \lambda^2 = \frac{F}{EI_y} \qquad (6.289)$$

Das Randwertproblem ist jetzt linearisiert und außerdem sind u und w nicht mehr miteinander gekoppelt, so daß man nach Bestimmung von F aus (6.289) die Längsdehnung aus (6.288) gesondert berechnen kann. Somit ist nur noch (6.289) unter Anpassung an die vorgegebenen Randbedingungen zu lösen.

6.13.3 Der Knickstab mit verschiedenen Randbedingungen

Um (6.289) zu integrieren, bedient man sich wieder des Ansatzes

$$w(x) = e^{\alpha x}; \quad w \text{ normiert} \qquad (6.290)$$

der auch schon in 6.10.3 verwendet wurde, und der für jede gewöhnliche lineare, homogene Differentialgleichung von beliebiger Ordnung mit konstanten Koeffizienten zum Ziel führt. Durch Einsetzen dieses Ansatzes in (6.289) erhält man aus

$$\alpha^2 e^{\alpha x} + \lambda^2 e^{\alpha x} = 0$$

die „charakteristische Gleichung"

$$\alpha^2 + \lambda^2 = 0$$

mit den beiden Wurzeln

$$\alpha_{1,2} = \pm i\lambda$$

und damit zwei Teillösungen nach (6.290), die nach Satz 6.8 aus 6.10.3 zur vollständigen Lösung

$$w(x) = c_1 e^{i\lambda x} + c_2 e^{-i\lambda x} = c_1 w_1(x) + c_2 w_2(x)$$

zusammengesetzt werden können. Mit Hilfe der EULERformel bringt man sie in die Form

$$w(x) = c_1(\cos \lambda x + i\sin \lambda x) + c_2(\cos \lambda x - i\sin \lambda x)$$
$$= (c_1 + c_2) \cos \lambda x + i(c_1 - c_2) \sin \lambda x.$$

Mit neuen, reellen Konstanten $C_1 = i(c_1 - c_2)$ und $C_2 = c_1 + c_2$ erhält man dann die vollständige Lösung von (6.289)

$$w(x) = C_1 \sin \lambda x + C_2 \cos \lambda x = w_1(x) + w_2(x) \qquad (6.291)$$

Die beiden in den Teillösungen $w_1(x)$ und $w_2(x)$ enthaltenen Konstanten C_1 und C_2 reichen nun aus, um *zwei* Randbedingungen zu erfüllen. Im allgemeinen hat man jedoch für jedes Stabende zwei, also insgesamt *vier* Randbedingungen zu erfüllen. Diese können — je nach der speziellen Problemstellung physikalische Randbedingungen (für das Moment oder die Querkraft) oder geometrische Randbedingungen (für die Durchbiegung oder den Biegewinkel) sein. In einigen Fällen kommt man aber mit der Lösung (6.291) aus, so auch im

Fall 1: *Der an seinen Enden gelenkig gelagerte Stab.* In diesem Fall (Bild 6-73) hat man folgende vier Randbedingungen zu erfüllen:
Physikalische Randbedingungen: Wegen $M(0) = M(l) = 0$ ist

$$w''(0) = 0 \quad \text{und} \quad w''(l) = 0.$$

Geometrische Randbedingungen: Wegen der Lager ist

$$w(0) = 0 \quad \text{und} \quad w(l) = 0.$$

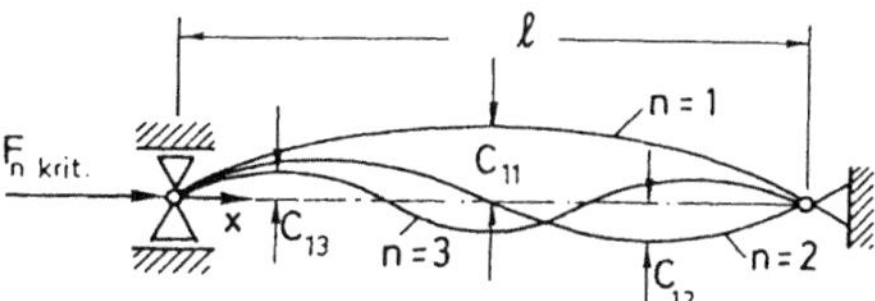

Bild 6-73

Da aus (6.291)

$$w''(x) = -\lambda^2(C_1 \sin \lambda x + C_2 \cos \lambda x) = -\lambda^2 w(x)$$

folgt, lassen sich alle vier Randbedingungen mit den beiden Konstanten C_1 und C_2 wie folgt bestimmen:

$$w(0) = C_2 = 0 \quad \text{und} \quad w(l) = C_1 \sin \lambda l = 0.$$

Die physikalischen Randbedingungen sind hierdurch mit erfüllt. Außer der trivialen Lösung $C_1 = 0$, also $w(x) = 0$, durch die die ursprüngliche, gerade Gleichgewichtsform des Stabes angegeben wird, kann die Bedingung $w(l) = 0$ nur durch diskrete Werte für das Argument der sin-Funktion, also durch

$$\lambda_n l = n\pi \quad \text{mit} \quad n = 1, 2, 3, \ldots \tag{6.292}$$

bzw. mit der Bedeutung von λ nach (6.289) durch die zugehörigen n *kritischen Lasten*

$$F_{n\,krit} = \lambda_n^2 EI_y = \left(\frac{n\pi}{l}\right)^2 EI_y \tag{6.293}$$

erfüllt werden, deren ersten Wert

$$F_{1\,krit} = F_{krit} = \frac{\pi^2 EI_y}{l^2} \tag{6.294}$$

man auch als *Knicklast* oder EULER[1]-*Last* bezeichnet.

Der *mathematische Sachverhalt* ist also folgender: Außer der trivialen Lösung $w(x) = 0$, die die Differentialgleichung (6.289) für beliebige λ hat, gibt es noch n Werte $\lambda_n = n\,\pi/l$ ($n \in \mathbb{N}$), für welche die Differentialgleichung jeweils eine nichttriviale, mit einem konstanten Faktor C_{1n} behaftete Lösung

$$w_n(x) = C_{1n} \sin \lambda_n x \tag{6.295}$$

besitzt. Die Lösungsfunktionen (hier z.B. $\sin \lambda_n x$) nennt man *Eigenfunktionen* und die ihnen zugeordneten λ_n die *Eigenwerte* des Problems; das Problem selber stellt ein *Eigenwertproblem* dar. Die Konstanten C_{1n} bleiben unbestimmt, da keine weiteren Randbedingungen zur Verfügung stehen.

Der *physikalische Sachverhalt* entspricht dem des Modells nach Bild 6-70. Die Gleichung (6.294) der Knicklast ist vom selben Typ wie die der kritischen Last nach (6.273) für das Modell; denn EI_y/l ist bis auf einen Zahlenfaktor die Federkonstante eines durch Biegemomente belasteten Balkens. Auch hier tritt in der Knicklastgleichung die Auslenkung f nicht auf. Ist die Belastung F kleiner als die Knicklast F_{krit}, so ist nur die gerade Stabachse die einzig mögliche, und zwar dann stabile Gleichgewichtslage. Bei $F = F_{krit}$ hat man einen Verzweigungspunkt des Gleichgewichts, der Stab kann bei dieser kritischen Last auch in eine der geraden Lage dicht benachbarte (indifferente) Gleichgewichtslage $w_1(x) = C_{11} \sin \lambda_1 x$ übergehen, deren Maximalauslenkung $w(l/2) = C_{11}$, wie die Durchbiegung f im Falle des Knickstab-Modells in Abs. 6.13.1, unbestimmt bleibt.

Da die Konstante C_{11} unbestimmt bleibt, also damit auch positiv oder negativ sein kann, kann die durch eine geringe Störung hervorgerufene Auslenkung bei Erreichen von F_{krit} nach *beiden* Seiten der Stabachse eintreten, so daß damit der „*Verzweigungspunkt*" erreicht ist. Die Unbestimmtheit der Auslenkung bei Erreichen des Verzweigungspunktes kann man damit erklären, daß ϑ analog zur Herleitung der kritischen Last (6.273) für das Modell — bei der Anwendung der Theorie II.Ordnung hier die Näherungs-Differentialgleichung (6.289) der elastischen Linie und *nicht* das exakte Randwertproblem (6.281) mit (6.287) verwendet wurde, aus dem man grundsätzlich die genaue Abhängigkeit F(w) und ein zu Bild 6-71 analoges Stabilitätsdiagramm erhalten könnte.

---

[1] EULER 1759

Für die Praxis ist das Versagen des Stabes bereits durch die erste kritische Last, die Knicklast, gekennzeichnet. Die kritischen Lasten höherer Ordnung (d.h. für n = 2, 3, ...) und die ihnen zugeordneten Eigenfunktionen sind nur von theoretischem Interesse, da sie nach (6.293) das n^2-fache der kritischen Last (Knicklast) für n = 1 betragen. In Bild 6-73 sind die ersten drei Eigenfunktionen für n = 1, 2, 3 dargestellt.

Um eine möglichst einheitliche Behandlung aller Lagerungsfälle des zentrisch gedrückten Stabes unter Anpassung an alle vier möglichen Randbedingungen zu erwirken, verwendet man zweckmäßigerweise als Ausgangs-Differentialgleichung die durch zweimalige Differentiation aus (6.289) gewonnene Gleichung

$$w^{IV}(x) + \lambda^2 w''(x) = 0 \quad \text{mit} \quad \lambda^2 = \frac{F}{EI_y} \tag{6.296}$$

Mit der Substitution $w''(x) = p(x)$ bringt man sie auf die Form von (6.289)

$$p''(x) + \lambda^2 p(x) = 0,$$

die analog zu (6.291) die Lösung

$$p(x) = c_1 \sin \lambda x + c_2 \cos \lambda x$$

hat. Durch zweimalige Integration erhält man damit

$$w(x) = \int \left[\int \left[\int p(x) \, dx \right] dx \right] = -\frac{c_1}{\lambda^2} \sin \lambda x - \frac{c_2}{\lambda^2} \cos \lambda x + C_3 x + C_4$$

oder – mit anderen Konstanten – die vollständige Lösung von (6.296)

$$w(x) = C_1 \sin \lambda x + C_2 \cos \lambda x + C_3 x + C_4 \tag{6.297}$$

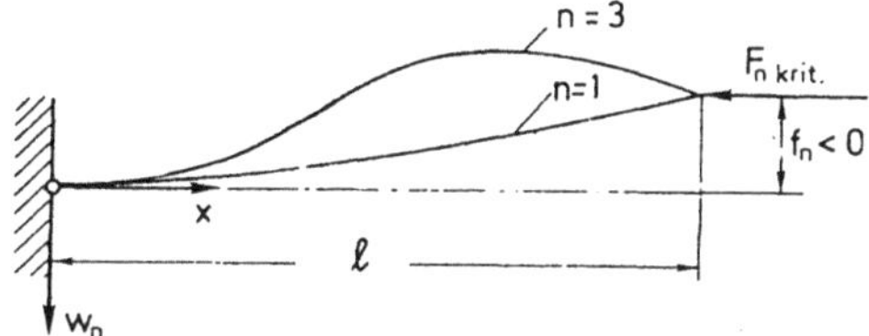

Bild 6-74

Fall 2: *Der an einem Ende freie Knickstab*
Hier sind nach Bild 6-74 folgende vier Randbedingungen zu erfüllen:
geometrische Randbedingungen: 1) $w(0) = 0$,   2) $w'(0) = 0$,
physikalische Randbedingungen: 3) $M(l) = 0$, d.h. $w''(l) = 0$
           4) $Q(l) = F w'(l)$, d.h. $-EI_y w'''(l) = F w'(l)$

Einsetzen in (6.297) liefert aus den beiden ersten Bedingungen

$$w(0) = C_2 + C_4 = 0, \quad \text{also} \quad C_4 = -C_2$$
$$w'(0) = \lambda C_1 + C_3 = 0, \quad \text{also} \quad C_3 = -\lambda C_1$$

und weiter durch Einsetzen von C_3 und C_4 in die beiden übrigen Randbedingungen

$$w''(l) = -\lambda^2 (C_1 \sin \lambda l + C_2 \cos \lambda l) = 0$$
$$-EI_y(-\lambda^3 C_1 \cos \lambda l + \lambda^3 C_2 \sin \lambda l) = F(\lambda C_1 \cos \lambda l - \lambda C_2 \sin \lambda l - \lambda C_1) \tag{6.298}$$

Setzt man $C_2 = -C_1 \tan \lambda l$ aus der ersten in die zweite Gleichung (6.298), so folgt zunächst

$$C_1 [EI_y (\lambda^3 \cos \lambda l + \lambda^3 \sin \lambda l \tan \lambda l) - F \lambda (\cos \lambda l + \sin \lambda l \tan \lambda l - 1)] = 0$$

und schließlich mit $EI_y \lambda^3 = (EI_y \lambda^2) \lambda = F \lambda$

$$C_1 F \lambda = 0, \quad \text{d.h.} \quad C_1 = 0.$$

Die 1. Gleichung (6.298) liefert damit die *Eigenwertgleichung*

$$\cos \lambda l = 0 \tag{6.299}$$

mit den *Eigenwerten*

$$\lambda_n = \frac{n\pi}{2l} \quad (n = 1, 3, 5, \ldots) \tag{6.300}$$

Die kritischen Lasten sind also

$$F_{n\,krit} = \lambda_n^2 EI_y = \left(\frac{n\pi}{2l}\right)^2 EI_y,$$

und die *Knicklast* wird für $n = 1$

$$F_{krit} = \frac{\pi^2}{4\,l^2} EI_y = 2{,}47\,\frac{EI_y}{l^2} \tag{6.301}$$

Die *Eigenfunktionen* folgen aus (6.297) mit $C_1 = C_3 = 0$ und $C_4 = -C_2$ zu

$$w_n(x) = C_2 (\cos \lambda_n x - 1) = C_2 \left[\cos\left(\frac{n\pi x}{2l}\right) - 1\right], \quad (n = 1, 3, 5, \ldots) \tag{6.302}$$

Die Eigenfunktionen sind für $n = 1$ (Knicklast) und $n = 3$ in Bild 6-74 dargestellt. Die Biegelinie für $n = 3$ kann nur bei einer kritischen Last erreicht werden, die das 9-fache der Knicklast beträgt und ist daher nicht mehr von Interesse für die Anwendungen.

Fall 3: *Der an den Enden (teilweise) eingespannte Stab*
Nach Bild 6-75a sei der Stab am linken Ende ($x = 0$) verschieblich so gelagert, daß er durch ein angrenzendes Bauteil „elastisch eingespannt" wird. Am rechten Ende ($x = l$) sei er voll eingespannt. Bei $x = 0$ wirke

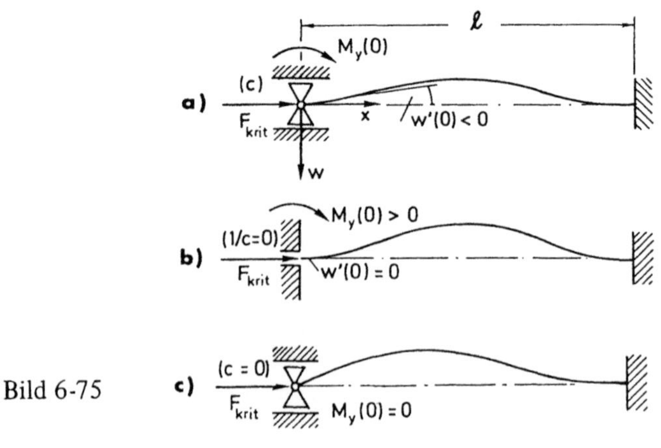

Bild 6-75

bei einer Auslenkung um den Biegewinkel $w'(0)$ ein Rückstellmoment $M_y(0)$, das dem Biegewinkel proportional sein soll. Dort gilt also die Einspannbedingung (physikalische Randbedingung):

1) $\quad M_y(0) = -EI_y w''(0) = -\overline{c}\,w'(0) > 0 \quad$ bzw.

$$w''(0) = \frac{\overline{c}}{EI_y}\, w'(0) = c\,w'(0) \quad \text{mit} \quad c = \frac{\overline{c}}{EI_y} \ .$$

Die drei geometrischen Randbedingungen sind:

$$2)\ w(0) = 0, \quad 3)\ w(l) = 0, \quad 4)\ w'(l) = 0.$$

Nach Einsetzen der Randbedingungen in (6.297) erhält man

$$w''(0) = -\lambda^2 C_2 = c\,w'(0) = c\,(\lambda C_1 + C_3) \tag{a}$$

$$w(0) = C_2 + C_4 = 0 \tag{b}$$

$$w(l) = C_1 \sin \lambda l + C_2 \cos \lambda l + C_3\, l + C_4 = 0 \tag{c}$$

$$w'(l) = \lambda C_1 \cos \lambda l - \lambda C_2 \sin \lambda l + C_3 = 0 \tag{d}$$

Setzt man nun aus (a) und (b) die Konstanten C_3 und C_4 in (c) und (d) ein, so erhält man das homogene Gleichungssystem

$$\left. \begin{aligned} C_1 (\sin \lambda l - \lambda l) + C_2 \left(\cos \lambda l - 1 - \frac{\lambda^2 l}{c} \right) &= 0 \\[2mm] C_1 (\lambda \cos \lambda l - \lambda) - C_2 \left(\lambda \sin \lambda l + \frac{\lambda^2}{c} \right) &= 0 \end{aligned} \right\} \tag{e}$$

Ein solches Gleichungssystem hat wieder nur dann eine von Null verschiedene, nicht-triviale Lösung, wenn seine Koeffizientendeterminante – bei Stabilitätsproblemen auch *„Knickdeterminante"* genannt – verschwindet. Die Lösbarkeitsbedingung für (e) ist also

$$\begin{vmatrix} \sin \lambda l - \lambda l & \cos \lambda l - 1 - \dfrac{(\lambda l)^2}{cl} \\[4mm] \lambda l \cos \lambda l - \lambda l & -\lambda l \sin \lambda l - \dfrac{(\lambda l)^2}{cl} \end{vmatrix} = 0$$

Die Ausrechnung liefert die *transzendente Eigenwertgleichung*

$$\boxed{\ \lambda l \left(1 - \frac{1}{cl} \right) \sin \lambda l + \left[2 + \frac{(\lambda l)^2}{cl} \right] \cos \lambda l - 2 = 0 \ } \tag{6.303}$$

zur Bestimmung der Eigenwerte λ_n. Aus ihr lassen sich unmittelbar folgende Sonderfälle ableiten:

Fall 3a: *Volle Einspannung am linken Ende* bei $x = 0$ (Bild 6-75b)
Am linken Stabende muß jetzt $w'(0) = 0$ sein. Da $M_y(0) \neq 0$ ist, muß $1/c = 0$ in (6.303) gesetzt werden. Das liefert sofort für diesen Fall die Eigenwertgleichung

$$\lambda l \sin \lambda l + 2 (\cos \lambda l - 1) = 0.$$

Mit

$$\sin \lambda l = 2 \sin \frac{\lambda l}{2} \cos \frac{\lambda l}{2} \quad \text{und} \quad \cos \lambda l = 1 - 2 \sin^2 \frac{\lambda l}{2}$$

formt man sie um in

$$\sin \frac{\lambda l}{2} \left(\frac{\lambda l}{2} \cos \frac{\lambda l}{2} - \sin \frac{\lambda l}{2} \right) = 0.$$

Für diese Eigenwertgleichung gibt es nun zwei Lösungsmöglichkeiten: Sie läßt sich erfüllen

– entweder durch $\sin \dfrac{\lambda l}{2} = 0$, also $\lambda_n l = 2\pi n$ (n = 1, 2, 3, ...)

– oder durch die transzendente Gleichung $\tan \dfrac{\lambda l}{2} = \dfrac{\lambda l}{2}$,

deren (unendlich viele) Lösungen man auf numerischem oder graphischem Wege finden kann. Aus Bild 6-76 entnimmt man $\lambda_1 l = 2 \cdot 4{,}493 > 2\pi$. Hier interessiert nur der kleinste aller möglichen Eigenwerte $\lambda_1 l = 2\pi$ aus der ersten Lösungsgruppe. Dieser führt nach (6.296) auf die *Knicklast*

$$F_{krit} = \lambda_1^2 \, EI_y = 4\pi^2 \frac{EI_y}{l^2} = 39{,}48 \frac{EI_y}{l^2} \qquad\qquad (6.304)$$

Nun soll noch die zugehörige erste Eigenfunktion, also die Knickform $w_1(x)$, bestimmt werden. Dazu setzt man den ersten Eigenwert $\lambda_1 l = 2\pi$ in die Randbedingungsgleichung (c) und erhält zunächst mit $\sin \lambda_1 l = 0$ und mit $C_4 = -C_2$

$$w(l) = C_2(\cos \lambda_1 l - 1) + C_1 l = 0 \quad\text{bzw.}\quad C_3 = 0.$$

Nach (a) ist damit auch $C_1 = 0$, so daß schließlich die *erste Eigenfunktion* aus (6.297) folgt:

$$w_1(x) = C_2(\cos \lambda_1 x - 1) = C_2\left(\cos \frac{2\pi x}{l} - 1\right) \qquad\qquad (6.305)$$

Sie ist in Bild 6-75b für $C_2 < 0$ aufgetragen.

Fall 3b: *Gelenkige Lagerung am linken Ende* bei x = 0 (Bild 6-75c)
Am linken Stabende ist $M_y(0) = 0$ und damit auch c = 0. Nach Multiplikation von (6.303) mit cl folgt für c = 0 die Eigenwertgleichung

$$\sin \lambda l - \lambda l \cos \lambda l = 0 \quad\text{bzw.}\quad \tan \lambda l = \lambda l.$$

Den ersten Eigenwert entnimmt man aus Bild 6-76 zu $\lambda_1 l = 4{,}493$, womit aus (6.296) die *Knicklast* folgt:

$$F_{krit} = \lambda_1^2 \, EI_y = 20{,}19 \frac{EI_y}{l^2} \qquad\qquad (6.306)$$

Um die Eigenfunktionen zu bestimmen, muß man wiederum alle Konstanten durch eine einzige ausdrücken. Dazu erhält man aus den Randbedingungsgleichungen (a) und (b) $C_2 = 0$ und $C_2 = -C_4 = 0$. Aus (d) folgt $C_3 = -\lambda C_1 \cos \lambda l$.

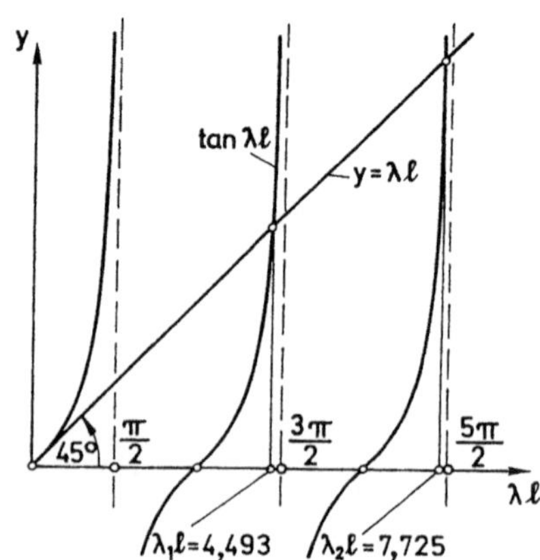

Bild 6-76

Alles in (6.297) eingesetzt, liefert die Eigenfunktionen

$$w_n(x) = C_{1n}\left[\sin\lambda_n x - (\lambda_n l\,\cos\lambda_n l)\,\frac{x}{l}\right] \qquad (6.307)$$

Die erste Eigenfunktion $w_1(x)$ ist die tatsächlich auftretende Knickform des Stabes, die in Bild 6-75c für $C_{1n} < 0$ eingezeichnet ist.

6.13.4 Konsequenzen für die Anwendungen in der Ingenieurpraxis

Die bisher behandelten Fälle sind in Bild 6-77 mit ihren Knicklasten nach (6.294), (6.301), (6.304) und (6.306) zusammengestellt. Diese Fälle nennt man die *vier* EULER *fälle*. Die Fälle 3 und 4 entsprechen den Fällen 3a und 3b des vorigen Abschnitts. Die Koordinatensysteme der beiden letzten Fälle wurden zur Vereinheitlichung insofern geändert, als die x-Koordinate hier vom anderen Stabende aus gerechnet wird. An den Ergebnissen ändert sich dadurch grundsätzlich nichts. Die ermittelten Knickformen sind durch strichpunktierte Linien angedeutet. Beim Vergleich der verschiedenen Fälle fällt zunächst auf, daß die Knicklasten mit dem Grade der Einspannung erheblich anwachsen.

Man kann nun sämtliche Fälle auf den Fall 1 des an seinen Enden gelenkig gelagerten Stabes zurückführen:

Da die Randbedingungen für den einseitig eingespannten Stab nach Fall 2 (Bild 6-77b) dieselben sind wie für die obere Hälfte des gelenkig gelagerten Stabes nach Bild 6-77a, ist die elastische Linie eine Viertel-Sinuswelle; man erhält also dieselbe kritische Last wie in (6.294), wenn man dort l durch die „*reduzierte Knicklänge*" $l_{red} = 2l$ ersetzt. Man nennt sie auch *freie Knicklänge*, da sie die Knicklänge des an seinen Enden freigelagerten Stabes mit derselben Knicklast angibt.

Die elastische Linie des beidseitig eingespannten Stabes nach Fall 3 (Bild 6-77c) ist eine von der geraden Stabachse um einen — unbestimmt bleibenden — Betrag verschobene

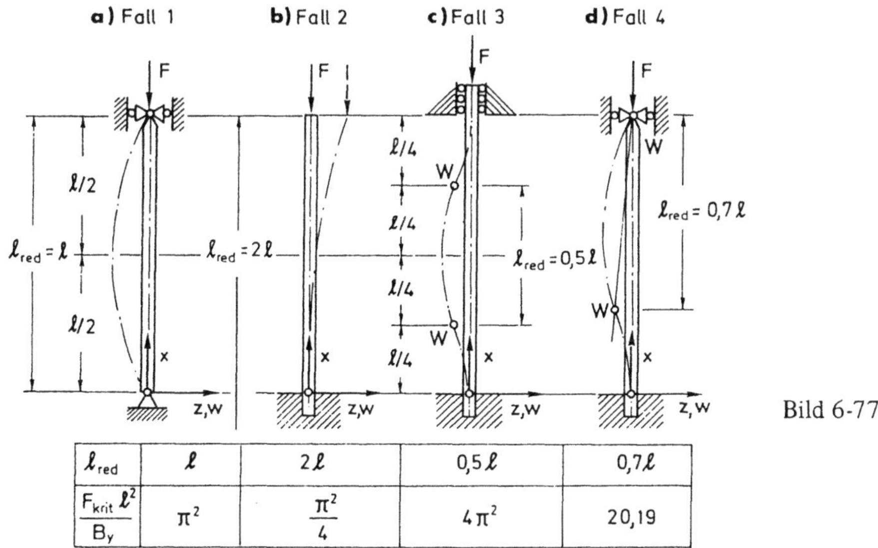

Bild 6-77

l_{red}	l	$2l$	$0,5l$	$0,7l$
$\dfrac{F_{krit}\,l^2}{B_y}$	π^2	$\dfrac{\pi^2}{4}$	$4\pi^2$	$20,19$

volle Cosinuswelle, die die Randbedingungen $w'(0) = w'(l) = 0$ erfüllt. In ihren in den Viertel-
punkten der Stablänge liegenden Wendepunkten W ist $w'' = 0$ und damit auch $M_y = 0$. Für
jedes Viertel des Stabes gelten also dieselben Randbedingungen wie für den Stab nach Bild
6-77b. Als reduzierte Knicklänge hat man demnach hier $l_{red} = l/2$ zu setzen.

Für den Fall 4 errechnet man die Krümmung der elastischen Linie aus (6.307) für den
kleinsten Eigenwert $\lambda_1 l = 4{,}493$ (Bild 6-76) und mit $\overline{x} = l - x$, vom oberen Ende gerechnet,
zu

$$w_1''(\overline{x}) = - C_{11}\,\lambda_1^2\,\sin \lambda_1\,\overline{x}\ .$$

Sie wird zu Null für $\lambda_1 \overline{x} = 4{,}493\,\overline{x}/l = \pi$, d.h. für $\overline{x}/l = 0{,}70$ bzw. für $x/l = 0{,}30$, wo also der
Wendepunkt liegt. Der Abstand der beiden Wendepunkte (mit Momentenfreiheit) ist auch
hier wieder gleich der reduzierten Knicklänge $l_{red} = 0{,}70\,l$ und die Knickform der elastischen
Linie ist zwischen ihnen eine halbe Sinuswelle, die gegen die Stabachse geneigt ist (Bild
6-77d). Man kann so die Knicklasten für die behandelten vier Grundfälle und auch für alle
übrigen Fälle allgemein aus einer einzigen Gleichung

$$F_{krit} = \frac{\pi^2\,EI_y}{l_{red}^2} \tag{6.308}$$

als sogenannte EULER-*Last* errechnen, wenn man die reduzierte oder freie Knicklänge l_{red}
für den speziellen Fall kennt. Hierin ist für EI_y die jeweils kleinere der beiden Biegesteifig-
keiten des Querschnitts einzusetzen. Am günstigsten ist demnach ein doppelt-symmetrischer
Querschnitt von möglichst großem Trägheitsmoment (Kreisrohr) aus einem Material mit
hohem Elastizitätsmodul (Stahl). Da es nur auf den Elastizitätsmodul ankommt, der für alle
Stahlsorten ungefähr derselbe ist, bringt die Verwendung hochfester Stähle für Bauteile, die
nur auf Knickung beansprucht werden, keine Vorteile. Auch die Verwendung von Leicht-
metallegierungen mit gleicher Festigkeit wie Stahl ist für Knickstäbe ungünstig, da die Biegesteifigkeit der Leichtmetallstäbe bei gleichen Abmessungen nur etwa 1/3 der Steifigkeit von
Stahlstäben beträgt. Allerdings ist dieser Nachteil auch mit einer Gewichtsersparnis im Verhältnis Stahl : Leichtmetall $\approx 2{,}8 : 1$ verbunden.

Durch die EULERsche Formel (6.308) wird festgestellt, bei welcher Längskraft ein
Druckstab bestimmter Abmessungen eine ausgebogene Gleichgewichtslage annehmen kann.
Die Formel sagt jedoch nichts darüber aus, ob die zugehörige Spannung nicht etwa schon
die Proportionalitätsgrenze überschritten hat, bevor die Druckkraft ihren kritischen Wert erreicht hat. Um das zu untersuchen, formt man (6.308) durch Einführung des Trägheitsradius
— definiert durch $i^2 = I_y/A$ mit dem jeweils kleinsten I_y — und des sogenannten *Schlank-
heitsgrades* $s = l_{red}/i$ in eine Gleichung für die Knickspannung um, deren Darstellung $\sigma_{krit}(s)$
die sogenannte „EULER-*Hyperbel*" ergibt:

$$\sigma_{krit} = \frac{F_{krit}}{A} = \frac{\pi^2\,E(I_y/A)}{l_{red}^2} = \frac{\pi^2\,E}{s^2} \tag{6.309}$$

Ist der Betrag von σ_{krit} kleiner als der der Spannung σ_{-E} an der Elastizitätsgrenze für
Druck, so knickt der Stab aus, bevor das Material inelastisch wird. Die *Gültigkeitsgrenze der*

EULER-*Formel* (6.309) ist erreicht, wenn $\sigma_{krit} = \sigma_{-E}$ ist, wenn s also den sogenannten Grenzschlankheitsgrad

$$s_{-E} = \pi \sqrt{\frac{E}{|\sigma_{-E}|}}$$

erreicht hat. Ist der Stab gedrungener, so gilt die EULER-Formel für $s < s_{-E}$ nicht mehr, sondern man muß die Knickspannung entweder Versuchen entnehmen oder mit Hilfe der Plastizitätstheorie berechnen.

Schließlich soll noch der eingangs gemachte *Einwand gegen die „exakte" Theorie* untersucht werden, nach der die Kraft „genau" in Richtung der exakt geraden Stabachse wirken soll, während in Wirklichkeit eine solche Voraussetzung in der Praxis nie erfüllt ist. Zu seiner Klärung soll nun ein Stab nach Bild 6-78 untersucht werden, der von vornherein im spannungslosen und damit momentenfreien Zustand eine, z.B. durch die Fertigung bedingte, vorgegebene Auslenkung $w_0(x)$ hat, die als klein im Vergleich zur Stablänge vorausgesetzt werden soll. Damit darf auch hier die linearisierte Theorie angewendet werden. Anstelle des Momentes $M_y(x) = F\,w(x)$ wirkt dann im Querschnitt x das Moment

$$M_y(x) = F[w_0(x) + w_1(x)],$$

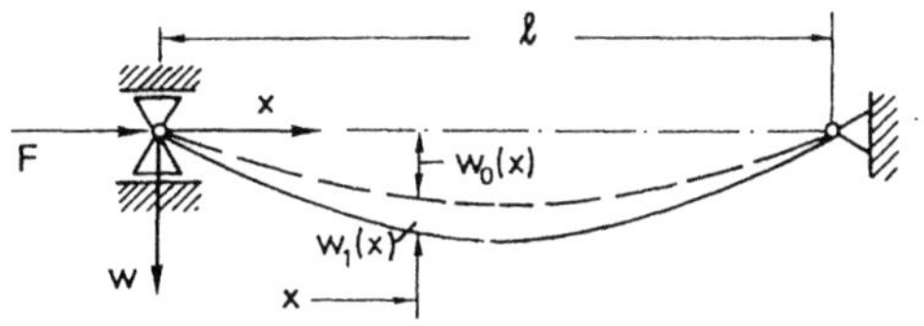

Bild 6-78

wobei $w_1(x)$ die bei Einwirkung von F zu $w_0(x)$ hinzukommende Durchbiegung ist. In der DGL der elastischen Linie für kleine Durchbiegungen

$$M_y(x) = E I_y \frac{d\varphi}{ds} = -E I_y\, w_1''(x)$$

tritt dann wegen des momentenfreien Ausgangszustandes nur die Krümmung der zusätzlichen (Differenz-)Biegelinie auf, so daß als *Differentialgleichung für die Zusatzverformung* des vorverformten Stabes folgt:

$$E I_y\, w_1''(x) + F\, w_1(x) = -F\, w_0(x)$$

bzw.

$$w_1''(x) + \lambda^2\, w_1(x) = -\lambda^2\, w_0(x) \quad \text{mit} \quad \lambda^2 = \frac{F}{E I_y} \tag{6.310}$$

Im Gegensatz zu (6.289) ist diese lineare Differentialgleichung *inhomogen*, da auf der rechten Seite eine (bekannte) Funktion von x, die sog. *Störfunktion*, steht. In der Theorie der Differentialgleichungen wird gezeigt, daß die vollständige Lösung einer inhomogenen DGL sich additiv aus der vollständigen Lösung der homogenen und einem partikularen Integral der inhomogenen Gleichung zusammensetzt (vgl. 6.10.3), also gilt hier

$$w_1(x) = w_{1h}(x) + w_{1p}(x) \tag{6.311}$$

Eine partikulare Lösung kann man für lineare Differentialgleichungen mit konstanten Koeffizienten und von beliebiger Ordnung mit der Methode der „Variation der Konstanten" oder durch einen erneuten, der Klasse der Störfunktion entsprechenden partikularen Ansatz auffinden.

Da der Ansatz dabei nur von Fall zu Fall in Abhängigkeit von der Störfunktion gemacht werden kann, muß eine bestimmte Störfunktion vorgegeben sein. Hier soll der einfache Fall behandelt werden, bei dem die Vorausbiegung die Form einer (halben) Sinus-Welle hat:

$$w_0(x) = a \sin \frac{\pi x}{l} \tag{6.312}$$

Geht man, wie beim Fall 1 von 6.13.3, von der Differentialgleichung 2. Ordnung aus, so ist

$$w_1''(x) + \lambda^2 w_1(x) = - \lambda^2 a \sin \frac{\pi x}{l} \tag{6.313}$$

Die vollständige Lösung der homogenen Gleichung von (6.310) ist entsprechend (6.291)

$$w_{1h}(x) = C_1 \sin \lambda x + C_2 \cos \lambda x.$$

Für die partikulare Lösung kommt man hier schnellstens zum Ziel, wenn man einen partikularen Ansatz in der Form der Störfunktion mit einer noch freien Konstanten macht. Diese Konstante wird dann über die Erfüllung der Differentialgleichung durch den Partikularansatz bestimmt. Also wird wegen (6.312) hier angesetzt

$$w_{1p}(x) = A \sin \frac{\pi x}{l},$$

was in (6.313) eingesetzt, zunächst

$$- A \left(\frac{\pi}{l}\right)^2 \sin \frac{\pi x}{l} + \lambda^2 A \sin \frac{\pi x}{l} = - \lambda^2 a \sin \frac{\pi x}{l}$$

liefert. w_{1p} ist also nur eine Lösung von (6.313), wenn

$$A = \frac{\lambda^2 a}{\left(\frac{\pi}{l}\right)^2 - \lambda^2} = \frac{a}{\left(\frac{\pi}{\lambda l}\right)^2 - 1}$$

ist. Als partikulares Integral ergibt sich damit

$$w_{1p}(x) = \frac{a}{\left(\frac{\pi}{\lambda l}\right)^2 - 1} \sin \frac{\pi x}{l} \tag{6.314}$$

Die *vollständige Lösung* der inhomogenen DGL lautet dann unter Verwendung von (6.311) und (6.314)

$$w_1(x) = C_1 \sin \lambda x + C_2 \cos \lambda x + \frac{a}{\left(\frac{\pi}{\lambda l}\right)^2 - 1} \sin \frac{\pi x}{l} \tag{6.315}$$

Die Randbedingungen für gelenkige Endlagerung sind durch

$$w_1(0) = C_2 = 0$$

$$w_1(l) = C_1 \sin \lambda l + 0 = C_1 \sin \lambda l = 0$$

zu erfüllen. Die Momentenbedingungen sind damit auch erfüllt. Hier kommt die Lösung $\sin \lambda l = 0$ mit $\lambda l = \pi$ nicht in Frage, weil damit $w_{1p}(x)$ wegen (6.314) gegen unendlich gehen würde. Also ist hier $C_1 = 0$ zu setzen, so daß die angepaßte, vollständige Lösung $w_1(x) = w_{1p}(x)$ gleich dem partikularen Integral wird. Damit erhält man als *Gesamtdurchbiegung* mit (6.312) und (6.314)

$$w(x) = w_0(x) + w_{1p}(x) = a \left[1 + \frac{1}{\left(\frac{\pi}{\lambda l}\right)^2 - 1} \right] \sin \frac{\pi x}{l} = \frac{a}{1 - \left(\frac{\lambda l}{\pi}\right)^2} \sin \frac{\pi x}{l}$$

und schließlich mit λ aus (6.310)

$$w(x) = \frac{a}{1 - \left(\frac{l}{\pi}\right)^2 \dfrac{F}{EI_y}} \sin \frac{\pi x}{l} = A \sin \frac{\pi x}{l} \tag{6.316}$$

Der *mathematische Sachverhalt* ist hier völlig anders als bei Fall 1 von 6.12.3, wo der gleiche zentrisch an den Stabenden belastete, jedoch „exakt" gerade Stab untersucht wurde: Dort gab es unendlich viele Lösungen eines Eigenwertproblems mit unbestimmt bleibenden Konstanten C_{1n}. Hier dagegen liegt *kein Eigenwertproblem* vor und es gibt auch nur eine einzige Lösung (6.316). Der Zusammenhang zwischen $w(x)$ und der Druckkraft F als Parameter ist hierbei auch nicht mehr linear proportional.

Auch der *physikalische Sachverhalt* ist ganz anders als beim vergleichbaren Fall 1: Hier gibt es weder eine Knicklast im eigentlichen Sinne noch einen Verzweigungspunkt. Während der gerade Stab bis zum Erreichen des Verzweigungspunktes gerade bleibt, nimmt hier die Anfangsdurchbiegung mit wachsendem F stetig zu, bis sie schließlich — wenn der Nenner von (6.316) Null wird — bei Erreichen der Last $F = (\pi/l)^2 EI_y = F_{krit}$ (theoretisch) gegen unendlich geht. Das ist aber genau wieder die Knicklast nach (6.294). Den hier eindeutigen Zusammenhang zwischen Last und Durchbiegung erkennt man, wenn man das *Verhältnis der Durchbiegungsamplituden* in die Form

$$\frac{A}{a} = \frac{1}{1 - \dfrac{F}{F_{krit}}} \tag{6.317}$$

bringt und darstellt (Bild 6-79). Man erkennt, daß die Durchbiegung sehr stark anwächst, wenn die Last sich der Knicklast nähert, bis sie sich schließlich der Geraden $F/F_{krit} = 1$ asymptotisch annähert. Die Knicklast kann dann nur bedingt als erstes Maß für das Versagen auch des vorverformten Stabes dienen, denn man bleibt dabei auf der „unsicheren Seite": Wenn man z. B. als maximale Durchbiegung nur das Fünffache der Anfangsausbiegung zulassen will, so ist damit die Versagenslast auf das 0,8fache der Knicklast begrenzt! Für größere Durchbiegungen gilt (6.317) nicht mehr, und dann müßte die Theorie III. Ordnung

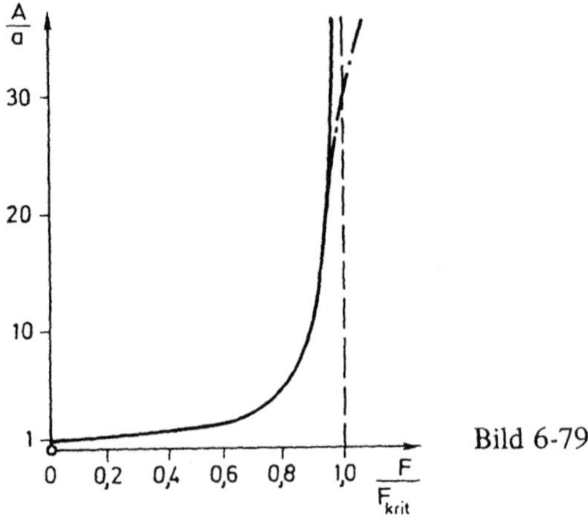

Bild 6-79

herangezogen werden, die zu einer in Bild 6-79 gestrichelten Last-Verformungskurve führen würde. Am Beispiel des vorverformten Stabes erkennt man im übrigen wieder, daß die höheren kritischen Lasten für die Anwendungen nicht interessieren, da das Versagen selbst bei einer sehr kleinen Vorverformung immer durch die erste kritische Last (Knicklast) bestimmt wird.

Zu analogen Ergebnissen kommt man, wenn die Krafteinleitung (infolge von Montageeinflüssen) nicht genau zentrisch erfolgt. Auch der Stab, der noch eine zusätzliche Querbelastung trägt, verhält sich ähnlich. Alle diese Fälle sind keine Stabilitätsprobleme im eigentlichen Sinne, sondern sie werden als *Spannungsprobleme* unter dem Oberbegriff der „*Knickbiegung*" zusammengefaßt. Die Stabilitätslast (Knicklast) ist dabei die obere Grenze für das Versagen der Biegestäbe.

Beispiel: Für den eckensteifen Halbrahmen nach Bild 6-80 berechne man die Knicklast. Man vernachlässige dabei die beim Ausbiegen im horizontalen Träger durch das Biegemoment an der Ecke hervorgerufene Auflagerkraft M_{y2}/l, die als zusätzliche Längskraft auf die senkrechte Stütze übertragen wird.

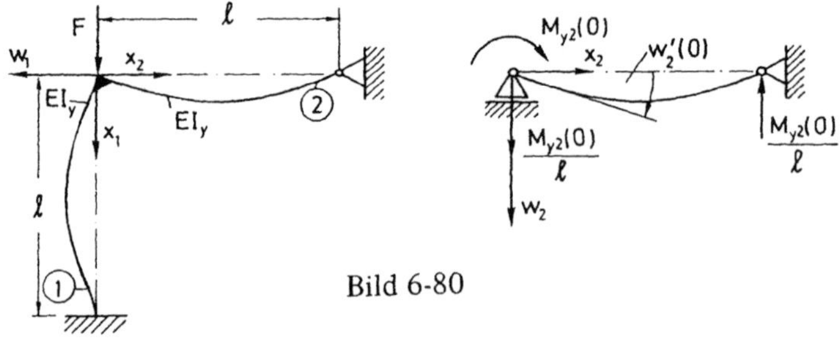

Bild 6-80

Lösung:
Für die Eigenwertgleichung (6.303) ist zunächst die Konstante c zu bestimmen. Dazu sind in Bild 6-80b die beiden Rahmenteile auseinandergeschnitten. Die Stütze ① wird nach ihrem Übergang in die durch die Knicklast F_{krit} hervorgerufene Nachbar-Gleichgewichtslage genauso verformt wie in Bild 6-75a dargestellt. Das Rückstellmoment $M_{y1}(0) = M_{y2}(0)$ bewirkt die eingezeichnete Verformung des waagerechten Riegels ②. Es ist

$$M_{y2}(0) = \bar{c}_2\, w_2'(0).$$

Gleichsetzen von $w_1'(0) = w_2'(0)$ – wegen der eckensteifen Verbindung beider Teile – liefert

$$\overline{c}_1 = \overline{c}_2, \quad \text{also auch} \quad c_1 = c_2 = c.$$

Mit den Methoden von 6.4.5 berechnet man andererseits

$$w_2'(0) = \frac{M_y(0)\, l}{3\, EI_y} \ .$$

Nun ist

$$M_y(0) = \overline{c}\, w_1'(0) = \overline{c}\, w_2'(0) = \overline{c}\, \frac{M_y(0)\, l}{3\, EI_y} \ ,$$

also

$$c\, l = \frac{\overline{c}\, l}{EI_y} = 3.$$

Das in (6.303) eingesetzt, liefert die Eigenwertgleichung

$$\frac{2}{3}\, \lambda l \sin \lambda l + \left[2 + \frac{(\lambda l)^2}{3} \right] \cos \lambda l - 2 = 0.$$

Mit der Lösung $\lambda l \approx 5.024$ wird die Knicklast

$$F_{krit} = \lambda^2\, EI_y = 25{,}2\, \frac{EI_y}{l^2} \ .$$

Ein Vergleich mit Bild 6-77 zeigt, daß die Knicklast der Stütze mit dieser speziellen Einspannung um ca. 25 % größer ist als nach dem EULERfall 4.

7 Kinetik starrer Systeme

7.1 Grundgleichungen

Wie in den vorangegangenen Kapiteln 5 bzw. 6 liegt auch hier ein Spezialfall der allgemeinen Bewegung beliebiger Körper vor. Dabei wird hier jedoch die Untersuchung mechanischer Systeme für den Fall einer *beliebigen Bewegung (Kinetik)* und nicht nur für den Fall des Gleichgewichts (Statik) vorgenommen, andererseits soll diese zunächst nur an *Systemen aus starren Körpern* (wie in Kapitel 5 und im Gegensatz zu Kapitel 6) durchgeführt werden.

Die Grundgleichungen hierfür stehen mit den Aussagen des Kap. 4 in Form des I. und II. Axioms und des Kap. 2 für die Kinematik bereits zur Verfügung. Wegen der Starr-Körper-Mechanik ist die Formulierung von Materialgesetzen nicht notwendig; denn mit den sechs Gleichungen des I. und II. Axioms für jeden starren Körper stehen eine hinreichende Zahl von Gleichungen für die maximal sechs Freiheitsgrade jedes starren Körpers zur Verfügung. Ist dabei ein Freiheitsgrad behindert (keine Bewegung in Richtung der zugehörigen Koordinate), so kann die zugehörige Grundgleichung speziell wieder eine Gleichgewichtsbedingung (Ruhebedingung) sein. Sind die Freiheitsgrade nicht behindert (Bewegung), so stellen die zugehörigen Grundgleichungen *Bewegungsgleichungen* dar. Sie enthalten die Aussagen der beiden Axiome in vollständiger Form, also neben den Kräften und Momenten bzw. der Kraftdichte auch die Beschleunigungsterme (Massenbeschleunigungen).

Da die Aussagen der beiden Axiome dabei unabhängig vom Deformationsverhalten des Feldes oder der Körper sind, gilt für jeden materiellen Punkt der Satz 4.2 in Form der Gleichungen (4.18)

$$\nabla \cdot \mathbf{S} + \mathbf{f}_V = \rho \, \ddot{\mathbf{r}} \tag{7.1}$$

$$\mathbf{S} = \mathbf{S}^T \tag{7.2}$$

bzw. für jeden starren Körper gilt die integrale Form von (7.1) in Form der Gleichungen (4.1) und (4.4)

$$\mathbf{F}^a = \dot{\mathbf{I}} \tag{7.3}$$

$$\mathbf{M}_O^a = \dot{\mathbf{D}}_O \tag{7.4}$$

wobei $\mathbf{F}^a$ nach (3.45) von 3.4 die Summe der äußeren Kräfte, $\mathbf{M}_O^a$ nach (3.51) von 3.5 die Summe der äußeren Momente um einen willkürlichen, festen Punkt O ist und $\mathbf{I}$ und $\mathbf{D}_O$ die entsprechenden Bewegungsgrößen nach 3.7 und 3.8, also der Impuls und der Drall des Körpers um den gleichen willkürlichen, festen Punkt sind. Diese Bewegungsgrößen enthalten dabei die den materiellen Punkten der Körper zugeordneten kinematischen Größen nach Kap. 2, also die Lage-, Geschwindigkeits- und Beschleunigungsvektoren (vgl. Beispiel zu Kap. 4, Bild 4-4). Es ist also

$$
\begin{aligned}
\mathbf{F}^a \;&:=\; \int_A \boldsymbol{\sigma}_n \, dA + \int_V \mathbf{f}_V \, dV & &\text{nach (3.45)} \\[2mm]
\mathbf{M}_O^a \;&:=\; \int_A \mathbf{r} \times \boldsymbol{\sigma}_n \, dA + \int_V \mathbf{r} \times \mathbf{f}_V \, dV & &\text{nach (3.51)} \\[2mm]
\mathbf{I} \;&:=\; \int_m \mathbf{v} \, dm = \int_V \mathbf{v}\,\rho \, dV & &\text{nach (3.60)} \\[2mm]
\mathbf{D}_O \;&:=\; \int_m \mathbf{r} \times \mathbf{v} \, dm = \int_V \mathbf{r} \times \mathbf{v}\,\rho \, dV & &\text{nach (3.62)}
\end{aligned}
\qquad (7.5)
$$

$\mathbf{r}, A, V, \rho, \boldsymbol{\sigma}_n$ und $\mathbf{f}_V$ sind dabei die geometrischen und physikalischen Grundgrößen nach Kap. 1, 2 und 3 und $(\;)^{\cdot} = d/dt$ ist die Ableitung nach der Grundgröße Zeit.

Mit den Gleichungen (7.1) und (7.2) bzw. (7.3) und (7.4) sowie den Definitionen der abgeleiteten Größen nach (7.5) ist das Problem der Kinetik starrer Körper damit hinreichend beschrieben und prinzipiell lösbar.

Die weitere Aufgabe besteht somit im wesentlichen darin, Folgerungen und spezielle Formen aus den Grundgesetzen (wie z.B. in 4.4) für andere Bezugspunkte und spezielle Starr-Körper-Bewegungen, d.h. die sich für eine jeweils spezialisierte Kinematik ergebenden Aussagen der Dynamik in Form von Sätzen und Gleichungen abzuleiten und damit jeweils für eine ganze Klasse von Problemen bereitzustellen. Solche Klassen können dementsprechend sein: die Translation des starren Körpers, die Rotation des starren Körpers, die ebene Bewegung, die Bewegung um einen raumfesten Punkt, die Bewegung eines Ein-Massen-Schwingers usw.

Da erste derartige Folgerungen für die Bewegungsgrößen in Kap. 3 und aus den Axiomen bereits in Kap. 4 gezogen worden sind, seien diese hier (Beweise siehe dort) zusammengestellt:

Danach gilt für die Bewegungsgrößen (Bild 7-1) nach 3.7:

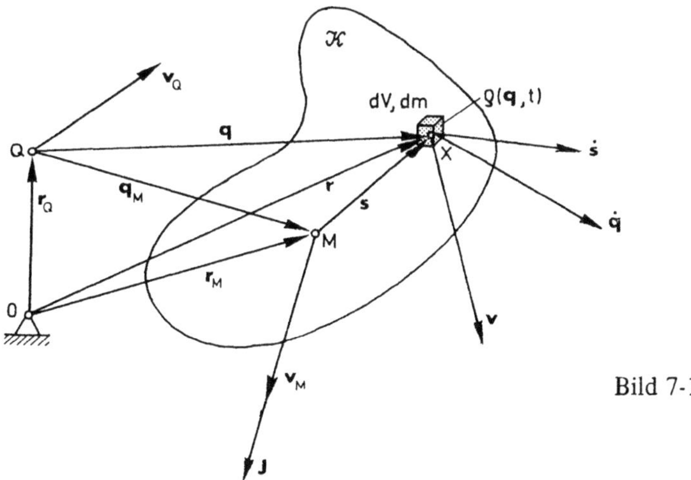

Bild 7-1

$$\mathbf{I} := \int\limits_m \mathbf{v}\,dm = \frac{d}{dt} \int\limits_m \mathbf{r}\,dm = (m\,\mathbf{r}_M)^{\boldsymbol{\cdot}} = m\,\mathbf{v}_M \tag{7.6}$$

nach 3.8 und 4.4.3:

$$\mathbf{D}_Q = \int\limits_m \mathbf{q} \times \dot{\mathbf{q}}\,dm; \quad \mathbf{D}_O = \int\limits_m \mathbf{r} \times \mathbf{v}\,dm; \quad \mathbf{D}_M = \int\limits_m \mathbf{s} \times \dot{\mathbf{s}}\,dm \tag{7.7}$$

$$\mathbf{D}_Q = \mathbf{D}_O - \mathbf{r}_Q \times \mathbf{I} - (\mathbf{r}_M - \mathbf{r}_Q) \times m\,\mathbf{v}_Q \tag{7.8}$$

$$\mathbf{D}_O = \mathbf{D}_M + \mathbf{r}_M \times \mathbf{I}; \quad \mathbf{D}_Q = \mathbf{D}_M + m\,\mathbf{q}_M \times \dot{\mathbf{q}}_M \tag{7.9}$$

sowie als Folgerungen aus den Axiomen nach 4.4.3

$$\dot{\mathbf{I}} = \int\limits_m \ddot{\mathbf{r}}\,dm = \int\limits_m \mathbf{a}\,dm = m\,\ddot{\mathbf{r}}_M = m\,\dot{\mathbf{v}}_M = m\,\mathbf{a}_M = \mathbf{F}^a \tag{7.10}$$

(*Massenmittelpunktsatz*; vgl. Satz 4.2)

und nach 4.4.2 und 4.4.3

$$\dot{\mathbf{D}}_O = \int\limits_m (\mathbf{r} \times \mathbf{v})^{\boldsymbol{\cdot}}\,dm = \int\limits_m \mathbf{r} \times \mathbf{a}\,dm = \int\limits_m \mathbf{r} \times \ddot{\mathbf{r}}\,dm$$

$$= \dot{\mathbf{D}}_Q + \mathbf{r}_Q \times \mathbf{F}^a + m\,\mathbf{q}_M \times \mathbf{a}_Q = \mathbf{M}_O^a \quad (\text{vgl. }(4.19)) \tag{7.11}$$

(*Drallsatz* bzgl. eines raumfesten Punktes O)

$$\dot{\mathbf{D}}_Q + m\,\mathbf{q}_M \times \mathbf{a}_Q = \dot{\mathbf{D}}_M + m\,\mathbf{q}_M \times \mathbf{a}_M = \mathbf{M}_Q^a \quad (\text{vgl. 4.21) und (4.29)}) \tag{7.12}$$

(*Drallsatz* bzgl. eines beliebig bewegten Punktes Q)

$$\dot{\mathbf{D}}_M = \mathbf{M}_M^a \tag{7.13}$$

(*Drallsatz* bzgl. des beliebig bewegten Massenmittelpunktes M; vgl. Satz 4.4).

Da in allen Gleichungen die Zeit t dabei zumindest eine − und i.a. *die* unabhängige − Variable ist, führt die Aufgabenstellung der Ermittlung der Bewegungsgleichungen in der Kinetik starrer Körper i.a. auf Differentialgleichungen zweiter Ordnung in der Zeit und damit auf ein Anfangswertproblem mit den Vorgaben

$$\mathbf{r}\,(t = 0) = \mathbf{r}_0; \quad \mathbf{v}\,(t = 0) = \mathbf{v}_0 \tag{7.14}$$

wobei beispielsweise r_0 und v_0 die Anfangslage und die Anfangsgeschwindigkeit eines Punktes sind (vgl. die Randwertprobleme $w(x = 0) = w_0$; $w'(x = 0) = \varphi_0$ in Kap. 6). Die Anfangswertvorgabe kann dabei auch durch zwei andere vektorielle, kinematische Bestimmungsstücke (Lage, Winkelgeschwindigkeit des Körpers, Geschwindigkeit von Körperpunkten usw.) erfolgen — es muß dabei eben nur sichergestellt sein, daß aus den mathematischen Lösungen der Bewegungsgleichungen eine eindeutige physikalische Lösung mit der Anpassung an die Anfangsbedingungen und in Abhängigkeit von den vorhandenen Freiheitsgraden determinierbar ist.

7.2 Bewegungsgrößen — Massenbeschleunigungen

7.2.1 Allgemeines

Für die in der Kinetik auftretenden Massenbeschleunigungen, d.h. für die „rechten" Seiten der kinetischen Grundgleichungen in Form des Impulses und des Dralles sowie für ihre zeitlichen Ableitungen lassen sich nun bestimmte Darstellungen erzeugen, da in diesen Massenbeschleunigungen stets gleichartige, bestimmte Massenverteilungs-Integrale auftreten. Das ist damit analog zur Flächengeometrie, bei der neben der Fläche selbst

$$A = \int_A dA$$

das Flächenmoment 1. Grades

$$r_F A = \int_A r\, dA$$

und das Flächenmoment 2. Grades

$$I = \int_A r^2\, dA = \int_A r^2\, dA$$

als Flächenträgheitsmoment oder als Deviationsmoment (vgl. 6.4.2) auftritt. Auf die hier vorliegenden Massenintegrale übertragen, heißt das, daß neben der Masse

$$m := \int_V \rho\, dV = \int_m dm$$

und dem Massenmoment 1. Grades, das nach (1.3.4) den Massenmittelpunkt definiert, also durch

$$r_M\, m := \int_V r\, \rho\, dV = \int_m r\, dm,$$

auch die Massenmomente 2. Grades, und zwar auch hier in Form der Massen-Trägheitsmomente und Massen-Deviationsmomente sinnvollerweise einzuführen sind.

7.2.2 Massenmomente 2. Grades (Definition)

Ist $\mathscr{K}$ ein Körper mit dem Massenmittelpunkt M und $[e_i]$ eine orthonormierte Basis mit dem Ursprung in M (Zentralachsensystem) und ist x der Vektor von
M zu einem beliebigen materiellen Punkt X
aus $\mathscr{K}$ (Bild 7-2), so ist

$$x = \sum_i x_i\, e_i \;,$$

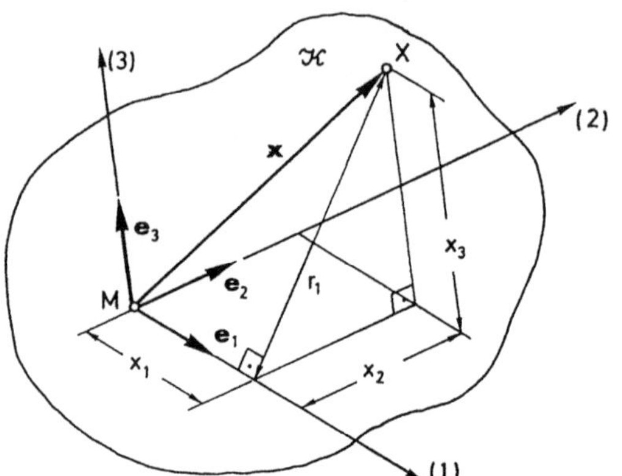

Bild 7-2

und analog zu Def. 6.2 aus 6.4.1 gelte

Def. 7.1:

Ordnet man jedem materiellen Punkt X mit der Masse $\rho\, dV = dm$ den quadratischen Abstand von einer Achse (i) zu und summiert über die gesamte Masse, so
ist das Ergebnis das *Massenträgheitsmoment* des Körpers bezüglich der Achse (i).

Ordnet man jedem materiellen Punkt X mit der Masse dm das Produkt der Abstände von zwei Achsen (i) und (j) zu und summiert über die gesamte Masse, so
ist das Ergebnis das *Massen-Deviationsmoment* des Körpers bezüglich der Achsen
(i) und (j).

Damit gilt

$$\Theta_{ij} := \int_m [(x \times e_i) \cdot (x \times e_j)]\, dm. \qquad (7.15)$$

Das Kreuzprodukt stellt dabei die Berechnung der jeweils senkrechten Abstände von den
Achsen (für $i = j$ den quadratischen Abstand von der Achse) und das Skalarprodukt die
Berechnung des Momentes zweiten Grades sicher. Die Ausrechnung von (7.15) unter Ver-
wendung des Spatprodukt- und des Entwicklungssatzes (vgl. (1.92) und (1.98)) ergibt

$$(x \times e_i) \cdot (x \times e_j) = x \cdot [e_i \times (x \times e_j)] = x \cdot [x (e_i \cdot e_j) - e_j (e_i \cdot x)]$$

$$= (x \cdot x)(e_i \cdot e_j) - (x \cdot e_i)(x \cdot e_j).$$

Somit kann (7.15) mit (1.69) auch in der Form geschrieben werden

$$\Theta_{ij} = \int_m [(x \cdot x)(e_i \cdot e_j) - (x \cdot e_i)(x \cdot e_j)]\, dm$$

$$\qquad (7.16)$$

$$= \int_m [(x \cdot x)\,\delta_{ij} - (x \cdot e_i)(x \cdot e_j)]\, dm$$

Für $i = j$ ist $\delta_{ij} = 1$ und es wird

$$\Theta_{ii} = \int_m [\mathbf{x} \cdot \mathbf{x} - (\mathbf{x} \cdot \mathbf{e}_i)^2]\, dm = \int_m \left[\left(\sum_i x_i^2\right) - x_i^2\right] dm = \int_m (x_j^2 + x_k^2)\, dm;$$

also sind die *Massenträgheitsmomente*

$$\Theta_{11} = \int_m (x_2^2 + x_3^2)\, dm = \int_m r_1^2\, dm \geqslant 0$$

$$\Theta_{22} = \int_m (x_1^2 + x_3^2)\, dm = \int_m r_2^2\, dm \geqslant 0 \qquad (7.17)$$

$$\Theta_{33} = \int_m (x_1^2 + x_2^2)\, dm = \int_m r_3^2\, dm \geqslant 0$$

Für $i \neq j$ ist $\delta_{ij} = 0$, also sind

$$\Theta_{ij} = \int_m [-(\mathbf{x} \cdot \mathbf{e}_i)(\mathbf{x} \cdot \mathbf{e}_j)]\, dm = -\int_m x_i x_j\, dm$$

die *Massen-Deviationsmomente*

$$\Theta_{12} = -\int_m x_1 x_2\, dm = \Theta_{21} \gtrless 0$$

$$\Theta_{23} = -\int_m x_2 x_3\, dm = \Theta_{32} \gtrless 0 \qquad (7.18)$$

$$\Theta_{13} = -\int_m x_1 x_3\, dm = \Theta_{31} \gtrless 0$$

Das sind somit neun Massenmomente zweiten Grades, wobei jeweils $\Theta_{ij} = \Theta_{ji}$ ist. Damit läßt sich Θ_{ij} in Form einer symmetrischen Matrix schreiben:

$$(\Theta_{ij}) = \begin{pmatrix} \Theta_{11} & \Theta_{12} & \Theta_{13} \\ \Theta_{12} & \Theta_{22} & \Theta_{23} \\ \Theta_{13} & \Theta_{23} & \Theta_{33} \end{pmatrix} \qquad (7.19)$$

wobei das Bildungsgesetz für Θ_{ij} in Form der Gleichung (7.15) bzw. (7.16) gegeben ist.

Ordnet man den Θ_{ij} das dyadische Produkt der Basisvektoren $\mathbf{e}_i\,\mathbf{e}_j$ zu, so ist der entstehende symmetrische Tensor 2. Stufe der *Massenträgheitstensor*

$$\boldsymbol{\Theta} = \sum_{i,j} \Theta_{ij}\,\mathbf{e}_i\,\mathbf{e}_j = \sum_{i,j} \int\limits_m [(\mathbf{x}\cdot\mathbf{x})\,\delta_{ij} - (\mathbf{x}\cdot\mathbf{e}_i)(\mathbf{x}\cdot\mathbf{e}_j)]\,dm\,\mathbf{e}_i\,\mathbf{e}_j$$

$$= \int\limits_m \Bigl[\sum_{i,j}(\mathbf{x}\cdot\mathbf{x})\,\delta_{ij}\,\mathbf{e}_i\,\mathbf{e}_j - \sum_{i,j} x_i\,x_j\,\mathbf{e}_i\,\mathbf{e}_j\Bigr]\,dm = \int\limits_m [(\mathbf{x}\cdot\mathbf{x})\,\mathbb{E} - (\mathbf{x}\,\mathbf{x})]\,dm \tag{7.20}$$

Für diesen Trägheitstensor gelten nun – wie im Falle des symmetrischen Spannungstensors $\mathbb{S}$ bzw. Verzerrungstensors $\mathbb{D}$ – wieder sämtliche Transformations- und Abbildungseigenschaften nach 3.2 und 3.3.

A. Bei Drehung des Bezugssystems

um den Ursprung bzw. Massenmittelpunkt ist so wieder eine zu (3.9) und (3.22) bzw. eine zu (6.54) analoge Form für die Werte der Massenträgheitsmomente erzeugbar. Ist nämlich nach Bild 7-3 $\mathbf{n}$ der Einheitsvektor in Richtung einer beliebigen, gegenüber dem ursprünglichen ZAS gedrehten Achse (n) und $\mathbf{m}$ der Einheitsvektor in Richtung einer zu (n) senkrechten Achse (m), so gilt für die Trägheitsmomente bezüglich des gedrehten Systems wieder Def. 7.1, nur mit den veränderten Einheitsvektoren, d.h.

$$\Theta_{nm} = \int\limits_m [(\mathbf{x}\times\mathbf{n})\cdot(\mathbf{x}\times\mathbf{m})]\,dm. \tag{7.21}$$

Damit ergibt sich für den Zusammenhang der Massenträgheitsmomente $(\mathbf{n}=\mathbf{m})$ in beiden Basissystemen wegen

$$\Theta_{nn} = \int\limits_m [(\mathbf{x}\times\mathbf{n})\cdot(\mathbf{x}\times\mathbf{n})]\,dm = \int\limits_m (\mathbf{x}\times\mathbf{n})^2\,dm$$

$$= \int\limits_m [(x_2\,n_3 - x_3\,n_2)^2 + (x_3\,n_1 - x_1\,n_3)^2 + (x_1\,n_2 - x_2\,n_1)^2]\,dm$$

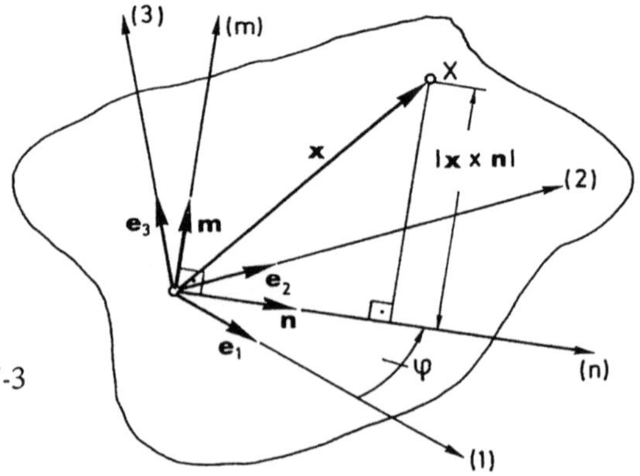

Bild 7-3

unter Berücksichtigung von (7.17) und (7.18)

$$\Theta_{nn} = n_1^2 \Theta_{11} + n_2^2 \Theta_{22} + n_3^2 \Theta_{33} - 2\,(n_1 n_2 \Theta_{12} + n_1 n_3 \Theta_{13} + n_2 n_3 \Theta_{23}). \qquad (7.22)$$

Das ist eine zu (3.9) analoge Form für symmetrische Koordinaten $\Theta_{ij} = \Theta_{ji}$ von Θ.

Für den Zusammenhang der Massen-Deviationsmomente $(n \neq m)$ bzgl. der orthogonalen Achsen (n) und (m) ergibt sich entsprechend (7.21) nach Umformung mit den Sätzen der Vektoralgebra gemäß (7.16) auch wieder

$$\Theta_{nm} = \int [(x \cdot x)\,(n \cdot m) - (x \cdot n)\,(x \cdot m)]\, dm.$$

Unter Berücksichtigung, daß dann $n \perp m$, also $n \cdot m = 0$ ist, folgt für den rein deviatorischen Anteil

$$\Theta_{nm} = - \int [(x \cdot n)\,(x \cdot m)]\, dm$$

bzw. nach Ausrechnung und Zusammenfassung die zu (3.10) analoge Form

$$\begin{aligned}
\Theta_{nm} = {}& n_1 m_1 \Theta_{11} + n_2 m_2 \Theta_{22} + n_3 m_3 \Theta_{33} + (n_1 m_2 + n_2 m_1)\,\Theta_{12} \\
& + (n_1 m_3 + n_3 m_1)\,\Theta_{13} + (n_2 m_3 + n_3 m_2)\,\Theta_{23}.
\end{aligned} \qquad (7.23)$$

Die in (7.22) und (7.23) auftretenden Werte n_i bzw. m_i sind die jeweiligen Skalarprodukte

$$n_i = n \cdot e_i \qquad \text{bzw.} \qquad m_i = m \cdot e_i,$$

also die Projektionen der Einheitsvektoren n und m auf die des ursprünglichen Systems e_i und damit die cos-Werte der eingeschlossenen Winkel (φ_i) zwischen den Achsen (vgl. Bild 7-3).

Wenn nun mit (7.22) und (7.23) sämtliche Drehungen der Basis beschrieben sind, so liegt es nahe – wie im Falle des Spannungstensors – auch hier ein Eigenwertproblem für den Trägheitstensor zu formulieren, und zwar mit dem Ziel, dasjenige spezielle Hauptachsensystem $[e_H]$ mit den drei zugehörigen orthogonalen Eigenvektoren e_I, e_{II}, e_{III} zu finden, für das die Deviationsmomente wieder verschwinden und die axialen Massenträgheitsmomente Extremwerte (Eigenwerte) annehmen.

Sind e_H danach die (noch unbekannten) Hauptrichtungen, so ist analog zu (3.12)

$$e_H \cdot [\Theta - \Theta_H\, \mathbb{E}] = 0 \qquad (7.24)$$

die zugehörige *Eigenwertgleichung für den Trägheitstensor*. Daraus folgt zunächst für die Hauptwerte Θ_H wieder eine kubische Gleichung als Folge der Lösbarkeitsbedingung (vgl. (3.15))

$$\det [\Theta_{ij} - \Theta_H\, \delta_{ij}] = 0 \qquad (7.25)$$

mit einer zu (3.16) analogen Form

$$\begin{aligned}
& \Theta_H^3 - (\Theta_{11} + \Theta_{22} + \Theta_{33})\,\Theta_H^2 \\
& \quad + (\Theta_{11}\Theta_{22} + \Theta_{11}\Theta_{33} + \Theta_{22}\Theta_{33} - \Theta_{12}^2 - \Theta_{23}^2 - \Theta_{13}^2)\,\Theta_H \\
& \quad - \det |\Theta_{ij}| = 0.
\end{aligned} \qquad (7.26)$$

Die reellen Lösungen $\Theta_I \geqslant \Theta_{II} \geqslant \Theta_{III}$ sind die Haupt-Trägheitsmomente, die hier nach ihrer Größe sortiert sind. Dann stellen Θ_I und Θ_{III} die Extremwerte dar. Die zugehörigen drei orthogonalen Hauptrichtungen e_{H_i} können nach Einsetzen des jeweiligen Wertes $\Theta_H = \Theta_I$; Θ_{II}; Θ_{III} aus der Gleichung (7.24) bestimmt werden. Damit ist auch wieder eine *Hauptachsendarstellung des Massenträgheitstensors* (wie in (3.17)) bezüglich der Eigenvektoren e_{H_i} möglich, d.h. es ist

$$\Theta = \begin{pmatrix} \Theta_I & 0 & 0 \\ 0 & \Theta_{II} & 0 \\ 0 & 0 & \Theta_{III} \end{pmatrix} e_{H_i} e_{H_j} \tag{7.27}$$

und es gilt der

Satz 7.1:
Jeder Körper hat mindestens ein orthogonales Zentralachsensystem (*Haupt-Zentral-System*; HZAS), für das der Massenträgheitstensor die Form (7.27) annimmt, womit die Deviationsmomente verschwinden und die axialen Massenträgheitsmomente (hier: Θ_I, Θ_{III}) Extremwerte annehmen *(Hauptträgheitsmomente)*.

Schließlich läßt das vorliegende Problem der Transformation auf beliebig gedrehte Bezugssysteme auch eine *geometrische Deutung* zu (vgl. MOHRscher Spannungs- bzw. Trägheitskreis für Momente ebener Flächen):

Wird nämlich (Bild 7-4) längs der Achse (n) die Strecke $\rho = \dfrac{1}{\sqrt{\Theta_{nn}}}$ mit Θ_{nn} nach (7.22) aufgetragen, so erhält man einen Punkt A, der im ursprünglichen Basissystem $[e_i]$ die Koordinaten $\overline{x}_i$ hat: $\overline{x}_i = \rho\, n_i$ bzw. $n_i = \overline{x}_i/\rho$.

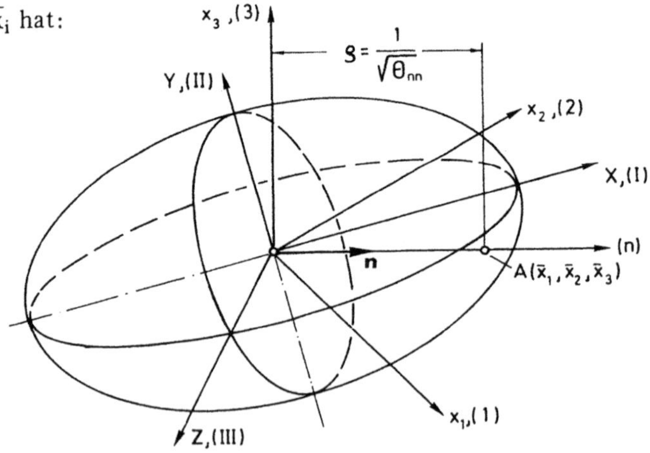

Bild 7-4

Setzt man nun diese Ausdrücke für n_i in (7.22) ein, so entsteht mit

$$\overline{x}_1^2 \Theta_{11} + \overline{x}_2^2 \Theta_{22} + \overline{x}_3^2 \Theta_{33} - 2(\overline{x}_1 \overline{x}_2 \Theta_{12} + \overline{x}_1 \overline{x}_3 \Theta_{13} + \overline{x}_2 \overline{x}_3 \Theta_{23}) = 1 \tag{7.28}$$

die Gleichung einer *Fläche zweiten Grades*, die wegen der Beschränktheit von $\rho = 1/\sqrt{\Theta_{nn}}$ ein Ellipsoid — das sogenannte *Trägheitszentralellipsoid* — ist. Die drei zueinander orthogonalen Symmetrieachsen (Scheitelachsen) sind die drei Hauptachsen in den drei Hauptrichtungen und die zugehörigen extremalen Werte Θ_{I}, Θ_{II} und Θ_{III} (Scheitelwerte) sind die Hauptträgheitsmomente. Da hierfür die Deviationsmomente Null sind, geht die Gleichung des Trägheitsellipsoids bezüglich des Hauptachsensystems (X, Y, Z) in die Form des *Zentralellipsoids in Hauptachsendarstellung* über:

$$X^2 \Theta_{I} + Y^2 \Theta_{II} + Z^2 \Theta_{III} = 1. \tag{7.29}$$

Da die Bestimmung der Haupt-Zentralachsen mit der Forderung nach dem Verschwinden der Deviationsmomente einhergeht, kann das HZAS dann sofort angegeben werden, wenn eine der folgenden Bedingungen für die Massenverteilung eines Körpers erfüllt ist:

1. Hat der Körper *eine Symmetrieachse*, so ist diese eine *Hauptachse*.
2. Hat der Körper *eine Symmetrieebene*, so ist jede zu dieser Ebene senkrechte Achse *eine Hauptachse*. Die zu der Ebene senkrechte, durch den Massenmittelpunkt gehende Achse ist eine *Haupt-Zentralachse*. Die anderen beiden Haupt-Zentralachsen müssen in der Symmetrieebene liegen.
3. Hat der Körper *zwei Symmetrieachsen* oder *zwei Symmetrieebenen* und sind diese nicht senkrecht zueinander, so sind *zwei Hauptträgheitsmomente einander gleich* (z.B. $\Theta_{II} = \Theta_{III}$).
4. Hat der Körper *drei Symmetrieachsen* oder *drei Symmetrieebenen* und sind diese nicht senkrecht zueinander, so sind alle *drei Hauptträgheitsmomente einander gleich*

$$\Theta_{I} = \Theta_{II} = \Theta_{III} = \Theta.$$

Dann ist der Trägheitstensor nach (7.27) ein *Kugeltensor* (vgl. (1.124)), d.h. es ist

$$\Theta = \Theta\,\mathbb{E}.$$

B. Bei Parallelverschiebung des Bezugssystems

aus dem Massenmittelpunkt M heraus um den Vektor **a** muß, ausgehend von Gl. (7.15), der Vektor **x** durch **y** = (**x** + **a**) ersetzt werden (Bild 7-5).

Man erhält also aus (7.15) die Beziehung

$$\hat{\Theta}_{ij} = \int\limits_{m} [(\mathbf{x} + \mathbf{a}) \times \mathbf{e}_i] \cdot [(\mathbf{x} + \mathbf{a}) \times \mathbf{e}_j)]\, dm,$$

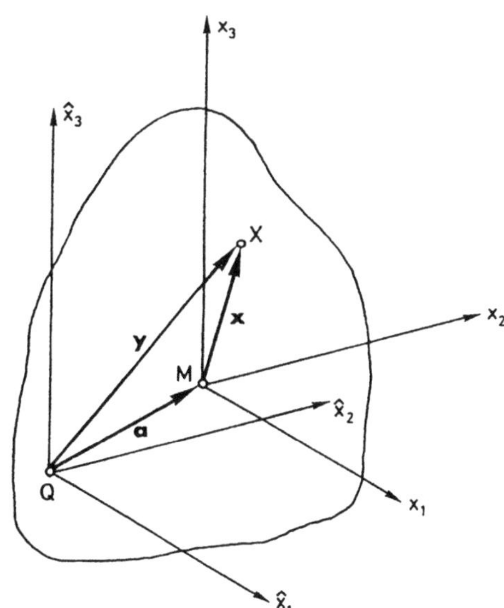

Bild 7-5

die nach Ausmultiplikation in die vier Integrale

$$\hat{\Theta}_{ij} = \int_m (x \times e_i) \cdot (x \times e_j)\, dm + \int_m (x \times e_i) \cdot (a \times e_j)\, dm$$

$$+ \int_m (a \times e_i) \cdot (x \times e_j)\, dm + \int_m (a \times e_i) \cdot (a \times e_j)\, dm$$

übergeht. Der erste Term ist wieder das Massenmoment zweiten Grades Θ_{ij} bezüglich des Massenmittelpunktes. Der zweite und dritte Term verschwindet, da alle Vektoren bis auf x aus den Integralen als von dm unabhängig herausgezogen werden können, und die dann noch verbleibenden Integrale vom Typ $c \cdot \int x\, dm$ verschwinden, weil das Massenmoment 1. Grades bezüglich des Massenmittelpunktes definitionsgemäß verschwindet:

$$\int_m x\, dm = m\, x_M = 0.$$

Der vierte Term wird entsprechend Gl. (7.16) ausgewertet und ergibt

$$\int_m (a \times e_i) \cdot (a \times e_j)\, dm = \int_m [a^2 (e_i \cdot e_j) - (a \cdot e_i)(a \cdot e_j)]\, dm.$$

Mit $a = \sum_i a_i\, e_i$, und da a_i gleich für alle dm ist, wird dann

1. für $i = j$ (axiale Trägheitsmomente)

$$\int_m (a^2 - a_i^2)\, dm = \int_m (a_i^2 + a_j^2 + a_k^2 - a_i^2)\, dm$$

$$= \int_m (a_j^2 + a_k^2)\, dm = (a_j^2 + a_k^2)\, m = r_i^2\, m .$$

2. für $i \neq j$ (Deviationsmomente)

$$- \int_m a_i\, a_j\, dm = - a_i\, a_j\, m.$$

Also ist zusammenfassend $(\hat{\Theta}_{ij} \triangleq \Theta_Q ;\ \Theta_{ij} \triangleq \Theta_M)$

$$\hat{\Theta}_{ij} = \Theta_{ij} + \begin{cases} r_i^2\, m; & i = j \\ - a_i\, a_j\, m; & i \neq j \end{cases} \tag{7.30}$$

Das entspricht wieder den bekannten Aussagen des STEINER*schen Satzes* (vgl. (6.53)): Bei Parallelverschiebung des Bezugssystems aus dem Massenmittelpunkt heraus muß das jeweilige Massenmoment zweiten Grades bezüglich des Massenmittelpunktes um das Produkt aus Masse und quadratischem Abstand der beiden Bezugssysteme ergänzt werden (vgl. Satz 6.2). Auch die Aussage, wonach unter allen Trägheitsmomenten dies das kleinste ist, das auf den jewei-

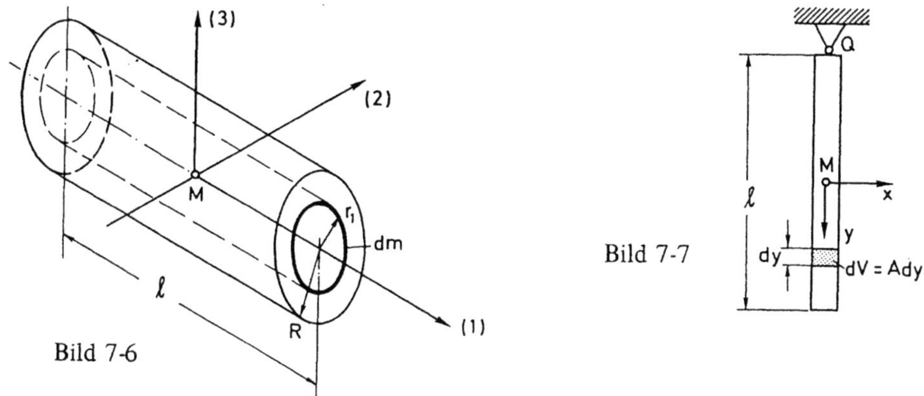

ligen Mittelpunkt bezogen ist (vgl. Satz 6.3), bleibt wegen $m\,r_i^2 > 0$ (vgl. (7.30)) auch für die *Massen*trägheitsmomente gültig. Für die Deviationsmomente gilt diese Aussage nicht.

Beispiel 1: Für eine Welle vom Radius R untersuche man die Massenmomente bezüglich des HZAS (Bild 7-6).

Lösung:

Wegen der Rotationssymmetrie ist die Wellenachse (1) auch Hauptträgheitsachse. Dann folgt nach (7.17) für das Massenträgheitsmoment bezüglich der Wellenachse

$$\Theta_{11} = \int_m r_1^2\,dm = \int_V r_1^2\,\rho\,dV = \int_{r_1=0}^{R} \rho l\,r_1^2\,2\pi r_1\,dr_1 = 2\pi\rho l \int_0^R r_1^3\,dr_1$$

$$= 2\pi\rho l\,\frac{R^4}{4} = \pi\rho l\,R^2\,\frac{R^2}{2} = m\,\frac{R^2}{2}\,.$$

Da die Bedingung 3 (am Schluß von A) erfüllt ist, wird i.ü. $\Theta_{22} = \Theta_{33}$ und wegen der doppelten Symmetrie

$$\Theta_{12} = \Theta_{13} = \Theta_{23} = 0.$$

Beispiel 2: Für den schlanken Stab mit der Querschnittsfläche A und der Länge l nach Bild 7-7 sind die Massenmomente bezüglich des Massenmittelpunktes M und des Aufhängepunktes Q für die zur Bildebene senkrechten Achsen (3) zu bestimmen.

Lösung:

Die Massenmomente bezüglich des Massenmittelpunktes werden nach (7.17)

$$\Theta_{33} = \int_m (x^2 + y^2)\,dm \approx \int_m y^2\,dm \quad (\text{da } x^2 \ll y^2),$$

$$\Theta_{33} = \int_y y^2 \cdot \rho\,A\,dy = \rho A \int_y y^2\,dy = \rho A\,\frac{y^3}{3}\,\Big|_{-l/2}^{+l/2} = \rho A\,\frac{l^3}{12} = m\,\frac{l^2}{12} = \Theta_M,$$

$$\Theta_{13} = \Theta_{23} = 0 \quad (\text{Symmetrie}).$$

Bezüglich des Aufhängepunktes Q ergibt sich nach (7.30)

$$\Theta_Q = \Theta_{33} + m\, r_3^2 = \Theta_M + m\left(\frac{l}{2}\right)^2 = m\,\frac{l^2}{12} + m\,\frac{l^2}{4} = m\,\frac{l^2}{3} = 4\,\Theta_M$$

(vgl. Beispiel zu 3.8).

7.2.3 Darstellung von Impuls und Drall

Mit der Einführung der Massenmomente ersten Grades, also mit

$$\int \mathbf{r}\, dm = m\, \mathbf{r}_M$$

ließ sich bereits der Impuls

$$\mathbf{I} := \int \mathbf{v}\, dm$$

unter Berücksichtigung der Masseerhaltung $\int dm = m = const$ in die Form

$$\mathbf{I} = \int_m \mathbf{v}\, dm = \frac{d}{dt} \int_m \mathbf{r}\, dm = \frac{d}{dt}\,(m\, \mathbf{r}_M)$$

$$\mathbf{I} = m\, \mathbf{v}_M \tag{7.31}$$

und die für die Grundgleichungen benötigte zeitliche Ableitung des Impulses ließ sich in die Form

$$\dot{\mathbf{I}} = \frac{d}{dt} \int_m \mathbf{v}\, dm = \int_m \ddot{\mathbf{r}}\, dm = \frac{d^2}{dt^2}\,[m\, \mathbf{r}_M]$$

$$\dot{\mathbf{I}} = m\, \ddot{\mathbf{r}}_M = m\, \dot{\mathbf{v}}_M = m\, \mathbf{a}_M \tag{7.32}$$

bringen. Damit war es gelungen, die in den Bewegungsgrößen bzw. Massenbeschleunigungen enthaltenen Integrale der kinematischen Größen über die Masse als Produkte aus Masse und kinematischer Größe darzustellen. Für den Impuls liegt diese Darstellung mit der Form (7.31) bzw. (7.32) offenbar bereits vor, während für den Drall eine solche Darstellung noch aussteht.

Dazu wird von der Definition des Dralles (Def. 3.5 in 3.8)

$$\mathbf{D}_Q = \int_m \mathbf{q} \times \dot{\mathbf{q}}\, dm \tag{7.33}$$

ausgegangen. Dabei kann Q jeder beliebig bewegte Bezugspunkt, also auch der beliebig bewegte Massenmittelpunkt M sein, für den dann der Drall den Ausdruck

$$\mathbf{D}_M = \int_m \mathbf{x} \times \dot{\mathbf{x}}\, dm \tag{7.34}$$

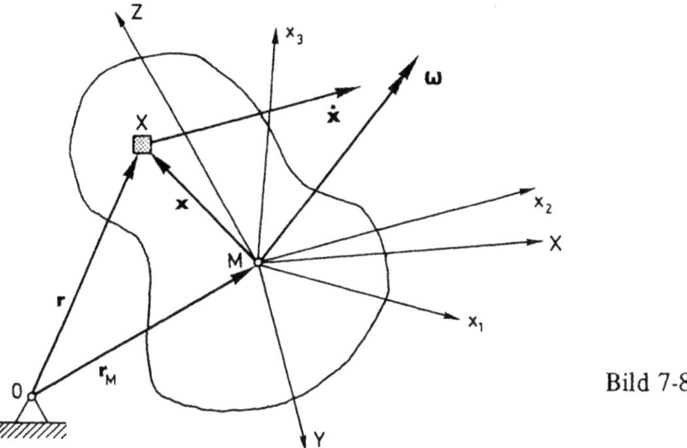

Bild 7-8

annimmt (Bild 7-8). Nun ist die Zeitableitung eines Vektors x in einer beliebig bewegten z.B. körperfesten Basis nach (2.57)

$$\dot{x} = \frac{d_r x}{dt} + \omega \times x, \tag{7.35}$$

wobei $d_r x/dt$ die Relativableitung von x, also die „Relativgeschwindigkeit" gegenüber der mitbewegten Basis ist. Da hier nur starre Körper betrachtet werden sollen, ist eine solche Relativbewegung der Körperpunkte, so auch von X gegenüber M, nicht möglich, woraus $d_r x/dt = 0$ und

$$\dot{x} = \omega \times x \tag{7.36}$$

folgt. Gl. (7.36) ist Ausdruck dafür, daß X gegenüber M keine Translation hat und sich die Bewegung von X gegenüber M nur um eine zusätzliche Rotation (Deformation ist ausgeschlossen) unterscheiden kann. Setzt man diese kinematische Beziehung in (7.34) ein, so folgt für starre Körper

$$D_M = \int_m x \times (\omega \times x) \, dm. \tag{7.37}$$

Mit dem Entwicklungssatz wird daraus

$$D_M = \int_m [\omega(x \cdot x) - x(x \cdot \omega)] \, dm.$$

Nach der Definition des Rechtsskalarproduktes (1.131) ist

$$(x \, x) \cdot \omega = x(x \cdot \omega),$$

woraus für den Integranden folgt

$$[\omega\,(\mathbf{x}\cdot\mathbf{x}) - (\mathbf{x}\,\mathbf{x})\cdot\omega]\,.$$

Will man nun ω ausklammern, muß die Identität $\mathbb{E}\cdot\omega = \omega$ (vgl. (1.140)) benutzt werden, da mit $(\mathbf{x}\,\mathbf{x})$ bereits ein Tensor 2. Stufe vorliegt. Da $(\mathbf{x}\cdot\mathbf{x})$ ein Skalar ist, auf dessen Multiplikationsreihenfolge mit ω es nicht ankommt, folgt

$$\mathbf{D}_M = \int\limits_m [(\mathbf{x}\cdot\mathbf{x})\,\mathbb{E} - (\mathbf{x}\,\mathbf{x})]\cdot\omega\;dm\,.$$

Da ein starrer Körper vorliegt, gibt es auch nur eine gemeinsame Winkelgeschwindigkeit ω, womit ω völlig aus dem Integral herausgezogen werden darf:

$$\mathbf{D}_M = \left\{\int\limits_m [(\mathbf{x}\cdot\mathbf{x})\,\mathbb{E} - (\mathbf{x}\,\mathbf{x})]\,dm\right\}\cdot\omega\,.$$

Setzt man schließlich die Definition

$$\mathbb{E} = \sum_{i,j}\delta_{ij}\,\mathbf{e}_i\,\mathbf{e}_j = \sum_{i,j}(\mathbf{e}_i\cdot\mathbf{e}_j)\,\mathbf{e}_i\,\mathbf{e}_j$$

und

$$\mathbf{x}\,\mathbf{x} = \left(\sum_i x_i\,\mathbf{e}_i\right)\left(\sum_j x_j\,\mathbf{e}_j\right)$$

$$= \sum_{i,j}\underbrace{x_i}\quad\underbrace{x_j}\;\mathbf{e}_i\,\mathbf{e}_j$$

$$= \sum_{i,j}(\mathbf{x}\cdot\mathbf{e}_i)\,(\mathbf{x}\cdot\mathbf{e}_j)\,\mathbf{e}_i\,\mathbf{e}_j$$

ein, so ergibt sich aus Vergleich mit (7.16) bzw. auch unmittelbar aus (7.20)

$$\mathbf{D}_M = \left\{\sum_{i,j}\underbrace{\int\limits_m [(\mathbf{x}\cdot\mathbf{x})\,(\mathbf{e}_i\cdot\mathbf{e}_j) - (\mathbf{x}\cdot\mathbf{e}_i)\,(\mathbf{x}\cdot\mathbf{e}_j)]\,dm}_{\Theta_{ij}}\,(\mathbf{e}_i\,\mathbf{e}_j)\right\}\cdot\omega$$

$$\underbrace{\phantom{\sum_{i,j}\int [(\mathbf{x}\cdot\mathbf{x})(\mathbf{e}_i\cdot\mathbf{e}_j)-(\mathbf{x}\cdot\mathbf{e}_i)(\mathbf{x}\cdot\mathbf{e}_j)]dm(\mathbf{e}_i\mathbf{e}_j)}}_{\Theta_M}$$

$$\boxed{\mathbf{D}_M = \Theta_M\cdot\omega\,. \qquad\qquad\qquad (7.38)}$$

Damit hat auch der Drall für die beliebige Bewegung des starren Körpers eine Darstellung, nach der das Massenintegral aus dem Kreuzprodukt der kinematischen Vektoren $\mathbf{x}$ und $\dot{\mathbf{x}}$ (vgl. (7.34)) grundsätzlich als Produkt eines Massenmomentes (hier zweiten Grades) in Form des Trägheitstensors und der maßgeblichen kinematischen Größe (hier Winkelgeschwindigkeit ω) darstellbar ist. Somit gilt in völliger Analogie zueinander

$$\boxed{\mathbf{I} = m\,\mathbf{v}_M \quad\text{und}\quad \mathbf{D}_M = \Theta\cdot\omega\,. \qquad\qquad (7.39)}$$

Kennt man die Massenmomente (0.ten Grades = m und 2.ten Grades = Θ), wobei diese rein geometrische Größen des Körpers und damit unabhängig von der zu beschreibenden Bewegung sind, so sind die Bewegungsgrößen unmittelbar zur Berechnung der unbekannten kinematischen Größen v_M und ω verwendbar, und zwar ohne die Definitionsgleichungen für die Bewegungsgrößen in Form der Dreifachintegrale in jedem Falle wieder erneut integrieren zu müssen.

Wird die Hauptachsendarstellung benutzt, hat also Θ die Form (7.27), so vereinfachen sich (7.38) bzw. (7.39) noch weiter; denn dann ist wegen

$$\Theta = \sum_{i,j}{}' \Theta_{ij}\, \delta_{ij}\, e_i\, e_j \quad \text{und} \quad \omega = \sum_k {}' \omega_k\, e_k$$

$$D_M = \Theta \cdot \omega = \sum_i {}' \Theta_{ii}\, \omega_i\, e_i$$

$$D_M = \Theta_I\, \omega_I\, e_I + \Theta_{II}\, \omega_{II}\, e_{II} + \Theta_{III}\, \omega_{III}\, e_{III}\,. \tag{7.40}$$

Zusammenfassend gilt also der

Satz 7.2:
Der *Drall* eines beliebig bewegten starren Körpers bezogen auf ein beliebiges Zentralachsensystem (im Massenmittelpunkt M) ist

$$D_M = \Theta \cdot \omega\,.$$

Auf das Haupt-Zentralachsensystem bezogen ist

$$D_M = \Theta \cdot \omega = \Theta_I \omega_I\, e_I + \Theta_{II}\, \omega_{II}\, e_{II} + \Theta_{III}\, \omega_{III}\, e_{III} = \sum_i {}' \Theta_{H_i}\, \omega_i\, e_{H_i}.$$

Die für den Massenmittelpunkt M getroffenen Aussagen stellen dabei keine Einschränkungen dar, da mit den Umrechnungsbeziehungen des Dralles auf verschiedene Punkte (vgl. 3.8 und 7.1) ein Bezugspunktwechsel jederzeit vollzogen werden kann. Ist z.B. der Drall bezüglich des festen Punktes O (Bild 7-8) zu bestimmen, so ist wegen (7.5)

$$D_O = \int_m r \times v\, dm = \int_m r \times \dot{r}\, dm \tag{7.41}$$

was mit $r = r_M + x$ und $\dot{r} = \dot{r}_M + \dot{x}$ wieder auf die der Gl. (3.63) entsprechende Beziehung

$$D_O = \int_m [(r_M + x) \times (\dot{r}_M + \dot{x})]\, dm$$

$$= r_M \times v_M \int_m dm + r_M \times \int_m \dot{x}\, dm + \int_m x\, dm \times \dot{r}_M + \int_m (x \times \dot{x})\, dm$$

und mit $\int x\, dm = \int \dot{x}\, dm = 0$ zunächst auf

$$\mathbf{D_O} = \mathbf{r_M} \times m\, \mathbf{v_M} + \mathbf{D_M} \tag{7.42}$$

und mit (7.39) schließlich auf

$$\mathbf{D_O} = \mathbf{r_M} \times m\, \mathbf{v_M} + \Theta \cdot \boldsymbol{\omega} \tag{7.43}$$

führt. Damit ist der Drall um einen beliebigen, festen Punkt wieder auf die Produktdarstellung von Masse und Massenmittelpunktsgeschwindigkeit sowie auf Trägheitstensor und Winkelgeschwindigkeit zurückgeführt. Statt (7.43) kann wegen $m\, \mathbf{v_M} = \mathbf{I}$ auch

$$\mathbf{D_O} = \mathbf{r_M} \times \mathbf{I} + \Theta \cdot \boldsymbol{\omega} \tag{7.44}$$

geschrieben werden, womit der Drall um O aus dem *Drehimpuls* $\mathbf{r_M} \times \mathbf{I}$ und dem Drall um M in der Form $\mathbf{D_M} = \Theta \cdot \boldsymbol{\omega}$ zusammengesetzt wird. Weitere Formen und Umrechnungen auf andere Bezugspunkte sind entsprechend erzeugbar.

Für die *Massenbeschleunigungen,* also für die zeitlichen Ableitungen der Bewegungsgrößen gilt entsprechendes. Für $\dot{\mathbf{I}}$ aus $\mathbf{I}$ ist dieser Zusammenhang mit (7.32) gegeben. Für $\dot{\mathbf{D}}_M$ aus $\mathbf{D_M}$ gilt unter Ableitung von (7.38)

$$\dot{\mathbf{D}}_M = \frac{d}{dt}\,(\mathbf{D_M}) = \frac{d}{dt}\,[\Theta \cdot \boldsymbol{\omega}] = \Theta \cdot \dot{\boldsymbol{\omega}} + \dot{\Theta} \cdot \boldsymbol{\omega}. \tag{7.45}$$

Dabei muß beachtet werden, daß auch für einen starren Körper die zeitliche Ableitung des Trägheitstensors i.a. ungleich Null ist, da sich zwar die Größe von Θ im körperfesten System, d.h. $\Theta_{ij} \neq \Theta_{ij}\,(t)$ nicht ändert — jedoch mit der beliebigen Bewegung des Körpers eine zeitliche Änderung der Lage des Bezugsrahmens (ZAS) und mit der Bewegung des ZAS auch eine zeitliche Änderung (Richtungsableitung, Systemableitung) des Trägheitsmomententensors verbunden ist. An entsprechender Stelle wird auf (7.45) noch einzugehen sein. Weiterhin folgt aus (7.42)

$$\dot{\mathbf{D}}_O = \frac{d}{dt}\,[\mathbf{r_M} \times m\, \mathbf{v_M} + \mathbf{D_M}],$$

also

$$\dot{\mathbf{D}}_O = [\mathbf{r_M} \times m\, \mathbf{v_M}]^{\boldsymbol{\cdot}} + \dot{\mathbf{D}}_M,$$

was wegen $\mathbf{v_M} \times \mathbf{v_M} = 0$ und mit (7.45) übergeht in

$$\dot{\mathbf{D}}_O = \mathbf{r_M} \times \frac{d}{dt}\,[m\, \mathbf{v_M}] + \frac{d}{dt}\,[\Theta \cdot \boldsymbol{\omega}] \tag{7.46}$$

bzw. — wegen $m\, \mathbf{a_M} = \dot{\mathbf{I}}$ (vgl. (7.32)) — in

$$\dot{\mathbf{D}}_O = \mathbf{r_M} \times \dot{\mathbf{I}} + [\Theta \cdot \boldsymbol{\omega}]^{\boldsymbol{\cdot}}. \tag{7.47}$$

Mit $\dot{\mathbf{I}}$ und $\dot{\mathbf{D}}$ sind die Massenbeschleunigungen so aufbereitet, daß sie unmittelbar in die Axiome eingesetzt, d.h. mit den Kräften $\mathbf{F}^a$ und $\mathbf{M}_O^a$ nach (7.3) und (7.4) bzw. (7.10) bis (7.13) in Beziehung gesetzt werden können. Dabei sind die Aussagen noch für die beliebige Bewegung starrer Körper gültig. Da im Kapitel 2 keine Trennung zwischen Absolut- und Relativkinematik gemacht wurde, ist hier auch keine gesonderte Behandlung einer Kinetik der Absolut- bzw. der Relativbewegungen notwendig. Die Bewegungsgrößen

$$\mathbf{I} = \int_m \mathbf{v}\, dm \quad \text{und} \quad \mathbf{D}_O = \int_m \mathbf{r} \times \mathbf{v}\, dm$$

werden nach den vorstehenden Gleichungen jeweils mit der für das Problem gültigen Kinematik, d.h. im allgemeinen Fall mit der Geschwindigkeit nach 2.2.5 (Satz 2.4 und (2.76))

$$\mathbf{v} = \dot{\mathbf{r}} = (\mathbf{r}_A + \mathbf{s})^{\cdot} = \mathbf{v}_A + \frac{\partial_r \mathbf{s}}{\partial t} + \boldsymbol{\omega} \times \mathbf{s}$$

gebildet. Dabei ist A ein beliebiger Bezugspunkt auf dem Körper, der i.a. zweckmäßigerweise (nicht notwendigerweise) mit dem Massenmittelpunkt M identifiziert wird. In diesem Falle ist dann auch $\mathbf{v}_A = \mathbf{v}_M$ usw. $\mathbf{s}$ ist der Vektor von A zu einem beliebigen materiellen Punkt X. Ist $A = M$, so ist $\mathbf{s} = \mathbf{x}$.

Ist der materielle Punkt X selbst ein Punkt des Körpers und ist der *Körper starr*, so gilt $d_r \mathbf{s}/dt = 0$ bzw. $d_r \mathbf{x}/dt = \mathbf{0}$, wie es in den Ableitungen der Sätze für den starren Körper bereits verwendet worden ist (vgl. (7.36)).

Liegt dagegen eine *Relativbewegung* vor, d.h. bewegt sich der Punkt X auf oder in dem Körper selbst noch, so ist $d_r \mathbf{s}/dt = \mathbf{v}_{rel,A}$ die Relativgeschwindigkeit von X gegenüber A bzw. $d_r \mathbf{x}/dt = \mathbf{v}_{rel,M}$ die entsprechende Relativgeschwindigkeit von X gegenüber M.

Für die zeitlichen Ableitungen der Bewegungsgrößen, die dann gemäß (7.45) u.f. noch die Beschleunigungen $\dot{\mathbf{v}} = \mathbf{a}$ (Massenbeschleunigungen) enthalten, gilt in allgemeiner Darstellung nach 2.2.5 (Satz 2.5 und (2.80))

$$\mathbf{a} = \dot{\mathbf{v}} = \ddot{\mathbf{r}} = (\mathbf{r}_A + \mathbf{s})^{\cdot\cdot} = \mathbf{a}_A + \frac{\partial_r^2 \mathbf{s}}{\partial t^2} + 2\,\boldsymbol{\omega} \times \frac{\partial_r \mathbf{s}}{\partial t} + \dot{\boldsymbol{\omega}} \times \mathbf{s} + \boldsymbol{\omega} \times (\boldsymbol{\omega} \times \mathbf{s}).$$

Auch hier ist im Falle der Relativbewegung $\partial_r \mathbf{s}/\partial t = \mathbf{v}_{rel,A}$ und $\partial_r^2 \mathbf{s}/\partial t^2 = \mathbf{a}_{rel,A}$. Das Glied $2\,\boldsymbol{\omega} \times \partial_r \mathbf{s}/\partial t$ ist die CORIOLISbeschleunigung, $\dot{\boldsymbol{\omega}} \times \mathbf{s}$ der Beschleunigungsterm infolge der Winkelbeschleunigung des Systems und $\mathbf{a}_A$ die Absolutbeschleunigung des Bezugspunktes A.

Ist X selbst ein Punkt des starren Körpers, dann verschwinden die Ableitungen $\partial_r \mathbf{s}/\partial t$ und es verbleibt (vgl. (2.102))

$$\mathbf{a} = \mathbf{a}_A + \dot{\boldsymbol{\omega}} \times \mathbf{s} + \boldsymbol{\omega} \times (\boldsymbol{\omega} \times \mathbf{s})$$

als Beschleunigung eines jeden Punktes $X \in \mathscr{K}$ (Starrkörperbeschleunigung).

Führt der Körper und damit auch ein mit ihm verbundenes Basissystem keine Drehungen aus, so ist $\boldsymbol{\omega} = \mathbf{0}$ und es folgt als einer der möglichen Spezialfälle $\mathbf{v} = \mathbf{v}_A$ und $\mathbf{a} = \mathbf{a}_A$, d.h. alle Geschwindigkeiten und Beschleunigungen sind nach Größe und Richtung gleich groß (*Translation*), usw. Das zeigt, daß alle Bewegungen in den vorstehenden kinetischen Grundgleichungen einschließlich der Relativkinetik enthalten sind, solange man die Absolutdarstellung für

$$\mathbf{F}^a = \dot{\mathbf{I}} = \int_m \mathbf{a}\, dm \quad \text{und} \quad \mathbf{M}_O^a = \dot{\mathbf{D}}_O = \int_m \mathbf{r} \times \mathbf{a}\, dm$$

mit jeweils obigem $\mathbf{a}$ verwendet.

Für spezielle Bewegungen mit geringeren Freiheitsgraden (z.B. rein translatorische, rein rotatorische oder ebene Bewegungen) lassen sich die allgemeinen Aussagen auch weiter spezialisieren und damit i.a. vereinfachen. Das wird in den entsprechenden Absätzen 7.5 u.f. geschehen

7.3 Kraftgesetze

7.3.1 Vorbemerkungen

Bevor spezielle Formen der Grundgesetze abgeleitet oder spezielle Bewegungen betrachtet werden, ist es zweckmäßig, auch die an den starren Körpern wirkenden Kräfte und Momente daraufhin zu untersuchen, ob und wie Zusammenhänge zwischen ihnen und anderen mechanischen Größen bzw. Zusammenhänge untereinander bestehen. Derartige Relationen sollen als *Kraftgesetze* bezeichnet werden. Sie sind nicht zu verwechseln mit den Axiomen der Mechanik, in denen ja Aussagen über die Kräfte und Momente in Abhängigkeit von den Bewegungsgrößen, also z.B. vom Impuls und Drehimpuls, getroffen werden. Kraftgesetze sind somit quasi analytisch formulierte Gleichungen für physikalische, reproduzierbar meßbare Tatsachen bzw. Definitionsgleichungen für eine Reihe von Kräften und Momenten, für die sich ein solcher meßbarer Zusammenhang mit anderen physikalischen Grund- oder abgeleiteten Größen qualitativ und quantitativ stets und stets gleich angeben läßt.

Dabei ist sicherlich nicht für alle Kräfte ein solcher Zusammenhang feststellbar — also ist die Menge dieser „physikalischen" Kräfte sicher kleiner als die Gesamtheit aller Kräfte. Sie stellt offenbar damit eine Teilmenge der Menge aller Kräfte dar. Gibt man dieser Teilmenge einen Namen, so wird sie i.a. als die Menge der *„eingeprägten Kräfte"* im Unterschied zu der Teilmenge der *„Reaktionskräfte"* bezeichnet. Für letztere gibt es einen solchen physikalischen Zusammenhang definitionsgemäß nicht. So spricht man vom Gewicht $\mathbf{G}$ einer Masse m, wenn diese Masse im Erdfeld stets der Erdbeschleunigung $\mathbf{g}$ unterliegt und dies unabhängig vom Bewegungszustand ist — d.h. unabhängig davon, ob (und wie) die Masse fällt oder nicht. Die Angabe (vgl. 1.2.5 und (3.36))

$$\mathbf{G} := \int_V \mathbf{f}_V \, dV = \int_V \rho \, \mathbf{g} \, dV = \rho \, \mathbf{g} \int_V dV = \mathbf{g} \, \rho \, V = \mathbf{g} \, m$$

ist also ein Kraftgesetz in diesem Sinne und gleichzeitig eine Definitionsgleichung für die damit „eingeprägte" Gewichtskraft $\mathbf{G}$ in Abhängigkeit von der mechanischen Grundgröße Masse m und der meßbaren Erdbeschleunigungs-Konstanten $\mathbf{g}$ bei stets gleicher Richtung $\mathbf{e}_G = \mathbf{g}/|\mathbf{g}|$ zum Erdmittelpunkt. Im Gegensatz dazu ist z.B. für eine Auflagerkraft $\mathbf{A}$ in einem Festlager eines Balkens bei A (vgl. Kap. 5) eine solche Angabe ihrer Größe und Richtung von vornherein nicht möglich. Die Auflagerkraft $\mathbf{A}$ kann senkrecht, waagerecht oder beliebig schräg im Raum und dabei positiv, negativ oder Null sein — je nach Art und Größe der Belastung und je nach der Geometrie des Systems. Sie „reagiert" eben allein auf andere Größen und deren Lage und ist (ein für allemal) durch ein Kraftgesetz nicht zu fassen. Unabhängig davon ist sie aber über die Axiome der Mechanik (z.B. im Kapitel 5 durch die Gleichgewichtsbedingungen am starren Körper) in ihrer jeweiligen speziellen Größe und Richtung berechenbar. Das macht gleichzeitig den Unterschied zwischen den Grundgesetz-Aussagen der Mechanik und den zu formulierenden Kraftgesetzen deutlich. Auch an der Zahl der Axiome und den daraus abgeleiteten Sätzen ändert sich damit durch die Angabe mehr oder weniger vieler Kraftgesetze nichts.

Da die Aufstellung und experimentelle Verifizierung dieser Kraftgesetze damit in die Experimentalphysik, nicht aber primär in die Klassische Mechanik fällt, werden hier nur einige, für die Anwendungen in der Mechanik wesentliche Kraftgesetze aufgelistet:

7.3.2 Spezielle Kraftgesetze

A. Das Gravitationsgesetz:

$$\mathbf{F}_G = \frac{m_1 m_2}{R^2} \, \Gamma \, \mathbf{e}_{12} \qquad\qquad (7.48)$$

Mit m_1, m_2: Massen der Körper $\mathscr{K}_1$ und $\mathscr{K}_2$ [M]
    R: Abstand der Massenmittelpunkte beider Körper [L]
    Γ: universelle Gravitationskonstante [K] $[L^2]/[M^2] = 6{,}670 \cdot 10^{-11}$ Nm^2 kg^{-2}
    $\mathbf{e}_{12}$:   Einheitsvektor in Richtung der Verbindung beider Massenmittelpunkte von m_1 nach m_2
    $\mathbf{F}_G$:   Gravitationskraft [K] (Anziehung)

B. Die Gewichtskraft (Erde)

$$G = \frac{m\,M}{R_E^2} \, \Gamma \, \mathbf{e}_G = m\,g\,\mathbf{e}_G = m\,g \qquad\qquad (7.49)$$

wobei $g = \Gamma M / R_E^2$ nach A. ist.

Mit m: Masse eines Körpers $\mathscr{K}$ [M]
    M: Masse der Erde [M] $= 5{,}973 \cdot 10^{24}$ kg
    R_E: Entfernung von m zum Erdmittelpunkt, d.h. „mittlerer Radius" der Erde [L] $= 6{,}37 \cdot 10^6$ m
    Γ: univ. Gravitationskonstante (nach A.)
    g: Größe der „Erdbeschleunigung" $= 9{,}80665$ ms^{-2} (normiert für die geogr. Breite von Sèvres bei Paris)
    $\mathbf{e}_G$: Einheitsvektor (von m zum Erdmittelpunkt)
    G: Gewichtskraft des Körpers $\mathscr{K}$ im Gravitationsfeld der Erde (Anziehung) [K]

C. Die Federkraft (Bild 7-9)

$$\mathbf{F}_F = -\,c\,(x - x_0)\,\mathbf{e}_x \qquad\qquad (7.50)$$

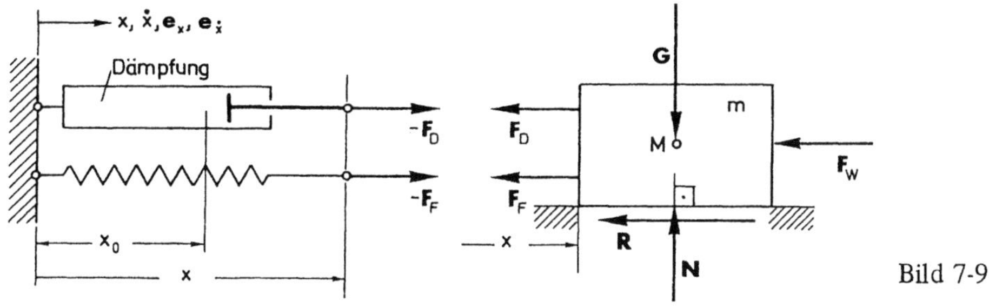

Bild 7-9

Mit c: Federkonstante [K]/[L]
   x: Auslenkung in positiver x-Richtung $(x > x_0)$ [L]
   x_0:   spannungslose Lage der Feder $(x_0 \geqslant 0)$ [L]
   $\mathbf{e}_x$:   Einheitsvektor in positiver x-Richtung
   $\mathbf{F}_F$:   Federkraft [K]

D. Die Gleitreibungskraft (Bild 7-9)

$$\mathbf{R} = -\mu N\, \mathbf{e}_{\dot{x}} \qquad\qquad\qquad (7.51)$$

Mit μ: Gleitreibungskoeffizient [./.]; je nach Materialpaarung und Schmierzustand
      (übliche Werte zwischen 0,01 und 1)
  N: Größe der Normalkraft [K]
  $\mathbf{e}_{\dot{x}}$:   Einheitsvektor in positiver $\dot{x}$-Richtung $\mathrel{\hat{=}} \mathbf{v}/|\mathbf{v}|$
  $\mathbf{R}$:   Gleitreibungskraft [K] (Trockenreibung)

E. Die (geschwindigkeitsproportionale) Dämpfungskraft (Bild 7-9)

$$\mathbf{F}_D = -r\,\dot{x}\, \mathbf{e}_x \qquad\qquad\qquad (7.52)$$

Mit r: Dämpfungskonstante [K] [T]/[L]
   $\dot{x}$:   Größe der Geschwindigkeit [L]/[T]
  $\mathbf{e}_{\dot{x}}$:   Einheitsvektor in positiver $\dot{x}$-Richtung $\mathrel{\hat{=}} \mathbf{v}/|\mathbf{v}|$
  $\mathbf{F}_D$:   Dämpfungskraft [K]

F. Die (aerodynamische) Widerstandskraft (Bild 7-9)

$$\mathbf{F}_W = -k\,\dot{x}^2\mathbf{e}_{\dot{x}} \qquad\qquad\qquad (7.53)$$

Mit k: Widerstandsbeiwert $[K]\,[T]^2/[L]^2$
   $\dot{x}$:   Größe der Geschwindigkeit [L]/[T]
  $\mathbf{e}_{\dot{x}}$:   Einheitsvektor in positiver $\dot{x}$-Richtung $\mathrel{\hat{=}} \mathbf{v}/|\mathbf{v}|$
  $\mathbf{F}_W$:   (aerodynamische) Widerstandskraft [K] (Luftwiderstand)

Dabei stellen die letzten drei Kraftgesetze nach D., E. und F. Widerstandskräfte gegen
die erfolgende Bewegung dar. Sie haben als solche die Tendenz, die Bewegung, durch die sie
hervorgerufen werden, einzuschränken (zu verlangsamen, zu bremsen). Bildet man die Summe
aller von der Umgebung auf die Oberfläche des sich bewegenden Körpers wirkenden Normal-
und Tangentialspannungen, so ist der Anteil dieser Druck- und Reibungsresultierenden entgegen der Bewegungsrichtung die Widerstandskraft. Sie hängt von der Beschaffenheit der Umgebung, also von der Beschaffenheit der Bindungen (Unterlage), der Dichte, Zähigkeit und
Temperatur des Widerstandsmediums (Luft, Wasser) usw. ab. So gesehen, kann man die drei
letztgenannten Kraftgesetze zu einer *allgemeinen Widerstandskraft*

$$\mathbf{W} = -W(v)\,\frac{\mathbf{v}}{|\mathbf{v}|} = -W\mathbf{e}_{\dot{x}}; \quad W > 0$$

zusammensetzen. Dabei ist die Richtung von W durch den Einheitsvektor

$$e_x = \frac{v}{|v|} \, ,$$

festgelegt, womit wegen des negativen Vorzeichens diese stets entgegen der jeweiligen Bewegungsrichtung ist, und die Größe von W in Form einer Potenzreihe in Abhängigkeit von der Geschwindigkeit

$$W(v) = (c_0 + c_1 \, |v| + c_2 \, |v|^2 + \dots) > 0$$

mit positiven Konstanten c_i darstellbar ist.

Das erste Glied stellt mit

$$c_0 = \mu \, |N|$$

den *Gleitreibungs-Widerstand* (vgl. D) dar. Der zweite Term ist mit

$$c_1 = r$$

die *geschwindigkeitsproportionale Dämpfung* (vgl. E) und das dritte Glied ist der *Strömungswiderstand* nach F, der inbesondere bei größeren Geschwindigkeiten von Bedeutung wird und für den

$$c_2 = \frac{1}{2} \, c_w \, \rho \, A_s$$

gilt, wobei c_w der Widerstandsbeiwert, ρ die Dichte des umströmenden Mediums und A_s die Haupt-Spantfläche des umströmten Körpers sind (vgl. 7.5A: Beispiel des schiefen Wurfes).

Mit diesen drei Widerständen sind praktisch schon alle bedeutsamen Widerstandskräfte behandelt und durch die entsprechenden Kraftgesetze hinreichend beschrieben. Die darin enthaltenen Konstanten müssen dabei ohnehin von Fall zu Fall experimentell ermittelt werden.

7.3.3 Gleitreibung und Haftung

Für die Gleitreibungskraft nach D. sind die Konstanten c_0 von MORIN[1] durch Messung einer großen Zahl von Gleitreibungs-Koeffizienten μ ermittelt worden. Dabei hat sich gezeigt, daß μ nicht nur von der Werkstoffpaarung der sich berührenden und relativ zueinander bewegten Körper, sondern auch von der Art und Stärke der Schmierung der sich berührenden Oberflächen (trocken, naß, Wasser, Öl, Fett usw.) abhängt. Das i.ü. von COULOMB[2] veröffentlichte Reibungsgesetz (7.51) für die Gleitreibung enthält dabei neben dem Gleitreibungs-Koeffizienten μ noch die zwischen dem gleitenden Körper und seiner Bindung (Unterlage) wirkende Normalkraft (vgl. Bild 7-9), die ihrerseits keine „eingeprägte" Kraft, sondern (wie eine Auflagerkraft) eine „Reaktionskraft" ist und damit auch von Fall zu Fall aus den Grundgleichungen der Mechanik — und nicht von vornherein über ein Kraftgesetz — ermittelt werden muß.

Das Gleitreibungs-Gesetz unterstellt dabei, daß die Resultierende der Normalspannungen zwischen starrem Körper und Unterlage — also diese Normalkraft — als Einzelkraft angesehen werden kann und daß deren Wirkungslinie (Normale zur Bahn) durch den Massen-

---

[1] MORIN, Frankreich 1795–1880
[2] COULOMB, Frankreich 1736–1806

mittelpunkt M der (starren) Masse m geht (vgl. Bild 7-9). Größe und Form der Kontaktfläche werden dabei nicht berücksichtigt. Außerdem wird angenommen, daß die Gleitreibungskraft nicht von der Größe, sondern nur von der Richtung der Geschwindigkeit (nämlich dieser entgegen) abhängt. Experimente zeigen, daß nur in einem gewissen Geschwindigkeitsbereich von einer annähernden Geschwindigkeitsunabhängigkeit gesprochen werden darf. Insofern stellt das Gesetz nur einen Zusammenhang in erster Näherung dar. Auf der anderen Seite folgt: Ist die Gleitreibung unter diesen Voraussetzungen von der Größe der Geschwindigkeit und der Beschleunigung unabhängig, so ist sie wegen des I. Axioms auch von den diese kinematischen Größen bedingenden eingeprägten Kräften unabhängig – damit ist sie keine „Reaktions-", sondern selbst eine „eingeprägte" Kraft mit dem Gesetz nach (7.51) in der Form:

$$\mathbf{R} = -\mu\,|\,\mathbf{N}\,|\,\frac{\mathbf{v}}{|\,\mathbf{v}\,|} \tag{7.51a}$$

Im Gegensatz zu dieser Gleitreibung $\mathbf{R}$, für die eine Bewegung $|\,\mathbf{v}\,| > 0$ vorausgesetzt sein muß, steht die sog. *Haftkraft* $\mathbf{H}$ (auch *Haftreibung* genannt) (Bild 7-10). Sie tritt gerade dann auf, wenn die sich berührenden Oberflächen (Körper $\mathscr{K}$ und Bindung (Unterlage) $\mathscr{B}$) *keine* (relative) Geschwindigkeit zueinander haben – das System also (für $\alpha \leqslant \alpha_0$) wegen $\mathbf{v} = 0$ und damit $\mathbf{a} = 0$ in relativer Ruhe ist und ohne zusätzliche Änderungen auch bleibt. Damit ist mindestens ein Freiheitsgrad eingeschränkt, was im Falle nach Bild 7-10 sogar dazu führt, daß ein Gleichgewichtssystem vorliegt; denn bei Ruhe (auch) in tangentialer Bahnrichtung ($\dot{x} = \ddot{x} = 0$) sind wegen $\dot{y} = 0$ und $\dot{\varphi} = 0$ auf Grund der Bindungen hier dann alle drei möglichen Freiheitsgrade des Körpers in der Ebene (vgl. 1.2.7) eingeschränkt – das System ist und bleibt also in Ruhe. Die Erfahrung zeigt, daß zumindest im Rahmen eines bestimmten Winkelbereiches $0 \leqslant \alpha \leqslant \alpha_0$ diese Gleichgewichtslagen möglich sind.

Damit gehört dieses Gleichgewichtsproblem eigentlich gar nicht in dieses Kapitel der Kinetik, sondern in das Kap. 5: Statik starrer Systeme. Aber wegen der Affinität beider – wenn auch so unterschiedlicher – Reibungsprobleme und wegen der in Kapitel 5 idealisierten, haftkraftfreien Bindungen (glatte Wand), die nur Normal-, jedoch keine Tangentialkräfte übertragen können oder sollen, sei auf das Problem der Haftung – quasi als Übergangsbereich zwischen kinematisch eingeschränkten oder ruhenden Systemen einerseits und kinetisch-bewegten Systemen andererseits – erst hier näher eingegangen.

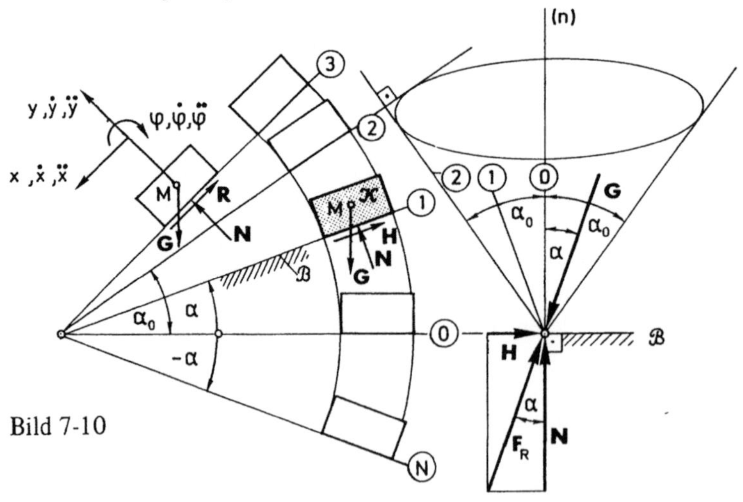

Bild 7-10

Wenn nun im betrachteten Falle ein Gleichgewichtssystem mit der Bedingung der Ruhe für $\alpha < \alpha_0$ vorliegt, dann gelten auch hierfür die Gleichgewichtsbedingungen, d.h. das I. Axiom in der Form

$$\mathbf{F}^a = \sum_i \mathbf{F}_i = 0. \tag{1}$$

Für das spezielle System nach Bild 7-10, wobei der Winkel α zunächst beliebig zwischen den Werten $0 \leqslant \alpha \leqslant \alpha_0$ liegen soll, gilt somit im Zustand ①

$$\mathbf{F}^a = \mathbf{G} + \mathbf{N} + \mathbf{H} = 0.$$

Das ergibt die zwei skalaren Gleichungen

$$\Sigma X = G \sin\alpha - H = 0, \quad \Sigma Y = - G \cos\alpha + N = 0$$

mit den Ergebnissen für die beiden unbekannten Kräfte

$$H = G \sin\alpha \tag{1a}$$
$$N = G \cos\alpha \tag{1b}$$

Das Ergebnis (1a) beweist für $\alpha > 0$ das Vorhandensein einer solchen tangentialen Kraft $H > 0$ – denn ohne sie ließe sich der zu beobachtende Gleichgewichtszustand für $\alpha > 0$ überhaupt nicht herstellen. Gleichzeitig zeigt (1a), daß H von den eingeprägten Kräften (hier: G) und von der Geometrie des Systems (hier: Winkel α) abhängt (für $\alpha = 0$ ist $H = 0$ und für $\alpha \neq 0$ ist $H = G \sin\alpha$). Damit reagiert die Haftkraft H auf die übrigen Kraftzustände am System und auf die jeweilige Geometrie des Systems und dies derart, daß die Haftkraft sich nach Größe und Richtung jeweils so einstellt, wie es das Gleichgewicht der Kräfte verlangt. Somit ist die *Haftkraft eine Reaktionskraft.* Folglich ist auch *kein* Kraftgesetz in dem hier definierten Sinne zu erwarten. Steigert man nun den Winkel α der schiefen Ebene, so läßt sich abhängig vom Zustand der berührenden Flächen und vom Material der berührenden Körper ein Grenzwinkel α_0 angeben, für den (gerade noch) das System im Gleichgewicht und damit die Reibungskraft eine Haftkraft ist (Zustand ② in Bild 7-10). Nach (1a) ist dann wegen $\alpha = \alpha_0$

$$H = G \sin\alpha_0 = \max H. \tag{2}$$

Das ist wegen $\sin\alpha_0 > \sin\alpha$ die maximal mögliche Haftkraft. Bis zu dieser Grenze muß die Reibung als Haftkraft aus den jeweils gültigen Grundgesetzen der Mechanik berechnet werden. Den zugehörigen Tangens des Winkels α_0 nennt man den *Haftreibungskoeffizienten*

$$\mu_0 = \tan\alpha_0 \tag{7.54}$$

μ_0 ist stets größer als μ, da es sonst einen Bereich geben würde, in dem weder Gleiten noch Haften vorliegen würde. Beide Koeffizienten dürfen wegen des oben ausführlich beschriebenen qualitativen Unterschieds nicht miteinander verwechselt werden. Setzt man in (2) die noch für α_0 gültige Gleichung (1b) ein, so wird mit (7.54)

$$\max H = G \sin\alpha_0 = N \frac{\sin\alpha_0}{\cos\alpha_0}$$

$$\max H = N \tan\alpha_0 = \mu_0 N \tag{7.55}$$

bzw. wegen $H < H_{max}$ wird

$$H \leqslant \mu_0 \, N. \tag{7.56}$$

Da die Verhältnisse für eine durch Haften verhinderte Aufwärtsbewegung genauso gelten wie
für eine verhinderte Abwärtsbewegung, sind also die vorstehenden Überlegungen auch für
negative α gültig (vgl. Bild 7-10). Mit $\tan(-\alpha) = -\tan\alpha$ und $-\mu_0 = \tan(-\alpha_0) = -\tan\alpha_0$
kann damit auch eine untere Grenze angegeben werden. Die vollständige *Ungleichung für
die Haftkraft* lautet danach

$$-\mu_0 \, N \leqslant H \leqslant \mu_0 \, N \tag{7.57}$$

bzw. auch

$$-\tan\alpha_0 = -\mu_0 \leqslant \frac{H}{N} = \tan\alpha \leqslant \mu_0 = \tan\alpha_0 \,. \tag{7.58}$$

Letztere Gl. läßt die geometrische Deutung zu, daß alle Resultierenden $\mathbf{F_R}$ aus $\mathbf{H}$ und $\mathbf{N}$
bzw. alle Resultierenden der übrigen äußeren Kräfte $\mathbf{F}$, die innerhalb eines Kegels mit dem
halben Öffnungswinkel α_0 liegen (vgl. Bild 7-10) den Zustand des Haftens bewirken *(Haft-
kegel)*. Die Lage der Mantellinien des Kegels gibt die Grenzlage der Summe der äußeren
Kräfte $\mathbf{F}$ an, wenn gerade noch Haften vorliegt. Der genaue Wert der Haftkraft H selbst
folgt dabei nach wie vor aus (1a). Lediglich für ihren Extremwert kann mit (7.55) eine obere
Grenze und für H mit (7.57) eine *Ungleichung* angegeben werden. Beides stellt nach den in
7.3.1 formulierten Anforderungen aber kein Kraftgesetz dar. Die Gln. (7.55) und (7.57)
dürfen also wegen und trotz ihrer formalen Ähnlichkeit nicht mit dem Kraftgesetz (7.51a)
für die Gleitreibung verwechselt werden. Die Haftkraft bleibt auch mit der Angabe ihres
Maximalwertes nach (7.55) bzw. (7.56) eine „Reaktionskraft“. Sie ist in ihrer Größe und
Richtung aus den jeweils gültigen Gleichungen des I. und II. Axioms bzw. aus daraus abgeleiteten Sätzen zu ermitteln. Genügt die dabei berechnete Haftkraft H der Ungleichung (7.57),
so haftet das System — erfüllt die dabei berechnete Haftkraft H die Ungleichung (7.57) *nicht*,
so ist damit die Unmöglichkeit des Haftens bewiesen, d.h. das System ist ein kinetisches System und die dabei mögliche Reibung ist gar keine Haftkraft H, sondern die Gleitreibungskraft R. Für dieses System sind dann sowohl die unter der Annahme eines Haftens folgenden Gleichgewichtsaussagen (hier (1)) unzulässig als auch die Aussagen (7.55) bis (7.58) ir-
relevant. Das kinetische System (Zustand ③ in Bild 7-10) gehorcht nun den Aussagen
nach 7.1, wonach z.B. mit dem Massenmittelpunktsatz (7.10) gilt:

$$\mathbf{F}^a = \dot{\mathbf{I}} = m \, \ddot{\mathbf{r}}_M \,. \tag{3}$$

(Im Gegensatz zu (1) liegt i.d.F. also kein Gleichgewicht mehr vor.)

　　　Gl. (3) zerfällt mit der entsprechenden Kräftesumme

$$\mathbf{F}^a = \mathbf{G} + \mathbf{N} + \mathbf{R},$$

wobei $\mathbf{G}$ nun außerhalb des Reibungskegels liegt, in die beiden skalaren Gleichungen $(\alpha > \alpha_0)$

$$mg \sin\alpha - R = m \, \ddot{x}_M \tag{4a}$$

$$-mg \cos\alpha + N = m \, \ddot{y}_M \tag{4b}$$

(vgl. (1a) und (1b) für Gleichgewicht). Wegen $\dot{y}_M = 0$ ist $\ddot{y}_M = 0$ (kein Abheben von der schiefen Ebene) und für R als Gleitreibung darf hier das Kraftgesetz (7.51) in der Form

$$R = \mu N; \quad \mu < \mu_0 \tag{5}$$

eingesetzt werden, wobei der Richtungssinn entgegen der positiv gewählten Bewegungsrichtung ($\dot{x} > 0$) durch ein der Geschwindigkeit $\dot{x} > 0$ entgegengesetztes Antragen der Gleitreibung in Bild 7-10 ③ bereits berücksichtigt ist. Somit folgt aus (4b)

$$N = mg \cos\alpha = G \cos\alpha, \tag{6}$$

also die gleiche Aussage wie (1b), jedoch ergibt sich wegen (5) jetzt

$$R = \mu N = \mu\, mg \cos\alpha. \tag{7}$$

Aus (4a) wird damit

$$mg \sin\alpha - \mu\, mg \cos\alpha = m\, \ddot{x}_M,$$

d.h. für die Beschleunigung in Bahnrichtung (alle anderen Freiheitsgrade sind eingeschränkt) folgt

$$\ddot{x}_M = g(\sin\alpha - \mu \cos\alpha). \tag{8}$$

Mit (6) und (7) sind damit alle unbekannten Kräfte N, R und mit (8) die Bewegungsgleichungen für alle Freiheitsgrade (hier $f = 1$, $z = 1 \,\hat{=}\, x$) bestimmt. Da der Körper starr ist und eine reine Translation ausführt (s. Kap. 2), ist $\dot{x} = \dot{x}_M$, d.h. die Beschleunigung $\ddot{x}$ aller Körperpunkte ist gleich der Beschleunigung des Massenmittelpunktes $\ddot{x}_M$. Dementsprechend sind auch alle aus (8) integrierten Geschwindigkeiten

$$\dot{x}(t) = \int \ddot{x}\, dt + C_1$$

und alle daraus nochmals integrierten Wege

$$x(t) = \int \dot{x}\, dt + C_2$$

jeweils gleich und bestimmt. Die Konstanten C_1 und C_2 folgen aus den Anfangsbedingungen

$$\dot{x}(0) = v_0 \quad \text{und} \quad x(t) = x_0.$$

Auch für nur oder zusätzlich rotatorisch bewegte Massen bleiben die prinzipiellen Überlegungen über die beiden Arten der Reibung und die Ermittlung der jeweiligen Reibungskräfte richtig. Auch hier ist zwischen Gleitreibungskraft und Haftkraft sorgfältig zu unterscheiden. Dabei ist das Haften eine Einschränkung jeweils eines Freiheitsgrades, d.h. es bedeutet nach Kap. 1.2.7 eine *zusätzliche Zwangsbedingung* bzw. eine *zusätzliche kinematische Beziehung*. Hat ein System also ohne Haften n Freiheitsgrade, so hat das System mit Haftung in einer Richtung nur $n - 1$ Freiheitsgrade. Im obigen Fall der nur translatorisch bewegungsfähigen Masse nach Bild 7-10 hatte das System ohne Haften den Freiheitsgrad $f = 1$ und dementsprechend mit Haftung den Freiheitsgrad $f = 0$, was dazu führte, daß (sogar) ein Gleichgewichtssystem die Folge des Haftens war. Daraus wird deutlich, daß nicht jedes haftende System ein Gleichgewichtssystem sein muß und damit die Haftkraft nicht zwangsläufig aus den speziellen Gleichgewichtsbedingungen, sondern für $f > 0$ aus den allgemeinen (kinema-

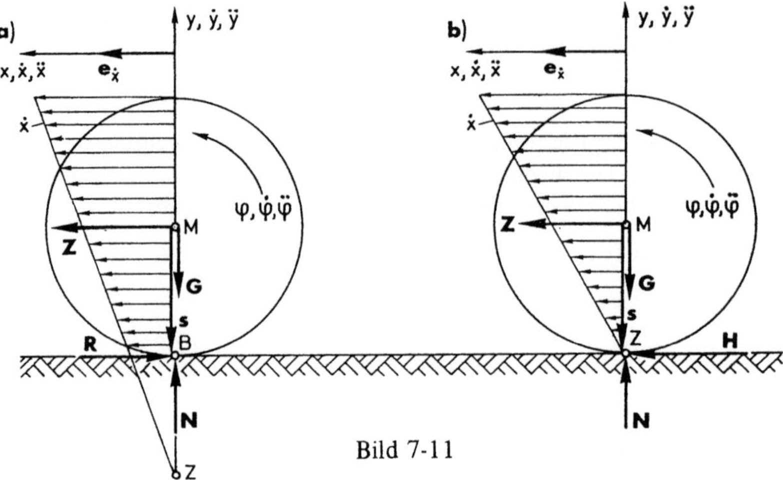

Bild 7-11

tischen) Axiomen der Mechanik (7.3) bzw. (7.4) bzw. aus den daraus abgeleiteten Sätzen
(7.10) bis (7.13) (und nur aus diesen) folgt.

Das sei an einem weiteren Fall der Kinetik starrer Körper verdeutlicht. Das starre Rad
nach Bild 7-11 werde durch eine bekannte Zugkraft $\mathbf{Z}$ in der Ebene bewegt. Soll wieder ein
Abheben von der Bahn ausgeschlossen sein ($\dot{y} = 0$), so hat das System in der Ebene noch
den Translationsfreiheitsgrad ($\dot{x}$) und den Rotationsfreiheitsgrad ($\dot{\varphi}$), also zwei Freiheitsgrade (f = 2). Beide sind im allgemeinen — der Definition der Freiheitsgrade folgend — unabhängig voneinander. Die sich berührenden Flächen (Radumfang-Bahn) haben dann eine Relativgeschwindigkeit zueinander, die hier, da die Unterlage fest sein soll, sogar die Absolutge-
schwindigkeit des Radumfangspunktes B ist. Diese setzt sich nach Kap. 2 aus den unabhän-
gigen Geschwindigkeiten $\mathbf{v}_M = \dot{x}\,\mathbf{e}_x$ und $\boldsymbol{\omega} = \dot{\varphi}\,\mathbf{e}_z$ in der Form nach (2.83) bzw. (2.86)

$$\mathbf{v}_B = \mathbf{v}_M + \boldsymbol{\omega} \times \mathbf{s}$$

zusammen. Die zugehörige Reibungskraft bei B ist eine Gleitreibung, für die das Kraftgesetz
(7.51a) gilt:

$$\mathbf{R} = -\mu\,|\mathbf{N}|\cdot\frac{\mathbf{v}}{|\mathbf{v}|}\;.$$

Mit (7.10) und zweckmäßigerweise (7.13) stehen zwei vektorielle (aus den Axiomen abgeleitete) Gleichungen in der Form

$$\mathbf{F}^a = \mathbf{Z} + \mathbf{G} + \mathbf{N} + \mathbf{R} = \dot{\mathbf{I}} = m\,\ddot{\mathbf{r}}_M$$

$$\mathbf{M}^a_M = \mathbf{s} \times \mathbf{N} + \mathbf{s} \times \mathbf{R} = \mathbf{s} \times \mathbf{R} = \dot{\mathbf{D}}_M = [\Theta \cdot \boldsymbol{\omega}]^{\cdot}$$

zur Verfügung, wobei wegen $\mathbf{s} \parallel \mathbf{N}$ das Kreuzprodukt $\mathbf{s} \times \mathbf{N} = \mathbf{0}$ ist. Wegen des ebenen Problems sind das drei Gleichungen (die anderen drei sind identisch Null). Zusammen mit dem
Kraftgesetz für die Gleitreibung $\mathbf{R}$ und der einzigen kinematischen Beziehung $\dot{y} = 0$ ist so
ein Gleichungssystem von fünf Gleichungen für die fünf Unbekannten $x_M(t)$, $y_M(t)$, $\varphi(t)$,
R und N ermittelt und das Problem ist damit gelöst. Spezielle Lösungen sind dabei der Fall
$\dot{x}_M(t) = 0$, d.h. das Rad bleibt auf der Stelle stehen und dreht dabei mit $\dot{\varphi} \neq 0$ durch (Rutschen; Bild 2-24a in 2.3.2) bzw. der Fall $\dot{x}_M \neq 0$ und $\dot{\varphi} = 0$, d.h. das Rad gleitet translatorisch über

die Unterlage ohne Drehung (Gleiten; Bild 2-24b). Die jeweils dabei auftretende Reibung ist die über das Kraftgesetz gegebene Gleitreibung.

Wird dagegen Haften des Rades auf der Unterlage vorausgesetzt — was nach (7.56) möglich ist, wenn $H \leqslant \mu_0 N$ ist — so hat das System dann einen Freiheitsgrad weniger, also ist $f = 2 - 1 = 1$. Damit liegt kein Gleichgewichtssystem vor; also müssen weiterhin die kinetischen Aussagen, z.B. wieder in Form der Gleichungen (7.10) und (7.13), verwendet werden. Das führt hier zu

$$\mathbf{F}^a = \mathbf{Z} + \mathbf{G} + \mathbf{N} + \mathbf{H} = \dot{\mathbf{I}} = m\,\ddot{\mathbf{r}}_M = [m\,\mathbf{v}_M]\dot{}$$

$$\mathbf{M}^a_M = \mathbf{s} \times \mathbf{N} + \mathbf{s} \times \mathbf{H} = \mathbf{s} \times \mathbf{H} = \dot{\mathbf{D}}_M = [\Theta \cdot \boldsymbol{\omega}]\dot{}$$

Für $\mathbf{H}$ steht nun kein Kraftgesetz, sondern nur das obige Existenzkriterium $H \leqslant \mu_0 N$ zur Verfügung. H muß hier also aus den beiden vektoriellen, kinetischen Grundgleichungen mitbestimmt werden. Für die fünf Unbekannten x, y, φ, N und H stehen dann mit den Grundgleichungen wieder drei skalare Gleichungen, darüberhinaus aber statt der einen kinematischen Beziehung $\dot{y} = 0$ noch eine weitere, nämlich die Rollbedingung (vgl. (2.97))

$$v_M = \dot{x}_M = r\,\omega = r\,\dot{\varphi}$$

als Beziehung zwischen den beiden kinematischen Größen $\dot{x}_M$ und $\dot{\varphi}$ zur Verfügung. Das fehlende Kraftgesetz wird hier also durch die zusätzliche Zwangsbedingung in Form einer kinematischen Beziehung ersetzt. Damit stehen wieder fünf Gleichungen für die fünf Unbekannten zur Verfügung — also auch dieses Problem ist bei anderer physikalischer Qualität gelöst.

Gleichzeitig wird deutlich, daß mit dem Momentanzentrum im Fall des reinen Rollens bei $B = Z$ dieser Punkt jeweils relativ zu Rad und Unterlage in Ruhe ist (vgl. Bild 2-24). Da er auch der Punkt ist, in dem sich beide Körper berühren, ist also die dort wirkende Reibung in diesem Falle die „Reibung der Ruhe", also die Haftkraft — und dies obwohl bzw. weil das Rad sich bewegt. Ohne Haftkraft würde sich — wie ja der Fall des Gleitens gezeigt hat — das Rad gar nicht von der Stelle ($\dot{x}_M = 0$) bewegen. Auch das Vorzeichen der Reibungen ist ein anderes. Während bei der Gleitreibung stets ein Entgegenwirken zur örtlichen Geschwindigkeitsrichtung durch das Kraftgesetz vorgeschrieben ist ($\mathbf{R} \parallel - \mathbf{e}_x$), reagiert die Haftkraft auf die übrigen Gegebenheiten und ergibt sich in diesem Beispiel zur Aufrechterhaltung des reinen Rollens als gleichgerichtet mit der ziehenden Kraft $\mathbf{Z}$, d.h. $\mathbf{H} \parallel + \mathbf{e}_x$ (vgl. Bild 7-11). Dementsprechend ist die Haftkraft z.B. in der Fahrzeugtechnik eine erwünschte und gewollte Reibung, deren obere Grenze $\mu_0 N$ man durch geeignete Maßnahmen (Streuen von Sand, Zuladung zur Vergrößerung von N) künstlich erhöht, um im Haftkraftbereich zu bleiben, während die Gleitreibung meist unerwünscht ist und i.a. (z.B. durch Schmierung) so gering wie möglich gehalten wird.

Durch einige Anwendungen auf technische Fragestellungen werde der Begriff „Reibung" exemplarisch weiter erläutert und ergänzt:

Beispiel 1. *Selbstsperrung:* An einer auf einer senkrechten Stange verschieblichen Führungsbuchse ist ein Arm befestigt, an dem eine Last $\mathbf{K}$ angreift (Bild 7-12). In welchem Abstand a muß $\mathbf{K}$ mindestens angebracht werden, damit die Vorrichtung nicht herabrutscht?

Lösung:

Die Führung wird sich bei Punkt 1 und 2 an die Stange anlegen, sofern die Haftkraft überhaupt ausreicht, um Gleichgewicht herzustellen. Auf die Führung wirken neben der Kraft $\mathbf{K}$ — in der auch das Eigengewicht des Armes enthalten ist — nur zwei Widerlagerreaktionen $\mathbf{W}_1$ und $\mathbf{W}_2$. Damit Gleichgewicht mög-

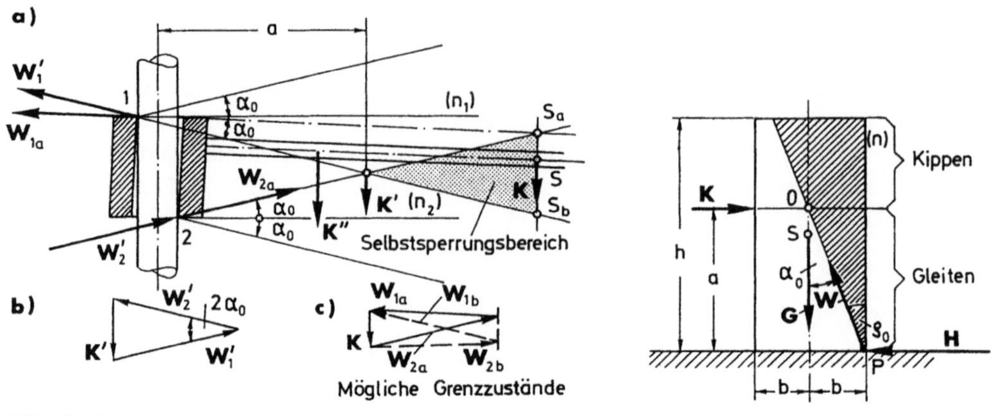

Bild 7-12   Bild 7-13

lich ist, muß jede der beiden Reaktionen innerhalb des jeweils für sie in Frage kommenden Reibungskegels liegen, d.h. der Schnittpunkt der drei Kräfte K, W_1 und W_2 muß innerhalb des schraffierten Bereiches liegen. Man bezeichnet diesen Gleichgewichtsfall auch als *„Selbstsperrung"*. Rückt K näher zur Stange, so ist für die Lage K' gerade noch Gleichgewicht möglich, alle weiter nach innen angebrachten Kräfte K'' würden die Führung zum Abrutschen bringen. Die zu K' gehörigen Kräfte W_1' und W_2' liegen gerade im Mantel des Reibungskegels (Bild 7-12). Charakteristisch für solche Beispiele ist, daß der Schnittpunkt S der drei Kräfte im Gleichgewichtszustand insofern unbestimmt bleibt, als er jede beliebige Lage auf der Wirkungslinie von K zwischen den Grenzen S_a und S_b annehmen kann. Also sind auch die Wirkungslinien von W_1 und W_2 innerhalb der durch diese Punkte gegebenen Grenzen unbestimmt, es gibt unendlich viele „Kraftecke" $K + W_1 + W_2 = 0$, von denen in Bild 7-12c die beiden begrenzenden gezeichnet sind. Man kann die Größe der Widerlagerkräfte also nicht mit den Hilfsmitteln der Statik berechnen, da man es mit einem statisch unbestimmten Fall zu tun hat. Man kann vielmehr nur die Grenzen für die Wirkungslinie von K angeben, damit Selbstsperrung eintritt. Die Größe von K spielt dabei für das Reibungsgleichgewicht keine Rolle und wird nur durch die Festigkeit der Anordnung begrenzt.

     Beispiel 2. *Kippen:* An einem auf rauher Horizontalebene stehenden Quader nach Bild 7-13 wirke neben der Gewichtskraft G die Horizontalkraft K. Greift K tief genug an, so beginnt der Quader zu gleiten. Greift K dagegen hoch genug an, so wird der Quader aufgrund des Haftens um den Punkt P kippen. Die Frage ist nun, welches a die Grenze zwischen dem Gleiten und dem Kippen angibt.

Lösung:
Einerseits ist nach (7.56)

$$\max H = N \tan \alpha_0 = \mu_0 N,$$

andererseits gilt für den Grenzzustand der Haftung noch die Gleichgewichtsbedingung

$$M_P^a = K a - G b = 0,$$

also ist

$$\frac{K}{G} = \frac{b}{a} = \tan \rho_0 ,$$

sowie

$$\Sigma X = 0 = K - H, \quad \Sigma Y = 0 = G - N.$$

Der Reibungskegel in P ist also in seinen Erzeugenden gegeben durch

$$\max H = K = \mu_0 N = \mu_0 G \quad \text{bzw. durch} \quad \frac{K}{G} = \mu_0 = \tan \alpha_0.$$

Haften tritt auf, solange die Resultierende aus $\mathbf{K}$ und $\mathbf{G}$ gerade noch unter dem Winkel ρ_0 auf der Mantellinie des Reibungskegels liegt, d.h. wenn $\rho_0 = \alpha_0$ ist (vgl. Bild 7-13). Daraus folgt

$$\tan \rho_0 = \frac{b}{a} = \tan \alpha_0 = \mu_0 \quad \text{oder} \quad a = \frac{b}{\mu_0}.$$

Für alle $a < b/\mu_0$ und, unabhängig von a, für alle $h < b/\mu_0$ liegt Gleiten vor. Entsprechend liegt für alle $a \geqslant b/\mu_0$ Haften mit der Folge des Kippens um P vor. Kipp- und Gleitbereich sind in Bild 7-13 eingezeichnet.

Beispiel 3. *Schraube (Gewinde):* Vorbereitend werde noch einmal der Körper auf der schiefen Ebene nach Bild 7-14 betrachtet, auf den die Horizontalkraft $\mathbf{X}$ und die Vertikalkraft $\mathbf{Z}$ als vorgegebene (eingeprägte) Kräfte wirken. Dazu sei zunächst $\alpha < \alpha_0$ bzw. $\tan \alpha < \tan \alpha_0 = \mu_0$. Damit stellt sich die Frage, in welchem Bereich $\mathbf{X}$ liegen darf, so daß keine Bewegung, weder aufwärts ($\uparrow$) noch abwärts ($\downarrow$), erfolgen kann.

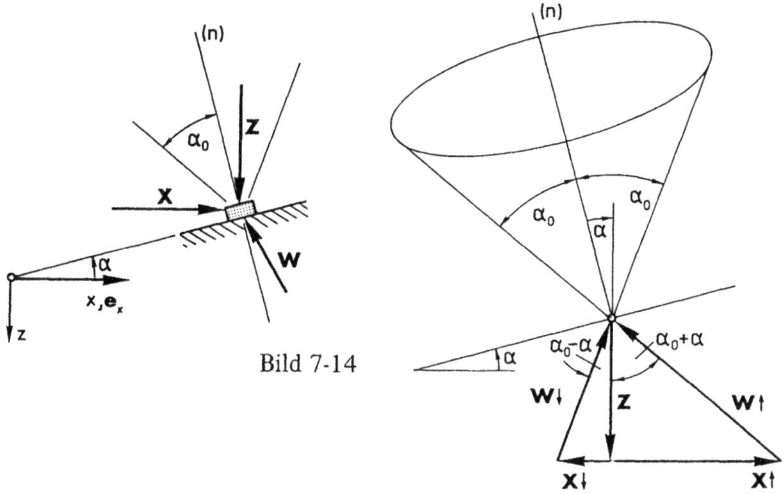

Bild 7-14

Lösung:

Da wieder Gleichgewicht herrscht (s.o.), ist

$$\mathbf{X} + \mathbf{Z} + \mathbf{W} = \mathbf{0}.$$

$\mathbf{W}$ muß dabei innerhalb des „Reibungskegels" liegen, was nach Bild 7-14 dazu führt, daß wegen $\mathbf{e_x} = \mathbf{X}/|\mathbf{X}|$ die Horizontalkraft zwischen dem Wert

$$\mathbf{X} \uparrow = |\mathbf{Z}| \tan (\alpha_0 + \alpha)\, \mathbf{e_x} \quad \text{und} \quad \mathbf{X} \downarrow = -|\mathbf{Z}| \tan (\alpha_0 - \alpha)\, \mathbf{e_x}$$

liegen muß. Dabei zeigt sich, daß die zweite Gleichung durch Einsetzen von $-\alpha_0$ anstelle von α_0 aus der ersten gewinnbar ist, und somit folgt für die Größe von $\mathbf{X}$ die Ungleichung

$$Z \tan (\alpha - \alpha_0) \leqslant X \leqslant Z \tan (\alpha + \alpha_0) \tag{1}$$

im Falle der Haftung. Diese Ungleichung gibt den Bereich möglicher Gleichgewichtszustände sowohl für $\alpha < \alpha_0$ als nun auch für $\alpha > \alpha_0$ an.

Nur für $\alpha_0 = 0$, d.h. für den Fall ohne jede Reibung, kann Gleichgewicht nur durch $X = Z \tan \alpha$ erreicht werden. Damit erhält man hierfür nur *einen* Wert von X — jedoch keinen Bereich (Kegel entartet zur Normalen (n)).

Die zur unteren Grenze (vor Abwärtsbewegung) gehörende Grenzkraft $\min X$ ist für

$\alpha < \alpha_0$: $\quad X < 0$, also nach links
$\alpha = \alpha_0$: $\quad X = 0$
$\alpha > \alpha_0$: $\quad X > 0$, also nach rechts

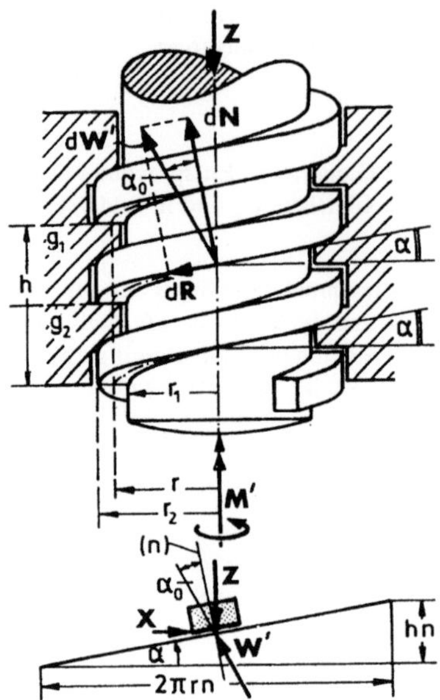

Bild 7-15

gerichtet. Weiter ist für $\alpha > \alpha_0$ eine nach rechts gerichtete Haltekraft X zwingend notwendig, während für $\alpha < \alpha_0$ nicht notwendigerweise eine Horizontalkraft wirken muß, um den Körper zu halten, da der Fall X = 0 ohnehin innerhalb der durch (1) gegebenen Grenzen liegt. Der Körper bleibt damit für beliebiges Z > 0 „von selbst", d.h. ohne X, auf der schiefen Ebene liegen. Dieses Phänomen heißt „*Selbstsperrung*" oder „*Selbsthemmung*" und ist für alle Keil- und Schraubenverbindungen in der Technik von großer Bedeutung. Umgekehrt ist für eine beabsichtigte Bewegung stets eine Kraft X bzw. eine entsprechende Komponente in Bewegungsrichtung anzubringen.

   Diese Überlegungen am Beispiel nach Bild 7-14 können nun als Grundlage und Modell für eine Schraube (flachgängiges Rechtsgewinde) angesehen werden. Dabei werden nach Bild 7-15 die Berührungsflächen zwischen Schraube und Mutter durch zur Spindelachse senkrechte Geraden g erzeugt, die um die Achse in Längsrichtung bewegt werden. Auf jeden Gang der Schraube wird dann von der Mutter eine Kraft $dW' = dR + dN$ übertragen, die sich zu einer Resultierenden W', z.B. unter der Annahme eines gleichmäßigen Tragens aller Gewindegänge, zusammenfassen lassen. Der Angriffsradius dieser „Einzelkräfte" liege bei $r = 1/2 \, (r_1 + r_2)$. Man erkennt, daß damit der Fall des Gewindes auf den der schiefen Ebene zurückgeführt ist, wobei statt der Kräfte selbst hier zweckmäßigerweise die mit dem mittleren Radius multiplizierten Kräfte, d.h. die Momente eingeführt werden. Dementsprechend sind auch die Gleichungen analog. Man erhält statt (1) nun

$$rZ \tan (\alpha - \alpha_0) \leqslant M \leqslant rZ \tan (\alpha + \alpha_0) \qquad (2)$$

als Ungleichungsbedingung für das Gleichgewicht der Schraube. Die rechte Seite (mit dem Gleichheitszeichen) gibt das zum Inbewegungsetzen nach oben, entgegen **K** aufzuwendende Drehmoment beim Festschrauben, die linke Seite gibt das zum Losschrauben erforderliche Moment an. Für $\alpha > \alpha_0$ muß die Schraube wieder durch ein Haltemoment festgehalten werden, damit sie sich nicht unter der Wirkung von **K** von selbst in Bewegung setzt (Bewegungsgewinde). Für $\alpha < \alpha_0$ liegt wieder Selbsthemmung vor, d.h. zum Lösen ist ein negatives Moment entgegen dem eingezeichneten Drehsinn zur Überwindung der Haftung notwendig. Das zum weiteren Ausschrauben notwendige Moment ist dann kein Haftmoment mehr, sondern das der Gleitreibung. Hierfür könnte unter Vernachlässigung der Massenkräfte μ_0 durch μ, d.h. $\tan \rho_0$ durch $\tan \rho = \mu$, ersetzt werden. Man erhält

$$M = rZ \tan (\alpha + \rho), \quad \text{Einschraubmoment}$$

$$M = rZ \tan (\alpha - \rho), \quad \text{Ausschraubmoment} \qquad (3)$$

Bei Neigung der Erzeugenden g der Gewindegänge zur Spindelachse entsteht ein scharfgängiges Gewinde in Form eines Dreiecks- oder Trapezgewindes. Die Normalkraft $d\mathbf{N}$ ist dann nicht nur — wie in Bild 7-15 — unter dem Winkel α, sondern zusätzlich um den Winkel dieser Neigung β gegen die Spindelachse geneigt. Bis auf diese Änderung der Geometrie, die man durch einen veränderten Haftreibungskoeffizienten

$$\frac{\tan\alpha_0}{\cos\beta} = \frac{\mu_0}{\cos\beta} = \bar{\mu}_0 = \tan\bar{\alpha}_0$$

berücksichtigen kann, entsprechen die Verhältnisse denen des Rechteckgewindes, so daß hier statt (2) gilt

$$r\,Z\,\tan(\alpha - \bar{\alpha}_0) \leqslant M \leqslant r\,Z\,\tan(\alpha + \bar{\alpha}_0). \tag{4}$$

Da die scharfgängige Schraube damit wie eine flachgängige mit vergrößertem Reibungskoeffizienten $\bar{\mu}_0$ wirkt, verwendet man diese zu Befestigungszwecken (Holzschrauben), während das flachgängige Gewinde vornehmlich als Bewegungsschraube (Wagenheber) Verwendung findet.

Beispiel 4. *Keil:* Ein ähnliches Problem stellt der Keil dar. Als einfachstes Beispiel werde der Keil nach Bild 7-16 betrachtet, für den der Haftbereich für verschiedene Z berechnet werden soll.

Lösung:

Wieder existiert eine obere Grenze für Z, die den Wert angibt, für den der Keil nicht (weiter) eingetrieben werden kann. Aus Gleichgewichtsgründen und unter der Annahme $N_1 = N_2 = N$ ist dies

$$\max Z = 2N\,(\sin\alpha + \mu_0\cos\alpha).$$

Mit dem Additionstheorem

$$\sin\alpha\cos\alpha_0 + \cos\alpha\sin\alpha_0 = \sin(\alpha + \alpha_0)$$

und mit $\mu_0 = \tan\alpha_0$ wird

$$\sin\alpha + \mu_0\cos\alpha = \frac{1}{\cos\alpha_0}\left[\sin\alpha\cos\alpha_0 + \cos\alpha\sin\alpha_0\right],$$

also schließlich

$$\max Z = 2N\,\frac{\sin(\alpha + \alpha_0)}{\cos\alpha_0}\,. \tag{1}$$

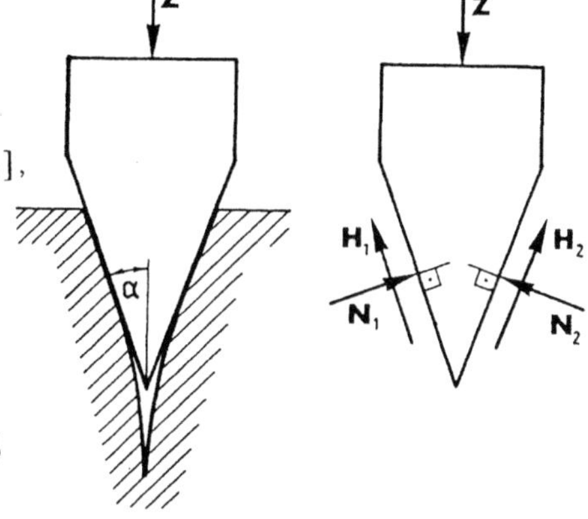

Bild 7-16

Zum Eintreiben des Keils (Axt) muß dieser Wert $\max Z$ überschritten werden, wozu man α und μ_0 möglichst klein halten muß (Messer).

Zur Bestimmung des zweiten Grenzwertes, der die Grenze für die Aufwärtsbewegung angibt, wird nur α_0 durch $-\alpha_0$ ersetzt. Man erhält

$$\min Z = 2N\,\frac{\sin(\alpha - \alpha_0)}{\cos\alpha_0}\,. \tag{2}$$

Für $\alpha > \alpha_0$ stellt sie die „Haltekraft" für den nicht selbstsperrenden Keil dar, oder für $\alpha < \alpha_0$ ist sie die im Falle der Selbstsperrung auftretende und beim Herausziehen des Keiles notwendige Kraft (nach oben). Also ist der Fall des Haftens durch die Ungleichung

$$2N\,\frac{\sin(\alpha - \alpha_0)}{\cos\alpha_0} \leqslant Z \leqslant 2N\,\frac{\sin(\alpha + \alpha_0)}{\cos\alpha_0} \tag{3}$$

gegeben. Das ist analog zu (4) vom Beispiel 3, jedoch hier bei Unbestimmtheit von N. Je größer der Unterschied zwischen α und α_0 ist, desto besser hält der Keil (Nagel). Für $\alpha > \alpha_0$ ist der Keil als Befestigungsmittel ungeeignet.

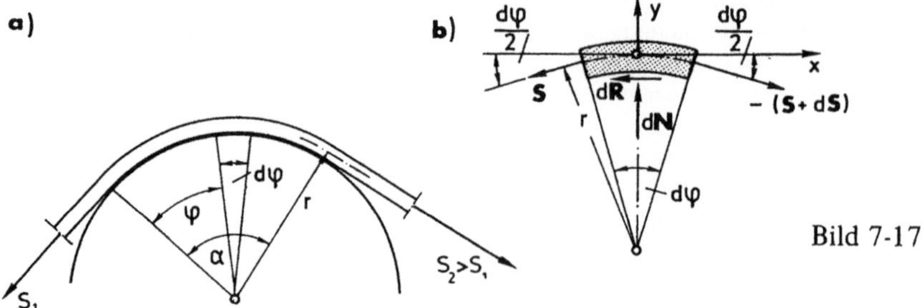

Bild 7-17

Beispiel 5. *Seilreibung:* Schließlich werde als letztes Beispiel für mögliche Reibungsphänomene das der Seilreibung behandelt: Dabei sei ein Seil oder ein Riemen so um einen feststehenden zylindrischen Körper geführt, daß es diesen mit dem Winkel α umschlingt (Bild 7-17). Wäre der Körper völlig glatt, so müßten die beiden Seilkräfte S_1 und S_2 einander gleich sein, wenn Gleichgewicht herrschen soll. Wenn der Zylinder dagegen rauh ist, kann durch die vom Zylinder auf das Seil längs deren Berührungsfläche wirkenden Reibungskräfte eine bestimmte Differenz zwischen den Seilkräften übernommen werden, ohne daß das Gleichgewicht gestört wird. Es soll diejenige Kraft $S_2 > S_1$ berechnet werden, bei der gerade der Grenzzustand des Gleichgewichtes erreicht ist. Das Seil wird dabei als undehnbar vorausgesetzt.

Lösung:

Das Rutschen wird durch die über die ganze Berührungslänge verteilten Reibungskräfte dR verhindert. Jedes Seilelement $r\,d\varphi$ muß unter Einwirkung der Kräfte dR, dN, S und $S + dS$ im Gleichgewicht sein. Die Gleichgewichtsbedingungen in x- und y-Richtung liefern nach Bild 7-17b

$$(S + dS) \cos \frac{d\varphi}{2} - S \cos \frac{d\varphi}{2} - dR = 0,$$

$$- (S + dS) \sin \frac{d\varphi}{2} - S \sin \frac{d\varphi}{2} + dN = 0.$$

Da $d\varphi$ ein infinitesimal kleiner Winkel ist, wird $\sin(d\varphi/2)$ durch $d\varphi/2$ bzw. $\cos(d\varphi/2)$ durch „1" im Sinne einer nach dem ersten Glied abgebrochenen Reihenentwicklung ersetzt. Aus der ersten Gleichung folgt $dS = dR$, während die zweite Gleichung $dN = S\,d\varphi$ liefert. Da die Haftreibung $dR \leqslant \mu_0\,dN$ sein muß, ergibt sich

$$dS = dR \leqslant \mu_0\,S\,d\varphi$$

für den Seilzug. Nach Integration folgt mit

$$\int_{S_1}^{S_2} \frac{dS}{S} = \ln S \,\Big|_{S_1}^{S_2} = \ln \frac{S_2}{S_1} \leqslant \mu_0 \int_{\varphi=0}^{\alpha} d\varphi = \mu_0\,\alpha$$

der bereits von EULER hergeleitete Zusammenhang

$$S_2 \leqslant S_1\,e^{\mu_0 \alpha} \tag{1}$$

zwischen den an den freien Enden angreifenden Seilkräften. Diese Gleichung enthält die obere Grenze für S_2 bzw. das Verhältnis S_2/S_1, das nicht überschritten werden darf, wenn das Seil nicht (nach rechts) rutschen soll; es wächst mit zunehmendem Umschlingungswinkel α exponentiell, also sehr stark an. Für $\mu_0 = 0{,}5$ und drei volle Umschlingungen ($\alpha_1 = 3 \cdot 2\pi$) wird beispielsweise $e^{\mu_0 \alpha_1} = 12\,400$. Diese Tatsache nützt man z.B. aus, um ein Schiff an Pollern festzuhalten.

Natürlich herrscht auch für $S_2/S_1 < e^{\mu_0 \alpha}$ Gleichgewicht, jedoch nur solange das Seil nicht nach links rutscht. Diese untere Grenze des Gleichgewichtes ergibt sich, wenn man wieder μ_0 durch $-\mu_0$ ersetzt, also die Richtung der Reibungskräfte umkehrt. Das Seil ist also für

$$e^{-\mu_0 \alpha} \leqslant \frac{S_2}{S_1} \leqslant e^{\mu_0 \alpha} \tag{2}$$

im Gleichgewicht.

Angemerkt sei, daß der Zylinderradius überhaupt nicht in dieser Gleichung vorkommt; sie gilt also für jede beliebige Form des umschlungenen Körpers, z.B. auch für den Fall des Bildes 7-18; es kommt lediglich auf den Umschlingungswinkel α an.

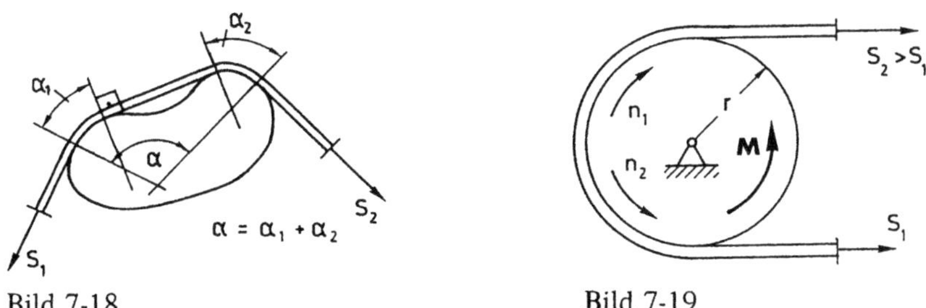

Bild 7-18   Bild 7-19

Die Gleichungen der Seilreibung lassen sich auch auf den Fall der drehbar gelagerten, z.B. mit einer Arbeitsmaschine verbundenen Seilscheibe anwenden, die über ein Seil oder einen Riemen von einer Kraftmaschine angetrieben wird (Bild 7-19). Die größere Seilkraft S_2 herrscht dann im sogenannten auflaufenden „Trum", die kleinere S_1 im ablaufenden. Die Haftreibungszahl μ_0 ist zur Ermittlung des größtmöglichen Antriebsmomentes einzusetzen, wenn der Riemen nicht auf der Scheibe gleiten soll:

$$M_{max} = (S_2 - S_1)\, r = S_1\, r\, (e^{\mu_0 \alpha} - 1). \tag{3}$$

Man erkennt hieraus, daß zur Übertragung eines Antriebsmomentes immer eine Vorspannung S_1 vorhanden sein muß. Je stärker der Riemen vorgespannt ist, desto größer kann M werden. Natürlich ist dieser Wert durch die Festigkeit des Riemenwerkstoffes begrenzt.

Gleichung (3) gilt auch für eine antreibende Riemenscheibe, nur erfolgt dann die Drehung n_2 im gleichen Sinne wie das antreibende Moment (Bild 7-19).

Weitere spezielle Bewegungswiderstände sind die Spurzapfen- und Tragzapfenreibung sowie der Rollwiderstand. Die Bestimmung der zugehörigen Haft- bzw. Gleitreibungskräfte erfordert jedoch eine empirisch-experimentelle Ermittlung der Parameter und Koeffizienten und ist deshalb nicht Gegenstand dieser Abhandlung, zumal mit dem Vorstehenden das Prinzipielle über den Charakter und die Determinierung der Reibungen, insbesondere über das Haften und das Gleiten einschließlich der technischen Anwendungen gesagt ist.

7.4 Abgeleitete Sätze der Kinetik

Mit den Grundgleichungen nach 7.1, den Darstellungen der Bewegungsgrößen nach 7.2 und den Kraftgesetzen nach 7.3 steht nun grundsätzlich ein qualitativ und quantitativ hinreichendes System von Aussagen zur Berechnung mechanischer Probleme bei beliebiger Bewegung starrer Körper zur Verfügung.

Von daher würde auch keine Notwendigkeit bestehen, weitere aus den Axiomen abgeleitete Sätze bereitzustellen. Aber genauso wie es sich im Kapitel 5 als zweckmäßig erwiesen hat, u.U. bei ebenen Problemen statt der beiden Kraft-Gleichgewichts-Bedingungen und der einen Momentenbedingung drei Momenten-Gleichgewichtsbedingungen bei gleichem Ergebnis zu verwenden, kann es auch hier zweckmäßiger (im Sinne von einfacher oder schneller) sein, bestimmte Formen oder für Spezialfälle eingeschränkte Aussagen von Sätzen bereitzustellen und beim Vorliegen bestimmter Problemarten zu verwenden. An den Aussagen selbst und an deren jeweils hinreichender Zahl ändert sich dadurch nichts.

7.4.1 Erhaltungssätze

Aus dem I. Axiom der Mechanik in der Form (7.3) folgt für den Fall, daß die Resultierende der äußeren Kräfte gleich Null ist bzw. keine äußeren Kräfte am System angreifen, die Erhaltung des Impulses. Ist also

$$\mathbf{F}^a = \sum_i \mathbf{F}_i^a = 0, \qquad \text{so wird} \qquad \dot{\mathbf{I}} = \frac{d\mathbf{I}}{dt} = \mathbf{F}^a = 0$$

und somit

$$\mathbf{I} = \text{const.} \tag{7.59}$$

In Verbindung mit (7.6) folgt wegen $\mathbf{I} = m\,\mathbf{v}_M$ dann auch

$$m\,\mathbf{v}_M = \text{const} \tag{7.60}$$

bzw. der

> **Satz 7.3:**
> *Impuls-Erhaltungs-Satz.* Ist die Resultierende der äußeren Kräfte an einem System gleich Null, so ändert sich der Impuls $\mathbf{I}$ dieses Systems bzw. das Produkt aus seiner Masse m und der Geschwindigkeit $\mathbf{v}_M$ seines Massenmittelpunktes nicht.

Es wird deutlich, daß der Impuls-Erhaltungs-Satz damit (nur) ein Sonderfall des ersten Axioms bzw. des daraus abgeleiteten Massenmittelpunkt-Satzes für den Fall einer speziellen, nämlich verschwindenden Kraftresultierenden ist. So gesehen, ist die Formulierung eines solchen Satzes nicht unbedingt notwendig, sondern gegebenenfalls sinnvoll bzw. zweckmäßig.

Eine entsprechende Aussage läßt sich aus dem integrierten II. Axiom der Mechanik bzw. aus dem Drallsatz gewinnen. Ist nämlich die Summe der äußeren Momente um einen festen Punkt gleich Null, so folgt aus (7.4) wegen

$$\mathbf{M}_O^a = 0, \ \text{d.h.} \ \dot{\mathbf{D}}_O = \frac{d\mathbf{D}_O}{dt} = \mathbf{M}_O^a = 0$$

und somit

$$\mathbf{D}_O = \text{const} \tag{7.61}$$

bzw. unter Verwendung von (7.43)

$$\mathbf{r}_M \times m\,\mathbf{v}_M + \Theta \cdot \boldsymbol{\omega} = \text{const} \qquad (7.62)$$

Damit gilt der

Satz 7.4:
Drall-Erhaltungs-Satz. Ist das resultierende äußere Moment bzgl. eines festen Punktes O an einem System gleich Null, so ändert sich der Drall des Systems bezogen auf diesen festen Punkt nicht.

Die Sätze 7.3 und 7.4 dürfen wegen der in ihnen enthaltenen Sonderfälle $\mathbf{F}^a = \mathbf{M}_O^a = 0$ nicht als Gleichgewichtsaussagen verstanden werden, da dabei *nicht* zwangsläufig *jeder* materielle Punkt eines Körpers bzw. nicht jeder Körper eines Systems beschleunigungsfrei im Sinne der Ruhe bzw. des Gleichgewichts ist. So ist z.B. im Falle des Systems nach Bild 7-20 jeder der beiden Körper $\mathcal{K}_1$ und $\mathcal{K}_2$ bei Betrachtung des jeweiligen Bereiches B1 bzw. B2 nicht im Gleichgewicht, da das erste Axiom in beiden Fällen

$$m_1 \dot{\mathbf{v}}_{M_1} = \mathbf{F}_1 \qquad \text{bzw.} \qquad m_2 \dot{\mathbf{v}}_{M_2} = \mathbf{F}_2,$$

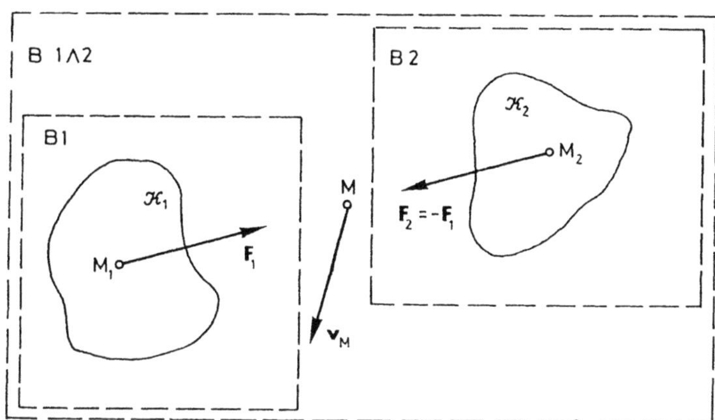

Bild 7-20

also eine kinetische Aussage mit $\dot{\mathbf{v}}_{M_i} \neq 0$ liefert. Nimmt man beispielsweise an, daß die zwischen beiden Körpern wirkende äußere Kraft die zentrale Gravitationskraft (nach (7.14)) ist, so ist $\mathbf{F}_1 = -\mathbf{F}_2 = \mathbf{F}_G$ und bei Betrachtung des gemeinsamen („nicht auseinandergeschnittenen") Bereiches B 1 ∧ 2 verschwindet wegen

$$\mathbf{F}^a = \sum_i \mathbf{F}_i = \mathbf{F}_1 + \mathbf{F}_2 = \mathbf{F}_1 - \mathbf{F}_1 = 0$$

die Summe der äußeren Kräfte. Das System ist aber damit trotz $\mathbf{F}^a = 0$ kinetisch. Es bewegt sich für einzelne materielle Punkte (z.B. M_1, M_2) auch beschleunigt — nur ist der Impuls des Gesamtsystems $(m_1 + m_2)\,\mathbf{v}_M$ nach Satz 7.3, bzw. bei konstanten Massen damit die Geschwindigkeit $\mathbf{v}_M$ des gemeinsamen Massenmittelpunktes $M \neq M_1 \neq M_2$, eine Konstante nach Größe und Richtung. Entsprechendes gilt für die Aussage nach Satz 7.4.

7.4.2 Arbeitssatz

Die Axiome und die bisher daraus abgeleiteten Sätze enthalten sämtlich die Zeit t als unabhängige Variable (a(t); v(t); r(t)). Damit sind auch die daraus bestimmbaren Bewegungsgleichungen nach Integration über t Funktionen der Zeit.

Will man nun die kinematischen Größen in Abhängigkeit vom Ort berechnen, oder sind bestimmte Bedingungen an bestimmten Orten vorgegeben, so müssen die berechneten vektorwertigen Skalarfunktionen r(t) stets invertiert werden, d.h. es muß die Zeit t(r) berechnet werden, die der Körper bis zum Erreichen der entsprechenden Lage r benötigt. Diese Zeit, in die Lösungen für a(t) bzw. v(t) eingesetzt, ergibt dann erst die gesuchte Lösung a(r) oder v(r) bzw. läßt erst dann die Anpassung an die dort gegebene Bedingung a_0(r_0) oder v_0(r_0) zu. Für derartige Probleme wäre es somit zweckmäßig, wenn neben den zeit-impliziten Gleichungen (7.1) bis (7.13) auch eine *orts-implizite Darstellung der Grundgleichungen* vorliegen würde. Genau diese liefert der *Arbeitssatz,* der hier wegen der Restriktion auf starre Körper einerseits ein Sonderfall des in 6.12 für deformierbare Systeme abgeleiteten Arbeitssatzes ist (W = 0), andererseits auf kinetische Probleme erweitert werden muß.

Dazu benutzt man wieder die Definition der Arbeit, wonach (vgl. Def. 6.6 aus 6.12.6)

$$A^a := \sum_i \int_①^② F_i^a \cdot dr_{F_i} + \sum_j \int_①^② M_j^a \cdot d\varphi_j \qquad (7.63)$$

ist (Bild 7-21). Dabei wird *jeder* äußeren Kraft F_i^a das Wegelement ihres Angriffspunktes dr_{F_i} und *jedem* freien Moment M_j^a das Winkelelement $d\varphi_j$ seiner Verdrehung über ein Skalarprodukt zugeordnet. Da ein starrer Körper vorliegt, ist $d\varphi_j = d\varphi$ unabhängig von der Stelle im starren Körper, was wegen der Verschiebbarkeit der freien Momente im Körper die notwendige Eindeutigkeit des zweiten Integranden sichert.

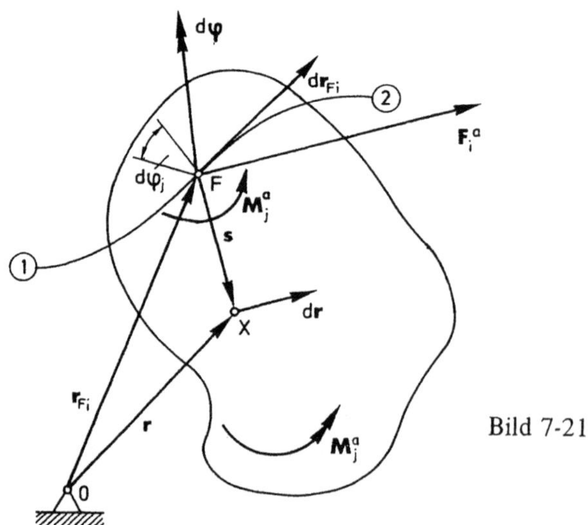

Bild 7-21

$d\mathbf{r}_{F_i}$ bzw. $d\varphi$ sind die *„aktuellen" Verschiebungen bzw. Verdrehungen* aufgrund der tatsächlich auftretenden Bewegung des Körpers. Dabei hat $d\varphi$ im Gegensatz zu φ Vektoreigenschaften, da $d\varphi$ neben der Größe auch eine Richtung zugeordnet ist. Ist die Stelle $\mathbf{r}_{F_i}(x)$ des Angriffspunktes F einer Kraft $\mathbf{F}_i^a$ bekannt, so ist mit $\mathbf{x} = \Sigma\, x_k\, \mathbf{e}_k$ das Wegelement $d\mathbf{r}_{F_i}$ des Kraftangriffspunktes als vollständiges Differential von $\mathbf{r}_{F_i}$ berechenbar, d.h. es gilt nach Def. 1.13

$$d\mathbf{r}_{F_i} = \sum_k \frac{\partial \mathbf{r}_{F_i}}{\partial x_k}\, dx_k.$$

Das Skalarprodukt in (7.63) bewirkt, daß die Kräfte und Momente nur Arbeit in Richtung der aktuellen Bewegung verrichten, während in Richtungen, in denen keine Bewegung stattfindet (Bindungen) auch keine Arbeit verrichtet werden kann. Wirken mehrere Kräfte am System, ist jede der Kräfte mit ihrer aktuellen Verschiebung skalar zu multiplizieren und dann zu summieren (Punktrechnung vor Strichrechnung). Nur für den Fall der reinen Translation des starren Körpers sind alle Verschiebungen nach Größe und Richtung gleich, was zu einer beliebigen Berechnungs-Reihenfolge führt.

Zur Vereinfachung der Schreibweise wird hinfort anstelle von (7.63) unter Fortlassung der Summenzeichen und Indizierung abkürzend geschrieben

$$A^a = A_{12} = \int_1^2 \mathbf{F}^a \cdot d\mathbf{r}_F + \int_1^2 \mathbf{M}^a \cdot d\varphi = \int_1^2 \mathbf{F} \cdot d\mathbf{r}_F + \int_1^2 \mathbf{M} \cdot d\varphi, \qquad (7.63a)$$

wobei $\mathbf{F}^a$ *alle* äußeren Einzelkräfte und $\mathbf{M}^a$ *alle* äußeren freien Momente sind, deren Skalarprodukte mit den jeweiligen Elementen der aktuellen Verschiebungen noch längs der Bahn von $\mathscr{K}$ zwischen den Stellen ① und ② zu integrieren sind. Da dabei nicht alle äußeren Kräfte und freien Momente (Lasten) Arbeit verrichten, sondern nur diejenigen, die wenigstens eine Komponente in Richtung der aktuellen Verschiebungen haben, ist die Menge der „arbeitenden" Lasten i.a. kleiner als die Menge der äußeren Lasten, was schließlich auch die Weglassung des hochgestellten Index „a" (vgl. (7.63a)) für die äußere Last rechtfertigt.

Beispiel 1: (Bild 7-22) Eine kleine Masse soll reibungsfrei entlang einer vertikalen Parabelbahn $z(x) = ax^2$ unter dem Einfluß des Eigengewichts und der stets horizontal bleibenden Feder von der Stelle ⓪ bei $x = 0$ nach ① bei $x = x_1$ transportiert werden. Welche Arbeit wird dabei verrichtet?

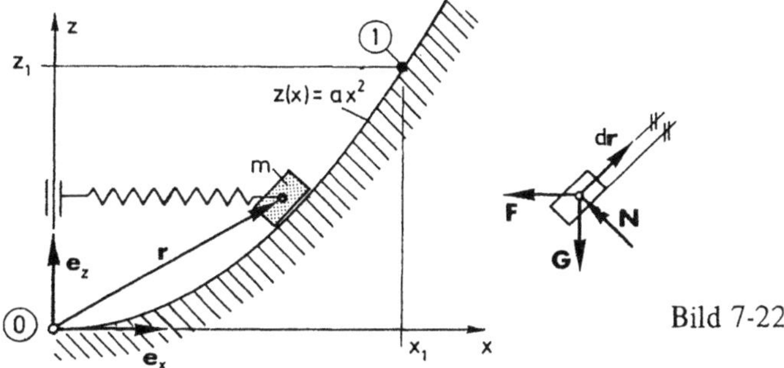

Bild 7-22

Lösung:

Es ist $\mathbf{M}^a = \mathbf{0}$ (keine freien Momente) und die äußeren Kräfte sind $\mathbf{F}, \mathbf{N}$ und $\mathbf{G}$. Damit wird nach (7.63a)

$$A^a := \int \mathbf{F}^a \cdot d\mathbf{r}_F + \int \mathbf{M}^a \cdot d\varphi = \int [\mathbf{N} \cdot d\mathbf{r}_N + \mathbf{F} \cdot d\mathbf{r}_F + \mathbf{G} \cdot d\mathbf{r}_G].$$

Wird die Rechnung auf formalem Wege fortgesetzt, so ist

$$\mathbf{r}_F = \mathbf{r}_G \cong \mathbf{r}_N = \mathbf{r} = [x\,\mathbf{e}_x + z\,\mathbf{e}_z] = \mathbf{r}(x, z) = [x\,\mathbf{e}_x + ax^2\,\mathbf{e}_z] = \mathbf{r}(x)$$

und

$$d\mathbf{r} = \sum \frac{\partial \mathbf{r}}{\partial x_i}\, dx_i = \frac{\partial \mathbf{r}(x, z)}{\partial x}\, dx + \frac{\partial \mathbf{r}(x, z)}{\partial z}\, dz = \frac{\partial \mathbf{r}(x)}{\partial x}\, dx = [1\,\mathbf{e}_x + 2ax\,\mathbf{e}_z]\,dx.$$

Damit hat $d\mathbf{r}$ die Richtung der Tangente an die Bahn (Wegelement der wirklichen Verschiebung; s. Bild 7-22) und somit ist $\mathbf{N} \cdot d\mathbf{r}_N = 0$ wegen $\mathbf{N} \perp d\mathbf{r}_N = d\mathbf{r}$. Mit (7.50) und (7.49) sowie der Annahme $x_0 = 0$ folgt

$$\mathbf{F} = -F\,\mathbf{e}_x = -c\,(x - x_0)\,\mathbf{e}_x = -cx\,\mathbf{e}_x \quad \text{und} \quad \mathbf{G} = -G\,\mathbf{e}_z = -mg\,\mathbf{e}_z.$$

Also wird

$$\mathbf{F} \cdot d\mathbf{r}_F = -cx\,\mathbf{e}_x \cdot dx\,\mathbf{e}_x = -cx\,dx$$

$$\mathbf{G} \cdot d\mathbf{r}_G = -mg\,2ax\,dx\,(\mathbf{e}_z \cdot \mathbf{e}_z) = -2mgax\,dx$$

$$A^a = \int\limits_{x=0}^{x_1} [-cx - 2mgax]\,dx = -\left[\frac{c}{2}\,x^2 + mg\,ax^2\right]_0^{x_1} = -\left(\frac{c}{2}\,x_1^2 + mg\,ax_1^2\right)$$

$$A^a = A_{01} = -\left(\frac{c}{2}\,x_1^2 + mg\,z_1\right).$$

Die Arbeit ist negativ, was darauf hinweist, daß sie aufzubringen ist, wenn der Körper gegen die Feder- und Gewichtskraft von ⓪ nach ① bewegt werden soll. Gewonnene Arbeiten wären dementsprechend positiv. Die Federkraft verrichtet dabei offenbar eine Arbeit, die der elastischen Formänderungsenergie (vgl. (6.237)) eines linear elastischen Stabes mit $c = EA/l$ entspricht. Die von der Schwerkraft verrichtete Arbeit ist das Produkt aus dem konstanten Gewicht G und der Höhe z, um die die Masse zwischen den Lagen ⓪ und ① „angehoben" worden ist, und zwar offenbar unabhängig davon, auf welchem Wege sie die Endlage ① erreicht hat.

Hätte man die Rechnung nicht formal durchführen wollen, so wäre mit

$$d\mathbf{r} = dx\,\mathbf{e}_x + dz\,\mathbf{e}_z \quad \text{und} \quad \mathbf{F} = -F\,\mathbf{e}_x \quad \text{bzw.} \quad \mathbf{G} = -G\,\mathbf{e}_z$$

sowie $\mathbf{N} \perp d\mathbf{r}$ wegen (7.63) auch gleich

$$A^a = \int \mathbf{F} \cdot d\mathbf{r}_F + \int \mathbf{G} \cdot d\mathbf{r}_G = \int\limits_{x=0}^{x_1} -cx\,dx - \int\limits_{z=0}^{z_1} mg\,dz = -\left(\frac{c}{2}\,x_1^2 + mg\,z_1\right)$$

gefolgt – ohne die spezielle Bahn $z = ax^2$ eingesetzt und das vollständige Differential $d\mathbf{r}$ für diesen Fall gebildet zu haben.

Die nach (7.63) konkretisierte äußere Arbeit soll nun mit den anderen mechanischen Größen, wie in 6.12.6, jedoch hier mit den entsprechenden Bewegungsgrößen durch den Arbeitssatz verknüpft werden. Dazu wird das erste Axiom der Mechanik in der Form

$$\mathbf{F}^a = \dot{\mathbf{I}} = \int \ddot{\mathbf{r}}\,dm \tag{1}$$

zunächst von beiden Seiten skalar mit der infinitesimalen Verschiebung $d\mathbf{r}_F$ des Kraftangriffspunktes multipliziert

$$\mathbf{F}^a \cdot d\mathbf{r}_F = \int \ddot{\mathbf{r}}\, dm \cdot d\mathbf{r}_F .$$

Da $d\mathbf{r}_F$ unabhängig vom jeweils betrachteten dm ist, gilt auch

$$\mathbf{F}^a \cdot d\mathbf{r}_F = \int \ddot{\mathbf{r}} \cdot d\mathbf{r}_F\, dm . \qquad (2)$$

Drückt man die beliebige Verschiebung $d\mathbf{r}$ eines beliebigen Punktes X durch die Verschiebung eines anderen Punktes, z.B. des Kraftangriffspunktes F von $\mathbf{F}^a$ aus, so gilt nach (2.109) (vgl. Bild 7-21)

$$d\mathbf{r} = d\mathbf{r}_F + d\boldsymbol{\varphi} \times \mathbf{s} .$$

Damit gilt statt (2) auch

$$\mathbf{F}^a \cdot d\mathbf{r}_F = \int \ddot{\mathbf{r}} \cdot (d\mathbf{r} - d\boldsymbol{\varphi} \times \mathbf{s})\, dm$$

bzw.

$$\mathbf{F}^a \cdot d\mathbf{r}_F + \int \ddot{\mathbf{r}} \cdot (d\boldsymbol{\varphi} \times \mathbf{s})\, dm = \int \ddot{\mathbf{r}} \cdot d\mathbf{r}\, dm . \qquad (3)$$

Der zweite Term der linken Seite wird dabei wie folgt umgeformt:

Der Spatproduktsatz $\mathbf{a} \cdot (\mathbf{b} \times \mathbf{c}) = (\mathbf{b} \times \mathbf{c}) \cdot \mathbf{a} = \mathbf{b} \cdot (\mathbf{c} \times \mathbf{a}) = (\mathbf{c} \times \mathbf{a}) \cdot \mathbf{b}$ erlaubt dabei zunächst die Umformung

$$\int \ddot{\mathbf{r}} \cdot (d\boldsymbol{\varphi} \times \mathbf{s})\, dm = \int (\mathbf{s} \times \ddot{\mathbf{r}}) \cdot d\boldsymbol{\varphi}\, dm .$$

Nun ist (vgl. Bild 7-21) $\mathbf{s} = \mathbf{r} - \mathbf{r}_F$, also gilt weiter

$$\int [(\mathbf{r} - \mathbf{r}_F) \times \ddot{\mathbf{r}}] \cdot d\boldsymbol{\varphi}\, dm = \int (\mathbf{r} \times \ddot{\mathbf{r}}) \cdot d\boldsymbol{\varphi}\, dm - \int (\mathbf{r}_F \times \ddot{\mathbf{r}}) \cdot d\boldsymbol{\varphi}\, dm .$$

Da ein starrer Körper vorliegt, ist $d\boldsymbol{\varphi}$ für den gesamten Körper eine gemeinsame Größe, außerdem ist $\mathbf{r}_F$ unabhängig vom jeweiligen X bzw. von dm. Damit ergibt sich

$$\int \ddot{\mathbf{r}} \cdot (d\boldsymbol{\varphi} \times \mathbf{s})\, dm = \left\{ \int (\mathbf{r} \times \ddot{\mathbf{r}})\, dm - \mathbf{r}_F \times \int \ddot{\mathbf{r}}\, dm \right\} \cdot d\boldsymbol{\varphi} \qquad (4)$$

Nach dem zweiten Axiom gilt nun (vgl. (7.11))

$$\mathbf{M}_O^a = \dot{\mathbf{D}}_O = \int \mathbf{r} \times \ddot{\mathbf{r}}\, dm ,$$

womit der erste Term der rechten Seite von (4) gerade die Summe *aller* Momente bezüglich des Punktes O ist, während der zweite Term wegen des ersten Axioms (vgl. auch (1))

$$\mathbf{r}_F \times \int \ddot{\mathbf{r}}\, dm = \mathbf{r}_F \times \mathbf{F}^a ,$$

also die Momente aller Einzelkräfte um O, darstellt. Die in (4) in geschweiften Klammern stehende Differenz ist damit die Summe der *freien* Momente (vgl. Def. 6.6). Somit gilt für den zweiten Term der linken Seite von (3) auch

$$\int \ddot{\mathbf{r}} \cdot (d\varphi \times \mathbf{s})\, dm = \left\{ \underbrace{\int \mathbf{r} \times \ddot{\mathbf{r}}\, dm}_{\mathbf{M}_O^a} - \underbrace{\mathbf{r}_F \times \int \ddot{\mathbf{r}}\, dm}_{\mathbf{r}_F \times \mathbf{F}} \right\} \cdot d\varphi$$

$$\underbrace{\qquad\qquad\qquad\qquad\qquad}_{\mathbf{M}^a} \cdot d\varphi$$

$$= \mathbf{M}^a \cdot d\varphi.$$

Damit geht die linke Seite von (3) über in

$$\mathbf{F}^a \cdot d\mathbf{r}_F + \mathbf{M}^a \cdot d\varphi = dA^a, \tag{5}$$

also in das Inkrement der äußeren Arbeit nach (7.63a). Die spätere Integration längs der Bahn zwischen zwei Stellen ① und ② liefert dann wieder die äußere Arbeit $A^a = A_{12}$.

    Nun wird die rechte Seite von (3) umgeformt, indem man, die zweimalige Differenzierbarkeit von $\mathbf{r}(t)$ ausnutzend, mit

$$\mathbf{v} = \frac{d\mathbf{r}}{dt}, \quad \text{also} \quad d\mathbf{r} = \mathbf{v}\, dt \quad \text{und} \quad \ddot{\mathbf{r}} = \dot{\mathbf{v}} = \frac{d\mathbf{v}}{dt}$$

schreibt:

$$\ddot{\mathbf{r}} \cdot d\mathbf{r} = \left(\frac{d\mathbf{v}}{dt}\right) \cdot (\mathbf{v}\, dt) = \mathbf{v} \cdot d\mathbf{v},$$

wobei noch

$$\mathbf{v} \cdot d\mathbf{v} = \frac{1}{2} d(\mathbf{v} \cdot \mathbf{v}) = \frac{1}{2} d(\mathbf{v}^2) = \frac{1}{2} d(v^2)$$

ist. Also wird

$$\int \ddot{\mathbf{r}} \cdot d\mathbf{r}\, dm = \int \mathbf{v} \cdot d\mathbf{v}\, dm = \int \frac{1}{2} d(v^2)\, dm = d\left[\frac{1}{2} \int v^2\, dm\right]. \tag{6}$$

Der in eckigen Klammern stehende Ausdruck, bei dem jedem Massenelement dm das (halbe) Quadrat seiner Geschwindigkeit zugeordnet und dann über alle Massenelemente integriert wird, wird als neue abgeleitete mechanische Größe eingeführt. Sie ist damit analog zur skalaren Masse

$$m = \int_V \rho\, dV = \int_m dm$$

oder zum vektoriellen Impuls

$$\mathbf{I} = \int_V \mathbf{v}\, \rho\, dV = \int_m \mathbf{v}\, dm$$

usw. definiert.

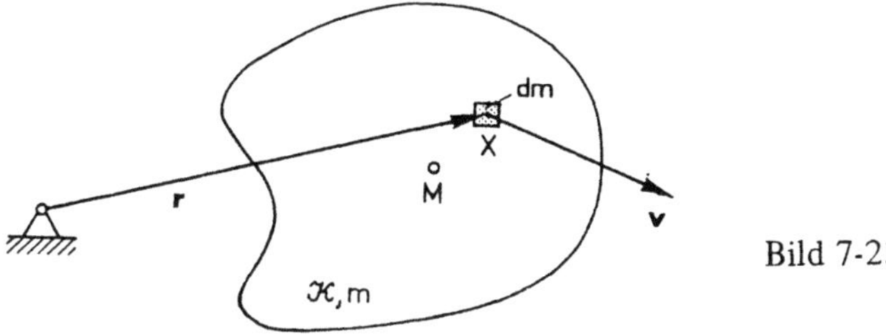

Bild 7-23

Danach gelte (Bild 7-23)

> **Def. 7.2:**
> Ist X ein materieller Punkt eines Körper $\mathcal{K}$ und ist $\mathbf{v}\,(\mathbf{r},\,t)$ die Geschwindigkeit von X, so sei
>
> $$E := \frac{1}{2} \int_V \mathbf{v}^2 \, \rho \, dV = \frac{1}{2} \int_m \mathbf{v}^2 \, dm = \frac{1}{2} \int_m \mathbf{v} \cdot \mathbf{v} \, dm = \frac{1}{2} \int_m v^2 \, dm$$
>
> die *kinetische Energie* des Körpers $\mathcal{K}$.

Sie ist ein Skalar und i.a. *nicht* identisch mit dem bekannten Ausdruck $\frac{1}{2}\,mv^2$, da dieser aus der Def. 7.1 nur dann folgt, wenn $\mathbf{v}$ für alle materiellen Punkte nach Größe und Richtung gleich ist, also eine reine Translation des starren Körpers vorliegt.

Setzt man schließlich alle Ergebnisse für (3) zusammen, so erhält man mit (5) und (6)

$$\mathbf{F}^a \cdot d\mathbf{r}_F + \mathbf{M}^a \cdot d\varphi = dA^a = \int \dot{\mathbf{r}} \cdot d\mathbf{r}\, dm = d\left[\frac{1}{2} \int v^2 \, dm\right] = dE$$

oder kurz

$$dA^a = dE \tag{7.64}$$

Integriert man diesen Ausdruck noch längs der Bahn von $\mathcal{K}$ zwischen zwei Stellen ① und ② (vgl. Bild 7-21), so entsteht die Aussage des Arbeitssatzes:

$$\int_①^② dA^a = A^a = A_{12} = E_2 - E_1 = \int_①^② dE. \tag{7.65}$$

> **Satz 7.5:**
> *Arbeitssatz für starre Körper.* Die von den äußeren Kräften und freien Momenten zwischen den Lagen ① und ② eines starren Körpers verrichtete äußere Arbeit ist gleich der Differenz der kinetischen Energien dieses Körpers an diesen beiden Stellen.

Dabei ist nach Def. 6.6 bzw. (7.63a)

$$A^a := \int\limits_{①}^{②} \mathbf{F}^a \cdot d\mathbf{r}_F + \int\limits_{①}^{②} \mathbf{M}^a \cdot d\varphi \qquad (7.65a)$$

und nach Def. 7.2

$$E_2 - E_1 = \int\limits_{①}^{②} dE = \int\limits_{①}^{②} d\left[\frac{1}{2}\int\limits_m v^2\,dm\right] \qquad (7.65b)$$

Da die Grenzen dieser Integrale willkürliche Stellen bzw. Orte längs der Bahn des Körpers sind, ist mit dem Satz 7.5 in der Form (7.65) und den darin enthaltenen abgeleiteten Grössen nach Def. (7.65a) und (7.65b) auch die gesuchte orts-implizite Form einer Aussage über die Kinetik starrer Körper erreicht.

Es sei darauf hingewiesen, daß hier mit der Definition 6.6 aus 6.12.6 bzw. mit (7.65a) die Arbeit der äußeren Kräfte an den *wirklichen (aktuellen) Verschiebungen* der Angriffspunkte dieser Kräfte (Wegelemente der Verschiebungen der Kraftangriffspunkte) bzw. die Arbeit der äußeren, freien Momente *am Winkelelement der aktuellen Drehung* des Körpers steht.

Im Gegensatz dazu findet sich häufig eine Form des Arbeitssatzes, bei der statt der Verschiebungen $d\mathbf{r}_F$ der Angriffspunkte aller $\mathbf{F}^a$ die infinitesimale Verschiebung des Massenmittelpunktes $d\mathbf{r}_M$ steht, also (Bild 7-24)

$$\int\limits_{①}^{②} \mathbf{F}^a \cdot d\mathbf{r}_M + \int\limits_{①}^{②} \mathbf{M}_M^a \cdot d\varphi = E_2 - E_1 \,.$$

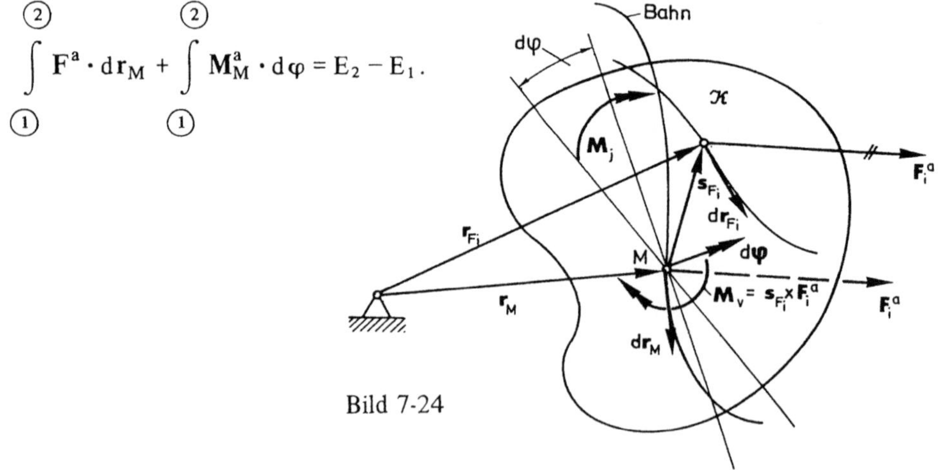

Bild 7-24

Dabei ist dann aber das erste Integral *nicht* mehr die Arbeit der äußeren Kräfte und das zweite Integral enthält — quasi dafür zum Ausgleich — nicht mehr nur die freien Momente, sondern auch die äußeren Momente $s_F \times F^a$ aller Einzelkräfte F^a bezüglich des Massenmittelpunktes und dies unabhängig davon, ob die Einzelkräfte F^a bereits im ersten Integral berücksichtigt worden sind oder nicht. Bei letzterer Form des „Arbeitssatzes" werden praktisch alle Kräfte zunächst in den Massenmittelpunkt verschoben — bzw. aus der Summe der Skalarprodukte $\Sigma(F_i \cdot dr_{F_i})$, wie es zunächst die Definition der Arbeit verlangt, wird das Skalarprodukt mit der Summe der Einzelkräfte $(\Sigma F_i) \cdot dr_M$ erzeugt und die zugehörigen Versetzungsmomente werden den freien Momenten zugeschlagen. Im Sinne einer Arbeit werden diese dann mit der gemeinsamen gleichen Verdrehung $d\varphi$ multipliziert und im zweiten Term als Arbeit aller äußeren Momente berücksichtigt. So ist (vgl. auch (7.63) und Bild 7-24)

$$dA^a = \sum_i F_i \cdot dr_{F_i} + \sum_j M_j \cdot d\varphi.$$

Aus der Kinematik folgt

$$r_{F_i} = r_M + s_{F_i},$$

also

$$dr_{F_i} = dr_M + ds_{F_i} = dr_M + d\varphi \times s_{F_i},$$

wobei wegen der Starrheit des Körpers die Änderung ds_{F_i} von s_{F_i} nur eine Drehung (die gemeinsame Starrkörperdrehung) um den Winkel $d\varphi$ ist (vgl. (2.109)).

Dann ist nach Ausmultiplikation und unter Verwendung des Spatproduktsatzes (1.92)

$$dA^a = \sum_i F_i \cdot (dr_M + d\varphi \times s_{F_i} + \sum_j M_j \cdot d\varphi$$

$$= \sum_i F_i \cdot dr_M + \sum_i F_i \cdot (d\varphi \times s_{F_i}) + \sum_j M_j \cdot d\varphi$$

$$= \left(\sum_i F_i\right) \cdot dr_M + \sum_i (s_{F_i} \times F_i) \cdot d\varphi + \sum_j M_j \cdot d\varphi$$

$$= \underbrace{\left(\sum_i F_i\right)}_{F^a} \cdot dr_M + \underbrace{\sum_{i,j} (M_j + s_{F_i} \times F_i) \cdot d\varphi}_{M_M^a}$$

$$dA^a = F^a \cdot dr_M + M_M^a \cdot d\varphi$$

und der *Arbeitssatz* (7.65) geht damit in die oben zitierte *spezielle Form* über:

$$A^a = \int\limits_①^② F^a \cdot dr_M + \int\limits_①^② M_M^a \cdot d\varphi = E_2 - E_1 \tag{7.66}$$

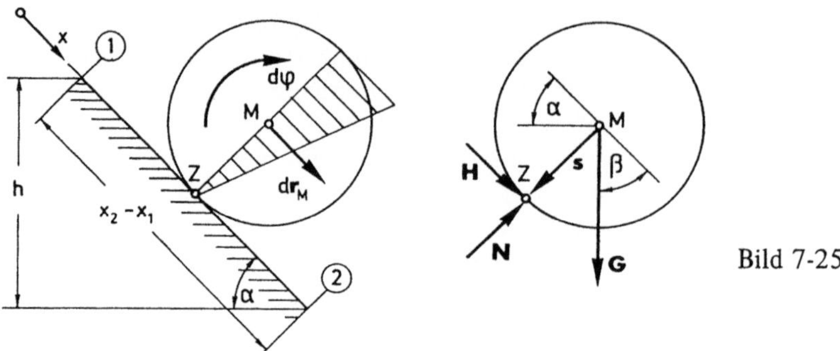

Beispiel 2: Für das rollende Rad nach Bild 7-25 berechne man die äußere Arbeit gemäß (7.65) und (7.66).

Lösung:

Nach dem Freimachen des Körpers (vgl. Bild 7-25) sind zunächst drei äußere Kräfte $\mathbf{G}$, $\mathbf{N}$ und $\mathbf{H}$ sowie $\mathbf{M} = 0$ zu konstatieren. Bildet man das Inkrement der äußeren Arbeit nach (7.63) bzw. (7.65), so wird

$$dA = \sum_i \mathbf{F}_i \cdot d\mathbf{r}_{F_i} + \sum_j \mathbf{M}_j \cdot d\varphi = \mathbf{G} \cdot d\mathbf{r}_G + \mathbf{N} \cdot d\mathbf{r}_N + \mathbf{H} \cdot d\mathbf{r}_H \,.$$

Die aktuelle Verschiebung des Körpers entspricht nun kinematisch der Geschwindigkeitsverteilung des rollenden Rades. Also ist

$$d\mathbf{r}_G = d\mathbf{r}_M \qquad \text{(Massenmittelpunkt = Schwerpunkt)}$$

und

$$d\mathbf{r}_H = d\mathbf{r}_Z = \mathbf{0} \qquad \text{(Momentanzentrum in Ruhe)}$$

$\mathbf{N}$ greift in Z an, also ist auch

$$d\mathbf{r}_N = d\mathbf{r}_Z = \mathbf{0} \,;$$

i.ü. verschwindet der Arbeitsterm der Normalkraft

$$\mathbf{N} \cdot d\mathbf{r}_N = 0$$

ohnehin immer, da die Normalkraft stets senkrecht zur Bahn und damit auch für $d\mathbf{r}_N \neq d\mathbf{r}_Z$, also auch für den Fall, daß der Angriffspunkt der Normalkraft nicht mit dem Momentanzentrum zusammenfällt, das Skalarprodukt wegen der Orthogonalität von $\mathbf{N}$ zur möglichen aktuellen Verschiebung $d\mathbf{r}_N$ stets Null ist. Damit verbleibt für die Arbeit der drei äußeren Kräfte nur der Term

$$dA^a = \mathbf{G} \cdot d\mathbf{r}_M \,.$$

Somit wird

$$A_{12} = \int_①^② dA = \int_①^② \mathbf{G} \cdot d\mathbf{r}_M \,.$$

Setzt man hierin das Kraftgesetz ein und berücksichtigt noch

$$\mathbf{G} \cdot d\mathbf{r}_M = G \, dx \, \cos\beta = G \, dx \, \cos\left(\frac{\pi}{2} - \alpha\right) = G \, \sin\alpha \, dx,$$

so wird wieder (vgl. Beispiel 1)

$$A_{12} = \int_{x_1}^{x_2} mg \sin \alpha \, dx = mg \sin \alpha \, (x_2 - x_1) = mg\,h.$$

Verfährt man nach (7.66), so ist

$$dA^a = \left(\sum_i \mathbf{F}_i \right) \cdot d\mathbf{r}_M + \left(\sum_j \mathbf{M}^a_{M_j} \right) \cdot d\varphi,$$

d.h. hier wegen $\mathbf{G}$ in M

$$dA^a = (\mathbf{G} + \mathbf{N} + \mathbf{H}) \cdot d\mathbf{r}_M + (\mathbf{s} \times \mathbf{H} + \mathbf{s} \times \mathbf{N} + \mathbf{0}) \cdot d\varphi.$$

Man erkennt, daß der erste Term nun *nicht* mehr die Arbeit der äußeren Kräfte ist, obwohl zwar noch $\mathbf{N} \cdot d\mathbf{r}_M = 0$ wegen der Orthogonalität und $\mathbf{s} \times \mathbf{N} = \mathbf{0}$ wegen der Parallelität ist, aber $\mathbf{H} \cdot d\mathbf{r}_M \neq 0$ im Gegensatz zu $\mathbf{H} \cdot d\mathbf{r}_Z = 0$ ist. Somit folgt hiernach

$$dA^a = \mathbf{G} \cdot d\mathbf{r}_M + \mathbf{H} \cdot d\mathbf{r}_M + (\mathbf{s} \times \mathbf{H}) \cdot d\varphi.$$

Die unbekannte Haftkraft $\mathbf{H}$ tritt also hier zunächst noch in zwei Termen auf, die man in einem Ausdruck

$$\mathbf{H} \cdot d\mathbf{r}_M + (\mathbf{s} \times \mathbf{H}) \cdot d\varphi = \mathbf{H} \cdot [d\mathbf{r}_M + d\varphi \times \mathbf{s}]$$

zusammenfassen kann. Erst die kinematische Beziehung

$$d\mathbf{r}_M + d\varphi \times \mathbf{s} = d\mathbf{r}_Z = \mathbf{0}$$

ergibt die Tatsache, daß die Haftkraft keine Arbeit verrichtet, weil die zugehörige aktuelle Verschiebung aufgrund der Rollbedingung und der damit verbundenen Ruhe des Kraftangriffspunktes im Momentanzentrum Z verschwindet. Damit ist wieder

$$dA^a = \mathbf{G} \cdot d\mathbf{r}_M + \mathbf{H} \cdot d\mathbf{r}_Z = \mathbf{G} \cdot d\mathbf{r}_M \, ,$$

und für die Arbeit A_{12} folgt bei nun gleicher Rechnung wie oben

$$A_{12} = \int_①^② \mathbf{G} \cdot d\mathbf{r}_M = mg\,h.$$

Wird die Arbeit der äußeren Lasten mit (7.66) über die Verschiebung des Massenmittelpunktes dargestellt, so ist es zweckmäßig, auch die „rechte" Seite des Arbeitssatzes, d.h. die kinetische Energie an den jeweiligen Stellen durch die jeweilige Massenmittelpunkts-Geschwindigkeit $\mathbf{v}_M$ und die Rotations-Winkelgeschwindigkeit $\boldsymbol{\omega}$ darzustellen, wobei letztere für alle Punkte des starren Körpers gleich ist und damit auch als die Winkelgeschwindigkeit um den Massenmittelpunkt interpretiert werden kann. Dabei erfolgt die Aufspaltung durch die Zerlegung nach (2.83) aus 2.3.2 für die Geschwindigkeit, wonach wieder mit $\overrightarrow{MX} = \mathbf{x}$ (Bild 7-2)

$$\mathbf{v} = \mathbf{v}_M + \boldsymbol{\omega} \times \mathbf{x}$$

ist. Dann ist nach der Definition 7.2 für die kinetische Energie

$$E := \frac{1}{2} \int_m \mathbf{v}^2 \, dm$$

$$E = \frac{1}{2} \int_m [\mathbf{v}_M + \boldsymbol{\omega} \times \mathbf{x}]^2 \, dm \qquad\qquad (7.67)$$

Das ergibt die drei Integrale

$$E = \frac{1}{2} \int_m \mathbf{v}_M^2 \, dm + \frac{1}{2} \int_m 2\,\mathbf{v}_M \cdot (\boldsymbol{\omega} \times \mathbf{x}) \, dm + \frac{1}{2} \int_m (\boldsymbol{\omega} \times \mathbf{x})^2 \, dm .$$

Das *erste Integral* ist wegen der elementaren Lösbarkeit durch Herausziehen der Massenmittelpunkts-Geschwindigkeit $\mathbf{v}_M$ der Anteil

$$E_{\text{trans}} = \frac{1}{2} \mathbf{v}_M^2 \, m = \frac{1}{2} \mathbf{v}_M \cdot (m \mathbf{v}_M) \qquad\qquad (7.68)$$

an der gesamten kinetischen Energie E, den ein rein *translatorisch* bewegter starrer Körper, wegen $\boldsymbol{\omega} = 0$, allein hätte. Deshalb sei dieser Anteil als *translatorische kinetische Energie* E_{trans} bezeichnet.

Das *zweite Integral* kann wegen der für alle dm gleichen Größen $\mathbf{v}_M$ und $\boldsymbol{\omega}$ geschrieben werden als

$$\int_m \mathbf{v}_M \cdot (\boldsymbol{\omega} \times \mathbf{x}) \, dm = \mathbf{v}_M \cdot \left[\boldsymbol{\omega} \times \int_m \mathbf{x} \, dm \right] = 0 ,$$

wobei es wegen des statischen Momentes bezüglich des Massenmittelpunktes für beliebiges $\mathbf{v}_M$ und $\boldsymbol{\omega}$ Null wird.

Der Integrand des *dritten Integrals* schließlich läßt sich wieder mit der Spatprodukt-Identität und dem Entwicklungssatz in die Form bringen:

$$[\boldsymbol{\omega} \times \mathbf{x}]^2 = (\boldsymbol{\omega} \times \mathbf{x}) \cdot (\boldsymbol{\omega} \times \mathbf{x}) = \boldsymbol{\omega} \cdot [\mathbf{x} \times (\boldsymbol{\omega} \times \mathbf{x})] = \boldsymbol{\omega} \cdot [\boldsymbol{\omega}\,(\mathbf{x} \cdot \mathbf{x}) - \mathbf{x}\,(\mathbf{x} \cdot \boldsymbol{\omega})] .$$

Damit wird dieses Integral

$$\frac{1}{2} \int_m (\boldsymbol{\omega} \times \mathbf{x})^2 \, dm = \frac{1}{2} \int_m \boldsymbol{\omega} \cdot [\boldsymbol{\omega}\,(\mathbf{x} \cdot \mathbf{x}) - \mathbf{x}\,(\mathbf{x} \cdot \boldsymbol{\omega})] \, dm .$$

Wieder kann für einen starren Körper zunächst einmal der $\boldsymbol{\omega}$-Vektor aus dem Integral „nach vorn" herausgezogen werden, woraus

$$\frac{1}{2} \boldsymbol{\omega} \cdot \int [\boldsymbol{\omega}\,(\mathbf{x} \cdot \mathbf{x}) - \mathbf{x}\,(\mathbf{x} \cdot \boldsymbol{\omega})] \, dm$$

folgt. Weiterhin gilt wegen (1.124)

$$\boldsymbol{\omega}\,(\mathbf{x} \cdot \mathbf{x}) = (\mathbf{x} \cdot \mathbf{x})\,\boldsymbol{\omega} = (\mathbf{x} \cdot \mathbf{x})\,\mathbb{E} \cdot \boldsymbol{\omega}$$

und nach Definition des Rechts-Skalarproduktes (1.131)

$$\mathbf{x}\,(\mathbf{x} \cdot \boldsymbol{\omega}) = (\mathbf{x}\,\mathbf{x}) \cdot \boldsymbol{\omega} .$$

Damit folgt schließlich für diesen Term unter Ausklammerung des Winkelgeschwindigkeitsvektors $\boldsymbol{\omega}$, diesmal nach „hinten"

$$\frac{1}{2}\,\boldsymbol{\omega}\cdot\int[(\mathbf{x}\cdot\mathbf{x})\,\mathbb{E}-(\mathbf{x}\,\mathbf{x})]\,dm\cdot\boldsymbol{\omega}\,.$$

Das verbleibende Integral stellt wieder den Massenmomenten-Tensor Θ nach (7.20) dar:

$$\Theta=\int_m[(\mathbf{x}\cdot\mathbf{x})\,\mathbb{E}-(\mathbf{x}\,\mathbf{x})]\,dm=\int_m\left[\sum_{i,\,j}(\mathbf{x}\cdot\mathbf{x})\,(\mathbf{e}_i\cdot\mathbf{e}_j)-(\mathbf{x}\cdot\mathbf{e}_i)\,(\mathbf{x}\cdot\mathbf{e}_j)\right]dm\,\mathbf{e}_i\,\mathbf{e}_j,$$

wodurch die zu (7.68) zusätzliche *rotatorische kinetische Energie* in der zu (7.68) analogen Form

$$E_{rot}=\frac{1}{2}\,\boldsymbol{\omega}\cdot\Theta\cdot\boldsymbol{\omega}\qquad\qquad(7.69)$$

folgt. Sie stellt den Anteil an der gesamten kinetischen Energie dar, die allein bei der Rotation des starren Körpers vorliegt. Gemäß (7.67) ist also bei der beliebigen Bewegung des starren Körpers, bei dem sowohl Translation als auch Rotation auftreten:

$$E=E_{trans}+E_{rot}=\frac{1}{2}\,\mathbf{v}_M\cdot m\,\mathbf{v}_M+\frac{1}{2}\,\boldsymbol{\omega}\cdot\Theta\cdot\boldsymbol{\omega}\qquad\qquad(7.70)$$

mit

$$m=\int_m dm=\text{const}\quad\text{und}\quad\Theta(t)=\int_m[(\mathbf{x}\cdot\mathbf{x})\,\mathbb{E}-(\mathbf{x}\,\mathbf{x})]\,dm=f$$

und es gilt der

Satz 7.6:
Bei der allgemeinen Bewegung läßt sich die *kinetische Energie* des starren Körpers stets in die *translatorische* und *rotatorische* Energie

$$E=E_{trans}+E_{rot}$$

aufspalten, wobei nach (7.70) ist:

$$E_{trans}=\frac{1}{2}\,m\,v_M^2=\frac{1}{2}\,\mathbf{v}_M\cdot m\,\mathbf{v}_M\quad\text{und}\quad E_{rot}=\frac{1}{2}\,\boldsymbol{\omega}\cdot\Theta\cdot\boldsymbol{\omega}\,.$$

Liegt nur *eine* der beiden Bewegungsformen eines starren Körpers vor, so hat der Körper auch nur *eine* der beiden kinetischen Energieformen, d.h. es gilt (7.68) *oder* (7.69). Wird bei einer allgemeinen Bewegung das Momentanzentrum Z als Bezugspunkt gewählt, so liegt diesbezüglich eine reine Rotation vor und es gilt $E=E_{rot}$, wobei dann aber auch Θ durch Θ_Z ersetzt werden muß, wofür mit den Gleichungen (7.30) (STEINERsche Sätze) die Umrechnungsbeziehungen zu beachten sind.

Mit (7.70) gilt für den *Arbeitssatz* in der Form (7.65a) bzw. (7.66) dann

$$
A^a = \overset{②}{\underset{①}{\int}} \mathbf{F}^a \cdot d\mathbf{r}_F + \overset{②}{\underset{①}{\int}} \mathbf{M}^a \cdot d\boldsymbol{\varphi} = \overset{②}{\underset{①}{\int}} \mathbf{F}^a \cdot d\mathbf{r}_M + \overset{②}{\underset{①}{\int}} \mathbf{M}^a_M \cdot d\boldsymbol{\varphi} \overset{!}{=} E_2 - E_1
$$

$$
= \left[\tfrac{1}{2} m\, v_M^2\right]_{②} - \left[\tfrac{1}{2} m\, v_M^2\right]_{①} + \left[\tfrac{1}{2}\,\boldsymbol{\omega}\cdot\boldsymbol{\Theta}\cdot\boldsymbol{\omega}\right]_{②} - \left[\tfrac{1}{2}\,\boldsymbol{\omega}\cdot\boldsymbol{\Theta}\cdot\boldsymbol{\omega}\right]_{①}
$$

$$
= \tfrac{1}{2}\left[m\,(v^2_{M\,②} - v^2_{M\,①}) + (\boldsymbol{\omega}\cdot\boldsymbol{\Theta}\cdot\boldsymbol{\omega})_{②} - (\boldsymbol{\omega}\cdot\boldsymbol{\Theta}\cdot\boldsymbol{\omega})_{①}\right]
$$

$$(7.71)$$

Anwendungen des Arbeitssatzes finden sich in einigen Beispielen der folgenden Abschnitte.

7.4.3 Energiesatz

Im Arbeitssatz nach 7.4.2 stehen als Folge der Definition der äußeren Arbeit gemäß (7.71) die Wegintegrale

$$
A^a := \overset{②}{\underset{①}{\int}} \mathbf{F}^a \cdot d\mathbf{r}_F + \overset{②}{\underset{①}{\int}} \mathbf{M}^a \cdot d\boldsymbol{\varphi} .
$$

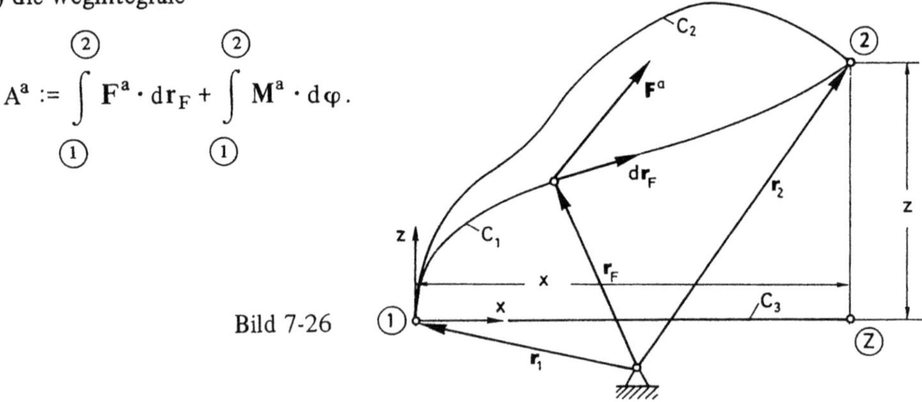

Bild 7-26

Dabei hatten die zugehörigen Überlegungen gezeigt, daß nicht alle äußeren Lasten an den wirklichen differentiellen Verschiebungen Arbeit verrichten, sondern i.a. nur eine Teilmenge dieser äußeren Kräfte und ggf. Momente (Fortlassung des Index „a"). So ist z.B. die Normalkraft eine äußere Kraft, aber ihr Skalarprodukt mit dem vektoriellen Wegelement ihres Angriffspunktes verschwindet stets wegen der Orthogonalität ihrer Richtungen. Arbeit wird also nur von den Kräften verrichtet, die wenigstens *eine* Komponente in Richtung der Verschiebung ihres Angriffspunktes haben bzw. bei denen wenigstens eine Komponente der aktuellen Verschiebung in Richtung der Kraft weist. Da generell jede Bindung einen Freiheitsgrad einschränkt und damit die zugehörige aktuelle Verschiebung verhindert, bilden i.a. die derart aus der Bindung folgenden Reaktionskräfte genau die Gruppe der äußeren Kräfte, die keine Arbeit verrichten. Entsprechend kann man die in den Arbeitssatz eingehende Gruppe der äußeren Kräfte als das Gegenteil der Reaktionskräfte bezeichnen, wofür i.a. die Bezeichnung *„eingeprägte" Kräfte* üblich ist (vgl. 7.3.1). Für diese Gruppe ist also ein Linienintegral über den Verschiebungsweg des starren Körpers nach (7.71) mit von Null verschiedenem Ergebnis angebbar, wobei der Wert dieses Integrals im allgemeinen Fall vom Integrationsweg C abhängt (Bild 7-26). Wird statt C_1 eine andere Bahn C_2 durchlaufen, so ist dann auch

$$A_{C_1}^a = \int\limits_{C_1} \mathbf{F}^a \cdot d\mathbf{r}_F \neq A_{C_2}^a = \int\limits_{C_2} \mathbf{F}^a \cdot d\mathbf{r}_F.$$

Da $\mathbf{F}^a$ noch selber von $\mathbf{r}_F$ abhängen kann, sind die Integrale i.d.F. nur lösbar, wenn der Integrationsweg C und das Kraftgesetz längs des Weges C, also $\mathbf{F}(\mathbf{r}_F)$ bekannt ist. Das schränkt die Anwendung des Arbeitssatzes ein — es sei denn, es gäbe eine weitere Teilmenge der eingeprägten Kräfte derart, daß die hiermit gebildete äußere *Arbeit unabhängig vom Integrationsweg* C ist, und dies unabhängig davon, ob $\mathbf{F}^a = \mathbf{F}^a(\mathbf{r})$ selbst eine Funktion des Ortes ist oder nicht. Gibt es eine solche Gruppe von Kräften $\mathbf{F}^k$ (und Momenten), so muß die Arbeit dieser Kräfte $\mathbf{F}^k$ eine „*Zustandsgröße*" U sein, deren Wert *nur* vom Anfangszustand ① und Endzustand ② — jedoch *nicht* vom Wege, der von ① nach ② durchlaufen wird, abhängt, d.h. es muß gelten

$$A^k = \int\limits_{C_1} \mathbf{F}^k \cdot d\mathbf{r}_F = \int\limits_{C_2} \mathbf{F}^k \cdot d\mathbf{r}_F = \int\limits_{①}^{②} \mathbf{F}^k \cdot d\mathbf{r}_F = \int\limits_{①}^{②} dU = U_2 - U_1. \qquad (7.72)$$

Die derart eingeführten, speziellen Kräfte $\mathbf{F}^k$ heißen *konservative Kräfte*. Die allein von den Endzuständen abhängige Zustandsgröße U heiße *Potential* von $\mathbf{F}^k$.

Es zeigt sich (vgl. Beispiele in 7.4.2), daß es solche Kräfte und Momente gibt. So hatte sich für die Arbeit der wegunabhängigen *Gewichtskraft* ergeben, daß ein Arbeitsintegral allein von der Höhendifferenz $z_2 - z_1 = z$ (vgl. Bild 7-22 und 7-25), nicht aber von der jeweiligen Bahn des starren Körpers (vgl. z.B. $z(x) = ax^2$) abhängt. Auf Bild 7-26 bezogen heißt das: man kann den Körper von ① nach ② entlang C_1, C_2 oder auch von ① nach ⓩ und dann von ⓩ nach ② transportieren, und man erhält dabei stets

$$\int\limits_{①}^{②} \mathbf{G} \cdot d\mathbf{r}_G = \int\limits_{①}^{ⓩ} \mathbf{G} \cdot d\mathbf{r}_G + \int\limits_{ⓩ}^{②} \mathbf{G} \cdot d\mathbf{r}_G = \int\limits_{ⓩ}^{②} \mathbf{G} \cdot d\mathbf{r}_G = - \int\limits_{\bar{z}=0}^{z} mg\,d\bar{z} = - mg\,z.$$

Für die *Federkraft* im Beispiel 1 von 7.4.2 gilt entsprechendes, obwohl die Federkraft selbst von der jeweiligen Auslenkung $(x - x_0) \hat{=} \Delta x$ abhängt — jedoch ihr Arbeitsintegral ist unabhängig vom Integrationsweg $z(x)$ stets

$$\int\limits_{①}^{②} \mathbf{F} \cdot d\mathbf{r}_F = \int\limits_{①}^{ⓩ} \mathbf{F} \cdot d\mathbf{r}_F + \int\limits_{ⓩ}^{②} \mathbf{F} \cdot d\mathbf{r}_F = \int\limits_{①}^{ⓩ} \mathbf{F} \cdot d\mathbf{r}_F$$

$$= - \int\limits_{\bar{x}=0}^{x} c\bar{x}\,d\bar{x} = -\frac{1}{2} c\bar{x}^2 \Big|_0^x = -\frac{1}{2} c x^2.$$

Damit sind Gewichtskraft und Federkraft Beispiele für konservative Kräfte. Die errechnete Größe $-mgz$ ist das Potential der Gewichtskraft *(potentielle Energie)* und die Größe $-\frac{1}{2}cx^2$ ist das Potential der Federkraft *(Feder-Potential)*.

Ist U_F Potential von $\mathbf{F}$, so ist

$$\mathbf{F} = -\operatorname{grad} U_F = -\nabla U_F \tag{7.73}$$

bzw. bei kartesischer Basis

$$\mathbf{F} = -\nabla U_F = -\left(\sum_i \mathbf{e}_i \frac{\partial}{\partial x_i}\right) U_F(x_1, x_2, x_3) = -\sum_i \frac{\partial U_F}{\partial x_i}\, \mathbf{e}_i$$

$$= -\frac{\partial U_F}{\partial x_1}\, \mathbf{e}_1 - \frac{\partial U_F}{\partial x_2}\, \mathbf{e}_2 - \frac{\partial U_F}{\partial x_3}\, \mathbf{e}_3 = F_1\, \mathbf{e}_1 + F_2\, \mathbf{e}_2 + F_3\, \mathbf{e}_3. \tag{7.74}$$

Somit gilt die

Def. 7.3:
Eine *Kraft (Moment) ist konservativ,* wenn eine skalarwertige Vektorfunktion $U_F(\mathbf{r}) = U_F(x, y, z)$ (Ortsfunktion) derart existiert, daß die Richtungsableitung von U_F in den einzelnen Richtungen die (negativen) Kraftkomponenten in den jeweiligen Richtungen, d.h. also der Gradient von U_F den (negativen) Kraftvektor $\mathbf{F}$ ergibt.

Das Minuszeichen ist dabei eine Konvention im Hinblick auf die potentielle Energie (s.o.). Dann folgt für die Arbeit der konservativen Kräfte nach (7.72) mit (7.74)

$$\int_{①}^{②} \mathbf{F}^k \cdot d\mathbf{r}_F = -\int_{①}^{②} \operatorname{grad} U_F \cdot d\mathbf{r}_F = -\int_{①}^{②} \nabla U_F \cdot d\mathbf{r}_F$$

$$= -\int_{①}^{②} \left(\sum_i \frac{\partial U_F}{\partial x_i}\, \mathbf{e}_i\right) \cdot \left(\sum_j dx_j\, \mathbf{e}_j\right)$$

$$= -\int_{①}^{②} \sum_i \frac{\partial U_F}{\partial x_i}\, dx_j\, \delta_{ij} = -\int_{①}^{②} \sum_i \frac{\partial U_F}{\partial x_i}\, dx_i$$

$$= -\int_{①}^{②} dU_F = U_{F_1} - U_{F_2}. \tag{7.75}$$

Das ist wieder der nach (7.72) geforderte Zusammenhang für die Arbeit der konservativen
Kräfte bzw. entsprechend für die Arbeit der konservativen freien Momente mit der Potentialdifferenz von U an den Stellen ① und ② , d.h. insgesamt gilt

$$A_{12} = \int\limits_{①}^{②} \mathbf{F}^k \cdot d\mathbf{r}_F + \int\limits_{①}^{②} \mathbf{M}^k \cdot d\varphi = \left(- \int dU_F\right) + \left(- \int dU_M\right)$$

$$= (U_{F_1} - U_{F_2}) + (U_{M_1} - U_{M_2})$$

$$= \underbrace{(U_{F_1} + U_{M_1})} - \underbrace{(U_{F_2} + U_{M_2})}$$

$$A_{12} = \quad U_1 \quad - \quad U_2 \tag{7.76}$$

Da die Reaktionskräfte ohnehin keine Arbeit verrichten, gilt also der

Satz 7.7:
Sind die eingeprägten Lasten (Kräfte und Momente) *konservativ*, so ist die
Arbeit der äußeren Kräfte und Momente zwischen zwei Stellen ① und ②
gleich der Potentialdifferenz U an diesen Stellen:
$$A_{12} = U_1 - U_2$$

In diesen Fällen kann die Arbeit der äußeren Kräfte allein aus der Potentialdifferenz und
ohne Kenntnis der durchlaufenen Bahnkurve des starren Körpers berechnet werden.

Setzt man (7.76) in den Arbeitssatz nach (7.65) ein, so wird aus dem allgemeinen
Arbeitssatz der *nur für konservative Kraft- und Momentenfelder gültige Energiesatz*

$$A_{12} = U_1 - U_2 = E_2 - E_1 \tag{7.77}$$

der nach Umstellung auch in der Form des *Erhaltungssatzes der mechanischen Energie*

$$E_1 + U_1 = E_2 + U_2 = E + U = \text{const} \quad \text{bzw.} \quad d(E + U) = 0 \tag{7.78}$$

ausgesprochen werden kann, d.h. verbal in Form von

Satz 7.8:
In einem konservativen Kraftfeld bleibt die Summe aus potentieller und kinetischer Energie im Laufe der Bewegung konstant.

Anmerkung: Aus (7.74) leitet man ferner unmittelbar ab, daß die Kraft dann ein Potential hat,
wenn die Integrabilitätsbedingungen

$$\frac{\partial F_1}{\partial x_2} = \frac{\partial F_2}{\partial x_1} \, ; \quad \frac{\partial F_1}{\partial x_3} = \frac{\partial F_3}{\partial x_1} \, ; \quad \frac{\partial F_2}{\partial x_3} = \frac{\partial F_3}{\partial x_2}$$

erfüllt sind. Das sind wegen

$$\frac{\partial F_i}{\partial x_j} = \frac{\partial^2 U}{\partial x_i \partial x_j} = \frac{\partial^2 U}{\partial x_j \partial x_i} = \frac{\partial F_j}{\partial x_i}$$

auch die notwendigen und hinreichenden Bedingungen dafür, daß der *Integrand des Arbeitsintegrals* $\mathbf{F} \cdot d\mathbf{r} = dU_F$ das *totale Differential einer Ortsfunktion* $U_F(\mathbf{r}) = U_F(x_1, x_2, x_3)$ ist.

Ist mindestens eine der Kräfte und/oder eines der freien Momente nicht konservativ (z.B. Gleitreibung, Dämpfung), so muß für das dann dissipative Kraftfeld der allgemeinere Arbeitssatz und nicht der spezielle Energiesatz verwendet werden.

Der Vollständigkeit wegen sei noch für die Leistung P die

Def. 7.4:

Die *Leistung* P ist die zeitliche Ableitung der Arbeit

$$P := \frac{d}{dt} A$$

---

angegeben. Hieraus sind mit dem Arbeitssatz entsprechende Formen für Leistungssätze ableitbar. Unter bestimmten Voraussetzungen lassen sich aus diesen Leistungssätzen wieder die Aussagen des Impulssatzes und Drallsatzes gewinnen. Ist so z.B. für den translatorisch freien Fall (Bild 7-27) der Masse m

$$U_1 = mgH; \qquad\qquad U_2 = mgz$$

$$E_1 = m\frac{\dot{z}_1^2}{2} = 0; \qquad\qquad E_2 = m\frac{\dot{z}^2}{2},$$

so ist

$$E_2 - E_1 = m\frac{\dot{z}^2}{2} \quad \text{und}$$

$$A_{12} = U_1 - U_2 = mg(H - z).$$

Somit wird nach dem Arbeitssatz

$$A_{12} = mg(H - z) = m\frac{\dot{z}^2}{2} = E_2 - E_1 ,$$

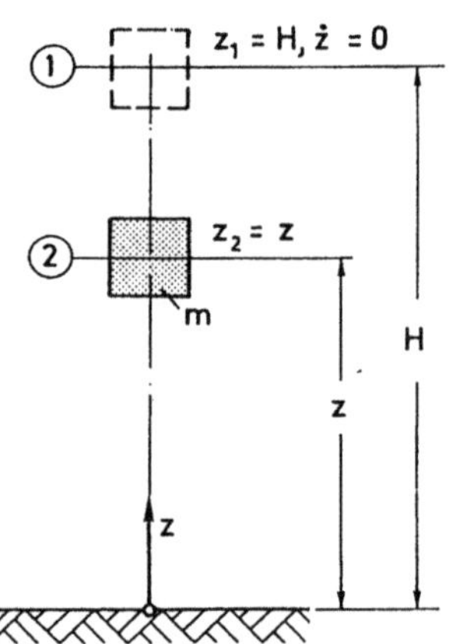

bzw. wegen der einzigen, Arbeit verrichtetenden Kraft, die hier eine konservative Kraft ist, gilt auch der Energiesatz

$$E_1 + U_1 = E_2 + U_2 = mgH = mgz + \frac{m}{2}\dot{z}^2$$

mit dem Ergebnis

$$\dot{z}(z) = -\sqrt{2g(H - z)} < 0.$$

Differenziert man die Aussage des Arbeitssatzes (bzw. Energiesatzes) nach der Zeit, so ist

$$P = \frac{dA}{dt} = -mg\dot{z} = \frac{dE}{dt} = \frac{m}{2}(2\dot{z}\ddot{z}),$$

woraus für $\dot{z} \neq 0$ nach Division

$$-mg = m\ddot{z},$$

also wieder die Aussage des ersten Axioms in Form des Massenmittelpunktsatzes

$$\mathbf{F}^a = -mg\,\mathbf{e}_z = m\ddot{z}\,\mathbf{e}_z$$

mit dem Ergebnis

$$\ddot{z} = -g; \quad \dot{z} = -gt + C_1; \quad z = -\frac{g}{2}\,t^2 + C_1\,t + C_2$$

folgt. Aus $\dot{z}(t=0) = 0$ und $z(0) = H$ ergeben sich die Konstanten zu $C_1 = 0$ und $C_2 = H$. Somit ist

$$\ddot{z}(t) = -g = \text{const}; \quad \dot{z}(t) = -gt; \quad z(t) = H - \frac{1}{2}\,gt^2.$$

Man erkennt i.ü. die orts-explizite Darstellung der Ergebnisse des Arbeitssatzes $\dot{z}(z)$ und die zeit-expliziten Ergebnisse des Massenmittelpunktsatzes $\dot{z}(t)$. Beide sind ineinander überführbar, wozu $z(t)$ invertiert werden muß.

Es folgt aus $z(t)$

$$t(z) = \sqrt{\frac{2}{g}\,(H-z)},$$

woraus, eingesetzt in $\dot{z}(t)$,

$$\dot{z}(t) = -g\,\sqrt{\frac{2}{g}\,(H-z)} = -\sqrt{2g(H-z)},$$

also wieder das unmittelbare Ergebnis des Arbeitssatzes bzw. (hier auch) des Energiesatzes folgt.

Damit werden nun in den folgenden Abschnitten spezielle Bewegungen starrer Körper untersucht.

7.5 Bewegung mit reiner Translation

Mit der Restriktion auf die alleinige Translation sind drei der sechs Freiheitsgrade des starren Körpers eingeschränkt, nämlich die drei Rotationsfreiheitsgrade. Es verbleiben im Falle der räumlichen Bewegung noch die drei Translationsfreiheitsgrade bzw. zwei bei der ebenen bzw. ein Freiheitsgrad bei der eindimensionalen Bewegung entlang einer linearen Bahn. Damit ist speziell

1. $\boldsymbol{\omega} = 0$ (keine Rotation)
2. $\mathbf{v}(x,t) = \mathbf{v}_B(x_B,t)$ (Translation, starrer Körper),

d.h. der $\boldsymbol{\omega}$-Vektor ist der Nullvektor und die Geschwindigkeiten aller Punkte X des Körpers $\mathscr{K}$ sind nach Größe und Richtung gleich groß und damit gleich einer gemeinsamen Geschwindigkeit $\mathbf{v}_B$ eines beliebigen Körperpunktes B, der auch der *Massenmittelpunkt* M sein kann. Dementsprechend nehmen hierfür die Bewegungsgrößen und alle aus den Axiomen gefolgerten Sätze von 7.1 und 7.4 spezielle Formen an:

$$\mathbf{I} := m\,\mathbf{v}_M; \qquad \mathbf{D}_M := \Theta \cdot \boldsymbol{\omega} = 0; \qquad \mathbf{D}_O := \mathbf{D}_M + \mathbf{r}_M \times m\,\mathbf{v}_M = \mathbf{r}_M \times m\,\mathbf{v}_M$$

$$A := \int\limits_{①}^{②} \mathbf{F}\cdot d\mathbf{r} + \int\limits_{①}^{②} \mathbf{M}\cdot d\varphi = \int\limits_{①}^{②} \mathbf{F}\cdot d\mathbf{r}_F = \int\limits_{①}^{②} \mathbf{F}\cdot d\mathbf{r}_M \qquad\qquad (7.79)$$

$$E := \frac{1}{2}\int\limits_{m} v^2\, dm = \frac{1}{2}\, m\,v_M^2$$

$$\dot{\mathbf{I}} = m\,\ddot{\mathbf{r}}_M = m\,\dot{\mathbf{v}}_M = m\,\mathbf{a}_M = \mathbf{F}^a \qquad\qquad\qquad (1)$$

$$\dot{\mathbf{D}}_M = \mathbf{M}_M^a = 0; \qquad \dot{\mathbf{D}}_O = \mathbf{M}_O^a = \mathbf{r}_M \times m\,\dot{\mathbf{v}}_M = \mathbf{r}_M \times \dot{\mathbf{I}} \qquad (2)$$

(Aussage (2) in (1) enthalten)

$$\qquad\qquad\qquad\qquad\qquad\qquad\qquad\qquad\qquad\qquad\qquad (7.80)$$

$$A = \int\limits_{①}^{②} \mathbf{F}\cdot d\mathbf{r}_M = \frac{1}{2}\,m\,[v_{M_2}^2 - v_{M_1}^2] = E_2 - E_1 \qquad\qquad (3)$$

$$U_1 - U_2 = E_2 - E_1 = \frac{1}{2}\,m\,[v_{M_2}^2 - v_{M_1}^2]. \qquad\qquad (4)$$

Zur Bestimmung der Bewegungsgleichungen stehen somit (nur) der Impulssatz bzw. der Massenmittelpunktsatz (1) oder die spezielle Form des Arbeitssatzes (3) zur Verfügung. Ist das System konservativ, kann statt des Arbeitssatzes wieder der spezielle Energiesatz (4) verwendet werden. Die Aussage des Drallsatzes ist in (1) enthalten, da hier wegen

$$\mathbf{F}^a = \dot{\mathbf{I}} = m\,\dot{\mathbf{v}}_M$$

diese Aussage mit

$$\mathbf{M}_O^a = \dot{\mathbf{D}}_O = \mathbf{r}_M \times \dot{\mathbf{I}} = \mathbf{r}_M \times \mathbf{F}^a$$

identisch ist. Diese drei Gleichungen sind für die Ermittlung der aufgrund der Freiheitsgrade maximal möglichen drei Bewegungsgleichungen hinreichend. Gl. (7.80) kann damit unmittelbar auf Translations-Probleme starrer Körper angewendet werden, was im folgenden anhand von einigen klassischen Fällen exemplarisch gezeigt werden soll.

A. Schiefer Wurf mit (Luft-)Widerstand (Ballistik)

Sieht man von der Rotation der Masse ab, so kann der schiefe Wurf einer Masse m (z.B. eines Balles) als ein solches Translations-Problem aufgefaßt und berechnet werden. Für die Bewegungsgleichung des Massenmittelpunktes M (und damit auch aller anderen Punkte) von m gilt somit nach (7.80)

$$\mathbf{F}^a = m\,\mathbf{a}_M, \qquad\qquad\qquad\qquad\qquad\qquad (A1)$$

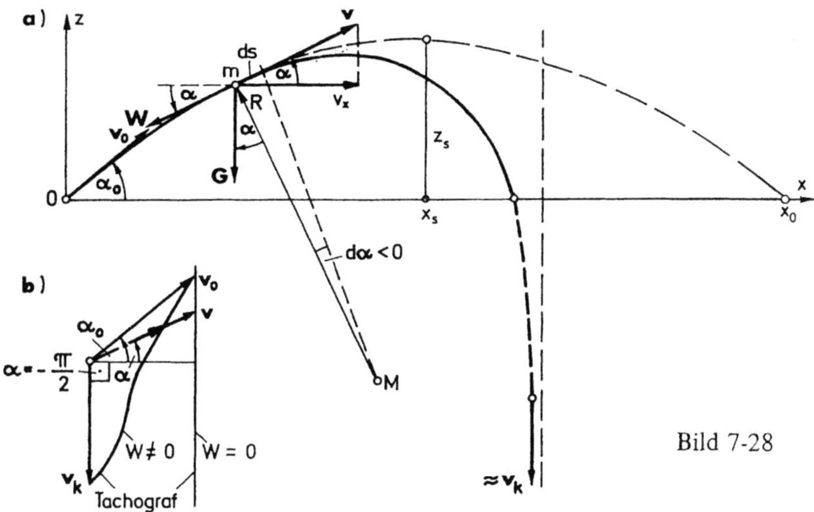

Bild 7-28

was nach „Freimachen" der Masse wegen der zu berechnenden äußeren Kräfte zu

$$W + G = m\,a_M \tag{A2}$$

führt. Führt man natürliche Koordinaten ein, so führt (A2) (Bild 7-28) mit (2.56) auf

$$-W(v) - mg\sin\alpha = m\,a_t = m\frac{dv}{dt}$$

$$mg\cos\alpha = m\,a_n = m\frac{v^2}{R} > 0. \tag{A3}$$

Wird (A2) in kartesischen Koordinaten notiert, so ist

$$-W(v)\cos\alpha \qquad = m\,a_x = m\,\ddot{x}$$

$$-W(v)\sin\alpha - G = m\,a_z = m\,\ddot{z}. \tag{A4}$$

Aus (A3) wird deutlich, daß $\cos\alpha \geqslant 0$, also $-\pi/2 \leqslant \alpha \leqslant \pi/2$ ist. Wegen

$$\frac{1}{R} = -\frac{d\alpha}{ds} = -\frac{d\alpha}{dt}\frac{dt}{ds} = -\frac{1}{v}\frac{d\alpha}{dt} \tag{A5}$$

folgt mit $d\alpha/dt \leqslant 0$ (konkave Bahnkurve)

$$-v\frac{d\alpha}{dt} = g\cos\alpha, \tag{A6}$$

womit sich aus (A4) für die Horizontalbeschleunigung

$$\ddot{x} = \frac{d\dot{x}}{dt} = \frac{d\dot{x}}{d\alpha}\frac{d\alpha}{dt} = -\frac{d\dot{x}}{d\alpha}\frac{g\cos\alpha}{v}$$

und mit $\dot{x} = v \cos\alpha$ die *Hauptgleichung der äußeren Ballistik*

$$\frac{d(v\cos\alpha)}{d\alpha} = v\,\frac{W(v)}{mg} \tag{A7}$$

ergibt. Die DGL erster Ordnung für $v(\alpha)$ läßt sich für beliebige $W(v)$ i.a. nur numerisch oder grafisch lösen. Eine geschlossene Integration ist nur für einige spezielle Fälle möglich (z.B. $W = W_0 = \text{const}$).

Unabhängig von der jeweiligen Lösung kann man aber vorab aus den abgeleiteten DGLen bereits wichtige Schlüsse ziehen: Da $W(v)$ mit v beständig wächst, andererseits aber der Term $-mg\sin\alpha$ auf dem fallenden Ast der Bahnkurve den dort wegen $\alpha < 0$ positiven Wert mg nicht übersteigen kann, geht die rechte Seite der ersten Gl. (A3) gegen Null. Damit geht wegen $dv/dt \to 0$ die Geschwindigkeit v gegen einen konstanten Wert v_k, bzw. wegen (A4) ist dann auch $\dot{x}_k = v_k \cos\alpha = \text{const}$, was nach (A4) $\cos\alpha_k = 0$, also $\alpha_k = -\pi/2$ zur Folge hat. Die Bahnkurve hat daher eine vertikale Asymptote. Wegen $dv_k/dt = 0$ wird dann auch $W(v) = mg$, woraus bei bekanntem Widerstandsgesetz $W(v)$ die Größe v_k berechenbar ist. So wird beispielsweise für $W(v) = kv^2$ nach (7.53) und mit $a_t = 0$; $\alpha = -\pi/2$ die „Endgeschwindigkeit" $v_k = \sqrt{mg/k}$. Sie ist die Geschwindigkeit, die beim senkrechten Fall mit Luftwiderstand auftreten würde.

Für $W = 0$ geht das Problem in das des *freien, schiefen Wurfes* über. Nach (A4) ist dann

$$\ddot{x} = 0; \quad \dot{x} = \text{const} = C_1; \quad x = C_1 t + C_2 \tag{A8}$$

$$\ddot{z} = -g; \quad \dot{z} = -gt + C_3; \quad z = -\frac{1}{2}gt^2 + C_3 t + C_4.$$

Aus der Anfangsgeschwindigkeit

$$\mathbf{v}(0) = \mathbf{v}_0 = v_0(\cos\alpha_0\,\mathbf{e}_x + \sin\alpha_0\,\mathbf{e}_y) \tag{A9}$$

folgen die Integrationskonstanten

$$C_1 = v_0 \cos\alpha_0; \quad C_3 = v_0 \sin\alpha_0, \tag{A10}$$

und aus $\mathbf{r}(0) = \mathbf{0}$ folgen

$$C_2 = C_4 = 0. \tag{A11}$$

Die Bahnlinie ist in diesem Falle (vgl. Bild 7-28) wegen

$$z(t) = -\frac{1}{2}gt^2 + (v_0 \sin\alpha_0)\,t \tag{A12}$$

die „Wurfparabel" mit der Eigenschaft, daß für alle t wegen $\ddot{x} = 0$, $\dot{x}(t) = v_0 \cos\alpha_0$ ist. Für $\dot{z}(t_s) = 0$ ist der Scheitel der Wurfparabel erreicht. Das entspricht der Zeit

$$t_s = \frac{v_0}{g}\sin\alpha_0. \tag{A13}$$

Die zugehörige Horizontalentfernung bis zum Scheitel ergibt sich wegen

$$x(t) = (v_0 \cos\alpha_0)\,t$$

mit $t = t_s$ zu

$$x_s = \frac{v_0^2}{g} \sin \alpha_0 \, \cos \alpha_0 . \tag{A14}$$

Die zugehörige Höhe (*Scheitelhöhe*) ist nach (A12)

$$z_s(t_s) = \frac{v_0^2 \sin^2 \alpha_0}{2g} . \tag{A15}$$

Unter allen möglichen Winkeln α_0 bei gegebener Abwurfgeschwindigkeit v_0 führt der Winkel α_{01} zur größten Scheitelhöhe, für den z_s ein Maximum bezüglich α_0 ist. Das ist wegen $\sin(\pi/2) = 1$ der senkrechte Wurf. Da der Widerstand hierbei unberücksichtigt geblieben ist, läßt sich aus Verdoppelung von x_s auch schließlich die *Wurfweite* (bei horizontaler Unterlage) zu

$$x_0 = 2x_s = \frac{2v_0^2}{g} \sin \alpha_0 \, \cos \alpha_0 = \frac{v_0^2}{g} \sin 2\alpha_0 \tag{A16}$$

angeben. Unter allen möglichen Winkeln α_0 bei gegebener Abwurfgeschwindigkeit v_0 führt der Winkel α_{02} zur größten Wurfweite, für den $x_0 = 2x_s$ ein Maximum bezüglich α_0 ist. Das ist wegen

$$\frac{d}{d\alpha_0} x_0(\alpha_0) = \frac{v_0^2}{g} \cdot 2 \cos 2\alpha_{02} = 0$$

der Winkel $\quad \alpha_{02} = \dfrac{\pi}{4} \mathrel{\hat=} 45^\circ . \tag{A17}$

B. Schiefe Ebene mit Gleitreibung

Hier liegt eine eindimensionale Bewegung vor, da neben den drei Rotationsfreiheitsgraden auch noch zwei Translationsfreiheitsgrade (ebenes Problem und Bewegung längs der schiefen Ebene) eingeschränkt sind. Die vorausgesetzte Bewegung beginne zur Zeit $t = 0$ mit $v = v_0$ (Bild 7-29).

Der Massenmittelpunktsatz liefert hier

$$m\ddot{s}(t) = G \sin \alpha - \mu N, \qquad 0 = G \cos \alpha - N. \tag{B1}$$

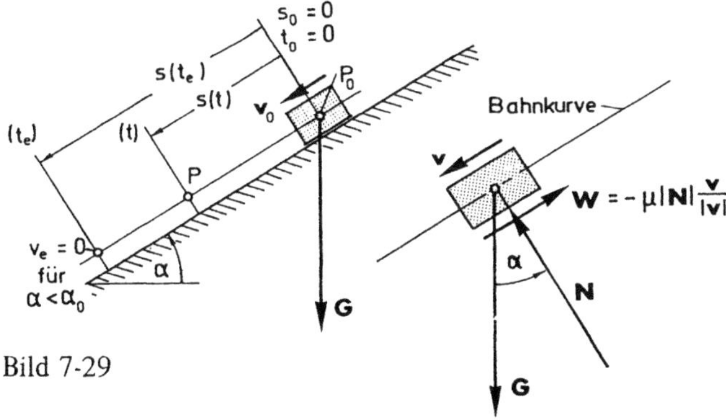

Bild 7-29

Da stets $G > 0$ ist, besteht nach der zweiten Gleichung keine „Gefahr", daß die einseitige Bindung aufgehoben wird. Durch Elimination von N gewinnt man die Bewegungsgleichung; mit $\mu = \tan \rho$ wird die konstante Beschleunigung

$$a = \ddot{s} = g(\sin \alpha - \mu \cos \alpha) = g\left(\sin \alpha - \frac{\sin \rho}{\cos \rho}\cos \alpha\right) = g\frac{\sin(\alpha - \rho)}{\cos \rho} = \text{const},$$

die, integriert, mit $t_0 = 0$ und $s(t_0) = s_0 = 0$

$$v(t) = v_0 + gt\,\frac{\sin(\alpha - \rho)}{\cos \rho} = \frac{ds}{dt} \tag{B2}$$

und

$$s(t) = v_0 t + g\frac{\sin(\alpha - \rho)}{\cos \rho}\frac{t^2}{2} = v_0 t - \frac{g t^2}{2}\frac{\sin(\rho - \alpha)}{\cos \rho} \tag{B3}$$

liefert.

Für $\alpha > \rho$ verläuft die Bewegung wegen $a > 0$ beschleunigt, und zwar wie beim freien Fall, mit einer konstanten Beschleunigung, die um so kleiner ist, je kleiner der Neigungswinkel α der schiefen Ebene und je größer der Winkel ρ des Reibungskegels ist. Für $\alpha < \rho$ ist die Bewegung wegen $\alpha < 0$ verzögert, der Körper kommt nach der Zeit

$$t_e = v_0 \cos \rho / [g \sin(\rho - \alpha)]$$

zum Stillstand, was aus (B2) für $v(t_e) = 0$ folgt. Setzt man t_e in (B3) ein, so wird bis zum Stillstand der Weg

$$s(t_e) = \frac{1}{2}\frac{v_0^2 \cos \rho}{g \sin(\rho - \alpha)} = -\frac{1}{2}\frac{v_0^2}{a} > 0 \tag{B4}$$

zurückgelegt. Wegen $a < 0$ ist $s(t_e) > 0$.

Der Arbeitssatz liefert dagegen mit $v_1 = v$ anstelle des Geschwindigkeits-Zeit-Gesetzes zunächst das Geschwindigkeits-Weg-Gesetz aus

$$\int_{①}^{②} \mathbf{F} \cdot d\mathbf{r} = \int_{\bar{s}=0}^{s} (mg \sin \alpha - \mu\, mg \cos \alpha)\, d\bar{s} = E_2 - E_1$$

$$= mg(\sin \alpha - \mu \cos \alpha)s = \frac{m}{2}v^2 - \frac{m}{2}v_0^2$$

zu

$$v(s) = \sqrt{v_0^2 - 2gs\,\frac{\sin(\rho - \alpha)}{\cos \rho}}\,. \tag{B5}$$

Für $\alpha < \rho$ kommt der Körper zum Stillstand, nachdem er den Weg $s_e = v_0^2 \cos \rho / [2g \sin(\rho - \alpha)]$ zurückgelegt hat, was unmittelbar aus $v(s_e) = 0$ folgt. Der Arbeitssatz liefert dasselbe Ergebnis also auf viel einfacherem Wege als der Massenmittelpunktsatz. Soll noch das Zeit-Weg-Gesetz ermittelt werden, so ist (B5) zu integrieren.

Wegen $v = ds/dt$ ist $dt = ds/v(s)$, also ist

$$t = t_0 + \int\limits_{s_0}^{s} \frac{ds}{v(s)} = \int\limits_{\bar{s}=0}^{s} \frac{d\bar{s}}{\sqrt{v_0^2 + 2\,g\bar{s}\,\dfrac{\sin(\alpha-\rho)}{\cos\rho}}}$$

$$= \frac{\cos\rho}{g\sin(\alpha-\rho)} \sqrt{v_0^2 + 2\,gs\,\frac{\sin(\alpha-\rho)}{\cos\rho}} - \frac{v_0\cos\rho}{g\sin(\alpha-\rho)} \tag{B6}$$

woraus man dasselbe Weg-Zeit-Gesetz wie nach (B3) herleitet.

Der Energieerhaltungssatz darf hier nicht angesetzt werden, da nicht alle Kräfte konservativ sind.

C. Bewegung unter dem Einfluß kontinuierlich veränderlicher Masse (Raketenbewegung)

Wird einem System kontinuierlich Masse (Δm) entnommen (Treibstoff, Verbrennungsgase) bzw. zugeführt, so ist wegen

$$\int\limits_{m_0} dm = \int\limits_{m(t)} dm + \int\limits_{\Delta m} dm = m_0 = \text{const}$$

die Gesamtmasse nach wie vor konstant und es gilt

$$\dot{m} = \frac{d}{dt} \int\limits_{m_0} dm = 0.$$

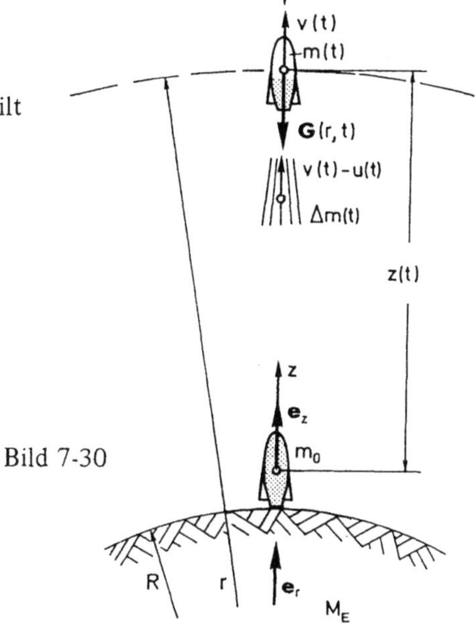

Bild 7-30

Für jedes der Teilsysteme (Rakete $m(t)$ bzw. Gesamtheit der Verbrennungsgase $\Delta m(t)$) ist jedoch dabei die Masse jeweils eine Funktion der Zeit t und damit ist auch $dm/dt = \mu(t) \neq 0$, also die zeitliche Änderung der jeweiligen Teilmasse, von Null verschieden (> 0 Zufuhr; < 0 Abfuhr) (Bild 7-30).

Für den Impuls gilt dann

$$\mathbf{I} = \int\limits_{m} \mathbf{v}\,dm = \int\limits_{m-\Delta m} \mathbf{v}\,dm + \int\limits_{\Delta m} \mathbf{v}\,dm. \tag{C1}$$

Da dabei Rotation ausgeschlossen sein soll, kann das Problem unter Ausklammerung eines gemeinsamen Einheitsvektors $e_r = e_z$ ($v = v\,e_z$, $I = I\,e_z$ usw.) dargestellt werden. Damit ist zur Zeit t die Masse $m = m(t)$ und die Geschwindigkeit $v = v(t)\,e_z$ und für die Größe des Impulses folgt aus (C1)

$$I(t) = m(t)\,v(t). \tag{C2}$$

Zum Zeitpunkt $t + \Delta t$ ist die Masse Δm mit der Relativgeschwindigkeit u gegenüber v, also mit $v - u$ abgeführt (zugeführt) worden. Die Restmasse $(m(t) - \Delta m)$ hat dann die veränderte Geschwindigkeit $(v + \Delta v)$. Also ist nach (C1) jetzt

$$I(t + \Delta t) = (m - \Delta m)(v + \Delta v) + \Delta m(v - u). \tag{C3}$$

Die für den Massenmittelpunktsatz benötigte zeitliche Ableitung des Impulses kann somit durch Differenzbildung $I(t + \Delta t) - I(t)$, Division durch Δt und Grenzwertbildung für $\Delta t \to 0$ erzeugt werden. Somit wird

$$I(t + \Delta t) - I(t) = \Delta I = (m - \Delta m)(v + \Delta v) + \Delta m(v - u) - mv$$
$$= m\,\Delta v - \Delta m\,u - \Delta m\,\Delta v \tag{C4}$$

und

$$\dot I = \lim_{\Delta t \to 0} \frac{\Delta I}{\Delta t} = m\,\frac{dv}{dt} - \frac{dm}{dt}\,u. \tag{C5}$$

Da dies gleich der Summe der äußeren Kräfte in Richtung e_z ist, folgt als spezielle Form des Massenmittelpunktsatzes bei Translationsbewegung unter dem Einfluß kontinuierlich abgeführter (bzw. zugeführter) Masse die Differentialgleichung

$$\boxed{\;\dot I = m(t)\,\frac{dv}{dt} - \frac{dm}{dt}\,u = F_z^a\;} \tag{C6}$$

bzw. in Form der für die Restmasse gültigen Bewegungsgleichung in e_z-Richtung

$$\boxed{\;m(t)\,\frac{dv}{dt} = \mu(t)\,u + F_z^a\;} \tag{C7}$$

Beispiel: Eine senkrecht aufsteigende Rakete in Erdnähe ($g \approx$ const) ist zu untersuchen (Bild 7-30).

Lösung:

Die äußeren Kräfte in Richtung der Geschwindigkeit sind

$$F_z^a = -W(v) - G(t),$$

womit (C7) wegen $G(t) = m(t)\,g$ übergeht in

$$m(t)\,\frac{dv}{dt} = \mu(t)\,u(t) - W(v) - m(t)\,g. \tag{C8}$$

Dabei ist

$$m(t) = \left[m_0 - \int \mu(t)\,dt \right],$$

mit m_0 als Startmasse. Ist $\mu = \mu_0 =$ const, so wird speziell $m(t) = m_0 - \mu_0\,t$.

Ist $u = u_0 = \text{const}$, so ist der „Raketenschub" $\mu(t)\, u(t) = \mu_0\, u_0 = \text{const}$. Sei schließlich $W(v) = 0$ (Vernachlässigung des Widerstandes), dann geht (C8) über in

$$\frac{dv}{dt} = \frac{\mu_0\, u_0}{m_0 - \mu_0 t} - g = \frac{(\mu\, u)_0}{m_0 \left(1 - \dfrac{\mu_0}{m_0}\, t\right)} - g. \tag{C9}$$

Die Integration liefert mit $v(0) = 0$

$$v(t) = -\, u_0 \ln \left(1 - \frac{\mu_0}{m_0}\, t\right) - g\, t$$

$$\boxed{\; v(t) = u_0 \ln \frac{m_0}{m(t)} - g\, t = \dot{z}(t) \;} \tag{C10}$$

(C10) stellt die Geschwindigkeit der Rakete in Abhängigkeit von der Brennzeit t dar. Die Steighöhe $z(t)$ läßt sich durch nochmalige Integration über die Zeit erhalten

$$z(t) = -\, u_0 \int\limits_{\bar{t}=0}^{t} \ln \left(1 - \frac{\mu_0}{m_0}\, \bar{t}\right) d\bar{t} - \frac{1}{2}\, g\, t^2 + z(0). \tag{C11}$$

Mit der Substitution $\quad 1 - \dfrac{\mu_0}{m_0}\, t = \lambda(t); \qquad -\dfrac{\mu_0}{m_0}\, dt = d\lambda$

wird aus dem Integral

$$u_0 \frac{m_0}{\mu_0} \int\limits_{1}^{\lambda} \ln \bar{\lambda}\, d\bar{\lambda} = u_0 \frac{m_0}{\mu_0} \left(\bar{\lambda} \ln \bar{\lambda} - \bar{\lambda}\right) \Big|_{1}^{\lambda} = u_0 \frac{m_0}{\mu_0} \left(\lambda \ln \lambda - \lambda + 1\right). \tag{C12}$$

Mit $z(0) = 0$ wird dann nach Resubstitution in (C12) aus (C11) die *Steighöhe*

$$\boxed{\; z(t) = u_0 \frac{m_0}{\mu_0} \left[\left(1 - \frac{\mu_0}{m_0}\, t\right) \ln \left(1 - \frac{\mu_0}{m_0}\, t\right) + \frac{\mu_0}{m_0}\, t\right] - \frac{1}{2}\, g\, t^2 \;} \tag{C13}$$

Um auch einen Begriff von der Größenordnung der ermittelten Zusammenhänge zu erhalten, werde folgendes *Zahlenbeispiel* durchgerechnet:

Mit $u_0 = 5000$ [m/s], $\mu_0 = 0{,}01\, m_0$ [1/s] und $m_e = 0{,}1\, m_0$ als Masse der „ausgebrannten" Rakete wird wegen $m(t) = m_0 - \mu_0 t$ auch $m_e(t_e) = m_0 - \mu_0 t_e$.

Somit vergeht bis zum Brennschluß die Zeit

$$t_e = \frac{m_0 - m_e}{\mu_0} = \frac{1 - \dfrac{m_e}{m_0}}{\dfrac{\mu_0}{m_0}} = \frac{0{,}9}{0{,}01} = 90\ \text{s}.$$

Nach (C10) beträgt dafür die Brennschluß-Geschwindigkeit der Rakete

$$v(t_e) = v_e = u_0 \ln \frac{m_0}{m_e} - g\, t_e = 11\,513 - 883 = 10\,630\ \frac{\text{m}}{\text{s}}$$

und die Steighöhe bei Brennschluß (C13)

$$z(t_e) = z_e = 295{,}1\ \text{km}.$$

Im Vergleich zum Erdradius ($R = 6370$ km) ist diese Steighöhe noch so klein, daß die in der Ableitung enthaltene Näherung $g \approx const$ bestätigt wird. Dies gilt um so mehr, als der von gt_e herrührende zweite Anteil an der Geschwindigkeit v_e gegenüber dem vom Raketenschub herrührenden ersten Anteil

$$v_{eR} = u_0 \ln \frac{m_0}{m_0 - \mu_0 t_e} = u_0 \ln \frac{m_0}{m_e} = u_0 \ln q \qquad (C14)$$

klein ist. Gleichzeitig wird damit aber deutlich, daß die Rakete das Gravitationsfeld der Erde nicht verlassen hat und dieses auch mit der ermittelten Brennschluß-Geschwindigkeit nicht verlassen kann. Das wird im folgenden Beispiel D näher untersucht.

Hier läßt sich zunächst wegen (C14) noch feststellen, daß es zum Erreichen einer großen Endgeschwindigkeit $v_{eR} = u_0 \ln q$ außer auf die relative Austrittsgeschwindigkeit u der Gase entscheidend auf das Massenverhältnis $q = m_0/m_e$ ankommt. Da man nun technisch nur ein bestimmtes größtes q verwirklichen kann, führt man die Raketen in mehreren „Stufen" aus. Nach Abwerfen der ausgebrannten Stufen läßt sich einer dann kleineren Endmasse eine höhere Endgeschwindigkeit erteilen.

Zur Konkretisierung diene dazu folgende Frage: Welche Endgeschwindigkeit v_{eR} kann man mit zwei Stufen mit den Massen $m_{01} = 0,9 \, m_0$ und $m_{02} = 0,1 \, m_0$ erreichen, wenn für beide Stufen jeweils das gleiche Massenverhältnis $q = m_0/m_e$ und die gleiche Austrittsgeschwindigkeit u_0 gilt? Da die erste Stufe nach ihrem Ausbrennen nur das $1/q$-fache ihrer Anfangsmasse hat, erreicht die Rakete nach Brennschluß der ersten Stufe in 1. Näherung nach (C14) die Geschwindigkeit

$$v_{eR1} \approx u_0 \ln \frac{m_0}{0,9 \, \dfrac{m_0}{q} + 0,1 \, m_0} = u_0 \ln \frac{10 \, q}{9 + q} \, .$$

Diese Endbedingung der ersten Stufe ist die Anfangsbedingung der zweiten Stufe nach Abwerfen der ersten Stufe. Statt (C10) gilt mit dieser derart veränderten Anfangsbedingung ($v_{e1} = v_{02}$; $m_{02} = 0,1 \, m_0$)

$$v_{R2}(t) \approx v_{eR1} + u_0 \ln \frac{m_{02}}{m_2(t)} = v_{eR1} + u_0 \ln \frac{0,1 \, m_0}{m_2(t)} \, ,$$

$$v_{R2}(t) \approx u_0 \left[\ln \frac{10 \, q}{9 + q} + \ln \frac{m_0}{10 \, m(t)} \right] = u_0 \ln \frac{m_0 q}{m(t) \, (9 + q)} \, .$$

Die erreichbare Endgeschwindigkeit bei Brennschluß der zweiten Stufe, die dann nur noch die Masse $m_2(t_e) = 0,1 \, m_0/q$ hat, wird so

$$v_{eR2} \approx u_0 \ln \frac{10 \, q^2}{9 + q} \, .$$

Für den angenommenen Wert $q = 10$ läßt sich demnach mit *einer* Stufe die Masse $0,1 \, m_0$ der zweiten Stufe auf die Geschwindigkeit $v_e = u_0 \ln 10 = 2,3 \, u_0$ bringen, während schließlich der Endmasse der zweiten Stufe $0,01 \, m_0$ in *zwei* Stufen die Geschwindigkeit $v_e = u_0 \ln 1000/19 = 3,963 \, u_0$ erteilt werden kann! Um diese Endgeschwindigkeit mit nur einer Stufe zu erreichen, wäre das technisch nicht mehr zu verwirklichende Massenverhältnis $q = 52,6$ notwendig!

D. Bewegung unter dem Einfluß von Gravitationsfeldern

Wird wieder von der Eigendrehung der starren Massen abgesehen bzw. werden die Massen als in ihren Abmessungen klein gegenüber den Abmessungen der Bahn angesehen, so ist die Bewegung wieder eine Translationsbewegung, da die Geschwindigkeiten aller materiellen Punkte momentan gleiche Größe und Richtung haben. Dabei erfolgt die Bewegung der Massen ggf. auf gekrümmten Bahnen (siehe schiefer Wurf unter A.). So gesehen, gehören zu der vorliegenden Klasse auch die rotationsfreien Planetenbewegungen im allgemeinen sowie die Satelliten- und die Raketenbewegung des vorigen Absatzes C. im besonderen.

D.1. *Fluchtgeschwindigkeit einer Rakete und Fall aus großer Höhe*

Hier sei exemplarisch die unter C. offengebliebene Frage untersucht, welche „*Fluchtgeschwindigkeit*" eine senkrecht startende Rakete haben muß, um das Gravitationsfeld (z.B. der Erde) verlassen zu können.

Nach dem Massenmittelpunktsatz wird in z-Richtung (Bild 7-30)

$$m \, \ddot{r} = m \, \ddot{z} = F_z^a = F_r^a = -W(v) - G(r, t). \tag{D1}$$

Jedoch muß nun bei dieser Fragestellung die Voraussetzung der Erdnähe aufgegeben werden, woraus $g(r)$ und damit auch $G(r, t) = m(t) g(r)$ wird. $G(r, t)$ ist die Gravitationskraft $F_G(r, t)$ nach (7.48), wobei $m_1 \hat{=} m(t)$ die Masse der Rakete, $m_2 \hat{=} M_E$ die Masse der Erde und r^2 der quadratische Abstand beider Massenmittelpunkte, d.h. $r = R + z$, ist. Somit gilt

$$G(r, t) = F_G(r, t) = \frac{m(t) \, M_E}{r^2} \, \Gamma. \tag{D2}$$

Dabei stellt $\Gamma M_E / r^2 = g(r)$ die Gravitationsbeschleunigung der Erde im Abstand r von ihrem Mittelpunkt M dar, d.h. es ist

$$G(r, t) = m(t) \frac{M_E}{r^2} \, \Gamma = m(t) g(r) \tag{D3}$$

bzw. bei Umrechnung auf die Beschleunigung an der Erdoberfläche (r = R)

$$G(r, t) = m(t) \frac{M_E}{R^2} \, \Gamma \frac{R^2}{r^2} = m(t) g \frac{R^2}{r^2}. \tag{D4}$$

Sieht man, wie im Beispiel unter C., vom Widerstand $W(v)$ ab, so wird aus (D1) mit (D4)

$$m(t) \, \ddot{r}(t) = -G(r, t) = -m(t) g \frac{R^2}{r^2} \qquad \text{bzw.} \qquad \ddot{r}(t) = -g \frac{R^2}{r^2}. \tag{D5}$$

Multipliziert man mit $\dot{r}$, so kann dafür geschrieben werden

$$\dot{r} \, \ddot{r} = \frac{1}{2} \frac{d}{dt} (\dot{r}^2) = -gR^2 \frac{\dot{r}}{r^2} = gR^2 \frac{d}{dt} \left(\frac{1}{r} \right).$$

Das läßt sich nun über t mit dem Ergebnis

$$\frac{1}{2} \dot{r}^2 = gR^2 \frac{1}{r} + C_1 \tag{D6}$$

integrieren, woraus schließlich mit der „Endbedingung" der im Abstand r_∞ nicht mehr auf die Erde „zurückfallenden" Masse

$$\dot{r}(r_\infty) \, (\gtreqqless) \, 0$$

die Konstante $C_1 = -gR^2 / r_\infty$ und damit das Geschwindigkeits-Orts-Gesetz zu

$$\boxed{\dot{r}(r) = +R \sqrt{2g \left(\frac{1}{r} - \frac{1}{r_\infty} \right)}} \tag{D7}$$

folgt. Wird r_∞ mit einer „unendlichen" Höhe gleichgesetzt und soll die „Fluchtgeschwindigkeit" praktisch sofort mit dem Start, d.h. bei $r \approx R$ auf der Erdoberfläche, der Rakete mitgegeben werden, so ist diese theoretische *Fluchtgeschwindigkeit*

$$\dot{r}(R) = + R \sqrt{2\,g\,\frac{1}{R}} = \sqrt{2\,g\,R} = 11\,180\,\frac{m}{s}\,. \tag{D8}$$

Dies ist — in Umkehrung der Fragestellung — auch die Geschwindigkeit, mit der ein aus dem Weltraum auf der Erde frei herabfallender Körper auf der Erdoberfläche auftrifft. Unter Berücksichtigung des Brennverhaltens der Rakete muß die theoretische Fluchtgeschwindigkeit (D8) noch modifiziert werden:

Wie die Untersuchungen unter C. ergeben haben, wird die Brennschlußgeschwindigkeit v_e erst im Abstand $r = r_e = R + z_e = 6370 + 295 = 6665$ km erreicht, woraus folgt, daß die *Fluchtgeschwindigkeit in der Höhe* z_e

$$\dot{r}(r_e) = R \sqrt{2\,g\,\frac{1}{r_e}} = \sqrt{2\,g\,\frac{R^2}{R + z_e}} = 10\,930\,\frac{m}{s} \tag{D9}$$

kleiner als die theoretische Fluchtgeschwindigkeit von der Erdoberfläche aus ist, wobei der Unterschied aufgrund der geringen Brennschlußhöhe z_e (siehe C.) nur gering ist. Gleichzeitig beweist das Ergebnis, daß die unter C. berechnete Brennendgeschwindigkeit $v_e\,(z_e) = 10\,630$ m/s nicht ausreicht, um die Fluchtgeschwindigkeit $\dot{r}(r_e) = 10\,930$ m/s zu erreichen. Die Rakete würde also nach Erreichen der Gesamthöhe $h > z_e$ bzw. $r_h = h + R > z_e + R$ wieder senkrecht zur Erde zurückkehren und in Umkehrung (Vorzeichenwechsel) der berechneten Verhältnisse und weiter unter Vernachlässigung des (Luft-)Widerstandes dabei die Rückkehrgeschwindigkeit nach (D7) mit $r_\infty = h$, also

$$\dot{r}(r) = - R \sqrt{2\,g\left(\frac{1}{r} - \frac{1}{R + h}\right)} \tag{D10}$$

haben. Beim Auftreffen auf die Erdoberfläche ist $r = R$, also wird

$$\dot{r}(R) = - R \sqrt{2\,g\left(\frac{1}{R} - \frac{1}{R + h}\right)} = - \sqrt{2\,g\,R\left(1 - \frac{1}{1 + h/R}\right)}\,. \tag{D11}$$

Die Rückkehrgeschwindigkeit (D10) ist für $r_\infty = R + h$ wieder mit (D7) und die Auftreffgeschwindigkeit ist für $h \to \infty$ wieder mit der theoretischen Fluchtgeschwindigkeit (D8) bis auf das jeweilige Vorzeichen identisch.

Ist dagegen die Fallhöhe $h \ll R$ sehr klein gegenüber R, so folgt aus (D11)

$$\dot{r}(R) = - \sqrt{2\,g\,R} \cdot \sqrt{1 - \frac{1}{1 + h/R}} \approx - \sqrt{2\,g\,R}\,\sqrt{\frac{h}{R}}\left(1 + \frac{h}{R}\right)^{-1/2}\,, \tag{D12}$$

wobei die letzte Wurzel durch die ersten Glieder einer binomischen Reihe ersetzt werden kann, so daß also gilt:

$$\dot{r}(R) \approx - \sqrt{2\,g\,h}\left(1 - \frac{h}{2\,R}\right)\,. \tag{D13}$$

Man erhält also als „*Fallgesetz*" *für den Fall aus großer Höhe* h

$$\dot{r}(R) \approx - \sqrt{2\,g^*\,h} \tag{D14}$$

mit einer gegenüber der Erdbeschleunigung modifizierten Beschleunigung

$$g^* = g \left(1 - \frac{h}{2R}\right)^2 . \tag{D15}$$

Für $h/R \to 0$ ist schließlich $g^* = g$ und (D14) geht in das übliche Fallgesetz

$$\dot{r}(R) = -\sqrt{2gh} \tag{D16}$$

ohne Berücksichtigung der Widerstände über.

Im übrigen hätte man mit dem *Arbeitssatz* die theoretische Fluchtgeschwindigkeit wieder wesentlich einfacher erhalten: Danach ist die einzige äußere, Arbeit verrichtende Kraft (vgl. D3)

$$G(r) = \Gamma \frac{mM}{r^2}$$

und die kinetische Energie beim Start ($r = R$) ist

$$E_1 = \frac{m}{2} v^2 = \frac{m}{2} \dot{r}^2 (R)$$

bzw. schließlich im Endzustand ($r \to \infty$, $v = 0$)

$$E_2 = 0.$$

Also folgt aus dem Arbeitssatz

$$\int\limits_{①}^{②} \mathbf{F} \cdot d\mathbf{r}_F = \int\limits_{①}^{②} \mathbf{G}(r) \cdot d\mathbf{r}_G = - \int\limits_{①}^{②} G(r)\, dr$$

$$= - \int\limits_{r=R}^{r \to \infty} \Gamma \frac{mM}{r^2}\, dr = + \Gamma \frac{mM}{r}\Bigg|_R^{\infty} = - \Gamma \frac{mM}{R} = E_2 - E_1 = - \frac{m}{2} \dot{r}^2 (R) \tag{D17}$$

mit dem Ergebnis

$$\dot{r} = + \sqrt{2\Gamma \frac{M}{R}} = \sqrt{2\left(\Gamma \frac{M}{R^2}\right) R} = \sqrt{2gR} , \tag{D18}$$

und somit wieder (D8).

D.2. *Körper auf Erdumlaufbahn*

Von dem zeitabhängigen Problem des Starts gemäß C (instationäres Problem) und dem Fluchtgeschwindigkeitsproblem bei senkrechtem Start ist das stationäre Problem des Erdumlaufs (Bild 7-31) zu unterscheiden. Setzt man nämlich voraus, daß nach einer anfänglichen Bahn ① oder ② (die man i.a. für nicht senkrechten Start als Hyperbelbahn bestimmen kann) bereits eine Umlaufbahn ③ (die man i.a. als Ellipsenbahnen bestimmen kann) erreicht ist, so liegt ein stationärer Zustand (geo-stationäre Umlaufbahn) vor, für den unabhängig von der jeweiligen Masse m ein eindeutiger Zusammenhang zwischen der Flughöhe r und der Fluggeschwindigkeit v besteht. Auch diese Relation ist allein aus dem Massenmittelpunktsatz bestimmbar, wobei hier vereinfachend zunächst nur die

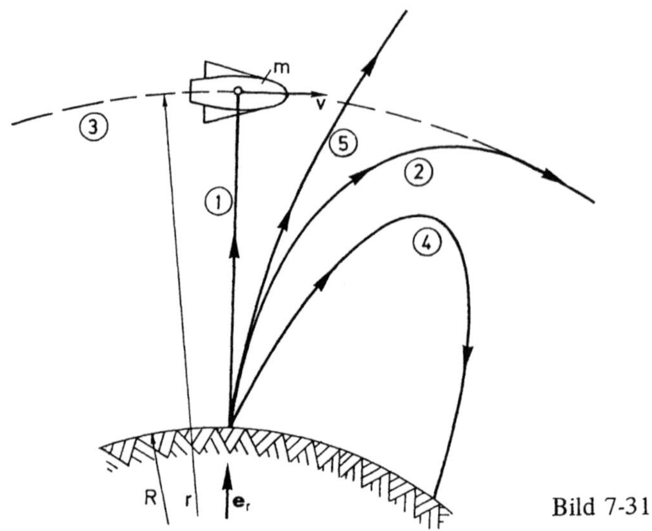

Bild 7-31

Kreisbahn (r = const) als Sonderfall aller Ellipsenbahnen behandelt werden soll (sonst vgl. E). Dann ist unter Vernachlässigung aller Widerstände

$$m\,\ddot{\mathbf{r}}_M = m\mathbf{a}_M = \mathbf{F}^a = \mathbf{G}\ . \tag{D19}$$

Zerlegung in Polarkoordinaten ergibt in radialer Richtung, wobei nach (2.32) $a_r = \ddot{r} - r\dot{\varphi}^2$ ist:

$$m\,a_r = m\,(\ddot{r} - r\dot{\varphi}^2) = -G(r) \tag{D20}$$

bzw. in tangentialer Richtung, wobei nach (2.32) $a_t = 2\,\dot{r}\dot{\varphi} + r\ddot{\varphi}$ ist:

$$m\,a_t = m\,(2\,\dot{r}\dot{\varphi} + r\ddot{\varphi}) = 0. \tag{D21}$$

Für die vorausgesetzte Kreisbahn ist $\dot{r} = \ddot{r} = 0$, also wird

$$-m\,r\dot{\varphi}^2 = -mg(r); \quad m\,r\ddot{\varphi} = 0 \tag{D22}$$

mit dem einen Ergebnis

$$\dot{\varphi} = \text{const} \quad \text{bzw.} \quad r\dot{\varphi} = v = \text{const},$$

also konstanter Winkelgeschwindigkeit bzw. Translationsgeschwindigkeit auf der kreisförmigen Umlaufbahn (ohne Berücksichtigung der Eigenrotation) und dem weiteren, masseinvarianten Ergebnis für die Beschleunigung

$$a_r = r\dot{\varphi}^2 = g(r)$$

bzw. nach Multiplikation beider Seiten mit r und mit Berücksichtigung von (D22) auch für die Geschwindigkeit

$$(r\dot{\varphi})^2 = v^2 = r\,g(r). \tag{D23}$$

Die für die stationäre Kreisbahn notwendige Fluggeschwindigkeit beträgt also

$$v = \sqrt{r\,g(r)}\,, \tag{D24}$$

wobei für $g(r) = g(R/r)^2$ nach (D3) und (D4) geschrieben werden kann. Für erdnahe Bahnen ist $r \approx R$, also wieder $g(r) = g(R) = g$. Nach (D24) ergibt sich so z.B. für eine in der Höhe $h = r - R = 300$ km translatorisch bewegte Masse (Satellit, Rakete) auf einer Kreisbahn eine Fluggeschwindigkeit von

$$v = \sqrt{(R + h)\,g\left(\frac{R}{R + h}\right)^2} = \sqrt{g\,R\,\frac{R}{R + h}} = 7725\,\frac{m}{s}$$

bzw. bei der Annahme $g(r) = g(R) \cong g$ ein Wert von

$$v = \sqrt{(h + R)\,g} = 8089\,\frac{m}{s}\,.$$

Diese *tangentiale Fluggeschwindigkeit* liegt weit unter der *radialen Fluchtgeschwindigkeit* $\dot{r}(R)$ bzw. $\dot{r}(r_e)$ von (D8) bzw. (D9), bei der die Masse das Gravitationsfeld (der Erde) verlassen würde. Die kleinste Geschwindigkeit (theoretisch), für die die Masse noch eine geostationäre Umlaufbahn in Form eines Kreises durchlaufen würde, wäre demnach für $r = R$ bzw. $h = 0$ die tangentiale Minimalgeschwindigkeit min $v = \sqrt{g\,R} = 7905$ m/s. Sie ist wegen $\dot{r}(R) = \sqrt{2\,g\,R} = 11\,180$ m/s um den Faktor $1/\sqrt{2}$ geringer als die theoretische vertikale Fluchtgeschwindigkeit. In dem dazwischen liegenden Bereich liegen alle denkbaren Erdumlaufbahnen. Diese sind i.a. Ellipsen mit dem berechneten Sonderfall der Kreisbahnen. Auch für die nicht senkrecht gestartete Rakete bei Nichterreichen der Fluchtgeschwindigkeit ergeben sich mit der Rückkehr zur Erde Ellipsenbahnen (s. Kurve ④ in Bild 7-31). Wird dagegen die entsprechende Fluchtgeschwindigkeit erreicht, sind die Bahnkurven i.a. Hyperbeln mit dem Sonderfall einer Parabel (s. Kurve ⑤ in Bild 7-31 und vgl. folgenden Absatz).

E. Zentralbewegungen (Planetenbewegungen)

Offenbar sind die behandelten Bewegungen nach C. und D. Sonderfälle von Bewegungen auf Kegelschnittbahnen. Ist dabei nach Bild 7-32 P der Ort der Masse (Planet, Satellit), dann gilt für eine derartige Bahn die Brennpunktsgleichung eines Kegelschnitts in Polarkoordinaten mit dem Brennpunkt (Focus) F als Ursprung

$$r = \frac{p}{1 + \epsilon \cos \varphi}\,, \tag{E1}$$

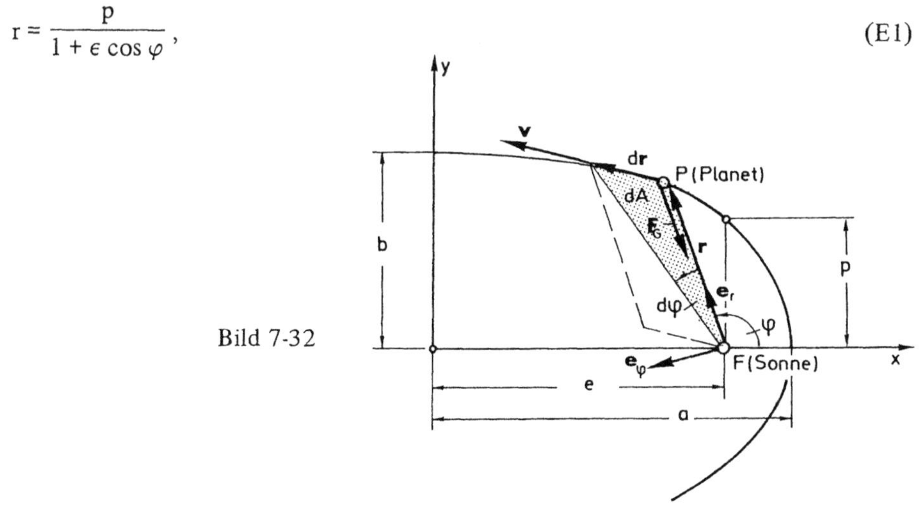

wobei für $\epsilon > 1$ Hyperbeln, für $\epsilon = 1$ Parabeln und für $\epsilon < 1$ Ellipsen mit $p = b^2/a$ (a, b Hauptachsen) beschrieben werden. Für $\epsilon = 0$ ist der unter D. behandelte Sonderfall $b = a$ bzw. $p = r$ als Kreis eingeschlossen. ϵ heißt „numerische Exzentrizität" ($\epsilon \geqslant 0$). Speziell für Ellipsen ist

$$0 \leqslant \epsilon = \frac{e}{a} = \sqrt{1 - \left(\frac{b}{a}\right)^2} < 1$$

(vgl. Bild 7-32). Bei Planetenbewegungen in einem Sonnensystem ist F identisch mit der Lage der Sonne. Da die einzige äußere Kraft die Gravitationskraft $\mathbf{F}_G$ nach (7.48) ist und diese unabhängig von der Lage von P stets zum Brennpunkt F, also stets in Richtung der Verbindung der beiden, sich anziehenden Massen m_p bei P und m_F bei F liegt, nennt man eine sich daraus ergebende Bewegung eine „Zentralbewegung". Wegen des Gravitationsgesetzes ist einerseits

$$\mathbf{F}_G = -\Gamma \frac{m_p \, m_F}{r^2} \, \mathbf{e}_r \tag{E2}$$

und wegen des Massenmittelpunktsatzes ist andererseits für m_p

$$\mathbf{F}_G = m_p \, \mathbf{a}_p. \tag{E3}$$

Zerlegt man $\mathbf{a}_p$ zweckmäßigerweise ebenfalls in Polarkoordinaten, so ist nach (2.32)

$$\mathbf{a}_p = (\ddot{r} - r\dot{\varphi}^2)\mathbf{e}_r + (2\dot{r}\dot{\varphi} + r\ddot{\varphi})\mathbf{e}_\varphi = a_r \, \mathbf{e}_r + a_\varphi \, \mathbf{e}_\varphi \tag{E4}$$

Gl. (E4) in (E3) eingesetzt, sowie (E2) und (E3) gleichgesetzt, ergibt

$$-m_p \left(\Gamma \frac{m_F}{r^2}\right)\mathbf{e}_r = m_p (a_r \, \mathbf{e}_r + a_\varphi \, \mathbf{e}_\varphi), \tag{E5}$$

woraus nach Komponentenvergleich die beiden Koordinatengleichungen

$$a_r = (\ddot{r} - r\dot{\varphi}^2) = -\left(\Gamma \frac{m_F}{r^2}\right); \quad a_\varphi = (2\dot{r}\dot{\varphi} + r\ddot{\varphi}) = 0 \tag{E6}$$

folgen. Damit ist $\mathbf{a} = \mathbf{a}_r$ und $\mathbf{a}_\varphi = \mathbf{0}$. *Zentralbewegungen* sind also solche Bewegungen, bei denen die Beschleunigung $\mathbf{a}$ *stets zu einem Zentrum* (hier: $F_1 \,\hat{=}\,$ Sonne) hin zeigt.

Nach (7.79) hat der Drall hier die spezielle Form

$$\mathbf{D}_O = \mathbf{r}_M \times m\,\mathbf{v}_M = \mathbf{r} \times \mathbf{I} = \mathbf{r} \times m\frac{d\mathbf{r}}{dt} = m\left(\mathbf{r} \times \frac{d\mathbf{r}}{dt}\right). \tag{E7}$$

Das hierin auftretende Vektorprodukt

$$\mathbf{r} \times d\mathbf{r} = 2 \, dA \, \mathbf{e}_z = 2 \, dA \, \mathbf{e}_A \tag{E8}$$

hat als Betrag stets die zwischen den multiplizierten Vektoren eingeschlossene Parallelogrammfläche, die hier wieder — wie im Kapitel 6 — die doppelte vom „Fahrstrahl" r zwischen F und P längs des Weges von P überstrichene Fläche dA (vgl. Bild 7-3) ist. Der Vektor $\mathbf{e}_z = \mathbf{e}_A$ ist dann der Stellungsvektor senkrecht zu dieser stets in der „Schmiegungsebene" liegenden infinitesimalen „Fahrstrahlfläche". Damit gilt (E7) auch in der Form

$$\mathbf{D}_O = m\left(\mathbf{r} \times \frac{d\mathbf{r}}{dt}\right) = 2m\frac{dA}{dt}\,\mathbf{e}_A = 2m\,\dot{A}\,\mathbf{e}_A = 2m\,\dot{\mathbf{A}}, \tag{E9}$$

wobei $dA/dt\, e_A = \dot{A}\, e_A$ als die „*Flächengeschwindigkeit*" $\dot{A}$ der vom Ortsvektor $r(t)$ überstrichenen Fläche interpretiert werden kann. Nun war nach (7.80)

$$\dot{D}_O = M_O^a = r \times \dot{I},$$

also gilt mit (E9) auch

$$M_O^a = \dot{D}_O = 2m\, \frac{d}{dt}\, (\dot{A}\, e_A) = 2m\, \frac{d}{dt}\, (\dot{A}) = 2m\, \ddot{A}. \tag{E10}$$

Das ist der sog. „*Flächensatz*", wonach das Produkt aus Masse und doppelter „Flächenbeschleunigung" gleich der Summe der äußeren Momente in Form der Summe der Momente der Einzelkräfte $M_O^a = r \times \dot{I} = r \times F^a$ ist. Bei den vorliegenden Zentralbewegungen wird nun als der feste Punkt O der Brennpunkt F gewählt, wodurch wegen $F^a = F_G$ das Moment bzgl. F, d.h. $M_F = r \times F_G = 0$ verschwindet, da $r \parallel F_G$ ist (vgl. Bild 7-32). Man erhält damit die *spezielle Aussage für die Zentralbewegung*

$$M_F^a = 0 = \dot{D}_F = 2m\, \frac{d}{dt}\, \dot{A} \tag{E11}$$

mit den Folgerungen

$$\dot{A} = \dot{A}\, e_A = \text{const} \tag{E12}$$

und bei $e_A = \text{const}$ auch $\dot{A} = \text{const}$, d.h. also

$$A(t) = C\, t. \tag{E12a}$$

Somit verläuft eine Zentralbewegung derart, daß der Radiusvektor $r(t)$ in gleichen Zeiten gleiche Flächen überstreicht ($\dot{A} = \text{const}$, $A(t) = C\, t$). Das ist übrigens das *zweite* KEPLER*sche*[1] *Gesetz für Planetenbewegungen.* Wegen $\dot{D}_F = 0$ nach (E11) folgt außerdem $D_F = \text{const}$, d.h. auch die Richtung von D_F ist stets die gleiche, woraus mit $D_F = r \times m\,v$ nach (E9) folgt, daß r und v stets in derselben Ebene liegen müssen — die Zentralbewegung somit eine *ebene Bewegung* in einer einzigen Schmiegungsebene ist. (Deshalb ist es in (E9), (E10) und (E12) auch unerheblich, ob die Differentiationsvorschrift mit auf den Einheitsvektor e_A erstreckt wird oder nicht, da ohnehin $\dot{A} = (A\, e_A)^{\boldsymbol{\cdot}} = \dot{A}\, e_A$ und $\dot{e}_A = 0$ ist.)

Der spezielle Flächensatz bzw. das zweite KEPLERsche Gesetz läßt sich auch aus (E6) unmittelbar ableiten, wenn wegen

$$a_\varphi = 0 = 2\, \dot{r}\dot{\varphi} + r\, \ddot{\varphi}$$

zunächst mit $\frac{1}{2}\, r(t)$ multipliziert

$$\frac{1}{2}\, (r\, a_\varphi) = \frac{1}{2}\, (2r\, \dot{r}\dot{\varphi} + r^2\, \ddot{\varphi}) = 0$$

und dann über die Zeit t integriert wird:

$$\frac{1}{2} \int [2r\, \dot{r}\dot{\varphi} + r^2\, \ddot{\varphi}]\, dt = \frac{1}{2} \int [r^2\, \dot{\varphi}]^{\boldsymbol{\cdot}}\, dt = C.$$

---

[1] KEPLER, 1571–1619

Als Ergebnis erhält man

$$r^2 \dot{\varphi} = 2C. \tag{E13}$$

Nun ist $\dot{\varphi} = d\varphi/dt$ und $2\,dA = r\,d\varphi\,r$ (Bild 7-32), also

$$r^2 \dot{\varphi} = 2\dot{A}. \tag{E14}$$

Aus dem Vergleich von (E13) mit (E14) folgt

$$\dot{A} = C, \tag{E15}$$

also wieder der spezielle Flächensatz für die Zentralbewegung (vgl. (E12)).

Aus der Differentialgleichung in radialer Richtung (erste Gleichung von (E6)) ergibt sich nun die zugehörige Bahnkurve. Ersetzt man dazu die Konstante Γm_F durch eine neue Konstante k_0, so wird zunächst

$$\ddot{r} - r\dot{\varphi}^2 = -\frac{k_0}{r^2}. \tag{E16}$$

Für $\dot{\varphi}$ ist aus (E13) der Zusammenhang

$$\dot{\varphi} = 2\frac{C}{r^2} = 2\frac{\dot{A}}{r^2} \tag{E17}$$

zwischen der Bahnwinkelgeschwindigkeit $\dot{\varphi} = \omega$ und dem Focus-Abstand r gewinnbar, womit die zeitlichen Ableitungen $\dot{r}$ und $\ddot{r}$ durch Ableitungen nach φ ausdrückbar sind. Demnach ist

$$\dot{r} = \frac{dr}{dt} = \frac{dr}{d\varphi} \cdot \frac{d\varphi}{dt} = \frac{dr}{d\varphi} \cdot \frac{2C}{r^2} = -2C\frac{d}{d\varphi}\left(\frac{1}{r}\right) \tag{E18}$$

sowie

$$\ddot{r} = \frac{d}{dt}(\dot{r}) = \frac{d}{d\varphi}(\dot{r})\frac{d\varphi}{dt} = -\frac{(2C)^2}{r^2}\frac{d^2}{d\varphi^2}\left(\frac{1}{r}\right). \tag{E19}$$

Setzt man diese Beziehung in (E16) und berücksichtigt nocheinmal (E17), so wird

$$a_r = \ddot{r} - r\dot{\varphi}^2 = -\frac{(2C)^2}{r^2}\left[\frac{d^2}{d\varphi^2}\left(\frac{1}{r}\right) + \frac{1}{r}\right] = -\frac{k_0}{r^2}, \tag{E20}$$

woraus die Differentialgleichung

$$\frac{d^2}{d\varphi^2}\left(\frac{1}{r}\right) + \frac{1}{r} = \frac{k_0}{(2C)^2} = \frac{1}{p} \tag{E21}$$

folgt, in der die beiden Konstanten k_0 und C zu einer neuen Konstanten p zusammengefaßt sind. Mit der Substitution $1/r = u(\varphi)$ wird daraus schließlich die gewöhnliche, inhomogene DGL zweiter Ordnung

$$u'' + u = \frac{1}{p} \tag{E22}$$

mit der zur vollständigen Lösung addierten homogenen und partikulären Lösung

$$u(\varphi) = c_1 \cos(\varphi - \varphi_0) + \frac{1}{p} = \frac{1}{r(\varphi)}, \tag{E23}$$

wobei c_1, φ_0 und wegen C auch noch p von den Anfangsbedingungen abhängige Konstanten sind. O.B.d.A. wählt man als Anfangsbedingung $\varphi_0 = 0$. Mit der neuen Konstanten $\epsilon = c_1 p$ kommt dann aus (E23)

$$\frac{1}{r} = \frac{1}{p}(1 + \epsilon \cos\varphi)$$

bzw.

$$\boxed{r(\varphi) = \frac{p}{1 + \epsilon \cos\varphi}.} \tag{E24}$$

Das ist die Darstellung aller Kegelschnitt-Bahnen nach (E1) mit der Fallunterscheidung

$$\epsilon \begin{cases} = 0 & \text{Kreis} \\ < 1 & \text{Ellipse} \\ = 1 & \text{Parabel} \\ > 1 & \text{Hyperbel} \end{cases}$$

(E24) stellt damit u.a. das *erste* KEPLER*sche Gesetz* dar, wonach Planetenbahnen Ellipsen sind, in deren einem Brennpunkt die Sonne steht. Darüber hinaus beschreibt (E24) auch z.B. die Bewegung von Raketen und Kometen im Gravitationsfeld der Erde, die sich i.a. auf hyperbolischen – im Sonderfall auch auf parabolischen – Bahnen bewegen.

Setzt man die Lösung $r(\varphi)$ nach (E24) in die Radialbeschleunigungsgleichung (E20) ein, so wird

$$a_r = \ddot{r} - r\dot{\varphi}^2 = -\frac{k_0}{r^2} = -\frac{(2C)^2}{pr^2} = -\frac{4C^2}{p^3}(1 + \epsilon \cos\varphi)^2 \tag{E25}$$

als Beschleunigungsgesetz für die Zentralbewegung, das die beiden ersten KEPLER schen Gesetze enthält. Es stellt die gesamte Beschleunigung dar, da $a = a_r$ ist. Diese ist stets auf den Brennpunkt (Sonne) gerichtet und umgekehrt proportional zum Quadrat der Entfernung r des bewegten Objekts P (Planet) zum ruhenden Objekt bei F (Sonne).

Für den speziellen Fall der Ellipse können nun noch die beiden Konstanten C und p auf eine einzige reduziert werden, da mit Hilfe des speziellen Flächensatzes (E12) für die gesamte Ellipse mit $A = \pi ab$ und damit $\dot{A} = C = \pi ab/T$ (T = Umlaufzeit) sowie wegen $p = b^2/a$

$$\frac{(2C)^2}{p} = \frac{4\pi^2 a^2 b^2}{\frac{b^2}{a}T^2} = \frac{4\pi^2 a^3}{T^2} = \lambda_p \tag{E26}$$

wird. Damit ist erstens wegen (E5) und (E25)

$$a = a_r = a_r e_r = -\lambda_p \frac{1}{r^2} e_r = -\Gamma m_F \frac{1}{r^2} e_r \tag{E27}$$

und zweitens ist wegen $\quad \dfrac{(2C)^2}{p} = (2\pi)^2 \dfrac{a^3}{T^2} = \text{const}$

nach (E26) auch

$$\frac{a^3}{T^2} = \text{const} = \frac{\lambda_p}{(2\pi)^2} = \frac{\Gamma m_F}{4\pi^2} , \qquad (E28)$$

was verbal aussagt, daß der Quotient aus der kubischen großen Bahnachse und dem Quadrat der Umlaufzeit eine Konstante ist. Da diese Konstante $\lambda_p/(2\pi)^2$ offenbar für alle Ellipsenbahnen eines Sonnensystems die gleiche ist, bedeutet das auch die Aussage, daß sich die Quadrate der Umlaufzeiten aller Planeten eines Sonnensystems wie die Kuben ihrer größten Bahnachsen verhalten. Das ist i.ü. das *dritte KEPLERsche Gesetz*.

Anmerkung: Die Gesetze sind von KEPLER natürlich nicht aus den kinetischen Gleichungen, sondern aus Messungen der Planetenbewegung abgeleitet worden. Dabei hat er sich insbesondere auf die Beobachtungen seines Lehrmeisters Tycho de BRAHE (1546–1601) über die Bewegung des Planeten Mars gestützt.

Eine analytische Ableitung wäre auch seinerzeit gar nicht möglich gewesen, da das hier verwendete allgemeine Gravitationsgesetz (7.48) mit (E26) in der Form (P $\hat{=}$ Planet, F $\hat{=}$ Sonne)

$$m_p\, a_r = -\,\lambda_p\,\frac{m_p}{r^2} = -\,\lambda_F\,\frac{m_F}{r^2} ,$$

also

$$\frac{\lambda_F}{m_p} = \frac{\lambda_p}{m_F} = \text{const} = \Gamma$$

und somit

$$F_G = \Gamma\,\frac{m_p\, m_F}{r^2}$$

bei nur einer universellen Gravitationskonstante erst auf die (verbalen) Aussagen von NEWTON (1643–1727) zurückgeht.

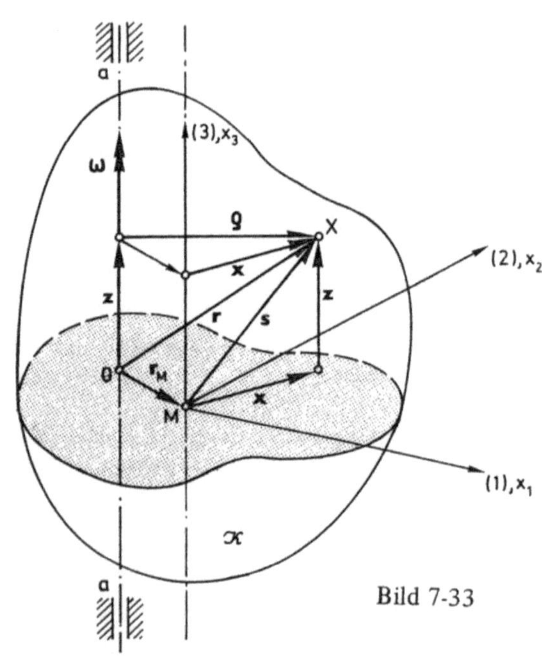

Bild 7-33

7.6 Bewegung um eine raumfeste Achse (reine Rotation)

Bei dieser speziellen Bewegung erfolge eine reine Rotation des starren Körpers $\mathcal{K}$ um eine raumfeste Achse a–a (Bild 7-33), wobei diese Achse nicht zwangsläufig durch den Massenmittelpunkt M, sondern durch einen festen Punkt O geht. O sei damit der Durchstoßpunkt der Achse a–a mit der dazu senkrechten (1)–(2)-Ebene durch M. Der Körper führt dabei eine Bewegung mit nur noch einem Freiheitsgrad aus, da sämtliche Translationsfreiheitsgrade sowie zwei der drei Rotationsfreiheitsgrade (z.B. um die (1)- und (2)-Achse) verhindert sind. Das Koordinatensystem x_1, x_2, x_3 werde als ZAS so gewählt, daß eine der drei

Koordinatenrichtungen parallel zur Achse a—a liegt. Hier sei das die (3)-Achse mit der Koordinate x_3. Dann ist hier der Winkelgeschwindigkeitsvektor

$$\boldsymbol{\omega} = \boldsymbol{\omega}_3 = \omega\,\mathbf{e}_3 \tag{7.81}$$

und die Geschwindigkeit eines jeden materiellen Punktes $X \in \mathscr{K}$ ist wegen der reinen Rotation

$$\mathbf{v} = \boldsymbol{\omega} \times \mathbf{r}, \tag{7.82}$$

wofür wegen $\mathbf{r} = \mathbf{z} + \boldsymbol{\rho} = \mathbf{r}_M + \mathbf{s}$ und $\boldsymbol{\omega} \parallel \mathbf{z}$ auch

$$\mathbf{v} = \boldsymbol{\omega} \times [\mathbf{r}_M + \mathbf{s}] = \boldsymbol{\omega} \times [\mathbf{z} + \boldsymbol{\rho}] = \boldsymbol{\omega} \times \boldsymbol{\rho} \tag{7.83}$$

geschrieben werden kann. Da O ein fester Punkt ist, gilt entweder wegen (7.9) mit (7.6) und (7.7)

$$\mathbf{D}_O = \mathbf{D}_M + \mathbf{r}_M \times \mathbf{I} = \mathbf{D}_M + \mathbf{r}_M \times m\,\mathbf{v}_M = \int \mathbf{r} \times \mathbf{v}\,dm$$

$$\mathbf{D}_O = \int \mathbf{s} \times \dot{\mathbf{s}}\,dm + \mathbf{r}_M \times m\,\mathbf{v}_M \tag{1}$$

oder aber nach (7.43)

$$\mathbf{D}_O = \mathbf{r}_M \times m\,\mathbf{v}_M + \boldsymbol{\Theta} \cdot \boldsymbol{\omega} \tag{2}$$

oder schließlich wegen der Parallelverschiebung der Achse a—a durch O gegenüber der Darstellung um M, also unter Verwendung des STEINERschen Satzes (vgl. 7.2.2B sowie die Ableitung von (7.30))

$$\mathbf{D}_O = \boldsymbol{\Theta}_0 \cdot \boldsymbol{\omega}$$

$$\text{mit} \quad \boldsymbol{\Theta}_0 = \sum_{i,\,j} \hat{\Theta}_{ij}\,\mathbf{e}_i\,\mathbf{e}_j$$

und (7.30) mit $a_i = r_{M\,i}$

$$\hat{\Theta}_{ij} = \Theta_{ij} + (r_M^2\,\delta_{ij} - r_{M_i} r_{M_j})\,m,$$

also

$$\boldsymbol{\Theta}_0 = \sum_{i,\,j} [\Theta_{ij} + (r_M^2\,\delta_{ij} - r_{M_i} r_{M_j})\,m]\,\mathbf{e}_i\,\mathbf{e}_j$$

$$= \underbrace{\sum_{i,\,j} \Theta_{ij}\,\mathbf{e}_i\,\mathbf{e}_j}_{\boldsymbol{\Theta}} + \underbrace{m \sum_{i,\,j} (r_M^2\,\delta_{ij} - r_{M_i} r_{M_j})\,\mathbf{e}_i\,\mathbf{e}_j}_{m\,[r_M^2\,\mathbb{E} - (\mathbf{r}_M\,\mathbf{r}_M)]}.$$

Damit gilt also auch

$$\mathbf{D}_O = \boldsymbol{\Theta}_0 \cdot \boldsymbol{\omega} = [\boldsymbol{\Theta} + m\,(r_M^2\,\mathbb{E} - \mathbf{r}_M\,\mathbf{r}_M)] \cdot \boldsymbol{\omega}. \tag{7.84}$$

Die Aussagen für $\mathbf{D}_O$ sind sämtlich identisch, denn mit $\mathbf{v}_M = \boldsymbol{\omega} \times \mathbf{r}_M$ geht zunächst (2) wegen

$$\mathbf{D}_O = \mathbf{r}_M \times m\,(\boldsymbol{\omega} \times \mathbf{r}_M) + \Theta \cdot \boldsymbol{\omega} = m\,[\boldsymbol{\omega}\,(\mathbf{r}_M \cdot \mathbf{r}_M) - \mathbf{r}_M\,(\mathbf{r}_M \cdot \boldsymbol{\omega})] + \Theta \cdot \boldsymbol{\omega}$$

$$= m\,[\boldsymbol{\omega}\,r_M^2 - (\mathbf{r}_M\,\mathbf{r}_M) \cdot \boldsymbol{\omega}] + \Theta \cdot \boldsymbol{\omega} = \underbrace{\{m\,[r_M^2\,\mathbb{E} - (\mathbf{r}_M\,\mathbf{r}_M)] + \Theta\}}_{= \quad \Theta_0} \cdot \boldsymbol{\omega}$$

$$= \Theta_0 \cdot \boldsymbol{\omega}$$

wieder in (7.84) über. Entsprechend kann aus (1) mit $\mathbf{r} = \mathbf{r}_M + \mathbf{s}$ und $\mathbf{v} = (\mathbf{r}_M + \mathbf{s})^{\displaystyle \cdot} = \boldsymbol{\omega} \times (\mathbf{r}_M + \mathbf{s})$ nach Ausführung des Mehrfachintegrals

$$\mathbf{D}_O = \int\limits_m \mathbf{r} \times \mathbf{v}\,dm = \int\limits_m \{(\mathbf{r}_M + \mathbf{s}) \times [\boldsymbol{\omega} \times (\mathbf{r}_M + \mathbf{s})]\}\,dm$$

unter Beachtung von $\boldsymbol{\omega} \times \mathbf{r}_M = \mathbf{v}_M$ und $\int \mathbf{s}\,dm = 0$ wieder die Form

$$\mathbf{D}_O = \int\limits_m \mathbf{s} \times (\boldsymbol{\omega} \times \mathbf{s})\,dm + m\,\mathbf{r}_M \times (\boldsymbol{\omega} \times \mathbf{r}_M)$$

gewonnen werden, die nach doppelter Auflösung mit dem Entwicklungssatz (vgl. die zu (7.38) führende Ableitung) auf (2), also auf

$$\mathbf{D}_O = \Theta \cdot \boldsymbol{\omega} + m\,\mathbf{r}_M \times \mathbf{v}_M$$

und damit auch wiederum auf (7.84) führt.

Dabei gelten diese Beziehungen noch für eine allgemeine Rotationsbewegung, da hierin $\boldsymbol{\omega} = \Sigma\,\omega_i\,\mathbf{e}_i$ ist, also noch alle drei Rotationsfreiheitsgrade enthalten sind.

Für die *rotatorische Bewegung allein um eine Achse* a–a war aber nun nach (7.81)

$$\boldsymbol{\omega} = \boldsymbol{\omega}_3 = \omega\,\mathbf{e}_3\,,$$

also ist hier speziell wegen $\boldsymbol{\omega} \cdot \mathbf{r}_M = 0$

$$\mathbf{D}_O = \Theta_0 \cdot \boldsymbol{\omega}_3 = \{\Theta + m\,[r_M^2\,\mathbb{E} - (\mathbf{r}_M\,\mathbf{r}_M)]\} \cdot \boldsymbol{\omega}_3$$

$$= \Theta \cdot \boldsymbol{\omega}_3 + m\,r_M^2\,\boldsymbol{\omega}_3 - m\,\mathbf{r}_M\,(\mathbf{r}_M \cdot \boldsymbol{\omega}_3)$$

$$\boxed{\mathbf{D}_O = \Theta \cdot \boldsymbol{\omega}_3 + m\,r_M^2\,\boldsymbol{\omega}_3 = \mathbf{D}_M + m\,r_M^2\,\boldsymbol{\omega}_3\,.} \qquad (7.85)$$

Da $\quad \Theta = \sum\limits_{i,\,j} \Theta_{ij}\,\mathbf{e}_i\,\mathbf{e}_j$

ist, gilt für das Rechtsprodukt hier

$$\Theta \cdot \boldsymbol{\omega}_3 = \sum\limits_{i,\,j} \Theta_{ij}\,\mathbf{e}_i\,\mathbf{e}_j \cdot (\omega\,\mathbf{e}_3) = \sum\limits_{i,\,j} \Theta_{ij}\,\omega\,\mathbf{e}_i\,(\mathbf{e}_j \cdot \mathbf{e}_3)$$

$$= \omega \sum\limits_{i,\,j} \Theta_{ij}\,\mathbf{e}_i\,\delta_{j3} = \omega \sum\limits_{i} \Theta_{i3}\,\mathbf{e}_i$$

$$\boxed{\mathbf{D}_M = \Theta \cdot \boldsymbol{\omega}_3 = \omega\,[\Theta_{13}\,\mathbf{e}_1 + \Theta_{23}\,\mathbf{e}_2 + \Theta_{33}\,\mathbf{e}_3]} \qquad (7.86)$$

Gl. (7.86) stellt den Drall für den Fall dar, daß die Achse a—a mit der (3)-Achse zusammenfällt bzw. nicht durch O, sondern durch den Massenmittelpunkt M geht. Ist das nicht der Fall, so gilt wieder (7.85) mit $\mathbf{D}_M$ nach (7.86) und dem in (7.85) bereits berechneten speziellen STEINERschen Zusatzterm, d.h. dann ist

$$\mathbf{D}_O = \mathbf{D}_M + m\,r_M^2\,\boldsymbol{\omega}_3 = \mathbf{D}_M + m\,r_M^2\,\omega\,\mathbf{e}_3$$

$$\mathbf{D}_O = \omega\left[\Theta_{13}\,\mathbf{e}_1 + \Theta_{23}\,\mathbf{e}_2 + (\Theta_{33} + m\,r_M^2)\,\mathbf{e}_3\right]. \tag{7.87}$$

Die zeitliche Ableitung von (7.87) ist wegen (7.4) und bei festem O gleich der Summe der äußeren Momente bezüglich O, d.h.

$$\mathbf{M}_O^a = \dot{\mathbf{D}}_O = \frac{\mathrm{d}}{\mathrm{d}t}\,\mathbf{D}_O \tag{7.88}$$

Dazu ist (7.87) nach der Zeit zu differenzieren, wobei bei körperfester Basis, aber ansonsten starrem Körper, noch die Richtungsänderung der Einheitsvektoren aufgrund der Rotation des Körpers nach (1.107)

$$\dot{\mathbf{e}}_i = \boldsymbol{\omega} \times \mathbf{e}_i$$

mit der Systemwinkelgeschwindigkeit $\boldsymbol{\omega}$ zu berücksichtigen ist. Diese Systemwinkelgeschwindigkeit ist aber mit der Winkelgeschwindigkeit des Körpers identisch (körperfestes System) und damit gilt wegen (7.81) im besonderen:

$$\dot{\mathbf{e}}_1 = \boldsymbol{\omega}_3 \times \mathbf{e}_1 = \omega\,\mathbf{e}_3 \times \mathbf{e}_1 = \omega\,\mathbf{e}_2$$

$$\dot{\mathbf{e}}_2 = \boldsymbol{\omega}_3 \times \mathbf{e}_2 = \omega\,\mathbf{e}_3 \times \mathbf{e}_2 = -\,\omega\,\mathbf{e}_1$$

$$\dot{\mathbf{e}}_3 = \boldsymbol{\omega}_3 \times \mathbf{e}_3 = \omega\,\mathbf{e}_3 \times \mathbf{e}_3 = 0.$$

Somit folgt für (7.88) mit $\mathbf{D}_O$ nach (7.87)

$$\mathbf{M}_O^a = \dot{\mathbf{D}}_O = \dot{\omega}\left[\Theta_{13}\,\mathbf{e}_1 + \Theta_{23}\,\mathbf{e}_2 + (\Theta_{33} + m\,r_M^2)\,\mathbf{e}_3\right]$$
$$+ \omega\left[\Theta_{13}\,\mathbf{e}_1 + \Theta_{23}\,\mathbf{e}_2 + (\Theta_{33} + m\,r_M^2)\,\mathbf{e}_3\right]^{\boldsymbol{\cdot}}$$

$$\mathbf{M}_O^a = (\dot{\omega}\,\Theta_{13} - \omega^2\,\Theta_{23})\,\mathbf{e}_1 + (\dot{\omega}\,\Theta_{23} + \omega^2\,\Theta_{13})\,\mathbf{e}_2 + \dot{\omega}\,(\Theta_{33} + m\,r_M^2)\,\mathbf{e}_3$$
$$= M_1\,\mathbf{e}_1 + M_2\,\mathbf{e}_2 + M_3\,\mathbf{e}_3. \tag{7.89}$$

Da die Bewegung nur um die Achse a—a, also um eine zur (3)-Achse parallele Richtung verläuft, ist als *Bewegungsgleichung* nur die zugehörige Koordinatengleichung von (7.89) von Bedeutung, das ist also

$$M_3 = \dot{\omega}\,(\Theta_{33} + m\,r_M^2). \tag{7.90}$$

Vergleicht man das Ergebnis mit dem Drall nach (7.87) und berücksichtigt dabei (7.88), so läßt sich die Bewegungsgleichung auch schreiben als

$$M_3 = \dot{\mathbf{D}}_3 = [\omega\,(\Theta_{33} + \underbrace{m\,r_M^2)}_{\Theta_{aa}}]^{\boldsymbol{\cdot}}$$

$$M_3 = (\omega\,\Theta_{aa})^{\displaystyle\cdot} = \dot{\omega}\,\Theta_{aa} = (\Theta_{33} + m\,r_M^2)\,\dot{\omega} \tag{7.91}$$

da das Massenträgheitsmoment um die Drehachse (a), also $\Theta_{aa} = \Theta_{33} + m\,r_M^2$ bei einem starren Körper zeitlich eine Konstante ist. Ist die (3)-Achse selbst die Drehachse, so entfällt wegen $r_M = 0$ der STEINERsche Anteil $m\,r_M^2$ und das maßgebliche Trägheitsmoment ist allein Θ_{33}, für das wegen (7.17) gilt:

$$\Theta_{33} = \int\limits_m (x_1^2 + x_2^2)\,dm = \int x^2\,dm = \int x^2\,dm \tag{7.92}$$

Die Beziehungen (7.89) bis (7.92) sind in Anwendung auf Wellen und Rotoren, die i.a. eine Rotation um eine raumfeste Achse ausführen, fundamentale Gleichungen.

Ist der Anteil des äußeren Momentes um die Drehachse Null, also

$$M_3 = 0 = \dot{D}_3\,, \qquad \text{so ist} \qquad D_3 = \text{const} = \omega\,(\Theta_{33} + m\,r_M^2)$$

und somit ist das Produkt aus Winkelgeschwindigkeit und Massenträgheitsmoment eine Konstante. Dies bedeutet, daß bei konstantem Drall und kleinem Trägheitsmoment die Winkelgeschwindigkeit entsprechend groß und bei großem Trägheitsmoment die Winkelgeschwindigkeit klein sein muß (Anwendung: Pirouette, Salto) (vgl. Drallerhaltungssatz 7.4 in 7.4.1). Um die anderen beiden Achsen erfolgt nach Voraussetzung keine Bewegung, die zugehörigen Freiheitsgrade sind eingeschränkt und die berechneten Momente M_1 und M_2 müssen daher durch die entsprechenden Bindungen aufgenommen werden. Das sind in diesem Falle die beiden Lager längs der Achse a–a. Sie müssen die ggf. vorhandenen Größen M_1 und M_2 nach (7.89), die ihrerseits von der Winkelgeschwindigkeit ω, der Winkelbeschleunigung $\dot{\omega}$ und von den Deviationsmomenten Θ_{13} und Θ_{23} abhängen, aufnehmen. Die aufgrund des STEINERschen Satzes berechenbaren Versetzungs-Deviationsmomente $(-\,m\,r_{Mi}\,r_{Mj};$ vgl. (7.30)) sind dabei zwar im Trägheitstensor Θ_0 vorhanden, ihr Anteil am Drall $\mathbf{D}_O$ und damit am Moment $\mathbf{M}_O$ verschwindet jedoch wegen der Orthogonalität von r_M und dem hier speziellen Vektor $\boldsymbol{\omega} = \boldsymbol{\omega}_3$.

Durch ein „Auswuchten" des Rotors, d.h. durch eine entsprechend geänderte Massenverteilung mit dem Ziel, die Deviationsmomente Θ_{i3} zum Verschwinden zu bringen bzw. zumindest möglichst gering zu machen, lassen sich diese Lagerbelastungen infolge von M_1 und M_2 beeinflussen. Ist nämlich $\Theta_{i3} = 0\,(i \neq 3)$, so ist auch $M_i = 0$. Für $i = 3$ ist Θ_{33} stets größer als Null, d.h. Θ_{aa} läßt sich nur (bzgl. des Massenmittelpunktes) minimieren, jedoch nicht zu Null machen, woraus wiederum folgt, daß zur Beschleunigung eines Rotors mit $\dot{\omega} \neq 0$ stets ein Drehmoment $M_3 \neq 0$ benötigt wird (vgl. spätere Beispiele).

7.7 Bewegung in der Ebene

Gegenüber der allgemeinen Bewegung ist die ebene Bewegung dadurch gekennzeichnet, daß der beliebig ausgedehnte (nichtebene) starre Körper eine Bewegung in einer ausgezeichneten Ebene ausführt. Dadurch sind drei Freiheitsgrade eingeschränkt und entsprechend sind noch drei unabhängige Bewegungsmöglichkeiten zugelassen. Bezogen auf Bild 7-34, sind das die zwei Translationsfreiheitsgrade (in x- und y-Richtung) sowie eine noch mögliche Drehung um die z-Achse mit einer Winkelgeschwindigkeit ω. Also ist für alle Punkte X aus $\mathcal{K}$

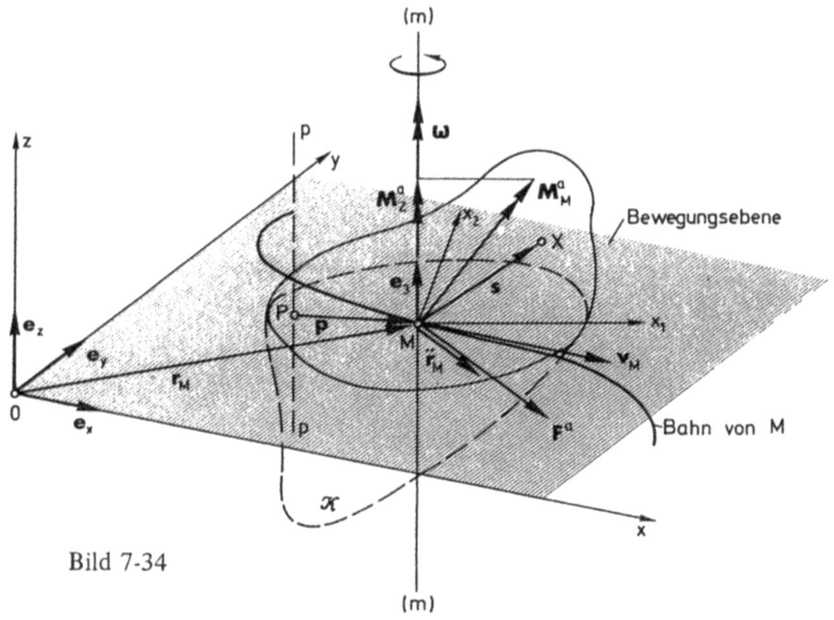

Bild 7-34

$$v = \dot{x}\,e_x + \dot{y}\,e_y \quad und \quad \omega = \omega_z = \omega_z\,e_z = \dot{\varphi}\,e_z$$

bzw.

$$\dot{z} = \ddot{z} = 0 \quad und \quad \omega_x = \omega_y = 0 \,. \tag{7.93}$$

Mit dieser Definition für die ebene Bewegung müssen für die drei Bewegungsmöglichkeiten $\dot{x}$, $\dot{y}$ und $\dot{\varphi}$ auch drei Bewegungsgleichungen formuliert werden. Das sind zunächst die beiden verbleibenden translatorischen Bewegungsgleichungen aus dem Impuls- bzw. Massenmittelpunktsatz (vgl. 7.1)

$$F^a = \dot{I} = m\,\ddot{r}_M\,, \quad d.h. \quad \begin{cases} \Sigma X = m\,\ddot{x}_M \\ \Sigma Y = m\,\ddot{y}_M \end{cases} \tag{7.94}$$

Dabei ist die dritte skalare Gleichung $\Sigma Z = 0$, was bedeutet, daß bei der ebenen Bewegung der Körper in z-Richtung im „Gleichgewicht" ist (Kräfte Z können also vorhanden, ihre Summe aber muß Null sein). Zusätzlich muß eine rotatorische Bewegungsgleichung angegeben werden, wobei entweder vom Drallsatz um einen festen Punkt (z.B. O in Bild 7-34) nach (7.11) oder (i.a. zweckmäßigerweise) vom Drallsatz um den Massenmittelpunkt M nach (7.13) ausgegangen wird. Da die Beziehungen in bekannter Weise (vgl. vorige Abschnitte) ineinander umgerechnet werden können, genügt es nun, eine der beiden Formen weiterzuverfolgen. Dafür wird von (7.13)

$$M_M^a = \dot{D}_M$$

ausgegangen, wobei nach (7.38)

$$D_M = \Theta \cdot \omega \quad mit \quad \Theta = \Theta_M$$

gilt. Wieder liegt, wie in 7.6, eine Bewegung um eine Achse — nämlich um die (i.a. translatorisch bewegte) Achse m—m (nach Bild 7-34) vor, wobei auch wieder $\boldsymbol{\omega}$ nach (7.93) nur eine Komponente $\boldsymbol{\omega} = \omega\, \mathbf{e}_z = \omega\, \mathbf{e}_3$ aufgrund der ebenen Bewegung hat. Damit sind die Verhältnisse analog zum vorigen Absatz, und der Drall um M nimmt wie mit (7.86) die Form an

$$\mathbf{D}_M = \boldsymbol{\Theta} \cdot \boldsymbol{\omega}_3 = \sum_{i,j} \Theta_{ij}\, \mathbf{e}_i\, \mathbf{e}_j \cdot (\dot{\varphi}\, \mathbf{e}_3) = \dot{\varphi} \sum_i \Theta_{i3}\, \mathbf{e}_i$$

$$\mathbf{D}_M = \dot{\varphi}\,[\Theta_{13}\, \mathbf{e}_1 + \Theta_{23}\, \mathbf{e}_2 + \Theta_{33}\, \mathbf{e}_3] \cdot \qquad\qquad (7.95)$$

Als Bewegungsgleichung kommt nur die Drehung um die (3)-Achse in Betracht, also ist wegen

$$\mathbf{M}_M^a = \dot{\mathbf{D}}_M$$

der daraus in Richtung von $\mathbf{e}_3$ projizierte Anteil nach (7.95)

$$M_3 = \mathbf{M}_M^a \cdot \mathbf{e}_3 = \dot{\mathbf{D}}_M \cdot \mathbf{e}_3 .$$

Da sich $\mathbf{e}_3$ stets parallel bleibt und $|\mathbf{e}_3| = 1$ ist, gilt dann auch

$$\dot{\mathbf{D}}_M \cdot \mathbf{e}_3 = [\mathbf{D}_M \cdot \mathbf{e}_3]^\cdot,$$

was man durch Ausdifferenzieren nach der Produktenregel bestätigt. Damit kann die Reihenfolge der Differentiation und Projektion hier vertauscht werden. Aus (7.95) folgt dabei für die Projektion

$$\mathbf{D}_M \cdot \mathbf{e}_3 = \dot{\varphi}\, \Theta_{33},$$

und so wird schließlich wegen $\Theta_{33} \neq \Theta_{33}(t)$ (starrer Körper)

$$M_3 = [\mathbf{D}_M \cdot \mathbf{e}_3]^\cdot = [\dot{\varphi}\, \Theta_{33}]^\cdot = \ddot{\varphi}\, \Theta_{33} \qquad\qquad (7.96)$$

Gl. (7.96) stellt die gesuchte, *dritte Bewegungsgleichung für die ebene Bewegung* des starren Körpers neben (7.94) dar. Aus den anderen beiden Momentengleichungen in Richtung von $\mathbf{e}_1$ und $\mathbf{e}_2$, um die eine Drehung des Körpers ausgeschlossen ist, können wieder, wie in 7.6, die Reaktionsmomente M_1 und M_2 berechnet werden, die von der Führung (Bindung) zur Aufrechterhaltung einer ebenen Bewegung aufgenommen werden müssen. Sie hängen, wie in (7.89), von den Deviationsmomenten Θ_{i3} ($i \neq 3$) ab. Sind diese z.B. durch Auswuchten zum Verschwinden gebracht worden oder ist das benutzte körperfeste System nicht nur ein ZAS, sondern ein HZAS mit der daraus folgenden Eigenschaft $\Theta_{i3} = 0$ ($i \neq 3$), so sind diese Reaktionsmomente $M_i = 0$. Unabhängig von der Größe dieser Reaktionsmomente M_1, M_2 bzw. M_x und M_y sowie der Größe der Reaktionskraft Z (s. (7.94)), gilt also zusammenfassend für die ebene Bewegung des starren Körpers das *Bewegungs-Gleichungs-System* nach (7.94) und (7.96) ($M_3 \mathrel{\hat{=}} M_M$, $\Theta_{33} \mathrel{\hat{=}} \Theta_M$)

$$
\begin{array}{lll}
\Sigma X = m\, \ddot{x}_M & (1) & \\
\Sigma Y = m\, \ddot{y}_M & (2) & (7.97) \\
\Sigma M_M = \Theta_M\, \ddot{\varphi}_M = \Theta_M\, \ddot{\varphi} & (3) &
\end{array}
$$

Wird statt M ein anderer, beliebig bewegter Punkt $Q \in \mathcal{K}$ als Bezugspunkt gewählt, so ist der Drallsatz in der Form (7.12) auf die ebene Bewegung zu spezialisieren. Wird statt M ein fester Punkt P (z.B. mit $P \in \mathcal{K}$ in der Bewegungsebene und mit $\overrightarrow{PM} = \mathbf{p}$; vgl. Bild 7-34) gewählt, so ist der Drallsatz in der Form (7.11) zu verwenden, wobei hierfür wegen der gleichen Form der Aussage des zweiten Axioms

$$\mathbf{M}_p = \dot{\mathbf{D}}_p = [\Theta_p \, \boldsymbol{\omega}]^{\cdot}$$

wie für den Massenmittelpunkt auch die Gleichungen (7.97) in gleicher Form nur mit verändertem Trägheitsmoment Θ_p nach dem STEINERschen Satz (vgl. 7.30) bzw. bei entsprechender Ableitung wie in 7.6, d.h. mit

$$\Theta_P = \Theta_M + m\,p^2,$$

erhalten bleiben. (Beachte: $\mathbf{p} = \mathbf{p}\,(t)$, aber $\mathbf{p} \cdot \mathbf{p} = p^2 = $ const.) Also gilt dann statt (7.97) auch $(M_{P3} \,\hat{=}\, M_P; \; \Theta_{33} \,\hat{=}\, \Theta_M; \; \Theta_{pp} \,\hat{=}\, \Theta_P)$

$$
\begin{aligned}
\Sigma X &= m\,\ddot{x}_M \\
\Sigma Y &= m\,\ddot{y}_M \\
\Sigma M_P &= \Theta_P\,\ddot{\varphi}_P = \Theta_P\,\ddot{\varphi} = (\Theta_M + m\,p^2)\,\ddot{\varphi}.
\end{aligned}
\tag{7.98}
$$

Mit (7.97) oder (7.98) stehen eine hinreichende Zahl von Bewegungsgleichungen für die drei Freiheitsgrade der ebenen Bewegung starrer Körper zur Verfügung.

Wird statt des Impuls- und Drallsatzes der *Arbeitssatz* bzw. bei Vorliegen der entsprechenden Voraussetzungen der *Energiesatz* verwendet (vgl. Satz 7.5 bzw. Gl. (7.65) oder (7.71) und Satz 7.8 bzw. Gl. (7.78)), so ist es sinnvoll, auch diese Sätze für die ebene Bewegung des starren Körpers zu spezialisieren. Dabei ändert sich an der Arbeit A^a der äußeren Kräfte und freien Momente bzw. an den Potentialen $U(x)$ im Falle konservativer Kraftfelder formal nichts, da nach wie vor räumliche Kräfte und Momente

$$\mathbf{F}^a = \sum_i F_i\,\mathbf{e}_i; \quad \mathbf{M}^a = \sum_j M_j\,\mathbf{e}_j$$

auftreten können ($Z_i \neq 0$, s. oben) und lediglich wegen der Bewegung in *einer* ausgezeichneten Ebene (x_1, x_2-Ebene), d.h. wegen $r_F = r_F\,(x_1, x_2, x_3 = $ const) das aktuelle Verschiebungselement (vgl. (1.13))

$$d\mathbf{r}_F = \sum_{k=1}^{3} \frac{\partial \mathbf{r}_F}{\partial x_k}\,dx_k = \sum_{k=1}^{2} \frac{\partial \mathbf{r}_F}{\partial x_k}\,dx_k = \sum_{k=1}^{2} d r_k\,\mathbf{e}_k$$

nur zwei Komponenten hat und damit jeweils ein Anteil der Skalarprodukte mit $\mathbf{F}^a$ verschwindet. Hier wird also speziell

$$
\mathbf{F}^a \cdot d\mathbf{r}_F = \sum_{i=1}^{3} F_i\,\mathbf{e}_i \cdot \sum_{k=1}^{2} d r_k\,\mathbf{e}_k = \sum_{k=1}^{2} F_k\,d r_k
\tag{7.99a}
$$

Für die Arbeit der freien Momente verbleibt wegen $d\boldsymbol{\varphi} = d\varphi\, e_3$ entsprechend nur ein Anteil, nämlich

$$\mathbf{M}^a \cdot d\boldsymbol{\varphi} = \sum_{j=1}^{3} M_j\, e_j \cdot (d\varphi\, e_3) = M_3\, d\varphi. \tag{7.99b}$$

Anmerkung: Die speziellen Formen (7.99) der äußeren Arbeit sind Ausdruck dafür, daß von den Kräften in der zur Bewegungsebene senkrechten Richtung (x_3-Richtung) keine Arbeit verrichtet wird, da eine aktuelle Verschiebung in dieser Richtung ausgeschlossen ist, bzw. daß von den freien Momenten keine Arbeit an den Verdrehungen des Körpers um die (1)- und (2)-Achse verrichtet wird, da diese Rotation bei einer ebenen Bewegung ausgeschlossen ist.

Auch die im Arbeitssatz bzw. Energiesatz auftretenden kinetischen Energien lassen sich, ausgehend von der Form (7.70), mit der Restriktion auf eine ebene Bewegung, also insbesondere wegen (7.93) ($\boldsymbol{\omega} = \omega\, e_3$) noch erheblich vereinfachen. Denn mit

$$\Theta = \int_m \left[(x \cdot x)\, \mathbb{E} - (x\, x) \right] dm$$

wird

$$\boldsymbol{\omega} \cdot \Theta \cdot \boldsymbol{\omega} = \omega\, e_3 \cdot \left(\sum_{i,\,j} \Theta_{ij}\, e_i\, e_j \right) \cdot \omega\, e_3 = \omega^2 \sum_{i,\,j} \Theta_{ij}\, (e_3 \cdot e_i)\, (e_j \cdot e_3)$$

$$= \omega^2 \sum_{i,\,j} \Theta_{ij}\, \delta_{3i}\, \delta_{j3} = \omega^2\, \Theta_{33}\,.$$

Also mit $\Theta_{33} \hat{=} \Theta_M$ (s. oben) folgt aus (7.70)

$$E_{rot} = \frac{1}{2}\, \boldsymbol{\omega} \cdot \Theta \cdot \boldsymbol{\omega} = \frac{1}{2}\, \Theta_M\, \omega^2$$

$$E_{trans} = \frac{1}{2}\, v_M \cdot m\, v_M = \frac{1}{2}\, m\, v_M^2\,. \tag{7.100}$$

Für die ebene Bewegung des starren Körpers gilt daher der *Arbeitssatz* in der Form

$$A^a = \int_{①}^{②} F \cdot dr_F + \int_{①}^{②} M \cdot d\varphi = \int_{①}^{②} \sum_{1}^{2} F_k\, dr_k + \int_{①}^{②} M_3\, d\varphi$$

$$= E_2 - E_1 = \frac{1}{2}\, m\, [v_{M②}^2 - v_{M①}^2] + \frac{1}{2}\, \Theta_M\, [\omega_②^2 - \omega_①^2] \tag{7.101}$$

Entsprechendes gilt für den *Energiesatz* (7.78), der hier dann die Form annimmt

$$U + \frac{1}{2}\, [m\, v_M^2 + \Theta_M\, \omega^2] = \text{const.} \tag{7.102}$$

Führt man für das einzig verbleibende Trägheitsmoment analog zu (6.59) den *Trägheitsradius*

$$\Theta_{33} = \Theta_M = m\, i_M^2 \quad \text{bzw.} \quad i_M^2 = \frac{\Theta_M}{m}. \tag{7.103}$$

ein, so kann die gesamte kinetische Energie E an jeder beliebigen Stelle auch geschrieben werden als

$$E = \frac{1}{2}\, m v_M^2 + \frac{1}{2}\, \Theta_M\, \omega^2 = \frac{1}{2}\, m\,[\, v_M^2 + i_M^2\, \omega^2\,] \tag{7.104}$$

womit (7.101) schließlich in

$$A^a = \frac{1}{2}\, m\,[(v_M^2 + i_M^2\, \omega^2)_{\textcircled{2}} - (v_M^2 + i_M^2\, \omega^2)_{\textcircled{1}}] \tag{7.105}$$

und (7.102) in

$$U + \frac{1}{2}\, m\,[\, v_M^2 + i_M^2\, \omega^2\,] = \text{const} \tag{7.106}$$

übergeht.

Ist der Massenmittelpunkt M fest, so verbleibt nur der rotatorische Anteil $E_{rot} = \frac{1}{2}\, \Theta_M\, \omega^2 = \frac{1}{2}\, m\, i_M^2\, \omega^2$ und die Bewegung ist eine Rotation um eine „raumfeste" Achse (vgl. 7.6) durch den speziellen Punkt M.

Ist ein anderer Punkt $P \in \mathscr{K}$ fest, so ist die Bewegung wieder eine Rotation um eine raumfeste Achse durch den Punkt P. Soll auch hier die Energie als reine Rotationsenergie mit $E_{trans} = 0$ dargestellt werden, gilt gemäß neben (7.104) mit (7.30) auch:

$$E = E_{trans} + E_{rot_M} = \frac{1}{2}\, m\,[\, v_M^2 + i_M^2\, \omega^2\,] = E_{rot\,P} = \frac{1}{2}\, \Theta_P\, \omega^2$$

$$= \frac{1}{2}\,[\Theta_M + p^2 m] = \frac{1}{2}\, m\,[\, i^2 + p^2\,]\, \omega^2 \tag{7.107}$$

Da auch das Momentanzentrum Z in jedem Augenblick in Ruhe ist, und sich bezüglich Z die beliebige Bewegung des starren Körpers stets als eine reine Rotation darstellt, kann der feste Punkt P auch mit dem Momentanzentrum Z identifiziert werden. Das ist für die Anwendungen der abgeleiteten Beziehungen auf konkrete Probleme von Bedeutung. Dazu einige Beispiele:

Beispiel 1 (Bild 7-35): *Reines Rollen auf schiefer Ebene.* In welcher Zeit t hat ein Rollkörper von der Masse m und dem Trägheitsmoment Θ_M die Strecke s auf der schiefen Ebene durchlaufen, wenn die Bedingung $v_M = a\omega$ für reines Rollen erfüllt ist? Zur Zeit t = 0 setze sich der Körper in Bewegung.

Lösung:

Der Energiesatz Gl. (7.78) liefert mit Gl. (7.106) und $\Theta_M = m\, i_M^2$

$$0 + mgh = \frac{m}{2}\, v_M^2 + \frac{1}{2}\, \Theta_M\, \omega^2 = \frac{m}{2}\, v_M^2 \left(1 + \frac{i_M^2}{a^2}\right)$$

und daraus die Geschwindigkeit des Massenmittelpunkts

$$v_M = \sqrt{\frac{2\, gh}{1 + i_M^2/a^2}} = \sqrt{\frac{2\, gs \sin\alpha}{1 + i_M^2/a^2}} = \frac{ds}{dt}.$$

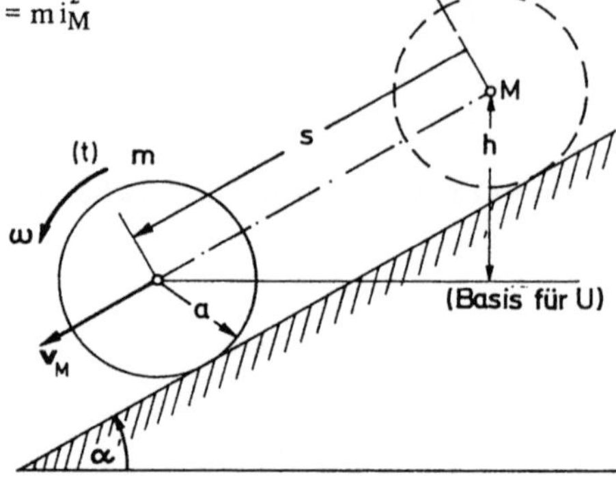

Bild 7-35

Durch Integration erhalten wir die Zeit

$$t(s) = \sqrt{\frac{1 + i_M^2/a^2}{2\, g \sin\alpha}} \int_{\bar s = 0}^{s} \frac{d\bar s}{\sqrt{\bar s}} = \sqrt{\frac{2\, s\,(1 + i_M^2/a^2)}{g \sin\alpha}}.$$

Die Bewegung des Rollkörpers geht gegenüber der eines reibungsfrei ohne Drehung auf der schiefen Ebene herabgleitenden Körpers ($i_M = 0$) um so langsamer vor sich, je größer sein Trägheitsradius ist.

Wir überzeugen uns hiervon durch ein einfaches Experiment mit verschiedenen Rollkörpern.

Beispiel 2: *Physisches Pendel.* Ein starrer Körper, der sich reibungsfrei um eine feste, horizontale Achse (durch den Punkt P von Bild 7-36) im Schwerefeld dreht, wird physisches Pendel genannt. Da die Reaktionskräfte in P wegen der vorausgesetzten Reibungsfreiheit kein Moment ausüben, ist das Gesamtmoment der äußeren Kräfte bezüglich der durch P gehenden Drehachse $M_P^a = mga \sin\varphi$. Der Momentensatz (7.90) für die Drehung um eine feste Achse liefert als Bewegungsgleichung

$$\Theta_P\, \ddot\varphi = -\, mga \sin\varphi. \tag{1}$$

Das Minuszeichen rührt daher, daß wir die Lagekoordinate von der Vertikallage aus nach links drehend und andererseits das Drehmoment M_P^a nach rechts drehend positiv rechnen. Wenn wir die sogenannte *reduzierte Pendellänge* $l_r = \Theta_P/(am)$ einführen, erhalten wir als Bewegungsdifferentialgleichung die nichtlineare Differentialgleichung

$$\ddot\varphi + \frac{g}{l_r} \sin\varphi = 0. \tag{2}$$

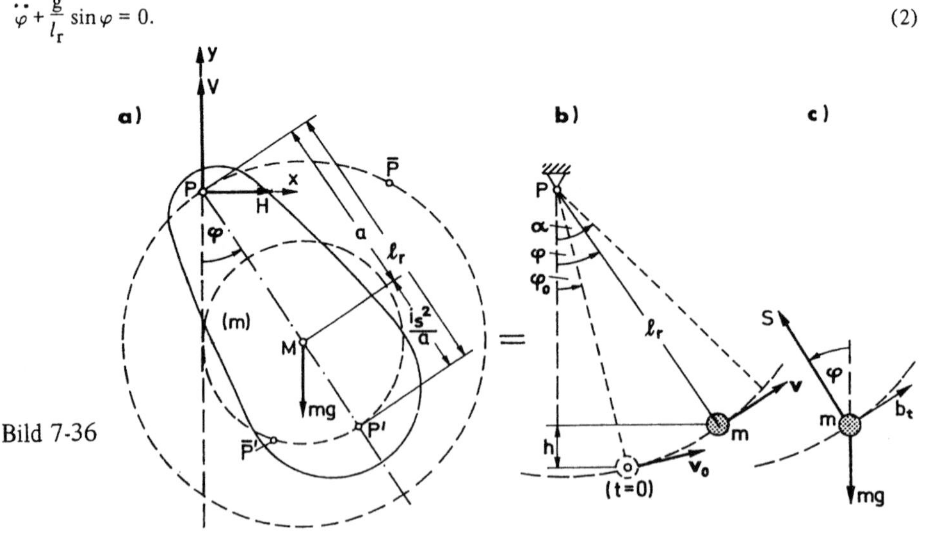

Bild 7-36

Wir betrachten nun nach Bild 7-36b) zunächst ein sog. *mathematisches Pendel*, das ein Modell für ein physisches Pendel darstellt. Es besteht aus einer als masselos angenommen starren Stange von der Länge l_r und der kleinen Masse m. Mit der Tangentialbeschleunigung $b_t = l_r \ddot{\varphi}$ liefert der in Tangentialrichtung angesetzte Massenmittelpunktsatz $m \, l_r \ddot{\varphi} = - mg \sin\varphi$, d.h. wieder die Bewegungsgleichung (2). Das physische Pendel schwingt also wie ein mathematisches Pendel von der reduzierten Pendellänge l_r. Beide Fälle können wir also hinsichtlich ihres Bewegungszustandes gemeinsam behandeln. Die Integration von (2) ist nicht mehr so einfach wie die der linearen Differentialgleichungen, die wir bisher behandelten. Ein erstes Integral können wir uns jedoch leicht verschaffen, indem wir anstelle von (2)

$$\frac{1}{2} \frac{d}{dt} (\dot{\varphi}^2) - \frac{g}{l_r} \frac{d}{dt} (\cos\varphi) = 0$$

schreiben. Die Integration liefert dann

$$\dot{\varphi}^2 - 2 \frac{g}{l_r} \cos\varphi = C = \dot{\varphi}_0^2 - 2 \frac{g}{l_r} \cos\varphi_0, \tag{3}$$

wobei wir zur Bestimmung von C eine Anfangsbedingung benötigen: Zur Zeit $t = 0$ sei beispielsweise φ_0 und $\dot{\varphi}_0 = v_0/l_r$ vorgegeben.

Wir erhalten übrigens zur Kontrolle aus (3) durch Differentiation nach t, also aus $\dot{\varphi} \ddot{\varphi} + \frac{g}{l_r} \dot{\varphi} \sin\varphi = 0$ wieder die Bewegungsgleichung (2).

Ohne von der Differentialgleichung selbst ausgehen zu müssen, kommen wir schneller mit Hilfe des Energiesatzes (7.78) zu ihrem ersten Integral. Der Energiesatz ist ja – für konservative Systeme – das erste Integral des Massenmittelpunktsatzes. Aus dem Vergleich der Energiegrößen zur Zeit $t = 0$ (mit φ_0 und $v_0 = l_r \dot{\varphi}_0$) und zur Zeit t folgt mit h nach Bild 7-36

$$\frac{m}{2} v_0^2 + 0 = \frac{m}{2} v^2 + mgh = \frac{m}{2} v^2 + mg l_r (\cos\varphi_0 - \cos\varphi) \tag{4}$$

und daraus mit $v_0^2 = l_r^2 \dot{\varphi}_0^2$ und $v^2 = l_r^2 \dot{\varphi}^2$ wieder (3). Wählen wir nun speziell $\varphi_0 (0) = 0$ zur Zeit $t = 0$ und nennen die zugehörige Winkelgeschwindigkeit im tiefsten Punkt (zur Unterscheidung von der später mit ω_0 bezeichneten Eigenfrequenz) $\dot{\varphi}_0 (0) = \omega_1$, so lautet das 1. Integral der Bewegungsgleichung nach (3)

$$\dot{\varphi} = \frac{d\varphi}{dt} = \pm \sqrt{\omega_1^2 - 2 \frac{g}{l_r} (1 - \cos\varphi)} = \pm \sqrt{\omega_1^2 - 4 \frac{g}{l_r} \sin^2 \frac{\varphi}{2}}. \tag{5}$$

Wir haben nun *drei Fälle* zu unterscheiden:

1. Für $\omega_1 > 2 \sqrt{g/l_r}$ wird $\dot{\varphi}$ nie Null, das Pendel läuft immer im gleichen Sinne um. Im höchsten Punkt ($\varphi = \pi$) hat die Winkelgeschwindigkeit ihren Minimalwert $\sqrt{\omega^2 - 4 g/l_r}$.

2. Für $\omega_1 < 2 \sqrt{g/l_r}$ wird $\dot{\varphi} = 0$ für $\sin\varphi/2 = \frac{1}{2} \omega_1 \sqrt{l_r/g}$, das Pendel kommt bei einem bestimmten maximalen Ausschlagswinkel $\varphi_{max} = \alpha$ zum Stehen. Größer kann φ nicht werden, da sonst $\dot{\varphi}$ imaginär würde. Das Pendel kehrt seine Bewegungsrichtung um, es führt Schwingungen aus.

3. Für $\omega_1 = 2 \sqrt{g/l_r}$ kommt das Pendel im höchsten Punkt zur Ruhe. Aus (5), d.h. aus

$$\frac{d\varphi}{dt} = \pm \omega_1 \sqrt{1 - \sin^2 \frac{\varphi}{2}} = \pm \omega_1 \cos \frac{\varphi}{2}$$

folgt in diesem Falle durch Integration

$$t = \frac{1}{\omega_1} \int_0^\varphi \frac{d\varphi}{\cos \dfrac{\varphi}{2}} = \frac{2}{\omega_1} \ln \tan \left(\frac{\pi}{4} + \frac{\varphi}{4} \right).$$

Für $\varphi = \pi$ geht t gegen unendlich, d.h. das Pendel nähert sich mit abnehmender Winkelgeschwindigkeit seiner höchsten Lage, ohne sie je zu erreichen. Dieser Fall hat natürlich nur theoretisches Interesse. Wir erkennen aus dieser Diskussion schon, daß die Schwingungsdauer von ω_1, d.h. vom Größtausschlag des Pendels, abhängen wird.

Für die beiden ersten Fälle ist die Integration von (5) schwieriger. Zunächst schreiben wir das unbestimmte Integral durch Trennung der Variablen (φ, t) in der Form

$$t = \int\limits_{0}^{\varphi} \frac{d\varphi}{\sqrt{\omega_1^2 - 4\frac{g}{l_r}\sin^2\frac{\varphi}{2}}}. \tag{6}$$

Wir können es nun durch eine geeignete Transformation in ein sogenanntes *elliptisches Normalintegral 1. Gattung* überführen, das zwar nicht in geschlossener Form darstellbar, jedoch in Funktionstafeln tabelliert ist.

Für den *Fall 2. des schwingenden Pendels* erhalten wir z.B. mit der Transformation

$$\sin\frac{\varphi}{2} = \frac{\omega_1}{2}\sqrt{\frac{l_r}{g}}\sin\psi = \kappa\sin\psi, \qquad \kappa^2 = \frac{\omega_1^2 l_r}{4g} < 1, \tag{7}$$

also nach Differentiation

$$\frac{1}{2}\cos\frac{\varphi}{2}\,d\varphi = \frac{1}{2}\sqrt{1 - \sin^2\frac{\varphi}{2}}\,d\varphi = \frac{1}{2}\sqrt{1 - \kappa^2\sin^2\psi}\,d\varphi = \kappa\cos\psi\,d\psi,$$

und somit

$$d\varphi = \frac{2\kappa\sqrt{1 - \sin^2\psi}\,d\psi}{\sqrt{1 - \kappa^2\sin^2\psi}}$$

aus (6) für das Integral die Legendresche Normalform $F(\psi, \kappa)$

$$t = \frac{2\kappa}{\omega_1}\int\limits_{0}^{\psi} \frac{\sqrt{1 - \sin^2\psi}\,d\psi}{\sqrt{1 - \kappa^2\sin^2\psi}\sqrt{1 - \frac{4g\kappa^2}{l_r\omega_1^2}\sin^2\psi}} = \sqrt{\frac{l_r}{g}}\int\limits_{0}^{\psi}\frac{d\psi}{\sqrt{1 - \kappa^2\sin^2\psi}} = \sqrt{\frac{l_r}{g}}\,F(\psi, \kappa). \tag{8}$$

Wir wollen hier keine numerische Auswertung durchführen, sondern begnügen uns mit einer *Näherung*, indem wir den Integranden in eine binomische Reihe entsprechend

$$(1 - x)^{-1/2} = 1 - \binom{-1/2}{1}x + \binom{-1/2}{2}x^2 - \binom{-1/2}{3}x^3 \pm \dots$$

entwickeln. Zur Ermittlung der Dauer einer vollen Schwingung haben wir viermal die Zeit von der tiefsten Lage $\varphi = 0$ bis zur höchsten Lage $\varphi_{max} = \alpha$ zu rechnen. Nach der Transformationsgleichung (7) wird φ_{max} erreicht, wenn $\sin\varphi = 1$ wird. Wir haben also die Integration nach (8) zwischen den Grenzen $\psi = 0$ und $\psi = \arcsin 1 = \pi/2$ durchzuführen, was uns mit den Binomialkoeffizienten

$$\binom{n}{p} = \frac{n(n-1)\dots[n-(p-1)]}{p!}$$

$$T = 4\,t(\pi/2) = 4\sqrt{\frac{l_r}{g}}\int\limits_{\psi=0}^{\pi/2}\left[1 + \frac{\kappa^2}{2}\sin^2\psi + \frac{3}{8}\kappa^4\sin^4\psi + \frac{15}{48}\kappa^6\sin^6\psi + \dots\right]d\psi$$

und unter Beachtung der Wallisschen Integralformel

$$\int\limits_{\psi=0}^{\pi/2}\sin^{2n}\psi\,d\psi = \frac{1\cdot3\cdot5\dots(2n-1)}{2\cdot4\cdot6\dots 2n}\frac{\pi}{2}$$

nach gliedweiser Integration die *Schwingungsdauer*

$$T = 2\pi \sqrt{\frac{l_r}{g}} \left[1 + \frac{1}{4}\kappa^2 + \frac{9}{64}\kappa^4 + \frac{225}{2304}\kappa^6 + \ldots \right] = T(l_r, \alpha) \tag{9}$$

liefert, *die außer von der Pendellänge l_r auch noch von $\kappa = \sin(\alpha/2)$, also vom Größtausschlag α des Pendels abhängt.*

Wenn wir für kleine α nur die beiden ersten Glieder der Reihe berücksichtigen, erhalten wir mit $\kappa \approx \alpha/2$

$$T \approx 2\pi \sqrt{\frac{l_r}{g}} \left(1 + \frac{\alpha^2}{16} \right)$$

und für $\alpha \ll 1$ die noch weitergehende *Näherung*

$$T \approx 2\pi \sqrt{\frac{l_r}{g}} \; . \tag{10}$$

Diese Näherung können wir auch unmittelbar aus der mit $\sin\varphi \approx \varphi$ „linearisierten" Schwingungs-Differentialgleichung für kleine Ausschläge

$$\ddot\varphi + \frac{g}{l_r}\varphi = \ddot\varphi + \omega_0^2\varphi = 0 \tag{11}$$

gewinnen, die wir bereits − mit anderen Konstanten − im Kapitel 5 und 6 kennen gelernt haben. Wir erhalten für diese Schwingung die Kreisfrequenz $\omega_0 = \sqrt{g/l_r}$ und damit die Schwingungsdauer $T = 2\pi/\omega_0 = 2\pi\sqrt{l_r/g}$ wie nach (10). Näheres zur Behandlung der DGL (11) und zur Ermittlung der Kreisfrequenzen folgt im Abschnitt 7.10.4.

Nachdem wir bis jetzt die Bewegung beider Pendel gemeinsam beschrieben haben, kehren wir noch einmal zum physischen Pendel (Bild 7-36) zurück: Den Punkt P′ − gewonnen durch Abtragung von l_r längs PM − nennt man *Schwingungsmittelpunkt*, weil das in ihm aufgehängte Pendel dieselbe Bewegung ausführt wie das in P aufgehängte. Das zeigt man wie folgt: Nach der Definition von l_r und dem STEINER-schen Satz gilt

$$\overline{PP'} = l_r = \frac{\Theta_P}{am} = \frac{1}{am}(\Theta_M + ma^2) = \frac{i_M^2}{a} + a. \tag{12}$$

Die Strecke $\overline{MP'}$ ist also gleich i_M^2/a. Nun wird P′ als Drehachse gewählt: Dann gilt sinngemäß für die reduzierte Pendellänge mit $\Theta_{P'} = \Theta_M + m\overline{MP'}^2$

$$l_r' = \frac{\Theta_{P'}}{\overline{MP'}\,m} = \frac{\Theta_{P'}\,a}{m\,i_M^2} = \frac{a}{m\,i_M^2}\left[m\,i_M^2 + m\left(\frac{i_M^2}{a}\right)^2 \right] = a + \frac{i_M^2}{a} = l_r \; .$$

Wegen $l_r' = l_r$ sind die beiden durch P und P′ gehenden Drehachsen austauschbar. Hieran ändert sich auch nichts, wenn man das Pendel in einem beliebigen Punkt $\overline{P}$ oder $\overline{P'}$ auf den Kreisen um M mit den Radien a bzw. i_M^2/a aufhängt, da die reduzierten Pendellängen nach (12) nur von a abhängen. Man sieht das auch ein, wenn man Gl. (12) in der Form

$$i_M^2 = (l_r - a)\,a = \overline{P'M}\;\overline{PM}$$

schreibt. Da die beiden Abstände vom Massenmittelpunkt symmetrisch auftreten und ihr Produkt ungeändert bleibt, sind die Punkte P′ und P austauschbar. Unmittelbar einleuchtend ist dieser Tatbestand aus dem Vergleich mit dem mathematischen Pendel. Ein Pendel mit dementsprechend angeordneten Aufhängepunkten nennt man *Reversionspendel.*

Anmerkung: Als erster hat der holländische Physiker CHRISTIAN HUYGENS die Bewegung des physischen Pendels im Jahre 1673 beschrieben und dabei die reduzierte Pendellänge und die Schwingungsdauer eingeführt.

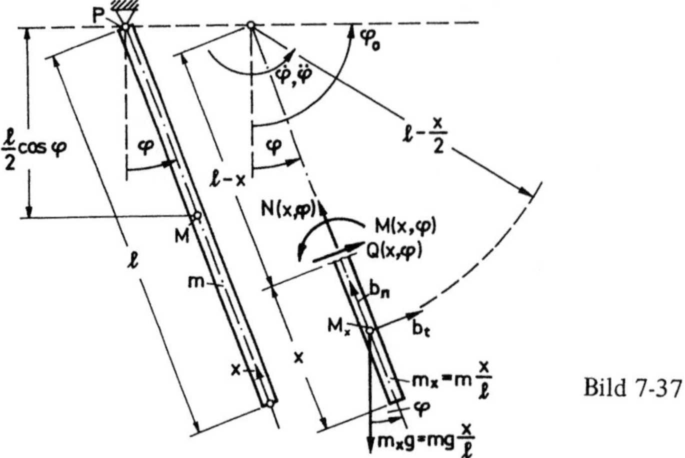

Bild 7-37

Beispiel 3: *Schnittlasten in einem schwingenden Stab.* Ein homogener Stab von der Länge l führe Schwingungen in der Vertikalebene um eine feste Achse P aus, nachdem er aus der Horizontallage $\varphi_0 = \pi/2$ ohne Anfangsgeschwindigkeit losgelassen wurde (Bild 7-37). Wie sind die Schnittlasten über seine Länge verteilt?

Lösung:

Wir gehen hier einerseits wie in der Statik vor, indem wir an einer Stelle x — hier zweckmäßig vom freien Stabende aus gerechnet — einen Schnitt führen und die vom abgeschnittenen Stabteil übertragenen Schnittlasten N (x, φ), Q (x, φ) und M (x, φ) antragen. Andererseits setzen wir für den abgeschnittenen Teil den Impuls- und Drallsatz an (Polarkoordinaten). Da der Massenmittelpunkt M_x des abgeschnittenen Teiles sich auf einem Kreisbogen vom Radius $l - x/2$ bewegt, sind seine Beschleunigungskoordinaten $b_n = (l - x/2)\,\dot{\varphi}^2$ und $b_t = (l - x/2)\,\ddot{\varphi}$; sie sind im eingetragenen Sinne positiv zu rechnen. Ferner ist nach Beispiel 2 in 7.2.2, S. 461,

$$\Theta_{M_x} = \frac{m}{12}\,\frac{x}{l}\,x^2 = \frac{m\,x^3}{12\,l}$$

mit der Masse $m_x = mx/l$ des abgeschnittenen Teiles, so daß die Bewegungsgleichungen nach (7.97)

$$m_x b_t \;\; = m\,\frac{x}{l}\,(l - x/2)\,\ddot{\varphi} = Q - mg\,\frac{x}{l}\,\sin\varphi,$$

$$m_x b_n \;\; = m\,\frac{x}{l}\,(l - x/2)\,\dot{\varphi}^2 = N - mg\,\frac{x}{l}\,\cos\varphi, \qquad\qquad (13)$$

$$\Theta_{M_x}\,\ddot{\varphi} = \frac{m\,x^3}{12\,l}\,\ddot{\varphi} = M - Q\,\frac{x}{2}$$

lauten. Hieraus eliminieren wir $\ddot{\varphi}$ und $\dot{\varphi}^2$ mit Hilfe der Differentialgleichung der Pendelschwingung, die mit $\Theta_{P'}$, d.h. mit

$$l_r = \frac{\Theta_P}{m\,\dfrac{l}{2}} = \frac{2\,m\,l^2}{3\,m\,l} = \frac{2}{3}\,l$$

nach (2)

$$\ddot{\varphi} + \frac{3\,g}{2\,l}\,\sin\varphi = 0 \qquad\qquad (14)$$

lautet, und mit ihrem ersten Integral, aus dem nach (3) mit $\varphi_0 = \pi/2$ und $\dot\varphi_0 = 0$

$$\dot\varphi^2 - \frac{3g}{l}\cos\varphi = 0 \tag{15}$$

folgt. In die Bewegungsgleichungen (13) eingesetzt, liefert das die gesuchten Schnittlasten

$$Q(x, \varphi) = -\frac{mx}{l}\left[\left(l - \frac{x}{2}\right)\frac{3g}{2l}\sin\varphi - g\sin\varphi\right] = -\frac{mgx}{4l^2}(2l - 3x)\sin\varphi, \tag{16}$$

$$N(x, \varphi) = \frac{mgx}{2l^2}(8l - 3x)\cos\varphi, \tag{17}$$

$$M(x, \varphi) = -\frac{mgx^2}{4l^2}(l - x)\sin\varphi . \tag{18}$$

Am freien Stabende ($x = 0$) werden alle Schnittlasten Null. Das Moment verschwindet wegen der gelenkigen Auflagerung auch für $x = l$. Die Auflagerkräfte (an der Stelle $x = l$) werden

$$Q(l, \varphi) = \frac{mg}{4}\sin\varphi, \qquad N(l, \varphi) = \frac{5\,mg}{2}\cos\varphi. \tag{19}$$

Im Augenblick des Loslassens ($\varphi_0 = \pi/2$) ist $Q(l) = mg/4 = A$ und $N(l) = 0$. Schwingt der Stab durch die Vertikale ($\varphi = 0$) hindurch, dann erreicht die Normalkraft ihren Größtwert $5\,mg/2$, während $Q = 0$ ist.

Wie in der Statik gilt auch hier wegen des erfolgten Grenzüberganges $dV \to 0$ (vgl. (5.31))

$$\frac{\partial M}{\partial x} = Q(x, \varphi).$$

Die Querkraft wird an der Stelle $x = 2l/3 = l_r$ Null, also gerade im Schwingungsmittelpunkt, während das Biegemoment dort sein relatives Extremum $\max M = M(2/3\,l, \varphi)$ und für $\varphi = \pi/2$ sein absolutes Extremum $\max\max M = M(2/3\,l, \pi/2)$ annimmt:

$$\max M = \frac{mgl}{27}\sin\varphi(t); \qquad \max\max M = \frac{1}{27}mgl. \tag{20}$$

Beispiel 4 (Bild 7-38): *Bewegung eines Fahrzeugs.* Wir nehmen an, daß das Fahrzeug zwei Treibräder auf starrer Achse und zwei Laufräder besitzt und sich auf horizontaler Fahrbahn geradeaus bewegt. Wir schneiden die beiden Radsätze vom Wagenkasten frei und ersetzen die beseitigten Bindungen durch entsprechende Kräfte und Momente. Alle am Treibradsatz angreifenden Kräfte und Momente sind in Bild 7-38 eingetragen, nämlich: das Radgewicht $m_T\,g$ des Radsatzes, die Belastungskraft K_T durch den Wagenkasten und die Zugkraft Z_T am Radsatz. Wird reines Rollen vorausgesetzt, so ist die Reibungskraft die Haftreibung R_T. Der Normaldruck N_T von der Radbahn greife bei der sog. Rollreibung mit $f_R \geqslant 0$ vor der Achsmitte an. An Momenten wirken das Antriebsmoment M und das Moment M_R der

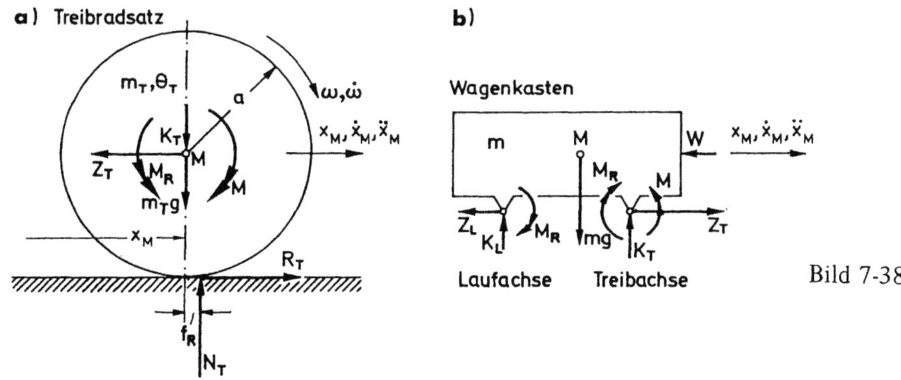

Bild 7-38

Lagerreibung. Die beiden Koordinaten x_M und φ sollen der Rollbedingung $\dot{x}_M = r\,\dot{\varphi}$; $\ddot{x}_M = r\,\dot{\omega} = a_M$ genügen, so daß für den Treibradsatz die drei Bewegungsgleichungen

$$\Sigma X = m_T\,\ddot{x}_M = m_T\,r\,\dot{\omega} = R_T - Z_T, \quad \Sigma Y = 0 = -K_T - m_T\,g + N_T,$$

$$M_M = \Theta_T\,\dot{\omega} = M - M_R - R_T\,r - N_T\,f_R \tag{21}$$

für die Unbekannten $\dot{\omega}$, R_T, Z_T und N_T zur Verfügung stehen. Da die Mittelpunkte der Treibräder und der Wagenkasten dieselbe Beschleunigung $a_M = r\,\dot{\omega}$ erfahren, liefert der Massenmittelpunktsatz für den freigeschnittenen Wagenkasten

$$m\,\ddot{x}_M = m\,r\,\dot{\omega} = Z_T - Z_L - W, \quad 0 = K_L + K_T - mg, \tag{22}$$

wobei W den bekannten Luftwiderstand und Z_L die unbekannte Zugkraft auf die Laufräder darstellt. Eine weitere Gleichung liefert der Drallsatz mit $\omega_K = 0$ für den Wagenkasten, in dem keine zusätzlichen Unbekannten vorkommen. Damit läßt sich eine Bedingung für die Unbekannte K_L gewinnen.

Setzen wir nun genau in derselben Weise die Bewegungsgleichungen für den Laufradsatz an, so erhalten wir drei weitere Gleichungen, in denen wiederum $\dot{\omega}$, Z_L, K_L sowie N_L und die Reibungskraft R_L des Laufradsatzes auftreten. Insgesamt haben wir also neun Gleichungen für die Unbekannten $\dot{\omega}$, R_T, R_L, Z_T, Z_L, K_T, K_L, N_T und N_L, aus denen wir $\dot{\omega}$ und damit die Beschleunigung $a = a_M = r\,\dot{\omega}$ des Fahrzeuges ausrechnen können.

Einsetzen von Z_T aus Gl. (22) in die erste Gleichung (21) zeigt, daß die Reibungskraft der Treibräder

$$R_T = m_T\,r\,\dot{\omega} + Z_T = (m_T + m)\,r\,\dot{\omega} + Z_L + W$$

positiv ist, also im angenommenen Richtungssinn nach vorn wirken muß, wenn das Fahrzeug beschleunigt werden soll! Dabei wird $R_T > Z_L + W$, falls $\dot{\omega} > 0$ ist.

Die Bedingung dafür, daß die Treibräder nicht rutschen, erhalten wir aus $R_T \leqslant \mu_0 N_T$ oder mit den beiden letzten Gleichungen (21) aus

$$r R_T = M - M_R - \Theta_T\,\dot{\omega} - (K_T + m_T\,g)\,f_R \leqslant \mu_0\,(K_T + m_T g)\,r.$$

Das Antriebsmoment darf also nicht größer sein als

$$M \leqslant M_R + \Theta_T\,\dot{\omega} + (\mu_0\,r + f_R)\,(K_T + m_T g). \tag{23}$$

Beispiel 5: *Reines Rollen einer inhomogenen Walze.* Der Massenmittelpunkt M der Walze nach Bild 7-39 liegt um die Strecke $AM = c_M$ außermittig. Zur Zeit $t = 0$ befinde sich die Walze in der gestrichelten, durch den Winkel ψ_0 gekennzeichneten Lage und werde dann losgelassen. Wie bewegt sie sich unter Einwirkung ihres Gewichts weiter?

Lösung:

Zur Zeit t befinde sich die Walze in der durch den Winkel $\psi(t)$ gekennzeichneten Lage links von der Anfangslage. Reines Rollen bedeutet, daß die Strecke $OQ(0)$ auf dem Umfang gleich der Koordinate x_A sein muß. Die Rollbedingung lautet dann

$$(\psi_0 - \psi(t))\,\rho = x_A. \tag{24}$$

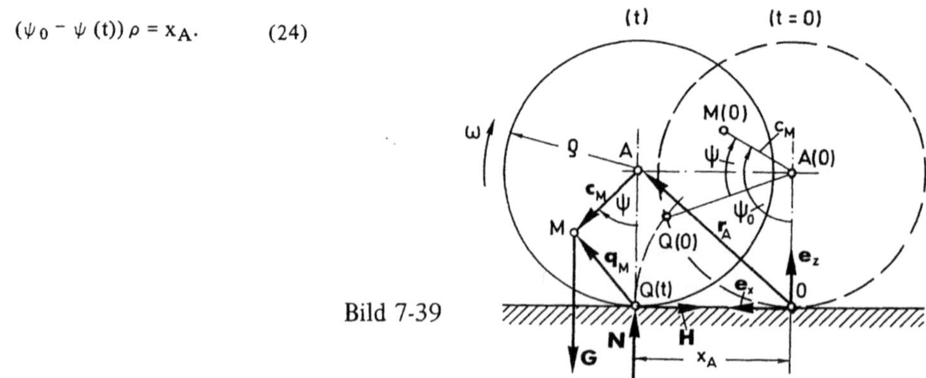

Bild 7-39

Mit $r_A = x_A e_x + \rho e_z = (\psi_0 - \psi(t))\,\rho\,e_x + \rho\,e_z$ erhalten wir die Geschwindigkeit des Mittelpunktes A

$$\dot{r}_A = -\dot{\psi}\,\rho\,e_x. \tag{25}$$

Um beim Ansetzen des Drallsatzes von vornherein die Reaktionskräfte H und N nicht in die Rechnung eingehen zu lassen, bedienen wir uns hier zweckmäßigerweise der zweiten Form von (7.12), also

$$\dot{D}_M + m\,q_M \times a_M = M_Q^a, \tag{26}$$

wobei das Moment auf den Punkt Q bezogen wird. Mit

$$\omega \times e_z = -e_x\,\dot{\psi} \qquad \text{und} \qquad \omega \times e_x = \dot{\psi}\,e_z$$

erhalten wir mit der EULER-Formel (2.83) und mit (25)

$$\dot{r}_M = \dot{r}_A + \omega \times c_M = -\rho\,\dot{\psi}\,e_x + \omega \times (c_M \sin\psi\,e_x - c_M \cos\psi\,e_z)$$
$$= \dot{\psi}\,(-\rho + c_M \cos\psi)\,e_x + c_M\,\dot{\psi}\,\sin\psi\,e_z$$

und schließlich die Beschleunigung des Massenmittelpunktes M

$$a_M = \ddot{r}_M = [\ddot{\psi}\,(-\rho + c_M \cos\psi) - c_M\,\dot{\psi}^2 \sin\psi]\,e_x + [c_M\,\ddot{\psi}\,\sin\psi + c_M\,\dot{\psi}^2 \cos\psi]\,e_z$$

bzw.

$$a_M = \ddot{x}_M\,e_x + \ddot{z}_M\,e_z. \tag{27}$$

Hiermit und mit

$$q_M = c_M \sin\psi\,e_x + (\rho - c_M \cos\psi)\,e_z$$

ergibt sich weiter

$$q_M \times a_M = \begin{vmatrix} e_x & e_y & e_z \\ c_M \sin\psi & 0 & \rho - c_M \cos\psi \\ \ddot{x}_M & 0 & \ddot{z}_M \end{vmatrix}$$
$$= [(\rho - c_M \cos\psi)\,\ddot{x}_M - c_M \sin\psi\,\ddot{z}_M]\,e_y.$$

Setzen wir hierin $\ddot{x}_M$ und $\ddot{z}_M$ aus (27) ein, so folgt nach einigen Zwischenrechnungen

$$q_M \times a_M = -\{[\rho^2 - 2\rho\,c_M \cos\psi + c_M^2]\,\ddot{\psi} + \rho\,c_M \sin\psi\,\dot{\psi}^2\}\,e_y.$$

Damit und mit

$$\dot{D}_M = -\Theta_M\,\ddot{\psi}\,e_y; \qquad M = mg\,c_M \sin\psi\,e_y$$

erhalten wir schließlich aus (26) die Bewegungs-Gleichung

$$[\Theta_M + m\,(\rho^2 + c_M^2 - 2\rho\,c_M \cos\psi)]\,\ddot{\psi} + m\,\rho\,c_M \sin\psi\,\dot{\psi}^2 + mg\,c_M \sin\psi = 0, \tag{28}$$

also eine komplizierte nichtlineare DGL für den Winkel $\psi(t)$, deren Integration ohne Zuhilfenahme numerischer Methoden nicht möglich ist. In Abschnitt 7.10.4 (Beispiel 8, S. 592) wird eine Näherungslösung für kleine Winkel ψ angegeben.

7.8 Bewegung um einen raumfesten Punkt

7.8.1 Bewegungsgleichungen

Hier ist die allgemeine Bewegung eines starren Körpers dadurch eingeschränkt, daß eine räumliche Bewegung um einen raumfesten Punkt vorliegt (Bild 7-40). Die translatorischen Freiheitsgrade sind damit unterbunden und der starre Körper hat wieder nur drei

Freiheitsgrade — das sind hier die drei unabhängigen Bewegungsmöglichkeiten der (räumlichen) Rotation, d.h. die Drehungen um drei orthogonale, ansonsten zunächst beliebige Achsen des Raumes (x_1, x_2, x_3).

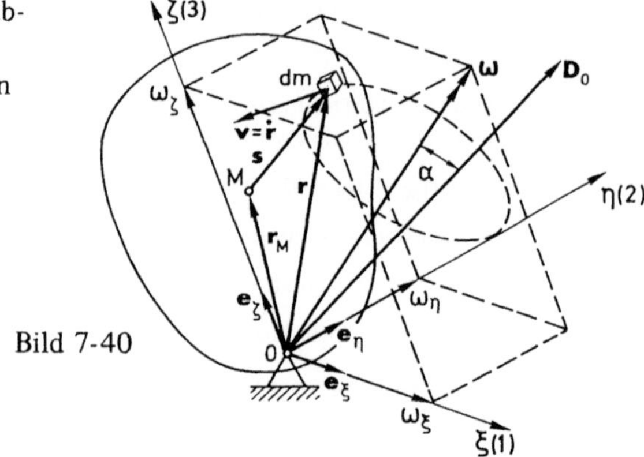

Bild 7-40

Damit ist

$$v_0 = a_0 = 0$$
$$\boldsymbol{\omega} = \Sigma\, \omega_k\, \mathbf{e}_k \quad \text{mit} \quad \omega_k \neq 0 \tag{7.108}$$

Einen starren Körper, der eine solche Bewegung nach (7.108) ausführt, nennt man „*Kreisel*".

Mit der Eigenschaft der reinen Rotation folgen die Bewegungsgleichungen allein aus dem Drallsatz, der zweckmäßigerweise um den raumfesten Drehpunkt O in der Form (7.4) angesetzt wird:

$$\mathbf{M}_0^a = \dot{\mathbf{D}}_0 \tag{7.109}$$

Nun ist wieder, wie in (7.83)

$$\mathbf{r} = \mathbf{r}_M + \mathbf{s} \quad \text{und} \quad \mathbf{v} = \boldsymbol{\omega} \times \mathbf{r} = \boldsymbol{\omega} \times (\mathbf{r}_M + \mathbf{s}) \;.$$

Somit kann auch der Drall bezüglich eines raumfesten Punktes O wieder, wie in (7.84), als

$$\mathbf{D}_0 = \boldsymbol{\Theta}_0 \cdot \boldsymbol{\omega} \tag{7.110}$$

geschrieben werden. Dagegen ist eine Notation des Dralls nach (7.85) hier nicht möglich, da $\boldsymbol{\omega}$ nicht zwangsläufig orthogonal zu $\mathbf{r}_M$ ist. Für die ggf. gewünschte Umrechnung des Dralls auf den Massenmittelpunkt gelten die Gleichungen (7.42) und (7.43), d.h.

$$\mathbf{D}_0 = \mathbf{D}_M + \mathbf{r}_M \times m\, \mathbf{v}_M = \boldsymbol{\Theta}_M \cdot \boldsymbol{\omega} + \mathbf{r}_M \times m\, \mathbf{v}_M = \boldsymbol{\Theta}_0 \cdot \boldsymbol{\omega} \tag{7.111}$$

Um im Hinblick auf die zeitliche Ableitung nach (7.109) die Koordinaten des Trägheitstensors zeitunabhängig zu erhalten, wird eine körperfeste Orthonormal-Basis [$\mathbf{e}_\xi$, $\mathbf{e}_\eta$, $\mathbf{e}_\zeta$] gemäß Bild 7-40 eingeführt, auf die nun sämtliche Größen bezogen werden. Dann gilt nach (7.108) für den Winkelgeschwindigkeitsvektor

$$\boldsymbol{\omega} = \omega_\xi\, \mathbf{e}_\xi + \omega_\eta\, \mathbf{e}_\eta + \omega_\zeta\, \mathbf{e}_\zeta \tag{7.112}$$

und nach (7.110) für den Drallvektor

$$D_0 = \sum_{i,j} \Theta_{ij}\, e_i\, e_j \cdot \sum_k \omega_k\, e_k = \sum_{i,j,k} \Theta_{ij}\, \omega_k\, \delta_{jk}\, e_i = \sum_{i,j} \Theta_{ij}\, \omega_j\, e_i \qquad (7.113)$$

bzw. in ausgeschriebener Form

$$\begin{aligned}
D_0 = \; & (\Theta_{\xi\xi}\, \omega_\xi + \Theta_{\xi\eta}\, \omega_\eta + \Theta_{\xi\zeta}\, \omega_\zeta)\, e_\xi \\
& + (\Theta_{\xi\eta}\, \omega_\xi + \Theta_{\eta\eta}\, \omega_\eta + \Theta_{\eta\zeta}\, \omega_\zeta)\, e_\eta \\
& + (\Theta_{\xi\zeta}\, \omega_\xi + \Theta_{\eta\zeta}\, \omega_\eta + \Theta_{\zeta\zeta}\, \omega_\zeta)\, e_\zeta
\end{aligned} \qquad (7.113a)$$

Zur Vereinfachung werde nun als *spezielles* körperfestes $[e_\xi, e_\eta, e_\zeta]$-System das System der im starren Körper zeitlich unveränderten *Hauptachsen* $[e_1, e_2, e_3]$ durch O gewählt. Dieses ist im allgemeinen Fall kein Zentralachsensystem, da sein Ursprung i.a. nicht mit dem Massenmittelpunkt zusammenfällt. Die zugehörigen Trägheitsmomente Θ_{ij} sind damit auch zeitlich unveränderlich, die Deviationsmomente Θ_{ij} $(i \neq j)$ verschwinden, aber die drei verbleibenden axialen Massenträgheitsmomente Θ_{ij} $(i = j)$, also $\Theta_1, \Theta_2, \Theta_3$ sind nicht die Hauptträgheitsmomente $\Theta_{I}, \Theta_{II}, \Theta_{III}$ des auf Hauptachsen transformierten Trägheitstensor Θ_M nach (7.27), da der Bezugspunkt nicht der Massenmittelpunkt, sondern der Basisursprung bei O ist. Auf diese Basis $[e_i]$ bezogen nimmt damit der *Drallvektor* D_0 nach (7.113) den Ausdruck an

$$D_0 = \sum_i \Theta_{ii}\, \omega_i\, e_i = \Theta_1\, \omega_1\, e_1 + \Theta_2\, \omega_2\, e_2 + \Theta_3\, \omega_3\, e_3 \qquad (7.114)$$

Dieser Drallvektor wird nun gemäß (7.109) nach der Zeit differenziert, wobei die Ableitung unter Berücksichtigung der Drehung der Basis mit der Systemwinkelgeschwindigkeit ω_S erfolgt. Da die Basis körperfest ist, ist ihre Winkelgeschwindigkeit mit der des Körpers identisch. Damit gilt $\omega_S = \omega$ und nach der Differentiationsvorschrift bei bewegter Basis nach (2.75) folgt

$$\dot{D}_0 = \frac{d}{dt}\, D_0 = \frac{d_r\, D_0}{dt} + \omega \times D_0 \qquad (7.115)$$

Diese zeitliche Änderung des Dralles (7.114) muß nach (7.109) gleich der Summe der äußeren Momente um O sein. Somit ist

$$M_0^a = \frac{d_r\, D_0}{dt} + \omega \times D_0 = \frac{d\, D_0}{dt} \qquad (7.116)$$

was bei Darstellung von ω in der gleichen Basis $[e_i]$ in der Form

$$\omega = \sum_i \omega_i\, e_i = \omega_1\, e_1 + \omega_2\, e_2 + \omega_3\, e_3 \qquad (7.117)$$

mit (7.116), also

$$\frac{d_r\,\mathbf{D_0}}{dt} = (\Theta_1\,\omega_1)^{\boldsymbol{\cdot}}\,\mathbf{e_1} + (\Theta_2\,\omega_2)^{\boldsymbol{\cdot}}\,\mathbf{e_2} + (\Theta_3\,\omega_3)^{\boldsymbol{\cdot}}\,\mathbf{e_3} = \Theta_1\,\dot\omega_1\,\mathbf{e_1} + \Theta_2\,\dot\omega_2\,\mathbf{e_2} + \Theta_3\,\dot\omega_3\,\mathbf{e_3}$$

und

$$\boldsymbol{\omega}\times\mathbf{D_0} = \begin{vmatrix} \mathbf{e_1} & \mathbf{e_2} & \mathbf{e_3} \\ \omega_1 & \omega_2 & \omega_3 \\ \Theta_1\,\omega_1 & \Theta_2\,\omega_2 & \Theta_3\,\omega_3 \end{vmatrix}$$

$$= (\Theta_3 - \Theta_2)\,\omega_2\,\omega_3\,\mathbf{e_1} - (\Theta_3 - \Theta_1)\,\omega_1\,\omega_3\,\mathbf{e_2} + (\Theta_2 - \Theta_1)\,\omega_1\,\omega_2\,\mathbf{e_3}$$

nach Komponentenvergleich schließlich auf die Koordinaten-Gleichungen, die sog.
EULER*schen Kreiselgleichungen* führt:

$$
\begin{aligned}
\Theta_1\,\dot\omega_1 - (\Theta_2 - \Theta_3)\,\omega_2\,\omega_3 &= M^a_{1_0} \\
\Theta_2\,\dot\omega_2 - (\Theta_3 - \Theta_1)\,\omega_1\,\omega_3 &= M^a_{2_0} \\
\Theta_3\,\dot\omega_3 - (\Theta_1 - \Theta_2)\,\omega_1\,\omega_2 &= M^a_{3_0}
\end{aligned}
\tag{7.118}
$$

Jede Gleichung folgt aus der vorstehenden durch zyklische Vertauschung aller Größen.
Für die Drehung um eine feste Achse (3) reduzieren sie sich wegen $\omega_1 = \omega_2 = 0$ auf
$\Theta_3\,\dot\omega_3 = M^a_{3_0}$, also auf die Gl. (7.91).

Die EULERschen Gleichungen eignen sich in der Form (7.118) noch nicht zur vollständigen Beschreibung der Bewegung. Zwar könnte man — wenigstens grundsätzlich —
durch Integration dieser drei gekoppelten nichtlinearen Differentialgleichungen Beziehungen zwischen den Winkelgeschwindigkeiten des Körpers, aber noch nicht für seine Lage
im Raum herleiten. Dazu führt man nach Bild 7-41 ein weiteres kartesisches (ξ', η', ζ')-
System ein, das weder raum- noch körperfest ist, dessen ζ'-Achse aber mit der ζ-Achse des
körperfesten Systems, der sog. *Figurenachse,* zusammenfallen soll. Als ζ'- bzw. ζ-Achse
wählt man die Hauptträgheitsachse (3) des größten oder kleinsten Trägheitsmomentes.
Dieses Rechtssystem wird nun weiter so orientiert, daß die ξ'-Achse die momentane
Schnittlinie der körperfesten (ξ, η)- bzw. (1, 2)-Ebene, der sog. Äquatorebene, mit der
raumfesten, in Bild 7-41a schraffierten (x, y)-Ebene ist. Man nennt sie *Knotenlinie.* Die

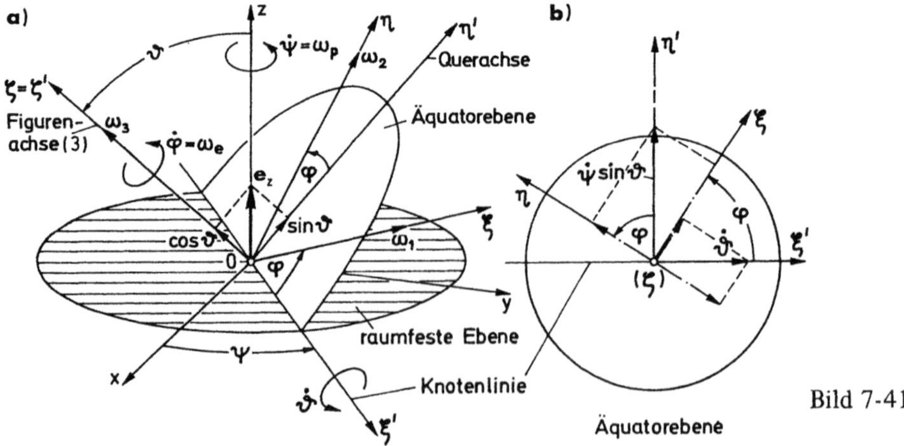

Bild 7-41

dritte, zu ζ' und ξ' senkrechte Achse ist die η'-Achse oder *Querachse*. Die Lage des Körpers im Raum wird durch die drei „EULERschen Winkel" $\vartheta\,(t)$, $\varphi\,(t)$ und $\psi\,(t)$ beschrieben. Dabei bezeichnet man

$\vartheta\,(t)$ als *Nutationswinkel* (Schwankungswinkel) mit der zugehörigen Winkelgeschwindigkeit $\dot\vartheta\,(t)$ um die Knotenlinie,

$\varphi\,(t)$ als *Eigenrotationswinkel* mit der zugehörigen Winkelgeschwindigkeit *(Spin)* $\dot\varphi\,(t) = \omega_e$ um die Figurenachse und

$\psi\,(t)$ als *Präzessionswinkel* mit der zugehörigen Winkelgeschwindigkeit $\dot\psi\,(t) = \omega_p$ um die raumfeste z-Achse.

Es besteht nun folgende Verknüpfung zwischen den verschiedenen Darstellungsweisen des Winkelgeschwindigkeitsvektors im körperfesten $(1, 2, 3)$-System und im (ξ', η', ζ')-System

$$\boldsymbol{\omega} = \omega_1\,\mathbf{e}_1 + \omega_2\,\mathbf{e}_2 + \omega_3\,\mathbf{e}_3 = \dot\vartheta\,\mathbf{e}_{\xi'} + \dot\psi\,\mathbf{e}_z + \dot\varphi\,\mathbf{e}_\zeta$$
$$= \dot\vartheta\,\mathbf{e}_{\xi'} + \dot\psi\,\sin\vartheta\,\mathbf{e}_{\eta'} + (\dot\psi\,\cos\vartheta + \dot\varphi)\,\mathbf{e}_\zeta \qquad (7.119)$$

wobei (7.117) und die Zerlegung von $\mathbf{e}_z$ in Richtung der Achsen η' und ζ verwendet worden sind (Bild 7-41b). Aus diesem Bild liest man auch unmittelbar die Koordinaten der Winkelgeschwindigkeiten $\dot\vartheta$ und $\dot\psi\,\sin\vartheta$ in ξ- und η-Richtung ab (strichpunktiert eingetragene Pfeile) und erhält die Koordinaten von $\boldsymbol{\omega}$ in Richtung der körperfesten Achsen zu

$$\omega_1 = \dot\psi\,\sin\vartheta\,\sin\varphi + \dot\vartheta\,\cos\varphi$$
$$\omega_2 = \dot\psi\,\sin\vartheta\,\cos\varphi - \dot\vartheta\,\sin\varphi \qquad (7.120)$$
$$\omega_3 = \dot\psi\,\cos\vartheta + \dot\varphi$$

Würde man diese Beziehungen in (7.118) einsetzen, so erhielte man ein System von drei Differentialgleichungen für die EULERschen Winkel, dessen geschlossene Integration allerdings nur für spezielle Fälle möglich ist.

7.8.2 Der momentenfreie Kreisel (Bewegungszustand und Drehstabilität)

Hier soll zunächst der spezielle Fall des momentenfreien Kreisels untersucht werden, für den wegen $\mathbf{M}_0^a = 0$ die rechten Seiten von (7.118) Null werden. Dieser Fall läßt sich realisieren, wenn man den Kreisel in seinem Massenmittelpunkt M = O reibungsfrei (wie in Bild 7-42 und 7-43 in einem Kugelgelenk) lagert. Falls außer der durch das Auflager direkt „übernommenen" Gewichtskraft keine weiteren Kräfte auf ihn wirken, ist er momentenfrei, hat aber andererseits noch alle drei Freiheitsgrade der Rotation. Dasselbe gilt für einen Kreisel, der „kardanisch" in einem Rahmensystem aufgehängt ist.

Bevor sein allgemeiner Bewegungszustand untersucht wird, soll zunächst eine spezielle Lösung des Gleichungssystems (7.118) behandelt werden, bei der dem Kreisel eine Anfangswinkelgeschwindigkeit erteilt wurde, deren Vektor genau in Richtung *einer* der Hauptträgheitsachsen weist, z.B. in Richtung der ζ-Achse (Bild 7-42), so daß mit $\omega_1 = \omega_2 = 0$ nach (7.117) $\boldsymbol{\omega} = \omega_3\,\mathbf{e}_3$ und nach (7.114) der Drallvektor $\mathbf{D}_0 = \Theta_3\,\omega_3\,\mathbf{e}_3$

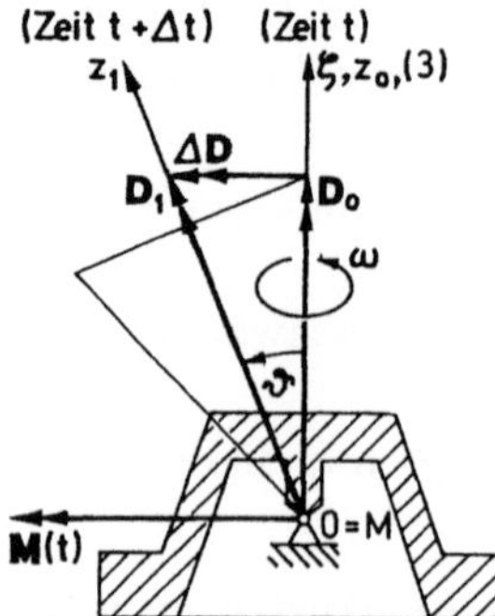

Bild 7-42

vorgegeben sind. Wegen $M_0^a = 0$ ist dann eine *spezielle Lösung* des Gleichungssystems (7.118)

$$\omega_1 = \omega_2 = 0 , \qquad \omega_3 = \text{const} \tag{7.121}$$

was man durch Einsetzen in (7.118) sofort bestätigt. Wäre dagegen z.B. auch $\omega_1 \neq 0$, so wäre eine permanente Drehung um eine Hauptachse nicht möglich. Nun könnte man daraus schließen, daß der Kreisel permanent mit konstanter Winkelgeschwindigkeit ω_3 um die ζ-Achse rotiert. Dabei würde man übersehen, daß die ζ-Achse *keine* feste Achse ist: Sie könnte sich bei einer kleinen Störung von ihrer Anfangsrichtung um einen endlichen Winkel entfernen, d.h. der Kreisel könnte „umkippen".

Damit ist die Frage nach der *Stabilität des um eine Hauptträgheitsachse rotierenden Kreisels* gestellt. Sie soll nun mit der Methode der Störungsrechnung — für die hier vorliegende kinetische Untersuchung auch als *„Methode der kleinen Schwingungen"* bezeichnet — untersucht werden. Dazu nimmt man an, daß neben $\omega_3 = \text{const}$ die Störwinkelgeschwindigkeiten ϵ_1, ϵ_2 und ϵ_3 eingeleitet werden, so daß (7.118) mit ϵ_1, ϵ_2 und $\omega_3 + \epsilon_3$ unter Beachtung von $\omega_3 = \text{const}$ übergeht in

$$\begin{aligned}
\Theta_1 \dot{\epsilon}_1 - (\Theta_2 - \Theta_3) \epsilon_2 (\omega_3 + \epsilon_3) &= 0 \\
\Theta_2 \dot{\epsilon}_2 - (\Theta_3 - \Theta_1) \epsilon_1 (\omega_3 + \epsilon_3) &= 0 \\
\Theta_3 \dot{\epsilon}_3 - (\Theta_1 - \Theta_2) \epsilon_1 \epsilon_2 \quad\;\; &= 0 .
\end{aligned} \tag{1}$$

Die Störungen ϵ_i sollen so klein sein, daß ihre Produkte $\epsilon_i \epsilon_j$ gegenüber $\epsilon_i \omega_3$ und $\dot{\epsilon}_k$ vernachlässigt werden können. Die beiden ersten Gleichungen gehen dann über in

$$\Theta_1 \dot{\epsilon}_1 - (\Theta_2 - \Theta_3) \epsilon_2 \omega_3 = 0 , \qquad \Theta_2 \dot{\epsilon}_2 - (\Theta_3 - \Theta_1) \epsilon_1 \omega_3 = 0 . \tag{2}$$

Aus der dritten Gleichung folgt, daß die Störbewegung um die ζ-Achse wegen $\dot{\epsilon}_3 = 0$, also $\epsilon_3 = \text{const}$ beschränkt bleibt. Durch Elimination von $\dot{\epsilon}_1$ und $\dot{\epsilon}_2$ erhält man die Differentialgleichungen

$$\ddot{\epsilon}_1 + \alpha^2 \epsilon_1 = 0 \quad \text{und} \quad \ddot{\epsilon}_2 + \alpha^2 \epsilon_2 = 0 \quad \text{mit}$$
$$\alpha^2 = \frac{(\Theta_3 - \Theta_1)(\Theta_3 - \Theta_2)}{\Theta_1 \Theta_2} \omega_3^2 \tag{7.122}$$

Ihre Lösungen bleiben nur dann beschränkt, wenn α^2 positiv ist; denn der Ansatz $\epsilon(t) = e^{\beta t}$ liefert aus (7.122) $\beta^2 + \alpha^2 = 0$, also $\beta = \pm\sqrt{-\alpha^2}$ und damit z.B. die Lösung

$$\epsilon_1(t) = C_1\, e^{\sqrt{-\alpha^2}\, t} + C_2\, e^{-\sqrt{-\alpha^2}\, t}\ .$$

Für positive α^2 kann man hieraus durch Umformung trigonometrische Funktionen, also beschränkte Lösungen erhalten. Für negative α^2 wächst das erste Glied von ϵ_1 mit $e^{|\alpha|t}$ unbeschränkt an. Gleiches gilt für ϵ_2. Die Bedingung, daß α^2 positiv sein muß, ist nun nach (7.122) nur erfüllbar, wenn

$$(\Theta_3 - \Theta_1)(\Theta_3 - \Theta_2) > 0$$

ist, wenn also das zur gewählten Drehachse gehörige Hauptträgheitsmoment (im vorliegenden Fall Θ_3) entweder das größte oder das kleinste Hauptträgheitsmoment ist.

Diese Ergebnisse lassen sich zusammenfassen zum

Satz 7.9:
Ein momentenfreier Kreisel kann sich permanent nur um eine seiner Hauptträgheitsachsen drehen, wenn der Winkelgeschwindigkeitsvektor $\boldsymbol{\omega}$ mit dieser Achse zusammenfällt. Die Drehung um die Achse des größten oder des kleinsten Trägheitsmoments ist *stabil*, die Drehung um die dritte Achse ist *instabil*.

Speziell gilt noch:
Der *symmetrische* Kreisel, z.B. mit $\Theta_1 = \Theta_2 \neq \Theta_3$ ist nur stabil, wenn er sich um seine Symmetrieachse dreht.
Der *kugelsymmetrische* Kreisel mit $\Theta_3 = \Theta_1 = \Theta_2$ ist stabil; denn wegen $\alpha^2 = 0$ werden $\dot\epsilon_1$ sowie $\dot\epsilon_2$ nach (7.122) konstant und diese Konstanten sind nach (2) gleich Null.

Die Stabilität der Bewegung eines Kreisels um seine Hauptachsen nutzt man in der Technik in vielfältiger Weise aus, beispielsweise in Kreiselgeräten, die man als Hilfsmittel für die Navigation verwendet sowie in Geräten, die die Bewegung eines Fahrzeugs stabilisieren (vgl. Beispiel in 7.8.4).

Das Prinzipielle an der Stabilität zeigt sich auch, wenn man für eine kurze Zeit Δt eine Kraft $\mathbf{F}$ bzw. ein damit bedingtes kurzzeitiges Moment $\mathbf{M}(t)$ bezüglich des Auflagerpunktes $O = M$ aufbringt (Stoß, Schlag). Für den nach Bild 7-42 im Massenmittelpunkt M aufgehängten und um die raumfeste Symmetrieachse z_0 (Hauptträgheitsachse ζ) rotierenden Kreisel werde eine solche stoßartige Belastung mit $\mathbf{F}$ senkrecht zur Zeichenebene ausgeübt, die einem entsprechenden kurzzeitigen Momentenvektor $\mathbf{M}(t)$ in der eingezeichneten Richtung entspricht. Aus dem Drallsatz (7.109 bzw. 7.116) folgt nun wegen

$$\mathbf{M}^a = \dot{\mathbf{D}} = \frac{d\mathbf{D}}{dt} \qquad (\text{Bezugspunkt } O = M)$$

bei Integration dieser Gleichung über das Zeitintervall Δt

$$\int\limits_t^{t+\Delta t} \mathbf{M}(t)\,dt = \int\limits_t^{t+\Delta t} d\mathbf{D}(t) = \mathbf{D}(t+\Delta t) - \mathbf{D}(t) = \mathbf{D}_1 - \mathbf{D}_0 = \Delta\mathbf{D}\ .$$

Demzufolge erfährt der Kreisel eine endliche Dralländerung $\mathbf{D}_1 - \mathbf{D}_0 = \Delta\mathbf{D}$, die dem verursachenden Moment $\mathbf{M}(t)$ gleichgerichtet ist. Damit geht der Drallvektor des stabilen Kreisels in eine endlich benachbarte Lage (z_1) über, und zwar ohne daß sich wegen der kurzen Zeit Δt der Momenteneinwirkung die Lage der Figurenachse (ζ-Achse) des Kreisels bereits merklich geändert hat. Nach der Zeit $t + \Delta t$ ist der Kreisel wieder momentenfrei und der Drallvektor $\mathbf{D}_1 = \mathbf{D}_0 + \Delta\mathbf{D}$ behält daher seine neue Lage im Raum bei. Die Bewegung des Kreisels verläuft nun um den neuen Vektor $\mathbf{D}_1$, und zwar wegen der nicht veränderten Figurenachse ζ auf einem Kreiskegel mit dem halben Öffnungswinkel (vgl. Bild 7-42)

$$\vartheta = \text{arc tan } \frac{|\Delta\mathbf{D}|}{|\mathbf{D}_0|}.$$

Je schneller der Kreisel rotiert, d.h. je größer $\mathbf{D}_0$ ist, desto kleiner wird bei gleichem $\Delta\mathbf{D}$ die Ablenkung ϑ sein und desto größer ist die Tendenz des Kreisels, seine ursprüngliche Drehachse beizubehalten.

7.8.3 Der momentenfreie, symmetrische Kreisel

Während im vorigen Absatz nur die spezielle Lösung (7.121) der Drehung um eine Hauptträgheitsachse untersucht wurde, soll nun die allgemeine Bewegung des momentenfreien, symmetrischen Kreisels behandelt werden:
Der in seinem Bewegungszustand zur Zeit t in Bild 7-43 dargestellte, in seinem Massenmittelpunkt $M = O$ reibungsfrei aufgehängte Kreisel ist momentenfrei und mit $\Theta_1 = \Theta_2$ symmetrisch. Die ζ-Achse (hier die Achse des kleinsten Hauptträgheitsmoments) ist seine Symmetrieachse. (Dabei braucht er keine geometrische Rotationssymmetrie zu haben: Auch z.B. für einen fünfflügeligen Schiffspropeller ist $\Theta_1 = \Theta_2$.) Man bezeichnet einen Kreisel mit

$\Theta_1 = \Theta_2 > \Theta_3$　　　als *gestreckt* oder *schlank* (i. folg. o.B.d.A. angenommen)

$\Theta_1 = \Theta_2 < \Theta_3$　　　als *abgeplattet*.

Nach dem Drallsatz bleibt der Drall wegen $\mathbf{M}_0^a = \mathbf{0}$ (vgl. auch Satz 7.4) zu allen Zeiten gleich dem Anfangsdrall. Die EULERgleichungen (7.118) lauten hier, da alle Momentenkoordinaten verschwinden, mit $\Theta_2 = \Theta_1$ zunächst

$$\begin{aligned}
\Theta_1 \dot{\omega}_1 - (\Theta_1 - \Theta_3)\, \omega_2\, \omega_3 &= 0 \\
\Theta_1 \dot{\omega}_2 - (\Theta_3 - \Theta_1)\, \omega_3\, \omega_1 &= 0 \\
\Theta_3 \dot{\omega}_3 &= 0
\end{aligned} \qquad (7.123)$$

Aus der letzten Gleichung folgt, daß die Koordinate ω_{3_0} des Winkelgeschwindigkeitsvektors bezogen auf die körperfeste Figurenachse des symmetrischen Kreisels konstant ist. In Bild 7-43 sind die drei Koordinaten von $\boldsymbol{\omega}$ eingezeichnet. Dem Kreisel sei ein *Anfangsdrallvektor*

$$\mathbf{D}_0 = \Theta_1\, \omega_1\, \mathbf{e}_1 + \Theta_1\, \omega_2\, \mathbf{e}_2 + \Theta_3\, \omega_3\, \mathbf{e}_3 = \text{const} = D_0\, \mathbf{e}_z \qquad (7.124)$$

erteilt worden, der wegen $M_0^a = 0$ konstant bleibt, und in Richtung der raumfesten z-Achse weisen soll. Bei der Zerlegung von $\mathbf{D_0}$ in die Richtungen der körperfesten Achsen kann man (7.120) verwenden; denn für den Vektor $\mathbf{D_0}\,\mathbf{e_z}$ gelten dieselben Beziehungen wie für die Zerlegung des Vektors $\dot{\psi}\,\mathbf{e_z}$. Also folgt analog zu (7.120)

$$
\begin{aligned}
D_1 &= D_0 \sin\vartheta \sin\varphi = \Theta_1\,\omega_1 \\
D_2 &= D_0 \sin\vartheta \cos\varphi = \Theta_1\,\omega_2 \\
D_3 &= D_0 \cos\vartheta \qquad\ \ = \Theta_3\,\omega_3
\end{aligned}
\tag{7.125}
$$

und unmittelbar aus der dritten Gleichung wegen $\omega_3 = \omega_{3_0} = \text{const}$

$$
\vartheta = \vartheta_0 = \arccos \frac{\Theta_3\,\omega_{3_0}}{D_0} = \text{const}
\tag{7.126}
$$

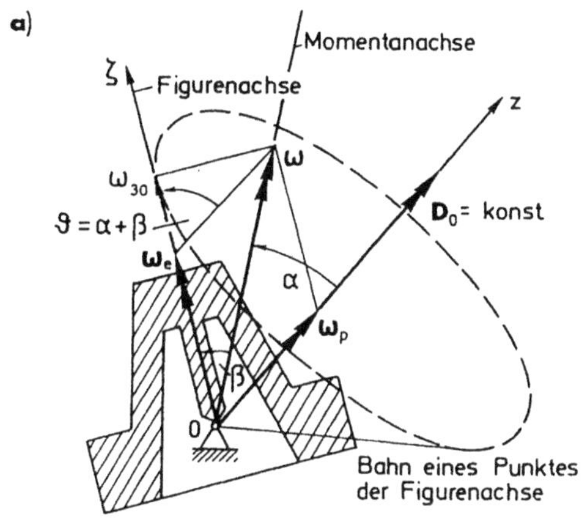

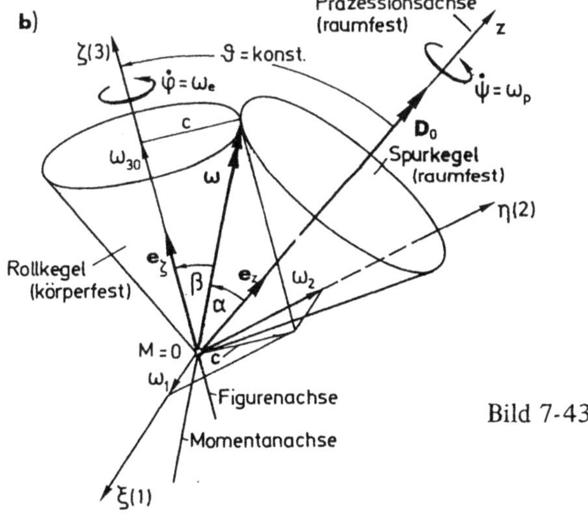

Bild 7-43

Die Figurenachse behält also ihren Winkel $\vartheta = \alpha + \beta$ gegenüber der raumfesten z-Achse bei und läuft mit der noch unbekannten Präzessionswinkelgeschwindigkeit ω_p um die z-Achse. Weiter folgt aus der ersten Gl. (7.125) mit der ersten Gl. (7.120) und $\dot{\vartheta} = 0$

$$\omega_1 = \frac{D_0}{\Theta_1} \sin \vartheta \sin \varphi = \dot{\psi} \sin \vartheta \sin \varphi$$

und daraus die konstante *Präzessionswinkelgeschwindigkeit*

$$\omega_p = \dot{\psi} = \frac{D_0}{\Theta_1} = \text{const} \tag{7.127}$$

Schließlich liefert die dritte Gl. (7.120) wegen $\omega_{3_0} = \text{const}$ die konstante *Eigenrotationswinkelgeschwindigkeit (Spin)*

$$\omega_e = \dot{\varphi} = \omega_3 - \dot{\psi} \cos \vartheta = \omega_{3_0} - \frac{D_0}{\Theta_1} \frac{\Theta_3 \, \omega_{3_0}}{D_0} = \frac{\Theta_1 - \Theta_3}{\Theta_1} \omega_{3_0} \tag{7.128}$$

Daraus ergeben sich durch Integration der *Präzessionswinkel* $\psi(t)$ und der *Eigenrotationswinkel* $\varphi(t)$ zu

$$\psi(t) = \frac{D_0}{\Theta_1} t + \psi_0 ; \quad \varphi(t) = \frac{\Theta_1 - \Theta_3}{\Theta_1} \omega_{3_0} t + \varphi_0 \tag{7.129}$$

Eine Präzessionsbewegung mit $\vartheta = \text{const}$, $\dot{\psi} = \text{const}$ und $\omega_e = \dot{\varphi} = \text{const}$ nennt man *regulär*. Für sie ist auch $|\boldsymbol{\omega}| = \text{const}$. Man kann nun ω_p mit der Winkelgeschwindigkeit ω_e der Eigenrotation verknüpfen und setzt dazu aus der dritten Gl. (7.125) unter Berücksichtigung von (7.128)

$$D_0 = \frac{\Theta_3 \omega_{3_0}}{\cos \vartheta} = \frac{\Theta_3 \Theta_1}{(\Theta_1 - \Theta_3) \cos \vartheta} \omega_e$$

in (7.127) ein, so daß man

$$\omega_p = \frac{D_0}{\Theta_1} = \frac{\Theta_3}{(\Theta_1 - \Theta_3) \cos \vartheta} \omega_e = \text{const} \tag{7.130}$$

erhält. Dies kann man auch aus dem in Bild 7-43a eingezeichneten Dreieck ablesen: Danach ist

$$\cos \vartheta = \cos(\alpha + \beta) = \frac{\omega_{3_0} - \omega_e}{\omega_p} = \frac{\omega_e}{\omega_p} \left(\frac{\Theta_1}{\Theta_1 - \Theta_3} - 1 \right) = \frac{\omega_e}{\omega_p} \frac{\Theta_3}{\Theta_1 - \Theta_3}$$

und somit folgt (7.130) mit ω_{3_0} nach (7.128).

Figuren-, Momentan- und Präzessionsachse liegen in einer Ebene, die sich mit der — dem Betrage nach konstanten — Winkelgeschwindigkeit $\boldsymbol{\omega}_p$ um die Präzessionsachse dreht. Außerdem rotiert der Kreisel mit der Winkelgeschwindigkeit $\boldsymbol{\omega}_e$ um seine Figurenachse. Das folgt unmittelbar aus den verschiedenen Möglichkeiten für die Zerlegung des Winkelgeschwindigkeitsvektors nach (7.119) mit $\dot{\vartheta} = 0$

$$\boldsymbol{\omega} = \omega_1\,\mathbf{e}_1 + \omega_2\,\mathbf{e}_2 + \omega_{3_0}\,\mathbf{e}_3 = \omega_p\,\mathbf{e}_z + \omega_e\,\mathbf{e}_\zeta \; .$$

In Bild 7-43 sind beide Zerlegungen dargestellt.

Hieraus ist auch ersichtlich, daß man zwischen der Koordinate ω_{3_0} von $\boldsymbol{\omega}$ in Richtung der Figurenachse und der Winkelgeschwindigkeit ω_e um dieselbe Achse zu unterscheiden hat.

Nun soll die Kreiselbewegung auch durch die auf das körperfeste System bezogenen Winkelgeschwindigkeitskoordinaten ausgedrückt werden: Mit $\omega_3 = \omega_{3_0} = \text{const}$ und $\omega = |\boldsymbol{\omega}| = \text{const}$ folgt aus

$$\omega^2 = \omega_1^2 + \omega_2^2 + \omega_{3_0}^2 = \omega_{3_0}^2 + c^2 = \text{const}$$

zunächst

$$\omega_1^2 + \omega_2^2 = c^2 = \text{const}$$

und damit nach Bild 7-43 der konstante Winkel β zwischen Figuren- und Momentenachse zu

$$\tan\beta = \frac{c}{\omega_{3_0}} = \frac{1}{\omega_{3_0}}\sqrt{\omega_1^2 + \omega_2^2} = \frac{1}{\omega_{3_0}}\sqrt{\omega^2 - \omega_{3_0}^2} \; .$$

Die reguläre Präzessionsbewegung kann man sich nun anhand von Bild 7-43 veranschaulichen: Sie läßt sich auffassen als Abrollen eines körperfesten Kreiskegels (Rollkegel) vom konstanten Öffnungswinkel 2β auf einem raumfesten Kreiskegel vom Öffnungswinkel 2α (β ist konstant, da ω_3 und ω konstant sind; vgl. hierzu auch die Darstellung der räumlichen Rotation nach 2.3.2, dort speziell den Sonderfall 2, S. 115.

Indem man weiter

$$\dot{\omega}_2 = \frac{\Theta_1}{\Theta_1 - \Theta_3}\,\frac{\ddot{\omega}_1}{\omega_{3_0}}$$

aus der nach t differenzierten ersten in die zweite Gl. (7.123) sowie entsprechend $\dot{\omega}_1$ aus der zweiten in die erste Gleichung einsetzt, entkoppelt man beide Gleichungen und erhält nach Zwischenrechnungen die Differentialgleichungen

$$\boxed{\ddot{\omega}_1 + \lambda^2\,\omega_1 = 0 \quad \text{und} \quad \ddot{\omega}_2 + \lambda^2\,\omega_2 = 0 \quad \text{mit} \quad \lambda^2 = \left(1 - \frac{\Theta_3}{\Theta_1}\right)^2 \omega_{3_0}^2} \qquad (7.131)$$

Ihre Lösungen, also die Koordinaten von $\boldsymbol{\omega}$ in Richtung der (1)- und (2)-Achse, sind wegen $\omega_1^2 + \omega_2^2 = c^2$

$$\omega_1 = c\,\sin(\lambda t - \gamma); \qquad \omega_2 = c\,\cos(\lambda t - \gamma) \; ,$$

wobei γ eine willkürliche Integrationskonstante ist. Sie ändern sich harmonisch mit t. Die Projektion von $\boldsymbol{\omega}$ auf die $(1,2)$-Ebene hat die Größe c und läuft in der Zeit

$$T = \frac{2\pi}{\lambda} = \frac{2\pi}{\omega_{3_0}}\,\frac{\Theta_1}{\Theta_1 - \Theta_3} = \frac{2\pi}{\omega_e}$$

einmal um die (3)-Achse um. Dieselbe Umlaufzeit hat der Kreisel um die (3)-Achse, so daß man $\lambda = \omega_e$ und damit wieder das frühere Ergebnis (7.128) erhält.

Für den *abgeplatteten Kreisel* mit $\Theta_1 < \Theta_3$ wird nach (7.128) $\omega_{3_0} < 0$ und damit nach (7.126) $\cos \vartheta < 0$, wenn man unter ω_e und ω_p die in Richtung der zugehörigen Achsen positiven Winkelgeschwindigkeitswerte versteht. Der Winkel ϑ zwischen Präzessions- und Figurenachse wird daher stumpf, so daß die *Präzessionsbewegung rückläufig* erfolgt. Anders ausgedrückt: Die Drehung der Figurenachse um die Präzessionsachse erfolgt im umgekehrten Sinne wie die Eigenrotation. Man kann die vorstehenden Ergebnisse zusammenfassen zum

---

Satz 7.10:

Die Bewegung des momentenfreien, symmetrischen Kreisels ist eine *reguläre Präzessionsbewegung,* bei der sich der Kreisel

— mit konstanter Winkelgeschwindigkeit (Spin) ω_e um seine Figurenachse ζ dreht, wobei

— die Figurenachse mit konstanter Präzessionswinkelgeschwindigkeit ω_p unter konstantem Winkel ϑ um die raumfeste z-Achse des Drallvektors $\mathbf{D_0}$ rotiert.

Da man Axiom II auch nach Satz 4.4 in der Form (7.109) auf den beliebig bewegten Massenmittelpunkt beziehen darf, ändert sich an den vorstehenden Betrachtungen nichts, wenn sich der Massenmittelpunkt des kräftefreien Kreisels bewegt, sofern nicht durch diese Bewegung selbst Momente (z.B. herrührend von Widerstandskräften) hervorgerufen werden.

7.8.4 Der nicht-momentenfreie, symmetrische Kreisel

Während beim momentenfreien Kreisel eine analytische Lösung wegen der Konstanz des Drallvektors noch einfach zu gewinnen war, ist das bei der Einwirkung von Momenten im allgemeinen Fall nur mit größerem Aufwand möglich. Daher soll hier dieses Problem zunächst nur qualitativ — ohne Ermittlung des zeitlichen Ablaufs der Bewegung im einzelnen — untersucht werden. Veranschaulicht werde das an einem „Spielkreisel" nach Bild 7-44.

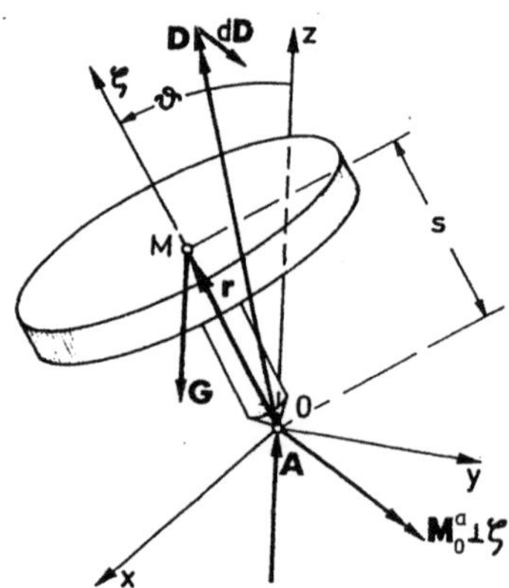

Bild 7-44

Der Kreisel ist auf der x, y-Ebene unterstützt. Auf ihn wirkt in der gezeichneten Position zur Zeit t das Moment der Gewichtskraft $M_0^a = r \times G$. Der Drallvektor D ist hier nicht mehr raumfest, sondern ändert sich während dt nach dem Drallsatz um den mit M_0^a gleichgerichteten Vektor $dD = M_0^a$ dt. Der Kreisel nach Bild 7-44 kippt also nicht um, wie man zunächst vermuten würde, sondern seine Figurenachse bewegt sich weiter um die raumfeste Achse, sofern er eine bestimmte Mindest-Eigenrotationswinkelgeschwindigkeit (Spin) ω_e^* hat; für einen in O aufgehängten Kreisel gilt die letztere Einschränkung nicht. Hieraus kann zunächst formuliert werden

---

Satz 7.11:

Bei einem mit einem bestimmten Mindestspin ω_e^* rotierenden „stehenden" Kreisel hat der Drallvektor die Tendenz sich so einzustellen, daß er mit dem auf den Kreisel wirkenden Momentenvektor gleichgerichtet ist. Für einen „hängenden" Kreisel gilt dasselbe ohne die einschränkende Bedingung für ω_e^*.

(Satz von POINSOT *vom gleichsinnigen Parallelismus)*

Darüber hinaus kann man über die Bewegung der Figurenachse sowie über die Größe von ω_e^* jedoch ohne umfangreiche Rechnungen, die hier nicht durchgeführt werden können, nichts weiter aussagen. Diese ergeben schließlich, daß der Nutationswinkel $\vartheta(t) = \vartheta_0 + \vartheta_1(t)$ um einen konstanten Wert ϑ_0 eine periodische sogenannte „Nutationsbewegung" $\vartheta_1(t)$ ausführt. Im Verlauf dieser Rechnung zeigt sich, daß für den *schnell rotierenden Kreisel* $\vartheta_1(t) \ll 1$ ist, so daß man für ihn die Nutationsbewegung vernachlässigen und mit sogenannter *pseudoregulärer Präzession* rechnen darf, bei der der Drallvektor in Richtung der Figurenachse (ζ-Achse) weist.

Man kann diese Betrachtungen nun noch etwas weiter fassen, indem man sich nicht mehr auf die Wirkung der Schwerkraft beschränkt, sondern ganz allgemein nach demjenigen Moment fragt, das auf einen schnell rotierenden Kreisel wirkt, wenn er eine pseudoreguläre Präzession ausführt. Dann kann man wieder unmittelbar vom Drallsatz ausgehen: Da für $\omega_e \gg \omega_p$ der Drallvektor

$$D = \Theta_3 \, \omega_3 \, e_3 = \Theta_3 \, \omega_e \qquad (7.132)$$

bei der pseudoregulären Präzession in Richtung der Figurenachse ζ weist, bleibt er in dem mit ω_p rotierenden System unverändert, so daß in seiner zeitlichen Ableitung gemäß (2.29) – Satz 2.2 – bzw. nach (7.116) seine Relativableitung $d_r \, D/dt = 0$ in Bezug auf die mit ω_p bewegte Basis verschwindet. Dann muß mit (7.132) nach dem Drallsatz das Moment der Kreiselwirkung für $\omega_e \gg \omega_p$

$$M_0^a = \frac{dD}{dt} = \omega_p \times D = \Theta_3 \, \omega_p \times \omega_e \qquad (7.133)$$

am Kreisel angreifen, damit die in Bild 7-45 skizzierte Präzessionsbewegung erfolgen kann. Der Momentenvektor steht senkrecht auf der in Bild 7-45 schraffierten Ebene und weist in Richtung der Knotenlinie (ξ'-Achse nach Bild 7-41).

Für das vorangegangene Beispiel des schweren Kreisels nach Bild 7-44 folgt aus
(7.139) wegen $|\mathbf{r} \times \mathbf{G}| = mgs \sin \vartheta = \Theta_3\, \omega_p\, \omega_e \sin \vartheta$, also wegen $\omega_e = \omega_{3_0}$ die mittlere
Präzessionswinkelgeschwindigkeit

$$\omega_p = \frac{mgs}{\Theta_3\, \omega_{3_0}} = \frac{2\pi}{T_p} \; ,$$

wobei T_p die Dauer eines Umlaufs um
die Präzessionsachse bezeichnet.

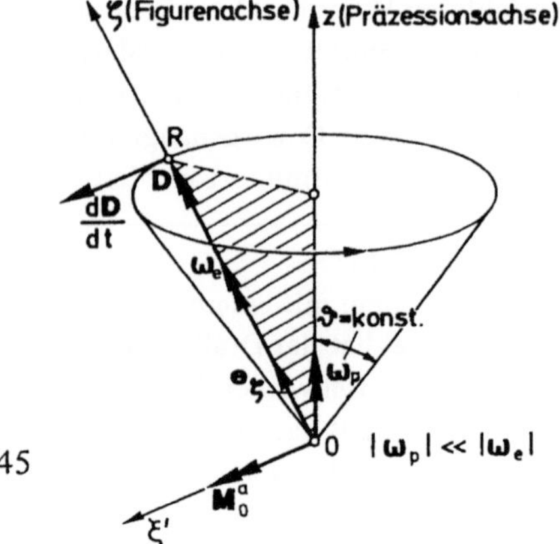

Bild 7-45

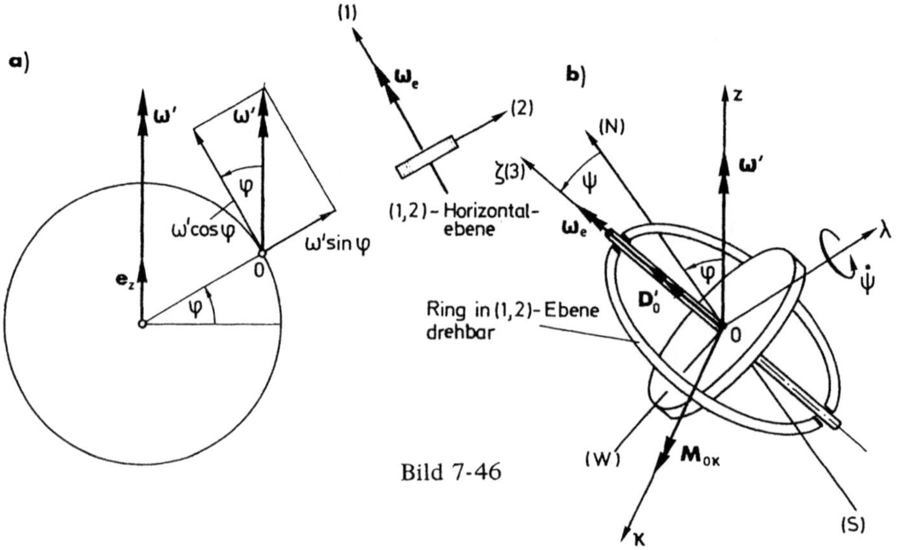

Bild 7-46

Anmerkung: Beim *symmetrischen* Kreisel kann man die Tatsache ausnutzen, daß die Hauptträgheitsmomente bezüglich jedes beliebigen in der Äquatorebene liegenden Achsensystems (z.B.
ξ, η-System oder ξ', η'-System von Bild 7-41) die konstante Größe Θ_1 haben. Man kann dann ein
spezielles Hauptachsensystem κ, λ, ζ wählen, das nur noch bezüglich der Figurenachse ζ körperfest
ist, während das κ, λ-Achsensystem in der Äquatorebene beliebig orientiert sein kann (z.B. wie in
Bild 7-46). Relativ zu diesem System dreht der Kreisel sich mit dem Spin $\omega_e = \omega_3 - \omega_\zeta$ um die ζ-Achse.
Die Winkelgeschwindigkeit des Systems ist dann wegen $\omega_3 = \omega_e + \omega_\zeta$ (Bild 7-43)

$$\boldsymbol{\omega}' = \omega_\kappa\, \mathbf{e}_\kappa + \omega_\lambda\, \mathbf{e}_\lambda + (\omega_3 - \omega_e)\, \mathbf{e}_\zeta$$

und der auf den Punkt O bezogene Drall des Kreisels ist analog zu (7.114)

$$\mathbf{D}_0' = \Theta_1\, \omega_\kappa\, \mathbf{e}_\kappa + \Theta_1\, \omega_\lambda\, \mathbf{e}_\lambda + \Theta_3\, \omega_3\, \mathbf{e}_\zeta \; .$$

Für die Differentiation von $\mathbf{D}_0'$ gilt analog zu (7.115)

$$\frac{d\mathbf{D}_0'}{dt} = \frac{d_r\mathbf{D}_0'}{dt} + \boldsymbol{\omega}' \times \mathbf{D}_0' = \mathbf{M}_0^a$$

$$= \Theta_1\,\dot\omega_\kappa\,\mathbf{e}_\kappa + \Theta_1\,\dot\omega_\lambda\,\mathbf{e}_\lambda + \Theta_3\,\dot\omega_3\,\mathbf{e}_\zeta + \begin{vmatrix} \mathbf{e}_\kappa & \mathbf{e}_\lambda & \mathbf{e}_\zeta \\ \omega_\kappa & \omega_\lambda & \omega_3 - \omega_e \\ \Theta_1\,\omega_\kappa & \Theta_1\,\omega_\lambda & \Theta_3\,\omega_3 \end{vmatrix}$$

Die Ausrechnung ergibt mit

$$\mathbf{M}_0^a = M_{0\kappa}\,\mathbf{e}_\kappa + M_{0\lambda}\,\mathbf{e}_\lambda + M_{03}\,\mathbf{e}_3$$

die *modifizierten* EULER*schen Gleichungen* für die Drehung eines symmetrischen Kreisels unter Einwirkung des Moments $\mathbf{M}_0^a$ in einem sich mit der Winkelgeschwindigkeit $\boldsymbol{\omega}'$ drehenden Koordinatensystem

$$\begin{aligned} \Theta_1\,\dot\omega_\kappa + [\Theta_1\,\omega_e + (\Theta_3 - \Theta_1)\,\omega_3]\,\omega_\lambda &= M_{0\kappa} \\ \Theta_1\,\dot\omega_\lambda - [\Theta_1\,\omega_e + (\Theta_3 - \Theta_1)\,\omega_3]\,\omega_\kappa &= M_{0\lambda} \\ \Theta_3\,\dot\omega_3 &= M_{03} \;. \end{aligned} \tag{7.134}$$

Für den Spezialfall des körperfesten Hauptachsensystems (1), (2), (3) ist in (7.134) nach dem Vergleich von $\boldsymbol{\omega}'$ mit (7.117)

$$\omega_\kappa = \omega_1, \quad \omega_\lambda = \omega_2 \quad \text{und} \quad \omega_e = 0$$

zu setzen, so daß sich wieder (7.118) mit den entsprechenden Momentenkoordinaten ergibt.

Beispiel: *Der Kreiselkompaß.* Seine Wirkung beruht darauf, daß auf jeder geographischen Breite φ die an die Horizontalebene gefesselte Figurenachse eines um diese Achse schnell rotierenden Kreisels stets genau nach Norden weist. Um dieses Phänomen prinzipiell zu erklären, genügt es, einen ortsfest auf der geographischen Breite φ aufgestellten symmetrischen, um seine Figurenachse mit ω_e = const rotierenden Kreisel zu untersuchen, dessen Bewegungsmöglichkeit nach Bild 7-46 durch geeignete konstruktive Maßnahmen so eingeschränkt ist, daß sich seine Figurenachse ohne Kreiselwirkung nur um die Hochachse λ, also nur in der Horizontalebene – κ, ζ-Ebene – bewegen kann.

Um die Erddrehung berücksichtigen zu können, muß hier ein Basissystem gewählt werden, das die Erddrehung *nicht* mitmacht. Bezüglich der Erde dreht sich der Kreisel mit dem Spin $\omega_e\,\mathbf{e}_\zeta$ um die ζ-Achse, die in der Horizontalebene in der betrachteten Konfiguration nach Bild 7-46b um den Winkel ψ gegenüber der N-Richtung ausgelenkt ist. Bei einer Auslenkung aus der N-Richtung dreht er sich mit der Winkelgeschwindigkeit $\dot\psi$ um die λ-Achse. Dazu kommt die Winkelgeschwindigkeit $\boldsymbol{\omega}'$ des κ, λ, ζ-Systems, herrührend von der Erddrehung, mit der auf dieses System bezogenen Winkelgeschwindigkeit

$$\boldsymbol{\omega}' = \omega'\,\mathbf{e}_z = -\,\omega'\cos\varphi\,\sin\psi\,\mathbf{e}_\kappa + \omega'\sin\varphi\,\mathbf{e}_\lambda + \omega'\cos\varphi\,\cos\psi\,\mathbf{e}_\zeta\,. \tag{1}$$

Die Koordinaten der Winkelgeschwindigkeit des Kreisels sind dann in Bezug auf das außerirdische Inertialsystem

$$\omega_\kappa = -\,\omega'\cos\varphi\,\sin\psi\,; \quad \omega_\lambda = \omega'\sin\varphi + \dot\psi\,; \quad \omega_3 = \omega'\cos\varphi\,\cos\psi + \omega_e\,. \tag{2}$$

In den EULERschen Gleichungen (7.134) ist $M_{03} = 0$ zu setzen und es kann auch $M_{0\lambda} = 0$ angenommen werden. Wegen $\omega_3 \gg \omega_\kappa$ und $\omega_3 \gg \omega_\lambda$ (s.u.) weist der Drallvektor $\mathbf{D}_0' = \Theta_3\,\omega_3\,\mathbf{e}_\zeta$ sehr genau in Richtung der um den Winkel ψ gegenüber der N-Richtung ausgelenkten Figurenachse ζ.

Es wird nun behauptet, daß die Lage $\psi = 0$ eine „relative Gleichgewichtslage" ist, in die der Kreisel nach einer Störung wieder zurückkehrt. Hierfür ist eine in Richtung der negativen κ-Achse weisende Dralländerung $d\mathbf{D}_0'$ und dementsprechend eine Momentenkoordinate $M_{0\kappa}$ in gleicher Richtung – ein sog. Rückstellmoment – notwendig. Sie wird durch die Lagerung hervorgebracht und interessiert für das Weitere nicht.

Aus der dritten Gleichung (7.134) folgt ω_3 = const wegen $M_{03} = 0$. Es bleibt also nur

$$\Theta_1\,\dot\omega_\lambda - [\Theta_1\,\omega_e + (\Theta_3 - \Theta_1)\,\omega_3]\,\omega_\kappa = 0 \tag{3}$$

für die weitere Diskussion. Durch Einsetzen von (2) in (3) ergibt sich schließlich mit $\omega' = $ const die Differentialgleichung

$$\Theta_1\,\ddot\psi + [(\Theta_3 - \Theta_1)\,\omega'\cos\varphi\cos\psi + \Theta_3\,\omega_e]\,\omega'\cos\varphi\sin\psi = 0 \tag{4}$$

für den Winkel ψ der Abweichung der Figurenachse von der N-Richtung. Da $\omega_e \gg \omega' = 11{,}6\cdot 10^{-6}\,\mathrm{sec}^{-1}$ ist (für einen schnell rotierenden Kreisel hat ω_e die Größenordnung von $10^8\,\omega'$), kann (4) vereinfacht werden zu

$$\ddot\psi + \omega_0^2\sin\psi = 0 \quad\text{mit}\quad \omega_0^2 = \frac{\Theta_3}{\Theta_1}\,\omega_e\,\omega'\cos\varphi\,. \tag{5}$$

Das ist dieselbe Gleichung wie die Differentialgleichung der freien Pendelschwingung (Gl. (2) vom Beispiel 2 in Abschnitt 7.7) mit der Gleichgewichtslage $\psi = 0$, die man noch für kleine Winkel ψ linearisieren kann zu

$$\ddot\psi + \omega_0^2\,\psi = 0 \tag{6}$$

ω_0 ist hierin die „Eigenfrequenz" und $T = 2\,\pi/\omega_0$ ist die Dauer (Periode) einer vollen Schwingung der ζ-Achse um die N-Richtung. $\psi = 0$ ist also – wie behauptet – die „Gleichgewichtslage" der Figurenachse des Kreisels, die dann genau nach N weist. Bei einer Auslenkung schwingt sie bei starkem Dämpfungsmoment um die λ-Achse praktisch schon nach dem ersten Ausschlag nach einer Halbperiode

$$\frac{T}{2} = \frac{\pi}{\omega_0} = \sqrt{\frac{\Theta_1}{\Theta_3}}\,\frac{\pi}{\sqrt{\omega_e\,\omega'\cos\varphi}} \tag{7}$$

wieder in diese „Gleichgewichtslage" zurück. Der Kompaß funktioniert auf allen geographischen Breiten φ unabhängig von der geographischen Länge. Nur an den Polen versagt er wegen $\varphi = \pm\,\pi/2$.

7.8.5 Der „geführte" Kreisel. Auswuchten von Rotoren

Wenn ein Kreisel durch seine Lagerung gezwungen wird, eine reguläre Präzessionsbewegung auszuführen, spricht man von einer „geführten" Kreiselbewegung. Gefragt ist jetzt nach dem Moment, das bei einer solchen Bewegung auftritt. Man hat dabei drei Fälle zu unterscheiden:

Fall a)   Für $\omega_p \ll \omega_e$ läßt sich für den symmetrischen Kreisel (7.133) verwenden. Das vom Kreisel auf die Führung wirkende Reaktionsmoment – auch *Deviationswiderstand* genannt – ist danach

$$\boxed{\mathbf{M_R} = -\mathbf{M_O^a} = -\mathbf{M} = \Theta_3\,\boldsymbol{\omega}_e \times \boldsymbol{\omega}_p} \tag{7.135}$$

Hieraus kann man unmittelbar die Wirkung von Kreiseln, die in Fahrzeuge eingebaut sind, also deren Bewegungen mitmachen, ermitteln (z.B. von Motoren, Turbinen und Laufrädern in Landfahrzeugen, Turbinen und Propellern in Schiffen und Strahltriebwerken in Flugzeugen). In Bild 7-47 ist dies für die beiden Fälle veranschaulicht, in denen der Kreisel einmal in Fahrtrichtung (v) (z.B. Turbinen, Motoren) und einmal senkrecht zu ihr (z.B. Rad) in dem durch Strichelung schematisch angedeuteten Fahrzeug, das eine Linkskurve durchfährt, angeordnet ist. Durch die Kurvenfahrt wird den Kreiseln eine Präzessionsbewegung mit der Winkelgeschwindigkeit $\boldsymbol{\omega}_p$ aufgezwungen, die diese Bewegung mit den Reaktionsmomenten nach (7.135) vom Betrage (wegen $\boldsymbol{\omega}_e \perp \boldsymbol{\omega}_p$)

$$M_R = \Theta_3\,\omega_p\,\omega_e$$

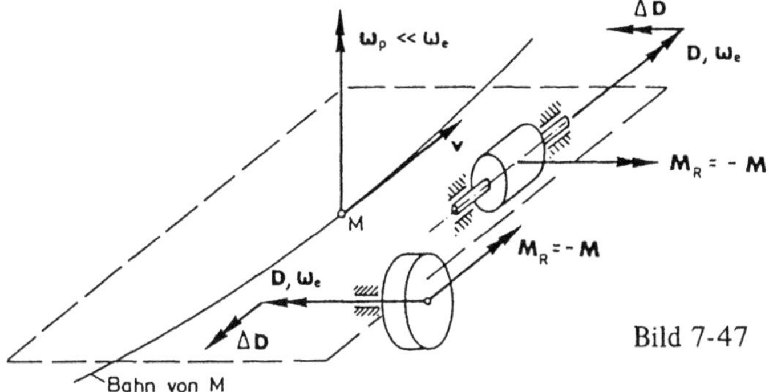

Bild 7-47

auf das Fahrzeug mit Vektoren in den angegebenen Richtungen und mit entsprechenden
Auswirkungen auf dessen Bewegungszustand „beantworten".

Fall b) ω_p *habe dieselbe Größenordnung wie* ω_e. Gl. (7.135) ist dann nicht mehr
anwendbar, so daß man von den EULERschen Gleichungen (7.118) ausgehen muß. Man
bezieht zweckmäßigerweise die Bewegung auf das (ξ', η', ζ')-System von Bild 7-41, das in
Bild 7-48a nochmals mit dem Kreisel sowie mit den kinematischen und kinetischen Größen
dargestellt ist. Der rotationssymmetrische, mit ω_e um seine Figurenachse rotierende
Kreisel wird gezwungen, eine Präzession ω_p um die gegenüber der ζ-Achse unter dem
konstanten Winkel ϑ geneigte, raumfeste z-Achse auszuführen. Die Gln. (7.120) liefern
mit $\dot{\vartheta} = 0$ sowie mit den konstanten Werten $\dot{\psi} = \omega_p$ und $\dot{\varphi} = \omega_e$

$$\omega_1 = \omega_p \sin \vartheta \sin \varphi , \qquad \omega_2 = \omega_p \sin \vartheta \cos \varphi , \qquad \omega_3 = \omega_p \cos \vartheta + \omega_e ,$$

$$\dot{\omega}_1 = \omega_p \omega_e \sin \vartheta \cos \varphi , \qquad \dot{\omega}_2 = - \omega_p \omega_e \sin \vartheta \sin \varphi , \qquad \dot{\omega}_3 = 0 .$$

Damit und mit $\Theta_1 = \Theta_2$ gehen die beiden ersten EULERschen Gleichungen (7.118) über in

$$\omega_p \sin \vartheta \cos \varphi \; [\Theta_3 \omega_e + (\Theta_3 - \Theta_1) \omega_p \cos \vartheta] = M_\xi^a ,$$

$$- \omega_p \sin \vartheta \sin \varphi \; [\Theta_3 \omega_e + (\Theta_3 - \Theta_1) \omega_p \cos \vartheta] = M_\eta^a .$$

Die dritte Gl. (7.118) ist wegen $\dot{\omega}_3 = 0$ und aus Symmetriegründen $(\Theta_1 = \Theta_2)$ identisch
erfüllt. In Bild 7-48b ist die Äquatorebene, also die (ξ, η)-Ebene, dargestellt. Man erkennt

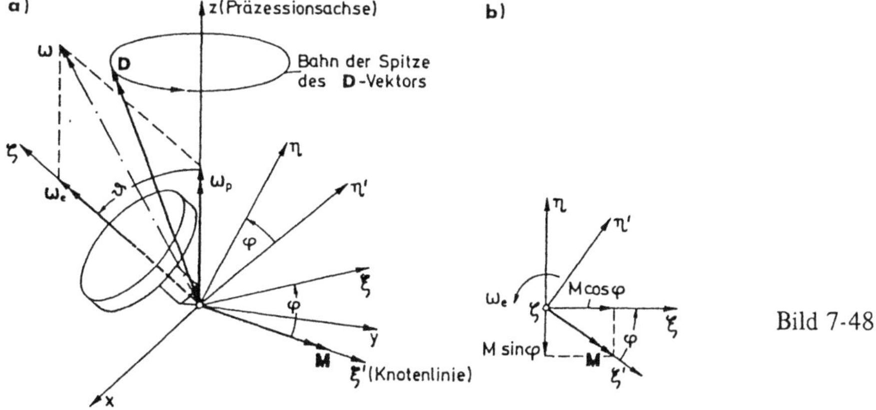

Bild 7-48

aus den vorstehenden Gleichungen leicht, daß M_ξ^a und M_η^a die Koordinaten des in Richtung der Knotenlinie (ξ'-Achse) weisenden Momentenvektors $\mathbf{M} = M_{\xi'}\,\mathbf{e}_{\xi'}$ sind. Also wird das in der aus Figuren- und Präzessionsachse aufgespannten Ebene wirkende *Moment der Kreiselwirkung*

$$\mathbf{M} = M_{\xi'}\,\mathbf{e}_{\xi'} = \left[\Theta_3 + (\Theta_3 - \Theta_1)\,\frac{\omega_p}{\omega_e}\cos\vartheta\right]\omega_p\,\omega_e\sin\vartheta\,\mathbf{e}_{\xi'}$$

$$= \left[\Theta_3 + (\Theta_3 - \Theta_1)\,\frac{\omega_p}{\omega_e}\cos\vartheta\right](\boldsymbol{\omega}_p \times \boldsymbol{\omega}_e) \tag{7.136}$$

was für $\vartheta = \pi/2$ oder $\omega_p \ll \omega_e$ in (7.135) übergeht.

Fall c) Der Kreisel habe *keine Eigenrotation*, sondern führe nur eine Präzessionsbewegung um die z-Achse mit $\boldsymbol{\omega}_p$ aus. Dies ist ein Spezialfall von b). Aus (7.136) folgt mit $\boldsymbol{\omega}_e = 0$ der Momentenvektor

$$\mathbf{M} = M_{\xi'}\,\mathbf{e}_{\xi'} = \frac{\Theta_3 - \Theta_1}{2}\,\omega_p^2\,\sin 2\,\vartheta\,\mathbf{e}_{\xi'} \tag{7.137}$$

um die ξ'-Achse, der mit der Winkelgeschwindigkeit $\boldsymbol{\omega}_p$ um die z-Achse umläuft. Wegen $\dot\varphi = \omega_e = 0$ ist hier das (ξ', η')-Achsensystem gleich dem körperfesten (ξ, η)-System (Bild 7-41).

Im konkreten Fall eines Rotors nach Bild 7-49, der in den Auflagern A und B momentenfrei gestützt und dessen Schwerpunkt um das Maß e von der Drehachse entfernt ist, hat man einen Kreisel, der mit der Winkelgeschwindigkeit $\boldsymbol{\omega}_p$ um den festen Punkt P rotiert. Sieht man von der statischen Wirkung des Rotorgewichtes sowie von der Durchbiegung der Welle ab, dann liefert Axiom I

$$W_A + W_B = me\,\omega_p^2\ .$$

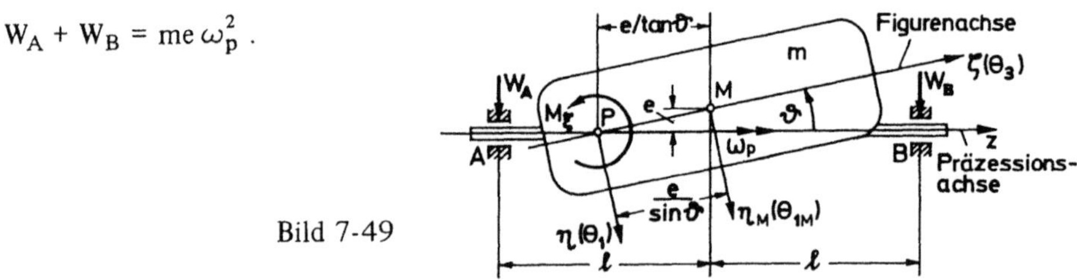

Bild 7-49

Mit $M_{\xi'}$ nach (7.137) folgt aus der Äquivalenz der Momente in der Zeichenebene bezüglich des Punktes P

$$W_A\left(l - \frac{e}{\tan\vartheta}\right) - W_B\left(l + \frac{e}{\tan\vartheta}\right) = M_{\xi'} = \frac{\Theta_3 - \Theta_1}{2}\,\omega_p^2\,\sin 2\,\vartheta$$

und damit aus den vorstehenden beiden Gleichungen

$$\left.\begin{array}{c}W_A\\W_B\end{array}\right\} = \frac{1}{2\,l}\left[\pm\,\frac{\Theta_3 - \Theta_1}{2}\,\omega_p^2\,\sin 2\,\vartheta + me\,\omega_p^2\left(l \pm \frac{e}{\tan\vartheta}\right)\right]$$

$$= \frac{m\,\omega_p^2}{2}\left[e\left(1 \pm \frac{e}{l\,\tan\vartheta}\right) \pm \frac{\Theta_3 - \Theta_1}{2\,m\,l}\,\sin 2\,\vartheta\right]\ .$$

Mit dem auf die Massenmittelpunktsachse η_M bezogenen Hauptträgheitsmoment $\Theta_{1M} = \Theta_1 - m\,(e/\sin\vartheta)^2$ erhält man

$$\left.\begin{array}{c} W_A \\ W_B \end{array}\right\} = \frac{m\,\omega_p^2}{2}\left[e\left(1 \pm \frac{e}{l\,\tan\vartheta} \mp \frac{e\,\sin 2\vartheta}{2\,l\,\sin^2\vartheta}\right) \pm \frac{\Theta_3 - \Theta_{1M}}{2\,m\,l}\sin 2\vartheta\right],$$

also die sogenannten *kinetischen Lagerdrücke*

$$\left.\begin{array}{c} W_A \\ W_B \end{array}\right\} = \frac{m\,\omega_p^2}{2}\left[e \pm \frac{\Theta_3 - \Theta_{1M}}{2\,m\,l}\sin 2\vartheta\right] \tag{7.138}$$

Diese Gleichung hat grundlegende Bedeutung für das *Auswuchten eines Rotors*. Die Lagerdrücke laufen mit der Präzessionswinkelgeschwindigkeit ω_p um die Drehachse, da $M_{\xi'}$ mit ω_p umläuft. In einem nicht mitumlaufenden (x, y, z)-Koordinatensystem sind die Lagerdrücke dagegen harmonisch mit der Zeit veränderlich. Sie sind nicht nur wegen ihrer mit dem Quadrat der Drehzahl wachsenden Beträge sehr unangenehm, sondern in vielen Fällen auch deshalb, weil sie als periodische Störkräfte für angrenzende Bauteile oder für den Rotor selbst wirksam werden. Man ist daher bestrebt, diese selbst bei sehr genau gefertigten Drehkörpern infolge kleiner, auch durch die Inhomogenität des Materials bedingter „Unwuchten" stets auftretenden Massenwirkungen, nachträglich zu beseitigen. Die dazu entwickelten Verfahren bezeichnet man als *Auswuchtverfahren*. Es genügt dabei nach (7.138) nicht, nur e = 0 zu machen, den Massenmittelpunkt also auf die Drehachse zu legen, was man in der Praxis durch „statisches Auswuchten" erreichen kann. Man muß vielmehr auch die Figurenachse — als die durch M hindurchgehende Hauptträgheitsachse — mit der Drehachse zusammenfallen lassen, damit ϑ verschwindet. Das heißt: Man muß den Rotor auch „kinetisch auswuchten". Er muß sich um eine Hauptzentralachse, eine sogenannte „*freie Achse*", drehen, damit er frei von kinetischen Lagerdrücken ist. Sofern das bei einem Rotor nicht zutrifft, also — mit anderen Worten — noch Deviationsmomente bezogen auf die Lagerachse vorhanden sind, muß man sie durch einen „*Massenausgleich*" zum Verschwinden bringen. Man kann dies z.B. durch zwei in verschiedenen Ebenen angebrachte Ausgleichsgewichte realisieren.

7.9 Stoß fester Körper

Bei einem Stoßvorgang — z.B. beim Zusammenstoß zweier Körper oder der plötzlichen Fixierung eines Körpers — werden die Geschwindigkeiten „plötzlich", d.h. innerhalb sehr kurzer Zeit, um endliche Werte geändert. Dabei ist diese Stoßdauer, während der sehr große Stoßkräfte wirken, je nach der Größe dieser Änderung sowie nach der Größe und Struktur der am Stoß beteiligten Körper ganz verschieden. Bei zwei zusammenstoßenden Billardbällen hat sie die Größenordnung von Bruchteilen von Millisekunden, bei der Kollision großer Schiffe von Sekunden. Die an der Stoßstelle auf den oder die Körper kurzzeitig wirkenden äußeren Spannungen sind vielfach so groß, daß sie bleibende Verformungen in einem mehr oder weniger großen Teilbereich der Körper und damit eine erhebliche Änderung ihrer Struktur zur Folge haben. Gleichzeitig laufen *Stoßwellen* in die Körper hinein, die einen *elastischen Schwingungszustand* einzelner Bauelemente und des Gesamtkörpers induzieren. Diese Schwingungen klingen nach dem Stoßvorgang durch Dämpfung

ab. Diese Vorgänge mit den Methoden der Kinetik wenigstens für die einzelnen Bauelemente zu erfassen, ist insofern mit Schwierigkeiten verbunden, als über die Stoßdauer und
Stoßkraft im allgemeinen von vornherein nichts bekannt ist. Das Problem ist damit sehr
komplex und so bleibt hier nur übrig, sich mit Hilfe von stark vereinfachenden Idealisierungen aus den beiden Grundaxiomen einen ersten Überblick über die Vorgänge beim Stoß
zu verschaffen.

7.9.1 Grundgleichungen

Die infolge des Stoßvorganges auf einen Körper wirkenden Spannungen werden zu
einer einzigen Stoßkraft $F_s^a(t)$ aufintegriert. Die Summe der übrigen am Körper angreifenden Kräfte sei $F^a(t)$. Aus der Integration von Axiom I (Gl. (7.3)) über das Zeitintervall
von $t = 0$ (Stoßbeginn) bis $t = \tau$ (Stoßende) folgt dann

$$\int_{t=0}^{\tau} [F^a(t) + F_s^a(t)]\, dt = I(\tau) - I(0) = \Delta I \qquad (7.139)$$

Das gilt noch allgemein für jeden beliebigen, starren oder deformierbaren Körper. Nun soll
der Stoßvorgang idealisierend vereinfacht werden mit Hilfe von

Def. 7.5:
Der *idealisierte Stoßvorgang* sei dadurch gekennzeichnet, daß
- der Körper seine Lage und Konfiguration während der Stoßdauer τ nicht
  verändert, so daß auch
- die Änderungen der Geometrie des Körpers durch den Deformationszustand
  nicht in die Rechnung eingehen
- die Stoßdauer $\tau \to 0$ geht und dabei

$$- \lim_{\tau \to 0} \int_{0}^{\tau} F_s^a(t)\, dt \quad \text{endlich ist.}$$

Wendet man den Grenzübergang $\tau \to 0$ auf (7.139) an, so entfällt das erste Integral auf
der linken Seite bzw. als Folge von Def. 7.5 entfällt im Vergleich zur Stoßkraft F_s^a die
Summe F^a aller anderen Kräfte. Es folgt dann mit der

Def. 7.6:
Das *Zeitintegral über die Stoßkraft* $F_s^a(t)$

$$S := \lim_{\tau \to 0} \int_{t=0}^{\tau} F_s^a(t)\, dt \qquad (7.140)$$

ist der *Stoß* (Dimension: $[M] \cdot [L] \cdot [T^{-1}]$)

aus (7.139) nach Durchführung des Grenzübergangs $\tau \to 0$

Satz 7.12:

Die *Impulsänderung* eines Körpers während des gesamten Stoßvorgangs

$$\Delta \mathbf{I} = \mathbf{I}(\tau) - \mathbf{I}(0) = \mathbf{S} \qquad (7.141)$$

ist gleich dem Stoß $\mathbf{S}$.

Wird der Impuls eines beliebigen Körpers durch die Geschwindigkeit $\mathbf{v}_M$ des Massenmittelpunktes nach (7.6) ausgedrückt und ist

$\mathbf{v}_M$ die Geschwindigkeit *vor* dem Stoß (zur Zeit $t = 0$)

$\mathbf{c}_M$ die Geschwindigkeit *nach* dem Stoß (zur Zeit $t = \tau$),

d.h.

$$\mathbf{I}(0) = m\,\mathbf{v}_M \quad \text{und} \quad \mathbf{I}(\tau) = m\,\mathbf{c}_M\,,$$

dann geht (7.141) über in

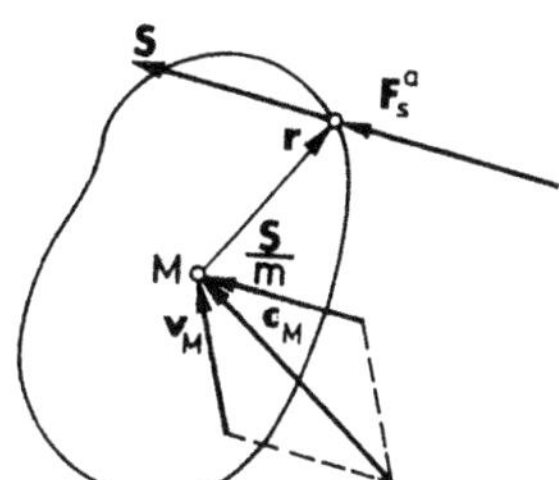

Bild 7-50

$$m\,(\mathbf{c}_M - \mathbf{v}_M) = \mathbf{S} \qquad (7.142)$$

Bild 7-50, in dem die Konfiguration wegen Def. 7.6 für den gesamten Stoßvorgang dargestellt ist, veranschaulicht dies.

Analog kann man Axiom II umformen: Durch Integration von Axiom II in der Form (7.4) erhält man zunächst, wenn hier von vornherein die Summe aller anderen Momente gegenüber dem Moment $\mathbf{M}_{Ps}^{a}$ der Stoßkraft entsprechend Def. 7.6 weggelassen wird,

---

$$\int\limits_{t=0}^{\tau} \mathbf{M}_{Ps}^{a}(t)\,dt = \mathbf{D}_p(\tau) - \mathbf{D}_p(0) = \Delta \mathbf{D}_p \qquad (7.143)$$

Der Bezugspunkt P für das Moment $\mathbf{M}_{Ps}^{a}$ und den Drall $\mathbf{D}_p$ ist der Massenmittelpunkt M oder ein raumfester Punkt O. Das Moment der Stoßkraft ist andererseits

---

$$\mathbf{M}_{Ps}^{a} = \mathbf{r} \times \mathbf{F}_s^{a} \qquad (7.144)$$

---

mit dem Vektor $\mathbf{r}$ vom Punkt P zum Angriffspunkt von $\mathbf{F}_s^{a}$. Aus (7.143) folgt dann nach Einsetzen von (7.144), mit dem Grenzübergang $\tau \to 0$ sowie unter Berücksichtigung von Def. 7.5, nach der der Punkt P seine Lage während des Stoßvorganges nicht ändert, so daß also $\mathbf{r}$ aus dem Integral herausgenommen werden kann,

$$\lim_{\tau \to 0} \int\limits_{t=0}^{\tau} \mathbf{r} \times \mathbf{F}_s^{a}(t)\,dt = \mathbf{r} \times \lim_{\tau \to 0} \int\limits_{t=0}^{\tau} \mathbf{F}_s^{a}(t)\,dt = \mathbf{r} \times \mathbf{S} = \mathbf{D}_p(\tau) - \mathbf{D}_p(0) = \Delta \mathbf{D}_p\,.$$

Es gilt also (Bild 7-11 mit P = M)

Satz 7.13:

Die *Änderung des* auf den Punkt P (Massenmittelpunkt M oder fester Punkt 0) bezogenen *Dralls* während τ

$$\Delta \mathbf{D_p} = \mathbf{D_p}(\tau) - \mathbf{D_p}(0) = \mathbf{r} \times \mathbf{S} \qquad (7.145)$$

ist gleich dem auf denselben Punkt P bezogenen Moment des Stoßes $\mathbf{S}$, dem sog. *Drehstoß* (Dimension: $[M] \cdot [L^2] \cdot [T^{-1}]$)

Wegen Def. 7.5 wird der Stoßvorgang durch die Sätze 7.12 und 7.13 nur für *„quasi-starre"* *Körper* beschrieben.

Stellt man sich z.B. einen Zusammenstoß von Fahrzeugen vor, so ist klar, daß diese Vereinfachung in solchen Fällen nur eine erste, summarische Beschreibung des Stoßvorganges liefern kann. Beim Zusammenstoß kompakter Körper mit sehr kleiner Stoßdauer und kleinen Verformungen (z.B. zwei Billardbälle) stimmt dagegen die Beschreibung „quasi-starrer" Körper sehr viel besser mit der Wirklichkeit überein.

Schließlich kann man sich einen Überblick über die qualitativen Verhältnisse beim Stoß auch durch eine *Bilanz der Energien* verschaffen. Dabei geht man wegen des i.a. nicht konservativen Charakters der einzig noch verbleibenden Kraft (Stoßkraft) von einem Arbeitssatz für deformierbare Körper bzw. von einem „modifizierten" Energiesatz unter Einschluß einer Verlustenergie für die ggf. nicht reversibel (dissipativ) erfolgenden Verformungen aus. Die äußere Arbeit, d.h. die Arbeit der äußeren Kräfte am starren Körper, wird dabei um die reversible (elastische) Arbeit (elastische Formänderungsenergie) und den dissipativen Anteil (Verlustenergie der bleibenden Formänderung) ergänzt

$$A_{12} = (A_{12})_{\text{starr}} + (A_{12})_{\text{rev}} + (A_{12})_{\text{diss}} = E_2 - E_1 \, .$$

Wegen Def. 7.5 findet keine Starrkörperverschiebung während des Stoßes statt und der reversible Arbeitsanteil ist nach 7.4 durch eine potentielle Energie U darstellbar, die vor und nach dem Stoß gleich, bzw. als potentielle Energie der Lage, ebenfalls wegen Def. 7.5, unveränderlich ist. Damit bleibt als *„modifizierter" Energiesatz* für den Stoß mit der zusätzlich aufzuwendenden *Verlustarbeit* (< 0) bzw. der *Verlustenergie* E_V (> 0)

$$(A_{12})_{\text{diss}} = - E_V = E_2 - E_1 \, ,$$

woraus mit

$$E_1 = E(0) = \frac{1}{2} \int v^2 \, dm \quad \text{und} \quad E_2 = E(\tau) = \frac{1}{2} \int c^2 \, dm$$

auch folgt:

$$E(0) = E(\tau) + E_V \qquad (7.146)$$

Hiermit kann man zunächst für *einen* einzelnen Körper *zwei theoretische Grenzfälle* definieren:

1) Bei einem Stoßvorgang ohne bleibende Verformungen ist $E_V = 0$, so daß dann $E(0) = E(\tau)$ wird (*vollkommen elastischer Stoß;* z.B. mit guter Näherung der Stoß bei Billardbällen).

2)   Wird bei einem Stoßvorgang mit bleibenden Verformungen die gesamte kinetische
      Energie E (0) in Verlustenergie umgesetzt, so ist E (τ) = 0 *(vollkommen plastischer
      Stoß)*.

Für *zwei zusammenstoßende Körper* bleibt Grenzfall 1) weiterhin gültig. Grenzfall 2) gilt
dagegen so nicht mehr, da E (0) nicht mehr vollständig in Verlustenergie umgesetzt wird.
Beide Körper bleiben in diesem Fall des vollkommen plastischen Stoßes auch nach dem
Stoß in Kontakt miteinander und bewegen sich zusammen weiter mit E (τ). Zum Kriterium für diesen Grenzfall vgl. 7.9.2 und (7.148).
Bei der nachfolgenden Behandlung spezieller Fälle sollen zur Vereinfachung nur solche
Stoßvorgänge untersucht werden, bei denen *keine Reibungskräfte* an der Oberfläche und
dementsprechend auch keine tangentialen Stoßkräfte auftreten können. Die *Stoßkräfte*
wirken dann stets *in Richtung der Normalen* zur Kontaktfläche.

Beim Zusammenstoß zweier Körper hat man ferner zwischen folgenden Möglichkeiten zu unterscheiden: Je nachdem, ob die Richtung der an der als Punkt angenommenen
Berührungsstelle übertragenen Stoßkräfte – die sogenannte *Stoßnormale* (n) – durch beide
Massenmittelpunkte M_i hindurchgeht (Bild 7-51a) oder nicht (Bild 7-51b), hat man es
mit einem *zentralen* oder einem *exzentrischen* Stoß zu tun. Im ersten Fall kommt man
mit (7.141) aus, im zweiten Fall muß man (7.145) hinzunehmen, um die Änderung der
Drehung zu bestimmen. Je nachdem, ob die Geschwindigkeitsvektoren vor dem Stoß in
der Verbindungslinie beider Massenmittelpunkte liegen oder nicht, unterscheidet man
noch zwischen *geradem und schiefem Stoß*. Bild 7-51a zeigt einen schiefen zentralen,
Bild 7-51b einen schiefen exzentrischen Stoß.

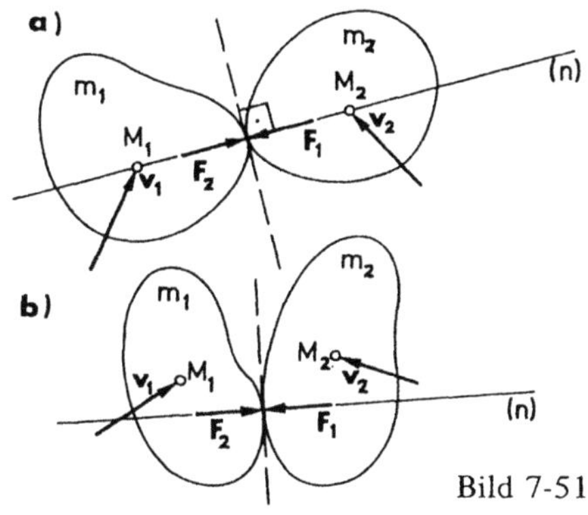

Bild 7-51

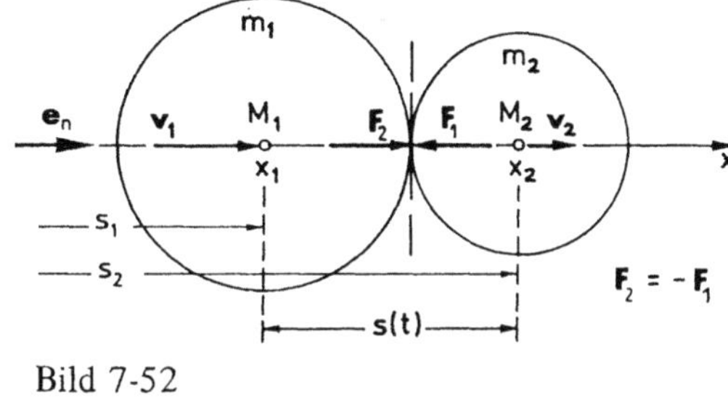

Bild 7-52

7.9.2 Gerader zentraler Stoß

Zwei Massen bewegen sich drehungsfrei längs der Normalen-Achse (n) mit den
Geschwindigkeiten $\mathbf{v}_1 = v_1\,\mathbf{e}_n$ und $\mathbf{v}_2 = v_2\,\mathbf{e}_n$. Falls $v_1 > v_2$ ist, stoßen sie zur Zeit t = 0
gerade und zentral zusammen. Bild 7-52 zeigt die Konfiguration für eine Zeit t $(0 < t < \tau)$
innerhalb der Stoßdauer τ. Während τ sind die Körper miteinander in Kontakt, so daß
(7.141) bzw. (7.142) – auf das System aus beiden Körpern angewendet – wegen des
Fehlens eines äußeren Stoßes bzw. wegen $\mathbf{F}^a = 0$

$$\mathbf{I}\,(\tau) - \mathbf{I}\,(0) = m_1\,(c_1 - v_1) + m_2\,(c_2 - v_2) = 0\;,$$

also die Erhaltung des Gesamtimpulses in Richtung von (n) (vgl. auch Satz 7.3)

$$m_1 v_1 + m_2 v_2 = m_1 c_1 + m_2 c_2 \qquad (7.147)$$

liefert. v_i bzw. c_i sind dabei die Geschwindigkeiten der Massenmittelpunkte M_i vor bzw. nach dem Stoß. Die Indices M werden hier und im folgenden fortgelassen.

Zur Ermittlung von c_1 und c_2 steht damit nur *eine* Gleichung zur Verfügung. Die Anwendung von (7.141) auf jeden Einzelkörper würde unter Berücksichtigung von $F_1 = -F_2$ bzw. $S_1 = -S_2$ wieder zum selben Ergebnis (7.147) führen. Deshalb wird vorübergehend die Forderung der Quasi-Starrheit nach Def. 7.5 aufgegeben und eine Geometrieänderung infolge eines Deformationszustandes zugelassen. Während des Stoß- vorgangs wird sich der anfängliche Abstand der Massenmittelpunkte (Bild 7-52)

$$s(0) = s_2(0) - s_1(0)$$

verkleinern und am Ende des Stoßes zur Zeit $t = \tau$ je nach der Beschaffenheit der Körper mehr oder weniger wieder das anfängliche Maß annehmen. Es gibt also eine bestimmte Zeit t' mit $0 \leqslant t' \leqslant \tau$, für die $s(t') = s_2(t') - s_1(t')$ ein Minimum wird. Dann ist

$$\left. \frac{ds}{dt} \right|_{t=t'} = 0 = \dot{s}(t') = [s_2(t) - s_1(t)]^{\cdot} = \dot{s}_2(t') - \dot{s}_1(t'),$$

woraus folgt, daß zur Zeit t' die Massenmittelpunkte M_1 und M_2 dieselbe Geschwindig- keit

$$\dot{s}_1(t') = \dot{s}_2(t') = u$$

haben. Diese gemeinsame Geschwindigkeit zur Zeit t' am Ende der sog. *Kompressions- phase* ($0 \leqslant t \leqslant t'$; Index „I") kann man ermitteln, wenn man (7.140) für jeden Körper getrennt ansetzt.
Für den Körper 1 folgt dann nach Def. 7.6

$$S_1^I = \lim_{t' \to 0} \int_{t=0}^{t'} F_1(t)\, dt = m_1(u - v_1)\, e_n , \qquad (1)$$

für Körper 2 folgt wegen $F_2(t) = -F_1(t)$

$$S_2^I = \lim_{t' \to 0} \int_{t=0}^{t'} F_2(t)\, dt = m_2(u - v_2)\, e_n = -S_1^I = m_1(v_1 - u)\, e_n \qquad (2)$$

und daraus die *gemeinsame Geschwindigkeit* beider Massenmittelpunkte *am Ende* t' *der Kompressionszeit*

$$u = \frac{m_1 v_1 + m_2 v_2}{m_1 + m_2} \qquad (7.148)$$

Die gleiche Rechnung für den zweiten Teil der Stoßdauer, die sog. *Ausdehnungs- oder Restitutionsphase* ($t' \leqslant t \leqslant \tau$; Index „II"), liefert mit

$$S_2^{II} = m_2 (c_2 - u)\, e_n = - S_1^{II} = m_1 (u - c_1)\, e_n \tag{3}$$

$$u = \frac{m_1\, c_1 + m_2\, c_2}{m_1 + m_2} . \tag{4}$$

Dies ist keine zusätzliche Gleichung, da Gleichsetzen mit (7.148) wieder (7.147) liefert. Da u als neue Unbekannte hinzugekommen ist, fehlt nach wie vor eine Gleichung, die aus einer Energiebetrachtung gewonnen wird: Die Differenz der kinetischen Energien während der Kompressionszeit beträgt nach (7.71)

$$\Delta E = E(t') - E(0) = \frac{m_1 + m_2}{2}\, u^2 - \frac{1}{2} (m_1\, v_1^2 + m_2\, v_2^2)$$

bzw. unter Beachtung von (7.148) nach einer Zwischenrechnung

$$\Delta E = - \frac{1}{2}\, \frac{m_1\, m_2}{m_1 + m_2}\, (v_1 - v_2)^2 \tag{7.149}$$

ΔE stellt also eine Abnahme der kinetischen Energie während der ersten Stoßperiode $0 \leqslant t \leqslant t'$ dar. Dieser Energieabnahme entspricht die bei der Deformation geleistete Arbeit der Spannungen in beiden Körpern. Der Verlust an kinetischer Energie während der Kompressionsphase kann nun je nach Beschaffenheit der am Stoß beteiligten Körper während der Restitutionsphase zu einem mehr oder weniger großen Teil wieder in Bewegungsenergie umgesetzt werden. Hierfür sind wiederum die beiden Grenzfälle zu unterscheiden:

Fall 1) Im ungünstigsten Grenzfall ist nichts wiederzugewinnen, so daß in diesem Falle die kinetische Energie am Ende des Stoßes

$$E(\tau) = E(t') = \frac{1}{2} (m_1 + m_2)\, u^2$$

ist und die beiden Körper sich mit der gemeinsamen durch (7.148) gegebenen Geschwindigkeit weiterbewegen. Dies ist der Fall des *vollkommen plastischen Stoßes*, bei dem die Geschwindigkeitsdifferenz $c_2 - c_1 = 0$ der beiden Körper nach dem Stoß Null wird (vgl. hierzu die Betrachtung nach (7.146)).

Fall 2) Im günstigsten Grenzfall ist alles wiederzugewinnen, so daß über die gesamte Stoßzeit keine kinetische Energie verlorengeht, d.h. es gilt dann

$$E(0) = \frac{m_1\, v_1^2}{2} + \frac{m_2\, v_2^2}{2} = \frac{m_1\, c_1^2}{2} + \frac{m_2\, c_2^2}{2} = E(\tau)$$

bzw.

$$m_1 (v_1^2 - c_1^2) = m_2 (c_2^2 - v_2^2) .$$

Andererseits gilt nach (7.147)

$$m_1 (v_1 - c_1) = m_2 (c_2 - v_2) .$$

Nach Division beider Gleichungen zeigt sich, daß die Relativgeschwindigkeiten

$$v_1 - v_2 = c_2 - c_1 > 0 \qquad\qquad (7.150)$$

beider Körper zueinander durch einen vollkommen elastischen Stoß nicht geändert werden.

Für Billardbälle treffen nach der Erfahrung die Gesetze des vollkommen elastischen Stoßes recht gut zu. Stößt beispielsweise ein Billardball mit v_1 gerade auf einen ruhenden Ball gleicher Masse, dann gilt einmal nach (7.150) mit $v_2 = 0$

$$v_1 = c_2 - c_1$$

und andererseits nach (7.147)

$$v_1 = c_1 + c_2 \ .$$

Subtraktion beider Gleichungen liefert $c_1 = 0$. Der erste Ball bleibt liegen und teilt seine gesamte Bewegungsenergie dem zweiten mit, der sich dann, wie auch zu beobachten ist, mit $c_2 = v_1$ weiterbewegt.

Stoßen beide Bälle mit gleicher Geschwindigkeit ($v_2 = - v_1$) aufeinander, dann bewegen sie sich wegen $2\,v_1 = c_2 - c_1$ und $0 = c_1 + c_2$ nach dem Stoß mit gleichen, aber umgekehrt gerichteten Geschwindigkeiten $c_1 = - v_1$ und $c_2 = - v_2$ weiter. Für einen auf eine Wand ($m_2 \rightarrow \infty$, $v_2 = 0$) auftreffenden Ball liefert (7.147) (nach Division durch m_2) $v_2 = 0 = c_2$. Andererseits kommt aus (7.150) $c_1 = - v_1$, wie zu erwarten war.

Die Grenzfälle unterscheiden sich also durch die Relativgeschwindigkeiten $c_2 - c_1 > 0$ beider Körper nach dem Stoß. Bezieht man sie auf die Relativgeschwindigkeiten $v_1 - v_2 > 0$ vor dem Stoß, so gelte:

Def. 7.7:
Das *Verhältnis der Relativgeschwindigkeiten* nach und vor dem geraden, zentralen Stoß

$$\epsilon := \frac{c_2 - c_1}{v_1 - v_2} \qquad\qquad (7.151)$$

sei ein Maß für die Unterscheidung der Grenzfälle und für die zwischen ihnen liegenden Fälle des teilweise plastischen Stoßes. ϵ wird *Stoßzahl* oder *Restitutionskoeffizient* genannt.

Andererseits liefern (1) und (3) die *Stoßzahl* ϵ auch als *Verhältnis des Stoßes* S^{II} zum *Stoß* S^I

$$\frac{S^{II}}{S_I} = \frac{c_2 - u}{u - v_2} = \frac{u - c_1}{v_1 - u} = \epsilon \qquad\qquad (7.152)$$

denn aus $c_2 - u = \epsilon\,(u - v_2)$ und aus $c_1 - u = \epsilon\,(u - v_1)$ folgt nach Subtraktion wieder (7.151).

Die Gl. (7.152) ist die fehlende Gleichung zur Lösung des Problems, sofern die jeweilige Stoßzahl bekannt ist. Für die idealisierten Fälle 1) bzw. 2) ist $\epsilon = 0$ (vollkommen plastisch) bzw. $\epsilon = 1$ (vollkommen elastisch). In Wirklichkeit ist im allgemeinen $0 < \epsilon < 1$; denn beim (teilweise) plastischen Stoß wird in der Kompressionszeit auch elastische Energie in beiden Körpern gespeichert, so daß $c_2 \neq c_1$ und $\epsilon > 0$ wird. Für konkrete Zusammenstöße kann man S^I und S^{II} und damit ϵ nach (7.152) mit entsprechenden Meßmethoden experimentell ermitteln, allerdings jeweils nur für einen konkreten Einzelfall. Nur für kompakte Körper kann ϵ, quasi als „Stoffkonstante", aus einem Experiment generell bestimmt werden (s.u.).

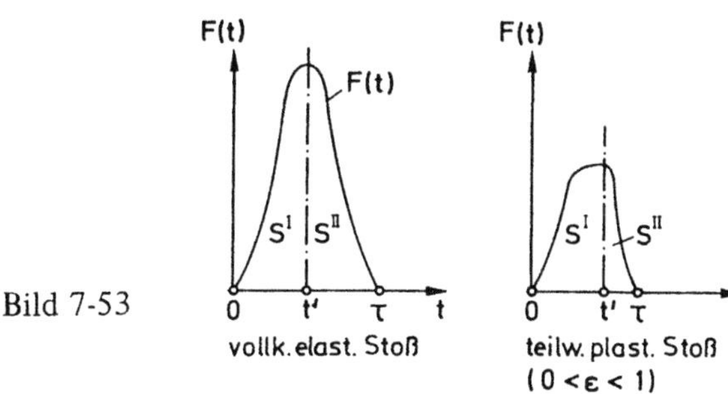

Bild 7-53

Man kann den Verlauf des Stoßvorganges nach Bild 7-53 noch durch Auftragung der Stoßkraft F (t) über der Stoßdauer veranschaulichen: Während die Stoßkraft F (t) beim elastischen Stoß spiegelbildlich zur Ordinate in t' verläuft, so daß die beiden Flächen S^I und S^{II} unter der F (t)-Kurve gleich sind, ist der Kraftverlauf in der Restitutionszeit beim teilweise plastischen Stoß mehr oder weniger steiler als in der Kompressionszeit. Im letzten Fall ist dann $S^{II} < S^I$, wobei natürlich im allgemeinen t' nicht genau in der Mitte zwischen 0 und τ liegen wird. Der vollkommen plastische Stoß mit $S^{II} = 0$ ist zur Zeit t' beendet.

Mit (7.151) kann man nun auch die Geschwindigkeiten nach dem Stoß errechnen: Setzt man aus (7.151) z.B. $c_2 = c_1 + \epsilon (v_1 - v_2)$ in (7.147), dann folgt aus

$$m_1 v_1 + m_2 v_2 = (m_1 + m_2) c_1 + m_2 \epsilon (v_1 - v_2)$$

$$c_1 = \frac{(m_1 - \epsilon m_2) v_1 + (1 + \epsilon) m_2 v_2}{m_1 + m_2} \qquad (7.153)$$

und ganz entsprechend — durch Vertauschung der Indizes —

$$c_2 = \frac{(m_2 - \epsilon m_1) v_2 + (1 + \epsilon) m_1 v_1}{m_1 + m_2} . \qquad (7.154)$$

Für den vollkommen plastischen Stoß ($\epsilon = 0$) wird $c_1 = c_2 = u$ wie nach (7.148). Der gesamte positiv gerechnete *Energieverlust* beim Stoß wird mit den Werten von c_1 und c_2 nach (7.153) und (7.154)

$$E_V = E (0) - E (\tau) = \frac{1}{2} (m_1 v_1^2 + m_2 v_2^2 - m_1 c_1^2 - m_2 c_2^2)$$

$$E_V = \frac{1}{2} (1 - \epsilon^2) \frac{m_1 m_2}{m_1 + m_2} (v_1 - v_2)^2 . \qquad (7.155)$$

Beim vollkommen elastischen Stoß ($\epsilon = 1$) ist $E_V = 0$ — beim vollkommen plastischen Stoß ($\epsilon = 0$) wird keine Energie zurückgewonnen, so daß man daher für E_V denselben Betrag wie nach (7.149) für ΔE erhält.

Den Restitutionskoeffizienten ϵ kann man für einen kompakten Körper, der in seiner Begrenzung kontinuierlich mit gleicher Materie erfüllt ist, experimentell ermitteln, indem man eine Masse m_1 aus der Höhe h herabfallen läßt und die Höhe h' mißt, bis zu der sie zurückprallt (Bild 7-54). Für $m_2 \to \infty$ folgt die Geschwindigkeit, mit der sich m_1 wieder vom Boden ablöst, aus (7.153) mit der (nach unten positiv gerechneten) Geschwindigkeit $v_1 = \sqrt{2\,gh}$ und $v_2 = 0$ zu

$$c_1 = \lim_{m_2 \to \infty} \frac{(m_1/m_2 - \epsilon)\sqrt{2\,gh}}{m_1/m_2 + 1} = -\epsilon\sqrt{2\,gh}\;.$$

Das negative Vorzeichen gibt an, daß die Geschwindigkeit c_1 nach oben gerichtet ist. Mit einer Anfangsgeschwindigkeit $c_1 = -\sqrt{2\,gh'}$ wird die Höhe h' erreicht, so daß die Stoßzahl aus $\epsilon = c_1/v_1 = \sqrt{h'/h}$ errechnet werden kann. Man kann sie als reine Stoffkonstante ansehen, wenn auch der Boden aus demselben Material wie die Masse m_1 besteht. Auch für verschiedenes Material von m_1 und m_2 kann ϵ als eine Konstante für die entsprechende „Materialpaarung" angesehen werden. Für einen kompliziert strukturierten Körper (Leichtbaustruktur) ist ϵ dagegen keine Stoffkonstante.

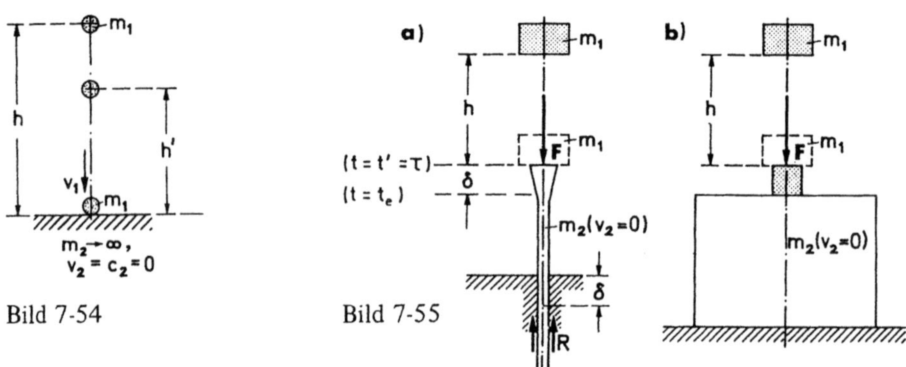

Bild 7-54   Bild 7-55

Als *Beispiel* wollen wir den Stoßvorgang beim *Einrammen eines Pfahles* (Bild 7-55a) und beim *Schmieden* mit einem Fallhammer (Bild 7-55b) untersuchen. In beiden Fällen nehmen wir der Einfachheit halber — der Wirklichkeit etwa entsprechend — den Stoß als vollkommen unelastisch ($\epsilon = 0$) an, so daß keine Restitutionszeit auftritt und die gemeinsame Geschwindigkeit von m_1 und m_2 nach dem Stoß gemäß (7.148) oder (7.153) (mit $v_1 = \sqrt{2\,gh}$ und $v_2 = 0$)

$$c_1 = c_2 = u = \frac{m_1\sqrt{2\,gh}}{m_1 + m_2}$$

ist, da wir die Gewichtskräfte als klein gegenüber der Stoßkraft $\mathbf{F}$ annehmen dürfen. Auch zusätzliche Reaktionskräfte des Untergrundes gehen nicht mit in die Rechnung ein, da sie sich erst mit der Einsenkung von m_2 in den Untergrund ausbilden können und τ so kurz ist, daß die Massen sich während des Schlages nicht wesentlich in den Untergrund einsenken können (idealisierter Stoßvorgang nach Def. 7.5).

Die gesamte kinetische Energie ist in beiden Fällen nach dem Schlag ($t = t' = \tau$)

$$E(\tau) = \frac{m_1 + m_2}{2}\,u^2 = \frac{m_1^2}{m_1 + m_2}\,gh\,,$$

was natürlich dasselbe ist wie

$$m_1 gh - E_V = m_1 gh - \frac{m_1 m_2}{m_1 + m_2} gh$$

nach (7.146) und (7.155) mit $\epsilon = 0$.

Soweit gleichen sich beide Fälle. In der Beurteilung des *Wirkungsgrades* unterscheiden sie sich jedoch grundsätzlich voneinander: Die Ramme soll den Rammpfahl durch jeden Schlag möglichst weit in das Erdreich eintreiben. Die weitere Bewegung nach dem Schlag geht näherungsweise nur unter Einwirkung der im Verhältnis zu den Gewichten sehr großen – der Einfachheit halber konstant angenommenen – Reibungskraft $R \gg (m_1 + m_2)\, g$ vor sich. Zur Zeit t_e sitzt der Pfahl wieder fest. Der Arbeitssatz liefert für die ,,Nutzarbeit'' $R\delta$

$$-R\delta \approx E\,(t_e) - E\,(\tau) = 0 - \frac{m_1^2}{m_1 + m_2} gh \,,$$

so daß der Wirkungsgrad

$$\eta_a = \frac{R\delta}{m_1 gh} = \frac{1}{1 + m_2/m_1}$$

ist. Um ihn groß zu halten, muß man das Bärgewicht möglichst groß im Verhältnis zum Gewicht des Pfahls machen.

Anders dagegen beim Fallhammer (Bild 7-55b): Hier soll die kinetische Energie der Gesamtmasse nach dem Stoß möglichst klein sein, damit möglichst viel der Gesamtenergie in Verformungsenergie umgesetzt werden kann. Also sehen wir aus

$$\eta_b = \frac{E_V}{m_1 gh} = \frac{1}{1 + m_1/m_2} \,,$$

daß das Gewicht des Ambosses oder des Gesenks im Vergleich zum Hammergewicht möglichst groß gemacht werden muß.

7.9.3 Allgemeine Stoßvorgänge

Im allgemeinen Fall nach Bild 7-56 stimmt die Richtung der Geschwindigkeiten v_i vor und c_i nach dem Stoß nicht mehr mit der Stoßnormalen überein. Die Def. 7.7 ist dann nicht mehr anwendbar und wird ersetzt durch

Def. 7.8:
Für den *allgemeinen, reibungsfreien Stoßvorgang* wird das Verhältnis der Projektionen der Relativgeschwindigkeiten vor und nach dem Stoß auf die Stoßnormale n

$$\epsilon = \frac{c_{2n} - c_{1n}}{v_{1n} - v_{2n}} \qquad\qquad (7.156)$$

als *Stoßzahl* verwendet.

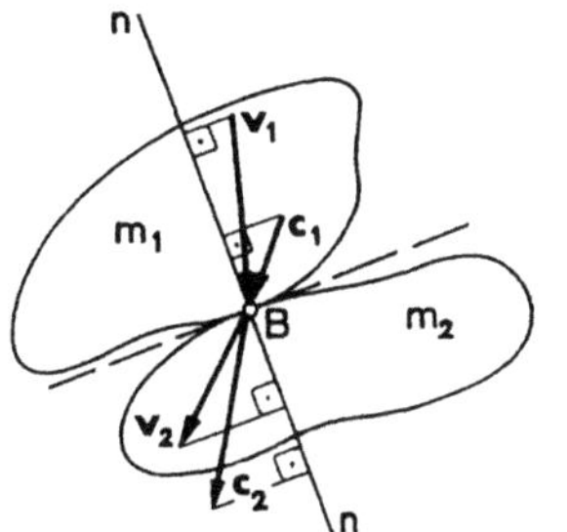

Bild 7-56

Diese Definition liefert hier die zu den Grundgleichungen von 7.9.1 hinzukommende
fehlende Gleichung, falls ϵ bekannt ist.

Beispiel 1: *Schiefer zentraler Stoß.* Für einen nicht rotierenden Ball von der Masse m_1, der
unter dem Winkel α auf eine glatte Wand trifft (Bild 7-57), sind die Rückprallgeschwindigkeit und der
Reflexionswinkel für verschiedene Werte von ϵ zu errechnen.

Lösung:

Die Tangentialkomponenten der Geschwindigkeiten sind wegen des Fehlens einer tangentialen Stoßkraft
und damit wegen $S_t = 0$ nach (7.141) einander gleich, es gilt also

$$c_1 \sin \alpha' = v_1 \sin \alpha \,.$$

Def. 7.8 liefert, in Richtung der x-Achse angesetzt,

$$\epsilon = \frac{0 + c_1 \cos \alpha'}{v_1 \cos \alpha - 0}$$

als zusätzliche Gleichung, so daß wir nach Division beider Gleichungen den Reflexionswinkel

$$\tan \alpha' = \frac{1}{\epsilon} \tan \alpha \geqslant \tan \alpha$$

und die Rückprallgeschwindigkeit

$$c_1 = \epsilon \, \frac{v_1 \cos \alpha}{\cos \alpha'} = \epsilon \, v_1 \cos \alpha \sqrt{1 + \tan^2 \alpha'} = v_1 \cos \alpha \sqrt{\epsilon^2 + \tan^2 \alpha}$$

erhalten. Ist der Stoß vollkommen elastisch, so wird $\alpha' = \alpha$ und $c_1 = v_1$. Ist er dagegen vollkommen
unelastisch, so ist $\alpha' = \pi/2$ und die Masse m_1 bewegt sich mit der Geschwindigkeit $c_1 = v_1 \sin \alpha$ an
der Wand weiter aufwärts.

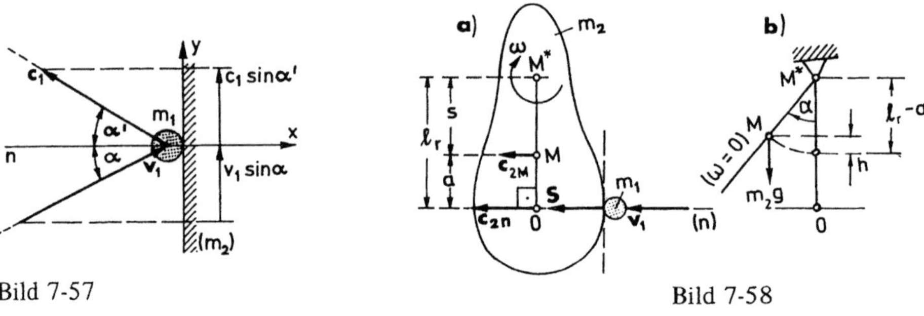

Bild 7-57   Bild 7-58

Beispiel 2: *Exzentrischer Stoß.* Eine Masse m_1 treffe mit der Geschwindigkeit v_1 auf eine, auf
reibungsfreier Ebene ruhende, ebene Scheibe von der Masse m_2 in Richtung der Stoßnormalen (n)
(Bild 7-58). Wie bewegen sich Scheibe und Masse m_1 weiter?

Lösung:

Gl. (7.142) liefert für m_1 bei Integration über die gesamte Stoßdauer in n-Richtung

$$m_1 (c_1 - v_1) = -S \tag{a}$$

und für m_2 mit den Geschwindigkeiten des Massenmittelpunktes $v_{2M} = 0$ vor dem Stoß und c_{2M}
nach dem Stoß

$$m_2 \, c_{2M} = S \,. \tag{b}$$

Aus dem auf den Mittelpunkt M der Masse m_2 bezogenen Drallsatz (7.145) für die Masse m_2 folgt mit $D_M(0) = 0$ und $D_M(\tau) = \Theta_M \omega = m_2 i_M^2 \omega$ – wobei ω die Winkelgeschwindigkeit nach dem Stoß ist –

$$m_2 i_M^2 \omega = S a \ . \tag{c}$$

Die Scheibe dreht sich nach dem Stoß um ihr Momentanzentrum M^* weiter, das senkrecht zur Richtung von c_2 liegt und dessen Entfernung vom Massenmittelpunkt wir aus den Gln. (b) und (c) durch Eliminieren von S zu

$$s = \frac{c_{2M}}{\omega} = \frac{i_M^2}{a}$$

ermitteln. Die Entfernung der Stoßnormalen vom Momentanzentrum

$$a + s = a + \frac{i_M^2}{a} = l_r$$

ist demnach gleich der reduzierten Pendellänge l_r für den Punkt O (vgl. Beispiel 2 von 7.7), so daß M^* der Schwingungsmittelpunkt – auch *Stoßmittelpunkt* genannt – für den Punkt O ist. Wir könnten die Scheibe also ohne weiteres im Punkt M^* drehbar aufhängen, ohne daß sich irgend etwas an ihrem Bewegungszustand ändern würde. Insbesondere wird im Drehpunkt M^* kein Reaktionsstoß wirksam! Alle Maschinenteile, die Stößen ausgesetzt sind, lagert man daher in ihrem Stoßmittelpunkt, ein Schlagwerkzeug faßt man im Stoßmittelpunkt an, um keinen unangenehmen Stoß zu erfahren!

Zur Errechnung von ω und c_1 nach dem Stoß müssen wir Def. 7.8 bzw. (7.156) heranziehen, die hier mit $v_{2n} = 0$

$$\epsilon = \frac{c_{2n} - c_1}{v_1} = \frac{l_r \omega - c_1}{v_1} \tag{d}$$

lautet. Setzen wir S aus (c) in (a) ein, so haben wir als zweite Gleichung ($i_M = i$)

$$m_1(c_1 - v_1) = -\frac{m_2 i^2}{a} \omega \ ,$$

so daß

$$c_1 = \frac{\left(m_1 - \epsilon \dfrac{i^2}{a\,l_r} m_2\right) v_1}{m_1 + \dfrac{i^2}{a\,l_r} m_2} \quad \text{und} \quad \omega = \frac{c_{2n}}{l_r} = \frac{(1 + \epsilon) m_1 v_1}{m_1 + \dfrac{i^2}{a\,l_r} m_2} \frac{1}{l_r} \tag{e}$$

folgt. Eine in M^* aufgehängte Scheibe (Bild 7-58b) führt nach dem Stoß eine Schwingung mit der Anfangswinkelgeschwindigkeit ω aus. Mißt man ihren größten Winkelausschlag α, so läßt sich ω aus dem Energiesatz (7.78), also aus

$$\frac{1}{2} \Theta_{M^*} \omega^2 = m_2 gh = m_2 g (l_r - a)(1 - \cos \alpha) \tag{f}$$

und damit v_1 aus (e) berechnen, sofern ϵ bekannt ist. So kann man Geschoßgeschwindigkeiten mit Hilfe des *ballistischen Pendels* bestimmen, für das man $\epsilon = 0$ in (e) einsetzen kann. Das Ergebnis nach (e) ist bis auf den bei m_2 stehenden Faktor analog zu dem des geraden, zentralen Stoßes nach (7.153) und (7.154), wenn man dort $v_2 = 0$ setzt.

7.9.4 Plötzliche Fixierung

Die ebene Bewegung eines Körpers, die man nach Bild 7-59 als Drehung um das Momentanzentrum M^* mit vorgegebener Winkelgeschwindigkeit $\omega(0)$ auffassen kann, werde plötzlich dadurch geändert, daß eine zur Ebene senkrechte Achse des Körpers durch den Punkt O festgehalten wird. Man verwendet hier zweckmäßigerweise den auf den festen

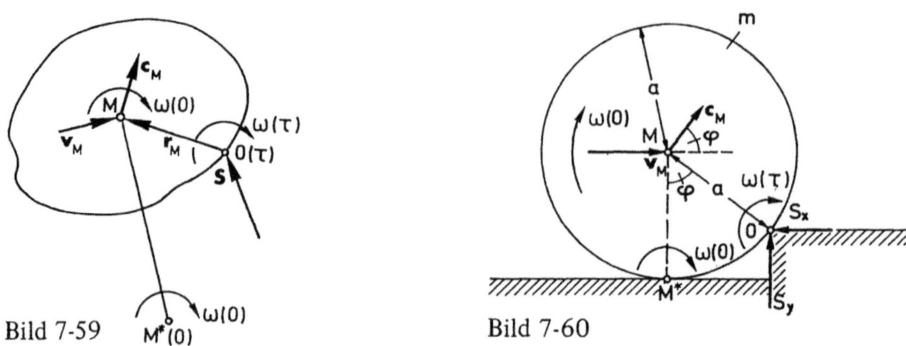

Bild 7-59   Bild 7-60

Punkt O bezogenen Drallsatz (7.4). Wegen $M_0^a = 0$ wird der Drall während des Stoßvorgangs nicht verändert, d.h. es gilt Satz 7.4

$$D_0 (0) = D_0 (\tau) . \qquad\qquad (7.157)$$

Während die Größe des Dralls $D_0 (\tau) = \Theta_0\, \omega (\tau)$ nach dem Stoß für die Drehung um die feste Achse durch O einfach mit der Winkelgeschwindigkeit $\omega (\tau)$ nach dem Stoß zu errechnen ist, muß bei der Berechnung des Dralls vor dem Stoß beachtet werden, daß für ihn nicht $\Theta_0\, \omega (0)$ gilt; denn der Körper dreht sich vor dem Stoß nicht um O, sondern um M*! Der Stoß durch die plötzliche Fixierung bewirkt ja eine schlagartige Verlagerung des Momentanzentrums von M* nach O bei Stoßbeginn $t = 0$. Um den Drall vor dem Stoß auch auf den festen Punkt O zu beziehen, wird (7.9) verwendet, so daß die gesuchte Beziehung lautet

$$D_0 (0) = D_M + m\, r_M \times v_M . \qquad\qquad (7.158)$$

Beispiel: Für eine rollende Walze, die nach Bild 7-60 auf ein Hindernis trifft, ist die Bewegung nach dem Stoß zu ermitteln.

Lösung:

Nach (7.158) wird mit $|r_M \times v_M| = a\, v_M \sin (\pi/2 + \varphi) = a\, v_M \cos \varphi$ die Komponente des Drallvektors bezüglich O

$$D_0 (0) = m\, i_M^2\, \omega (0) + m\, a\, v_M \cos \varphi .$$

Es werde vorausgesetzt, daß die Rollbedingung während des ganzen Stoßvorganges um den Punkt O gilt, also auch $c_M = a\, \omega (\tau)$ ist. Die Walze soll, mit anderen Worten, durch den Stoß plötzlich im Punkt O fixiert werden. Aus (7.157), d.h. mit

$$D_0 (\tau) = (\Theta_M + m a^2)\, \omega (\tau)$$

und wegen

$$m\, (i_M^2 + a^2)\, \frac{c_M}{a} = m\, i_M^2\, \frac{v_M}{a} + m\, a\, v_M \cos \varphi$$

folgt die Geschwindigkeit des Schwerpunktes am Ende des Stoßvorganges (mit $i_M^2 = a^2/2$ nach Beispiel 1 von 7.2.2, S. 461, für den Vollzylinder)

$$c_M = \frac{a^2 \cos \varphi + i_M^2}{a^2 + i_M^2}\, v_M = \frac{1 + 2 \cos \varphi}{3}\, v_M \leqslant v_M$$

sowie die Winkelgeschwindigkeit am Ende des Stoßvorganges

$$\omega\,(\tau) = \frac{c_M}{a} = c_M\,\frac{\omega}{v_M} = \frac{1 + 2\cos\varphi}{3}\,\omega \leqslant \omega\,.$$

Nach dem Stoß bewegt sich die Walze nur unter Einwirkung der Gewichtskraft mit den Anfangsgeschwindigkeiten c_M und $\omega\,(\tau)$ weiter. Die Rechnung gilt für den Winkelbereich $0 \leqslant \varphi < \pi/2$; für $\varphi = 0$ wird natürlich $c_M = v_M$ und $\omega\,(0) = \omega\,(\tau)$, da dann überhaupt kein Stoß stattfindet. Die Stoßzahl ϵ geht in die Rechnung nicht ein.

7.9.5 Querstoß auf einen elastischen Balken

Nach Bild 7-61 treffe ein Körper von der Masse m_1 mit der Geschwindigkeit v_1 auf einen Balken von der Länge l. Dieser Stoßvorgang soll unter Berücksichtigung der Balkenmasse m untersucht werden. Um den hier in der Rechnung nicht interessierenden Anteil der Durchsenkung des Balkens unter seinem Eigengewicht auszuschalten, denkt man sich den Balken senkrecht angeordnet. Am Ende der Kompressionszeit (zur Zeit t') hat sich die gerade Balkenachse gegenüber der Lage zur Zeit t praktisch noch nicht verändert, jedoch haben dann m_1 und der Balken an der Auftreffstelle $x = a$ dieselbe Geschwindigkeit u_a. Welche Geschwindigkeiten haben die übrigen Balkenteile?

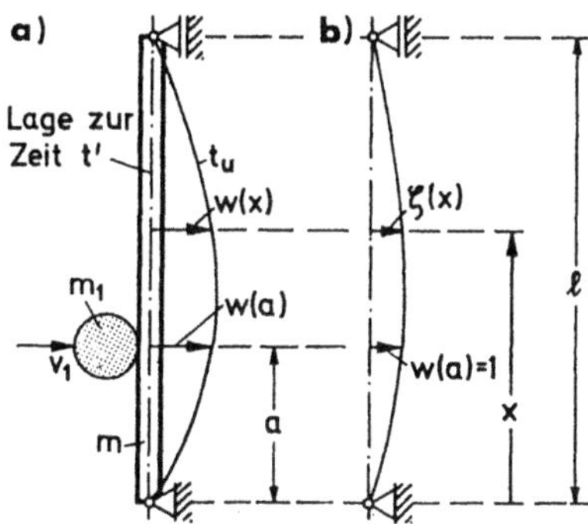

Bild 7-61

Die Beantwortung dieser Frage soll mit einer vereinfachenden Hypothese geschehen, nach der angenommen wird, daß allen Balkenteilen durch den Stoß sofort Quergeschwindigkeiten erteilt werden, deren Verteilung über die Balkenlänge der statischen Durchsenkung $w\,(x) = w\,(a)\,\zeta\,(x)$ infolge einer Einzelkraft an der Stelle $x = a$ entsprechen soll. Dabei ist $\zeta\,(x)$ nach Bild 7-61b die „normierte" Biegelinie für $w\,(a) = 1$. Die Geschwindigkeit $u\,(x, t')$ irgendeines Balkenteils am Ende der Kompressionszeit (zur Zeit t') läßt sich dann durch die gemeinsame Geschwindigkeit $u_a = u\,(a, t')$ der Masse m_1 und der Balkenstelle $x = a$, also durch

$$u\,(x, t') = \dot{w}\,(x, t') = \dot{w}\,(a, t')\,\zeta\,(x) = u_a\,\zeta\,(x) \tag{a}$$

ausdrücken. Der Impuls $m_1\,v_1$ des Systems vor dem Stoß muß gleich dem Impuls zur Zeit t' sein. Mit $dm = (m/l)\,dx$ gilt also

$$m_1\,v_1 = m_1\,u_a + \int\limits_{(l)} u\,(x, t')\,dm = u_a\left(m_1 + \frac{m}{l}\int\limits_{x\,=\,0}^{l} \zeta\,(x)\,dx\right),$$

und daraus kommt

$$u_a = \frac{m_1 v_1}{m_1 + \dfrac{m}{l} \displaystyle\int_{x=0} \zeta(x)\,dx} = \frac{m_1 v_1}{m_1 + k_1 m}\,, \qquad\qquad (b)$$

worin die Konstante k_1 aus der statischen Biegelinie $\zeta(x)$ bestimmt werden kann.

Nun setzt man den Energieerhaltungssatz für die Zeit t' und die Zeit t_u an, zu der der Balken die größte Durchsenkung erreicht hat und wieder zurückzuschwingen beginnt. Hierbei nimmt man an, daß der Stoß vollkommen plastisch erfolgt, also die Masse m_1 nicht vorher vom Balken zurückprallt, sondern sich mit diesem zusammen weiterbewegt. t_u darf übrigens nicht mit der Zeit τ der Beendigung des Stoßvorganges verwechselt werden; der vollkommen plastische Stoß ist für $\tau = t' < t_u$ beendet (vgl. die im Zusammenhang mit Bild 7-53 gemachten Bemerkungen). Aus $E(t') = U(t_u)$ erhält man mit der auf die Durchbiegung an der Stelle $x = a$ bezogenen Federkonstanten c des Balkens

$$\frac{m_1}{2} u_a^2 + \frac{1}{2} \int_{(l)} u^2(x, t')\,dm = \frac{c}{2} w^2(a)$$

und daraus mit den Gln. (a) und (b) sowie mit

$$\int_{(l)} u^2(x, t')\,dm = \frac{m\,u_a^2}{l} \int_{x=0}^{l} \zeta^2(x)\,dx = k_2\,m\,u_a^2 \qquad\qquad (c)$$

die größte Durchsenkung des Balkens an der Auftreffstelle

$$w(a) = u_a \sqrt{\frac{m_1}{c} + \frac{m}{c} k_2} = \sqrt{\frac{m_1}{c}}\; \frac{\sqrt{1 + \dfrac{m}{m_1} k_2}}{1 + \dfrac{m}{m_1} k_1}\, v_1 \qquad\qquad (7.159)$$

Falls die Masse m_1 groß im Vergleich zur Balkenmasse m ist, kann man einfach näherungsweise $w(a) \approx \sqrt{m_1/c}\; v_1$ setzen, was auch unmittelbar dem Energieerhaltungssatz $\frac{1}{2} m_1 v_1^2 = \frac{c}{2} w^2(a)$ entnommen werden kann.

Beispiel: Für einen Kragbalken nach Bild 7-62 ist die Durchbiegung infolge einer an der Stelle $x = a = l$ wirkenden Einzelkraft F (Verfahren nach 6.4.6)

$$w(x) = \frac{F\,l^3}{6\,EI_y} \left(3\,\frac{x^2}{l^2} - \frac{x^3}{l^3}\right).$$

Dementsprechend wird mit $w(l) = F\,l^3/(3\,EI_y)$

$$\zeta(x) = \frac{w(x)}{w(l)} = \frac{x^2}{2\,l^2} \left(3 - \frac{x}{l}\right).$$

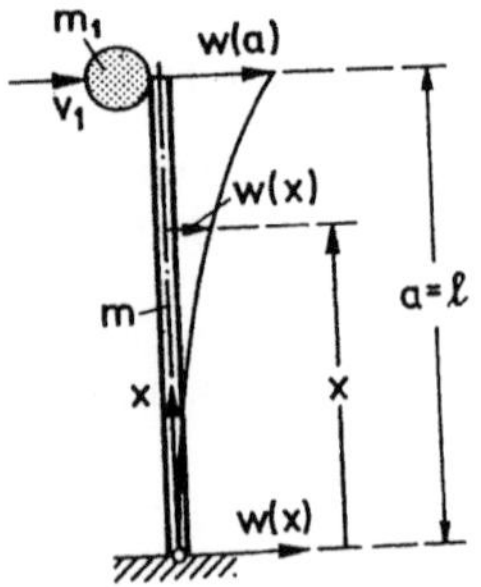

Bild 7-62

Damit, sowie mit den Gln. (b) und (c), errechnen wir die beiden Konstanten

$$k_1 = \frac{1}{2\,l^3} \int\limits_{x=0}^{l} \left(3\,x^2 - \frac{x^3}{l}\right) dx = \frac{3}{8} \quad \text{und} \quad k_2 = \frac{1}{4\,l^5} \int\limits_{x=0}^{l} \left(9\,x^4 - 6\,\frac{x^5}{l} + \frac{x^6}{l^2}\right) dx = \frac{33}{140}\,,$$

so daß sich nach (7.159) und mit $c = 3\,EI_y/l^3$ als größte Durchsenkung an der Stelle $a = l$ nach dem Stoß

$$w\,(a) = \sqrt{\frac{m_1\,l^3}{3\,EI_y}} \; \frac{\sqrt{1 + \dfrac{33}{140}\,\dfrac{m}{m_1}}}{1 + \dfrac{3}{8}\,\dfrac{m}{m_1}}\; v_1$$

ergibt.

Falls wir die Balkenmasse in der Rechnung nicht berücksichtigen, machen wir einen Fehler von

$$\Delta w = \left(1 - \frac{\sqrt{1 + \dfrac{33}{140}\,\dfrac{m}{m_1}}}{1 + \dfrac{3}{8}\,\dfrac{m}{m_1}}\right)$$

Für $m = m_1$ wird der Fehler 19 %, für $m = m_1/10$ wird er 2,5 %.

7.10 Schwingungen mit einem Freiheitsgrad

7.10.1 Vorbemerkungen

Innerhalb der Kinetik der starren Körper stellen die Schwingungen mit endlich vielen Freiheitsgraden wegen ihrer Komplexität und der Bedeutung für die technischen Anwendungen ein inzwischen selbständiges Gebiet dar, in das daher hier nur eine Einführung gegeben werden kann.

Dabei können für die Aufstellung der Bewegungsgleichungen die vorangegangenen Methoden und Sätze dieses Kapitels herangezogen werden. Das Ergebnis sind stets Differentialgleichungen $L\,[x\,(t)] = 0$ für die Auslenkung x (Verschiebungen) als Funktion der Zeit t, die die unabhängige Variable darstellt. Die gewöhnlichen DGLen sind mit mathematischen Methoden zu lösen und wegen der Zeit als unabhängiger Variablen den Anfangsbedingungen anzupassen. Es liegt also bei Schwingungen mit endlich vielen Freiheitsgraden (*diskrete* Schwingungen) stets ein *Anfangswertproblem* vor. Dabei korrespondiert die Ordnung n der DGL mit der Zahl der endlichen Freiheitsgrade f des Systems. Im Gegensatz zu den vorstehenden Problemen dieses Kapitels ist dabei für ein Schwingungsproblem signifikant, daß dessen Lösung i.a. auf teilweise oder vollständig *periodische* Lösungen führt, d.h. gewisse Zustände und Vorgänge wiederholen sich stets nach einer bestimmten Zeit T *(Schwingungszeit)*, wobei in den hier untersuchten, einfacheren Fällen diese Schwingungszeit T i.a. eine Konstante ist. Im übrigen sind die hierfür verwendeten Lösungsmethoden geeignet, neben mechanischen auch elektrische (elektrodynamische) Schwingungsprobleme zu behandeln, da deren Vorgänge durch analoge DGLen — nur mit anderen Bedeutungen für die in ihnen auftretenden physikalischen Größen — beschrieben werden. Das unterstreicht die Bedeutung dieses Kapitels.

Die mechanischen Schwingungen werden nun nach der Anzahl der Freiheitsgrade klassifiziert, die das schwingende System hat. Bereits an Schwingungen mit einem Freiheitsgrad, die unter 7.10.2 bis 7.10.7 behandelt werden, kann man das Typische solcher Schwingungsvorgänge studieren. In 7.11 wird sodann anhand von Schwingungen mit zwei Freiheitsgraden das Phänomen der „Kopplung" zwischen zwei Massen erläutert und in 8.2 wird schließlich eine Einführung in die Theorie der Schwingungen mit unendlich vielen Freiheitsgraden *(Kontinuumsschwingungen)* gegeben, die dann wegen der zugelassenen Deformation der Körper nicht mehr auf ein reines Anfangswert-Problem, sondern auf ein gemischtes Anfangs-Randwert-Problem führt.

7.10.2 Bewegungsgleichung

Bei einem Schwingungsvorgang wirken auf einen Körper, dessen Bewegungsmöglichkeit im folgenden o.B.d.A. nur aus einem Freiheitsgrad (Verschiebung in einer Richtung bzw. Drehung) bestehen soll, i.a. folgende Kräfte (bzw. Momente) ein:

(1)   eine „*Rückstellkraft*", die entgegen der Auslenkung (Verschiebung oder Drehung) aus der statischen Ruhelage des Systems wirkt. Diese Rückstellkraft kann z.B. eine Federkraft oder die Schwerkraft (Pendel, Schaukel) sein;

(2)   eine *Widerstandskraft* (Dämpfungskraft), die i.a. eine nichtlineare Funktion der Geschwindigkeit ist und dieser stets entgegen wirkt;

(3)   eine *periodische Erregerkraft (Störkraft)* $F(t + T) = F(t)$, die dadurch gekennzeichnet ist, daß sie nach Ablauf einer Periode T wieder ihren Wert zur Zeit t annimmt.

Wirken nur Kräfte nach (1), so hat man es mit einer *freien, ungedämpften* Schwingung zu tun. Wirken Kräfte nach (1) und (2), so liegt eine freie Schwingung mit Bewegungswiderständen *(freie, gedämpfte* Schwingung) vor. Wirken Kräfte aller drei Gruppen, so hat man es mit einer *fremderregten* bzw. *erzwungenen* Schwingung mit Bewegungswiderständen *(erzwungene, gedämpfte* Schwingung) zu tun.

Anmerkung: Anders als bei fremderregten wirkt bei *selbsterregten* Schwingungen die Erregerkraft nicht von außen auf das System ein, sondern wird durch die Systembewegung selbst erzeugt. Solche Schwingungsvorgänge sollen im folgenden nicht untersucht werden.

Im allgemeinen sind Rückstellkräfte bzw. Widerstandskräfte nichtlineare Funktionen der entsprechenden Auslenkungen bzw. Geschwindigkeiten. Solche nichtlinearen Abhängigkeiten führen bereits für Schwingungen mit einem Freiheitsgrad zu mathematisch aufwendigen Lösungen.
Hier werden entsprechend nur lineare Abhängigkeiten weiterverfolgt.
Die Bewegungsdifferentialgleichung für einen solchen „linearen Schwinger" soll o.B.d.A. exemplarisch anhand der Anwendung nach Bild 7-63 hergeleitet werden: Dabei ist ein Körper von der Masse m über eine Feder mit linearer Kennlinie (Federkonstante c) im Punkt A an eine „Kurbelschleife" angeschlossen, durch die dem Punkt A in x-Richtung die Verschiebung

$$x_1(t) = \rho \sin \Omega t \qquad\qquad\qquad (7.160)$$

aufgezwungen wird. Die Masse m befindet sich zur Zeit t an der Stelle x, wobei x von derjenigen statischen Ruhelage bei entspannter Feder aus gerechnet wird, für die die Kurbel-

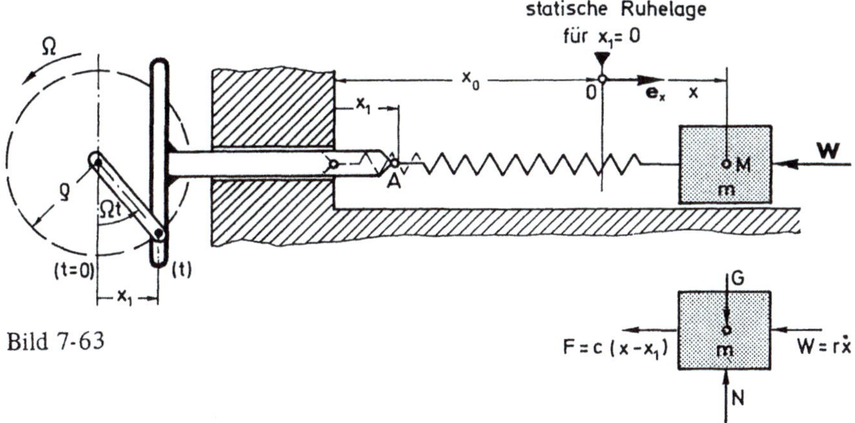

Bild 7-63

schleife an der Stelle $x_1 = 0$ festgehalten gedacht wird. Für $x_1 = 0$ wirkt dann als Rückstellkraft $-c\,\mathbf{e_x}$ (vgl. (7.50)). In der in Bild 7-63 gezeichneten Lage x wirkt dann als *Federkraft*

$$\mathbf{F_F} = -c\,(x - x_1)\,\mathbf{e_x} \tag{7.161}$$

Ihr Anteil $cx_1\,\mathbf{e_x}$ ist mit (7.160) die auf das System von außen her wirkende *Störkraft* (Fremderregung durch Verschiebung des Punktes A)

$$\mathbf{F}(t) = \rho\,\sin(\Omega t)\,\mathbf{e_x} = \rho\,\sin(\Omega t + 2\pi)\,\mathbf{e_x} = \mathbf{F}(t + T) \tag{7.162}$$

Die Störkraft ist also, wie vorausgesetzt, eine periodische Funktion, die zur Zeit $t + \frac{2\pi}{\Omega}$, d.h. nach Ablauf der Periode $T = \frac{2\pi}{\Omega}$, wieder ihren Wert zur Zeit t erreicht. Ω ist hierbei die sog. *Erregerkreisfrequenz* [sec⁻¹], die auch vereinfachend als Erregerfrequenz bezeichnet wird. Sie unterscheidet sich von der in [Hertz] = [Hz] gemessenen Anzahl der vollen Schwingungen pro Zeiteinheit $\nu = \frac{1}{T} = \frac{\Omega}{2\pi}$ durch den Faktor 2π. Alle Frequenzen werden hinfort als Kreisfrequenzen verwendet.

Ist die Störkraft durch eine trigonometrische Funktion vorgegeben, so nennt man sie *harmonische Erregung*.

Neben den so auf das System einwirkenden Kräften nach (1) und (3) soll auf die Masse auch noch eine Widerstandskraft nach (2) wirken, die nach 7.3 und mit (7.51) bis (7.53) die Form

$$\mathbf{W}(v) = -W(\dot{x})\,\mathbf{e_{\dot{x}}} = -(R + r\,|\dot{x}| + k\,\dot{x}^2 + \ldots)\,\mathbf{e_{\dot{x}}}$$

hat, wenn man nur die drei ersten Anteile (Gleitreibung, geschwindigkeitsproportionale Dämpfung und aerodynamischer Widerstand) berücksichtigt. Man muß dabei aber zwischen der Bewegung nach rechts ($\mathbf{e_{\dot{x}}} = \mathbf{e_x}$ bzw. $\dot{x} > 0$) und nach links ($\mathbf{e_{\dot{x}}} = -\mathbf{e_x}$ bzw. $\dot{x} < 0$) unterscheiden. Für die Bewegung nach rechts sind die Widerstandskräfte nach links, für die Bewegung nach links sind sie nach rechts gerichtet, so daß also gilt

$$W(\dot{x}) = \begin{cases} -R - r\dot{x} - k\dot{x}^2 < 0 & \text{für } \dot{x} > 0 \\ +R - r\dot{x} + k\dot{x}^2 > 0 & \text{für } \dot{x} < 0 \end{cases}$$

Hiermit erhält man dann aus dem Massenmittelpunktsatz (7.10)

$$m\,\ddot{\mathbf{r}} = \mathbf{F}^a = \mathbf{F}_F + \mathbf{W} + \mathbf{G} + \mathbf{N}$$

als *Bewegungsgleichung in* x-*Richtung* unter der Voraussetzung, daß die Masse der Feder vernachlässigt wird:

$$m\ddot{x} = -c\,(x - x_1) - r\dot{x} \mp (R + k\dot{x}^2) \quad\Big\} \text{ Bewegung nach } \begin{cases} \text{rechts} \\ \text{links} \end{cases} \qquad (7.163)$$

Nur im Fall widerstandsfreier Bewegung oder alleiniger geschwindigkeitsproportionaler Dämpfung wird der gesamte Bewegungsvorgang durch ein und dieselbe DGL beschrieben, während sonst für jede einzelne Halbschwingung eine andere DGL gilt, deren einzelne Lösungen durch die Bedingungen an den Umkehrpunkten (gleiche Auslenkung und Geschwindigkeit Null) aneinander angepaßt werden müssen.

Für die technischen Anwendungen ist der Fall der *geschwindigkeitsproportionalen Dämpfung* von besonderer Bedeutung. Die Gleitreibung und Widerstandskräfte, die dem Quadrat der Geschwindigkeit proportional sind, werden demgegenüber vielfach vernachlässigt. Es ergibt sich dann mit $R = 0$ und $k = 0$ aus (7.163) nach Division durch m die DGL

$$\ddot{x} + \frac{c}{m}\,(x - x_1) + \frac{r}{m}\,\dot{x} = 0\;.$$

Setzt man hierin (7.160) ein, so folgt nach Umordnung

$$\ddot{x} + \frac{r}{m}\,\dot{x} + \frac{c}{m}\,x = \rho\,\frac{c}{m}\,\sin\Omega t$$

und weiter mit den aus Zweckmäßigkeitsgründen gewählten Konstanten

$$\frac{c}{m} = \omega_0^2\,; \qquad \frac{r}{m} = 2\delta\,; \qquad \rho\,\frac{c}{m} = b \qquad\qquad (7.164)$$

die spezielle *Differentialgleichung einer gedämpften, erzwungenen Schwingung*

$$\underbrace{\ddot{x}} + \underbrace{2\delta\dot{x}} + \underbrace{\omega_0^2\,x} = b\sin\Omega t \qquad\qquad (7.165)$$

$$\text{Dämpfung} \quad \text{Rück-} \quad\;\; \text{Erregung}$$
$$\text{stellung}$$

Dieselbe DGL ergibt sich für den Fall, daß der Punkt A festgehalten wird ($x_1 = 0$) und eine Störkraft $F\,(t) = mb\sin\Omega t$ unmittelbar an der Masse m angreift. Wirkt keine Erregung ($b = 0$), so ist (7.165) die DGL der *freien, gedämpften* Schwingung. Wirkt keine Erregung *und* keine Dämpfung ($b = 0$, $\delta = 0$), so ist (7.165) die DGL der *freien, ungedämpften* Schwingung.

Man kann nun (7.165) noch verallgemeinern, indem man eine harmonische Erregerkraft annimmt, die sich aus der Superposition einer cos- und einer sin-Funktion von gleicher Frequenz Ω ergibt. Damit folgt dann die allgemeine *Differentialgleichung der gedämpften, linearen Schwingung mit harmonischer Erregung*

$$\ddot{x}\,(t) + 2\delta\dot{x}\,(t) + \omega_0^2\,x\,(t) = a_1\cos\Omega t + b_1\sin\Omega t \qquad\qquad (7.166)$$

Die vorgegebenen „Amplituden" a_1 und b_1 des Erregerkraft-Terms haben dabei die Dimension $[L] \cdot [T^{-2}]$, d.h. die einer Beschleunigung.

Die Integration der linearen, inhomogenen DGL' (7.166) erfolgt nun analog zu dem in 6.10.3 erörterten Verfahren, wobei zunächst die homogene DGL zu lösen ist. Sie ist mit $a_1 = b_1 = 0$ zugleich die DGL der freien, gedämpften oder (für $\delta = 0$) die der freien ungedämpften Schwingung. Diese Schwingungen werden in den beiden nächsten Abschnitten behandelt und in 7.10.5 wird schließlich die vollständige Lösung der DGL (7.166) entwickelt.

7.10.3 Freie, gedämpfte Schwingung

Die DGL *der freien, gedämpften Schwingung* lautet also

$$\ddot{x}(t) + 2\,\delta\,\dot{x}(t) + \omega_0^2\,x(t) = 0; \qquad \delta = \frac{r}{2\,m}, \quad \omega_0^2 = \frac{c}{m} \qquad (7.167)$$

Sie gilt z.B. für das System nach Bild 7-63, wenn die Kurbelschleife und damit Punkt A festgehalten wird ($x_1 = 0$). Mit dem Ansatz in Form der Stammfunktion (vgl. 6.10.3)

$$x(t) = e^{\alpha t}; \quad x(t) \text{ normiert} \qquad (7.168)$$

erhält man aus (7.167) die *charakteristische Gleichung*

$$\alpha^2 + 2\,\delta\,\alpha + \omega_0^2 = 0 \qquad (7.169)$$

mit den beiden Wurzeln

$$\left.\begin{array}{c} \alpha_1 \\ \alpha_2 \end{array}\right\} = -\delta \pm \sqrt{\delta^2 - \omega_0^2} = -\delta \pm \lambda \qquad (7.170)$$

Entsprechend hat man für $\alpha_1 \neq \alpha_2$ zwei Lösungen $x_1(t)$ und $x_2(t)$, die man — da eine lineare Differentialgleichung zweiter Ordnung vorliegt — nach Satz 6.8 mit zwei willkürlichen Konstanten zur Gesamtlösung superponiert:

$$x(t) = C_1\,x_1(t) + C_2\,x_2(t) = C_1\,e^{\alpha_1 t} + C_2\,e^{\alpha_2 t} \quad \text{für} \quad \alpha_1 \neq \alpha_2 \,. \qquad (7.171)$$

Mit Hilfe der beiden Konstanten kann man die Lösung zwei vorgegebenen Anfangsbedingungen anpassen, die folgendermaßen formuliert werden: Am Anfang der Bewegung (zur Zeit $t = 0$) werde m um die Strecke x_0 aus der Lage $x = 0$ der ungespannten Feder ausgelenkt und mit der Anfangsgeschwindigkeit v_0 in Bewegung gesetzt. Die Anfangsbedingungen lauten dann

$$x(0) = x_0 \quad \text{und} \quad \dot{x}(0) = v_0 \qquad (7.171a)$$

Gl. (7.171) gilt, wenn $\alpha_1 \neq \alpha_2$ ist. Nur im Ausnahmefall, wenn beide Wurzeln $\alpha_1 = \alpha_2 = -\delta$ zusammenfallen, wenn also $\delta = \omega_0$ ist, reicht der Ansatz (7.168) nicht aus, da er nur *eine* Lösung $x_1 = x_2 = C_1\,e^{-\delta t}$ mit einer einzigen Konstanten liefert. Die vollständige Lösung muß aber *zwei* unabhängige Teillösungen (s. 6.10.3) enthalten, da sie die Lösung einer gewöhnlichen DGL zweiter Ordnung ist (vgl. Satz 6.8). Außerdem müssen zwei freie Konstanten vorhanden sein, um sie zwei beliebigen Anfangsbedingungen anpassen zu können. Durch Einsetzen bestätigt man nun, daß auch $x_2 = c\,t\,e^{-\delta t}$ die DGL (7.167) für $\delta = \omega_0$ erfüllt. Die vollständige Lösung lautet dann

$$x(t) = C_1\,x_1(t) + C_2\,x_2(t) = (C_1 + C_2\,t)\,e^{-\delta t}$$

$$\text{für} \quad \alpha_1 = \alpha_2 = -\delta = -\omega_0 \tag{7.172}$$

Je nachdem, ob die Wurzeln der charakteristischen Gleichung reell und verschieden, reell und gleich oder komplex sind, hat man *drei Fälle* zu unterscheiden, die nun nacheinander behandelt werden sollen. Dazu führt man den sogenannten *Dämpfungsgrad*

$$\vartheta = \frac{\delta}{\omega_0} = \frac{\delta}{\sqrt{\dfrac{c}{m}}} = \frac{r}{2\sqrt{mc}} \tag{7.173}$$

ein.

Fall a): *Aperiodische Bewegung: Dämpfungsgrad* $\vartheta > 1$. Für $\delta > \omega_0$ sind beide Wurzeln nach (7.170) reell und negativ. Die Exponenten der Lösung (7.171) sind also für positive t negativ, die Auslenkung nimmt mit wachsendem t ab, wobei $\lim\limits_{t \to \infty} x(t) = 0$ ist. Dennoch kommt kein Schwingungsvorgang im eigentlichen Sinne zustande; denn x kann höchstens einmal Null werden, nämlich dann, wenn nach (7.171) – für $x = 0$ –

$$e^{(\alpha_1 - \alpha_2)t} = e^{2\sqrt{\delta^2 - \omega_0^2}\,t} = -\frac{C_2}{C_1} > 0$$

wird. Das kann nur einmal und auch dann nur für hinreichend große Beträge negativer Anfangsgeschwindigkeiten $v_0 < 0$, d.h. für $C_2/C_1 < 0$ eintreten, da die linke Seite stetig anwächst. Die Integrationskonstanten folgen aus den Anfangsbedingungen für $t = 0$

$$x(0) = C_1 + C_2 = x_0 \quad \text{und} \quad \dot{x}(0) = C_1\,\alpha_1 + C_2\,\alpha_2 = v_0$$

zu

$$C_1 = \frac{x_0\,\alpha_2 - v_0}{\alpha_2 - \alpha_1} \quad \text{und} \quad C_2 = \frac{v_0 - x_0\,\alpha_1}{\alpha_2 - \alpha_1} \,,$$

so daß die Lösung (7.171) – mit α_1 und α_2 nach (7.170) – übergeht in

$$x(t) = \frac{1}{\alpha_2 - \alpha_1}\left[(x_0\,\alpha_2 - v_0)\,e^{\alpha_1 t} - (x_0\,\alpha_1 - v_0)\,e^{\alpha_2 t}\right]$$

$$= \frac{1}{2\lambda}\left\{[x_0(\delta + \lambda) + v_0]\,e^{-(\delta - \lambda)t} + [x_0(\lambda - \delta) - v_0]\,e^{-(\delta + \lambda)t}\right\} \tag{7.174}$$

$$\text{mit} \quad \lambda = \sqrt{\delta^2 - \omega_0^2}$$

Trägt man $x(t)$ in Bild 7-64 über der Zeit auf, so erhält man verschiedene Typen von *aperiodischen Bewegungen,* je nachdem ob $v_0 \gtrless 0$ ist. Wird m mit einer hinreichend großen negativen Anfangsgeschwindigkeit in Bewegung gesetzt, so kann die $x(t)$-Kurve

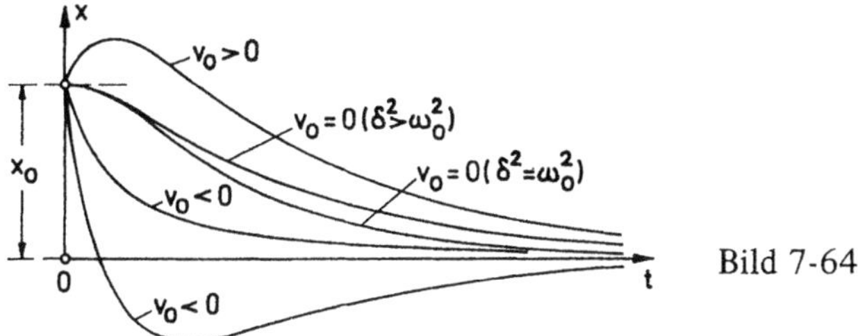

Bild 7-64

die t-Achse einmal schneiden und sich ihr von unten her für $t \to \infty$ wieder asymptotisch nähern. Dieser Fall ist z.B. für die Anwendungen bei Schwingungsdämpfern in Kraftfahrzeugen (Stoßdämpfer) von Bedeutung.

Fall b): *Aperiodischer Grenzfall; Dämpfungsgrad* $\vartheta = 1$. Für $\delta = \omega_0$ erhält man für die dann maßgebende Lösung (7.172) die Integrationskonstanten aus

$$x(0) = C_1 = x_0 \quad \text{und} \quad \dot{x}(0) = -C_1 \delta + C_2 = v_0, \quad \text{also} \quad C_2 = v_0 + x_0 \delta ,$$

so daß die Lösung

$$x(t) = [x_0 + (v_0 + x_0 \delta) \, t] \, e^{-\delta t} \tag{7.175}$$

lautet. Auch hier ist $\lim\limits_{t \to \infty} x(t) = 0$, da $\lim\limits_{t \to \infty} t \, e^{-\delta t} = 0$ ist. Die $x(t)$-Kurven haben einen ähnlichen Verlauf wie die in Bild 7-64, nur nähern sie sich — bei gleichen Anfangsbedingungen — schneller asymptotisch der t-Achse, was durch eine spezielle Kurve für $v_0 = 0$ angedeutet ist. Dieser Fall ist allerdings nur von mathematischem Interesse.

Fall c): *Gedämpfte Schwingung; Dämpfungsgrad* $\vartheta < 1$. Für $\delta < \omega_0$ hat die charakteristische Gl. (7.169) zwei komplexe Wurzeln, nämlich

$$\left.\begin{array}{c} \alpha_1 \\ \alpha_2 \end{array}\right\} = -\delta \pm i\omega ,$$

wenn man zur Abkürzung die reelle Größe

$$\omega = \sqrt{\omega_0^2 - \delta^2} \tag{7.176}$$

einführt. Damit und mit der EULERschen Formel folgt aus (7.171) mit (7.170)

$$\begin{aligned}
x(t) &= C_1 \, e^{(-\delta + i\omega)t} + C_2 \, e^{-(\delta + i\omega)t} \\
&= e^{-\delta t} [C_1 (\cos \omega t + i \sin \omega t) + C_2 (\cos \omega t - i \sin \omega t)] \\
&= e^{-\delta t} [(C_1 + C_2) \cos \omega t + i (C_1 - C_2) \sin \omega t]
\end{aligned}$$

oder in reeller Form mit den neuen Konstanten $D_1 = C_1 + C_2 = a \cos \varphi$ und $D_2 = i (C_1 - C_2) = a \sin \varphi$ sowie unter Verwendung des Additionstheorems das *Bewegungsgesetz der freien gedämpften Schwingung*

$$x(t) = e^{-\delta t} [D_1 \cos \omega t + D_2 \sin \omega t] = a \, e^{-\delta t} \cos(\omega t - \varphi) . \tag{7.177}$$

Die hierin enthaltene cos-Funktion ist periodisch mit der Periode $T = 2\pi/\omega$. Man nennt daher ω nach (7.176) die *Systemkreisfrequenz* (kurz: *Systemfrequenz*) des gedämpften Systems. Sie stellt die Frequenz dar, mit dem das freie, gedämpfte System schwingt. Die willkürlichen Konstanten bestimmt man aus den Anfangsbedingungen

$$x(0) = D_1 = x_0 \quad \text{und} \quad \dot{x}(0) = -\delta D_1 + \omega D_2 = v_0$$

zu $\quad D_1 = x_0 \quad \text{und} \quad D_2 = \dfrac{v_0 + \delta x_0}{\omega}$.

Mit

$$a = \sqrt{D_1^2 + D_2^2} = \left[x_0^2 + \left(\frac{v_0 + \delta x_0}{\omega} \right)^2 \right]^{\frac{1}{2}}$$

folgt dann schließlich das *Bewegungsgesetz der* den Anfangsbedingungen $x(0) = x_0$, $\dot{x}(0) = v_0$ *angepaßten freien, gedämpften Schwingung*

$$\begin{aligned}
x(t) &= e^{-\delta t} \left(x_0 \cos \omega t + \frac{v_0 + \delta x_0}{\omega} \sin \omega t \right) \\[2mm]
&= \sqrt{x_0^2 + \left(\frac{v_0 + \delta x_0}{\omega} \right)^2} \; e^{-\delta t} \cos(\omega t - \varphi) = a\, e^{-\delta t} (\cos \omega t - \varphi) \qquad (7.178)
\end{aligned}$$

$$\begin{aligned}
\text{mit der Amplitude:} &\quad A(t) = a\, e^{-\delta t} \\[2mm]
\text{der Abklingkonstanten:} &\quad \delta = \frac{r}{2m} \\[2mm]
\text{der Systemfrequenz:} &\quad \omega = \sqrt{\omega_0^2 - \delta^2} \\[2mm]
\text{dem Phasenwinkel:} &\quad \varphi = \arctan \frac{D_2}{D_1} = \arctan \frac{v_0 + \delta x_0}{x_0\, \omega} \\[2mm]
\text{der Schwingungszeit:} &\quad T = \frac{2\pi}{\omega}
\end{aligned}$$

In (7.178) ist für $\delta = 0$, also $\omega = \omega_0$ nach (7.176), auch das *Bewegungsgesetz der freien, ungedämpften Schwingung* enthalten:

$$\begin{aligned}
x(t) &= x_0 \cos \omega_0 t + \frac{v_0}{\omega_0} \sin \omega_0 t \\[2mm]
&= \sqrt{x_0^2 + \left(\frac{v_0}{\omega_0} \right)^2} \cos(\omega_0 t - \varphi) = a \cos(\omega_0 t - \varphi) = a \cos \omega_0 t' \qquad (7.179)
\end{aligned}$$

$$\begin{aligned}
\text{mit der Amplitude:} &\quad a = \sqrt{x_0^2 + \left(\frac{v_0}{\omega_0} \right)^2} = \text{const} \\[2mm]
\text{der Systemfrequenz:} &\quad \omega = \omega_0 = \sqrt{\frac{c}{m}} \quad \text{(Eigenfrequenz)} \\[2mm]
\text{dem Phasenwinkel:} &\quad \varphi = \arctan \frac{v_0}{x_0\, \omega_0} \\[2mm]
\text{der Schwingungszeit:} &\quad T_0 = \frac{2\pi}{\omega_0}
\end{aligned}$$

Die Bewegungsgleichung des freien, ungedämpften Schwingers ist vollständig periodisch mit der Periode $T_0 = 2\pi/\omega_0$ wegen

$$\cos\omega_0\,(t' + 2\pi) = \cos\left(\omega_0\,t' + \frac{2\pi}{\omega_0}\right) = \cos(\omega_0\,t' + T_0) = \cos\omega t'\,.$$

Sie wird Eigenschwingung und die zugehörige Systemfrequenz $\omega = \omega_0$ wird *Eigenkreisfrequenz* (kurz: *Eigenfrequenz*) genannt. Wie aus (7.177) folgt, ist dagegen das Bewegungsgesetz (7.178) der gedämpften Schwingung nicht vollständig periodisch, da deren Amplituden A(t) nach dem Exponentialgesetz $e^{-\delta t}$ (dem sog. *Dämpfungsfaktor* mit der *Abklingkonstanten* δ) abnehmen. Die „Systemfrequenz" $\omega = \sqrt{\omega_0^2 - \delta^2}$ ist kleiner als die Eigenkreisfrequenz ω_0 der entsprechenden ungedämpften Schwingung. Die Schwingung wird — theoretisch — nach unendlich langer Zeit zum Stillstand kommen, praktisch natürlich schon früher; denn bei jedem Schwingungsvorgang kommt eine in (7.167) nicht berücksichtigte, konstante Reibungskraft vor, so daß m in endlichem Abstand $\bar{x}$ von der Nullage liegenbleibt, wenn die Federkraft $c\,|\bar{x}| < H = \mu_0 N$ nicht mehr ausreicht, um die Haftreibungskraft H zu überwinden und m wieder in Bewegung zu setzen. Man nennt diese Bewegung auch *pseudo-periodisch,* da im Gegensatz zur periodischen Bewegung $x\,(t + T) = x\,(t)$ zwar $x\,(t + T) \neq x\,(t)$ ist, jedoch zwei gleichsinnige Nulldurchgänge nach der „Periode" $T = 2\pi/\omega$ bzw. mit der Systemfrequenz ω wiederkehren. Das Bewegungsgesetz $x\,(t)$ nach (7.178) ist in Bild 7-65 dargestellt. Die Zeiten, zu denen $x\,(t)$ Extremalwerte annimmt, findet man aus

$$\frac{dx}{dt} = a\,e^{-\delta t}\,[-\omega\sin(\omega t - \varphi) - \delta\cos(\omega t - \varphi)] = 0\,,$$

also aus $\quad \tan(\omega t - \varphi) = -\dfrac{\delta}{\omega}\quad$ zu

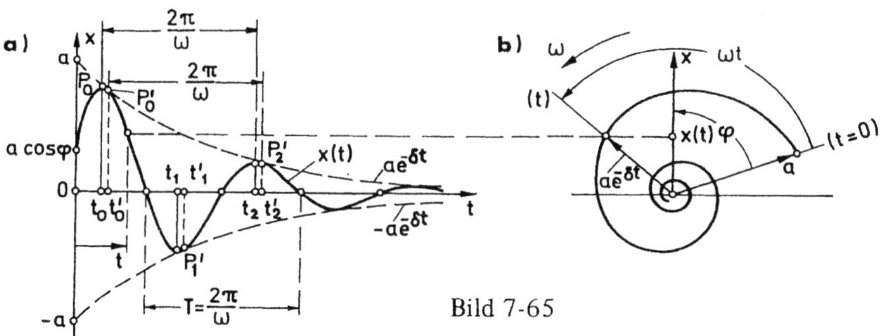

Bild 7-65

$$\boxed{\quad t_n = \frac{1}{\omega}\left(\varphi - \arctan\frac{\delta}{\omega} + n\pi\right) \qquad (n = 0, 1, 2, \ldots)\,, \qquad (7.180)\quad}$$

da der Tangens die Periode π hat. Zwischen zwei aufeinander folgenden gleichsinnigen Größtausschlägen — also zwischen zwei aufeinander folgenden Maxima *oder* Minima — vergeht die Zeit $t_{n+2} - t_n = 2\pi/\omega = T$ einer „Periode". Damit erhält man aus (7.177) das

Verhältnis der Beträge zweier aufeinander folgender Maxima oder Minima, das sog.
Dämpfungsverhältnis

$$D = \frac{x_n}{x_{n+2}} = \frac{x(t_n)}{x(t_{n+2})} = \frac{e^{-\delta t_n}}{e^{-\delta t_{n+2}}} \; \frac{\cos(\omega t_n - \varphi)}{\cos(\omega t_{n+2} - \varphi)}$$

$$= e^{\delta(t_{n+2}-t_n)} \frac{\cos[\pi n - \arctan(\delta/\omega)]}{\cos[\pi(n+2) - \arctan(\delta/\omega)]} = e^{2\pi\delta/\omega} = e^{\delta T} = \text{const} > 1 \,.$$

Die aufeinander folgenden Amplituden gleichen Vorzeichens der gedämpften Schwingung
nehmen also nach einer geometrischen Folge ab. Den natürlichen Logarithmus des
Dämpfungsverhältnisses nennt man nach GAUSS *logarithmisches Dekrement*

$$\boxed{\; \Lambda = \ln D = \ln \frac{x_n}{x_{n+2}} = \frac{2\pi\delta}{\omega} = \frac{2\pi\delta}{\sqrt{\omega_0^2 - \delta^2}} = \delta T = \frac{r\pi}{m\sqrt{c/m - (r/2m)^2}} \,. \quad (7.181)\;}$$

Diese Beziehung kann zur experimentellen Bestimmung des Reibungskoeffizienten r benutzt werden: Man braucht dazu nur aus einem im Versuch aufgenommenen Schwingungs-
diagramm aufeinanderfolgende Amplituden x_{n+2} und x_n abzumessen und ihren Quotienten zu bilden. Wenn für verschiedene Zeiten dasselbe Dekrement gemessen wird, ist das ein
Zeichen dafür, daß die Dämpfung linear ist.

Die Berührungspunkte P'_n der Kurve $x(t) = a\,e^{-\delta t}\cos(\omega t - \varphi)$ in Bild 7-65a mit
den Einhüllenden $a\,e^{-\delta t}$ und $-a\,e^{-\delta t}$ fallen übrigens *nicht* mit den Extremalstellen
von $x(t)$ zusammen. Beide Kurven haben vielmehr gemeinsame Punkte zu den Zeiten t'_n,
für die

$$\cos(\omega t'_n - \varphi) = \pm 1 \qquad\qquad\qquad (*)$$

wird. Dann haben sie aber auch gemeinsame Tangenten, da die Ableitungen

$$\dot{x}(t'_n) = a\,e^{-\delta t'_n}[-\delta\cos(\omega t'_n - \varphi) - \omega\sin(\omega t'_n - \varphi)]$$

an den jeweiligen durch $(*)$ gegebenen Kurvenpunkten auch gleich den Differentialquotienten $\mp a\delta e^{-\delta t'_n}$ der Hüllkurven sind. Diese Berührungen finden nach $(*)$ zur Zeit
$t'_n = (n\pi + \varphi)/\omega$ statt und folgen aufeinander mit der Periode $T/2$. Zwischen den Größtausschlägen und den Berührungen vergeht für schwache Dämpfung ($\vartheta = \delta/\omega_0 \ll 1$) wegen
(7.180) die Zeit

$$\Delta t = t'_n - t_n = \frac{1}{\omega}\arctan\frac{\delta}{\omega} \approx \frac{\delta}{\omega^2} \ll \frac{1}{\omega} = \frac{T}{2\pi} \,.$$

Diese Zeitdifferenz ist klein gegenüber der Periode T, was nach Bild 7-65a auch unmittelbar einleuchtet.

Die gedämpfte Schwingung läßt sich in einem *Vektordiagramm* oder *Phasendiagramm*
in der sog. *Phasenebene* (Bild 7-65b) darstellen: $x(t)$ ist gemäß (7.177) die Projektion
eines Vektors auf die x-Achse, dessen Betrag nach dem Gesetz $a\,e^{-\delta t}$ abnimmt, und der —
beginnend zur Zeit $t = 0$ in der Lage φ — mit der Winkelgeschwindigkeit ω um einen
festen Punkt läuft. Die Bahn seiner Pfeilspitze ist eine *logarithmische Spirale*.

Bildet man mit (7.176) das Verhältnis der Systemfrequenzen von gedämpfter und ungedämpfter Schwingung

$$\frac{\omega}{\omega_0} = \sqrt{1 - \left(\frac{\delta}{\omega_0}\right)^2} = \sqrt{1 - \vartheta^2} = \sqrt{1 - \left(\frac{r}{2\sqrt{mc}}\right)^2} \qquad (7.182)$$

und trägt es in Bild 7-66 über dem Dämpfungsgrad $\vartheta = \delta/\omega_0 = r/(2\sqrt{mc})$ auf, so erhält man einen Kreis um 0. Danach unterscheidet sich die Systemfrequenz der nur wenig gedämpften Schwingung auch nur wenig von der Eigenkreisfrequenz ω_0 der ungedämpften Schwingung, nimmt aber bei zunehmender Annäherung an den aperiodischen Grenzfall sehr stark und schließlich für $\omega_0 = \delta$ auf den Wert $\omega = 0$ ab.

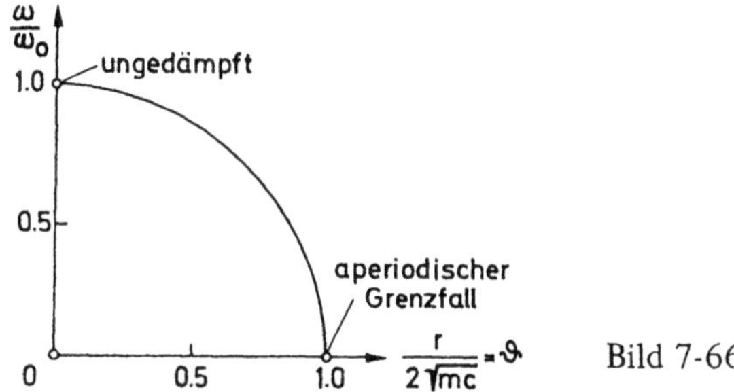

Bild 7-66

7.10.4 Freie, ungedämpfte Schwingung

Die DGL *der freien, ungedämpften Schwingung* lautet nach (7.167) mit $\delta = 0$

$$\ddot{x}(t) + \omega_0^2\, x(t) = 0 \quad \text{mit} \quad \omega_0^2 = \frac{c}{m} \qquad (7.183)$$

Anmerkung: Diese DGL stimmt formal mit der homogenen, linearisierten DGL (6.289) des Knickstabes

$$w''(x) + \lambda^2\, w(x) = 0 \quad \text{mit} \quad \lambda^2 = \frac{F}{EI_y}$$

überein. Trotz dieser formalen Analogie zwischen beiden Differentialgleichungen besteht doch ein grundlegender Unterschied zwischen ihren Lösungen: Das Knickproblem ist – wie gezeigt wurde – ein sogenanntes *Eigenwertproblem*, dessen theoretisch unendlich viele Eigenwerte λ_n aus den Randbedingungen *(Randwertproblem)* bestimmt werden. Ihnen sind unendlich viele Lösungen $w_n(x)$ zugeordnet, deren Amplituden unbestimmt bleiben. Dagegen ist das Schwingungsproblem ein *Anfangswertproblem* mit nur einer Lösung (7.179), für die ω_0 einen vorgegebenen Wert hat. Ihre beiden Integrationskonstanten und damit die Amplitude bestimmt man aus den Anfangsbedingungen.

Die den Anfangsbedingungen $x(0) = x_0$ und $\dot{x}(0) = v_0$ angepaßte Lösung der DGL (7.183) ist nach (7.179)

$$x(t) = x_0 \cos \omega_0 t + \frac{v_0}{\omega_0} \sin \omega_0 t =$$

$$= \sqrt{x_0^2 + \left(\frac{v_0}{\omega}\right)^2} \cos(\omega_0 t - \varphi) = a \cos(\omega_0 t - \varphi) = a \cos \omega_0 t' \qquad (7.184)$$

$$\text{mit der Amplitude:} \qquad a = \sqrt{x_0^2 + \left(\frac{v_0}{\omega}\right)^2} = \text{const}$$

$$\text{der Systemfrequenz:} \qquad \omega = \omega_0 = \sqrt{\frac{c}{m}} \quad \text{(Eigenfrequenz)}$$

$$\text{dem Phasenwinkel:} \qquad \varphi = \arctan \frac{v_0}{x_0 \, \omega_0}$$

$$\text{der Schwingungszeit:} \qquad T_0 = \frac{2\pi}{\omega_0}$$

Bild 7-67 zeigt den zeitlichen Ablauf der Schwingung. Bild 7-67a zeigt das Feder-Masse-System in der Lage x zur Zeit t. Es entspricht dem allgemeinen System von Bild 7-63, für das der Punkt A mit $x_1 = 0$ festgehalten wurde. Die Koordinate x wird von der spannungslosen Lage der Feder aus gemessen.

In Bild 7-67b ist die Auslenkung $x(t)$ als Zeitfunktion aufgetragen (ausgezogene Kurve). Verschiebt man den Koordinatenursprung um die Zeit φ/ω_0 nach $0'$, so geht die Schwingung — ausgedrückt in der neuen Zeitvariablen t' — so vor sich, als wenn die Masse um die Amplitude a aus der Nullage ausgelenkt und zur Zeit $t' = 0$ ohne Anfangsgeschwindigkeit losgelassen worden wäre.

Geschwindigkeit und *Beschleunigung* ergeben sich aus (7.184) durch Differentiation zu

$$\dot{x}(t) = -a \, \omega_0 \sin(\omega_0 t - \varphi) \quad \text{bzw.} \quad \dot{x}(t') = -a \, \omega_0 \sin \omega_0 t'$$

$$\ddot{x}(t) = -a \, \omega_0^2 \cos(\omega_0 t - \varphi) = -\omega_0^2 x(t) \quad \text{bzw.} \qquad\qquad (7.185)$$

$$\ddot{x}(t') = -a \, \omega_0^2 \cos \omega_0 t' = -\omega_0^2 x(t')$$

Sie sind gleichfalls in Bild 7-67b über der Zeit aufgetragen (gestrichelte bzw. strichpunktierte Kurven).

Alle kinematischen Größen lassen sich in einem *Vektordiagramm* darstellen (Bild 7-67c). Für die Auslenkung $x(t)$ ist das — wie für die gedämpfte Schwingung — das Phasendiagramm in der Phasenebene (vgl. Bild 7-65b). Es ist hier ein Kreis: Die Projektion des Vektors $\overrightarrow{OP}$ vom Betrag a auf die x-Achse ist zur Zeit t' gleich $x(t) = a \cos \omega_0 t'$. Da $a = \text{const}$ ist, ist der geometrische Ort von P in der Phasenebene ein Kreis; daher rührt auch die Bezeichnung von ω_0 als Kreisfrequenz.

Geschwindigkeiten und Beschleunigungen lassen sich im gleichen Vektordiagramm darstellen. Aus dem Vergleich der drei kinematischen Größen $x(t)$, $\dot{x}(t)$, $\ddot{x}(t)$ nach (7.184) und (7.185) erkennt man, daß sie jeweils um $\pi/2$ gegeneinander „phasenverschoben" sind. Die Geschwindigkeit $\dot{x}(t)$ ist im Kreisdiagramm die Projektion eines Vektors vom Betrage $a \omega_0$, der dem Vektor $\overrightarrow{OP}$ um $\pi/2$ „voreilt", während die Beschleunigung $\ddot{x}(t)$

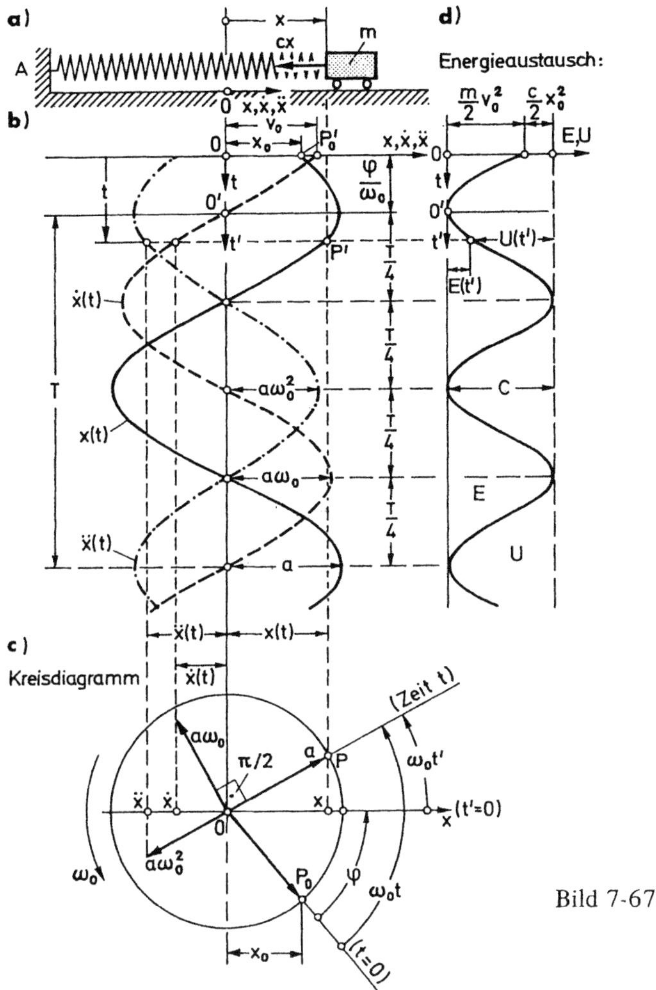

die Projektion eines dem Vektor $\overrightarrow{OP}$ um π voreilenden Vektors vom Betrage $a\,\omega_0^2$ ist. Diese Darstellungsweise gestattet es auch, zwei phasenverschobene Schwingungen verschiedener Amplitude und gleicher Frequenz einfach geometrisch zusammenzusetzen.

Bei einer harmonischen ungedämpften Schwingung findet ein steter *Austausch zwischen potentieller und kinetischer Energie* statt. Nach dem Erhaltungssatz der mechanischen Energie (7.78) bleibt hier die mechanische Gesamtenergie

$$E + U = \frac{m}{2}\,v_0^2 + \frac{c}{2}\,x_0^2 = \frac{m}{2}\,\dot{x}^2(t) + \frac{c}{2}\,x^2(t) = \frac{c}{2}\,a^2 = \frac{m}{2}\,v_{max}^2 = \text{const} = C \qquad (*)$$

konstant. Aus

$$\frac{d}{dt}(E + U) = m\,\dot{x}(t)\,\ddot{x}(t) + c\,x(t)\,\dot{x}(t) = 0$$

erhält man nach Division durch $m\dot{x}(t)$ ($\neq 0$) wieder die Bewegungsgleichung (7.183). Nun soll auch das Zeitgesetz für den Energieaustausch bestimmt werden: Nach (∗) gilt $c/2 = C/a^2$ und (mit $v_{max} = -a\,\omega_0$ aus der ersten Gl. (7.185)) $m/2 = C/v_{max}^2 = C/(a\,\omega_0)^2$. Zur Zeit t' ist dann die *kinetische Energie* mit (7.184)

$$E(t') = C - U(t') = C - \frac{c}{2}\,x^2(t') = C\,(1 - \cos^2 \omega_0\,t') = \frac{C}{2}\,(1 - \cos 2\,\omega_0\,t')$$

und die *potentielle Energie* der Feder

$$U(t') = C - E(t') = C - \frac{m}{2}\,\dot{x}^2(t') = C\,(1 - \sin^2 \omega_0\,t') = \frac{C}{2}\,(1 + \cos 2\,\omega_0\,t')\;.$$

Der Energieaustausch erfolgt demnach auch nach einem harmonischen Gesetz, jedoch mit der doppelten Kreisfrequenz $2\,\omega_0$ der Schwingung, was in Bild 7-67d dargestellt ist.

Bei vorstehendem Fall schwingt die Masse um eine statische Ruhelage, die gleichzeitig die Nullage der entspannten Feder ist. Die bisherigen Überlegungen gelten auch für diejenigen Fälle, bei denen die statische Ruhelage *nicht* mit der Nullage der entspannten Feder übereinstimmt. Die Kreisfrequenz wird dadurch nicht beeinflußt, da die Rückstellkraft einer Feder unabhängig von ihrer eventuellen Vorspannung ist, solange ihre Kennlinie linear ist. Für die als Modell für alle diese Fälle dienende Anordnung nach Bild 7-68 folgt nämlich mit der Bedingung $mg = cf$ für das Gleichgewicht in der statischen Ruhelage ($z = 0$) die zur Zeit t auf die Masse wirkende äußere Kraft

$$F^a = c\,(f - z) - mg = -cz$$

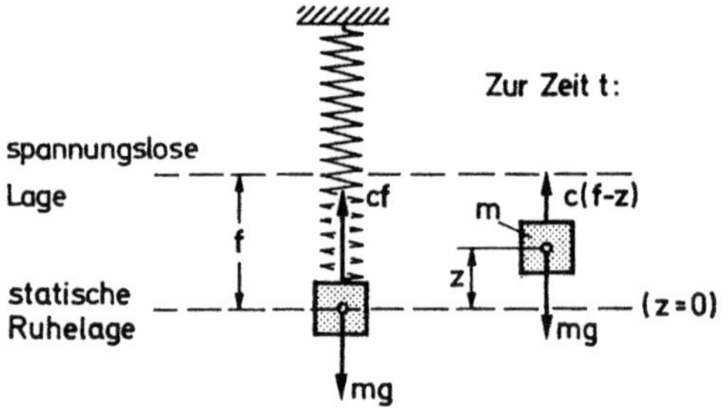

Bild 7-68

und damit wieder DGL (7.183). Die Kreisfrequenz $\omega_0 = \sqrt{c/m}$ hängt also *nicht* von f ab und ist gleich der Kreisfrequenz des horizontal schwingenden Systems nach Bild 7-67, bei dem die statische Ruhelage mit der spannungslosen Lage übereinstimmt.

Die vorstehenden Erörterungen sind nun keineswegs auf das Feder-Masse-System mit vorgegebener Federkonstante c nach Bild 7-67 beschränkt, sondern sie lassen sich auf alle Systeme übertragen, bei denen die ungedämpfte Schwingung einer Einzelmasse auf einen Freiheitsgrad beschränkt ist und eine von der Auslenkung linear abhängige Rückstellkraft auf die Masse wirkt. Dann hat man für das vorgegebene System nur die Federkonstante c zu ermitteln und in die obigen Gleichungen einzusetzen. Man verfährt dabei nach folgendem *Rezept:* Auf das System lasse man in dessen Ruhelage eine zusätzliche Kraft ΔF einwirken, die es statisch um die Strecke Δl aus der Ruhelage auslenkt. Mit dem z.B. mit den Methoden der Festigkeitslehre oder in anderer Weise berechneten Δl bestimmt man die Federkonstante aus $c = \Delta F/\Delta l$ und damit die Eigenkreisfrequenz $\omega_0 = \sqrt{c/m}$ als Grundlage für die Weiterbehandlung der allgemeinen DGL (7.166). Dieses Verfahren ist auch für die näherungsweise Ermittlung der Systemfrequenz ω eines schwach gedämpften Systems mit

Dämpfungsgraden von z.B. $\vartheta < 0{,}1$ anwendbar (Bild 7-66). Es kann z.B. angewendet werden auf folgende Systemgruppen

(1)   *linear-elastische Systeme,* wie sie in Kapitel 6 behandelt wurden, z.B. Stäbe, Balken, statisch unbestimmte Systeme, Rahmen, Torsionsstäbe usw., wenn deren Eigenmasse unberücksichtigt bleiben kann,

(2)   Systeme unter der Einwirkung der *Schwerkraft.*

Zur Erläuterung der Gruppe (1) dienen die Beispiele 1 bis 6, die Gruppe (2) wird durch die Beispiele 7 und 8 erläutert.

Beispiel 1: *Ein in Längsrichtung schwingender Stab,* an dessen Ende nach Bild 7-69 eine Masse m befestigt ist, erfährt durch die Kraft ΔN nach (6.41) die Verlängerung $\Delta l = \Delta N l / (EA)$. Seine Federkonstante ist also $c = \Delta N / \Delta l = EA/l$, so daß die Eigenfrequenz der Longitudinalschwingung ohne Berücksichtigung der Stabmasse

$$\omega_{0L} = \sqrt{\frac{c}{m}} = \sqrt{\frac{EA}{ml}} \qquad (1)$$

beträgt.

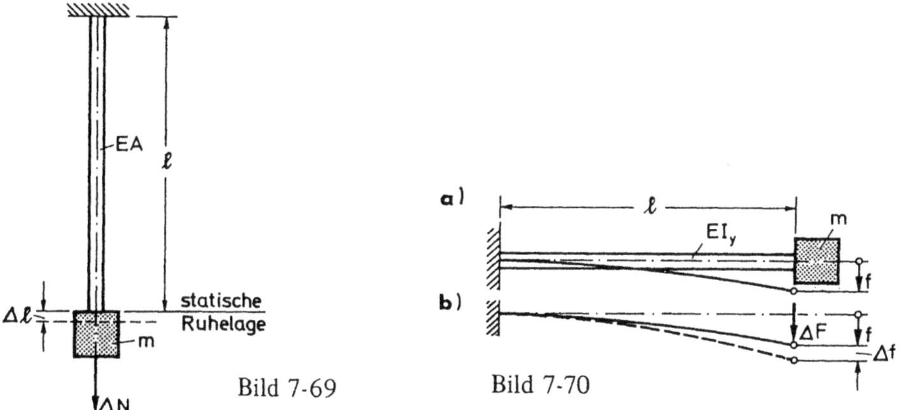

Bild 7-69   Bild 7-70

Beispiel 2: Wird derselbe Stab in *transversale Biegeschwingungen* versetzt, so haben wir die hierfür maßgebende Federkonstante aus der Durchsenkung $\Delta f = \Delta F l^3 / (3\,EI_y)$ zu ermitteln, die wir mit einem der Verfahren von 7.4.6 für den nach Bild 7-70 durch ΔF belasteten Balken berechneten. Mit $c = \Delta F / \Delta f = 3\,EI_y/l^3$ wird also die Eigenfrequenz der Biegeschwingung in der (x, z)-Ebene

$$\omega_{0B} = \sqrt{\frac{c}{m}} = \sqrt{\frac{3\,EI_y}{ml^3}} \;. \qquad (2)$$

Daraus, daß – mit (1) und (2) – das Verhältnis beider Kreisfrequenzen z.B. für einen Stab von rechteckigem Querschnitt und der Höhe h

$$\frac{\omega_{0L}}{\omega_{0B}} = l\,\sqrt{\frac{A}{3\,I_y}} = \frac{2\,l}{h} \gg 1$$

normalerweise viel größer als Eins ist, folgt für die Praxis, daß die Biegeschwingungen von Stäben hinsichtlich ihres „Resonanzverhaltens" meist sehr viel unangenehmer sind als die Longitudinalschwingungen (vgl. zur Frage der Resonanz Abschnitt 7.10.5).

Die Biegeschwingungskreisfrequenz des Balkens ändert sich nicht, wenn wir ihn senkrecht anordnen, nur ist dann die Schwingungsnullage der Endpunkt der geraden Achse des Balkens und nicht der Endpunkt seiner durch das Gewicht mg um f vorgebogenen Achse.

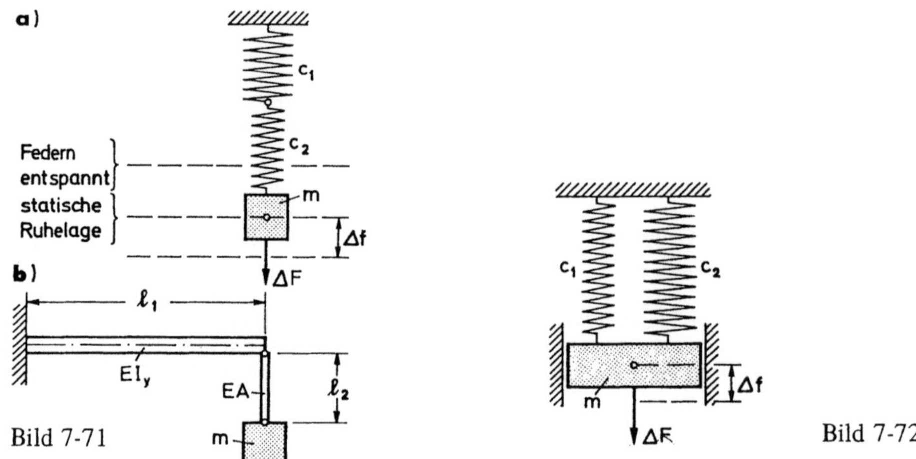

Beispiel 3: *Hintereinandergeschaltete Federn.* Für das System nach Bild 7-71a mit zwei Federn mit verschiedenen Konstanten c_1 und c_2 und angehängter Masse m ist die resultierende Federkonstante c zu ermitteln.

Lösung:

Wir beachten, daß die zusätzliche Kraft ΔF in jeder Feder wirkt, so daß die einzelnen Federn die Verlängerungen $\Delta f_1 = \Delta F/c_1$ und $\Delta f_2 = \Delta F/c_2$ erfahren. Aus $\Delta f_1 + \Delta f_2 = \Delta f = \Delta F/c$ folgt $1/c = 1/c_1 + 1/c_2$, also

$$c = \frac{c_1\, c_2}{c_1 + c_2} \tag{7.186}$$

Für n hintereinandergeschaltete Federn ergibt sich die resultierende Federkonstante sinngemäß aus

$$c = \frac{1}{\displaystyle\sum_{k=1}^{n} \frac{1}{c_k}} \tag{7.186a}$$

Für die Vertikalschwingung der Anordnung nach Bild 7-71b aus „Biegestabfeder" und „Längsstabfeder" erhalten wir beispielsweise durch Anwendung von (7.186) mit $c_1 = 3\,EI_y/l_1^3$ aus Beispiel 2 und mit $c_2 = EA/l_2$ aus Beispiel 1

$$\omega_0 = \sqrt{\frac{c}{m}} = \sqrt{\frac{c_1\, c_2}{m\,(c_1 + c_2)}} = \sqrt{\frac{3\,EI_y\, A}{m\,(3\,I_y\, l_2 + A\, l_1^3)}} \; . \tag{3}$$

Beispiel 4: *Parallelgeschaltete Federn.* Vorausgesetzt sei, daß die Masse m reibungsfrei so geführt wird, daß beide Federn nach Bild 7-72 dieselbe Längenänderung Δf erfahren.

Lösung:

Aus $\Delta F = c\,\Delta f = \Delta F_1 + \Delta F_2 = c_1\,\Delta f + c_2\,\Delta f$ folgt als resultierende Federkonstante

$$c = c_1 + c_2 \tag{7.187}$$

bzw. bei Parallelschaltung von n Federn

$$c = \sum_{k=1}^{n} c_k \qquad (7.187a)$$

Beispiel 5: *Torsionsschwinger.* Nach Bild 7-73a wird eine Kreisscheibe mit dem polaren Massenträgheitsmoment Θ, die mit einer elastischen Welle von der Länge l und dem Durchmesser $d = 2a$ verbunden ist, um den Winkel ϑ_0 gegenüber der statischen Ruhelage ausgelenkt und danach losgelassen. Sie führt dann Torsionsschwingungen $\vartheta(t)$ aus, deren Eigenkreisfrequenzen wir ähnlich wie bei den vorstehenden Beispielen bestimmen können.

Lösung:

Wir errechnen zunächst die Federkonstante der „Drehfeder", indem wir auf das System das zusätzliche Moment ΔM_t einwirken lassen, das die Welle nach Bild 7-73b gegenüber ihrer statischen Ruhelage um den Winkel $\Delta\vartheta$ auslenkt. Nach (6.154) erhalten wir $\Delta\vartheta = \Delta M_t\, l/(GI_p)$, also $c = \Delta M_t/\Delta\vartheta = GI_p/l$. Der Drallsatz liefert andererseits mit dem Rückstellmoment $M_t = GI_p\,\vartheta/l$ die Bewegungsgleichung für die Kreisscheibe

$$\Theta\ddot{\vartheta} = -M_t = -\frac{GI_p}{l}\,\vartheta$$

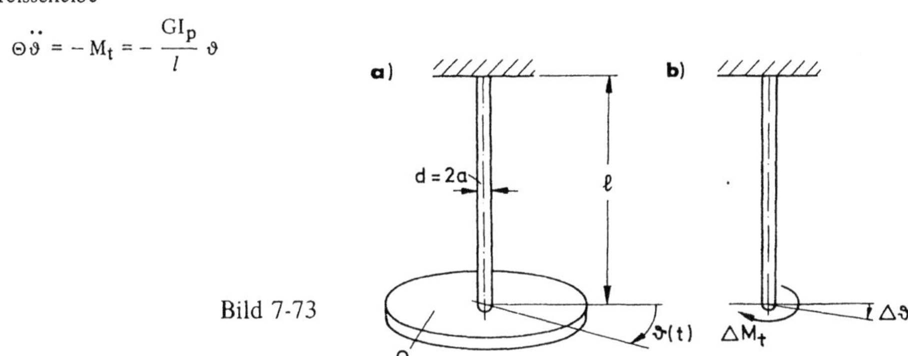

Bild 7-73

und damit die zu (7.183) analoge *Differentialgleichung der Torsionsschwingung*

$$\ddot{\vartheta}(t) + \frac{GI_p}{l\,\Theta}\,\vartheta(t) = \ddot{\vartheta}(t) + \omega_0^2\,\vartheta(t) = 0 \qquad (7.188)$$

mit der *Eigenfrequenz*

$$\omega_0 = \sqrt{\frac{GI_p}{l\,\Theta}} = \sqrt{\frac{G\pi a^4}{2\,l\,\Theta}} = \sqrt{\frac{c}{\Theta}} \qquad (7.189)$$

Die Analogie zu allen vorherigen Eigenfrequenzformeln ist evident: Anstelle der Masse m tritt bei der Torsionsschwingung das Massenträgheitsmoment Θ.

Beispiel 6: Wir wollen jetzt den Torsionsschwinger nach Bild 7-74 untersuchen, bei dem zwei Massen m_1 und m_2 mit den Trägheitsmomenten Θ_1 und Θ_2 durch eine reibungsfrei gelagerte Welle verbunden sind. Dieser Fall ist für die Anwendung von großer Bedeutung. Man stelle sich beispielsweise vor, daß eine der Massen eine Turbine repräsentiert, die über die elastische Welle einen Generator antreibt. Einer konstanten Drehzahl, bei der ein konstantes Moment durch die Welle übertragen wird, können sich durch eine Anfangsstörung angeregte freie Torsionsschwingungen überlagern, die wir untersuchen wollen.

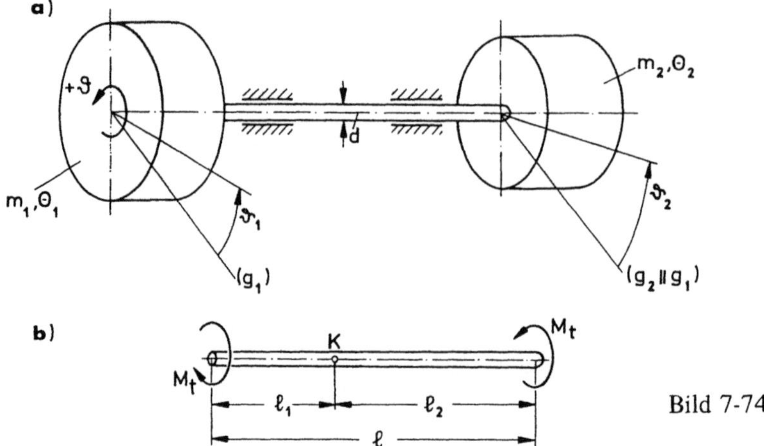

Bild 7-74

Lösung:

Wir beziehen alles auf einen „Nullzustand", für den die Lagen der Massen durch die beiden zueinander parallelen, auf der Welle senkrecht stehenden Geraden g_1 und g_2 gekennzeichnet sind. Diese können in Ruhe sein oder mit konstanter Drehzahl umlaufen. Wir untersuchen nur die Bewegungen gegenüber diesem Nullzustand. Von allen vorher betrachteten Systemen unterscheidet sich das vorliegende System dadurch, daß es — entsprechend den beiden Torsionswinkeln ϑ_1 und ϑ_2 — zwei Freiheitsgrade hat. Für die Schwingung ist jedoch nur *ein* Freiheitsgrad maßgebend, wie sich im Verlauf der Rechnung zeigen wird.

Durch die Welle wird nach Bild 7-74b das Torsionsmoment $M_t = (\vartheta_2 - \vartheta_1)\,c$ mit der Federkonstanten $c = GI_p/l$ übertragen. Die Reaktionsmomente wirken als Rückstellmomente auf die Drehmassen, so daß wir für diese die Bewegungsgleichungen

$$\Theta_1\,\ddot{\vartheta}_1 = M_t = (\vartheta_2 - \vartheta_1)\,c \quad \text{und} \quad \Theta_2\,\ddot{\vartheta}_2 = -M_t = -(\vartheta_2 - \vartheta_1)\,c \qquad (4)$$

erhalten. Wenn wir die erste von der zweiten Gleichung (nach Multiplikation mit Θ_2 bzw. Θ_1) subtrahieren, erhalten wir

$$\ddot{\vartheta}_2 - \ddot{\vartheta}_1 = -(\vartheta_2 - \vartheta_1)\,\frac{\Theta_1 + \Theta_2}{\Theta_1\,\Theta_2}\,c$$

und daraus die Differentialgleichung für den Differenzwinkel $\vartheta_2 - \vartheta_1 = \psi$

$$\ddot{\psi}(t) + \frac{\Theta_1 + \Theta_2}{\Theta_1\,\Theta_2}\,c\,\psi(t) = \ddot{\psi}(t) + \omega_0^2\,\psi(t) = 0 \,. \qquad (5)$$

Sie ist vom Typ der Gl. (7.183). Die *Eigenkreisfrequenz der relativen Bewegung beider Scheiben* ist also

$$\omega_0 = \sqrt{\frac{\Theta_1 + \Theta_2}{\Theta_1\,\Theta_2}\,c} = \sqrt{\frac{(\Theta_1 + \Theta_2)\,GI_p}{\Theta_1\,\Theta_2\,l}} = \sqrt{\frac{(\Theta_1 + \Theta_2)\,G\,\pi\,a^4}{2\,\Theta_1\,\Theta_2\,l}} \,. \qquad (6)$$

Wir wollen nun auch noch die Schwingungsbewegung der einzelnen Massen untersuchen. Das Integral der DGL (5) für den Differenzwinkel lautet

$$\psi(t) = \vartheta_2(t) - \vartheta_1(t) = A\cos\omega_0 t + B\sin\omega_0 t \,. \qquad (7)$$

Als Anfangsbedingung sei eine Auslenkung um den Winkel ϑ_0 zwischen den beiden Scheiben vorgegeben. Es soll also zur Zeit $t = 0$ $\vartheta_1(0) = 0$, $\vartheta_2(0) = \vartheta_0$, $\dot{\vartheta}_1(0) = 0$ und $\dot{\vartheta}_2(0) = 0$ sein. Damit folgt aus (7) $A = \vartheta_0$ und $B = 0$, also

$$\psi(t) = \vartheta_2(t) - \vartheta_1(t) = \vartheta_0\cos\omega_0 t \,. \qquad (8)$$

Aus der Addition der Gln. (4) ergibt sich andererseits

$$\frac{\Theta_1}{\Theta_2}\,\ddot{\vartheta}_1(t) + \ddot{\vartheta}_2(t) = 0$$

und daraus durch zweimalige Integration

$$\frac{\Theta_1}{\Theta_2}\,\vartheta_1(t) + \vartheta_2(t) = Ct + D\ .$$

Aus den Anfangsbedingungen folgt $C = 0$ und $D = \vartheta_0$, also

$$\frac{\Theta_1}{\Theta_2}\,\vartheta_1(t) + \vartheta_2(t) = \vartheta_0\ . \tag{9}$$

Subtrahieren wir (9) von (8), so folgt

$$\vartheta_1(t) = \frac{\vartheta_0\,\Theta_2}{\Theta_1 + \Theta_2}\,(1 - \cos\omega_0 t)$$

und damit aus (9)

$$\vartheta_2(t) = \vartheta_0 - \frac{\Theta_1}{\Theta_2}\,\vartheta_1(t) = \frac{\vartheta_0\,\Theta_2}{\Theta_1 + \Theta_2}\left(1 + \frac{\Theta_1}{\Theta_2}\cos\omega_0 t\right)\ .$$

Die beiden gleichsinnig rotierenden Massen schwingen also in einander entgegengesetztem Sinne mit verschieden großen Ausschlägen um eine durch den Winkel $\bar{\vartheta}_0 = \vartheta_0\,\Theta_2/(\Theta_1 + \Theta_2)$ vorgegebene Nullage. Für diese Schwingungsbewegungen schreiben mit $\bar{\vartheta}_1 = \bar{\vartheta}_0$ und $\bar{\vartheta}_2 = \bar{\vartheta}_0\Theta_1/\Theta_2$

$$\left.\begin{array}{l}\vartheta_1(t) = \bar{\vartheta}_0 - \dfrac{\vartheta_0\,\Theta_2}{\Theta_1 + \Theta_2}\cos\omega_0 t = \bar{\vartheta}_0 - \bar{\vartheta}_1\cos\omega_0 t\ , \\[3mm] \vartheta_2(t) = \bar{\vartheta}_0 + \dfrac{\vartheta_0\,\Theta_1}{\Theta_1 + \Theta_2}\cos\omega_0 t = \bar{\vartheta}_0 + \bar{\vartheta}_2\cos\omega_0 t\ . \end{array}\right\} \tag{10}$$

Auf der Welle gibt es daher einen Schwingungsknoten K (Bild 7-74b), für den — abgesehen von der überlagerten Starrkörper-Rotation — die Welle in Ruhe ist und in dem wir uns die beiden Wellenteile von den Längen l_1 und l_2 mit den Massen m_1 und m_2 wie in Bild 7-73 — eingespannt denken können. Wegen (6.154) und wegen des in der gesamten Welle konstanten Torsionsmomentes $\bar{M}_t$ gilt

$$\bar{\vartheta}_1 = \frac{\bar{M}_t\,l_1}{GI_p}\quad \text{und}\quad \bar{\vartheta}_2 = \frac{\bar{M}_t\,l_2}{GI_p}\ ,\quad \text{also}\quad \frac{\bar{\vartheta}_1}{\bar{\vartheta}_2} = \frac{l_1}{l_2} = \frac{\Theta_2}{\Theta_1}\ .$$

Hiermit wird

$$l = l_1 + l_2 = l_1\,\frac{\Theta_1 + \Theta_2}{\Theta_2}\quad \text{bzw.}\quad l_1 = \frac{\Theta_2}{\Theta_1 + \Theta_2}\,l\ .$$

Weiter errechnen wir nach (7.189) die Eigenfrequenz der Anordnung

$$\omega_0 = \sqrt{\frac{GI_p}{l_1\,\Theta_1}} = \sqrt{\frac{GI_p}{l_2\,\Theta_2}} = \sqrt{\frac{(\Theta_1 + \Theta_2)\,GI_p}{\Theta_1\,\Theta_2\,l}}\ , \tag{11}$$

die natürlich mit der Eigenfrequenz nach (6) übereinstimmt.

Obwohl das System zwei Freiheitsgrade hat, ist für seine Schwingung — anders als bei dem in Abschnitt 7.11 behandelten Schwingungen — nur *ein* Freiheitsgrad ψ und *eine* Eigenkreisfrequenz ω_0 maßgebend. Dem zweiten Freiheitsgrad entspricht die überlagerte Rotation mit konstanter Winkelgeschwindigkeit.

Beispiel 7: *Tauchschwingungen eines Schiffes* (Bild 7-75). In der Ruhelage des Schiffes sind Gewicht G und „Auftriebskraft" $D_A = \rho\,gV$ (V = Verdrängung, ρ = Dichte des Wassers) einander gleich (vgl. Satz 8.11 und (8.102)). Bei einer vertikalen Störung des Gleichgewichts führt das Schiff harmonische Schwingungen um diese Ruhelage aus: Taucht es unter Einwirkung einer zusätzlichen Kraft ΔF um Δf ein, so gilt $\Delta F = \Delta D_A = \rho\,gA_w\,\Delta f$. A_w ist die sog. „Wasserlinienfläche". Die Rück-

stellkraft ist also linear von der Eintauchtiefe abhängig, so daß mit der „Federkonstanten"
$c = \Delta F / \Delta f = \rho\, gA_W$ die Eigenfrequenz der Tauchschwingung

$$\omega_0 = \sqrt{\frac{\rho\, gA_W}{m}} = \sqrt{\frac{gA_W}{V}} \qquad (12)$$

folgt.

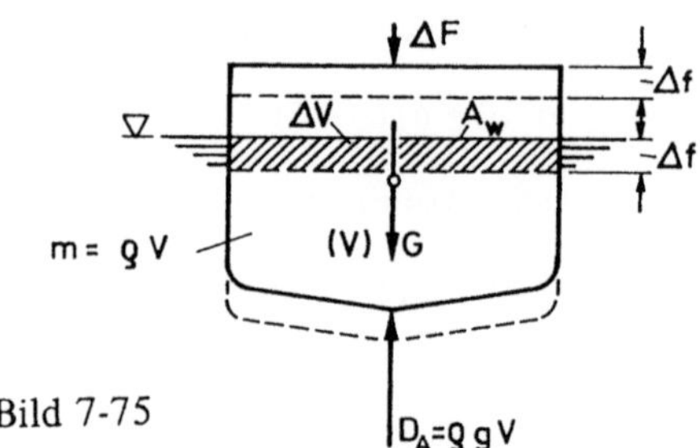

Beispiel 8: *Rollpendel.* Die Walze von Beispiel 5 (Bild 7-39) in Abschnitt 7.7 führt eine Schwingungsbewegung aus, deren Eigenfrequenz näherungsweise zu berechnen ist.

Lösung:

Die Bewegungs-DGL wurde früher (vgl. Gl. (28) im Beispiel 5 von 7.7) ermittelt zu

$$[\Theta_M + m\,(\rho^2 + c_M^2 - 2\,\rho\,c_M \cos\psi)]\,\ddot{\psi} + m\,\rho\,c_M \sin\psi\,\dot{\psi}^2 + mg\,c_M \sin\psi = 0 . \qquad (13)$$

Wir wollen jetzt eine Näherungslösung für den Fall angeben, daß der Anfangswinkel ψ_0 und somit auch $\psi(t) < \psi_0$ klein sind. Mit $\cos\psi \approx 1$ und $\sin\psi \approx \psi$ erhalten wir dann aus (13) die Näherungs-DGL

$$[\Theta_M + m\,(\rho - c_M)^2]\,\ddot{\psi} + m\,\rho\,c_M \psi\,\dot{\psi}^2 + mg\,c_M \psi = 0 . \qquad (14)$$

Bis auf den Term $m\,\rho\,c_M \psi\,\dot{\psi}^2$ ist diese DGL vom Typ (7.183) der freien, ungedämpften Schwingung. Vernachlässigen wir zunächst diesen Term und berücksichtigen noch, daß nach dem STEINERschen Satz (7.30)

$$\Theta_M + m\,(\rho - c_M)^2 = \Theta_Q$$

ist, so folgt aus der DGL (14) in weiterer Näherung die DGL

$$\ddot{\psi}(t) + \frac{mg\,c_M}{\Theta_Q}\,\psi(t) = \ddot{\psi}(t) + \omega_0^2\,\psi(t) = 0 \qquad (15)$$

der freien, ungedämpften Schwingung mit der Eigenfrequenz

$$\omega_0 = \sqrt{\frac{mg\,c_M}{\Theta_Q}} . \qquad (16)$$

Die Lösung von (15) lautet analog zu (7.184) mit den Anfangsbedingungen $\psi(0) = \psi_0$ und $\dot{\psi}(0) = 0$

$$\psi(t) = \psi_0 \cos\omega_0 t .$$

Für die Winkelgeschwindigkeit $\dot{\psi}(t) = -\,\psi_0\,\omega_0 \sin\omega_0 t$ gilt die Abschätzung $|\dot{\psi}(t)| \leqslant \psi_0\omega_0$. Man errechnet weiter $m\rho c_M/\Theta_Q \leqslant 2$ und erhält so für den vernachlässigten Term mit (16) die Abschätzung

$$\left| \frac{m\rho\, c_M}{\Theta_Q}\,\psi\,\dot{\psi}^2 \right| \leqslant 2\,\psi_0^3\,\omega_0^2 \ll \psi_0\,\omega_0^2 \qquad \text{bzw.} \qquad \psi_0^2 \ll 1,$$

falls der Anfangswinkel ψ_0 hinreichend klein ist. Der zweite Term in (14) kann also in diesem Fall tatsächlich gegenüber dem Term $mg\,c_M \psi$ fortgelassen werden.

Für hinreichend kleine Anfangsauslenkungen ψ_0 hängt ω_0 nicht von ψ_0 ab. Für große ψ_0 trifft das — wie beim Pendel (vgl. Beispiel 2 im Abschnitt 7.7) — nicht mehr zu.

7.10.5 Harmonisch fremderregte, gedämpfte Schwingung

Im folgenden soll die vollständige Lösung der inhomogenen DGL (7.166) der Schwingung mit harmonischer Erregung

$$\ddot{x}(t) + 2\delta\,\dot{x}(t) + \omega_0^2\,x(t) = a_1\cos\Omega t + b_1\sin\Omega t \tag{7.190}$$

entwickelt werden. Da die Lösung der homogenen DGL nach 7.10.3 bekannt ist und ω_0 nach 7.10.4 bestimmt werden kann, braucht nur noch ein partikulares Integral $x_p(t)$ der DGL (7.190) aufgesucht zu werden. Das erreicht man nach 6.10.3 mit einem der rechten Seite von (7.190) entsprechendem *Ansatz* mit noch zwei zu bestimmenden Konstanten A_1 und B_1 aber ansonsten gleicher Frequenz Ω (Erregerfrequenz):

$$x_p(t) = A_1\cos\Omega t + B_1\sin\Omega t \;. \tag{7.191}$$

Setzt man diesen Ansatz in die DGL (7.190) ein, so erhält man — geordnet nach sin- und cos-Funktionen — zunächst

$$\cos\Omega t\,[(\omega_0^2 - \Omega^2)\,A_1 + 2\,\delta\,\Omega\,B_1] + \sin\Omega t\,[-2\,\delta\,\Omega\,A_1 + (\omega_0^2 - \Omega^2)\,B_1]$$
$$= a_1\cos\Omega t + b_1\sin\Omega t \;.$$

Da dies für alle t erfüllt sein muß, ergibt sich durch Vergleich der jeweiligen Koeffizienten der cos-Funktionen einerseits und der sin-Funktionen andererseits *(Koeffizienten-Vergleich)* das lineare Gleichungssystem für A_1 und B_1

$$\begin{aligned}
(\omega_0^2 - \Omega^2)\,A_1 + \quad\;\; 2\,\delta\,\Omega\,B_1 &= a_1 \\
-2\,\delta\,\Omega\,A_1 + (\omega_0^2 - \Omega^2)\,B_1 &= b_1
\end{aligned} \tag{7.192}$$

für dessen Lösung man zunächst die Koeffizientendeterminante

$$D = \begin{vmatrix} \omega_0^2 - \Omega^2 & 2\,\delta\,\Omega \\ -2\,\delta\,\Omega & \omega_0^2 - \Omega^2 \end{vmatrix}$$

und danach zwei Determinanten von der Form

$$D_1 = \begin{vmatrix} a_1 & 2\,\delta\,\Omega \\ b_1 & \omega_0^2 - \Omega^2 \end{vmatrix} \;, \qquad D_2 = \begin{vmatrix} \omega_0^2 - \Omega^2 & a_1 \\ -2\,\delta\,\Omega & b_1 \end{vmatrix}$$

ausrechnet, in denen jeweils eine Spalte von D durch die bekannten Größen a_1 und b_1 ersetzt werden. Nach der CRAMER*schen Regel* erhält man dann

$$A_1 = \frac{D_1}{D} \quad\text{und}\quad B_1 = \frac{D_2}{D} \;.$$

Die Ausrechnung liefert

$$A_1 = \frac{(\omega_0^2 - \Omega^2)\,a_1 - 2\,\delta\,\Omega\,b_1}{(\omega_0^2 - \Omega^2)^2 + (2\,\delta\,\Omega)^2} \;; \qquad B_1 = \frac{(\omega_0^2 - \Omega^2)\,b_1 + 2\,\delta\,\Omega\,a_1}{(\omega_0^2 - \Omega^2)^2 + (2\,\delta\,\Omega)^2} \;. \tag{7.193}$$

Die Konstanten des Ansatzes (7.191) enthalten also nur vorgegebene Größen, so daß das partikulare Integral von DGL (7.190) vollständig bestimmt ist. Für die Diskussion ist es nun zweckmäßig, dieses Ergebnis noch umzuformen, indem die partikulare Lösung durch Einführung zweier neuer Konstanten gemäß

$$A_1 = -A \sin \alpha \quad \text{und} \quad B_1 = A \cos \alpha \qquad (\text{mit } \alpha \geqslant 0)$$

umgeschrieben wird, so daß (7.191) dann in

$$x_p(t) = -A \sin \alpha \cos \Omega t + A \cos \alpha \sin \Omega t$$

und mit dem Additionstheorem in die Form der *partikularen Lösung*

$$x_p(t) = A \sin(\Omega t - \alpha) \tag{7.194}$$

übergeht. Mit (7.193) folgt daraus für ihre *Amplitude* A

$$A = \sqrt{A_1^2 + B_1^2} = \sqrt{\frac{a_1^2 + b_1^2}{(\omega_0^2 - \Omega^2)^2 + (2\,\delta\,\Omega)^2}} \tag{7.195}$$

sowie für ihre *Phasenverschiebung* α

$$\tan \alpha = -\frac{A_1}{B_1} = \frac{2\,\delta\,\Omega\,b_1 - (\omega_0^2 - \Omega^2)\,a_1}{(\omega_0^2 - \Omega^2)\,b_1 + 2\,\delta\,\Omega\,a_1} \; . \tag{7.196}$$

Die vollständige Lösung der inhomogenen DGL (7.190) setzt sich dann zusammen aus der Lösung $x_h(t)$ der homogenen DGL (7.167) (d.h. je nach dem Dämpfungsgrad aus einer der Lösungen (7.174), (7.175) oder (7.178) der freien Schwingung) und dem partikularen Integral (7.194). Das ergibt für die drei Fälle a, b und c von 7.10.3

$$
\begin{aligned}
&\textbf{Fall a} \quad (\vartheta > 1, \delta > \omega_0): \\
&\quad x(t) = C_1\, e^{-(\delta - \sqrt{\delta^2 - \omega_0^2})\,t} + C_2\, e^{-(\delta + \sqrt{\delta^2 - \omega_0^2})\,t} + A \sin(\Omega t - \alpha) \\[2mm]
&\textbf{Fall b} \quad (\vartheta = 1, \delta = \omega_0): \\
&\quad x(t) = C_1\, e^{-\delta t} + C_2\, t\, e^{-\delta t} + A \sin(\Omega t - \alpha) \\[2mm]
&\textbf{Fall c} \quad (\vartheta < 1, \delta < \omega_0): \\
&\quad x(t) = a\, e^{-\delta t} \cos(\omega t - \varphi) + A \sin(\Omega t - \alpha)
\end{aligned}
\tag{7.197}
$$

Dabei sind die Eigenkreisfrequenz der freien, ungedämpften Schwingung $\omega_0 = \sqrt{c/m}$, der Dämpfungsgrad $\vartheta = \delta/\omega_0$ und die Systemfrequenz $\omega = \sqrt{\omega_0^2 - \delta^2}$ der freien, geschwindigkeitsproportional gedämpften Schwingung sowie die Amplitude A der partikularen Lösung nach (7.195) und der Phasenwinkel α nach (7.196) durch die bekannten Systemgrößen vorgegeben. Die beiden Integrationskonstanten C_1, C_2 bzw. a, φ sind für vorgegebene Anfangsbedingungen aus der Gesamtlösung (!) zu bestimmen. Sie haben andere Werte als bei der entsprechenden freien Schwingung; denn sie werden — wie man erkennt — noch durch die Partikularlösung beeinflußt.

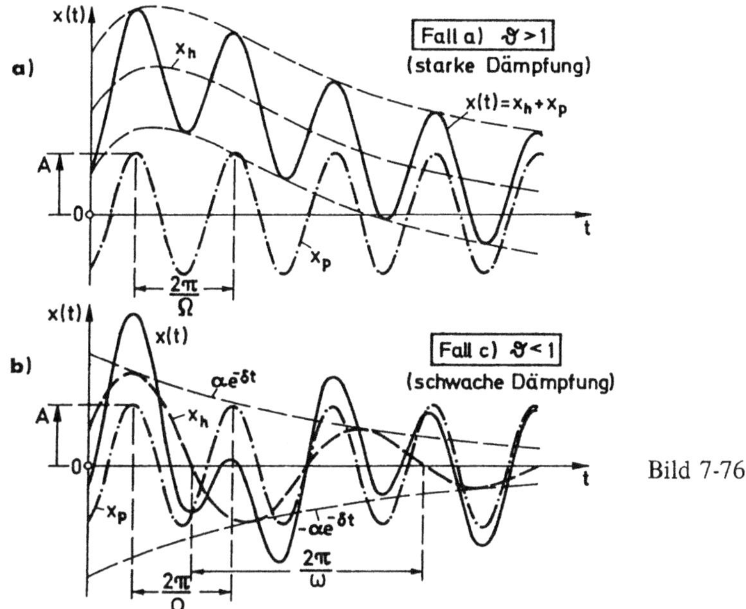

Bild 7-76

Aus der Gesamtlösung kann man entnehmen, daß deren von den Anfangsbedingungen abhängiger homogener Teil — die freie Schwingung — nach einer gewissen Zeit soweit gedämpft ist, daß er dann gegenüber dem erzwungenen, harmonischen Schwingungsanteil mit der konstanten Amplitude A praktisch vernachlässigt werden kann. Dieser sog. *„Einschwingvorgang"* ist für die beiden typischen Fälle a und c in Bild 7-76 dargestellt. Die Lösungen der homogenen Gleichung sind gestrichelt, die partikularen Integrale der inhomogenen Gleichung sind strichpunktiert gezeichnet. Für hinreichend große Werte von t stimmt die ausgezogene $x(t)$-Kurve mit der strichpunktierten Kurve der Erregerschwingung $x_p(t)$ überein und ist nicht mehr von den Anfangsbedingungen abhängig.

Das gesamte System schwingt dann (nur) mit der Erregerfrequenz Ω und die Amplitude der Systemschwingung ist allein die durch (7.195) gegebene Amplitude der Partikularlösung.

Wegen ihrer besonderen Bedeutung soll die erzwungene Schwingung mit geringer Dämpfung $\vartheta < 1$ und, der Einfachheit wegen, mit nur einer sin-Erregung ($b_1 \sin \Omega t$) noch näher untersucht werden: In (7.195) und (7.196) ist dann $a_1 = 0$ zu setzen.

Bezieht man die Amplitude nach (7.195) auf die statische Auslenkung

$$A_{stat} = \frac{F_{max}}{c} = \frac{m\,b_1}{c} = \frac{b_1}{\omega_0^2} \qquad (7.198)$$

welche eine statisch wirkende Kraft $F_{max} = m\,b_1$ am System hervorrufen würde, so erhält man in diesem speziellen Fall mit der Amplitude (nach (7.195) für $a_1 = 0$)

$$A = \frac{b_1}{\sqrt{(\omega_0^2 - \Omega^2)^2 + (2\,\delta\,\Omega)^2}} \qquad (7.199)$$

unter Einführung der sog. „*Abstimmung*" $\eta = \Omega/\omega_0 > 0$ und des Dämpfungsgrads $\vartheta = \delta/\omega_0$ die sog. „*Vergrößerungsfunktion*"

$$V_1 = \frac{A}{A_{stat}} = \frac{1}{\sqrt{\left(1 - \dfrac{\Omega^2}{\omega_0^2}\right)^2 + 4\,\dfrac{\delta^2}{\omega_0^2}\,\dfrac{\Omega^2}{\omega_0^2}}} = \frac{1}{\sqrt{(1-\eta^2)^2 + (2\,\vartheta\,\eta)^2}} \qquad (7.200)$$

sowie wegen (7.196) den *Phasenwinkel* α aus

$$\tan \alpha = \frac{2\,\delta\,\Omega}{\omega_0^2 - \Omega^2} = \frac{2\,\vartheta\,\eta}{1 - \eta^2} \qquad (7.201)$$

Da hier $-\infty \leqslant \tan \alpha \leqslant \infty$ sein kann, wird für positive α

$$0 \leqslant \alpha \leqslant \pi/2 \quad \text{für} \quad 0 \leqslant \eta \leqslant 1$$
$$\pi/2 \leqslant \alpha \leqslant \pi \quad \text{für} \quad 1 \leqslant \eta$$

V_1 gibt den Faktor an, mit dem die statische Auslenkung zu multiplizieren ist, um die Amplitude der erzwungenen Schwingung zu erhalten. Sie ist in Bild 7-77a für verschiedene Dämpfungsgrade ϑ als Parameter in Abhängigkeit von der Abstimmung η aufgetragen. Für den statischen Fall ($\Omega = 0$) ist $V_1 = 1$ unabhängig von der Dämpfung. Ferner ist $\lim\limits_{\eta \to \infty} V_1 = 0$, d.h. bei sehr großer Erregerfrequenz erfolgt überhaupt keine Schwingung.

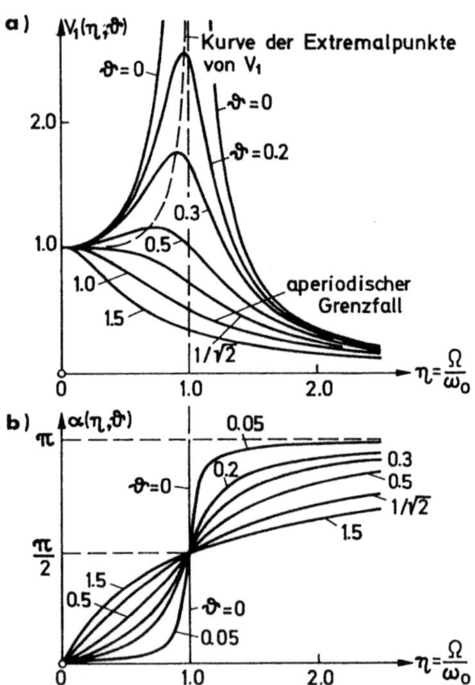

Bild 7-77

Bei welcher Abstimmung η nimmt die Amplitude für einen bestimmten Dämpfungsgrad ϑ Extremalwerte an? Das tritt dann ein, wenn der Nenner der Vergrößerungsfunktion nach (7.200), d.h. wenn $f(\eta) = (1 - \eta^2)^2 + (2\,\vartheta\,\eta)^2$ zu einem Minimum, wenn also

$$\frac{df}{d\eta} = -4\,\eta\,(1 - \eta^2) + 8\,\vartheta^2\,\eta = 4\,\eta\,(\eta^2 - 1 + 2\,\vartheta^2) = 0$$

bzw. wenn

$$\eta = 0 \quad \text{oder} \quad \eta = \frac{\Omega}{\omega_0} = \sqrt{1 - 2\,\vartheta^2}$$

wird.

Alle Kurven haben daher für $\Omega = 0$ einen Extremalwert, beginnen also mit einer horizontalen Tangente. Außerdem haben diejenigen Kurven, für die $\vartheta < 1/\sqrt{2}$ und damit η nach der zweiten Bedingung reell ist, den Maximalwert

$$V_{1\,max} = \frac{1}{\sqrt{4\,\vartheta^4 + 4\,\vartheta^2\,(1 - 2\,\vartheta^2)}} = \frac{1}{2\,\vartheta\,\sqrt{1 - \vartheta^2}} \qquad (7.202)$$

der je nach der Größe des Dämpfungsgrades ϑ mehr oder weniger weit links von der Vertikalen $\eta = 1$ liegt. Die Maxima für verschiedene ϑ sind in Bild 7-77a durch eine gestrichelte Kurve verbunden. Dies gilt nur für $\vartheta < 1/\sqrt{2}$; für $\vartheta > 1/\sqrt{2}$ wird die Wurzel für η imaginär, es gibt dann nur ein Maximum im Punkt $\Omega = 0$, $V_1 = 1$.

Aus (7.202) sowie aus Bild 7-77a entnimmt man, daß die Maximalamplituden für kleine Dämpfungswerte — wie sie in der Praxis meist vorkommen — ein Vielfaches der statischen Auslenkung erreichen. Für den ungedämpften Fall ($\vartheta = 0$) gehen sie theoretisch sogar gegen unendlich; diesen Fall, bei dem also Eigen- und Erregerkreisfrequenz übereinstimmen, nennt man den *Resonanzfall*.

Man spricht auch bei kleinen Dämpfungsgraden $\vartheta \ll 1$ von Resonanz, die dann bei einer der Eigenkreisfrequenz ω_0 dicht benachbarten Resonanzkreisfrequenz auftritt, und bezeichnet die entsprechenden Kurven von Bild 7-77a als *Resonanzkurven*. Es ist klar, daß dieser Fall besonders gefährlich ist und daß man normalerweise bestrebt sein muß, ihn zu vermeiden, indem man entweder eine außerhalb des „Resonanzgebietes" liegende, höhere Erregerkreisfrequenz wählt oder — wenn das nicht möglich ist — die Eigenkreisfrequenz des schwingenden Systems durch Änderung der Masse oder der Federkonstante verkleinert, d.h. also zusammenfassend: indem man die Abstimmung erhöht.

Man hat drei für die erzwungene Schwingung mit kleinen Dämpfungsgraden $\vartheta < 1/\sqrt{2}$ besonders charakteristische Kreisfrequenzen zu unterscheiden: Die *Eigenkreisfrequenz* ω_0 der ungedämpften Schwingung, die *Erregerkreisfrequenz* Ω und die „*Resonanzkreisfrequenz*" als spezielle Systemfrequenz

$$\omega_R = \omega_0\,\eta = \omega_0\,\sqrt{1 - 2\,\vartheta^2} = \sqrt{\omega_0^2 - 2\,\delta^2} \qquad (7.203)$$

bei der die größten Amplituden auftreten. Für sehr kleine Dämpfungen $\vartheta \ll 1$ (z.B. $\vartheta < 0{,}1$), wie sie in den technischen Anwendungen meist auftreten, kann mit ausreichender Genauigkeit $\omega_R \approx \omega_0$ gesetzt werden, so daß dann nach (7.202)

$$V_{1\,max} \approx \frac{1}{2\,\vartheta} = \frac{\omega_0}{2\delta} = \frac{\sqrt{cm}}{r}$$

gilt.

Noch eine Bemerkung zum *Phasenwinkel* α, um den die erzwungene Schwingung der erregenden Schwingung nacheilt: Nach (7.201) ist der Phasenwinkel α ($0 \leqslant \alpha \leqslant \pi$) für ein und denselben Dämpfungsgrad ϑ noch vom Frequenzverhältnis η abhängig. Diese Abhängigkeit ist für verschiedene ϑ als Parameter in Bild 7-76b dargestellt. Bemerkenswert ist die starke Änderung des Phasenwinkels für kleine Dämpfungen in der Nähe der Resonanzstelle $\eta = 1$. Für $\eta = 1$ ergibt sich unabhängig von der Dämpfung $\alpha = \pi/2$. Unterhalb der Resonanzstelle ist α klein, die Masse schwingt mit der Störkraft nahezu „in Phase", oberhalb der Resonanzstelle dagegen fast „in Gegenphase". *Im ungedämpften Fall* ($\vartheta = 0$) hat man dort einen „Phasensprung" von $180°$. Das kann man allerdings nicht direkt aus Gl. (7.201) entnehmen, die für diesen Fall ($\vartheta = 0$, $\eta = 1$) den unbestimmten Wert $\arctan \frac{0}{0}$ liefert. Jedoch entnimmt man für den Grenzübergang $\vartheta \to 0$ aus (7.201), daß unterhalb der Resonanz (für $\Omega < \omega_0$) $\alpha = 0$ und oberhalb (für $\Omega > \omega_0$) $\alpha = \pi$ wird (Bild 7-77b). Beim „Durchfahren" des Resonanzgebietes ändert sich die Phasenverschiebung sprunghaft, was man auch experimentell bestätigen kann.

Obwohl der homogene Lösungsanteil der Gln. (7.197) für $t \to \infty$ verschwindet, sind in der Praxis die Dämpfungen häufig so klein, daß man während eines gewissen Zeitintervalls die Abnahme der Amplituden als vernachlässigbar klein und die Schwingung näherungsweise als ungedämpft ansehen kann.

Für den Spezialfall der *ungedämpften erzwungenen Schwingung* ($\delta = 0$) lautet die Lösung entsprechend (7.197) mit $A = b_1/(\omega_0^2 - \Omega^2)$ nach (7.199)

$$x(t) = a \cos(\omega_0 t - \varphi) + \frac{b_1}{\omega_0^2 - \Omega^2} \sin \Omega t \ .$$

Die Konstanten a und φ hat man durch Anpassung der Lösung an die Anfangsbedingungen zu bestimmen. Zu Anfang der Bewegung sei $x(0) = 0$ und $\dot{x}(0) = 0$ vorgegeben, woraus $a \cos \varphi = 0$, also $\varphi = \pi/2$ und

$$\dot{x}(0) = a\,\omega_0 \sin \varphi + \frac{\Omega b_1}{\omega_0^2 - \Omega^2} = 0 \qquad \text{bzw.} \qquad a = -\frac{\Omega b_1}{\omega_0(\omega_0^2 - \Omega^2)} = -\frac{\eta\, b_1}{\omega_0^2 - \Omega^2}$$

folgt. Also lautet die den Anfangsbedingungen angepaßte Lösung mit $\cos(\omega_0 t - \pi/2) = \sin \omega_0 t$

$$x(t) = \frac{b_1}{\omega_0^2 - \Omega^2}\,(\sin \Omega t - \eta \sin \omega_0 t) \qquad\qquad\qquad (7.204)$$

Die Bewegung setzt sich also aus zwei harmonischen Anteilen zusammen, von denen der erste die erzwungene, der zweite die freie Schwingung darstellt.

Gl. (7.204) kann nicht unmittelbar für den *Resonanzfall* $\Omega = \omega_0$ bzw. $\eta = 1$ verwendet werden, da $x(t)$ dann unbestimmt von der Form $\frac{0}{0}$ ist. Dieser Fall kann näherungsweise mit der Annahme behandelt werden, daß Ω der Resonanzkreisfrequenz dicht benachbart sei. Man kann dann Ω durch $\Omega = \omega_0 \pm 2\Delta\Omega$ mit $\Delta\Omega \ll \omega_0$ bzw. $0 < \Delta \ll 1$ ausdrücken. Je nachdem ob $\Omega > \omega_0$ oder $\Omega < \omega_0$ ist, gilt das positive oder negative Vorzeichen. Dann kann man (7.204) mit $\eta \approx 1$ in der Form

$$x(t) \approx \frac{b_1}{\omega_0^2 - \Omega^2}\,(\sin \Omega t - \sin \omega_0 t) = \frac{2 b_1}{\omega_0^2 - \Omega^2} \cos \frac{(\Omega + \omega_0)t}{2} \sin \frac{(\Omega - \omega_0)t}{2}$$

$$= \pm \frac{2 b_1 \sin \Delta\Omega t}{\omega_0^2 - \Omega^2} \cos \frac{(\Omega + \omega_0)t}{2} = -\frac{2 b_1 \sin \Delta\Omega t}{2\Delta\Omega(\omega_0 + \Omega)} \cos \frac{(\Omega + \omega_0)t}{2}$$

schreiben. Für kleine $\Delta\Omega$ — also für Kreisfrequenzen Ω, die in der Nähe von ω_0 liegen — kann man hieraus mit $\Omega \approx \omega_0$ den angenäherten Bewegungsablauf

$$x(t) \approx -\frac{b_1}{2\,\Omega\,\Delta\Omega} \sin \Delta\Omega t \cos \Omega t \qquad\qquad\qquad (7.205)$$

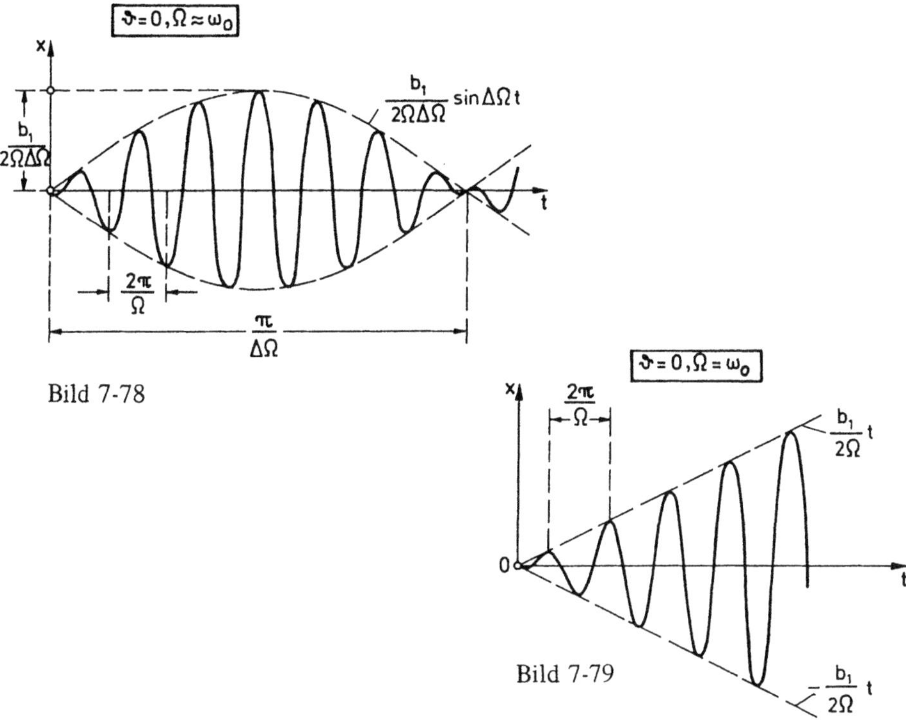

Bild 7-78

Bild 7-79

ableiten. Diese Bewegung ist eine „Schwingung" mit der Kreisfrequenz Ω bzw. der Periode $2\pi/\Omega$, deren relative Maxima bzw. Minima sich nach dem Gesetz $[b_1/(2\,\Omega\,\Delta\Omega)] \sin \Delta\Omega t$ mit der Periode $2\pi/(\Delta\Omega)$ ändern, oder wie man sagt, moduliert werden. Man bezeichnet diese Bewegung, die in Bild 7-78 dargestellt ist, als *amplitudenmodulierte Schwingung* oder als *Schwebung mit der Trägerkreisfrequenz Ω und der Modulationskreisfrequenz $\Delta\Omega$*. Ist $\Delta \ll 1$ sehr klein, so wird die Schwebungsperiode $2\pi/(\Delta\Omega)$ und die Amplitude $b_1/(2\,\Omega\,\Delta\Omega)$ der Einhüllenden sehr groß.

Für $\Delta\Omega = 0$ liegt der *Resonanzfall* $\Omega = \omega_0$ vor. Wenn man $\sin \Delta\Omega t$ in eine Reihe entwickelt, entnimmt man aus (7.205)

$$x(t) = -\frac{b_1}{2\,\Omega}\left(t - \frac{(\Delta\Omega)^2}{3!}\,t^3 + \frac{(\Delta\Omega)^4}{5!}\,t^5 \mp \ldots\right)\cos \Omega t$$

und hieraus beim Übergang zur Grenze $\Delta\Omega \to 0$, daß die Amplitude der dann entstehenden Schwingung

$$x(t) = -\frac{b_1\,t}{2\,\Omega}\cos \Omega t \tag{7.206}$$

sich nicht mehr im Sinne einer Schwebung verändert, sondern entsprechend Bild 7-79 linear mit der Zeit anwächst, theoretisch also gegen Unendlich geht. Man hätte (7.206) übrigens auch direkt aus (7.204) mit Hilfe der BERNOULLI-L'HOSPITALschen Regel gewinnen können.

Diese Erkenntnis ist von großer praktischer Bedeutung: Zwar genügt eine sehr kleine Kraftamplitude b_1 — wenn sie „im richtigen Takt" am schwingenden System wirkt —, um die theoretisch unendlich werdende Resonanzamplitude (bzw. $V_{1\,max}$ nach Bild 7-77a) hervorzurufen, jedoch: Je kleiner b_1 ist, desto mehr Zeit vergeht, bis sich gefährlich große Amplituden einstellen. Man kann daher selbst bei praktisch verschwindend kleiner Dämpfung das Resonanzgebiet ungefährdet „durchfahren", vorausgesetzt daß dies so schnell geschieht, daß sich keine gefährlich großen Amplituden „aufschaukeln" können.

7.10.6 Nicht-harmonisch fremderregte, gedämpfte Schwingung

Bisher wurde angenommen, daß die Erregung durch ein „harmonisches" Kraftgesetz nach (7.166) vorgegeben ist. Im allgemeinen sind die in der Praxis auftretenden Erregerkräfte zwar meistens periodisch, aber keineswegs harmonisch, z.B. in Form einer Rechteck- oder Sägezahn-Erregung.

Ist die Erregerkraft durch die beliebige periodische Funktion $f(t) = f(t + T)$ mit der Periode $T = 2\pi/\Omega$ vorgegeben, so hat man anstelle der DGL (7.166) die DGL

$$\ddot{x} + 2\,\delta\,\dot{x} + \omega_0^2\,x = f(t) = f(t + T) \tag{7.207}$$

zu integrieren.

Allgemein kann man eine periodische Störfunktion $f(t)$ — wie in der Mathematik begründet wird — durch *Entwicklung in eine trigonometrische Summe* von der Form

$$f_n(t) = \frac{a_0}{2} + \sum_{k=1}^{n} (a_k \cos k\,\Omega t + b_k \sin k\,\Omega t) = f_n(t + T) \tag{7.208}$$

annähern. Dabei ist die Näherung um so besser, je größer die Zahl n der einzelnen harmonischen Schwingungen ist, aus denen man die Gesamtschwingung durch Superposition bildet. Man erkennt, daß $f_n(t)$ die Periode $T = 2\pi/\Omega$ hat, falls $k = 1, 2, 3, \ldots \in \mathcal{N}$ ist, da alle Einzelschwingungen dann die gemeinsame Periode T haben.

Führt man vorübergehend zur Abkürzung die dimensionslose Zeitvariable $\Omega t = \tau$ ein, so handelt es sich darum, die Koeffizienten a_0, a_k, b_k der „Entwicklung"

$$f_n(\tau) = \frac{a_0}{2} + \sum_{k=1}^{n} (a_k \cos k\tau + b_k \sin k\tau)$$

zu bestimmen. Man zeigt in der Ausgleichsrechnung, daß diese Entwicklung die vorgegebene Funktion $f(\tau)$ am besten approximiert, wenn man von der Forderung ausgeht, daß der quadratische Mittelwert des Fehlers $\epsilon(\tau) = f(\tau) - f_n(\tau)$ während einer Periode $T' = \Omega T = 2\pi$ möglichst klein, also daß

$$F(a_k, b_k) = \int_{\tau=0}^{2\pi} \epsilon^2(\tau)\,d\tau = \int_{\tau=0}^{2\pi} [f(\tau) - f_n(\tau)]^2\,d\tau$$

$$= \int_{\tau=0}^{2\pi} \left[f(\tau) - \frac{a_0}{2} - \sum_{k=1}^{n} (a_k \cos k\tau + b_k \sin k\tau) \right]^2 d\tau$$

ein Minimum wird, wofür — wenn man F und damit auch $\epsilon = \epsilon\,(a_0, a_1, \ldots, a_n;$ $b_1, b_2, \ldots, b_n)$ als Funktion der Entwicklungskoeffizienten auffaßt — die $2n + 1$ Bedingungsgleichungen

$$\frac{\partial F}{\partial a_j} = \frac{\partial}{\partial a_j} \int\limits_{\tau=0}^{2\pi} \epsilon^2\,(\tau)\,d\tau = 2 \int\limits_{\tau=0}^{2\pi} \epsilon\,\frac{\partial \epsilon}{\partial a_j}\,d\tau = 0 \qquad (j = 0, 1, 2, 3, \ldots, n)$$

und

$$\frac{\partial F}{\partial b_j} = 2 \int\limits_{\tau=0}^{2\pi} \epsilon\,\frac{\partial \epsilon}{\partial b_j}\,d\tau = 0 \qquad (j = 1, 2, \ldots, n)$$

für die $2n + 1$ unbekannten Entwicklungskoeffizienten erfüllt sein müssen. Integriert man gliedweise, so erhält man zunächst a_0 unter Verwendung von

$$\int\limits_{\tau=0}^{2\pi} \cos k\tau\,d\tau = \int\limits_{\tau=0}^{2\pi} \sin k\tau\,d\tau = 0$$

für $j = 0$ aus $\partial F/\partial a_0 = 0$, also aus

$$\int\limits_{\tau=0}^{2\pi} f\,(\tau)\,d\tau = \frac{a_0}{2} \int\limits_{\tau=0}^{2\pi} d\tau = a_0\,\pi\,.$$

Unter Beachtung der sog. Orthogonalitätsbeziehungen

$$\int\limits_{\tau=0}^{2\pi} \sin j\tau \cos k\tau\,d\tau = 0$$

und

$$\int\limits_{\tau=0}^{2\pi} \sin j\tau \sin k\tau\,d\tau = \int\limits_{\tau=0}^{2\pi} \cos j\tau \cos k\tau\,d\tau = \begin{cases} 0 & \text{für } j \neq k \\[2ex] \pi & \text{für } j = k\,, \end{cases}$$

die sich mit Hilfe der Additionstheoreme der trigonometrischen Funktionen beweisen lassen, ergeben sich mit $\partial \epsilon/\partial a_j = -\cos j\tau$ die n Koeffizienten a_k aus den n Gleichungen von der Form

$$\frac{\partial F}{\partial a_j} = -2 \int\limits_{\tau=0}^{2\pi} \left[f\,(\tau) - \frac{a_0}{2} - \sum_{k=1}^{n} (a_k \cos k\tau + b_k \sin k\tau) \right] \cos j\tau\,d\tau = 0\,,$$

d.h. aus

$$\int\limits_{\tau=0}^{2\pi} f\,(\tau) \cos j\tau\,d\tau = a_j\,\pi\,.$$

Ebenso erhält man die n Koeffizienten b_k. Führt man wieder $\tau = \Omega t$ ein, so lauten die
Bestimmungsgleichungen für die Koeffizienten der Entwicklung nach (7.208) mit $T = 2\pi/\Omega$

$$a_k = \frac{2}{T} \int\limits_{t=0}^{T} f(t)\cos k\,\Omega t\; dt \qquad (k = 0, 1, 2, \ldots, n)$$

$$b_k = \frac{2}{T} \int\limits_{t=0}^{T} f(t)\sin k\,\Omega t\; dt \qquad (k = 1, 2, \ldots, n)$$

$$(7.209)$$

Das sind die sogenannten EULERschen Formeln für die Entwicklungs-Koeffizienten der
trigonometrischen Reihe nach (7.208). Für $n \to \infty$ geht sie in die sog. FOURIER-Reihe über,
die von großer Bedeutung in der Physik und Technik ist. Als erster hat FOURIER im
Jahre 1822 in seiner „Théorie analytique de la chaleur" solche Reihen untersucht.
Man nennt die Zerlegung einer periodischen Funktion in harmonische Teilschwingungen
auch *harmonische Analyse*. Die beiden ersten Anteile ($k = 1$) nennt man *Grundschwingung*
oder *Grundharmonische*, alle anderen *Oberschwingungen* oder *höhere* (z.B. k-te) *Harmonische*, wobei deren Kreisfrequenzen ganzzahlige Vielfache der Grundkreisfrequenz sind.
Meist ist die Aufgabe vorgelegt, die Harmonischen einer empirisch — d.h. durch Messungen —
ermittelten periodischen Funktion $f(t)$ zu bestimmen. Dazu sind mathematische Verfahren
entwickelt worden, die eine bequeme Auswertung der Integrale nach (7.209) gestatten, auf
die hier jedoch nicht eingegangen werden kann. Sind die Koeffizienten a_k und b_k mit
Hilfe solcher Verfahren bestimmt, so kann man die rechte Seite der DGL (7.207) durch
die Entwicklung nach (7.208) ersetzen, hat also die DGL

$$\ddot{x} + 2\delta\,\dot{x} + \omega_0^2\, x = \frac{a_0}{2} + \sum_{k=1}^{n} (a_k \cos k\,\Omega t + b_k \sin k\,\Omega t) \cong f(t) \qquad (7.210)$$

zu integrieren, durch deren rechte Seite (mit nunmehr bekannten Koeffizienten a_k und b_k)
die vorgegebene Funktion $f(t)$ approximiert wird. Diese DGL ist linear in $x(t)$, ihre einzelnen Teillösungen darf man daher zur Gesamtlösung superponieren. Die Lösung der
homogenen Gleichung ist bereits bekannt (vgl. die homogenen Anteile der Gln. (7.197)).
Um ein partikuläres Integral $x_p(t)$ der inhomogenen Gleichung zu erhalten, setzt man
wie früher einen — der rechten Seite entsprechenden — Ansatz in die DGL ein, nämlich
eine trigonometrische Summe mit denselben Zeitfunktionen, jedoch mit anderen Koeffizienten $\overline{A}_k, \overline{B}_k$ sowie $x_{p0} = $ const, also

$$x_p(t) = x_{p0} + \sum_{k=1}^{n} x_{pk}(t) = x_{p0} + \sum_{k=1}^{n} (\overline{A}_k \cos k\,\Omega t + \overline{B}_k \sin k\,\Omega t) \qquad (7.211)$$

Beim Einsetzen in (7.210) ergibt sich zunächst ein zeitunabhängiger Lösungsanteil

$$x_{p0} = a_0/(2\,\omega_0^2)\,,$$

der lediglich eine Verschiebung der Schwingungsnullage bedeutet. Der zeitabhängige Lösungsanteil von (7.211) wurde in 7.10.5 bereits für k = 1 ausgerechnet. Für k > 1 kann man die dort gewonnenen Ergebnisse einfach übertragen, indem man in den Gln. (7.194) bis (7.196) Ω durch $k\Omega$ und a_1, b_1 durch a_k, b_k sowie die Konstanten $\overline{A}_k$, $\overline{B}_k$ durch die Amplituden A_k und die Phasenverschiebungen α_k ersetzt. Man erhält so die k-te *partikulare, zeitabhängige Teillösung* von (7.210)

$$x_{pk}(t) = A_k \sin(k\,\Omega t - \alpha_k) \tag{7.212}$$

mit der *Amplitude* (mit $\vartheta = \delta/\omega_0$ und $\eta = \Omega/\omega_0$)

$$A_k = \sqrt{\frac{a_k^2 + b_k^2}{(\omega_0^2 - k^2\,\Omega^2)^2 + (2\,\delta\,k\,\Omega)^2}} = \frac{1}{\omega_0^2}\sqrt{\frac{a_k^2 + b_k^2}{(1 - k^2\eta^2)^2 + (2\,k\,\vartheta\,\eta)^2}} \tag{7.213}$$

und der *Phasenverschiebung* α_k aus

$$\tan\alpha_k = \frac{2\,\delta\,k\,\Omega\,b_k - (\omega_0^2 - k^2\,\Omega^2)\,a_k}{(\omega_0^2 - k^2\,\Omega^2)\,b_k + 2\,\delta\,k\,\Omega\,a_k} = \frac{2\,\vartheta\,k\,\eta\,b_k - (1 - k^2\,\eta^2)\,a_k}{(1 - k^2\,\eta^2)\,b_k + 2\,\vartheta\,k\,\eta\,a_k} \tag{7.214}$$

Dem partikularen Integral (7.212) ist eine Lösung der homogenen Gleichung zu superponieren. Beispielsweise lautet dann die *Gesamtlösung* für schwache Dämpfungsgrade $\vartheta < 1$ nach Fall c der Gln. (7.197)

$$x(t) = a\,e^{-\delta t}\cos(\omega t - \varphi) + \frac{a_0}{2\,\omega_0^2} + \sum_{k=1}^{n} A_k \sin(k\,\Omega t - \alpha_k) \tag{7.215}$$

Wichtig sind nur die n partikularen zeitabhängigen Lösungsanteile. Die Diskussion geht dann für jede einzelne Teillösung genauso vor sich wie in 7.10.5: Bei kleinen Dämpfungs-

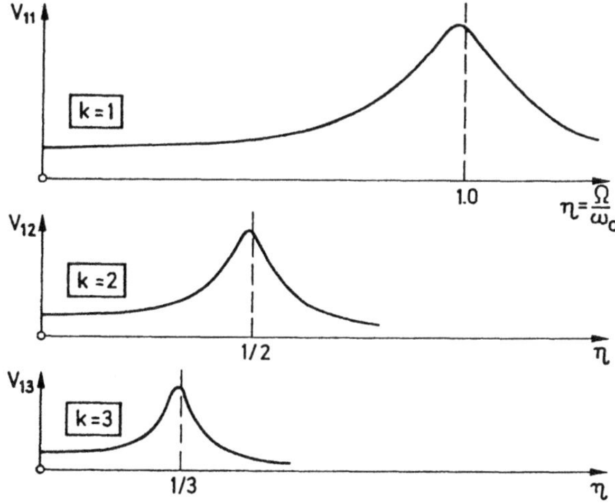

Bild 7-80

werten werden die Amplituden der Teillösungen einer erzwungenen Schwingung mit nicht-
harmonischer Erregung also immer dann besonders groß, *wenn die Frequenz* $k\Omega$ *der k-ten
Oberschwingung in der Nähe – und zwar etwas unterhalb der Eigenfrequenz* ω_0 *des
Systems liegt:* Für jede Teilschwingung erhält man ein dem Bild 7-77a entsprechendes
Resonanzdiagramm (Bild 7-80 mit $V_{1k} = A_k/A_{stat}$). Zum Nullpunkt $\eta = 0$ hin *häufen
sich die Maxima,* was allerdings wegen der meist starken Konvergenz der Erregerreihe
(d.h. kleinere a_k und b_k für wachsende k-Werte) praktisch nicht von Bedeutung ist. Die
ersten Oberschwingungen können dagegen für das Resonanzverhalten ebenso wichtig sein
wie die Grundschwingung.

7.10.7 Anwendungen

A. Vibrometer

Ein nach Bild 7-81 in einem Rahmen angeordnetes, schwingendes gedämpftes System
verwendet man, um die Schwingungsausschläge einer Unterlage (Maschinenteil, Fahrzeug,
Brücke, Gebäude o.a.) zu messen. Im allgemeinen führt die Unterlage nicht-harmonische
Schwingungen aus, die sich aber nach (7.208) in harmonische Bestandteile zerlegen lassen,
so daß es hier ausreicht, eine harmonische Bewegung der Unterlage $z_1 = a \sin \Omega t$ vorauszu-
setzen. Gegenüber der Anordnung nach Bild 7-63 unterscheidet sich diese Vorrichtung dadurch, daß die Dämpfungskraft proportional der Relativgeschwindigkeit der Masse gegenüber dem Rahmen ist. Bezeichnet man die Relativverschiebung zwischen Masse und Rahmen
mit $\zeta = z - z_1$, so lautet die Bewegungsgleichung nach Bild 7-81

$$m\ddot{z} = -c\zeta - r\dot{\zeta} .$$

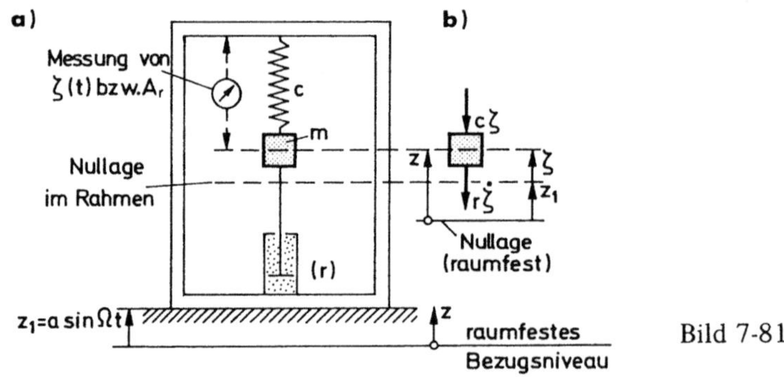

Bild 7-81

Sie geht mit $\ddot{z} = \ddot{\zeta} + \ddot{z}_1 = \ddot{\zeta} - a\Omega^2 \sin \Omega t$ und mit den Abkürzungen nach (7.164) in die
Differentialgleichung

$$\ddot{\zeta} + 2\delta\dot{\zeta} + \omega_0^2 \zeta = a\Omega^2 \sin \Omega t \tag{7.216}$$

für die Relativverschiebung ζ *zwischen Masse und Rahmen* über. Sie stimmt mit DGL
(7.166) überein, wenn man $a\Omega^2$ durch b_1 ersetzt und $a_1 = 0$ setzt. Sämtliche in Anschluß
an (7.166) durchgeführten Rechnungen können also sinngemäß übernommen werden.

Der eingeschwungene Zustand wird gemäß (7.194) mit (7.195) durch die Partikularlösung

$$\zeta_p = A_r \sin(\Omega t - \alpha) = \frac{a\,\Omega^2}{\sqrt{(\omega_0^2 - \Omega^2)^2 + (2\,\delta\,\Omega)^2}} \sin(\Omega t - \alpha) \qquad (7.217)$$

mit der Amplitude A_r des im Gerät gemessenen Relativausschlages dargestellt. Für die Phasenverschiebung gelten hier auch (7.196) und Bild 7-77b. Die *Vergrößerungsfunktion* wird (vgl. mit (7.200))

$$V_2 = \frac{A_r}{a} = \frac{\Omega^2}{\sqrt{(\omega_0^2 - \Omega^2)^2 + (2\,\delta\,\Omega)^2}} = \frac{\eta^2}{\sqrt{(1 - \eta^2)^2 + (2\,\vartheta\,\eta)^2}} = \eta^2\,V_1 \qquad (7.218)$$

Ihre Auftragung über η ergibt das von Bild 7-77a wesentlich abweichende Bild 7-82.

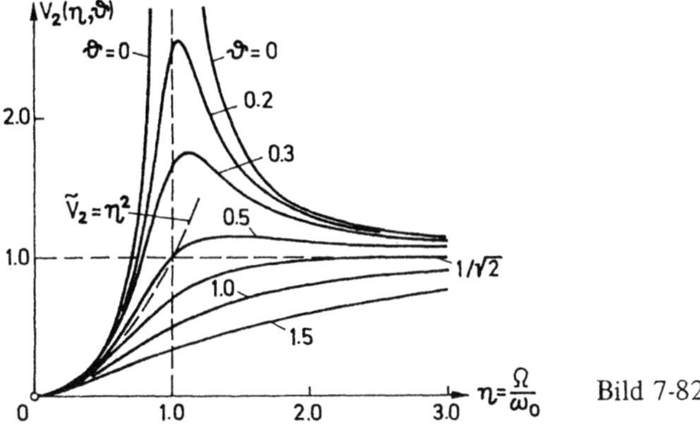

Bild 7-82

Für $\eta = 0$ wird $V_2 = 0$; in einem sehr hoch abgestimmten Gerät ($\eta \ll 1$ bzw. $\omega_0 \gg \Omega$) führt die Masse m also etwa dieselbe Absolutbewegung aus wie die Unterlage. Das hoch abgestimmte Gerät läßt sich als *Beschleunigungsmesser* verwenden: Die maximale Beschleunigung der Unterlage ist dem Betrage nach $|\ddot{z}_{1\,max}| = a\,\Omega^2$. Andererseits gilt näherungsweise für $\vartheta \ll 1$ und $\eta \ll 1$ nach (7.218) $\tilde{V}_2 = A_r/a \approx \eta^2 = \Omega^2/\omega_0^2$, so daß sich die maximale Beschleunigung aus der gemessenen Amplitude A_r vermöge $|\ddot{z}_{1\,max}| = a\,\omega_0^2\,\eta^2 \approx A_r\,\omega_0^2$ bestimmen läßt. Trägt man die Parabel $\tilde{V}_2 = \eta^2$, die die maximale Beschleunigung bis auf den konstanten Faktor $a\,\omega_0^2$ darstellt, gestrichelt in Bild 7-82 ein, dann erkennt man, daß sie in der Nähe des Nullpunktes alle Resonanzkurven unabhängig von der Dämpfung gut annähert. Aber auch für größere Werte von $\eta < 1$ ist das Gerät noch als Beschleunigungsmesser verwendbar, sofern ein entsprechender Dämpfungswert etwa zwischen $\vartheta = 0{,}6$ und $\vartheta = 1/\sqrt{2}$ je nach dem zu messenden Frequenzbereich gewählt wird.

Für große Werte von η nähert sich V_2 dem Wert 1, da

$$\lim_{\eta \to \infty} \frac{\eta^2}{\sqrt{(1 - \eta^2)^2 + (2\,\vartheta\,\eta)^2}} = \lim_{\eta \to \infty} \frac{1}{\sqrt{(1/\eta^2 - 1)^2 + (2\,\vartheta/\eta)^2}} = 1$$

ist. Die in einem niedrig abgestimmten Gerät ($\eta \gg 1$ bzw. $\omega_0 \ll \Omega$) gemessenen relativen Amplituden A_r geben daher die Schwingungsamplituden a der Unterlage um so besser wieder, je kleiner die Eigenfrequenz ω_0 des Gerätes gegenüber der Erregerfrequenz Ω ist.

Ist eine Registriervorrichtung eingebaut, durch die die Amplituden aufgeschrieben werden, so nennt man das Gerät *Vibrograph*. Um den Einschwingungsvorgang möglichst schnell abklingen zu lassen, verwendet man eine nicht zu kleine Dämpfung; die Amplituden sind für große η praktisch von der Dämpfung unabhängig.

B. Entstörung von Schwingungen

Bei Kolbenkraftmaschinen mit nicht vollständig durchgeführtem „Massenausgleich" und bei Maschinen mit nicht vollkommen ausgewuchteten, schnell rotierenden Teilen (wie bei Turbinen oder elektrischen Maschinen) treten zeitlich veränderliche Kräfte und/oder Momente auf, die durch die Fundamente auf die Umgebung übertragen werden (zum Auswuchten vgl. 7.8.5). Um diese Erscheinungen möglichst weitgehend auszuschalten, „entstört" man solche Maschinen dadurch, daß man sie elastisch lagert, d.h. Federn oder andere elastische Zwischenglieder zwischen Maschine und Fundament anordnet. Man nennt dieses Verfahren auch *Schwingungsisolierung*. Umgekehrt kann man auf dieselbe Weise vermeiden, daß empfindliche Geräte – wie z.B. Meßgeräte – durch die Anordnung auf einer schwingenden Unterlage in ihrer Funktionsfähigkeit gestört werden.

Um das Wesentliche zu erkennen, genügt es, nur die Vertikalbewegung z (t) einer in Bild 7-83 schematisch dargestellten Einzylinder-Kolbenkraftmaschine von der Gesamtmasse $m = m_1 + m_2$ zu untersuchen, in der ein Kolben von der Masse m_2 durch einen Kurbeltrieb mit der Winkelgeschwindigkeit Ω auf- und abbewegt wird. Zur Masse m_2 kann man die Masse der Pleuelstange und einen Teil der Kurbelmasse hinzurechnen. Die in Wirklichkeit auch noch auftretenden Kippbewegungen der Maschine lassen sich durch geeignete Führungen ausschalten.

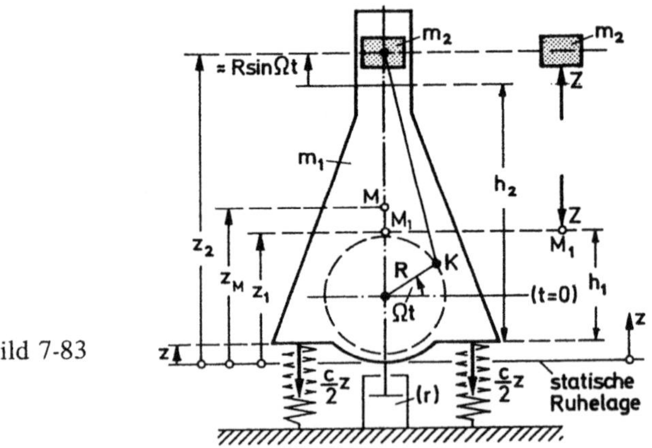

Bild 7-83

Zwischen Maschine und Fundament seien Federn mit der resultierenden Konstanten c sowie ein Dämpfungsglied mit geschwindigkeitsproportionaler Dämpfung (Konstante r) angeordnet. Die Kolbenbewegung relativ zur Maschine kann man bei genügender Pleuelstangenlänge als nahezu harmonisch annehmen, d.h. durch R sin Ωt ausdrücken, wobei man der Einfachheit halber mit der Zeitzählung in der Horizontallage der Kurbel beginnt. Bezeichnet z die Vertikalverschiebung der Maschinenunterkante zur Zeit t gegenüber der statischen Ruhelage und z_M, $z_1 = z + h_1$ und $z_2 = z + h_2 + R \sin \Omega t$ die jeweilige Lage von Gesamt- und Einzel-Massenmittelpunkten, so gilt nach dem für jede Masse angesetzten Massenmittelpunktsatz mit Z als Vertikalkomponente der Stangenkraft

$$m_2 \ddot{z}_2 = m_2 (\ddot{z} - R \, \Omega^2 \sin \Omega t) = Z$$
$$m_1 \ddot{z}_1 = m_1 \ddot{z} = - cz - r\dot{z} - Z \; . \tag{7.219}$$

Setzt man Z aus der ersten in die zweite Gleichung, so folgt mit $m = m_1 + m_2$ die *Differentialgleichung der Vertikalbewegung der Maschine*

$$\ddot{z} + 2 \delta \dot{z} + \omega_0^2 z = \frac{m_2}{m} R \, \Omega^2 \sin \Omega t \quad \text{mit} \quad \delta = \frac{r}{2m}, \quad \omega_0^2 = \frac{c}{m} \tag{7.220}$$

Sie gilt auch für den Fall einer nicht ausgeglichenen rotierenden Unwucht. Man hat sich dann nur eine Masse m_3 im Punkt K angebracht zu denken.

Die Abhängigkeit der Amplituden $A = |z_{max}|$ der Vertikalbewegung einer Maschine (mit vorgegebener Dämpfung und Federung) vom Frequenzverhältnis η ist – da die Gln. (7.216) und (7.220) sich bis auf konstante Faktoren entsprechen – wie beim Vibrometer durch die Vergrößerungsfunktion $V_2 = Am/(R m_2)$ gegeben, wobei der Wert $V_2 = 1$ dem natürlich nicht realisierbaren Fall einer frei schwingenden Maschine entsprechen würde; denn (7.220) liefert $z = - \dfrac{m_2}{m} R \sin \Omega t$ für $\delta = \omega_0 = 0$. Nach Bild 7-82 ist dieser Zustand für große η nahezu erreicht.

Man will vor allem durch die elastische Lagerung erreichen, daß die auf das Fundament übertragene, sich aus der Federkraft und Dämpfungskraft zusammensetzende Resultierende K im stationären (eingeschwungenen) Zustand, also für $z(t) = A \sin(\Omega t - \alpha)$

$$K(t) = cz + r\dot{z} = cA \sin(\Omega t - \alpha) + rA\Omega \cos(\Omega t - \alpha)$$
$$= cA \sin(\Omega t - \alpha) + rA\Omega \sin(\Omega t - \alpha + \pi/2)$$

möglichst klein wird. Das Eigengewicht interessiert hierbei nicht. Um den Größtwert K_{max} von K festzustellen, faßt man $K(t)$ zweckmäßigerweise als Summe der Vertikalprojektionen zweier mit der Winkelgeschwindigkeit Ω rotierender Vektoren nach Bild 7-84 auf; die auf das Fundament übertragene Kraft hat mit $r \Omega/c = 2 \delta \Omega/\omega_0^2 = 2 \vartheta \eta$ die Amplitude

$$K_{max} = A \sqrt{c^2 + r^2 \Omega^2} = Ac \sqrt{1 + (2 \vartheta \eta)^2} \; .$$

Mit $A = V_2 \dfrac{m_2}{m} R$ und V_2 aus (7.218) folgt

$$K_{max} = \frac{m_2}{m} Rc\eta^2 \sqrt{\frac{1 + (2 \vartheta \eta)^2}{(1 - \eta^2)^2 + (2 \vartheta \eta)^2}} \; .$$

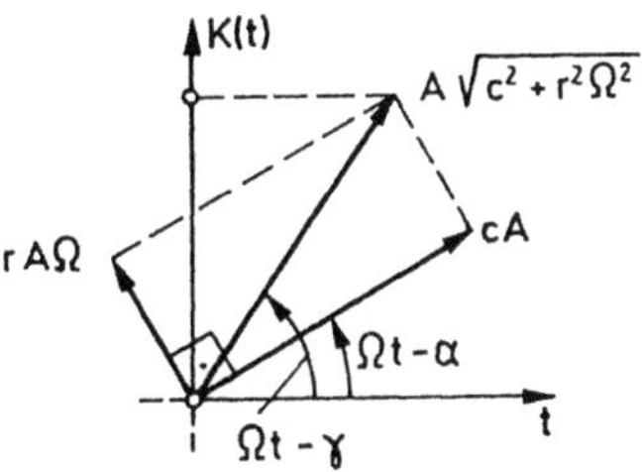

Bild 7-84

Wäre die Maschine fest auf dem Fundament aufgesetzt, so hätte die auf das Fundament übertragene Kraft — abgesehen vom Eigengewicht — nach der ersten Gl. (7.219) mit $z = 0$ und $\ddot{z} = 0$ die Amplitude

$$Z_{max} = m_2\, R\,\Omega^2 = m_2\, R\,\omega_0^2\, \eta^2 \ .$$

Das Verhältnis der durch die entstörte Maschine auf das Fundament übertragenen Kraft K_{max} zur Kraft Z_{max} der nicht entstörten Maschine, die sogenannte *Durchlässigkeit*,

$$V_3 = \frac{K_{max}}{Z_{max}} = \sqrt{\frac{1 + (2\,\vartheta\,\eta)^2}{(1 - \eta^2)^2 + (2\,\vartheta\,\eta)^2}} = \sqrt{1 + (2\,\vartheta\,\eta)^2}\ V_1 \tag{7.221}$$

ist ein Maß für die Güte der „Schwingungsisolierung". Für den Fall der Dämpfungslosigkeit ($\vartheta = 0$) ergibt sich dieselbe Grenzkurve $V_3 = V_1$ wie in Bild 7-77a. Bei vorhandener Dämpfung erhält man jedoch — wie Bild 7-85 zeigt — einen von Bild 7-77a erheblich abweichenden Verlauf der Durchlässigkeit V_3 in Abhängigkeit vom Frequenzverhältnis.

Unabhängig von der Größe des Dämpfungsgrades ist $V_3 = 1$ für $\eta = \sqrt{2}$; alle Resonanzkurven gehen daher durch den Punkt ($\sqrt{2}$; 1). Unterhalb des Frequenzverhältnisses $\eta = \sqrt{2}$ ist $V_3 > 1$, eine Entstörung ist in diesem Frequenzbereich also überhaupt nicht möglich, sondern erst oberhalb $\eta = \sqrt{2}$ ist $V_3 < 1$ und damit die Entstörung desto besser, je größer η ist. Um eine wirksame Entstörung sicherzustellen, sollte daher die Betriebskreisfrequenz Ω mindestens etwa den dreifachen Wert der Eigenkreisfrequenz ω_0 haben. Eigenartigerweise ist dabei die Dämpfung *nicht* von Vorteil. Man wählt daher zweckmäßigerweise den Dämpfungswert nur so groß, daß beim „Durchfahren" des Resonanzgebietes keine unzulässig großen Beanspruchungen auftreten. Meist genügt dafür schon die Dämpfung in der Form von Luftreibung, Werkstoffdämpfung u.ä.

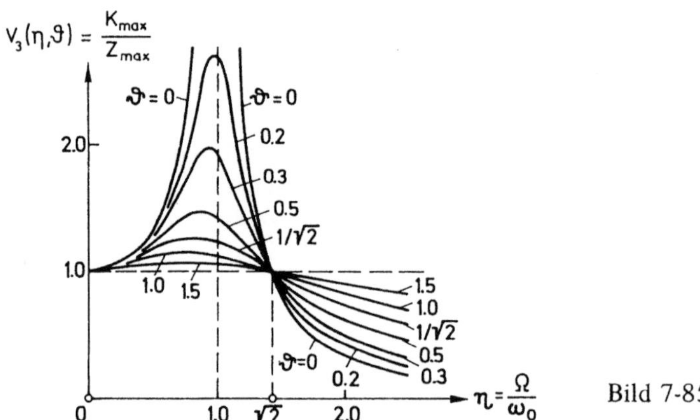

Bild 7-85

C. Kritische Drehzahl umlaufender Wellen

Beim folgenden Beispiel handelt es sich um keinen eigentlichen Schwingungsvorgang. Das Ergebnis der Rechnung weist jedoch eine *formale Analogie zu einer ungedämpften erzwungenen Schwingung* auf.

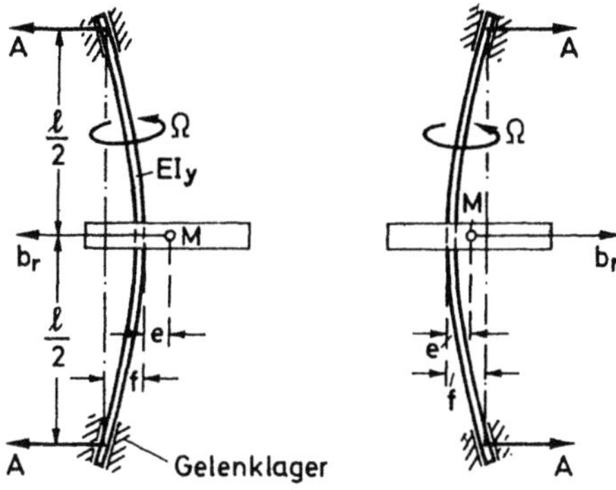

Bild 7-86

Eine mit der Winkelgeschwindigkeit Ω umlaufende elastische Welle, auf der eine Kreisscheibe befestigt ist, wird im allgemeinen eine – ebenfalls mit Ω umlaufende – Durchbiegung erfahren, wenn der Massenmittelpunkt der Scheibe nicht genau auf der Wellenachse, sondern um ein gewisses Maß e außermittig liegt. Um die Schwerewirkung auszuschalten, wird nach Bild 7-86 eine senkrechte Welle untersucht, deren Masse gegenüber der Scheibenmasse m vernachlässigt werden soll und deren Lager so ausgebildet sein sollen, daß sie keine Endmomente übertragen können.

Entsprechend Bild 7-86a wird zunächst ein Bewegungszustand angenommen, bei dem der Massenmittelpunkt der Scheibe „außen" umläuft. Mit der Zentripetalbeschleunigung $b_r = (f + e)\,\Omega^2$ und den Lagerkräften A liefert Axiom I für das System Welle-Scheibe

$$m\,(f + e)\,\Omega^2 = 2\,A\,. \tag{a}$$

Um die gleiche Auslenkung f der Welle elastostatisch hervorzurufen, wäre andererseits die Einzelkraft F bei M

$$F = cf = \frac{48\,EI_y}{l^3}\,f = 2\,A \tag{b}$$

erforderlich. Durch Eliminieren von A folgt

$$f\,(c - m\,\Omega^2) = me\,\Omega^2$$

und daraus mit $c/m = \omega_0^2$ das Verhältnis

$$\frac{f}{e} = \frac{m\,\Omega^2}{c - m\,\Omega^2} = \frac{(\Omega/\omega_0)^2}{1 - (\Omega/\omega_0)^2} = \frac{\eta^2}{1 - \eta^2} \tag{7.222}$$

der Durchbiegung zur Exzentrizität; $\omega_0 = \sqrt{c/m}$ ist die Biegeeigenkreisfrequenz der Welle mit der Masse m in ihrer Mitte. Damit können auch die mit Ω umlaufenden *Lagerkräfte* nach (a) in Abhängigkeit vom Frequenzverhältnis

$$A = \frac{m}{2}\,(f + e)\,\Omega^2 = \frac{me\,\Omega^2}{2}\left(\frac{\eta^2}{1 - \eta^2} + 1\right) = \frac{me\,\Omega^2}{2\,(1 - \eta^2)}$$

berechnet werden.

In Bild 7-87 ist das Verhältnis f/e
nach (7.222) bzw. das Verhältnis

$$1 + \frac{f}{e} = \frac{2A}{me\,\Omega^2} = \frac{1}{1 - \eta^2}$$

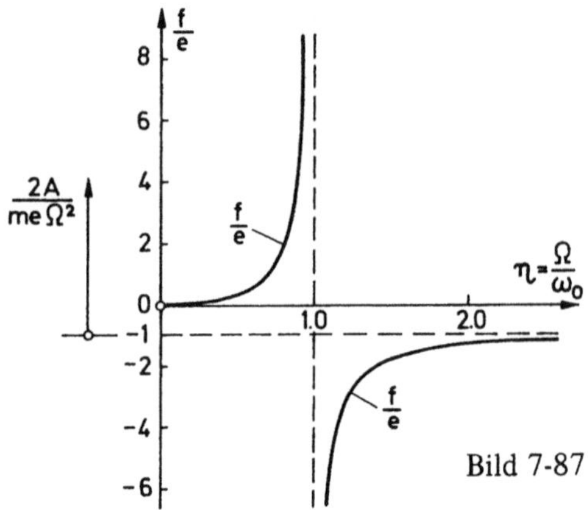

Bild 7-87

in Abhängigkeit von η aufgetragen. Die Kurve f/e über η ist identisch mit der Vergrößerungsfunktion V_2 für verschwindende Dämpfung nach (7.218). Die Kurve $1 + f/e$ über η
ist identisch mit V_1 nach (7.200). Der *„kritische Zustand" der Welle*, bei dem Auslenkungen und Lagerkräfte gefährlich große Werte annehmen können, tritt ein, wenn die Winkelgeschwindigkeit Ω der umlaufenden Welle gleich ihrer Biegeeigenkreisfrequenz ω_0 wird,
d.h. — mit c nach (b) — bei der sogenannten *kritischen Drehzahl*

$$n = \frac{\omega_0}{2\pi} = \frac{1}{2\pi}\sqrt{\frac{c}{m}} = \frac{1}{2\pi}\sqrt{\frac{48\,EI_y}{m\,l^3}}$$

Dieser Fall ist selbst dann kritisch, wenn überhaupt keine Exzentrizität vorliegt. Bei $\Omega = \omega_0$,
d.h. $\eta = 1$ ist dann nach (7.222) $f = 0/0$ von unbestimmter Form, d.h. es genügt die geringste
Störung, um einen kritischen Zustand mit beliebiger Auslenkung f herzustellen.

Im *überkritischen Frequenzbereich* werden die Durchbiegungen wieder kleiner. Da
dann f negative Werte annimmt, ist der Bewegungszustand durch Bild 7-86b gekennzeichnet. Bei sehr hohen Drehzahlen nähert sich der Scheibenschwerpunkt immer mehr
der Achse der geraden Welle, bis schließlich für $\eta \to \infty$ $f = -e$ wird. Entsprechend wird
auch die Beanspruchung der Lager wieder kleiner, um für $\eta \to \infty$ ganz zu verschwinden:
Die Welle zentriert sich bei hohen Drehzahlen gewissermaßen selbst. Dadurch, daß man die
Welle sehr biegeweich konstruiert (kleines ω_0), kann man diesen Zustand immer erreichen,
muß dann allerdings darauf achten, daß der kritische Bereich schnell durchfahren wird.
Analoge Überlegungen gelten für mehrfach gelagerte und mit mehreren Massen besetzte
Wellen sowie für schnellaufende Wellen ohne aufgesetzte Scheiben, bei denen allein schon
infolge von Ungleichförmigkeiten im Material Unwuchten auftreten können.

7.11 Schwingungen mit mehreren — speziell zwei — Freiheitsgraden

7.11.1 Vorbemerkungen

In Bild 7-88 sind zwei schwingungsfähige Systeme mit mehreren Freiheitsgraden
dargestellt: Nach Bild 7-88a sind auf einem zwischen den Punkten A und B straff gespannten elastischen Seil drei kleine Massen angeordnet, von denen jede — ohne Berücksichtigung

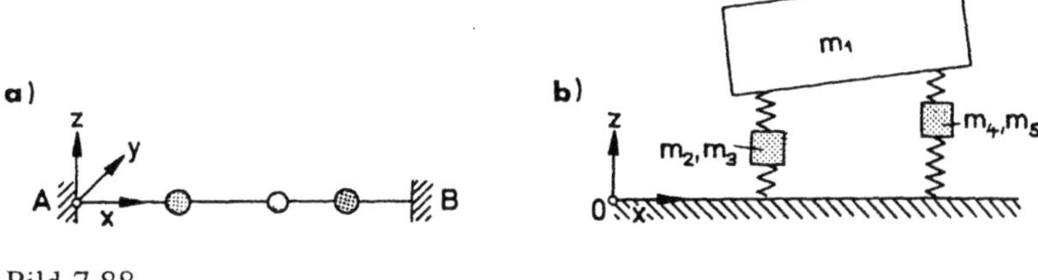

Bild 7-88

ihrer Drehung − drei Freiheitsgrade hat, und zwar je einen für die Longitudinalschwingung in x-Richtung und je zwei für die Querschwingungen mit Koordinaten parallel zur y- und z-Achse. Insgesamt hat dieses System also neun Freiheitsgrade.

Das System nach Bild 7-88b kann als Vorstudie zur Untersuchung der Schwingungen eines Kraftfahrzeuges gewählt werden: Der Wagenkasten soll durch die Masse m_1, die durch Federn mit ihm verbundenen Räder sollen durch die Massen m_2 bis m_5 repräsentiert werden. (In Bild 7-88b ist jeweils nur eine „Radmasse" gezeichnet.) Durch die unter diesen Massen angeordneten Federn soll die Verformung der Bereifung dargestellt werden. Wenn nur die Bewegungen in vertikaler z-Richtung berücksichtigt werden sollen, hat das System sieben Freiheitsgrade: Zur Darstellung seiner Lage braucht man nämlich die vier z-Koordinaten der Radmassen und drei Koordinaten der Angriffspunkte von drei beliebigen Federn am Wagenkasten. Die Koordinate des Angriffspunktes der vierten Feder ist dann dadurch bestimmt, daß der Wagenkasten starr sein soll. Das System kann durch Auslenkung aus der statischen Ruhelage zu Eigenschwingungen angeregt werden. Andererseits können auch erzwungene Schwingungen zustandekommen, wenn die vier Radaufstandspunkte periodisch − z.B. infolge von Unebenheiten in der Straßenoberfläche − auf- und abbewegt werden (analog zur Bewegung nach Bild 7-63). Das wirkliche Problem wird allerdings sehr kompliziert dadurch, daß die Federn im allgemeinen nichtlineare Kennlinien haben und daß nichtlineare Dämpfungen hinzukommen. Außerdem ist die Schwingungserregung durch die Straßenoberfläche nicht-periodisch; zur Erfassung der so erzeugten sogenannten *stochastisch* erregten Schwingungen muß man die Wahrscheinlichkeitsrechnung heranziehen. Darauf soll hier nicht eingegangen werden.

7.11.2 Bewegungsgleichung

Für ein System mit n Freiheitsgraden erhält man n Bewegungsgleichungen, die im allgemeinen miteinander gekoppelt sind. Nur bei ganz bestimmter Wahl der Koordinaten lassen sich die Gleichungen entkoppeln. Man nennt diese speziellen Koordinaten *Hauptkoordinaten*. (Vgl. dazu das im Anschluß an Gl. (7.232) Gesagte.) Zur Erläuterung des Grundsätzlichen reicht es aus, das aus zwei Massen bestehende *freie, ungedämpfte System* nach Bild 7-89 zu untersuchen, das für seine Vertikalbewegung (entsprechend den beiden Koordinaten z_1 und z_2 gegenüber den statischen Ruhelagen der beiden Massen) zwei Freiheitsgrade hat. An den freigemachten Massen sind die Gewichte und statischen Vorspannkräfte nicht eingezeichnet, da sie entgegengesetzt gleich sind. Als Bewegungsgleichungen erhält man

$$m_1 \ddot{z}_1 = -c_1 z_1 + c_2 (z_2 - z_1) \quad \text{und} \quad m_2 \ddot{z}_2 = -c_2 (z_2 - z_1),$$

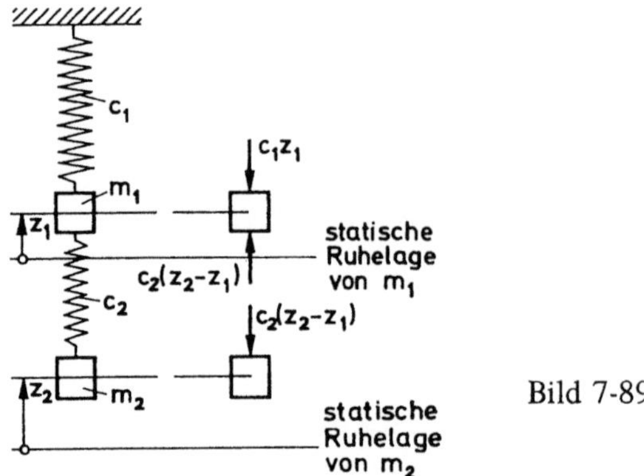

Bild 7-89

also *zwei gekoppelte lineare Differentialgleichungen*

$$\ddot{z}_1 + \omega_I^2 z_1 - \frac{c_2}{m_1} z_2 = 0 \quad \text{und} \quad \ddot{z}_2 - \omega_{II}^2 z_1 + \omega_{II}^2 z_2 = 0 \tag{7.223}$$

mit den Abkürzungen

$$\frac{c_1 + c_2}{m_1} = \omega_I^2 \quad \text{und} \quad \frac{c_2}{m_2} = \omega_{II}^2 \tag{7.224}$$

Diese Abkürzungen haben eine einfache physikalische Bedeutung: Hält man die Masse m_2 in ihrer Nullage fest, ist also $z_2 = 0$ für alle t, so ist ω_I die Eigenkreisfrequenz des so entstehenden Systems von einem Freiheitsgrad mit parallel geschalteten Federn. Entsprechend ist ω_{II} die Eigenkreisfrequenz des Systems, wenn m_1 festgehalten wird. Die beiden Gln. (7.223) sind insofern miteinander gekoppelt, als beide Koordinaten in *jeder* Gleichung auftreten. In diesem Fall wird die Kopplung durch die Feder c_2 bewirkt; denn für $c_2 = 0$ wären beide Gleichungen voneinander unabhängig.

Die Lösung kann man analog zur Lösung (7.184) für den Schwinger mit einem Freiheitsgrad zunächst probeweise in der Form

$$z_1(t) = a \cos(\Omega_1 t - \varphi_1) \quad \text{und} \quad z_2(t) = b \cos(\Omega_2 t - \varphi_2)$$

ansetzen. Durch Einsetzen in (7.223) und Vergleich der Koeffizienten der beiden Zeitfunktionen ergibt sich sofort, daß dieser Ansatz nur mit $\Omega_1 = \Omega_2 = \omega$ und $\varphi_1 = \varphi_2 = \alpha$, also nur mit ein und derselben Zeitfunktion, zu einer Lösung führen kann. Man hat demnach

$$z_1(t) = a \cos(\omega t - \alpha) \quad \text{und} \quad z_2(t) = b \cos(\omega t - \alpha) \tag{7.225}$$

Einsetzen in (7.223) und Vergleich der Koeffizienten der Zeitfunktion $\cos(\omega t - \alpha)$ liefert das lineare homogene Gleichungssystem

$$(\omega_I^2 - \omega^2) a - \frac{c_2}{m_1} b = 0, \quad -\omega_{II}^2 a + (\omega_{II}^2 - \omega^2) b = 0 \tag{7.226}$$

für die Koeffizienten a und b, das außer der trivialen Lösung $a = b = 0$ nur dann noch endliche Lösungen besitzt, wenn seine *Koeffizientendeterminante*

$$\begin{vmatrix} (\omega_I^2 - \omega^2) & -\dfrac{c_2}{m_1} \\ -\omega_{II}^2 & (\omega_{II}^2 - \omega^2) \end{vmatrix} = 0$$

gleich Null wird. Wenn also die sogenannte *Frequenzgleichung*

$$(\omega_I^2 - \omega^2)\,(\omega_{II}^2 - \omega^2) - \frac{c_2}{m_1}\,\omega_{II}^2 = 0 \, ,$$

d.h. die quadratische Gleichung für ω^2

$$(\omega^2)^2 - (\omega_I^2 + \omega_{II}^2)\,\omega^2 + \omega_{II}^2 \left(\omega_I^2 - \frac{c_2}{m_1}\right) = 0 \tag{7.227}$$

erfüllt ist, genügen die Lösungsansätze (7.225) dem Gleichungssystem (7.223). Die beiden Wurzeln der Frequenzgleichung

$$\left.\begin{array}{c} \omega_1^2 \\ \omega_2^2 \end{array}\right\} = \frac{1}{2}(\omega_I^2 + \omega_{II}^2) \mp \sqrt{\frac{1}{4}(\omega_I^2 + \omega_{II}^2)^2 - \omega_{II}^2\left(\omega_I^2 - \frac{c_2}{m_1}\right)}\, , \tag{7.228}$$

für die man auch

$$\left.\begin{array}{c} \omega_1^2 \\ \omega_2^2 \end{array}\right\} = \frac{1}{2}(\omega_I^2 + \omega_{II}^2) \mp \sqrt{\frac{1}{4}(\omega_I^2 - \omega_{II}^2)^2 + \frac{c_2}{m_1}\,\omega_{II}^2} \tag{7.229}$$

mit $\omega_1^2 < \omega_2^2$ schreiben kann, sind beide reell und positiv. Daß sie reell sind, folgt aus (7.229). Daß auch ω_1^2 positiv ist, entnimmt man aus (7.228), da nach (7.224) stets $\omega_I^2 - c_2/m_1 > 0$, die Wurzel also immer kleiner als $(\omega_I^2 + \omega_{II}^2)/2$ ist. Daraus wiederum erhält man zwei *Eigenkreisfrequenzen* ω_1 und ω_2 mit positivem oder negativem Vorzeichen, von denen nur die beiden Kreisfrequenzen ω_1 und $\omega_2 > \omega_1$ mit positivem Vorzeichen physikalisch sinnvoll sind. Sie sind übrigens nicht mit den Werten ω_I und ω_{II} zu verwechseln!

Außer den Eigenkreisfrequenzen ist durch die beiden Gln. (7.226) auch noch das *Verhältnis der Amplituden*

$$\frac{b}{a} = \frac{m_1\,(\omega_I^2 - \omega^2)}{c_2} = \frac{\omega_{II}^2}{\omega_{II}^2 - \omega^2}$$

vorgeschrieben, das *für jeden der beiden ω-Werte* erfüllt sein muß, so daß man zwei nur von den gegebenen Konstanten abhängige Amplitudenverhältnisse

$$\begin{aligned} \frac{b_1}{a_1} = \lambda_1 &= \frac{m_1\,(\omega_I^2 - \omega_1^2)}{c_2} = \frac{\omega_{II}^2}{\omega_{II}^2 - \omega_1^2} \\[2ex] \frac{b_2}{a_2} = \lambda_2 &= \frac{m_1\,(\omega_I^2 - \omega_2^2)}{c_2} = \frac{\omega_{II}^2}{\omega_{II}^2 - \omega_2^2} \end{aligned} \tag{7.230}$$

erhält. Die Größen der Amplituden lassen sich dagegen aus (7.226) nicht bestimmen. Für jede der beiden Zeitfunktionen von (7.225) sind demnach zwei Formen $z_{11}(t)$, $z_{12}(t)$ bzw. $z_{21}(t)$, $z_{22}(t)$ möglich, die man wegen der Linearität des Differentialgleichungssystems (7.223) mit b_1 und b_2 nach (7.230) zur Gesamtlösung

$$z_1(t) = a_1 \cos(\omega_1 t - \alpha_1) + a_2 \cos(\omega_2 t - \alpha_2) = z_{11}(t) + z_{12}(t) \,,$$
$$z_2(t) = \lambda_1 a_1 \cos(\omega_1 t - \alpha_1) + \lambda_2 a_2 \cos(\omega_2 t - \alpha_2) = z_{21}(t) + z_{22}(t) \tag{7.231}$$

superponieren darf. Da für jede Masse Anfangslage und -geschwindigkeit willkürlich vorgeschrieben sein können, ist die Anpassung der Lösungen an diese Anfangsbedingungen mit Hilfe der vier willkürlichen Konstanten a_1, a_2, α_1, α_2 stets möglich. Die Gesamtlösungen $z_1(t)$ und $z_2(t)$ sind im allgemeinen nicht periodisch, sondern nur dann, *wenn die beiden Kreisfrequenzen in einem rationalen Verhältnis zueinander stehen*, bzw. wenn sie — wie man sagt — *kommensurabel* sind; denn für $\omega_2 = k\omega_1$ (mit ganzzahligem k) besitzt die zweite Teilschwingung die $1/k$-fache Schwingungsdauer, sie hat also nicht nur die Periode T_2, sondern der Schwingungsverlauf wiederholt sich auch nach der k-fachen Periode $T_1 = kT_2$. Denn es folgt z.B. mit $T_1 = 2\pi/\omega_1 = kT_2 = k2\pi/\omega_2$ aus dem Vergleich mit der ersten Gl. (7.231)

$$z_1(t + T_1) = a_1 \cos(\omega_1 t + 2\pi - \alpha_1) + a_2 \cos(\omega_2 t + 2\pi k - \alpha_2) = z_1(t) \,.$$

Die Gesamtschwingung $z_1(t) = z_1(t + T_1)$ ist also periodisch mit der Periode T_1. Die einzelnen Lösungsanteile $z_{ik}(t)$ sind stets harmonische Funktionen.

Die zu einer bestimmten Eigenkreisfrequenz gehörigen Funktionen beschreiben die *Eigenschwingungsformen;* im vorliegenden Fall gibt es je zwei zu ω_1 bzw. ω_2 gehörige Eigenschwingungsformen $z_{11}(t)$, $z_{21}(t)$ bzw. $z_{12}(t)$, $z_{22}(t)$. Bildet man mit (7.229)

$$\omega_I^2 - \omega_1^2 = \frac{1}{2}(\omega_I^2 - \omega_{II}^2) + \sqrt{\frac{1}{4}(\omega_I^2 - \omega_{II}^2)^2 + \omega_{II}^2 \frac{c_2}{m_1}} > 0$$

und

$$\omega_I^2 - \omega_2^2 = \frac{1}{2}(\omega_I^2 - \omega_{II}^2) - \sqrt{\frac{1}{4}(\omega_I^2 - \omega_{II}^2)^2 + \omega_{II}^2 \frac{c_2}{m_1}} < 0$$

und vergleicht das mit (7.230), so sieht man, daß $\lambda_1 > 0$ und $\lambda_2 < 0$ ist. Bei der ersten — zur kleineren Eigenkreisfrequenz ω_1 gehörigen — Schwingung bewegen sich m_1 und m_2 also in Phase, bei der zweiten dagegen in Gegenphase. Während der zeitliche Ablauf der durch die Gesamtlösung (7.231) dargestellten Schwingungen im allgemeinen kompliziert ist, können die Anfangsbedingungen speziell so gewählt werden, daß *beide* Massen des Systems mit einer der beiden Eigenschwingungsformen schwingen, also eine einperiodische Schwingung ausführen. Die allgemeine Bewegung entsteht aus einer Überlagerung solcher Schwingungen. Um einperiodische Schwingungen zu erhalten, setzt man jeweils die Amplitude der einen Eigenform gleich Null sowie $\alpha_1 = \alpha_2 = \pi$:

a)   *Für $a_2 = 0$ und $\alpha_1 = \pi$ ergibt sich* z.B. aus

$$z_1(t) = a_1 \cos(\omega_1 t - \pi) = z_{11}(t) \,, \quad z_2(t) = \lambda_1 z_1(t) = z_{21}(t) \,,$$
$$\dot{z}_1(t) = -a_1 \omega_1 \sin(\omega_1 t - \pi) \quad \text{und} \quad \dot{z}_2(t) = \lambda_1 \dot{z}_1(t) \,.$$

Zur Zeit $t = 0$ sind also

$$z_1(0) = -a_1, \quad z_2(0) = -\lambda_1 a_1 = -b_1 \quad \text{und} \quad \dot{z}_1(0) = \dot{z}_2(0) = 0$$

mit λ_1 nach der ersten Gl. (7.230) zu wählen. Mit anderen Worten: Das System muß aus der in Bild 7-90a gezeichneten Anfangslage mit der Anfangsgeschwindigkeit „Null" losgelassen werden. Beide Massen schwingen dann mit derselben Kreisfrequenz ω_1 „im gleichen Takt".

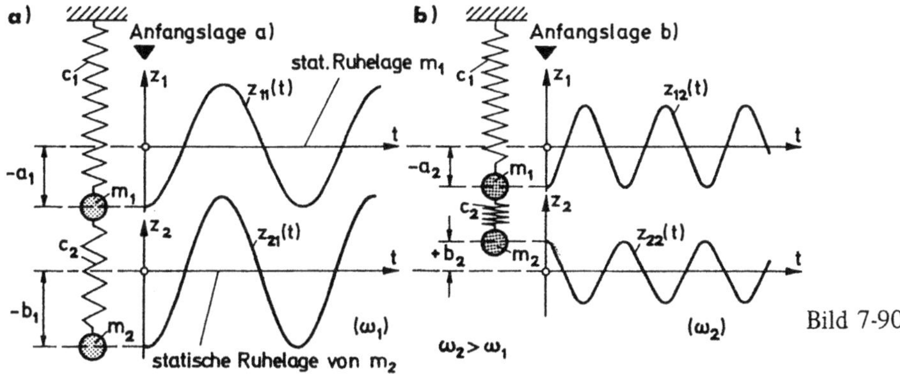

b)   *Für* $a_1 = 0$ *und* $\alpha_2 = \pi$ folgt dagegen aus (7.231)

$$z_1(t) = a_2 \cos(\omega_2 t - \pi) = z_{12}(t) \quad \text{und} \quad z_2(t) = \lambda_2 a_2 \cos(\omega_2 t - \pi) = z_{22}(t).$$

Die Anfangslagen haben also wegen $\lambda_2 < 0$ verschiedene Vorzeichen, so daß beide Massen nach Bild 7-90b in Gegenphase schwingen, falls man das Verhältnis λ_2 der Anfangsauslenkungen nach der zweiten Gl. (7.230) wählt.

Dieses Ergebnis läßt sich verallgemeinern, indem aus (7.231)

$$\begin{aligned}
z_1(t)\,\lambda_2 - z_2(t) &= (\lambda_2 - \lambda_1)\,a_1 \cos(\omega_1 t - \alpha_1) = \zeta_1(t) \\
z_1(t)\,\lambda_1 - z_2(t) &= (\lambda_1 - \lambda_2)\,a_2 \cos(\omega_2 t - \alpha_2) = \zeta_2(t)
\end{aligned} \qquad (7.232)$$

gebildet wird. Damit ist der Bewegungsablauf durch zwei neue Koordinaten $\zeta_1(t)$ und $\zeta_2(t)$ ausgedrückt, die linear mit den ursprünglichen Koordinaten zusammenhängen und die dadurch ausgezeichnet sind, daß die mit ihrer Hilfe ausgedrückten Bewegungsgleichungen entkoppelt sind. Man rechnet nämlich leicht nach, daß

$$\ddot{\zeta}_1 + \omega_1^2 \zeta_1 = 0 \quad \text{und} \quad \ddot{\zeta}_2 + \omega_2^2 \zeta_2 = 0 \qquad (7.233)$$

gilt, wenn hierin die Gln. (7.232) unter Beachtung von (7.231) eingesetzt werden. Man bezeichnet ζ_1 und ζ_2 als *Hauptkoordinaten* und die Schwingungen als *Haupt- oder Normalschwingungen.*

Die vorstehenden Überlegungen lassen sich sinngemäß auf Schwingungen mit n Freiheitsgraden übertragen. Die allgemeine Lösung ist dann die Kombination aus n Eigenschwingungsformen entsprechend den n möglichen Eigenkreisfrequenzen, die sich als

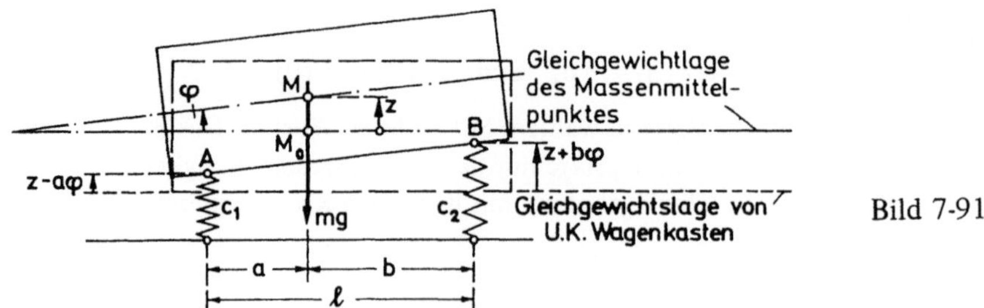

Bild 7-91

Wurzeln einer algebraischen Gleichung n-ten Grades ergeben. Auch die Behandlung gedämpfter und erzwungener Schwingungen ist nach vorstehendem ohne grundsätzliche
Schwierigkeiten möglich.

Beispiel: Das System von Bild 7-88b ist vereinfacht so zu behandeln, daß die Massen m_i der
Räder nicht berücksichtigt und nach Bild 7-91 nur die Bewegung in der Vertikalebene $((x, z)$-Ebene)
betrachtet werden sollen, die durch die Koordinate φ und die Höhenverschiebung z des Massenmittelpunktes M gekennzeichnet ist. Die Befestigungspunkte A und B der Federn sollen sich nur in vertikaler
Rechnung bewegen. Die Federkonstanten der beiden hinteren Federn seien zusammen c_1, die der
vorderen c_2.

Lösung:

Das System ist auf zwei Freiheitsgrade z und φ reduziert. Der Freiheitsgrad der Fahrgeschwindigkeit
interessiert hier nicht. Die Bewegungsgleichungen (7.97) der ebenen Bewegung setzen wir zweckmäßigerweise bezogen auf die Lage $z = 0$ an, in der sich die Unterkante des Wagenkastens im statischen Gleichgewicht befindet; in Analogie zu der zu Bild 7-68 gemachten Anmerkung ist das statthaft.
Die Gln. (7.97) liefern dann

$$\text{Massenmittelpunktsatz:} \quad m\ddot{z} = -(z - a\varphi)\, c_1 - (z + b\varphi)\, c_2$$

$$\text{Drallsatz bezogen auf M:} \quad \ddot{\varphi}\,\Theta_{22} = -(z + b\varphi)\, c_2\, b + (z - a\varphi)\, c_1\, a$$

Mit $\Theta_{22} = m\, i_M^2$ gehen sie über in

$$\ddot{z} + \frac{1}{m}\left[(z - a\varphi)\, c_1 + (z + b\varphi)\, c_2\right] = 0$$

$$\ddot{\varphi} + \frac{1}{m\, i_M^2}\left[(c_2\, b - c_1\, a)\, z + (c_2\, b^2 + c_1\, a^2)\, \varphi\right] = 0$$

und schließlich in die gekoppelten Bewegungsdifferentialgleichungen

$$\ddot{z} + \beta z + \gamma\varphi = 0 \quad \text{und} \quad \ddot{\varphi} + \frac{\gamma}{i_M^2}\, z + \frac{\delta}{i_M^2}\,\varphi = 0 \tag{a}$$

mit den Abkürzungen

$$\beta = \frac{c_1 + c_2}{m}, \quad \gamma = \frac{c_2\, b - c_1\, a}{m}, \quad \delta = \frac{c_1\, a^2 + c_2\, b^2}{m}. \tag{b}$$

Die Schwingungsgleichungen sind nur dann nicht gekoppelt, wenn $c_1\, a = c_2\, b$ ist. Der Lösungsansatz
entsprechend (7.225)

$$z = Z \cos(\omega t - \alpha), \quad \varphi = \Phi \cos(\omega t - \alpha)$$

führt auf das lineare Gleichungssystem

$$(\beta - \omega^2)\, Z + \gamma\, \Phi = 0, \quad \frac{\gamma}{i_M^2}\, Z + \left(\frac{\delta}{i_M^2} - \omega^2\right) \Phi = 0. \tag{c}$$

Aus dessen Auflösbarkeitsbedingung — Verschwinden der Koeffizientendeterminante — folgt, wie oben, für die beiden Eigenfrequenzen

$$\left.\begin{array}{c}\omega_1^2\\[2mm]\omega_2^2\end{array}\right\} = \frac{1}{2}\left(\frac{\delta}{i_M^2}+\beta\right) \mp \sqrt{\frac{1}{4}\left(\frac{\delta}{i_M^2}+\beta\right)^2 - \frac{\beta\delta-\gamma^2}{i_M^2}} > 0\,.$$

Die ihnen entsprechenden Lösungen werden analog (7.231) zur Gesamtlösung superponiert, die unter Beachtung der sich z.B. aus der ersten Gl. (c) ergebenden Amplitudenverhältnisse

$$\frac{\Phi_1}{Z_1} = \frac{\omega_1^2-\beta}{\gamma} \quad \text{und} \quad \frac{\Phi_2}{Z_2} = \frac{\omega_2^2-\beta}{\gamma}$$

den Anfangsbedingungen angepaßt wird. Ist z.B. $\beta > 0$, so entnehmen wir aus

$$\left.\begin{array}{c}\dfrac{\Phi_1}{Z_1}\\[4mm]\dfrac{\Phi_2}{Z_2}\end{array}\right\} = \frac{1}{\gamma}\left[\frac{1}{2}\left(\frac{\delta}{i_M^2}-\beta\right) \mp \sqrt{\frac{1}{4}\left(\frac{\delta}{i_M^2}-\beta\right)^2 + \frac{\gamma}{i_M^2}}\right] = \left\{\begin{array}{c}\dfrac{\varphi_1}{z_1}<0\\[4mm]\dfrac{\varphi_2}{z_2}>0\end{array}\right.$$

die beiden Schwingungsformen nach Bild 7-92. Der Kasten schwingt also mit der niedrigeren Frequenz ω_1 um den Punkt M_1 ($l_1 = |z_1/\varphi_1|$) und mit der höheren um den Punkt M_2 ($l_2 = |z_2/\varphi_2|$).

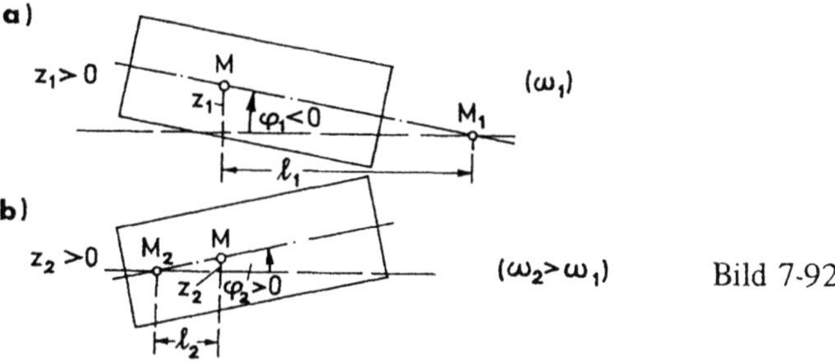

Bild 7-92

8 Kinetik deformierbarer Systeme

8.1 Grundgleichungen

Die Einteilung der Mechanik in Statik und Kinetik einerseits sowie die Klassifizierung — dem Deformationsverhalten der Körper entsprechend — in starre und deformierbare Körper führt neben der Statik der starren Körper und Systeme (Kap. 5), der Statik der deformierbaren Systeme (Festigkeitslehre, Kap. 6) und der Kinetik der starren Körper und Systeme (Kap. 7) zwangsläufig auch auf die *Kinetik deformierbarer Systeme.*

Das diese Klasse beschreibende Gleichungssystem umfaßt dann die vollständigen Bewegungsgleichungen (Kinetik) nach Kap. 4 in den spezifizierten Formen nach Kap. 7 — außerdem sind, wie in der Festigkeitslehre nach Kap. 6, Deformationen zugelassen, so daß die Verzerrungskinematik (Abschnitt 2.4) und die Spannungs-Verzerrungs-Relationen (Materialgesetze) nach 6.1 und 6.2 zu berücksichtigen sind.

Demzufolge ergibt sich zusammenfassend folgendes Gleichungssystem:

Ist der Verschiebungsvektor nach (2.3) bzw. (2.108)

$$\mathbf{u} = (u_1, u_2, u_3) = u_1\,\mathbf{e}_1 + u_2\,\mathbf{e}_2 + u_3\,\mathbf{e}_3 = \sum_i u_i\,\mathbf{e}_i \tag{8.1}$$

mit den Koordinaten $u_i = u_i\,(x_1, x_2, x_3, t)$ als Funktionen der Ortskoordinaten x_i und der Zeit t, so gelten für jeden Punkt des Kontinuums

1. die linearisierten *Verschiebungs-Verzerrungsgleichungen* (VVG, vgl. (2.116)) für den Deformator (infinitesimaler Verzerrungstensor)

$$\mathbb{D} = \frac{1}{2}\,(\nabla\mathbf{u} + \mathbf{u}\,\nabla) = \mathbb{D}^{\mathrm{T}} \tag{8.2}$$

mit den Koordinatengleichungen (2.118) bezüglich einer kartesischen Basis

$$\epsilon_{ij} = \epsilon_{ji} = \frac{1}{2}\left(\frac{\partial u_i}{\partial x_j} + \frac{\partial u_j}{\partial x_i}\right) \tag{8.3}$$

2. das *Stoffgesetz* z.B. das HOOKE*sche Gesetz der linearen Elastizität* (vgl. (6.21))

$$\mathbb{S} = 2\,G\left[\mathbb{D} + \frac{\nu}{1-2\,\nu}\,(\mathrm{Sp}\,\mathbb{D})\,\mathbb{E}\right] = \mathbb{S}^{\mathrm{T}} \tag{8.4}$$

mit den sechs Koordinatengleichungen (6.22)

$$\sigma_{ij} = \sigma_{ji} = 2\,G\left(\epsilon_{ij} + \frac{\nu}{1-2\,\nu}\,e\,\delta_{ij}\right) \tag{8.5}$$

mit $\mathbb{D}$ bzw. ϵ_{ij} nach (8.2) bzw. (8.3) und der Volumendilatation e als Spur des Verzerrungstensors nach (6.23)

$$e = \sum_i \epsilon_{ii} = \epsilon_{11} + \epsilon_{22} + \epsilon_{33} = \mathrm{Sp}\, \mathbb{D} = \mathbb{E} \cdots \mathbb{D} \tag{8.5a}$$

3.   das *I. Axiom der Mechanik*, hier als Feldgleichung (vgl. 4.18)) in der Form

$$\nabla \cdot \mathbb{S} + \mathbf{f}_V = \rho\, \ddot{\mathbf{u}} \tag{8.6}$$

mit den drei Koordinatengleichungen

$$\sum_j \frac{\partial\, \sigma_{ij}}{\partial x_j} + f_{V_i} = \rho\, \ddot{u}_i \tag{8.7}$$

4.   das *II. Axiom der Mechanik* nach (4.21) mit der Aussage über die Symmetrie des Spannungstensors auch für den kinetischen Fall, also

$$\mathbb{S} = \mathbb{S}^T \quad \text{bzw.} \quad \sigma_{ij} = \sigma_{ji} \; .$$

Dieses Axiom ist in (8.4) bzw. (8.5) bereits verarbeitet.

Anstelle des Elastizitäts-Gesetzes (8.4) könnte auch eine andere Spannungs-Verzerrungs-Relation eines Nicht-HOOKEschen Materials (vgl. 6.2) eingebracht werden. Beschränkt man jedoch das Materialgesetz — wie hier mit (8.4) — auf die linearisierte Elastizität, so stellen die Gln. (8.2), (8.4) und (8.6) unter Berücksichtigung der Symmetrie der Tensoren $\mathbb{S}$ und $\mathbb{D}$ das allgemeine Gleichungssystem der „Elastokinetik" mit 15 skalaren Gleichungen für die 15 skalaren Unbekannten (drei Verschiebungen gemäß (8.1), sechs Verzerrungen $\epsilon_{ij} = \epsilon_{ji}$ gemäß (8.3) und sechs Spannungen $\sigma_{ij} = \sigma_{ji}$ gemäß (8.5)) für die Bewegung eines linear-elastischen Körpers dar.

Man kann das Gleichungssystem noch wesentlich vereinfachen, wenn man $\mathbb{D}$ nach (8.2) in das Materialgesetz (8.4) einsetzt. Man erhält dann folgende Spannungs-Verschiebungs-Relation $\mathbb{S}\,(\mathbf{u})$:

$$\mathbb{S}\,(\mathbf{u}) = 2\,G \left\{ \frac{1}{2}(\nabla \mathbf{u} + \mathbf{u}\,\nabla) + \frac{\nu}{1-2\,\nu} \left[\mathrm{Sp}\, \frac{1}{2}(\nabla \mathbf{u} + \mathbf{u}\,\nabla) \right] \mathbb{E} \right\}$$

bzw. unter Anwendung von Rechenregel (1.140) für

$$\mathrm{Sp}\,(\nabla \mathbf{u}) = \mathbb{E} \cdots (\nabla \mathbf{u}) = (\nabla \cdot \mathbf{u})$$
$$\mathrm{Sp}\,(\mathbf{u}\,\nabla) = \mathbb{E} \cdots (\mathbf{u}\,\nabla) = (\mathbf{u} \cdot \nabla) = (\nabla \cdot \mathbf{u})$$
$$\mathbb{S}\,(\mathbf{u}) = G \left[(\nabla \mathbf{u}) + (\mathbf{u}\,\nabla) + \frac{2\,\nu}{1-2\,\nu}\,(\nabla \cdot \mathbf{u})\,\mathbb{E} \right] \; .$$

Diese Beziehung wird nun in das I. Axiom (8.6) eingesetzt. Der dabei auftretende Term

$$\nabla \cdot \mathbb{S} = G \left\{ \nabla \cdot (\nabla \mathbf{u}) + \nabla \cdot (\mathbf{u}\,\nabla) + \frac{2\,\nu}{1-2\,\nu}\, \nabla \cdot [(\nabla \cdot \mathbf{u})\,\mathbb{E}] \right\}$$

wird unter Berücksichtigung der Produktenregel für die NABLA-Operation und wegen (1.140) und $\nabla \cdot \mathbb{E} = 0$, also

$$\nabla \cdot [(\nabla \cdot \mathbf{u}) \, \mathbb{E}] = \nabla [\nabla \cdot \mathbf{u}] \cdot \mathbb{E} + (\nabla \cdot \mathbf{u}) [\nabla \cdot \mathbb{E}] = \nabla (\nabla \cdot \mathbf{u}) \cdot \mathbb{E} = \nabla (\nabla \cdot \mathbf{u})$$

und dann wegen (1.130)

$$\nabla \cdot (\mathbf{u} \, \nabla) = (\nabla \cdot \mathbf{u}) \, \nabla = \nabla (\nabla \cdot \mathbf{u})$$

in die Form gebracht

$$\nabla \cdot \mathbb{S} = G \left[\nabla \cdot (\nabla \mathbf{u}) + \nabla (\nabla \cdot \mathbf{u}) + \frac{2 \, \nu}{1 - 2 \, \nu} \, \nabla (\nabla \cdot \mathbf{u}) \right]$$

$$= G \left[\nabla \cdot \nabla \mathbf{u} + \nabla (\nabla \cdot \mathbf{u}) \left(\frac{1}{1 - 2 \, \nu} \right) \right].$$

Mit $\nabla \cdot \nabla = \Delta$ (LAPLACE-Operator) folgt so schließlich aus (8.6) als zusammengefaßte *Grundgleichung der Elastokinetik*

$$G \left[\Delta \mathbf{u} + \frac{1}{1 - 2 \, \nu} \, \nabla (\nabla \cdot \mathbf{u}) \right] + \mathbf{f}_V = \rho \, \ddot{\mathbf{u}} \tag{8.8}$$

wobei für die ausgeschriebenen Operatoren gilt

$$\Delta \mathbf{u} \equiv \nabla \cdot \nabla \mathbf{u} = \sum_i \frac{\partial^2 \mathbf{u}}{\partial x_i^2} = \frac{\partial^2 \mathbf{u}}{\partial x_1^2} + \frac{\partial^2 \mathbf{u}}{\partial x_2^2} + \frac{\partial^2 \mathbf{u}}{\partial x_3^2}$$

und

$$\nabla \cdot \mathbf{u} \equiv \operatorname{div} \mathbf{u} = \sum_i \frac{\partial u_i}{\partial x_i} = \frac{\partial u_1}{\partial x_1} + \frac{\partial u_2}{\partial x_2} + \frac{\partial u_3}{\partial x_3} = \operatorname{Sp} \mathbb{D} \tag{8.8a}$$

also folglich

$$\nabla (\nabla \cdot \mathbf{u}) = \sum_i \frac{\partial}{\partial x_i} \left[\sum_k \frac{\partial u_k}{\partial x_k} \right] \mathbf{e}_i .$$

Diese Grundgleichung der Elastokinetik (8.8) für den Verschiebungsvektor $\mathbf{u}$ beherrscht die gesamte lineare Elastomechanik. Sie beschreibt auch die Wellenausbreitung in jedem elastischen Material (vgl. z.B. Abschnitt 8.2.2).

Analog zu (8.8) ist durch eine Elimination der Verschiebungen auch eine spannungs-explizite Form der elastokinetischen Grundgleichung erzeugbar.

8.2 Schwingungen elastischer Körper (Kontinuum-Schwingungen)

8.2.1 Bewegungsgleichungen der freien, ungedämpften Schwingungen

Ausgehend vom Beispiel eines Ein-Massen-Schwingers (vgl. 7.11) mit je einem Freiheitsgrad und mit je einer Eigenfrequenz für die freien Schwingungen $w_1 (t)$ und $u (t)$ in der (x, z)-Ebene (Bild 8.1a) über den n-Massen-Schwinger (Bild 8.1b für n = 3) mit

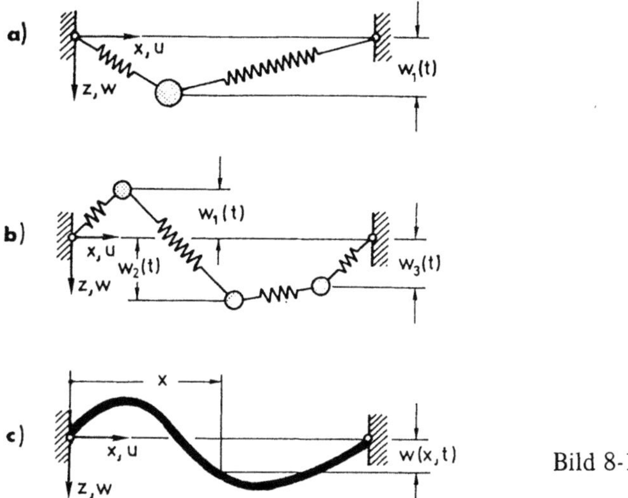

2n Freiheitsgraden und 2n Eigenfrequenzen denke man sich die Zahl der Massen und der elastischen Zwischenglieder immer größer und schließlich mit $dV \to 0$ gegen unendlich gehen. Die Masse und die elastischen Eigenschaften sind dann kontinuierlich verteilt. Man erhält derart ein eindimensionales Kontinuum (z.B. Seil oder Balken) mit ∞ vielen Freiheitsgraden und folgerichtig mit ∞ vielen Eigenfrequenzen für jede Verschiebung. An die Stelle der endlichen Zahl von Koordinaten $u_i(t)$ und $w_i(t)$ treten dann die nun vom Ort *und* der Zeit abhängigen Auslenkungsfunktionen $u(x, t)$ und $w(x, t)$ (Bild 8.1c).

Die Bewegungsgleichungen sind daher partielle Differentialgleichungen mit Ableitungen nach t − also z.B. $\partial^2 w/\partial t^2$ und Ableitungen nach x − also z.B. $\partial w/\partial x$. Bei ihrer Herleitung aus der allgemeinen Gleichung (8.8) muß man beachten, daß in ihr $\mathbf{u}$ der gemäß (8.2) mit dem Verzerrungstensor $\mathbb{D}$ verknüpfte Verschiebungsvektor ist und z.B. in Bild 8-1 nicht allein durch $w(x, t)$ repräsentiert wird. Es ist daher vorzuziehen, die Bewegungsgleichungen durch Ansatz der Grundaxiome am Element oder über die Schnittlasten-DGL für den kinetischen Fall gekrümmter Balken (vgl. 5.6) herzuleiten. Man wird dabei im allgemeinen eine geometrische Linearisierung (insbesondere für die Anstiege, z.B. $\partial w/\partial x = \tan \alpha(x) \approx \alpha(x)$ sowie eine physikalische Linearisierung im Sinne einer Vernachlässigung der Schnittlastgröße infolge der Deformation (insbesondere für die Schnittlasten, deren Richtung nicht mit der Schwingungsrichtung übereinstimmen) vornehmen. Von Dämpfungskräften soll dabei abgesehen werden, da deren Einfluß auf die Eigenfrequenzen in den meisten praktischen Fällen nur gering ist (vgl. 7.10.3). Auf diese Weise leiten sich die Bewegungs-Differentialgleichungen für einige wichtige freie Schwingungen am Element wie folgt her:

1. Vorgespanntes Seil, Saite

Sei ρ die Masse je Volumeneinheit, $\mu = \rho A$ die Masse je Längeneinheit, $q(x) \approx q(s)$ eine zeitunabhängige Streckenbelastung und S die Zugkraft (Spannkraft) im Seil (die anderen Schnittlasten verschwinden voraussetzungsgemäß beim biegeschlaffen Seil, vgl. 5.7.5),

so stellt Bild 8.2 eine mögliche „Schwingungsform" der Seilachse dar und es folgt aus dem
für ein Element von der Länge dx angesetzten I. Axiom in x- und z-Richtung

$$- H + (H + dH) = dH = \mu \frac{\partial^2 u}{\partial t^2} dx \tag{a}$$

$$- V + (V + dV) + q(x)\,dx = dV + q(x)\,dx = \mu \frac{\partial^2 w}{\partial t^2} dx \ . \tag{b}$$

Wegen $\tan \alpha(x) = \dfrac{\partial w}{\partial x} = \dfrac{V(x)}{H(x)}$ ist $V(x) = H(x)\dfrac{\partial w}{\partial x}$ und dementsprechend auch

$$dV = \frac{\partial V}{\partial x} dx = \left[\frac{\partial H}{\partial x} \frac{\partial w}{\partial x} + H \frac{\partial^2 w}{\partial x^2} \right] dx \ . \tag{c}$$

Aus der für kleine Durchsenkungen berechtigten Vernachlässigung der Schwingung in der
x-Richtung folgt mit $u(x, t) = 0$ aus (a)

$$\partial^2 u / \partial t^2 = 0 \quad \text{und damit} \quad dH = 0, \quad \text{also wieder} \quad H = \text{const} \quad (\text{vgl. (5.53)}).$$

Damit kommt aus (c)

$$dV = H \frac{\partial^2 w}{\partial x^2} dx \ .$$

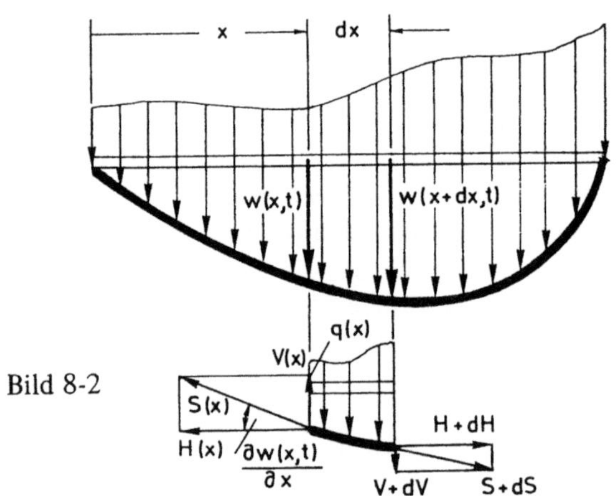

Bild 8-2

Dies in (b) eingesetzt, ergibt die partielle DGL

$$\boxed{H \frac{\partial^2 w}{\partial x^2} + q(x) = \mu \frac{\partial^2 w}{\partial t^2}} \tag{8.9}$$

Für geringe Auslenkungen ersetzt man H noch durch die Spannkraft S, was für Seile mit
geringem Durchhang mit $\tan \alpha \approx \alpha$ gerechtfertigt ist, da im unausgelenkten Zustand der
Saite die Horizontalkraft gleich der Spannkraft S ist und sich bei geringen Auslenkungen
kaum ändert (vgl. (5.56)). Dabei wird der Änderungsanteil der Spannkraft $S \approx H$ in Gl. (c)
während der eigentlichen Schwingung vernachlässigt.

Von besonderem Interesse ist die *freie* Saitenschwingung mit $q = 0$. Dann lautet die
Differentialgleichung der transversal schwingenden Saite

$$\boxed{\frac{\partial^2 w(x, t)}{\partial t^2} = c_S^2 \frac{\partial^2 w(x, t)}{\partial x^2}} \tag{8.10}$$

mit der Konstanten

$$c_S^2 = \frac{S}{\mu} = \frac{S}{\rho A} = \text{const.} \qquad (8.10\text{a})$$

Das zweite Axiom könnte darüber hinaus noch die Drehschwingung des Elements nach Bild 8.2 um die y-Achse beschreiben. Verzichtet man darauf, so vernachlässigt man in (8.10) die Rotationsträgheit des Systems.

2. Membran

Die freie, ungedämpfte Schwingung der gespannten Membran nach Bild 8-3 stellt die zweiachsige Verallgemeinerung der Saitenschwingung dar. Mit den obigen Voraussetzungen (keine Biege- und Schubspannungen in allen Schnitten zu allen Zeiten) und der Annahme konstanter Normalkräfte s je Längeneinheit liefert Axiom I am Element in z-Richtung

$$\mu_F \, dx \, dy \, \frac{\partial^2 w}{\partial t^2} = s \, dy \left[\frac{\partial}{\partial x} \left(w + \frac{\partial w}{\partial x} \, dx \right) - \frac{\partial w}{\partial x} \right] + s \, dx \left[\frac{\partial}{\partial y} \left(w + \frac{\partial w}{\partial y} \, dy \right) - \frac{\partial w}{\partial y} \right]$$

und daraus die Differentialgleichung

$$\mu_F \, \frac{\partial^2 w}{\partial t^2} = s \left[\frac{\partial^2 w}{\partial x^2} + \frac{\partial^2 w}{\partial y^2} \right]$$

mit μ_F = Masse pro Flächeneinheit. Benutzt man die Abkürzung des „ebenen" LAPLACE-Operators

$$\Delta \equiv \frac{\partial^2}{\partial x^2} + \frac{\partial^2}{\partial y^2} \,,$$

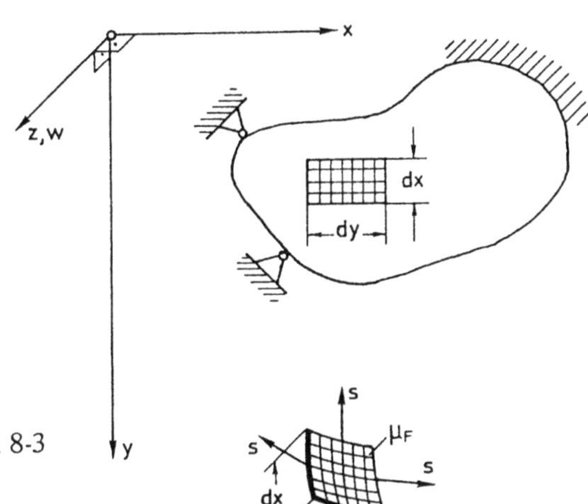

Bild 8-3

so erhält man schließlich die *Differentialgleichung der transversal-schwingenden Membran*

$$\frac{\partial^2 w \, (x, y, t)}{\partial t^2} = c_M^2 \, \Delta w \, (x, y, t) \qquad (8.11)$$

mit der Konstanten

$$c_M^2 = \frac{s}{\mu_F} = \text{const.} \qquad (8.11\text{a})$$

3. Stab, Balken

Anders als das Seil hat der Balken neben der Längssteifigkeit auch eine Biege-, Torsions- und Schubsteifigkeit. Verzichtet man auf Grund der i.a. geringen Schubdurchsenkungen bei schlanken Balken (vgl. 6.6) auf die Berechnung der Schub-Schwingungen, so verbleiben noch die Schwingung in Axialrichtung — sog. *Longitudinalschwingung* —, die Schwingung in Tangentialrichtung infolge der Biegung — sog. *Transversalschwingung* — und die Schwingung um die Längsachse, d.h. die *Torsionsschwingung*. Die jeweiligen Differentialgleichungen werden hier am geraden Stab ungekoppelt, also jede für sich allein, und unter Vernachlässigung der Rotationsträgheit hergeleitet.

3a) Longitudinalschwingung (Bild 8.4)

Das Axiom I liefert für das Volumenelement $\rho\,A\,dx$ in x-Richtung

$$[N(x, t) + dN] - N(x, t) = dN = \frac{\partial N}{\partial x}\, dx = \rho\,A\,dx\,\frac{\partial^2 u(x, t)}{\partial t^2}\,.$$

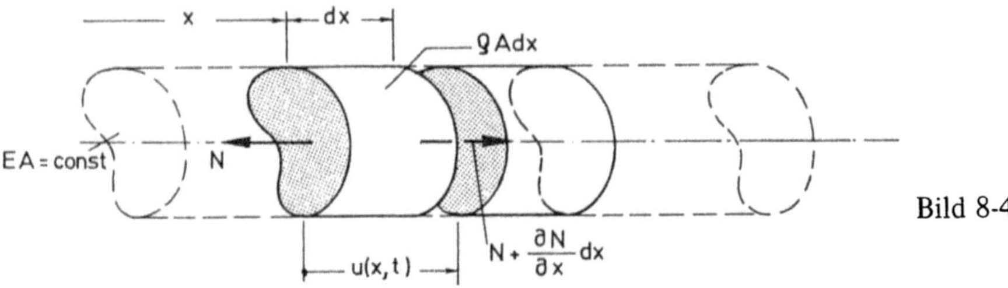

Bild 8-4

Sind E und A konstant, so ist wegen (6.40a), wobei u' durch $\frac{\partial u}{\partial x}$ wegen $u = u(x, t)$ zu ersetzen ist:

$$N(x, t) = EA\,\frac{\partial u}{\partial x}$$

$$\frac{\partial N}{\partial x} = EA\,\frac{\partial^2 u}{\partial x^2}\,.$$

Die *Differentialgleichung der Longitudinalschwingung eines geraden Stabes* ergibt sich so zu

$$\frac{\partial^2 u(x, t)}{\partial t^2} = c_L^2\,\frac{\partial^2 u(x, t)}{\partial x^2} \tag{8.12}$$

mit der Konstanten

$$c_L^2 = \frac{E}{\rho} = \frac{EA}{\mu} = \text{const} \tag{8.12a}$$

und mit $\mu = \rho A \triangleq$ Masse pro Längeneinheit. (8.12) ist bis auf den Wert der Konstanten c_L^2 gleich der Differentialgleichung (8.10) der Saitenschwingung.

Anmerkung: Die Grundgleichung der Elastokinetik (8.8) liefert mit dem Verschiebungsansatz in x-Richtung

$$\mathbf{u}\,(x,\,t) = u\,(x,\,t)\,\mathbf{e}_1$$

und mit

$$\Delta\mathbf{u} = \frac{\partial^2 u}{\partial x^2}\,\mathbf{e}_1, \qquad \nabla\cdot\mathbf{u} = \frac{\partial u}{\partial x}, \qquad \nabla\,(\nabla\cdot\mathbf{u}) = \frac{\partial^2 u}{\partial x^2}\,\mathbf{e}_1,\ \mathbf{f}_V = 0$$

die Differentialgleichung

$$G\,\frac{\partial^2 u}{\partial x^2}\,\frac{2\,(1-\nu)}{1-2\,\nu} = \rho\,\frac{\partial^2 u}{\partial t^2}\,.$$

Mit $G = \dfrac{E}{2\,(1+\nu)}$ nach (6.20) und $\rho = \mu/A$ geht sie über in

$$\frac{\partial^2 u}{\partial t^2} = \frac{E\,(1-\nu)}{\rho\,(1-2\,\nu)\,(1+\nu)}\,\frac{\partial^2 u}{\partial x^2}\,. \tag{8.12a}$$

Der Vergleich mit (8.12) zeigt, daß beide nur für $\nu = 0$ übereinstimmen. Gl. (8.12) liefert also nur eine Näherung, die die Querkontraktion, d.h. Bewegungen in y- und z-Richtung unberücksichtigt läßt. Für $\nu = 0{,}3$ (Stahl) ist die Konstante c_L in (8.12a) um 16 % größer als die Konstante der Näherungsgleichung (8.12).

3b)　Transversalschwingung

Aus Axiom I folgt in z-Richtung für das Balkenelement mit der Masse $\mu\,dx$ und $\mu = \rho\,A$ nach Bild 8-5

$$[Q\,(x,\,t) + dQ] - Q\,(x,\,t) = dQ = \frac{\partial Q}{\partial x}\,dx = \mu\,dx\,\frac{\partial^2 w}{\partial t^2}\,. \tag{x}$$

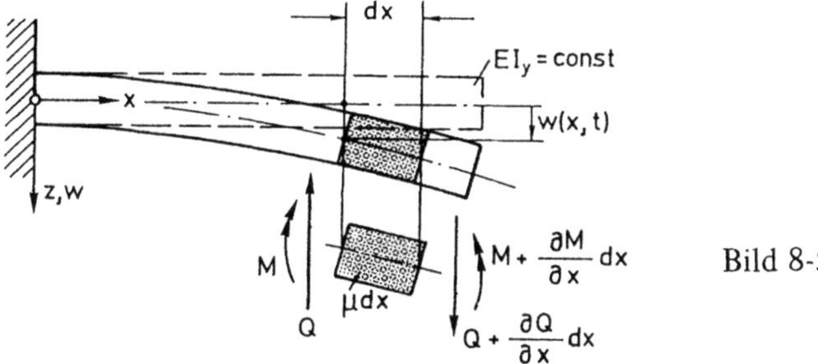

Bild 8-5

Da bei Vernachlässigung der Rotationsträgheit des Elements $\dfrac{\partial M\,(x,\,t)}{\partial x} = Q$ ist, gilt bei Annahme konstanter Biegesteifigkeit EI_y und bei Vernachlässigung der Schubdurchsenkung

$$\frac{\partial Q}{\partial x} = \frac{\partial^2 M}{\partial x^2} = -\frac{\partial^2}{\partial x^2}\left[EI_y\,\frac{\partial^2 w}{\partial x^2}\right] = -EI_y\,\frac{\partial^4 w}{\partial x^4}\,.$$

Aus (x) folgt damit die *Differentialgleichung der Transversalschwingung des Balkens*

$$\boxed{\;\frac{\partial^2 w\,(x,\,t)}{\partial t^2} = -c_T^2\,\frac{\partial^4 w\,(x,\,t)}{\partial x^4}\;} \tag{8.13}$$

mit der Konstanten

$$c_T^2 = \frac{EI_y}{\mu} = \frac{EI_y}{\rho A} = \text{const} \tag{8.13a}$$

3c)   Torsionsschwingung (Stab mit konstantem Kreisquerschnitt)

Das II. Axiom liefert für das Massenelement dm bei dessen Rotation um die x-Achse (Bild 8-6)

$$[M_t(x, t) + dM_t] - M_t(x, t) = dM_t = \frac{\partial M_t}{\partial x}\, dx = d\Theta\, \frac{\partial^2 \vartheta(x, t)}{\partial t^2} \tag{xx}$$

mit ϑ als Drillwinkel und M_t als Torsionsmoment. Dessen Massenträgheitsmoment läßt sich definitionsgemäß darstellen mit $dm = \rho\, dx\, dA$ als

$$d\Theta = \int_{\Delta m} r^2\, dm = \rho\, dx \int_A r^2\, dA = \rho\, dx\, I_p\,.$$

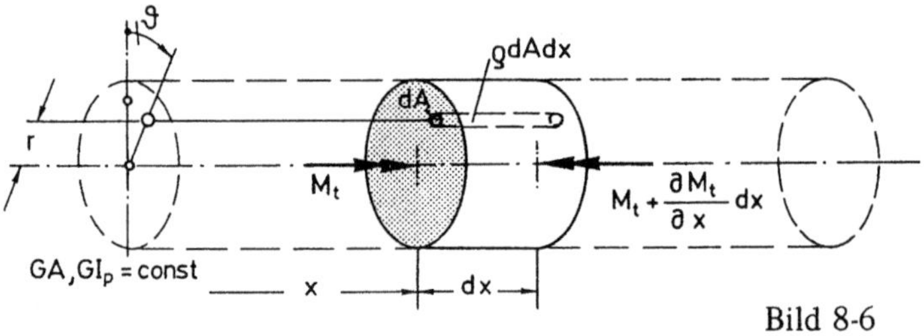

Außerdem ist nach (6.152)

$$M_t = G\, I_p\, \frac{\partial \vartheta}{\partial x},$$

also

$$\frac{\partial M_t}{\partial x} = G\, I_p\, \frac{\partial^2 \vartheta(x, t)}{\partial x^2}\,.$$

Bild 8-6

Durch Einsetzen in (xx) folgt

$$\rho\, I_p\, \frac{\partial^2 \vartheta}{\partial t^2} = G\, I_p\, \frac{\partial^2 \vartheta}{\partial x^2}\,,$$

also für den Drillwinkel die *Differentialgleichung der Torsionsschwingung des kreiszylindrischen Stabes*

$$\frac{\partial^2 \vartheta(x, t)}{\partial t^2} = c_D^2\, \frac{\partial^2 \vartheta(x, t)}{\partial x^2} \tag{8.14}$$

mit der Konstanten

$$c_D^2 = \frac{G}{\rho} = \frac{GA}{\mu} = \text{const} \tag{8.14a}$$

die wieder den Gln. (8.10) bzw. (8.12) entspricht und die Näherung für einen Sonderfall von (8.8) darstellt.

Das jeweilige Schwingungsproblem ist nicht allein durch die entsprechende Differentialgleichung charakterisiert, sondern es ist stets ein *Anfangs- und Randwertproblem*. Daher ist die Aufgabe erst hinreichend bestimmt, wenn zusätzlich zur Differentialgleichung zwei Anfangsbedingungen, nämlich die Auslenkung $w(x, 0)$ und die Anfangsgeschwindigkeit $\dfrac{\partial w}{\partial t}\bigg|_{t=0} = \dot{w}(x, 0)$ sowie die jeweilige Verschiebungs-Funktion $w(x_R, t)$ am Rande vorgegeben sind.

8.2.2 Lösung nach d'ALEMBERT

Die Differentialgleichungen (8.10), (8.12) und (8.14) haben die gleiche Form, nämlich

$$\frac{\partial^2 w(x, t)}{\partial t^2} = c^2 \frac{\partial^2 w(x, t)}{\partial x^2} \tag{8.15}$$

mit jeweils anderen Konstanten $c > 0$. Die allgemeine Lösung dieser *partiellen* Dgl. läßt sich nun wie folgt erzeugen:
Man führt eine Variablen-Transformation z_1 und z_2 für die Unabhängigen x und t in der Form

$$\begin{aligned} z_1 &= x - ct \\ z_2 &= x + ct \end{aligned} \tag{8.16}$$

ein. Die geometrischen Orte $z_i = \text{const}$ in der x-t-Ebene, also

$$\begin{aligned} z_1 &= \text{const} = x - ct \\ z_2 &= \text{const} = x + ct \end{aligned} \tag{8.17}$$

sind zwei Geraden mit den Anstiegen (in der x-t-Ebene) (Bild 8-7)

$$\frac{dx}{dt} = +c \quad \text{und} \quad \frac{dx}{dt} = -c \tag{8.18}$$

Man faßt (8.17) als Definitionsgleichung der sog. *Charakteristiken* der DGL (8.15) auf und unterscheidet gemäß (8.18) die *positive* (z_1) und die *negative* (z_2) Charakteristik.

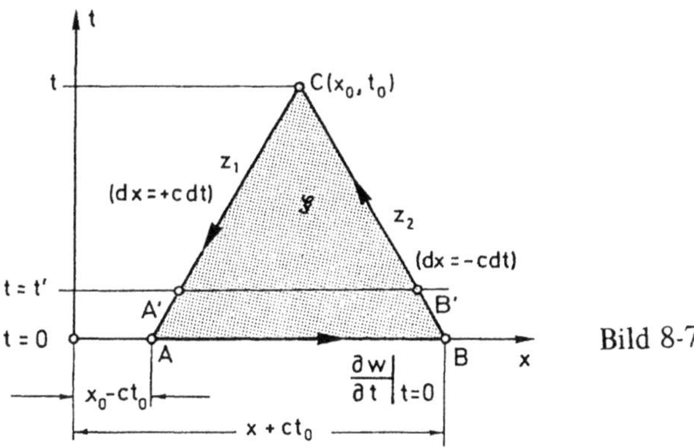

Bild 8-7

Da die Schwingungsdifferentialgleichung für ansonsten beliebige Bereiche jedoch
nur für $t \geqslant 0$ und $x \geqslant 0$ physikalisch sinnvoll ist, ergibt sich ein durch die beiden Charakteristiken und die x-Achse $(t = 0)$ begrenztes Gebiet $\mathscr{G}$ (ABC) — das sog. *Bestimmtheits-*
gebiet von $w(x, t)$ — als Gesamtheit der und nur der Punkte $P(x, t)$, die das Verhalten
der Lösung $w(x, t)$ im Punkte $C(x_0, t_0)$ beeinflussen. Kennt man z.B. die Lösung bei A
und B, in dem Falle in Form der Anfangsbedingungen $(t = 0)$, und berücksichtigt, daß
aus der Geometrie die Koordinaten der Punkte A und B zu $A = A(x_0 - ct_0, 0)$ und
$B = B(x_0 + ct_0, 0)$ folgen, so wird deutlich, daß die Lösung bei $C(x_0, t_0)$ nur von den
bekannten Funktionswerten bei A und B und dem Verhalten der Anfangsgeschwindig-
keit $\dfrac{\partial w}{\partial t}\bigg|_{t=0}$ auf dem Geradenstück AB abhängt. Da die Anfangsbedingungen auch für
$t = t'$ formuliert sein können, läßt sich obige Aussage auch für A', B' und das Geraden-
stück $A'B'$ treffen — dementsprechend gilt die Zustandsbeschreibung für das gesamte
Bestimmtheitsgebiet.

Zunächst werden nun demzufolge die Charakteristiken z_1 und z_2 als neue Variable
eingeführt und die DGL (8.15) auf diese Variablen transformiert. So wird unter Verwendung von (8.16) und $w(x, t) = w[z_1(x, t), z_2(x, t)]$

$$\frac{\partial w}{\partial x} = \frac{\partial w}{\partial z_1}\frac{\partial z_1}{\partial x} + \frac{\partial w}{\partial z_2}\frac{\partial z_2}{\partial x} = \frac{\partial w}{\partial z_1} + \frac{\partial w}{\partial z_2}$$

$$\frac{\partial^2 w}{\partial x^2} = \frac{\partial}{\partial x}\left(\frac{\partial w}{\partial z_1} + \frac{\partial w}{\partial z_2}\right)$$

$$= \frac{\partial}{\partial z_1}\left(\frac{\partial w}{\partial z_1} + \frac{\partial w}{\partial z_2}\right)\frac{\partial z_1}{\partial x} + \frac{\partial}{\partial z_2}\left(\frac{\partial w}{\partial z_1} + \frac{\partial w}{\partial z_2}\right)\frac{\partial z_2}{\partial x}$$

$$\frac{\partial^2 w}{\partial x^2} = \frac{\partial^2 w}{\partial z_1^2} + 2\frac{\partial^2 w}{\partial z_1\,\partial z_2} + \frac{\partial^2 w}{\partial z_2^2} \qquad\qquad (8.19)$$

und analog

$$\frac{\partial w}{\partial t} = \frac{\partial w}{\partial z_1}\frac{\partial z_1}{\partial t} + \frac{\partial w}{\partial z_2}\frac{\partial z_2}{\partial t} = \left(\frac{\partial w}{\partial z_2} - \frac{\partial w}{\partial z_1}\right)c$$

$$\frac{\partial^2 w}{\partial t^2} = c^2\left(\frac{\partial^2 w}{\partial z_1^2} - 2\frac{\partial^2 w}{\partial z_1\,\partial z_2} + \frac{\partial^2 w}{\partial z_2^2}\right). \qquad\qquad (8.20)$$

Gl. (8.15) fordert nun, daß die Ausdrücke (8.19) und die Klammer von (8.20) gleich sind,
woraus

$$\frac{\partial^2 w}{\partial z_1\,\partial z_2} = 0 \qquad\qquad (8.21)$$

folgt. Das heißt wiederum, daß $w(z_1, z_2)$ als *Summe zweier beliebiger Funktionen* $w_1(z_1) + w_2(z_2)$ dargestellt werden kann, also daß

$$w[z_1(x, t), z_2(x, t)] = w_1(z_1) + w_2(z_2) \tag{8.22}$$

ist. Nach Rücktransformation mit (8.16) wird daraus

$$w(x, t) = w_1(x - ct) + w_2(x + ct) \tag{8.23}$$

Die Funktionen w_1 und w_2 können nun bestimmt werden, wenn der Anfangszustand, also die Anfangsauslenkung bei $t = 0$ und folglich $z_1(x, 0) = z_2(x, 0) = x$ durch

$$w(x, 0) = w_1(x) + w_2(x) = \Phi(x) \tag{8.24}$$

sowie die Anfangsgeschwindigkeit

$$\left.\frac{\partial w}{\partial t}\right|_{t=0} = \frac{\partial}{\partial t}\left[w_1(z_1) + w_2(z_2)\right]\Big|_{t=0} = \frac{\partial w_1}{\partial z_1}\frac{\partial z_1}{\partial t}\Big|_{t=0} + \frac{\partial w_2}{\partial z_2}\frac{\partial z_2}{\partial t}\Big|_{t=0}$$

$$\left.\frac{\partial w}{\partial t}\right|_{t=0} = \left[-\frac{\partial w_1}{\partial z_1}c + \frac{\partial w_2}{\partial z_2}c\right]_{t=0} = -c\left[w_1'(x) - w_2'(x)\right] = \Psi(x) \tag{8.25}$$

vorgegeben ist.
Aus (8.25) folgt nämlich nach Integration

$$w_2(x) - w_1(x) = \frac{1}{c}\int_{x_0}^{x}\Psi(\bar{x})\,d\bar{x} \tag{8.26}$$

Addition und Subtraktion von (8.24) und (8.26) liefern

$$w_2(x) = \frac{1}{2}\left[\Phi(x) + \frac{1}{c}\int_{x_0}^{x}\Psi(\bar{x})\,d\bar{x}\right]$$

$$w_1(x) = \frac{1}{2}\left[\Phi(x) - \frac{1}{c}\int_{x_0}^{x}\Psi(\bar{x})\,d\bar{x}\right] \tag{8.27}$$

und somit als Gesamtlösung für alle Zeiten $t \geq 0$ nach Gln. (8.23) und (8.27)

$$w(x, t) = w_1(x - ct) + w_2(x + ct)$$

$$= \frac{1}{2}\left[\Phi(x + ct) + \Phi(x - ct) + \frac{1}{c}\int_{x_0}^{x+ct}\Psi(\bar{x})\,d\bar{x} - \frac{1}{c}\int_{x_0}^{x-ct}\Psi(\bar{x})\,d\bar{x}\right]$$

die Lösung von D'ALEMBERT

$$w\,(x,\,t) = \frac{1}{2}\left[\Phi\,(x+ct) + \Phi\,(x-ct) + \frac{1}{c}\int\limits_{x-ct}^{x+ct}\Psi\,(\overline{x})\,d\overline{x}\right] \qquad (8.28)$$

Wie man aus Bild 8-7 sieht, ist $\Phi\,(x-ct)$ der Zustand längs der positiven (AC) und
$\Phi\,(x+ct)$ längs der negativen (BC) Charakteristik und $\Psi\,(x)$ nach (8.25) die „Geschwindigkeit" längs der Geraden AB. Wie eingangs behauptet, gilt also

> **Satz 8.1:**
> Die Lösung der Schwingungsdifferentialgleichung (8.15) nach D'ALEMBERT
> hängt nur vom arithmetischen Mittelwert der Anfangswerte $w\,(A)$ und $w\,(B)$
> sowie von der Anfangsgeschwindigkeit $\partial w/\partial t$ auf der Geraden AB ab.

Dieses Verfahren ist als „*Charakteristiken-Verfahren*" bekannt und findet bei komplexeren
Wellenausbreitungsproblemen (Gasdynamik) Anwendung.

Anmerkung: Man zeigt (8.28) auch, indem man den Differentialoperator

$$L\,[w] = \frac{\partial^2 w}{\partial t^2} - c^2\,\frac{\partial^2 w}{\partial x^2} = 0$$

mit einsinnigem Umlauf des Bestimmtheitsgebietes (mathematisch positiv) unter Verwendung des
GAUSSschen Integralsatzes (Satz 1.13) integriert, also

$$\iint\limits_{(G)} L\,(w)\,dx\,dt = \iint\limits_{(G)}\left[\frac{\partial}{\partial t}\left(\frac{\partial w}{\partial t}\right) - \frac{\partial}{\partial x}\left(c^2\,\frac{\partial w}{\partial x}\right)\right]dx\,dt = \oint\limits_{R\,(G)}\left[\frac{\partial w}{\partial t}\,dx + c^2\,\frac{\partial w}{\partial x}\,dt\right] = 0$$

bildet, wobei $R\,(G)$ der Rand von G ist. Spaltet man den Rand in die drei Randintegrale längs
AB $(dt = 0)$, BC $(dx = -c\,dt)$ und CA $(dx = +c\,dt)$ auf, so folgt aus

$$\oint\limits_{R\,(G)}[\ldots] = \int\limits_A^B \frac{\partial w}{\partial t}\,dx - c\,[w\,(C) - w\,(B)] + c\,[w\,(A) - w\,(C)] = 0$$

schließlich

$$w\,(C) = \frac{1}{2}\,[w\,(A) + w\,(B)] + \frac{1}{2c}\int\limits_A^B \frac{\partial w}{\partial t}\,dx\,,$$

also wieder die Aussage von Satz 8.1.

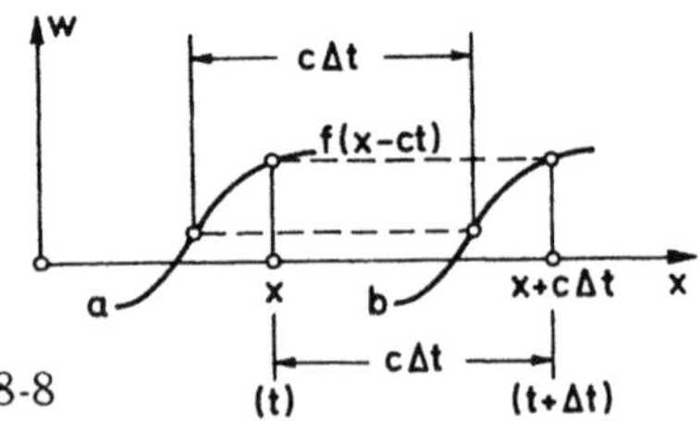

Bild 8-8

Physikalisch läßt sich die Lösung (8.28) auch folgendermaßen interpretieren:
Man setzt zunächst die willkürliche Funktion $w_2 = 0$, so daß in (8.23) die Auslenkung
nur durch $w\,(x,\,t) = w_1\,(x-ct)$ dargestellt wird. Für irgendeine Zeit t ist das irgendeine
Kurve a nach Bild 8-8. Nach einer endlichen Zeit Δt sind die Auslenkungen an allen
Stellen $x + c\,\Delta t$ gleich den Auslenkungen $w\,(x,\,t)$; denn es ist

$$w\,(x + c\,\Delta t,\,t + \Delta t) = w_1\,[x + c\,\Delta t - c\,(t + \Delta t)] = w_1\,(x-ct) = w\,(x,\,t) \qquad (8.29)$$

Das bedeutet, daß die Kurve a sich während Δt — ohne ihre Form zu verändern — nach b verschoben, sich also als Welle mit der konstanten Geschwindigkeit c nach rechts fortgepflanzt hat. Die Funktion $w_2 (x + ct)$ stellt entsprechend eine sich mit c nach links bewegende Welle dar. Beide überlagern sich zur Gesamtbewegung. Eine Gleichung vom Typ (8.15) bezeichnet man danach auch als *Wellengleichung*. Die Form der Welle ist durch die Anfangs- und Randbedingungen bestimmt. Die Fortpflanzungs-Geschwindigkeit c ist als Ausbreitungsgeschwindigkeit der „Störung" dabei z.B. im Falle der Longitudinal-schwingung identisch mit der *Schallgeschwindigkeit* im jeweiligen (elastischen) Medium. Das Prinzipielle dieser Schwingungslösung kann durch einen einfachen Versuch, z.B. im Falle der Seilschwingung durch einen einmalig „angeregten" Gartenschlauch demonstriert werden.

Anmerkung: Die Anwendung der D'ALEMBERTschen Lösungsmethode ist allerdings insofern beschränkt, als sie nur für partielle DGLen in der speziellen Form (8.15) gilt, also für freie Schwingungen mit konstanten Koeffizienten (c^2 = const) und nur bei partiellen DGLen zweiter Ordnung.
Daher führt das Verfahren nicht zum Ziel, wenn die Fälle der erzwungenen Schwingung (Erregung), der veränderlichen Querschnittsabmessungen $A = A (x)$, der variablen Dichte ρ, der veränderlichen Spann-kraft $S = S (x)$ und/oder schließlich Schwingungen mehrachsiger Kontinua (Membran- und Platten-schwingung) vorliegen.
Die zugehörigen DGLen haben dann die Formen:

$$\frac{\partial}{\partial x} \left[p (x) \frac{\partial u}{\partial x} \right] = f_1 (x) \frac{\partial^2 u}{\partial t^2} \qquad \text{oder}$$

$$\frac{\partial^2}{\partial x^2} \left[p (x) \frac{\partial^2 u}{\partial x^2} \right] = - f_2 (x) \frac{\partial^2 u}{\partial t^2} \qquad \text{oder}$$

$$\Delta u = f_3 (x) \frac{\partial^2 u}{\partial t^2} \qquad \text{oder}$$

$$\Delta \Delta u = - f_4 (x) \frac{\partial^2 u}{\partial t^2} \, ,$$

wobei jeweils die Bedingungen auf dem Rand sowie die beiden Anfangswert-Vorgaben das Problem bestimmen.

Bei derartigen Problemen bedient man sich zur Lösung zweckmäßigerweise dann einer anderen Methode (FOURIER-Methode), bei der die Lösung des vorliegenden Anfangswertproblems auf eine Entwicklung nach der sog. „Eigenfunktion" zurückgeführt wird. Diese Methode gilt auch bei erzwunge-nen Schwingungen mit einer äußeren, bekannten Erregerkraft.
Schließlich sei erwähnt, daß diese Methode auch die Grundlage des in der Schwingungstechnik zu-nehmend an Bedeutung gewinnenden Verfahrens der „Modalen Analyse" darstellt (vgl. 8.2.3).

8.2.3 Lösung nach D. BERNOULLI

Man betrachtet auch hier die Feldgleichung für die freien Schwingungen des elasti-schen Kontinuums, die eine lineare partielle DGL für die betreffenden Verformungsgrößen darstellt und als „Beschleunigungsterm" die zweite Ableitung nach der Zeit enthält. Die jeweils zugehörigen linearen homogenen Randbedingungen dürfen ihrerseits nebst Rich-tungsableitungen höchstens Beschleunigungsanteile, also zweite Ableitungen der gesuchten Feldgröße nach der Zeit enthalten. Für diese Randwert-Aufgabe sind die Lösungen in der Form

$$u (x, y, z, t) = U (x, y, z) \cdot T (t) \qquad\qquad (*)$$

darstellbar, wenn t weder in der DGL noch in den Randbedingungen *explizit* auftritt. Mit dieser Darstellung zerfällt das Problem prinzipiell

1.   in ein Randwert-Problem

$$L\,[U] + \lambda\,\rho\,U = O \quad \text{mit} \quad R\,[U, \lambda] = O \;, \tag{$*$}$$

wobei $L\,[U]$ einen linearen Differentialoperator und $R\,[U, \lambda]$ die Randbedingungen bedeuten, während λ einen zunächst noch unbekannten Parameter bezeichnet, der auch komplex sein darf und

2.   in eine Lösung für den zeitabhängigen Teil $T\,(t)$, die dann zwangsläufig (vgl. vorstehende Abschnitte) die Form

$$T\,(t) = A \cos \sqrt{\lambda}\,t + B \sin \sqrt{\lambda}\,t \tag{$**$}$$

hat.

Aufgrund der Linearität des Problems ist zunächst trivial, daß

$$U = O$$

für jedes λ eine Lösung ist (*triviale* Lösung). Die Frage ist nun, ob zu bestimmten λ-Werten auch *nicht-triviale* Lösungen für U existieren. Wenn ja, heißen diese nicht-trivialen Lösungen die *Eigenfunktionen* U_n und die zugehörigen λ-Werte die *Eigenwerte* λ_n.

Die Lösung der DGL selbst ist dann eine FOURIER-Entwicklung (vgl. 7.10.6) nach genau diesen Eigenfunktionen. Die Eigenwerte stellen dabei physikalisch die *Eigenfrequenzen* dar.

Spezielle Lösungen der abgeleiteten DGLen liefert hierfür der *Produktansatz* nach DANIEL BERNOULLI. Dieser berücksichtigt bereits, daß — wie beim n-Massen-Schwinger — die Bewegung eines jeden materiellen Punktes nach der gleichen, reinen Zeitfunktion $T\,(t)$ (vgl. $(**)$) verläuft. Von Ort zu Ort unterscheidet sich dann die Bewegung der materiellen Punkte nur um eine zusätzliche reine Ortsfunktion $X\,(x)$. Der Ansatz ist entsprechend

$$w\,(x, t) = X\,(x)\,T\,(t) \tag{8.30}$$

Aus (8.30) folgt dann

$$\frac{\partial^2 w}{\partial t^2} = [X\,(x)\,T\,(t)]^{\cdot\cdot} = X\,(x)\,\ddot{T}\,(t)$$

$$\frac{\partial^2 w}{\partial x^2} = [X\,(x)\,T\,(t)]'' = X''(x)\,T\,(t) \;.$$

Setzt man diese Beziehungen in die DGL vom Typ (8.15) ein, so wird

$$X\,(x)\,\ddot{T}\,(t) = c^2\,X''(x)\,T\,(t) \tag{8.31}$$

Nach Trennung der Variablen durch Division mit $X\,(x)\,T\,(t)$ kommt

$$\frac{\ddot{T}\,(t)}{T\,(t)} = c^2\,\frac{X''(x)}{X\,(x)} = \lambda \tag{8.32}$$

Da die linke Seite von (8.32) nicht vom Ort und die rechte Seite nicht von der Zeit abhängt, können beide Seiten für alle x und t nur gleich sein, wenn sie weder vom Ort noch von der Zeit abhängen – also konstant sind. Diese gemeinsame Konstante λ wird zweckmäßigerweise wegen (**) gleich $-\omega^2$ gesetzt, wobei nur $\lambda = -\omega^2 < 0$ auf periodische Schwingungen führt (vgl. 7.10).

Damit ist es gelungen, die partielle DGL (8.15) in die beiden gewöhnlichen DGLen

$$\ddot{T}(t) + \omega^2 T(t) = 0 \quad \text{und} \quad X''(x) + \left(\frac{\omega}{c}\right)^2 X(x) = 0 \tag{8.33}$$

aufzuspalten. Man nennt den Ansatz (8.30) darum auch *Separationsansatz*. Die bekannten Lösungen der Gln. (8.33) können nach Gl. (8.30) zusammengesetzt werden:

$$w(x, t) = (A \cos \omega t + B \sin \omega t)\left(C \cos \frac{\omega}{c} x + D \sin \frac{\omega}{c} x\right) \tag{8.34}$$

Satz 8.2:
Die Lösung der Schwingungsdifferentialgleichung (8.15) kann nach
D. BERNOULLI als Produkt zweier harmonischer „Schwingungen" bezüglich
Ort und Zeit dargestellt werden.

Zur Bestimmung der willkürlichen *fünf* Konstanten A, B, C, D und ω stehen die – der Ordnung der gewöhnlichen DGL (8.33) zahlenmäßig entsprechenden – zwei Anfangsbedingungen sowie zwei Randbedingungen, d.h. insgesamt nur vier Bedingungen zur Verfügung. Dabei bleibt zusätzlich zu erwarten (Abschnitt 8.2.1), daß mit dem noch zu bestimmenden ω unendlich viele Eigenfrequenzen ω_k verbunden sind. Danach gelingt die Bestimmung der Konstanten und damit die Lösung des Problems nur für ganz spezielle ω_k-Werte, die dem Problem „eigen" sind und denen die Eigenfunktionen w_k entsprechend (8.34) für jedes ω_k zugeordnet sind. Das zugehörige Problem ist daher wieder, wie im Falle der elastostatischen Stabilität (Abschn. 6.13), ein Eigenwert-Problem.

Die grundsätzliche Vorgehensweise werde hierbei exemplarisch an dem Rand- und Anfangswertproblem der *schwingenden Saite* gezeigt:
Hier ist nach (8.10a) $c^2 = c_S^2 = S/\mu$. An den Enden (vgl. Bild 8-2) muß zu allen Zeiten $w(0, t) = w(l, t) = 0$ sein, so daß aus (8.34) wegen

$$w(0, t) = X(0)\, T(t) = 0 \tag{8.35}$$

und somit für *alle* t

$$X(0) = 0 = C \tag{8.36}$$

sowie wegen

$$w(l, t) = X(l)\, T(t) = 0 \tag{8.37}$$

und somit für *alle* t

$$X(l) = 0 = D \sin \frac{\omega}{c} l \qquad\qquad (8.38)$$

folgt, was bei Vermeidung der trivialen Lösung, d.h. für $D \neq 0$ zwangsläufig nur durch

$$\sin \frac{\omega}{c} l = 0 \quad \text{bzw.} \quad \frac{\omega_k}{c} l = k\pi \quad (k \in \mathcal{N}) \qquad\qquad (8.39)$$

zu erfüllen ist.
Die Eigenwerte des Randwertproblems sind somit die Eigenkreisfrequenzen

$$\omega_k = \frac{k\pi c}{l} = \frac{k\pi}{l} \sqrt{\frac{S}{\mu}} \qquad (k \in \mathcal{N}) \,. \qquad\qquad (8.40)$$

Entsprechend (8.34) lauten die ihnen zugeordneten Eigenfunktionen

$$w_k (x, t) = \left(A_k \cos \frac{k\pi c}{l} t + B_k \sin \frac{k\pi c}{l} t \right) \sin \frac{k\pi}{l} x \qquad\qquad (8.41)$$

wenn man D_k mit in die Konstanten A_k und B_k hineinnimmt. Damit erhält man also
die unendlich vielen Eigenlösungen des Randwertproblems. Für k = 1 liegt die Grundschwingung *(Tonhöhe)* vor. Die Frequenzen $\omega_2 < \omega_3 < \omega_4 \ldots$ sind Oberschwingungen
und bestimmen als Obertöne die *Klangfarbe* der Saite (Musikinstrumente). Die ersten drei
(k = 1, 2, 3), also die Grundschwingung und die beiden ersten Oberschwingungen, sind in

Bild 8-9 dargestellt. Sie sind nach (8.41) wegen $c = \sqrt{\dfrac{S}{\mu}}$ von der Saitenspannung S und

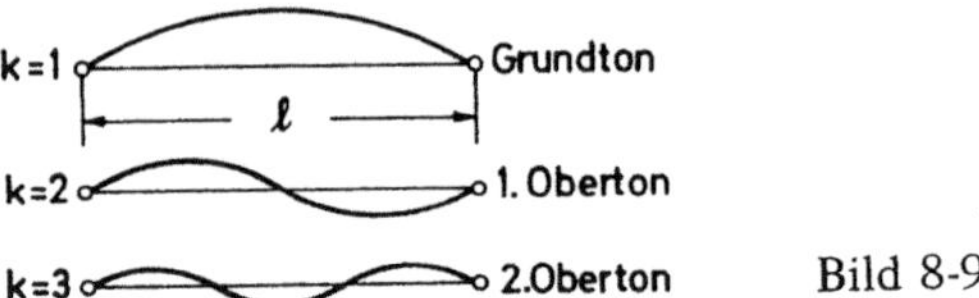

Bild 8-9

der Masse μ pro Längeneinheit abhängig. Wegen der Linearität der DGL (8.15) können
die einzelnen partikulären Lösungen (8.41) zu der *Gesamtlösung*

$$w (x, t) = \sum_{k=1}^{\infty} \left(A_k \cos \frac{k\pi c}{l} t + B_k \sin \frac{k\pi c}{l} t \right) \sin \frac{k\pi}{l} x \qquad\qquad (8.42)$$

zusammengesetzt werden, die die unendlich vielen Eigenlösungen w_k enthält. Wie man im
einzelnen zeigen kann, ist es stets möglich, die Konstanten A_k und B_k so zu bestimmen,
daß die Gesamtlösung nur noch zwei beliebigen Anfangsbedingungen angepaßt ist. Dieses
Verfahren gilt grundsätzlich auch für alle anderen Schwingungen.
Hierzu einige Beispiele:

Beispiel 1: *Der longitudinal schwingende Stab mit Endmasse.* Nach der DGL (8.12) ist die Konstante in Gl. (8.15) $c = \sqrt{E/\rho}$. Als Randbedingung haben wir hier (Bild 8-10) $u(0,t) = 0$ und nach dem Massenmittelpunktsatz für die angehängte Masse m ist mit F als Querschnittsfläche des Stabes

$$m \left.\frac{\partial^2 u}{\partial t^2}\right|_{x=l} = -K = -EF\,\epsilon_x(l) = -EF\left.\frac{\partial u}{\partial x}\right|_{x=l}.$$

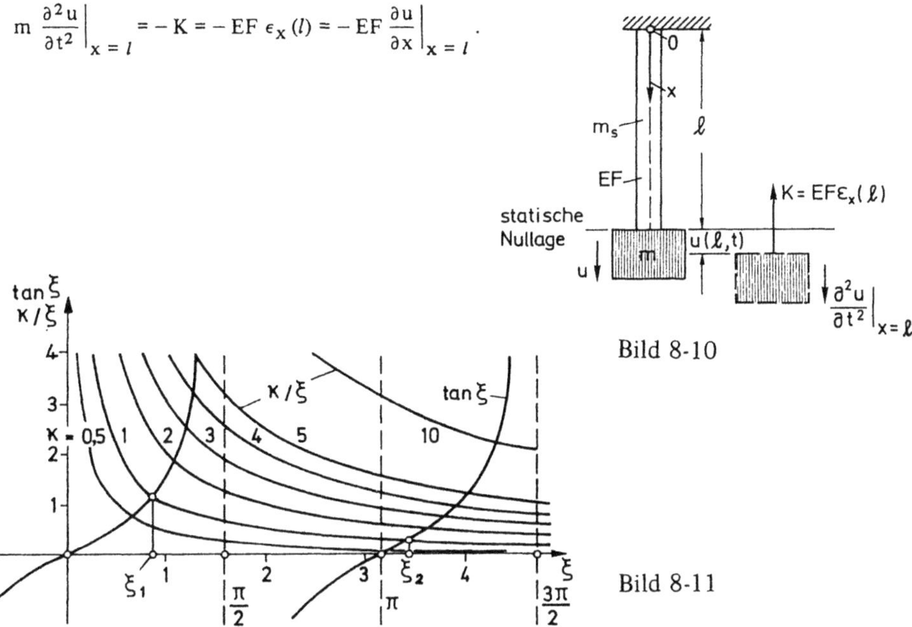

Bild 8-10

Bild 8-11

Um die erste Randbedingung zu erfüllen, muß in der der Gl. (8.34) entsprechenden Lösung

$$u(x, t) = (A \cos \omega t + B \sin \omega t)\left(C \cos \frac{\omega}{c} x + D \sin \frac{\omega}{c} x\right)$$

die Konstante $C = 0$ gesetzt werden. Die zweite Bedingung liefert die Frequenzgleichung

$$-m\omega^2 \sin \frac{\omega}{c} l = -EF \frac{\omega}{c} \cos \frac{\omega}{c} l$$

bzw.

$$\frac{\omega l}{c} \tan \frac{\omega l}{c} = \frac{EFl}{mc^2} = \frac{\rho Fl}{m} = \frac{m_S}{m} = \kappa \qquad (8.43)$$

d.h. die transzendente Gleichung

$$\xi \tan \xi = \kappa \qquad (8.43a)$$

wenn wir zur Abkürzung $\omega l/c = \xi$ setzen. Diese Frequenzgleichung lösen wir am besten graphisch nach Bild 8-11. Dann erhält man aus den Schnittpunkten der Kurven $\tan \xi$ und κ/ξ die k Werte ξ_k. Für verschiedene Massenverhältnisse $\kappa = m_S/m$ sind die Werte von ξ_1 und ξ_2 in nachstehender Tabelle zusammengestellt:

$\kappa =$	0,01	0,1	0,5	1,0	2,0	5,0	10,0	20,0	100,0	∞
$\xi_1 =$	0,100	0,311	0,653	0,860	1,077	1,314	1,429	1,496	1,555	$\pi/2$
$\xi_2 =$	3,145	3,173	3,292	3,425	3,644	4,034	4,306	4,491	4,666	$3\pi/2$

Die zu den ξ_k gehörigen Eigenkreisfrequenzen sind

$$\omega_k = \frac{c}{l}\,\xi_k = \sqrt{\frac{E}{\rho}}\,\frac{\xi_k}{l} \qquad\qquad (8.44)$$

Mit ihnen folgt entsprechend (8.42) die *Gesamtlösung*

$$u\,(x,\,t) = \sum_{k=1}^{\infty} (A_k \cos \omega_k\,t + B_k \sin \omega_k\,t)\,\sin \frac{\omega_k}{c}\,x \qquad\qquad (8.45)$$

Eine *Näherung für die erste Eigenkreisfrequenz* gewinnen wir, wenn wir $\tan \xi \approx \xi + \xi^3/3$ setzen: Die Frequenzgleichung (8.43a) lautet dann näherungsweise

$$\xi^2 + \frac{\xi^4}{3} = \xi^2 \left(1 + \frac{\xi^2}{3}\right) \approx \kappa\;.$$

Um zu einer einfachen Formel zu kommen, lösen wir nicht die quadratische Gleichung für ξ^2, sondern ersetzen ξ^2 in der Klammer – für kleine ξ – näherungsweise durch $\xi^2 \approx \xi \tan \xi = \kappa$. Wir erhalten dann

$$\xi_1 \approx \sqrt{\frac{\kappa}{1 + \xi_1^2/3}} \approx \sqrt{\frac{\kappa}{1 + \kappa/3}}$$

und damit nach (8.43)

$$\omega_1 = \frac{c}{l}\,\xi_1 \approx \sqrt{\frac{c^2}{l^2}\,\frac{EFl/(c^2 m)}{1 + m_S/(3\,m)}} = \sqrt{\frac{EF/(ml)}{1 + m_S/(3\,m)}} = \sqrt{\frac{\hat{c}}{m + m_S/3}} = \sqrt{\frac{\hat{c}}{m\,(1 + \kappa/3)}}\,,$$

wenn wir als Federkonstante des Stabes $\hat{c} = EF/l$ und $\kappa = m_S/m$ einsetzen. Um die Masse des Stabes zu berücksichtigen, haben wir $m_S/3$ zur Masse m hinzuzuschlagen. Der genaue Wert ist dagegen mit $\rho = \mu/F$ nach (8.44)

$$\omega_1 = \frac{c}{l}\,\xi_1 = \sqrt{\frac{E}{\rho l^2}}\,\xi_1 = \sqrt{\frac{EF}{\mu l^2}}\,\xi_1 = \sqrt{\frac{\hat{c}}{\mu l}}\,\xi_1 = \sqrt{\frac{\hat{c}}{m_S}}\,\xi_1 = \sqrt{\frac{\hat{c}}{\kappa\,m}}\,\xi_1\;.$$

Vergleichen wir ihn mit dem Näherungswert, so zeigt sich, daß selbst noch für $\kappa = 1$ die Näherung $\omega_1 \approx 0{,}866\,\sqrt{\hat{c}/m}$ nur wenig von dem exakten Wert $\omega_1 = 0{,}86\,\sqrt{\hat{c}/m}$ abweicht.

Beispiel 2: *Querschwingungen von Stäben* (vgl. Bild 8-5). Auf die DGL (8.13) der Transversalschwingungen, d.h.

$$EI_y \frac{\partial^4 w}{\partial x^4} = -\mu\,\frac{\partial^2 w}{\partial t^2}$$

wenden wir wieder den Produktansatz (8.30) $w\,(x,\,t) = X\,(x)\,T\,(t)$ an, der hier auf

$$\frac{\ddot{T}\,(t)}{T\,(t)} = -\frac{EI_y}{\mu}\,\frac{X^{IV}\,(x)}{X\,(x)} = -\omega^2$$

führt und die partielle DGL in die beiden gewöhnlichen DGLen

$$\ddot{T}\,(t) + \omega^2\,T\,(t) = 0 \qquad \text{und}$$
$$X^{IV}\,(x) - \frac{\mu\,\omega^2}{EI_y}\,X\,(x) = X^{IV}\,(x) - \left(\frac{\lambda}{l}\right)^4 X\,(x) = 0 \qquad\qquad (8.46)$$

mit der Abkürzung

$$\lambda^4 = \frac{\mu\,\omega^2}{EI_y}\,l^4 \qquad\qquad (8.46a)$$

aufspaltet. Die Lösung der zweiten Gl. (8.46)

$$X(x) = C_1 \cos\frac{\lambda}{l}x + C_2 \sin\frac{\lambda}{l}x + C_3 \cosh\frac{\lambda}{l}x + C_4 \sinh\frac{\lambda}{l}x \qquad (8.47)$$

die in der üblichen Weise mit dem Ansatz $X(x) = e^{\alpha x}$ gefunden wurde, ist den Randbedingungen des speziellen Problems anzupassen. Aus der betreffenden Eigenwertgleichung folgen wiederum unendlich viele Eigenwerte λ_k bzw. Eigenkreisfrequenzen ω_k. Die ihnen entsprechenden Eigenfunktionen $X_k(x)\,T_k(t)$ setzt man dann zur *Gesamtlösung*

$$w(x,t) = \sum_{k=1}^{\infty} (A_k \cos\omega_k t + B_k \sin\omega_k t)\,X_k(x) \qquad\qquad (8.48)$$

zusammen (vgl. auch (8.42)). Man hat damit die Möglichkeit, die Lösung mit Hilfe der Konstanten A_k und B_k beliebigen Anfangsbedingungen anzupassen.

a) *Für den beidseitig frei aufliegenden Stab* sind die Randbedingungen

$$X(0) = X(l) = X''(0) = X''(l) = 0$$

zu erfüllen (die beiden letzten wegen $M_y(0) = M_y(l) = 0$). Aus der ersten und dritten Bedingung folgt aus (8.47) sofort $C_1 = C_3 = 0$, aus der zweiten und vierten folgen

$$C_2 \sin\lambda + C_4 \sinh\lambda = 0 \quad\text{und}\quad -C_2 \sin\lambda + C_4 \sinh\lambda = 0 \qquad (8.49)$$

Um eine von Null verschiedene Lösung zu haben, muß die Koeffizientendeterminante dieses linearen Gleichungssystems

$$2 \sin\lambda \sinh\lambda = 0$$

verschwinden, was nur durch $\sin\lambda = 0$, also durch

$$\lambda = \lambda_k = k\,\pi \qquad (k = 1, 2 \ \ldots) \qquad\qquad (8.50)$$

erfüllt werden kann. Die Eigenkreisfrequenzen des frei aufliegenden Balkens werden damit und mit λ_k nach (8.46a) — wenn wir noch $\mu = \rho A$ setzen —

$$\omega_k = \frac{\lambda_k^2}{l^2}\sqrt{\frac{EI_y}{\rho A}} = \frac{k^2\pi^2}{l^2}\sqrt{\frac{EI_y}{\rho A}} \qquad\qquad (8.51)$$

Die Eigenfunktionen werden durch $\sin\frac{k\pi}{l}x$ bestimmt, wenn wir die Konstanten C_{2k} mit den Konstanten von T_k zusammenfassen und $C_{4k} = 0$ wegen Gl. (8.49) beachten.

b) *Für den beidseitig eingespannten Stab* lauten die Randbedingungen $X(0) = X(l) = X'(0) = X'(l) = 0$, die uns das Gleichungssystem

$$
\begin{aligned}
C_1 &&&&+ C_3 &&&&= 0 \\
C_1 \cos\lambda &+ C_2 \sin\lambda &&+ C_3 \cosh\lambda &+ C_4 \sinh\lambda &= 0 \\
&C_2 &&&&+ C_4 &&= 0 \\
-C_1 \sin\lambda &+ C_2 \cos\lambda &+ C_3 \sinh\lambda &+ C_4 \cosh\lambda &= 0
\end{aligned}
$$

bzw.

$$C_1 (\cos \lambda - \cosh \lambda) + C_2 (\sin \lambda - \sinh \lambda) = 0$$
$$- C_1 (\sin \lambda + \sinh \lambda) + C_2 (\cos \lambda - \cosh \lambda) = 0 \qquad (8.52)$$

liefern. Die Koeffizientendeterminante des Gleichungssystems für C_1 und C_2, d.h.

$$(\cos \lambda - \cosh \lambda)^2 + (\sin \lambda + \sinh \lambda)(\sin \lambda - \sinh \lambda) = 0$$

muß verschwinden, was die Eigenwertgleichung

$$\cos \lambda \cosh \lambda = 1 \qquad (8.53)$$

für die Eigenwerte λ_k liefert. Hieraus folgen die ersten drei zu $\lambda_1 = 4{,}730$, $\lambda_2 = 7{,}853$ und $\lambda_3 = 10{,}996$. Mit ihnen erhalten wir aus (8.46a) die drei ersten Eigenkreisfrequenzen

$$\omega_1 = \frac{22{,}37}{l^2} \sqrt{\frac{EI_y}{\rho A}}, \qquad \omega_2 = \frac{61{,}67}{l^2} \sqrt{\frac{EI_y}{\rho A}}, \qquad \omega_3 = \frac{120{,}9}{l^2} \sqrt{\frac{EI_y}{\rho A}} \qquad (8.54)$$

Die vollständige Lösung erhalten wir, indem wir für jedes k $C_{3k} = - C_{1k}$, $C_{4k} = - C_{2k}$ und z.B. aus der ersten Gl. (8.52)

$$C_{2k} = \frac{\cos \lambda_k - \cosh \lambda_k}{\sinh \lambda_k - \sin \lambda_k} C_{1k}$$

in (8.47) einsetzen, so daß (8.48) – wenn wir die C_{1k} mit in die Konstanten A_k und B_k hineinnehmen – die *Gesamtlösung* liefert:

$$w(x, t) = \sum_{k=1}^{\infty} (A_k \cos \omega_k t + B_k \sin \omega_k t) \left[\cos \frac{\lambda_k}{l} x - \cosh \frac{\lambda_k}{l} x \right.$$
$$\left. + \frac{\cos \lambda_k - \cosh \lambda_k}{\sinh \lambda_k - \sin \lambda_k} \left(\sin \frac{\lambda_k}{l} x - \sinh \frac{\lambda_k}{l} x \right) \right] \qquad (8.55)$$

Beispiel 3: *Die rechteckige Membran.* Der Bernoullische Produktansatz, den wir hier gleich mit der harmonischen Zeitfunktion $T(t) = \cos(\omega t - \alpha)$ ansetzen, lautet

$$w(x, y, t) = F(x, y) \cos(\omega t - \alpha)$$

und liefert uns aus (8.11) die Differentialgleichung

$$\Delta F(x, y) = - \frac{\mu_F}{s} \omega^2 F(x, y) \qquad (8.56)$$

für die Ortsfunktion $F(x, y)$. Mit dem Ansatz

$$F_{jk}(x, y) = c_{jk} \sin \frac{j \pi x}{a} \sin \frac{k \pi y}{b} \qquad (j, k = 1, 2, 3, \ldots),$$

der nach Bild 8-12 für beliebige ganze j und k die Randbedingungen erfüllt, die das Verschwinden von w auf dem ganzen Rand erfordern, erhalten wir aus (8.56)

$$- \left(\frac{j^2}{a^2} + \frac{k^2}{b^2} \right) \pi^2 = - \frac{\mu_F}{s} \omega_{jk}^2 ,$$

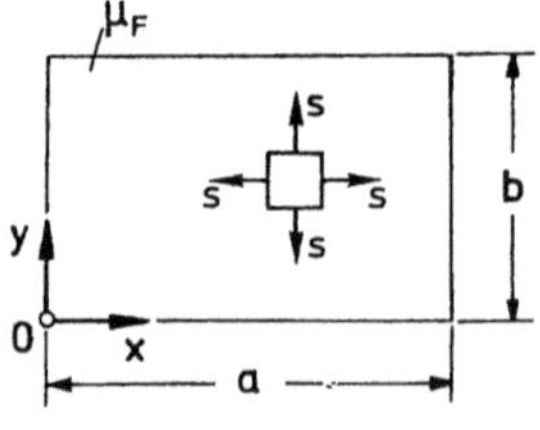

Bild 8-12

also die Eigenkreisfrequenzen

$$\omega_{jk} = \pi \, \sqrt{\frac{s}{\mu_F}\left(\frac{j^2}{a^2} + \frac{k^2}{b^2}\right)} \qquad\qquad (8.57)$$

Z.B. wird für eine quadratische Membran (a = b) die erste Eigenfrequenz (j = k = 1)

$$\omega_{11} = \frac{\pi}{a}\sqrt{\frac{2\,s}{\mu_F}} \;.$$

Die Gesamtlösung wird dann

$$w\,(x, y, t) = \sum_{j\,=\,1}^{\infty}\ \sum_{k\,=\,1}^{\infty} \cos\,(\omega_{jk}t - \alpha_{jk})\; c_{jk} \sin\frac{j\,\pi\,x}{a}\,\sin\frac{k\,\pi\,y}{b} \qquad (8.58)$$

Die noch freien Konstanten α_{jk} und c_{jk} kann man aus den Anfangsbedingungen ermitteln.

8.2.4 Näherungsweise Berechnung der ersten Eigenfrequenz nach RAYLEIGH

Dieses Verfahren beruht auf dem Energieerhaltungssatz, nach dem die Summe aus potentieller und kinetischer Energie

$$E + U = \text{const} = E_{max} = U_{max} \qquad\qquad (8.59)$$

für ein konservatives System (ohne Dämpfung) konstant ist (vgl. (7.78)). Für den Durchgang durch die Nullage ($v = v_{max}$) ist die Konstante gleich der maximalen kinetischen Energie E_{max}; für die größte Auslenkung ($v = 0$) ist sie gleich der maximalen potentiellen Energie U_{max}.

Die erste Eigenschwingungsform von Saiten und Stäben – d.h. die erste Eigenfunktion mit der Grundfrequenz ω_1 – läßt sich in der Form

$$w_1\,(x, t) = X_1\,(x)\,(A_1 \cos\omega_1 t + B_1 \sin\omega_1 t) = f\,(x) \cos\,(\omega_1\,t - \alpha_1)$$

darstellen, wenn man die willkürliche Amplitudenkonstante mit in die Ortsfunktion hineinnimmt (vgl. z.B. (8.41) und (8.55)). Für Membranen gilt sinngemäß $f\,(x, y)$ anstelle von $f\,(x)$.

In einer beliebigen Lage ist die kinetische Energie solcher Körper, die mit ihrer ersten Eigenschwingungsform schwingen, nach Def. 7.2 aus 7.4.2

$$E_1 = \frac{1}{2}\int\limits_{(V)}\rho\left(\frac{\partial w_1}{\partial t}\right)^2 dV = \frac{\omega_1^2}{2}\sin^2\,(\omega_1\,t - \alpha_1)\int\limits_{(V)}\rho\,f^2\,(x)\,dV\;.$$

Beim Durchgang durch die Nullage wird sie ein Maximum, d.h.

$$E_{max} = \frac{\omega_1^2}{2}\int\limits_{(V)}\rho\,f^2\,(x)\,dV = \omega_1^2\,\overline{E} \qquad\qquad (8.60)$$

wobei man zur Abkürzung die sog. „bezogene kinetische Energie" $\overline{E}$ einführt. Wegen (8.59)
läßt sich damit die erste Eigenfrequenz durch den sog. RAYLEIGHschen Quotienten

$$\omega_1^2 = \frac{U_{max}}{\overline{E}} \tag{8.61}$$

darstellen. Es gilt also

Satz 8.3:
Das Quadrat der ersten Eigenfrequenz der Schwingung eines elastischen Systems
ist gleich dem Quotienten aus maximaler potentieller und bezogener kinetischer
Energie.

Zu einer Näherung für ω_1^2 kommt man nun, indem man für $f(x)$ eine *Vergleichsfunktion* $\tilde{f}(x)$ annimmt, die nicht der Schwingungsdifferentialgleichung zu genügen
braucht, jedoch wenigstens die geometrischen Randbedingungen des speziellen Problems
erfüllen muß. Damit läßt sich dann sowohl die bezogene kinetische Energie $\overline{E}$ als auch
die im elastischen Körper bei seiner größten Auslenkung aufgespeicherte potentielle
Energie U_{max} bestimmen, die beide reine Ortsfunktionen sind. Wenn das Niveau der
Lageenergie so gewählt wird, daß die gesamte potentielle Energie (Lageenergie und Formänderungsenergie) in der Nullage (statische Ruhelage) verschwindet, dann ist die potentielle Energie U_{max} bei der größten Auslenkung die Deformationsenergie des Körpers,
also die Formänderungsenergie W. Diese wiederum ist die Arbeit, die sämtliche Spannungen an den Verzerrungen des Körpers verrichten (vgl. 6.12). Eine Vorspannung – z.B.
durch Eigengewicht – und der zugehörige Anteil an der Formänderungsenergie bleibt
dabei außer Betracht.

Diese Überlegungen sollen am Beispiel eines Biegebalkens konkretisiert werden. Die
maximale Formänderungsenergie für den elastischen Biegebalken veränderlichen Trägheitsmomentes $I_y(x)$ ist ohne Berücksichtigung der Längs- und Querkräfte nach (6.239a) mit
$\max w(x) = f(x)$

$$W_{max} = \int_{(V)} \sigma_{ij}\, d\epsilon_{ij}\, dV = \int_{(V)} \sigma_{ij}\, d\left(\frac{\sigma_{ij}}{E}\right) dV = \int_{(V)} \frac{d(\sigma_{ij}^2)}{2\,E}\, dV =$$

$$= \frac{1}{2} \int_0^l EI_y\, f''^2(x)\, dx = U_{max} \tag{8.62}$$

Mit (8.60) folgt also aus (8.61) für die erste Eigenfrequenz eines Balkens mit veränderlicher Querschnittsfläche $A(x)$ (Näherung)

$$\omega_1^2 = \frac{\displaystyle\int_0^l EI_y(x)\, f''^2(x)\, dx}{\displaystyle\int_0^l \rho\, A(x)\, f^2(x)\, dx} \tag{8.63}$$

Nimmt man nun die Vergleichsfunktion $\tilde{f}(x)$ statt der (unbekannten) exakten Lösungsfunktion $f(x)$, so wird für die genäherte erste Eigenfrequenz entsprechend

$$\tilde{\omega}_1^2 = \frac{\displaystyle\int_0^l EI_y(x)\, \tilde{f}''^2(x)\, dx}{\displaystyle\int_0^l \rho\, A(x)\, \tilde{f}^2(x)\, dx} \geqslant \omega_1^2 \tag{8.64}$$

wobei dieser Näherungswert — wie man zeigen kann — für $\tilde{f}(x) \neq f(x)$ stets größer als die exakte Grundschwingungsfrequenz ist. Für $\tilde{f}(x) = f(x)$ würde man die exakte Frequenz erhalten. Der Vorteil dieses Näherungsverfahrens liegt darin, daß man (auch für veränderliche Querschnitte) wegen der verwendbaren Vergleichsfunktion $\tilde{f}(x)$, die nicht die DGL, sondern nur die geometrischen RB zu erfüllen braucht, verhältnismäßig einfach zu einer Lösung kommen kann, wie die folgenden Beispiele zeigen.

Beispiel 1: Für den beidseitig eingespannten Stab mit konstantem Querschnitt (Bild 8-13) nehmen wir die Vergleichsfunktion

$$\tilde{f}(x) = \frac{w_{max}}{2}\left(1 - \cos\frac{2\pi x}{l}\right) ,$$

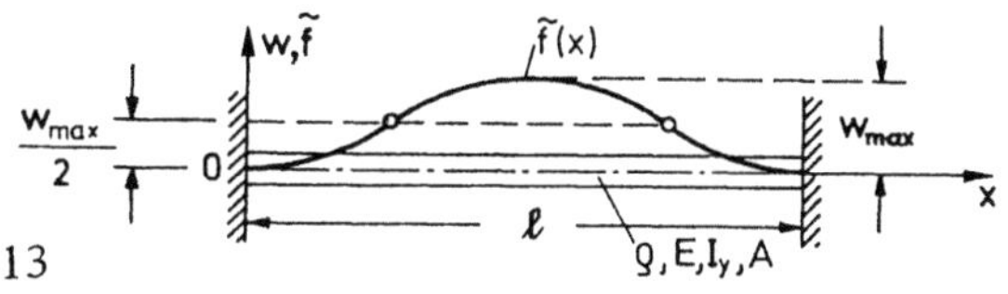

Bild 8-13

welche die Randbedingungen $\tilde{f}(0) = \tilde{f}(l) = \tilde{f}'(0) = \tilde{f}'(l) = 0$ erfüllt. Wir erhalten mit der normierten Durchbiegung $w_{max} = 1$ die maximale Formänderungsenergie nach (8.62) mit $EI_y = $ const

$$U_{max} = \frac{EI_y}{2}\int_{x=0}^{l} \tilde{f}''^2(x)\, dx = \frac{EI_y}{8}\left(\frac{2\pi}{l}\right)^4 \int_{x=0}^{l} \cos^2\left(\frac{2\pi x}{l}\right) dx = \frac{EI_y\, \pi^4}{l^3} ,$$

die maximale bezogene kinetische Energie nach (8.60) mit $\rho\, dV = \rho\, A\, dx$

$$\bar{E} = \frac{1}{2}\int_{x=0}^{l} \frac{\rho A}{4}\left(1 - \cos\frac{2\pi x}{l}\right)^2 dx = \frac{3}{16}\rho A l$$

und damit aus (8.61) die erste Eigenkreisfrequenz

$$\tilde{\omega}_1 = \frac{1}{l^2} \sqrt{\frac{16\,\pi^4\,EI_y}{3\,\rho A}} = \frac{22{,}79}{l^2} \sqrt{\frac{EI_y}{\rho A}} > \omega_1 = \frac{22{,}37}{l^2} \sqrt{\frac{EI_y}{\rho A}} \, .$$

Gegenüber dem korrekten Wert nach (8.54) ist dieser Näherungswert um 1.9 % zu groß.

Beispiel 2: Für den beidseitig frei aufgelagerten Stab mit einer Einzelmasse m in der Mitte wählen wir als Näherungsfunktion die Schwingungsform des Stabes ohne die Masse m

$$\tilde{f}(x) = w_{max} \sin \frac{\pi x}{l} = \sin \frac{\pi x}{l}$$

mit der Durchbiegung $w_{max} = 1$, die die Randbedingungen erfüllt (Bild 8-14). Wir berechnen damit für den Stab U_{max} und $\overline{E}$ wie im Beispiel 1. Die kinetische Energie der Masse ist mit $w(x, t) = \tilde{f}(x) \cos(\omega_1 t - \alpha_1)$

$$\frac{m}{2} \left(\frac{\partial w}{\partial t}\right)^2 \Bigg|_{x = l/2} = \frac{m}{2} \tilde{f}^2 (l/2) \, \omega_1^2 \sin^2 (\omega_1 t - \alpha_1) \, ,$$

so daß ihre bezogene kinetische Energie $\overline{E}_M = \dfrac{m}{2} \tilde{f}^2 (l/2)$ wird. Damit erhalten wir aus dem Rayleighschen Quotienten (8.61)

$$\omega_1^2 = \frac{U_{max}}{\overline{E} + \overline{E}_M} = \frac{\dfrac{EI_y}{2} \left(\dfrac{\pi}{l}\right)^4 \displaystyle\int_{x=0}^{l} \sin^2 \left(\dfrac{\pi x}{l}\right) dx}{\dfrac{1}{2} \displaystyle\int_{x=0}^{l} \rho A \sin^2 \left(\dfrac{\pi x}{l}\right) dx + \dfrac{m}{2} \tilde{f}^2 \left(\dfrac{l}{2}\right)} = \frac{EI_y\,\pi^4}{4\,l^3 \left(\dfrac{\rho A l}{4} + \dfrac{m}{2}\right)}$$

die erste Eigenkreisfrequenz für das System nach Bild 8-14

$$\omega_1 = \pi^2 \sqrt{\frac{EI_y}{2\,l^3 \left(m + \dfrac{m_S}{2}\right)}} \, .$$

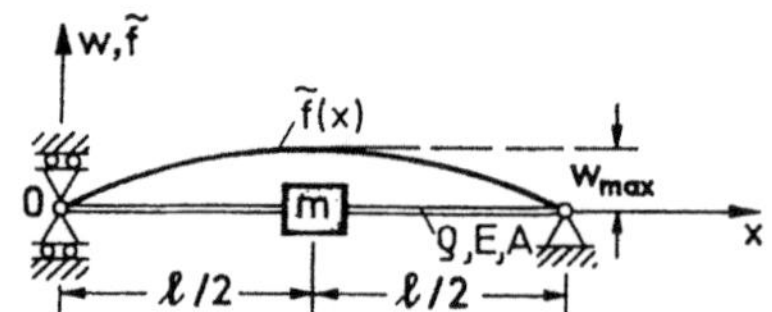

Bild 8-14

Für $m = 0$ ergibt sich für $k = 1$ der Wert nach (8.51) mit $m_S = \rho A l$, da wir von der für diesen Fall korrekten Eigenschwingungsform, der Sinuskurve, ausgegangen sind $(\tilde{f}(x) = f(x))$.

8.3 Bewegung idealer Fluide (Fluidmechanik)

8.3.1 Stoffgesetz

Wie schon unter 8.2.1 festgestellt, unterscheidet sich die Beschreibung der Bewegung von Systemen mit verschiedenen deformierbaren Stoffen bei sonst gleichen Grundgleichungen nur durch das Stoffgesetz. Ersetzt man also z.B. das HOOKEsche Gesetz (8.4) in den Grundgleichungen der Kinetik durch ein anderes Materialgesetz, so erhält man ein modifiziertes Gleichungssystem, das dann entsprechend die Bewegung eines anderen als die des elastischen Festkörpers beschreibt. So kommt man zur jeweiligen Beschreibung von Problemen der Elastizität, Plastizität, Viskosität, Visko-Elastizität usw., wobei jeder Materialklasse bestimmte reale Materialien und/oder Bewegungs- und Belastungszustände zugeordnet werden können.

Setzt man derart z.B. voraus, daß in einem Stoff an jedem Ort und zu jeder Zeit *keine* Tangentialspannungen (keine inneren Reibungen) auftreten, so wird damit die Stoffklasse der *idealen Fluide* (nicht-viskose Stoffe) definiert, der man viele der üblichen Flüssigkeiten und idealen Gase zuordnen kann. Die Annahme völliger Reibungsfreiheit korrespondiert dabei mit der täglichen Erfahrung, daß sich Flüssigkeiten und Gase „leicht" deformieren lassen. Denn offenbar wird einer Gestaltänderung und der damit verbundenen relativen Verschieblichkeit der materiellen Punkte gegeneinander nur ein verhältnismäßig kleiner und in der physikalischen Modellbildung hierfür überhaupt kein Widerstand in Form von Tangentialspannungen entgegengesetzt.

Mit der Annahme der Tangentialspannungsfreiheit verschwinden damit drei der sechs Spannungen des Spannungszustandes (vgl. (8.5)), also wird zunächst

$$\mathbb{S} = \begin{pmatrix} \sigma_{11} & 0 & 0 \\ 0 & \sigma_{22} & 0 \\ 0 & 0 & \sigma_{33} \end{pmatrix} e_i\, e_j \qquad (8.65)$$

Diese Voraussetzung soll für alle Orte und alle Richtungen, also auch für jeden beliebigen Schnitt unter dem Winkel φ (Bild 8-15) innerhalb des Fluids gelten. Damit folgt einerseits aus der Definition des Spannungsvektors (vgl. Def. 3.1 und (3.7)) mit

$$\boldsymbol{\sigma}_n = \boldsymbol{\sigma}_1\, n_1 + \boldsymbol{\sigma}_2\, n_2 + \boldsymbol{\sigma}_3\, n_3 = \mathbb{S} \cdot \mathbf{n}$$
$$\boldsymbol{\sigma}_i = \sigma_{i1}\, e_1 + \sigma_{i2}\, e_2 + \sigma_{i3}\, e_3 ; \qquad i = 1, 2, 3 \qquad (8.66)$$

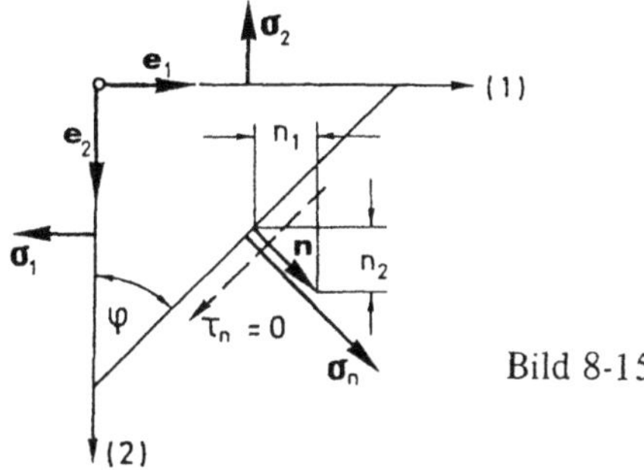

Bild 8-15

Andererseits folgt aus der Tatsache, daß der Spannungsvektor bezüglich jeder beliebigen Schnittfläche mit dem Stellungsvektor **n** keine Tangentialkomponente ($\tau_n = 0$) und damit nur eine Normalspannungskomponente ($\boldsymbol{\sigma}_n = \sigma\, \mathbf{n}$) haben soll (vgl. 3.1)

$$\boldsymbol{\sigma}_n = \sigma\, \mathbf{n} = \sigma(n_1\, e_1 + n_2\, e_2 + n_3\, e_3) = \sigma(\mathbb{E} \cdot \mathbf{n}) = (\sigma\, \mathbb{E}) \cdot \mathbf{n} \qquad (8.67)$$

Der Vergleich der Gln. (8.66) und (8.67) ergibt bei Berücksichtigung von (8.65)

$$\boldsymbol{\sigma}_n = \sigma\, (n_1\, e_1 + n_2\, e_2 + n_3\, e_3) = (\sigma_{11}\, e_1)\, n_1 + (\sigma_{22}\, e_2)\, n_2 + (\sigma_{33}\, e_3)\, n_3 \ .$$

Aus dem Komponentenvergleich von rechter und linker Seite folgt für beliebige $\mathbf{n}$ bzw. beliebige $n_i = \mathbf{n} \cdot \mathbf{e}_i$

$$\sigma_{11} = \sigma_{22} = \sigma_{33} = \sigma = -p \tag{8.68}$$

Gl. (8.68) sagt also aus: Alle drei Normalspannungen am Ort x, y, z sind in einer idealen Flüssigkeit gleich groß — und da diese bei Flüssigkeiten und Gasen nur Druckspannungen ($\sigma \leqslant 0$) sein können, ist σ gleich dem aus Zweckmäßigkeitsgründen positiv gerechneten, in allen Richtungen gleichen Druck $p \geqslant 0$ an der Stelle x, y, z. Es gilt also

Satz 8.4: (PASCAL*sches Gesetz*)
Der Druck p in einem Punkt x, y, z eines idealen Fluids ist in allen Richtungen gleich groß (Isotropie des Druckes).

Der gesamte Spannungszustand in solchen Flüssigkeiten vereinfacht sich gegenüber dem der betrachteten Festkörper (vgl. (8.5)), also wegen (8.65) bis (8.68) damit zu

$$\mathbb{S} = -p\,\mathbb{E} \tag{8.69}$$

mit der Koordinaten-Matrix

$$(\sigma_{ij}) = \begin{pmatrix} -p & 0 & 0 \\ 0 & -p & 0 \\ 0 & 0 & -p \end{pmatrix} = -p \begin{pmatrix} 1 & 0 & 0 \\ 0 & 1 & 0 \\ 0 & 0 & 1 \end{pmatrix} \tag{8.70}$$

Der MOHRsche Spannungskreis (vgl. (3.26)) für diesen sog. *hydrostatischen Spannungszustand* fällt wegen $\sigma_{11} = \sigma_{22} = -p$ zu einem Punkt auf der negativen σ-Achse zusammen (vgl. Bild 3-10b). Gl. (8.69) stellt das (mechanische) Stoffgesetz für „ideale Fluide" (Flüssigkeiten und ideale Gase) dar. Näherungsweise können hiermit auch reale Flüssigkeiten gerechnet werden (vgl. 8.3.4).

8.3.2 Bewegungsgleichungen

Der Spannungszustand ist mit (8.69) bekannt, wenn der Druck p an jeder Stelle x und zu jeder Zeit t, also

$$p = p\,(x, y, z, t) \tag{8.71}$$

berechenbar ist. Weiter verbleiben als Unbekannte nur noch der Verschiebungsvektor $\mathbf{u}$ bzw. dessen zeitliche Ableitung, die Geschwindigkeit (vgl. (2.7))

$$\dot{\mathbf{u}} = \mathbf{v} = \mathbf{v}\,(x, y, z, t) = (v_x, v_y, v_z) \tag{8.72}$$

mit ihren drei Koordinaten v_x, v_y, v_z sowie als fünfte unbekannte Größe die Dichte

$$\rho = \rho\,(x, y, z, t) \tag{8.73}$$

Von den 15 Unbekannten der allgemeinen Kinetik der deformierbaren Medien mit
15 Gleichungen (vgl. (8.1), (8.3) und (8.5)) verbleiben also hier nur die obigen fünf Skalare
als Funktionen der vier Variablen x, y, z und t. Bei dieser EULER*schen Betrachtungsweise*
stellt man nicht mehr, wie in der Mechanik fester Körper, die Lage, Geschwindigkeit und
Beschleunigung jedes Körperelements als Funktion der Zeit dar (LAGRANGE*sche Betrachtungsweise*), sondern gibt den durch die fünf Skalare gekennzeichneten Strömungszustand und seine zeitliche Änderung für jeden Punkt x, y, z des flüssigen Kontinuums,
des sog. Strömungsfeldes, und zu jeder Zeit t an (vgl. 1.3.7).

Das System hat sich durch das spezielle Stoffgesetz (8.69) erheblich vereinfacht.
Entsprechend werden fünf Gleichungen benötigt, wobei zunächst drei davon aus dem
I. Axiom folgen. Das II. Axiom ist für die Symmetrie des Spannungstensors verbraucht
bzw. hier auch durch das Verschwinden aller Tangentialspannungen ohnehin identisch
erfüllt. Das I. Axiom (8.6), also hier

$$
\nabla \cdot \mathbb{S} + \mathbf{f}_V = \rho \, \dot{\mathbf{v}} = \rho \, \frac{d\mathbf{v}}{dt} \tag{8.74}
$$

liefert mit (8.69) unter Beachtung der Produktenregel

$$
\nabla \cdot (-p\,\mathbb{E}) + \mathbf{f}_V = -(\nabla p) \cdot \mathbb{E} - p\,(\nabla \cdot \mathbb{E}) + \mathbf{f}_V = \rho \, \frac{d\mathbf{v}}{dt}
$$

die EULER*sche Bewegungsgleichung für ideale Fluide*

$$
-\nabla p + \mathbf{f}_V = \rho \, \frac{d\mathbf{v}}{dt} \tag{8.75}
$$

mit der Aussage

Satz 8.5:
Die Summe aus negativem Druckgradienten und Volumenkraftdichte ist an jeder
Stelle des Strömungsfeldes gleich der spezifischen Massenbeschleunigung.

Vielfach bezieht man die auf das Volumenelement wirkende Kraft auch auf dessen Masse,
verwendet also die spezifische Massenkraft $\mathbf{f}_m = 1/\rho \, \mathbf{f}_V$, so daß die EULER sche Gleichung
dann lautet:

$$
-\frac{1}{\rho} \nabla p + \mathbf{f}_m = \frac{d\mathbf{v}}{dt} \tag{8.75a}
$$

Das I. Axiom liefert also mit der Volumenkraftdichte $\mathbf{f}_V = (f_x, f_y, f_z)$ und
$\ddot{\mathbf{u}} = \dot{\mathbf{v}} = (\dot{v}_x, \dot{v}_y, \dot{v}_z)$ nach (8.72) sowie mit dem Stoffgesetz (8.69) die drei Koordinatengleichungen von (8.75)

$$-\frac{\partial p}{\partial x} + f_x = \rho\,\frac{dv_x}{dt}$$
$$-\frac{\partial p}{\partial y} + f_y = \rho\,\frac{dv_y}{dt} \qquad\qquad (8.76)$$
$$-\frac{\partial p}{\partial z} + f_z = \rho\,\frac{dv_z}{dt}$$

Der rechte Term von (8.75) ist dabei die vollständige Ableitung der Geschwindigkeit nach der Zeit. Da v nach (8.72) von allen vier EULERschen Variablen x, y, z, t abhängt, ist mit Def. 1.13 bzw. (1.108)

$$\frac{dv}{dt} = \frac{\partial v}{\partial x}\,\frac{\partial x}{\partial t} + \frac{\partial v}{\partial y}\,\frac{\partial y}{\partial t} + \frac{\partial v}{\partial z}\,\frac{\partial z}{\partial t} + \frac{\partial v}{\partial t} \qquad\qquad (8.77)$$

x, y, z selbst hängen nur von t ab, also gilt weiter

$$\frac{dv}{dt} = \frac{\partial v}{\partial x}\,\frac{dx}{dt} + \frac{\partial v}{\partial y}\,\frac{dy}{dt} + \frac{\partial v}{\partial z}\,\frac{dz}{dt} + \frac{\partial v}{\partial t} \qquad\qquad (8.78)$$

Mit

$$\frac{dx}{dt} = \dot{x} = v_x \,, \quad \frac{dy}{dt} = \dot{y} = v_y \,, \quad \frac{dz}{dt} = \dot{z} = v_z$$

folgt gemäß Satz 1.9

$$\frac{dv}{dt} = v_x\,\frac{\partial v}{\partial x} + v_y\,\frac{\partial v}{\partial y} + v_z\,\frac{\partial v}{\partial z} + \frac{\partial v}{\partial t} \qquad\qquad (8.79)$$

Mit den ersten drei Gliedern auf der rechten Seite von (8.79) als Skalarprodukt kann geschrieben werden

$$\frac{dv}{dt} = (v_x, v_y, v_z) \cdot \left(\frac{\partial}{\partial x}, \frac{\partial}{\partial y}, \frac{\partial}{\partial z}\right) v + \frac{\partial v}{\partial t} = (v \cdot \nabla)\, v + \frac{\partial v}{\partial t} \qquad\qquad (8.80)$$

Also gilt

Satz 8.6:
Die Beschleunigung dv/dt ist als totale Ableitung die substantielle oder materielle Ableitung der Geschwindigkeit. Ihre beiden Anteile sind die sog. konvektive Ableitung $(v \cdot \nabla)\, v$, die die Änderung mit dem Ort (Konvektion) und die sog. lokale Ableitung $\partial v/\partial t$, die die zeitliche Änderung bei festgehaltenem Ort beschreibt (vgl. hierzu Satz 1.9).

Gl. (8.75) geht dann mit (8.80) über in die EULER*sche Bewegungsgleichung* in der Form

$$\rho \left[\frac{\partial \mathbf{v}}{\partial t} + (\mathbf{v} \cdot \nabla)\, \mathbf{v}\right] = \mathbf{f}_V - \nabla p \qquad (8.81)$$

8.3.3 Kontinuitätsgleichung

Mit der Strömung eines Fluids ist im allgemeinen ein offenes System verbunden: Legt man ein begrenztes, nicht mitbewegtes Kontrollvolumen um oder in das strömende Kontinuum, so ist festzustellen, daß einerseits in dem Kontrollvolumen Masse enthalten ist und andererseits Masse durch dessen Oberfläche sowohl ein- als auch ausströmt (Massenfluß). Bei allen denkbaren Zustandsänderungen ist dabei die Erhaltung der Masse (Satz 1.1) sicherzustellen. Man bilanziert daher die im Kontrollvolumen enthaltene sowie die zu- und abströmende Masse. Bei dieser Summation ist ein Massengewinn bzw. -verlust auszuschließen.

Ist dV ein differentielles Kontrollvolumen als Teil des gesamten Kontrollvolumens nach Bild 8-16 mit dA als Endfläche und ist $\rho\,(x, y, z, t)$ die Dichte sowie $\mathbf{v}\,(x, y, z, t)$ die Geschwindigkeit an dieser Stelle, wobei im allgemeinen $\mathbf{v}$ nicht in Richtung von $\mathbf{n}$ weist, so tritt durch dA der Massenfluß pro Zeiteinheit

$$d\dot{m}_F = \rho\, \mathbf{v} \cdot \mathbf{n}\, dA$$

in Normalenrichtung, also aus dem Kontrollvolumen über die Fläche dA aus, während der tangentiale Anteil im Kontrollvolumen verbleibt.

Die Erhaltung der Masse verlangt nun, daß der über die gesamte Oberfläche A(V) ein- und austretende Massenfluß

$$\dot{m}_F = \oint\limits_{A(V)} \rho\, \mathbf{v} \cdot \mathbf{n}\, dA$$

durch eine zeitliche Massenänderung im konstanten Kontrollvolumen, also durch eine zeitliche Dichteänderung am jeweiligen Ort x, y, z

$$\dot{m}_V = \int\limits_{(V)} \frac{\partial \rho}{\partial t}\, dV$$

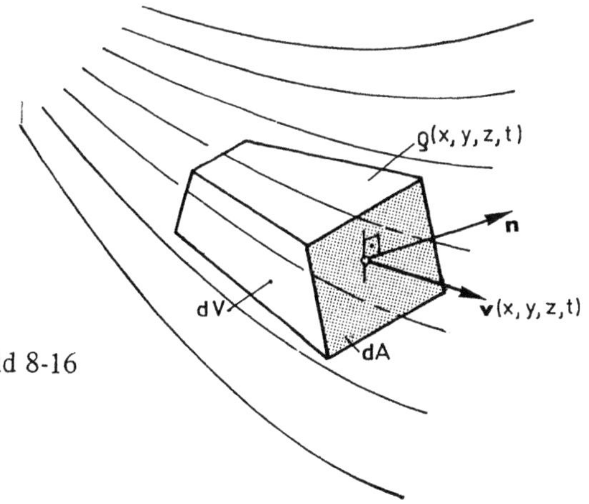

Bild 8-16

kompensiert wird: Somit erhält man als *Kontinuitätsgleichung*

$$\int\limits_{(V)} \frac{\partial \rho}{\partial t}\, dV + \oint\limits_{A(V)} \rho\, \mathbf{v} \cdot \mathbf{n}\, dA = 0 \qquad (8.82)$$

Das Oberflächenintegral läßt sich wieder mit Hilfe des GAUSSschen Satzes (vgl. Satz 1.10) umschreiben:

$$\oint\limits_{A(V)} (\rho\, \mathbf{v}) \cdot \mathbf{n}\, dA = \int\limits_{(V)} \nabla \cdot (\rho\, \mathbf{v})\, dV\ .$$

Aus (8.82) wird dann

$$\int\limits_{(V)} \left[\frac{\partial \rho}{\partial t} + \nabla \cdot (\rho\, \mathbf{v}) \right] dV = 0 \qquad (8.83)$$

Da (8.83) für beliebige Kontrollvolumina V gelten muß, läßt sich folgern, daß das Integral für alle V nur Null ist, wenn der Integrand selber Null ist, so daß als *Kontinuitätsgleichung (Feldgleichung)*

$$\frac{\partial \rho}{\partial t} + \nabla \cdot (\rho\, \mathbf{v}) \equiv \frac{\partial \rho}{\partial t} + \mathrm{div}\,(\rho\, \mathbf{v}) = 0 \qquad (8.84)$$

folgt. Es gilt dann

> **Satz 8.7:**
> In jedem Punkt x, y, z des Strömungsfeldes eines kompressiblen Fluids ist die Summe aus lokaler Dichteänderung und Divergenz von $\rho\, \mathbf{v}$ gleich Null.

Nach Ausmultiplikation des Skalarproduktes unter Beachtung der Produktenregel bei der Differentiation und der sinngemäßen Anwendung der Differentiationsregel (8.80) auf die Dichte ρ als skalare Feldgröße kann die Kontinuitätsgleichung auch in folgender Form geschrieben werden:

$$\frac{\partial \rho}{\partial t} + \mathbf{v} \cdot (\nabla \rho) + \rho\, (\nabla \cdot \mathbf{v}) = \frac{d\rho}{dt} + \rho\, (\nabla \cdot \mathbf{v}) = 0 \qquad (8.85)$$

Gl. (8.82) oder (8.83) in Integralform bzw. (8.84) oder (8.85) als Feldgleichung stellen als skalare Kontinuitätsgleichung neben den drei Koordinatengleichungen der EULERschen Bewegungsgleichung (8.75) bzw. (8.81) die vierte der fünf zur Beschreibung der idealen Fluide notwendigen Gleichungen dar.

8.3.4 Spezielle Zustandsgleichung

Die fünfte und letzte Gleichung muß nochmals ein Stoffgesetz sein, da zwar mit (8.70) eine Aussage über die Tangentialspannungen ($\sigma_{ij} = 0$; $i \neq j$) bzw. über die Gestaltänderung getroffen worden ist, jedoch noch nichts über den Zusammenhang von Normalspannungen (Druck p) und Volumenänderungen bei konstanter Masse, also über die Änderungen der Dichte ρ ausgesagt worden ist. Eine solche Gleichung ist die *thermische Zustandsgleichung*

$$F\,(p, \rho, T) = 0 \qquad (8.86)$$

Sie besagt, ob und wie allseitig unter dem Druck p stehende Stoffe bei Änderung der Temperatur T und/oder des Druckes p ihr Volumen ändern.

Der jeweilige analytische Zusammenhang zwischen den Zustandsgrößen p, ρ und T muß experimentell ermittelt werden. So erhält man für „ideale Gase" z.B.

$$p\,V^s = R\,T \qquad (8.87)$$

oder mit $V^s = 1/\rho$ als spezifisches Volumen

$$p = \rho\,R\,T \qquad (8.88)$$

wobei R die spezielle Gaskonstante und T die absolute Temperatur ist. Damit wird gleichzeitig deutlich, daß die nun vorliegenden fünf Gleichungen nicht nur die idealen Flüssigkeiten, sondern — wie oben bereits erwähnt — auch die idealen Gase sowie näherungsweise die ihnen verwandten realen Stoffe beschreiben.

Im Rahmen dieser Abhandlung wird auf Zustandsgleichungen der Thermodynamik verzichtet. Man muß hier also allein die mechanischen Größen Druck und Dichte durch eine „Zwangsbedingung"

$$F\,(\rho, p) = 0\;,$$

also z.B. durch

$$p = f\,(\rho) = c\,\rho^m \qquad \text{mit} \qquad \begin{cases} m = 1\,; & \textit{isothermer}\ \text{Prozeß} \\ m = \kappa\,; & \textit{isentroper}\ \text{Prozeß} \\ m = 0\,; & \textit{isobarer}\ \text{Prozeß} \end{cases}$$

oder

$$\rho \neq \rho\,(p) \qquad \text{bzw. mit} \qquad m \to \infty\,; \ \textit{isochorer}\ \text{Prozeß}$$

ausdrücken. Die letztere Zwangsbedingung, wonach die Dichte überhaupt keine Funktion der anderen Zustandsgrößen, d.h. also $\rho = \text{const}$ ist, besagt, daß alle ansonsten möglichen Zustandsänderungen unter konstantem Volumen (isochor) erfolgen — das Material also *inkompressibel* ist.

Mit der Forderung $\rho = \text{const}$ trennt man von der „*Gasdynamik*" der kompressiblen Gase die „*Fluid-* bzw. *Hydromechanik*" der inkompressiblen Flüssigkeiten (z.B. Wasser, Öl u.a.). Da sich jedoch viele andere Flüssigkeiten und selbst auch noch Gase bei Geschwindigkeiten, die hinreichend weit unter der zugehörigen Schallgeschwindigkeit liegen, prak-

tisch isochor verhalten, wird im folgenden für diese sog. *Fluide* die Zwangsbedingung der
Inkompressibilität

$$\rho = \text{const} \tag{8.89}$$

eingeführt. Man kommt derart zur Kinetik der idealen inkompressiblen Fluide.

Die *Kontinuitätsgleichung* (8.85) vereinfacht sich wegen (8.89), also $\partial\rho/\partial t = 0$ und
$\nabla\rho = 0$ bzw. wegen $d\rho/dt = 0$ zu

$$\nabla \cdot \mathbf{v} \equiv \text{div}\,\mathbf{v} = 0 \tag{8.90}$$

Satz 8.8:
In jedem Punkt x, y, z des Strömungsfeldes eines inkompressiblen Fluids ist die
Divergenz der Geschwindigkeit gleich Null.

Nach (8.82) kann diese Kontinuitätsgleichung auch in folgender Integralform verwendet
werden

$$\oint\limits_{A(V)} \mathbf{v} \cdot \mathbf{n}\, dA = \text{const} \tag{8.91}$$

Die EULERschen Bewegungsgleichungen (8.81) bleiben unverändert. Damit stehen bei
$\rho = \text{const}$ jetzt *vier* Gleichungen, nämlich drei nach (8.81) und eine nach (8.90) für die
drei Geschwindigkeiten v_x, v_y, v_z und den skalaren Druck p in Form von Differentialgleichungen zur Verfügung, deren Lösungen schließlich den Anfangs- und Randbedingungen
anzupassen sind. Zu einer bestimmten Zeit t (z.B. $t = 0$) muß somit in dem betrachteten
Gebiet der Strömungszustand, gekennzeichnet durch den Druck und die Geschwindigkeit,
und für die Randbedingungen das Verhalten des Fluids an den Grenzen des Gebietes bekannt sein.

Die von den konvektiven Ableitungen (s. z.B. (8.81)) bedingte Nichtlinearität der
EULERschen Bewegungsgleichungen bedeutet in Zusammenhang mit dem beschriebenen
Anfangs-Randwert-Problem eine erhebliche Erschwerung für ihre Lösung. Daher wird die
Integration im folgenden nur für spezielle Fälle vorgenommen.

8.3.5 Statik der Fluide (Hydrostatik)

Der sicher einfachste Fall ist dabei der Zustand der Ruhe im idealen Fluid. Die
EULERsche Gleichung (8.75) geht hierfür mit $d\mathbf{v}/dt = \mathbf{0}$ in die Gleichgewichtsbedingung
des Fluids

$$\mathbf{f}_V - \nabla p = \mathbf{0} \tag{8.92}$$

oder nach (8.75a) in

$$f_m - \frac{1}{\rho} \nabla p = 0 \qquad (8.92a)$$

über.

Diese Gleichungen gelten übrigens auch für bestimmte reale Fluide, für die die Schubspannung proportional zur Änderung der Geschwindigkeit v quer zur Strömungsrichtung angenommen werden kann. Für $v = 0$ bzw. const. im Falle der Statik treten dann auf der rechten Seite der Gl. (8.81) keine zusätzlichen Spannungsterme auf und somit gilt Gl. (8.92) auch für diese Fälle.

Da bei Ruhe der Druck keine Funktion der Zeit, sondern nur noch eine reine Ortsfunktion $p\,(x, y, z)$ sein kann, besagt (8.92), daß das Gleichgewicht nur bestehen kann, wenn sich die spezifische Volumenkraft f_V aus dem Gradienten einer Ortsfunktion – also wie bei konservativen dynamischem System starrer Körper (vgl. 7.4.3) – aus einem *Potential* U_p (sog. *Druckpotential*) herleiten lassen muß. Demnach muß gelten:

$$f_V = \nabla p = - \nabla U_p \qquad (8.93)$$

Die dann mögliche Integration der rechten Seite liefert das Druckpotential

$$U_p = - p + C \qquad (8.94)$$

Für die spezifische Massenkraft f_m besteht ein solches Druckpotential aber nur für konstante Dichte ρ, d.h. für inkompressible Fluide: Das erkennt man aus Gl. (8.92a), nach der nur für $\rho = $ const

$$f_m = \frac{1}{\rho} \nabla p = \nabla \left(\frac{p}{\rho} \right) = - \nabla U$$

gilt, so daß also die Massenkraft f_m bei $\rho = $ const wie die Volumenkraft f_V aus dem gleichen Potential U abgeleitet werden kann. Es gilt also

---

Satz 8.9:
Im inkompressiblen Fluid ist Gleichgewicht nur möglich, wenn die Volumenkraftdichte f_V ein Potential hat.

Die Integrationskonstante in (8.94) ergibt sich aus dem Potential an einer Stelle (x_0, y_0, z_0) mit bekanntem Druck p_0, also aus

$$U_p\,(x_0, y_0, z_0) = U_{p0} = - p_0 + C$$

zu $C = U_{p0} + p_0$, so daß man den Druck p für den gesamten Flüssigkeitsbereich aus

$$p\,(x, y, z) = [U_{p0} - U_p\,(x, y, z)] + p_0 \qquad (8.96)$$

berechnen kann, wenn das Potential der Volumenkraft $U_p\,(x, y, z)$ bekannt ist.

Die Kurven gleichen Druckes $p(x, y, z) = $ const sind die „*Niveauflächen*". Sie sind mit den Kurven gleichen Potentials, den sog. „*Äquipotentialflächen*" $U(x, y, z) = $ const bis auf eine Konstante identisch. Für $p = $ const, also wegen

$$dp = \frac{\partial p}{\partial x} dx + \frac{\partial p}{\partial y} dy + \frac{\partial p}{\partial z} dz = 0$$

$$dp = \left(\frac{\partial p}{\partial x}, \frac{\partial p}{\partial y}, \frac{\partial p}{\partial z} \right) \cdot (dx, dy, dz) = \nabla p \cdot dr = 0 \qquad (8.97)$$

bedeutet das, daß der Druckanstieg in jeder Richtung der Volumenkraft proportional ist und die Äquipotential- bzw. Niveauflächen stets orthogonal zu der Richtung der Volumenkraft sind.

Ist die Erdgravitation in einer Flüssigkeit konstanter Dichte ρ die einzige Volumenkraft, ist also (vgl. Bild 8-17)

$$\mathbf{f}_V = \frac{1}{V} \mathbf{G} = \frac{1}{V} m \mathbf{g} = \rho \mathbf{g} = \rho g \mathbf{e}_z \, ,$$

so ist das Druckpotential wegen $\rho = $ const

$$U_p = -\frac{1}{V} mgz = -\rho gz \, ,$$

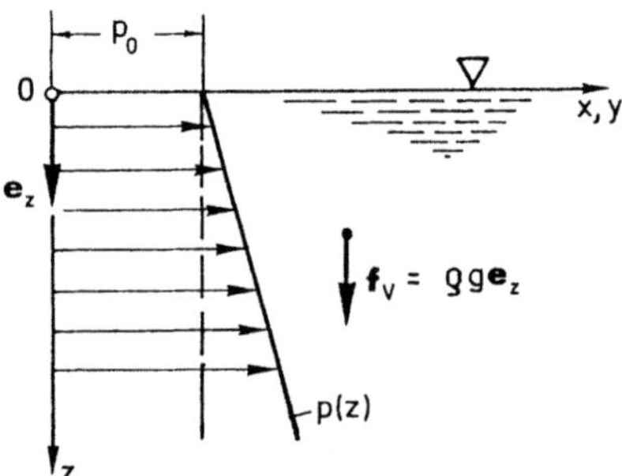

Bild 8-17

und aus (8.96) folgt bei bekanntem Druck p_0 an der Oberfläche $z = 0$ mit $U_{p0} = U(0) = 0$ der Druck

$$p(x, y, z) = p(z) = p_0 + \rho gz \qquad (8.98)$$

Satz 8.10:
Der *hydrostatische Druck* in einer Flüssigkeit nimmt im Schwerefeld *linear* mit der Tiefe z zu. Die *Niveauflächen* stehen senkrecht zur Volumenkraftdichte und sind somit *horizontale* Ebenen.

Im übrigen gilt nach wie vor Satz 8.4 von der *Isotropie des Druckes*, wonach der Druck p in der Tiefe z in allen Richtungen gleich groß ist.

Beispiel 1: *Flüssigkeitsdruck auf feste Wände.* Auf die an die Flüssigkeit grenzenden festen Wände wirkt der Druck nach (8.98), und zwar wegen des Fehlens von Schubspannungen normal zur Wand. Wir wollen die Resultierende aller Druckspannungen und ihre Lage für eine schräggestellte ebene Wand eines Behälters, die unter dem Winkel α gegen die Flüssigkeitsoberfläche geneigt ist, ermitteln. Dabei soll die Druckkraft, die auf eine auf dieser Wand abgegrenzte schattierte Teilfläche A beliebiger Form nach Bild 8-18 wirkt, und ihre Lage berechnet werden.

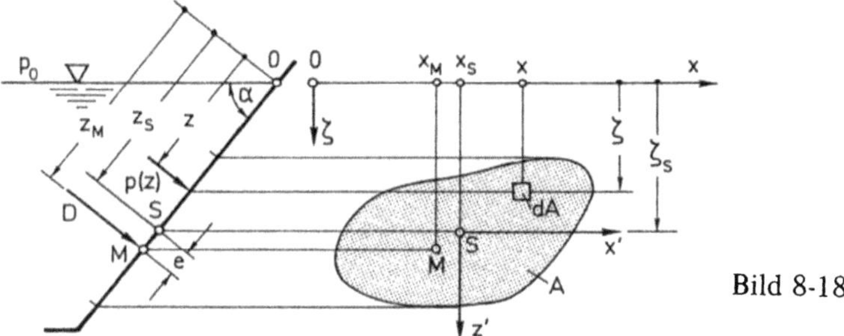

Bild 8-18

Lösung:

Als x-Achse wählen wir die Begrenzungslinie der freien Oberfläche durch die Wand, die z-Achse legen
wir in die Wand selbst. Auf ein Element $dA = dx\,dz$ der Fläche in der Tiefe ζ unter der freien Oberfläche
wirkt nach (8.98) der resultierende Überdruck $p = \rho g \zeta = \rho g z \sin \alpha$, da der Behälter auch von außen
unter Atmosphärendruck steht. Die gesamte „Überdruckkraft" auf A ist dann

$$D = \rho g \int\limits_{(A)} \zeta\,dA = \rho g \sin \alpha \int\limits_{(A)} z\,dA = \rho g \sin \alpha\, z_S A = \rho g\, \zeta_S A \qquad (8.99)$$

also gleich dem Produkt aus dem Druck im Flächenmittelpunkt S und der Fläche.
Diese Druckresultierende greift jedoch nicht im Flächenmittelpunkt an. Aus der Äquivalenz der
Momente um den Punkt O folgt nämlich

$$D x_M = \int\limits_{(A)} xpdA = \rho \int\limits_{(A)} xgz \sin \alpha\,dA = \rho g \sin \alpha\, I_{xz}$$

$$D z_M = \int\limits_{(A)} zpdA = \rho \int\limits_{(A)} gz^2 \sin \alpha\,dA = \rho g \sin \alpha\, I_x\,,$$

worin I_{xz} bzw. I_x das Deviationsmoment bzw. das axiale Flächenträgheitsmoment von A bezüglich
der Achsen x und z darstellen. Mit (8.99) und den STEINERschen Sätzen erhalten wir daraus als
Koordinaten des *Druckmittelpunktes* M

$$x_M = \frac{I_{xz}}{Az_S} = \frac{I_{x'z'} + x_S z_S A}{Az_S} = \frac{I_{x'z'}}{Az_S} + x_S \qquad (8.100)$$

— mit dem auf das Zentral-Achsen-System (x', z') bezogenen Deviationsmoment $I_{x'z'}$ — sowie

$$z_M = \frac{I_x}{Az_S} = \frac{I_S + Az_S^2}{Az_S} = \frac{I_S}{Az_S} + z_S \qquad (8.101)$$

Die Druckresultierende liegt also stets um die Strecke

$$e = z_M - z_S = \frac{I_S}{Az_S} > 0$$

unterhalb des Flächenmittelpunktes S. Ist die Fläche zur x'-Achse oder/und z'-Achse symmetrisch, so
liegt der Druckmittelpunkt wegen $I_{x'z'} = 0$ auf der Achse $x = x_S = x_M$.

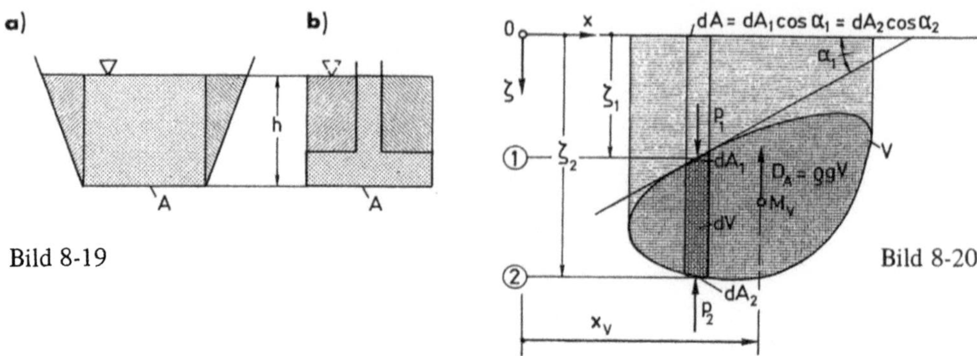

Der auf eine waagerechte Fläche A – z.B. die Bodenfläche eines Gefäßes nach Bild 8-19 wirkende
Flüssigkeitsüberdruck $p = \rho g h$ hat nach Gl. (8.99) als Resultierende

$$D = \rho g \zeta_S A = \rho g h A .$$

Der Bodendruck D ist demnach nur von der Fläche A und von der Höhe h der Flüssigkeitsoberfläche
über dem Boden, nicht dagegen von der Form des Gefäßes abhängig. Er ist im allgemeinen nicht gleich
dem Gewicht der gesamten Flüssigkeit. Dieses „hydrostatische Paradoxon" können wir uns plausibel
machen, wenn wir uns ein zylindrisches, bis zur Höhe h mit Flüssigkeit gefülltes Gefäß mit der Grundfläche A denken. Der Bodendruck ist dann gleich dem Gewicht $\rho g h A$ der Flüssigkeit. Wir können uns
nun bestimmte Teile der Flüssigkeit erstarrt denken, ohne daß sich am Gleichgewicht etwas ändert.
(In Bild 8-19 gestrichelt gezeichnet.) Der Bodendruck bleibt dabei derselbe, nur hat sich die Form des
flüssigen Bereiches verändert.

Nach diesen Gesetzen läßt sich auch der *schwimmende* Körper beschreiben. Dazu betrachtet
man in Bild 8-20 einen in eine ruhende Flüssigkeit der Dichte ρ vollständig eingetauchten
Körper vom Volumen V und Gewicht G. Die zu berechnende Differenz zwischen den vertikalen Druckkomponenten, die auf seine Unter- und Oberseite wirken, bezeichnet man als
„*Auftrieb*". Die gesamte Überdruckkraft auf die Begrenzungsfläche dA_α eines Volumen-
elements $dV = (\zeta_2 - \zeta_1) dA$ ist mit der Projektion $dA = dA_\alpha \cos \alpha$ von dA_α auf die
Horizontalebene (Bild 8-20)

$$dD_\alpha = p \, dA_\alpha = p \, \frac{dA}{\cos \alpha} .$$

Ihre vertikale, abwärts gerichtete Komponente auf die obere Begrenzungsfläche ① ist
somit

$$dD_1 = p_1 \, dA_\alpha \cos \alpha = p_1 \, dA = \rho g \zeta_1 \, dA .$$

Auf die untere Begrenzungsfläche ② wirkt dann nach oben

$$dD_2 = \rho g \zeta_2 \, dA .$$

Die auf das Volumenelement dV wirkende „Auftriebskraft" als Druckresultierende ist
somit

$$dD_A = dD_2 - dD_1 = \rho g (\zeta_2 - \zeta_1) \, dA = \rho g \, dV .$$

Wenn man die Flüssigkeit als homogen $(\rho \neq \rho (x, y, z))$ annimmt, ist der *Auftrieb* des
Körpers also

$$D_A = \rho \, g V = G_F \tag{8.102}$$

Die Summierung der Momente aller dD_A um eine beliebige Achse 0 läßt mit (8.102) aus

$$M_0 = \int x\, dD_A = \rho\, g \int x\, dV = \rho\, g\, x_V\, V = x_V\, D_A$$

erkennen, daß die Auftriebskraft im Volumenmittelpunkt des vom Körper verdrängten Volumens angreift. Man bezeichnet M_V daher auch als „Auftriebsschwerpunkt". Es gilt dann der

---

Satz 8.11: (ARCHIMEDES*sches Prinzip*)
Der Auftrieb D_A eines Körpers in einer homogenen Flüssigkeit ist gleich dem Gewicht $G_F = \rho\, g V$ des von dem Körper verdrängten Flüssigkeitsvolumens V.
Die Auftriebskraft D_A geht durch den Mittelpunkt von V.

Damit ein untergetauchter Körper im Gleichgewicht schwimmt, muß sein Gewicht G gleich dem Auftrieb D_A und damit dem Gewicht des von ihm verdrängten Flüssigkeitsvolumens sein und die Wirkungslinie seiner Gewichtskraft durch den Auftriebsschwerpunkt gehen. Ist letztere Bedingung nicht erfüllt, so dreht er sich um eine horizontale Achse (Bild 8-21a). Ist $D_A \gtrless G$, so steigt er nach oben bzw. sinkt ab.

Auch für einen teilweise eingetauchten Körper nach Bild 8-21b gilt Gl. (8.102) sinngemäß, jedoch ist dann V das Volumen des eingetauchten Teiles, die sog. *Verdrängung* des Körpers (Schiffes) und M_V der Volumenmittelpunkt der Verdrängung, durch den die Druckresultierende bzw. die Auftriebskraft hindurchgeht.

Wendet man im übrigen dieselbe Betrachtungsweise auf ein horizontales Volumenelement an, so erkennt man sofort, daß die horizontalen Druckkomponenten stets und je für sich im Gleichgewicht sind.

Bild 8-21

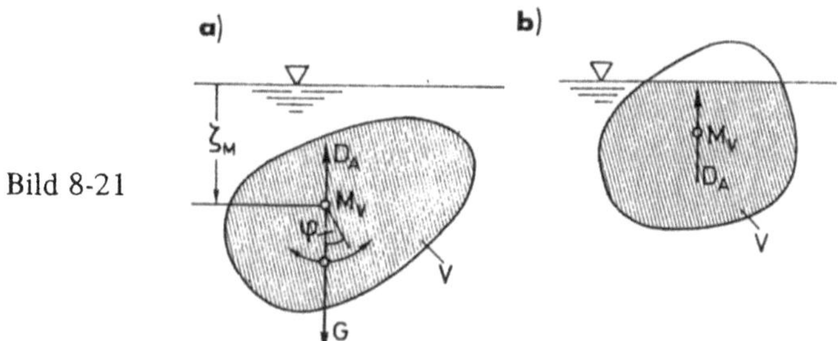

8.3.6 Stromfadentheorie (BERNOULLIsche Gleichung)

Im kinetischen Fall gelingt eine geschlossene Lösung der EULERschen Bewegungsgleichungen idealer Fluide z.B. bei deren Integration entlang der Richtungen der Geschwindigkeitsvektoren. Diese Kurven, die also zur Zeit t an jedem Ort $\mathbf{r}$ von der dortigen Geschwindigkeit $\mathbf{v}(\mathbf{r}, t)$ tangiert werden, heißen *Stromlinien* (vgl. Bild 8-22). Ist $d\mathbf{r}$ das infinitesimale Linienelement einer Stromlinie, so muß wegen der Parallelität $d\mathbf{r} \times \mathbf{v} = \mathbf{0}$, also im kartesischen Basissystem

$$d\mathbf{r} \times \mathbf{v} = \begin{vmatrix} \mathbf{e}_1 & \mathbf{e}_2 & \mathbf{e}_3 \\ dx & dy & dz \\ v_x & v_y & v_z \end{vmatrix} = \mathbf{0}$$

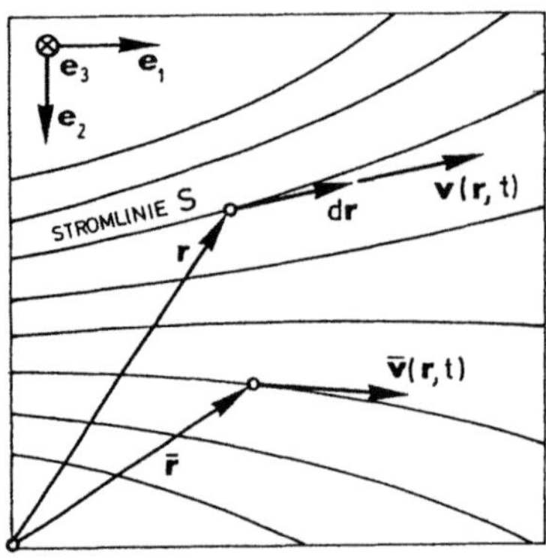

Bild 8-22

sein, so daß (da jede Komponente für sich Null sein muß) die Gleichung der Stromlinien

$$dx : dy : dz = v_x : v_y : v_z \qquad\qquad (8.103)$$

folgt. Von den Stromlinien sind die *Bahnlinien* zu unterscheiden. Das sind die Bahnen der einzelnen Flüssigkeitsteilchen als Verbindungskurven aller ihrer durchlaufenen Orte (Zeitaufnahme). Dagegen werden die Stromlinien zu verschiedenen Zeitpunkten (Momentan-Aufnahme) im allgemeinen aus jeweils anderen Flüssigkeitsteilchen gebildet, so daß sie im allgemeinen auch nicht mit den Bahnlinien zusammenfallen. Nur bei zeitlich unveränderlichen Strömungen, also bei sog. *stationären* Strömungen mit $\mathbf{v} = \mathbf{v}(\mathbf{r})$; $\partial \mathbf{v}/\partial t = \mathbf{0}$ sind beide identisch.

Die EULERsche Bewegungsgleichung (8.81), d.h.

$$\frac{d\mathbf{v}}{dt} = \frac{\partial \mathbf{v}}{\partial t} + (\mathbf{v} \cdot \nabla)\,\mathbf{v} = \frac{1}{\rho}\,(\mathbf{f}_V - \nabla p) \qquad\qquad (8.104)$$

wird nun längs dieser Stromlinien integriert. Dazu multipliziert man (8.104) zunächst skalar mit dem Element $d\mathbf{r}$ der Stromlinie

$$\frac{d\mathbf{v}}{dt} \cdot d\mathbf{r} = \frac{\partial \mathbf{v}}{\partial t} \cdot d\mathbf{r} + d\mathbf{r} \cdot (\mathbf{v} \cdot \nabla)\,\mathbf{v} = \frac{1}{\rho}\,(\mathbf{f}_V - \nabla p) \cdot d\mathbf{r}\,.$$

Da nach Definition für die Stromlinien $d\mathbf{r} \parallel \mathbf{v}$ ist, also $d\mathbf{r} = \epsilon\,\mathbf{v}$ geschrieben werden kann und die Multiplikation mit dem skalaren Parameter ϵ an beliebiger Stelle ausgeführt werden kann, läßt sich $d\mathbf{r}$ und $\mathbf{v}$ vertauschen, so daß

$$d\mathbf{r} \cdot (\mathbf{v} \cdot \nabla)\,\mathbf{v} = \mathbf{v} \cdot [(d\mathbf{r} \cdot \nabla)\,\mathbf{v}]$$

gilt. Durch Ausrechnung verifiziert man, daß

$$(d\mathbf{r} \cdot \nabla)\,\mathbf{v} = \left[(dx, dy, dz) \cdot \left(\frac{\partial}{\partial x}, \frac{\partial}{\partial y}, \frac{\partial}{\partial z}\right)\right]\mathbf{v} = \left[\frac{\partial}{\partial x}\,dx + \frac{\partial}{\partial y}\,dy + \frac{\partial}{\partial z}\,dz\right]\mathbf{v} = d\mathbf{v}\,,$$

(mit d wird hier lediglich das räumliche Differential bezeichnet; vgl. hierzu etwa Def. 1.13 sowie (1.109)) und somit

$$(d\mathbf{r} \cdot \nabla)\,\mathbf{v} = d\mathbf{v} \qquad\qquad (8.105)$$

gilt. Weiter wird damit

$$\mathrm{d}\mathbf{r} \cdot (\mathbf{v} \cdot \nabla)\,\mathbf{v} = \mathbf{v} \cdot [(\mathrm{d}\mathbf{r} \cdot \nabla)\,\mathbf{v}] = \mathbf{v} \cdot \mathrm{d}\mathbf{v} = \mathrm{d}\left(\frac{1}{2}\,\mathbf{v}^2\right) \tag{8.106}$$

Unterstellt man schließlich noch ein Potential für die Volumenkraft (analog Abschnitt 8.3.5), also $\mathbf{f}_V = -\nabla\,U_p$, so lautet die längs der Stromlinie S integrierte EULER-Gleichung (8.81)

$$\int\limits_{(s)} \frac{\partial \mathbf{v}}{\partial t} \cdot \mathrm{d}\mathbf{r} + \int\limits_{(s)} \mathbf{v} \cdot \mathrm{d}\mathbf{v} + \int\limits_{(s)} \frac{1}{\rho} \nabla U_p \cdot \mathrm{d}\mathbf{r} + \int\limits_{(s)} \frac{1}{\rho} \nabla p \cdot \mathrm{d}\mathbf{r} = C \text{ längs S} \tag{8.107}$$

Die in den beiden letzten Termen enthaltenen Integranden sind von der Form (vgl. (8.97))

$$\nabla F \cdot \mathrm{d}\mathbf{r} = \left(\frac{\partial F}{\partial x},\,\frac{\partial F}{\partial y},\,\frac{\partial F}{\partial z}\right) \cdot (\mathrm{d}x, \mathrm{d}y, \mathrm{d}z) = \frac{\partial F}{\partial x}\,\mathrm{d}x + \frac{\partial F}{\partial y}\,\mathrm{d}y + \frac{\partial F}{\partial z}\,\mathrm{d}z = \mathrm{d}F$$

Somit ist (8.107) in die Form

$$\int\limits_{(s)} \frac{\partial \mathbf{v}}{\partial t} \cdot \mathrm{d}\mathbf{r} + \int\limits_{(s)} \mathrm{d}\left(\frac{1}{2}\,\mathbf{v}^2\right) + \int\limits_{(s)} \frac{1}{\rho}\,\mathrm{d}U_p + \int\limits_{(s)} \frac{1}{\rho}\,\mathrm{d}p = C \text{ längs S} \tag{8.108}$$

überführbar.

Da die EULERsche Bewegungsgleichung und ihre Integration längs der Stromlinie bis hier keine Zustandsgleichung enthält, gilt (8.108) auch für kompressible, ideale Fluide. Erst mit der speziellen Zustandsgleichung $\rho = \mathrm{const}$ der Inkompressibilität geht die integrierte EULER-Gleichung in die folgende *BERNOULLI-Gleichung für ideale, inkompressible Fluide längs einer Stromlinie* über, wobei noch wegen $|\mathrm{d}\mathbf{r}| = \mathrm{d}s$ und wegen $\mathbf{v} \parallel \mathrm{d}\mathbf{r}$ das Skalarprodukt $\frac{\partial \mathbf{v}}{\partial t} \cdot \mathrm{d}\mathbf{r}$ durch das algebraische Produkt $\frac{\partial v}{\partial t}\,\mathrm{d}s$ ersetzt werden kann:

$$\int\limits_{(s)} \frac{\partial v}{\partial t}\,\mathrm{d}s + \frac{1}{2}\,v^2 + \frac{p}{\rho} + \frac{U_p}{\rho} = C \quad \text{längs S} \tag{8.109}$$

Ist noch das Volumenkraftpotential auf das Potential der „Erdschwere" beschränkt, also gilt nach (8.98) mit positivem z entgegen $\mathbf{e}_z$ für das Druckpotential

$$U_p = \rho\,g\,z\,,$$

so erhält man die *BERNOULLIsche Gleichung für ideale, inkompressible Fluide im Schwerefeld,* und zwar

a)   bei *instationärer* Strömung

$$\int \frac{\partial v}{\partial t}\,\mathrm{d}s + \frac{1}{2}\,v^2 + \frac{p}{\rho} + g\,z = C \quad \text{längs S} \tag{8.110}$$

b)   bei *stationärer* Strömung wegen $\partial v/\partial t = 0$

$$\frac{v^2}{2} + \frac{p}{\rho} + gz = C \quad \text{längs } S \tag{8.111}$$

Die letzte Gleichung drückt quasi die Konstanz der Energie aus. Ihre einzelnen Glieder stellen nämlich die Energie bzw. Arbeit pro Masseneinheit dar; das erste: die *kinetische* Energie, das zweite: die *innere* Energie, also die Arbeit der Spannungen (Druck) an den Verschiebungen (Druckenergie) und das dritte: die Arbeit der äußeren Kräfte (Gewicht) und damit die *potentielle* Energie. Es gilt also der

---

Satz 8.12:
Die Summe aus kinetischer Energie, Druckenergie und potentieller Energie ist in einem stationär strömenden, idealen, inkompressiblen Fluid längs der Stromlinie konstant. Die Konstante C kann von Stromlinie zu Stromlinie verschieden sein.

Eine andere, anschauliche Form der BERNOULLI-Gleichung (das ist im übrigen die Form, in der D. BERNOULLI 1738 diese Gleichung angegeben hat) ergibt sich, wenn man (8.111) durch g dividiert, zu

$$\frac{v^2}{2g} + \frac{p}{\rho g} + z = \frac{C}{g} = H = \text{const längs } S \tag{8.112}$$

Alle Glieder dieser Gleichung haben die Dimension einer Länge, können also als „*Höhen*" gedeutet werden, und zwar

$$\frac{v^2}{2g} = h_v = \text{Geschwindigkeitshöhe (vgl. } v = \sqrt{2gh})$$

$$\frac{p}{\rho g} = h_p = \text{Druckhöhe}$$

$$z = h_g = \text{geodätische Höhe}$$

$$H = \text{hydraulische (Gesamt-)Höhe}$$

Der Satz 8.12 kann dann auch so ausgesprochen werden:

Satz 8.12a:
Die *hydraulische* Höhe als Summe der Geschwindigkeits-, Druck- und Ortshöhe ist unter den getroffenen Voraussetzungen längs einer Stromlinie eine Konstante.

Er ermöglicht eine Veranschaulichung der Strömungsverhältnisse, insbesondere für v und p (vgl. Beispiel, Bild 8-24).

Wie in 8.3.4 ausgeführt wurde, genügt im allgemeinen die vektorielle EULER-Gleichung bzw. die daraus entwickelte skalare BERNOULLI-Gleichung nicht, um die Geschwindigkeit v und den Druck p — selbst bei ρ = const — zu bestimmen. Die notwendige zusätzliche Gleichung ist die Kontinuitätsgleichung (8.85). Im Falle der Integration längs der Stromlinien wird sie besonders einfach, da diese ja stets parallel zur

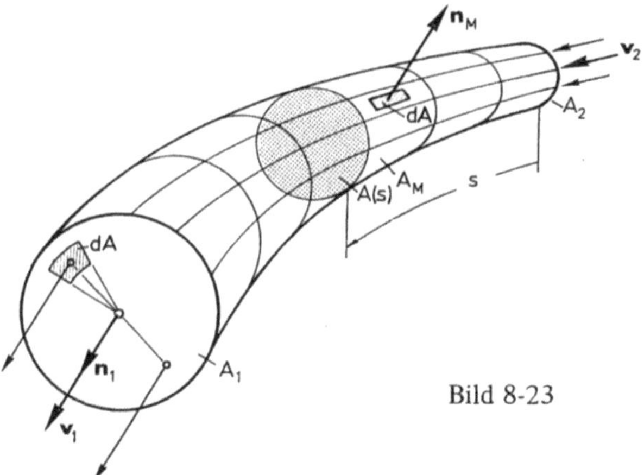

Bild 8-23

Geschwindigkeit gerichtet sind (vgl. 8.3.6). Nimmt man sich ein Stromlinienbündel, einen sog. *Stromfaden* bzw. *Stromröhre,* aus dem Kontinuum heraus (vgl. Bild 8-23), dann hat dieser Stromfaden die Eigenschaft, daß über seine zur Geschwindigkeit orthogonalen Endflächen A_1 und A_2 das Fluid mit den skalaren Geschwindigkeitsgrößen

$$\mathbf{v} \cdot \mathbf{n} = v = \pm |v| \tag{8.113}$$

ein- bzw. ausströmt. Da über die Mantelfläche A_M wegen $\mathbf{v} \perp \mathbf{n}_M$

$$\mathbf{v} \cdot \mathbf{n}_M = 0 \tag{8.114}$$

ist, strömt durch sie keine Fluidmenge hindurch. Aus der Kontinuitätsgleichung (8.91) für das inkompressible Fluid folgt damit für die Gesamtoberfläche des Kontrollvolumens und nach deren Zerlegung in die drei Anteile $A = A_1 + A_M + A_2$

$$\oint_{A(V)} \mathbf{v} \cdot \mathbf{n} \, dA = \int_{A_1} \mathbf{v}_1 \cdot \mathbf{n}_1 \, dA + \int_{A_M} \mathbf{v}_M \cdot \mathbf{n}_M \, dA + \int_{A_2} \mathbf{v}_2 \cdot \mathbf{n}_2 \, dA = 0$$

bzw. wegen (8.113) und (8.114)

$$- \int_{A_1} v_1 \, dA + \int_{A_2} v_2 \, dA = 0 \, .$$

Verwendet man die mittleren bzw. die bei idealen Fluiden ohnehin konstanten Geschwindigkeiten v_i ($i = 1, 2$) über die jeweiligen Querschnittsflächen A_i, so kann man diese aus den Integranden herausnehmen und man erhält schließlich die *Kontinuitätsgleichung für einen inkompressiblen Stromfaden*

$$v_1 A_1 = v_2 A_2 = v(s) A(s) = \dot{Q} = \text{const} \tag{8.115}$$

Das Produkt $v_i A_i = v(s) A(s)$ stellt dabei das Durchflußvolumen $\dot{Q}$ pro Zeiteinheit dar. Dieses muß dann nach (8.115) eine Konstante sein, da sich die Dichte des Stromfadens wegen $\rho = \text{const}$ nicht ändert und über seine Mantelfläche nichts austritt. Es gilt also

> **Satz 8.13:**
> In jedem Querschnitt des Stromfadens eines inkompressiblen Fluids ist das pro Zeiteinheit durchströmende Volumen konstant und gleich dem Produkt aus Geschwindigkeit und Querschnittsfläche des Stromfadens.

Mit den Gln. (8.110) bzw. (8.111) und (8.115) steht demnach ein notwendiges und hinreichendes Gleichungssystem zur Lösung der Probleme der Kinetik inkompressibler Fluide unter den eingeführten Voraussetzungen zur Verfügung.

Für den unter Atmosphärendruck p_0 stehenden, offenen Behälter nach Bild 8-24, aus dem über eine Rohrleitung eine Flüssigkeit der Dichte ρ bei ① ins Freie (Druck p_0) läuft, seien die „Höhenverhältnisse" nach Satz 8.12a beispielhaft dargestellt.

Verfolgt man die eingezeichnete Stromlinie von ⓪ über eine beliebige Stelle s zum Austritt bei ①, so wird entsprechend (8.112)

$$H = \frac{p_0}{\rho g} + z_0 = \frac{v(s)^2}{2g} + \frac{p(s)}{\rho g} + z(s) = \frac{v_1^2}{2g} + \frac{p_0}{\rho g} = h_v + h_p + h_g = h_{v1} + h_{p1} \ . \qquad \text{(a)}$$

An jeder Stelle s ergibt sich damit eine bestimmte Aufteilung der hydraulischen Gesamthöhe

$$H = \frac{p_0}{\rho g} + z_0 \qquad\qquad\qquad \text{(b)}$$

in die einzelnen Anteile h_v, h_p und h_g.

Bei ① strömt die Flüssigkeit gegen den Druck p_0 — also als Freistrahl — wieder aus, und zwar mit einer Geschwindigkeit, die sich entsprechend aus (a) mit

$$h_{v1} = H - h_{p1}$$

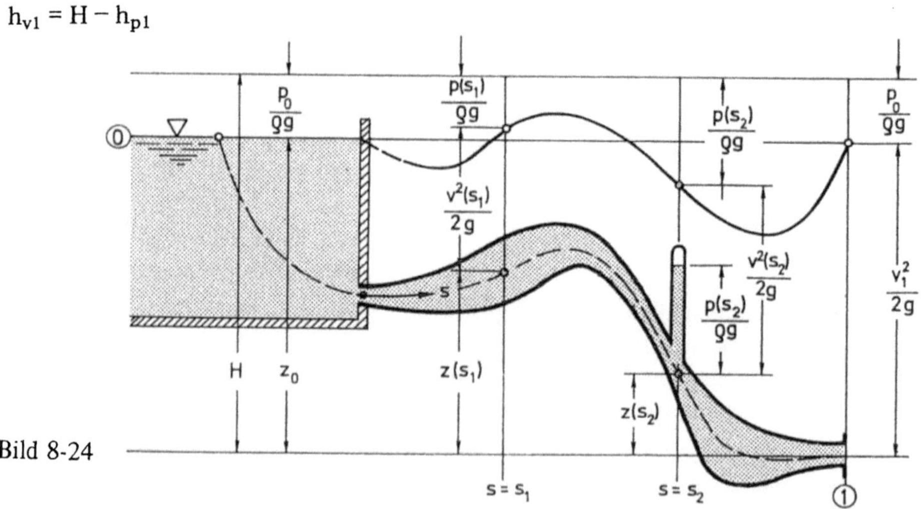

Bild 8-24

sowie aus (b) mit

$$\frac{v_1^2}{2\,g} = \left(\frac{p_0}{\rho\,g} + z_0\right) - \frac{p_0}{\rho\,g} = z_0$$

zu

$$v_1 = \sqrt{2\,g\,z_0} \qquad\qquad (8.116)$$

berechnet. Die Austrittsgeschwindigkeit läßt sich also hier allein aus Kenntnis der geodätischen Höhe des Wasserspiegels im Behälter bestimmen. Man kann das im Rückblick auf die Kinetik starrer Körper (vgl. 7.5) zum Satz erheben und zwar in der Form

Satz 8.14: (*Gesetz von* TORRICELLI)
Die Ausflußgeschwindigkeit einer idealen Flüssigkeit aus einem Behälter mit dem freien Flüssigkeitsspiegel der Höhe z_0 ist gleich der Geschwindigkeit, die ein frei (ohne Widerstand) aus der Höhe z_0 fallender starrer Körper hätte.

Mit (8.115), also hier mit

$$v_1\,A_1 = v\,(s)\,A\,(s) = \dot{Q}$$

und (8.116) folgt aus (a) und (b) für eine beliebige Stelle s mit der Querschnittsfläche A (s)

$$v\,(s) = \frac{A_1}{A\,(s)}\,\sqrt{2\,g\,z_0}\,; \qquad p\,(s) = p_0 + \rho\,g\left\{z_0\left[1 - \left(\frac{A_1}{A\,(s)}\right)^2\right] - z\,(s)\right\} \qquad (d)$$

und

$$\dot{Q} = v_1\,A_1 = A_1\,\sqrt{2\,g\,z_0}\,. \qquad\qquad (e)$$

Aus (d) läßt sich folgendes entnehmen: Je kleiner die Querschnittsfläche A bzw. je größer das Verhältnis A_1/A wird, desto größer wird v und desto kleiner wird der Druck p. Erreicht p den — von der Flüssigkeit und deren Temperatur abhängigen — Dampfdruck, so gelten die den Rechnungen zugrunde gelegten Voraussetzungen nicht mehr, da dann eine Verdampfung der Flüssigkeit einsetzt. Beim Weiterströmen in Zonen höheren Druckes kondensiert das Medium wieder, wobei auf die angrenzenden Wände außerordentlich hohe, schlagartig wirkende Spannungen ausgeübt werden, die zu einer schnellen Zerstörung des Werkstoffs führen. Diese als *Kavitation* bekannte Erscheinung spielt eine wichtige Rolle beim Bau von Rohrleitungen, Wasserturbinen, Schiffsschrauben u. a.

Man kann die sich nach (d) ergebende Drucklinie unmittelbar experimentell sichtbar machen (Bild 8-24), wenn man die Rohrleitung an mehreren Stellen „anbohrt" und an diese Bohrungen ein dünnes, luftleeres Röhrchen, ein sog. *Piezometer* ansetzt. Die Flüssigkeit steigt dann — wiederum nach der BERNOULLIschen Gleichung — bis zur Drucklinie in dem Röhrchen an. Macht man es oben offen, so würde der Druck p_0 der Atmosphäre den Flüssigkeitsspiegel um $p_0/(\rho\,g)$ herabdrücken, das Piezometer würde also die Differenzdruckhöhe $(p - p_0)/(\rho\,g)$ anzeigen. In der Praxis verwendet man sog. *Drucksonden* zur Druckmessung, durch deren spezielle Bauart das Auftreten von Störungen an der Anbohrstelle der Wandung vermieden wird.

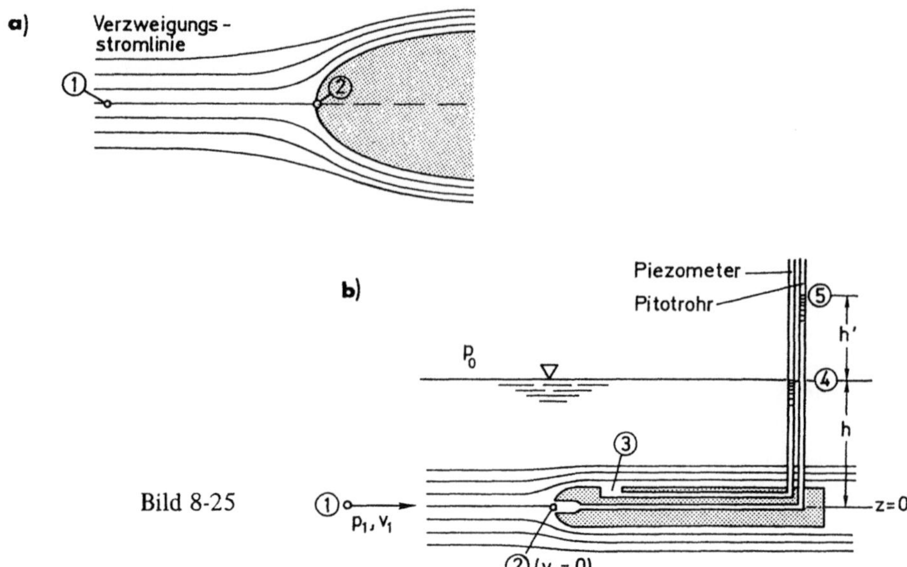

Beispiel 1: *Staudruck*. Verzweigt sich eine Strömung an einem festen Hindernis (in Bild 8-25a für eine symmetrische Anströmung dargestellt), so staut sie sich vor diesem Hindernis. Im Punkte ②, dem sog. Staupunkt, wird die Geschwindigkeit Null. Setzen wir die BERNOULLIsche Gleichung (8.112) für eine durch das Hindernis noch ungestörte Stelle ① der „Verzweigungsstromlinie" und für den Staupunkt ② an, so entnehmen wir aus

$$\frac{v_1^2}{2\,g} + \frac{p_1}{\rho\,g} = 0 + \frac{p_2}{\rho\,g}$$

den „*Staudruck*", d.h. die Druckerhöhung durch das Hindernis

$$\Delta p = p_2 - p_1 = \frac{v_1^2}{2}\,\rho\ ,$$

die man auch als Geschwindigkeitsdruck oder kinetischen Druck zum Unterschied vom statischen Druck p_1 bezeichnet. Demzufolge ist der Gesamtdruck p_2 die Summe aus Staudruck und statischem Druck.

Beispiel 2: *PRANDTLsches Staurohr zur Geschwindigkeitsmessung* (Bild 8-25b). Kombiniert man ein Piezometer (vgl. Bild 8-24) mit einem sog. PITOTrohr, das aus einem dünnen, mit der Öffnung in Richtung der Anströmung eingestellten, meist umkleideten Rohr besteht, so kann man mit diesem Gerät unmittelbar aus der Differenzhöhe h' die Geschwindigkeit der Strömung ablesen, in die das Gerät eingeführt wurde: Wenn wir annehmen, daß außerhalb der Meßöffnungen ③ der ungestörte Zustand mit v_1 und daß innerhalb der Öffnungen $v \approx 0$ ist und dort der Druck p_1 herrscht, liefert die BERNOULLIsche Gl. (8.111) durch Vergleich der Stellen ①, ② und ⑤

$$\frac{v_1^2}{2} + \frac{p_1}{\rho} = \frac{p_2}{\rho} = \frac{p_0}{\rho} + g\,(h + h') \tag{a}$$

und innerhalb von ③ und ④

$$\frac{p_3}{\rho} = \frac{p_0}{\rho} + g\,h \approx \frac{p_1}{\rho}\ . \tag{b}$$

Durch Einsetzen von (b) in (a) folgt die Anströmgeschwindigkeit

$$v_1 \cong \sqrt{2\,g\,h'}\ .$$

8.3.7 Impulssatz und Impulsmomentensatz für inkompressible, stationäre Strömungen

Um zu einer summarischen Betrachtungsweise für ganze Fluidbereiche, z.B. für einen gesamten Stromfaden (Stromröhre), zu gelangen und dabei nicht auf die BERNOULLI-Gleichung, für jede Stromlinie getrennt, zurückgreifen zu müssen, empfiehlt es sich, zusätzlich zu den Feldgleichungen von Abschnitt 8.3.6 auch noch die Integralsätze (Impulssatz, Impulsmomentensatz), hier speziell für stationäre Strömungen idealer inkompressibler Fluide, bereitzustellen.

Dazu wird das I. und II. Axiom in integrierter Form auf die gesamte Stromröhre B gemäß Bild 8-26 angewendet.
Man erhält aus dem I. Axiom

$$\dot{\mathbf{I}} = \frac{\mathrm{d}}{\mathrm{d}t} \int\limits_{(m)} \mathbf{v}\,\mathrm{d}m = \int\limits_{(m)} \frac{\mathrm{d}\mathbf{v}}{\mathrm{d}t}\,\mathrm{d}m \overset{!}{=} \mathbf{F}^{a} \tag{8.117}$$

also mit $\mathrm{d}m = \rho\,\mathrm{d}V = \rho\,A\,(s)\,\mathrm{d}s$

$$\int\limits_{(B)} \frac{\mathrm{d}\mathbf{v}}{\mathrm{d}t}\,\rho\,A\,(s)\,\mathrm{d}s = \int\limits_{(B)} \rho\,A\,(s)\,\frac{\mathrm{d}s}{\mathrm{d}t}\,\mathrm{d}\mathbf{v} = \mathbf{F}^{a}$$

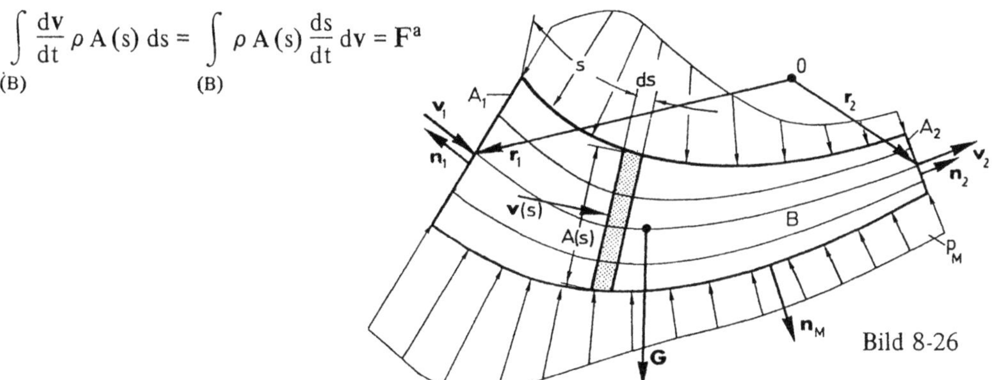

Bild 8-26

Mit $\mathrm{d}s/\mathrm{d}t = v$ und der Tatsache, daß die Geschwindigkeit bei stationären Strömungen nur vom Ort abhängt, also $v = v\,(s)$ ist, kann man die linke Seite mit (8.115) umformen und erhält

$$\int\limits_{(B)} \rho\,[A\,(s)\,v\,(s)]\,\mathrm{d}\mathbf{v} = \int\limits_{(B)} \rho\,\dot{Q}\,\mathrm{d}\mathbf{v} = \mathbf{F}^{a}\;.$$

Da weiter bei stationären inkompressiblen Strömungen der Volumenstrom $\dot{Q} = A\,(s)\,v\,(s)$ und die Dichte ρ konstant sind, lassen sich beide vor das Integral ziehen und man erhält mit den Bereichsgrenzen ① und ② den *Impulssatz für stationäre, inkompressible Strömungen*

$$\rho\,\dot{Q} \int\limits_{①}^{②} \mathrm{d}\mathbf{v} = \rho\,\dot{Q}\,(\mathbf{v}_2 - \mathbf{v}_1) = \mathbf{F}^{a} \tag{8.118}$$

Satz 8.15:
Die Summe aller von der Umgebung des Fluidbereichs auf diesen wirkenden
äußeren Kräfte ist gleich dem Massenstrom $\rho \, \dot{Q}$ multipliziert mit der Differenz
der Geschwindigkeiten am Aus- und Eintritt der Stromröhre.

Man erhält diese Aussage also, ohne die Verhältnisse im Innern des Stromfadens ermitteln
zu müssen.

Die äußeren Kräfte teilt man zweckmäßigerweise auch hier in die Volumenkräfte

$$\mathbf{F}_V = \int \mathbf{f}_V \, dV$$

(i.a. das Gewicht $\mathbf{G}$) und die Oberflächenkräfte

$$\mathbf{F}_A = \int_A \boldsymbol{\sigma}_n \, dA = - \int_{A_1} p_1 \, \mathbf{n}_1 \, dA - \int_{A_2} p_2 \, \mathbf{n}_2 \, dA - \int_{A_M} p_M \, \mathbf{n}_M \, dA = \mathbf{P}_1 + \mathbf{P}_2 + \mathbf{P}_M$$

auf, wobei die letzteren zweckmäßigerweise entgegen den Stellungsvektoren der drei
Begrenzungsflächen der Stromröhre — also als Druckkräfte — positiv angesetzt werden.
$\mathbf{P}_M$ ist dabei die Summe aller Druckspannungen $p_M \, \mathbf{n}_M$, die von der Berandung des
Bereichs B (ohne die Flächen A_1 und A_2), also z.B. von einer Rohrwandung auf das
Fluid in B ausgeübt wird. Man erhält so schließlich mit $\mathbf{F}^a = \mathbf{F}_V + \mathbf{F}_A$ und speziell
$\mathbf{F}_G = \mathbf{G}$ den Impulssatz (8.118) in der Form

$$\rho \, \dot{Q} \, (\mathbf{v}_2 - \mathbf{v}_1) = \mathbf{P}_1 + \mathbf{P}_2 + \mathbf{P}_M + \mathbf{G} \tag{8.119}$$

Hat man z.B. den Strömungszustand an den Endflächen bestimmt, so sind $\mathbf{v}_1$, $\mathbf{v}_2$ und
p_1, p_2, $\dot{Q}$ und damit auch $\mathbf{P}_1$ und $\mathbf{P}_2$ sowie das Gewicht $\mathbf{G}$ bekannt. Die Gl. (8.119) ist
dann dazu geeignet, die Reaktionswirkung $\mathbf{R}_M$ der strömenden Flüssigkeit auf ihre Um-
gebung, z.B. auf die Wandungen des sie umgebenden Rohres zu bestimmen: Wegen des
Reaktionsprinzips, also wegen $\mathbf{P}_M = - \mathbf{R}_M$ wird so die *Reaktionskraft* des strömenden
Fluids auf dessen Umgebung

$$\mathbf{R}_M = \rho \, \dot{Q} \, (\mathbf{v}_1 - \mathbf{v}_2) + \mathbf{P}_1 + \mathbf{P}_2 + \mathbf{G} \tag{8.120}$$

Beispiel 1: Die sog. *Strahltheorie des Propellers.* Ein Propeller soll durch Änderung des Impulses
des Fluids Schub erzeugen. Mit Hilfe des Impulssatzes sollen einige wesentliche Eigenschaften seines
Verhaltens summarisch erklärt werden.

Wir nehmen dazu an, der Propeller sei weit genug vom Fahrzeug (Schiff, Flugzeug) entfernt, so
daß dieses nicht sekundär auf sein Verhalten einwirken kann. Wir grenzen nach Bild 8-27 eine Stromröhre derart ab, daß an ihren Enden der ungestörte Druck p_0 herrscht. Wir nehmen weiterhin an, daß
der Propeller in einem mit der Geschwindigkeit v_1 strömenden Fluid arbeitet und keine Fortschritts-
geschwindigkeit hat. Für unsere Untersuchung ist das zunächst das gleiche, als wenn er sich mit v_1 in
dem ruhenden Fluid bewegt. Dieser Kontrollbereich B sei der sog. Schraubenstrahl, der relativ zum
umgebenden Fluid beschleunigt wird, und in dem jedes Fluidteilchen am Orte des Propellers dieselbe
Druckerhöhung Δp erfahren soll, deren Summe den Propellerschub darstellt. Ohne uns um die Strömungsverhältnisse am Ort des Propellers zu kümmern, entnehmen wir dem Impulssatz (8.120) den
wegen $\mathbf{v}_2 > \mathbf{v}_1$ nach links gerichteten Schub als die vom gesamten Fluidbereich auf den Propeller und
damit auch auf das Fahrzeug wirkende äußere Reaktionskraft

$$\mathbf{R}_M = \mathbf{S} = \rho \, \dot{Q} \, (\mathbf{v}_1 - \mathbf{v}_2) = - \rho \, \dot{Q} \, (v_1 \, \mathbf{n}_1 + v_2 \, \mathbf{n}_2) \, . \tag{a}$$

Hierbei ist die Summe der übrigen Druckkräfte auf die Grenzen des Kontrollbereichs
Null und die Gewichtskraft $\mathbf{G}$ bleibt wegen
$\mathbf{G} \perp \mathbf{v_i}$ ohne Einfluß.

Nach Bild 8-27 grenzen wir nun
einen kleineren Kontrollbereich ab, der nur
um den Propeller herumgelegt ist und ver-
nachlässigen die zwischen $\textcircled{E}$ und $\textcircled{A}$ auftretende Stahlkontraktion, so daß wir die Geschwindigkeiten v_E am Eintritt und v_A am
Austritt des Bereichs jeweils ungefähr gleich
der Durchtrittsgeschwindigkeit v_p des Fluids
durch die Propellerfläche $A \approx A_E \approx A_A$
setzen können.

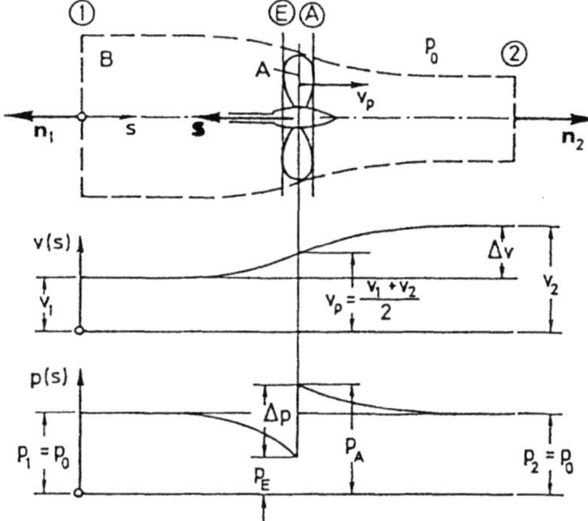

Bild 8-27

Für diesen Bereich liefert dann der Impulssatz (8.120) mit $n_E = n_1$ und $n_A = n_2$

$$\mathbf{R_M} = - (p_E\, \mathbf{n_E} + p_A\, \mathbf{n_A})\, A = - (p_E\, \mathbf{n_1} + p_A\, \mathbf{n_2})\, A \ . \qquad (b)$$

Gleichsetzen mit (a) unter Beachtung von $\mathbf{n_1} = - \mathbf{n_2}$ liefert

$$\rho\, \dot{Q}\, (v_1 - v_2)\, \mathbf{n_2} = (p_E - p_A)\, \mathbf{n_2}\, A$$

und daraus mit $\dot{Q} = v_p A$ den Propellerschub

$$S = \rho\, v_p A\, (v_2 - v_1) = (p_A - p_E)\, A = \Delta p A \ . \qquad (c)$$

Setzen wir die BERNOULLIsche Gleichung (8.112) jeweils für die Stellen $\textcircled{1}$ und den Pro-
pellereintritt $\textcircled{E}$ sowie für den Austritt $\textcircled{A}$ und für $\textcircled{2}$ an, so gewinnen wir aus

$$\frac{p_0}{\rho g} + \frac{v_1^2}{2g} = \frac{p_E}{\rho g} + \frac{v_p^2}{2g} \quad \text{und} \quad \frac{p_A}{\rho g} + \frac{v_p^2}{2g} = \frac{p_0}{\rho g} + \frac{v_2^2}{2g}$$

für die Druckerhöhung den Ausdruck

$$\Delta p = p_A - p_E = \frac{\rho}{2}\, (v_2^2 - v_1^2) = \frac{\rho}{2}\, (v_2 - v_1)\, (v_2 + v_1) \ .$$

Setzen wir das für die Druckerhöhung in (c) ein, so ergibt sich mit dem Geschwindigkeitszuwachs
$\Delta v = v_2 - v_1$ die Durchtrittsgeschwindigkeit des Fluids durch die Propellerfläche zu

$$v_p = \frac{1}{2}\, (v_1 + v_2) = v_1 + \frac{\Delta v}{2} \ . \qquad (d)$$

Der Verlauf von Geschwindigkeit und Druck in Abhängigkeit von s ist in Bild 8-27 dargestellt.

Wenn sich der Propeller mit der konstanten Geschwindigkeit v_1 fortbewegt, beträgt die Nutz-
leistung $L_n = S\, v_1$. Die hineingesteckte effektive Leistung ist dagegen $L_e = \int \Delta p\, dA\, v_p = S\, v_p =$
$S\, (v_1 + \Delta v/2)$, so daß der theoretisch erreichbare Wirkungsgrad

$$\eta_{theor} = \frac{L_n}{L_e} = \frac{v_1}{v_1 + \frac{1}{2}\, \Delta v} = \frac{1}{1 + \frac{\Delta v}{2\, v_1}} \qquad (e)$$

wird. Der optimale Wirkungsgrad ergibt sich demnach für einen Propeller, der das Fluid so wenig wie
möglich beschleunigt, was nach (c) einen möglichst geringen Drucksprung und — um denselben Schub
zu erhalten — eine möglichst große Propellerfläche bedingt. Der in Wirklichkeit erreichbare Wirkungsgrad ist natürlich wegen der hier nicht berücksichtigten Reibungs- und Wirbelverluste kleiner als der
theoretisch errechnete. Die vorstehenden Überlegungen sind auch auf den Antrieb durch Strahltrieb-
werke übertragbar.

Beispiel 2: Der Reaktions-
druck R_M, den ein aus einer entsprechend dem Kontrollbereich B
von Bild 8-28 geformten festen
Rohrleitung austretender Strahl
nach Bild 8-28 gegen die feste
Wandung ausübt, ist zu berechnen.

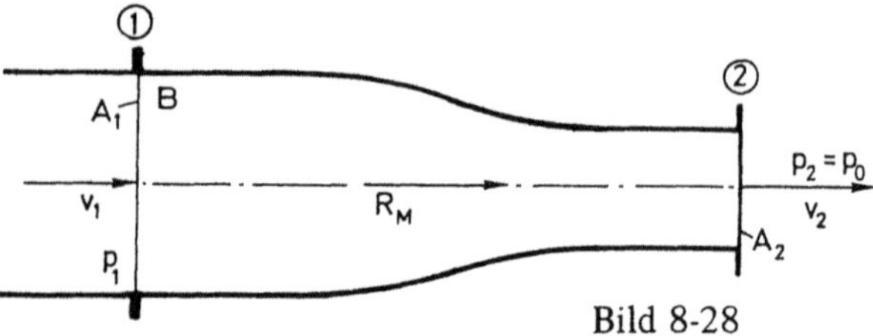

Bild 8-28

Lösung:

R_M ist nicht mit dem Propellerschub vom vorigen Beispiel zu verwechseln, da hier $p_2 \neq p_1$ ist. Wir errechnen R_M aus dem Impulssatz (8.120) in s-Richtung

$$R_M = \rho\, \dot{Q}\, (v_1 - v_2) + (p_1 A_1 - p_0 A_2) \,,$$

woraus unter Zuhilfenahme der BERNOULLIschen Gleichung

$$\frac{p_1}{\rho g} + \frac{v_1^2}{2g} = \frac{p_0}{\rho g} + \frac{v_2^2}{2g}$$

und der Kontinuitätsgleichung $\dot{Q} = v_1 A_1 = v_2 A_2$ nach Zwischenrechnung

$$R_M = \rho\, \frac{\dot{Q}}{2}\, v_1 \left(\frac{A_1}{A_2} - 1\right)^2 + p_0\, (A_1 - A_2) > 0$$

folgt. R_M ist hier also nach rechts gerichtet.

In der gleichen Weise wie das I. Axiom kann man das II. Axiom in integrierter Form,
also den Drallsatz (4.4), auf den Flüssigkeitsbereich B anwenden. Man erhält aus dem
II. Axiom in der zu Gl. (8.117) analogen Form (vgl. Bild 8-26)

$$\dot{\mathbf{D}}_0 = \frac{d}{dt} \int_m \mathbf{r} \times \mathbf{v}\, dm = \int_B \mathbf{r} \times \frac{d\mathbf{v}}{dt}\, dm \overset{!}{=} \mathbf{M}_0^a$$

den damit zu Satz 8.15 bzw. zu (8.119) analogen

Satz 8.16 (*Impulsmomentensatz*; EULER*sche Turbinengleichung*)

$$\rho\, \dot{Q}\, (\mathbf{r}_2 \times \mathbf{v}_2 - \mathbf{r}_1 \times \mathbf{v}_1) = \mathbf{M}_0^a = \mathbf{M}_{P1} + \mathbf{M}_{P2} + \mathbf{M}_{PM} + \mathbf{M}_G \qquad (8.121)$$

---

wobei $\mathbf{M}_0^a$ die Summe der Momente aller äußeren Kräfte, also der Momente $\mathbf{M}_{P1}, \mathbf{M}_{P2}$,
$\mathbf{M}_{PM}$ und $\mathbf{M}_G$ der Einzelkräfte ($\mathbf{P}_1$, $\mathbf{P}_2$, $\mathbf{P}_M$ und $\mathbf{G}$) und der ggf. vorhandenen freien
Momente ist, die auf den Bereich B wirken.
Das Reaktionsmoment des strömenden Fluids auf dessen Umgebung berechnet man dann
analog (8.120) zu

$$\mathbf{M}_R = \rho\, \dot{Q}\, (\mathbf{r}_1 \times \mathbf{v}_1 - \mathbf{r}_2 \times \mathbf{v}_2) + \mathbf{M}_{p1} + \mathbf{M}_{p2} + \mathbf{M}_G \qquad (8.122)$$

Soll z.B. für den horizontalen *Turbinenläufer* nach Bild 8-29, der mit ω_R = const rotiert,
für den Fluidbereich B zwischen zwei „Laufschaufeln" das anteilige, über die Laufschaufeln an die Turbinenwelle abgegebene Drehmoment $\mathbf{M}_R$ und daraus die Leistung
eines Schaufelbereiches berechnet werden, so ist dazu Gl. (8.122) heranzuziehen. Hier
fallen die Momente $\mathbf{M}_{P1}$ und $\mathbf{M}_{P2}$ fort, da die Resultierenden der Druckkräfte auf den
Bereich B durch die Drehachse gehen und $\mathbf{M}_G$ keine Komponente in z-Richtung hat,

da $G \parallel e_z$ ist. Sind v_1 und v_2 die Absolutge-
schwindigkeiten am Eintritts- und Austritts-
querschnitt des Bereichs B (nur für diese gilt
der Impulsmomentensatz) und ist $e_z = M_R/M_R$
der Einheitsvektor in Richtung der Drehachse,
so wird nach (8.122) das Reaktionsmoment

$$M_R = \rho \, \dot{Q} \, (r_1 \times v_1 - r_2 \times v_2) = M_R \, e_z$$

Bild 8-29

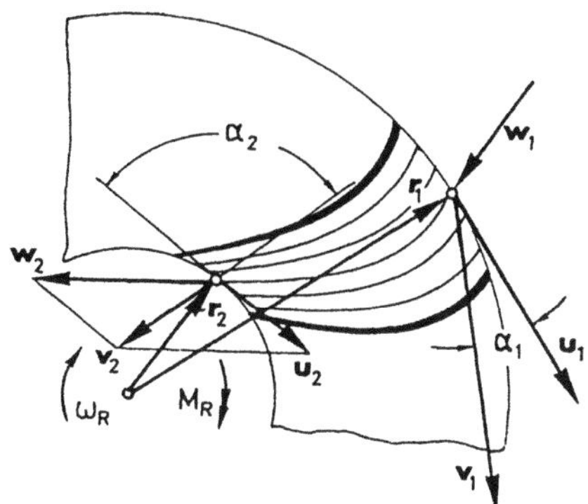

mit dem durch skalare Multiplikation mit e_z berechenbaren Betrag

$$M_R = \rho \, \dot{Q} \, (v_1 \, r_1 \cos \alpha_1 - v_2 \, r_2 \cos \alpha_2) \, . \qquad (8.123)$$

Wegen $L = dA/dt$, $dA = M \cdot d\varphi = M_R \, d\varphi$ und $M_R \neq M_R(t)$ sowie mit den Umfangsge-
schwindigkeiten $u_i = \omega_R \, r_i$ des Turbinenrades am Eintritt ($i = 1$) und Austritt ($i = 2$)
des Fluids gilt dann für die an die Turbinenwelle *abgegebene Leistung*

$$L = M_R \, \omega_R = \rho \, \dot{Q} \, (v_1 \, u_1 \cos \alpha_1 - v_2 \, u_2 \cos \alpha_2) \, . \qquad (8.124)$$

Die Gleichung (8.124) wird auch als *Hauptgleichung der Turbinentheorie* bezeichnet.
Sie gibt allerdings den nur theoretisch erreichbaren Leistungswert an, bei dem weder
Reibungsverluste im realen Fluid noch Eintritts- und Austrittsverluste berücksichtigt
werden, die entstehen, wenn die Relativgeschwindigkeiten $w_i = v_i - u_i$ nicht mit den
Stromröhrenrichtungen am Eintritt und Austritt übereinstimmen. Man folgert aus (8.124),
daß zum Erreichen einer optimalen Leistung der Winkel $\alpha_1 = 0$ und der Winkel $\alpha_2 = \pi/2$
gewählt werden müßte.

8.3.8 Potentialströmung idealer Fluide

Man kann das Gleichungssystem der EULERschen Bewegungsgleichung und der
Kontinuitätsgleichung bei Vorliegen bestimmter Bedingungen auch dadurch geschlossen
lösen, indem man für die Geschwindigkeit fordert, daß sie sich aus einem skalaren Geschwindigkeitspotential $\varphi(x_i, t)$ durch eine NABLA-Operation (Gradient) entsprechend

$$v = \nabla \varphi(x, y, z, t) \equiv \operatorname{grad} \varphi(x, y, z, t) \qquad (8.125)$$

ableiten lassen soll. Um die Berechtigung dieser Forderung zu zeigen, geht man aus von
der EULERschen Bewegungsgleichung (8.81) in der Form

$$\frac{\partial v}{\partial t} + (v \cdot \nabla) \, v = \frac{1}{\rho} (f_V - \nabla p)$$

und der Kontinuitätsgleichung (8.90) für inkompressible Fluide

$$\nabla \cdot v \equiv \operatorname{div} v = 0 \, .$$

Die linke Seite von (8.81) läßt sich durch die Identität

$$(\mathbf{v} \cdot \nabla)\, \mathbf{v} = \frac{1}{2} \nabla v^2 - \mathbf{v} \times (\nabla \times \mathbf{v}) \qquad (8.126)$$

die man durch Ausrechnen bzw. mit dem Entwicklungssatz (1.98) sofort beweist, in folgende alternative Form der EULERschen Bewegungsgleichung überführen:

$$\frac{\partial \mathbf{v}}{\partial t} + \frac{1}{2} \nabla v^2 - \mathbf{v} \times (\nabla \times \mathbf{v}) = \frac{1}{\rho} \mathbf{f}_V - \frac{1}{\rho} \nabla p \qquad (8.127)$$

Dabei ist der Term $\nabla \times \mathbf{v}$ physikalisch deutbar als die Winkelgeschwindigkeit, mit der sich jedes Fluidteilchen für sich drehen würde, wenn es starr wäre. Um das zu erkennen, zeigt man zunächst für ein starres Element nach Bild 8-30 mit dem Vektor $\mathbf{r} = \mathbf{r}_A + \mathbf{x}$ zu einem Punkt P des Elementes, daß die Geschwindigkeit des Punktes P

$$\mathbf{v} = \dot{\mathbf{r}} = \dot{\mathbf{r}}_A + \dot{\mathbf{x}} = \mathbf{v}_A + \frac{\partial \mathbf{x}}{\partial t} + \boldsymbol{\omega} \times \mathbf{x}$$

mit $\partial \mathbf{x}/\partial t = \mathbf{0}$ wegen der unterstellten Starrheit des Elementes durch den Vektor

$$\mathbf{v} = \mathbf{v}_A + \boldsymbol{\omega} \times \mathbf{x}$$

dargestellt wird. Dann ist weiter

$$\nabla \times \mathbf{v} = \nabla \times (\mathbf{v}_A + \boldsymbol{\omega} \times \mathbf{x}) = \nabla \times (\boldsymbol{\omega} \times \mathbf{x}),$$

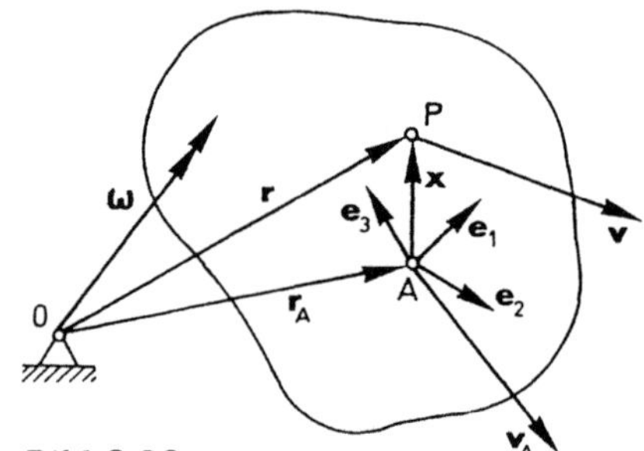

Bild 8-30

da $\mathbf{v}_A$ nicht vom körperfesten Basissystem $\mathbf{e}_i$ abhängt. Durch Ausrechnen ergibt sich mit dem im körperfesten System dargestellten Vektor $\mathbf{x} = (x_1, x_2, x_3)$

$$\nabla \times \mathbf{v} = \nabla \times (\boldsymbol{\omega} \times \mathbf{x}) = \nabla \times \begin{vmatrix} \mathbf{e}_1 & \mathbf{e}_2 & \mathbf{e}_3 \\ \omega_1 & \omega_2 & \omega_3 \\ x_1 & x_2 & x_3 \end{vmatrix}$$

$$= \begin{vmatrix} \mathbf{e}_1 & \mathbf{e}_2 & \mathbf{e}_3 \\ \dfrac{\partial}{\partial x_1} & \dfrac{\partial}{\partial x_2} & \dfrac{\partial}{\partial x_3} \\ (\omega_2 x_3 - \omega_3 x_2) & (\omega_3 x_1 - \omega_1 x_3) & (\omega_1 x_2 - \omega_2 x_1) \end{vmatrix}$$

$$= 2\,(\omega_1\,\mathbf{e}_1 + \omega_2\,\mathbf{e}_2 + \omega_3\,\mathbf{e}_3)$$

also

$$\nabla \times \mathbf{v} \equiv \operatorname{rot} \mathbf{v} = 2\,\boldsymbol{\omega} \qquad (8.128)$$

Diese Starrkörper-Drehbewegung, die unabhängig von der ansonsten zugelassenen, überlagerten Deformation ist, bezeichnet man als *Wirbel-Bewegung.* $\nabla \times \mathbf{v} = \operatorname{rot} \mathbf{v}$ ist der Wirbelvektor.

Es gilt also der

> **Satz 8.17:**
> Der Wirbelvektor $\nabla \times \mathbf{v} = \operatorname{rot} \mathbf{v}$ ist gleich der doppelten Winkelgeschwindigkeit $\boldsymbol{\omega}$ eines für sich rotierenden starren Fluidelementes.

Dementsprechend sind wirbelfreie (irrotationale oder rotorfreie) Bewegungen $\nabla \times \mathbf{v} = 0$ solche, bei denen die Elemente für sich nicht rotieren — was nicht ausschließt, daß die Bewegung als Ganzes auf gekrümmten Bahnen verlaufen kann, wie es die Gegenüberstellung von zwei z.B. auf Kreisbahnen mit der Gesamtwinkelgeschwindigkeit $\boldsymbol{\omega}$ rotierenden Strömungen nach Bild 8-31 veranschaulicht. In der *rotorfreien* Strömung nach Bild 8-31a haben sie je für sich keine Eigendrehung, während sie in der rotorbehafteten Strömung nach Bild 8-31b auch mit $\omega_e = \omega$ um ihre eigene Achse rotieren. Setzt man nun (8.125) in (8.128) ein, bildet also

$$\nabla \times \mathbf{v} = \nabla \times (\nabla \varphi) = \begin{vmatrix} \mathbf{e}_1 & \mathbf{e}_2 & \mathbf{e}_3 \\ \partial/\partial x & \partial/\partial y & \partial/\partial z \\ \partial\varphi/\partial x & \partial\varphi/\partial y & \partial\varphi/\partial z \end{vmatrix} ,$$

so erhält man durch Ausrechnen wegen des SCHWARZschen Vertauschungssatzes

$$\frac{\partial^2 \varphi}{\partial x_i\, \partial x_j} = \frac{\partial^2 \varphi}{\partial x_j\, \partial x_i}$$

stets den Nullvektor, also die Identität

$$\nabla \times \nabla \varphi \equiv \operatorname{rot} \operatorname{grad} \varphi = 0 \qquad (8.129)$$

bzw. den

> **Satz 8.18:**
> Ist eine Strömung wirbelfrei ($\nabla \times \mathbf{v} = 0$), so ist die Geschwindigkeit $\mathbf{v}$ aus einem Potential $\mathbf{v} = \nabla \varphi$ herleitbar. Eine solche Strömung nennt man *Potentialströmung*.

Dieser Satz ist umkehrbar.

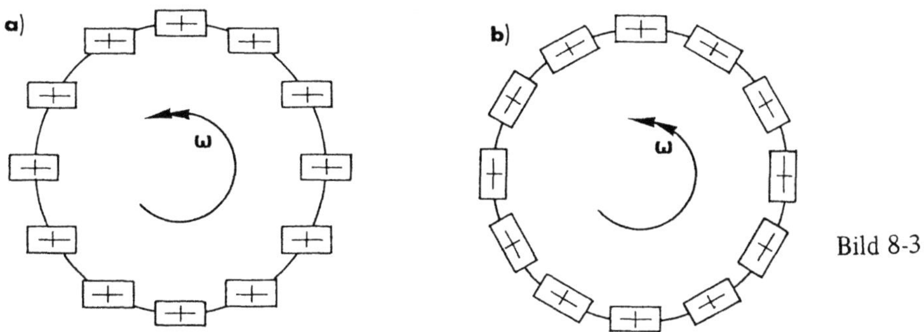

Bild 8-31

Aus der Kontinuitätsgleichung (8.90) folgt schließlich mit (8.125) die sog. LAPLACE*sche Differentialgleichung*

$$\nabla \cdot \mathbf{v} = \nabla \cdot (\nabla \varphi) \equiv \operatorname{div} \operatorname{grad} \varphi = \nabla \cdot \nabla \varphi \equiv \Delta \varphi = 0 \qquad (8.130)$$

mit dem LAPLACE-Operator $\nabla \cdot \nabla \equiv \Delta$ (vgl. (1.112)). Es gilt daher

---

Satz 8.19:

Für eine wirbelfreie Strömung besteht ein Geschwindigkeitspotential $\varphi\,(x, y, z, t)$, das unter Erfüllung der Kontinuitätsgleichung der LAPLACEschen Differentialgleichung $\Delta \varphi = 0$ genügen muß.

Die LAPLACE-Gleichung hat zahlreiche Lösungsklassen und ihre Linearität in den Ableitungen gestattet, bereits gefundene Lösungen durch Linearkombinationen zu immer neuen Lösungen zusammenzusetzen. Alle diese Lösungen sind damit mögliche Geschwindigkeitspotentiale und stellen Lösungen des Problems für inkompressible, wirbelfreie Strömungen dar. Die Anpassung an Rand- und Anfangswerte bleibt dabei stets eine zusätzliche Forderung.

Die Vereinfachung der Problemlösung liegt darin, daß man nur noch eine Funktion $\varphi\,(x, y, z, t)$ statt der drei Geschwindigkeitskomponenten $v_i\,(x, y, z, t)$ aus der einen Differentialgleichung $\Delta \varphi = 0$ zu bestimmen hat. Die Kontinuitätsgleichung ist damit identisch erfüllt. Der noch unbekannte Druck folgt schließlich aus (8.127), wobei wegen $\nabla \times \mathbf{v} = \mathbf{0}$ noch eine wesentliche Vereinfachung erfolgt, so daß

$$\rho \left(\frac{\partial \mathbf{v}}{\partial t} + \frac{1}{2} \nabla v^2 \right) = \mathbf{f_V} - \nabla p \qquad (8.131)$$

mit $\mathbf{v} = \nabla \varphi$ und φ als Lösung von (8.130) folgt.

Ist auch die Volumenkraft $\mathbf{f_V}$ aus einem Potential ableitbar, so läßt sich (8.131) noch weiter behandeln, und zwar ist dann wegen $\mathbf{f_V} = - \nabla U_p$

$$\rho \left(\frac{\partial \mathbf{v}}{\partial t} + \frac{1}{2} \nabla v^2 \right) + \nabla p + \nabla U_p = \mathbf{0}\,.$$

Mit

$$\frac{\partial \mathbf{v}}{\partial t} = \frac{\partial}{\partial t}\,(\nabla \varphi) = \nabla\,\frac{\partial \varphi}{\partial t}$$

und $\rho = \text{const}$ folgt daraus

$$\rho\,\nabla \left[\frac{\partial \varphi}{\partial t} + \frac{1}{2} v^2 + \frac{p}{\rho} + \frac{U_p}{\rho} \right] = \mathbf{0}$$

und damit schließlich nach „Integration" die *verallgemeinerte BERNOULLIsche Gleichung für ein instationäres wirbelfreies Strömungsfeld*

$$\frac{\partial \varphi}{\partial t} + \frac{v^2}{2} + \frac{p}{\rho} + \frac{U_p}{\rho} = C\,(t) \qquad (8.132)$$

Die Ähnlichkeit mit der BERNOULLIschen Gleichung (8.109) ist nur formal: Die „Konstante" C ist hier nämlich im gesamten Strömungsfeld — und nicht nur längs einer Stromlinie wie bei (8.109) — gleich und kann wegen der „Integration" über den Ort noch eine Funktion der Zeit sein, die sich aus einer vorgegebenen Bedingung für alle Zeiten bestimmen läßt.

Für *stationäre wirbelfreie Strömungen im Schwerefeld* mit $U = \rho g z$ und $\partial v/\partial t = 0$ geht (8.132) über in

$$\frac{v^2}{2} + \frac{p}{\rho} + gz = \text{const} = C \tag{8.133}$$

Es gilt dann

Satz 8.20:
Die Summe aus kinetischer Energie, Druckenergie und potentieller Energie ist für den gesamten Bereich einer wirbelfreien, stationären Strömung im Schwerefeld konstant.

Man beachte den Unterschied gegenüber Satz 8.12.

8.3.9 Ebene Potentialströmung

Bei einer Spezialisierung auf eine *ebene* wirbelfreie Bewegung einer idealen, inkompressiblen Flüssigkeit sind alle Stromlinien ebene Kurven in parallelen Ebenen, so z.B. auch in der x-y-Ebene. Die Strömung sei stationär. Dann lautet die LAPLACEsche DGL (8.130) ohne den z-Anteil für den ebenen Fall

$$\Delta\varphi \equiv \frac{\partial^2\varphi}{\partial x^2} + \frac{\partial^2\varphi}{\partial y^2} = 0 \tag{8.134}$$

Die Lösungsklassen dieser Differentialgleichung sind mannigfaltig. So läßt sie sich durch Polynome, harmonische Funktionen, Produkte aus Exponential- und trigonometrischen Funktionen (z.B. $\varphi(x, y) = e^x \sin y$) usw. sowie aus Linearkombinationen solcher Funktionen erfüllen. Eine bedeutungsvolle weitere Lösungsklasse ist die der *analytischen* Funktionen

$$f(z) \quad \text{mit} \quad z = x + iy \tag{8.135}$$

also Funktionen des komplexen Argumentes $z = x + iy$, wobei $f(z)$ mindestens einmal differenzierbar ist, also

$$f'(z) = \lim_{\Delta z \to 0} \frac{\Delta f}{\Delta z}$$

existiert und unabhängig davon ist, wie $\Delta z = \Delta x + i\Delta y$ gegen Null geht. Notwendig und hinreichend für diese Differentiation sind die CAUCHY-RIEMANNschen *Differentialgleichungen*. Ist also

$$f(z) = f(x + iy) = \varphi(x, y) + i\,\psi(x, y)$$

$$\text{mit dem ,,Realteil\text{''}:} \qquad \text{Re } f(z) = \varphi(x, y) \tag{8.136}$$

$$\text{und dem ,,Imaginärteil\text{''}:} \quad \text{Im } f(z) = \psi(x, y)$$

so muß gelten

$$\frac{\partial \varphi}{\partial x} = \frac{\partial \psi}{\partial y} \quad \text{und} \quad \frac{\partial \varphi}{\partial y} = -\frac{\partial \psi}{\partial x} \tag{8.137}$$

Das wird wie folgt bewiesen:
Wegen

$$\frac{\partial f}{\partial x} = \frac{\partial f}{\partial z}\frac{\partial z}{\partial x} = \frac{\partial f}{\partial z} = f'(z)$$

$$\frac{\partial f}{\partial y} = \frac{\partial f}{\partial z}\frac{\partial z}{\partial y} = \frac{\partial f}{\partial z}\,i = i\,f'(z)$$

wird

$$f'(z) = \frac{\partial f}{\partial x} = -i\,\frac{\partial f}{\partial y} \tag{8.138}$$

Setzt man die Aufspaltung von $f(z)$ gemäß (8.136) ein, so wird

$$\frac{\partial f}{\partial x} = \frac{\partial}{\partial x}(\varphi + i\,\psi) = \frac{\partial \varphi}{\partial x} + i\,\frac{\partial \psi}{\partial x} = f'(z) \quad \text{und}$$

$$-i\,\frac{\partial f}{\partial y} = -i\,\frac{\partial}{\partial y}(\varphi + i\,\psi) = \frac{\partial \psi}{\partial y} - i\,\frac{\partial \varphi}{\partial y} = f'(z)\,.$$

Der Vergleich der beiden Realteile und Imaginärteile dieser Gleichungen bestätigt die CAUCHY-RIEMANN-Gleichungen (8.137).
Differenziert man nun die erste Gleichung von (8.137) nach x und die zweite nach y, bildet also

$$\frac{\partial^2 \varphi}{\partial x^2} = \frac{\partial^2 \psi}{\partial x\,\partial y}\,, \qquad \frac{\partial^2 \varphi}{\partial y^2} = -\frac{\partial^2 \psi}{\partial x\,\partial y}$$

so folgt nach Addition der beiden Gleichungen

$$\Delta \varphi = 0$$

wieder die LAPLACEsche DGL (8.134) für φ.

Differenziert man jedoch (8.137) vertauscht — nach y und nach x — so folgt nach Subtraktion die Differentialgleichung

$$\frac{\partial^2 \psi}{\partial x^2} + \frac{\partial^2 \psi}{\partial y^2} \equiv \Delta \psi = 0 \tag{8.139}$$

also die LAPLACEsche Differentialgleichung für $\psi\,(x, y)$. Es gilt also der

---

Satz 8.21:
Realteil φ und Imaginärteil ψ jeder analytischen Funktion $f\,(z)$ des komplexen Argumentes $z = x + iy$ sind jeweils Lösungen der LAPLACE-Differentialgleichung und damit Potentiale für wirbelfreie Strömungen eines idealen, inkompressiblen Fluids.

Man nennt

$\varphi\,(x, y) = \mathrm{Re}\ f\,(z)$: die *Potentialfunktion*
$\psi\,(x, y) = \mathrm{Im}\ f\,(z)$: die *Stromfunktion*

Nach der Definition des Geschwindigkeitspotentials entsprechend (8.125) ist nun

$$\mathbf{v} = \nabla\varphi = \left(\frac{\partial}{\partial x}\,\mathbf{e}_x + \frac{\partial}{\partial y}\,\mathbf{e}_y\right)\varphi\,(x, y) = \frac{\partial\varphi}{\partial x}\,\mathbf{e}_x + \frac{\partial\varphi}{\partial y}\,\mathbf{e}_y = v_x\,\mathbf{e}_x + v_y\,\mathbf{e}_y \qquad (8.140)$$

Entsprechend folgt mit (8.137)

$$\nabla\psi = \frac{\partial\psi}{\partial x}\,\mathbf{e}_x + \frac{\partial\psi}{\partial y}\,\mathbf{e}_y = -\frac{\partial\varphi}{\partial y}\,\mathbf{e}_x + \frac{\partial\varphi}{\partial x}\,\mathbf{e}_y = -v_y\,\mathbf{e}_x + v_x\,\mathbf{e}_y\ .$$

Das Skalarprodukt der beiden Vektoren (Gradienten)

$$\nabla\varphi \cdot \nabla\psi = (v_x\,\mathbf{e}_x + v_y\,\mathbf{e}_y) \cdot (-v_y\,\mathbf{e}_x + v_x\,\mathbf{e}_y) = -v_x\,v_y + v_x\,v_y = 0 \qquad (8.141)$$

ist also Null, d.h. beide stehen stets senkrecht aufeinander. Betrachtet man andererseits die Kurvenscharen $\varphi = \mathrm{const}$ und $\psi = \mathrm{const}$, dann gilt für diese

$$d\varphi = 0 \quad \text{und} \quad d\psi = 0\ .$$

Sind $d\mathbf{r}_\varphi$ die Elemente der Kurven $\varphi = \mathrm{const}$, so gilt

$$d\varphi = (d\mathbf{r} \cdot \nabla)\,\varphi = d\mathbf{r}_\varphi \cdot \nabla\varphi\ ,$$

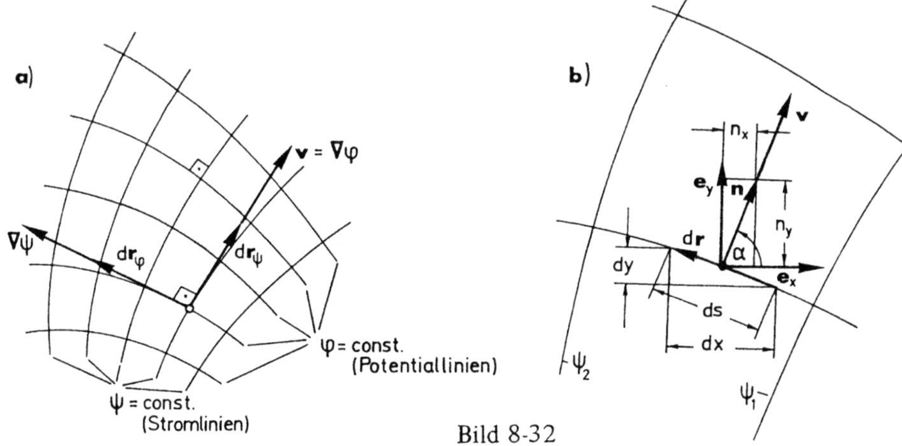

Bild 8-32

woraus wegen $d\varphi = 0$

$$\mathrm{dr}_\varphi \cdot \nabla\varphi = 0 \qquad\qquad\qquad (8.142)$$

folgt. Damit sind die Elemente dr_φ der Kurvenscharen $\varphi = $ const senkrecht zum Vektor $\nabla\varphi$. Entsprechendes gilt für $\psi = $ const und deren Elemente dr_ψ und $\nabla\psi$. Sind derart die Kurvenscharen $\varphi = $ const und $\psi = $ const jeweils orthogonal zu ihren Gradienten $\nabla\varphi$ und $\nabla\psi$ und sind diese Gradienten entsprechend (8.141) zueinander senkrecht, so folgt (vgl. Bild 8-32a)

Satz 8.22:

1. Die Kurvenscharen $\varphi = $ const und $\psi = $ const bilden ein orthogonales Netz.
2. Die Geschwindigkeit $\mathbf{v} = \nabla\varphi$ hat die Richtung der Tangente an die Kurve $\psi = $ const, d.h. die Linien $\psi = $ const sind die *Stromlinien* (was auch die Bezeichnung von ψ als Stromfunktion erklärt).
3. Die Kurven $\varphi = $ const sind die *Potentiallinien.*

Die Stromlinien ($\psi = $ const) und die Potentiallinien ($\varphi = $ const) sind wegen ihrer Gleichwertigkeit in der mathematischen Behandlung vertauschbar, d.h. auch die um $\pi/2$ gedrehte Lösung eines bestimmten Problems ist die Lösung eines anderen Strömungsproblems.

Das durch die Linie s pro Zeit- und Längeneinheit der Höhe h, z.B. zwischen den Stromlinien ψ_1 und ψ_2 hindurchtretende Flüssigkeitsvolumen $\dot{Q}$ läßt sich wie folgt berechnen. Zunächst ist nach (8.91)

$$\dot{Q} = \frac{1}{h}\int_1^2 \mathbf{v}\cdot\mathbf{n}\,\mathrm{dA} = \int_1^2 \mathbf{v}\cdot\mathbf{n}\,\mathrm{ds} = \int_1^2 \nabla\varphi\cdot\mathbf{n}\,\mathrm{ds}$$

$$\dot{Q} = \int_1^2 \left(\frac{\partial\varphi}{\partial x}\,n_x + \frac{\partial\varphi}{\partial y}\,n_y\right)\mathrm{ds}\,. \qquad\qquad (*)$$

Nach Bild 8-32b als Ausschnitt von Bild 8-32a ist aber mit

$$|\mathbf{n}| = |\mathbf{e}_x| = |\mathbf{e}_y| = 1 \quad \text{und} \quad |\mathrm{dr}| = \mathrm{ds}$$

$$\mathbf{n}\cdot\mathbf{e}_x = \cos\alpha = n_x$$
$$\mathbf{n}\cdot\mathbf{e}_y = \sin\alpha = n_y$$

sowie

$$\mathrm{dr}\cdot\mathbf{e}_y = \mathrm{dy} = \mathrm{ds}\cos\alpha = \mathrm{ds}\,n_x$$
$$\mathrm{dr}\cdot\mathbf{e}_x = \mathrm{dx} = -\mathrm{ds}\sin\alpha = -\mathrm{ds}\,n_y\,.$$

Somit wird aus $(*)$

$$\dot{Q} = \int_1^2 \left(\frac{\partial\varphi}{\partial x}\,\mathrm{dy} - \frac{\partial\varphi}{\partial y}\,\mathrm{dx}\right) = \int_2^1 \left(\frac{\partial\varphi}{\partial x}\,\mathrm{dy} - \frac{\partial\varphi}{\partial y}\,\mathrm{dx}\right)\,.$$

Mit den Beziehungen (8.137) ergibt sich

$$\dot{Q} = \int_{1}^{2} \left(\frac{\partial \psi}{\partial y} \, dy + \frac{\partial \psi}{\partial x} \, dx \right) = \int_{1}^{2} d\psi = \psi_2 - \psi_1 \qquad (8.143)$$

Es gilt also

Satz 8.23:
Das pro Zeit- und Längeneinheit (senkrecht zur Strömungsebene) zwischen den beiden Stromlinien ψ_1 und ψ_2 hindurchfließende Volumen $\dot{Q}$ ist gleich der Differenz der beiden (konstanten) Beträge der Stromfunktionen ψ_2 und ψ_1.

Aus der Kontinuitätsgleichung $\dot{Q} = $ const, die auch zwischen zwei Stromlinien stets erfüllt sein muß, ergibt sich weiter

Satz 8.24:
Die Geschwindigkeit in einer ebenen Potentialströmung ist umgekehrt proportional zum Abstand zweier benachbarter Stromlinien.

Schließlich besteht zwischen der Ableitung der analytischen Funktion f (z) und der zweckmäßigerweise auch für die Geschwindigkeit entsprechend (8.140) gewählten komplexen Darstellung $v = (v_x) + i\,(v_y)$ (die Basis wird hierbei durch den „Einheitsvektor" 1 auf der reellen Achse und durch den „Einheitsvektor" i auf der dazu orthogonalen, imaginären Achse (vgl. 1.2) gebildet) noch folgender bedeutsame Zusammenhang: Einerseits ist dann mit (8.136) und (8.140)

$$v = v_x\, e_x + v_y\, e_y = (v_x, v_y)$$
$$\text{bzw.} \quad v = (v_x) + i\,(v_y)\,.$$

Andererseits gilt für $f(z) = f(x + iy)$ nach (8.138)

$$f'(z) = \frac{df}{dz} = \frac{\partial f}{\partial x}\,.$$

Also ist

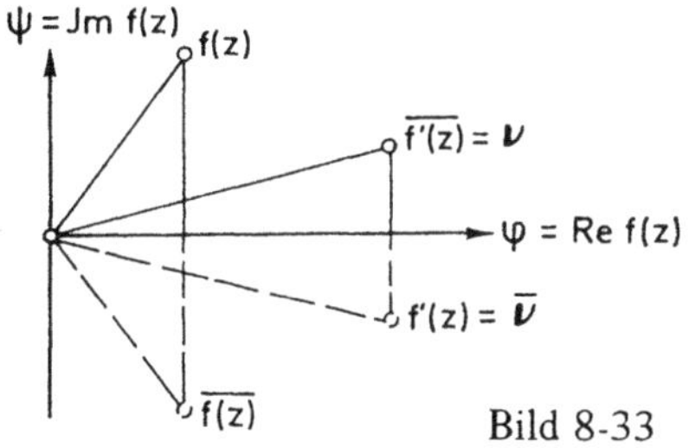

$$f'(z) = \frac{\partial f}{\partial x} = \frac{\partial}{\partial x}(\varphi + i\,\psi) = \frac{\partial \varphi}{\partial x} + i\,\frac{\partial \psi}{\partial x} = (v_x) - i\,(v_y)\,,$$

d.h.

$$f'(z) = \frac{\partial f}{\partial x} = \frac{df}{dz} = (v_x) - i\,(v_y) = \overline{v} \qquad (8.144)$$

Bild 8-33

wenn man mit $\overline{v}$ den „konjugiert komplexen" Wert von v bezeichnet. Dieser ist offenbar der an der reellen Achse (φ-Achse) gespiegelte Wert von v (Bild 8-33). Umgekehrt ist dann das konjugiert komplexe Geschwindigkeitspotential

$$\overline{f(z)} = \varphi\,(x, y) - i\,\psi\,(x, y)$$

und dessen Ableitung

$$\overline{f'(z)} = \overline{\frac{\partial f}{\partial x}} = \overline{\frac{df}{dz}} = (v_x) + i(v_y) = \boldsymbol{v} \qquad (8.145)$$

Es gilt daher

Satz 8.25:
Die Ableitung des komplexen Geschwindigkeitspotentials $f(z)$ nach z ist gleich dem konjugiert komplexen Wert der Geschwindigkeit. Die Geschwindigkeit $\boldsymbol{v}$ ist gleich dem konjugiert komplexen Wert $\overline{f'(z)}$ zur Ableitung $f'(z)$ nach z.

Der Betrag der Geschwindigkeit ist dann wegen $|\mathbf{v}| = |\boldsymbol{v}|$ und $|\boldsymbol{v}| = |\overline{\boldsymbol{v}}|$

$$|\mathbf{v}| = |\boldsymbol{v}| = \sqrt{v_x^2 + v_y^2} = \sqrt{\left(\frac{\partial \varphi}{\partial x}\right)^2 + \left(\frac{\partial \varphi}{\partial y}\right)^2} = |\overline{f'(z)}| = |f'(z)| \qquad (8.146)$$

Für einige analytische Funktionen sollen nun die zugehörigen ebenen Strömungsprobleme explizit ermittelt werden. Man gewinnt so verschiedene konkrete Beispiellösungen, aber auch — im Sinne der vorliegenden Semi-Invers-Methode — einen Katalog „möglicher" Lösungen, die man dann, im allgemeinen zu umfangreicheren Lösungen superponiert, für praktische Aufgaben bereitgestellt hat.

1. Parallelströmung

Ist das komplexe Potential

$$f(z) = f(x + iy) = v_0 z, \qquad v_0 = \text{const} \qquad (8.147)$$

so ist wegen (8.136)

$$f(z) = \varphi(x, y) + i\psi(x, y) = v_0 z = v_0(x + iy) = v_0 x + iv_0 y.$$

D.h. es ist

$$\begin{aligned} \varphi(x, y) &= v_0 x, \quad \text{Potentialfunktion} \\ \psi(x, y) &= v_0 y, \quad \text{Stromfunktion} \end{aligned} \qquad (8.148)$$

Die Stromlinien $\psi = \text{const}$ sind also die Kurvenscharen $y = \text{const}$, also alle Parallelen zur x-Achse. Die Potentiallinien $\psi = \text{const}$ sind dementsprechend alle Parallelen zur y-Achse (Bild 8-34). Das Geschwindigkeitsfeld ist nach (8.140)

$$\mathbf{v} = \nabla\varphi \equiv \text{grad}\,\varphi = v_0\,\mathbf{e}_x \quad \text{bzw.} \quad \boldsymbol{v} = v_0 \qquad (8.149)$$

mit dem Betrag aus (8.146)

$$v = \sqrt{\mathbf{v} \cdot \mathbf{v}} = \sqrt{\boldsymbol{v}^2} = v_0 = |f'(z)| = (v_0 z)' = v_0 \qquad (8.149\text{a})$$

Damit ist Größe und Richtung der Geschwindigkeit bekannt.

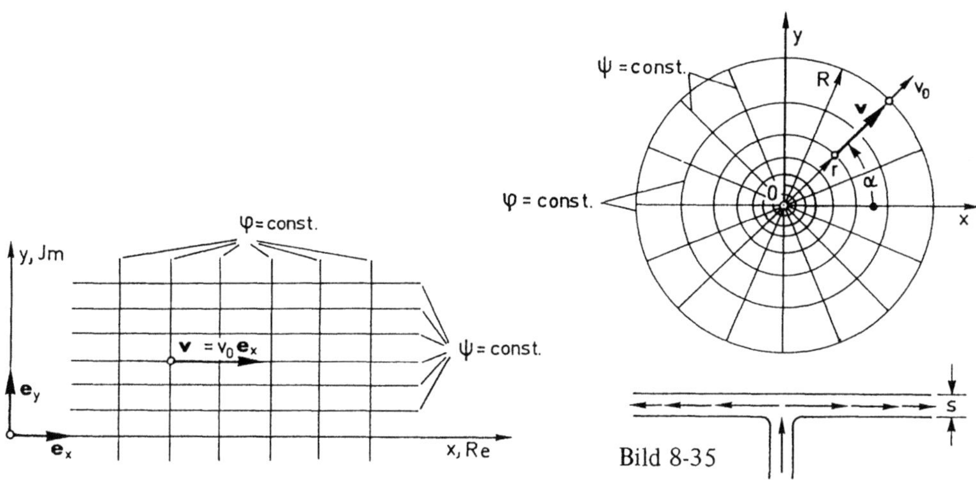

Bild 8-34

Aus (8.133) folgt für den Druck bei stationärer, horizontaler (ebener) Strömung

$$\frac{p}{\rho} + \frac{v_0^2}{2} = C \qquad (8.150)$$

Ist die hydraulische Feldkonstante C z.B. dadurch bestimmt, daß der Druck neben der Geschwindigkeit an einer beliebigen Stelle 0 im Feld bekannt ist, dann ist wegen

$$\frac{p}{\rho} + \frac{v_0^2}{2} = \frac{p_0}{\rho} + \frac{v_0^2}{2} = C$$

$$p = p_0 = \text{const} \qquad (8.151)$$

der Druck überall im Feld gleich diesem örtlichen, bekannten Wert p_0.

2. Quellströmung (Senkenströmung)

Ist das komplexe Potential

$$f(z) = v_0\, R \log z, \qquad v_0\, R = \text{const} \qquad (8.152)$$

wobei log ( ) der komplexe Logarithmus ist, so ergibt sich die folgende Strömung:

$$f(z) = v_0\, R \log (x + iy)\,.$$

Nach Übergang auf „Polarkoordinaten" (r, α vgl. Bild 8-35) ist mit $x = r \cos \alpha$; $y = r \sin \alpha$; $x^2 + y^2 = r^2$; $\alpha = \text{arc tan}(y/x)$, also

$$\begin{aligned}
f(z) &= v_0\, R \log z = v_0\, R \log [r\,(\cos \alpha + i \sin \alpha)\,] \\
&= v_0\, R \log [r\, e^{i\alpha}] = v_0\, R \ln r + i R\, v_0\,(\alpha + 2\,k\,\pi)
\end{aligned} \qquad (8.153)$$

v_0 sei dabei reell. Der Ursprung $z = 0$ sei wegen der Singularität ausgeschlossen. Die Funktion $f(z)$ ist mit Ausnahme dieses singulären Punktes analytisch.

Verwendet man im weiteren nur den Hauptwert $k = 0$ des mehrdeutigen Argumentes, so wird wegen

$$f(z) = \varphi + i\,\psi = v_0\,R \ln r + i\,v_0\,R\alpha$$

$$
\begin{aligned}
\varphi(r) &= R\,v_0 \ln r = v_0\,R \ln \sqrt{x^2 + y^2}\,, \quad \text{Potentialfunktion} \\[2mm]
\psi(\alpha) &= R\,v_0\,\alpha = v_0\,R \arctan \frac{y}{x}\,, \quad \text{Stromfunktion}
\end{aligned}
\tag{8.154}
$$

Die Potentiallinien $\varphi = $ const sind danach konzentrische Kreise um den singulären Ursprung; die Stromlinien $\psi = $ const sind Geraden durch diesen Punkt (vgl. Bild 8-35). Das Geschwindigkeitsfeld ist nach (8.145)

$$\boldsymbol{v} = \overline{f'(z)} = \frac{d}{dz}\,(v_0\,R\,\overline{\log z}) = \frac{d}{dz}\,v_0\,R\,(\log \bar{z}) = \frac{v_0\,R}{\bar{z}} = \frac{v_0\,R}{x - iy}\,. \tag{8.155}$$

Nach Erweiterung mit $x + iy$ wird

$$\boldsymbol{v} = v_0\,R\,\frac{x + iy}{(x - iy)\,(x + iy)} = v_0\,R\,\frac{x + iy}{x^2 + y^2}$$

bzw.

$$\mathbf{v} = v_0\,R\left(\frac{x}{x^2 + y^2}\,\mathbf{e}_x + \frac{y}{x^2 + y^2}\,\mathbf{e}_y\right) \tag{8.155a}$$

oder wieder in Polarkoordinaten

$$\mathbf{v} = \frac{v_0\,R}{r}\,(\cos\alpha\,\mathbf{e}_x + \sin\alpha\,\mathbf{e}_y) = \frac{v_0\,R}{r}\,\mathbf{e}_r \tag{8.155b}$$

mit dem Betrag

$$|\mathbf{v}| = |\boldsymbol{v}| = v_0\,\frac{R}{r} \quad \text{und} \quad v(r = R) = v_0 \tag{8.155c}$$

Für $v_0 > 0$ liegt eine Quelle vor. Die Strömung fließt von dieser im Ursprung liegenden Quelle radial nach außen fort. Für $v_0 < 0$ liegt eine Senke vor. Die Strömung fließt von außen radial in den Ursprung hinein.

Das ausströmende Volumen je Zeiteinheit $\dot{Q}$, also die „Ergiebigkeit" der Quelle pro Schichtdicke s der Strömungsebene, ist

$$\dot{Q} = \frac{1}{s}\int\limits_{(A)} v\,dA = \frac{1}{s}\int\limits_0^{2\pi} v(r)\,s\,r\,d\alpha = \int\limits_0^{2\pi} v_0\,\frac{R}{r}\,r\,d\alpha = v_0\,R\,2\pi \tag{8.156}$$

Für den radialen Druckverlauf kommt aus (8.133) (vgl. Bild 8-36)

$$\frac{p}{\rho} + \frac{v^2}{2} = C = \frac{p}{\rho} + \frac{1}{2} v_0^2 \left(\frac{R}{r}\right)^2 \qquad (8.157)$$

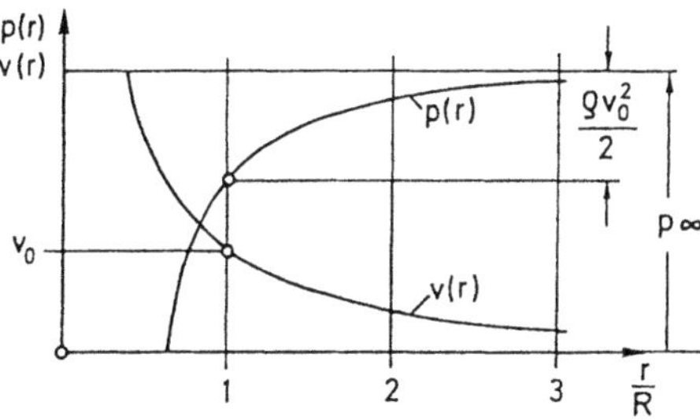

Bild 8-36

Ist der Druck an irgendeiner Stelle r bekannt, ist z.B. in großer Entfernung von der Quelle $p(r \to \infty) = p_\infty$, so ist die Konstante C wegen (8.155c) $v(r \to \infty) = v_\infty \to 0$ bestimmbar und für den Druck ergibt sich

$$p(r) = p_\infty - \frac{\rho}{2} v_0^2 \left(\frac{R}{r}\right)^2 \geqslant 0 \qquad (8.158)$$

3. Dipolströmung (Quell-Senken-Strömung)

Ist das komplexe Potential

$$f(z) = \frac{v_0 R^2}{z} ; \quad v_0 R^2 = \text{const} \qquad (8.159)$$

so ist entsprechend den Berechnungen von 2.:

$$f(z) = f(x + iy) = \varphi(x, y) + i \psi(x, y)$$

$$= v_0 R^2 \frac{1}{x + iy} = v_0 R^2 \frac{x - iy}{x^2 + y^2} = v_0 R^2 \left(\frac{x}{x^2 + y^2} - i \frac{y}{x^2 + y^2}\right) .$$

Also ist

$$\varphi(x, y) = v_0 R^2 \frac{x}{x^2 + y^2} = \frac{v_0 R^2}{r} \cos \alpha , \qquad \text{Potentialfunktion}$$

$$\psi(x, y) = -v_0 R^2 \frac{y}{x^2 + y^2} = \frac{-v_0 R^2}{r} \sin \alpha , \qquad \text{Stromfunktion} \qquad (8.160)$$

Die Stromlinien $\psi = \psi_0 = \text{const}$ sind wegen der 2. Gl. (8.160), also wegen

$$x^2 + y^2 + v_0 R^2 \frac{y}{\psi_0} = 0$$

und nach Bildung der quadratischen Ergänzung wegen

$$x^2 + \left(y + \frac{v_0\,R^2}{2\,\psi_0}\right)^2 = \left(\frac{v_0\,R^2}{2\,\psi_0}\right)^2 \tag{8.161}$$

Kreise durch den Nullpunkt mit der
Mittelpunktslage (Bild 8-37)

$$y_0^\psi = -\frac{v_0\,R^2}{2\,\psi_0} \quad (\psi_0 = \text{const} \lessgtr 0)$$

auf der y-Achse. Entsprechendes gilt für
die Potentiallinien $\varphi = \varphi_0 = \text{const}$. Es
ergeben sich Kreise mit dem Mittelpunkt
auf der x-Achse im Abstand

$$x_0^\varphi = +\frac{v_0\,R^2}{2\,\varphi_0} \quad (\varphi_0 = \text{const} \lessgtr 0)$$

vom Nullpunkt.

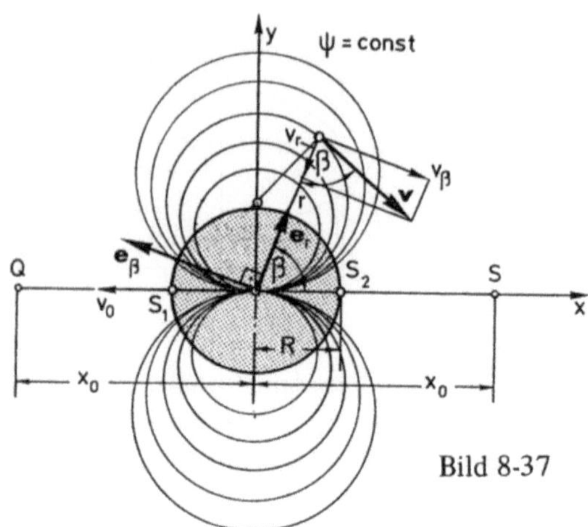

Das Geschwindigkeitsfeld wird nach (8.145)

$$v = \overline{f'(z)} = \frac{d}{dz}\overline{\left(\frac{v_0\,R^2}{z}\right)} = \frac{d}{dz}\left(\frac{v_0\,R^2}{\bar{z}}\right) = v_0\,R^2\left(-\frac{1}{\bar{z}^2}\right) = -v_0\,R^2\,\frac{1}{(x-iy)^2}$$

$$= -v_0\,R^2\,\frac{(x+iy)^2}{(x-iy)^2\,(x+iy)^2} = -v_0\,R^2\,\frac{x^2-y^2+2ixy}{(x^2+y^2)^2}$$

also dargestellt durch

$$v = -v_0\,R^2\left[\left(\frac{x^2-y^2}{(x^2+y^2)^2}\right) + i\left(\frac{2xy}{(x^2+y^2)^2}\right)\right] \tag{8.162}$$

bzw. in Polarkoordinaten mit

$$\bar{z}^2 = (r\,e^{-i\alpha})^2 = r^2\,e^{-2\alpha i} = r^2\,e^{-i\beta}$$

wird

$$v = -v_0\left(\frac{R}{r}\right)^2 \cos\beta\;e_r - v_0\left(\frac{R}{r}\right)^2 \sin\beta\;e_\beta = -v_r\,e_r - v_\beta\,e_\beta \tag{8.162a}$$

mit dem Betrag

$$v = v_0\left(\frac{R}{r}\right)^2 \tag{8.162b}$$

Der Koordinaten-Nullpunkt $r = 0$ ist wieder ein singulärer Punkt.

Die Dipolströmung ist der Spezialfall zweier Quellströmungen gleicher Ergiebigkeit (vgl. Fall 2) und zwar derart, daß zunächst bei $x = - x_0$ eine Quelle und bei $x = + x_0$ eine gleichgroße Senke angebracht wird (vgl. Bild 8-37). Nach Grenzübergang $x_0 \to 0$ erhält man so den Fall der Dipolströmung als Sonderfall der Doppelquelle.

Die physikalische Deutung dieses Falles ist die Strömung eines zunächst ruhenden Fluids, durch das ein Zylinder vom Radius R in negativer x-Richtung mit der Geschwindigkeit $v_{Zyl} = - v_0 \, e_x$ fortbewegt wird. Am vorderen und hinteren Staupunkt S_1 und S_2 hat die Flüssigkeit betragsmäßig die gleiche Geschwindigkeit wie der Zylinder, also v_0. Die eingezeichneten Stromlinien sind eine Momentanaufnahme und fallen nicht mit den Bahnlinien zusammen, die Strömung ist daher instationär. Dies ist insbesondere bei der Berechnung des Druckes aus der integrierten EULER-Bewegungsgleichung (8.132)

$$\frac{\partial p}{\partial t} + \frac{v^2}{2} + \frac{p}{\rho} = f(t)$$

zu beachten, da hierin nun noch der instationäre Anteil in Verbindung mit der zeitabhängigen „Feldkonstanten" $f(t)$ zu bestimmen ist.

4. Zirkulationsströmung

Vertauscht man in Bild 8-35 die Strom- und Potentiallinien miteinander, so ergibt sich die Kreisströmung um einen Punkt bzw. für beliebiges R um einen Kreiszylinder. Das komplexe Potential des Falles 2 ist dazu nur mit i zu multiplizieren, d.h. man erhält

$$f(z) = i \, v_0 \, R \log z = \varphi + i \, \psi, \quad v_0 \, R = const \tag{8.163}$$

Gemäß (8.153) wird nach Multiplikation mit i

$$\varphi + i \, \psi = i \, v_0 \, R \ln r - v_0 \, R \, (\alpha + 2 \, k \, \pi) \, ,$$

also mit dem Hauptwert $(k = 0)$

$$\varphi(\alpha) = - v_0 \, R \, \alpha = - v_0 \, R \, \arctan \frac{y}{x} \, , \quad \text{Potentialfunktion}$$

$$\psi(r) = v_0 \, R \ln r = v_0 \, R \ln \sqrt{x^2 + y^2} \, , \quad \text{Stromfunktion} \tag{8.164}$$

Wie behauptet, sind Strom- und Potentiallinien des Beispiels 2 vertauscht. Die Strömung erfolgt auf konzentrischen Kreisen um den singulären Koordinatenursprung.

Das Geschwindigkeitsfeld v ist wegen (8.145)

$$v = \operatorname{grad} \varphi \quad \text{bzw.} \quad v = \overline{f'(z)} = i \left(\frac{\overline{v_0 \, R}}{z} \right) = i \left(v_0 \, R \, \frac{1}{r \, e^{+ i \alpha}} \right) = i \left(v_0 \, R \, \frac{1}{r \, e^{- i \alpha}} \right)$$

also

$$v = \left(v_0 \, \frac{R}{r} \, e^{i \alpha} \right) i \quad \text{bzw.} \quad v = - v_0 \, \frac{R}{r} \, e_\alpha \tag{8.165a}$$

mit dem Betrag

$$v\,(r) = v_0\,\frac{R}{r}\quad \text{und}\quad v\,(r = R) = v_0 \tag{8.165b}$$

Da die Kurven $r = \text{const}$ (Kreise) auch die Stromlinien $\psi = v_0\,R\,\ln r = \text{const}$ bedeuten, ist also hier die Größe der Geschwindigkeit jeweils längs einer Stromlinie konstant.
Wählt man beispielsweise $r = R$ als Kontur eines Kreises (Kreiszylinder), so stellt das Problem die Umströmung eines Kreiszylinders mit dem Radius R dar (vgl. Bild 8-38).

Der Druck ist gemäß (8.158) nach der Gleichung

$$p\,(r) = p_\infty - \frac{\rho}{2}\,v_0^2\left(\frac{R}{r}\right)^2 \geqslant 0 \tag{8.166}$$

verteilt. Geschwindigkeits- und Druckverteilung sind entsprechend zu 2. (vgl. Bild 8-36).

Wie in den Grundlagen der
Potentialströmung (8.3.8) bereits dargestellt, steht die Strömung auf Kreisbahnen im allgemeinen nicht im Widerspruch zur Annahme einer wirbelfreien
(rot $\mathbf{v} = 0$) Strömung – es muß eben
nur sichergestellt sein, daß die materiellen Elemente selbst nicht rotieren
($\boldsymbol{\omega} = 0$), was durch die Identität

$$\nabla \times \mathbf{v} = \nabla \times \nabla \varphi \equiv \operatorname{rot} \operatorname{grad} \varphi = 0$$

für jede Potentialströmung $\mathbf{v} = \nabla\varphi$ unabhängig von der Wahl des Basissystems
immer erfüllt ist.

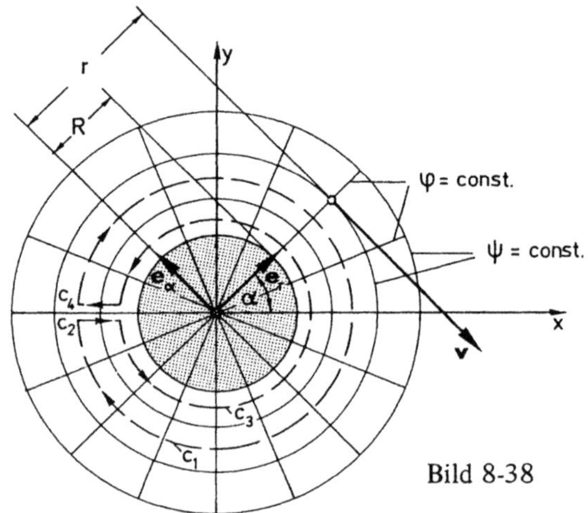

Demnach scheint das Ergebnis dieses Falles vermeintlich im Widerspruch zur Wirbel-
freiheit zu stehen; denn wie man aus Bild 8-38 erkennt, liegt offensichtlich eine Bewegung
auf Kreisbahnen mit jeweils $r = \text{const}$ bei jeweils konstanter Umfangsgeschwindigkeit
$v_\alpha\,(r) = v_0\,R/r$ – also eine Rotation wie bei der Bewegung starrer Körper – vor. Um diesen
vermeintlichen Widerspruch aufzuklären, werde zunächst folgende Definition eingeführt:

Def. 8.1:
Das Linienintegral des Geschwindigkeitsvektors längs einer geschlossenen,
beliebigen Kurve C innerhalb des Flüssigkeitsbereiches heiße *Zirkulation*

$$\Gamma := \oint_C \mathbf{v} \cdot d\mathbf{r}_c\ , \tag{8.167}$$

wobei $d\mathbf{r}_c$ ein infinitesimales Element der Kurve C ist.

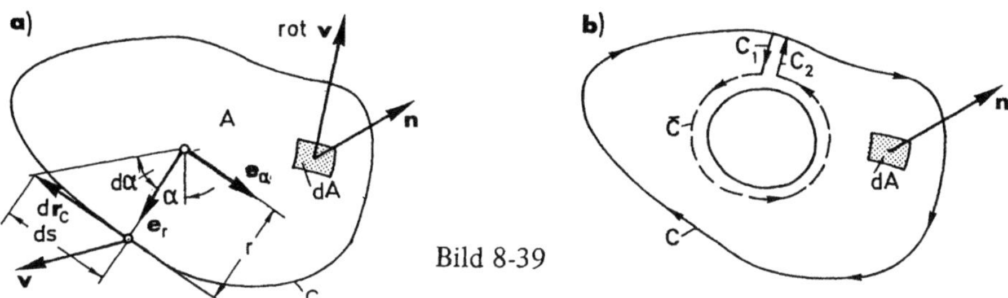

Werden nur „einfach zusammenhängende" Gebiete von dieser Kurve C umschlossen, also enthält die vollständig aus Flüssigkeit bestehende Gebietsfläche A innerhalb ihrer Grenz- kurve C wie im Bild 8-39a im Gegensatz zu Bild 8-39b keine „feldfremden Einschlüsse" (Körper, Singularitäten), so gilt für derartige einfach zusammenhängende Felder der Satz von STOKES (vgl. Satz 1.11)

$$\Gamma := \oint_C \mathbf{v} \cdot d\mathbf{r}_c = \int_A \operatorname{rot} \mathbf{v} \cdot \mathbf{n}\, dA \qquad (8.168)$$

Für „mehrfach zusammenhängende" Gebiete wie in Bild 8-39b gilt der STOKES-Satz nicht − es sei denn, man wählt den Integrationsweg entlang des Kurvenzuges $CC_1\overline{C}C_2\,C$ mit dem eingezeichneten einsinnigen Umlaufsinn. Das durch diese Randkurve umschlossene Gebiet A ist wieder einfach zusammenhängend mit der Folgerung, daß hierfür der STOKESsche Satz wieder gültig ist.

Aus (8.168) folgt, daß für wirbelfreie Strömung (rot $\mathbf{v} = 0$) in *einfach zusammen- hängenden* Gebieten A auch

a) $\Gamma = 0$ wird.

Ist dagegen $\Gamma \neq 0$, so ist

b)   entweder auch rot $\mathbf{v} \neq 0$, d.h. die Strömung ist *nicht wirbelfrei* (rotorfrei),

c)   oder das betrachtete Gebiet ist *nicht einfach zusammenhängend,* d.h. die Gültigkeit des STOKESschen Satzes ist nicht gegeben, bzw. das Feld ist zwar wirbelfrei, enthält aber „feldfremde" Einschlüsse.

Damit ist auch der vermeintliche Widerspruch dieses Beispiels aufgeklärt: Aus (8.165) folgt wegen des hier zweckmäßigerweise in Polarkoordinaten dargestellten NABLA-Operators (vgl. Def. 1.26 in 1.3.7)

$$\nabla = \frac{\partial}{\partial r}\,\mathbf{e}_r + \frac{1}{r}\,\frac{\partial}{\partial \alpha}\,\mathbf{e}_\alpha + \frac{\partial}{\partial z}\,\mathbf{e}_z$$

in Anwendung auf die Geschwindigkeit nach (8.165a)

$$\mathbf{v} = v_\alpha(r)\,\mathbf{e}_\alpha = -v_0\,\frac{R}{r}\,\mathbf{e}_\alpha$$

für die Rotation von v:

$$\nabla \times v = \left(\frac{\partial}{\partial r} e_r + \frac{1}{r} \frac{\partial}{\partial \alpha} e_\alpha \right) \times (v_\alpha(r)\, e_\alpha) =$$

$$= e_r \times \frac{\partial}{\partial r} [v_\alpha(r)\, e_\alpha] + \frac{1}{r} \left\{ e_\alpha \times \frac{\partial}{\partial \alpha} [v_\alpha(r)\, e_\alpha] \right\} =$$

$$= \frac{\partial v_\alpha(r)}{\partial r} e_z + \frac{1}{r} \left[e_\alpha \times v_\alpha(r) \frac{\partial e_\alpha}{\partial \alpha} \right] =$$

$$= \frac{\partial v_\alpha(r)}{\partial r} e_z + \frac{v_\alpha(r)}{r} [e_\alpha \times (- e_r)] =$$

$$= e_z \left(\frac{\partial v_\alpha(r)}{\partial r} + \frac{v_\alpha(r)}{r} \right) = e_z \left(v_0 \frac{R}{r^2} - v_0 \frac{R}{r^2} \right) = 0 ,$$

d.h. also wieder

$$\nabla \times v = 0 \qquad\qquad\qquad\qquad\qquad\qquad\qquad (8.169)$$

Jedoch wird nach Bild 8-39a mit $dr_C = - ds\, e_\alpha = - r\, d\alpha\, e_\alpha$

$$\Gamma = \oint v \cdot dr_C = \oint \left(- v_0 \frac{R}{r} \right) (- r\, d\alpha) = \oint v_0 R\, d\alpha = 2\pi v_0 R \neq 0 \qquad (8.170)$$

Die Zirkulation ist also für alle Stromlinien gleich — sie ist jedoch nicht Null. Es liegt also der Fall c) der obigen Überlegung vor. Der „feldfremde" Einschluß ist hierbei die Kontur des konzentrisch um den Ursprung liegenden Zylinderkörpers bzw. des im Ursprung liegenden singulären Punktes (nicht einfach zusammenhängendes Gebiet).

Das Potential $\varphi(\alpha) = - v_0 R \alpha$ läßt sich damit auch umschreiben zu

$$\varphi(\alpha) = - v_0 R \alpha = - \frac{\Gamma}{2\pi} \alpha \qquad\qquad\qquad\qquad (8.171)$$

Es ändert sich damit bei jedem Umlauf

$$\varphi(\alpha + 2\pi) = - \frac{\Gamma}{2\pi} (\alpha + 2\pi)$$

um die Differenz

$$\varphi(\alpha) - \varphi(\alpha + 2\pi) = \Gamma \qquad\qquad\qquad\qquad\qquad (8.172)$$

also um die Zirkulation Γ selbst.

Erst ein „Aufschneiden" des Integrationsgebietes und Integration entlang des Weges $CC_1 \overline{C} C_2 C$ in Bild 8-39b ergibt $\Gamma = 0$, da wegen des wechselnden Umlaufsinnes sich die Integrale paarweise zu Null addieren. Die Strömung ist also mit Ausnahme des singulären Punktes $(r = 0)$ tatsächlich wirbelfrei. Man bezeichnet sie wegen ihrer äußerlichen Ähnlichkeit mit einem Wirbel (im Großen) auch (paradoxerweise) als *Potential-Wirbel-Strömung*.

Der exemplarische Katalog der Lösungen für wirbelfreie, ebene Strömungen würde
sich durch Hinzunahme immer neuer analytischer Funktionen über die vier untersuchten
Fälle hinaus beliebig erweitern lassen. Es zeigt sich aber, daß bereits diese vier Fälle ausreichen, um neben der exemplarischen Lösung dieser Einzelfälle auch komplexe Strömungsprobleme, wie die der Zylinder- und Plattenanströmungen und der Auftriebspro-
bleme von hydro- und aerodynamischen Tragprofilen usw. zu berechnen. Denn wegen
der Linearität der Differentialgleichung $\Delta\varphi = 0$ ist jede untersuchte Grundlösung (wie
hier in den Fällen 1, 2, 3 und 4) gleichzeitig „Baustein" für Lösungen komplexer Probleme durch Superposition dieser Grundlösungen zur Gesamtlösung.

9 Prinzipien der Mechanik
(Einführung in die Analytische Mechanik)

9.1 Allgemeines

Axiome stellen, wie in Kapitel 4 ausgeführt, empirisch gesicherte, experimentell nachprüfbare Grundtatsachen dar, die ihrerseits selbst nicht ableitbar sind. Alle anderen Sätze, Gleichungen und Zusammenhänge müssen dann daraus folgen, also aus den Axiomen ableitbar sein. Es ist dementsprechend für die Darstellung eines Fachgebietes (Mechanik) von Vorteil, wenn man mit einem Minimum von Axiomen auskommt und dabei ein Optimum an Beschreibungs- und Lösungsmöglichkeiten für die Problemklassen entweder unmittelbar in Form der Axiome oder mittelbar in Form der daraus abgeleiteten Sätze zur Verfügung hat.

Die vorangegangenen Kapitel zeigen, daß es, ausgehend von den dort formulierten beiden Axiomen (I. und II. Axiom der Mechanik) gelingt, die Probleme der Statik und Kinetik starrer und deformierbarer Systeme zu beschreiben. Sie sind offenbar in ihrer Aussage und der Zahl nach hinreichend. Sie bilden derart die Grundlage der *Elementaren Mechanik.*

Im Rahmen der *Analytischen Mechanik* werden nun andere Axiome in Form von *Prinzipien* postuliert. Wären das nun *andere* Axiome im Sinne von *zusätzlichen* Axiomen, so würde das im Widerspruch zur Erkenntnis stehen, daß die Axiome der Elementaren Mechanik nach Zahl und Aussage hinreichend sind. Folglich müssen die Prinzipien der Mechanik also *andere* Axiome im Sinne von *austauschbar* bzw. *ersatzweise* sein. Dann sind aber auch die Prinzipien der Analytischen Mechanik aus den bekannten Axiomen der Elementaren Mechanik, ggf. unter Verwendung spezieller mathematischer Methoden, herleitbar. Die Notwendigkeit solcher Prinzipien folgt somit auch nicht vom Grundsatz her, sondern um zusätzliche, ökonomische Methoden zur Lösung von Problemen zur Verfügung zu haben. Da schließlich die Ableitbarkeit der Prinzipien aus den Axiomen auch umkehrbar ist, könnte man der gesamten Mechanik auch die Prinzipien (als Axiome) voranstellen und daraus die bisherigen Axiome (I. und II. Axiom) in Form des dann ableitbaren Impulssatzes und des Drallsatzes folgern.

Um die „Querverbindung" zwischen den klassischen Axiomen und den Prinzipien der Analytischen Mechanik aufzuzeigen und damit die wechselseitige Ableitbarkeit der Grundgleichungen zu zeigen, werde hier der Weg verfolgt, die bereits im Kapitel 4 formulierten Axiome in die Aussagen der Prinzipien der Analytischen Mechanik zu überführen.

Dabei sind die Prinzipien der Mechanik im wesentlichen *Energieaussagen.* Sie sind somit Beziehungen für die skalaren Größen der äußeren Arbeit, der inneren Energie, der Formänderungsenergie, der potentiellen und kinetischen Energie sowie ggf. anderer, noch zu definierender Arbeits- und Energieausdrücke. Diese Beziehungen für die Energieausdrücke wiederum werden sich dabei stets als Extremalaussagen für eine dieser oder für eine Kombination aus mehreren dieser Energien herausstellen. Hält man also bei der Bildung der Energieausdrücke die hierin ggf. enthaltene Zeit jeweils fest, so liegt eine *mit einem Extremalproblem äquivalente Randwertaufgabe* vor.

Zu deren Lösung bildet man nun die Energieausdrücke – nicht wie unter 6.12 mit den *aktuellen* Verschiebungen der i.a. unbekannten, wirklichen Bewegungen, sondern mit den sog. *virtuellen* Verschiebungen einer gedachten (fiktiven) Bewegung. Da die Zeit dabei festgehalten ist, kann der Begriff „Bewegung" auch durch „Lage" (vgl. 1.2.6) ersetzt werden. An diese virtuellen Verschiebungen wird zunächst nur die Bedingung geknüpft, daß sie – wie die wirkliche Verschiebung – nur die geometrischen (kinematischen) Randbedingungen im Sinne von *Vergleichsfunktionen* (vgl. 8.2.4) erfüllen.

Sind die Randbedingungen selbst keine Funktionen der Zeit (*sklerenome* Systeme), gilt die stets zeitunabhängige Vergleichsfunktion für alle Zeiten (vgl. Bild 9-1). Sind die Randbedingungen zeitabhängig (*rheonome* Systeme), gilt die zeitunabhängige Vergleichsfunktion zunächst nur für eine beliebige, festgehaltene Zeit.

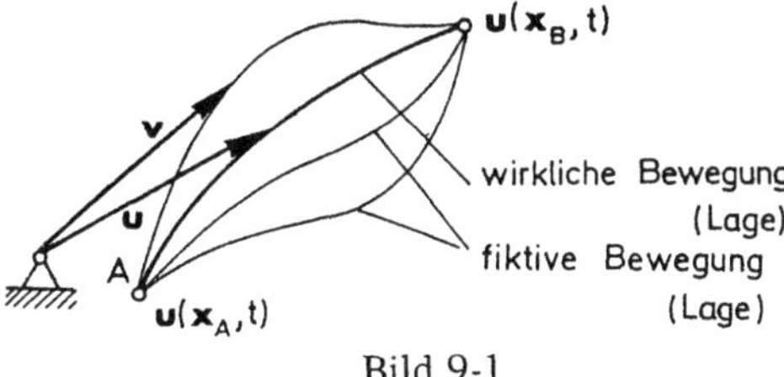

Bild 9-1

Nun wird unter allen denkbaren Vergleichsfunktionen diejenige herausgesucht, die entsprechend der Extremalaufgabe den jeweiligen Energieausdruck zum Extremum macht. Diese Funktion ist dann die Lösung des Randwert- bzw. Extremalproblems. Die Methode ist der sog. *Variationsrechnung* entnommen, da die Vergleichsfunktion praktisch soweit variiert wird, bis sie die Bedingung der Extremalisierung des Energiefunktionals erfüllt. Das „Variieren" und „Heraussuchen" ist dabei kein Prozeß systematischen Probierens oder sukzessiver Annäherung, sondern liefert i.a. geschlossene, analytische Lösungen bzw. Algorithmen für eine direkte numerische Auswertung (vgl. [10], [52], [91]).

9.2 Grundlagen der Variationsrechnung

Im folgenden seien $\mathbf{u}$ und $\mathbf{v}$ Elemente eines Vektorraumes $\mathscr{V}$ (Vektoren, Funktionen usw.). Hierbei sind beispielsweise $\mathbf{u}(\mathbf{x}, t)$ der aktuelle und $\mathbf{v}(\mathbf{x}, t_0)$ der virtuelle Verschiebungsvektor, die ihrerseits zwar noch von der Zeit abhängen können, aber im folgenden bei festgehaltener Zeit variiert werden sollen.
Weiterhin sei Z ein beliebiges Funktional (Energiefunktional, z.B.: Arbeit, kinetische Energie, Formänderungsenergie) mit der Eigenschaft, einem Tensorfeld k-ter Stufe (Skalar, Vektor, Tensor) aus dem Vektorfeld $\mathscr{V}$ eine reelle Zahl $\mathscr{R}$ zuzuordnen, d.h.

$$Z: \mathscr{V} \to \mathscr{R}$$

Dann werde analog zum Ableitungsbegriff der reellen Analysis definiert:

Def. 9.1:
Der durch den Grenzwert

$$\delta Z(\mathbf{u}; \mathbf{v}) := \lim_{\epsilon \to 0} \frac{Z(\mathbf{u} + \epsilon\,\mathbf{v}) - Z(\mathbf{u})}{\epsilon} = \frac{\partial}{\partial\epsilon}\,[Z(\mathbf{u} + \epsilon\,\mathbf{v})]_{\epsilon=0}$$

erklärte Ausdruck heiße Variation δZ des Funktionals Z an der Stelle $\mathbf{u} \in \mathscr{V}$ in Richtung $\mathbf{v} \in \mathscr{V}$.

Dabei wird vorausgesetzt, daß dieser Grenzwert für $\mathbf{u}, \mathbf{v} \in \mathcal{V}$ existiert, obwohl dies nicht zwangsläufig für *alle* „Richtungen" $\mathbf{v}$ der Fall sein muß. Man kann daher diese Operation als *„Richtungsableitung"* interpretieren. Die durch Def. 9.1 erklärte Operation ist *linear* im Zuwachs, d.h. es gilt

$$\delta Z (\mathbf{u}; \alpha \mathbf{v}) = \alpha\, \delta Z (\mathbf{u}; \mathbf{v}) \tag{9.1}$$

Im Sinne eines Distributiv-Gesetzes wird gefordert

$$\delta Z (\mathbf{u}; \mathbf{v}_1 + \mathbf{v}_2) = \delta Z (\mathbf{u}; \mathbf{v}_1) + \delta Z (\mathbf{u}; \mathbf{v}_2), \quad \mathbf{v}_1, \mathbf{v}_2 \in \mathcal{V} \tag{9.2}$$

Als Folgerung hieraus entnimmt man dann

$$\delta Z (\mathbf{u}; \alpha_1 \mathbf{v}_1 + \alpha_2 \mathbf{v}_2) = \alpha_1\, \delta Z (\mathbf{u}; \mathbf{v}_1) + \alpha_2\, \delta Z (\mathbf{u}; \mathbf{v}_2) \tag{9.3}$$

Ist beispielsweise für $\mathbf{u}, \mathbf{a} \in \mathcal{V}$ und $\mathbf{a}$ fest

$$Z_1 = \left[\frac{1}{2} (\mathbf{u} \cdot \mathbf{u}) - \mathbf{a} \cdot \mathbf{u} \right] : \mathcal{V} \rightarrow \mathcal{R} ,$$

so ist das Funktional Z_1 eine Abbildung von $\mathcal{V}$ nach $\mathcal{R}$ und nichtlinear in $\mathbf{u}$. Ist nun $\mathbf{v} \in \mathcal{V}$ aber eine ansonsten beliebige Vergleichsfunktion, dann gilt gemäß Def. 9.1:

$$
\begin{aligned}
\delta Z_1 (\mathbf{u}; \mathbf{v}) &= \lim_{\epsilon \to 0} \frac{1}{\epsilon} \left[\frac{1}{2} (\mathbf{u} + \epsilon \mathbf{v}) \cdot (\mathbf{u} + \epsilon \mathbf{v}) - \mathbf{a} \cdot (\mathbf{u} + \epsilon \mathbf{v}) - \frac{1}{2} (\mathbf{u} \cdot \mathbf{u}) + \mathbf{a} \cdot \mathbf{u} \right] \\
&= \lim_{\epsilon \to 0} \frac{1}{\epsilon} \left[\epsilon (\mathbf{u} \cdot \mathbf{v}) + \frac{1}{2} \epsilon^2 (\mathbf{v} \cdot \mathbf{v}) - \epsilon\, \mathbf{a} \cdot \mathbf{v} \right] \\
&= \lim_{\epsilon \to 0} \left[(\mathbf{u} \cdot \mathbf{v}) + \frac{1}{2} \epsilon (\mathbf{v} \cdot \mathbf{v}) - \mathbf{a} \cdot \mathbf{v} \right] \\
\delta Z_1 (\mathbf{u}; \mathbf{v}) &= \mathbf{u} \cdot \mathbf{v} - \mathbf{a} \cdot \mathbf{v} = (\mathbf{u} - \mathbf{a}) \cdot \mathbf{v} .
\end{aligned}
$$

Wie behauptet, ist also die Variation von Z_1, trotz des nichtlinearen Charakters von Z_1, linear im Zuwachs $\mathbf{v}$ (vgl. (9.1)).

Für die in den Energieausdrücken auftretenden Integrale gilt entsprechendes; denn ist z.B. Ω ein beschränktes Gebiet und w eine skalare, einmal differenzierbare Funktion ($\Omega \in \mathcal{R}_3$, $w \in C^1 (\Omega)$), so ist

$$Z_2 (w) = \frac{1}{2} \int\limits_{\Omega} \operatorname{grad} w \cdot \operatorname{grad} w \, d\Omega : \mathcal{V} \rightarrow \mathcal{R}$$

eine Abbildung aus dem Vektorraum $\mathcal{V} = C^1$ (vgl. 1.2.2) nach $\mathcal{R}$ und das Funktional Z_2 ist nichtlinear in w. Für ein beliebig gewähltes $\hat{w} \in C^1$ gilt dann nach (9.1)

$$
\begin{aligned}
\delta Z_2 (w; \hat{w}) &= \lim_{\epsilon \to 0} \frac{1}{2\epsilon} \left\{ \int\limits_{\Omega} [\operatorname{grad} (w + \epsilon \hat{w}) \cdot \operatorname{grad} (w + \epsilon \hat{w}) - \operatorname{grad} w \cdot \operatorname{grad} w] \, d\Omega \right\} \\
&= \int\limits_{\Omega} \operatorname{grad} w \cdot \operatorname{grad} \hat{w} \, d\Omega .
\end{aligned}
$$

Also auch hier ist die Variation δZ_2 linear im Zuwachsterm $\hat{w}$.

Ebenfalls analog zur reellen Analysis gilt für ein nach Def. 9.1 stetig differenzierbares Funktional ein *Mittelwertsatz* in der Form

$$Z(v) = Z(u) + \delta Z(u + \vartheta(v-u); (v-u)) \quad \text{mit} \quad 0 \leqslant \vartheta \leqslant 1 \tag{9.4}$$

Dabei ist $u + \vartheta(v-u)$ mit $0 \leqslant \vartheta \leqslant 1$ eine „Zwischenstelle" zwischen u und v. Da $Z \in \mathcal{V}$ ist und damit auch Z auf reelle Funktionen $f(\vartheta)$ anwendbar ist, folgt der Beweis unmittelbar dem Beweis des Mittelwertsatzes für reelle Funktionen (vgl. Satz 1.3). Aus Def. 9.1 bzw. (9.4) folgt sofort für die *lineare Approximation* der Zustandsgröße Z:

$$Z(u + \epsilon v) \cong Z(u) + \epsilon \delta Z(u; v) \tag{9.5a}$$

bzw. wegen der Linearität im Zuwachs auch

$$Z(v) \cong Z(u) + \delta Z(u; v-u) \tag{9.5b}$$

Führt man mit

Def. 9.2:
die n-te Variation des Funktionals Z

$$\delta^n Z(u; v) := \frac{\partial^n}{\partial \epsilon^n}[Z(u + \epsilon v)]_{\epsilon=0} \tag{9.6}$$

ein, so läßt sich das mit der Vergleichsfunktion v gebildete Zustandsfunktional Z auch durch eine TAYLOR-Entwicklung (vgl. (1.41)) um die aktuelle Konfiguration darstellen. Danach ist

$$\begin{aligned} Z(v) = Z(u) + \delta Z(u; v-u) + \frac{1}{2}\delta^2 Z(u; v-u) \\ + \ldots + \frac{1}{n!}\delta^n Z(u; v-u) + R \end{aligned} \tag{9.7}$$

Das Restglied R ist über den Mittelwertsatz (9.4) an einer Zwischenstelle $\vartheta(v-u)$ und der $(n+1)$ten Variation von Z wieder wie in (1.42) angebbar. Bei linearer Approximation ergibt sich aus (9.7) wieder (9.5b).

Um nun einzusehen, daß die Extremalprobleme für gewisse energetische, d.h. skalare Funktionale mit Hilfe der Variationsrechnung allein über Vergleichsfunktionen v und i.a. ohne Kenntnis der wirklichen Lösung u berechnet werden können, dienen die folgenden Überlegungen:

Es sei $u_0 \in \mathcal{V}$ die Lage, für die Z einen Extremwert (z.B. ein absolutes Minimum) hat. Dann ist für alle denkbaren $w \in \mathcal{V}$

$$Z(u_0) \leqslant Z(w) .$$

Mit dem speziellen $w = u_0 + \epsilon v$ bei beliebigem $v \in \mathcal{V}$ gilt dann

$$Z(u_0) \leqslant Z(u_0 + \epsilon v), \quad \epsilon > 0$$

sowie gleichberechtigt auch

$$Z(\mathbf{u}_0) \leqslant Z(\mathbf{u}_0 - \epsilon \mathbf{v}), \qquad \epsilon > 0.$$

Subtraktion der jeweils linken Seiten und Division mit $\epsilon > 0$ ergibt

$$\frac{1}{\epsilon}[Z(\mathbf{u}_0 + \epsilon \mathbf{v}) - Z(\mathbf{u}_0)] \geqslant 0, \qquad \frac{1}{\epsilon}[Z(\mathbf{u}_0 - \epsilon \mathbf{v}) - Z(\mathbf{u}_0)] \geqslant 0.$$

Der Grenzübergang $\epsilon \to 0$ liefert dann nach Def. 9.1 einerseits aus der ersten Gl.

$$\delta Z(\mathbf{u}_0; \mathbf{v}) \geqslant 0,$$

andererseits aus der zweiten Gleichung mit $\bar{\epsilon} = -\epsilon$ und (9.1)

$$-\delta Z(\mathbf{u}_0; \mathbf{v}) \geqslant 0,$$

woraus die *notwendige* Bedingung folgt:

$$\delta Z(\mathbf{u}_0; \mathbf{v}) = 0 \quad \text{für jedes} \quad \mathbf{v} \in \mathscr{V} \tag{9.8}$$

Hieraus ergibt sich der

> **Satz 9.1:**
> Für jede beliebige Vergleichsfunktion $\mathbf{v} \in \mathscr{V}$ wird die erste Variation δZ des Zustandsfunktionals Z Null, wenn Z ein Extremum (Minimum bzw. Maximum) annehmen soll (notwendige Bedingung).

Dabei ist die Existenz eines solchen Extremwertes von vornherein vorausgesetzt.
Dieser Satz gilt unabhängig davon, ob ein absolutes (globales) oder ein relatives (lokales) Extremum vorliegt, da die Größe ϵ stets geeignet gewählt werden kann.
Die zur Unterscheidung der Extremwerte (Maximum, Minimum) und als *hinreichende* Bedingung zusätzlich benötigte Aussage ist analog zur reellen Analysis:

> **Satz 9.2:**
> Ist für jede beliebige Vergleichsfunktion $\mathbf{v} \in \mathscr{V}$
> - die zweite Variation größer Null, d.h. $\delta^2 Z(\mathbf{u}_0; \mathbf{v}) > 0$,
>   so ist $Z(\mathbf{u}_0)$ ein *Minimum*
> - die zweite Variation kleiner Null, d.h. $\delta^2 Z(\mathbf{u}_0; \mathbf{v}) < 0$,
>   so ist $Z(\mathbf{u}_0)$ ein *Maximum*.

Schließlich sei hier die als *Grundlemma der Variationsrechnung* bezeichnete und für die spätere Anwendung wichtige Beziehung angegeben, wonach gilt (vgl. [10]):

> **Satz 9.3:**
> Ist $\phi(x)$ eine stetige Funktion von x und ist $\psi(x)$ eine beliebig stetig differenzierbare Funktion, die an ihren Rändern x_0 und x_1 verschwindet, so ist
>
> $$\int_{x_0}^{x_1} \phi(x)\,\psi(x)\,dx = 0, \quad \text{wenn für alle} \quad x_0 \leqslant x \leqslant x_1 \quad \psi(x) = 0 \text{ ist.}$$

Aus den vorstehenden Beziehungen wird deutlich, daß die virtuellen Größen (Verschiebungen, Energien) nicht zwangsläufig differentiell klein sein müssen, sondern mit beliebigen Vergleichsfunktionen gebildet werden können, die definitionsgemäß nur die geometrischen Randbedingungen erfüllen müssen. Das mit der Vergleichsfunktion gebildete „virtuelle Energiefunktional" $Z(v)$ unterscheidet sich dabei von $Z(u)$ um den durch den Mittelwertsatz (9.4) bzw. die durch die TAYLOR-Reihe (9.7) berechenbaren Wert. Bei einer linearen Approximation des virtuellen Energiefunktionals $Z(v)$ wird der Unterschied zu $Z(u)$ allein durch die erste Variation δZ in Form der Gl. (9.5a) bzw. (9.5b) beschrieben, wobei diese erste Variation stets linear im Zuwachs ist (s. obige Beispiele).

Für die erste Variation der virtuellen Verschiebung selbst läßt sich gemäß Def. 9.1 noch der Zusammenhang

$$\delta u = \frac{\partial}{\partial \epsilon} \left[u + \epsilon v \right]_{\epsilon = 0} = v \qquad\qquad (9.9)$$

angeben, der die virtuelle Verschiebung δu mit der Vergleichsfunktion v identifiziert und gleichzeitig beweist, daß die virtuelle Verschiebung nicht differentiell klein sein muß, sondern finit sein kann.

Soll das Energiefunktional extremalisiert werden, so ist nach (9.8) die erste Variation δZ von Z zu bilden und diese für alle denkbaren Vergleichsfunktionen Null zu setzen. Damit ist ohne Kenntnis der wirklichen Lage, Bewegung (t = beliebig, aber fest) oder Verschiebung gleichzeitig ein Verfahren gefunden, das es (ohne Probieren) erlaubt, unter einem Satz von Vergleichsfunktionen diejenige herauszufinden, die unter Erfüllung der Extremalbedingung für das Energiefunktional die reale Lösung darstellt.

Anmerkung: Üblicherweise werden die virtuellen Verschiebungen von vornherein als *„differentiell kleine, zeitlose und mit den kinematischen Bindungen verträgliche" Verschiebungen* analog zum vollständigen Differential (vgl. Def. 1.13 in 1.3.3)

$$dr(q_1, q_2, \ldots, t) = \sum_{i=1}^{n} \frac{\partial r}{\partial q_i} dq_i + \frac{\partial r}{\partial t} dt$$

in der Form

$$\delta r(q_1, q_2, \ldots, t) \big|_{t = \text{fest}} = \sum_{i=1}^{n} \frac{\partial r}{\partial q_i} \delta q_i$$

eingeführt und damit die virtuellen Energien berechnet. Hierbei sind die q_i die den n Freiheitsgraden des Systems entsprechenden n Koordinaten.

Wie die vorstehenden Ausführungen zeigen, ist jedoch dabei die Restriktion, als virtuelle Verschiebungen *infinitesimale* Größen einzuführen, nicht notwendig und im Hinblick auf die damit entwickelten Prinzipien auch nicht hinreichend universell. Außerdem versagt diese Methode bei Systemen mit unendlich vielen Freiheitsgraden ($n \to \infty$), wie sie nach Kapitel 2.4 sowie nach 6. und 8. im Sinne der Kontinuumsmechanik vorliegen.

9.3 Die Prinzipien (Ableitung)

Mit den nach 9.2 eingeführten virtuellen Verschiebungen, für die nach (9.9) $\delta u = v$ gilt, und die im Sinne einer „generalisierten", virtuellen Verschiebungsgröße δu neben den Verschiebungen selbst (δr) auch denkbare Winkelverdrehungen ($\delta \varphi$) enthalten, werden nun die Energiegrößen berechnet.

Dabei werde zunächst von der Arbeit der äußeren Kräfte nach Def. 6.6 in 6.12.6 in der wie in (7.63a) — unter Weglassung des Summenzeichens im Falle mehrerer äußerer Einzellasten — verwendeten Form

$$dA = \mathbf{F}^a \cdot d\mathbf{r}_F + \mathbf{M}^a \cdot d\boldsymbol{\varphi}$$

ausgegangen, wobei hier die differentiellen Wegelemente der aktuellen Verschiebungen durch die finiten virtuellen Verschiebungen $\delta\mathbf{u} = \mathbf{v}$ ersetzt werden und im Sinne der generalisierten Verschiebungen und zur Vereinfachung nur der (verallgemeinerte) Kraftterm weiterverfolgt werden soll (der Momententerm ist dann jeweils analog zu bilden). Dann ist die *virtuelle Arbeit der äußeren Kräfte*

$$\delta A = \mathbf{F}^a \cdot \mathbf{v} = \mathbf{F}^a \cdot \delta\mathbf{u} \tag{9.10}$$

Mit der Definition der äußeren Kräfte nach (3.45) aus 3.4 bei Integration über einen Körper mit dem Volumen V und der Oberfläche A (V), d.h. mit

$$\mathbf{F}^a = \int\limits_{A(V)} \boldsymbol{\sigma}_n \, dA + \int\limits_{V} \mathbf{f}_V \, dV \qquad \text{wird dann}$$

$$\delta A = \int\limits_{A(V)} \boldsymbol{\sigma}_n \cdot \delta\mathbf{u} \, dA + \int\limits_{V} \mathbf{f}_V \cdot \delta\mathbf{u} \, dV \tag{9.11}$$

Nun war nach (3.5) und wegen $\mathbb{S} = \mathbb{S}^T$

$$\boldsymbol{\sigma}_n = \mathbb{S} \cdot \mathbf{n} = \mathbf{n} \cdot \mathbb{S} \ ,$$

somit gilt auch

$$\begin{aligned}
\delta A &= \int\limits_{A(V)} (\mathbb{S} \cdot \mathbf{n}) \cdot \delta\mathbf{u} \, dA + \int\limits_{V} \mathbf{f}_V \cdot \delta\mathbf{u} \, dV \\
&= \int\limits_{A(V)} \mathbf{n} \cdot (\mathbb{S} \cdot \delta\mathbf{u}) \, dA + \int\limits_{V} \mathbf{f}_V \cdot \delta\mathbf{u} \, dV
\end{aligned} \tag{9.12}$$

Das Oberflächenintegral ist mit Hilfe des GAUSSschen Satzes (Satz 1.10) in ein Volumenintegral überführbar, d.h. es wird

$$\delta A = \int\limits_{V} [\nabla \cdot (\mathbb{S} \cdot \delta\mathbf{u}) + \mathbf{f}_V \cdot \delta\mathbf{u}] \, dV .$$

Führt man formal die Differentiation mit der Produktenregel aus und kennzeichnet dabei die jeweils *nicht* der NABLA-Operation unterworfene Größe durch Einklammerung und faßt entsprechend zusammen, so entsteht

$$\begin{aligned}
\delta A &= \int\limits_{V} [\nabla \cdot \mathbb{S} \cdot (\delta\mathbf{u}) + \nabla \cdot (\mathbb{S}) \cdot \delta\mathbf{u} + \mathbf{f}_V \cdot \delta\mathbf{u}] \, dV \\
&= \int\limits_{V} [(\nabla \cdot \mathbb{S} + \mathbf{f}_V) \cdot \delta\mathbf{u}] \, dV + \int\limits_{V} \nabla \cdot (\mathbb{S}) \cdot \delta\mathbf{u} \, dV .
\end{aligned}$$

Der Integrand des *ersten* Integrals enthält in der runden Klammer genau die Kraftdichte $\mathbf{f}$ nach (3.42), die nach dem ersten Axiom der Mechanik in Feldform (vgl. (4.20))

$$\nabla \cdot \mathbb{S} + \mathbf{f}_V = \mathbf{f} = \rho\,\ddot{\mathbf{u}} = \rho\,\mathbf{a}$$

gleich der aktuellen Massenbeschleunigung ist. Somit ist zunächst

$$\delta A = \int\limits_V (\rho\,\ddot{\mathbf{u}}) \cdot \delta\mathbf{u}\,dV + \int\limits_V \nabla \cdot (\mathbb{S}) \cdot \delta\mathbf{u}\,dV \qquad (9.13)$$

Der Integrand des *zweiten* Integrals läßt sich nun wie folgt umformen:
Sind $\mathbf{a}, \mathbf{b}$ Tensoren 1. Stufe und $\mathbb{T}$ ein Tensor 2. Stufe, so gilt wegen (1.130), (1.131) und (1.138) grundsätzlich die Beziehung

$$\mathbf{a} \cdot \mathbb{T} \cdot \mathbf{b} = \mathbf{a} \cdot (\mathbf{x}\,\mathbf{y}) \cdot \mathbf{b} = (\mathbf{a} \cdot \mathbf{x})(\mathbf{y} \cdot \mathbf{b}) = (\mathbf{a}\,\mathbf{b}) \cdots (\mathbf{y}\,\mathbf{x}) = (\mathbf{a}\,\mathbf{b}) \cdots (\mathbf{x}\,\mathbf{y})^{\mathrm{T}}$$

$$\mathbf{a} \cdot \mathbb{T} \cdot \mathbf{b} = (\mathbf{a}\,\mathbf{b}) \cdots \mathbb{T}^{\mathrm{T}} = \mathbb{T}^{\mathrm{T}} \cdots (\mathbf{a}\,\mathbf{b})\ .$$

Hier ist wegen $\mathbb{T} \triangleq \mathbb{S} = \mathbb{S}^{\mathrm{T}} \triangleq \mathbb{T}^{\mathrm{T}}$ nach dem zweiten Axiom der Mechanik speziell

$$\nabla \cdot (\mathbb{S}) \cdot \delta\mathbf{u} = (\nabla\,\delta\mathbf{u}) \cdots \mathbb{S}^{\mathrm{T}} = \mathbb{S}^{\mathrm{T}} \cdots (\nabla\,\delta\mathbf{u}) = \mathbb{S} \cdots (\nabla\,\delta\mathbf{u})\ .$$

Setzt man nun zur Verdeutlichung nach (9.9) wieder $\delta\mathbf{u} = \mathbf{v}$, so wird

$$\mathbb{S} \cdots (\nabla\,\delta\mathbf{u}) = \mathbb{S} \cdots (\nabla\,\mathbf{v}) = \mathbb{S} \cdots \frac{1}{2}\left[(\nabla\,\mathbf{v}) + (\mathbf{v}\,\nabla)\right]$$

$$\mathbb{S} \cdots (\nabla\,\delta\mathbf{u}) = \mathbb{S} \cdots \frac{1}{2}\left[(\nabla\,\mathbf{v}) + (\mathbf{v}\,\nabla)\right] \qquad (9.14)$$

Der zweite Faktor des Doppelskalarproduktes ist wieder ein Verzerrungstensor, der formal wie in (2.116)

$$\mathbb{D} = \frac{1}{2}\left[(\nabla\,\mathbf{u}) + (\mathbf{u}\,\nabla)\right]\ ,$$

aber hier, mit der Vergleichsfunktion $\mathbf{v}$ gebildet, den virtuellen Deformator $\hat{\mathbb{D}}$ bzw. wegen $\mathbf{v} = \delta\mathbf{u}$ die Variation des Deformators $\hat{\mathbb{D}} = \delta\mathbb{D}$ darstellt. Damit wird aus (9.14)

$$\nabla \cdot (\mathbb{S}) \cdot \delta\mathbf{u} = \mathbb{S} \cdots (\nabla\,\delta\mathbf{u}) = \mathbb{S} \cdots \frac{1}{2}\left[\nabla\,\mathbf{v} + \mathbf{v}\,\nabla\right] = \mathbb{S} \cdots \hat{\mathbb{D}} = \mathbb{S} \cdots \delta\mathbb{D} \qquad (9.15)$$

und damit geht die virtuelle Arbeit der äußeren Kräfte (und freien Momente) nach (9.13) in den Ausdruck über:

$$\delta A = \mathbf{F}^{\mathrm{a}} \cdot \delta\mathbf{u} = \int\limits_V (\rho\,\ddot{\mathbf{u}}) \cdot \delta\mathbf{u}\,dV + \int\limits_V \mathbb{S} \cdots \delta\mathbb{D}\,dV \qquad (9.16)$$

Das erste Integral stellt als Skalarprodukt der *wirklichen* Massenbeschleunigungen $\rho\,\ddot{\mathbf{u}}$ an den *fiktiven* Verschiebungen $\delta\mathbf{u}$ die *virtuelle Arbeit der Massenbeschleunigungen*

$$\delta B := \int\limits_V (\rho\,\ddot{\mathbf{u}}) \cdot \delta\mathbf{u}\,dV \qquad (9.17)$$

und das zweite in (9.16) enthaltene Integral stellt die über das Volumen des Körpers integrierte Arbeit der Spannungen $\mathbb{S}$ an den virtuellen Verzerrungen $\delta\mathbb{D}$, also die integrierte spezifische, *virtuelle Formänderungsenergie* (vgl. Def. 6.4 und Def. 6.4a in 6.12.1) dar:

$$\delta W = \int\limits_V \delta W^s \, dV = \delta \int\limits_V W^s \, dV = \int\limits_V [\, \mathbb{S} \cdot\cdot \, \delta\mathbb{D} \,] \, dV \qquad\qquad (9.18)$$

Mit diesen virtuellen Energiefunktionalen läßt sich (9.16) auch schreiben als

$$\delta A = \delta W + \delta B$$

bzw. auch

$$\delta A - \delta W = \delta\,(A - W) = \delta B \;. \qquad\qquad (9.19)$$

Daher läßt sich also das *Allgemeine Prinzip der Mechanik* formulieren:

Prinzip 9.1:
Die virtuelle Arbeit δA (9.11) der äußeren Kräfte und äußeren, freien Momente ist gleich der Summe aus der virtuellen Formänderungsenergie δW (9.18) und der virtuellen Arbeit der Massenbeschleunigung δB (9.17)
bzw.
die Variation δZ des Energiefunktionals $Z = A - W - B$ ist stets Null
bzw.
das Energiefunktional $Z = A - W - B$ nimmt unter allen denkbaren Zuständen (Vergleichsfunktionen, virtuelle Verschiebungen) ein Extremum (Minimum) an.

Damit läßt das Prinzip die Interpretation zu, daß offenbar die Arbeit der äußeren Lasten (Oberflächenkräfte und -momente und Volumenkräfte) dazu verwendet wird, zu einem Teil die Formänderung des Körpers und zum anderen Teil die Beschleunigung der Masse des Körpers zu bewirken, wobei die einzelnen Anteile der Energieformen am Gesamt-Energie-Umsatz durch eine Extremalisierungsbedingung festgelegt werden. Man kann das auch als „energetisches Optimierungsprinzip innerhalb der Naturvorgänge" oder als „ökonomisches Prinzip der größten Wirkung bei kleinstem Aufwand" interpretieren. Dabei enthält die Aussage *kein* spezielles Stoffgesetz — das Prinzip gilt also *unabhängig vom Material* für alle Systeme.

9.4 Folgerungen

Setzt man, wie hier geschehen, die Kenntnis des ersten und zweiten Axioms voraus, so läßt sich das Prinzip in der vorliegenden Form ableiten. Es enthält damit beide Axiome. In Umkehrung würden auch die Aussagen beider Axiome aus dem einen Prinzip folgen. Damit wird auch deutlich, daß in der Analytischen Mechanik nur *ein* Prinzip vorangestellt werden muß, das außerdem wegen des skalaren Charakters eines Energieprinzips zunächst auch nur *eine skalare Gleichung* (statt sechs) darstellt.

Weiter besteht auf den ersten Blick eine formale Analogie zu dem in 6.12.1 abgeleiteten Arbeitssatz (Satz 6.12) für die Statik deformierbarer Körper bzw. zu dem in 7.4.2 abgeleiteten Arbeitssatz (Satz 7.5) für die Kinetik starrer Körper, wonach gilt:

$$\Delta A = \Delta W \quad \text{bzw.} \quad \Delta A = \Delta E \; .$$

Auch dort war es gelungen, aus dem Axiom I und II der Mechanik ersatzweise eine skalare Gleichung eben in Form des Arbeitssatzes herzuleiten. Aber diese Entsprechung besteht nur vordergründig; denn abgesehen davon, daß der Arbeitssatz in Kap. 6 nur für statische Probleme und der in Kap. 7 nur für die Bewegung starrer Systeme und jeweils nur für die aktuellen wirklichen Bewegungen (Verschiebungen) gültig ist, liegt der wesentliche Unterschied in der virtuellen Arbeit der Massenbeschleunigungen δB, die mehr ist als die virtuelle kinetische Energie δE, welche ja bei formaler Analogie zum Arbeitssatz (Satz 7.5) die rechte Seite der Energiebilanz bilden müßte. Das zeigt man wie folgt:
Mit (9.17) ist unter Beachtung von $\mathbf{v} = \delta\mathbf{u}$, $\dot{\mathbf{v}} = \delta\dot{\mathbf{u}}$

$$\delta B = \int\limits_V (\rho\,\ddot{\mathbf{u}})\cdot\delta\mathbf{u}\,dV = \int\limits_V \left(\rho\,\frac{d\dot{\mathbf{u}}}{dt}\cdot\delta\mathbf{u}\right)dV$$

$$= \int\limits_m \frac{d\dot{\mathbf{u}}}{dt}\cdot\delta\mathbf{u}\,dm = \int\limits_m \left[\frac{d}{dt}(\dot{\mathbf{u}}\cdot\delta\mathbf{u}) - \dot{\mathbf{u}}\cdot\frac{d}{dt}\delta\mathbf{u}\right]dm$$

$$= \frac{d}{dt}\int\limits_m \dot{\mathbf{u}}\cdot\delta\mathbf{u}\,dm - \int\limits_m \dot{\mathbf{u}}\cdot\frac{d}{dt}(\mathbf{v})\,dm = \frac{d}{dt}\int\limits_m \dot{\mathbf{u}}\cdot\delta\mathbf{u}\,dm - \int\limits_m \dot{\mathbf{u}}\cdot\dot{\mathbf{v}}\,dm$$

$$= \frac{d}{dt}\int\limits_m \dot{\mathbf{u}}\cdot\delta\mathbf{u}\,dm - \int\limits_m \dot{\mathbf{u}}\cdot\delta\dot{\mathbf{u}}\,dm = \frac{d}{dt}\int\limits_m \dot{\mathbf{u}}\cdot\delta\mathbf{u}\,dm - \int\limits_m \delta\left(\frac{\dot{\mathbf{u}}^2}{2}\right)dm$$

$$= \frac{d}{dt}\int\limits_m \dot{\mathbf{u}}\cdot\delta\mathbf{u}\,dm - \delta\int\limits_m \frac{1}{2}\,\dot{\mathbf{u}}^2\,dm \; .$$

Mit der Definition der kinetischen Energie nach Def. 7.2 $E = \int\limits_m \frac{1}{2}\,\dot{\mathbf{u}}^2\,dm$ wird so schließlich

$$\delta B \equiv \int\limits_m \ddot{\mathbf{u}}\cdot\delta\mathbf{u}\,dm \stackrel{!}{=} \frac{d}{dt}\left[\int\limits_m \dot{\mathbf{u}}\cdot\delta\mathbf{u}\,dm\right] - \delta E \tag{9.20}$$

Danach zerfällt die virtuelle Arbeit der Massenbeschleunigungen δB, die mit der aktuellen Beschleunigung $\ddot{\mathbf{u}}$, aber mit der virtuellen Verschiebung $\delta\mathbf{u}$ zu bilden ist, in zwei Anteile, von denen (nur) der eine die (negative) virtuelle kinetische Energie und der andere die zeitliche Ableitung der Arbeit des Impulses $\int \dot{\mathbf{u}}\,dm$ an den gedachten Verschiebungen $\delta\mathbf{u}$ — also die „*virtuelle Impulsleistung*"

$$\delta P := \frac{d}{dt}\left[\int\limits_m \dot{\mathbf{u}}\cdot\delta\mathbf{u}\,dm\right] \tag{9.21}$$

darstellt. Demnach gilt der Zusammenhang für (9.20)

$$\delta B = \delta P - \delta E \qquad \text{bzw.}$$

$$\int\limits_m \ddot{\mathbf{u}} \cdot \delta \mathbf{u}\, dm = \frac{d}{dt}\left[\int\limits_m \dot{\mathbf{u}} \cdot \delta \mathbf{u}\, dm\right] - \delta\left[\int\limits_m \frac{1}{2}\,\dot{\mathbf{u}}^2\, dm\right] \qquad (9.22)$$

Diese Darstellung für die virtuelle Arbeit der Massenbeschleunigung ist, jedoch auf anderem Wege hergeleitet, als LAGRANGE*sche Zentralgleichung* bekannt.

Anmerkung: Wird dagegen die Arbeit der Massenbeschleunigung mit der *aktuellen, infinitesimalen* Verschiebung $d\mathbf{r} = d\mathbf{u}$ gebildet, dann ist (vgl. die Umformung von (3) auf S. 490 in 7.4.2)

$$dB = \int\limits_m (\ddot{\mathbf{u}} \cdot d\mathbf{u})\, dm = \int\limits_m (\dot{\mathbf{u}} \cdot d\dot{\mathbf{u}})\, dm = d\left[\int\limits_m \frac{1}{2}\,\dot{\mathbf{u}}^2\, dm\right] = dE$$

und damit ist das Inkrement der aktuellen Arbeit der Massenbeschleunigungen mit dem der (positiven) kinetischen Energie identisch.

Mit diesen Bezeichnungen kann man daher das *Allgemeine Prinzip der Mechanik* auch so formulieren

$$\delta A - \delta W = \delta P - \delta E \qquad \text{bzw.} \qquad \delta (A - W - P + E) = \delta Z = 0\,, \qquad (9.23)$$

wobei gemäß den voranstehenden Definitionen gilt

$$\delta A \;:=\; \mathbf{F}^a \cdot \delta \mathbf{u} = \sum_{i=1}^{I} \mathbf{F}_i^a \cdot \delta \mathbf{r}_i + \sum_{j=1}^{J} \mathbf{M}_j^a \cdot \delta \boldsymbol{\varphi}_j$$

$$\delta W \;:=\; \delta \int\limits_V W^s\, dV = \int\limits_V (\mathbb{S} \cdot\!\cdot\, \delta \mathbb{D})\, dV$$

$$\delta B \;:=\; \int\limits_V \rho\, \ddot{\mathbf{u}} \cdot \delta \mathbf{u}\, dV = \delta P - \delta E \qquad (9.24)$$

$$\delta P \;:=\; \frac{d}{dt} \int\limits_m \dot{\mathbf{u}} \cdot \delta \mathbf{u}\, dm$$

$$\delta E \;:=\; \int\limits_m \dot{\mathbf{u}} \cdot \delta \dot{\mathbf{u}}\, dm = \delta\left[\frac{1}{2} \int\limits_m \dot{\mathbf{u}}^2\, dm\right]$$

bzw. in Worten

> **Prinzip 9.2:**
> Die virtuelle Arbeit der Kräfte und Momente, vermindert um die virtuelle
> Formänderungsarbeit, ist gleich der virtuellen Impulsleistung, vermindert um
> die virtuelle kinetische Energie
> bzw.
> die Variation des Energiefunktionals Z, bestehend aus der Arbeit A der
> äußeren Kräfte und Momente, der Formänderungsenergie W, der Impuls-
> leistung P und der kinetischen Energie E — jeweils gebildet mit den
> virtuellen Verschiebungen — ist stets Null ($\delta Z = 0$)
> bzw.
> Vorgänge in der Mechanik laufen stets derart ab, daß das Energiefunktional
> $Z = A - W - P + E$ extremalisiert wird.

Die Aussage gilt für statische und kinetische Systeme sowie für starre und deformierbare
Körper und für Systeme aus diesen.

Die oft diskutierte Frage, mit welchen Kräften und Momenten die virtuelle Arbeit
nach (9.24) zu bilden sei und ob dafür neben den *äußeren* Kräften und deren Gegensatz,
den *inneren* Kräften, noch weitere Fallgruppen, wie die der *eingeprägten* Kräfte und deren
Gegensatz, die *Reaktionskräfte,* sowie in anderen Fällen auch die sog. *verlorenen* Kräfte
notwendiger- oder zweckmäßigerweise einzuführen seien, beantwortet sich hier wie folgt:
Aus der Gesamtmenge der äußeren Kräfte $\mathbf{F}^a$ (und Momente $\mathbf{M}^a$) gehen die und nur *die*
Kräfte in das Prinzip ein, *die an der jeweils gedachten Verschiebung Arbeit verrichten.*
Die Menge dieser „arbeitenden" Kräfte ist je nach Wahl der virtuellen Verschiebung eine
Teilmenge aller äußeren Kräfte. Darin liegt u.a. gerade der ökonomische Vorteil des Prinzips. Für die Reaktionskräfte sowie die eingeprägten Kräfte gilt sinngemäß das gleiche —
denn die gedachte Verschiebung und das mit dieser und der jeweiligen äußeren Kraft gebildete Skalarprodukt entscheidet allein über das Vorhandensein eines entsprechenden
Arbeitstermes. So ist es möglich, daß einzelne eingeprägte Kräfte Arbeit verrichten und
andere eingeprägte Kräfte nicht. Ebenso ist es möglich, daß einige der Reaktionskräfte
keine Arbeit verrichten und andere Reaktionskräfte durch die willkürliche oder gezielte
Wahl der virtuellen Verschiebungen in dem Energiefunktional enthalten sind und somit
ins Prinzip eingehen.

Nur innere Kräfte können danach nicht in dem Arbeitsterm auftreten, da die Arbeit
allein über die äußeren Kräfte (Momente) definiert ist und, wenn vorhanden, die innere
Arbeit der Spannungen an den virtuellen Verzerrungen im Term der Formänderungsenergie
bereits gesondert berücksichtigt ist.
An einem Beispiel für ein kinetisches System starrer Körper sei dieser Sachverhalt demonstriert.

Beispiel: Gegeben sei das in Bild 9-2 skizzierte System starrer Körper, die über ein Idealseil
(undehnbar, masselos) verbunden sind, und das durch das Moment $\mathbf{M}_0$ in Bewegung gesetzt wird.
Es liege reines Rollen vor. Zur Bestimmung der Bewegungsgleichung gebe man eine virtuelle Verschiebung vor und prüfe, welche der Kräfte und Momente daran virtuelle Arbeit verrichten.

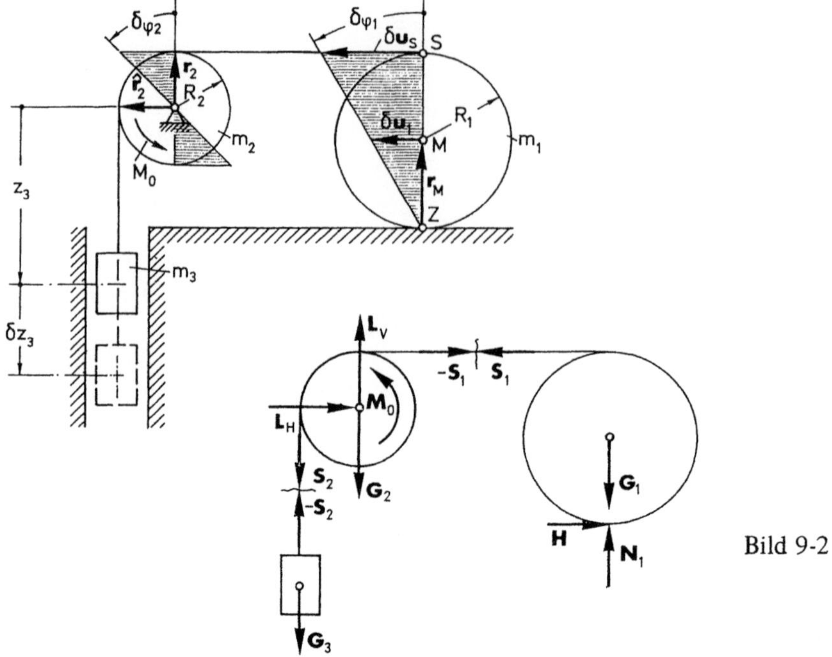

Bild 9-2

Lösung:

Da nur die Bewegungsgleichung zu bestimmen ist, werden hier zweckmäßigerweise mit der aktuellen Kinematik des Systems verträgliche, ansonsten willkürliche, für jede Masse gesonderte virtuelle Verschiebungen $\delta\varphi_1$ und $\delta\varphi_2$ (Rotation um das jeweilige Momentanzentrum) sowie δz_3 vorgegeben; d.h. das gesamte, nur von seinen Bindungen befreite System wird betrachtet. Alle dabei am und im System wirkenden Kräfte und Momente sind der vollständigen Freimachungsskizze (Bild 9-2) zu entnehmen. Dann ergibt sich die folgende Einteilung der Kräfte und Momente (verallgemeinert: Kraft), wobei in der letzten Spalte nur diejenigen Kräfte $\mathbf{F}^P$ eingetragen sind, die an den gedachten Verschiebungen Arbeit verrichten ($\delta A \neq 0$) und damit ins Prinzip eingehen:

Tabelle 9.1

Kraft	Nr.	eingeprägte Kraft $\mathbf{F}^e$	Reaktionskraft $\mathbf{F}^R$	virtuelle Arbeit $\delta A = \mathbf{F} \cdot \delta\mathbf{u}$	$\mathbf{F}^P$
äußere Kraft $\mathbf{F}^a$ $(\mathbf{M}^a)$	1	$\mathbf{G}_1$		$\mathbf{G}_1 \cdot \delta\mathbf{u}_1 = 0,$ da $\mathbf{G}_1 \perp \delta\mathbf{u}_1$	–
	2	$\mathbf{G}_2$		$\mathbf{G}_2 \cdot \delta\mathbf{u}_2 = 0,$ da $\delta\mathbf{u}_2 = \mathbf{0}$	–
	3	$\mathbf{G}_3$		$\mathbf{G}_3 \cdot \delta\mathbf{u}_3 = G_3\,\delta z_3 \neq 0$	$\mathbf{G}_3$
	4		$\mathbf{L}_H$	$\mathbf{L}_H \cdot \delta\mathbf{u}_L = 0,$ da $\delta\mathbf{u}_L = \mathbf{0}$	–
	5		$\mathbf{L}_v$	$\mathbf{L}_v \cdot \delta\mathbf{u}_L = 0,$ da $\delta\mathbf{u}_L = \mathbf{0}$	–
	6		$\mathbf{H}$	$\mathbf{H} \cdot \delta\mathbf{u}_H = 0,$ da $\delta\mathbf{u}_H = \delta\mathbf{u}_z = \mathbf{0}$	–
	7		$\mathbf{N}_1$	$\mathbf{N}_1 \cdot \delta\mathbf{u}_N = 0,$ da $\mathbf{N} \perp \delta\mathbf{u}_N$	–
	8	$\mathbf{M}_0$		$\mathbf{M}_0 \cdot \delta\boldsymbol{\varphi}_M = + M_0\,\delta\varphi_2 \neq 0$	$\mathbf{M}_0$
innere Kraft $\mathbf{F}^i$	9		$\mathbf{S}_1$	als innere Kraft a priori $\delta A = 0$	–
	10		$\mathbf{S}_2$	als äußere Kraft $\delta A = \mathbf{S} \cdot \delta\mathbf{r}_s,$ da $\delta\mathbf{r}_s = \mathbf{0}$ (Undehnbarkeit des Seils)	–

Wie man aus der Aufstellung erkennt, wirken insgesamt zehn Kräfte (neun Kräfte und ein freies Moment), von denen (je nach Freimachung) acht äußere und zwei innere Kräfte sind. Andererseits läßt sich die Menge aller Kräfte auch in vier eingeprägte Kräfte und sechs Reaktionskräfte einteilen.

Bildet man die virtuelle Arbeit δA (vorletzte Spalte) dieser zehn Kräfte an den virtuellen Verschiebungen – und zwar unabhängig von der Zugehörigkeit zu einer der Gruppen, so wird deutlich, daß nur zwei der zehn verallgemeinerten Kräfte – nämlich (vgl. $\mathbf{F}^P$, letzte Spalte) das Gewicht $\mathbf{G}_3$ und das Antriebsmoment $\mathbf{M}_0$ – hierbei virtuelle Arbeiten verrichten und damit in das Prinzip eingehen. Das ist eine deutliche Teilmenge sowohl der äußeren als auch der eingeprägten Kräfte. Bei anderer Wahl der virtuellen Verschiebungen wären diese Verhältnisse entsprechend andere und auch virtuelle Arbeiten von Reaktionskräften denkbar.

Das Ergebnis der Aufstellung ist auch physikalisch gesehen einleuchtend; denn für die Bewegung des Systems sind neben der virtuellen Arbeit der Massenbeschleunigungen δB aller drei Massen nur die Arbeiten der Kraft $\mathbf{G}_3$ und des Momentes $\mathbf{M}_0$ bestimmend, während $\mathbf{G}_2$ nur die Lagerkraft $\mathbf{L}_v$ erhöht, $\mathbf{G}_1$ die Normalkraft $\mathbf{N}_1$ bestimmt und die Haftkraft $\mathbf{H}$ zwar notwendig für das reine Rollen der Radmasse m_1 ist, aber wegen der zugehörigen Ruhe des Momentanzentrums ($\delta\mathbf{u}_z = \mathbf{0}$) energetisch nichts unmittelbar zur Bewegung beiträgt. Daher nennt man diese nicht zur Gruppe $\mathbf{F}^P$ gehörenden, äußeren Kräfte auch die sog. *verlorenen* Kräfte.

Die gesuchte virtuelle Arbeit an den virtuellen Verschiebungen ist somit schließlich mit (9.24)

$$\delta A = \mathbf{F}^a \cdot \delta\mathbf{u} = \mathbf{F}^P \cdot \delta\mathbf{u} = \mathbf{G}_3 \cdot \delta\mathbf{u}_3 + \mathbf{M}_0 \cdot \delta\varphi_2 = G_3\,\delta z_3 + M_0\,\delta\varphi_2\ .$$

Da es sich bei dem vorliegenden Problem um ein kinetisches System starrer Körper handelt, ist zur Aufstellung der Bewegungsgleichung nach (9.19) neben der virtuellen Arbeit δA noch die virtuelle Arbeit der Massenbeschleunigungen δB bzw. nach (9.23) noch die Differenz $\delta P - \delta E$ zu bilden. Die virtuelle Formänderungsenergie ist wegen der starren Körper und der Undehnbarkeit des Seiles bei der gedachten Verschiebung $\hat{\mathbb{D}} = \delta\mathbb{D} = \mathbf{0}$ von vornherein Null.

Die vollständige Lösung des Problems wird später im entsprechenden Abschnitt 9.7 ermittelt.

Die besondere *Ökonomie des Prinzips* bei der Lösung von Problemen liegt also – wie auch das Beispiel gezeigt hat – darin, daß

1.   in das Prinzip im Gegensatz zu den Methoden der Elementaren Mechanik je nach Wahl der virtuellen Verschiebungen nur eine geringere Anzahl von Kräften ($\mathbf{F}^P$) aus der Gesamtmenge aller Kräfte $\mathbf{F}^a$ eingeht (im Beispiel: zwei von zehn!);

2.   man durch die Wahl der virtuellen Verschiebungen bestimmen kann, welche der Kräfte ins Prinzip eingehen und welche nicht (im Beispiel wird es dadurch möglich, ohne die Bestimmung der sechs unbekannten Reaktionskräfte auszukommen!). Darin eingeschlossen ist die Möglichkeit, durch die Vorgabe einer gedachten und mit der aktuellen Verschiebungsmöglichkeit des Systems nicht notwendigerweise übereinstimmenden Verschiebung für den Angriffspunkt einer oder mehrerer Reaktionskräfte, diese und dann nur diese Kräfte *gezielt* bestimmen zu können (vgl. Beispiele in 9.5);

3.   wegen des energetischen Charakters des Prinzips nur eine bestimmte Zahl von skalaren Gleichungen vorliegt, wobei diese Zahl mit den Freiheitsgraden des Systems korrespondiert – und nicht, wie im Falle der Elementaren Mechanik, allein von der Dimensionalität (eben, räumlich) des Problems und der Zahl der am System beteiligten Körper bestimmt wird.

Im übrigen bleibt die Kinematik und insbesondere die Zahl der kinematischen Beziehungen davon unberührt. Also ist – wie bei der Elementaren Mechanik – die Aussage des Prinzips (bisher: Aussage der beiden Axiome) durch die jeweiligen kinematischen Beziehungen zu ergänzen. Dabei liegen nach 1.2.7 stets

$$k = z - f$$

kinematische Beziehungen vor, wenn z die Zahl der verwendeten Koordinaten und f die Zahl der Freiheitsgrade ist.

Diejenigen Koordinaten, die die unabhängigen Bewegungsmöglichkeiten des Systems beschreiben bzw. die nach Einsetzen der jeweiligen kinematischen Beziehungen dann noch verbleiben, heißen *generalisierte Koordinaten* q_i. Ihre Zahl ist wegen $f = z - k$ identisch mit der Zahl der Freiheitsgrade, d.h.

$$q_i = q_1, q_2, \ldots, q_n \quad \text{mit} \quad n = f \,.$$

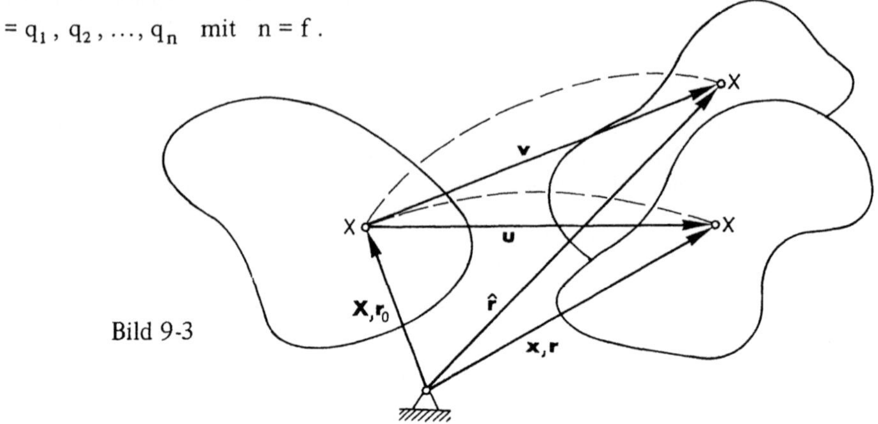

Bild 9-3

Ist dabei die Zahl der Freiheitsgrade $n = f$ endlich, dann läßt sich der Ortsvektor $\mathbf{r}(\mathbf{x}, t)$ und wegen (vgl. Bild 9-3)

$$\mathbf{r}(\mathbf{x}, t) = \mathbf{r}_0 + \mathbf{u}(\mathbf{x}, t)$$

damit auch der Verschiebungsvektor $\mathbf{u}(\mathbf{x}, t)$ stets durch die in ihrer Zahl endlichen, unabhängigen generalisierten Koordinaten q_i ausdrücken, d.h.

$$\mathbf{r} = \mathbf{r}(q_1, q_2, \ldots, q_i, \ldots, q_n, t) = \mathbf{r}_0 + \mathbf{u} \tag{9.25}$$

Variiert man nun den Vektor der Bewegung (Lage) gemäß Def. 9.1 mit beliebigen $\hat{q}_i$, so ist zunächst

$$\hat{\mathbf{r}} = \mathbf{r}(q_1 + \epsilon \hat{q}_1, \ldots, q_i + \epsilon \hat{q}_i, \ldots, q_n + \epsilon \hat{q}_n, t) = \mathbf{r}_0 + \mathbf{v}\,,$$

wobei die Vergleichsfunktionen $\hat{q}_i$ auch einzeln, d.h. also quasi nacheinander eingeführt werden könnten.

Für die erste Variation $\hat{q}_i = \delta q_i$ zur festgehaltenen Zeit t für die virtuelle Verschiebung der i-ten generalisierten Koordinate q_i wird dann unter Verwendung der Kettenregel und mit (9.9)

$$\delta \mathbf{r}_i = \delta(\mathbf{r}_0 + \mathbf{u}_i) = \delta \mathbf{u}_i = \mathbf{v}_i = \frac{\partial}{\partial \epsilon} [\mathbf{r}(\ldots, q_i + \epsilon \hat{q}_i, \ldots)]_{\epsilon = 0}$$

$$= \left[\frac{\partial \mathbf{r}}{\partial(q_i + \epsilon \hat{q}_i)} \frac{\partial(q_i + \epsilon \hat{q}_i)}{\partial \epsilon} \right]_{\epsilon = 0}$$

$$\delta \mathbf{r}_i = \delta \mathbf{u}_i = \frac{\partial \mathbf{r}}{\partial q_i} \hat{q}_i = \frac{\partial \mathbf{r}}{\partial q_i} \delta q_i \tag{9.26}$$

Wieder ist die Variation linear im Zuwachs $\hat{q}_i = \delta q_i$. Wegen der Additivität der Variation bei Addition der linearen Zuwächse nach (9.2) und (9.3) gilt dann für die Variation nach sämtlichen generalisierten Koordinaten

$$\delta r = \delta u = \sum_{i=1}^{n} \delta r_i = \sum_{i=1}^{n} \frac{\partial r}{\partial q_i} \delta q_i \tag{9.27}$$

Für endlich viele Freiheitsgrade entsteht damit ein Ausdruck für die Variation δr, die mit dem vollständigen Differential dr als Wegelement der aktuellen Bewegung formale Ähnlichkeit hat, aber im Gegensatz zu diesem keinen Zeitanteil $\frac{\partial r}{\partial t}\, dt$ hat, und nicht mit den Koordinaten des Raumes x_i, sondern mit den generalisierten Koordinaten q_i und i.ü. mit endlichen $\delta q_i = \hat{q}_i$ als den fiktiven Bewegungsmöglichkeiten für jeden Freiheitsgrad $i = 1, \ldots, n$ gebildet wird (vgl. Anmerkung am Ende von 9.2).

Im obigen Beispiel ist $z = 4$ $(u_1, \varphi_1, \varphi_2, z_3)$ und $f = 1$; demnach sind zusätzlich zum Prinzip $z - f = 4 - 1 = 3$, also drei kinematische Beziehungen auffindbar. Diese sind (vgl. Bild 9-2)

(1) $\quad \dot{\varphi}_1 \times r_M = \dot{u}_1;$ (2) $\quad 2\,\dot{u}_1 = \dot{u}_S = \dot{\varphi}_2 \times r_2;$ (3) $\quad \dot{\varphi}_2 \times \hat{r}_2 = \dot{z}_3$

bzw. nach Ausrechnung der Vektorprodukte und wegen (9.9)

$$2\,R_1\,\delta\varphi_1 = 2\,\delta u_1 = R_2\,\delta\varphi_2 = \delta z_3\,.$$

Wegen $f = 1$ lassen sich alle Koordinaten durch eine einzige Koordinate (z.B. z_3) ausdrücken. Diese ist dann die generalisierte Koordinate, d.h. hier z.B.

$$q_1 = z_3 \quad (n = f = 1)\,.$$

Damit wird dann beispielsweise für $r_3 = x_3\,e_1 + y_3\,e_2 + z_3\,e_3$ die Variation

$$\delta r = \frac{\partial r}{\partial q_1}\,\delta q_1 = \frac{\partial}{\partial z_3}\,(x_3\,e_1 + y_3\,e_2 + z_3\,e_3)\,\delta z_3 = \delta z_3\,e_3\,.$$

Da das Prinzip als kinetische Grundgleichung und anstelle des Axioms I und II der Elementaren Mechanik alle Fälle der Starr-Körper-Mechanik und der Nicht-Starr-Körper-Mechanik sowie die Statik als Sonderfall enthält, kann man die in den Kapiteln 5., 6., 7. und 8. mit elementaren Methoden behandelten Probleme nun noch einmal als spezielle Anwendungen des Prinzips der Analytischen Mechanik untersuchen. Das soll in den entsprechenden, folgenden Absätzen geschehen.

9.5 Statik starrer Systeme

Im Falle der Statik sind definitionsgemäß alle materiellen Punkte beschleunigungsfrei bzw. in Ruhe ($v = \text{const}$). Das System ist dementsprechend im Gleichgewicht. Da die Arbeit der virtuellen Massenbeschleunigung gemäß (9.17) mit der aktuellen Beschleunigung $a = \ddot{u}$ zu bilden ist, entfällt also dieser Term im Falle der Statik, d.h. hier ist speziell

$$\delta B = \delta P - \delta E \equiv 0\,. \tag{9.28}$$

Da nun auch nur Systeme starrer Körper zugelassen sind, entfallen die Deformationen der Körper und damit alle Verzerrungen $\hat{D}_{ij} = \delta D_{ij}$ und somit auch die Variation der Formänderungsenergie

$$\delta W \equiv 0 \; . \tag{9.29}$$

Das Prinzip (9.19) liefert also im Fall der Statik starrer Systeme die einfache Aussage

$$\delta A = 0 \tag{9.30}$$

womit auch formuliert werden kann:

> **Prinzip 9.3:**
> Bei statischen Starr-Körper-Systemen verschwindet die virtuelle Arbeit der Kräfte und Momente
> bzw.
> ein mechanisches System starrer Körper ist im Gleichgewicht, wenn die virtuelle Arbeit Null ist.

Diese spezielle Aussage des Prinzips 9.1 wird i.a. als das *Prinzip der virtuellen Arbeiten* bezeichnet.

Zur Plausibilität des Prinzips läßt sich noch ergänzen: Am System wirken Kräfte und Momente. Nun gebe man probeweise alle möglichen virtuellen Verschiebungen δu vor. Wenn dabei $\delta A = 0$ ist, die Kräfte und Momente also keine Arbeit verrichten, können sie das System nicht in Bewegung setzen. Dazu müßten sie nach (9.19) nämlich die Arbeit δB verrichten. Ist das System also anfangs in Ruhe, bleibt es in Ruhe bzw. das System ist im Gleichgewicht.

Ausgeschrieben mit (9.24) heißt das

$$\delta A = \mathbf{F}^a \cdot \delta \mathbf{u} = \sum_{i=1}^{I} \mathbf{F}_i^a \cdot \delta \mathbf{r}_i + \sum_{j=1}^{J} \mathbf{M}_j^a \cdot \delta \boldsymbol{\varphi}_j = 0 \tag{9.31}$$

$\delta \mathbf{r}_i$ sind darin die — gedacht eingeleiteten — Verschiebungen der Angriffspunkte der I Kräfte, die an diesen Verschiebungen Arbeit verrichten. $\delta \boldsymbol{\varphi}_j$ sind dementsprechend die virtuellen Winkelverdrehungen der J freien Momente, die an diesen Verdrehungen Arbeit verrichten.

Das Verfahren kann im Sinne der Lösung von Gleichgewichtsaufgaben auch dann angewendet werden, wenn die Zahl der Bindungen des Systems von vornherein nicht der eines statisch bestimmten Systems entspricht. Das System ist also dann kinematisch bzw. besitzt noch mindestens einen Freiheitsgrad. Die Frage nach dem Gleichgewicht eines solchen Systems (vgl. 5.1) ist dann die Frage nach speziellen Bedingungen (z.B. nach ausgezeichneten Lagen), unter denen das System im Gleichgewicht ist. Verrichten dabei als einzige Kräfte nur die Massenkräfte in Form des Gewichts Arbeit, so gilt

$$\delta A = \mathbf{F}^a \cdot \delta \mathbf{u} = \int_V \mathbf{f}_V \cdot \delta \mathbf{r} \, dV = \int_V \rho \, \mathbf{g} \cdot \delta \mathbf{r} \, dV = 0 \; .$$

Wegen $\delta \mathbf{u} = (\delta x, \delta z)$ und $\mathbf{g} = (0, -g)$ ist dann

$$\delta A = -\int \rho \, g \, \delta z \, dV = -g \, \delta \left[\int z \, \rho \, dV \right] = -g \, \delta \left[\int z \, dm \right] = -g \, \delta \left[m \, z_M \right] = 0 \; ,$$

woraus die Bedingung folgt

$$\delta z_M = 0 \tag{9.32}$$

Für diesen Spezialfall gilt also das

> **Prinzip 9.4:** (*„Prinzip" von* TORRICELLI)
> Ein System von Körpern, das (nur) unter dem Einfluß der Schwere steht, ist im Gleichgewicht, wenn sein Gesamtschwerpunkt (Massenmittelpunkt) eine Extremlage einnimmt.

Der Wahl der jeweiligen virtuellen Verschiebung kommt dabei entscheidende Bedeutung zu. Die Überlegungen hierzu sowie die Vorgehensweise sind bereits in 9.4 prinzipiell erläutert. An fünf weiteren Beispielen sollen diese und der Vorteil des Prinzips konkretisiert werden.

Beispiel 1: Für den skizzierten Gerberträger (Bild 9-4) ist die Auflagerkraft (Reaktionskraft) bei B zu bestimmen.

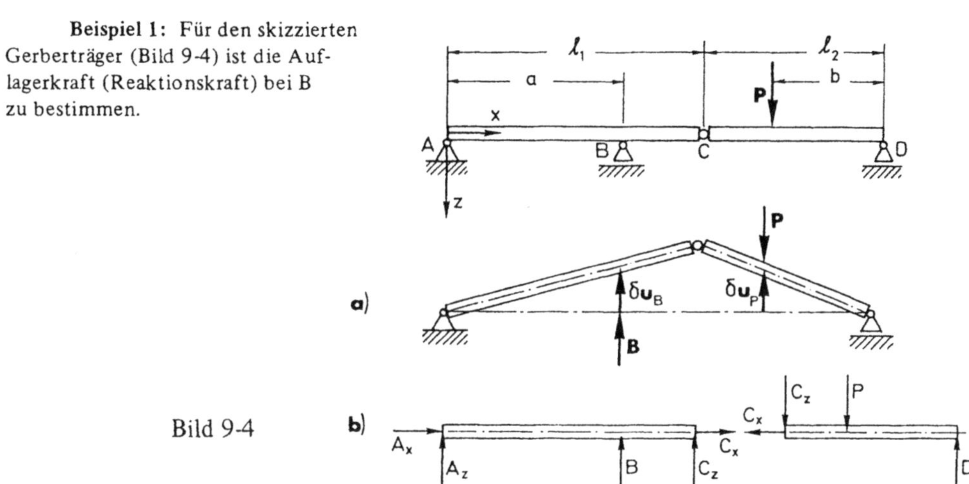

Bild 9-4

Lösung:
Um die unbekannten Reaktionskräfte bei A, C und D nicht mit in die Rechnung aufnehmen zu müssen, wählt man die virtuelle Starr-Körper-Verschiebung gemäß Bild 9-4a. Dabei ist unerheblich, ob sich das System im Sinne wirklicher (aktueller) Verschiebung derart bewegen kann oder nicht. Es sind eben virtuelle (gedachte) Verschiebungen des Starrkörpersystems ohne Rücksicht auf die Bindungen. Durch die gedachte Fortnahme des Auflagers bei B wird erreicht, daß die Reaktionskräfte bei A, C und D keine Arbeit, jedoch die Auflagerkraft B − trotz ihrer Zugehörigkeit zur Gruppe der Reaktionskräfte (vgl. 9.4) − eine virtuelle Arbeit an dieser i.ü. beliebigen Verschiebung verrichtet und damit als berechenbare Unbekannte in die eine skalare Gleichung des Energieprinzips eingeht.
Damit ist nach (9.31)

$$\delta A = \mathbf{B} \cdot \delta \mathbf{u}_B + \mathbf{P} \cdot \delta \mathbf{u}_p = 0 .$$

Mit

$$\delta \mathbf{u}_B = (0, -\delta z_B) \quad \text{und} \quad \delta \mathbf{u}_p = (0, -\delta z_p); \quad \mathbf{B} = (0, -B) \quad \text{und} \quad \mathbf{P} = (0, P)$$

geht das über in

$$\delta A = B\,\delta z_B - P\,\delta z_p = 0 .$$

Das System hat auf Grund der virtuellen Verschiebung „einen Freiheitsgrad", d.h. es muß zwischen den beiden kinematischen Größen δz_B und δz_P noch eine „kinematische Beziehung" geben. Man liest aus Bild 9-4 mit $\delta \mathbf{u}_C = (0, -\delta z_C)$ ab:

$$\delta z_B = \frac{a}{l_1} \delta z_C , \qquad \delta z_P = \frac{b}{l_2} \delta z_C , \qquad \text{also ist} \qquad \delta z_P = \frac{b}{a} \frac{l_1}{l_2} \delta z_B .$$

Nach Einsetzen in obige Gleichung folgt sofort

$$\left(B - P \frac{l_1}{l_2} \frac{b}{a} \right) \delta z_B = 0 .$$

Da δz_B willkürlich, jedoch $\neq 0$ ist, muß die Klammer für sich verschwinden, also kommt als Ergebnis

$$B = P \frac{l_1}{l_2} \frac{b}{a} .$$

Bei Anwendung des elementaren Verfahrens (Kap. 5) hätte das System freigemacht und bei C auseinandergeschnitten werden müssen (statische Bestimmtheit; vgl. Bild 9-4b). Für die insgesamt sechs Unbekannten (A_x, A_y, B, C_x, C_y, D) mit den drei Gleichgewichtsbedingungen für jeden der zwei starren Körper würden so sechs Gleichungen zur Verfügung stehen. Natürlich hätte sich der gleiche Wert für die Auflagerkraft bei B ergeben – aber erst nach Lösung des 6 × 6-Gleichungssystems.

Beispiel 2: Für das skizzierte Fachwerk (Bild 9-5) unter der Belastung $\mathbf{W}$ ist die Auflagerkraft bei B und die Stabkraft S_{BC} zu bestimmen.

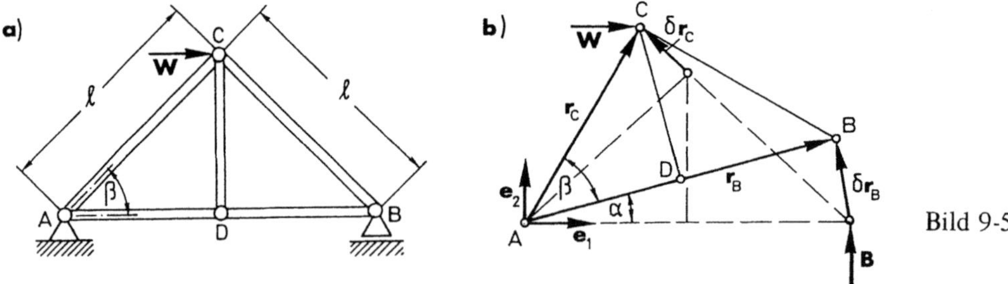

Bild 9-5

Lösung:

1) *Bestimmung der Auflagerkraft* $\mathbf{B}$
Zur Berechnung der und nur der Auflagerkraft $\mathbf{B}$ wählt man zweckmäßigerweise eine Starrkörperverschiebung des gesamten Fachwerks, das sich damit wie eine starre Scheibe ABC um das „Momentanzentrum" A virtuell dreht (Bild 9-5). Damit verrichtet die äußere Reaktionskraft $\mathbf{B}$ an der Verschiebung $\delta\mathbf{r}_B$ Arbeit. Außer dieser Kraft verrichtet nur noch die bekannte Last (z.B. Windkraft) $\mathbf{W}$ an der Verschiebung $\delta\mathbf{r}_C$ eine virtuelle Arbeit. Damit wird $\mathbf{B}$ in Abhängigkeit von $\mathbf{W}$ und der Geometrie des Tragwerkes berechenbar.
Es gilt also nach (9.31)

$$\delta A = \mathbf{W} \cdot \delta\mathbf{r}_C + \mathbf{B} \cdot \delta\mathbf{r}_B = 0 . \tag{1}$$

Die virtuellen Verschiebungen lassen sich bei komplizierterer Geometrie (vgl. Punkt C) in einem von den Verschiebungen unabhängig gewählten Basissystem aus den zu den jeweiligen Kräften weisenden Ortsvektoren $\mathbf{r}$ und deren Variationen gemäß Def. 9.1 und nach (9.27) darstellen. Obwohl es eine einfachere und schnellere Lösung unter Einführung der reinen Rotation um A als Momentanzentrum gibt (vgl. am Ende des Beispiels), werde das Verfahren zunächst für finite virtuelle Winkeländerungen allgemein demonstriert:
Dann ist also bei Verdrehung um α (Bild 9-5)

$$\mathbf{r}_B = 2\,l \cos \beta \cos \alpha \, \mathbf{e}_1 + 2\,l \cos \beta \sin \alpha \, \mathbf{e}_2$$

sowie

$$\mathbf{r}_C = l \cos (\alpha + \beta) \, \mathbf{e}_1 + l \sin (\alpha + \beta) \, \mathbf{e}_2 .$$

Da nur ein Freiheitsgrad vorliegt, wird damit die Variation um $\alpha = 0$ (Ausgangslage) nach (9.26)

$$\delta r_B = \frac{\partial r_B}{\partial \alpha}\bigg|_{\alpha=0} \delta\alpha = (-2\,l\cos\beta\sin\alpha\,e_1 + 2\,l\cos\beta\cos\alpha\,e_2)\bigg|_{\alpha=0} \delta\alpha = 2\,l\cos\beta\,\delta\alpha\,e_2$$

$$\delta r_C = \frac{\partial r_C}{\partial \alpha}\bigg|_{\alpha=0} \delta\alpha = (-l\sin(\alpha+\beta)\,e_1 + l\cos(\alpha+\beta)\,e_2)\bigg|_{\alpha=0} \delta\alpha = (-l\sin\beta\,e_1 + l\cos\beta\,e_2)\,\delta\alpha .$$

Nun ist im gewählten Basissystem $\mathbf{W} = (W, 0)$ und $\mathbf{B} = (0, B)$, somit wird aus (1)

$$- W\,l\sin\beta\,\delta\alpha + 2\,B\,l\cos\beta\,\delta\alpha = (2\,B\cos\beta - W\sin\beta)\,l\,\delta\alpha = 0 .$$

Da $\delta\alpha$ beliebig und $\neq 0$ gewählt worden ist, folgt das Verschwinden der Klammer, also

$$2\,B\cos\beta - W\sin\beta = 0 ; \quad B = W\,\frac{\tan\beta}{2} . \tag{2}$$

2) *Bestimmung der Stabkraft S_{BC}*

Die innere Reaktionskraft S_{BC} muß nun zur Berechnung in das Prinzip eingehen. Das kann man auf zweierlei Weise erreichen: Entweder man gibt die Fiktion der Starrheit des Stabes BC auf, so daß die

Normalspannungen $\sigma_{11} = \dfrac{N}{A} = \dfrac{S_{BC}}{A}$ an der nun

möglichen, virtuellen Längsdeformation $\delta\epsilon_{11}$ einen

entsprechenden Anteil an Formänderungsenergie (vgl. (9.24))

$$\delta W = \int\limits_V \sigma_{11}\,\delta\epsilon_{11}\,dV \neq 0$$

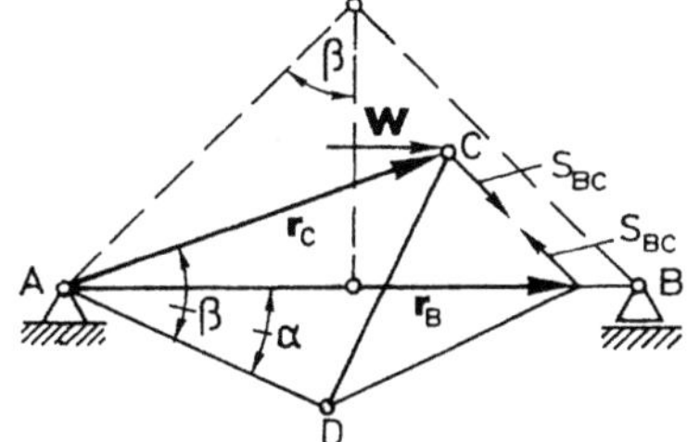

Bild 9-6

bewirken – diese Möglichkeit ist prinzipiell statthaft, führt aber aus dem Abschnitt Statik starrer Körper heraus (s. später 9.6); oder aber man macht durch Schneiden des Stabes die Stabkraft zur äußeren Kraft und sorgt durch geeignete Wahl einer virtuellen Starr-Körper-Verschiebung dafür, daß diese äußere Kraft an dieser virtuellen Verschiebung eine virtuelle Arbeit verrichtet und so der Berechnung zugänglich wird. Letztere Möglichkeit ist mit der Statik starrer Systeme kompatibel und wird daher hier weiterverfolgt.

Um nun außerdem die Auflagerkräfte nicht berechnen zu müssen, wird die virtuelle Verschiebung so gewählt, daß diese Reaktionskräfte keine virtuelle Arbeit an ihr verrichten – sondern wieder nur die bekannte Last $\mathbf{W}$ und die zu berechnende Stabkraft S_{BC}. Man wählt also die virtuelle Verschiebung nach Bild 9-6, wobei das Stabwerkteil ACD starr bleibt und nur gedreht wird.

Dann wird aus (9.31) hier

$$\mathbf{W} \cdot \delta r_C + S_{BC} \cdot \delta r_{CB} = 0 . \tag{3}$$

Mit $r_C + r_{CB} = r_B$ wird $r_{CB} = r_B - r_C$ und $\delta r_{CB} = \delta(r_B - r_C) = \delta r_B - \delta r_C$.

Die Vektoren r_B und r_C sind bereits unter 1) berechnet worden, also wird

$$r_{CB} = [2\cos\beta\cos\alpha - \cos(\alpha+\beta)]\,l\,e_1 + [2\cos\beta\sin\alpha - \sin(\alpha+\beta)]\,l\,e_2$$

$$\delta r_{CB} = \frac{\partial r_{CB}}{\partial\alpha}\bigg|_{\alpha=0}\delta\alpha = \big[(-2\sin\alpha\cos\beta + \sin(\alpha+\beta)\,l\,e_1 + (2\cos\alpha\cos\beta - \cos(\alpha+\beta))\,l\,e_2\big]_{\alpha=0}\delta\alpha$$

$$= (l\sin\beta\,e_1 + l\cos\beta\,e_2)\,\delta\alpha .$$

Dann folgt mit $S_{BC} = (S_{BC}\cos\beta,\ S_{BC}\sin\beta)$ aus (3)

$$- W\,l\sin\beta\,\delta\alpha - S_{BC}(\cos\beta\sin\beta + \sin\beta\cos\beta)\,l\,\delta\alpha = 0$$

$$(- W - S_{BC}\,2\cos\beta)\,l\sin\beta\,\delta\alpha = 0$$

$$S_{BC} = - W\,\frac{1}{2\cos\beta} . \tag{4}$$

Bei diesem einfachen System hätte man die gestellte Aufgabe mit den elementaren Verfahren zur Berechnung von Fachwerken (vgl. 5.7.4) mindestens ebenso schnell und natürlich mit gleichem Ergebnis lösen können — insofern hat das Beispiel hier nur den Sinn, die Methode exemplarisch zu verifizieren. Bei komplexeren Systemen ist jedoch wieder die analytisch-energetische Methode i.a. schon durch die Möglichkeit, gezielt die Unbekannten (Stabkräfte) bestimmen zu können, von Vorteil — ganz abgesehen von der derart erreichten Methoden-Vielfalt.

Im übrigen läßt sich auch die angegebene Lösung mit Hilfe des Prinzips noch dadurch wesentlich vereinfachen, daß man als virtuelle Verschiebung eine virtuelle Drehung mit $\delta\varphi$ um das „Momentanzentrum" Z des betrachteten Stabes wählt (vgl. Bild 9-7). Das Momentanzentrum liegt hier in Verlängerung von AC im Schnittpunkt der Senkrechten zu ADB durch B — also bei Z.

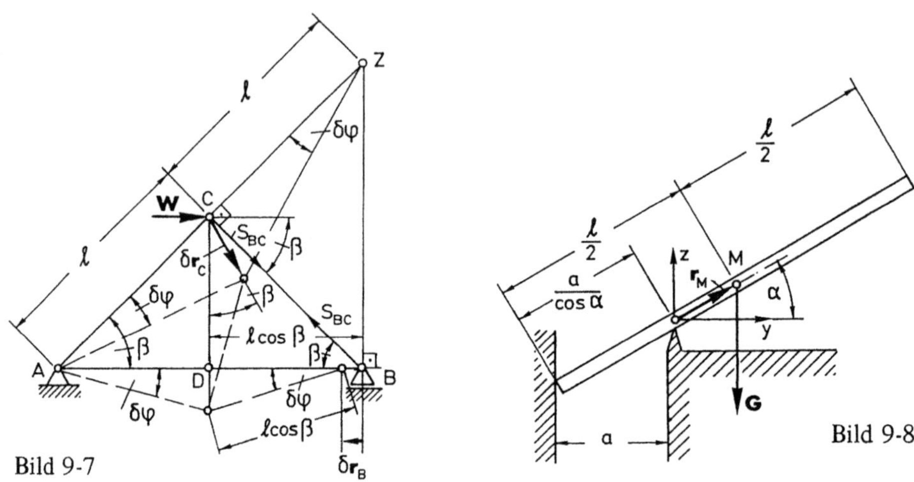

Bild 9-7

Bild 9-8

Dann ist bei der virtuellen Drehung

$$\delta r_C = l\,\delta\varphi$$

und $\delta r_B = \delta\,(2\,l\cos\beta\cos\varphi) = \left.\dfrac{\partial r_B}{\partial\varphi}\right|_{\varphi=0}\delta\varphi = -2\,l\cos\beta\sin\varphi\Big|_{\varphi=0}\delta\varphi = 0\,.$

Damit ist die virtuelle Verschiebung δr_B des Punktes B vernachlässigbar. Somit verbleibt lediglich die Arbeit von W und S_{BC} im Punkt C. Diese ist

$$[W\,\delta r_C\sin\beta + (S_{BC}\cos\beta)(\delta r_C\sin\beta) + (S_{BC}\sin\beta)(\delta r_C\cos\beta)]\,l\,\delta\varphi = 0,$$

also wird

$$(W\sin\beta + 2\,S_{BC}\sin\beta\cos\beta)\,l\,\delta\varphi = 0\,,$$

woraus sofort wieder (4) folgt .

Beispiel 3: Ein starrer Stab vom Gewicht G und der Länge l sei nach Bild 9-8 reibungsfrei gestützt. Unter welchem Winkel α ist er im Gleichgewicht?

Lösung:

Führt man als virtuelle Verschiebung die Starr-Körper-Drehung α ein, so ist die einzige Kraft, die eine virtuelle Arbeit verrichtet, die Massenkraft **G**. Der Vektor zu ihrem Angriffspunkt ist

$$r_M = y_M\,e_1 + z_M\,e_2 = y_M\,e_1 + \left(\frac{l}{2} - \frac{a}{\cos\alpha}\right)\sin\alpha\,e_2\,.$$

Somit ist die Variation

$$\delta r_M = \frac{\partial r_M}{\partial\alpha}\,\delta\alpha = \frac{\partial y_M}{\partial\alpha}\,\delta\alpha\,e_1 + \left(\frac{l}{2}\cos\alpha - \frac{a}{\cos^2\alpha}\right)\delta\alpha\,e_2\,.$$

Da gemäß (9.32) nur der Vertikalanteil an der Variation von Bedeutung ist, also $\delta z_M = 0$ gilt, wird in diesem Falle

$$\delta z_M = \left(\frac{l}{2} \cos \alpha - \frac{a}{\cos^2 \alpha} \right) \delta \alpha = 0 \; .$$

Wegen $\delta \alpha \neq 0$ ergibt sich somit die Gleichgewichtslage aus

$$\cos \alpha = \sqrt[3]{\frac{2a}{l}} \quad \text{mit} \quad l \geqslant 2a$$

(vgl. elementar gerechnetes Beispiel 8 in 5.3).

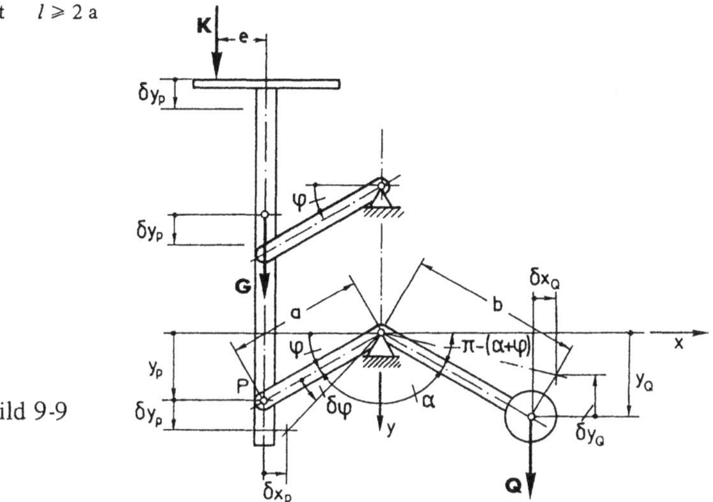

Bild 9-9

Beispiel 4: Eine Briefwaage nach Bild 9-9 soll geeicht, d.h. der Ausschlagwinkel φ soll in Abhängigkeit von der Belastungskraft **K** bestimmt werden. Die Gewichte der Verbindungsstangen wollen wir der Einfachheit wegen vernachlässigen. Die virtuelle Vertikalverschiebung der Angriffspunkte von **K** und **G** ist dieselbe wie die des Punktes P. Auf die Horizontalkomponenten δx_P, δx_Q kommt es für die Bildung der virtuellen Arbeit nicht an, da sie senkrecht zu den Gewichtskräften gerichtet sind, an ihnen also keine Arbeit geleistet wird. Setzen wir die aus

$$y_P = a \sin \varphi \; , \qquad y_Q = b \sin (\alpha + \varphi)$$

abgeleiteten virtuellen Verschiebungen

$$\delta y_P = a \cos \varphi \, \delta \varphi \; , \qquad \delta y_Q = b \cos (\alpha + \varphi) \, \delta \varphi$$

in das Prinzip (9.31) ein, so erhalten wir aus

$$\delta A = G \, \delta y_P + K \, \delta y_P + Q \, \delta y_Q = 0 \quad \text{bzw.}$$

$$[(G + K) a \cos \varphi + Q b (\cos \alpha \cos \varphi - \sin \alpha \sin \varphi)] \, \delta \varphi = 0$$

durch Nullsetzen der eckigen Klammer die Beziehung

$$\tan \varphi = \frac{(G + K) a + Q b \cos \alpha}{Q b \sin \alpha} \; .$$

Der Winkel φ ist also unabhängig von der Exzentrizität e der Kraft **K** — ein Ergebnis, das wir auch erhalten könnten, wenn wir die vertikale Stütze mit der Schale freimachen und die Kräftegleichgewichtsbedingung senkrecht zu den parallelen Haltestangen ansetzen; wir sehen dann, daß sich die Exzentrizität e nur auf die Größe der Normalkraft in den beiden Stangen auswirkt. Für $\alpha = 0$ und $\alpha = \pi$ wird die Waage funktionsunfähig: Im ersten Fall wird $\varphi = \pi/2$ oder $3\pi/2$ unabhängig von den wirkenden Kräften. Im zweiten tritt entweder genau dasselbe ein, oder es ist Gleichgewicht bei jedem beliebigen φ möglich, falls außerdem noch $(G + K) a = Q b$ erfüllt ist.

Beispiel 5: Das nach Bild 9-10 aus zwei gleich schweren, gelenkig verbundenen Stangen gebildete System hat zwei Freiheitsgrade. Um die entsprechenden „Koordinaten" φ und ψ zu bestimmen, die zur Beschreibung seiner Lage für eine vorgegebene Horizontalkraft $\mathbf{K}$ nötig sind, bilden wir aus den Koordinaten

$$y_{G1} = l \cos \varphi,$$
$$y_{G2} = 2\,l \cos \varphi + l \cos \psi,$$
$$x_K = 2\,l \sin \varphi + 2\,l \sin \psi$$

der Kraftangriffspunkte deren virtuelle Verschiebungen

$$\delta y_{G1} = -\,l \sin \varphi \, \delta \varphi,$$
$$\delta y_{G2} = -\,2\,l \sin \varphi \, \delta \varphi - l \sin \psi \; \delta \psi,$$
$$\delta x_K = 2\,l \cos \varphi \, \delta \varphi + 2\,l \cos \psi \; \delta \psi$$

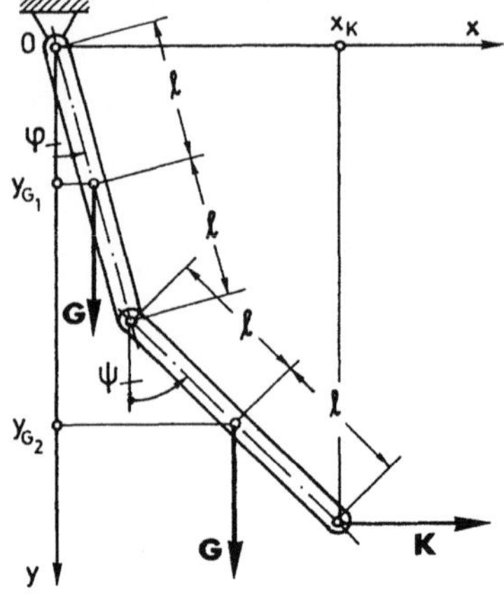

Bild 9-10

und führen sie in das Prinzip (9.31) ein. So wird

$$\delta A = G\,\delta y_{G1} + G\,\delta y_{G2} + K\,\delta x_K = 0$$

bzw.

$$(-\,3\,l\,G \sin \varphi + 2\,l\,K \cos \varphi)\,\delta\varphi + (-\,G\,l \sin \psi + 2\,K\,l \cos \psi)\,\delta\psi = 0 .$$

Das System hat zwei Freiheitsgrade (f = 2). Es sind zwei Koordinaten φ und ψ verwendet worden. Sie sind damit die generalisierten Koordinaten und eine weitere Reduktion aufgrund einer kinematischen Beziehung ist nicht möglich. Damit sind $\delta\varphi$ und $\delta\psi$ unabhängig voneinander variierbar mit der Folge, daß für $\delta\varphi \neq 0$ sowie $\delta\psi \neq 0$ beide Klammern — je für sich — Null sein müssen. Daraus folgen die beiden Bedingungen

$$\tan \varphi = \frac{2K}{3G}, \qquad \tan \psi = \frac{2K}{G} .$$

In die waagerechte Lage könnten die Stangen nur mit $K \to \infty$ oder $G = 0$ gebracht werden.

Auch über die *Art des jeweiligen Gleichgewichtes* läßt sich mit Hilfe des Prinzips eine Aussage treffen.

Dazu zieht man zunächst das bereits in 6.13.1 definierte Stabilitätskriterium heran, wonach gilt:

Ist ein System im Gleichgewicht und kehrt das System nach einer hinreichend kleinen Störung wieder in seine Gleichgewichtslage zurück, so ist diese Gleichgewichtslage *stabil;* verbleibt das System in der gestörten Lage, so ist das Gleichgewicht *indifferent;* entfernt sich das System nach hinreichend kleiner Auslenkung von der ursprünglichen Gleichgewichtslage, so ist diese Gleichgewichtslage *labil.* Diese Definition der Art des Gleichgewichts wird plausibel, wenn man damit die Gleichgewichtsarten der drei Fälle eines Systems mit einem Freiheitsgrad nach Bild 9-11 überprüft, bei dem der Körper nur eine ebene Bewegung ausführen soll. Dabei liegt nach (9.30) mit

$$\delta A = \mathbf{G} \cdot \delta \mathbf{r}_G = 0 \quad \text{wegen} \quad \mathbf{G} \perp \delta \mathbf{r}_G$$

a) 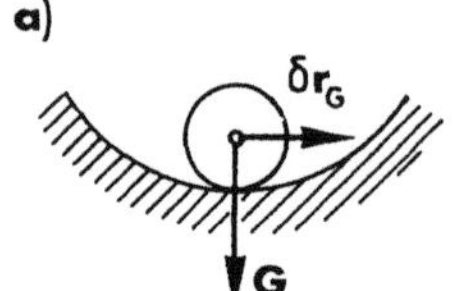   **b)** 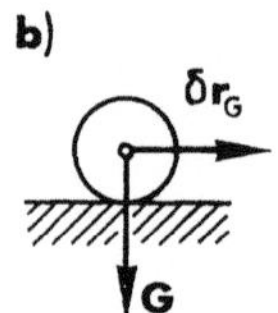   **c)** 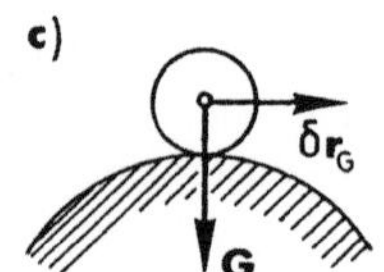

Bild 9-11

in allen Fällen Gleichgewicht, aber jeweils anderer Art vor. Da $\delta A = 0$ auch als Forderung nach einem Extremum von A verstanden werden kann, ist die Art des Extremum auch Kriterium für die Art des Gleichgewichts.

Man kommt so unter Hinzuziehung des Satzes 9.2 über die Art des Extremums zu folgender Aussage:

Prinzip 9.5:

Liegt mit $\delta A = 0$ ein Gleichgewicht für ein System mit einem Freiheitsgrad vor, so gelten für die Art des Gleichgewichts die Unterscheidungen:

a) hat A für diese Gleichgewichtslage ein Maximum, d.h. ist $\delta^2 A < 0$, so ist das Gleichgewicht *stabil;*

b) ist A für diese Gleichgewichtslage eine Konstante, d.h. ist $\delta^2 A = 0$, so ist das Gleichgewicht *indifferent;*

c) hat A für diese Gleichgewichtslage ein Minimum, d.h. ist $\delta^2 A > 0$, so ist das Gleichgewicht *labil.*

Die Aussage b) dieses Prinzips für die indifferente Lage ist nur eine notwendige Bedingung, da dafür auch die höheren Variationen $\delta^n A$ untersucht werden müssen (Sattelpunkt-Problem).

Man macht sich am Beispiel nach Bild 9-11 plausibel, daß in dem Fall a), im Vergleich zu anderen Fällen, die größte Arbeit aufzubringen ist, um den Körper aus seiner „Energiemulde" in eine benachbarte Lage zu überführen. Dagegen ist im Fall c) vergleichsweise keine Arbeit aufzubringen, sondern bei Überführung in Nachbarlagen ist sogar Arbeit gewinnbar.

Ist also mit der ersten Variation der Arbeit infolge der Kräfte und Momente, also mit $\delta A = 0$ die Gleichgewichtslage bestimmt, so läßt sich mit der zweiten Variation nach Satz 9.2 und Def. 9.2 die Art des zu dieser Lage gehörenden Gleichgewichts untersuchen. Danach ist das Gleichgewicht für

$$\delta^2 A = \delta\,(\delta A) = \frac{\partial^2}{\partial \epsilon^2}\,[A\,(\mathbf{u} + \epsilon\,\mathbf{v})]_{\epsilon = 0} \begin{cases} < 0, & \text{stabil} \\ = 0, & \text{indifferent} \\ > 0 & \text{labil} \end{cases} \tag{9.33}$$

Bei einem System mit mehreren Freiheitsgraden muß dieses Stabilitätskriterium noch ergänzt werden, wobei für dessen Formulierung dann noch die Topologie (in obigem Beispiel noch die Geometrie der Führungsfläche in Form einer Mulde, Rinne, Sattelfläche, Ebene, Grat usw.) von Bedeutung ist. In Bild 9-12 ist beispielsweise eine solche Sattelfläche dargestellt, wobei für den einen Freiheitsgrad f_1 eine stabile, für den anderen Freiheisgrad f_2 eine labile Gleichgewichtslage im Punkt $P\,(x_0, y_0)$ vorliegen würde.

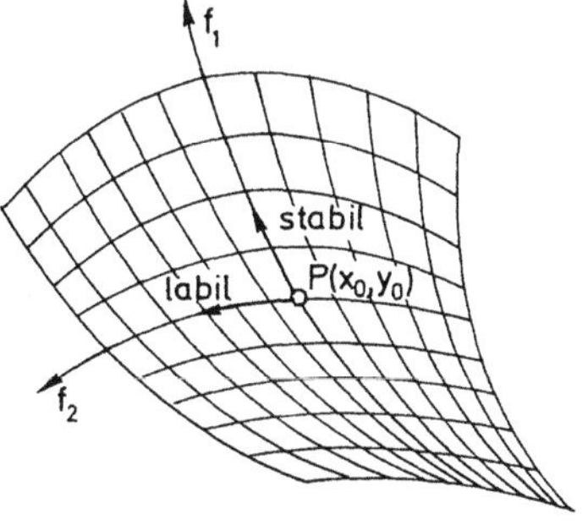

Bild 9-12

In Anwendung auf die berechneten Beispiele dieses Abschnittes ergeben sich in den Fällen kinetisch bedingten Gleichgewichts (die zwangsweise in Ruhe befindlichen, d.h. kinematisch bedingten Gleichgewichtssysteme haben die Freiheitsgrade $f \leqslant 0$) folgende Gleichgewichtsarten:

Beispiel 3: (Bild 9-8) Es war

$$\delta A = \mathbf{G} \cdot \delta \mathbf{r}_M = - G\,\delta z_M = 0; \quad \delta z_M = \left(\frac{l}{2} \cos \alpha - \frac{a}{\cos^2 \alpha} \right) \delta \alpha = 0; \quad \cos \alpha_0 = \sqrt[3]{\frac{2\,a}{l}} \,.$$

Damit ist

$$\delta^2 A = \delta\,(\delta A) = \delta\,(- G\,\delta z_M) = - G\,\delta^2 z_M$$

$$\delta^2 z_M = \frac{\partial}{\partial \alpha}\,(\delta z_M)\bigg|_{\alpha = \alpha_0} \delta \alpha = \left[\frac{\partial}{\partial \alpha} \left(\frac{l}{2} \cos \alpha - \frac{a}{\cos^2 \alpha} \right)_{\alpha = \alpha_0} \delta \alpha \right] \delta \alpha$$

$$= \left(- \frac{l}{2} \sin \alpha - 2\,a\,\frac{\sin \alpha}{\cos^3 \alpha} \right)_{\alpha = \alpha_0} (\delta \alpha)^2 \,.$$

Nun ist für das System (vgl. Bild 9-8) zwangsläufig $l \geqslant 2\,a$ und damit wegen l, a, $\sin \alpha_0$, $\cos^3 \alpha_0 \geqslant 0$ die Klammer negativ. Damit wird wegen $(\delta \alpha)^2 > 0$

$$\delta^2 z_M \leqslant 0$$

und somit schließlich

$$\delta^2 A = - G\,\delta^2 z_M \geqslant 0 \,.$$

Das zu $\alpha = \alpha_0$ gehörende Gleichgewicht ist also *instabil* (indifferent oder labil).

Beispiel 4: Hier ist

$$\delta^2 A = - \left[(G + K)\,a \sin \varphi + Q\,b\,(\cos \alpha \sin \varphi + \sin \alpha \cos \varphi) \right] (\delta \varphi)^2 \,.$$

Mit $\varphi = \varphi_0$ aus

$$\tan \varphi_0 = \frac{(G + K)\,a + Q\,b \cos \alpha}{Q\,b \sin \alpha}$$

ergibt sich

$$\delta^2 A < 0 \,, \qquad \text{d.h. } \textit{stabiles} \text{ Gleichgewicht.}$$

Beispiel 5: Wegen

$$\delta^2 A = (- 3\,l\,G \cos \varphi - 2\,l\,K \sin \varphi)\,(\delta \varphi)^2 + (- G\,l \cos \psi - 2\,K\,l \sin \psi)\,(\delta \psi)^2$$

mit

$$\varphi = \varphi_0 \text{ aus } \tan \varphi_0 = \frac{2\,K}{3\,G} > 0$$

und

$$\psi = \psi_0 \text{ aus } \tan \psi_0 = \frac{2\,K}{G} > 0$$

wird hier

$$\delta^2 A < 0 \,,$$

d.h. für beide Freiheitsgrade liegt *stabiles* Gleichgewicht vor (Mulde).

In einem abschließenden Beispiel soll ein Problem mit mehreren Gleichgewichtslagen und unterschiedlichem Stabilitätsverhalten untersucht werden.

Beispiel 6: Dazu untersuchen wir das Gleichgewicht eines nach Bild 9-13 auf einer kreiszylindrischen Fläche ruhenden Blockes, dessen Massenmittelpunkt um die Strecke c über der Auflagerfläche liegt. Gleiten sei ausgeschlossen. Wird der Block um den Winkel φ aus der vertikalen Lage ausgelenkt, so liegt sein Massenmittelpunkt S (φ) in der Höhe

$$y_M = r \cos \varphi + r \varphi \sin \varphi + c \cos \varphi$$

über dem Zylindermittelpunkt $\overline{M}$. Für die Gleichgewichtslagen $\varphi = \alpha$ ist dann $\delta\,(mgy_M) = 0$, d.h. nach dem „TORICELLIschen Prinzip"

$$\delta y_M = (r\,\alpha \cos \alpha - c \sin \alpha)\,\delta\varphi = 0\,,$$

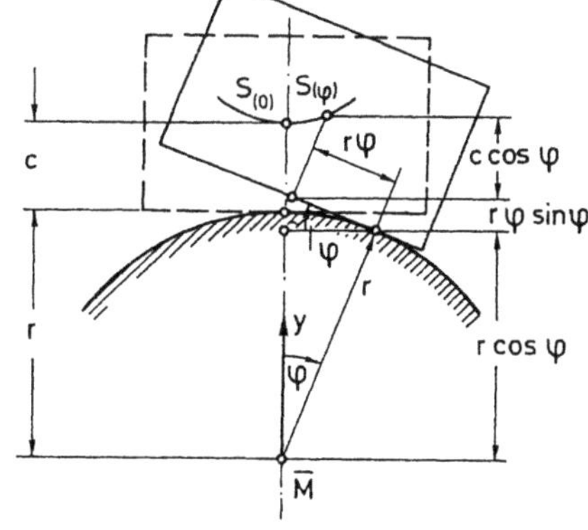

Bild 9-13

also $\tan \alpha = \dfrac{r}{c}\,\alpha$. Diese transzendente Gleichung läßt sich durch $\alpha = 0$ und außerdem durch Lösungen $\alpha \neq 0$ erfüllen. Die Bedingung dafür, daß eine Gleichgewichtslage α stabil ist, ist nach (9.33) $\delta^2 A = \delta^2 (mgy_M) < 0$, d.h.

$$\delta^2 y_M = (- r\,\alpha \sin \alpha + r \cos \alpha - c \cos \alpha)\,(\delta\varphi)^2 > 0\,,$$

was für $\alpha = 0$ die Bedingung $r > c$ liefert. Ist sie erfüllt, dann muß der Massenmittelpunkt bei einer virtuellen Verschiebung angehoben werden, und zwar um einen Betrag, der von zweiter Ordnung klein ist. Der Block hat dann das Bestreben, nach dem Loslassen wieder in seine Gleichgewichtslage zurückzukehren; die Höhenlage des Massenmittelpunktes hat für $\varphi = 0$ ein Minimum. Für $r > c$ ist die Gleichgewichtslage $\varphi = 0$ also stabil. Aus $\tan \alpha = r\,\alpha/c$ ergeben sich noch zwei weitere Gleichgewichtslagen im Intervall $0 < |\alpha| < \pi/2$, die labil sind; denn es gilt mit $r/c = \tan \alpha/\alpha$

$$\delta^2 y_M = c \left[\frac{r}{c}\,(\cos \alpha - \alpha \sin \alpha) - \cos \alpha\right] (\delta\varphi)^2 = c \left[\frac{\tan \alpha}{\alpha}\,(\cos \alpha - \alpha \sin \alpha) - \cos \alpha\right] (\delta\varphi)^2$$

$$= c \left[\frac{\sin \alpha}{\alpha} - \frac{1}{\cos \alpha}\right] (\delta\varphi)^2 < c \left[1 - \frac{1}{\cos \alpha}\right] (\delta\varphi)^2 < 0\,.$$

9.6 Statik deformierbarer Systeme

9.6.1 Prinzipien der Elastostatik

Wegen der weiterhin vorausgesetzten Statik und der damit nicht vorhandenen aktuellen Beschleunigung ($\ddot{\mathbf{u}} = \mathbf{0}$) aller materiellen Punkte ist auch hier (vgl. (9.17))

$$\delta B := \int_m \ddot{\mathbf{u}} \cdot \delta\mathbf{u}\ dm \equiv 0\,.$$

Jedoch sind nun, im Gegensatz zu 9.5, Deformationen zugelassen, also ist neben der virtuellen Arbeit der Kräfte und Momente

$$\delta A = \mathbf{F}^a \cdot \delta\mathbf{u} \neq 0$$

auch die virtuelle Formänderungsenergie (vgl. (9.18))

$$\delta W = \int\limits_V \mathbb{S} \cdots \delta \mathbb{D}\, dV \neq 0$$

zu berücksichtigen, so daß aus dem allgemeinen Prinzip 9.1 hier im Falle der Statik deformierbarer Systeme das spezielle Prinzip folgt

$$\delta A - \delta W = 0 \quad \text{mit } \delta A := \mathbf{F}^a \cdot \delta\mathbf{u} \text{ und } \delta W := \int\limits_V \mathbb{S} \cdots \delta\mathbb{D}\, dV \qquad (9.34)$$

Man nennt diese Aussage für deformierbare Gleichgewichtssysteme auch das *Prinzip der virtuellen Verschiebungen*. Es besagt also:

> **Prinzip 9.6:**
> Die virtuelle Arbeit δA der (äußeren) Kräfte und Momente an den virtuellen Verschiebungen ist gleich der virtuellen Formänderungsenergie δW
> bzw.
> das für ein Gleichgewichtssystem maßgebliche Energiefunktional $\Phi = A - W$ nimmt ein Extremum an, da die Variation $\delta\Phi$ dieses Funktionals Null ist.

Das Prinzip ist eine den Gleichgewichtsbedingungen der Elementaren Mechanik äquivalente, energetische Aussage. In Umkehrung des Ableitungsprozesses in 9.3 kann man hieraus nämlich genau wieder diese Gleichgewichtsbedingungen im Körper

$$\nabla \cdot \mathbb{S} + \mathbf{f}_V = 0$$

infolge der vorgegebenen Spannungsvektoren σ_n am Rand herleiten.
Diese Aussage des Prinzips 9.6 gilt unabhängig von der Art des Materials, d.h. damit unabhängig vom jeweiligen, das Spannungs-Verzerrungsverhalten des deformierbaren Körpers beschreibenden Materialgesetz.

Spezialisiert man jedoch, wie in dem vorangegangenen Kapitel, auf *linear-elastisches* Materialverhalten, so lassen sich wegen der dann eindeutigen Zuordnung der Zustandsgrößen Spannung und Verzerrung bzw. der dann reversiblen Formänderungsarbeit als eindeutiger Funktion dieser Zustandsgrößen in Analogie zu 6.12 noch weitere Zusammenhänge angeben. Nach Def. 6.4a bzw. (9.18) ist zunächst

$$\delta W = \delta \int\limits_V W^s\, dV = \int\limits_V \mathbb{S} \cdots \delta\mathbb{D}\, dV , \quad \text{also}$$

$$\delta W^s = \mathbb{S} \cdots \delta\mathbb{D} \qquad (9.35)$$

Für linear-elastische Stoffe ist dabei eine Unterscheidung der inneren Energieanteile W^s als innere Arbeit der Spannungen an den Verzerrungen und W^{*s} als innere Arbeit der Verzerrungen an den Spannungen und damit eine Unterscheidung der spezifischen Formänderungsenergie von der spezifischen Ergänzungsenergie (Def. 6.5) nicht notwendig. Das war in 6.12.1 bereits vereinfacht gezeigt bzw. anhand des zugehörigen Spannungs-Verzerrungs-Diagramms plausibel gemacht worden, bedarf aber noch für beliebige (auch virtuelle) Verschiebungsvektoren $\mathbf{u}$ (bzw. $\mathbf{v}$) eines Beweises:

Nach (6.21) ist das Materialgesetz hierfür

$$\mathbb{S} = 2\,G\left[\mathbb{D} + \frac{\nu}{1-2\nu}\,(\mathrm{Sp}\,\mathbb{D})\,\mathbb{E}\right]$$

und somit $(G, \nu = \mathrm{const})$

$$\delta\mathbb{S} = 2\,G\left[\delta\mathbb{D} + \frac{\nu}{1-2\nu}\,\delta\big((\mathrm{Sp}\,\mathbb{D})\,\mathbb{E}\big)\right] = 2\,G\left[\delta\mathbb{D} + \frac{\nu}{1-2\nu}\,\delta\,(\mathrm{Sp}\,\mathbb{D})\,\mathbb{E}\right]$$

$$\delta\mathbb{S} = 2\,G\left[\delta\mathbb{D} + \frac{\nu}{1-2\nu}\,\delta\,(\mathbb{E}\cdot\!\cdot\,\mathbb{D})\,\mathbb{E}\right] = 2\,G\left[\delta\mathbb{D} + \frac{\nu}{1-2\nu}\,(\mathbb{E}\cdot\!\cdot\,\delta\mathbb{D})\,\mathbb{E}\right].$$

Damit gilt für die virtuelle, spezifische Ergänzungsenergie wegen Def. 6.5 und analog zu (9.35)

$$\delta W^{*s} = \mathbb{D}\cdot\!\cdot\,\delta\mathbb{S} = \mathbb{D}\cdot\!\cdot\,2\,G\left[\delta\mathbb{D} + \frac{\nu}{1-2\nu}\,(\mathbb{E}\cdot\!\cdot\,\delta\mathbb{D})\,\mathbb{E}\right]$$

$$= 2\,G\left[\mathbb{D}\cdot\!\cdot\,\delta\mathbb{D} + \frac{\nu}{1-2\nu}\,(\mathbb{E}\cdot\!\cdot\,\mathbb{D})\,(\mathbb{E}\cdot\!\cdot\,\delta\mathbb{D})\right]$$

$$= \underbrace{2\,G\left[\mathbb{D} + \frac{\nu}{1-2\nu}\,(\mathrm{Sp}\,\mathbb{D})\,\mathbb{E}\right]}\cdot\!\cdot\,\delta\mathbb{D}$$

$$\boxed{\delta W^{*s} = \mathbb{D}\cdot\!\cdot\,\delta\mathbb{S} = \mathbb{S}\cdot\!\cdot\,\delta\mathbb{D} = \delta W^{s}} \qquad (9.36)$$

Das ist die verallgemeinerte Aussage (6.228). Wegen

$$\delta\,(\mathbb{S}\cdot\!\cdot\,\mathbb{D}) = \mathbb{S}\cdot\!\cdot\,\delta\mathbb{D} + \mathbb{D}\cdot\!\cdot\,\delta\mathbb{S}$$

gilt mit (9.36) dann auch

$$\boxed{\delta W^{s} = \mathbb{S}\cdot\!\cdot\,\delta\mathbb{D} = \delta\left[\frac{1}{2}\,(\mathbb{S}\cdot\!\cdot\,\mathbb{D})\right] = \delta W^{*s} = \mathbb{D}\cdot\!\cdot\,\delta\mathbb{S}} \qquad (9.37)$$

Der in eckigen Klammern stehende Term ist wieder, wie in (6.229), ein Ausdruck für die spezifische Formänderungsenergie im Falle linear-elastischen Materialverhaltens, für die die verschiedenen Formen nach (6.229), (6.230) oder (6.231) zur Verfügung stehen. Allgemein kann damit auch geschrieben werden

$$W^{s} = \frac{1}{2}\,(\mathbb{S}\cdot\!\cdot\,\mathbb{D}) = \frac{1}{2}\,2\,G\left[\mathbb{D} + \frac{\nu}{1-2\nu}\,(\mathrm{Sp}\,\mathbb{D})\,\mathbb{E}\right]\cdot\!\cdot\,\mathbb{D}$$

$$= G\left[\mathbb{D}\cdot\!\cdot\,\mathbb{D} + \frac{\nu}{1-2\nu}\,(\mathrm{Sp}\,\mathbb{D})\,\mathbb{E}\cdot\!\cdot\,\mathbb{D}\right] = G\left[\mathbb{E}\cdot\!\cdot\,(\mathbb{D}\cdot\mathbb{D}) + \frac{\nu}{1-2\nu}\,(\mathrm{Sp}\,\mathbb{D})\,(\mathrm{Sp}\,\mathbb{D})\right]$$

$$\boxed{W^{s} = G\left[\mathrm{Sp}\,(\mathbb{D}^{2}) + \frac{\nu}{1-2\nu}\,(\mathrm{Sp}\,\mathbb{D})^{2}\right]} \qquad (9.38)$$

Dabei ist zu beachten, daß $\mathbb{E}\cdot\!\cdot\,(\mathbb{D}\cdot\mathbb{D}) = \mathrm{Sp}\,(\mathbb{D}^{2})$ und $(\mathbb{E}\cdot\!\cdot\,\mathbb{D})^{2} = (\mathrm{Sp}\,\mathbb{D})^{2}$ ist, jedoch beide Spuren i.a. voneinander verschieden sind (*erste und zweite Fundamentalinvariante* von $\mathbb{D}$).

In Anwendung auf die Balkentheorie wird die spezifische Formänderungsenergie (9.38) bzw. ihre mit den virtuellen Verschiebungen gebildete virtuelle Form (9.37) im folgenden Abschnitt noch im einzelnen berechnet und das damit aus dem Prinzip 9.6 mit Gl. (9.34) folgende Verfahren zur Berechnung elastostatischer Systeme näher untersucht.

Die Äquivalenz der spezifischen Formänderungsenergie und der entsprechenden Ergänzungsenergie im Falle linear-elastischen Materialverhaltens nach (9.36) mit der darin einerseits enthaltenen Variation der Verzerrungen $\delta \mathbb{D}$ und der andererseits enthaltenen Variation der Spannungen $\delta \mathbb{S}$ legt es nahe, neben dem *Prinzip der virtuellen Verschiebungen* (9.34)

$$\delta A = \mathbf{F}^a \cdot \delta \mathbf{u} = \int_V \mathbb{S} \cdot\cdot \, \delta \mathbb{D} \, dV = \delta W$$

auch die Gültigkeit eines durch Vertauschung der Zustandsgrößen $\mathbb{S}$ und $\mathbb{D}$ entstehendes *Prinzip der virtuellen Spannungen* zu vermuten.

Man überzeugt sich durch eine entsprechende, zu 9.3 völlig analoge Ableitung unter Einführung der virtuellen Ergänzungsarbeit

$$\delta A^* := \mathbf{u} \cdot \delta \mathbf{F}^a = \delta (\mathbf{F}^a \cdot \mathbf{u}) - \mathbf{F}^a \cdot \delta \mathbf{u} \qquad\qquad (9.39)$$

wobei mit $\quad \mathbf{F}^a = \int_A \boldsymbol{\sigma}_n \, dA + \int_V \mathbf{f}_V \, dV \quad$ auch gilt

$$\delta A^* = \int_{A(V)} \mathbf{u} \cdot \delta \boldsymbol{\sigma}_n \, dA + \int_V \mathbf{u} \cdot \delta \mathbf{f}_V \, dV \qquad\qquad (9.40)$$

von der Richtigkeit der Aussage

$$\delta A^* = \delta (\mathbf{F}^a \cdot \mathbf{u}) - \delta A = \delta \int \mathbb{S} \cdot\cdot \, \mathbb{D} \, dV - \delta W$$

$$\delta A^* = \int_V \mathbb{D} \cdot\cdot \, \delta \mathbb{S} \, dV = \delta W^* \qquad\qquad (9.41)$$

Hierbei ist $\delta \mathbb{S}$ eine Variation der Spannungen aus einem Gleichgewichtszustand heraus, bei der (in Anpassung an die Def. 9.1 der Variation eines Vektorfeldes) die Belastung, also der Spannungsvektor $\boldsymbol{\sigma}_n$ auf der Oberfläche bzw. der Volumenkraftvektor $\mathbf{f}_V$ im Innern des Körpers, unter Erfüllung der Randbedingungen

$$\boldsymbol{\sigma}_n = \boldsymbol{\sigma}_n^R \quad \text{auf} \;\; A(V)$$

und unter Erfüllung der Gleichgewichtsbedingungen

$$\int_{A(V)} \boldsymbol{\sigma}_n \, dA + \int_V \mathbf{f}_V \, dV = 0$$

beliebig variiert wird. Im Gegensatz zum Prinzip 9.6 hält man also hier nicht den Kräftezustand konstant und variiert den Verschiebungszustand — sondern man fixiert den Deformationszustand und variiert den Belastungszustand durch Einführung virtueller Kräfte und Momente. Das Ergebnis ist in Analogie zum Prinzip 9.6 ein *Prinzip der virtuellen Kräfte (und Momente)* in der Form (9.41) bzw. in verbaler Formulierung:

> **Prinzip 9.7:**
> Die virtuelle Ergänzungsarbeit δA^* der (äußeren) virtuellen Kräfte und Momente
> an den aktuellen Verschiebungen ist gleich der virtuellen Ergänzungsenergie δW^*
> bzw.
> das für ein Gleichgewichtssystem maßgebliche Energiefunktional $\Phi^* = A^* - W^*$
> nimmt ein Extremum an, da die Variation $\delta\Phi^*$ dieses Funktionals Null ist.

Diese Aussage gilt unabhängig von der speziellen Wahl der Spannungs-Verzerrungs-Relation
und damit unabhängig vom Material. Bei linearer Elastizität kann wegen (9.36) die Ergänzungsenergie δW^* durch die Formänderungsenergie im Prinzip 9.7 ersetzt werden, d.h.
dann gilt statt (9.41) mit (9.37) auch

$$
\begin{aligned}
\delta A^* = \delta W \qquad &\text{bzw.}\\[2mm]
\mathbf{u} \cdot \delta \mathbf{F}^a = \int\limits_{A(V)} \mathbf{u} \cdot \delta \boldsymbol{\sigma}_n \, dA &+ \int\limits_V \mathbf{u} \cdot \delta \mathbf{f}_V \, dV\\[2mm]
\overset{!}{=} \int\limits_V \mathbb{D} \cdot\cdot \, \delta \mathbb{S} \, dV &= \frac{1}{2}\delta \int\limits_V (\mathbb{S} \cdot\cdot \, \mathbb{D})\, dV \; .
\end{aligned}
\tag{9.42}
$$

Das hieraus resultierende Berechnungsverfahren wird ebenfalls im folgenden Abschnitt 9.6.2
für den elastostatischen Balken konkretisiert.

Nach (6.232) ist W^s auch das Potential für die Spannungen. Da für lineare Elastizität
die Formänderungsenergie gleich der Ergänzungsenergie ist, ist W^s nach (6.233) auch
das Potential für die Verzerrungen (vgl. hierzu die erweiterten Sätze von CASTIGLIANO,
Satz 6.9, 6.10 und 6.11). Die in Kap. 6 für die aktuellen Verschiebungen abgeleiteten Zusammenhänge und daraus entwickelten Berechnungsverfahren (z.B. die Sätze von
CASTIGLIANO) bleiben damit auch für die virtuellen Verschiebungen gültig, die ja die
aktuellen Verschiebungen als energie-extremalisierenden Sonderfall enthalten.

Lassen sich schließlich die äußeren, an den gedachten Verschiebungen Arbeit verrichtenden Kräfte und Momente $(\mathbf{F}^p)$ aus einem Potential herleiten (vgl. (7.73)), liegt also ein konservatives System mit $\mathbf{F}^p = -\nabla U = -\,\mathrm{grad}\, U$ vor, so ist (vgl. analog zu (8.105))

$$
\delta A = \mathbf{F}^p \cdot \delta\mathbf{u} = -\nabla U \cdot \delta\mathbf{u} = -\delta U
\tag{9.43}
$$

und aus dem Prinzip der virtuellen Verschiebungen (9.34) folgt dann die spezialisierte
Aussage

$$
\delta V := \delta(W + U) = 0
\tag{9.44}
$$

Dabei ist $V = W + U$ wegen der Potentialeigenschaften von W und von U selbst auch ein
Potential, was die Bezeichnung elastisches Potential (potentielle Gesamtenergie) für V
rechtfertigt. (Häufig wird statt V auch die Bezeichnung Π verwendet.) Damit gilt der

> **Satz 9.4:**
> Unter allen denkbaren Lagen eines konservativen Systems ist diejenige eine
> Gleichgewichtslage, für die das elastische Potential $V = W + U$ einen Extrem-
> wert hat.

Hat das System endlich viele Freiheitsgrade, so kann wieder (vgl. (9.25)) geschrieben
werden

$$V = V (q_1 , q_2 \ldots q_i , \ldots, q_n),$$

und es folgt

$$\delta V = \sum_{i=1}^{n} \frac{\partial V}{\partial q_i} \delta q_i = \frac{\partial V}{\partial q_1} \delta q_1 + \ldots + \frac{\partial V}{\partial q_i} \delta q_i + \ldots + \frac{\partial V}{\partial q_n} \delta q_n$$

mit dem Ergebnis, daß sämtliche partiellen Ableitungen

$$\frac{\partial V}{\partial q_i} = 0 \quad \text{mit} \quad i = 1, 2, \ldots, n \tag{9.45}$$

für sich verschwinden müssen.

Dieses Potential V kann, wie die Arbeit A in 9.5, auch dazu verwendet werden, die Art
des jeweiligen Gleichgewichts abzufragen, d.h. analog zu (9.33), jedoch hier wegen
$-\delta A = \delta U$, ist das Gleichgewicht für

$$\delta^2 V = \delta (\delta V) \begin{cases} > 0 & \text{stabil} \\ = 0 & \text{indifferent} \\ < 0 & \text{labil} \end{cases} \tag{9.46}$$

In Zusammenhang mit Satz 9.4 läßt sich damit feststellen, daß das elastische Potential V
unter allen virtuellen Lagen des Systems bei einer stabilen Gleichgewichtslage ein Minimum
annimmt. Entsprechend wird durch ein Maximum von V unter allen denkbaren Lagen des
Systems eine labile Gleichgewichtslage gekennzeichnet. Die Aussage über das indifferente
Gleichgewicht ist wieder nur eine notwendige Bedingung, da hierzu auch die höheren
Variationen überprüft werden müssen.

Anmerkung: Das für mechanische Gleichgewichtssysteme gültige Prinzip 9.6 läßt sich auf thermo-
statische Prozesse unter Einbeziehung der Temperatur erweitern. Dann ist neben den Verzerrungen $I\!\!D$
auch die Temperatur T eine unabhängige Variable und alle Energiefunktionale $Z (I\!\!D, T)$ sind abhängige
Größen dieser Unabhängigen. Die maßgebliche Energiebilanz ist hierfür der 1. Hauptsatz der Thermodynamik, wobei als Ausdruck für die dem thermo-mechanischen Gleichgewichtszustand benachbarten,
denkbaren Zustände (thermo-statischer Prozeß) wieder die Variationssymbolik verwendet wird
(Variation um die Gleichgewichtslage). Dann gilt unter Verwendung spezifischer Größen

$$\delta W^s + \delta Q^s = \delta U_i^s ,$$

wobei Q^s die *spezifische Wärmezufuhr* (keine Zustandsgröße) und U_i^s die *spezifische innere Energie* ist.
Werden nun wieder nur reversible, elastische Zustandsänderungen betrachtet, so ist mit der *spezifischen
Entropie* s als Folge des 2. Hauptsatzes der Thermodynamik

$$\delta Q^s = T \, \delta s$$

und somit

$$\delta W^S = \delta U_i^S - \delta Q^S = \delta U_i^S - T\,\delta s\,.$$

Addiert man auf beiden Seiten $(-s\,\delta T)$, so wird

$$\delta W^S - s\,\delta T = \delta U_i^S - T\,\delta s - s\,\delta T = \delta U_i^S - \delta(T\,s) = \delta(U_i^S - T\,s)\,.$$

Mit der *spezifischen freien Energie,* die dann auch, wie alle Energien Z, von den Variablen $\mathbb{D}$ und T abhängt, also

$$\psi^S(\mathbb{D}, T) = U_i^S - T\,s$$

wird schließlich

$$\delta\psi^S = \delta W^S - s\,\delta T\,. \tag{1}$$

Andererseits ist wegen der Additivität und der Linearität im Zuwachs nach (9.2) und (9.3)

$$\delta\psi^S = \frac{\partial\psi^S}{\partial\mathbb{D}} \cdot\cdot\, \delta\mathbb{D} + \frac{\partial\psi^S}{\partial T}\,\delta T\,. \tag{2}$$

Der Vergleich beider Variationen (1) und (2) der freien Energie unter Berücksichtigung der voneinander unabhängigen Änderungen $\delta\mathbb{D}$ und δT ergibt die beiden Gleichungen

$$\frac{\partial\psi^S}{\partial\mathbb{D}} \cdot\cdot\, \delta\mathbb{D} = \delta W^S\,; \qquad \frac{\partial\psi^S}{\partial T} = -s\,.$$

Da andererseits nach (9.35) $\delta W^S = \mathbb{S} \cdot\cdot\, \delta\mathbb{D}$ ist, folgt aus

$$\frac{\partial\psi^S}{\partial\mathbb{D}} \cdot\cdot\, \delta\mathbb{D} = \mathbb{S} \cdot\cdot\, \delta\mathbb{D}$$

die *thermo-mechanische Zustandsgleichung*

$$\frac{\partial\psi^S}{\partial\mathbb{D}} = \mathbb{S}^T = \mathbb{S}$$

sowie die *kalorische Zustandsgleichung*

$$\frac{\partial\psi^S}{\partial T} = -s\,.$$

Damit ist in der linearen Thermoelastizität der Spannungszustand $\mathbb{S}$ mit der thermo-mechanischen und die Entropie s mit der kalorischen Zustandsgleichung vollständig über die freie Energie ψ^S bestimmt. Die Zustandsgröße ψ^S ist damit Potential der Spannungen und der Entropie.

Speziell bei *isothermen* Prozessen, also $T = T_0$ und somit $\delta T = 0$, folgt dann aus (1) und (2)

$$\delta\psi^S = \delta W^S = \frac{\partial\psi^S}{\partial\mathbb{D}} \cdot\cdot\, \delta\mathbb{D} = \mathbb{S} \cdot\cdot\, \delta\mathbb{D}\,,$$

so daß in diesem Falle die freie Energie in die spezifische Formänderungsenergie übergeht und diese dann allein von der Verzerrung als unabhängige Variable abhängt. Dieses ist eine Bestätigung für die eingangs vorausgesetzte Darstellbarkeit der Formänderungsenergie. Die elastische Formänderungsenergie ist damit als Potentialfunktion bzw. als Zustandsgröße auch nur vom Verzerrungszustand selbst − nicht aber vom Verzerrungsweg (Prozeß) abhängig. Damit kommt es auch auf die Reihenfolge ggf. nacheinander aufgebrachter Verzerrungen in diesem Falle nicht an.

Man benutzt diese Tatsache für die Berechnung des Spannungs- und Verzerrungszustandes bzw. bei der Superposition von aktuellen und fiktiven Kräften, Momenten, Spannungen und Verzerrungen in der linearen Elastostatik und Elastokinetik.

9.6.2 Spezielle Anwendung der Elastostatik

Die in 9.6.1 abgeleiteten Beziehungen gelten allgemein im Rahmen der jeweils angegebenen Voraussetzungen. Hier soll nun der spezielle Anwendungsbereich der Balkentheorie näher untersucht werden, wobei als Struktur der *gerade Balken aus linear-elastischem Material* von der Länge l und als Belastung jeweils einer der vier elementaren Belastungsfälle (vgl. 6.8) zugrundegelegt werden. Hierfür nimmt die Formänderungsenergie jeweils bestimmte Formen an, die in Abhängigkeit der maßgeblichen Schnittlast oder der entsprechenden Verschiebung bereits in 6.12.2, 3, 4 und 5 berechnet worden sind und die hier zunächst noch einmal in Tabelle 9.2 zusammengestellt werden sollen:

Tabelle 9.2

Belastung Schnittlast Verschiebung	Bez.	Formänderungsenergie W	
		Schnittgrößen-Darstellung	Verschiebungsgrößen-Darstellung
Zug/Druck N u	W_N	$\dfrac{1}{2}\displaystyle\int_0^l \dfrac{N^2}{EA}\,dx$	$\dfrac{1}{2}\displaystyle\int_0^l EA\,u'^2\,dx$
Biegung M w	W_M	$\dfrac{1}{2}\displaystyle\int_0^l \dfrac{M^2}{EI}\,dx$	$\dfrac{1}{2}\displaystyle\int_0^l EI\,w''^2\,dx$
Torsion M_T ϑ	W_T	$\dfrac{1}{2}\displaystyle\int_0^l \dfrac{M_T^2}{GI_T}\,dx$	$\dfrac{1}{2}\displaystyle\int_0^l GI_T\,\vartheta'^2\,dx$
Schub Q w_s	W_Q	$\dfrac{1}{2}\displaystyle\int_0^l \lambda\,\dfrac{Q^2}{GA}\,dx$	$\dfrac{1}{2}\displaystyle\int_0^l \dfrac{\lambda}{k_y^2}\,GA\,w_s'^2\,dx$

Bei kombinierter Beanspruchung ist die Summe aus den einzelnen Anteilen der Formänderungsenergie zu bilden. Diese Superpositionsmöglichkeit trotz des nichtlinearen Charakters der Energien in den Schnittlasten und Verschiebungsableitungen ist in 6.12.3 und 6.12.5 bereits gezeigt worden. Für schlanke, gerade Balken ist der Schubanteil auch energetisch gegenüber dem Biegeanteil vernachlässigbar. Der Anteil einer ggf. vorhandenen Wölbbehinderung ist von vornherein weggelassen worden bzw. die Torsion ist nur für verwölbungsfreie Querschnitte berücksichtigt. Im Falle schiefer Biegung fallen beide Biegeanteile bezüglich des HZAS an; aber auch diese beiden Anteile dürfen wegen des Verschwindens des Deviationsmomentes getrennt berechnet und anschließend algebraisch addiert werden (vgl. (6.246)).
Zu jedem elementaren Belastungsfall bei geometrischer und physikalischer Linearität gehört damit genau eine, jeweils andere Schnittlast und genau eine, jeweils andere Verschiebungsgröße (adjungierte Paare), so daß die zu jedem Belastungsfall gehörenden Größen unabhängig voneinander variiert und damit auch bei überlagerter Beanspruchung als getrennte Variationsaufgaben behandelt werden können.

A. Prinzip der virtuellen Verschiebungen

Für das Prinzip 9.6 der virtuellen Verschiebungen werden nun die virtuellen Form-
änderungsenergien δW benötigt, wobei der Verschiebungszustand variiert wird. Damit
ist W in diesem Falle der rechten Spalte obiger Aufstellung zu entnehmen. Man erhält
wegen

$$\delta\,(v^2) = \frac{\partial}{\partial\epsilon}\,(v + \epsilon\overline{v})^2\Big|_{\epsilon=0} = 2\,(v+\epsilon\overline{v})\Big|_{\epsilon=0}\overline{v} = 2\,v\,\overline{v} = 2\,v\,\delta v$$

dann als virtuelle Energien

$$
\begin{aligned}
\delta W_N &= \delta\left[\frac{1}{2}\int_0^l EA\,u'^2\,dx\right] = \frac{1}{2}\int_0^l \delta\,(EA\,u'^2)\,dx = \int_0^l (EA\,u')\,\delta\,u'\,dx\\[2ex]
\delta W_M &= \int_0^l EI\,w''\,\delta\,w''\,dx\\[2ex]
\delta W_T &= \int_0^l GI_T\,\vartheta'\,\delta\,\vartheta'\,dx\\[2ex]
\delta W_Q &= \int_0^l \frac{\lambda}{k_y^2}\,GA\,w_s'\,\delta\,w_s'\,dx
\end{aligned}
\tag{9.47}
$$

Führt man als Belastung wieder die vektoriellen Streckenlasten (vgl. 5.6)

$$\mathbf{q} = (q_1, q_2, q_3) = (n, q_2, q_3)\ ;\qquad \mathbf{m} = (m_1, m_2, m_3) = (m_T, m_2, m_3)$$

(Bild 9-14a) ein, wobei Einzelkräfte
und Einzelmomente in den verallgemeinerten Streckenlasten $\mathbf{q}$
und $\mathbf{m}$ mit enthalten sein sollen,
so ist auch die virtuelle Arbeit
der äußeren Lasten einerseits
durch diese Größen und andererseits durch die zugehörigen
virtuellen Verschiebungen ausdrückbar:

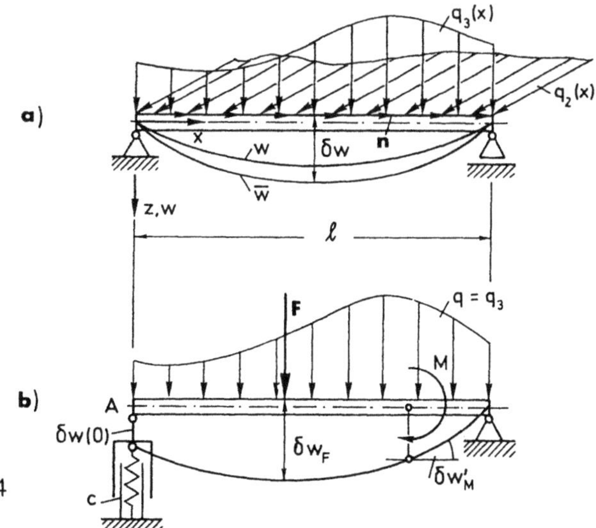

Bild 9-14

$$\delta A = \mathbf{F} \cdot \delta \mathbf{u} = \int_0^l \mathbf{q} \cdot \delta \mathbf{r}\, dx + \int_0^l \mathbf{m} \cdot \delta \boldsymbol{\varphi}\, dx \; . \qquad (9.48)$$

Wieder treten nur bestimmte Paare einer Belastung und einer virtuellen Verschiebung auf, wobei nur jeweils *die* Verschiebungsgrößen (u, w, ϑ) mit den Belastungen ein von Null verschiedenes Skalarprodukt bilden, die auch schon in der Formänderungsenergie des zugehörigen Belastungsfalls nach (9.47) enthalten sind. Also ist für

Zug/Druck: $\mathbf{q} = (n, 0, 0)$; $\mathbf{m} = (0, 0, 0)$

$$\delta A_N = \int_0^l \mathbf{q} \cdot \delta \mathbf{r}\, dx = \int_0^l n\, \delta u\, dx$$

Biegung (gerade): $\mathbf{q} = (0, 0, q)$; $\mathbf{m} = (0, m, 0)$

$$\delta A_M = \int_0^l \mathbf{q} \cdot \delta \mathbf{r}\, dx + \int_0^l \mathbf{m} \cdot \delta \boldsymbol{\varphi}\, dx = \int_0^l q\, \delta w\, dx + \int_0^l m\, \delta w'\, dx$$

Torsion: $\mathbf{q} = (0, 0, 0)$; $\mathbf{m} = (m_T, 0, 0)$ $\qquad (9.49)$

$$\delta A_T = \int_0^l \mathbf{m} \cdot \delta \boldsymbol{\varphi}\, dx = \int_0^l m_T\, \delta \vartheta\, dx$$

Schub (gerade): $\mathbf{q} = (0, 0, q)$; $\mathbf{m} = (0, 0, 0)$ (ohne Biegeanteil)

$$\delta A_Q = \int_0^l \mathbf{q} \cdot \delta \mathbf{r}\, dx = \int_0^l q\, \delta w_s\, dx$$

Einzelkräfte $\mathbf{F}$ und freie Einzelmomente $\mathbf{M}$ sind hierin enthalten, da hierfür

$$\int \mathbf{q} \cdot \delta \mathbf{r}\, dx \text{ in } \mathbf{F} \cdot \delta \mathbf{r}_F \text{ und } \int \mathbf{m} \cdot \delta \boldsymbol{\varphi}\, dx \text{ in } \mathbf{M} \cdot \delta \boldsymbol{\varphi}_M$$

übergeht und daher entsprechende Terme für die virtuelle Arbeit in Ersatz oder Ergänzung zu (9.49) zu berücksichtigen sind.

Verrichten auch noch die Reaktionskräfte (z.B. eine Auflagerkraft, Bild 9-14b) an der virtuellen Verschiebung Arbeit, so sind entsprechende virtuelle Arbeiten als Randterme zu bilden, also ist im Beispiel dann zusätzlich

$$\mathbf{A} \cdot \delta \mathbf{r}_A = - A\, \delta w(0) = - c\, w(0)\, \delta w(0) \; .$$

Setzt man nun die erhaltenen Ausdrücke für die virtuelle Formänderungsenergie nach (9.47) mit den Ausdrücken für die virtuelle Arbeit der Belastung nach (9.49) über das Prinzip der virtuellen Verschiebungen für elastische Gleichgewichtssysteme (9.34) in der Form

$$\delta A - \delta W = 0$$

zusammen und berücksichtigt die unabhängige Variation der virtuellen Verschiebungen δu, δw, usw., so erhält man — auch im Falle kombinierter Beanspruchung — die vier einzelnen Variationsprobleme

$$\delta A_N - \delta W_N = \int_0^l n\,\delta u\,dx - \int_0^l EA\,u'\,\delta u'\,dx = \int_0^l (n\,\delta u - EA\,u'\,\delta u')\,dx = 0 \qquad (1)$$

$$\delta A_M - \delta W_M = \int_0^l (q\,\delta w + m\,\delta w' - EI\,w''\,\delta w'')\,dx = 0 \qquad (2)$$

$$\qquad\qquad\qquad\qquad\qquad\qquad\qquad\qquad\qquad\qquad\qquad\qquad\qquad (9.50)$$

$$\delta A_T - \delta W_T = \int_0^l (m_T\,\delta\vartheta - GI_T\,\vartheta'\,\delta\vartheta')\,dx = 0 \qquad (3)$$

$$\delta A_Q - \delta W_Q = \int_0^l \left(q\,\delta w_s - \frac{\lambda}{k_y^2}\,GA\,w_s'\,\delta w_s'\right)dx = 0 \qquad (4)$$

Die Integrale lassen sich durch zweimalige partielle Integration in eine Form überführen, in der nur noch die für jeden Belastungsfall charakteristische virtuelle Verschiebungsgröße (δu, δw, $\delta\vartheta$, $\delta w_s'$) steht. So wird, stellvertretend für alle vier Fälle, z.B. aus (9.50 (2))

$$\int_0^l (EI\,w''\,\delta w'' - q\,\delta w)\,dx \qquad\qquad q \neq 0;\ m = 0$$

$$= \left\{ (EI\,w''\,\delta w')\Big|_0^l - \int_0^l (EI\,w'')'\,\delta w'\,dx \right\} - \int_0^l q\,\delta w\,dx$$

$$= - \int_0^l [(EI\,w'')'\,\delta w' + q\,\delta w]\,dx + (EI\,w''\,\delta w')\Big|_0^l = 0$$

und nach nochmaliger partieller Integration

$$- \left\{ [(EI\,w'')'\,\delta w]\Big|_0^l - \int_0^l (EI\,w'')''\,\delta w\,dx + \int_0^l q\,\delta w\,dx \right\} + (EI\,w''\,\delta w')\Big|_0^l = 0$$

$$\int_0^l [(EI\,w'')'' - q]\,\delta w\,dx + [(EI\,w'')\,\delta w']\Big|_0^l - [(EI\,w'')'\,\delta w]\Big|_0^l = 0 \qquad (9.51)$$

Das Ergebnis dieser Integration führt also sowohl auf ein neues Integral, das jedoch nur noch die eine virtuelle Verschiebung δw für den Belastungs- und den Schnittlastenterm enthält, als auch auf zwei integrierte Terme (in eckigen Klammern), die jeweils nur an der oberen und unteren Grenze zu bilden sind und damit sämtliche Randbedingungen des je-

weiligen Problems reproduzieren. Dabei enthalten diese Terme vier adjungierte Paare von
Randtermen, nämlich

$$
\begin{array}{lll}
(EI\,w'')_l & \delta w'\,(l) & (1) \\
(EI\,w'')_0 & \delta w'\,(0) & (2) \\
(EI\,w'')_l' & \delta w\,(l) & (3) \\
(EI\,w'')_0' & \delta w\,(0) & (4)
\end{array}
\qquad (9.52)
$$

Die jeweils rechten Faktoren dieser Produktpaare δw und $\delta w'$ an den Stellen $x = 0$ und
$x = l$ sind die *geometrischen* Randwerte. Die linken Faktoren $(EI\,w'')$ und $(EI\,w'')'$ enthalten die *physikalischen* Randwerte; denn speziell für $EI = const$ ist (vgl. (6.83))

$$EI\,w''\,(0\ bzw.\ l) = - M\,(0)\ bzw.\ - M\,(l)$$
$$(EI\,w'')' = EI\,w'''\,(0\ bzw.\ l) = - Q\,(0)\ bzw.\ - Q\,(l)\,.$$

Damit sind die vier adjungierten Paare bei prismatischen Balken als die Arbeit des jeweiligen
Balken-Endmomentes M an dem zugehörigen virtuellen Rand-Biegewinkel $\delta w' = \delta\varphi$ und
als die Arbeit der Balken-Endquerkraft Q an der zugehörigen virtuellen Rand-Durchbie-
gung δw interpretierbar.
Da für ein derartiges Problem stets zwei geometrische Randbedingungen vorliegen und die
ansonsten beliebigen virtuellen Verschiebungen nur genau diese Randvorgaben erfüllen
müssen, entfallen jeweils zwei dieser vier Randwertpaarungen.
Bei der gelenkigen Lagerung nach Bild 9-14a wäre das wegen $\delta w\,(0) = \delta w\,(l) = 0$ das dritte
und vierte Paar; bei einer Einspannung bei $x = 0$ wäre das wegen $\delta w\,(0) = \delta w'\,(0) = 0$
das zweite und vierte Paar usw. Für den Fall nach Bild 9-14b verschwindet wegen $w\,(l) = 0$,
also auch $\delta w\,(l) = 0$, zunächst die Paarung (3) und außerdem hebt sich wegen
$EI\,w'''\,(0)\delta w\,(0) = - Q\,(0)\,\delta w\,(0)$ die Randpaarung (4) gegen den in diesem Falle in der
virtuellen Arbeit δA zusätzlich zu berücksichtigenden Randterm
$A \cdot \delta r_A = - A\,\delta w\,(0) = - cw\,(0)\,\delta w\,(0)$ (s. oben) fort.
　　Die durch die geometrischen Randbedingungen dann jeweils nicht erfüllten Rand-
wertpaare von (9.52) liefern die physikalischen Randbedingungen des Systems.
Im Fall nach Bild 9-14a sind das nach Erfüllung der Paarung (3) und (4) durch die geometrischen Randbedingungen die Aussagen nach (1) und (2), wonach wegen $\delta w'\,(l) \ne 0$
und $\delta w'\,(0) \ne 0$

$$(EI\,w'')_l = - M\,(l) = 0 \quad und \quad (EI\,w'')_0 = - M\,(0) = 0$$

sein muß. Das gleiche folgt für das Beispiel nach Bild 9-14b. Dagegen würde sich für eine einseitige Einspannung bei $x = 0$ und ein freies Ende (Kragträger) nach Erfüllung von (2) und
(4) und wegen $\delta w'\,(l) \ne 0$ und $\delta w\,(l) \ne 0$ die physikalischen Randbedingungen aus (1) und (3)

$$(EI\,w'')_l = - M\,(l) = 0 \quad und \quad (EI\,w''')_l = - Q\,(l) = 0$$

ergeben.
　　Die Darstellung eines Variationsproblems in der Form (9.51) liefert also mit (9.52)
stets seine eigenen geometrischen und physikalischen Randbedingungen, wobei die geometrischen Randvorgaben durch die Vergleichsfunktion als virtuelle Verschiebung von vornherein erfüllt werden. Will man nun — quasi im nachhinein — auch noch die physikalischen

Randbedingungen erfüllen, so müssen nur die noch verbleibenden Randwertpaarungen (ggf. zusammen mit den Randtermen) Null gesetzt werden. Damit verschwinden schließlich alle Paarungen (9.52) und von (9.51) bleibt nur noch das Integral

$$\int_0^l [(EI\,w'')'' - q]\,\delta w\,dx = 0 \ ,$$

woraus wegen der Beliebigkeit von $\delta w \neq 0$ folgt, daß der Integrand selber Null sein muß (vgl. Satz 9.3)

$$\boxed{[EI\,w''(x)]'' - q(x) = 0} \qquad\qquad (9.53)$$

Das Variationsproblem

$$A - W \to \text{Extremum} \quad \text{bzw.} \quad \delta A - \delta W = 0$$

mit δA nach (9.49) und δW nach (9.47) in der Form (9.50) ist damit äquivalent der zugehörigen Differentialgleichung (9.53), die man EULER*sche Differentialgleichung* nennt. Sie ist die notwendige Bedingung dafür, daß $w = w(x)$ unter Erfüllung aller Randbedingungen Lösung des Variationsproblems bei Extremalisierung des Energiefunktionals $A - W$ ist (Äquivalenz des Extremalproblems und Randwertproblems).
Die anderen drei Belastungsfälle lassen sich völlig analog behandeln, so daß statt (9.50) auch geschrieben werden kann $(m = 0)$:

$$\int_0^l [(EA\,u')' - n]\,\delta u\,dx = 0 \qquad\qquad (1)$$

$$\int_0^l [(EI\,w'')'' - q]\,\delta w\,dx = 0 \qquad\qquad (2)$$

$$\int_0^l [(GI_T\,\vartheta')' - m_T]\,\delta\vartheta\,dx = 0 \qquad\qquad (3) \qquad\qquad (9.54)$$

$$\int_0^l \left[\left(\frac{\lambda}{k_y^2}\,GA\,w_s'\right)' - q\right]\delta w_s\,dx = 0 \qquad\qquad (4)$$

wobei die in eckigen Klammern stehenden Differentialgleichungen die dem Variationsproblem äquivalenten EULERschen Differentialgleichungen sind, die es zu lösen gilt. Sind die Steifigkeiten dabei konstant, so sind diese EULERschen Differentialgleichungen wieder identisch mit den in Kap. 6 aus den Gleichgewichtsbedingungen abgeleiteten Verschiebungsdifferentialgleichungen (vgl. (5.30))

$$EA\,u''(x) = n(x)$$
$$EI\,w^{IV}(x) = q(x)$$
$$GI_T\,\vartheta''(x) = m_T(x) \qquad\qquad \text{usw.}$$

Damit ist eine ergänzende Methode gefunden, um die Verschiebungen elasto-statischer Systeme einschließlich der Stabilitätsprobleme zu berechnen, wobei über die Möglichkeiten der elementaren Verfahren hinaus auch längs-veränderliche Steifigkeiten (z.B. EI (x)) berücksichtigt werden können. Sollten dafür dann keine geschlossenen Lösungen der entsprechend modifizierten EULER-Differentialgleichung angebbar sein, so setzen hierfür die sog. *direkten Näherungsverfahren der Variationsrechnung* ein, von denen die Verfahren nach RITZ und nach GALERKIN am gebräuchlichsten sind.

a) Das Verfahren nach RITZ

Dieses beruht auf der Überlegung, daß unter allen denkbaren Verschiebungsfunktionen $\hat{w}(x)$ (z.B. für ein Biegeproblem), die nur alle geometrischen Randbedingungen zu erfüllen brauchen, diejenige Funktion $w(x)$ die exakte Durchbiegung ist, die das maßgebliche Energiefunktional

$$\Phi = A - W \quad \text{mit} \quad A = \int q(x)\, w(x)\, dx \quad \text{und} \quad W = \frac{1}{2} \int EI\, w''^{\,2}\, dx$$

(vgl. (9.47) und (9.49)) zum Extremum macht. Dazu wird für die unbekannte Funktion $w(x)$ ein Näherungsansatz $\hat{w}(x, c_j)$ mit insgesamt k freien Konstanten c_j $(k \geqslant 1)$ in der Form

$$\hat{w}(x, c_j) = \sum_{j=1}^{k} c_j\, \hat{w}_j(x) = c_1\, \hat{w}_1 + c_2\, \hat{w}_2 + \ldots \tag{9.55}$$

gemacht, wobei jede der k Funktionen $\hat{w}_j$ eine Vergleichsfunktion unter Erfüllung allein der geometrischen Randbedingungen ist. Damit erfüllt auch $\hat{w}(x, c_j)$ diese Randbedingungen. Im übrigen können die $\hat{w}_j(x)$ beliebig sein.

Die nun noch unbekannten k Konstanten c_j werden mit der Forderung bestimmt, daß das mit $\hat{w}(x, c_j)$ berechnete Funktional $\Phi(c_j, \hat{w}_j)$ — wenn schon nicht durch die exakte Funktion $w(x)$ — so doch wenigstens als Funktion der c_j einen Extremwert annehmen soll, d.h. man extremalisiert das Funktional bezüglich der freien Konstanten durch die k Extremalbedingungen

$$\frac{\partial \Phi}{\partial c_1} = 0, \ldots, \frac{\partial \Phi}{\partial c_j} = 0, \ldots, \frac{\partial \Phi}{\partial c_k} = 0 \tag{9.56}$$

Das liefert dann ein lineares, i.a. inhomogenes Gleichungssystem für die k Freiwerte c_j. Sind die c_j bestimmt, so stellt $\hat{w}(x)$ nach (9.55) die (mehr oder weniger gute) Approximation für die exakte Lösung $w(x)$ dar (vgl. Beispiel 2 unter 9.6.3).

b) Das Verfahren von GALERKIN

Hier wird ausgehend von dem Gleichungssatz (9.54) ein Ansatz für die Verschiebungen (z.B. $\hat{w}(x)$ für $w(x)$ in (9.54) (2)) gemacht, der viermal bereichsweise stetig differenzierbar ist, ohne dabei identisch zu verschwinden und der *alle* (geometrischen und physikalischen) Randbedingungen erfüllt. Auch hier werden k freie Parameter in der Form (vgl. (9.55))

$$\hat{w}(x, c_j) = \sum_{j=1}^{k} c_j\, \hat{w}_j(x) = c_1\, \hat{w}_1 + c_2\, \hat{w}_2 + \ldots \tag{9.57}$$

in die Ansatzfunktion $\hat{w}$ aufgenommen. Gemäß (9.54) wird nun gefordert, daß wenigstens für die k virtuellen Verschiebungen (vgl. (9.9))

$$\delta w_i = \epsilon \, \hat{w}_i(x) \qquad (i = 1, \dots, k)$$

das Energieprinzip $\delta A - \delta W = 0$ in der Form (9.54) erfüllt ist.
Man erhält so aus (9.54) z.B. für die Biegung

$$\epsilon \int_0^l \left\{ \left[EI \sum_{j=1}^k (c_j \, \hat{w}_j'') \right]'' - q \right\} \hat{w}_i \, dx = 0 \qquad (i, j = 1, \dots, k) \tag{9.58}$$

Das sind wegen $\epsilon \neq 0$ und $i = 1, \dots, k$ genau k Gleichungen für die noch freien k Konstanten c_j. Werden diese in (9.57) eingesetzt, so erhält man die Näherungslösung $\hat{w}(x)$, die hier alle Randbedingungen befriedigt, aber die zugehörige Differentialgleichung (9.58) nur im Mittel erfüllt.

Das Verfahren ist wie das RITZsche Verfahren auch auf andere linear-elastische Strukturen übertragbar und liefert i.a. gute approximative Ergebnisse, sofern man das durch Vergleich mit bekannten exakten Lösungen feststellen kann. Jedoch ist das Auffinden der zulässigen Vergleichsfunktionen, die hier ja auch noch die physikalischen Randbedingungen erfüllen müssen, häufig recht schwierig.

B. Prinzip der virtuellen Lasten

Für das Prinzip der virtuellen Kräfte und Momente (Lasten) werden nun primär die virtuellen Ergänzungsenergien δW^* benötigt, wobei hierbei der Spannungszustand variiert wird. Da aber in der linearen Elastizität die Ergänzungsenergie zugunsten der Formänderungsenergie δW wegen ihrer Gleichheit entbehrlich ist, kann von (9.42), d.h. von

$$\delta A^* - \delta W = 0 \tag{9.59}$$

ausgegangen werden, wobei wegen der vorzunehmenden Variation der Kräfte und Momente die Formänderungsenergie zweckmäßigerweise der linken Spalte von Tabelle 9.2, S. 718, zu entnehmen ist. Man erhält entsprechend zu (9.47) und mit L als verallgemeinerter Schnittlast wegen

$$\delta L^2 = \frac{\partial}{\partial \epsilon} (L + \epsilon \, \bar{L})^2 \Big|_{\epsilon = 0} = 2 L \bar{L} = 2 L \, \delta L$$

als virtuelle Energien

$$\delta W_N = \delta \left[\frac{1}{2} \int_0^l \frac{N^2}{EA} \, dx \right] = \frac{1}{2} \int_0^l \delta \left[\frac{N^2}{EA} \right] dx = \int_0^l \frac{N}{EA} \, \delta N \, dx$$

$$\delta W_M = \int_0^l \frac{M}{EI} \, \delta M \, dx \, ; \quad \delta W_T = \int_0^l \frac{M_T}{GI_T} \, \delta M_T \, dx \, ; \quad \delta W_Q = \int_0^l \lambda \frac{Q}{GA} \, \delta Q \, dx \tag{9.60}$$

Neben der Formänderungsenergie ist nach (9.59) auch noch die virtuelle Ergänzungsarbeit δA^* zu bilden, wobei hierfür die Definitionsgleichung (9.39), d.h.

$$\delta A^* := \mathbf{u} \cdot \delta \mathbf{F}^a = \int \mathbb{D} \cdot\cdot \, \delta \mathbb{S} \; dV$$

gilt. Unter Verwendung der verallgemeinerten Streckenlasten $\mathbf{q}$ und $\mathbf{m}$ nach Absatz A,
folgt für die einzelnen Belastungsfälle völlig analog zu (9.49):

$$\delta A_N^* = \int_0^l u \, \delta n \, dx \, ; \quad \delta A_M^* = \int_0^l w \, \delta q \, dx + \int_0^l w' \, \delta m \, dx$$

$$\delta A_T^* = \int_0^l \vartheta \, \delta m_T \, dx \, ; \quad \delta A_Q^* = \int_0^l w_s \, \delta q \, dx \tag{9.61}$$

wobei hier die Belastung variiert wird, d.h. gedachte (virtuelle) Belastungen aufgebracht
werden, die unter Erfüllung des Gleichgewichts für das System an den aktuellen Verschiebungen u, w, ϑ infolge der eigentlichen, realen (aktuellen) Belastung Arbeit verrichten.
Das Ergebnis sind die entsprechenden Terme nach (9.61). Die virtuellen Größen in (9.60)
sind dann die virtuellen Schnittlasten δN, δM usw. im Balken infolge dieser virtuellen
Belastung δn, δq usw. Setzt man (9.61) und (9.60) über das Prinzip (9.59) zusammen,
so entstehen zu (9.50) völlig analoge Ausdrücke, die man, wie unter A, weiter behandeln
kann.

Hier soll, um eine weitere Methode für die
Berechnung elasto-statischer Systeme zu
erhalten, nur der folgende Teilaspekt, dargestellt am Fall der Biegung ohne Momentenschüttung (Bild 9-15), weiterverfolgt
werden:

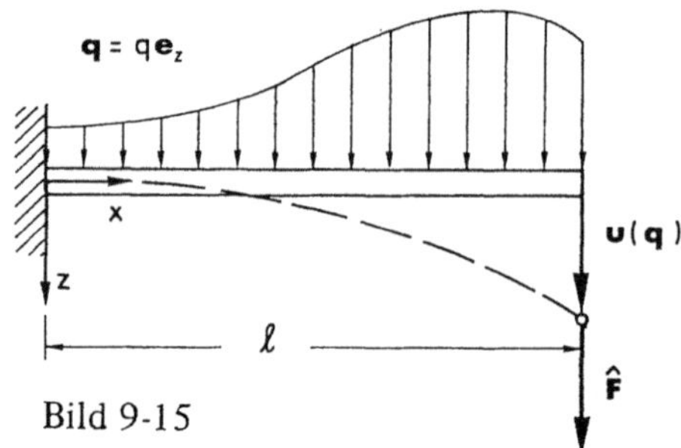

Bild 9-15

Bringt man nämlich zusätzlich zu einer vorgegebenen Belastung $\mathbf{q}$ (bzw. $\mathbf{m}$) (aktuelle Last)
eine fiktive Last $\hat{\mathbf{F}}$ (bzw. $\hat{\mathbf{M}}$) auf, so verrichtet die fiktive Last an der durch die aktuelle
Last bewirkten aktuellen Verschiebung $\mathbf{u}$ die Arbeit

$$\delta A^* = \mathbf{u} \cdot \delta \mathbf{F}^a = \mathbf{u} \cdot \hat{\mathbf{F}} = \hat{A}^* \tag{9.62}$$

Sind nun N, Q, M, M_T die Schnittlasten im geraden (ebenen) Balkensystem infolge der
aktuellen Last $\mathbf{q}$ und sind $\hat{N}, \hat{Q}, \hat{M}, \hat{M}_T$ die Schnittlasten infolge der virtuellen Last $\hat{\mathbf{F}}$,
so gilt nach (6.246) wegen der Superponierbarkeit der Schnittlasten im linearen Falle für
die gesamte Formänderungsenergie

$$W = \frac{1}{2} \int_0^l \left[\frac{(N + \hat{N})^2}{EA} + \frac{(M + \hat{M})^2}{EI} + \frac{\lambda \, (Q + \hat{Q})^2}{GA} + \frac{(M_T + \hat{M}_T)^2}{GI_T} \right] dx \, .$$

Das läßt sich nach Ausmultiplikation der Quadrate in den dreigliedrigen Ausdruck

$$W = \frac{1}{2} \int_0^l \left(\frac{N^2}{EA} + \frac{M^2}{EI} + \lambda \frac{Q^2}{GA} + \frac{M_T^2}{GI_T} \right) dx$$

$$+ \frac{1}{2} \int_0^l \left(\frac{\hat{N}^2}{EA} + \frac{\hat{M}^2}{EI} + \lambda \frac{\hat{Q}^2}{GA} + \frac{\hat{M}_T^2}{GI_T} \right) dx \qquad (9.63)$$

$$+ \int_0^l \left(\frac{N\hat{N}}{EA} + \frac{M\hat{M}}{EI} + \lambda \frac{Q\hat{Q}}{GA} + \frac{M_T \hat{M}_T}{GI_T} \right) dx$$

überführen, womit insofern eine Entkoppelung der Formänderungsenergie erreicht ist, als der erste Term allein die Energie infolge der aktuellen und der zweite Term allein die Energie infolge der virtuellen Belastung darstellt und nur noch der letzte Term die Kopplung enthält, die i.ü. wieder linear in den virtuellen Schnittlasten ist.

Würde man hierfür wieder die Bezeichnungen nach 6.12.7 einführen, so wäre einerseits mit den Einflußzahlen α_{ik} nach MAXWELL, wobei i das aktuelle und k das virtuelle Kräftesystem kennzeichnet,

$$W = W_{ii} + W_{kk} + W_{ik} \qquad (9.64)$$

und die einzelnen Anteile entsprächen damit genau den drei obigen Termen der Formänderungsenergie nach (9.63). Andererseits wäre nach Satz 6.12

$$A_{ki} = W_{ki} \qquad (9.65)$$

wobei A_{ki} die Arbeit der virtuellen Last (k) an der aktuellen Verschiebung u_k infolge der aktuellen Last (i) ist, also genau den Ausdruck nach (9.62) darstellt

$$\hat{A}^* = \mathbf{u} \cdot \hat{\mathbf{F}} = \Sigma u_k (F_i) \hat{F}_k = A_{ki} \qquad (9.66)$$

Mit der Aussage des Satzes von BETTI (6.259), wonach $W_{ik} = W_{ki}$ ist, würde dann aus (9.65)

$$A_{ki} = \Sigma u_k (F_i) \hat{F}_k$$

$$= W_{ki} = W_{ik} = \int_0^l \left(\frac{N\hat{N}}{EA} + \frac{M\hat{M}}{EI} + \lambda \frac{Q\hat{Q}}{GA} + \frac{M_T \hat{M}_T}{GI_T} \right) dx \qquad (9.67)$$

folgen, was die Berechnung der Verschiebungen u_k bei k in Richtung der gewählten virtuellen Last $\hat{F}_k$ infolge der aktuellen Last F_i bei i, d.h. also infolge der aktuellen Belastung $\mathbf{q}$ (bzw. $\mathbf{m}$) gestatten würde.

Genau dieses Ergebnis wird nun mit dem Prinzip der virtuellen Lasten erreicht, wobei
man ohne die speziellen Sätze und Darstellungen nach (9.64) bis (9.67) auskommt. Dazu
bildet man lediglich die Variation nach Def. 9.1 der Formänderungsenergie (9.63), die
wegen

$$\delta W = \frac{\partial}{\partial \epsilon} \left[\frac{1}{2} \int\limits_0^l \left[\frac{(N + \epsilon \hat{N})^2}{EA} + \ldots \right]_{\epsilon = 0} dx = \int\limits_0^l \left[\frac{N + \epsilon \hat{N}}{EA} \hat{N} + \ldots \right]_{\epsilon = 0} dx$$

$$\delta W = \int\limits_0^l \left(\frac{N \hat{N}}{EA} + \frac{M \hat{M}}{EI} + \lambda \frac{Q \hat{Q}}{GA} + \frac{M_T \hat{M}_T}{GI_T} \right) dx \qquad (9.68)$$

allein dem dritten Term der Formänderungsenergie selbst (vgl. (9.63)) entspricht, zumal nur dieser linear im Zuwachs $\hat{N}$, $\hat{M}$, usw. ist. Setzt man diesen Ausdruck über das
Prinzip (9.59) der virtuellen Ergänzungsarbeit δA^* nach (9.62) gleich, so entsteht unmittelbar die Aussage

$$\mathbf{u} \cdot \hat{\mathbf{F}} = \int\limits_0^l \left(\frac{N \hat{N}}{EA} + \frac{M \hat{M}}{EI} + \lambda \frac{Q \hat{Q}}{GA} + \frac{M_T \hat{M}_T}{GI_T} \right) dx \qquad (9.69)$$

die für ein gedachtes $\hat{\mathbf{F}}$ sofort die Berechnung der aktuellen Verschiebung $\mathbf{u}$ unter der
eigentlichen Last $\mathbf{q}$ und der ihr zugeordneten Schnittlasten N, M, Q und M_T gestattet.
(9.69) entspricht damit auch der elementar abgeleiteten Aussage nach (9.67).
Ersetzt man schließlich wieder $\hat{\mathbf{F}}$ durch $\delta \mathbf{F}$, $\hat{N}$ durch δN, $\hat{M}$ durch δM usw., was hier
wegen des finiten Charakters der virtuellen Größen nach (9.6), (9.10) usw. statthaft ist,
so entsteht eine Form, die die Variation der Formänderungsenergie nach (9.60) und die
virtuelle Ergänzungsarbeit nach (9.61) enthält, dem Prinzip (9.59) genügt und gleichzeitig
ein Verfahren zur Bestimmung elasto-statischer Systemverschiebungen angibt:

$$\mathbf{u} \cdot \delta \mathbf{F} = \int\limits_0^l \left(\frac{N}{EA} \delta N + \frac{M}{EI} \delta M + \lambda \frac{Q}{GA} \delta Q + \frac{M_T}{GI_T} \delta M_T \right) dx \qquad (9.70)$$

Dabei wird i.a. der Betrag jeder Koordinate von $\hat{\mathbf{F}} = \delta \mathbf{F} = (F_1, F_2, F_3)$ zweckmäßigerweise $\hat{F}_i = $ "1" gesetzt, was wegen der Willkürlichkeit und der Finitheit von $\hat{F}_i$ erlaubt ist
und was die unmittelbare Berechnung der Systemverschiebung in Richtung der jeweiligen
Koordinate ermöglicht. Wird diese Normierung auf "1" von vornherein nicht vorgenommen, so entfällt dieser Betrag $\hat{F}_i$ bei der anschließenden Division von (9.70) durch diesen
Betrag, da die Schnittlasten δN, δM usw. diese Größe zunächst noch linear enthalten.
Das durch (9.70) vorgegebene Berechnungsverfahren von $\mathbf{u}$ verläuft dann so, daß die
Schnittlasten aufgrund der aktuellen Last und der gewählten fiktiven Last in Richtung
und an der Stelle der zu berechnenden Verschiebung ermittelt werden und das hiermit
folgende Integral nach (9.69) ausgewertet wird. Der Wert des Integrals ist dann gleich der

gesuchten Verschiebung. Das Verfahren kann auch zur Berechnung statisch unbestimmter Systeme herangezogen werden, da dann über die Geometrie eine zusätzliche Aussage getroffen werden kann (z.B. Verschiebung an einem zusätzlichen Auflager gleich Null) und das Prinzip (9.70) dann auch eine zusätzliche Gleichung für die statisch Unbestimmte liefert (vgl. Beispiele).

An einigen Beispielen sollen die geschlossenen und direkten Näherungsmethoden der Prinzipien in Anwendung auf elasto-statische Systeme demonstriert werden:

9.6.3 Beispiele

Beispiel 1: Mit dem Prinzip der virtuellen Verschiebungen in der Form (9.34) berechne man den Knickstab nach Bild 9-16.

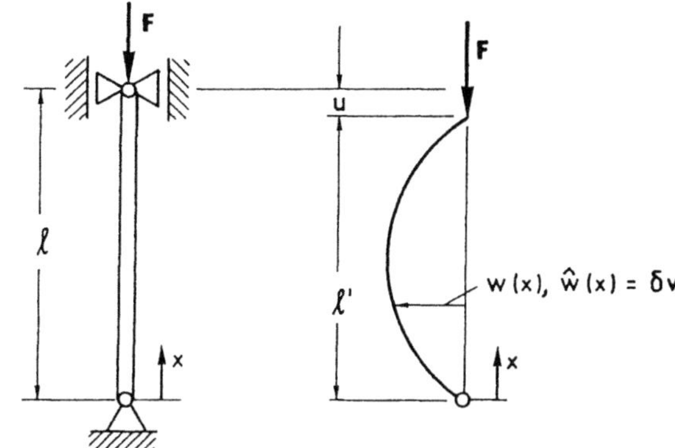

Bild 9-16

Lösung:

Zunächst berechnen wir die Längsverschiebung u unter der Kraft F, da das System zum Zwecke der Stabilitätsuntersuchung im ausgelenkten Zustand (Theorie II. Ordnung) betrachtet wird. Da auch nach der Deformation die Gesamtlänge des durch F nicht längsverformten Stabes erhalten bleibt, ist

$$l = \int_0^{l'} ds = \int_0^{l'} \sqrt{1 + w'^2}\, dx \approx \int_0^{l'} \left(1 + \frac{w'^2(x)}{2}\right) dx = l' + u\,; \qquad u = l - l' \approx \frac{1}{2}\int_0^{l} w'^2(x)\, dx$$

und damit ist

$$A = F\,u = \frac{F}{2}\int_0^{l} w'^2(x)\, dx \quad \text{bzw.} \quad \delta A = F\int_0^{l} w'\,\delta w'\, dx\,.$$

Da Biegung ohne Längsdeformation bei Torsionsfreiheit und bei Vernachlässigung der ohnehin geringen Querkraftanteile vorliegt, besteht die Formänderungsenergie nur aus dem Biegeanteil (vgl. Tabelle 9.2, S. 718)

$$W = W_M = \frac{1}{2}\int EI\, w''^2\, dx \quad \text{bzw. nach (9.47)} \quad \delta W = \int_0 EI\, w''\,\delta w''\, dx\,.$$

Das ergibt nach (9.34) die Aussage

$$\delta A - \delta W = 0 = -\int_0^{l} (EI\, w''\,\delta w'' - F\, w'\,\delta w')\, dx\,.$$

Die partielle Integration liefert wie für (9.51)

$$[EI\, w''\,\delta w']_0^{l} - [F\, w'\,\delta w]_0^{l} - \int_0^{l} [(EI\, w'')'\,\delta w' - F\, w''\,\delta w]\, dx = 0\,.$$

Um die weitere Lösung zu vereinfachen, werden die geometrischen Randbedingungen, denen w und auch $\hat{w} = \delta w$ genügen müssen, bereits hier eingesetzt. Dann verschwindet wegen $\delta w(l) = \delta w(0) = 0$ der zweite Term. Der erste Term muß wegen der unabhängigen Variation der δw und $\delta w'$ für sich Null sein, woraus wegen $\delta w'(l) \neq 0$ und $\delta w'(0) \neq 0$ die physikalische Randbedingung als Momentenbedingung

$$\mathrm{EI}\, w''(l) = \mathrm{EI}\, w''(0) = 0$$

(vgl. Paar (1) und (2) von (9.52)) folgt. Die nochmalige partielle Integration liefert schließlich

$$-\left[(\mathrm{EI}\, w'')'\, \delta w\right]_0^l + \int_0^l \left[(\mathrm{EI}\, w'')'' + F\, w''\right] \delta w\, dx = 0 \; .$$

Der erste Term verschwindet wieder wegen der geometrischen Randbedingungen $\delta w(0) = \delta w(l) = 0$, so daß wegen der Willkürlichkeit von δw als notwendige Bedingung – die EULERsche Differentialgleichung

$$- \quad (\mathrm{EI}\, w'')'' + F\, w'' = 0$$

für die Lösung des Variationsproblems besteht. Das ist aber genau die zweimal differenzierte Gleichgewichts-Differentialgleichung (6.289), die damit die EULERsche Gleichung des vorliegenden Variationsproblems darstellt. Die weitere Lösung erfolgt wie unter 6.13.2.

Beispiel 2: Mit Hilfe des Verfahrens nach RITZ berechne man die Biegelinie des nach Bild 9-17 skizzierten elastischen Balkens unter der Streckenlast q_0.

Lösung:
Für die unbekannte Biegelinie wird eine Ansatzfunktion $\hat{w}(x, c_j)$ gewählt, die nur die geometrischen Randbedingungen zu befriedigen braucht. Hier sei (vgl. (9.55))

$$\hat{w}(x, c_j) = \sum_{j=1}^{k} c_j\, \hat{w}_j(x) = c_1 \sin \frac{\pi x}{l} \; ,$$

d.h. es wird ein (nur) eingliedriger Ansatz in Form einer sin-Funktion gemacht. Dieser erfüllt die Bedingungen

$$\hat{w}(0) = 0 \; ; \quad \hat{w}(l) = 0 \; .$$

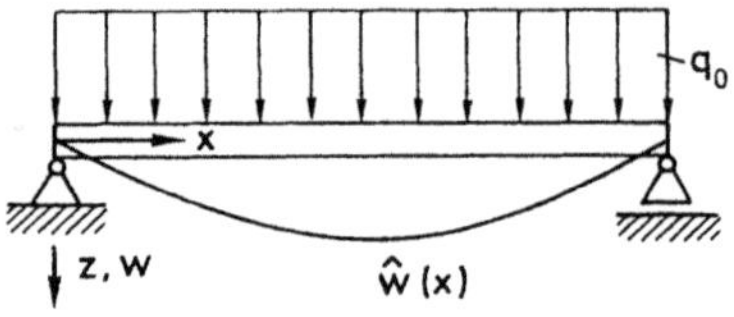

Dann ist

$$\Phi = A - W = \int_0^l q(x)\, w(x)\, dx - \frac{1}{2} \int_0^l \mathrm{EI}\, w''^2\, dx$$

$$= - \int_0^l \left[\frac{\mathrm{EI}}{2} c_1^2 \left(\frac{\pi}{l}\right)^4 \sin^2\left(\frac{\pi x}{l}\right) - q_0\, c_1 \sin\left(\frac{\pi x}{l}\right)\right] dx$$

Bild 9-17

und im Sinne einer Extremalisierung bezüglich der einen freien Konstante c_1 ist nach (9.56)

$$\frac{\partial \Phi}{\partial c_1} = 0 = - \int_0^l \left[\mathrm{EI}\left(\frac{\pi}{l}\right)^4 c_1 \sin^2\left(\frac{\pi x}{l}\right) - q_0 \sin\left(\frac{\pi x}{l}\right)\right] dx = - \mathrm{EI}\left(\frac{\pi}{l}\right)^4 \frac{l}{2} c_1 + q_0 \frac{2l}{\pi} = 0.$$

Damit wird

$$c_1 = q_0\, \frac{4\, l^4}{\pi^5\, \mathrm{EI}}$$

und die genäherte Biegelinie wird dem Ansatz entsprechend

$$\hat{w}(x, c_1) = \hat{w}(x) = \frac{4}{\pi^5} \frac{q_0 \, l^4}{EI} \sin\left(\frac{\pi x}{l}\right) .$$

Der Maximalwert dieser Näherung

$$\hat{w}\left(\frac{l}{2}\right) = c_1 = \frac{4}{\pi^5} \frac{q_0 \, l^4}{EI}$$

ist nur um ca. 0,4 % größer als der exakte Wert

$$w\left(\frac{l}{2}\right) = \frac{5}{384} \frac{q_0 \, l^4}{EI} ,$$

obwohl nur ein Ansatz mit *einer* freien Konstanten gemacht worden ist. Allerdings ist der gewählte Ansatz nicht nur eine Vergleichsfunktion, die die geometrischen Randbedingungen, sondern wegen $\hat{w}''(0) = \hat{w}''(l) = 0$ auch die physikalischen Randbedingungen (zufälligerweise) erfüllt. Wegen der relativen Unempfindlichkeit von Φ gegenüber $\hat{w}(x)$ ist das Verfahren i.a. zur Berechnung der Verschiebungen sehr gut geeignet.
Die Ableitungen hiervon, also z.B. das maximale Biegemoment

$$\max M = M\left(\frac{l}{2}\right) = -EI \, \hat{w}''(x)\Big|_{x = l/2} = \frac{4}{\pi^3} q_0 \, l^2$$

und damit auch die Maximalspannung max σ sind jedoch schon um 3,2 % größer als der genaue Wert

$$M\left(\frac{l}{2}\right) = \frac{1}{8} q_0 \, l^2 .$$

Aber auch dieses Ergebnis ist in Anbetracht des einfachen Ansatzes noch eine brauchbare Näherung.

Beispiel 3: Mit Hilfe des Verfahrens von GALERKIN berechne man die Biegelinie des nach Bild 9-17 skizzierten elastischen Balkens (Beispiel 2) unter der Streckenlast q_0.

Lösung:

Als Ansatz wird im Hinblick auf die zu erfüllenden vier Randbedingungen ein Polynom mit vier freien Konstanten gewählt:

$$\hat{w}(x, c_j) = \sum_{j=1}^{4} c_j \left(\frac{x}{l}\right)^j = c_4 \left(\frac{x}{l}\right)^4 + c_3 \left(\frac{x}{l}\right)^3 + c_2 \left(\frac{x}{l}\right)^2 + c_1 \left(\frac{x}{l}\right) .$$

Aus den Randbedingungen folgt zunächst

$$\hat{w}(0) = 0 ; \quad \text{identisch erfüllt}$$
$$\hat{w}(l) = 0 = c_4 + c_3 + c_2 + c_1$$
$$\hat{w}''(0) = 0 \quad \text{ergibt} \quad c_2 = 0$$
$$\hat{w}''(l) = 0 \quad \text{ergibt} \quad 12\,c_4 + 6\,c_3 = 0; \quad c_3 = -2\,c_4 .$$

Also ist die zulässige Vergleichsfunktion unter Erfüllung aller vier Randbedingungen

$$\hat{w}(x) = c_4 \left[\left(\frac{x}{l}\right)^4 - 2\left(\frac{x}{l}\right)^3 + \left(\frac{x}{l}\right)\right] .$$

Wegen

$$\hat{w}^{IV}(x) = 24 \frac{c_4}{l^4}$$

und

$$\delta\hat{w} = \epsilon\,\hat{w} \quad \text{(hier ist } i = j = 1, \text{ vgl. (9.58))}$$

folgt aus (9.58) mit $EI = const$

$$\epsilon \int_0^l \left(EI\, \widehat{w}^{IV} - q\right) \widehat{w}\, dx = \int_0^l \left(24\, EI\, \frac{c_4}{l^4} - q_0\right) c_4 \left[\left(\frac{x}{l}\right)^4 - 2\left(\frac{x}{l}\right)^3 + \left(\frac{x}{l}\right)\right] dx = 0 ,$$

was nur für $c_4 = \dfrac{q_0\, l^4}{24\, EI}$ möglich ist.

Das ergibt die Näherungslösung

$$\widehat{w}(x) = \frac{q_0\, l^4}{24} \left[\left(\frac{x}{l}\right)^4 - 2\left(\frac{x}{l}\right)^3 + \left(\frac{x}{l}\right)\right]$$

mit dem Maximalwert

$$\widehat{w}\left(\frac{l}{2}\right) = \frac{q_0\, l^4}{24} \left[\frac{1}{16} - \frac{1}{4} + \frac{1}{2}\right] = \frac{5}{384} \frac{q_0\, l^4}{EI} .$$

Offenbar ist $\widehat{w}(x) = w(x)$, d.h. mit der
Näherung durch ein Polynom vierten Grades
und Erfüllung aller Randbedingungen ist die
Näherungslösung unter der Bedingung

$c_4 = \dfrac{q_0\, l^4}{24\, EI}$ zur exakten Lösung geworden.

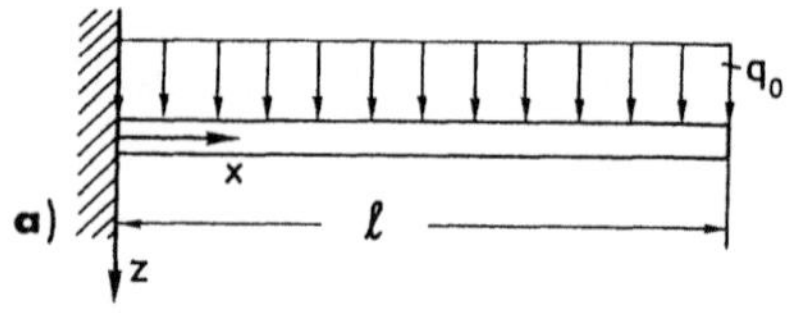

Beispiel 4: Mit dem Prinzip der
virtuellen Lasten ist für den in Bild 9-18
skizzierten Balken die Durchbiegung und
der Biegewinkel bei $x = l$ zu bestimmen.

Lösung:

Für den Balken unter konstanter Streckenlast q_0 als aktueller Last ist das Biegemoment

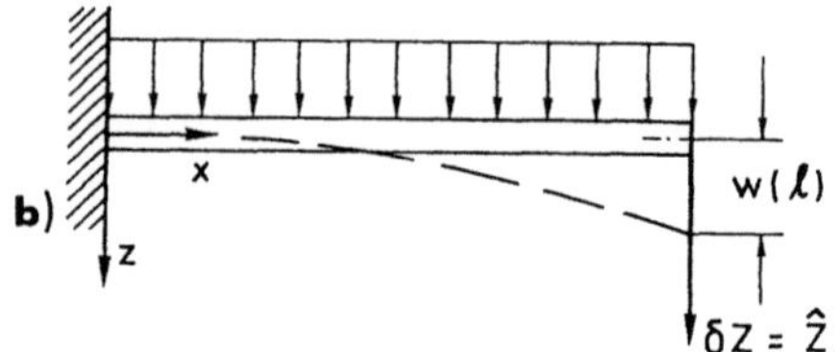

$$M(x) = - \frac{q_0\, l^2}{2} \left[1 - \left(\frac{x}{l}\right)\right]^2 .$$

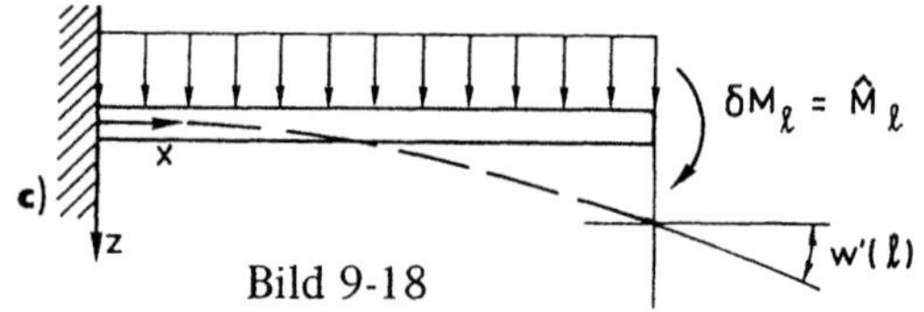

Bild 9-18

Um die Durchbiegung $w(l)$ am freien Ende zu bestimmen, wird gemäß (9.70) eine fiktive
Kraft $\widehat{\mathbf{F}} = (\widehat{X}, \widehat{Y}, \widehat{Z})$ in Richtung der zu berechnenden Koordinate der Verschiebung $\mathbf{u} = (u, v, w)$,
also in z-Richtung eingeführt. Damit ist $\widehat{\mathbf{F}} = \widehat{Z}\, \mathbf{e}_z$. Vernachlässigt man für den schlanken Balken
(Bild 9-18b) den Schubeinfluß, so ist wegen $N = M_T = 0$ nach (9.70)

$$\mathbf{u} \cdot \delta\mathbf{F} = \mathbf{u} \cdot \widehat{\mathbf{F}} = w\widehat{Z} = w(l)\, \delta Z = \int_0^l \frac{M}{EI}\, \delta M\, dx .$$

δM ist nun das durch $\delta Z = \widehat{Z}$ zusätzlich zu M bedingte fiktive Biegemoment

$$\delta M = \widehat{M}(\widehat{Z}) = - \widehat{Z}(l - x) = - \left[1 - \left(\frac{x}{l}\right)\right] l\, \delta Z ,$$

woraus die gesuchte Durchbiegung aus

$$w(l)\, \delta Z = \int_0^l \frac{q_0\, l^2}{2\, EI} \left[1 - \left(\frac{x}{l}\right)\right]^2 \left[1 - \left(\frac{x}{l}\right)\right] l\, \delta Z\, dx$$

unmittelbar folgt:

$$w(l) = \frac{q_0\, l^3}{2\, EI} \int_0^l \left[1 - \left(\frac{x}{l}\right)\right]^3 dx = \frac{q_0\, l^4}{8\, EI} .$$

Man erkennt gleichzeitig, daß $w(l)$ von δZ unabhängig ist, also δZ beliebig gewählt und damit auch "1" gesetzt werden kann.

Den Biegewinkel $w'(l)$ am Balkenende erhält man entsprechend, wenn man das System unter dem Einfluß der aktuellen Last q_0 und zusätzlich unter der Wirkung eines am Ende angebrachten, virtuellen Momentes $\hat{M}_l$ berechnet. Das sich aus $\hat{M}_l$ ergebende Biegemoment im Balken ist damit

$$\delta M = \hat{M}(x) = -M_l = -\delta M_l = \text{const}$$

und aus dem Prinzip (9.70) folgt dann wegen $\delta A^* = \hat{M}_l \cdot \delta\varphi = \hat{M}_l\, w'(l) = w'(l)\, \delta M_l$

$$w'(l)\,\delta M_l = \int_0^l \frac{M}{EI}\,\delta M\,dx = -\int_0^l \frac{q_0\, l^2}{2\,EI}\left[1-\left(\frac{x}{l}\right)\right]^2 (-\delta M_l)\,dx$$

$$w'(l) = -\frac{q_0\, l^3}{6\,EI}\left[1-\left(\frac{x}{l}\right)\right]^3 \Bigg|_0^l = \frac{q_0\, l^3}{6\,EI}\ .$$

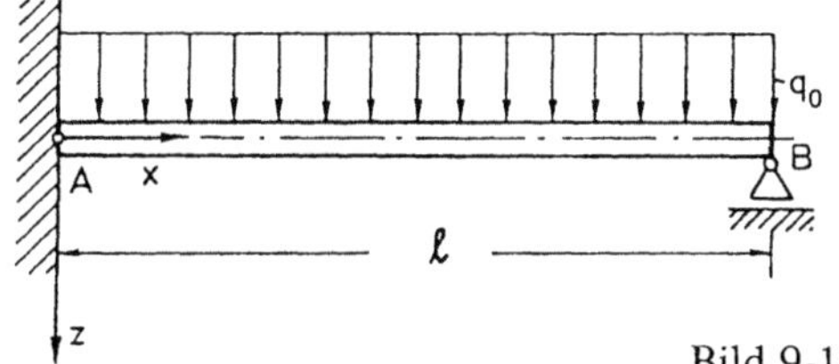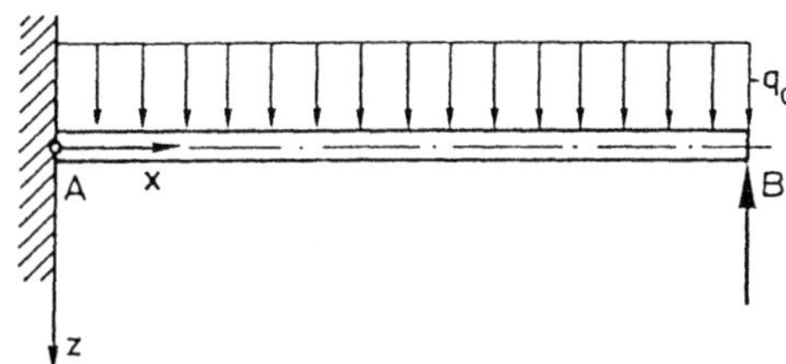

Bild 9-19

Beispiel 5: Für das einfach statisch unbestimmte System nach Bild 9-19 unter der Streckenlast q_0 berechne man mit Hilfe des Prinzips der virtuellen Lasten die Auflagerkraft B sowie den Biegewinkel $w'(l)$.

Lösung:

Das Biegemoment unter der wirklichen Last q_0 und der unbekannten Kraft B ist (vgl. Beispiel 4)

$$M(x) = B\, l \left(1 - \frac{x}{l}\right) - \frac{q_0\, l^2}{2}\left[1 - \frac{x}{l}\right]^2 .$$

Nun wird bei B eine fiktive Last $\hat{Z} = \delta Z$ in Richtung z angebracht. Das fiktive Biegemoment hierfür im Balken an der Stelle x ist dann

$$\delta M = -\left[1 - \frac{x}{l}\right] l\, \delta Z$$

und die Ergänzungsarbeit ist nach (9.62)

$$A^* = \mathbf{u} \cdot \hat{\mathbf{F}} = w(l)\,\delta Z = 0\ ,$$

da in diesem Falle die aktuelle Verschiebung in z-Richtung $w(l)$ wegen des Auflager bei B stets, d.h. für alle denkbaren δZ Null ist und daher keine Arbeit von δZ an der aktuellen Verschiebung verrichtet werden kann. Dann folgt unmittelbar aus (9.70)

$$\delta A^* = 0 = \delta W = \int_0^l \frac{M}{EI}\,\delta M\,dx$$

$$\delta A^* = - \int_0^l \left\{ B\, l \left[1 - \frac{x}{l} \right] - \frac{q_0\, l^2}{2} \left[1 - \frac{x}{l} \right]^2 \right\} \left[1 - \frac{x}{l} \right] \frac{l}{EI}\, \delta Z\, dx$$

$$= - \frac{l^2}{EI}\, \delta Z \int_0^l \left\{ B \left[1 - \frac{x}{l} \right]^2 - \frac{q_0\, l}{2} \left[1 - \frac{x}{l} \right]^3 \right\} dx$$

$$= - \frac{l^3}{EI}\, \delta Z \left[- \frac{B}{3} \left(1 - \frac{x}{l} \right)^3 + \frac{q_0\, l}{8} \left(1 - \frac{x}{l} \right)^4 \right]_0^l = 0 \, ,$$

woraus wegen der Beliebigkeit von δZ und wegen $\dfrac{l^3}{EI} \neq 0$ sofort folgt

$$B = \frac{3}{8}\, q_0\, l \; .$$

Zur Berechnung des Biegewinkels bei B wird wieder ein fiktives Endmoment δM_l eingeführt und das hieraus folgende Biegemoment $\hat{M}(x)$ mit dem Biegemoment $M(x)$ aufgrund der aktuellen, bekannten Kräfte über das Prinzip (9.70) kombiniert. Danach ist

$$M(x) = - \frac{q_0\, l^2}{8} \left[4 \left(\frac{x}{l} \right)^2 - 5 \left(\frac{x}{l} \right) + 1 \right]$$

und

$$\hat{M}(x) = \delta M = - \delta M_l = \text{const} \, .$$

Aus (9.70) folgt dann (hier ist $\delta A^* \neq 0$, da $w' \neq 0$ ist)

$$w'(l)\, \delta M_l = \int_0^l \frac{M}{EI}\, \delta M\, dx = - \int_0^l \frac{M}{EI}\, \delta M_l\, dx$$

und damit der gesuchte Biegewinkel bei B

$$w'(l) = - \int_0^l \frac{M}{EI}\, dx = + \frac{q_0\, l^2}{8\, EI} \int_0^l \left[4 \left(\frac{x}{l} \right)^2 - 5 \left(\frac{x}{l} \right) + 1 \right] dx$$

$$w'(l) = \frac{q_0\, l^3}{8\, EI} \left[\frac{4}{3} \left(\frac{x}{l} \right)^3 - \frac{5}{2} \left(\frac{x}{l} \right)^2 + \left(\frac{x}{l} \right) \right]_0^l = \frac{q_0\, l^3}{48\, EI} \; .$$

Mit diesen Beispielen ist gezeigt, wie die analytischen Verfahren zur Berechnung elastischer Gleichgewichtssysteme zu handhaben sind. Gleichzeitig wird deutlich, daß damit neben den elementaren Methoden der Integration, der Superposition, des MOHRschen Verfahrens und den elementaren Energiemethoden (Sätze von CASTIGLIANO, ENGESSER, MENABREA) mit der Analytischen Mechanik zusätzliche Methoden zur ökonomischen Berechnung von mechanischen Problemen in Anwendung auf Strukturen und Systeme bereitgestellt sind, die eine exakte bzw. eine approximative Lösung gestatten.

9.7 Kinetik starrer Systeme

9.7.1 Prinzip von d'ALEMBERT in LAGRANGEscher Fassung

Entsprechend Kapitel 7 der elementaren Mechanik werden die am System beteiligten Körper hier als starr angesehen, darüber hinaus sei nun jedoch jede beliebige Bewegung, also insbesondere auch die beschleunigte Bewegung der Körper zugelassen. Damit liegt ein Nicht-Gleichgewichts-System, d.h. also ein kinetisches System starrer Körper vor. Das allgemeine Prinzip 9.1 der Analytischen Mechanik in der Form (9.19) geht dann wegen der ausgeschlossenen Deformation der Körper, also wegen $W \equiv 0$ bzw. $\delta W \equiv 0$ wieder in eine spezielle Form, hier in

$$\delta A = \delta B \tag{9.71}$$

über, wobei nach (9.24) gilt:

$$\delta A := \sum_{i=1}^{I} \mathbf{F}_i^a \cdot \delta \mathbf{r}_i + \sum_{j=1}^{J} \mathbf{M}_j^a \cdot \delta \boldsymbol{\varphi}_j = \mathbf{F}^a \cdot \delta \mathbf{u}$$

$$\delta B := \int_V \rho \, \ddot{\mathbf{u}} \cdot \delta \mathbf{u} \, dV = \int_m \mathbf{a} \cdot \delta \mathbf{u} \, dm \tag{9.72}$$

Da nach (9.22) auch $\delta B = \delta P - \delta E$ geschrieben werden kann, wobei gemäß (9.24)

$$\delta P := \frac{d}{dt} \int_m \dot{\mathbf{u}} \cdot \delta \mathbf{u} \, dm; \qquad \delta E := \delta \left[\frac{1}{2} \int \dot{\mathbf{u}}^2 \, dm \right]$$

ist, gilt neben (9.71) auch die entsprechende Aussage

$$\delta A = \delta P - \delta E \tag{9.73}$$

bzw. unter Verwendung von (9.72)

$$\delta A - \delta B = \mathbf{F}^a \cdot \delta \mathbf{u} - \int_m \mathbf{a} \cdot \delta \mathbf{u} \, dm = 0 \tag{9.74}$$

Prinzip 9.8 (d'ALEMBERT*sches Prinzip in* LAGRANGE*scher Fassung*):
Für die beliebige Bewegung eines Starr-Körper-Systems ist die virtuelle Arbeit δA der äußeren Kräfte und äußeren, freien Momente gleich der virtuellen Arbeit der aktuellen Massenbeschleunigungen δB bzw. gleich der Differenz der virtuellen Impulsleistung und der virtuellen kinetischen Energie $\delta P - \delta E$,
bzw.
das für die Kinetik starrer Systeme maßgebliche Energiefunktional

$$\Psi = A - B = A + E - P$$

nimmt unter allen denkbaren Bewegungen (virtuelle Verschiebungen, Vergleichsfunktionen) ein Extremum an, da die Variation

$$\delta \Psi = \delta A - \delta B = \delta A + \delta E - \delta P = 0$$

Null ist.

Dabei ist die spezielle Starr-Körper-Kinematik und die Tatsache, daß das System wegen der maximal sechs Freiheitsgrade für jeden der n beteiligten starren Körper endlich viele Freiheitsgrade (maximal 6 n) hat, noch nicht eingearbeitet. Man kann dementsprechend noch den Ausdruck für die aktuelle Beschleunigung eines jeden Körperpunktes in Abhängigkeit von der Translation (Bild 9-20) eines beliebigen Bezugspunktes A und der Starrkörper-Rotation mit der gemeinsamen Winkelgeschwindigkeit $\boldsymbol{\omega}$ um diesen Punkt in der Form (2.102)

$$\mathbf{a} = \ddot{\mathbf{r}}_A + \boldsymbol{\omega} \times (\boldsymbol{\omega} \times \mathbf{s}) + \dot{\boldsymbol{\omega}} \times \mathbf{s} \; ,$$

sowie wegen $\mathbf{r} = \mathbf{r}_A + \mathbf{s} = \mathbf{r}_0 + \mathbf{u}$ und $|\mathbf{s}| = \text{const}$, d.h. also für

$$\delta \mathbf{r} = \delta \mathbf{r}_A + \delta \mathbf{s} = \delta \mathbf{r}_A + \delta \boldsymbol{\varphi} \times \mathbf{s} = \delta \mathbf{u}$$

einsetzen und damit, wie in 7.4, verschiedene spezielle Formen für die virtuelle Arbeit der Massenbeschleunigung

$$\delta B = \int_m \mathbf{a} \cdot \delta \mathbf{u} \; dm = \int_m [\ddot{\mathbf{r}}_A + \boldsymbol{\omega} \times (\boldsymbol{\omega} \times \mathbf{s}) + \dot{\boldsymbol{\omega}} \times \mathbf{s}] \cdot [\delta \mathbf{r}_A + \delta \boldsymbol{\varphi} \times \mathbf{s}] \; dm \quad (9.75)$$

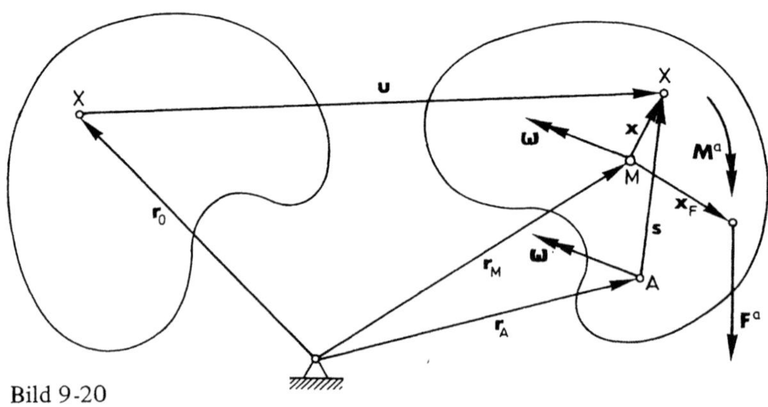

Bild 9-20

erzeugen, wobei mit $\delta \mathbf{r}_A$ die Variation der maximal drei Translationsfreiheitsgrade und mit $\delta \boldsymbol{\varphi}$ die Variation der maximal drei Rotationsfreiheitsgrade für jeden starren Körper zu bewirken ist.

Wählt man dabei den Massenmittelpunkt M als Bezugspunkt, so geht mit $\mathbf{s} \overset{\triangle}{=} \mathbf{x}$ und $\mathbf{r}_A \overset{\triangle}{=} \mathbf{r}_M$ (Bild 9-20) der sechsgliedrige Ausdruck (9.75) zunächst über in

$$\delta B = \int_m [\ddot{\mathbf{r}}_M + \boldsymbol{\omega} \times (\boldsymbol{\omega} \times \mathbf{x}) + (\dot{\boldsymbol{\omega}} \times \mathbf{x})] \cdot [\delta \mathbf{r}_M + \delta \boldsymbol{\varphi} \times \mathbf{x}] \; dm \; .$$

Nach Ausmultiplikation und unter Beachtung des Momentes ersten Grades über die Masse

$$\int_m \mathbf{x} \; dm = m \, \mathbf{x}_M = 0$$

verbleiben nur noch die drei Glieder

$$\delta B = m\,\ddot{\mathbf{r}}_M \cdot \delta\mathbf{r}_M + \int\limits_m [\boldsymbol{\omega}\times(\boldsymbol{\omega}\times\mathbf{x})]\cdot[\delta\boldsymbol{\varphi}\times\mathbf{x}]\,dm + \int\limits_m [(\dot{\boldsymbol{\omega}}\times\mathbf{x})\cdot(\delta\boldsymbol{\varphi}\times\mathbf{x})]\,dm \tag{9.76}$$

Während der erste Term sofort als die Arbeit der aktuellen Massenbeschleunigung $m\,\ddot{\mathbf{r}}_M$ an der virtuellen translatorischen Verschiebung $\delta\mathbf{r}_M$ und damit auch als virtuelle Arbeit des zeitlich differenzierten Impulses

$$m\,\ddot{\mathbf{r}}_M \cdot \delta\mathbf{r}_M = \dot{\mathbf{I}}\cdot\delta\mathbf{r}_M$$

interpretierbar ist, fällt eine entsprechende Interpretation des zweiten und dritten Termes zunächst schwerer.

Formt man jedoch den dritten Term mit Hilfe des Spatprodukt- und Entwicklungssatzes sowie mit dem durch (7.20) eingeführten Trägheits-Tensor in folgender Weise um:

$$\int\limits_m (\dot{\boldsymbol{\omega}}\times\mathbf{x})\cdot(\delta\boldsymbol{\varphi}\times\mathbf{x})\,dm = \int\limits_m [\mathbf{x}\times(\dot{\boldsymbol{\omega}}\times\mathbf{x})]\cdot\delta\boldsymbol{\varphi}\,dm$$

$$= \int\limits_m [(\mathbf{x}\cdot\mathbf{x})\,\dot{\boldsymbol{\omega}} - \mathbf{x}(\mathbf{x}\cdot\dot{\boldsymbol{\omega}})]\cdot\delta\boldsymbol{\varphi}\,dm = \left\{\int\limits_m [(\mathbf{x}\cdot\mathbf{x})\,\mathbb{E} - (\mathbf{x}\,\mathbf{x})]\cdot\dot{\boldsymbol{\omega}}\,dm\right\}\cdot\delta\boldsymbol{\varphi}$$

$$\int\limits_m (\dot{\boldsymbol{\omega}}\times\mathbf{x})\cdot(\delta\boldsymbol{\varphi}\times\mathbf{x})\,dm = (\boldsymbol{\Theta}\cdot\dot{\boldsymbol{\omega}})\cdot\delta\boldsymbol{\varphi} \tag{9.77}$$

so erkennt man, daß dieser dritte Term wegen (7.38) bzw. (7.45)

$$\dot{\mathbf{D}}_M = (\boldsymbol{\Theta}\cdot\boldsymbol{\omega})^{\boldsymbol{\cdot}} = \boldsymbol{\Theta}\cdot\dot{\boldsymbol{\omega}} + \dot{\boldsymbol{\Theta}}\cdot\boldsymbol{\omega}$$

einen Anteil der Arbeit der aktuellen Massenbeschleunigung $(\boldsymbol{\Theta}\cdot\boldsymbol{\omega})^{\boldsymbol{\cdot}}$ an der virtuellen rotatorischen Verschiebung $\delta\boldsymbol{\varphi}$ und damit auch einen Anteil der virtuellen Arbeit des zeitlich differenzierten Dralles

$$(\boldsymbol{\Theta}\cdot\boldsymbol{\omega})^{\boldsymbol{\cdot}}\cdot\delta\boldsymbol{\varphi} = \dot{\mathbf{D}}_M\cdot\delta\boldsymbol{\varphi} = [\boldsymbol{\Theta}\cdot\dot{\boldsymbol{\omega}} + \dot{\boldsymbol{\Theta}}\cdot\boldsymbol{\omega}]\cdot\delta\boldsymbol{\varphi} \tag{9.78}$$

darstellt. Damit liegt es nahe, in dem zweiten Term von (9.76) den noch fehlenden Anteil zu vermuten. Da bei einem starren Körper der Trägheitstensor zeitlich nur durch Drehung des Hauptachsensystems geändert wird, ist (vgl. (7.115))

$$(\dot{\boldsymbol{\Theta}}\cdot\boldsymbol{\omega}) = (\boldsymbol{\omega}\times\boldsymbol{\Theta})\cdot\boldsymbol{\omega}$$

und somit die virtuelle Arbeit dieses Terms

$$[(\boldsymbol{\omega}\times\boldsymbol{\Theta})\cdot\boldsymbol{\omega}]\cdot\delta\boldsymbol{\varphi} = \{\boldsymbol{\omega}\times\int[(\mathbf{x}\cdot\mathbf{x})\,\mathbb{E} - (\mathbf{x}\,\mathbf{x})]\,dm\cdot\boldsymbol{\omega}\}\cdot\delta\boldsymbol{\varphi}$$

$$= \{\int[(\mathbf{x}\cdot\mathbf{x})(\boldsymbol{\omega}\times\mathbb{E})\cdot\boldsymbol{\omega} - (\boldsymbol{\omega}\times\mathbf{x})(\mathbf{x}\cdot\boldsymbol{\omega})]\,dm\}\cdot\delta\boldsymbol{\varphi}\,.$$

Der erste Summand des Integranden verschwindet stets, wie man durch Ausrechnen nachweist. Damit verbleibt nur der zweite Summand, weswegen man auch schreiben kann:

$$\int [(\boldsymbol{\omega} \times \boldsymbol{\Theta}) \cdot \boldsymbol{\omega}] \cdot \delta\boldsymbol{\varphi} = \int [(\mathbf{x} \times \boldsymbol{\omega})(\boldsymbol{\omega} \cdot \mathbf{x})]\, dm \cdot \delta\boldsymbol{\varphi} \tag{9.79}$$

Formt man nun den zweiten Term von (9.76) mit dem Entwicklungs- und Spatproduktsatz um, so folgt hierfür:

$$\int_m [\boldsymbol{\omega}\,(\boldsymbol{\omega} \cdot \mathbf{x}) - \mathbf{x}\,(\boldsymbol{\omega} \cdot \boldsymbol{\omega})] \cdot [\delta\boldsymbol{\varphi} \times \mathbf{x}]\, dm$$

$$= \int_m \{\mathbf{x} \times [(\boldsymbol{\omega} \cdot \mathbf{x})\,\boldsymbol{\omega} - \omega^2\,\mathbf{x}] \cdot \delta\boldsymbol{\varphi}\}\, dm = \int_m (\boldsymbol{\omega} \cdot \mathbf{x})\,(\mathbf{x} \times \boldsymbol{\omega})\, dm \cdot \delta\boldsymbol{\varphi} \ .$$

Das ist, wie erwartet, der Ausdruck nach (9.79), womit unter Verwendung von (9.78) die Gl. (9.76) schließlich in die Form

$$\delta B = m\,\ddot{\mathbf{r}}_M \cdot \delta\mathbf{r}_M + (\boldsymbol{\Theta} \cdot \boldsymbol{\omega})^{\boldsymbol{\cdot}} \cdot \delta\boldsymbol{\varphi} \tag{9.80}$$

übergeht. Dabei fällt auf, daß das in (9.79) enthaltene Spatprodukt

$$(\mathbf{x} \times \boldsymbol{\omega}) \cdot \delta\boldsymbol{\varphi} = \mathbf{x} \cdot (\boldsymbol{\omega} \times \delta\boldsymbol{\varphi})$$

für alle denkbaren $\delta\boldsymbol{\varphi}$ i.a. nicht verschwindet, da die virtuellen $\delta\boldsymbol{\varphi}$ nicht zwangsläufig parallel zum aktuellen Winkelgeschwindigkeitsvektor $\boldsymbol{\omega}$ sind. Nur wenn eine *ebene Bewegung* oder eine *Drehung um eine raumfeste Achse* vorliegt und damit die virtuellen Drehungen $\delta\boldsymbol{\varphi}$, im Sinne kinematisch zugelassener Vergleichsfunktionen, Drehungen um die einzig mögliche Drehachse sind, dann ist $\delta\boldsymbol{\varphi} \parallel \boldsymbol{\omega}$ und der Anteil (9.79) an (9.78) verschwindet identisch. Somit verbleibt in diesem Falle nur (9.77) und es gilt hierfür speziell

$$(\boldsymbol{\Theta} \cdot \boldsymbol{\omega})^{\boldsymbol{\cdot}} \cdot \delta\boldsymbol{\varphi} = (\boldsymbol{\Theta} \cdot \dot{\boldsymbol{\omega}}) \cdot \delta\boldsymbol{\varphi} = (\boldsymbol{\Theta} \cdot \ddot{\boldsymbol{\varphi}}) \cdot \delta\boldsymbol{\varphi}$$

sowie

$$\delta B = (m\,\ddot{\mathbf{r}}_M) \cdot \delta\mathbf{r}_M + (\boldsymbol{\Theta} \cdot \ddot{\boldsymbol{\varphi}}) \cdot \delta\boldsymbol{\varphi} \tag{9.81}$$

Bei Darstellung bezüglich des Haupt-Zentral-Achsensystems (vgl. 7.6 und 7.7) geht das noch über in

$$\delta B = m\,\ddot{\mathbf{r}}_M \cdot \delta\mathbf{r}_M + \Theta_M\,\ddot{\boldsymbol{\varphi}} \cdot \delta\boldsymbol{\varphi} \tag{9.82}$$

Führt man diese kinematischen Größen (Bild 9-20) auch für die virtuelle Arbeit der Kräfte und Momente ein, so folgt nach (9.72)

$$\delta A = \mathbf{F}^a \cdot \delta\mathbf{u} = \mathbf{F}^a \cdot \delta\mathbf{r}_F + \mathbf{M}^a \cdot \delta\boldsymbol{\varphi} = \mathbf{F}^a \cdot (\delta\mathbf{r}_M + \delta\boldsymbol{\varphi} \times \mathbf{x}_F) + \mathbf{M}^a \cdot \delta\boldsymbol{\varphi}$$

$$= \mathbf{F}^a \cdot \delta\mathbf{r}_M + [(\mathbf{x}_F \times \mathbf{F}^a) + \mathbf{M}^a] \cdot \delta\boldsymbol{\varphi}$$

$$\delta A = \mathbf{F}^a \cdot \delta\mathbf{r}_M + \mathbf{M}_M^a \cdot \delta\boldsymbol{\varphi} \tag{9.83}$$

wobei die Summe der freien Momente $\mathbf{M}^a$ und die Momente der Einzelkräfte $\mathbf{x}_F \times \mathbf{F}^a$ die Summe aller Momente $\mathbf{M}_M^a$ um den Massenmittelpunkt darstellt.

Wird nun im folgenden nur die Drehung um eine raumfeste Achse oder die ebene Bewegung vorausgesetzt, so gilt einerseits (9.82) und andererseits (9.83). Setzt man dies ins Prinzip 9.8 bzw. (9.74) ein und berücksichtigt noch, daß das System aus n starren Körpern bestehen kann, so daß die Ausdrücke für alle Körper zu bilden und über alle n zu summieren sind, so folgt

$$\delta A - \delta B = \sum_n [\mathbf{F}^a \cdot \delta \mathbf{r}_M + \mathbf{M}_M^a \cdot \delta\varphi] - \sum_n [m\ddot{\mathbf{r}}_M \cdot \delta \mathbf{r}_M + \Theta_M \ddot{\varphi} \cdot \delta\varphi] = 0 \ .$$

Werden schließlich nur die Glieder anders zusammengefaßt, so entsteht daraus im Fall der ebenen Bewegung (oder bei Drehung um eine raumfeste Achse) die spezielle Aussage des d'ALEMBERT*schen Prinzips in* LAGRANGE*scher Fassung*

$$\sum_n [(\mathbf{F}^a - m\ddot{\mathbf{r}}_M) \cdot \delta\mathbf{r}_M] + \sum_n [(\mathbf{M}_M^a - \Theta_M \ddot{\varphi}) \cdot \delta\varphi] = 0 \tag{9.84}$$

Für die ebene Bewegung eines Systems mit n starren Körpern enthält (9.84) damit $3\,n = z$ kinematische Größen, zwischen denen, wie immer, noch $z - f = k$ kinematische Beziehungen bei f Freiheitsgraden bestehen. Das ergibt nach Einsetzen dieser k kinematischen Beziehungen genau $3\,n - k = 3\,n - (z - f) = f$ Bewegungsgleichungen für die f voneinander unabhängigen generalisierten Koordinaten.

Im übrigen erkennt man aus (9.84), daß im Falle *eines* starren Körpers mit maximal sechs unabhängigen Bewegungsmöglichkeiten $\delta\mathbf{r}_{M_i}$ und $\delta\varphi_j$ ($i, j = 1, 2, 3$) die energetische Aussage (9.84) äquivalent zu den sechs Gleichungen des Massen-Mittelpunktsatzes und des auf die ebene Bewegung spezialisierten Drallsatzes ist:

$$\mathbf{F}^a = m\ddot{\mathbf{r}}_M ; \qquad \mathbf{M}_M^a = \Theta_M \ddot{\varphi} \ .$$

Anmerkung: Faßt man die in den runden Klammern von (9.84) stehenden Differenzen

$$(\mathbf{F}^a - m\ddot{\mathbf{r}}_M) \qquad \text{und} \qquad (\mathbf{M}_M^a - \Theta_M \ddot{\varphi}) \tag{a}$$

als die für die Beschleunigung des Systems „verlorenen Kräfte" $\mathbf{F}^v$ (und entsprechend als „verlorene Momente" $\mathbf{M}^v$) auf, so stehen diese verlorenen Kräfte, da sie zur Beschleunigung des Systems nichts beitragen, für sich im Gleichgewicht. Für sie (und nur für sie) gilt dann die Aussage der Gleichgewichtssysteme, wonach die virtuelle Arbeit dieser Kräfte und Momente Null ist, d.h. mit (9.30)

$$\delta A = \mathbf{F}^v \cdot \delta\mathbf{u} = 0 \ . \tag{b}$$

Das ist die Aussage des Prinzips von d'ALEMBERT, wonach bei kinetischen Systemen die verlorenen Kräfte im Gleichgewicht sind und sich damit ein kinetisches System unter allen äußeren Kräften $\mathbf{F}^a$ wie ein statisches System unter dem Einfluß nur der verlorenen Kräfte $\mathbf{F}^v$ behandeln läßt. Setzt man die Ausdrücke für die verlorenen Lasten nach (a) wieder in (b) ein, so entsteht die LAGRANGEsche Fassung des d'ALEMBERTschen Prinzips in der Form (9.84).

Ist die Voraussetzung einer ebenen Bewegung bzw. einer Drehung um eine raumfeste Achse nicht gegeben, so können entsprechende Formen zu (9.84) mit Hilfe der Beziehungen (9.76), (9.77) und (9.79) erzeugt werden bzw. es muß vom übergeordneten Prinzip 9.8 in der Formulierung (9.71) bzw. (9.73) ausgegangen werden. Eine auf diese Weise gewinnbare Darstellung des Prinzips für kinetische Systeme starrer Körper wird im folgenden abgeleitet.

9.7.2 Prinzip von HAMILTON. LAGRANGEsche Bewegungsgleichungen

Nimmt man das Prinzip 9.8 in der Fassung (9.73) zur Grundlage, so läßt sich schreiben:

$$\delta P = \frac{d}{dt} \int_m \dot{u} \cdot \delta u \, dm \overset{!}{=} \delta A + \delta E \qquad (9.85)$$

Verfolgt man nun die Bewegung der materiellen Punkte des starren Körpers entlang ihrer wirklichen und fiktiven Bahnen über die Zeit t (Bild 9-21) und identifiziert den zeitlichen Anfang t_A und das Ende t_E dieser Beobachtung mit der räumlichen Ausgangs- und Endlage A bzw. E dieser Bewegung, so ist wegen der zeitlichen Invarianz der virtuellen Verschiebungen bei A bzw. E

$$\delta u \Big|_{A,E} = \delta r \Big|_{A,E} = 0 \qquad (9.86)$$

Integriert man nun (9.85) über die Zeit in den Grenzen t_A bis t_E, so kommt

$$\int_{t_A}^{t_E} \left[\frac{d}{dt} \int_m \dot{u} \cdot \delta u \, dm \right] dt = \int_{t_A}^{t_E} (\delta A + \delta E) \, dt \, ,$$

woraus zunächst

$$\int_m (\dot{u} \cdot \delta u \, dm) \Big|_{t_A}^{t_E} = \int_{t_A}^{t_E} (\delta A + \delta E) \, dt$$

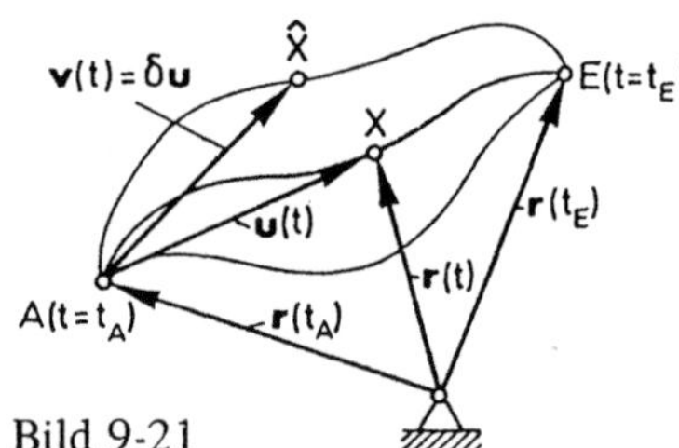

Bild 9-21

folgt. Wegen der Willkürlichkeit aller δu unter Einhaltung der Randvorgaben bzw. unmittelbar aus (9.86) wird die linke Seite Null und somit verbleibt nach der zeitlichen Integration des Prinzips (9.73) eine Aussage, die als HAMILTON*sches Prinzip* bekannt ist:

$$\int_{t_A}^{t_E} (\delta A + \delta E) \, dt = 0 \qquad (9.87)$$

Diese Beziehung gilt auch für nicht-konservative Systeme.

Liegt nun speziell ein konservatives System vor, bei dem sich die an der virtuellen Arbeit beteiligten Kräfte und Momente aus einem Potential ableiten lassen (vgl. (7.73))

$$F^P = - \nabla U,$$

so ist nach (9.43)

$$\delta A = F^P \cdot \delta u = - \nabla U \cdot \delta u = - \delta U$$

und (9.87) nimmt die spezialisierte Form an

$$\int_{t_A}^{t_E} (\delta E - \delta U)\, dt = \int_{t_A}^{t_E} \delta\,(E - U)\, dt = \delta \int_{t_A}^{t_E} (E - U)\, dt = \delta \int_{t_A}^{t_E} L\, dt = \delta H = 0 \qquad (9.88)$$

wobei die Abkürzung $L = E - U$ als LAGRANGE*sche Funktion* oder *kinetisches Potential* und H als „*Wirkung*" oder HAMILTON-*Funktion* eingeführt wird. Man kommt so zu einem Prinzip, das für kinetische, konservative Starr-Körper-Systeme gültig ist und ein spezielles HAMILTON*sches Prinzip* darstellt, also

Prinzip 9.9:
Das Zeitintegral $H = \int L\, dt$ der LAGRANGEschen Funktion $L = E - U$ nimmt unter allen denkbaren Bahnen der materiellen Punkte eines konservativen Starr-Körper-Systems für die wirkliche Bahn ein Extremum an, da die Variation $\delta H = 0$ ist
bzw.
die „Wirkung" H bei derartigen Systemen ist extremal.

Für die Anwendung wird das HAMILTON-Prinzip nun weiter aufbereitet, wobei zunächst die Tatsache ausgenutzt wird, daß die Zahl der Freiheitsgrade eines Starr-Körper-Systems endlich ist. Damit gibt es auch eine endliche Anzahl m von generalisierten Koordinaten q_i (vgl. 9.4, insbesondere (9.25)), und zwar genauso viele wie das System Freiheitsgrade f hat, d.h. $\mathbf{q} = (q_1, ..., q_i, ..., q_f)$.
Da sich jedes System mit f Freiheitsgraden nun genau durch f generalisierte Koordinaten q_i beschreiben läßt, müssen auch die Energien E und U und damit auch die Differenz $L = E - U$ als LAGRANGEsche Funktion vollständig durch die generalisierten Koordinaten q_i bzw. im Falle der kinetischen Energie durch die zeitlichen Ableitungen $\dot{q}_i$ dieser generalisierten Koordinaten beschreibbar sein. Damit ist

$$L = E - U = L\,(q_1, ..., q_i, ..., q_f;\ \dot{q}_1, ..., \dot{q}_i, ..., \dot{q}_f)$$

$$L = L\,(\mathbf{q}, \dot{\mathbf{q}}) \qquad (9.89)$$

Das Zeitintegral H dieses Energiefunktionals ist nun nach (9.88) zu variieren, wobei beliebige virtuelle Bewegungen $\delta q = \hat{q}$ und $\delta \dot{q} = \dot{\hat{q}}$ gewählt werden, die lediglich die Anfangs- und Endbedingung (9.86)

$$\delta q\big|_{A,E} = \hat{q}\,(A) = \hat{q}\,(E) = 0 \qquad (9.90)$$

(vgl. Bild 9-21) erfüllen müssen. Dann ist mit $H = \int L\, dt$ gemäß Def. 9.1 zu bilden

$$\delta H(\mathbf{q};\hat{\mathbf{q}}) = \lim_{\epsilon \to 0} \frac{1}{\epsilon}\,[H\,(\mathbf{q} + \epsilon\,\hat{\mathbf{q}}, \dot{\mathbf{q}} + \epsilon\,\dot{\hat{\mathbf{q}}}) - H\,(\mathbf{q}, \dot{\mathbf{q}})]$$

$$= \lim_{\epsilon \to 0} \frac{1}{\epsilon}\left\{ \int_{t_A}^{t_E} [L\,(\mathbf{q} + \epsilon\,\hat{\mathbf{q}}, \dot{\mathbf{q}} + \epsilon\,\dot{\hat{\mathbf{q}}}) - L\,(\mathbf{q}, \dot{\mathbf{q}})]\, dt \right\} .$$

Die Variation bezüglich $\hat{q}$ und $\dot{\hat{q}}$ kann jeweils einzeln bzw. nacheinander vorgenommen werden, da die Identität

$$L\,(q + \epsilon\,\hat{q},\ \dot{q} + \epsilon\,\dot{\hat{q}}) - L\,(q,\ \dot{q})$$

$$= L\,(q + \epsilon\,\hat{q},\ \dot{q} + \epsilon\,\dot{\hat{q}}) - L\,(q + \epsilon\,\hat{q},\ \dot{q}) + L\,(q + \epsilon\,\hat{q},\ \dot{q}) - L\,(q,\ \dot{q})$$

besteht.
Dann folgt wegen (vgl. auch (9.26) und (9.27))

$$\frac{\partial}{\partial\epsilon}\,L\,(q) = \sum_{i=1}^{f}\frac{\partial L}{\partial\,(q_i + \epsilon\,\hat{q}_i)}\cdot\frac{\partial\,(q_i + \epsilon\,\hat{q}_i)}{\partial\epsilon}\,\Bigg|_{\epsilon\,=\,0} = \sum_{i=1}^{f}\frac{\partial L}{\partial q_i}\,\hat{q}_i$$

(entsprechend für $\dot{q}_i$) für die Variation von H

$$\delta H(q;\hat{q}) = \int_{t_A}^{t_E}\sum_i\frac{\partial L}{\partial\dot{q}_i}\,\dot{\hat{q}}_i\,dt + \int_{t_A}^{t_E}\sum_i\frac{\partial L}{\partial q_i}\,\hat{q}_i\,dt = 0\ .$$

Das läßt sich partiell integrieren zu

$$\sum_i\left[\frac{\partial L}{\partial\dot{q}_i}\,\hat{q}_i\right]_{t_A}^{t_E} - \int_{t_A}^{t_E}\sum_i\frac{d}{dt}\left(\frac{\partial L}{\partial\dot{q}_i}\right)\hat{q}_i\,dt + \int_{t_A}^{t_E}\sum_i\frac{\partial L}{\partial q_i}\,\hat{q}_i\,dt = 0$$

und mit (9.90), wonach $\hat{q}_i\,(A) = \hat{q}_i\,(E) = 0$ ist, unter Ausklammerung von $\hat{q}_i$ noch vereinfachen zu

$$\int_t\sum_i\left[\frac{\partial L}{\partial q_i} - \frac{d}{dt}\left(\frac{\partial L}{\partial\dot{q}_i}\right)\right]\hat{q}_i\,dt = 0\ .$$

Mit dem Grundlemma der Variationsrechnung nach Satz 9.3 ergibt sich dann das Verschwinden des Integranden – und zwar wegen der Unabhängigkeit der $\hat{q}_i$ $(i = 1, \ldots, f)$ das Verschwinden aller f Integranden. Man erhält so schließlich die f LAGRANGE*schen* *Bewegungsgleichungen*

$$\boxed{\ \frac{d}{dt}\left(\frac{\partial L}{\partial\dot{q}_i}\right) - \frac{\partial L}{\partial q_i} = 0\qquad (i = 1, \ldots, f)\ }\qquad (9.91)$$

für jede wirkliche Bewegung q_i des konservativen Starr-Körper-Systems.

Da die potentiellen Energien $U = U\,(q)$ stets nur von den generalisierten Koordinaten q_i, nicht dagegen von generalisierten „Geschwindigkeiten" $\dot{q}_i$ abhängen, kann bei ansonsten völliger Entsprechung zu (9.91) mit $L = E - U$ auch geschrieben werden

$$\boxed{\begin{array}{ll}\dfrac{d}{dt}\left(\dfrac{\partial E}{\partial\dot{q}_i}\right) - \dfrac{\partial L}{\partial q_i} = 0 & (1)\\[2mm]\text{oder}\\[2mm]\dfrac{d}{dt}\left(\dfrac{\partial E}{\partial\dot{q}_i}\right) - \dfrac{\partial E}{\partial q_i} = -\,\dfrac{\partial U}{\partial q_i} = Q_i & (2)\end{array}}\qquad (9.92)$$

Die negative partielle Ableitung der potentiellen Energie nach den generalisierten Koordinaten (9.92 (2)) ist definitionsgemäß wieder eine Kraft, und zwar die auf die i-te generalisierte Koordinate bezogene Kraft, weswegen man diese Größe auch als *generalisierte* (konservative) *Kraft* Q_i bezeichnet.

Mit den LAGRANGEschen Bewegungsgleichungen (9.91), (9.92) ist es gelungen, einen Satz von genau f Gleichungen für die f unabhängigen Bewegungsmöglichkeiten des Systems anzugeben. Dabei ist lediglich die kinetische und potentielle Energie aller am System beteiligten Körper zu bilden, diese durch die generalisierten Koordinaten auszudrücken und der Differentiationsvorschrift nach (9.92) zu unterwerfen. Die nicht zur Bewegung beitragenden Reaktionskräfte, die bei elementaren Berechnungsmethoden extra ermittelt und dann in den Bewegungsgleichungen wieder eliminiert werden mußten, treten hierbei von vornherein in der Rechnung nicht auf.

Ist das System nicht konservativ, so kann ein zu (9.92 (2)) entsprechender Satz von Gleichungen aus der allgemeineren Aussage (9.87) mit

$$\int_{t_A}^{t_E} (\delta A + \delta E)\, dt = \int_{t_A}^{t_E} \delta L^* \, dt = 0 \qquad\qquad (9.93)$$

und $\delta L^* = \delta A + \delta E$ gewonnen werden:

$$\frac{d}{dt}\left(\frac{\partial E}{\partial \dot{q}_i}\right) - \frac{\partial E}{\partial q_i} = Q_i + Q_i^*; \qquad (i = 1, ..., f) \qquad\qquad (9.94)$$

Hierbei stehen dann auf der rechten Seite jedoch nicht mehr allein die Ableitungen der potentiellen Energien bzw. nicht mehr die konservativen, generalisierten Kräfte Q_i, sondern eben auch alle nicht-konservativen, auf die generalisierte Koordinate q_i bezogenen, generalisierten Kräfte (und Momente) Q_i^*. Diese kann man sich stets verschaffen, wenn man die virtuelle Arbeit

$$\delta A = \mathbf{F} \cdot \delta \mathbf{u}$$

der Kräfte an den gedachten Verschiebungen bildet, dann die $k = z - f$ kinematischen Beziehungen aufstellt, womit sich die Verschiebungen $\mathbf{u}$ durch die generalisierten Koordinaten $\mathbf{q}$ in der Form

$$\mathbf{u} = \mathbf{f}(\mathbf{q})$$

ausdrücken lassen, und die mit Hilfe von (9.27) berechneten virtuellen Verschiebungen

$$\delta \mathbf{u} = \frac{\partial \mathbf{f}}{\partial \mathbf{q}} \cdot \delta \mathbf{q}$$

in die virtuelle Arbeit

$$\delta A = \mathbf{F} \cdot \delta \mathbf{u} = \mathbf{F} \cdot \left(\frac{\partial \mathbf{f}}{\partial \mathbf{q}} \cdot \delta \mathbf{q}\right) = \left(\mathbf{F} \cdot \frac{\partial \mathbf{f}}{\partial \mathbf{q}}\right) \cdot \delta \mathbf{q}$$

einsetzt.

Der so entstehende Term

$$\left(\mathbf{F} \cdot \frac{\partial \mathbf{f}}{\partial \mathbf{q}}\right) = \mathbf{Q}^* \qquad\qquad (9.95)$$

stellt dann die *generalisierte* (nicht-konservative) *Kraft* $\mathbf{Q}^*$ dar, wobei

$$\mathbf{F} \cdot \delta \mathbf{u} = \mathbf{Q}^* \cdot \delta \mathbf{q} = \delta A$$

ist.

9.7.3 Beispiele

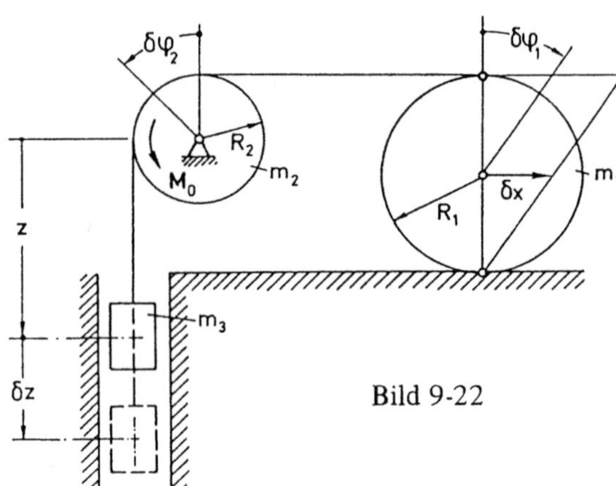

Beispiel 1: Für das bereits in 9.4 prinzipiell untersuchte System starrer Körper nach Bild 9-22 ist die Bewegungsgleichung in z-Richtung

a) mit dem d'ALEMBERTschen Prinzip in LAGRANGEscher Fassung,

b) mit den LAGRANGEschen Bewegungsgleichungen

zu berechnen.

Lösung a):

Es liegt eine ebene Bewegung vor, also lautet das Lösungsprinzip nach (9.84)

$$\sum_n (\mathbf{F} - m\ddot{\mathbf{r}}_M) \cdot \delta\mathbf{r}_M + \sum_n (\mathbf{M}_M - \Theta\ddot{\boldsymbol{\varphi}}) \cdot \delta\boldsymbol{\varphi} = 0 \; .$$

Dabei ist n die Zahl der am System beteiligten Massen, also hier $n = 3$.
Für *jeden* der drei starren Körper wird also nun die *vollständige* Gleichung (9.84), bestehend aus dem Translations- und aus dem Rotationsterm, mit der jeweils gedachten Verschiebung des Körpers gebildet und über alle sechs Terme summiert. Dafür wird für die Masse (1) eine Verschiebung δx und eine Drehung $\delta\varphi_1$, für die Masse (2) eine Drehung $\delta\varphi_2$ und für die Masse (3) eine vertikale Translation δz, jeweils im eingezeichneten positiven Sinne beliebig vorgegeben. (Daß eine solche Bewegung bei einem starren Seil kinematisch gar nicht möglich ist, spielt dabei keine Rolle!)
Man erhält dann folgende sechs Terme, wobei nur diejenigen aufgeführt sind, die nicht identisch verschwinden:

$$(\quad - m_1 \ddot{x}) \, \delta x + (\quad -\Theta_1 \ddot{\varphi}_1) \, \delta\varphi_1$$
$$+ (\qquad\qquad) \, 0 + (M_0 - \Theta_2 \ddot{\varphi}_2) \, \delta\varphi_2$$
$$+ (m_3 g - m_3 \ddot{z}) \, \delta z + (\qquad\qquad) \, 0 = 0$$

Damit sind gewählt worden: $z = 4$ kinematische Größen, nämlich x, φ_1, φ_2 und z.
Das System hat einen Freiheitsgrad: $f = 1$.

Somit müssen $k = z - f = 3$ kinematische Beziehungen bestehen:

$$(1) \quad \dot{x} \quad = R_1 \dot{\varphi}_1 \qquad \text{bzw.} \qquad \delta x \quad = R_1 \, \delta\varphi_1$$
$$(2) \quad R_2 \dot{\varphi}_2 = -2 R_1 \dot{\varphi}_1 \qquad \text{bzw.} \qquad R_2 \, \delta\varphi_2 = -2 R_1 \, \delta\varphi_1$$
$$(3) \quad \dot{z} \quad = R_2 \dot{\varphi}_2 \qquad \text{bzw.} \qquad \delta z \quad = R_2 \, \delta\varphi_2$$

Als generalisierte Koordinate $(f = 1)$ soll z gewählt werden, also ist

$$\ddot{x} = -\frac{\ddot{z}}{2} ; \qquad \ddot{\varphi}_1 = -\frac{\ddot{z}}{2 R_1} ; \qquad \ddot{\varphi}_2 = \frac{\ddot{z}}{R_2}$$

$$\delta x = -\frac{\delta z}{2} ; \qquad \delta\varphi_1 = -\frac{\delta z}{2 R_1} ; \qquad \delta\varphi_2 = \frac{\delta z}{R_2} \; .$$

Einsetzen aller kinematischen Beziehungen ergibt

$$\left[\frac{M_0}{R_2} + m_3\, g - \ddot{z} \left(\frac{m_1}{4} + \frac{\Theta_1}{4\, R_1^2} + \frac{\Theta_2}{R_2^2} + m_3 \right) \right] \delta z = 0 \ .$$

Nun ist δz beliebig und $\neq 0$, woraus als Bewegungsgleichung des Systems, ausgedrückt durch die generalisierte Koordinate z, unmittelbar folgt

$$\ddot{z} = \frac{\dfrac{M_0}{R_2} + m_3\, g}{\left[\dfrac{m_1}{4} + \dfrac{\Theta_1}{4\, R_1^2} + \dfrac{\Theta_2}{R_2^2} + m_3 \right]} \ .$$

Dazu mußten weder die Normalkraft, noch die Haftkraft, und weder die Seilkräfte zwischen den Massen (1) und (2) bzw. zwischen (2) und (3) noch die Lagerkräfte für (2) bestimmt werden.

Lösung b):

Es liegt nur ein Freiheitsgrad vor, somit gibt es auch nur eine LAGRANGEsche Bewegungsgleichung (i = f = 1).

Das System ist jedoch nicht konservativ, da für das Moment M_0 (Antriebs- oder Reibmoment), das an der gedachten Drehung Arbeit verrichtet, im Gegensatz zu der anderen, Arbeit verrichtenden Last G_3 kein Potential angebbar ist. Es ist also zusätzlich die generalisierte Kraft $\mathbf{Q}^*$ zu bestimmen, wobei wegen

$$\delta A = \mathbf{F} \cdot \delta \mathbf{u} = \mathbf{Q}^* \cdot \delta \mathbf{q}$$

mit $\mathbf{F} \stackrel{\wedge}{=} M_0$, $\delta \mathbf{u} \stackrel{\wedge}{=} \delta \varphi_2$, $\delta \mathbf{q} \stackrel{\wedge}{=} \delta z$ und mit der kinematischen Beziehung

$$\delta \varphi_2 = \frac{\partial \varphi_2}{\partial z}\, \delta z = \frac{1}{R_2}\, \delta z \ ; \qquad Q^*\, \delta z = M_0\, \delta \varphi_2 = M_0\, \frac{1}{R_2}\, \delta z$$

die generalisierte Kraft (vgl. (9.95)) hier die Größe hat

$$Q^* = \frac{M_0}{R_2} \ .$$

Wir verwenden das Prinzip in der Form (9.94), wozu die potentielle Energie aller Massen (Nullniveau beliebig mit $a = R_1 - R_2$)

$$U = - m_3\, g z - m_1\, g a$$

und außerdem die kinetische Energie aller Massen

$$E = \frac{1}{2}\, m_1\, \dot{x}^2 + \frac{1}{2}\, \Theta_1\, \dot{\varphi}_1^2 + \frac{1}{2}\, \Theta_2\, \dot{\varphi}_2^2 + \frac{1}{2}\, m_3\, \dot{z}^2$$

benötigt wird. Ausgedrückt durch die generalisierte Koordinate z wird daraus

$$E = \frac{1}{2}\, \left[\frac{m_1}{4} + \frac{\Theta_1}{4\, R_1^2} + \frac{\Theta_2}{R_2^2} + m_3 \right] \dot{z}^2 \ .$$

Dann ist mit $q = z,\ \dot{q} = \dot{z}$

$$\frac{\partial E}{\partial \dot{q}} = \frac{\partial E}{\partial \dot{z}} = \left[\frac{m_1}{4} + \frac{\Theta_1}{4\, R_1^2} + \frac{\Theta_2}{R_2^2} + m_3 \right] \dot{z}$$

$$\frac{d}{dt} \left(\frac{\partial E}{\partial \dot{q}_i} \right) = \left[\frac{m_1}{4} + \frac{\Theta_1}{4\, R_1^2} + \frac{\Theta_2}{R_2^2} + m_3 \right] \ddot{z}$$

$$\frac{\partial E}{\partial q} = \frac{\partial E}{\partial z} = 0 \ ; \qquad \frac{\partial U}{\partial q} = \frac{\partial U}{\partial z} \equiv - m_3\, g = Q \ .$$

Setzen wir das in (9.94) ein, so wird

$$\frac{d}{dt}\left(\frac{\partial E}{\partial \dot z}\right) - \frac{\partial E}{\partial z} = -\frac{\partial U}{\partial z} + Q^*$$

$$\left[\frac{m_1}{4} + \frac{\Theta_1}{4\,R_1^2} + \frac{\Theta_2}{R_2^2} + m_3\right]\ddot z = m_3\,g + \frac{M_0}{R_2}$$

mit dem Ergebnis

$$\ddot z = \frac{m_3\,g + \dfrac{M_0}{R_2}}{\left[\dfrac{m_1}{4} + \dfrac{\Theta_1}{4\,R_1^2} + \dfrac{\Theta_2}{R_2^2} + m_3\right]}\ .$$

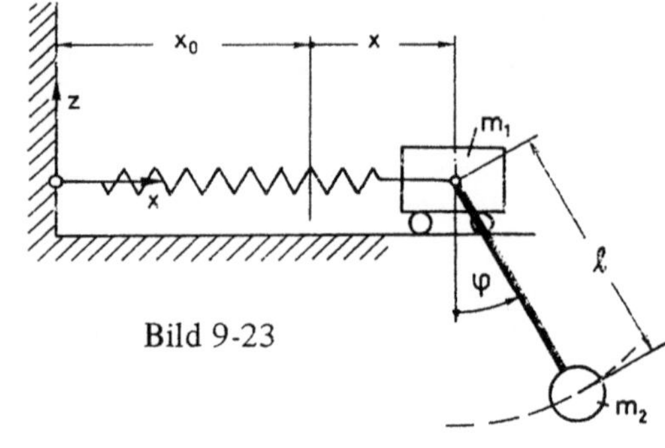

Bild 9-23

Dies stimmt (natürlich) mit dem Ergebnis der Lösung a) überein.

Beispiel 2: Für das in Bild 9-23 skizzierte System mit zwei Freiheitsgraden sollen die Bewegungsgleichungen mit Hilfe der Gleichungen von LAGRANGE aufgestellt werden.

Lösung:

Wählt man als virtuelle Verschiebung eine translatorische Bewegung der Masse m_1 in x-Richtung und eine zusätzliche Drehbewegung des mathematischen Pendels m_2 in φ-Richtung, so verrichten nur die Gewichtskräfte $\mathbf{G_2}$ und die Federkraft $\mathbf{F}$ eine Arbeit. Diese beiden Kräfte sind konservativ und damit ist das System als konservatives zu berechnen. Es gilt also (9.91) oder (9.92) in der Form

$$\frac{d}{dt}\left(\frac{\partial E}{\partial \dot q_i}\right) - \frac{\partial E}{\partial q_i} + \frac{\partial U}{\partial q_i} = 0 \qquad (i = 1, 2)\ .$$

Hier ist nun die Geschwindigkeit von m_1

$$\dot{\mathbf{x}} = \dot x\,\mathbf{e_x}$$

und von m_2, wobei $\mathbf{s}$ der Verbindungsvektor der beiden Massenmittelpunkte ist

$$\dot{\mathbf{r}} = (\mathbf{x} + \mathbf{s})^{\boldsymbol{\cdot}} = \dot{\mathbf{x}} + \dot{\mathbf{s}} = \dot{\mathbf{x}} + \boldsymbol{\omega} \times \mathbf{s}\ .$$

Dann ist die kinetische Energie des Systems

$$E = \frac{1}{2}\,m_1\,\dot{\mathbf{x}}^2 + \frac{1}{2}\,m_2\,\dot{\mathbf{r}}^2 = \frac{1}{2}\,m_1\,\dot x^2 + \frac{1}{2}\,m_2\left[\dot{\mathbf{x}} + (\boldsymbol{\omega} \times \mathbf{s})\right]^2$$

$$= \frac{1}{2}\left[(m_1 + m_2)\,\dot x^2 + m_2\,(2\,l\,\dot\varphi\,\dot x\,\cos\varphi + l^2\,\dot\varphi^2)\right]$$

und die potentielle Energie $(U\,(0, 0) = 0)$

$$U = \frac{1}{2}\,c\,x^2 - m_2\,g\,z_2 = \frac{1}{2}\,c\,x^2 - m_2\,g\,l\,\cos\varphi\ .$$

Hier sind zwei kinematische Größen verwendet worden – das System hat zwei Freiheitsgrade, daher gibt es *keine* kinematische Beziehung mehr, bzw. x und φ sind die generalisierten Koordinaten. Damit folgt aus dem Prinzip

1) für $i = 1$ (generalisierte Koordinate: x) mit

$$\frac{\partial E}{\partial \dot x} = (m_1 + m_2)\,\dot x + m_2\,l\,\dot\varphi\,\cos\varphi$$

$$\frac{d}{dt}\left(\frac{\partial E}{\partial \dot x}\right) = (m_1 + m_2)\,\ddot x + m_2\,l\,\ddot\varphi\,\cos\varphi - m_2\,l\,\dot\varphi^2\,\sin\varphi$$

$$\frac{\partial E}{\partial x} = 0\ ; \qquad \frac{\partial U}{\partial x} = c\,x$$

wird

$$(m_1 + m_2)\,\ddot{x} + m_2\,l\,\ddot{\varphi}\,\cos\varphi - m_2\,l\,\dot{\varphi}^2\sin\varphi + c\,x = 0 \tag{1}$$

2) für $i = 2$ (generalisierte Koordinate: φ) mit

$$\frac{\partial E}{\partial\dot{\varphi}} = + m_2\,(l\,\dot{x}\,\cos\varphi + l^2\,\dot{\varphi})$$

$$\frac{d}{dt}\left(\frac{\partial E}{\partial\dot{\varphi}}\right) = m_2\,(l\,\ddot{x}\,\cos\varphi - l\,\dot{x}\,\dot{\varphi}\,\sin\varphi + l^2\,\ddot{\varphi})$$

$$\frac{\partial E}{\partial\varphi} = - m_2\,l\,\dot{\varphi}\,\dot{x}\,\sin\varphi$$

$$\frac{\partial U}{\partial\varphi} = + m_2\,g\,l\,\sin\varphi$$

wird

$$m_2\,(l^2\,\ddot{\varphi} + l\,\ddot{x}\,\cos\varphi + g\,l\,\sin\varphi) = 0 . \tag{2}$$

Das Ergebnis sind also zwei gekoppelte nichtlineare Differentialgleichungen zweiter Ordnung für x und φ, deren geschlossene Integration nicht möglich ist und die nur numerisch integriert werden können. Wird aber vorausgesetzt, daß die Pendelamplituden so klein sind, daß $\sin\varphi \approx \varphi$ und $\cos\varphi \approx 1$ gesetzt sowie das Glied $l\,\varphi\,\dot{\varphi}^2$ als von höherer Ordnung klein vernachlässigt werden kann (s.u.), dann erhält man die linearisierten DGLen

$$\begin{aligned}(m_1 + m_2)\,\ddot{x} + m_2\,l\,\ddot{\varphi} + c\,x &= 0\\[4pt]\ddot{x} + l\,\ddot{\varphi} + g\,\varphi &= 0 .\end{aligned} \tag{3}$$

Hierfür lassen sich wieder mit Hilfe von Ansätzen (wie in 7.11.2) Lösungen auch der gekoppelten DGLen erzeugen.

Für zwei Sonderfälle läßt sich das System auch entkoppeln und in eine DGL für eine Koordinate überführen.

Fall a): Ist speziell $m_1 = 0$, dann können wir die mit $m_2 = m$ multiplizierte zweite Gl. (3) von der ersten subtrahieren und erhalten aus $c\,x - m\,g\,\varphi = 0$ durch Differenzieren $\ddot{x} = \ddot{\varphi}\,mg/c$. Das in die zweite Gleichung gesetzt, liefert

$$\ddot{\varphi} + \frac{g}{l + mg/c}\,\varphi = \ddot{\varphi} + \omega_0^2\,\varphi = 0 , \tag{4}$$

d.h. die Differentialgleichung einer freien Schwingung, deren Eigenkreisfrequenz $\omega_0 = \sqrt{g/(l + mg/c)}$ gegenüber der Eigenkreisfrequenz $\omega_0 = \sqrt{g/l}$ der freien Schwingung des fest aufgehängten Pendels desto kleiner wird, je kleiner c ist. Für $c = 0$ erhalten wir schließlich $\omega_0 = 0$, also überhaupt keine Schwingung, während für $c \to \infty$ $\omega_0 = \sqrt{g/l}$ wird.

Wir wollen hier noch anhand der Näherungslösung $\varphi = \varphi_0\cos(\omega t - \alpha)$ überprüfen, ob es berechtigt war, das Glied $m_2\,l\,\varphi\,\dot{\varphi}^2$ zu vernachlässigen. Dazu schreiben wir uns unter die DGL (1) die Größenordnung der Einzelglieder

$$\begin{array}{cccc}\ddot{x} & + l\,\ddot{\varphi} & - l\,\varphi\,\dot{\varphi}^2 & + \dfrac{c}{m}\,x = 0\\[10pt]\dfrac{mg}{c}\,\omega_0^2\,\varphi_0 & l\,\omega_0^2\,\varphi_0 & l\,\omega_0^2\,\varphi_0^3 & g\,\varphi_0 \sim l\,\omega_0^2\,\varphi_0 .\end{array}$$

Während alle anderen Glieder proportional zum Maximalausschlag φ_0 sind, kann das fragliche Glied tatsächlich für kleine φ_0 fortgelassen werden, da es zu φ_0^3 proportional ist.

Fall b): Die Masse m_1 sei hierbei nicht mehr durch eine Feder gefesselt. Dann ist $c = 0$ und wir können $\ddot{x} = - m_2\,l\,\ddot{\varphi}/(m_1 + m_2)$ aus der ersten in die zweite linearisierte Gleichung von (3) einsetzen. Wir erhalten so die Bewegungsdifferentialgleichung

$$\ddot{\varphi} + \frac{m_2 + m_1}{m_1}\,\frac{g}{l}\,\varphi = \ddot{\varphi} + \omega_0^2\,\varphi = 0$$

für die Koordinate φ, nach deren Integration auch $x(t)$ bekannt ist.

9.8 Kinetik deformierbarer Systeme

Hier werden nun weder bezüglich der Dynamik (Statik oder Kinetik) noch bezüglich des Deformationsverhaltens der am System beteiligten Körper Einschränkungen getroffen, so daß das Prinzip in seiner allgemeinen Form (9.19) bzw. (9.23) (Prinzip 9.1 bzw. 9.2)

$$\delta A - \delta W = \delta B = \delta P - \delta E \qquad\qquad (9.96)$$

gilt, wobei die einzelnen Terme nach (9.24) definiert sind und noch entsprechend der vorangegangenen Abschnitte umgeformt werden können.

So ist unter Berücksichtigung der Ausführungen unter 9.7.2 wegen (9.85)

$$\delta P = \frac{d}{dt} \int\limits_m \dot{\mathbf{u}} \cdot \delta\mathbf{u}\, dm$$

zunächst die Form

$$\frac{d}{dt} \int\limits_m \dot{\mathbf{u}} \cdot \delta\mathbf{u}\, dm = \delta A - \delta W + \delta E$$

erzeugbar, die nach Integration über die Zeit

$$\int\limits_{t_A}^{t_E} \left[\frac{d}{dt} \int\limits_m \dot{\mathbf{u}} \cdot \delta\mathbf{u}\, dm \right] dt = \int\limits_{t_A}^{t_E} (\delta A - \delta W + \delta E)\, dt$$

mit der Bedingung (9.86)

$$\delta\mathbf{u}\, \big|_{A,\,E} = 0$$

in ein *erweitertes* HAMILTON-*Prinzip* (vgl. (9.87)) von der Form

$$\int\limits_{t_A}^{t_E} (\delta A - \delta W + \delta E)\, dt = 0 \qquad\qquad (9.97)$$

übergeht.

Ist das System konservativ, d.h. ist nach (9.43) $\delta A = -\delta U$ und liegt linear-elastisches Materialverhalten seiner Körper und Bindungen vor, so daß also (vgl. (9.44) und die Anmerkung in 9.6.1) die Formänderungsenergie auch ein Potential darstellt, dessen Wert nur vom augenblicklichen Verzerrungszustand und nicht vom Prozeßweg abhängt (isotherme Thermo-Elasto-Kinetik), so läßt sich mit (9.44) noch ergänzend schreiben:

$$\delta A - \delta W = -\delta U - \delta W = -\delta (U + W) = -\delta V \,.$$

Dann geht wegen

$$\delta A - \delta W + \delta E = -\delta V + \delta E = \delta (E - V)$$

und unter Einführung der *erweiterten* LAGRANGE*schen Funktion* (vgl. (9.88))

$$K := E - V = E - (U + W) \tag{9.98}$$

die konsequenterweise als *kinetisches Gesamtpotential* bezeichnet werden soll, Gl. (9.97) in eine zu (9.88) analoge Form über:

$$\int\limits_{t_A}^{t_E} (\delta A - \delta W + \delta E)\, dt = \int\limits_{t_A}^{t_E} \delta\,(E - V)\, dt = \delta \int\limits_{t_A}^{t_E} (E - V)\, dt = \delta \int\limits_{t_A}^{t_E} K\, dt = \delta G = 0 \tag{9.99}$$

Die Funktion G stellt dabei die gegenüber H nach (9.88) erweiterte HAMILTONsche Funktion als *„elasto-kinetische Wirkung"* dar.
Damit erhält man das

Prinzip 9.10:
Das Zeitintegral $G = \int K\, dt$ des kinetischen Gesamtpotentials $K = E - V$ nimmt unter allen denkbaren Bahnen der materiellen Punkte eines konservativen, linear-elastischen Systems für die wirkliche Bahn ein Extremum an, da die Variation $\delta G = 0$ ist,
bzw.
da bei derartigen Systemen die „Wirkung" G extremal ist.

Gelingt es, die Funktion K nach (9.98) zu ermitteln und das zugehörige Variationsproblem nach (9.99) zu lösen, so liefert das Prinzip 9.10 die Bewegungsgleichungen für konservative, linear-elastische Systeme (vgl. Beispiel). Eine weitere Umformung, wie sie z.B. in 9.7.2 zu den LAGRANGEschen Bewegungsgleichungen möglich wurde, ist hier zunächst nicht gegeben, da das System und sogar ein einzelner Körper — wegen der hier auch zugelassenen Deformation aller seiner materiellen Punkte $u(x, t)$ — unendlich viele Freiheitsgrade hat und daher nicht von vornherein $E = E\,(q, \dot{q})$ und $V = V\,(q)$ mit q als generalisiertem Koordinatensatz geschrieben werden kann.

Bedenkt man jedoch, daß für komplexe Probleme dieser Art ohnehin häufig keine mathematisch exakte Lösung erreichbar ist und für die technischen Anwendungen auch eine hinreichend genaue Abschätzung oder Approximation der Lösung genügt, so stellt sich die Frage, ob und wie (9.99) in ein geeignetes Näherungsverfahren zu überführen ist. Dazu sei auf das bereits in 9.6.2 beschriebene Verfahren von RITZ zurückgegriffen, das hier zum sog. RITZ-GALERKIN-Verfahren erweitert wird. Danach diskretisiert man das System, indem man für den Verschiebungsvektor $u\,(x, t)$ einen endlich-dimensionalen Ansatz aus k verschiedenen Funktionen $u_j\,(x, t)$ macht und dabei jede dieser Funktionen als Produkt aus einer nur ortsabhängigen Funktion $w_j\,(x)$ und einer reinen Zeitfunktion $q_j\,(t)$ darstellt, also indem man setzt:

$$u\,(x, t) = \sum_{j=1}^{k} u_j\,(x, t) = \sum_{j=1}^{k} w_j\,(x)\, q_j\,(t) \tag{9.100}$$

Bildet man davon die virtuelle Verschiebung $\delta \mathbf{u}(\mathbf{x}, t)$, so braucht, wie in den vorstehenden
Absätzen, nur die ortsabhängige Verschiebungsfunktion durch eine Vergleichsfunktion
$v_j(\mathbf{x})$, die lediglich die geometrischen Randbedingungen des jeweiligen Problems erfüllen
muß, ersetzt zu werden (vgl. Abs. 9.1). Damit ist eine beliebige, aber für das jeweilige System feste, zeitlose Variation erreicht und für die virtuelle Verschiebung folgt aus (9.100)

$$\delta \mathbf{u}(\mathbf{x}, t) = \sum_j \delta\,(q_j\,w_j) = \sum_j q_j\,\delta w_j = \sum_j q_j(t)\,v_j(\mathbf{x})\,. \qquad (9.101)$$

Das ist wieder eine Darstellung, die der eines Systems mit k Freiheitsgraden entspricht (vgl.
(9.27)) – womit das System mit seinen unendlich vielen Freiheitsgraden auf ein System
mit endlich vielen Freiheitsgraden diskretisiert worden ist. Darin liegt die eigentliche
Näherung. Damit lassen sich nun auch die einzelnen Energiefunktionale, wie in (9.89),
wieder in der Form darstellen

$$V = U + W = V(\mathbf{q}, \dot{\mathbf{q}}); \quad E = E(\mathbf{q}, \dot{\mathbf{q}})\,,$$

und mit einer zu 9.7.2 völlig analogen Ableitung der LAGRANGEschen Bewegungsgleichung (9.91) ist aus dem erweiterten HAMILTON-Prinzip (9.99) auch ein Satz erweiterter LAGRANGEscher Bewegungsgleichungen ableitbar. Wegen der Potentialeigenschaften von V braucht dazu nur $L = E - U$ durch $K = E - V$ bzw. H durch G ersetzt
zu werden. Dann wird hier aus $\delta G = 0$

$$\frac{d}{dt}\left(\frac{\partial K}{\partial \dot{q}_j}\right) - \frac{\partial K}{\partial q_j} = 0 \qquad (j = 1, \ldots, k) \qquad (9.102)$$

oder bei zu (9.92) analoger Umformung, wobei stets $\partial V/\partial \dot{q}_j = 0$ ist, folgt auch

$$\frac{d}{dt}\left(\frac{\partial E}{\partial \dot{q}_j}\right) - \frac{\partial E}{\partial q_j} = -\frac{\partial V}{\partial q_j} \qquad (9.103)$$

bzw. wegen $V = U + W$ und wegen $\partial U/\partial q_j = -Q_j$ ist auch die Schreibweise möglich:

$$\frac{d}{dt}\left(\frac{\partial E}{\partial \dot{q}_j}\right) - \frac{\partial E}{\partial q_j} + \frac{\partial W}{\partial q_j} = Q_j\,. \qquad (9.104)$$

Das liefert ein System von k linearen Differentialgleichungen zweiter Ordnung für die noch
unbekannten k Funktionen $q_j(t)$ $(j = 1, \ldots, k)$, die man durch die üblichen Ansätze
$q_j = q_{jo}\,e^{\lambda t}$ löst. Wie man aus (9.104) erkennt, sind die Differentialgleichungen i.a. *inhomogen*, da die rechten Seiten die generalisierten Kräfte Q_j darstellen. In dieser Form
läßt sich das Prinzip auch wieder auf nicht konservative Kräfte erweitern, indem man die
Q_j um die nicht konservativen Kräfte Q_j^* zur Gesamtheit aller generalisierten Kräfte
additiv ergänzt. Betrachtet man freie Bewegungen elastischer Systeme, will man also z.B.
näherungsweise die Eigenfrequenzen eines elastischen Systems bei freien (nicht fremderregten) Schwingungen ermitteln, so ist auch noch $Q_j = Q_j^* = 0$ und die aus (9.102) bis
(9.104) folgenden Differentialgleichungen für die $q_j(t)$ sind *homogene* Differentialgleichungen.

Die Gesamtlösung des Anfangs-Randwertproblems ist dann in jedem Falle wieder das Produkt aus Vergleichsfunktion $\mathbf{v}(x)$ und Zeitfunktion $q(t)$, wobei die Vergleichsfunktionen die Randbedingungen bei $x = x_A$ und x_B und die Zeitfunktion $q(t)$ die Anfangsbedingungen erfüllen. Während dabei prinzipiell die Wahl der beiden Zeitpunkte t_A und t_E willkürlich ist, wählt man bei Schwingungsproblemen die Zeitpunkte $t_A = t_0$ und $t_E = t_0 + T$, d.h. man betrachtet genau eine Periode der Schwingung. Diese Wahl ist insofern sinnvoll, weil damit der jeweilige „Endzustand" zugleich wieder der „Anfangszustand" der periodischen Bewegung ist und eine Periode bereits repräsentativ für die gesamte Bewegung ist.

Mit dem nach (9.100) gebildeten Produkt

$$\mathbf{u}(x, t) = \sum_{j=1}^{k} q_j(t)\, w_j(x)$$

und der gewählten Vergleichsfunktion $v_j(x)$ anstelle von $w_j(x)$ hat man schließlich eine den Anfangs- und Randbedingungen genügende, näherungsweise Lösung des elasto-kinetischen Verschiebungsfeldes.

Die exakte und näherungsweise Lösung werde nun in Anwendung der Prinzipien (9.99) und (9.104) auf das Problem eines *freien, transversal schwingenden Balkens aus linear-elastischem Material* (Bild 9-24) entwickelt:
Bei der Transversalschwingung ist der Verschiebungsvektor

$$\mathbf{u}(x, t) = (0, 0, w(x, t)),$$

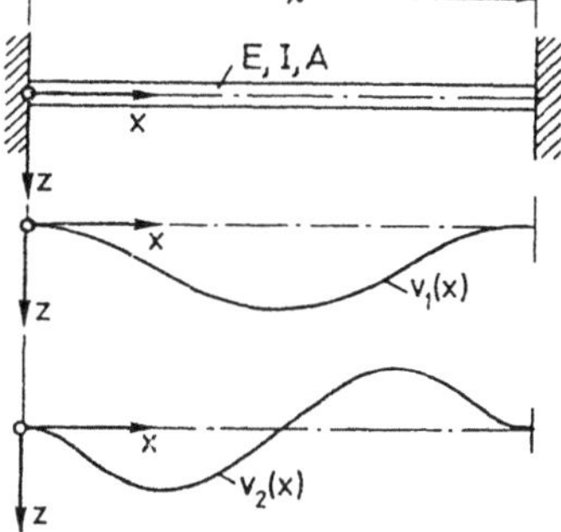

Bild 9-24

wobei die Verschiebung w in z-Richtung sowohl eine Funktion des Ortes x als auch der Zeit t ist (vgl. 8.2). Für die Ableitungen der aktuellen Verschiebungsfunktion werde als abkürzende Schreibweise vereinbart:

$$\frac{\partial w(x, t)}{\partial x} = w'(x, t); \qquad \frac{\partial w(x, t)}{\partial t} = \dot{w}(x, t).$$

1. Exakte Lösung

Die Bewegung des Balkens ist eine freie Schwingung eines Kontinuums mit unendlich vielen Freiheitsgraden. Freie Schwingung bedeutet in diesem Zusammenhang wieder, daß keine Lasten und keine Erregung auf das System wirken sollen, sondern das System nach einmaligem Anstoß (Anfangsbedingungen) sich selbst überlassen bleibt. Als Berechnungsprinzip steht das Prinzip 9.10

$$\delta G = \delta \left[\int_{t_0}^{t_0 + T} K\, dt \right] = 0$$

zur Verfügung, wobei die Integration wegen der Periodizität über eine Periode T durchgeführt werden soll (s.o.). Das kinetische Gesamtpotential ist nach (9.98)

$$K = E - V = E - (U + W)$$

mit den Größen

$$E = \frac{1}{2} \int\limits_0^l \rho\, A \left(\frac{\partial w}{\partial t}\right)^2 dx = \frac{1}{2} \int\limits_0^l \rho\, A\, \dot{w}^2\, dx$$

nach Def. 7.2, sowie

$$W = \frac{1}{2} \int\limits_0^l EI \left(\frac{\partial^2 w}{\partial x^2}\right)^2 dx = \frac{1}{2} \int\limits_0^l EI\, w''^{\,2}\, dx$$

nach Tabelle 9.2, S. 718, und $U = 0$, da keine äußeren Lasten bei der freien Schwingung wirken sollen und das Gewicht (Volumenkraft) als (konservative) Kraft bei der Bewegung keine Rolle spielen soll.

Damit ist hier

$$K = E - V = E - W = \frac{1}{2} \int\limits_0^l (\rho\, A\, \dot{w}^2 - EI\, w''^{\,2})\, dx \qquad (9.105)$$

und das Prinzip 9.10 in der Fassung (9.99) nimmt die spezielle Form an

$$\delta G = \delta \left[\int\limits_{t_0}^{t_0+T} K\, dt \right] = \frac{1}{2} \delta \left[\int\limits_{t_0}^{t_0+T} \int\limits_0^l (\rho\, A\, \dot{w}^2 - EI\, w''^{\,2})\, dx\, dt \right] = 0 . \qquad (9.106)$$

Daraus wird unter Einführung der virtuellen Verschiebung bzw. bei Ausführung der Variation

$$\delta G = \int\limits_t \int\limits_x [\rho\, A\, \dot{w}\, \delta\dot{w} - EI\, w''\, \delta w'']\, dx\, dt = 0 . \qquad (9.107)$$

Die beiden Doppelintegrale werden nun jeweils partiell integriert, wobei wegen der von den virtuellen Verschiebungsgrößen zu erfüllenden zeitlichen Endbedingungen

$$\delta w\, (t_0) = \delta w\, (t_0 + T) = 0 \qquad\qquad\qquad (a)$$

und wegen der geometrischen Randbedingungen, d.h. z.B.

$$\delta w\, (x = x_0) = \delta w'\, (x = x_1) = 0, \qquad\qquad\qquad (b)$$

beim ersten Term die zeitliche Integration und beim zweiten Term die örtliche Integration ausgeführt wird. Man erhält dann wegen (a)

$$\int\limits_{t_0}^{t_0+T}\int\limits_0^l (\rho\, A\, \dot{w}\, \delta\dot{w})\, dx\, dt = \int\limits_0^l [\rho\, A\, \dot{w}\, \delta w]_{t_0}^{t_0+T}\, dx - \int\limits_t\int\limits_x (\rho\, A\, \ddot{w}\, \delta w)\, dx\, dt$$

$$= -\int\limits_t\int\limits_x (\rho\, A\, \dddot{w}\, \delta w)\, dx\, dt\,, \tag{c}$$

sowie bei einmaliger partieller Integration über x (vgl. 9.6.2)

$$\int\limits_{t_0}^{t_0+T}\int\limits_0^l (EI\, w''\, \delta w'')\, dx\, dt = \int\limits_{t_0}^{t_0+T} [EI\, w''\, \delta w']_0^l\, dt - \int\limits_t\int\limits_x (EI\, w'''\, \delta w')\, dx\, dt$$

und nach nochmaliger partieller Integration

$$\int\limits_t [EI\, w''\, \delta w']_0^l\, dt - \int\limits_t [EI\, w'''\, \delta w]_0^l\, dt + \int\limits_t\int\limits_x (EI\, w^{IV}\, \delta w)\, dx\, dt\,. \tag{d}$$

Setzt man (c) und (d) in (9.106) ein, so kommt mit entsprechender Zusammenfassung

$$\boxed{\int\limits_t\int\limits_x [(\rho\, A\, \dddot{w} + EI\, w^{IV})\, \delta w]\, dx\, dt - \int\limits_t [EI\, w''\, \delta w']_0^l\, dt + \int\limits_t [EI\, w'''\, \delta w]_0^l\, dt = 0\,. \tag{9.108}}$$

Nun sind wieder die $\delta w'$ und δw unabhängig voneinander variierbar und verschieden von Null, woraus bei gleicher Schlußweise wie in 9.6.2 das Verschwinden aller Integranden für sich folgt, d.h. es wird schließlich

$$\boxed{\begin{aligned}
\rho\, A\, \frac{\partial^2 w(x,t)}{\partial t^2} + EI\, \frac{\partial^4 w(x,t)}{\partial x^4} &= 0 \tag{1}\\[2mm]
\text{sowie}&\\
EI\, w''(l,t)\, \delta w'(l) = EI\, w''(0,t)\, \delta w'(0) &= 0 \tag{2}\\
EI\, w'''(l,t)\, \delta w(l) = EI\, w'''(0,t)\, \delta w(0) &= 0 \tag{3}
\end{aligned}}$$
$$\text{(9.109)}$$

Die erste Gleichung stellt als partielle Differentialgleichung vierter Ordnung bezüglich des Ortes und zweiter Ordnung bezüglich der Zeit wieder die Bewegungsdifferentialgleichung für den frei transversal schwingenden Balken dar (vgl. (8.13)).

Die anderen Gleichungen von (9.109) sind wieder die vier adjunkten Paare (9.52), die die Arbeit der Randschnittlasten Q^R und M^R an den virtuellen Randverschiebungen δw^R und $\delta w'^R$ zu allen Zeiten t darstellen. Diese Randterme verschwinden stets, da sie entweder wegen der geometrischen Randbedingungen identisch Null sind oder für den Fall $\delta w^R \neq 0$ bzw. $\delta w'^R \neq 0$ die physikalischen Randbedingungen erzeugen.

Wäre also der hier untersuchte Balken nur einseitig (bei $x = 0$) eingespannt, so wäre

$$\delta w\,(0) = \delta w'\,(0) = 0$$

und es würden die physikalischen Randbedingungen

$$EI\,w''\,(l, t) = -\,M\,(l, t) = 0\,; \quad EI\,w'''\,(l, t) = -\,Q\,(l, t) = 0$$

als Folgerung von (9.109) anfallen.

Ist dagegen, wie hier gefordert, der Balken beidseitig eingespannt, so ist

$$\delta w\,(0) = \delta w\,(l) = \delta w'\,(0) = \delta w'\,(l) = 0\,.$$

Die Randtermbedingungen (9.109) sind damit identisch durch die geometrischen Vorgaben erfüllt und es folgen keine physikalischen Randbedingungen; denn in diesem Falle sind die Randschnittlasten Q^R und M^R sämtlich verschieden von Null und ihre Werte ergeben sich erst aus der Lösung des Problems.

Gleichzeitig wird deutlich, daß die Energieprinzipien auch hier eine Äquivalenz zur Aussage der Elementaren Mechanik darstellen, da wieder dieselbe Bewegungsdifferentialgleichung (9.109 (1)) resultiert. Ihre Lösung ist im Beispiel 2b unter 8.2.3 bereits ermittelt worden. Danach gilt als Lösung die Gleichung (8.55) mit den ersten drei Eigenfrequenzen

$$\omega_1 = \frac{22{,}37}{l^2}\,\sqrt{\frac{EI}{\rho A}}\,; \quad \omega_2 = \frac{61{,}67}{l^2}\,\sqrt{\frac{EI}{\rho A}}\,; \quad \omega_3 = \frac{120{,}9}{l^2}\,\sqrt{\frac{EI}{\rho A}}\,.$$

Damit ist für das Problem die exakte Lösung gefunden.

2. Approximative Lösung

Das Verfahren, näherungsweise zu einer Lösung des (gleichen) Problems zu kommen, ist bereits im allgemeinen Teil dieses Abschnitts beschrieben.

Man wählt danach eine Ansatzfunktion für die Verschiebung, die als Variation der aktuellen Verschiebung eine Vergleichsfunktion unter Erfüllung der geometrischen Randbedingungen und eine multiplikative unbekannte Zeitfunktion ist, d.h. hier wird nach (9.100) für die Verschiebungskoordinate w in z-Richtung angesetzt:

$$w\,(x, t) = \sum_{j=1}^{k} q_j\,(t)\,v_j\,(x)\,. \tag{9.110}$$

Da vier geometrische Randbedingungen zu erfüllen sind, wird ein normiertes Polynom vierten Grades als Vergleichsfunktion gewählt, also ist $k = 1$ und

$$v\,(x) = v_1\,(x) = \left(\frac{x}{l}\right)^4 + c_3\left(\frac{x}{l}\right)^3 + c_2\left(\frac{x}{l}\right)^2 + c_1\left(\frac{x}{l}\right) + c_0\,. \tag{9.111}$$

Das System mit seinen unendlich vielen Freiheitsgraden wird wegen $k = 1$ damit auf ein System mit einem (!) Freiheitsgrad diskretisiert.

Zunächst werden nur die Konstanten des Polynoms durch Anpassung an die Randbedingungen bestimmt:

$$v(0) = 0 = c_0; \quad v(l) = 0 = c_3 + c_2 + c_1 + c_0 + 1$$
$$v'(0) = 0 = c_1/l; \quad v'(l) = 0 = [3c_3 + 2c_2 + c_1 + 4]\frac{1}{l}$$

Danach ist also

$$c_0 = 0, \quad c_1 = 0, \quad c_2 = 1, \quad c_3 = -2$$

und die zulässige Vergleichsfunktion wird

$$v(x) = \left(\frac{x}{l}\right)^4 - 2\left(\frac{x}{l}\right)^3 + \left(\frac{x}{l}\right)^2 \tag{9.112}$$

Nach (9.110) gilt dann

$$w(x, t) = q_1(t)\, v_1(x) = q_1(t)\left[\left(\frac{x}{l}\right)^4 - 2\left(\frac{x}{l}\right)^3 + \left(\frac{x}{l}\right)^2\right] \tag{9.113}$$

Hiermit werden nun die Energiegrößen E, U, W usw. bestimmt, wobei wegen der freien Schwingung U = 0, also auch $Q = -\partial U/\partial q_j = 0$ ist, und somit zweckmäßigerweise vom Prinzip (9.99) in der Fassung (9.104) ausgegangen wird:

$$\frac{d}{dt}\left[\frac{\partial E}{\partial \dot{q}_j}\right] - \frac{\partial E}{\partial q_j} + \frac{\partial W}{\partial q_j} = Q_j = 0 \tag{9.114}$$

Man hat dann nur die kinetische Energie E

$$E = \frac{1}{2}\int_0^l A\,\dot{w}^2\,dx = \frac{1}{2}\rho A\int_x (q\,v)^{\cdot 2}\,dx = \frac{\rho A}{2}\dot{q}^2\int_x v^2\,dx$$

$$= \frac{\rho A}{2}\dot{q}^2\int_0^l\left[\left(\frac{x}{l}\right)^4 - 2\left(\frac{x}{l}\right)^3 + \left(\frac{x}{l}\right)^2\right]^2 dx$$

$$E = \frac{1}{1260}\rho A\, l\, \dot{q}^2(t) \tag{9.115}$$

und die Formänderungsenergie W

$$W = \frac{1}{2}\int_0^l EI\,w''^2\,dx = \frac{1}{2}EI\int_x (q\,v)''^2\,dx = \frac{EI}{2}q^2\int_x v''^2\,dx$$

$$= 2\frac{EI}{l^4}q^2\int_x\left[6\left(\frac{x}{l}\right)^2 - 6\left(\frac{x}{l}\right) + 1\right]^2 dx$$

$$W = \frac{2}{5} \frac{EI}{l^3} q^2 \tag{9.116}$$

zu bilden und in (9.114) einzusetzen, wobei hier $j = k = 1$ ist. Dabei zeigt sich, daß E nur von $\dot{q}$ — nicht aber von q abhängt und bei skleronomen Systemen auch nicht abhängen kann. Also gilt stets $\partial E / \partial q_j = 0$. Dann folgt mit

$$\frac{\partial E}{\partial \dot{q}} = \frac{1}{630} \rho \, A \, l \, \dot{q}; \qquad \frac{d}{dt}\left(\frac{\partial E}{\partial \dot{q}}\right) = \frac{1}{630} \rho \, A \, l \, \ddot{q}$$

$$\frac{\partial W}{\partial q} = \frac{4}{5} \frac{EI}{l^3} q; \qquad \frac{\partial E}{\partial q} = \frac{\partial U}{\partial q} = 0$$

aus (9.114)

$$\frac{1}{630} \rho \, A \, l \, \ddot{q} + \frac{4}{5} \frac{EI}{l^3} q = 0$$

$$\ddot{q} + 504 \, \underbrace{\frac{EI}{\rho \, A \, l^4}} \, q = 0$$
$$\ddot{q} + \quad \widetilde{\omega}_1^2 \quad q = 0 \tag{9.117}$$

Das ist die Differentialgleichung für eine Schwingung mit einem Freiheitsgrad und der Eigenfrequenz

$$\widetilde{\omega}_1 = \sqrt{\frac{504 \, EI}{\rho \, A \, l^4}} = \frac{22{,}45}{l^2} \sqrt{\frac{EI}{\rho A}} \tag{9.118}$$

Vergleicht man diesen Wert $\widetilde{\omega}_1$ mit dem der exakten Lösung (s.o.)

$$\omega_1 = \frac{22{,}37}{l^2} \sqrt{\frac{EI}{\rho A}} = \frac{\widetilde{\omega}_1}{1.0036},$$

so ist eine sehr gute Näherung (3,6 %) mit dem Ansatz für w nach (9.113) und der Vergleichsfunktion v nach (9.112) als angenäherte Schwingungsform erreicht. Für die Verschiebung selbst ergibt sich nach Lösung der DGL (9.117)

$$\widetilde{w}(x, t) = q(t)\, v(x) =$$
$$= (c_1 \sin \widetilde{\omega}_1 t + c_2 \cos \widetilde{\omega}_2 t)\left[\left(\frac{x}{l}\right)^4 - 2\left(\frac{x}{l}\right)^3 + \left(\frac{x}{l}\right)^2\right] \tag{9.119}$$

Diese Näherungslösung muß in ihrer Güte mit der Lösung (8.55), wobei $k = 1$ ist, verglichen werden.

Eine noch bessere Approximation bei gleichzeitiger näherungsweisen Bestimmung auch der zweiten Eigenfrequenz $\widetilde{\omega}_2$ würde durch einen zweigliedrigen Ansatz

$$w(x, t) = \sum_{j=1}^{2} q_j \, v_j(x)$$

erreichbar sein, wobei neben $v_1(x)$ nach (9.112) noch eine weitere Vergleichsfunktion, z.B.

$$v_2(x) = \frac{1}{2} v_1(x) \left[1 - 2 \left(\frac{x}{l} \right) \right] \tag{9.120}$$

angesetzt wird (vgl. Bild 9-24). Man erhält dann ein homogenes, gekoppeltes System von Differentialgleichungen zweiter Ordnung wie in (7.223)

$$\ddot{q}_1 + \lambda_{11} q_1 + \lambda_{12} q_2 = 0; \quad \ddot{q}_2 + \lambda_{21} q_1 + \lambda_{22} q_2 = 0 \tag{9.121}$$

Die Lösung dieses Gleichungssystems liefert dann wieder zwei Eigenfrequenzen $\widetilde{\omega}_1$ und $\widetilde{\omega}_2$ (vgl. (7.229)). Sie stellen Näherungen für die beiden ersten Eigenfrequenzen (k = 1, 2) des beidseitig eingespannten Balkens dar.
Die Transversalschwingung des linear-elastischen Balkens wird dann — nach Lösung des DGL-Systems für q_1 und q_2, d.h. (vgl. (7.231)) mit

$$q_1 = a_1 \cos(\widetilde{\omega}_1 t - \alpha_1) + a_2 \cos(\widetilde{\omega}_2 t - \alpha_2)$$

$$q_2 = \beta_1 a_1 \cos(\widetilde{\omega}_1 t - \alpha_1) + \beta_2 a_2 \cos(\widetilde{\omega}_2 t - \alpha_2)$$

zusammen mit der Näherung für die Schwingungsform ((9.112) und (9.120)) $v_1(x)$ bzw. $v_2(x)$ nach (9.110) näherungsweise durch die Gleichung

$$w(x, t) \approx \widetilde{w}(x, t) = q_1(t) v_1(x) + q_2(t) v_2(x) \tag{9.122}$$

dargestellt.
Zur Begründung des Verfahrens kann man auch die Tatsache ausnutzen, daß sämtliche Zeitfunktionen $q(t)$ harmonische Funktionen sind bzw. daß nach (9.117) jeweils gilt

$$\ddot{q} = - \omega^2 q(t) .$$

Berücksichtigt man dies von vornherein im Prinzip nach (9.108), so geht wegen

$$\ddot{w}(x, t) = (q v)^{\cdot\cdot} = \ddot{q} v = - \omega^2 q v$$

$$w^{IV}(x, t) = q v^{IV}$$

und mit (9.101), d.h. $\delta w = qv$, unter Erfüllung sämtlicher Randbedingungen das Prinzip (9.108) in die Form über

$$\int\limits_t \int\limits_x (\rho A \ddot{w} + EI\, w^{IV})\, \delta w \, dx\, dt = \int\limits_{t_0}^{t_0 + T} \int\limits_0^l (EI\, v^{IV} - \rho A\, \omega^2 v)\, q^2\, v\, dx\, dt = 0 . \tag{9.123}$$

Die zeitliche Integration der harmonischen Funktion $q(t)$ läßt sich vorab durchführen, da $q(t)$ noch der einzige zeitabhängige Term in der Gleichung (9.123) ist und sich unabhängig von der Wahl einer sin- oder cos-Funktion und von der Wahl des Zeitpunktes t_0 stets bei Integration über eine Periode $T = 2\,\pi/\omega$ der Wert ergibt:

$$\int\limits_{t_0}^{t_0 + T} q^2(t)\, dt = \frac{\pi}{\omega}$$

Das verbleibende Ortsintegral

$$\frac{\pi}{\omega}\int_0^l (EI\,v^{IV} - \rho\,A\,\omega^2\,v)\,v\,dx = 0 \quad\text{bzw.}\quad \frac{\pi}{\omega}\int_0^l (\omega^2\,\rho\,A\,v^2 - EI\,v^{IV}\,v)\,dx = 0$$

ist nun gerade die Variation des Ausdruckes

$$\frac{\pi}{\omega}\,\delta\left\{\frac{1}{2}\int_0^l [\omega^2\,\rho\,A\,v^2 - EI\,(v'')^2]\,dx\right\} = 0 \tag{9.124}$$

was man entweder durch Ausrechnen beweist oder der Tatsache entnimmt, daß das Ausgangsprinzip (9.108) für diese Gleichung sich nur um die partielle Integration vom Prinzip (9.106) unterscheidet und die dabei auftretenden Randterme unter Erfüllung sämtlicher Randbedingungen verschwinden. Damit wird deutlich, daß der in geschweiften Klammern stehende Term von (9.124) die Variation des zeitlich integrierten kinetischen Potentials bzw. die Variation der erweiterten HAMILTON-Funktion gemäß (9.106) ist. Damit gilt

$$\delta\int_0^l [\omega^2\,\rho\,A\,v^2(x) - EI\,(v''(x))^2]\,dx = 0$$

bzw.

$$\int_0^l [\omega^2\,\rho\,A\,v^2(x) - EI\,(v''(x))^2]\,dx \rightarrow \text{Extremum} \tag{9.125}$$

Das ist das Extremalprinzip zur näherungsweisen Berechnung der Eigenfrequenzen, wie es dem oben beschriebenen Verfahren und der Anwendung auf die freie Transversalschwingung zugrundeliegt. Es stellt die Äquivalenz der energetisch-analytischen Aussage zum RAYLEIGHschen Quotienten (vgl. 8.2.4) der Elementaren Mechanik dar.

Der Ableitung entsprechend gilt diese Aussage nur als diskretisierende Näherung für die freie Kontinuumschwingung. Sie läßt sich aber auch auf Systeme unter Last und auf fremderregte Systeme durch Hinzunahme des Energiefunktionals U für konservative Lasten bzw. des Funktionals A für nicht konservative Systeme unter Verwendung des Prinzips 9.10 in der Form (9.99) übertragen.

Literaturverzeichnis

[1] BAEHR, H. D., Thermodynamik, Berlin/Göttingen/Heidelberg, Springer, 1962

[2] BECKER, E., BÜRGER, W., Kontinuumsmechanik, Stuttgart, Teubner, 1975

[3] BIEZENO, C. B., GRAMMEL, R., Technische Dynamik, Berlin/Heidelberg/New York, Springer, 1971 (Reprint)

[4] de BOER, R., Vektor- und Tensorrechnung für Ingenieure, Berlin/Heidelberg/New York, Springer, 1982

[5] BRONSTEIN, I., SEMENDJAJEW, K., Taschenbuch der Mathematik, Zürich/Frankfurt-Main, Deutsch, 1968

[6] BÜRGERMEISTER, G., STEUP, H., KRETZSCHMAR, H., Stabilitätstheorie mit Erläuterungen zu den Knick- und Beulvorschriften, Teil I, Berlin, Akademie-Verlag, 1966

[7] COLLATZ, L., Differentialgleichungen, Stuttgart, Teubner, 1981 (6. Auflage)

[8] COLLATZ, L., ALBRECHT, J., Aufgaben aus der Angewandten Mathematik, Band I, II, Braunschweig, Vieweg & Sohn, 1972

[9] COLLATZ, L., Eigenwertaufgaben mit technischen Anwendungen, Leipzig, Geest & Portig, 1963 (2. Auflage)

[10] COURANT, R., HILBERT, D., Methoden der Mathematischen Physik I, Berlin/Heidelberg/New York, Springer, 1968

[11] DIJKSTERHUIS, E. J., Die Mechanisierung des Weltbildes, Berlin/Göttingen/Heidelberg, Springer, 1956

[12] DUBBEL, Taschenbuch für den Maschinenbau, Berlin/Heidelberg/New York, Springer, 1981 (14. Auflage)

[13] ERINGEN, A., Mechanics of Continua, New York/London/Sydney, John Wiley & Sons, Inc., 1967

[14] EULER, L., Leonhard EULERs Mechanik oder analytische Darstellung der Wissenschaft von der Bewegung, Teil I, II, III, Greifswald, Koch's Verlagshandlung, 1848, 1850, 1853

[15] FALK, S., Lehrbuch der Technischen Mechanik, Band I, II, III, Berlin/Heidelberg/New York, Springer, 1967–1969

[16] FLÜGGE, S., Handbuch der Physik, Band III1/III3, VIa, Berlin/Göttingen/Heidelberg, Springer, 1960

[17] FLÜGGE, W., Handbook of Engineering Mechanics, New York/London/Toronto, McGraw-Hill, 1962

[18] FLÜGGE, W., Festigkeitslehre, Berlin/Heidelberg/New York, Springer, 1967

[19] FLÜGGE, W., Tensor Analysis and Continuum Mechanics, Berlin/Heidelberg/New York, Springer, 1972

[20] FÖPPL, A., Vorlesungen über Technische Mechanik, Band I, II, III, München/Berlin, Oldenbourg, 1943

[21] FÖPPL, L., Drang und Zwang, Band I und III, München, Leibniz-Verlag, 1947

[22] FÖPPL, L., Elementare Mechanik vom höheren Standpunkt, München, Oldenbourg, 1959

[23] GIENCKE, E., Kontruktionsberechnung, Brennpunkt Konstruktionsberechnung (Kursmaterialien), Technische Universität Berlin, 1970

[24] GIRKMANN, K., Flächentragwerke, Wien/New York, Springer, 1978 (6. Auflage)

[25] GÖLDNER, H., Höhere Festigkeitslehre, Weinheim, Physik-Verlag, Bd. 1, 1979, Bd. 2, 1985

[26] GUMMERT, P., Materialgesetze des Kriechens und der Relaxation, Düsseldorf, VDI-Verlag, Fortschr.-Ber. Reihe 5, Nr. 38, 1978

[27] HAMEL, G., Elementare Mechanik, Stuttgart, Teubner, 1912 (Nachdruck, New York, Johnson Reprint Corp., 1965)

[28] HAMEL, G., Theoretische Mechanik, Berlin/Heidelberg/New York, Springer, 1967

[29] HELLWIG, G., Partielle Differentialgleichungen, Stuttgart, Teubner, 1960

[30] HÜTTE, Band I, Mechanik, Berlin/München/Düsseldorf, Ernst & Sohn, 1971 (29. Auflage)

[31] KAMKE, E., Gewöhnliche Differentialgleichungen, Band I, II, Leipzig, Akademischer Verlag, 1943

[32] KAUDERER, H., Nichtlineare Mechanik, Berlin/Göttingen/Heidelberg, Springer, 1958

[33] KIRCHHOFF, G., Vorlesungen über Mathematische Physik, Leipzig, Teubner, 1876

[34] KLEIN, F., SOMMERFELD, A., Über die Theorie des Kreisels, Heft I, II, Leipzig, Teubner, 1897 und 1898

[35] KLINGBEIL, E., Tensorrechnung für Ingenieure, Mannheim, Bibliographisches Institut, 1966

[36] KLOTTER, K., Technische Schwingungslehre, IA, IB, II, Berlin/Heidelberg/New York, Springer, 1980

[37] KOLLBRUNNER, C. F., MEISTER, M., Knicken, Berlin/Göttingen/Heidelberg, Springer, 1955

[38] KUCHARSKI, W., Anfangsgründe der Analytischen Mechanik, Niederschrift der Vorlesung (Wintersemester 1934/35); als Manuskript geschrieben

[39] KUYPERS, F., Klassische Mechanik (mit 64 Beispielen und 133 Aufgaben mit Lösungen), Weinheim, Physik-Verlag, 1983

[40] LAGRANGE, I. L., Mécanique Analytique, Band I, II, Paris, Courcies, 1811 und 1815

[41] LEHMANN, Th., Elemente der Mechanik I, II, III, IV, Düsseldorf, Bertelsmann Universitätsverlag, 1974

[42] LEIPHOLZ, H., Stabilitätstheorie, Leitfäden der Angewandten Mathematik und Mechanik, Band 10, Stuttgart, Teubner, 1968

[43] LEIPHOLZ, H., Festigkeitslehre für den Konstrukteur, Konstruktionsbücher, Band 25, Berlin/ Heidelberg/New York, Springer, 1969

[44] LEIPHOLZ, H., Einführung in die Elastizitätstheorie, Karlsruhe, Braun, 1968

[45] LINGENBERG, R., Lineare Algebra, Mannheim/Zürich, Bibliographisches Institut, 1969

[46] LIPPMANN, H., MAHRENHOLTZ, O., Plastomechanik der Umformung metallischer Werkstoffe, Band I, Berlin/Heidelberg/New York, Springer, 1967

[47] LIPPMANN, H., Engineering Plasticity: Theory of Metal Forming Processes, Vol. I, II, Wien/ New York, Springer, 1977

[48] LONG, R., Kontinuumsmechanik, Stuttgart, Berliner Union, 1964

[49] LURJE, A. I., Räumliche Probleme der Elastizitätstheorie, Berlin, Akademie-Verlag, 1963

[50] MACH, E., Die Mechanik in ihrer Entwicklung, Leipzig, Brockhaus, 1933

[51] MAGNUS, K., Der Kreisel, Göttingen, Industrie-Druck, 1965 (3. Auflage)

[52] v. MANGOLDT, H., KNOPP, K., Einführung in die Höhere Mathematik, Band I, II, III, IV, Stuttgart, Hirzel, 1975

[53] MARGUERRE, K., Technische Mechanik, Teil I, II, III, Heidelberger Taschenbücher Band 20, 21, 22, Berlin/Heidelberg/New York, Springer, 1967/1968

[54] MASON, S. F., Geschichte der Naturwissenschaft, Stuttgart, Kröner, 1961

[55] MOHR, O., Abhandlungen aus dem Gebiete der Technischen Mechanik, Berlin, Ernst & Sohn, 1938 (3. Auflage)

[56] MORGENSTERN, D., SZABÓ, I., Vorlesungen über Theoretische Mechanik, Berlin/Göttingen/ Heidelberg, Springer, 1961

[57] MÜLLER, H. H., MAGNUS, K., Übungen zur Technischen Mechanik, Stuttgart, Teubner, 1974

[58] NEUBER, H., Technische Mechanik, Teil I, II, Berlin/Heidelberg/New York, Springer, 1965/ 1971

[59] PARKUS, H., Mechanik der festen Körper, Wien/New York, Springer, 1966 (2. Auflage)

[60] PARKUS, H., Thermoelasticity, Waltham, Mass./Toronto/London, Blaisdell Publ. Co., 1968

[61] PESTEL, E., WITTENBURG, J., Technische Mechanik, Band I, II, Mannheim/Wien/Zürich, Bibliographisches Institut, 1982 (2. Auflage)

[62] PFLÜGER, A., Stabilitätsprobleme der Elastostatik, Berlin/Heidelberg/New York, Springer, 1975

[63] PÖSCHL, Th., Lehrbuch der Technischen Mechanik, Band I, II, Berlin/Göttingen/Heidelberg, Springer, 1952

[64] PRAGER, W., Einführung in die Kontinuumsmechanik, Basel/Stuttgart, Birkhäuser, 1961

[65] PRANDTL, L., Gesammelte Abhandlungen zur Angewandten Mechanik, Hydro- und Aerodynamik, Teil I, II, III, Berlin/Göttingen/Heidelberg, Springer, 1961

[66] RECKLING, K.-A., Plastizitätstheorie und ihre Anwendung auf Festigkeitsprobleme, Berlin/Heidelberg/New York, Springer, 1967

[67] RECKLING, K.-A., Mechanik I, II, III, Braunschweig, Vieweg & Sohn, 1968

[68] RÜDIGER, D., KNESCHKE, A., Technische Mechanik, Band I, II, III, Zürich/Fraunkfurt-Main, Deutsch, 1965

[69] SATTLER, K., Lehrbuch der Statik, IA, IB, IIA, IIB, Berlin/Heidelberg/New York, Springer, 1974

[70] SAUER, R., SZABÓ, I., Mathematische Hilfsmittel des Ingenieurs, Band I, II, III, IV, Berlin/Heidelberg/New York, Springer, 1969

[71] SCHAEFER, C., Die Prinzipe der Dynamik, Berlin/Leipzig, de Gruyter & Co., 1919

[72] SCHNELL, W., GROSS, D., Formel- und Aufgabensammlung zur Technischen Mechanik I und II, Mannheim/Wien/Zürich, Bibliographisches Institut, 1979

[73] SCHULTZ-GRUNOW, F., Einführung in die Festigkeitslehre, Düsseldorf-Lohausen, Werner, 1949

[74] SONNTAG, R., Aufgaben aus der Technischen Mechanik, Berlin/Göttingen/Heidelberg, Springer, 1955

[75] SMIRNOV, W. I., Lehrgang der Höheren Mathematik, Teil I–V, Berlin, VEB Verlag der Wissenschaften, 1962

[76] SZABÓ, I., Repertorium und Übungsbuch der Technischen Mechanik, Berlin/Heidelberg/New York, Springer, 1972

[77] SZABÓ, I., Einführung in die Technische Mechanik, Berlin/Göttingen/Heidelberg, Springer, 1975 (8. Auflage)

[78] SZABÓ, I., Höhere Technische Mechanik, Berlin/Göttingen/Heidelberg, Springer, 1972 (5. Auflage)

[79] SZABÓ, I., Geschichte der mechanischen Prinzipien, Basel/Stuttgart, Birkhäuser, 1976

[80] SZABÓ, I., Mathematische Formeln und Tafeln, Hütte, Berlin, Ernst & Sohn, 1959

[81] SZABÓ, I., WELLNITZ, K., ZANDER, W., Hütte, Mathematik, Berlin/Heidelberg/New York, Springer, 1974 (2. Auflage)

[82] TIMOSHENKO, S., YOUNG, D. H., Engineering Mechanics, New York, McGraw-Hill, 1956 (4. Auflage)

[83] TIMOSHENKO, S., History of Strength of Materials, New York/Toronto/London, McGraw-Hill, 1953

[84] TIMOSHENKO, S., YOUNG, D. H., Elements of Strength of Materials, Princetown, D. van Nostrand Comp., 1962 (Fourth Edition)

[85] TIMOSHENKO, S., GOODIER, J. N., Theory of Elasticity, New York/London/Mexico, McGraw-Hill, 1970 (3. Auflage)

[86] TIMOSHENKO, S., Vibration Problems in Engineering, Princeton-New Jersey/Toronto/New York/London, D. van Nostrand Comp., Inc., 1955 (3. Edition)

[87] TROSTEL, R., Mechanik II, III, Schriftenreihe Physikalische Ingenieurwissenschaften Band 2, 3, Technische Universität Berlin, Universitätsbibliothek, Abt. Publikationen, 1979

[88] TRUCKENBRODT, E., Strömungsmechanik, Berlin/Heidelberg/New York, Springer, 1968

[89] TRUESDELL, C., The Elements of Continuum Mechanics, Berlin/Heidelberg/New York, Springer 1966

[90] TRUESDELL, C., First course in Rational Continuum Mechanics, New York/San Francisco/London, Academic Press, 1977

[91] VELTE, W., Direkte Methoden der Variationsrechnung, Stuttgart, Teubner, 1976

[92] WITTENBAUER, F., PÖSCHL, T., Aufgaben aus der Technischen Mechanik, Band I, II, Berlin, Springer, 1929/1931

[93] ZIEGLER, H., Mechanik I, II, III, Basel, Birkhäuser, 1948

[94] ZURMÜHL, R., Praktische Mathematik für Ingenieure und Physiker, Berlin/Heidelberg/New York, Springer, 1965 (5. Auflage)

Namen- und Sachwortverzeichnis

Vorbemerkung: Fettgedruckte Seitenzahlen weisen darauf hin, daß der betreffende Begriff ausführlich und ggf. auch auf den folgenden Seiten erläutert wird.

Liste der Definitionen, Sätze und Prinzipien

If you have any concerns about our products,
you can contact us on
ProductSafety@springernature.com

In case Publisher is established outside the EU,
the EU authorized representative is:
**Springer Nature Customer Service Center GmbH
Europaplatz 3, 69115 Heidelberg, Germany**

Printed by Libri Plureos GmbH
in Hamburg, Germany